U0939609

云南古代水文献大系

卷二

江 燕
毕先弟 编著

云南大学出版社
YUNNAN UNIVERSITY PRESS
·昆明·

图书在版编目（CIP）数据

云南古代水文献大系 ：共六册 / 江燕，毕先弟编著
. -- 昆明 ：云南大学出版社，2024
ISBN 978-7-5482-4510-0

Ⅰ. ①云… Ⅱ. ①江… ②毕… Ⅲ. ①水文资料－文献资料－云南－古代 Ⅳ. ①P337.274

中国版本图书馆CIP数据核字(2021)第281305号

审图号：GS(2023)2474号

策划编辑：段　然　苏　珊
责任编辑：李春艳　余家涛
装帧设计：刘　雨

云南古代水文献大系

YUNNAN GUDAI SHUI WENXIAN DAXI

江　燕　毕先弟 / 编著

出版发行：云南大学出版社
印装：云南天欣彩印包装有限公司
开本：890mm×1260mm　1/16
印张：241.625
字数：6116千字
版次：2024年5月第1版
印次：2024年5月第1次印刷
书号：ISBN 978-7-5482-4510-0
定价：2400.00元（共六册）

社址：云南省昆明市一二一大街182号（云南大学东陆校区英华园内）
邮编：650091
电话：（0871）65031070　65033244　65031071
网址：http://www.ynup.com
E-mail：market@ynup.com

目　录

卷　二

山　川

卷二

山川

省志

（景泰）云南图经志书·山川

卷一　云南布政司

云南府

滇　池　在郡城之南，周回三百余里，庄蹻留王滇池即此也。又名昆明池，云南诸山之泉皆会于此。碧鸡在西，郡城在北，南濒晋宁、昆阳二州。池之水自南流而西折，过安宁、富民，入于金沙江。《史记》云：滇水源广末狭，有似倒流，故名曰滇。其鱼虾凫雁、菱茨蒲莲之利，非东西□海之可及也。元曲靖等路宣慰副使王昇赋：

晋宁之北，中庆之阳，一碧万顷，渺渺茫茫。控滇阳而蘸西山，瞰龟城而吞盘江。阴风澄兮不惊，玻璃莹兮空明。晴晖澹苍凉之景，渔翁作欸乃之声。蛟鼍载出而载没，鱼龙或变而或腾。岸芷兮馥馥，汀兰兮青青。粤穷其源，合众派而为漯，爰究其流，乃自西而之东。不假乎冯夷之力，不劳乎神禹之功；自混沌之肇判，经螳川而朝宗。电光之迅兮，不足以彷其急；雷声之轰兮，未足以拟其雄。此滇池气象之宏伟，难以言语而形容者也。予归自于神州，寻旧庐于林丘；怀往日之壮游，泛孤艇于中流。薄雾兮乍敛，轻烟兮初收，晴光兮浴日，爽气兮横秋。川源渺兮莽苍，江山郁兮绸缪，鸿雁集于沙渚，凫鹭翔于汀洲。睹景物之萧萧，纵一叶之悠悠。少焉，雪波兮凌空，霜涛兮叠重；荡上下之天光，接灏气之鸿濛。叹濯缨之靡暇，乃系缆于岩丛；发长啸于云端，寄尘迹于硿礲。探华亭之幽趣，登太华之层峰；览黔南之胜概，指八景之陈踪。碧鸡峭拔而岌嶪，金马逶迤而玲珑；玉案峨峨而耸翠，商山隐隐而攒穹。五华钟造化之秀，三市当闾阎之冲；双塔挺擎天之势，一桥横贯日之虹。千艘蚁聚于云津，万舶蜂屯于城垠，致川陆之百物，富昆明之众民。迨我元之统治兮，极覆载而咸宾；矧云南之辽远兮，久沾被于皇恩。惟朝贡之是勤兮，犀象接迹而駪駪。如此池之趍海兮，亘昼夜之靡停。因而歌曰："万派朝宗兮海宇穹窿，圣神膺运兮车书大同。"

顺庆府判官乔坚诗：

滇水不可涉，石戟参嵯峨。胡能宅蛟龙，但可藏鼋鼍。渚风荡惊湍，乃尔泥滓多。我欲澄其源，应自崑崙阿。寸谬谅靡救，临流将奈何！商山紫芝曲，渔父沧浪歌。斯人久不作，千载无清波。

盘龙江 在郡城东，源出屈偿、昧样、邵甸山中，凡九十九泉，混混然与诸涧会而为一，蜿蜒滂湃，南入滇池。

南坝闸 距郡城五里许，其东北所出诸泉，咸会于盘龙江，至松花坝则分而为二，其一由金马山之麓流过春登里，其一由商山之麓流过郡城。蒙、段氏时，由金马者堤上多种黄花，名绕道金棱河；由商山者堤上多种白花，名萦城银棱河。尝筑土石，托神灵护之，号为“佑文”、“来镇”二堰，高下之田，受灌溉者数十万亩。元平章政事赛典赤增修之。张云鹏诗曰：“一国有田皆种稻，四时无日不开花。”今南坝之水，即萦城银棱河之所流也。前代之为坝为堰，不过为苟且疏略之计，每岁夏秋之间，潦水暴至则弥望济没，亢阳不雨则遍野焦枯，民常苦之。太傅黔国公赠定远王沐晟与弟左都督赠定边伯沐昂，尝于永乐、宣德中谋造石闸，以蓄减其水而为经久之利，皆值边境多事，未就其志。景泰癸酉，今总兵官都督同知沐璘谋于参赞军务右佥都御史郑颙，会众以议，请允，乃甃石为闸，设以守者，因水之盈缩而时其启闭，民甚便之。

汤池渠 在宜良县之西南二十五里。杭人平显曰：

汤池渠肇始于洪武之丙子，时西平惠襄侯沐公在镇，以云南师旅之众，仰给饷馈，因备攻守用，广辟屯田为悠久计。宜良在滇东南，当陆凉、路南喉襟，既置兵守，必谋其食，公相度原野，旧有沟塍，广不盈尺，流注弗远；汤水在傍，人不知用；底平膴膴，弃为荒隙，不尽地产。是年冬，发卒万五千，荷畚锸，董以云南都指挥同知王俊，因山障堤，凿石刊木，别疏大渠，导泄于铁池之窾而洑，其袤三十六里，阔丈有二尺，深称之。逾月功竣，引流分灌，得腴田若干顷。春种秋获，实颖实栗，岁获其饶，军民赖之。越二年，公薨。壬午夏，既芒种，雨不时降，人方为忧，独宜良水利不竭，首毕农事。将校黎老益追慕公德，咸愿镌石以纪颂于不朽，丐铭于平显。铭曰：“汤池之渠，宜良之利；人食以生，维公所施。我公伊谁？黔宁冢嗣；善继厥志，奚啻一事。渠流沄沄，浸彼田穉；勿罹勿劚，冬有敛穧。公虽云逝，我思无替；穹石斯砺，究于万世。”

晋宁州

大堡河 其源出新兴州界，过州之永宁乡分流，溉田甚多。通滇池，居民以小舟载薪入滇，抵府城贩卖。

白龙溪 其源出呈贡县东十二里石佛岩下，流入滇池，溉田数百顷。

黑龙溪 其源出呈贡县东北八里新栅村岩下，与白龙溪灌田甚夥，合流入滇。

安宁州

九涌山 在罗次县。高三里，蟠踞十五里，下有川，出泉九派，名九涌川，故山因川而得名焉。

螳螂川 自滇池出昆阳，萦回州治，流于富民县。

星宿河　在禄丰县西。源出武定府，过易门县，流入元江。

昆阳州

海　口　即滇池口也。在州治北十里，两山夹水，西流过安宁。

小溪河　在州东一里。其源自新兴州铁炉关而来，流过州门而北入滇池。

龙洞溪　其源在易门县南一里外，流过县西，出禄丰县界，灌溉之利，四时不竭。

矣甸河　去三泊县五里。其水自西流北，绕县治入安宁州大河。

嵩明州

嵩明海子　一名杨林泽，去州东南十五里，周围一百余里。

东山龙潭　去杨林县之西五里。其水极清，多溉田亩。

卷　二

澂江府

抚仙湖　在府之南，周回二百余里，而玉笋山在其西，形如仙人抚于湖上，故名。一名罗仙湖，又名青鱼戏月湖。东流入盘江。

阳宗湖　在阳宗县之北，周围七十余里，东、西两傍山势绝陡，水作黑色，深不可测。其源出青龙池，水泉迸涌，亦县之胜也。

星云湖　在江川县之南，临安府宁州之北，周围八十余里，渔利甚富。南北相望，各半而掌之，中有浅埂，隘口阔三丈许，下有界鱼石一条，俗谓之海门，湖水南北虽通流，鱼则不过其界，而形状亦异，其亦物之各从其类欤？

新兴州

莲花池　在州北，周围四里许，中产莲藕，故名。

大　溪　在州西十里，阔丈五余，源出普庙村，其流溉田万亩，而入于嶍峨县界，抵曲江。

路南州

铁池河　有二：其一去州西五十里，阔十丈余，深不可测，南流入临安；其一在邑市县北，阔二十余丈，东流入陆凉。

曲靖军民府

东山河　其源出霑益块步溪，其傍有洲，平坦肥饶，约百余顷，而河流曲折循之，无旱潦之虞，享播种之利者，岁有恒焉。

潇湘江　在府治南，广一引，其源出马龙州木蓉箐。夏秋之交，江水泛涨，汪洋弥望，若洞庭潇湘之势，故托名焉。

白石江　去府北八里，广五丈许，产白石，其灌溉之利所及亦溥。

霑益州

盘　江　有二水：一曰盘裒，蛮云男水，即今之北盘江，由州之北流过可渡，至普定；一曰盘绛，蛮云妇水，即今之南盘江，由州之南流过交水，至弥勒。二水复合，入平伐横山寨下，经广西静江，以入于海。

交水坝 在州南一百七十里平蛮乡，块步、腊溪二水相合，又名交水河。其初，以土堰水，每岁随筑随决。宣德十年，曲靖卫管屯千户梅用构木凿石为坝，其水利灌田百余顷，军民感之，号曰梅公坝。

陆凉州

中埏泽 在州治东邱雄山麓，宽衍六十余里。有一十八泉注其中，而潇湘之水亦入焉。鱼虾甚富。其傍地为牧马场，而所产多良马，亦其土地之所宜也。

南 涧 在州西北五里，阔二丈许，源出马龙州，萦流经于本州西北，而注于中埏泽。

马龙州

东 河 在州治东，源出大房屋山，流绕于州，入西河而合焉。

西 河 在州西二里，源出于伯刻山，亦绕于州，而东河入焉，同西流，其灌溉之利甚溥。

罗雄州

喜旧溪 去州二里，阔十余丈，源出龙甸村，经于州之西，流入普安州盘江。

寻甸军民府

八 溪 其源距府有远有近。其在东南者曰普白，曰阿交合；在正南者曰白者，曰矣派；在西南者曰普安，曰倾章；在正西者曰倘俸，曰清水。凡八溪。其流虽有广狭，而民资之以为灌溉之利者则一。

武定军民府

乌龙河 在府治之前五里，源出乌龙洞，溉田数百顷。土人云洞中有灵物，能兴云雨，故名。

和曲州

金沙江 源出吐蕃共龙川犁牛石下，又谓之犁牛河。东至于丽江，于鹤庆，于北胜，于姚安，以过于府之北界。沿江多岚瘴，隆冬行者皆流汗，土人云惟雨中及夜渡可无虞。李景山诗：

> 雨中夜过金沙江，五月渡泸即此地。两崖峻极若登天，下视此江如井里。三月头，九月尾，烟瘴拍天如雾起。我行适当六月末，王事役人安敢避？来从滇池至越嶲，畏途一千三百里。干戈浩荡豺虎穴，昼不遑宁夜无寐。忆昔先帝征南日，箪食壶浆竟臣妾。抚之以宽来以德，五十余年为乐国。一朝贼臣肆胸臆，生事邀功作边隙。可怜三十七部民，鱼肉岂能分玉石？君不见，南诏安危在一人，莫道今无赛典赤。

西溪河 源出镇南州，过元谋县至苴宁，入金沙江。

禄劝州

普渡河 在石旧县之南，东流入金沙江。

卷　三

临安府

泸　江　在城南，其源发自石屏州异龙湖，水势汪洋，四时不竭。折过城东，度阿迷，入交趾，莫穷其流。

莲花池　在府治之西，阔二里许，清彻如鉴，旧种莲其间。每岁之夏，花开满池，时雨洒之，其色尤鲜，好事者以为胜景。定边伯《莲池夏雨》诗：

百亩芳塘傍野居，碧波潋滟映芙蕖。何时载酒同清酌，他日维舟独羡鱼。
雨过明珠擎翠盖，风生香气袭罗裾。应知茂叔情偏惬，我亦飘然兴有余。

通海湖　在通海县之西北秀山下，周回八十里，如环而缺其东，与河西湖相连，富鱼虾、水鸟。

建水州

曲　江　在州东北九十里曲江乡，源出新兴州普庙村，由嶍峨经石屏至河西，而东入盘江焉。定边伯《曲江晚渡》诗：

曲江新涨水痕收，野色和烟古渡头。林外渐看来宿鸟，沙边还见浴轻鸥。
渔翁举棹论归计，旅客停骖问去舟。欸乃一声何处发，夕阳芳草自悠悠。

陈逊诗：

浩浩川流急似梭，绿阴深处谩维舸。沙头雨过添青草，水面风生涨碧波。
樯燕掠芹飞上下，舟人市酒醉酕醄。莫言野外无人渡，时听江心发棹歌。

建水池　在州治之南，约阔五亩，旧云有龙居之，近因兵民杂处其傍，湮没过半。定边伯《建水拖蓝》诗：

一泓新水净无瑕，萦抱山城几万家。未许龙舟来竞渡，曾闻仙子去乘槎。
粼粼细浪浮新绿，泛泛轻波漾落花。散步临流思智者，悠然乐道兴偏赊。

石屏州

异龙湖　在州之东，有九曲，周回一百五十余里。中有三岛，一名孟继龙；一名小末束；一名和龙，昔蛮酋立城其上。其水东注建水，流入阿迷。

落矣河　在州西八十里，阔三丈，源出元江府而流入亏容甸。而其近处又有杨柳坝，以蓄泄水利，居民便之。

宁　州

高　河　在州东四里备乐乡团山顶上，外窿而中洼，周围二百六十余步，久旱不涸，久雨不溢，故名高河。

龙　川　在州北五十里路居乡，源发甸头山涧中，阔可七尺，灌溉之利甚慱，北流注抚仙湖。

阿迷州

乐蒙河　源出异龙湖，越泸江而西来，曲折绕于州前，东迂半舍而入盘江。

广西府

矣邦池　在府治之南一里，周围约三十余里。

师宗州

弥勒州

八甸溪　在州北，阔约三十余丈。其源有三：一出阿欲山下，一出曰旧村，一出北倾山麓，流至州东合为一溪，南入盘江焉。

维摩州

曲部溪　在州南半里，阔二丈。又有万年、接角、宝宁三溪与山同名者，皆在其山之麓，而各有灌溉之利。

广南府

西洋江　在府之南八十里郎六村，阔八丈，源泉混混而北入田州。

富　州

元江军民府

元　江　一名礼社江，昔罗盘蛮筑城于此。源出白崖，趍蒙舍，经楚雄府开南州，合兰沧江至于元江，绕城而南下亏容甸，入南安。

镇沅府

杉木江　在府治之南，阔可五丈，其源出者乐甸而流入威远州界，江之两岸多杉木，皆可为材。

马龙他郎甸长官司

摩沙勒江　去本司之西八十余里摩沙勒乡，其源甚远，过本甸南，注元江，入交趾。江多石，不可行舟，夏秋潦涨，饮者辄染瘴疠，惟百夷男女四时浴于其中。

卷　四

楚雄府

龙川江　即硪碌川，在府城北门外，其源自镇南州山箐内而发，合流过本府，趍黑盐井，入金沙江。

平山河　在德化门外，其源出南安州山内，经本府北，入龙川江。

零　川　在定远县西，古称牟直河。其广通县有罗川溪，定边县有剌崩川，碍嘉县有黑石江。

镇南州

马龙江 在州西南一百八十里，源出蒙化，由定边会白崖赤水江，至阿雄山麓则山狭水深，怒涛汹涌，土人以藤桥渡之，其流南入元江。

南安州

黑龙潭 在州东七里，其深莫测，常兴云雾，土人相传有龙潜焉，岁旱祷之则雨。

姚安军民府

姚 州

蜻蛉河 源出三窠山下，北流三十里，军民之田，咸资灌溉。

大姚河 在大姚县之南，其源三出而合于一，东流入金沙江。

七 淜 土人称陂堰为淜，在平川中凡七淜，一曰石地，二曰乌鲁，三曰阳派，四曰塔镜，五曰地摩，六曰大邑，七曰长寿，皆前代所筑，潴水以灌田亩，岁旱多赖之。

景东府

通华河 在府治之北，其源出无量山之麓，流入大河。

大 河 在府治之东，其源出定边县阿苴村，合三岔河，经于本府，流入马龙江。

顺宁府

顺宁河 在府之东，源出甸头村山箐内，流入大侯孟祐河。

西添河 在府之西北五十里西添村。

永宁府

鲁窟海子 又名澄潭，在干木山下，周围百余里，水无出入，恒潴不乾，夷人以小舟渔之。中有一小山，名水寨。

勒汲河 在府治之后，源出西番，经八邱乡，东流入盐井卫界。

澜沧卫军民指挥使司

蒗蕖州

白角河 在州西，其源出绵绵山麓，流过于州，而入西番。

北胜州

陈 海[①] 去州南四十里许，周围八十里，富鱼虾，东属本州，西属顺州，中分而掌之。土人传云昔本陆地，有姓陈者居其间，一夕沉而为海，或以为有灵物藏焉。理或然也。

龙 潭 在州治西一十五里四城乡界，有泉九眼，溉田万亩余。有桑园河在其东南，又有金沙江则由东北折于西南，以环于州之界，而龙潭、桑园之水俱入焉。

者乐甸长官司

景来河 在司治之近，其源自景东而来，经本甸，流入马龙江。

---

① 陈海 正德《云南志》“北胜州”条有“呈海，一名陈海”。万历《云南通志》、天启《滇志》等俱作“程海”，今亦为程海。

卷 五

大理府

西洱海 一名西洱河，即古之叶榆泽也，在府治之前。其源自丽江过剑川、邓川而来，合十八溪之泉而潴于此。首尾一百里，周围三百余里，中有四洲、三岛、九皋之奇，浩荡汪洋，烟波无际。富鱼利，为税四千一百八十四石有奇。其流西出天桥，与样备江合流，入澜沧江。述律杰《题西洱海》诗：

> 洱水何雄壮，源流自邓川。两关龙首尾，九曲势蜿蜒。大理城池固，金汤铁石坚。四洲从古号，三岛至今传。罗阁凭巇险，蒙人恃极边。要当兵十万，不数客三千。世祖亲征日，初还一统天。雨师清瘴疠，风伯扫氛烟。民物因蕃富，封疆近百年。点苍山色好，铭刻尚依然。

十八溪 其源皆出点苍山，虽远近高下不同，而各有名：曰阳蛮，曰葶漠，曰磨残，曰青碧，曰龙溪，曰玉溪，曰碧玗，曰山字，曰隐仙，曰中溪，曰白石，曰灵泉，曰蟠溪，曰阳溪，曰花香，曰茫涌，曰花浪，曰银矿。其所经之处，皆有灌溉之利，而同入于洱海。

赵　州

赤水江 在赵州东南七十里旧白崖睑，源发定西岭，南流四十余里入定边县，与礼社江相合，复北流十里许，入昆雌江。

邓川州

样备江 又名神庄江，在浪穹，其源出鹤庆，过点苍山麓，入西洱海。

云龙州

浪沧江 在州治之西，其源来自吐蕃，循三峰山之麓往顺宁，趋金齿，而南入于海。

蒙化府

阳　江 在府治之西乌保郎里，其源从甸头花判涧流出，至甸尾村六十里，过定边县，入浪沧江。

鹤庆军民府

方丈山 在府南一百里细邑村，高可二三百丈，山半有一岩洞，阔数丈，中有一池，深不可测，池上有石观音像，又名观音山。

龙珠山 在府南二十里，山后有石穴。土人传云："昔鹤川水涨，民不奠居，有异僧赞陀崛多者，卓锡成穴，其水遂泄。"又云："尝有龙戏珠于此，故名。"今郡民每岁四月，择日诣穴前祭祀，以祈弭水患。

鹤　川 即漾工川也，阔二丈余。其源出府治后三十五里丽江界，过府治东而南流入龙珠山北麓石穴中，复从东麓而出，趋金沙江。

龙　潭 有三处，在府治之西六里山麓间，俱有灌溉之利。

剑川州

剑　川　在州之东南，水流分而为三，形如川字，深浅不同，皆趋入样备江而去，平川一望四十余里。

顺　州

丽江军民府

通安州

清　溪　有二处：一出吴烈山麓，过于州治之前；一出雪山之下，至东员里。二溪合流，民引之灌溉田亩，其利甚愽。

宝山州

金沙江　经于州治之后。

兰　州

白石溪　其中多白石，其流绕州治，灌田甚多。

巨津州

金沙江　经于州治之东北。

卷　六

金齿军民指挥使司

浪沧江　旧名澜沧江，在司治东北八十六里罗岷山麓，阔二十六丈，源出吐蕃嵯和歌甸，蒙氏以此为四渎之一。汉时开博南，行者愁怨，作歌曰："汉德广，开不宾。渡博南，越澜津。渡澜沧，为他人。"其北有江，曰银龙，曰胜备，皆次于浪沧者也。

潞　江　讹云怒江，去司治南一百里潞江安抚司之北。其江深不可测，两岸陡绝，瘴疠甚毒，秋夏不可行。蒙氏封此为四渎之一也。

清水河　在城北三十里，其源有二，一出阿隆村，一出甘松坡下，俱南流至清水关，合流而过北津桥。

沙　河　在城南二十里，其源出九坡岭箐内。

沙木河　在司治东北一百二十里沙木和村，其源出顺宁府之西北，有灌溉之利。

诸葛堰　有三，俱在城南诸葛营之上下。其南又有甸尾、官市二堰，卧狮窝有三坝，俱洪武年间指挥使胡渊所筑，溉田数万亩，民赖其利。

腾冲军民指挥使司

大盈江　在城西门外，其源有三，合为一流，故曰大盈。土人咸以车取水灌田，又名大车江。

龙川江　一名麓川江，去城东七十五里，经于龙川江驿前。

外夷衙门

〔据陈文修景泰《云南图经志书》（李春龙、刘景毛校注，云南民族出版社2002年版）卷一至卷六分别依府州厅建置逐一辑录。陈文，字安简，庐陵（今江西吉安市）人。明正统元年（1436年）进士，授编修。景泰二年（1451 年）八月升为云南布政司右布政使。在云南为官六年，后入朝，官礼部尚书、文渊阁大学士。成化四年（1468 年）卒。景泰《云南图经志书》卷一至卷六《地理志》以各府州为目，立县名、建置沿革、事要，其中山川、形胜、井泉、桥梁等列于“事要”下，涉及云南水文献的有：卷一《云南府》滇池、盘龙江、南坝闸、汤池渠；晋宁州大堡河、白龙溪、黑龙溪；安宁州温泉；昆阳州海口、小溪河、龙洞溪、矣甸河；嵩明州嵩明海子、东山龙潭。卷二《澂江府》抚仙湖、阳宗湖、星云湖、空谷泉、北坡泉、西浦泉、双井温泉；新兴州莲花池、大溪、龙井、白龙泉；路南州铁池河、黑龙泉、温泉、冷泉；《曲靖军民府》东山河、潇湘江、白石江、温泉；霑益州盘江、交水坝；陆凉州东河、西河、灵泉；罗雄州喜旧溪；《寻甸军民府》温泉、矣步坞泉、倘郎泉；《武定军民府》乌龙河、香水泉；和曲州金沙江、西溪河、香泉、冷热泉；禄劝州普渡河、乌龙泉、甘龙泉。卷三《临安府》：泸江、莲花池、通海湖、玉洁井、白龙泉、温泉；建水州曲江、建水池、溥博泉、温泉；石屏州异龙湖、落矣河、大小龙井、温泉；宁州高河、龙川、温泉、瀑布泉；阿迷州乐蒙河、火井、灵泉。《广西府》：矣邦池；弥勒州温泉；维摩州曲部溪；《广南府》西洋江；《元江军民府》元江、温玉泉；《镇沅府》：杉木洒；马龙他郎甸长官司贾庆林摩沙勒江、温泉。卷四《楚雄府》龙川江、平山河、零川、温泉、南果罗泉；镇南州马龙江、龙泉、热泉；南安州黑龙潭、玉泉；《姚安军民府》蜻蛉河、大姚河、七湖、金龟井、西岭泉；《景东府》通华河、大河、筧泉、龙潭；《顺宁府》顺宁河、西添河、温泉；《永宁府》鲁窟海子、勒汲河、温泉；《蒗蕖州》白角河；《北胜州》陈海、龙潭、春水泉、温泉、澜沧江；《者乐甸长官司》景来河、毒泉。卷五《大理府》西洱海、十八溪、瀑布泉；赵州赤水江、洱海卫、玉泉井、温泉；邓川州样备江、温泉；云龙州浪沧江；《蒙化府》蒙舍川、阳江、泮井、温泉；《鹤庆军民府》鹤川、龙潭、温泉；剑川州灵泉、温泉；顺州；《丽江军民府》通安州清溪、温泉、苦泉；宝山州金沙江；兰州白石溪；巨津州金沙江。卷六《金齿军民指挥使司》浪沧江、潞江、清水河、沙河、沙木河、诸葛堰、玉泉、龙泉；《腾冲军民指挥使司》大盈江、龙川江、分水泉、温泉。〕

（正德）云南志·山川

卷　二

云南府

滇　池　在府治南，一名昆明池，一名滇南泽。周广五百余里，合盘龙江、黄龙溪诸水汇为此池。中产衣钵莲花，盘千叶，蕊分三色，而鱼虾凫鸟、菱芡菰蒲之利，为西南之最。中有大、小卧纳二山。《史记》：滇水源广末狭，有似倒流，故曰滇。楚庄蹻王滇池即此。有河泊所五。滇为云南巨浸，每春夏水生，瀰漫无际，池旁之田，岁饫其害。弘治十四年，巡抚右副都御史应大猷、金谋协、镇守太监刘泉、总兵官黔国公沐崑令军民夫卒数万浚其泄处，遇石则焚而凿之，于是池水顿落数丈，得池旁腴田数千顷，夷汉利之，佥谓是役，功倍于金汁河。

螳螂川　源出自滇池，萦迴安宁州治，过富民县，下入金沙江。

渠滥川　在昆阳州东南五里，东北流入滇池。

大池江　一名盘江，一名大河。从澂江府旧邑市县北入宜良县境，六十里出县界，入滇池。

大城江　源自阳宗县明湖，流经宜良县，东下入盘江。

盘龙江　一名滇池河，源自嵩明州故邵甸县之东山、西山，凡九十九泉，合流经会城东，又南入滇池。

龙巨江　一名龙济溪，源出寻甸果马山，流经嵩明州东南，入嘉利泽。

西　湖　在府治西，周四里，蒲藻长青，人多泛舟游赏，即滇池上流，俗呼为草海子，中有黔国莲池。

安宁河　源出安宁州，东经富民县南，又东至罗次县为沙摩溪，至禄丰县为大溪，至易门县为九渡河，流入元江府界。

大堡河　源出[①]新兴州界，经晋宁州永兴乡，分流入滇池。

星宿河　在禄丰县西，源出武定府，过易门县，流入元江。

洟札郎水　在富民县东北一十里，西入大溪。

农纳水　在富民县北五十里，源出武定府界，北入大溪。

龙泉水　在富民县西五里，俗传中有龙怪，立祠镇之。

弥雄水　出弥雄山，南入罗婆泽。

牧样水　源出嵩明州牧样涧，西南入滇池。

嘉利泽　在嵩明州东南一十五里，周迴百余里，水溉民田，鱼供民食，又名杨林泽，下流入寻甸府境。

交七浦　在归化县东北二十里，广二百余亩。

荷花池　在府学后，一名九龙池。

黑龙池　在府治北二十五里，一名黑鱼池，深不可测，人莫敢取其鱼，傍有龙祠及文殊阁，祷雨辄应。其西有白龙池。

红莲沼　在富民县治东南，泉常涌出，荷花烂漫，上有龙神祠。

龙　泉　有四：一出商山下，湫傍有祠，祠西有亭，扁曰“第一泉”，东有龙泉观；一出城西勒甸村，山中水分青白色，上有祠；一出碧鸡山下，洞内有金线鱼，故又名金鱼泉；一出旧杨林县西。

南坝闸　距郡城五里许，前代之为坝为堰，不过为苟且疏略之计，每岁夏秋之间，潦水暴至，则弥望渰没；亢阳不雨，则遍野焦枯，民尝苦之。太傅黔国公赠定远王沐晟与弟左都督赠定边伯沐昂，尝于永乐、宣德中谋造石闸，以蓄泄其水，而为经久之利，皆值边境多事，未就。景泰癸酉，都督同知沐璘谋于参赞军务右佥都御史郑颙，会众议请允，乃甃石为闸，设以守者，因水之盈缩，而时其启闭，民甚便之。

汤池渠　在宜良县之西南三十五里，有记见后。

卷　三

大理府

西洱泽　在府城东，古叶榆泽，即书所谓西珥也。土人大之曰海，一名洱海，又名西洱河。源出罗谷山，经剑川、邓川之境，合点苍之十八川，而汇于此，形如人耳，周

① 出　原本误作“良”，据景泰《云南图经志书》卷一《云南府·晋宁州·山川》“大堡河”条改。李春龙、刘景毛校注，云南民族出版社 2002 年版，第 47 页。

三百余里，中有罗筌、浓禾、赤崖三岛及四洲九曲之胜。下流与漾备江合入澜沧江，南通大海。其鱼虾、凫鸟、菰蒲之利，与滇池同。有河泊所，税四千一百八十四石有奇。浓禾岛，形如几案，故又名玉案山。

邓　川　川有三，形如川字。中一川，即弥苴佉江；东一川，源出星鲤泉；西一川，源出绿玉池，合流入西洱海。

漾备江　一名神藏江，源自剑川州，经浪穹县界，绕过点苍山，与西洱河合流，至赵州西南境，下流入澜沧江。

大　江　源出定西岭北，流经赵州治东南，下入西洱河尾，又名波罗江。

白崖睑江　一名赤水江，源出定西岭东南，流经赵州白崖睑，至定边县，入礼社江。

澜沧江　按：《尚书蔡传》以西珥叶榆为黑水，盖当时不亲目其地，但考于载籍，或传闻之误耳。以今考之，雍、梁之界，皆曰黑水，则黑水当自雍之西北，以经于梁之东南，惟澜沧江为然。澜沧，源出吐番之嵯和哥，或云出莎川石下，其石形如鹿，故名鹿沧江，后人讹为澜沧也。自西而南，至丽江兰州入云龙，南过永昌东八十里，又南过楚雄、临安、车里、大甸、七十城门，至交趾，入南海，岂即古之黑水欤？然东北渤海亦有黑水，则黑水固非一矣。

礼社江　源自赵州白崖睑，至楚雄，合浪沧江。

大　河　源出梁王山，合竹泉、横溪二水，流经宾川州界，北至金沙江。

十八溪　即十八川，其源皆出点苍山，曰阳蛮、曰葶溟、曰磨残、曰青碧、曰龙溪、曰玉溪、曰碧玗、曰山字、曰隐仙、曰中溪、曰白石、曰灵泉、曰磻溪、曰阳溪、曰花香、曰茫涌、曰花源、曰银矿。其所经之处，皆有灌溉之利，同入于洱海。

叶镜湖　在云南县北三十里，中有石若镜。

明河宁湖　在浪穹县西北五里，周回五十里，水色如镜。

青海子　在云南县东南一十里，又名青龙海子。

周官些海子　在云南县东北一十五里。

普河鱼池　在赵州东北五里，池素多鱼，相传有神主之，民莫敢取。

乌龙池　在宾川州西南五十里，居民堰之以灌田。

黑龙泉　在府城西再光寺之左，味甘于他泉，蒙、段氏取供内用。

瀑布泉　在点苍山应乐、岑峰之间，飞流千尺，宛若素练，悬挂崖壑。

星鲤泉　在邓川州治东十里，自东山麓石崖下涌出，注为池，深不可测。内鱼额点如星，人以为异，莫之敢取，灌溉之利甚多。

石窦香泉　在邓川州南八里许，地名云龙，山顶中凹外起如盘然，俗名阿伽盘，盘中有泉，不盈不缩，味甚香美。

温　泉　赵州、邓川、宾川、云南县皆有之，惟浪穹九气台泉为最，浴之可愈疾。

竹　泉　在宾川州南八里神祠内，泉自石罅流出，灌田数百顷。

五盐井、药师井　在府城西北，水造纸极洁白。

救疫井　在点苍山下，相传有疫疠者饮之即愈。

玉泉井　在赵州北一十里，元世祖征南，驻兵于此，时久旱，军士咸渴，世祖恳祷，以剑插地，清泉涌出。元杨廷撰碑。

宝泉坝　一名游峰场，在云南县北二十里，积水灌田，军民赖之。景泰间，副使周鉴、参政赵雍重修，大学士彭时有记，见后。

东晋湖塘　在赵州治东十里许，灌溉甚多。

卷　四

临安府

龙　川　在宁州北五十里路居乡，源发甸头山涧中，阔可七尺，灌溉之利甚慱，北流注抚仙湖。

建　水　在府城西，广五里，今湮塞过半。

泸　江　在府城南，源自石屏州异龙湖，东流入阿迷州南，为乐蒙河，入于盘江。

曲　江　在府城东北九十里，源自新兴州普庙村，由嶍峨县、石屏州会诸水．至河西县界，入建水州境为曲江，而东汇于盘江。

礼社江　在府城西，流经城南，入纳楼茶甸界为禄丰江，经蒙自县为梨花江，东南注于交趾清水江。

婆兮江　在宁州东六十里．源自澂江抚仙湖，经州境汇于婆兮甸，入盘江。

禄卑江　在河西县西五十里，一名沾夷江，源自新兴，流经县境，东入于曲江。

合流江　在嶍峨县南，一源自石屏州，一源自新兴州，俱至本县合流入于曲江。

亏容江　在亏容甸长官司西五里，源自元江入境，东经车人寨，出宁远州境。

落矣河　在石屏州西八十里，源自元江府入境，出亏容甸。

乐蒙河　源自异龙湖，至建水为泸江，而西来曲折绕于州前，东迂半舍而入盘江。

高　河　在宁州东四里团山顶上，周三百步，久雨不溢，旱不涸，昔有人盗水灌田，而风雷辄至，后不敢犯。

鲁部河　在教化三部长官司西南三十里，源自礼社江，经司境入梨花江。

异龙湖　在石屏州治东，湖有九曲，周一百五十里，土人尊之曰海。中有三岛：小岛曰孟继龙，有蛇虫，人不可居，昔蛮酋以有罪者流此；中岛曰小末束；大岛曰和龙，汉人名曰水城，蛮酋立城其上，四面皆巨浸，流为泸江。

通海湖　在通海县北三里，源自河西县，流注为湖，周八十里，土人大之曰海。相传昔水涝不通，有僧于县治东北石笋丛立处以杖穿穴，泄其水，因名通海，详见《仙释》。

莲花池　在府治西，广二里，清澈如鉴，每夏花开如锦。

温　泉　有九：一在府治东北三十五里香林寺山下，泉温而清，每春暮，郡人浴三日乃归，谓之袪时疫；一在建水州治北曲江村，水沸如鼎，人不敢近，傍有凉泉，成化间，知州王恕于温泉流出百步处，甓池受汤，注以凉泉，构屋覆之，以便浴焉；一在石屏州南三十里，相连有五塘，每岁春月，州人有疾者皆往浴焉；一在宁州南二十里许礐山之麓，池阔二丈，上有一石，垂如象鼻，鼻有两孔，浴者出入两间，蔽内外，其水清温不甚热，久浴可愈沉疴，中有异木不朽，又有文石、白沙布于池底，挠之不浊；一在阿迷州西南四十里，泉傍有石洞数丈，可容百人，上有干霄之木；一在通海县西百步；一在河西县西四十里碌碑河边佛光山下；一在嶍峨县香柏古祠之右；一在蒙自县南五里。

白龙泉　在府治西北，上跨以桥，其水灌溉甚慱。土人庙其傍，岁旱祷之即雨。其东北有井泉清冽，汲之不竭。

灵　泉　在宁州治西，其深莫测，谓有龙物潜焉。

新生泉　在通海县东一十里，可灌田百亩。

龙华泉　在蒙自县废龙华寺内，相传有灵物潜其中，岁旱，取水祷之辄雨。

玉洁井　在府之东，味甘列（冽），色如玉洁。

大小龙井　在石屏州治西，二井相邻，合流入于异龙湖。

通　井　在宁州治南，水甚洁，而旱不涸。

火　井　在阿迷州东北三十里，其水溢出于田，常有烟气，投以竹木则火燃，夜则有光，井傍石亦常热，盖莫能究其然也。

石屏湖　有记。

卷　五

楚雄府

龙川江　在府城北，源自镇南州平夷川，东南流经府城西，合诸水至青峰下，为碌碌川。又东合诸水，经定边境下，流入金沙江。

马龙江　在镇南州西南一百八十里，源自蒙化入境，西南流经碍嘉县东，又东南入元江。

捣练溪　在府城西，宜酝酒。

子甸溪　在镇南州东北，溉田甚多。

黄莲池　在定远县东南五里，广二里许，相传有黄莲开其中。

龙马池　在定远县西南五里，方广四里，相传有龙马见于此。

平山河　在德化门外，其源出南安州山内，经本府北入龙川江。

温　泉　有二：一在广通县南六十里，一在定边县东二里，其水皆温，人多浴之。

龙　泉　在镇南州南三十里，泓深莫测，岁旱祷之辄雨。

热　泉　在镇南州西六十里，其水如汤，人多浴之。

玉　泉　在镇南州东二里，其泉温暖可浴，兼有灌溉之利。

南果罗泉　在碍嘉县西四里。

黑龙潭　在南安州东七里，其深莫测，相传有龙潜焉。

古　井　在镇南州东一里，其水甚佳，人多汲之。

三　井　一曰青石井，在府治正厅之前；一曰西明井，在府东南半里；三曰玄坛井，在德胜门外，清冽，人咸汲之。

盐　井　有四：曰黑井、曰琅井，在定边县宝泉乡；曰阿陋井、曰猴井，在广通县舍资村。皆出卤水，可煮为盐，今置司课之。

石羊井　在定边县北五里，上有石似羊，人不敢动，动则井水泛溢。

零　川　在定边县西，古称牟苴河。其广通县有罗川溪，定边县有剌崩川，碍嘉县有黑石江。

城南堰　在府城南三里，可溉田千余亩。又镇南州有南堰、西堰，可溉田二千余亩。

梁王坝　在府治东平山门外三十五里，梁王栢匝剌瓦尔密①所筑，年久堤决，弘治十

① 栢匝剌瓦尔密　通作“把匝剌瓦尔密”。

三年重修。

卷 六

澂江府

巴盘江 源自陆凉州，流经路南州邑市、宜良，入广西府界。

萝木箐河 在新兴州，自晋宁州经大堡，入嶍峨县。

密罗河 在新兴州，出密罗村，经甸尾，入嶍峨县。

铁赤河 在路南州西四十里，源自陆凉州，经邑市县，过瓦渡龙溪、普双龙溪，至州境西南，又过兴宁溪，下流入盘江。又《图经》云有二：其一在州西五十里，阔十余丈，深不可测，南流入临安；其一在邑市县北，阔二十余丈，东流入陆凉。

龙泉溪 在府西一十五里乱石中，流入抚仙湖。

大 溪 源出夹雄山，自新兴州东北流绕西南，过罗麽、奇梨二溪，出嶍峨县，入曲江。

抚仙湖 在府治南，周二百余里，一名罗伽湖，一名青鱼戏月湖，渟滀清澈，其中多石，东流入盘江。

星云湖 在江川之南，宁州之北，周围八十余里，鱼利甚富。南北相望，各半而掌之，中浅埂口，阔三丈许，下有界鱼石一条，俗谓之海门。湖水东流五里，入抚仙湖。两湖相通，鱼形状颇异，不相往来，亦物之各从其类①。

明 湖② 在阳宗县北，一名夷休湖，一名阳宗湖。源出罗藏山，下流入盘江，周七十余里，两峰陡绝，山水黑色，鱼味甚美。

九龙池 在新兴州二十里，池聚九泉，分灌赤壤。

莲花池 在新兴州北一十里，下流入于大溪。

空谷泉 在府治东北，汇而为池，春时颇温，浴之可去痒疴。

西浦泉 在府西一十里许，赤麦地村奇石崖下。中突平基，有龙王祠像，左右潭湫二所，双泉夹出，合流成溪，灌溉之利，人多赖之。

北坡泉 在府治北二里许缺摩山麓，有灵湫焉。石窍沉深，时有小鱼出游，或投以糗饵，则巨鱼群然而出，若告报然，食毕复潜，莫知其处。土人传云，昔有捕其鱼者，烹之皆化红水，自是无人敢取。

双井温泉 在江川县海西村，两井皆温泉，流入星云湖。废邑市县治北，亦有温泉。

冷水泉 在江川县西北七里，源出西山，流入星云湖。废邑市县东，亦有冷泉。

青龙泉 在阳宗县南三里，县西北亦有白龙泉。

白龙泉 在新兴州东北二十里龙马山下，灌田颇多。

黑龙泉 在路南州东八里。

蒙化府

阳 江 在府城西，源出甸头涧，过定边县，入澜沧江。

---

① 两湖相通，鱼形状颇异，不相往来，亦物之各从其类 此句原本有缺，据景泰《云南图经志书》卷二《澂江府》补。

② 明湖 “明”字，原本缺，据万历《云南通志》卷三《地理志·澂江府·山川·众川》补。

样备江 在府西一百五十里，源自剑川州，过大理西洱河入境，南合于澜沧江。

澜沧江 在府城西南一百五十里，源出土蕃嵯和歌甸，南流至金齿罗岷山，少东至顺宁过府境崑崙山，又东历景东境入海，《禹贡》所谓黑水是也。迤西之水，此为经流，蒙氏以此为四渎之一。其南岸有马耳坡[①]。

泮　井 在府学中，水极清洌，每久旱，城中诸井皆涸，而此井不竭。

观　井 在玄珠观内，病者饮之即愈。

卷　七

景东府

澜沧江 俗名浪沧，源出金齿，流经府西南二百余里，南注车里。

大　河 源出定边县阿苲村，合三岔河，经府治东南，入龙马江。

笕　泉 源出蒙乐山卫城。旧无井泉，指挥袁贤始治竹笕引入城内，凿池潴之，上覆以亭。

龙　潭 在府北九十里，岁旱祷雨有应。

广南府

西洋江 在府城南八十里，源出本府板郎山、速部山、水王山，三流相合，东南入于田州府右江。

南木溪 在富州东三十里，源出花架山，其水常温。

南汪溪 在富州治西，源出麻卯山暨僻令山，流至州南，合南木溪，东行至石洞，伏流十五里，复出入于右江。

广西府

巴盘江 一名番江，自澂江府入境，东南流经师宗州及府之西境，西南至弥勒州，东注普安州界。

巴甸江 源出弥勒州治西北，南流数里，而东入盘江。

八甸溪 在弥勒州北，其源有三：一出阿欲山，一出旧村，一出北倾山。至州治东合流，南入盘江。

西　溪 出阿卢山洞中，盖师宗州诸水，多伏流于地，至此始出为溪，流经府治西，抱城南，与东溪合。

盘　江 自宜良县流经府境，入罗雄州界，郡中诸水，惟此为大。

山　湖 在弥勒州境内，产大鱼。

矣邦池 一名龙甸海，在府治南，周三十余里，半跨弥勒州界，水源有二：一出阿卢山麓石窍，一出弥勒州吉双乡。南流入盘江，中有小山，建广福寺。

---

① 马耳坡　《读史方舆纪要》卷一一八作“马耳渡”。

卷　八

镇沅府

杉木江　源出者乐甸，流经府治南，下流入威远州界，江岸多产杉木。

马涌江　源出纳楼茶甸，经禄谷寨东，下流合南浪江。

南浪江　源出纳罗山，经禄谷寨南，下流入宁远州界。

盐　井　有六，皆出波弄山上下，土人掘地为坑，深三尺许，纳薪其中焚之，俟成炭，取井中之卤浇于上，次日，视炭与灰则皆为盐矣。其色黑白相杂，而味颇苦，俗呼白鸡粪盐，交易亦用之。

永宁府

罗易江　源自浪蕖州，北流过府境。

勒汲河　源出西番，流经府治北，东入盐井卫界。

泸沽湖　在府东三十里，周三百里，中有三岛。

鲁窟海子　在乾木山下，周廻一百里，中有小山，名水寨。

温　泉　在府东北六十五里瓦都寨傍。

顺宁府

澜沧江　在府城东北七十里，源自金齿，东南流经本府，入景东府界，石齿嶙峋，波涛汹涌，实为险阻。

漾备江　在府城东北一百八十里，源自蒙化府，流经府界东南，混流百里，合于澜沧江。

备溪江　在澜沧江东，水由大理、剑川二泽流经漾备巡检司南四十里铺，合为一江，入蒙化府境，至本府铁场山下，入澜沧江。

顺宁河　在府治东，源出甸头村山箐内，流入大侯孟祐河。

西添河　在府治西北五十里，源出喻甸之都瓮村。

温　泉　有二：一在阿柱村；一在西添村，水皆如汤沸。

观音井　在澜沧江北瓮僕速山腰，通蒙化官路，傍山高五十里，从顶至江边，止有此井，行者利之。

卷　九

曲靖军民府

潇湘江　在府城南，广一引，其源出马龙州木容箐。夏秋之交，江水泛涨，汪洋弥漫，若洞庭潇湘之势，故名。

白石江　在府城北八里。本朝洪武十四年，西平侯沐英征云南，闻元司徒达里麻拥兵十余万屯曲靖，遂进师至白石江，大战，擒达里麻，俘甲士二万于此。

盘　江　在霑益州，有二源：一曰盘衮，蛮云男水，即今之北盘江，田州之廿流，经可渡至普定；一曰盘绛，蛮云妇水，即今之南盘江，由州之南流经交水，至弥勒。二水各流千余里，始合入平伐横山寨下，经广西静江，入于海。

东　河　在马龙州治东。

西　河　在马龙州治西，东流，合东河，入寻甸军民府界。

东山河　源出霑益州块步溪，傍有洲，平坦肥沃，约百余顷，而河流曲折循之，无旱涝之虞。

东海子　在城东五里许，轮广五十余里。每秋雨水生，汪秽浩淼，亦曲阳之巨浸也。

清溪洞　在平夷城西三里许，洞深一里，其内石笋森立，外则溪流环绕，清幽可爱。

喜旧溪　在罗雄州，源出龙甸村，流环州境，西至普安州，入盘江。

温　泉　在石堡山下，阔二丈许，其沸如汤，人多浴之。

龙　泉　在府城西南十里许，泉分两派，而灌溉之利甚慱，府卫春秋祀之，岁旱祷无不应。

灵　泉　在马龙州西南二里，水色清碧，民赖溉灌。

黑龙潭　在府东二十余里，傍有石洞，其上怪石巉岩，林木茂密，潭水源深而灌溉之利甚慱。

中埏泽　在邱雄山下，源自南盘江，经府东南，合潇湘江，至是汇焉，十八泉与南涧皆注其中，鱼虾甚富，其傍地为牧马场，多产良马。

南　涧　在陆凉州西北五里，阔二丈，源出马龙州，流经于州西北，而注于中埏泽。

北　沼　在府城北迎恩门外。

西　湖　在府城东北十里，俱洪武年间凿。先是，二水俱有坝闸，积水以灌田，军民利之，后俱为富人所占。弘治十二年，同知胡光具其事，陈当道核出池沼踪迹，治有罪之人，而浚水筑坝，水利如故矣。

交水坝　在霑益州南一百七十里平蛮乡，块步、蜡溪二水相合，又名交水河。先是以土堰水，每岁随筑随决。宣德十年，曲靖卫千户梅用凿石为坝，启闭以时，灌田百余顷。

大　坝　水出木容箐，洪武初，指挥刘璧筑坝，厮渠为三，造闸以蓄泄水利，于是东南三乡四堡之田，咸受灌溉。

姚安军民府

一字水　出黎武山北，会小升水，东入一抛江。

七　湖　在府城西南，土人称陂堰为湖，在平川中，凡七：一曰石地，二曰乌鲁，三曰阳沠，四曰塔境，五曰地摩，六曰大邑，七曰长寿，皆前代所筑，潴水以灌田，民甚赖之。

龙蛟江　在大姚县北一百二十里，今名沮泡江，源出铁索箐，合姚州之连场、香水二河，入金沙江。

青蛉河　旧名三窠戍江，源出三窠山，流至府南四十里，潴为石地，湖周广二百余亩，分为东汹溪、西汹溪，灌溉田亩。至城北，复合流至大姚县南，复东入金沙江。

大姚河　源出书案山，西流至大姚县西北，合铁索箐之水，又南流至县西南，合姚州小桥村之水；又东流绕县南，复东北入于青蛉河。

绿罗溪　出白盐井提举司治之绿罗山，东会一字水，山色相应如绿罗，故名。

春郎泉　在姚州东百十步，其水甘美，四时不涸，岁旱，一郡人资之，土人以为其中有龙，立祠其上。

西岭泉　在仙景山之西麓。相传昔有一老人，常于此磨铁杵，后莫知其所终，谓成仙也。今有石犹存。

白马泉　在姚州东北二十里，泉出山巅。土人谓此山为龙石山。泉傍有白马庙，相传昔有一白马，不时见，故立庙祀之。其水清冽，四时源泄，灌田至三千亩，土人赖之，岁设一祭。

白盐井　在姚州北一百二十里新江里，产盐。今置司课之。详见《古迹》。

金龟井　在府城西十里，其水清冽，土人皆汲之。

上闸、下闸　上闸在大姚县东二里，下闸去上闸三里。弘治间，军民筑之，以蓄泄大姚河之水，以备旱涝。

卷　十

鹤庆军民府

金沙江　在府治东七十里，阔一里许，其深莫测，内出金沙如糠粃，故名。

漾共江　一名鹤川，阔三十丈余，源出丽江界，流经府治东南，至龙珠山麓，群山环合，水无所泄，则潴而为湖，又名漾共湖。漏入石穴，至三庄后出，入金沙江。相传神僧赞陀崛多用锡杖卓穿龙珠山麓以泄水。

长康河　在府治南十里许，源出黑龙潭，郡南民田，多资灌溉。

三庄河　在府治南三十里，与漾共川石穴所出水合流，入金沙江。

桑木箐河　在府治南一百余里，出鱼，味甚美。

河头溪　在顺州东北的里乡十余里，灌田甚多，至春温暖可浴。

剑川湖　在剑川州西北七十里，山顶有泉，广可半亩，流注州东为此湖，周数十里，土人大之曰海。绕流罗鲁城，出赵州境。有河泊所，岁办鱼课米九十九石三斗，钞五千六百二十七贯。

剑　川　在州东南，水分为三，形如川字，深浅不同，皆趋漾备江，而平川一望四十余里。

牛甸湖　在顺州东二里。

温　泉　有六：一在府治南十里，流出宣化关山下，浴可去疾，傍有寒泉，与温泉合流，有灌溉之利；一在府治东南一百三十里大梦村，泉自石岩流出，潴而为池，宽四十余步，深四尺，温暖洁净，每岁季春，郡人有痞病者往浴其中；一在府治观音山驿南七里；一在驿南十里；一在剑川州治南五里；一在治西一里。皆温洁可浴。

灵　泉　在剑川州治南四十里，源出石宝山下。其泉寒冽，土人有患疫疠者，取其水盛以竹筒，悬之于门，其患遂愈，号曰灵泉。

龙　潭　有四：一在府治西五里许，名西龙潭，郡人筑土为池，以蓄水灌田，又名清池，宽百余丈，前有一小土山如台，每夜月临台，水光月色，皎然相荡，如烁玉镜；一在府治西南七里，名南龙潭；一在西北十里，名北龙潭；一在宣化关北六十里，名黑龙潭。其源俱从石岩下涌出，各宽三十余丈，深不可测，流灌原田，四时不竭。相传俱有龙伏其中，遇旱祷雨辄应，土人或渔之，则阴云满山，雨电倏至，而伤苗稼，其灵如此，郡人祀之甚严。

弥沙盐井　在州西南一百五十里弥沙浪乡，出卤泉，煮为盐块，形如马蹄，今置司课之。

桥后井 在州治西南一百四十里，有卤，煮以为盐，其课附弥沙井。

武定军民府

金沙江 源出吐番共龙川犁牛石下，又谓之犁牛河，流经丽江、鹤庆、北胜、姚安至本府北界，又东入黎溪州。沿江多岚瘴，隆冬行者多流汗，土人云惟雨中及夜渡可无虞。蒙氏封为四渎之一，元李景山有诗。

勒夷水 自废南甸县境北，流入金沙江。

掌鸠水 在废石旧县，其水绕县三面，凡数十渡。

乌龙河 在府治之前五里，源出乌龙洞。灌田数百顷，土人云洞中有灵物，能兴云雨，故名。

西溪河 源出镇南州，经楚雄至元谋县之西境，下入金沙江。

普渡河 在废石旧县南，东流入金沙江。

惠嫋湖 在府城西北八十里，湖方五里，茂林佳木，掩映其傍，水色清碧，深不可测。叶落其中，有青鸟辄衔去，土人以为有神。

莲花池 在府治北三里。

香　泉 有三：一在府城南二里，其泉春时则香，土人于二三月间，具酒肴祭之，然后日汲和酒而饮，谓能愈疾；一在和曲州西十五里；一在废南甸县南三里。皆气味香冽，土人用酸枣、蔗浆、盐梅和饮之。

冷　泉 在和曲州西五里，饮之其寒彻骨。

温　泉 有二：一在禄劝州南五里，其沸如汤，可燖羊豕，土人于春冬竞往浴之；一在元谋县法纳河村。

甘龙泉 在禄劝州西一里许，自石崖流出，经州治，民日汲之。

莲花井 在府治东北，水常清溢，旱亦不涸，汲者不远数里，用之造酒佳。

卷十一

寻甸军民府

磨浪水 在废为美县西三十里。

阿交合溪 旧名些兵溢派江，其源有二：一出嵩明州，一出马龙州。至府东南十五里，合流入霑益州界。

车　湖 在府城西三十里，一名清水海子，周广四里，四围皆山，有灌溉之利。

温　泉 在府城南五十里，俗呼热水塘。

矣部乌泉 在府北四里，俗呼冷水塘，下流至沙淋村。

丽江军民府

金沙江 古名丽水，源出吐蕃界犁石下，名犁水，讹犁为丽，流经巨津、宝山二州，江出金沙，故名。元大弟忽必烈征大理，从金沙济江即此。

澜沧江 源出吐番嵯和歌甸，流经兰州西北三十里。东汉永平中始通博南山道，渡澜沧水即此。

清　溪　其源有二：一出东山；一出雪山，至东圆里合流，绕府城前，灌溉之利甚博。

白石溪　在兰州治南，中多白石。

温　泉　在通安州八十余里阿失村，其泉温暖，民夷春冬浴之。

苦　泉　有二：一出吴烈山涧内；一出州南剌沙村，其味皆微苦，夷人每往饮之，谓能除病。

盐　井　有六：曰二欠井，在兰州汤甸村；曰上日次井，曰下日次井，曰罗麽井，曰温井，曰五井，俱在雪盘山西南。其卤皆咸，可煮为盐，本州亲课之。

龙　潭　在府治西南十里，阔数十亩，深不可测，四畔草结如牌，履其一处，则诸处皆动，人或近之，风雨辄起，土人相传，云昔有耕者为暴风雨卷入潭内，至今或见其人及牛犁旋绕其中。

元江军民府

礼社江　一名元江，源自白崖江，合澜沧江，流绕府城东南，入南安州。

温玉泉　在府城西北一十五里，石间迸出如汤。

卷十二

北胜州

金沙江　源自丽江府，由西而东环州治，一名丽江，即古丽水也。

桑园河　源自云南县，经州西南一百五十里桑园村，流入金沙江。

大港子河　在州北五里，源自四川马剌乡，入州境。

五浪河　在州治五十里盟庄坝，源自四川盐井卫，入州境，西入金沙。

呈　湖　在州南五十里，灌田亩，下流入金沙江。

呈　海　一名陈海，在州南四十里，周八十里。相传本陆地，有姓陈者居此，一夕沉为海，故名。海之西有龙王庙。

崀峩海　在州东南三十五里。

春水泉　在州西北五里，水清白，每岁三月，居民携酒馔赴泉畔为燕乐，汲泉和盐梅诸物饮之，谓之吃春水。

温　泉　有二：一在州南枯木村；一在州南沙田村。

龙　潭　在州西十五里，泉有九眼，溉田万余亩，下流入金沙江。

新化州

摩沙勒江　源自大理白崖城，流经本甸东南八十里，东注元江，入交趾界，夏秋潦涨，饮者辄中瘴疠，惟百夷男女四时浴其中。

温　泉　在彻崇山下，其热如汤，路险，人迹罕到。

者乐甸长官司

景来河　源自景东府，流经本甸，下入马龙江。

毒　泉　在蒙乐山间，人畜饮之即死。

澜沧卫军民指挥使司

罗易江 源自蒗蕖州东，合数溪北流入永宁府。

白角河 源自绵绵乡，经白角乡入西番界。

卷十三

金齿军民指挥使司

澜沧江 经司城东北八十五里罗岷山下。汉明帝兵开博南，行者愁怨，作歌曰："汉德广，开不宾。度博南，越澜津。渡澜沧，为他人。"即此也，详见《关梁》。

槟榔江 源出吐番，绕金齿百夷，经干崖阿昔甸，下合大车江，至江头城。

银龙江 在永平县东，守御城跨其上。源自上甸里，合木里场河，又南合曲洞河，又东南过萨佑河、花桥河，又东南入澜沧江。

胜备江 源自罗武山南，流经永平县东南境，合九渡、双桥二河，至蒙化府，合备溪江[①]。

潞　江 旧名怒江，源出雍望，经潞江安抚司之北，两岸陡绝，瘴疠甚毒，夏秋不可行，蒙氏封为四渎之一。

清水河 有二：一出木司阿隆村；一出甘松坡下，合流至潞江安抚司城东北，合凤溪、郎义河，又至司城东南，合沙河诸水，入于峡口洞。

沙木河 源自顺宁府，经司城东北百余里，西北入澜沧江。

坪市河 一出甸头山，一出石甸寨，合流经施甸西，又南合蒲缥寨，涧水经新栅山口从陡崖飞下，下流入于潞江。

曲洞河 在永平县西三十里，源出和邱山之西麓。

木里场河 在永平县西三十里，源出和邱山之东麓。

九渡河 在永平县东北一百三十五里，源出横岭山之西。

青花海 在司城东北四里，源出龙泉，内有红、白荷花，夏月盛开，香风十里，为郡人游赏之所。

荷花池 在司治西。

易罗池 在司城南，周三百余步，源自地中涌出，相传沙一[②]触沉木而感孕，即此池也。

龙　泉 有二：一在司城北郎义村，折为三派；一在上丛村，皆有灌溉之利。

温　泉 凡四：一在本司东北三十里金鸡村；一在本司北一十五里郎义村西山下；一在本司南五十里蒲缥寨；一在永平县南八里曲洞村，土人四时浴之，春月尤盛。

大诸葛堰 在司城南一十五里，其东有东岳堰及小诸葛堰，皆有灌溉之利。

甸尾堰 在司城南三十里，周广二里。

腾冲军民指挥使司

大盈江 有三源：一出赤土山，流为马邑河；一出龍逫山，渷为小湖，流为高河；

① 备溪江　原本作"溪备江"，据正德《云南志》、万历《云南通志》等改。

② 沙一　通作"沙壹"，见《后汉书·南蛮西南夷传》。《华阳国志·南中志》作"沙壶"。

一出罗生山，流为罗生场河，绕司城，自东而北而西。三水合为大盈江，又名大车江，南入南甸州为小梁河，至干崖为安乐河，西流为槟榔江。

龙川江　源出峨昌蛮地七藏甸，经越甸傍高黎贡山北渡口，古有藤索桥，下流至太公城，合大盈江。

叠水河　在城西南山麓，有石岩断陷百尺，水势奔飞，雷怒雪翻，吐珠喷沫，观者毛悚。

大车湖　在司南，湖甚广阔，中有山，远观之真琼浪中一点青也。

半月池　在司城北七里，周五十丈。

玉　泉　在大盈江右玉泉寺下，源从平地石罅涌出，流合大盈江，灌田甚广。

分水泉　在高黎共山之顶，清澈可掬。相传昔有神僧悯行者之渴，以锡卓地而泉涌焉。至今往来者咸掬饮之。

温　泉　有四：一在城北马邑村，一在城东南大洞村，一在城南罗左冲村，一在城西缅箐村。水沸如汤，人多浴之。

卷十四

车里军民宣慰使司

沙木江

澜沧江　下流入金齿界。

鹧鸪江

木邦军民宣慰使司

孟养军民宣慰使司

缅甸军民宣慰使司

金沙江　《郡志》：地势广衍，有金沙大江，阔五里余，其水势甚盛，缅人恃以为险。

八百大甸军民宣慰使司

老挝军民宣慰使司

孟定府

孟艮府

南甸宣抚司

小梁河　在司东北三十里，源有二：一出腾冲赤土山麓，一出腾冲缅箐山麓。至此合为一，西南流至干崖为安乐河，而合于大盈江。其在司境流经南牙山西南，又谓之南牙江。

孟乃河　在司东南一百七十里，即腾冲龙川江之源。

大盈江　源出腾冲，流至司境，过镇西，入缅甸。

南甸河、南宋河　俱在司境，四时不竭。

干崖宣抚司

云晃河　在司治南，源出云晃山，下流与云笼河合，溉田千余亩。

安乐河　源出腾冲，经南甸迤逦至云笼山之麓，亦名云笼河。沿至司治北，折流而西一百五十里为槟榔江，至比苏蛮界，注金沙江，入于缅中。

止西河　在司东北三十里，源出云笼山，流十五里与云笼河合。

陇川宣抚司

汤　泉　从石罅流出为河，热如沸汤。

威远州

南堆江

谷宝江　自遮遇甸流至州境，下流合澜沧江。

湾甸州

镇康州

大侯州

澜沧江　在蛮弥山东南之麓。

孟祐河　在州治东。

孟赖河　在州南八十里。

钮兀长官司

芒市长官司

麓川江　在司西，源出昌娥[①]蛮境，流至司境，又至缅地，合大盈江。

金沙江　源出青石山，流入大盈江。

大车江　源自腾冲，流经青石山下，至江头城，名大盈江，入缅地蒲甘城界。

车里靖安宣慰使司

八寨长官司

孟琏长官司

瓦甸长官司

茶山长官司

麻里长官司

摩沙勒长官司

---

① 昌娥　当为“峨昌”，即今之阿昌族。

大古剌宣慰使司

底马撒宣慰使司

〔据周季凤纂修正德《云南志》（国家图书馆藏民国年间钞本）卷二至卷十四《山川》辑录全省各府司之“川”。云南山川景致甚多，特纪其盛者。附《井泉》见后。〕

（万历）云南通志·地理志·山川

卷二 地理志第一之二

云南府

大 川

滇 池 在府治南。为南中巨浸，周广五百余里，合盘龙江、黄龙溪诸水，汇为此池。中产莲花，十叶，蕊分三色，而鱼虾凫鸟、菱芡菰蒲之利，为南中最。《史记》：滇水源广末狭，有似倒流，故曰滇。楚庄蹻王滇，即有河泊所五。元乔坚《滇池》诗：“滇水不可涉，石戟参嵯峨。胡能宅蛟龙，但可藏鼋鼍。渚风荡惊湍，乃尔泥滓多。我欲澄其源，应自崑崙阿。寸谬谅靡救，临流将奈何？商山紫芝曲，渔父沧浪歌。斯人久不作，千载无清波。”日本机先诗：“滇池有客夜乘舟，渺渺金波接素秋。白月随人相上下，青天在水与沉浮。遥怜谢客沧洲趣，更爱苏仙赤壁游。坐倚蓬窗吟到晓，不知身尚在南州。”郭孟昭诗：“昆明千顷浩冥濛，浴日滔天气量洪。倒映群峰来镜里，雄吞万派入胸中。朝宗远会江淮迴，泽物常裨造化功。圣代恩波同一视，却嗟汉武谩劳工。”支森诗：“霄汉无云兔魄圆，波间天上两婵娟。碧鸡山下乘舟客，也学坡翁夜扣舷。”

众 川

西 湖 在府治西。周四里，即滇池上流，蒲藻长青，人多泛舟，俗呼为草海子，中有黔国莲池，扁曰“水云乡”。修撰杨慎《水云归棹》诗：“船随鱼浪去，人趁虎墟归。水叶晴萦楫，云珠冷溅衣。家家松火待，香雾满柴扉。”知府杨汝允《泛昆池[①]》诗：“远泛昆池水，回看太华峰。波光明组练，山色隐芙蓉。落木秋林澹，空江暮雨浓。倘逢渔父问，鼓枻愿相从。”

盘龙江 一名滇池河，源自嵩明州故邵甸县山中。凡九十九泉，合流蜿蜒，南入滇池。

海口大河 在府治西南八十里。以滇池潴诸川之水，西惟一河泄之，若咽喉然，故名。而沿海田地、财赋、物产，岁以万计，其利害由于海口之通塞，诚要津也。

大池江 一名盘江，一名大河。从澂江府旧邑市县北入宜良县境，六十里出县界，入滇池。

大城江 源自阳宗县明湖，东下入盘江。

---

① 泛昆池 天启《滇志》卷二十七《艺文志十·五言律诗》作“西湖”。

龙巨江　一名龙济溪，源出寻甸果马山，流经嵩明州，入嘉利泽。

澄清河　在滇池茭草潭内，土人呼为等清河。七八月间，潢水泛涨，此水独清。

金稜河　在府治南。盘龙江水由金马山之麓流经春登里，蒙段时，堤上多种黄花，名绕道金稜河。

银稜河　在府治西。盘龙江水由商山之麓流过沙浪里南，及府治东，蒙段时堤上多种白花，名萦城银稜河。

宝象河　在府治南。源出杨林上板桥，分泻至此，河注诸海。

安宁河　源出安宁州，东经富民县，又东至罗次县，为沙摩溪。至禄丰县，为大溪，至易门县，为九渡河，流入元江府界。

大堡河　源出新兴州，经晋宁州永兴乡，分流入滇池。

星宿河　在禄丰县西。源出武定府，过易门县，流入元江。

渠滥川　在昆阳州东南五里，东北流入滇池。

螳螂川　源自滇池，萦回安宁州治，过昆阳州、富民县，下入金沙江。杨慎《安宁泛舟过曹溪石洞诸境》诗："南中饶泉石，灵境限遐幽。兹山閟梵宇，回蹬盘崇丘。渍泉注阴罄，滥觞引潮流。青林斑麈逸，绿藻金蛙浮。踪迹既超远，仙隐何绸缪。探奇本夙尚，同声况相求。丹崖入步屣，清川回访舟。掇英挹杯斝，藉草成献酬。逍遥有真乐，汗漫非尘游。旅怀何所如，日暮云悠悠。"

石　淙　在安宁州，太宰杨一清世居之地。大学士李东阳《石淙赋》：

邃庵杨先生应宁，先世在云南，其地曰石淙。及游寓巴陵，卜筑京口，皆以名其所居。其入而仕于朝，出而官于外，撰述题识，亦以空名系之文字之间，示不忘也。予尝泛大[①]湖，渡长江，山川情状，概于心目，虽未获观所谓石淙者，爱其名，悉其所为怀，为述短赋，主于体物叙事，兼比兴之义，固不敢拟古作者，然同心之言，同声之应，君子或有取焉。其亦先生之意也哉。其辞曰："耸山骨兮崝嵘，中潺湲兮水声。初溅涓以汩潏，忽澎湃兮砰訇。或在远以疑近，恒自昏而彻明。感天机于一触，众籁为之不鸣。信江南之绝境，乃物类之至精。彼瀑布兮可拟，曷踣涔之足称？爰有三南居士，比象引义，取名石淙。"客从湖南而过者，曰："此非洞庭之波乎？碧浪千顷，青山一螺，挹灵秀于衡岳，激清风于汨罗。昔子之既丱既弁，来游来歌，兴怀于某水之丘，寄迹于此山之阿，校风景于豪华，繄孰少而孰多？"居士不答，如兹淙何。又有自滇南而来者，曰："此非昆明之漪乎？平地仰喷，从天下垂，建长江而直泻，指瀚海以同归。昔子之乃祖乃父，生斯聚斯，倏星移而物改，方挹彼而注兹。讶江山之不可复识，抑畴是而畴非？"居士乃怃然而叹曰："嘻，有是哉！吾固知石之为石，淙之为淙也。吾方手拊镗鞳，耳闻舂撞，应噫气于大块，引希音于清商。挟凉飙以助爽，与皓魄而争光；达大观于无外，谅至美之难双。盖将濯缨乎万里之流，振袂乎千仞之冈。若乃东山在吴，以象旧邦；东坡在黄，遂名四方。彼二东者之伟绩，岂三南之敢望？且夫石者，吾知其为坚；淙者，吾知其为激。

① 大　《滇系》八之二《艺文系》、道光《云南通志稿》卷十三《地理志・山川・云南府下》皆作"太"，通。

匪徒观物以适怀，抑亦将身而比德。盖将砺我粗钝，蠲我宿癖，涤尘垢于七情，潄芳华于六籍。嗟人生之有涯，见道体之无息。彼群分兮类聚，何物非兮太极。殆不知石之为淙，淙之为石也。”于是二客乃携酒与琴，游于淙上。荆班杂坐，林歌迭唱，北南俱失，宾主皆忘。慨聚散之殊途，顾行藏之异尚。三人者各适其适，渺不知其所乡也。

大学士费宏《石淙辞》：

石淙在滇南，今太宰邃庵杨公先世所居之地也。公自滇南徙巴陵，再徙丹徒，其藏修之所皆扁曰“石淙”，以示不忘。盖石淙之胜，因公而闻于缙绅，形于述作久矣。不揣疏陋，乃为之辞：“滇之涯，白石齿齿；滇之水，其流瀰瀰。汹素波兮东趍，屹苍崖兮中峙，势喷薄兮舂撞，轰风霆兮震耳。忽山尽兮川平，见蘅皋兮演迤，江有离兮汀有芷，缨吾濯兮无尘，心吾澄兮如洗。写溪声以朱弦，识高深之所志。彼美人兮出于其间，实钟奇而肖异。渊有龙兮则灵，鹏处海兮或徙。赋拟兮《远游》，桂棹兮鼓枻。眺君山而泛洞庭，登金焦而观扬子。听广乐于希声，尝中泠之至味。伟达人之大观，陋时俗之拘系。观水兮于澜，在川兮叹逝。羌圣哲之所存，固斯道之全体。惟动静之相须，必兼资乎仁智。因所遇而变生，悟为文之妙理。发绪余于笔端，亦雄深而巨丽。煅五色以补天，叆肤云而济世，乃举世之所期，翳美人之能事。著精光于浸润，去圭角于磨砺，愿揽结兮相从，望精庐兮伊迩。”

黑龙池　在府治北二十五里，一名黑鱼池。深不可测，人莫敢取其鱼。傍有龙祠及文殊阁，祷雨辄应。其西有白龙池。

荷花池　一在府学后，名九龙池；一在北门外。水泉不竭，俱有龙祠。

鸳鸯池　在聚仙山下。

龙　泉　有四：一出商山下，湫傍有祠，祠西有亭，扁曰“第一泉”，东有龙泉观；一出城西勒甸村山中，水分青、白色，上有祠；一出碧鸡山下，洞内有金线鱼，故又名金线泉；一出旧杨林县西。

瀑布泉　在府治西石鼻里宝珠寺后，有翠岩高数十丈，泉自岩顶注于溪，喷珠溅沫，清澈可爱。

文殊泉　由文殊山下流过松花堰，入西湖。

菩提泉　在玉案山下。

冷　泉　二：一在县北沙浪里上庄村，源出商山之麓，其冷透骨，土人云，浴此可去风疾；一在府西高桥[1]里普贤寺右。

温　泉　一在安宁州北十里，一在宜良县汤池巡检司傍，一在富民县南三里。云南温泉非一，惟在安宁者为最，色如碧玉，可鉴毫发。杨慎《安宁温泉》诗：“黟岫灵砂沚，华清礜石汤。佳名虽许并，仙液讵堪方。火井元通脉，曹溪且让香。流温涵水碧，

① 高桥　当作“高峣”。普贤寺，位于昆明西山高峣村北，始建于东汉，屡经重建，终圮于“文革”期间，址今建有徐霞客纪念馆。

气郁谢硫黄。清暑南薰际，回暄北陆傍。体应偕鹭洁，心不假犀凉。春醞熏兰斝，云腴泛茗枪。弄珠余浣女，鲙玉剩渔郎。瑶草蟠千岁，琼芝缀九房。温柔真此地，难老更何乡。”巡抚顾应祥诗：“公暇来游碧玉泉，深冬犹似暮春天。千峰宿瘴晴宜雨，一派流云暖带烟。岂有六丁司火候，要从浊世洗尘缘。老怀不问炎凉事，坐对清冷意洒然。”知府杨汝允诗：“扶桑煮海自何年？一窍遥从玉井穿。丹鼎药成犹带火，瑶池日暖乍生烟。乾坤炉冶原非别，山水精灵此独偏。曾向秦川夸寓目，谁非仙液到穷边。”董难诗：“煮石潜阴火，蒸云喷玉泉。混茫元太极，温润本先天。沂鲁秋光隔，骊秦树色县。浴余池馆上，绿水咏连绵。”

海眼泉　在安宁州治北。一日三潮，随涌随涸，俗传僧戒照卓锡之泉。

石洞泉　有二：一在嵩明州资善里，洞高丈许，泉出其中；一在昆阳州平定乡小山下，有三洞，泉出会而为潭，中有青白大鱼，俗呼随龙鱼，人不敢捕。

罗锦泉　在嵩明州月丰里，流灌田亩。

弥雄泉　出弥雄山南，流入罗波泽。

对龙泉　在嵩明州西中和里。两泉水对流，百余步始合，入嘉利泽。

嘉利泽　在嵩明州东南十五里，周回百余里。水溉民田，鱼供民食，又名杨林泽，下流入寻甸府境。

牧样水　源出嵩明州牧样涧，南流入滇池。

夷札郎水　在富民县东北十里，西入大溪。

农纳水　在富民县北五十里。源出武定府界，北流入大溪。

交七蒲　在归化县东北二十里，广二百余亩。

红莲沼　在富民县治东南。泉常涌出，荷花烂熳，上有龙祠焉。

清侯井　在布政司内。大理高智昇为善阐演习，号清侯，凿井得泉，故因其名。

阐西井　在府城隍庙内。土人取之濯丝织锦，其色鲜明。

石岩井　在圆通寺内石岩下。以之烹茶，其味香美，非他泉可及。

四　井　一曰白石井，在四牌坊；一曰石井，在旗纛庙；一曰四眼井，在西门石桥街；一曰阿泥井，在江头村。皆渊深清冽，赡民汲饮。

石　井　在西乡黑林里。

大理府

大　川

西洱河　《水经》一名叶榆水，《通典》一名昆瀰池。出浪穹县罢谷山下，数处涌起如珠树，世传黑水伏流别派也。自县西北来，汇于县东为巨津，形如月生五日，绕县西南，由石穴中出，又会阑沧江而入南海。左思《蜀都赋》曰诸葛亮之平南中也，战于是水之南，即此水也。水中有三岛：曰金梭，曰赤文，曰玉几。水涯有四洲：曰青莎鼻，曰大贯淜，曰鸳鸯，曰马帘。九曲：曰莲花，曰大鹳，曰礌矶，曰凤翼，曰萝莳，曰牛角，曰波峠，曰高岩，皆可田可庐，而大鹳洲随水升沉，如世称鹦鹉洲然。

阑沧江　在云龙州东二里，即黑水也。《书》华阳黑水惟梁州，源出雍州南吐蕃鹿石山，本名鹿沧江，后讹为澜沧，今又讹为浪沧。自丽江经州东南流入永昌、蒙化、顺宁、景东、交趾，乃入南海。

礼社江 源自赵州白崖，至楚雄合阑沧江。

金沙江 在宾川州东北，《山海经》《水经注》所谓若水是也。

众 川

大 江 又名波罗江，出九龙顶下，北流入西洱河，赵州之带水也。

赤水江 源出定西岭。

昆雌江 源出蒙化之巍山，合礼社、赤水二江，经元江府入交趾。

青龙海 在云南县东南十里。水涯出入，自金龙山望之，头角皆具，宛如游龙，故以名之。

周官些海 在县东北一十五里，又曰小蒙舍海。

大 河 源出梁王山，合竹泉、横溪二水，流经宾川州界，北至金沙江。

叶镜湖 在县南三十里，中有石若镜。

清 湖 在县西南一里。其深莫测，永乐七年黄河清，此水亦清，迄今遂不浊。

弥苴佉江 出浪穹罢谷山，南流注于西洱河，邓川州之带水也。浪穹名为蒲陀江，《一统志》讹为葡萄江。

罗时江 亦南流入洱河。

南诏潭 在邓川州西二十里。潭阔十余亩，其潭心深莫测，三山环峙，万木阴森，一面为石墙。世传昔人避兵处，今遇岁旱则祈祷焉。

宁 河 在浪穹县北，即《一统志》明河宁湖也。

九龙泉 在佛光山下。泉有九孔，俱自石窍中涌出，灌溉赖之。

孙 水 在宾川州东北，金沙江之别流异名者也。《水经注》一名白沙江，司马相如定西夷，桥孙水即此水也。又南至会无，入若水。

上仓湖 在州治九曲山之南，周回十里，中产莲花菜。

十八溪 源自点苍山椒，悬瀑注为十八溪：曰南阳，曰葶溟，曰莫残，曰清碧，曰龙，曰绿玉，曰中，曰桃，曰梅，曰隐仙，曰双鸳，曰白石，曰灵泉，曰锦，曰芒涌，曰阳，曰万花，曰霞移。溪各夹于十九峰中，所经皆有灌溉之利，同入于洱河。

瀑布泉 在点苍山应乐峰之南涧，曰梅溪。夏秋瀑布下有盆涡，盆中有一激石，其大如马，水激石跳，铿鍧如雷。千仞壁上有诗，不留姓氏："翠壁千寻挂玉泉，盆涡激石几千年。当时跃浪如龙马，砥砺磨砻变却圆。匹练卷将高五尺，须臾坠落潭花白。如今任运自推移，等闲占断蛟龙穴。"

翠盆水 即青碧溪，在马龙峰之南峪。有三盆，涧水三叠，盆中水清石丽，翠碧交加。李元期诗："谷响人言溪路长，溪源未到觉泉香。三盆叠落净于拭，崖根泻玉迸成浆。潭心丽石明翠羽，精英仿佛碧钗股。即非玉女洗头盆，且饮仙人石中乳。"董难诗："锦石铺盆翠厥瓮，鱼鳞雀尾动秋潭。"

药师井 在府城西北，水造纸极洁白。

救疫井 在点苍山下，相传有疫疠者饮之即愈。

普河鱼池 在赵州东北五里。池中多鱼，人不敢捕，云龙王兵也。

溪 沟 在云南县西三里。源出宝泉山下，入定边县，夹溪十里，花卉繁茂，又名万花溪，邑人四时游焉。

珍珠泉 在县南四十五里。涌泉如喷珠，虽熯旱不竭。

星鲤泉 在邓川州东十里。自山麓石岩下涌出，注为池，深不可测，内鱼额点如星，人以为异，莫之敢取。灌溉甚多。

绿玉池 在州治北七里。

上洱池 在州南十五里。

油鱼穴 在州南二十里。中秋则鱼长仅二三寸，十月望则绝。

龙　池 在浪穹县西，俗名鱼子洲。水色青碧，其鱼人莫敢取，为有龙居之。

金龙湫 在宾川州西百里。洱河之东，林木茂密，泉声混混，行人过之，毛发悚然，祷雨辄应。

乌龙池 在州西南五十里，居民堰之以灌田。

龙　潭 有三：曰干龙，在干海子哨；曰红雀，在龟山东；曰火龙，在石钟寺侧。

温　泉 赵州、邓川、宾川、云南县皆有，惟浪穹县九气泉为最，浴之可愈疾。

临安府

大　川

牂牁江 乌蒙界有牂牁太守陈立祠。庄蹻留王滇池，置苴兰、牂牁国，汉立牂牁郡。

众　川

泸　江 在府城南。源自石屏州异龙湖，东流入阿迷州南，为乐蒙河，入于盘江。有王景章诗："郡城北向古城南，一脉灵源漾碧潭。夜月澄波拖素练，春风吹浪皱晴蓝。柳阴绰约高低合，山色模糊远近含。却忆旧时濯缨处，几人笑咏暂停骖。"

北沟河 源自小关山，过石桥，会泸水同流，俗呼窑沟。

白龙潭 在府西北十里，阔五尺。灌溉田畴，为利甚溥，官建祠祀之，随祷即应。

温　泉 有六：一在府香林寺山下，一在宁州，一在阿迷州，一在河西县，一在嶍峨县，水俱温澈可浴；一在曲江者，发自山麓，有硫黄气，如沸汤，不可近，别流清冷，引而为池，澄澈见底，最可濯浴。有瞿俊诗：

我初按节来南滇，与观地志闻温泉。寤怀净浴洗身垢，此心渴想常悬悬。迤东一路走千里，九月荒炎如暑天。金风不解送凉信，郁蒸反剧如熬煎。行逢曲江古名胜，解衣浴罢仍留连。静思物理怪幽妙，有口欲语心难宣。初疑尧时有十日，射落一个滇池边。火轮落地凝不散，珠光耀出重泉渊。又疑太古女娲氏，补天炼石忧天穿。荧荧宿火未消灭，太冶煮火埋炎烟。又云浴此可祛疾，奔走羸老争趋先。我身无疾底须浴，好事岂必分愚贤？此泉有买本无价，一日可值千金钱。若教亦被西子沔，弃置更有谁相怜？环流入涧注澄碧，青镜照耀分媸妍。行人遇此须憩息，肝胆莹彻心醒然。环流出涧溉田亩，普济旱暵成丰年。我民世世被余泽，稽首莫报神功玄。诗成长叹下山去，乘风快着青骢鞭。

有本泉 在府城外东南。其水清澈，四时不竭，一带居民引汲灌溉田地，皆甚赖焉。

混混泉 在府城外东。昼夜不息，邻居军民皆取汲之。

溥博泉 在府城外。两水甚清洁，人呼大井。

渊　泉 近大井，水味清美，烹茶甚佳，俗呼小井。

流　泉　在府城外。北流入窑沟，其水不竭，水底有白石，人爱取之。

香林泉　在府东北三十里，其味清美。

玉洁井　在府城外东。味甘洌，水常溢，居民更资以造纸。

白沙井　在府白鹤铺前。其味最甘，人以为第一泉。

凉水井　在府东北八里。水清凉，居者行者咸赖焉。

龙　井　在府南回回村。正月一日水上潮，有二鱼，人利见焉。

建水池　在府城南，旧龙居之。其水色碧，居民环处。

冷水沟　在府东北四十里。清流不竭，灌溉甚多。

清水塘　在府南二十里，水光清洁可鉴。

大水塘　在府东二里。四时不竭，足备旱涝。

曲　江　在府东北九十里。源出新兴，由嶍峨经河西入盘江，夏秋多水，烟树微茫，孤舟往来，行者利涉。有沐昂诗："曲江新涨水痕收，野色和烟古渡头。林外渐看来宿鸟，沙边还见浴轻鸥。渔翁举棹论归舫，旅客停骖问去舟。欸乃一声何处发？夕阳芳草自悠悠。"

盘　江　在府东北二百里。源自新兴，经阿迷，合众流入广西。

莲花池　在府西二里。清澈如鉴，每夏有芰荷开放如锦。

异龙湖　在石屏州东。湖有九曲，周一百五十里，中有三岛：小岛名孟继龙，有蛇虫，不可居，昔蛮酋以有罪者流此；中岛名小末束；大岛名和龙湖，蛮酋立城其上，汉名水城，四面皆巨浸，俗呼为海。东流为泸江。有陈宣《开石屏水利记》：

水生于天一，成于地六，非得人以补抑之，纵其泛滥弥漫，以鱼鳖吾生民，此禹所以忧之心，三过其门而不入也。周公营洛之时，又尝凿石渠，引伊洛水以灌州土，号周阳渠，至汉，张纯犹能复其故迹，以至于今而不废。水岂终能为患而不为利耶？《易》曰"润万物者莫润乎水"，然或止于坎，流于窖，蓄于池、于湖、于泽，性虽润，终莫能以自行，不幸而生在于余墝之地，又不幸遭时大旱，其不为枯槁而凋丧者几希。虽欲润，终莫能以自致，此所以不能不假之吾人焉。人也者，所以补天地不及而所谓参赞焉者，于斯亦或一验与？犹之有一物之仁、有一事之仁，谓之非仁，不可也。滇南属部临安，予与宪副包公好问实守巡其地，皆有责焉。时弘治癸亥，自春徂夏五月望，尚旱不雨，《春秋》所必书者，人心惊惶，走告无虚日。间有言去城之西不五十里，有石屏湖，俗重之曰海，若假人力开浚，水可上行，性虽润及枯槁，湖落地至，尽膏腴也。宪副王公行之，邀我二人，望三日偕至湖，作谋治式，如金如玉，干之百千丈有奇，令郡卫知府王资良、指挥庞松各出民兵共役，令之称畚锸，具糇粮，程土物，明日即事。每丈平处一人至二人，有沙土处倍之，有石处又倍之，凡一千有五百人，每五十丈督一百户，每五百丈督一千户，每五日督一指挥、通判等官，察其勤惰以上下其食事。三旬而成，水通物润。且有地以乡计者四，以亩计者数百万，以程计者抵城下四十里，过此则润及阿迷州若犹未已也。天之生水与地成之，而人之所以赞之者，至是皆无遗憾矣。不然则潴于坎窖湖泽，与土石相汩没，卒归之无用之所而已矣。畏天命，悲人穷，周公当先为之，岂欺我哉！南京监察御史王明仲读书于家，感而有请，且曰：“吾徒生长于斯，闻有湖在石屏，未尝闻有利如此，不刻之石，何以垂远而传不朽？”包公偕予方走书以白，当道然之，为民事所当急者，又重吴子之请，敬从之。

月　池　在石屏州西数百步许。泉如偃月，四时不竭。

大、小龙井　在石屏州西二里。其二井相邻，会流入异龙湖。

矣落河　在石屏州西八十里，阔三丈。源出元江，西流入容亏甸。

浣　江　在宁州西南三里。水从清龙潭流下，江岸绿树春阴，士夫行客，尝于此饯别。

恩永河　在宁州南四里，旧名海眼泉，虽遇亢旱不竭。

高　河　在宁州西南四里团山顶上。外窿中洼，周二百余步，虽旱涝不溢不涸。

瓜　水　在宁州南。浣江之水流自北，恩永山之水流自西，角转而东南，丁矣冲之水流自东，湾环而南，俱会茶部冲，形如瓜字。有张海诗：“三曲溪流带远沙，品题应得并称瓜。奇连江左湖名鉴，秀挹西川水号巴。矗矗晓山凝翠远，亭亭高柳映堤斜。穷源见说青门近，疑向新河问一槎。”

巅岩泉　在宁州东北十里。两岸相对，下有溪涧，一泉巅飞如瀑布。有谢溥诗：“飞流一泄落巑岏，百丈人看挂素纨。玉尺休疑量度易，金针须信制缝难。林穿溅沫跳珠玉，壑漱清声响珮环。几欲临流挥彩笔，尚余锦绣出毫端。”

渴　池　在宁州海口海眼之中麓。水甚清澈，热如滚汤，每岁秋冬，乡人多赴浴之。

乐蒙河　在阿迷州。源出石屏州异龙湖，至建水为泸江，西入州，回折而东，会盘江，下广西府。

盘江河　在阿迷州北二十里。源自新兴州，经建水至此，众流所会，弥漫浩荡，亦为十八寨夷人出没，限隔要路，阿迷、弥勒分界处。有杜朝绅诗：“两山盘错阴云黑，一水中流岸树青。谷口风鸣催荡桨，棹歌夷语杂烟汀。”

通灵洞　即南洞，在州治东南。中有水泉，灌溉甚溥，以火烛洞中，有声如雷。万历二年，巡抚侍郎邹应龙改今名，有记，见《遗文》。

灵　泉　在阿迷州西一里。旧名龙潭，有灌溉。

冰　泉　在阿迷州西南四里。水净且冷，河漫为汇。

火　井　在阿迷州北三十里郭沼村。水溢出于田，尝有烟气，或投竹木即燃，夜则有光，边石亦热，出煤可烧，名曰火井。

通海湖　在县北三里。源自河西，流注为湖，周围八十里，如环而缺其东南，相传昔水涝不通，有僧于县治东北石笋丛立处以杖穿穴泄其水，因名曰通海。有韩宜可诗：“江寒凫雁集汀沙，半掩柴门夕照斜。洞口烟岚连野绕，城头鼓角杂寒笳。猿声常啸林间月，鸦背轻翻树杪霞。几度扶筇翘首望，青山隐隐隔天涯。”王景章《观海轩记》：

涉滇海三百里，有深渊焉，漫沥峤崖之汇，名曰通海，以其与海通也。闽郡梁一举筑室其上以观海，揭之来征文。予观孟轲氏曰：“观于海者难为水”，要在游诸圣门而后已。孔铎绝响，闻而知者不可谓无其人，然得其门而入者盖寡。环八纮皆海也，朝发而夕至，长风无时，浊浪山立，鼋鼍蛟龙，百怪以窟，洋汪溢瀁，与天无际，扬眉盼睐，毛骨森耸，自非放凌波之舟，扬蔽山之帆，曷以养胸中之愤，廓广大之目？然皆足迹限户庭，弗克自力。今一举当圣明，逢涌源泉之时，困心衡虑，逾岭峤，绝洞庭，溯赤壁，触滟滪，撞飞濑，以与鱼龙争长雄，观乎，观乎，繄在于斯乎？圣人尝曰“逝者如斯”，又曰“美哉洋洋”，是必有道矣。嗟夫！此圣人之海也，道之体也，圣人之大观也。是海也，予意七十子有弗得而见者，况他人乎？大观不观所观，而观所不观，自昔惟孟轲氏最善观者，故曰：“必观其澜。”若苍沂之浴，亦观矣，至于天鸢渊鱼，是观所不观也，濠梁之鱼，前川花柳，又皆观所不观而几于所不观也。盖谓观，迹也；观所不观，妙也。学而于观所不观，难矣。然观于海者，所以至于圣门也？未也。洙泗之滨有大桴焉，以敬为樯，以礼为帆，以道德为驾，如得放乎中流，周流六虚，身与道俱，则庶乎其至矣。一举当继是以观。

仙人井　在通海县南二十里仙人坡下。有韩宜可诗①：“阴阴古洞小壶天，岚气晴分紫翠巅。日照佛头排玉笋，霞明仙掌捧金莲。江村渔舍春天树，茅屋人家日午烟。指点帝京何处是，九重宫阙五云边。”

东湖池　在河西县东南二十里达鞑营。延四百步，袤三百步，蓄水以济塘下田亩。

西湖池　在河西县北二里。上延百步有堤筑，亦蓄水灌溉田地。

碌碤河　在河西县东南，即通海湖源也。自水磨村流注县境为湖，周围八十里许，内产鱼类非一，其味亦美。

山后川　在河西县西二百步。袤一百步，深一丈许，四围植柳，水更清莹。

三龙泉　在河西县北一里。旧传有人汲水，见内忽化一物如蛇，有三头。立庙其上。

九龙泉　在河西县西南十里。延百步，昔有密僧见降龙，有九头，遇旱祷雨。

合流江　在嶍峨县东南一里。二水异源：一自新化州流至县北，为大河；一自石屏州流至县南，为小河。合流出曲江。

丁癸江　在嶍峨县西北二百五十里。源自三泊县，经流丁癸，其水深阔汹涌，居民刳大木为舟。

梨花江　在蒙自县东南。来自元江，流经纳楼茶甸，至本县东南入交趾清水江。

草　湖　在蒙自县南百步，阔长十丈。

矣波海　在蒙自县东四十里，中出鱼虾、海菜。

长桥海　在蒙自县东二十里。构木为桥，长十余丈，四面皆水。

西　溪　有二，俱在蒙自县西南，一出银矿，一出锡矿。

龙华泉　在蒙自县西北二里。有龙物潜焉，岁旱祷之则雨。

新　泉　在蒙自县南。源自生三岊诸处，经历周崧等奉委开浚，厥济溥焉。有李遇元《疏通水利记略》：

临安属县蒙自，旧为僰僚所居，厥田中上，厥地广阔。然县治前后无大川

① 此诗题名，天启《滇志》卷二十八《艺文志·七言律诗》作“通海仙人井”，康熙《通海县志》卷八《艺文志·诗·七言律》作“通海八景·洞口晴岚”。

巨泽，所赖潴水灌溉惟草陂一区，有地曰法果，脉脉出泉，浸流入陂，顽民因盗水决防，前源奔下，岁值熯旱，民用忧惶。嘉靖壬子冬，兵宪蒋公虹泉按部白诸抚台思菴鲍公、巡台西野黄公，谓宜修浚。遂行郡守邓山章侯择可委任者，得经历周崧及百户王昌，使董其事。于是随山穷源，首得酒鸡得泉一，继又得生三岊泉，遂同法果泉并引入堰，益弘长不浅竭矣。

鲁部河 在教化三部长官司西南三十里。源自礼社江，经司境入梨花江。

亏容江 在长官司西五里。即元江之礼社江，流至本司东，经车人寨，出宁远州。有李璧诗："亏容江上是天涯，断发文身几许家。四月山风扇烟燠，槟榔树树尽开花。"

永昌军民府

大 川

澜沧江 在府城北八十里罗岷山之麓，广二十六丈。其深莫测，经吐蕃，《禹贡》黑水界、梁州域，《汉书》博南津即此是也。度云龙、顺宁，达于车里，入于南海。蒙氏封为四渎之一。元毛玹诗[①]："两山高插云，岿然若天岸。草树绿相缪，仰视天一线。中有一长江，江流急于箭。乱石龃其中，喷激成飞霰。客子行问津，鸡鸣夜将旦。仆夫相顾愁，舟楫恐失援。天明设此险，永作边城翰。"国朝巡按御史黄中诗[②]："蓬婆之水下星峡，怒涛直撼冯夷宫。铁柱啮蚀锁飞蜃，石壁突兀撑晴空。博南初度歌犹怨，诸葛重来路始通。江雾霏霏江树暝，飘飘疑是蹑天风。"

潞 江 在府城南百里，旧名怒江。源出雍望，经安抚司之北，两岸陡绝，瘴疠甚毒，夏秋不可行，蒙氏封为四渎之一。郡人滕槟诗："太保之南上下江，将军从此度旌旛。瘴烟春半偏为毒，水势秋深不可航。橄榄坡前飞野鹤，芭蕉岩下响寒淙。崎岖鸟道云常暝，此险天应护此邦。"

麓川江 源出莪昌[③]蛮界，经腾、永中高黎贡山脚，由芒市孟乃甸入缅中。

大盈江 在腾越州西南，又名大车江。其源有三：一出赤土山，流为马邑河，一出龍　山，流为高河，一出罗生山，流为罗生场河，经流城之东北而西，三水合于江流，故曰大盈。南入南甸南小梁河，至干崖为安乐河，西流为槟榔江。

槟榔江 源出吐蕃，绕金齿僰夷界，经干崖阿昔甸，下合大盈江入江头城。

众 川

上水河、下水河 在府城内西南。源出九龙池及宝盖山箐，合流入城，经流委巷而达东河。

青华海 在府城东五里。汇诸水为池，夏秋之交，红、白荷花盛开。

清水河 有二：一在府治北五十里阿隆村，一在府西北五十里甘松坡。

沙木河 在府东北百二十里。源出顺宁，合沿山涧水，汇流三十里，入澜沧江。黄

① 景泰《云南图经志书》卷六《金齿军民指挥使司·题咏》题作"澜江晓渡"，正德《云南志》卷二十三《文章一》题作"兰江晓渡"，康熙《永昌府志》卷二十五《艺文志·古歌》题作"兰江霁色"，乾隆《丽江府志略》卷下《艺文略》题作"兰沧江"。

② 康熙《永昌府志》卷二十五《艺文志·七言律》题作"兰沧江"，《永昌府文征·诗录》卷七题作"澜沧江"。

③ 莪昌 通作"峨昌"，即今之阿昌族。

中诗[①]：“屈曲天南路，今来过几盘？猿声烟外急，风色马头寒。悬石临回磴，飞流下激湍。亦知愁九折，王事敢辞难。”

响水湾 在府北六十里。泉自悬崖，瀑布声若鸣金。

上 江 在府城西百八十里许。

郎义河 源出龙王泉，流于郎义村，泛于北津，合清水河南入于峡口洞，是为东河。

荷花池 在府城内西北，多植荷花。

易罗池 在府九龙山麓。泉由地喷者九窦，因名九龙池。张含诗：“龙池秋水泛觎觎，沤鹭[②]翻波各引雏。日转树光浮鹫岭，雨滋山态逗苏屠。涓涓玉露澄丹壑，皎皎银蟾弄碧梧。累瓦结绳思上世，连鸽贯鲤属吾徒。”

卧狮池 在卧狮山下。山泉沸流，四时不竭。

玉 泉 二所：一在府哀羊山下，一在州大盈江右。

龙王泉 在府北城三十里，上有龙王祠。泉由石穴涌出，瀑声如雷。有严时泰诗[③]：“山烟山雾相溟濛，飞泉泱泱双石硽[④]。乱沫真成龙嘘出，灵源无乃虎跑通。流声将合沧海派，岁旱仍欲商霖功。上有苍藤骨[⑤]高树，渴霓垂饮将无同。”

虎璋温泉 在府城北虎嶂山之麓。

金鸡温泉 在府金鸡村。泉出二池，一温一凉，四时可浴。

法明井 在府法明寺内。有二：一在栖云楼，一在归休庵，水皆香美，煮茶无翳。

安远井 在府城心街中，水极清冽。

青云井 在府学前。

金 井 在哀牢山巅。一石二穴，相去一寸五分，形圆如碗，其居绝顶，又名天池。

黑龙潭 在府城北七十里，祷雨者以铜牌激龙即雨。

叠水河 在腾越州西南大盈江之派。山麓有石崖，断陷百尺，水势奔飞，吐珠喷沫，观者毛竦。

龙川江 源出莪昌蛮地七藏甸，绕越甸，经高黎贡山北，下流汇大盈江，旧为藤桥，今为木桥。

瓦甸河 在州七藏甸，合流龙川江。

大车湖 在州南团坡下。湖面广阔，中有小山，远观可爱。

固东河 在瓦甸山之下。

澄镜池 在上干峨山。周遭五百丈余，花木环绕，人至则雷雨交作，疑有灵物在焉。

半月池 在州治正北七里，周遭五十丈。

球琫山泉 有二穴，上穴周三尺，下穴周一尺。

分水泉 在高黎贡山顶。清澈可掬，昔有神僧。悯行者之渴，以锡卓地而泉涌出，至今往来者咸掬而饮之。

马场泉 源出马场村之南，灌大宽邑，东至大桥路，以架木为渡。

---

① 康熙《永昌府志》卷二十五《艺文志·五言律》题作“沙木河”。

② 沤鹭 即“鸥鹭”，沤，通“鸥”。

③ 此诗，《永昌府文征·诗录》卷七题作“龙王泉”。

④ 硽 《永昌府文征》作“礲”，当以“礲”为善。礲，音 lòng，石洄；硽，音义不详。

⑤ 骨 《永昌府文征》作“挂”，有异。

温　泉　有四：一出缅箐，一出大洞村，一出罗左村，一出马邑村。

香泉井　在州东北，水极清冽香美。

三眼井　在州城中。一井三栏，居人汲之无竭。

银龙江　在永平县东，一名太平河。每岁孟冬时，近晓有白气横江，上下充满，月色相映，盘旋宛若银龙，因名。

双桥河　在县东八十里。

胜备江　在县东北百里，源出大罗黑麻山。

九渡河　在县东北五十里。源发胜备江，沿山绕流，上跨九桥。

桃源河　在县西四里。源发和邱山，入银龙江。

花桥河　在县西南三十五里。源自博南山下，入银龙江。

木里场河　在县治北三里。

曲洞河　在县西三十里。其南有温塘，水暖而澄澈，四时咸浴。

萨佑龙潭　在县有三：其一广二十亩，其二各十亩，有龙居之。

小罗窑池河　在施甸长官司东南二里，源自秀岩山下，流经峻口而入阑沧江。

卷三　地理志第一之三

楚雄府

大　川

龙川江　在府城北。源自镇南州平夷川，东南流经府城，西合诸水，至青峰下，为硪碌川。又东合诸水，经定边境，下流入金沙江。

众　川

平山河　在府德化门外。其源自南安州山内，经本府北入龙川江。

捣练溪　在府城西，宜酝酒。

凤　泉　在府城东。泉自地涌沸，清冽甘滑，四时不竭，注而为池。

清风河　在广通县东三里。源发于赵卜关，流行于枯木村。

舍资河　在县东五十里。源出武定，东流南安州界，至沅江，入交趾。

雕龙河　在县东北十里，源出阿陋香山。

立龙河　在县西一里。源出马鞍山，下流至孤山角，绕县西定门外。

罗绳河　在县南三十里。流接黑井，至金沙江而出。

大　河　在县北三十里。源出楚雄，春夏水势汹涌，险不可测。

温　泉　有二：一在广通县南六十里，一在定边县东二里，人多浴之。

黄莲池　在定远县东南五里。广二里许，相传有黄莲开其中。

龙马池　在县西南五里。方广四里，相传有龙马现于此。

定边河　在定边县前。发源于蒙化府罗邱场，五六月，其水汹涌无渡。

牟苴河　在县西，今名零川。其广通县有罗川溪，定边县有刺崩川，碍嘉县有黑石江。

石羊井　在县北五里。上有石似羊，人不敢动，动则井水泛溢。

卜门河　在碍嘉县东北三十里，河绕卜门山下。

马鹿塘河　在县西四里。

南果罗泉　在县西四里。

黑龙潭　在南安州东七里。其深莫测，相传有龙潜焉。

石　井　在州东北二里。其泉涌出，随取随满。

大　井　在州南半里许。其形方正，泉水寒冽，州民咸利之。

白沙泉　在州东三里。本温泉可浴，土人杀犬厌之，遂为寒泉。

马龙江　在镇南州西南一百八十里。源自蒙化，入境西南流，经[illegible]嘉县东，又东南入沅江。

子甸溪　在州东北，溉田甚多。

龙　泉　在州南三十里。泓深莫测，岁旱祷之辄雨。

热　泉　在州西六十里。其水如汤，人多浴之。

玉　泉　在州东二里。其泉温暖可浴，有灌溉之利。

古　井　有二：一在镇南州东一里，其水甚佳，人多汲之；一在南安州东二里。

曲靖军民府

大　川

白石江　在府城北八里。洪武十四年，西平侯沐英征云南，闻元司徒达里麻拥兵十余万屯曲靖，遂进师至白石江，大战，擒达里麻，俘甲士二万于此。

盘　江　在霑益州，有二源：北流曰北盘江，南流曰南盘江，环绕诸山，各流千余里，至平伐横山寨合焉，州据二江之间。

众　川

潇湘江　在府城南。源出马龙州木容箐，夏秋之交，江水泛涨，汪洋弥漫，若洞庭潇湘之势，故名。

东海子　在府城东五里许。轮广五十余里，每秋，雨水汪秽浩淼，亦曲阳之巨浸也。

龙　泉　在府城南十里。泉分两派，而灌溉之利甚溥，府卫春秋祝之，岁旱祷雨无不应。

黑龙潭　在府东二十余里。傍有石洞，其上怪石巉岩，林木密茂，潭水源深，多资灌溉之利。

温　泉　在府分秦山下，阔二丈许。其沸如汤，人多浴之。

北　沼　在府城北迎恩门外。

交　河　在霑益州南一百八十里，合盘江、蜡溪二水，故名。

东山河　源出霑益州，傍有沙，平坦肥沃，约百余里，旱涝无虞。

中涎泽　在陆凉州，合潇湘江汇于此。

南　涧　在州西北，注中涎泽。

东　河　在马龙州治东。

西　河　在州治西。

喜旧溪　在罗雄州西，流入盘江。

澂江府

大　川

抚仙湖　在府城南十里，周围三百余里。北纳诸溪流，南受星云湖，泓涵清澈，一碧万顷。玉笋山抚其上，宛如仙人，故名。中产蜣螂鱼[①]。尾闾东会铁池、盘江达南海。知府王彦《仙湖泛月》[②] 诗："湖水涵虚混太清，仙人何代不知名。澄波混漾青山落，遥汉昭回宝月明。素魄每添吟客兴，流光休动故乡情。相看欲洗浮名利，独倚南楼到二更。"

众　川

星云湖　在江川县南，周围八十余里。东流五里入抚仙湖，二湖相通。

明　湖　在阳宗县北。源出罗藏山下，流入盘江，周七十余里。

箩木箐河　在新兴州。源自晋宁州，流大堡，入嶍峨县。

密罗河　在州。源出密罗村，经甸尾，入嶍峨县。

巴盘江　在路南州。源自陆凉州，经流于邑市、宜良，入广西府界。

铁赤河　在州西四十里。源自陆凉州，流入西南，又过兴宁溪，下流入盘江。

龙泉溪　在府西一十五里乱石中，流入抚仙湖。

西浦泉　在府西一十五里奇石崖下。左右潭二所，双泉夹出，合流成溪，多资灌溉之利。

双井温泉　在江川县海西村。两井皆温泉，流入星云湖。废邑市县治北，亦有温泉。

青龙泉　在阳宗县南三里。

大　溪　在新兴州东北。源出夹雄山，流绕西南，过罗麽、奇梨二溪，出嶍峨县，入曲江。

九龙池　在州西北二十里。池聚九泉，分灌赤壤。

莲花池　在州北十里，下流入大溪。

白龙泉　在州东北二十里，灌田颇多。

黑龙泉　在路南州东八里。

蒙化府

大　川

澜沧江　在府城西南一百五十里。源出吐蕃嵯和歌甸，南流至永昌罗岷山。少东，至顺宁，过府境崑崙山，又东历景东境，入南海。《禹贡》所谓黑水是也。迤西之水，此为经流，蒙氏以此为四渎之一。其南岸有马耳渡。

漾濞江　在府治西北二百里，一名神庄江。出剑川，经打牛坪，绕点苍山背，与濞水末流合，入澜沧江。

众　川

阳　江　在府城西。源出甸头花判涧，过定边县，入澜沧江合流。

---

① 蜣螂鱼　当为"鱇鲺鱼"，为抚仙湖特产。

② 此诗，天启《滇志》卷二十八《艺文志・七言律诗》题作"泛舟抚仙湖"。

蔡阳河　源出东山，流经在城南门外。

五道河　在府城南七里。

教场河　在府城北二里。

寄马桩河　在府城北四里。

南庄河　在府城北十里。

桥头河　在府城北一十三里。

盟石河　在府城北二十里。

铺边河　在府城北二十五里。

双桥河　在府城北三十五里。

甸中河　在府城北四十里。

火烧河　即捉马郎，在府北五十里。

甸头河　在府城北七十里巡检司右。

泮　井　在府学内。水极清冽，每久旱，城中诸井皆涸，而此井清流不竭。

观　井　在玄珠观内，病者饮之即愈。

鹤庆军民府

大　川

金沙江　在府东南一百二十里，见《大理·大川》下。

漾共江　一名鹤川，阔十丈余。源出丽江界，经府治东南象眠山麓，群山环合，水无所泄，潴而为湖，又名漾共湖。入石穴，复出，名腰江，东与金沙江合。

众　川

桃树江　在府治南二十五里。源出豸角山，流入南山岩穴中。

长康河　在府治南五里许。源出黑龙潭，郡南民田多资灌溉。

三庄河　在府治南三十里。

南供河　在府治南二十里。

温水河　在府南十五里，源出宣化山麓。

落钟河　在府南五里，源出朝霞山。

石洱河　在府治西北十里，源出石寨山。

以上河流入漾工江①。

桑木箐河　在府南一百一十里。源出马耳山，流入金沙江。

观音山河　在府西南一百里。源出黑泥、山神二哨，流入观音山驿。至大营分而为二：一流浪穹县，一流普陀崆，至邓川合入大理海。

罗牧社海　在观音山西十里，周围约八里。渔课隶剑川州河泊所。

剑　湖　在剑川州南五里，周六十里。湖尾绕流罗鲁城南，经样备，与洱水合，历车里、八百等处入南海。俗呼为海子，有河泊所岁办鱼课。

剑　川　在州南十五里，即湖尾。水曲流为三折，形如川字，州以此得名。

西　湖　在州治南二里金华山麓。秋涝，水已与东湖通，至冬水落，民始为秧田，

---

①　漾工江　景泰《云南图经志书》作“漾工川”，正德《云南志》作“漾共江”，上下文亦为“漾共江”。

湖畔种麦。

大桥头河 在州东二里，即古之合惠尾江。岁涨壅塞，淹没沿湖岸秋麦，为害尤甚。

桃羌河 在州南三十桃羌村。

沙溪河 在州南六十里，源自剑湖流出。

弥沙浪河 在州南一百里白水场，与剑湖水合汇南流。

牛甸湖 在顺州东二里。

潘浦海 在州东二十里，周三十里。中分，西畔属顺州，鱼课入剑川州河泊所，东畔入北胜州。

河头溪 在州东二十余里。从石岩涌出，周八十余丈，深不可测，至春温暖可浴。

银　泉 即南供河，源金斗坡流下。知府周赞《金斗流泉》[①] 诗："百尺泉飞金斗坡，碧台清响听鸣珂。流经宣化千章木，散溉长庚万顷禾。润泽不因长夏少，锦纹更借午风多。涓涓远去朝沧海，一任鱼翁泛钓舸。"又，府东有大水渼泉，东南有瀑布泉，东北有小柳场泉、白石渼泉、西墩泉，俱流入漾共江。

龙　潭 在府治者有十五：曰黑龙，曰青龙，曰白龙，曰西龙，曰龙宝，曰吸钟，曰石朵，曰香米，曰北渼，曰柳树，曰小柳南，曰赤土和，曰宣化，俱流入漾共江；曰龙公，流入金沙江；曰大龙，其周五亩余，深不可测，亦不流泄。在剑川者有九：曰老君，曰易堤坪，曰仙女炼，曰隔渼，曰建和，曰白难陀，俱流入剑湖；曰花丛，曰白龙，曰青龙，俱入湖尾。

春　水 有三：一在府东七里石朵和石板中出；一在府东南三十里龙珠山麓；一在观音山东南十里石碑坪，至春益盛，有硫黄气，郡人于二、三月间，和盐梅椒末饮之，谓能去疾。

鹦哥水 在鹦哥水铺东。水自岩注下，常有鹦哥悬岩仰饮，故名。又因以名铺。

崖场水 在剑川州一里许。发源自老君山，其流入于剑湖。

灵　泉 在州南五十里。出石宝山顶石崖中，阔一尺，深二尺许，甚寒冽，多汲不涸，少汲不盈。每春，游人饮之，可愈疾，故名。

温　泉 在府治者有三：一在府东南炼场岩，一在观音山驿南二里，一在驿南十里。剑川州亦有三：一在州南三里罗尤邑村，一在州西一百三十里求仁甸乡，一在州南一百五十里桥后乡。浴之俱可疗疾。

仙女井 在府南一百三十里半子山北大凹中。石床下涌出，自地中伏流半里许，始泄出为二流，民皆利之。

姚安军民府

大　川

金沙江 在府东北一百四十里，语具《大理·大川》下。

众　川

蜻蛉河 旧名三窠戍江。源出三窠山，流至府南四十里，潴为大石淜，分为东汹溪、西汹溪，绕府而北，合趋大姚河，转入金沙江。

---

① 此诗，天启《滇志》卷二十八《艺文志·七言律诗》题作"银泉"。

阳派河 出金秀山下，流至府西十五里，潴为湖。

大姚河 源出书案山，西流至大姚县，与铁索箐之水合流，经姚州，复绕县东北入于蜻蛉河。

平蹄江[①] 源自摩些村，东入金沙江。

龙蛟江 在大姚县北一百二十里，今名苴泡江。源出铁索箐，合姚州之连场、香水二河入金沙江。

香水河 源出府北黎武村观音塘，与白盐井提举司观音山箐水合，流入金沙江。

土桥河 源自白井香水河，分派东流入金沙江。

连 水 出镇南木盘山，经府西二十里之连场，西转七十里入大姚河，趋金沙江。

一字水 出黎武山，北合小井，东流入一抛江。

西岭泉 出仙境山之西麓，昔有老人磨杆于此，其石犹存。

白马泉 出白马山谷右，两泉觱沸。

黄龙泉 出东山黄龙寺右。

大康郎泉 出白塔右，俱多灌溉。

三窠泉 在大姚县北十里。

摩些泉 在县北三十里。四时不竭，可以备旱。

冷水泉 在县北一里。

温 泉 有三：一在府西黑泥只村，一在府治北绞摩村，一在大姚县东。

铁索箐 在大姚县西北。山阿水偎箐，夷党聚，专以剽掠为业，百年逋诛。万历元年，巡抚侍郎邹应龙帅师讨平，添捕设御，四郡乃安。

金龟井 在府西。

春郎井 在府东。

醉翁井 在县东。相传昔有人醉殁其地，遂出井泉，清冽不涸。

凤 井 在县南门内。

广西府

大 川

盘 江 自宜良县流经府境，入罗雄州界，郡中诸水惟此为大。

众 川

巴盘江 一名番江。自澂江府入境，东南流经师宗州及府之西境，西南至弥勒州，东注普安州界。

巴甸江 源出弥勒州治西北，南流数里而东入盘江。

八甸溪 在弥勒州北。其源有三：一出阿欲山，一出旧村，一出北倾山。至州治东合流，南入盘江。

西 溪 出阿卢山洞中，盖师宗州诸水多伏流于地，至此始出为溪。流经府治西，抱城，南与东溪合。

山 湖 在弥勒州境内，产大鱼。

---

① 平蹄江 天启《滇志》、康熙《云南通志》、雍正《云南通志》皆作“羊蹄江”。

矣邦池 一名龙甸海，在府治南，周三十余里，半跨弥勒州界。水源有二：一出阿卢山麓石窍，一出弥勒州吉双乡。南入盘江，中有小山，建福广寺于上。

卷四 地理志第一之四

寻甸府

大 川

众 川

磨浪水 在废为美县西三十里。

螳螂河 在府治北五里，有灌溉之利。

阿交合溪 在府治东十五里。其源有二：一出嵩明州，一出马龙州。至府东南五十里，合流入霑益州界。

车 湖 在府治西三十里，亦名清水海。广长四里，周围皆山，诸水交汇处，且有灌溉之利。

宁革江 在款庄马，西出云南海尾。

龙 洞 在府北五里许。泉水涌出，灌溉一府田亩。洞口有一雀，俗呼为龙雀，如遇木叶落水，辄即衔出。每遇亢旱，祈祷于此，且多蝙蝠。下流为螳螂河。

排额洞 在府治东三十里，地名排额。自三岔河顺流而下，近河半里许，其洞中深宽约二丈，高约一丈五尺许，有石笋，兽蹄、鸟迹之状。

三龙并泉 在府西十里。周围石如砌，其水穿山流出，面对一洞，可容千人，地名法果儿。

矣部乌泉 在府城北四里。下流至沙淋甸村，俗呼为冷水塘。

温 泉 在府城南五十里，俗呼热水塘。

龙 泉 在木密所西。

武定军民府

大 川

金沙江 在府北三百八十里。源出吐蕃，流经龙川犁牛石下，又谓之犁牛河。入丽江、鹤庆、北胜、姚安，至本府北界，又东达黎溪。沿江多岚瘴，冬行者多流汗，土人云惟雨中及夜渡可无虞。元李京《过金沙江》诗：

雨中夜过金沙江，五月渡泸即此地。两崖峻极若登天，下视此江如井里。三月头，九月尾，烟瘴拍天如雾起。我行适当六月末，王事役人安敢避？来从滇池至越巂，畏途一千三百里。干戈浩荡豺虎穴，昼不荒[①]宁夜无寐。忆昔先帝南征月[②]，箪食壶浆竞臣妾。抚之以宽来以德，五十余年为乐国。一朝贼臣肆胸臆，生事邀功作边慝。可怜三十七部民，鱼肉岂能分玉石？君不见，南诏安危

① 荒 正德《云南志》、天启《滇志》同，景泰《云南图经志书》卷二、《滇略》卷八皆作“遑”。

② 月 景泰《云南图经志书》卷二作“日”。

在一人，莫道今无赛典赤。

众　川

乌龙河　在府治后五里。源出乌龙洞，溉田数百顷，土人云洞中有灵物，能兴云雨，故名。

普渡河　在废石旧县东南，流入金沙江。

西溪河　源出镇南州，经楚雄至元谋县，西下入金沙江。

惠嫋湖　在府城西北八十里。湖方五里，茂林佳木，掩映其傍，水色青碧，深不可测，叶落其中，鸟辄衔去，民异有神。

莲花池　在府城东三里许。

莲花井　在府治东北。水常清溢，旱亦不涸，汲者不远数里，用之造酒更佳。

香　泉　有三：一在府城南二里，其泉春时则香，土人于二三月祭之，然后日汲[①]，和酒而饮，谓能愈疾；一在和曲州旧治西十五里；一在废南甸县南三里。皆气味香冽，土人用酸枣、蔗浆、盐梅和饮之。

冷　泉　在和曲州旧治西五里，饮之其寒彻骨。

温　泉　有二：一在禄劝州南五里，一在元谋县法纳禾村。其沸如汤，可燖羊豕，土人于冬春竞往浴之。

甘龙泉　在禄劝州治西一里许。自石崖流出，经州治，民日汲之。

应元溪　在元谋县。源出和曲州虚仁驿，经马头山，县中田亩皆资其灌溉之利。

纪宝溪　在元谋县，源出定远苴宁。

掌鸠水　在废石旧县，其水绕环凡数十度。

勒夷水　自废南甸县，其北流入金沙江。

景东府

大　川

阑沧江　俗名浪沧。源出金齿，流经府西南二百余里，南至车里。

众　川

大　河　源出定边县阿芷[②]村，合三岔河，流经府治，南入马龙江。

通华河　在蒙乐山之南。

清水河　在蒙乐山之北。二河俱东入于大河。

笕　泉　源出蒙乐山卫城。旧无井泉，指挥袁贤始竹笕引入城内，凿池潴之，上覆以亭。

龙　潭　在府城北九十里，岁旱祷雨有应。

元江军民府

大　川

礼社江　一名元江，源自白崖江，合阑沧江，流绕府城，东南入南安州。

---

① 日汲　天启《滇志》卷二《地理志二・山川・武定府》作“汲用”。

② 芷　景泰《云南图经志书》卷四、正德《云南志》卷七皆作“苴”。

众　川

㞐峩河　在府城西四十里。

温玉泉　在府城西北一十五里，石间迸出如汤。

丽江军民府

大　川

金沙江　古名丽水。源出吐蕃界犁石，名犁水，讹犁为丽。经巨津、宝山二州，江出沙金，故名。元宪宗三年，征大理，从金沙跻江，即此。

阑沧江　源出吐蕃嵯和歌甸，流经兰州西北三十里。东汉永平中，始通博南山道，渡澜沧，即此。

众　川

清　溪　其源有二：一出东山，一出雪山，至东圆里合流，绕府城前。

白石溪　在兰州治南，中多白石。

龙　潭　在府治西南十里。阔数十亩，深不可测。四畔草结如牌，履一处则诸处皆动，人或近之，风雨辄起。土人相传云：昔有耕者为暴风雨卷入潭内，至今或见其人及牛犁旋绕其中。

温　泉　在通安州八十余里阿失村。其泉温暖，民夷春冬浴之。

苦　泉　有二：一出吴烈山涧内，一出州南剌沙村。其味皆微苦，夷人每往饮之，谓能除病。

广南府

大　川

西洋江　在府城南八十里。源出本府板郎山、速部山、木王山，三流相合，东南入于田州府右江。

众　川

南木溪　在富州东三十里。源出花架山，其水常温。

南汪溪　在富州治西。源出麻卯山暨僻令山，流至州南，合南木溪，东行至石洞，伏流十五里复出，入于右江。

顺宁府

大　川

阑沧江　在府治东北七十里。源自金齿东南，流经本府，与黑惠江合，南过景东、元江、交趾，乃入南海。其水波涛汹涌，舟楫多惊。

黑会江　即备溪江[①]，在阑沧江东。水由大理、剑川二泽，流经漾备巡检司南四十里铺，与漾水、濞水合为一江，入蒙化府境，至本府泮山下，入阑沧江，流于南海。

二江蒙氏俱以渎封之。

---

① 备溪江　康熙《云南通志》、雍正《云南通志》皆作“碧溪江”。

众　川

顺宁河　在府治东。源出甸头村山箐内，流入大侯孟佑河，即府之带水也。

西添河　在府治西北五十里，源出喻甸都瓮村。

阿铎河　在府治南一百八十里。其山下水势急迅，土人构藤度之。中有鱼，似鲤，肥美可食。

瓮磉河　在府治南一里。水出南山，与顺宁河会流东注。

洛甸河　在府治南三十五里中阿山下，流入顺宁河。

阿鲁使泥河　在府治北一百八十里阿鲁使泥山下，流入黑惠江。

虎墟河　在府治北一百九十里阿城旧村南。其流入黑惠江，傍旧有虎墟，因名。

龙　湫　在府治南山之麓。方可一亩，林木丛蔚，人至其地，毛发竦然。相传有龙居其中，旱祷辄应。

温　泉　二所：一在阿枉村，一在西添村，水皆如汤沸。

永宁府

大　川

金沙江　在瓦之长官司西，语具《大理·大川》下。

泸沽湖　在府东三十里，即鲁窟海子，中有三岛。

众　川

罗易江　源自蒗蕖州，北流过府境。

勒汲河　源出西番，流经府治北，东入盐井卫。

温　泉　在府东北六十五里瓦都寨傍。

镇沅府

大　川

众　川

杉木江　源出者乐甸，流经府治南，下流入威远州界，江岸多产杉木。

马涌江　源出纳楼茶甸，经禄谷寨东，下流合南浪江。

南浪江　源出纳罗山，经禄谷寨南下，流入宁远州界。

盐　井　有六，皆出波弄山上下，土人掘地为坑，深三尺许，纳薪其中焚之，俟成炭，取井中之卤浇于上，次日，视炭与灰皆为盐矣。其色黑白相杂，而味颇苦，俗呼白鸡粪盐，交易亦用之。

北胜州

大　川

程　海　在州治南四十里，周八十余里。相传本陆地，有姓程者居此，忽一夕沉为海，故名。

众　川

崀峩海　在州治东南三十五里。

程　湖　在州治南五十里许。灌溉田亩，下流入金沙江。

桑园河　在州西南一百五十里，流入金沙江。

大港子河　一名沙河。在州治北五里，民多资其灌溉。

五浪河　在州治西五十里，源出四川。

三渡河　在州治南一百四十里，旋绕三围，故名。

九龙潭　在州治西十五里。泉有九眼，灌田万余亩，下流入金沙江。

大龙潭　在州治南一百四十里。有泉百眼，灌田。

小龙潭　在州南二百三十里。四时不竭，晨暖日寒。

春水泉　在州治西北五里。水清，味如醴，每岁春，居民携酒馔赴泉畔为宴乐，汲水和盐梅诸物饮之，谓之吃春水。

温　泉　二所：一在州南枯木村，一在沙田村。浴祛疾。

罗易江　在蒗蕖州治东，流入永宁府。

白角河　在蒗蕖州治西南，流入西蕃界。

新化州

大　川

众　川

摩沙勒江　源自大理白崖城，流经本州东南八十里，东注元江，入交趾界。夏秋潦涨，饮者辄中瘴疠，惟百夷男女四时浴其中。

温　泉　在彻崇山下。其热如汤，路险，人迹罕到。

者乐甸长官司

景来河　源自景东府，流经本甸，下入马龙江。

车里军民宣慰使司

沙木江

木邦军民宣慰使司

孟养军民宣慰使司

缅甸军民宣慰使司

金沙江　地势广衍，江阔五里余，水势甚盛，缅人恃以为险。

八百大甸军民宣慰使司

老挝军民宣慰使司

孟定府

孟艮府

南甸宣抚司

众　川

小梁河　在司东北三十里。源有二：一出腾冲赤土山麓，一出腾冲缅箐山麓，至此合为一，西南流至干崖，为安乐河，而合于大盈江。其在司境流经南牙山西南，又谓之南牙江。

孟乃河　在司东南一百七十里，即腾越州龙川江之源。

大盈江　源自腾冲，流至司境，过镇西，入缅甸。

干崖宣抚司

众　川

云晃河　在司治南。源出云晃山，下流与云笼河合，灌田千余亩。

安乐河　源出腾冲，经南甸，迤逦至云笼山之麓，亦名云笼河。沿至司治北，折流而西一百五十里，为槟榔江，至比苏蛮界，注金沙江，入于缅中。

止西河　在司东北三十里。源出云笼山，流十五里，与云笼河汇合。

陇川宣抚司

汤　泉　从石罅流出为河，热如沸汤。

威远州

谷宝江　自遮过甸流至州境，下流合阑沧江。

湾甸州

镇康州

大侯州

阑沧江　在蛮弥山东南之麓。

孟祐河　在州治东。

孟赖河　在州南八十里。

钮兀长官司

芒市长官司

麓川江　在境西。源出峨昌蛮境，流至司境，又至缅地，合大盈江。

金沙江　源出青石山，流入大盈江。

大车江　源自腾越州，流经青石山下，至江头城，名大盈江，入缅地甘蒲城界。

〔据邹应龙修，李元阳纂万历《云南通志》（刘景毛、江燕等点校，中国文联出版社2013年版）卷二至卷四《地理志》分别辑录各府州之“川”。李元阳（1497—1580），字仁甫，号中溪，太和（今大理）人。举嘉靖元年（1522年）云贵乡试第二，嘉靖五年（1526年）进士，授翰林院庶吉士，江阴县令、福建省监察御史、荆州府知府等职。嘉靖二十年（1541年）赴父丧返乡后，蛰居乡里四十余年，未再出仕。一生勤于著述，著有《心性图说》《中溪漫稿》《艳雪台诗》等，由家人编入《中溪家传汇稿》。今人编校有《李元阳集》（云南大学出版社2008年版），搜罗李元阳存世诗文较为完备。万历《云南通志》为其重要的史学著作之一，始纂于隆庆六年（1572年），成于万历四年（1576年），历时四年。该书卷二至卷四《地理志》依府州县内厘沿革、属州县司沿革、疆域、形势、山川、古迹、风俗、物产、堤闸、桥梁、宫室、冢墓等门类，其中山川、堤闸、桥梁、古迹、祠祀、灾祥等涉及云南水文献。〕

（天启）滇志·地理志·山川

卷二　地理志第一之二

云南府

凡部志宜详，通志宜简，黾矣。而会城无志，统于省志，虽详可也。会城山川亦广矣，而前志所入不过十之二三。夫山水佳处，共见共闻，必非浪得名也。况此郡于前代不在六诏中，当其时僭拟名号，而金碧不受五岳之封，滇池不与四渎之祀，亦云洁矣。山灵显见，抑自因其时耶！一丘一壑，可枕可漱，可施七尺者名人品题，皆录其实。今不忍令其泯泯无传，特增益而备书，佐乐游者指点云。

〔……〕

府城内曰九龙池，清迥秀澈，菜（蔬）圃居其半，故又曰菜海。其平者为稻田，下者为莲池，又半之。沿五华之右，贯城西南陬，入顺城桥，汇盘龙江，达滇池。世镇有别业在其上，曰柳营。

西南曰滇池，周遭五百余里，又名滇南泽，合盘龙江、黄龙溪诸水。《史记》载，滇水源广而末狭，有似倒流，故曰滇。汉武帝凿池于长安习水战，仿此也。池北受水，而倾西南为海口，北入富民县，汇广翅塘，赴金沙江。或曰《南华》所云："鹏海运将徙于南冥。南冥者，天池也。"《齐谐》曰："水击三千里，抟扶九万里，去以六月息。"南冥天池，即滇池也。非特始于《庄子》，实始于《齐谐》。见郭笃周氏琐言，必有所祖。

西湖，在滇池上流，又名积波池，周五里许，荇藻长青，兰桡画舸所之。多产衣钵莲花，千叶蕊，分五色。外丰葭菼，内阜川禽，俗曰青草湖。近城可一里，有亭榭曰鱼池，实莲池也，颜其亭曰"君子"。

东五里曰盘龙江，发源自嵩明州故邵甸县山中，凡九十九泉，合流西注，曲折而南，入滇池。

西南八十里曰海口，以滇池潴诸川之水，至西惟此一河泄之，若咽喉然。沿海财赋，岁以万计，其利害由于海口之通塞，诚要津也。岁一浚之，在田赋之正供，曰海夫。

西二十里曰澄清河，在清（青）草湖内，七八月间，潢潦泛涨，斯水独清。

东十里曰金棱河，元赛典赤赡思丁筑堤分盘龙江水，由金马山麓流经春登里东乡，灌溉实多，堤上旧植黄花，故名。今土人呼曰金汁河。

西十里曰银棱河，引乌龙潭水，由商山麓流过沙浪里南。昔堤上多白花。今呼银汁河。此河存其名，其实渴（竭）谷也。相传胜国时赡氏开金汁河成，有人效之为银汁，欲引黑龙潭水而使北流，然高不善下，迄无成功，后见杀。

南曰（有）宝涿河，源出上板桥，分泻至此，注于滇池。

北二十五里曰黑龙池，其水深黝，鲦鱼数百，人莫敢取。天旱，请祷辄应。

又有三龙泉：一出商山下，傍有祠有亭，扁曰“第一泉”；一出城西勒甸村山中，水分青白二色；一出碧鸡山下，洞内产金线鱼，又名金鱼泉。

东十里又有二泉，皆曰白龙。

西二十里曰海源，在聚仙山下。其水流入清水湖为内池，滇水为外池，又曰鸳鸯池。

西有瀑布泉，在玉案山间，流至宝珠寺后，崖（岩）高数十丈，泉自崖顶流于溪涧，喷沫溅珠，声彻里许。多名人题咏。

北有文殊泉，流过松花堰。又有涌泉，出涌泉寺山腹，一弘清迴，甃为曲池，以供觞咏。

寒泉二：其一在城北上庄村，寒气彻骨；其一在城西高峣里普贤寺右。二泉浴之，皆已风疾。

东三十八里板桥堡有山，皆奇石，两龙湫叠出焉，水由石隙接流而下，为观音塘。山顶为真武阁。

北城外二里曰莲花池。池可一里许，四时之水不竭。有亭临于上，祀大士。

府城隍庙中有阐侯井，取以浣丝，其色鲜。

藩司署有清侯井，昔大理高智升凿，智升号清侯。

螺山下有石崖（岩）井。又有广佛井，宜煮茶。

吴井，在府治南菊花村。其水独重，汲而贮之，久藏而不腐，以烹茶，其气清迴，其味若得水而甘，弥久如故。

旗纛庙有石井，与吴井埒，以供上官。

五华书院前亦有石井，名与诸泉并著。以在山麓，民居山冈者艰于得水，功倍寻常什百矣。

阿泥井，在城北二十里江头村，环村而居者取汲焉。

南城外有胭脂巷井，作酒而美。

东城外有茜红井，可以染红，其色殷然。

海眼井，在觉照寺大殿内佛座下，相传为滇池水眼，每岁佛日，取以浴。

富民县东北十里曰夷札郎水，西入大溪。

北五十里曰农纳水，源出武定府界，北流入大溪。

东南曰红莲沼，爰有龙祠，水上芙蕖冉冉，天然清净。

罗次有星宿河，由禄丰而西，经易门入元江。

宜良有盘江，或曰大池江，从澂江府旧邑市县北流入县境，盘折六十里，过铁赤河，至莲花滩入交趾。

又有大成江，自阳宗东下注盘江。

西南三十五里曰汤池，其水酷热，如百沸之汤。

呈贡县北十里曰洛龙河，源从黑、白二龙潭流出，灌溉田亩，下江尾村入滇池。其上有天生石室。

安宁曰螳螂川，以水中有沙洲，其形类之也。源自滇池，经富民、武定入普渡河，至广翅塘，入金沙江。

北十里曰温泉，出石窟间，周遭怪石，不假甃治。水由沙中沸而上，水底可拾针芥，水面白云时起，中二石深绿如玉。楚黄陈余达镌二字于上，曰“甘泉”。杨庄介公名之曰

“碧玉泉”，谓他泉不逮也。

右一里有圣水泉，其水一日三潮。僧戒照卓锡处。

高塘坪村有龙泉，流灌田亩。

禄丰之河曰大河。

昆阳东南五里曰渠滥川，由东北流入滇池。

平定乡小山下石洞凡三，洞中有流泉（水），曰三洞泉。

三泊治北曰资利河，自北而南，交汇于县，复北流入滇池。其县得名以此。

易门曰九渡河，源出法宜，入元江，经莲花滩而达于南海。

晋宁州曰大堡河，源出新兴州，经晋宁永兴乡，分注滇池。

归化东北二十里曰交七浦，广二百余亩。

嵩明之东南曰嘉利泽，可百余里，多鱼虾，衍灌溉。一名杨林泽。

一曰石洞泉，水从洞中出。一曰牧羊水，出牧羊涧，南流入滇。一曰龙巨江。一曰龙济溪，源出果马山，经州南入嘉利泽。

西有两泉对流，曰对龙泉，分流百余步复合，入嘉利泽。

大理府

〔……〕

府诸水，其首曰西洱河，杜氏《通典》名昆弥池，亦名弥海，即《水经》所称古叶榆水也。源出浪穹县罢谷山下。世传黑水伏流，别派自县西北来，汇于县东，为巨津，形如月生五日抱珥之状，故又曰洱河。绕县西南，由石穴中出，又会兰沧江而入南海。水中有三岛：曰金梭，曰赤文，曰玉几。水涯有四洲：曰青莎鼻，曰大贯淜，曰鸳鸯，曰马帘。九曲：曰莲花，曰大鹳，曰蟠矶，曰凤翼，曰萝莳，曰牛角，曰波峰，曰高岩，曰鹤翥。皆可田可庐，而大鹳洲随水升沉，如世称鹦鹉洲然。

又有十八溪，源自点苍山椒，悬瀑注下而成：曰南阳，曰葶溟，曰莫残，曰青（清）碧，曰龙，曰绿玉，曰中，曰桃，曰梅，曰隐仙，曰双鸳，曰白石，曰灵泉，曰锦，曰芒涌，曰阳，曰万花，曰霞移。溪各夹于十九峰中，所经皆宜灌溉，同入于洱河。

瀑布泉，在应乐峰之南涧，即梅溪，秋夏间为瀑布。下有坳堂，坳中有一激石，其大如马，水激石跳，铿鍧如雷。

翠盆水，即清碧溪，在马龙峰之南峪，有三盆，涧水三叠，翠碧交加。

有救疫井，在点苍山下，疫疠者饮之即愈。

府城北有井曰药师井，取以造纸，其色莹然。

云龙州东二里曰兰沧江，即黑水也。《书》曰华阳黑水惟梁州，源出雍州南土蕃鹿石山，本名鹿沧江，后讹为澜沧，今又讹为浪沧。自丽江经州东南流入永昌、蒙化、顺宁、景东、元江、交趾，达南海。按：《地理志》谓“南中山曰昆弥，水曰洛”，《山海经》曰“洱水西流，入于洛”，故兰沧江又名洛水，言脉络分明也。详在郡志。

礼社江，源自赵州白崖，至楚雄合兰沧江①。

又有昆雌江②，出蒙化之巍山，合礼社、赤水二江，经元江入于交趾。

---

① 至楚雄合兰沧江　王云《滇志校考》作“至楚雄双柏境与马龙河会后，入元江”。

② 昆雌江　王云《滇志校考》作“昆雌江源出巍山永建乡，古称阳爪江，今称西河，过南涧合礼社江入元江”。

又有赤水江，源出定西岭。

宾川州东北曰金沙江，《水经注》所谓若水是也。

又有孙水，即金沙江之别流，《水经注》曰白沙江，司马相如定西夷，梁（桥）孙水，即此水也。又南至会无，入若水。按《注》：若水南经云南遂久县，即今府属金沙江巡检司地也。绳水、孙水、淹水、泸水、大渡水诸水沿注，通为一津，即若水也。东流注马湖江。诸葛武侯南征渡此。

又有七溪：曰钟良，曰银，曰石宝，曰寒玉，曰通洱，曰赤龙，曰丰乐，皆以灌溉，而丰乐为最。又有河曰纳六。又有湖曰上仓，在九曲山之南，周遭十里，中产鱼，味美，又产莲花菜。

又有大河，出梁王山，合竹泉、横溪二水，经州界北至金沙江。

宾川州西百里曰金龙湫，在洱河之东，林木茂密，泉深混混，行人过之悚然。

州西南五十里曰乌龙池，居民作堰以灌田。

邓川州西二十里曰南诏潭，阔十余里，其深莫测，三山环峙，万木阴森，一面有石墙，为昔人避兵处。只今岁旱祷焉。

州东十里曰星鲤泉，源从山麓石岩下涌出，注为池，其鱼额上有点如星。灌溉甚多。

州北七里曰绿玉池。南十五里曰上洱池。

南二十里又有油鱼穴，鱼仅长三寸，中秋而肥，十月望后而绝。

又有罗时江，亦南流入洱河，知州周之相奉巡抚沈儆炌开河尾一道，新垦田亩赖之。

赵州九龙顶山下曰大江，又名波罗江，北流入西洱河，即州之带水也。

云南县南三十里曰叶镜湖，中有石若镜。

西南一里曰清湖，其深莫测。永乐七年，黄河清，此水亦清，迄今遂不浊。

西三里曰溪沟，源出宝泉山下，入定边县界，夹溪十里，花卉繁茂，又名万花溪，四时皆可游。

南四十五里曰珍珠泉，涌泉如喷珠，虽暵不竭。

东南十里曰青龙海，水涯出自金龙山，望之头角皆具，宛若游龙。

东北十五里曰周官些海，又曰小蒙舍海。

莲花渠，在县东和甸，广二十里，中有二岛，岛上有庵。

东五十五里曰龙洞　叠嶂层峦，中涵巨浸。

浪穹县北曰宁河，即《一统志》明河宁湖也。出罢谷南曰蒲陀江，出罢谷山，注于西洱，《一统志》讹为葡萄江。

东十里曰大营河，源出罗含河，流至水皮村，与宁河合。

西百余里有上下江嘴，岂水流折旋处若江口然乎？由剑川经漾濞，合洱水而入兰沧。

又有九龙泉，在佛光山下，泉有九孔，俱自石窍中通（涌）出，灌溉赖之。其水会入宁河。

西又有龙池，俗名鱼子溯，水色青碧。

十二关有一泡江，在司前，流入金沙江。

龙潭有三：曰乾龙，在乾海子哨；曰红雀，在龟山东；曰火龙，在石钟寺侧。

温泉，邓川有十所：曰通和，曰洗心，曰脱尘，曰起疴，曰大涧，曰上登，曰龙马，曰香，曰丰，曰歉。赵州、宾川、云南县皆有之，总不若浪穹九气泉为最，浴之可愈疾。

临安府

〔……〕

府诸水，首曰牂牁江。按：旧《志》："牂牁江，在乌蒙界，有牂牁太守陈立祠。庄蹻留王滇池，置且兰、牂牁国。汉立牂牁郡。"

城南曰泸江，其源出石屏州异龙湖，东入阿迷州，南为乐蒙河，入于盘江。

曰草海。曰白水河，与草海连。南十里曰甸尾龙潭。二十里曰黑龙潭。

府东北九十里曰曲江，源出新兴，经嶍峨、河西入盘江，夏秋水驶，溃决而南，洚洞可畏。

东北二百里曰盘江，源自新兴，经阿迷，合众流入广西府。

西南曰中河，源出塔冲，濒河之田向其利。

南曰小河，源出蒙冲，与泸江汇流，入于岩洞。

西二里曰莲花池。

北曰北沟河，源出甸尾，会于泸江。俗名窑沟。

西北曰龙潭，上有龙祠，请祷必应。其水灌输而入田。

东北四十里曰冷水沟，清流不竭，灌溉甚多。

城南曰建水池，碧如拖练。十五里曰浑水塘。二十里曰清水塘。

城东南之泉曰有本，解曰其流长（常）也。东曰混混，甘而清，取汲众也。又曰溥溥（溥博），可取作酒。又二里曰渊泉，其味甘也。

城北曰圣母泉，渟泓不涸。左有圣母祠，祈嗣者祷之，得白石而生男。

东北三十里曰香林泉，源出山巅，味极清美。

城东曰玉洁井，民资造纸。

南曰龙井，正旦日水上潮，有二鱼，人利见之。

白鹤铺有白沙井。

石屏州东曰异龙湖，有九曲，周遭一百五十里。中有三岛：小岛名孟继龙，有蛇虫，不可居，蛮酋昔日流放有罪之所；中岛名小末束；大岛名和龙，湖蛮城在其上，名水城，四面皆巨浸。

二里有大小龙井，二井相连，会流入异龙湖。

西曰月池，形如偃月。八十里曰矣落河，源出元江，流入亏容甸。

阿迷州有三江口，昔侬智高窜入大理路。曰灵泉，在州西一里。曰冰泉，在州西南四里，水冷如冰。

曰乐蒙河，源出异龙湖，会盘江，下广西府。

曰摩沙勒江，源自大理白崖，流经州东南八十里，入元江，秋潦有瘴，《元史》以为鹿沧江。

州北二十里曰盘江河，源自新兴州，经建水。众流所会，弥漫浩荡，为阿迷、弥勒分界处。

宁州西南三里曰浣江，源从青龙潭流下，江岸绿树，阴森可憩。

西南四里曰高河，外窿中洼，不溢不竭。

州南曰瓜水，浣江之流北经恩永山，过丁矣冲，南会茶部冲，形如瓜字，故名。四里曰恩永河，旧名海眼泉。

东北十里曰巅岩泉，两岸相对，岸（岩）上泉落如飞瀑，下注溪涧。

又有温泉，出海口山海眼中，热如沸汤。秋冬之交，人多浴之。

新平县东十里曰平甸河，众流所汇。五十里曰大罗河，洪势滔滔然。

西一里曰洪本泉，邑城内外，胥流灌焉。

治一里许有瑞木井，其味甘冽，出于木下，其木一本三干，异花异叶，亦异品也。

通海县北三里曰杞麓湖，周广八十里，河西流注于此，如环而缺其东南。相传昔遇水泛涨，有僧以锡杖穿穴泄水云。

东南二十里曰东湖池，西曰西湖池，皆蓄水灌田。

曰洗钵池，在秀山下。曰碌碌河，自水磨村流注县境，入杞麓湖，内产鱼。

西南十里曰九龙泉，昔有秘密僧见九头龙，咒降于此。

南六十里曰判府泉，曰秀山泉，俱在秀山下。

河西县北百里曰炼庄河，源出胜郎〔山〕，多鱼虾，味异他产。

东曰东渠河，源自北山涧中，流入通海。

西四十里有浴泉，浴之愈疾。

嶍峨县东南一里曰合流江，二水异源，一自新化流至县北为大河，一自石屏流至县南为小河，合流入曲江。

西北二百五十里曰丁癸江，源自三泊，流经丁癸，其水深阔汹涌，刳木为舟以济。

蒙自县东南曰梨花江，来自元江，经纳楼茶甸至县东，入交趾清水江。

五里曰浴泉，县人往浴。七里曰倘甸河。

南曰草海，曰新泉。

东四十里曰矣波海，出鱼虾、海菜。

西七十里曰乍甸河，源发判山。

西南二十里曰西溪，分而为二，出银锡矿。

西北二里曰龙华泉。

纳楼西南八里有曲通山，泉二，其一流入禄丰江，一入石洞。

三部西南三十里有鲁部河，源自礼社江，经司境入梨花江。

亏容甸有礼社江，经司东车人寨，出宁远州。

永昌府

〔……〕

府城内曰上水河、下水河，源出九龙池及宝盖山箐，合流入城，经委巷达东河。

东五里曰青华海，诸水所汇，广十余里，有荷花，红、白二色最盛。

城内西北亦有荷花池，汇仁寿泉水。

龙泉门外曰易罗池，泉喷九窦，甃以石，内种荷花。西曰喷珠〔泉〕，广五丈，其流溉田。

北五里曰响水湾，悬岩瀑布，响振林谷。

三十里曰龙王泉，源从石穴涌出，流经郎义村，为郎义河，合清水河入峡口。

五十里曰清水河，出甘松坡下，流过清水关，合于凤溪，入峡口洞。

北七十里曰黑龙潭。八十里曰兰沧江，在罗岷山麓，《汉书》所谓博南兰津是也，广可二十余丈，深莫测，东奔流顺宁，达车里，入于南海。

西北八十里曰上江。

南百里曰潞江，旧名怒江，源出雍望，经安抚司北。两岸陡绝，瘴疠甚毒，夏秋不可行。蒙氏僭封四渎之一。

东北百二十里曰沙木河，源出顺宁，与山涧水汇流，三十里入兰沧江。

东南百里曰鸡飞泉，有石洞，洞旁二泉，一温一凉，清莹见底，为诸泉之冠。

安乐山上有金井，一名壬池，居民视井盈缩，占岁丰歉。下亦有泉，曰玉泉，一温一凉，中产比目鱼。

灵岩山下有卧佛池，止水清澄，可辨形色。

府学前有青云井，虽旱不竭。法明寺有井二，皆煮茶经宿无翳。

腾越州西南曰大盈江，一名大车江，其源有三：一出赤土山，流为马邑河；一出龍禳山，流为高河；一出罗生山，流为罗生场河。流经城之东北而西，三水合于江，故曰大盈。南入南甸小梁河，至干崖为安乐河，西流汇槟榔江。

槟榔江，源出吐蕃，绕金齿僰夷界，经干崖阿昔甸，合大盈江，入江头城。

曰叠水河，亦大盈江之派。山麓断崖百尺，急水奔飞，怒雷翻雪，行者竦观。

曰龙川江，源出莪（峩）昌蛮地七藏甸，绕越甸，经高黎贡山北，有渡口，下流至太公城，汇于大盈江。

又有麓川江，源出莪（峩）昌蛮界，经腾、永中高黎贡山下，由芒市孟乃甸入缅中。

治南有大车湖，在团坡下，湖面广阔，中有小山，远瞩如画。

北七里曰半月池，周五十丈。百里曰固东河。

又西北二十五里曰澄镜池，在上干峨山，周五百丈，环以花草，人至则雷雨交作，或曰有灵物潜焉。

东曰球玶泉，有二穴，注为伽河池。

高黎贡山顶有分水泉，昔有神僧悯行人渴，卓锡成泉。

城东北隅有香泉井。马场村南有马场泉。

永平县东曰银龙江，源发阿荒山麓，经打牛坪诸寨，达兰沧江东下，一名太平河。孟冬时，近晓有白气横江，上下充满，月色相映，盘旋如龙。

八十里曰双桥河，源发上西里，泛于黄连堡东二里许，汇诸涧水，入胜备江。

东北五十里曰九渡河，源发胜备江，上跨九桥。

又有溪碧江，源发剑川，经赵嶮，过蒙舍，达于平坡，会四十里山溪合流。

百里曰胜备江，源出大罗黑麻山，流经县东南，合九溪、双桥二河，达蒙化，入溪碧江。

西四里曰桃源河，源发和邱山，入银龙江。

西南三十五里曰花桥河，源自博南山下，入银龙江。

北三里曰木里场河。

西三十里曰曲洞河。南有温塘，四时咸浴。

又有萨佑龙潭三所。

施甸长官司东南二里有小罗窑池河，源自秀岩山下，流经峡口，入兰沧江。

温泉有四：一出缅箐，一出大洞村，一出罗左村，一出马一（邑）村。

楚雄府

〔……〕

府城东曰凤泉，自地涌沸而起，四时不竭，注而为池。

又三里曰平山河，源自南安州，经郡北入龙川江。

西三里曰捣练溪，其水宜酿酒。八里曰波罗涧，其麓有夜合树，树下有卤水，至正间设官开井，煎盐输课，今废。

三十里曰紫溪。

北曰龙川江，源自沙桥平夷川东南，流经府城西，合诸水为硪碌川，又东合诸水，经定边流入金沙江。

广通县东三里曰清风河，源发赵普关，达枯木村。

五十里曰舍资河，源出武定，东流南安界，至元江，入交趾。

东北十里曰雕龙河，源出阿陋香山。

西一里曰立龙河，源出马鞍山下，流经县西定门外。

南三十里曰罗绳河，流接黑井，至金沙江。

北三十里曰大河，源出楚雄，春夏水盛。

定远县城内有文井，在儒学。近城曰琅溪，产盐泉。

东南五里曰黄莲池，以池中曾种黄莲花也，不知何时。

西南五里曰龙马池，以曾有龙马现于池也。

定边县前曰定边河，源发蒙化府罗邱场，经和〔木〕村，达元江。五六月间，水汹涌不可渡。

东曰环川。西曰牟苴河。

北五里曰石羊井，上有石似羊，人不敢动，动则井水泛溢。

碍嘉县东北三十里曰卜门河，绕卜门山下。

西四里曰南果罗泉，曰马鹿塘河。五十里曰上江河，与南安州分界。

南安州东三里曰白沙泉，本温泉，土人杀犬厌之，今变为寒泉。七里曰黑龙潭。

东北二里有石井，其泉涌出，随取随满。南半里又有大井。

镇南州东北有子甸溪，溉田为多。

西南一百八十里曰马龙江，源自蒙化，入州境西南，流经碍嘉之东，又东南入元江。

南三十里〔曰〕龙泉，泓深莫测，岁旱必祷。

东二里有玉泉，水温，又可溉田。

古井有二，其水甚甘，一在州东，一在南安。

温井有三：一在州西六十里，一在广通，一在安（定）边东。

曲靖府

〔……〕

府城东五里曰东海子，轮广五十余里，秋水灌河，渟为巨壑。

二十里曰石喇泉。又一里曰黑龙潭，傍有石洞，潭水源深，多资灌溉。

南曰潇湘江，源出马龙州，夏秋水泛，若潇湘之势。

十里曰龙泉，泉分两派，而灌溉之利甚溥，春秋祀焉。

北八里曰白石江，洪武十四年，西平侯沐英征云南，擒达里麻，俘甲士二万于此。

二十五里曰阿幢河，汇于交水河。近为沙雍。

三十里曰双河，源发岩口，流经阿幢河。

东南二十里曰南河，通北海，流入六凉①。

分秦山下有温泉，阔二丈许，其沸如汤。

亦佐县新治百步曰〔小〕黄河，四时水色常黄。

治西南十五里曰块泽江，源发〔白〕水驿，达罗平。

旧治八十里曰以则江。

霑益州有盘江，二源，北流曰北盘，南流曰南盘，环绕诸山，各流千余里，至平伐横山寨合焉，州据二江之间。

东三十里曰勺诸山（诺江）。

又有东山河，源出州傍，有沙平坦肥沃，约百余顷。

南一百八十里曰交河，合盘江、蜡溪二水。

西一百二十里曰车翁江，江内为川（州），江外为四川东川府。

陆凉州西曰中涎泽，合潇湘江汇于此。西北曰南涧，注中涎泽。

马龙州东曰东河，西曰西河，又西南曰灵泉。

南三里曰大龙井。东三里曰小龙井。南五里曰凉水井。

罗平州西南二里曰大渡河。

西曰喜旧溪，源出龙甸村，流入盘江。

北一里曰大（太）乙湖。

东南五十里曰矣则江。

平夷卫城西南二里曰十里河，合清溪河，至罗平，入广西泗城州，达广东，入南海。

越州卫西五〔十〕里有下桥大河，受曲靖大河水及龙潭河水，合流而下，汇为大河，南注于南盘江。

澂江府

〔……〕

府城南十里曰抚仙湖，周三百余里，北纳诸溪，南受星湖，玉笋山抚其上，翩翩若仙人，东会铁池、盘江而达南海。

西十三里曰西磐泉，在蟠龙冈石崖下，左右潭泉合流成溪，田用以灌。

东二十里曰铁池河，源自陆凉州，流经宜良，至铁池铺入山峡数十里，会抚仙尾间，南过兴宁溪，入盘江。河外竹山五丛，林木深密，伏戎之莽，扼河可守，盖天堑也。

江川县南曰星云湖，周八十余里，四五月南风发则鱼盛，渔人之利居多。水由海门入抚仙，达南海。

西曰长里泉。北十里曰阿化泉，源发绿笼山，入星云湖。

三河：一曰上河，发源于阿化冲，分流于前、广二卫田；一曰中河，抵乌雅（鸦）村；一曰下河，分中河之流，灌左卫营田。

西北十二里曰陇邱冲河，发源本冲，流入明湖。

---

① 六凉　通作“陆凉”，见下文。

西曰双井温泉，两井俱入星云湖。废邑市县治北亦有温泉，合此为三泉。

阳宗县南五里曰大冲河　在罗藏山下，涧（湖）溪诸水聚而为河。隆庆年间水淹（潦）堤决，知县文嘉谟浚而深之，民赖其利。

北一里曰明湖，周七十里，水色深黑莫测，源出罗藏山下，流入盘江。

西又有锦溪。

西北八里曰日角溪，一名芭蕉河，源出觉卜山下，伏流至天生桥，复出成溪。

西南七里曰自（白）练泉。西北七里曰七古泉，源出麦田江，过北斗村入明湖。

新兴州西北五里曰大溪河，源出夹雄山，过罗麽、奇梨二溪，出嶍峨，入曲江。

曰萝木箐河，自晋宁州，经大堡入嶍峨县。曰密罗河，源出密罗村，经甸尾入嶍峨。

路南州东二里曰兴宁溪，绕州治西南，与铁池河会，流入盘江。

又十二里曰黑龙泉，每岁正月八日，州人祀之。

蒙化府

〔……〕

城西南一百五十里曰兰沧江，源出吐蕃嵯和歌甸，南流至永昌稍东，至顺宁过府境，历景东，入南海。蒙氏四渎之一。

城西曰阳江，源出甸头花判涧，南流至甸尾巡司九十里，过定边县，与迷川礼社江合，入元江，达南海。

西北二百里曰漾濞江，一名神庄江，出剑川，经打牛坪，绕点苍山后至龙尾关，达洱水末流，合而入兰沧江。

蔡阳河，源出东山，流经城南门外。又五里为五道河。

北二里为教场河。又二里为寄马桩河。又六里为南壮河。又十里为盟石河。又三里为桥头河。又五里为镇（铺）边河。又十里为双桥河。又十里为甸中河。又十里为捉马郎河。又二十里为甸头河，有巡检司。

泮井，在学宫，清流不绝（竭）。

观井，在玄珠观内，病者饮而愈。

鹤庆府

〔……〕

府治南五里曰长康河，源出黑龙潭。曰落钟河，源出朝霞山。十五里曰温水河，源出宣化山麓。

二十里曰南供河，一名银泉。二十五里曰桃树江，出豸角山，流入南山岩穴中。

三十里曰三庄河，曰腰江。一百一十里曰桑木箐河，出马耳山。一百三十里曰仙女井。

东五里曰漾共江，一名鹤川，阔十丈余，源出丽江界，经府治东南象眠山麓，群峰环合，潴而为湖，石穴一百八孔，潜渗山后复出，会金沙江。

九里曰大水漢（渼）泉。

西十里曰罗牧社海，在观音山西，周围八里。

东南一百里曰龙马井。

一百二十里曰金沙江。

西北十里曰石洱河，源出石寨山，流入漾共江。

东北十里曰白石渼泉。十五里曰小柳场泉。三十五里曰西墩泉。

西南一百里曰观音山河，源出黑泥、山神二哨，至大营分而为二，一自浪穹县，一自普陀崆，至邓川合流，入洱水。

龙潭，在府治者有十五：曰黑龙，曰青龙，曰白龙，曰西龙，曰龙宝，曰吸钟，曰石朵，曰香米，曰北渼，曰柳树，曰小柳南，曰赤土和，曰宣化，俱流入漾共江；曰龙公，流入金沙江；曰大龙，在半子山下。

温泉有三：一在炼场岩，一在观音山，一在驿南。

春水有三：一在石朵河；一在龙珠山；一在石碑坪，气味若硫，每岁二三月间，土人取和盐梅饮之，能已疾。

鹦哥水，在鹦哥铺东，自石岩注下，常有鹦鹉悬岩仰饮，故名，又以名铺。

剑川州南二湖（里）：一曰西湖，在金华山麓，溢为湖，涸为田；五里曰剑湖，周六十里，湖尾绕流罗鲁城南，经漾鼻（濞），与洱水合，历车里、八百，入南海。

十五里曰剑川，即湖尾，水曲流为三折，形如川字，以此名州，若蜀之巴江也。

三十里曰桃羌河。五十里曰灵泉，出石宝山顶石岩中，阔二（一）尺，深倍之，甚寒而冽，不涸不盈。

六十里曰沙溪河，源出剑湖。七十里曰春水，在沙溪村。一百里曰弥沙浪河，在白水场，与剑湖水汇南流。

西一里曰崖场水，自老君山下流入剑湖。

东二里曰大桥头河，即古之合惠尾江，每遇洪潦害稼。

龙潭，在州治者有九：曰老君，曰易堤坪，曰仙女辙（炼），曰隔渼，曰建和，曰白难陀，俱流入剑湖；曰花丛，曰白龙，曰青龙，俱入湖尾。

温泉有三，一在罗尤邑村，一在求仁甸乡，一在桥后乡。

顺州东二里曰牛甸湖。二十里曰河头溪，石崖下出，周八十余丈，春温可浴。

又曰潘浦海，周三十里，中分，西畔属顺州，东畔属北胜州，并罗牧社海、剑湖渔（鱼）课，俱入剑川河泊所。

姚安府

〔……〕

府大川曰金沙江。

南四十里曰蜻蛉河，旧名三窠戍江，源出三窠山，流至府南，潴为大石淜，分为东汹溪、西汹溪，绕府而北，合趋大姚河，转入金沙江。

西十五里曰阳派河，出金秀山下，流至府，潴为淜。二十里曰连水，出镇南木盘山，经府之连场，入大姚河，趋金沙江。

北曰香水河，源出府北黎武村观音塘，与北（白）井提举司观音山箐水合，流入金沙江。

东十五里曰乌牛井。东南曰春郎井。西曰金龟井。在仙境山麓曰西岭泉，昔有老人磨杵于此，其石犹存。在白马山谷者〔曰〕白马泉，有两泉涌沸。在东山者为黄龙泉。在白塔右曰大康郎泉。俱溉田。

西曰大姚河，源出书案山，西流与铁索箐水合，经姚州，复绕大姚县东北入蜻蛉河。

曰羊蹄江，源自摩些村，东入金沙江。曰一字水，出黎武山北，合小井，东流入一抛江。

曰土桥河，源自白井香水河分派，东流入金沙江。

南门内有凤井。东曰醉翁井，清冽不涸。北曰三窠泉，曰冷水泉，曰摩些泉。

温泉有三：一在府西黑泥只村，一在北交摩村，一在大姚县东。

北一百二十里曰龙蛟江，今名苴泡江，源出铁索箐，合姚州之连场、香水二河，入金沙江。

广西府

〔……〕

府城西三里曰西泸河。五里曰西泸洞。洞之西曰泸源洞。曰盘江，自宜良县流入罗平，郡中诸水惟此为大。又有巴盘江，一名番江，自澂江东南流，经师宗，至弥勒东，注黔之普安。

城南和穆荣村曰龙江湾。抱城南而流曰西溪。

东南曰矣邦池，一名龙甸海，周三十余里，半跨弥勒，水源有二：一出阿庐山石窍，一出弥勒吉双乡，南入盘江。中有小山，创广福（福广）寺。

师宗曰大河口，曰通玄洞。南三十里曰阿渠温泉。

弥勒州治内曰山湖，多产巨鱼。

西北曰巴甸江，南流数里而东，入于盘江。

北曰八甸溪，其源有三，一出阿欲山，一出旧村，一出北倾山，至州治东合流而南，入盘江。

西十里曰温泉，在阿欲部山，阔三丈许，深三尺余，水色青碧。

十八寨东五里曰白马河。

寻甸府

〔……〕

在旧为美县西三十里曰磨浪水。

北五里曰螳螂河，源出龙洞，有灌溉之利。又有矣部乌泉，其流至沙淋甸村。

东十五里曰阿交合溪，其源有二，一出嵩明，一出马龙，至府东南五十里合流，入霑益。三十里曰排頭（額）洞，近三岔河半里许，洞高深各二丈，有石笋，兽蹄、鸟迹之状。

西四里曰仙人洞。十里曰三龙泉，四周皆石，水穿石出。三十里曰车湖，一名青（清）水海，广四里，山环水聚，南亩赖焉。

在款庄曰宁革江。在木密所西曰龙泉。

武定府

〔……〕

府治后五里曰乌龙河，源出乌龙洞，溉田数百顷。曰西溪河，源出镇南，经楚雄至元谋西而入金沙江。

西北八十里曰惠㚟湖[1]，湖方五里，茂林佳木，掩映其傍，水色青碧。经秋叶落时，鸟则衔去，民异之。

北三百八十里曰金沙江，源出吐蕃，经龙川犁牛石下，历姚安，至本府北界，又东达黎溪，治（沿）江多岚雨，即冬月行，犹然浃汗，行者多以雨中及夜渡。

东北曰莲花井，常清不涸。北曰龙桥水，流入治南，与掌鸠水合。曰勒夷水，源自废南甸县，北流入金沙江。南二里曰香泉，入春而香，土人于二三月祭之，然后汲用。废南甸县南三里亦有香泉，臭味同也。

和曲州旧治西五里曰冷泉，其寒彻骨。十五里亦有香泉。

元谋县曰应元溪，源出和曲州虚仁驿，经马头山，流县入田。曰纪宝溪，源出定远。

在法纳禾村曰温泉，其沸如汤，可燖羊豕。

禄劝州废石旧县东南曰普渡河。曰掌鸠水，其水自治北流入东南，与款庄、乐宰二水合，至普渡河，达于江，绕环数十渡，合处形如狮子，又名狮子口。

温泉有二：一在州南五里；一在小缉麻村，凤氏所甃，今变为寒泉，有游鱼矣。

景东府

〔……〕

九十里曰蒙乐山，一名无量山，亘三百余里，一峰特出，上有石枰，蒙氏僭封为南岳。上有泉水毒流，人畜饮之立毙。

曰浪沧江，即兰沧，流经府西南二百余里，南至车里。曰大河，源出定边县阿苴村，合三岔河，流经府治南，入马龙江。

在蒙乐山南曰通华河，其北曰清水河，俱东流入于大河。

曰笕泉，源出蒙乐山，卫城旧无井泉，指挥袁贤始治竹笕引入城，凿池构亭于上。

北九十里曰龙潭，遇旱祷焉。

元江府

〔……〕

礼社江，一名元江，源自北（白）崖，合兰沧（礼社江），绕府城东南，入南安州。

西北一十五里有温玉泉，石间迸出如汤。

西四十里有峎峩河。

南三百里有三江，一自猛野，一自景东，一自杉木。江流三合，故名三江口。

丽江府

〔……〕

金沙江，古名丽水，源出吐蕃界犁石，名犁水，讹犁为“丽”。经巨津、宝山二州。江出金沙，故名。元宪宗三年征大理，从此济。

兰沧江，源出吐蕃嵯和歌甸，流经兰州西北三十里。

清溪，其源有二：一出东山，一出雪山，至东圆里合流，绕府城前。

西南十里曰龙潭，阔数十亩，四畔草结如葑牌，履及一方，三方皆动，又或近之，

---

① 惠㚟湖　通作“惠嫋湖”，见正德《云南志》、康熙《云南通志》。

风雨辄起。云昔有耕者为暴风雨卷入潭，至今或见其人及牛犁旋绕其中。

通安州八十余里阿失树（村），有温泉，春冬浴之。

苦泉有二：一出吴烈山涧内，一出州南剌沙村，其味皆微苦，饮之祛疾。

兰州治南有白石溪，中多白石。

广南府

〔……〕

府南八十里曰西洋江，源出板郎、速部、木王三山，合流入田州，至粤之右江。

富州东三十里曰南木溪，源出花架山，其水常温。西曰南汪溪，源出麻卯、僻令二山，流至州南，合南木溪，东行至石洞，伏流十五里复出，入于右江。

顺宁府

〔……〕

府治东曰顺宁河，源出甸头村山箐，流入云州孟佑河。

南一里曰瓮磉河，水出南山，与顺宁河会而东注。

三十五里曰洛甸河，出中阿山下，流入顺宁河。

北十里曰腊门河，南流与顺宁河会，其水分以溉田。

东北七十里曰兰沧江　源自金齿东南，流经府境，与黑惠江合，南历景东、元江、交趾，入南海。

其东曰黑惠江，即备溪江，水由大理、剑川二泽，与漾濞水合为一江，经府泮山下入兰沧，达南海。二江，蒙氏俱封以渎。

西北五十里曰西添河，源出喻甸都瓮村。

北一百八十里曰阿鲁使泥河，源出阿鲁使泥山下，流入黑惠江。

南曰阿铎河，水势迅急，土人构藤而渡。中有鱼，似鲤而非也，甚肥。

北一百九十里曰虎墟河，出阿城旧村，南流入黑惠江。旧有虎墟。

龙湫，在府治南山之麓，方一亩，林木丛蔚。或云有龙在中，人过而畏之。

温泉有二：一在阿枉村，一在西添村。

治西曰蕴古泉，夷语谓泉为瓮，谓涌为古，又名瓮古泉，澄澈可鉴。

云州南八十里曰猛赖河，曰南看河，由顺宁出，绕州之左。曰南谬河，由矣堵出，绕州之右，归左，合南看河。猛缅司东有大河，北流至猛赖。又有金水河。

猛猛大河，南流入腊逊江。

猛撒大河，北入山穴中，出猛短河。

永宁府

〔……〕

府东三十里曰泸沽湖，即鲁窟海子。

东北六十五里曰温泉，在瓦都寨傍。

曰罗易江，源自蒗蕖州，北流过府境。又有勒汲河，源出西番，流经府治之北，又东折入蜀川盐井卫。

瓦鲁之长官司西曰金沙江。

镇沅府

〔……〕

杉木江，源出者乐甸，流经府治南，入威远州界，江岸多产杉木。

马涌江，源出纳楼茶甸，经禄谷寨东下，流合南浪江。

南浪江，源出纳罗山，经禄谷寨南下，注入宁远州。

北胜州

〔……〕

治东曰罗易江，流入永宁府。东南三十五里曰㟤峩海。

南四十里曰程海，周八十余里。相传本陆地，有程姓居此，一夕忽沉为海，故名。

五十里曰程湖，灌溉田亩，下流入金沙江。

一百四十里曰大龙潭，曰三渡河，旋绕三围，故名。二百三十里曰小龙潭。

西十五里曰九龙潭，泉有九眼，灌田万余亩，下流入金沙江。五十里曰五浪河，源出四川。

北五里曰沙河，民多资其灌溉。

西北五里曰春水泉，水味如醴，岁春，居民携酒馔为宴乐，汲水和盐梅诸物饮之，谓之吃春水。

西南曰白角河，流入西番界。一百五十里曰桑园河，流入金沙江。

温泉有二：一在枯木村，一在沙田村。

卷三十二　搜遗志第十四之一　补山川

禁之水　梁祚《魏国统》曰："西南夷有大湖，名禁之水。水中有物，啧啧作声，射中木石则破裂，中人则死，名曰鬼弹。闻声已至，不可得见也。永昌郡东百八十里泸仓（兰沧）有瘴，往以二月渡之，行者六十人皆悉闷乱。毒气中物则有声，中树木枝则折，中人则令奄然青烂。兴古郡领九县，经千里，皆有瘴气。郡北三百里有盘江，广数百步，深十余丈。"

泸水量水川　《南夷志》："诸葛亮五月渡泸，两岸葭苇大如臂。川中气候常热，虽方冬行，过者皆袒衣流汗。"量水川，在滇池南两日行，汉旧黎州也（地）。川中有天池，其池水南流，水流甚广，石窦甚狭。此窦忽窒，则百姓忧溺。"

朱　提　《永昌郡传》曰："朱提，在犍南千八百里江却，治朱提县。川中纵广五六十里，有大泉池，水千顷，名千顷池。又有龙池，以灌溉种稻。与僰道接，多猿，群聚鸣啸于行人径次，声聒人耳。"

温　泉　东坡诗纪所经温泉，天下七处，以骊山为最。滇中宁州、白崖、曲江、德胜关、浪穹、宜良、邓川、三泊、江川、罗次所在有之，不止数十处，而安宁为最。凡温汤所在，下必有硫黄，其水犹有味，独安宁清澈见底，垢自浮去不积，不知何理也。旧有人见其窍出丹砂数粒，乃知其下有丹砂。传闻徽州黄山温泉亦类此。后周王褒《温汤铭》云："白矾上彻，丹砂下沉。华清驻老，飞流莹心。"乃知温泉所在，必白矾、丹砂、硫黄三物为之根，乃蒸为暖流耳。

珊瑚树　洱海八月望夜，河海正中有珊瑚树出水面，渔人往往见之。世传海龙献宝，

《内典》云“珊瑚撑月”。此世外事，不可以意度其有无也。冬月海风，水面起火高数丈，莫知其故。《易·象》曰“泽中有火”，《海赋》云“阴火潜然”，岂其事与？

南中山水　《汉书》：越嶲郡青蛉县有禺同山，俗谓有金马碧鸡。今以姚安为古青蛉，而姚安竟无禺同。且云有金马碧鸡，则禺同又似在会城矣。又《汉书》青蛉属越嶲，弄栋属益州，而今蜻蛉、弄栋同系姚安，亦未确。……益州郡胜休县，有大河，从广百四十里，深数十丈，河水东至毋棳入桥。俞元县，池在南，桥水所出，东至毋单入温。牧靡县南山腊〔谷〕，涂水所出，西北至越嶲入绳，过郡二，行千二十里。秦臧县牛兰山，即水所出，南至双柏入僕，行八百二十里。叶榆县，叶榆泽在东，贪水首受青蛉，南至邪龙入僕，行五百里。嶲唐县，周水首受徼外。又有类水，西南至不韦，行六百五十里。弄栋县东农山，毋血水所出，北至三绛南入绳，行五百一十里。滇池县，大泽在西，池周二百里，北有黑水祠。水是温泉。同濑县谈虏山，迷水所出，东至谈稿入温。毋棳县，桥水出，东至中留入潭，过郡四，行三千一百二十里。来唯县，从陋山出铜，劳水出徼外，东至麋伶（麊泠）入南海，过郡三，行三千五百六十里。越嶲郡台登县孙水，一曰白沙江，南至会无入若，行七百五十里。遂久县绳水出徼外，东至僰道入江，过郡二，行千四百里。青蛉县，临池灊在北。僕水出徼外，东南至来唯入劳，过郡二，行千八百八十里。应劭曰：“青蛉水出西，东入江也。”牂牁郡句町县文象水，东至增食入郁。又有卢唯水，来细水，伐水。都梦县壶水，东南至麋伶，入尚龙溪，过郡二，行一百六十里。西随县麋水，西受徼外，东至麋伶，入尚龙溪，过郡二，行千一百六里。毋敛县刚水，东至潭中入潭。

今山川犹昔，而名之相仍者十无一二矣。汉初辟滇，察地脉以载形方，考据最核。夫地从中国，名从主人，以古史较今志，而流峙宛在目中，固不必问诸水滨矣。

新新泉　永平县南十余里有温泉，在路之东，凿为池。万历丁酉重修。有兵备副使普安邵以仁“新新泉〔记〕”，刻于石。

〔据刘文徵撰天启《滇志》（古永继校点，云南教育出版社 1991 年版）卷二《地理志第一之二·山川》第 73 页分别辑录各府州之“川”。另卷三十二《搜遗志第十四之一·补山川》增补水文献 7 条，一并辑录。据《滇志校考·前言》所言，该校点本出版时，中央民族大学藏《滇志》校阅本尚未复印到滇，故不及参考。王云教授据复印本互校，编辑《滇志校考》（云南民族出版社 1999 年版）。今辑录时，以校点本为主，有正误衍夺时用校考本订正，不再一一出校。〕

（康熙）云南通志·山川志

卷六　山川志（山略）

名山大川，岳渎尊矣。外此，而扶舆盘薄亦往往多奇胜焉。滇处边隅，山川不与望秩之列，然太华、昆池、点苍、西洱，黄图所载，每艳称之，独是环山为城，遇川作甸，祟冈之下，地多硗确，可耕者十不得一。即如金沙、澜沧二江，亦苦阻深，乱石惊滩，不通舟楫，所由滇民，在在艰鲜，不能牟转徙之利，皆地限之也。然则欲易瘠土为沃野，即有疏凿之神，亦安能佐封浚之大乎？至关哨诘奸、津梁利涉，事既相丽，法得附书，作《山川志》。

云南府

昆明县

滇　池　在城西南，一名昆明池。周五百余里，汇盘龙江、黄龙潭诸水，望之一碧万顷。《史记》：滇水源广末狭，有似倒流，故曰滇。一说凡水皆东，此独阻①西而下也。

九龙池　在城内。清迴秀澈，蔬圃居其半，又曰菜海，稻田莲池又半之，沿五华右，贯城西南，改达滇池。昔为沐氏别业，名柳营。

绿水河　在城内祖遍山之左。

西　湖　在滇池上流，又名积波池。荇藻长青，兰桡竞泛，中产衣钵莲花，俗曰青草湖。内有近华浦，废址尚存。康熙二十九年，巡抚王继文构亭其上，题曰“涌月”。

盘龙江　在城东。源出故邵甸县，凡九十九泉，合流入滇池。

海　口　在城西南八十里。泄滇池之水，由安宁、富民汇广翅塘，入金沙江，沿海财赋，岁以万计，利害由其通塞，诚要津也。岁一浚导，在赋役曰“海夫”。

澄清河　在青草湖内。七八月间，潢潦泛涨，斯水独清。

金稜河　一名金汁河，在城东十里。元赛典赤筑堤，分盘龙江水，经金马山麓，绕春登里东乡，灌溉实溥。

银稜河　一名银汁河，在城北十里。引黑龙潭、白龙潭水，经商山麓，灌溉沙浪里田地。

宝涿河　在城南二十里。源出上板桥，分泻至官渡，入滇池。

黑龙潭　在城北三十里。其水深黝，有鱼二种，各不相浸，祷雨辄应。

三龙泉　一出商山下；一出城西勒甸村；一出罗汉山下，其罗汉洞产金线鱼，又名金鱼泉。

龙　淙　在城西二十里。旧名白龙泉，康熙二十八年总督范承勋易今名，有龙淙、石屋、听瀑楼、墨雨庵、一草亭、宛转溪、石香桥、颠丈、卧石、小巫峡、小龙湫诸胜。

海　源　在城西二十里聚仙山下。流入青草湖，一名鸳鸯池。

瀑布泉　在城西玉案山。流至宝珠寺后，崖高数丈，泉自崖顶注于溪涧，喷沫溅珠，声彻里许。

寒　泉　有二：一在城北上庄村，一在城西高峣里碧峣书院。

龙　湫　在城东板桥驿。山皆奇石，石窦中两湫叠出，又名观音塘。

吴　井　在城东三里菊花村。其水独重，味甚甘洌。

石　井　在旗纛庙中，与吴井埒。

胭脂巷井　在南城②门外，作酒特美。

富民县

彝扎郎水　在县东北十里，西入大溪。

农纳水　在县北五十里。源出武定府界，北流入大溪。

---

① 阻　雍正《云南通志》卷三作“徂”。

② 南城　雍正《云南通志》作“城南”。

宜良县

大池江　源自霑益州花山，东南流入县境，会八达河，入粤西右江。

大城江　源自阳宗县东，注盘江。

汤　池　在县西南二十五里，水如沸汤。

罗次县

金水河　源自九戍山，合星宿河，注于沅江，罗次之带水也。

星宿河　由禄丰而南，经易门，入沅江。

呈贡县

洛龙河　在县北十里。源出黑、白二龙潭，灌溉田亩，流入滇池，其上有石室。

安宁州

螳螂川　在州北。以水中有洲，其形类螳螂也，源自滇池，经富民、武定，入金沙江。

碧玉泉　在州北十里。出崖穴间，不假甃治，清洁香温。其中二石，深碧如玉，明杨慎题为“天下第一汤”。康熙二十八年，总督范承勋、巡抚石琳、按察使司许弘勋别凿二池，曰小玉，曰漱玉，旁建尊竹山房、云涛寺、雪韵轩诸胜，杂峙于环云岩、虚明洞、醒石、醉石之间，幽雅莫可名状。

石　淙　在螳螂川中。有石如砥柱，水触成琤琮之声，明杨文襄公一清因以为号。

圣水泉　在曹溪寺左，其水一日三潮。

龙　泉　在曹溪寺右一里。喷沫而上，如百斛明珠，莹徹璀璨，总督范承勋题曰“沸珠泉”。

禄丰县

大　河　在县西。

昆阳州

渠滥川　在州东南五里，由东北入滇池。

三洞泉　在平定乡小山下。石洞凡三，中有流水。

资利河　在旧三泊县北，入螳螂川。

易门县

九渡河　源出和曲，入沅江，经莲花滩，达南海。

晋宁州

大堡河　源出新兴，经晋宁永兴乡，分注滇池。

嵩明州

嘉利泽　在城东南，广百余里，一名杨林泽。

牧羊水　出牧羊山涧，南流为盘龙江。

龙济溪　源出果马山，经州南，入嘉利泽。

对龙泉　在州西南，两泉对流百余步，复合入嘉利泽。

曲靖府

南宁县

龙　泉　在府南十里。泉分两派，灌溉之利甚溥，春秋祀焉。

白石江　在城北五里，明西平侯沐英擒达里麻于此。

双　河　在城北三十里。发源崖口，多灌溉之利。

南　河　在城东南二十里。通北海，流入陆凉。

温　泉　在分秦山下，阔二丈许。

潇湘江　在城南。源出马龙州山箐，绕胜峰山下入府境至陆凉，过石门山，会广西、师宗水，达南海。

霑益州

交　河　自旧霑益花山洞发源，经州东北，会盘江、腊溪二水，南流入府境陆凉，达于广西。

车翁江　源出杨林海子，过州境，北流入金沙江。

鸦扒箐水　在旧州，南北流，会车翁江。

陆凉州

中涎[①]泽　在州东南，会潇湘江水于此。

马龙州

灵泉、凉水、东河、西河、大龙井、小龙井　诸水俱无源流，随时泛溢，灌溉民田。

罗平州

喜旧溪　在州东。源发矣都勒，流入东南，会盘江。

寻甸州

矣部乌泉　在州东。由月狐山发源，出七星桥，分二派入州车翁江。

清水海　在州西北，入金沙江。

车　湖　在州西。山环水聚，可资灌溉。

清溪水　在旧平彝卫南。

临安府

建水州

三　河　一自石屏异龙湖泄下为大河，名泸江；一发源松子园塌冲，为中河；一自拖泥坝来，为小河，过城西南傍东南隅，合入阎洞，沿流通盘江。

北沟河　源出小关山，过石桥，会于泸水，俗呼窑沟。

曲　江　在城东北九十里。源出新兴，由嶍峨经河西入盘江，夏秋多雨，行者病涉。

白龙潭　在城北十五里，灌溉田亩。

有本泉　在城东南。

溥博泉、渊泉　俱在城南，俗呼大板井、小板井。

① 涎　雍正《云南通志》作“埏”。

杨公泉　在城东北四十里。知州杨绪爵开凿，济田千余亩。

石屏州

异龙湖　在州东。有九曲三岛，小岛曰孟继龙，中岛曰小末束，前岛曰大瑞城，周百五十里，流入泸江。

矣落河　在州西八十里。源出元江，西入亏容甸。

阿迷州

乐荣河　源出异龙湖，至建水，为泸江，入于阎洞，出州西，东会盘江，下广西府。

盘　江　在州北二十里。源发新兴，经曲江，众流所会，为阿迷、弥勒分界处。

摩沙勒江　源自大理白崖，经州东南八十里，入元江，秋疗有瘴。

南　洞　在州东南十五里。中有水泉，资民灌溉。

宁　州

婆兮江　在州东六十里。源自抚仙湖，入于盘江。

高　河　在州东备乐乡圆山顶上。周二百余步，不涸不溢，昔人盗水灌田，风雷迅作。

瓜　水[①]　在州南浣江之北。经恩永山，过丁矣冲，会茶部冲，形如瓜字，流入广西府。

巅崖溪　在州东北十里茶部冲村。两崖相对，一水飞泻。

通海县

通海湖　在县北三里，一名杞麓湖。源自河西县，周八十里，相传昔水涝不通，有僧于县东北石笋丛立处，以杖穿穴泄其水，因名通海。

河西县

东渠河　在县东。源自水磨村北，旧有河泊所，今裁。

碌碌河　在县西北。源发新兴，入于曲江。

炼庄河　在县北百里。出胜郎山后，经罗吕乡山麓，灌溉炼庄田地。

嶍峨县

合流江　在县东北一里。一曰大河，自新化流至县北；一曰小河，自石屏流至县南，合入曲江。

分界江　在城南二百里。江外为新平、新化、南安界。

蒙自县

梨花江　在县东南。源自元江，经纳楼司至县，入交趾清水江。

南　湖　在县南。广数千丈，水涸则成平坝。

倘甸河　在县北七十里。发源木马冲，灌溉田亩。

龙华泉　在县北二十里。

法果泉　在县南十五里，地名生三岊。明正德间，土酋那代作乱殄灭后，置新安千户所防御之，疏通此水。

---

① 瓜水　雍正《云南通志》作“爪水”。

新平县

三江口　一源从易门绿汁江，一源从禄丰星宿河，一源从南安大江，会于县西北，流入沅江。

襟带河　在县南。自二龙山口出，东入平甸河。

澂江府

河阳县

抚仙湖　在城南。周三百余里，碧波千顷，北纳诸溪，南受星云，从东南流入铁赤河，南折宁州，北绕宜良，会巴盘江，达南海。

西礐泉　在城西十三里。暗通昆池，合左右潭，入抚仙湖。

铁赤河　在城东二十里。源自陆凉州，经宜良，过竹子山，会抚仙湖尾。

冷（泠）然泉　在城东华藏寺后，味甘冽。

玉冽泉　在城东三里金鸡岩下。味甘色滢，流灌阜田。

东谷溪　在城东六里。

黑龙潭　在城东十五里。停蓄深黑[①]，遇旱祷雨。

三春池　在钟秀山麓。

涟漪泉　在碌碕山峡，即庄镜泉。一潭如镜，四时清澈。

江川县

星云湖　在县南。周八十余里，水由海门入抚仙湖，两湖之鱼，不相往来，有界鱼石。

阿化泉　在县北十里。源发绿笼山，分三流灌众田。

冷　泉　在县西北七里。

关岭泉　在关岭之麓。

新兴州

大溪河　在州西北五里。源出夹雄山，合罗麽、奇梨二溪，由嶍峨入曲江。

罗木箐河　在州西北五里。自晋宁州，经大堡，入嶍峨。

密罗河　源出密罗村。经甸尾，入嶍峨。

路南州

兴宁溪　在州东二里。绕西南会铁赤河，入巴盘江。

旧阳宗县

明　湖　在旧县北。周七十里，水色深黑，源出罗藏山，下流入盘江。

大冲河　在旧县南五里罗藏山下，会涧溪诸水为河。

日角溪　在旧县西北八里，一名芭蕉河。源出觉卜山下，伏流至天生桥，复出成溪。

弥勒石溪　发源罗藏山西麓，合涧流会于锦溪。

濯缨泉　在夹浦山麓。自石罅喷出，上有龙祠。

① 停蓄深黑　雍正《云南通志》作"渟泓深黝"。

武定府

和曲州

乌龙河　在城后五里。源出乌龙洞，溉田数百顷。

惠嫋湖　在城西北八十里。湖方五里，茂林佳木，掩映其傍，水色清碧，经秋叶落其中，鸟辄衔去。

金沙江　在城北三百八十里。沿江多瘴，虽属深冬，行人挥汗，渡者多以夜或雨中焉。

元谋县

应元溪　源出和曲州虚仁驿，经马头山入县界，田亩皆资灌溉。

西溪河　源出镇南，经楚雄至县，入金沙江。

普渡河　在州废石旧县东南，流入金沙江。

禄劝州

掌鸠河　在废石旧县。其水自州北流入，南合普渡河，达于江。

广西府

西泸河　在城西三里。

盘　江　自宜良流入罗平，郡中诸水惟此为大。

巴盘江　一名蕃江，自澂江东南流经师宗至弥勒东，注黔之普安。

龙江湾　在城南和穆荣村。

西　溪　抱城南流。

龙　泉　东西二泉，流入矣邦池，民资灌溉。

矣邦池　在城东南，一名龙甸海。周三十余里，半跨弥勒，水源有二：一出阿卢山石窍，一出弥勒吉双乡，南入盘江，中有小山。

师宗州

大河口　在州治。

弥勒州

巴甸江　在州西北。南流数里，东入盘江。

八甸溪　在州北。其源有三：一出阿欲山，一出旧村，一出北倾山，至州治东，合流南入盘江。

元江府

礼社江　一名元江。源自白崖，合兰沧，绕府城东南，经纳楼、蒙自，南达于海。

温玉泉　在城西北八里，石罅迸出。

三　江　在城西南三百里。上流之东曰阿墨江，发源无量山；东之西曰把边江，即阿墨分流；又西曰九龙江，即兰沧江。从景东来者，凡三江，总会于府界之西南旧角，从此南注入海，以其三流合一，故名三江。

广南府

西洋江　在府南八十里。源出板郎、速部、木王三山，合流入田州，至粤之右江。

富　州

南木溪　在州东三十里。源出花架山，其水常温。

南汪溪[①]　在州西。源出麻卯、僻令二山，流至州南，合南木溪，东行至右洞，伏流十五里复出，入于右江。

开化府

期乌石洞　在城西北南安里。夹涧穿流，即侬[②]河源也。

侬人河　在城北开化里，源出期乌洞。

盘龙河　即侬人河下流，以其绕城盘曲滢回如龙，故名。

绿水塘　在江那里。水如碧玉，可鉴毛发。

异龙潭　在城西南。

济热河　在东安里。烟瘴燥热，居民浴水解毒。

大理府

太和县

西洱河　一名昆瀰池，又名瀰海，即古叶榆水也。发源罢谷山，经浪穹名宁河，至普陀崆名蒲陀江；又一源出鹤庆府，会蒲陀江，入邓川界，分为罗时江、弥苴佉江、怒地江，俱南流入上洱池。至府东名西洱河，以形如月生五日抱珥之状也。中有三岛：曰金梭，曰赤文，曰玉几。水涯有洲：曰青莎鼻，曰大贯，曰鸳鸯，曰马帘，受十八溪水，绕府西南，由石穴中出点苍山后，入蒙化府界，会漾濞江。

十八溪　名详点苍山下。其梅溪又名瀑布泉，秋夏间奔流山坳中，有一石大如马，水激石跃，铿鍧如雷。清碧溪，又名翠盆水，冷冽三盆，涧流叠注，翠碧交加。

救疫井　在点苍山下，疫疠者饮之即愈。

赵　州

礼社江　在州东南。流经白崖至定边，绕镇南，入于元江。

大　江　源出定西岭，经九龙顶山，名波罗江，入西洱河，州之带水也。

昆雌江　源出蒙化之巍宝山，合礼社、赤水二江，会元江，入交趾。

云南县

叶镜湖　在县南三十里，中有石如镜。

一泡江　源出宝泉山，流绕县城，入青龙海，经铁索营，归金沙江。

青　湖　在县西南，其深莫测。永乐七年，黄河清，此水亦清，至今不浊。

溪　沟　在县西三里。源出宝泉山，入定边界，夹岸十里，花卉繁茂，即万花溪也。

青龙海　在县东南十里，水源出入，回折如龙。

周官些海　在县东北十五里。

龙　洞　有县东五十五里。叠嶂层峦，中涵巨津。

---

① 南汪溪　原本作“南江溪”，据万历《云南通志》、天启《滇志》、《读史方舆纪要》改。

② 侬　原本作“浓”，据下文及雍正《云南通志》改。

邓川州

南诏潭 在州西二十里。阔十余亩，三山环峙，万木阴森，一面有石墙，为昔人避兵处。

星鲤泉 在州东十里。其中有鱼，额多星点。

罗时江 南流入洱河。明知州周之相开河尾一道，灌溉赖之。

浪穹县

大营河 在县东十里。经水皮村，会于宁湖。

九龙泉 在佛光山下。其泉有九，俱自石窍中涌出，灌溉赖之。

宾川州

金沙江 在州东北，即若水也。

孙 水 在州东北。金沙江之别流，《水经注》曰白沙江，司马相如“梁孙”[①] 原即此。南至会无，入若水。按：若水经金沙江巡检司地，与绳水、孙水、淹水、泸水、大渡水，会为一津，东流注马湖江，武侯南征渡此。

七 溪 曰钟良，曰银，曰石宝，曰寒玉，曰通洱，曰赤龙，曰丰乐，皆资灌溉，而丰乐为最。

大 河 出梁王山，合竹泉、横溪，经州北，入金沙江。

金龙湫 在州西百里。

乌龙池 在州西南五十里，居民作堰灌田。

云龙州

兰沧江 在州东二里，传即黑水。源出吐蕃鹿石山，本名鹿沧，流入滇境，首过兰州，故称兰沧，后人讹为澜沧，或又讹浪沧。自丽江经州东南，过永昌、蒙化、顺宁、景东、元江、交趾，达南海。按：《山海经》曰洱水西流入于洛，故兰沧又名洛水，言脉络分明也。

沘 江 自老君山后发源入州界，合于兰沧。

北胜州

罗易江 在州东，流入永宁府。

程 海 在州南四十里。周八十余里，相传本陆地，有程姓居此，一夕忽沉为海，故名。

程 湖 在州南五十里，下流入金沙江。

九龙潭 在州西十五里，下流入金沙江。

五浪河 在州西五十里，源出四川。

白角河 在州西南，流入西蕃界。

桑园河 在州西南一百五十里，流入金沙江。

---

① 梁孙 《水经·若水注》：“司马相如定西南夷，桥孙水，即是水也。”桥、梁，互训。

永昌府

保山县

上水河、下水河 在城内。源出九龙池及宝盖山箐，合流入城，经委巷，达东河。

青华海 在城东五里。诸水所汇，广十余里。

易罗池 在城西南龙泉门外，泉喷九窦。

喷珠泉 在城西。广五丈，其流灌田。

响水湾 在城北五里。悬崖瀑布，响振林谷。

清水河 在城北五十里。出甘松坡，下会龙王泉，合易罗池，入峡口洞，伏流而出，为枯柯河。

兰沧江 在城北八十里罗岷山麓，《汉书》所谓“兰津”也。东过顺宁，达车里，入南海。

潞　江 在城西百里，旧名怒江。源出雍望，经安抚司北，两岸陡峭，夏秋瘴毒难行，流入府境，名上江，蒙氏僭封四渎之一。

沙木河 在城东北百二十里。源出顺宁，入兰沧江。

腾越州

大盈江 在州西南，一名大车江。源发巃嵸山，会半月池，合槟榔江。

槟榔江 源出吐番，入州西界，会大盈江，经干崖，达缅。

叠水河 大盈江之派，断崖百尺，急水奔流，翻雪惊雷，行人竦视。

龙川江 其源有三：一出明光山，一出阿甸山，一出南香甸山。三水合流，至虎踞关，入缅。

半月池 在城北七里，周五十丈。

澄镜池 在上干峨山，人至则风雨交作。

永平县

银龙江 其源一出阿荒山，一出罗木山，合流而南，受桃源、花桥二水，穿城以出，经顺宁，入兰沧。

碧溪江 即漾濞江，经县界东南。

胜备江 自云龙州发源，入县界，会双桥河，达漾濞江。

楚雄府

楚雄县

龙　泉 在城南雁塔山下。池水澄洁，应月而潮。弘治中知县范璋精堪舆，谓此水入泮当有中鼎甲者。嘉靖丁亥，知府祝弘舒遂引入之。壬辰，庠生李启东登进士第二甲一名传胪。

凤　泉 在慈乌山麓。自地涌出，清洌甘香。

捣练溪 在城治西三里。流泉三叠，清泠如镜。

龙川江 源发镇南州苴力铺，至州南为白龙河，经府城北，东北流过定远，至广通东南为大河，北流入金沙江。

大　江　在城之南。上流即马龙河自定边东南来，下流即上江河自南安东南去，归元江，入南海。

镇南州

白龙河　在州南，即苴水，一名虹江。源出苴力铺，经州治，汇府治大河。

马龙河　在州治西南一百八十里。源出蒙化，由定边会府大江。

清水河　在州东十里。源出荖蕨厂龙潭，流入白龙河。

丹桂泉　在州东五里，路有黑泥桥。

泛　泉　在州东五里观音洞傍，颇甘。

龙　潭　有四：一在州北十五里，水出山隈；一在州南三十五里力戈村；一在州西北二十里双甸；一在阿雄乡七村。

南安州

妥稍河　在州西四十里。流经楚雄东界，合沙甸河下流。

沙甸河　在州西南八十里。流经易门界，入元江。

黑石河　在州南二百余里。流新平界，入元江。

卜门河　在旧碍嘉县东北三里，一名大场江。流新平界，入元河。

上江河　在旧碍嘉县东五里，即府大江下流。

白沙泉　在州东三里。

石　井　在州东北二里，泉随取随满。

果罗泉　在旧碍嘉县西四里。

定远县

龙川江　一源出云龙山左之斗箐，一源出云龙山右之老虎箐，二派合流，自县西北迤逦而南，又东折三十里，绕石门山，会大河，过黑井，入金沙江。

冷　泉　在会基山，清洌甘美。

石羊井　在县西五里。有石如羊，动之则溢。

龙马池　在县西南二里。

文龙川　在云龙山下。

零　川　又名苴河。

茶小溪　在县西十里许。

清水河　在县东二十里。又东有苴苗河、青场河，东北有大基河，西有紫甸河，南有木土竜河，凡六河，皆支水也。

黑　井

三道河　易者村、观音阁、加场村三水合一，西入龙川江，行盐通衢。

七局龙池　在司西北。每天将雨，山鸣谷响，俗传有鼓吹灯影之异。

菖蒲溪　在司西北三里。广一里许，菖蒲丛生，其深莫测。

琅　井

琅　溪　自定远清水河从西北分注溪内，入府大河内，高柳沿堤，菲薇掩映。

广通县

清风河　在县东三里。发源赵普关，达桔木臼，今建桥其上。

立竜河 源出马鞍山，流至孤山，绕县西定门外。

阿陋河 源出阿陋井香山，流经盘龙山南。

关山河 在县西五里。源出赤摩村，至元谋县，入金沙江。

舍资河 在县西三十里。源出武定，东流南安界至元江，入交趾。

大河口 在县北三十里。源出楚雄，春夏水势汹涌，险不可测。

罗申河 在县北五十里，流经黑井至金沙江。

温　泉 距县东南八十里。

定边县

定边河 在县治南。源发蒙化罗邱场，经河上村东流为马龙河，合府大江，五六月间，水汹涌不可渡。

环　江 在县北。源发蒙化甸北，名曰西河，沿巍宝至太极山，环流出，会定边河。

白崖河 在县东北十里。源发云南县梁王山，经白崖、迷渡，至东涌三河，会环川水。

阿集左河 在县南五十里。源发无量山，流经石洞寺至雀田哨，入景东府大河。

浪沧江 在县西南一百五十里。

姚安府

姚　州

金沙江 源出吐蕃，为府大川。

蜻蛉河 在城南四十里。江源出三窠山，流至府南，潴为大石淜，分为东汹溪、西汹溪，绕府而北，合趋大姚河，转入金沙江。

阳派河 一名阳片湖，在城西十五里。出金秀山下，流至府，潴为淜，溉田。

香水河 在城北。源出黎武村观音塘，与白井提举司观音山箐水合流，入金沙江。

连　水 在城西二十里。出镇南木盘山，经府之连场，入大姚河，趋金沙江。

西岭井 在仙景山麓。昔有老人磨杵于此，其石犹存。

白马泉 在白马山谷。有两泉涌沸，在东山者为黄龙泉，在白塔者为大康郎泉，俱溉田。

大姚河 在城西。源出书案山，流与铁索箐水合，经姚州，复绕县东北，入蜻蛉河。

羊蹄江 在城西。发源自摩些村，东入金沙江。

温　泉 有二：一在府西黑泥只村，一在府北交摩村。

龙蛟江 在城北一百二十里，今名苴泡江。源出铁索箐，合姚州之连场、香水二河，入金沙江。

大姚县

土桥河 在城南。源自白井香水河，分派东流入金沙江。

温　泉 在城东。

鹤庆府

漾共江 在城东五里，一名鹤川。源出丽江界，盘折五十余里，溪流众水趋赴于此，其自西北来会者曰石洱河，自东北来会者曰大水漾泉，自西来会者曰长康河、落钟河、温水河、银河、桃树河。南入象眠山石窟，伏流三里而出，名腰江，东流入金沙江。

观音山河　在城西南一百里。源出黑泥、山神二哨，至大营分而为二，一入浪穹县茈碧湖，一自普陀崆至邓川，流入洱海。

罗牧社海　在城西南一百三十里。

金沙江　在城东一百二十里。

鹦鹉水[①]　在城东南七十里。水自石崖注下，鹦鹉仰饮，故名。

龙　潭　在府治西者曰青龙，曰西龙；西北者曰石墩，曰香米，曰北渼；西南者曰龙宝，曰吸钟，曰宣化；东北者曰柳树，曰小柳，曰赤土和；东曰水渼。凡十四，俱入漾共江。又二：曰龙公，自入金沙江；曰大龙，在半子山下，随地衍注，民田赖之。

潘浦海　在旧顺州。西畔属顺州，东畔属北胜。

剑川州

剑　湖　在州南五里。周六十里，自丽江老君潭发源，会西湖水南流，名弥沙浪河，经浪穹县，入蒙化、顺宁界，归兰沧江。

西　湖　在州南二里。

剑　川　在州南十五里。曲流三折，形如川字，故名。

弥沙浪河　在州南一百里白水场，与剑湖水会而南流。

崖场水　在州西一里。源出老君山，流入剑湖。

大桥头河　在州东二里，即古合惠江。南入剑湖，西南流，与漾濞水会。

龙　潭　在州治。凡九：曰老君，曰易堤坪，曰仙女辙，曰隔渼，曰建和，曰白陀难，流入剑湖；曰花丛，曰白龙，曰青龙，流会湖尾。

顺宁府

顺宁河　在府治东。源出甸头村山箐，流入云州孟佑河。

瓮磉河　在府南一里，水出南山。

洛甸河　在府南三十五里，出中阿山下。

腊门河　在府北十里。三水俱南流，与顺宁河会而东注。

兰沧江　在府东北七十里。源自金齿，东南流经府境，又上流，东北为银龙江，亦会此水，与黑惠江合，南历景东、元江、交趾，入南海。

黑惠江　在府东。其上流即碧溪江，水由大理、剑川二泽与漾濞水合为一江，经府泮山下，入兰沧，达南海。蒙氏号四渎之一。

龙　湫　在府治南山之麓。方一亩，林木丛蔚，水色澄碧。

蕴古泉　在府治西。彝语谓泉为瓮，谓涌为古，又名翁古泉，其水澄澈，可鉴毛发。

云　州

猛赖河　在州南八十里。河之上流名大河，从猛缅界来。

南看河　由顺宁绕州之左。

蒙化府

兰沧江　在府西南一百五十里。

---

① 鹦鹉水　万历《云南通志》、天启《滇志》作“鹦哥水”，当是。鹉，天鹅。

漾濞江 在府西北一百八十里。一出浪穹罢谷山，由邓川洱海流入府境，为漾水；一出吐番可跋海，由云龙入府境；一出剑川，绕点苍山后，入府境，为濞水。二水合流，至郡西南，为备溪江，入于兰沧。

阳　江 在府西二里。源出甸头花判涧，受境内东西诸涧之水，东流定边，与迷川、礼社江合，入元江，以达南海。

菜园河 在府南一里。源出东山，岸多桃李，又名锦溪。

五道河 在府南三里。水源甚裕，岸有塔，云武侯所建，今圮。

教场河 在府北二里。

盟石河 在府北二十五里。

永宁府

勒汲河 源出西蕃。经府治南，折东北，入四川盐井卫界。

罗易河 源自蒗蕖州，北流过府境。

泸沽湖 在府东三十里。内有三岛，高可百丈，土司水寨居其上。

温　泉 在府东北六十五里瓦都寨傍。

金沙江 在瓦鲁之长官司西。

景东府

浪沧江 即兰沧江。经城西南二百余里，归车里江，入南海。

大　河 源出定边县河苴村，合三岔河，流经府治，南入马龙江。

通华河 在蒙乐山南。

清水河 在蒙乐山北，二河俱东流入大河。

笕　泉 源出蒙乐山。旧卫城旧无井泉，明指挥袁贤始治竹笕引入城，凿池构亭于上。

龙　潭 在府北九十里，岁旱祷雨有应。

丽江府

金沙江 在府东北一百五十里，绕而南流，即丽水也。源出吐番犂牛石下，名犂水，讹犂为丽，过雪山，经府界，江出金沙，故名金江。元世祖征大理，从此济师。

兰沧江 在府西南三百里。源出吐蕃嵯和歌甸，流经旧兰州界，入西南，达南海。

怒　江 源出西域，经怒彝地，故曰怒江，入府境，出野人界，又入永昌，名潞江。

清　溪 其源有二：一出东山，一出雪山，至东园里合流绕府前，入鹤庆界。

龙　潭 在府西南十里，阔数十亩。四畔草结葑牌，履及一方，三方皆动，人或近之，风雨辄起。

镇沅府

杉木江 源出者乐甸，流经府治南，入威远州界。

马涌江 源出纳罗山，经禄谷寨南，入宁远州。

盐　井 有六，皆在波弄山，掘地三尺，焚薪为炭，取卤浇之，次日成盐，黑白相杂，味颇苦。

威远州

宝谷江 上流兰沧。

者乐甸

景东河 自景东发源，经甸西，即杉木江。

南堆小河 源出者岛山，归新平江。

〔据范承勋等修，吴自肃等纂康熙《云南通志》（日本京都大学藏清康熙三十年刻本）卷六《山川志》第1－39页辑录。按府州县例分述云南全省各地山、川、河、湖、塘、井，桥梁附，包含山川名称、位置、流向及井桥何人、何时修建等信息，文字记述简略。〕

（雍正）云南通志·山川志

卷三 山川志（山略）

《周礼·职方氏》载九州之域，必记名山大川，以疆界递更，山川不易也。滇处梁州境内，位列坤维，遥作神京藩卫，山如点苍、绛云，水则金沙、兰沧，回薄日月，荡沃云霞，盖宇宙磅礴浑沦之气盘结于边隅，以壮中原之关轴者。国家道化丕隆，怀柔礼备，车书万里，海岳效灵，梯航阻绝之境，咸耀于光明。生当盛世者，登临俯仰之余，恍然见德业之崇峻，化泽之宏深，直与雪岭沧江共流峙于无穷也已。志《山川》。

云南府

昆明县附郭

滇　池 在城南，一名昆明池。周三百余里，汇盘龙江、黄龙潭诸水，史称源广末狭，有似倒流，故曰滇，一说凡水皆东，此独徂[①]西而下也。

九龙池 在城内五华山右，俗名菜海，昔名柳营，为沐氏之别业。雍正六年，总督鄂尔泰奉旨建御龙寺于北岸。

绿水河 在城内祖遍山南，由城东入滇池。

盘龙江 在城东门外。源出邵甸，凡九十九泉，合流入滇池，详见《水利》。

金稜河 在城东十里，一名金汁河。堤上旧植黄花，故名，详见《水利》。

宝象河 在城南二十里。源出上板桥，分泻至官渡，入于滇池，详见《水利》。

澄清河 在城西青草湖内。七八月间，横流泛涨，此水独清。

海源河 在城西二十里聚仙山下，即海源洞，一名鸳鸯池，流入青草湖内，详见《水利》。

银稜河 在城北十里，一名银汁河。旧时堤上多白花，故名，详见《水利》。

西　湖 即滇池上流，一名积波池，俗名青草湖。荇藻长青，兰桡竞泛，中产衣钵莲花，内有近华浦，为滇名胜。

龙　湫 在城东三十里板桥驿。山皆奇石，石窦中两湫叠出，一名观音塘。

---

① 徂　康熙《云南通志》卷六作“阻”。

龙　淙　在城西二十里。旧名白龙泉，总督范承勋易今名，有龙淙、石崖[①]、听瀑楼、墨雨庵、一草亭、宛转溪、石香桥、颠丈、卧石、小巫峡、小龙湫诸胜。

瀑布泉　在城西二十里宝珠寺后。崖高数丈，泻珠溅玉，声彻里许。

三龙泉　一在城西勒甸村。一在城北门外商山。其在罗汉山者产金线鱼，一名金鱼泉。

寒　泉　有二：一在城西高峣里，一在城北上庄村。

涌　泉　出城北陑山涌泉寺中。一泓清洁，流为曲池。

黄龙潭　在城东六十里，为马料河之源。

黑龙潭　在城北三十里。其水深黝，有鱼二种，各不相杂，祷雨辄应。

横山水洞　在城西三十里，详见《水利》。

清侯井　在城内布政司署中。昔高智昇领鄯阐牧，建宅得泉，因号清侯。

阐侯井　在城内。土人取以染红，鲜明异于他水，一名茜红井。

石　井　在城内旗纛庙中，味与吴井同美。

吴　井　在城东三里菊花村。其水独重，味甘冽，汲而贮之，日久不变。

胭脂巷井　在城南门外，作酒甚佳。

富民县

大　河　在城东十里，一名安宁河。源出滇池，经安宁入县，达禄劝州为普渡河，入金沙江。

清水河　在城北八里。源出罗次县，经太平桥，东入大河。

夷扎郎水　在城东南五里。一名大营河，流入大河。

农纳水　在城北五十里。源出武定界，北流入大河。

龙　泉　在城南五里。俗传有龙怪，立祠祀之。

红莲沼　在城东南五里。旧有荷花，今为觉江寺，号龙池，祷雨辄应。

宜良县

大池江　在城东五里。源出霑益州，经陆凉南流入县至红石崖，名铁池河。

大赤江　在城北五里。源出杨林花鱼潭，东入大池江。

大城江　在城北十里。源出旧阳宗，经汤池，入水井坡，出江头村，东注大池江。

黑泥河　在城南五十里，详见《水利》。

汤　池　在城西南三十五里，详见《水利》。

九龙池　在城西岩泉山后，详见《水利》。

白龙潭　在城西七里，广仅尺余，水涌如沸。

大龙洞　在城东南十五里，详见《水利》。

罗次县

北城河　在城东二里。源出穹荡山，由东绕西，回环如带。

金水河　在城西八里。发源九涌山，自南流北，复折而南，入禄丰星宿江。

沙摩溪　在城西。自富民境流入县界，南达禄丰县，为大溪。

---

① 崖　康熙《云南通志》卷六作“屋”。

黑箐龙潭　在城西四十里。其潭深邃，多云雾，祷雨辄应。

晋宁州

盘龙河　在城东南一里许。出山涧中，经梅溪山，归大坝河。

大坝河　在城东南二里许。源自河阳之关索岭，经石碑村北，合大堡河。

大堡河　在城南五十里。源自新兴，经永宁乡四通桥，西注滇池。

金沙草湖　在城西五里金沙村。周回十余里，即滇池滨也。自牛恋乡至河泊所水中有石路，为滇池分界。

仙　泉　在城南五十里大堡庄后。水流山峡，四时清凉。

黑白龙潭　在城南六十里。两潭相望，合流入大堡河。

呈贡县

洛龙河　在城东十里，源出黑、白二龙潭。

马料河　在城北五里，源从板桥驿流入县界。

寒　泉　在城南三十里旧归化县界。寒气浸骨，浴之可疗热病。

灵源泉　在城西南一十五里。

交七浦　在城东六十里，广二百余亩。

安宁州

沙　河　在城东南二里。源发清水关，流入螳螂川。

资利河　在城南二十五里旧三泊县。南与望洋、鸣蚁二河萦抱，县治为三泊溪，旧县得名以此。

螳螂川　在城东关外。水中有洲，形类螳螂，故名，源出滇池，经富民县北去。

石　淙　在螳螂川中有石如砥柱，水触有声，琤琮成韵。

碧玉泉　在城北十里。泉出崖穴，清洁香温，澄彻见底，石皆深碧如玉，明杨慎题为“天下第一汤”。

圣水泉　在城北十五里曹溪寺左。其水一日三潮，又名海眼泉。

龙　泉　在曹溪寺右。水势喷溅，莹洁如珠，又号沸珠泉，本朝康熙间总督范承勋题。

禄丰县

星宿江　在城西门外，一名大河。其源有二：一出罗次九涌山，一出和曲百花山，由县境合流入易门，为九渡河。

南　河　在城南十里，会众水入大河。

东　河　在城北五里。源出罗次分水岭，至县入星宿江。

大　溪　在城东三十里。自罗次来，经县南入易门界。

昆阳州

渠滥江　在城东五里，北入滇池。

东　湖　在城东征元阁前，俗名草海。莲藻交铺，桃柳掩映，渔舟贾舶，络绎其中，北有梁王玉带堤。

海　口　在城北三十五里海门村，滇池之水从此流入螳螂川。

古龙泉　在城西二里。

三洞泉　在城北三十里平定乡。石洞凡三，皆清洁，毫发可鉴。

万户井　在城内循礼坊。

易门县

易　江　在城东十五里。自罗衣岛入绿汁江，为城东襟带。

绿汁江　在城西六十里。由九渡河经南安州界至县南，入礼社江。

九渡河　在城西北一百二十里。自禄丰星宿江流至县界，即绿汁江上流。

大龙泉　在城西五里，一名普济龙潭。水自石洞流出。

小龙泉　在城西北三里。

乌龙潭　有二：一在城东十里，一在城西六十里，其水深黝，产嘉鱼，取之则风雷频作，祷雨立应。

嵩明州

盘龙江　在城西北五十里，自邵甸界流入昆明池。

龙巨河　在城东十里，一名龙济溪。源出寻甸州果马山，经州境流入嘉利泽。

对龙河　在城西南四十里。两泉对出，合入嘉利泽。

邵甸河　在城西六十里。源有二：皆出寻甸州梁王山西北，一自牧羊村历核桃村，一自屈泽屯至高仓，合流入盘龙江。

嘉利泽　在城东南二十五里，一名杨林泽。众水交汇，周百余里，流入寻甸州，为牛栏江。

响　水　在城西三十里。飞湍瀑流，声闻数十里。

牧羊水　在城西五十里，详见《水利》。

罗锦泉　在城东十里罗锦村。

天池泉　在城东南二十五里杨林城内。广可数亩，蓄水便民。

曲靖府

南宁县附郭

潇湘江　在城南关外一里许。源出马龙州，绕胜峰山入境，与霑益北来诸水会于城东北，达陆凉，经罗平，为南盘江。

白石江　在城北五里，明西平侯沐英胜达里麻于此。

南　河　在城东二十里。众水所汇，下达陆凉。

阿幢河　在城北二十里，一名腊溪。源出龙华山，与交水河汇流。

双　河　在城北三十里。

东海子　在城东五里，广袤五十余里。每夏秋霖雨，汪洋浩淼，曲阳巨观。

龙　泉　在城南十里。

温　泉　在城西南分秦山下。

珍珠泉　在城北门外。水色澄澈，有泡如珠，累累浮于水面。

霑益州

沙　河　在城东五里，南流会交河。

交　河　在城东十五里。自花山洞发源，经州东北，会腊溪水，南流入潇湘江。

腊溪河　在城西十里。出凤凰山，东流与交河会。

陆凉州

东　湖　在城东三十里。夏秋水泛，极目汪洋。

中埏泽　在城东南七十里许。潇湘江诸水至是汇而为泽，州境十八泉与南涧诸水皆注之。

南　涧　在城南二里，由东南注于中埏泽。

马龙州

响水河　在城东二十五里。源出石间，潺湲有声，东流与潇湘水会。

东　河　在城南二里，一名潇湘河。

西　河　在城西北五里，一名九曲河。

灵　泉　在城东连云山顶。旧有僧建寺于上，因山高无水，晨夕拜祷，乃得兹泉。

大龙井　在城东三里。

小龙井　在城南三里。

凉水井　在城南五里，味甘而冽。

罗平州

以则江　在城东北六十里。

八达河　在城东南九十里。源自霑益花山洞，南经南宁，为潇湘江，又南至陆凉，汇为中埏泽，折而西至宜良，为大赤江，旧阳宗县明湖之水西来注之。折而南，经路南、河阳为铁池河，星云、抚仙湖诸水西来注之。又南至宁州，会婆兮江，又南过弥勒州，巴盘江水东来注之。又南过阿迷州，泸江、乐蒙河诸水西南来注之。折而东北，入广西府，为盘江，东过师宗州，为混水江。又东入州界，邱北清水江之水南来注之，州东北块泽河诸水北来注之，为八达河，经粤西西林县，入于右江。

鲁泥河　在城南，旋绕城外。

大渡河　在城西南二里。

块泽河　在城东北六十里。自旧亦佐县流入州境，会以则江、大渡河诸水，入八达河。

太液湖　在城北半里。筑堤聚水，周三里。

喜旧溪　在城北十里。发源陆凉，入州，绕白蜡山后，流入盘江。

寻甸州

牛栏江　在城东十里。自嵩明嘉利泽来，由南而北，入宣威，为车翁江。

宁革江　在城西南一百六十里，流入昆明界。

归龙河　在城南三里。

螳螂河　在城北五里。源出白龙洞，俗名兔儿河。

车　湖　在城西三十里，一名清水海。四面皆山，其水澄碧，中产嘉鱼。

冷水塘　在城东五里，俗名矣部乌泉。发源七里桥，下流为洗马河，分二派入车翁江。

平彝县

小黄河　在城南旧亦佐县东百步，即黄泥河。四时水色常黄。

蒲织河 在旧县东南九十里。中生九节蒲，屈曲回环，盘绕水内。

块泽河 在旧县南十五里。发源白水驿下，入罗平州界，会以则江、大渡河诸水，入八达河。

十里河 在城西南二里。下合块泽河水，入罗平州界。

多罗海 在城西十三里。广六七里，淫雨则泛溢，汪汪若海，滇人见陂泽即名海，故云。

鲤鱼潭 在清溪洞上。天欲雨则浊，晴则清。

双碧潭 在城东一里。

古城潭 在城西一里古城寨下。

宣威州

勺诺江 在城东三十里，东南流入北盘江。

车翁江 在城西一百六十里。一名车洪江，即牛栏江下流，北入东川、昭通界。

北盘江 在城北一百二十里。源出贵州威宁州。东南流经州界，又东南经贵州安南县，又东合于南盘江。

可渡河 在城北一百三十里。与威宁接壤，滇黔交界，为川陕入滇要路。

木冬河 在城东北一百五十里。即拖长江，与可渡河交会入盘江。

鸦扒箐水 在城西南三十五里，流入车翁江。

临安府

建水州附郭

泸　江 在城南二里，名大河。源自石屏异龙湖。东流，会象冲、塌冲河水，名三河，入阎洞，出阿迷南，为乐荣河，入盘江。

礼社江 在城南一百五十里。源出大理府赵州之白崖，流经蒙化府废定边县，会阳江之水，为定边河。又东南，经南安州废碍嘉县，入旧新化州界，合摩沙勒江，又历元江府东南，入府南界为礼社江，经纳楼茶甸司为河底江，历亏容司为亏容江，经瓦渣乡为藤条江，过蒙自为梨花江，东南流入交趾。

曲　江 在城东北九十里。源出新兴州，由嶍峨经河西、石屏，流入府境，下合宁州婆兮江，东入于盘江。

塌冲河 在城南二里，一名中河。源出松子园，流入阎洞。

象冲河 在城南三里，一名小河。源出黑龙潭，流入阎洞。

白沙河 在城北一里。源出小关山，过石桥，会于泸水，俗呼窑沟。

青云桥河 在城北十余里，由马家冲合南庄河入泸江。

赛公河 在城北二十里。由冷水沟经南庄，历马军营，入于阎洞。

草　湖 在城南十里，与西湖相连，广二十余里。

西　湖 在城西南十五里。

建水池 在城内。广五亩，今湮塞过半。《元史·地理志》称建水城夏秋溪水涨溢如海，蛮谓海为惠，大为劚，故以惠劚名城，即指此水也，碧如拖蓝，居民环处。

混沌泉 在城东门外。水清味冽，居民资以造纸。

有本泉 在城东南一里。

溥博泉　在城西门外半里，俗名大版井。水清洁，味亦甘冽。

渊　泉　在城西门外一里，俗呼小版井。

圣母泉　在城西北二里，左有圣母祠。

温　泉　有五：一在城东八十里阿六寨；一在城南一百里龙刹；一在城西北四十里香林寺山下，又名杨公泉；一在城西北九十里曲江；一在城北七十里石子坡。水皆无硫磺气，浴之可疗病。

白龙潭　在城北十五里。

冷水沟　在城东北四十里。

龙　井　在城东十三里回回村。相传元旦日水上潮有金鱼二，人见之吉。

玉洁井　在城东南城下。味甘冽，色如玉。

石屏州

五塘沟河　在城南五十里，流入元江。

旷野河　在城北四十里。出芦子沟，会异龙湖，水为泸江源。

百花垅河　在城北五十里。西流经鲁奎山出小河底，复环州西南，与五塘沟合流入礼社江，俗名矣落河。

龙车河　在城北八十里。流入嶍峨，合流江。

异龙湖　在城东。有九曲三岛：小岛曰孟继龙，一名马阪垅，旧建浮石庵，今废；中岛曰小末束，一名小水城；大岛曰和龙，一名大瑞城，四面皆巨浸，周一百五十里，流入府境，为泸江。

宝秀湖　在城西三十里。袤二十余里，流入异龙湖。

草　湖　在城西宝秀山后阿花寨前。广十里，流归百花垅河。

老海子　在城东南三十里，广十里。

新海子　在老海子右，广七里。

月　池　在城北五里。形如偃月，池水四时不涸。

白龙潭　在城南砚山上。

大小龙井　在城东三十里。

阿迷州

盘　江　在城北二十五里。上流泸江、乐荣河诸水至州界合流，名盘江，入广西府界。

清水河　在城南。自南洞出，环抱州城。

乐荣河　在城西五里。源发泸江，自石屏异龙湖，经建水流入州界，会于盘江。

龙洞泉　在城南十五里，流入乐荣河。

火　井　在城东北三十里部沼村。其水溢出于田，常有烟气，投以竹木则燃，夜则有光。

宁　州

婆兮江　在城东六十里。汇曲江诸水，会于婆兮甸，入盘江。

浣　江　在城南三里。源自州北青龙潭流出。

高　河　在城东备乐乡山巅。外窿中洼，周二百余步，不涸不溢，昔有人盗水灌田，风雷迅作。

龙　川　在城东北五十里。

莲　池　在城北十里。其形如镜，水无溢涸，中多芰荷。

爪　水　在城南。浣江之水流自北，恩永山之水流自西南角，转而东南，又有丁矣冲之水流自东湾环而南，俱会于茶部冲，形如爪字，流入婆兮江。

海眼泉　在城南六里恩永山麓，自石洞中涌出，一名恩永河。

七犀潭　在城东七十里婆兮乡，一名大龙潭，周围八十余丈。

青龙潭　在城北。流泉溃涌，为浣江之源。

通　井　在城南。水清洁，虽旱不涸。

通海县

通海湖　在城北三里，一名杞麓湖。源自河西县，东注为湖，周一百五十里。相传昔水涝不通，有僧于东北石笋丛中，以杖穿穴泄其水，故名。

白马溪　在城东一里白马山，入通海湖。

洗钵池　在城南一里秀山坳。僧畔富洗钵于此，故名。味甘美，饮之令人肥白，一名畔富泉。

仙人井　在城东南二十里仙人坡下。

河西县

大　河　在城南十里。

碌碌河　在城西六十里。源自新兴州，合诸流成河，经县界入曲江。

炼庄河　在城北百里。

东渠河　在城东北三十里。自水磨村北流，经县南，入通海。

普应溪　在城北关外。

九龙泉　在城西南十里，邑人祷雨处。

嶍峨县

分界江　在城南二百里，江外为新化、南安界。

丁癸江　在城西二百五十里。源自禄丰、三泊，其水深阔汹涌。

合流江　在城东北一里。一曰大河，自旧新化州流至城北；一曰小河，自石屏龙车河流至城南，合流入曲江。

亚泥河　在城西一百二十里。为丁癸江下流，入新平界。

戛洒河　在城西三百二十里。源出南安州，流入丁癸江。

蒙自县

梨花江　在城东南一百四十里。自元江经纳楼司至县，流入交趾。

倘甸河　在城西北七十里。发源木马冲，流入梨花江。

南　湖　在城南门外。广数里，水涸则为平坝。

长桥海　在城西北三十里。

西　溪　在城西南六十里。

落龙泉　在城东八里，自洞中流出。

温　泉　一在城东南五里，一在倘甸。

法果泉　在城南十五里。

华　泉　在城西北二里。相传泉有灵物，岁旱祷之即雨。

莲花滩　在城南一百二十里，乱石横撑，江流急泻，冬春石露，俨若菡萏。

澂江府

河阳县附郭

铁池河　在城东三十里。自陆凉、宜良流至路南铁池铺，因以名河。受抚仙湖水，流入宁州。

大冲河　在城东北旧阳宗县南五里。汇溪涧诸水下流，入于明湖。

陇邱冲河　在旧县西北十二里。发源陇邱冲，流入明湖。

抚仙湖　在城南十里，一名罗伽湖。周三百余里，东南属宁州，西属江川，西南受星云湖水，汪洋澄澈，泄入铁池河。

明　湖　在旧阳宗县北一里，一名逸休湖。周七十余里，水色深碧，境内溪河泉涧诸水汇此下流，由汤池东绕宜良，入铁池河。

东谷溪　在城东六里。水出东谷之麓，绕旧治南，入抚仙湖，土人以此卜岁，消则丰，长即歉。

立马溪　在城南三十里。发源玉印山之南，经东关，与剑岭溪水合流，绕竹园坡，西南入于西礐大溪。

石涧溪　在城西南十里。出虎山两峡间，北流入西礐溪。

罗藏溪　在城西十里。源出罗藏山，入抚仙湖。

玗札溪　在城东北二十里。自宝鼎山发源，经玗札山南，入抚仙湖。

七江溪　在城东北四十里。自九村发源，流入铁池河。

弥勒石溪　在城东北旧阳宗县西五里。源出罗藏山西麓，合众涧流出弥勒石口，会于锦溪。

锦　溪　在旧县西五里。源出罗藏山北麓，会众流而成溪。

日角溪　在旧县西北八里，一名芭蕉河。发源觉卜山，伏入天生桥山腹，复出为溪。

青水涧　在城西云溪山左、官涧山右，合流绕蟠龙冈，西南入西礐溪。

三春池　在城东七里钟秀山麓，一名龙女池。

冷然泉　在城东阙摩山之阿，味甘冽。又金鸡岩下有玉冽泉，味甘色莹。

北坡泉　在城东三里，一名东浦。

矣旧泉　在城东南十里，有泉穴三处。

西礐泉　在城西七里，一名西浦。双泉并出，左清而右浊，合流纳诸山溪，注抚仙湖。

濯缨泉　在城东北旧县西一里夹浦山麓。自石罅喷出，上有龙洞。

七古泉　在旧县西北七里。源出麦田，流经北斗村，入于明湖。

黑龙潭　在城东十五里。其水渟泓深黝，旱时祷雨其处。

江川县

下　河　在城西十里。分中河之流，经旧城，南入星云湖。

中　河　在城西十里。源出阿花冲，南入星云湖。

上　河　在城北十五里。源出关索岭，南入星云湖。

星云湖　在城南十里。周八十余里，东由海门小河入抚仙湖，两湖相通，中有界鱼石，星云之大头鱼、抚仙之鱇鰫鱼，两不相越。

阿件溪　在城西北，即阿花冲。源出屈颡巅山之南，流入星云湖。

双井温泉　在城西南十里。两水皆温，流入星云湖。

冷　泉　在城西七里。

白龙潭　在城北十里。中有巨石，一人摇之则动，众人摇则不动。

新兴州

密罗河　在城西南三十里。源出密罗山，流入大溪。

大溪河　在城西北五里，一名玉溪河。受诸溪之水下入曲江，详见《水利》。

罗木箐河　在城东北二十里，详见《水利》。

玉　湖　在城南旧研和县之西南二里。涂潦既尽，镜水浮空，佳景也。

九龙池　在城西北二十里。又北十里，有莲花池下流，俱入于大溪。

双林泉　在城东北二十里双林寺中，有五色鱼。

路南州

巴盘江　在城东南郭外。发源黑、白龙潭，屈曲盘旋，流入盘江，形类巴字，故名，又云濛川。

铁池河　在城西三十里。自宜良流入州境下，入宁州。

兴宁溪　在城东二里。绕城西南会铁池河，流入盘江。

休柔溪　在城东三十里。源出休柔山，南流入盘江。

叠　水　在城西南三十里。岩高千仞，瀑布飞流，声如霹雳。

黑龙泉　在城东八里。

温　泉　在城西北五十里民和乡。其水温和，有硫磺气。

武定府

和曲州附郭

金沙江　在城北三百八十里。源出吐番达赖喇嘛东北牛乳山下，东南流入喀木地，又东南流入鹤庆府之中甸，东经丽江府，亦名丽江。南经永北府及鹤庆之剑川州，又东过大理之宾川州，又东过姚安之姚州，又东北经大姚县之苴却营，又东南入元谋县，过府北境，又东北过东川府，又北经昭通府之永善县下，入四川之马湖府，下至叙州府，合于岷江。蒙氏僭封为四渎之一，沿江多瘴，虽属深冬，行人挥汗，渡者多以夜或雨中。

乌龙河　在城北五里。源出禄劝州乌蒙山，流经府境，下流入金沙江。

两溪洟水　在城北十里。源自佐邱山洗马池，两洟分派东流，北注金沙江。

香水泉　在城东二里。味香美，饮之消疾。

冷　泉　在城西六里。其水清洁，寒气逼人。

龙　潭　在城西南二十里。

白龙井　在城西一里。

盐　井　有二：一距城一百六十里，为只旧井；一距城二百里，为草起井。

元谋县

西溪河　在城西南。源出镇南，经楚雄至县，入金沙江。

猛令河　在城西十五里。自黑井流入县，回绕二百里，达金沙江。

应元溪　在城东五十里。源出和曲州虚仁驿，经马头山入县界。

龙　溪　在城西三十里回龙寺前，俗名已保河。清流潆汇，一碧万顷。

温　泉　在城北二十五里法纳禾村。其沸如汤，可焬羊豕。

禄劝州

掌鸠河　在城东门外。南流入普渡河，达金沙江。

普渡河　在城东一百里，即螳螂川之下流也。会掌鸠河，入于金沙江。

惠娴湖　在城东北二百里绛云露山顶上。湖方五里，茂林掩映，水色清碧，经秋叶落其中，鸟辄衔去。

甘龙泉　在城内。自石崖流出，居人汲饮所资。

石　泉　在城东一百二十里洒交营坡。

温　泉　有二：一在普渡河内，一在掌鸠河内。

哑　泉　在城东北六十里鹦哥嘴坡下。

撒　甸

鹧鸪河　在治南五里。源出治西北二十五里之核桃箐，南流入禄劝掌鸠河。

广西府

盘　江　在城东五十里。自阿迷州东北流经府境东，入师宗界。

西　溪　即西泸河，在城西三里。源出阿卢洞，环绕府城，流入支酺塘。

龙江湾　在城南十八里和穆荣村。

矣邦池　在城东南五十三里，一名竜甸海。周三十余里，水源有二：一出泸源洞，一出江头村龙潭。东西两河会池水，入支酺塘。旧志云半跨弥勒，又云一出弥勒吉双乡，俱误。

温　泉　在城西南九十里兴集村，泉水香美。

龙　泉　在城西北十里江头村，流入矣邦池。

支酺塘　在城东南四十里。会郡中诸水归塘，伏流入盘江塘，有鱼年供春秋祭祀、酺醢之用，故名，俗讹为知府塘。

师宗州

混水江　在城南一百五十里，即盘江下流，详罗平州。

大河口　在城东十里。

落竜洞泉　在城东南十五里。水从洞出，东流至大河口，会通元洞水，入罗平界。

阿渠温泉　在城南三十里。

弥勒州

巴盘江　在城东南一百二十里，流入盘江。

白马河　在城东五里。

息宰河　在城南九十里构甸坝中五村，明知府张继孟招普名声降于此。

山　湖　在城西南四十里，中产巨鱼。

八甸溪　在城北。其源有三：一出城南一百里旧村，一出城西十里阿欲山，一出城北三十里北倾山，至州治合流，南入盘江。

温　泉　在城西八里梅花崖。

邱　北

清水江　在治西。源出旧城西南之龙潭，潭广五丈余，西南倚山岩中，空深无底，水色黝绿，潭中时有烟雾濛濛。东流绕州治前，会合境内诸水，入于罗平之八达河。

广南府

西洋江　在城南九十里。源出板郎、速部、木王三山，合流入广西田州，达右江。

盘　江　在城北。经广西府罗平州流入境，归粤西。

楠木溪　在城东土富州之东三十里。源出花架山，其水常温。

南江溪　在城西，一名南汪溪。流至州南，合楠木溪，东至石洞，伏流十五里复出，入于右江。

元江府

元　江　在城东南，一名礼社江。上流为新平之磨沙勒江，下流为临安之礼社江。

三　江　在城西南三百里，曰阿墨，曰把边，曰李仙。旧《志》云上流之东曰阿墨江，东之西曰把边江，又西曰九龙江。按：《舆图》把边、阿墨在元江府之西，镇沅、普洱府之东；九龙江在普洱府之西，虽三江同归南海，而其上流原未尝合也。查元江属内尚有他郎、甸索、漫会诸小水，俱入阿墨，止名河，不名江。阿墨、把边合流之下，东有萨普河水注之，亦不名江。三江当合李仙名之，非九龙江也。

李仙江　在城南三百四十五里。合阿墨、把边江，南入于交趾。

阿墨江　在城西南二百二十里。源自蒙乐山南，会把边江入于李仙江。

把边江　在城西南三百六十里阿墨之西。即景东河下流，东南会阿墨江入于李仙江。

甘庄河　在城东五十里。

清水河　在城南，流入礼社江。

崀峩河　在城西四十里，东南流入礼社江。

漫线河　在城西一百二十里，流入礼社江。

南麻河　在城西北一百里，流入礼社江。

南淇河　在城北十五里。发源镇沅府无量山，南入府境，归礼社江。

温玉泉　在城东北八里。石罅迸出，其色清碧，热如沸汤。

新平县

三江口　一为易门绿汁江，一为禄丰星宿江，一为楚雄大江，俱会于县西北，流入元江。其实星宿、绿汁特有上下流之分，非两江也。

磨沙勒江　在城西旧新化州东南八十里，一名大江，又名马笼江。来自楚雄，流入府境。旧《志》马笼诸山在江之右，迤阻诸山在江之左，群山夹江，其隘如峡。

平甸河　在城东十里，众流所汇。

亚泥河　在城东三十里。为往来临安之路，经鲁奎山麓，入礼社江。

叠水河　在城南半里。源高数丈，潺湲澎湃，流入大江。

襟带河　在城南三里。发源磨盘山，顺流至大开门，入元江。

七曲河　在城西旧新化州东南五里。

洪本泉　在城西一里。

瑞木井　在城南一里许。味甘冽，源出木下，其木一本三幹，花叶皆异。

他　郎

阿墨江　在治南九十五里。即谷麻江，下流入李仙江。

谷麻江　在治西一百三十五里。自恩乐、独谷、者东、瞒楞发源，众水汇归，下流即阿墨江。

水癸河　在治东十五里。自府治坤勇村发源，流归慢碧江。

小　河　在治西六十里。自中寨箐发源，绕东南入李仙江。

鱼凫小河　在治西八十里。自南北村发源，流入谷麻江。

黑龙池　在治南笔架铁山下。渊澄映澈，寒气侵人，天气亢旸，祷之即雨。

开化府

文山县附郭

济热河　在城东二百里东安里。炎蒸酷热，居民浴水解毒。

赌咒河　在城南二百四十里。与交趾接界，蛮夷于此立誓，各不相侵，故名。

鲁部河　在城西南一百八十里，下流入梨花江。

盘龙河　在城西。源出期乌石洞，流至开化里，为依人河。又经城北东南三面，潆洄环绕，盘曲如龙，故名。

浴龙池　在城南二十里逢春里，水一日三潮。

绿水塘　在城东北二十里江那里。水如碧玉，可鉴毛发。

异龙潭　在城南十五里逢春里，诸流多汇于此。

镇沅府

杉木江　在城东二百九十里，一名谷麻江。源出恩乐县，流经府境，入威远界。

新抚河　在城东南一百二十里新抚里，一名新抚江。

恩耕井　在城东南八十里，产盐。

按板井　在城西三里，产盐。

恩乐县

鲁马河　在城东七十里。源出景东，流入县境。

托写河　在城南五里。源出府境分水岭，流入县，归杉木江。

浦麻河　在城西北一里，流归杉木江。

景来河　在城北半里，即景东河。自景东发源，经县西北，流入杉木江。

南堆小河　在城东北七十里。源出者岛山，流入新平县。

威　远

威远江　在治东南一百二十里。发源景东，经镇沅、按板井至境，流入九龙江。

宝谷江　在治西南三百六十里。发源景东府，流经抱母井，南流入威远江。

猛萨江 在治西南五百二十里。

景谷河 在治东南九十里。

青庄河 在治南二十里。发源茂蜡乡，流经抱母井。

抱母井 在治前，产盐。

香盐井 在治东南一百五十里，产盐。

东川府

车洪江 在城东一百二十里，即牛栏江下流。过七星桥，达昭通，入金沙江。

璧谷江 在城西南一百三十里。源出寻甸州，汇果马、车湖、倘甸、仓溪诸水，合流为江，陡峻深狭，土人结藤为桥，以通往来。

金沙江 在城西二百五十里。自武定流入府境，经昭通，入马湖府。

以濯河 在城西五十里。源自待补，西经府治，过纳雄山下，入金沙江。

新　河 有三，在城北。知府黄士杰、罗得彦相继开浚，详见《水利》。

蔓　海 在城北，广数百顷，潴水于夏秋之间，冬涸春乾，积年芦苇蔓草朽淤其中，以丈六竹竿插之，尚未至底，出之仍无纤土，故名。

麦则夷溪 在城南一百里，流汇以濯河。

渭齿化溪 在城西南百里。源出云弄山，下流入金沙江。

温　泉 在城西南三十五里。水自石窦中出，热如沸汤，清澈如鉴。

缩　泉 在城北五十里云弄山腰。人取之者有铜铁器及人声则收缩不流。

龙　潭 有三：一在城东六十里南山下，一在城西五里，一在城西二百余里，为黑龙潭。

犀牛潭 在城东南八十里者海。周里许，汇山溪水，深不可测，传有犀牛出没，人或见之。

昭通府

恩安县附郭

擦拉河 在城南二十里。源出大黑山，流为擦拉河，南入府治，会利济河，出虎跳岩，归撒鱼河。

利济河 在城西二里，又名荔枝河。发源龙硐山，绕府城入擦拉河。

洒鱼河 在城西四十里。发源雄溪，出马鞍山后，汇昭通诸水，过大关，入横江，归金沙江。

八仙海 在城东二十里。夏秋雨集，弥漫数十里，中有怪石，参差布列，宛似八仙，详见《古迹》。

龙　潭 在城西四十里。澄澈净碧，泻流不竭。

镇雄州

白水江 在城北二百三十里。受八匡河、却佐溪、黄水河、勿食料溪诸水，流入四川叙州府。

托洛河 在城东五里。源出乌通山麓，经府治东南，流入直蚓河。

纳冲河 在城东二十里。源出乌通山麓，经府东南，流入直蚓河。

板桥河　在城东三十里。

苴虬河　在城南三十里。源出阿黑关，合纳冲河，入七星关河。

冠带河　在城南四十里。

托诺河　在城西南二百五十里。下流入府境，夷谓松曰托，沙石曰诺，以河畔有松树、沙石，故名。

沱治河　在城西一里。源出山涧，流入纳冲河。

八匡河　在城西八十里。

九股河　在城西百一十里，出鱼颇多。

角魁河　在城西三百二十里。

赤　水　在城东九十里。

黑　水　在城东二百三十里。

永善县

金沙江　在城西四十里。水势奔腾，环绕如带。

大　关

老里渡河　在治东五里。发源利济河，经卜乌蒙，历盐井渡，入四川横江，产细鳞鱼，水有毒。

黄水河　在治东北三十里。

九龙潭　在治西北一百九十里。

鲁　甸

牛栏江　在治西八十里。

金沙江　在治北一百五十五里。来自东川，流入永善。

黑山河　在治南五十里，流会擦拉河。

普洱府

整董江　在城东南一百八十里，入于猛撒江。

三　江　在城东南三百里，水道详见元江府。

猛撒江　在城南二百四十里。合威远江，入九龙江。

小　江　在城西一百二十里。发源铁厂，合威远江，入九龙江。

清水河　在城南二十里。流入普藤大开河，合瘴气河，会漫达，入于九龙江。

攸　乐

九龙江　在治南五里。为澜沧江之委，自西北流绕山势，九岭相向，矫若游龙，故名。

扒泥河　在治东北一百四十里，东流入漫达河。

漫达河　在治东北一百八十里。绕五茶山，西南流入九龙江。

平　湖　在治南五里。汇纳众流，涟漪澄澈。

龙　潭　在治东北五里。

思　茅

南　涧　在治南四十余里。绕西北会清水河，入猛撒江。

平　塘　在治南二里。众水所归，遂成巨浸。

大理府

太和县附郭

西洱河　在城东五里。广二十里，长一百二十里，一名昆瀰池，又名洱海，即古叶榆水。发源罢谷山，经蒲陀崆至邓川，入太和北界，名西洱河，以形如月生五日抱珥之状也。中有三岛：曰金梭，曰赤文，曰玉几。水涯有洲：曰青莎鼻，曰大贯，曰鸳鸯，曰马帘，受十八溪水，绕府西南，由石穴中出点苍山后，入蒙化府界，会漾濞江。

十八溪　在城西点苍山。远近不一，中峰下者为中溪，其北曰桃，曰梅，曰隐仙，曰双鸳，曰白石，曰灵泉，曰锦，曰芒涌，曰阳，曰万花，曰霞移；其南曰绿玉，曰龙，曰青碧，曰莫残，曰葶蒖，曰南阳①。诸溪源泉泻自山椒，雨作雪融，汇为怒瀑，如素练悬空，有银河落九天之势。

救疫井　在城西点苍山下，疫疠者饮之即愈。

赵　州

白崖睑江　在城东南六十里。源出云南县梁王山，南流经白崖入旧定边县，为礼社江源。

赤水江　在城南。源出水磨坪，南合白崖江，过彩云桥，下弥渡，会昆雌江，流入蒙化旧定边县。

大　江　在城南。源出定西岭西，经州治南，转东入西洱河，一名波罗江，州之带水也。

昆雌江　在城西南。源出蒙化之武卫山，合白崖、赤水二江，入旧定边县。

东晋湖　在城东北十里环龙山下。有九泉，冬春渟蓄成湖。

甘　泉　在城东南六十里白崖虾蟆口。本朝雍正七年闰七月，平地涌泉二股，清冽甘美。

下邑龙泉　在城东南弥渡南二十里平磨甸。石穴喷涌，澈底澄碧，香生芹藻，清气袭人。

冯氏义泉　在城西门外城中。无井，里人冯廉掘地得泉，引入城，居民便之。

温　泉　有四：一在龙尾关，一在白崖覆釜山下，一在白崖之东村，一在弥渡东南五里。

云南县

一泡江　在城东。源出县北梁王山，绕县城，入青龙海，经铁索营，归金沙江。

叶镜湖　在城南三十里，中有石如镜。

青　湖　在城西南一里，一名龙池。其深不测，永乐七年，黄河清，此水亦清。

青龙海　在城南十五里。潆洄曲折，势若游龙。

周官些海　在城东北十五里。水无源，天雨则涧水聚集而成。

万花溪　在城西三里，一名溪沟。在昔花卉夹岸，故名。

莲花渠　在城东四十里和甸内。渠广二十里，中有二岛，岛上有庵。

---

① 南阳　万历《云南通志》、天启《滇志》同，景泰《云南图经志书》、正德《云南志》作“阳蛮”，今通称“阳南”。

珍珠泉　在城西南十五里，泉涌如喷珠。

温　泉　有二：一在和甸，一在城南三十里云南驿。

邓川州

罗时江　在城西五里。唐人罗时所开导，泄绿玉池水，南归洱海。

瀰苴江　在城东北五里。出浪穹县罢谷山下，环州如带，南入洱海。

绿玉池　在城北钟山之下。水映山光，色如绿玉。

星鲤泉　在城东十里。泉中有鲤，额多星点。

温　泉　有三：一曰上塘，在城西北十四里；一曰波罗塆，在城西北十五里；一曰龙马洞，在城北二十五里，浴之可以愈疾。又有脱尘泉，在城北十二里大石坪，引冷暖二水同入浴塘，其泉更佳。

南诏潭　在城西二十里。阔十余亩，渊深莫测，三山环绕，万木阴森。

浪穹县

大营河　在城东十里。经水皮村，会于宁湖。

凤羽河　在城南五里。源出凤羽乡，流至水皮村，与宁湖、大营二水合，是为三江口。

蒲陀崆　在城南十五里。一名蒲萄江，即三江会流尾也。两山夹立，一水倒奔，南出邓川，入于洱河。

宁　湖　在城东半里，亦名宁河。源出罢谷山，为洱海之源，汇茈碧湖下，会于大营河。

茈碧湖　在城北十五里。承宁湖之流，水深无底，澄碧一色，有花曰茈碧，如莲差小，叶如荷钱，采以为羹，味美于莼。

罗凤溪　在城北八里。源出凝云山下，流入茈碧湖。

九龙泉　在城东佛光山下。其泉有九，俱自石窍涌出。

宾川州

金沙江　在城东北九十里。自丽江府流经州界，下入姚安府，或云即古若水。《山海经》云南海之内，黑水之间，木曰若木，若水出焉。《水经注》曰若水，南经云南之遂久县，即金沙江巡检司地也。

纳六河　在城北五里。纳六溪之水：曰钟良，曰银，曰石宝，曰寒玉，曰通洱，曰赤龙，故名，益以丰乐，又名七溪，源出云南县，流入金沙江。

上苍湖　在城西六十里。周回十里，产莲花。

乌龙池　在城西南五十里。

金龙湫　在城西百余里洱水东岸。古木丛生，潭水深靓，祷雨辄应，里人祀之。

孙　水　在城东北一百三十里，金沙江之别流。《水经注》曰孙水，一名白沙江。汉司马相如梁孙原即此。

温　泉　有五：一在城西十五里石马坪，一在分山峡，一在城东北八十里松明，一在小寨，一在罗陋。

三　潭　曰乾龙，在城西南二十五里乾海子；曰火德，在城西北鸡足山石钟寺侧；曰红雀，在城北龟山。

金牛井 在城西北三十里。深不可测，俗传水通洱河。

云龙州

沘　江 在城东半里。自老君山发源入州界，南入澜沧江。

兰沧江 在城西六十里。源有二，俱出吐蕃喀木地，会于叉木多庙之南，名拉克褚河，入鹤庆、中甸，经丽江旧兰州，故称兰沧，后人讹为澜沧，又讹浪沧。经州西南，沘江水入焉。南过永昌，沙木河、银龙江水入焉。又东南过顺宁，会黑惠江，南过景东，又南入镇沅、普洱，合九龙江，入于车里。汉通博南道，行者苦之，歌曰"汉德广，开不宾。度博南，越兰津。渡兰沧，为他人"即此，蒙氏僭封四渎之一。

潞　江 在城西二百七十里极边。源出吐番哈拉脑儿，入怒夷，为怒江，入云南保山大塘隘，经州境六库一带，过永昌，流入缅地。即《禹贡》之黑水也，蒙氏僭封四渎之一。

雒马河 在城东二里。从十八寨下注沘江，入兰沧江。

带　河 在城东七十里。源自兰州，经罗甲村箭杆场，入永平界。

天　池 在城西北六十里，一名高海子。池在山巅，渟泓十里。

温　泉 在城东北五里雒马山半，浴之可愈寒疾。

龙　潭 有二：一在城东南八十五里箭杆场，一在城西一里德龙山。

雒马五井 在城东一里，曰雒马，曰金泉，曰河边，曰石缝，曰民居。明天启间，地震卤泄，三井湮没，仅存金泉、河边二井。

师　井 在城北一百一十里。

顺荡井 在城北一百八十里。

石门井 在城东北三十里。

大　井 在石门井东七里。

天耳井 在大井东三里。

山　井 在天耳井东二里。

诺邓井 在城东北四十五里。

以上八井，俱产盐。

楚雄府

楚雄县附郭

大　江 在城西南三百三十五里。自蒙化入府境，经南安之碍嘉，入元江。

龙川江 在城北一里。源发镇南州苴力铺，至州南为白龙河，经府城北，东北过定远至广通，为大河，北流入金沙江。

平山河 在城东三里。源出南安州山中，流经府北，入龙川江。

青龙河 在城东南五里。绕郡北流，入龙川江，上建马家桥、青龙桥，以通省会。

大石村河 在城西三十里。源出紫溪山，入龙川江。本朝雍正六年，提督郝玉麟建彩云桥于上。

伯鱼河 在城西五十里，流入大江。

席草湖 在城东十里，周五里。

曲甸湖 在城东北三十里。

捣练溪　在城西三里。流泉三叠，清澈如镜。

波罗涧　在城西八里。

凤　泉　在城东慈乌山麓。从地涌出，清冽而甘。

龙　泉　在城南雁塔山下。泉水澄洁，应月而潮。明知县范璋谓此水引入泮池，可兆鼎甲，后嘉靖壬辰，邑人李启东果有传胪之应。

镇南州

马龙江　在城南八十里，流入府大江。

清水河　在城东十五里，源出荖蕨厂龙潭。

白龙河　在城南一里。即苴水也，一名虹江。源出苴力铺，自西南环抱州治，东注龙川江。

七村河　在城南二百里。源出赵州密底，南入景东府界。

响水河　在城北十五里。源出见性山龙潭，东合清水河，入白龙河。

平夷川　在城西三十里。源出众山中，经城东南，流入龙川江。

玉　泉　在城东二里，泉温可浴。

丹桂泉　在城东五里。

龙　潭　有四：一在城南三十五里力戈村，一在城南二百里七村，一在城西北十五里见性山，一在城西北三十里双甸村。

南安州

马鹿塘河　在城南一百四十五里，流入卜门河。

黑石河　在城南二百余里。流经新平界，入元江。

沙甸河　在城西南八十里。流经易门界，入元江。

妥稍河　在城西四十里。流经府东界，合沙甸河。

白沙泉　在城东三里。

黑龙潭　在城东七里。

石　井　在城东北二里，泉随取随满。

定远县

清水河　在城东二十里。又东六十里有苴苗河，七十里有青场河，南二十里有木土竜河，西十五里有紫甸河，一名子甸溪，东北三十里有大基河，皆支水也。

零　川　在城西三十里。源出赤石山，一名直苴河，经石门山，入于龙川江。

龙文川　在城北二十里。其源有二，皆出县西之云龙山，左斗箐，右老虎箐，二派合流，迤逦而南，又折而东，绕石门山，入龙川江。

龙门溪　在城东四十里。深阔浩荡，为一方巨浸，居民建塔水滨，以镇水患。

茶小溪　在城西十里，下流入龙川江。

黄莲池　在城东南五里。池产黄花，其形如莲。

龙马池　在城西南二里，传昔有龙现池中。

李　泉　在城东六十里。相传有老人李贤者尝丐豆腐于凤山坊，其地乏水，老人以杖叩地，泉即涌出，因名。

冷　泉　在城南三十里会基山，清冽甘美。

石羊井 在城西五里。有石如羊，泉出其下，动之则溢。

广通县

清风河 在城东三里。发源县东之赵普关，流入龙川江。

舍资河 在城东五十里，东流入元江。

立竜河 在城西一里。源出马鞍山，流至孤山，绕县西定门外，入于大河。

关山河 在城西五里。源出回蹬山，东至元谋县，入金沙江。

大　河 在城北三十里，即龙川江下流。自府境流入，春夏汹涌，险不可测。

罗申河 在城北五十里。源出阿陋雄山，西流经黑盐井，入金沙江。

雕龙河 在城东北十里。源出阿纳香山，入龙川江。

阿陋河 在城东北五十里。源出阿陋雄山，南流入龙川江。

温　泉 在城东南八十里。

碍　嘉

大场江 在治北二十里。一名卜门河，又为上江河，即府大江下流，东南入元江。

果罗泉 在治西四里。

黑盐井

三道河 在治东南三里。易者山、观音阁、加场村三水合一，西入龙川江，为行盐通渡。

龙　沟 在治北半里凤山左。源出菖蒲潭，其水澄清甘冽，民资汲饮。

七局龙池 在治西北七局山下。每天将雨，山鸣谷响。

盐水箐水 在治西北七里，大龙井出其中。

菖蒲潭 在治西十五里，即龙沟之源。周围二十丈，井卤发源其中，春秋祀之。

琅盐井

濯乐河 在治东北二里。发源菖蒲潭，流合琅溪。

琅　溪 在治西。源自定远山涧中，在定远为清水河，入界内为琅溪，东入龙川江。

龙　潭 有二，俱在治南五里笔架山麓。

姚安府

姚州附郭

金沙江 在城北四百里。自宾川流入府境，东经大姚，入武定府界。

蜻蛉河 源出三窠山南。潴为大石淜，分为东汹溪、西汹溪，绕府而北，合趋大姚河，入金沙江。

阳派河 在城西十五里，一名阳片湖。自金秀山东流汇为河，入西汹溪，合于蜻蛉河。

连场河 在城西三十里，一名连水。源出镇南州，流入大姚河。

香水河 在城北一百里。源出黎武山下，流注大姚河。

一字水 在黎武山北，流入一泡江。

白马泉 在城东白马山谷。

温　泉 有二：一在城西六十里黑泥只村，一在城北一百二十里交摩村。

乌牛井　在城东五十里。

春郎井　在城外东南青莲寺后。

金龟井　在城西十里。其水清冽，土人取给焉。

大姚县

龙蛟江　在城西北一百二十里，一名苴泡江。源出铁索箐，东流合大姚河。

羊蹄江　在城北一百六十里。发源摩些村，东北流入金沙江。

大姚河　在城南一里。与姚州蜻蛉河之水合流，经县东书案山下，又东合龙蛟江之水，东入金沙江。

土桥河　在城南十五里，东流为大姚河。

醉翁井　在城东门外。相传有人醉殁于此，遂出泉，清冽不竭。

白盐井

龙泉溪　在治西南三里。水出峡中，味甚清冽。

永昌府

保山县附郭

潞　江　在城西一百里。经怒夷入府境大塘隘，经潞江安抚司，流入缅国。

兰沧江　在城东北八十里，经罗岷山下，建有铁锁桥，为往来要津。本朝康熙四十二年，御赐“飞虹彼岸”匾额悬于上。

上水河、下水河　俱在城内西南隅，源出九隆山及宝盖山箐，合流入城，经委巷，达沙河。

沙　河　在城南七里。会清水诸河水流入峡口，山落水洞，伏流数里，出为东河。

小罗窑池河　在城南一百二十三里施甸长官司。源自秀岩山下，流入潞江。

郎义河　在城西北二十里。源出龙王泉，流入郎义村，会清水河。

清水河　在城北五十里。源出甘松坡，流绕凤溪山麓，合郎义河，经城东南，汇沙河。

东　河　在城东北二十里。受府境东北诸水，流入湾甸。

沙木和河　在城东北百二十里。自永平来，入兰沧江。

清华海　在城东十里。汇众流为海，广二十余里。

荷花池　在城内西北隅。汇仁寿泉，水多植荷花。

卧狮池　在城南十五里卧狮山下。山泉沸流，四时不竭。

易罗池　在城西南龙泉门外，泉喷九窦。

玉　泉　在城东二十五里安乐山下。

鸡飞泉　在城东南一百里。有石洞，洞旁出二泉，清莹澈底。

金鸡泉　在城东北三十里金鸡村。泉注二池，一温一凉，四时可浴，池畔有石，高五尺，围丈余，石上数孔，聚水澡浴，相传吕凯所立。

黑龙潭　在城北四十里。天旱时，郡人以铜牌檄龙祷雨。

响水湾　在城北五里。悬岩瀑布，响振林谷。

安远井　在城内，水甚清冽。

青云井　在城内府学前，水旱不竭。

光明井 在城东五里。相传唐大历间，井旁见三角牛、四角羊、三足鸡，井中有火烛天，南诏以为妖，遂塞之。今建风云雷雨坛于上。

腾越州

龙川江 在城东八十里。源有三：一出届头甸马鹿塘为瓦甸河，下流为固东河，在州之正北；一出七藏甸为明光河，东南合固东河，为曲石江；一出雪山麓西南流，会曲石江。三水合流，至州东为龙川江，绕高黎贡山麓，经陇川，入缅甸。

大盈江 在城西南一里，一名大车江。发源龍嵸山，会半月池，合槟榔江。

槟榔江 在城西一百八十里。源出吐番，会大盈江，经干崖，达缅。

叠水河 在城西南五里，大盈江之支流也。

滚钟溪 在城南十里宝峰山顶有古刹，钟重千斤，一夕钟滚于溪，今钮尚见。

半月池 在城北七里。周五十丈，流入大盈江。

澄镜池 在城北二十五里上干峨山，一名清河。周五百丈，环以花草，人至则雷雨交作，俗传龙潜其中。

球玶泉 在城东七里。有二穴，注为伽河池。

马场泉 在城西七里马场村南。

香　井 在城内东北隅。水清冽而香，民资汲饮。

永平县

胜备江 在城东百里。自云龙州发源，入县界，会九渡、双桥二河，达漾濞江。

碧溪江 在城东二百里。一名备溪江，为漾濞江下流。

银龙江 在城北半里，一名太平河。其源一出阿荒山，一出罗木山，合流而南，穿城出，经顺宁，入兰沧江。

双桥河 在城东八十里。发源上西里，流经黄连堡，会诸涧水，入胜备江。

曲洞河 在城西南十里。源出和邱山西麓，河之南有温泉，澄澈可浴。

花桥河 在城西南三十里。源出博南山，下流入银龙江。

木里场河 在城北三里。又北四里，为桃源河，俱发源和邱山。

九渡河 在城东北五十里。源出横岭山，流入胜备江。

宝峰泉 在城东四十里。

鹤庆府

漾工江 在城东五里。一名鹤川，或作漾弓。自丽江府象山发源，盘折五十余里入府境，众流趋赴，自西北来会者曰石洱河，自东北来会者曰大水潭，自西来会者曰落钟河、长康河、南供河，一名银河、温水河及桃树江，南经象眠山麓，群峰环合，水无所泄，潴而为湖，入城东五里之石穴中，伏流三里许复出，名为腰江，会府境诸川，东入金沙江。

金沙江 在城东一百二十里。自丽江府东南流入境，经旧顺州西，又南流入永北界。

桑木箐河 在城南一百里，流入金沙江。

观音河 在城西南一百里，一名梅茨河。源出黑泥、山神二哨，入浪穹县大营河，由普陀崆至邓川，流入洱海。

罗牧社海 在城西南一百三十里观音山之麓，周回八里。

春　水　有三：一在城东南二十里石碑坪，一在城南三十里龙珠山麓，一在城东北三十里五老山下。春水盈时，有硫磺气，郡人于二三月间，和盐梅椒末饮之，能祛疾。

鹦哥水　在城东南七十里。自石岩悬注，常有鹦哥仰饮。

诸葛泉　在城南一百四十里罗陋村。相传昔为武侯驻师之地，泉分二流，利民甚溥。

温　泉　有三：一在城东南一百二十里炼场岩，一在城西南一百二十里观音山，一在观音山下。

白石漾泉　在城东北十里。又东北十五里为小柳场泉，东北三十五里为西墩泉。

大水潭　在城东九里，周二百余丈。

龙　潭　在城东者曰水渼；南者曰黑龙；西南者曰龙宝，曰吸钟，曰宣化；西者曰青龙，曰西龙；西北者曰石墩，曰香米，曰北渼；东北者曰柳树，曰小柳场，曰赤土和。凡十三，俱入漾工江。又有二：曰龙公，曰大龙，俱入金沙江。

龙马井　在城东南一百二十里。水颇甘洌，民资汲饮。

仙女井　自城南一百二十里半子山大凹中石床下涌出，伏流半里许，始出为二，民甚利之。

剑川州

大桥头河　在城东二里，一名合惠江。源有四：一为干木和江，源自丽江山中；一为河头河，一为石莱江，俱发源老君山；一为清水江，发源白山。数水合流，为合惠江，南入剑湖。

桃羌河　在城南三十里，东南流入漾濞江。

弥沙浪河　在城南百里。与剑川诸水合，南入浪穹界，达漾濞江。

剑　湖　在城东南五里，一名东湖。合境诸水，咸汇于此，其下流为剑川。

西　湖　在城南二里金华山麓。秋水泛涨，与东湖相连，至冬春水落，民作秧田播种。

剑　川　在城南十五里，即剑湖之尾。曲流三折，形如川字，故名。其下流即沙溪，又名湖尾河，流合弥沙浪河。

崖场水　在城西五里。源出老君山，东南流入剑湖。

温　泉　有三：一在城南三里，一在城南一百里，一在城西一百三十里。浴之俱可疗疾。

灵　泉　在城南五十里。出石宝山顶石岩中，甚寒而冽，不涸不盈，每春游人饮之，谓可愈疾。

龙　潭　在城外。凡九：曰老君，曰易堤坪，曰仙女炼，曰隔渼，曰建和，曰白难陀，俱流入剑湖；曰花丛，曰白龙，曰青龙，俱流会湖尾。

盐　井　有二：一在城西南八十里，为弥沙井；一在城西南一百四十里，为桥后井。

维　西

溜筒江　在治西北五百余里，即兰沧江。自阿墩子流至合江桥，绕境内数百里。

金沙江　在治东北六百里。自奔子栏流入至其宗渡，上下数百里。

顺宁府

澜沧江　在城东北七十里。自永昌府东南流经府境，石齿嶙峋，波涛汹涌，实为险隘。明洪武二十年，诏沐英于澜沧江津要筑垒置戍，以备平缅，即其地也。

黑惠江 在城东北一百八十里。源出洱海，由下关天生桥至合江铺，为漾濞江。又南流三百里，为碧溪江，一名备溪江，入府界为黑惠江，蒙氏僭封四渎之一。至云州神舟渡，会澜沧江，入景东府。

顺宁河 在城东一里。源出甸头村山箐，流入云州孟佑河，府之带水也。

瓮桑河 在城南一里。源出南山，与洛甸、腊门诸河俱南流，与顺宁河会而东注。

洛甸河 在城南三十五里，源出中阿山下。

阿铎河 在城南一百八十里。源出阿铎山，水势迅急，土人构藤而渡，东流入黑惠江。

西添河 在城西北五十里。源出喻甸都瓮村，东流入澜沧江。

腊门河 在城北十里。

阿鲁司泥河 在城北一百八十里。源出阿鲁司泥山，下流入黑惠江。

虎墟河 在城北一百九十里阿城旧村。与阿鲁司泥河合流，入黑惠江，旁有虎穴，故名。

龙　湫 在城南一里龙泉寺。方一亩，水色澄碧。

蕴古泉 在城南八十里，一名瓮古，夷语谓泉为瓮，谓涌为古，其水清澈，可鉴毛发。

温　泉 有十：一在城东六十里罗锅寨[①]，一在城东八十里大江外，一在城南八十里大兴寺，一在城西七十里锡铅，一在城西一百二十里右甸，一在城西一百二十里南糯河，一在城西一百三十里鸡飞，一在城北九十里小桥塘，一在城北一百六十里阿贝寨，一在城北二百里东木竜。

观音井 在城北九十里。相传一老人以杖触地，泉即涌出，行人利之。

象脚井 在城北一百八十里，相传象脚所践而成。

云　州

孟佑河 在城东。顺宁诸水汇流于此，入澜沧江。

南看河 在城东。自顺宁河分流至州境，入澜沧江。

猛赖河 在城南八十里。其上流名为大河，发源猛缅界。

温　泉 有四：一在城东八十里困业，一在城东一百二十里猛氏寨，一在城东南五十里困蚌，一在城北五十里猛郎。

永北府

金沙江 在城西。自丽江流入府界，会四川打冲河，东流入武定府。

罗易江 在城东北。合诸溪水，汇流成江，经府界北，过旧蒗蕖州，东入永宁，合泸沽湖。

三渡河 在城南一百四十里。旋绕三回，故名，下流入金沙江。

桑园河 在城西南一百五十里。自蒙番来，名五郎河，会走马河、西卜河、西番河、站河、大松河、清水河、观音河，入金沙江。旧《志》云自大理来，又云出四川，二说

① 罗锅寨 道光《云南通志稿》作“锣锅寨”。

皆失考。

勒汲河 在城西北。源出西番，流经府南，东北入四川盐源县界，河旁有勒汲磝，与番人分界。

白角河 在城西北。源出旧蒗蕖州，绵绵乡流，经白角乡，逆入西番界。

沙 河 在城北五里，一名观音河。逆入五郎河，归金沙江。

牛甸湖 在城西一百二十里，旧顺州东二里。

泸沽湖 在城北。中有三岛，高百丈，上有土司水寨，流入四川打冲河。

程 海 在城南四十里。周八十余里，相传本陆地，有程姓者居此，忽一夕沉为海，故名。

潘浦海 在城西旧顺州东三十里。

温 泉 有三：一在城南枯木村，一在沙田村，一在城西北瓦部寨，浴之咸能去疾。

春水泉 在城西北五里赤石岩。水清味甘，每岁二月，居民游乐，和盐梅饮之，谓之吃春水。布谷一鸣，其味即易。

九龙潭 在城西北十五里。泉有九眼，下流入金沙江。又大龙潭，在府南一百四十里。又有小龙潭，在府南二百三十里。

丽江府

澜沧江 在城南三百里。经旧兰州，入云龙州界。

漾弓江 在城南。流入鹤庆府境，合群流而为大川。

怒 江 在城西七百四十五里。入永昌，名潞江。

金沙江 在城东北一百五十里。源出吐番，经中甸，东南流至府，又东南流入永北府。

清 溪 在城东十里。其源有二：一出东山，一出雪山，至府东东圆里，合流绕府治南，入鹤庆界。

白石溪 在城西南一百八十里旧兰州西十里。中多白石，下流入澜沧江。

温 泉 有四：一在城东南一百里无上村，一在城西南旧兰州七坪村，一在城西一百六十里金沙江滨，一在城东北八十里阿失村，水清洁，俱无磺气，浴之可已风湿。

苦 泉 有二：一出城东吴烈山涧，一出城南剌沙村，味皆微苦，饮之除疾。

龙 潭 在城西南十里。阔数亩，四畔草结如葑簰，履及一方，三方皆动，人或近之，风雨骤起。

老君潭 在城西南二百五十里老君山下。其水流入鹤庆府剑川州境，注于剑湖。

蒙化府

兰沧江 在城西南一百五十里。自永昌、顺宁流经府界，历景东，入车里。

阳 江 在城西二里。源出甸头花判山，南流经府西，又南合定边河，又东南会马龙河，入楚雄府大江。

漾濞江 在城西北一百八十里。其源有三：一出大理浪穹县罢谷山，由邓川洱海流入府境，为漾水；一出吐番可跋海，由云龙入府境；一出剑川，绕点苍山后，入府境，为濞水。二水合流至府西南，为备溪江。

定边河 在城东南一百里旧定边县。源出府之罗求场，东南入阳江。

阿集左河 在旧县南五十里。源发无量山，流经石洞寺至雀田哨，入景东府大河。

白崖河 在旧县东北十五里，即赵州白崖睑江。下流经白崖、弥渡入府境，下会环川。

五道河 在城南三里。水源甚裕，岸有塔，传为武侯所建。

教场河 在城北二里。

盟石河 在城北二十五里。

环　川 在城东南旧定边县北，一名环江。源发府北，名曰西河，沿巍宝至太极山环流出，会定边河。

锦　溪 在城南一里。源出捣衣山石窟下，注阳江，两岸多桃李，花时如锦，故名。一名菜园河。

温　泉 在城南十五里封川山麓。

观音井 在城东悬珠观内。

景东府

澜沧江 在城西南二百里。自蒙化，历上羊街保甸入府界，出猛缅司。

大　河 在城东，一名中川河。源自蒙化虎街，至安定关，经府治前，流入镇沅府，即把边江之上流也。

鲁马河 在城东南一百二十里，流入恩乐县。

猛统河 在城南二百六十里。源出无量山，流入威远。

景谷河 在城西二百里。发源蛮道村，南流入威远。

笕　泉 在城北旧卫城内。源出蒙乐山，明指挥袁贤以竹笕引入城，凿池潴之，构亭其上。

龙　潭 在城北九十里，岁旱祷雨于此。

磨腊井 在城南二百六十里。

磨外井 在城南二百八十里。

小　井 在城西南二百四十里。

大　井 在城西南二百四十五里。

以上四井，俱产盐。

〔据鄂尔泰修，靖道谟纂雍正《云南通志》（清乾隆元年刻本）卷三《山川志》“川”辑录。该志沿引康熙《云南通志》体例，分述全省各府州县地之山、川、河、湖、塘、井、津梁，其中卷三《山川志》、卷六《城池志》（附津梁，无闸坝），内容较康熙《志》翔实。〕

（道光）云南通志稿·地理志·山川

卷十三　地理志三之三　山川三（山略，下同）

云南府下

云南府之水，以滇池为大，源流经七州县，水并汇焉。然皆在大幹盘绕之内，若大幹之外，西有星宿江，则罗次、禄丰、易门之水所汇也。东有大池江，则宜良之水所归也。而分幹以外，嵩明之嘉利泽，则又东北归车洪江。今随大幹先自西星宿江始。

星宿江之源，出自罗次县南二十五里九涌山，一名九成山。《云南府志》。东北流至羊溪冲北，右会分水岭水。分水岭水，源出罗次县东南二十里上甸分水岭，岭东水入螳螂川。西北流至羊溪冲北，会九涌山水。参《罗次县志》。谨案：史秉信《黑水辨》罗次分水岭由禄丰而之元江，即星宿江之源，旧《云南通志》金水河源出上甸分水岭，皆即据此为金水河之源，各据所见言之，其实金水河源出九涌山也。折北流，右会碧城河，为东河，亦曰金水河。碧城河，源出罗次县东十五里穹荡山山箐中，西流数里，分为三沟，曲折绕城西，入东河。旧《云南通志》。又北经罗次县西，其北有温泉。温泉，在罗次县北十里许嵩华山后、金水河傍，浴之可去疾。《云南府志》。李龢元《温泉》："阳和不择地，此处独春温。寒暖皆如是，往来不厌烦。珠从水面出，人向镜中存。浴罢思归去，临风想旧恩。"又北折西流，经羊圈北，又折西南流，右会梅子箐水，其西北有黑箐龙潭。梅子箐水，源出罗次县西北四十里梅子箐龙潭，东流成河，经乍乌南折，入金水河。旧《云南通志》。黑箐龙潭，在罗次县西北隅，其潭深邃，常有雾封，天旱祈雨多应。《云南府志》。其西南有黑龙潭，有右所龙泉。黑龙潭，在禄丰县东北五里。旧《云南通志》。右所龙泉，在禄丰县东，出石崖中，灌县东南田。旧《云南通志》。其东南有东渠。东渠，源出罗次县山涧中，曲折七十余里，至禄丰东南，水流山腰，下灌田亩。旧《云南通志》。又西南流，右会北河水，为星宿江。北河，源出武定州境河底厂山中，南流十五里至阿勒，又南十五里至法尾，又南三十里会东河，为星宿江。旧《云南通志》。北河之东有温泉。温泉，在禄丰县北二十里宝泉桥东大河旁，土人相传浴之可疗疯疾。《禄丰县志》。星宿江既会北河水，又西南，左纳南河水。南河，在禄丰县南十里，合县南山涧之水，西北流，过启明桥，入大河。《禄丰县志》。又西南，右纳九盘山水。九盘山水，源出广通县东北五十里，东南流入星宿江，参《广通县志》。又折南稍西流，右纳舍资河水，见楚雄府。为九渡河，折东南流，右纳妥梢河水。见楚雄府。又东南，左纳太和川水。太和川，源出罗次县西南百一十里炼象关东北山中，西南流，左会东南山水，合西南流经积食村，又西南，经石门哨西南，经太和街前，西入九渡河。参《水道提纲》《易门县志图》。又南，左纳迷末水，为绿汁江。迷末水，源出易门县西十五里永靖哨，西北流经迷末，又西北入绿汁江。《易门县志图》。折南流，左纳大小绿汁水。大小绿汁水，源出易门县西六十里诸山中，两山相夹一线，西南流入江。每五六月时，江水泛涨，小水遇猛雨亦骤发，奔雷掣电，直冲大江，横截中流，大江反逆拥而上，点滴不漏，良久方徐徐开放。土人预操具捕鱼，岁每三四次不等，亦奇观也。《易门县志》。又南流经木奔西，为木奔江。又南，左纳蚂蝗箐水。蚂蝗箐水，源出易门县西南三十里蚂蝗箐山中，西南流，入木奔江。《易门县志图》。又南，左纳易江水。易江，源出安宁州西四十里禄脿西山中，西南流，左会东南山西北流水，折西流，右会老鸦关西北水。老鸦关西北水，源出禄丰县东七十里老鸦关西北山中，南流数十里，南会禄脿水。折南流，经禄丰县迤栖村西，又西南，右会易门川。齐召南《水道提纲》。易门川水，为易江西源，源出易门旧县西六十里老黑山东麓黑龙潭。黑龙潭中产嘉鱼，人欲捕之，风雷顿作，其龙名阿堵，明时助战有功，祷祀辄应，列在祀典。《易门县志》。东流，合扒齿岭西水，又东北流，合罗衣岛、积食村诸水，折东南，经窝德，右会热水塘水。热水塘，源出县西十五里葛根箐西北，东北经白衣关，又东北至窝德，入易川。又东，左会禄丰田坝诸水。禄丰水，源出禄丰炼象关内田坝中，汇西南流，南入易门川。折东南至旧县南，左会东源。参《易门县志图》。两源既会，为易江。折南流，经小山凹东，又南经杨堡庄东，又南至上江口，右会上江渠水。上江渠，源出易门县北二十五里黑松林山中，南流经云龙寺东，又南流经仙人洞东，会东来一溪。又东南经刘家营东，又东南经韩家营东，又东南经海子营东，又东南过黑龙潭，右会潭水东南流，东入易江。参《志图》。又南流至下江口，右会下江渠水。下江渠，源出易门县西五里，大龙泉水自洞中涌出，东流至县西，绕城北流，经城东北，左会小龙泉水。明太史杨慎《大龙泉》："卧梅临水铁柯香，丛竹依篱碧玉长。天渺山云窥硐色，地偏鸡犬隔仙乡。冠霞彩阁通南斗，贴石寒流引上方。龙武将军亦幽兴，笙歌锦瑟共壶觞。"又《续游大龙泉》："再过洟源续旧题，岚消霭尽日将西。磨崖拟刻三游洞，架壑如穿九曲溪。琼液刘郎休尽醉，金屏谢妓待重携。卧梅问到花开未，喜见繁葩照水低。"知县诸城李鹄《春游大龙泉》："山灵未识果相招，半日偷闲挂酒瓢。石窍千寻通树顶，暗泉一道落山腰。人来梅秃幽香渺，僧去碑残余韵消。好羡骊龙春梦稳，抱珠懒出到层霄。"小龙泉，在易门县东北四里，水出截壁中，西南流至城东北，入大龙泉。邑举人许天章《小龙泉》："散步到龙溪，苔封径欲迷。硐阴疑昼晦，崖耸觉天低。云映流泉碧，风飘木叶稀。登临曾有赋，漫续石边题。"大龙泉既会小龙泉，折东南流，经城东，右纳二会水。水自二会西南山中东北流，入下江渠，其东北吴家屯有吴家井，水甘洌，可以消瘿。下江渠又东南，经三会北，又东南，右纳罗所水。水自罗所南山中北流，经罗所西北，入下江渠。下江渠又折东，经戴所、曾所，又东至下江口，东入易江。参《县志图》。易江既会下江渠水，又南流，左纳苗茂水。苗茂水，源出赵普村东南嶍峨县山中，西流经苗茂南，西入易江。参《县志图》。江上有温泉，自石壁泻出，浴可愈疾。明知县邑人宋诹《苗茂温泉》："江畔氤氲暖气浮，汤汤别是一阳侯。山灵献瀑来沙沼，火井分炎到玉湫。活水自煎凭地力，真阳默运荡天庥。往来祓濯纷如市，祛垢除疴并可收。"折西南流至甸末东，右纳沙丈水。沙丈水，源出沙丈北大小沙衣山中，南流经沙丈东，又南流经普贝东，普济龙潭在其西，水自洞出，分为南、北、中三沟，又南流经马头山东，又南流，入易江。参《县志图》。又西南经甸末南山北，又西，右纳老吾南山水，水从老吾山中南流，入易江。《志图》。左纳甸末南山水。水出嶍峨县甸末南山中，北流入易江。《志图》。又西南经脚家店西北，西入木奔江。参旧《云南通志》《易门县志》并图。木奔江既会易江，折西南流入嶍峨界，为丁癸江。又西南入新平界，会礼社江。

滇池之源，出嵩明州西北六十里东葛勒山，一名梁王山。西南朵格卧宗龙黄龙潭南流，经牧养村，为牧养河。又南流共六十里至高仓，由过洞流出，左会邵甸河水。邵甸河，源出嵩明州西北三十里梁王山西南旧邵甸县之甸头冷水洞，龙泉百泓，旧《志》所谓九十九泉也。西南流十余里，由甸尾至高仓，与牧养河会。牧养河既与邵甸河会，为盘龙江，折西流，又折南流为汇流塘，西南曲折流经三家村南，又折南流至松华坝，分一支东出为金稜河。见后。其正支又西流至省会城东北商山东南，右纳银稜河水。银稜河，源出昆明县北二十五里龙泉山黑龙潭，西流东分一沟曰东龙须，南流里许，入盘龙江。西分一沟曰西龙须。西流里许，入盘龙江。又西流至蒜村，由大闸分流，入盘龙江。其正支又西流半里，北纳五龙山水，由流沙闸南分水入盘龙江。又西流，分一沟南流为一瓦水。又西流，分一沟南流为牛吃水。两沟并南流，入盘龙江。又西流，西北纳白龙潭水，由白龙闸分水南入盘龙江。又折东南流有王俊闸，又折西流有小营闸，并右纳箐水、左分水，入盘龙江。又西南流经文殊寺闸，又折南流二里过分水闸，并西北纳箐水、南分水，入盘龙江。又南折西流汇莲花池，南入盘龙江。又南至会城东南分水岭西，分为玉带河。见后。又南流至螺蛳湾西，分为采莲河。见后。又南流至南坝，折西流一里，又分三支为太家河，为杨家河，为金家河。见后。又自杨、金、太三河南，西流至雄川阁，出罗公闸，源流共一百三十里，汇为滇池。嵩明知州乌程严遂成《盘龙江歌纪徐观察典郡修六河》："六河置闸三十六，源发于江海归宿。满不即纳辄倒流，啮堤之根溃堤腹。龙乃打鼓垂其胡，跃入波中一沐浴。高田下田如掌平，可惜来麰时正熟。十家相向九家哭，便是有身已无屋。太守闻之赤双足，带水拕泥舆脱辐。寒者以衣饥者粥，畚锸云兴龙退缩。挖去污淤种种稑，岁仍有秋民受福。龙忘前衄居成功，施施入庙厌酒肉。"望江知县赵州师范《盘江引》："六河蜿蜒如六龙，东涧北涧咸相从。三十余闸严启闭，循堤赴坎朝其宗。年来淤塞弃不理，排空浪下难为容。横流遂至害禾稼，挟势直欲交撞冲。云岩观察今黄龚，抚视疆域悲泽农。立率守令事疏瀹，齐集箕锸忘庖饔。千夫雷动万夫跃，掘取废土堆成墉。有幽必宣滞必畅，以葛御夏裘御冬。一雨兼月声淙淙，惊波簸岸飞鳎鳎。不羁马已就约束，各遵故道无逸踪。炊烟贴屋犬豕静，稻花香老啼秋蛩。村民白首扶杖笑，水桩任挂西南峰。”

滇池亦曰昆池，唐昆州因水为名。斜长百二十余里，东西广三四十里不等。历昆明、呈贡、晋宁、昆阳境，西北为草海，东南为水海，其形上广下狭，有似倒流，故曰滇池。或曰从螳螂川西出北流，入金沙江，实倒流也。郎中仪征阮福《滇池即颠县考》：“《汉书·地理志》益州滇池县，滇池泽在西北。《西南夷传》滇池方三百里。今云南省城西太华山下，昆明池相传即滇池也。至其得名，《华阳国志》曰有泽水，周回二百里，所出深广，下流浅狭如倒流，故曰滇池。此说福窃心有疑焉。今至滇，以地图案地势，又读司马长卿《上林赋》，文成颠歌，始知其不然。案《文选》及《史记·上林赋》注，文颖曰：文成，辽西县名也，其县人善歌。颠县，其人能作西南夷歌也。颠与滇，同也。又《汉书·地理志》益州郡下，武帝元封二年开。应劭曰：故滇王国也。师古曰：滇，音颠。然则西汉武帝前，滇池县本作颠县，故曰。颠与滇同，颠训为顶，《说文》与《尔雅》相同，颠与顶为一声之转，颠与滇又是同声同义，颠为本字，后人因池加水，为后起之滇字耳。所谓滇池，当读作颠池，以颠为义，则训为顶池。盖言益州各水皆四面下注于卑地，而此县之地与池独居地高顶也。何以明之？即如金沙江在滇池之东北，流至普渡河，因颠高不能南注，即复折往东北，入四川叙州矣。又澜沧江，在金沙江之西，因颠高不能东注，即往正南，入南掌国界矣。南盘江，因颠高不能北注，而东行，入广西矣。车洪江，因颠高不能西注，亦东北入金沙江矣。据此，则皆因昆明滇池居地高颠之故也。又岷山之江，流至叙州尚近，滇池之水到叙州较远，是滇池地势之高，尚高于岷山也。至于《华阳国志》水如倒流之说，似亦因滇字本作颠字，而以颠倒为义，然倒流之说曲，不如颠顶之说直。果尔，则此间古颠王岂肯以倒王自名哉？”元乔坚《滇池》：“滇水不可涉，石戟森嵯峨。胡能宅蛟龙，但可藏鼋鼍。渚风荡惊湍，乃尔泥滓多。我欲澄其源，应自崑崙阿。才谬谅靡救，临流将奈何。商山紫芝曲，渔父沧浪歌。斯人久不作，千载无清波。”明郡人郭文《滇池夜月》：“长天无云山四青，白月在水摇虚明。冷涵万象镜光里，乾坤一色秋冥冥。玉壶载酒游空碧，人在清泠水晶域。座中何郎湖海客，醉眼却嫌滇水窄。飘飘书剑不可留，坐令乐事成离忧。安得身如水与月，千里万里随君舟。”

滇池自盘龙江口折东南，左纳明通河水。明通河，自昆明县东十里三元石闸，分金稜河西流，左纳小白龙潭水，又西流，左纳白沙河水。白沙河，由北响水闸分金稜河水，南流至白沙桥，会明通河。又西流，经先农坛前太平桥、塘子巷、穿牛房，至金稜桥，分一支由吴井桥归金稜河。其正支又西流，经十字闸，左纳金稜水，右泄盘龙江，又西，源流共三十里，入滇池。又东南，左纳金稜河水。金稜河，自昆明县东北三十里松华坝，分盘龙江水东出西流，左纳莲花箐水，又西至大将村下，折南流至桃园村，左纳村水，右由戴金箔闸分水入盘龙江。又南流至漫水闸，左纳清水河水，折西流五里，右由大、小韩冕二闸分水入盘龙江。又折南流，左纳青龙潭水，又南，左纳黄龙潭水，又南，左纳杨妈妈河水，右由小坝分流入江。又南，左纳杨清河水，右由小坝南闸分流，合小坝河入盘龙江河①。又南流一里，左纳白龙潭水，白龙潭，在城东八里白龙寺，西流入河。右由三元石闸分一支为明通河，又南流五里，至金马山西麓，折西南流，经漫水闸，分水南流，入王宝海。见后。又西流一里，又分一支南流为广南卫沟，见后。又由迎恩桥折北流二里，折西南流至地藏寺，折南流二里至吴井桥，桥畔有吴井。又西南一里，右由金稜闸西，分由明通河十字闸西北入盘龙江。其正支又南流十里，至燕尾闸分为二支：一支东南流入三塘下游，入于滇池；一支西南流，源流共六十里，入滇池。知县湘潭张九钺《金汁河曲》：“金汁河，段氏游猎处，其地多素馨花，曰花田。金汁河，银汁河。盘龙江，金马坡。循虹堤，藉平莎。舞巴鬃，鸣鈔锣。珍珠船，载翠娥。回旖旎，纷婆娑。促膏球，踢锦靴。饕王醉，妖女歌。妖女歌，可奈何？当时素馨何其多，如今墓田谁作花？”又东南，左纳金稜分支水，见前。又东南，左纳王宝海水。王宝海，源自漫水闸，分金稜河水南流，又自

---

① 盘龙江河 光绪《续云南通志稿》卷十五《地理志·山川》作“盘龙江”，当是。

广南卫沟分金稜河水南流，并汇为海，西流入滇池。又东南经苜蔬厂[①]南，左纳马溺河[②]水。马溺河，源自五马桥西头闸，分白沙河水北出，西流，经勤浚、香条村、杨家、保丰四桥，至苜蔬厂，入草海。又东南，左纳白沙河水。白沙河，源出昆明县东二十里金马山左右沟涧之水，出三家村、黑村，至黄土坡，两涧水会南流，经十里铺、牛街庄至响水闸，左会西鸳鸯沟水。西鸳鸯沟，自大石坝分宝象河水，北流十数里，至响水闸，会白沙河。西流三里至五马桥，右纳桃源坝水。桃源坝水，源出北山中，南流过坝，入白沙河。又西流经头闸，分一支为马溺河。见前。又西流至二闸，分一支为岔沟，南流四里，入旧门溪。又西流至三闸，分一支为小白沙河，南流，又分一支合岔沟，南入旧门溪。一支西流，折西北至七星桥，复入白沙河。其正支自三闸又西南流三里至七星桥，左纳三闸分流水，已见上。又西流十六七里，入草海。又东南左纳泥鳅沟水，又东南左纳旧门溪水，又东南左纳清水河水，又东南左纳倮㑩河水，又东南左纳沧沟、芦包沟水，又东南左纳官渡四河水，又东南左纳毛家塘水，诸河皆宝象河分流也。宝象河，源出嵩明州西南四十里乌纳山西小龙潭，西南流六十里，经板桥驿东南，折西流至明阴寺前，右会分水岭水。分水岭水，源出板桥驿北三十里分水岭，南流至驿北，左会黄龙潭水。黄龙潭水，源出板桥驿东北黄龙潭，西流五里，合三十亩箐水，南流五里，至板桥驿西，又南至明阴寺前，入宝象河。南流曲曲十五里，西纳小龙潭及高坡山水，折西流十余里至祭虫山。又西流一里至大石坝，分一支西流为西鸳鸯沟，北流会白沙河。其正支南流至小石坝，又分一支东南流为东鸳鸯沟。折西南流只七里，仍归正河。又南流山蹊中四里，折西流一里过老崔桥，又西流一里，分麻线沟，西北流十里入旧门河。其正支又西流，左纳东鸳鸯沟水。又西流分一支为羊堡头沟，又西流分一支为广济沟，又西流分一支为杨柳沟，俱西南流入毛家塘，合西流入滇池。其正支又西流，至小板桥街之广济桥，分一支为官渡河。官渡河，自广济桥分西南流七里至迎官坝，又分三支，一曰余家河，一曰姜家河，一曰小村河，各西流入滇池。其正河折西南五里至石龙桥，又西南八里至龙化桥，入滇池。其正支折西北流为旧门河，至宝阳桥，折西流分一支为芦包沟，又西流分一支为沧沟，并西南入滇池。其正支又西流，分一支为倮㑩河。倮㑩河南流，由李金甘桥、永顺桥十里，入滇池。又西北流，又分一支为清水沟，西流二十里入于海。其正支又西北流，北分一支为泥鳅沟。泥鳅沟西北流六七里，折西流十里，入滇池。又西流三十里，源流共一百三十里，入滇池。

滇池又东南，左纳亮塘水，又东南左纳枧槽沟水，又东南左纳渔村沟木龙沟水，又东南左纳马料河水，又东南左纳罗家沟水，又东南左纳左卫、上坝两沟水，并马料河支流也。马料河，源出昆明县东六十里白土村黄龙潭，南流四里至白水塘水海子，折西南流十里，左纳豹子山水，又西南七里，左纳鼠尾山水，又西南三里分一支南流，曰漾水沟。漾水沟南流二里，入羊落堡堰塘，左纳山涧水二，折西北流三里仍入河。折西流六七里，汇万朔堰塘。又西流一里至猪圈闸南，分一支出南闸为左卫沟，又分一支出南闸为上坝沟，两沟并南流十余里，入滇池。北分一支为清明沟。清明沟北流十余里入亮塘，合河沙沟入滇池。其正支由中闸西流一里，又北分一支曰河沙沟。河沙沟北流六七里，入亮塘。又西流二里，南分一支曰罗家沟，北分一支曰枧槽沟。两沟并西流，入滇池。又西流五六里至新村闸北，分一支曰老杨沟。老杨沟西流四里，又分为二支，曰木龙村沟，曰渔村沟，并西流三里入滇池。又西流四里至矣苴堡，折西南流四里至光村闸，又西南流一里至回龙村，折南流，源流共五十里，入滇池。右并参樊绰《蛮书》、旧《云南

① 苜蔬厂　当为“苜蓿厂”，今昆明官渡区有苜蓿村。下同。

② 马溺河　初名马尿河，诸音谐义改马溺河。

通志》《徐霞客游记》《六河图说》。

滇池折西南，经呈贡县西炼朋村西北，左纳落龙西河分流水。又西南经斗南村西北，左纳落龙西河水。又西南经江尾村西北，左纳落龙中河水。又西南经可乐村西北，左纳落龙东河水。落龙河，源出呈贡县东十二里白龙潭，白龙潭，在石室下，有金色游鱼，其目如蟹，与凡鱼别，人不敢食。贡生邑人戴天申《游白龙潭》："奇窍神工凿，潭深百尺洼。惊鱼吹糕饭，飞鸟啄藤花。水面苔纹细，山腰石迳斜。游人乘醉后，坦腹卧晴沙。"西流，有黑龙潭水自东北来会，黑龙潭，在呈贡县东北八里新册村石崖下，源深流广，西南入白龙潭。又西，有黄龙潭水自北来会。又西南，出大小坝，分一支北出为西河，西北折西南流至呈贡县城外，又分一支入城，经县治前，又西北流出城西北，经王家营西、炼朋村东、狗街子西，西北入滇池。西河正支绕城南，又分为二支，为西河，为中河。西河北折绕城西，经梅子村东、斗南村东，西北入滇池；中河自分支处西北流，经石坝村东北、江尾村北，西北入滇池。东河自大小坝分支处西南流，绕城南，折西北，经可乐村、乌龙浦北，西北入滇池。参《呈贡县志》刘世熀《申详分水文》。又西南折南，经大河口西，左纳南冲河水。南冲河，源出呈贡县东南姚平坝，西流经白云村，有清水河自县西南来会，又西北至大河口，入滇池。落龙河之东罗藏山之麓，有白龙泉，有黑龙泉。白龙泉，在罗藏山西麓。黑龙泉，在罗藏山之南。明归化知县余善《春日祀龙》："节彼罗藏山，下有双龙潭。一在山之北，一在山之南。南北灵所钟，黑白俱非凡。时乘以御天，变化神机含。雨师与风伯，驱运匪所艰。气序辰日逢，暮春三月间。群黎请余驾，岁事供蘋蘩。父老咸相随，拥道车马班。旌旗导前驱，至止山麓庵。铿锵金玉声，张设品物繁。荐酒复陈辞，洋洋见龙颜。请祷伊谁阿，膏泽周八蛮。秀麦与嘉禾，旱魃勿相残。公刘乃积仓，于古庶无惭。年年有此日，胡俾民弗堪。神人两相得，太平不须占。"呈贡县西南有灵源泉，县南界次山有月角泉，有寒泉。灵源泉，在呈贡县治西南，平地涌泉。月角泉，在呈贡县南，即莲花洞泉。寒泉，在界次山后。南冲河东有交七浦，西北有小晏泉。交七浦，在呈贡县东六十里，广二百余亩，《明史·地理志》归化县东北有交七浦。又云滇池下流，则误矣。小晏泉，在旧归化县北小晏村。右并参《云南府志》《呈贡县志》《徐霞客游记》。

滇池又南，折西南，经安江村西，左纳盘龙河水。盘龙河，源出晋宁州东南五里五龙山五龙潭，五溪分流，汇为二派：一西北流经海溪山麓，入大坝河；一东北流，又分二派，岭东者流注澂江抚仙湖，岭西者流入达摩坝，注昆池。又西南经海宝山北麓，又西南左纳大坝、大堡二河，新江坝东分流子河水，又西南左纳杀虫坝东分子河水，又西南左纳吕家坝东分子河水，又西南左纳大坝、大堡二河正流水，又西南左纳白龙坝西分子河水，又西南左纳唐家坝西分子河水，又西南左纳孙家坝西分子河水，又西南左纳映洪坝西分子河水，又西南左纳石臼坝西分子河水，又西南左纳石美坝西分子河水。大坝河，源出江川县北关索岭，其东南流者入星云、抚仙二湖，其西北流者经晋宁州石碑村牧羊山麓，左会大堡河水。大堡河，源出新兴州东北屈颡巅山山半，泉涌三派，其东南二派分流注星云、抚仙二湖，其西北流者经晋宁州之永宁乡至石碑村，会大坝河。大坝河既会大堡河水，北流至小寨，有石子河，源自盘龙山后，西北流来会。又北流出四通桥至石美坝，西分子河一道，西北流入滇池。其正流又北至石臼坝，又西分子河一道，西北入滇池。又北流至映洪坝，又西北分子河一道，北流入滇池。又北流至新江坝东，分子河一道，东北流入滇池。又北流至杀虫坝，又东分子河一道，东北入滇池。又北流至孙家坝，又西分子河一道，北入滇池。又北流至吕家坝，又东分子河一道，东北入滇池。又北流至唐家坝，又西分子河一道，北入滇池。又北流至白龙坝，又西分子河一道，北入滇池。右并《晋宁州志》。

滇池又南经牛恋石，折而西经赤峒里，又西南纳渠滥川水。渠滥川，源出南新兴州界山中，北流，纳清水河、小河口罗武河、老王坝河诸水，东北流入滇池。旧《云南通志》。滇池又西折北，经昆阳州东，又北至昆阳州东北二十里，为海口。滇池又自盘龙江口折西北，右纳杨、金、太三河水。杨家河、金家河、太家河，自昆明县南五里南坝盘龙江折西流，分三支并西流，入草海。又西北，右纳采莲河水。采莲河，自昆明县南螺蛳湾分盘龙江水西流，西入草海。又西北，右纳永畅河水。永畅河，自昆明县南分玉带河水西流出马蹄闸，西流入草海。又西北，右纳板坝河水。板坝河，一支自城南中和宫后分玉带河水为中沟，一支自蜈蚣岭前分玉带河水为丰家沟，一支自柿花桥分玉带河水为板坝河，并西流至三圣庵会，西入草海。又西北，右纳茨塘河水。茨塘河，一名摆渡沟，自柿花桥北分玉带河水西流至西坝南，西入草海。又北，右纳西坝河水。西坝河，自城西鸡鸣桥小泽口下，分玉带河水，西流入草海。又北，右纳涌莲河水。涌莲河，自城西北分玉带河水，西入草海。又北，右纳玉带河水。玉带河，自城东南分水岭分盘龙江水西流，又分一支西流为永畅河，见前。折北流至中和宫后，分一支西流为中沟，见后。又分一支为龙须河。龙须河，由垛垛闸、通济桥入护城河。又西北流至蜈蚣岭前，又分一支为丰家沟，见前。又西北流至柿花桥，分一支西流为板坝河，见前。又北流，分一支西流为摆渡沟，见前。又北流至鸡鸣桥，分一支北流为西坝河，见前。又自盐店后，北流至烧珠桥与护城河会，合流北过瓦仓庄，至小西门西楼外，右纳九龙池水。九龙池，一名菜海子，在会城内五华山右，旧名柳营，为沐氏别业。水由通城河流入玉带河。举人昆明王毓麟《菜海子春日杂诗四首》："白蘋香暖燕初飞，麦脚风高鱼子肥。谁向海心亭畔立，波光柳色映春衣。篱落香吹豆子花，一株杨柳映门斜。游人苦爱春酤好，燕子桥东卖酒家。玉龙祠畔草新齐，汀暖烟深浦树低。六尺小船呼不应，水禽沙鸟向人啼。林园犹是旧时名，台址荒凉碧瓦倾。独有缭垣春草色，和烟和雨一时生。"又西北，分一支为涌莲河，见前。又西北流至红庙为鱼翅河，西流至土堆，西南流入滇池。右并《六河图说》。

草海，为滇池上流，一名西湖，又名积波池，俗名青草湖，中有近华浦诸胜。嵩明知州乌程严遂成《近华浦》："北枕镂鲸川，东风放鳜船。碕芦鱼跋扈，架葑鹭翘田。浪涌山无底，花深月不先。贯休钟一撞，惊起夜龙眠。"自板坝河口又西北，中有一堤，西通石鼻，为明巡按傅允献筑。又北，纳海源河水。海源河，源出昆明县西北六十里花红洞，会龙打坝水伏流山中十余里，至城西二十里聚仙山下涌出，东流经海源寺前，北分一支出左闸为东龙须。东龙须，自左闸分，北流，经莲花塘，折东流，出十字闸，又东流三里为江沧河，东流，北会马军、南甸、茨通、新闸、玉峰各沟水，折东南流二里，过许家闸，又二里，入草海。又南分一支出右闸为西龙须。西龙须，东南流四里，右会筇竹寺水。筇竹寺水，源出棋盘山北白龙泉，一名龙淙，亦曰宛转溪。两涧至寺前，合流东出，入西龙须。侍讲诸城李澄中《游龙淙洞记》："庚午九日，制府范公眉山邀同比部刘公霖仓、抚军王公在兹为龙淙之游。晓出宝成门，历草海，越西山者三重，至落水洞东北，上复一洞南向，颜'听瀑楼'，以瀑水声远，闻若殷雷在下也。酒三行，秉炬入洞中，伛偻下，上皆积水不可行，乃出。南去里许，一溪逶迤为宛转溪，横跨石香桥。一洞东向，白云穿川而出，与落水南北相望也。还过石香桥南，上亦一洞，流水贯其中，即所谓龙淙也，盖宛转溪源也，深里余，高广可容数千人，洞前石笋一株，上巨而下锐，亭其左曰'一草'，守以庵曰'墨雨'，凡此皆公所位置，以补天地之不逮者也。自昔山川奇胜，往往在荒徼绝域，人足不履之境，若天留其奥，以待人之表彰者，故兴公赋天台，学者至今称之，然犹未至其地也。若谢公之于永嘉，少陵之于夔州，诗则工矣，然羁人多感，不免幽忧傺侘之思焉。若羊杜之于岘山，则诚地以人重矣。公以制府之尊，坐镇滇黔，幸而四方宁谧，万里宾王，公乃以其余暇，发抒云水之兴，布置烟霞之逸事，携僚佐过客，饮酒赋诗，磨崖勒记，亟亟焉为世人传之，若惟恐不知有龙淙也者，是岂偶然寄兴云尔哉！传之异日，读其赋则以为兴公，吟其诗则以为谢公、杜老。彼都人士溯其遗爱，谈说其流风余韵，则又以为太傅征南之岘，首山川胜迹，信乎？待其人始传也。故记公之游并识洞之始末。"总督范承勋《重游龙淙小引》："昔人有得于游山之理者，谓游山如观书，必几经绌绎而其秘始出。余于龙淙亦然。初，余得龙淙，如得奇书，一往涉猎，屋以洞，楼以瀑，庵以雨，亭以草，溪以宛转，而桥以石香呼，石以颠以卧。游龙淙数过，亦如观书数过，自谓有得矣，而不知犹然涉猎也。明年秋，偕诸子取道别迳寻源，北下小憩洞门，指顾之际，见合石夹流喷薄中来，惊喜曰‘此宛然巫峡也，向何失之？’顷过，对山攒石岩萼间，一泓藏碧，侧身以探，复惊喜曰‘此宛然龙湫也，向何又失之？’向失之，而今幸得之且兼得之，非山之善变，而游山者之善变也。因补勒水上石曰‘小巫峡’，勒石上水曰‘小龙湫’。客有昂头而吟者，吟曰‘龙湫无雁影，巫峡有猿声’，复有客应声曰‘雁飞不到处，何作听猿情’，余为之爽然起曰‘余因龙淙而得巫峡、龙湫，诸子遂因巫峡、龙湫而及猿与雁乎！何山水之能移情若是，乃信游山之理，果如观书。今经数过细绎焉，而始得其秘也，显寓于微小备乎大，何山不可作如是观，又何书不可作如是观也。’于是酌酒命歌，共快幽赏，更为诗以纪之。公之同好，相为属和，继梓以寿焉。又《龙淙杂咏十首并序》：筇竹寺后，荒岭起伏无次，出樵径数里，四山巃嵸，中得平地如掌，龙泉一泓，泻入岩洞，蜿蜒乃出，放为碧流数十，折奔别洞，注地为洑，声善恐人，相传神物蛰焉，理或然也。跬步间，洞凡四五，石楼窈窕若蜃气吹空，而幽折靓峭，疑此中别有天地。又荒芜蔚荟，鸟韵都绝，唯洞房环佩，玉声璆然，俄而琴筑亘咽，笙镛迭奏，纡徐却导，暨乎巨响忽发，歌钟噌吰，鼍鼓訇訇，而众音乱矣。与诸君子顾而乐之为商，创数椽置守焉，但茅茨石梁不损天趣，杂树松卉繁衍以间，其间林石布列，尤诡矞莫状。爰择其伟朴者二，命为长俾以部署群石，曰屋，曰楼，曰溪，此构之天者也。以庵，以亭，以桥，此续之人者也。若石今始有名，此天人参者也。夫自洪荒来，不知几年岁矣，无传闻亦莫适主者，固弃于人而得全于天者乎？抑造物自秘，惜以有待乎？乃以不异遇何奇也。物各予名，名各予诗以志之。《龙淙石屋》：偶步何心访玉真，欲扪牛斗上星津。胡麻却怪来何处，各有临流笑语人。《听瀑楼》：瘦骨玲珑玉佩寒，幽琴鼓咽冷珊珊。晴空暗逐长虹窜，天巧偏将俗眼瞒。《墨雨庵并序》：昔一师诵经，龙夜往听讲，时旱，命雨，以乏水辞。师指砚池水借之，俄大雨沾足，雨皆带墨。夜捹柴扉偶诵经，无端唤出古龙听。墨花飞处文章大，写向虚空字字灵。《一草亭》：谁家亭子把茅茨，折竹还他曲木支。席地幕天真快意，旁风上雨亦何疑。《宛转溪》：拨云携杖费追寻，惊触乖龙入洞深。人自直肠溪自曲，愚公活水两无心。《石香桥》：红是花光碧水光，落花衬石石生香。隔溪若有吹箫伴，何必天台访石梁。《颠丈》：无言屹立不成眠，来自娲皇纪号年。深夜月明呼影语，料应袖舞作狂颠。《卧石》：平泉醒酒郁林廉，毕竟胸中有滞沾。争似此翁长坦腹，更无些事上眉尖。《小龙湫》：雁宕分来一片山，搜奇谢客未经攀。偶从西域逢东谷，别有灵湫秘此间。《小巫峡》：惊涛澎湃泻空来，立石分明滟滪堆。闻道三巴通禹凿，曾从蛮落把天开。”西龙须又折南流五里至十字闸，折西南流三里，入草海。**其正流由中闸东流五里至板桥关，又东流三里，西分一支为梁家河。**梁家河，出梁家营闸，南流四五里至海源桥，又南流六七里，入草海。**其正支又东南流至鸡舌尖，左会沙河水。沙河源北自昆明县西北六十里清水塘南分水山中，南流，右会三华山水。**三华山水，源出三华山西南麓，东流，合北来一涧，东入沙河。**又南合诸山水，经海源洞东，又南于金川桥分南甸茨通水沟，于玉峰桥分新闸玉峰水沟。**南流合江沧河，入草海。**又南至鸡舌尖，右会海源河水。两源既会，东南流入滇池。**参《徐霞客游记》《六河图说》。通政使副使昆明钱沣《六河歌》：“昆明水利惟六河，盘龙来源独逶迤。松华坝始分金汁，载行高地沿陂陀。并收众壑济农亩，满虞堤壤为闸多。元咸阳王所规画，委屈尽善无差讹。上二闸并曰韩冕，注盘龙若江之沱。三元石闸下酾二，明通总汇三桥过。委而不治岁已几，地利若可无人和。盘龙流下螃蟹石，普润桥束纤洪波。夹岸民与水争利，筑屋锹石当盘涡。双龙桥北分一带，又分派若丝五紽。涨去泥沙不随去，积成滩潭平复颇。桥南经流总直下，力与海涛相荡摩。群町逞黠拥为利，乘春筑坝夯还硪。要遮新涨使横散，去清流浊谁禁诃？夏涨踵至坝虽倒，明年又筑人则那。故智得自齐小白，塞河罪首从无科。能令田从海底涌，初莳莠稗终登禾。小舠轻驾出入可，商船笑尔来蹉跎。舍我其谁为拨浅，金钱取足聊无他。明通全受金汁委，尾大本不烦披劘。中间奈可金陵闸，斗落逾马疾注坡。十字架使横过上，葫芦口遂成积疴。盘龙肠澼此噎隔，安得良医机与陀①？可怜偶值岁多雨，上游辄疑天荐瘥。庐塌灶陷足蛙黾，防穿陂溃非蛟鼍。我归于兹仅四夏，伏居一室悲蓼莪。可堪两度频婴此，四邻老幼同滂沱。海宁陈公世所仰，生平遇事惭婞婀。天命得为水官伯，志与黔黎蠲百苛。口咨心画图与说，奚啻一日三摩挲。北原南委躬相度，彳亍露藓穿烟莎。出坎要仗识途马，求泉能弃知风驼？市人野老得与语，立风裂袂泥没鞾。计定具情上请帑，虽善射必先修彍。诚至自古无不动，轮斫岂使持空柯？从官属吏悉才隽，被服绯碧垂青緺。分工尽段各有所，闻鸡孰寐能无吪。斯人闻风亦趋至，锄操栗柄箕缠萝。心齐力并势复得，如麾侲子各行傩。刬沙卷砾旦复暮，净尽肯使留么麽。就中三兴尤振奋，中恳恳外姿番番。读书识义岂曾有，家世衹各披农蓑。士人对之或愧色，自怜带博冠空峩。补残易旧伐万石，度量亦复掘臼窠。葫芦积患豁已启，盘龙患更消于俄。玉带众尾无不理，迢迢就下如

① 机与陀 当为“机与佗”，即张机（仲景）与华佗。

绅挖。东村遗叟年近百，来观霜髩何鬖髿。自谓后身永跼蹐，宁知缓死还婆娑。畦凉几婺拾秉穗，渚暖群孱收蚌螺。重公百斛来且往，重看如旧轻于梭。由来剥复乃常道，无人回斡当如何？持测巨海难以蠡，早年致雨宁白鹅。况若应龙梁欲抗，作柱乃是秋池荷。陈公彼者树殊绩，庚乎远应西迴戈。雪山万仞人到几，瞻从面起白瑳瑳。麾担率负登且顿，短衣竟日乘疲骡。归席未暖天宠至，孔翎赐戴封黄罗。此皆志至气亦至，移山原匪资夸娥。余四河且待冬举，蚕未毕茧羞化蛾。沈洒灾澹今纪德，粜粜穹碣工新磨。不知雄笔出谁手？作书倒薤卷身蝌。树之河壩告后世，千秋赑屃灵鳌驮。愿公旌节无别徙，视公赤芾黄发皤。摇豪自怪辞觍缕，人知身受情非阿。深惜不日担簦去，徒付邦人歌此歌。折而南至石鼻山东北，右纳棋盘山水。棋盘山水，源出昆明县西三十里棋盘山东南麓，东北流经三家村东，又北流至赤甲壁山北，即石鼻。折东流入草海。《徐霞客游记》。又南经碧鸡山东，又南历太华山东，折东南经罗汉峰东，折西南经大小鼓浪山、观音山东，又南经昆阳州北诸山，东至龙王庙滩为海口。

海口，在昆明县西南八十里、昆阳州东北二十里，外为老埂横塞，西有牛舌洲、牛舌滩，又西有龙王庙，洲在河心，龙王庙在其上。明巡抚应城陈金《海口记》：“滇池在云南会城之南，周回三百余里，诸山之水皆归焉。自南流而西折，历安宁、富民入金沙江，源广末狭，若倒流然，滇之名，所由始也。滨池之田无虑，数百万顷皆膏腴沃壤，亩入可六七石。顾下流地势颇高，加以两山沙石雨水冲入，众流之会日溢焉，故泛滥弥漫，而膏腴沃壤浸没十之八九，民甚苦之。弘治己未，巡抚李公若虚慨然有志疏浚，余时为左布政司使，承命偕按察使陈君敬、都指挥佥事孙君辅往视之，得其所以泛滥弥漫之故。归，白于公，而东作方兴其事，已后时无能为矣。庚申冬，余受巡抚，寄水患滋甚，军民恳其疏浚者日急。辛酉夏，乃会镇守刘公明远、总戎沐公镇之及藩臬诸君，相告曰：‘滇水为害久且大矣，御灾捍患非吾辈分外事。’佥曰：‘公忧思及此，地方之福，军民之幸也，其共图之。’遂伐木于山，采竹于林，取海簰于水，成铁具于冶，攻器物于肆，俱命官董之。按察副使曹君玉实督率而经理之。未几，曹又为抚夷之务所夺，爰会刘、沐二公，起借六卫军余，安宁、晋宁、昆阳三州，昆明、呈贡、归化、易门四县民夫二万有奇，各委官分领，而提督其事则按察司佥事范君平也。壬戌正月望，余偕刘、沐二公诣海口神祠，竭诚告祭。翌日，诣下流滩厂筑坝障水，自坝而下至青鱼滩凡若干里，以卫州县官夫画地分工，照界疏浚，以一丈五尺为则，不及数者，因地势也。青鱼滩至石梁河皆横石，乃相度地势于青鱼滩左、石梁河右，各新开一渠，广三尺许，水从此泄而横石不能为河流之碍。至黄泥滩、黄牛嘴、平定铺、白塔村等处，以及官庄上下栏水乱石，凡阻塞河流者，悉平治而尽去之。未几，范归视司篆，以副使毛公科代之。又于河之两岸，环筑旱坝十有五座，以栏樹两山水冲流壅塞河道之患。各设坝长一，坝夫十守之。军民夫匠，各给以粮，粮皆取诸屯仓及赎罪之数，无滥费也。三月十有六日，毛因工匠告完且军民布种者急于得水，移文于余，而障水之坝拆焉。水得就下，其声如雷，不数月，而池之水十已去其六七，不复昔之泛滥弥漫矣。地土尽出，而所谓膏腴沃壤者，不复昔之浸没矣。乃命云南知府张凤、指挥魏闰查勘，退出田地前后约百万有奇，将有主而入赋者给之，主与赋俱无者，查给附近军民与，主有而赋无者验数升科焉。通计赋之增者若干石。查滨海州县卫所递年虚赔之数而尽补之，苏军民之困也。患之消，利之兴，惠之及于人者，盖亦大且溥矣。藩臬长贰，李君召、王君弁，佥以事之首末，皆余所究心者，爰恪恭请余记之。或者问余曰：‘元赛典赤凿金汁渠，引松华水以灌滇池东西之田，至今滇人仰其利而庙祀之。公浚滇池之水，而田之出者，动以数百万计，较之赛典赤之功不大乎？’余曰：‘不然，赛典赤凿渠引水，滇人以享百世之利。余浚水出田，特今日事，但恐将来又复淤塞，水复泛滥，而田复浸没，则又不逮赛典赤者多矣。今余将有去志，后之继其事者，忧民之忧，利民之利，而加之意焉。见河流壅塞即督工浚之，见旱坝毁损即督工修之，俾两山沙石，终不入河，下流滔滔，终无阻碍，使泛滥弥漫者不复再见，而膏腴沃壤不复淹没。黄云霭于陇亩，嘉谷如茨如梁，则将为滇人子孙亿万载无穷之利，而余生平志愿足矣，夫复何言？’问者唯唯而退，遂并书而记之。”滇池当豹子山右，越埂凌洲，西出为海口大河。明修撰新都杨慎《海口》：“万古昆池水，西南天地间。漫夸吞梦泽，曾笑涸梁山。鸿隙行当复，龙宫徙亦艰。千村废耕耜，不见海童还。”嵩明知州乌程严遂成《海口谣纪徐观察典郡浚海口》：“海腹彭亨海口凸，亘起滩洲两牛舌。鸡心螺壳衔尾来，箐流夹岸腰横截。龙乃徘徊无所之，取民之田为窟宅。太守绳量以圭测，掬去粗沙伐巨石。数钱论斗如其直，深三四尺宽八尺。水由中行夺门出，龙亦忏悔归于佛。痏生荣卫盗入室，内祓除之道用逸。高公鄂公前事师，太守只承神禹术。”经海门村南，又西经茶埠北、海口村南，北纳小渡沟、珥琮箐诸水，南纳尖山箐、瓦泥箐、罗武箐、天自箐、云龙箐诸水。又西，川渐狭，又西经柴厂南，折西北十数里，经平定哨东，又北折东流，又折北经九子母山东，又折西流，经九子母山北过石龙坝，又折北流过青鱼塘，又北折西流为武趣河，又折而南经武趣村西，又折西流，折西北至通仙桥北，左会鸣矣河水，为螳螂川。参《徐霞客游记》《六河图说》《宁州志》。督学孙人龙《堂川记》："堂川故多胜景，独怪以名著者仅温泉也。按：安宁州系汉连然县，既以地处天末，四方贤士大夫罕有驱车过之者，虽有灵区奥迹，莫或探索而表彰之。且乡之人耳目浅陋，第见泉出崖穴，清洁香温，澄澈至底，俯视砂石，咸深碧如玉。明修撰杨用修题为'天下第一汤'，遂谓胜景甲南荒，惟此泉尔。岁丁巳上元后二日，余往迤西，自会城行七十里，方抵其地。虽时已昏黄，特从夜色朦胧中恍睹，夫烟峦耸峙，林木蔽亏，复闻水声潺湲，有作咿哑声相答应者。是晚，憩云涛寺。寺负山面水，庭宇修广，山茶两株，花盛开，色纯赤，枝下垂，偕友人借榻于客堂，亦一胜境也。诘朝由寺门而南，岩洞八九，如云窝、巨灵擘、七窍通天及醉醒梦诸石，惜其名不甚雅，然皆嵌空玲珑，为世所不经见。前临堂川，川中设水车，车翻水如瀑，与溪流瀌瀌属和不绝。又其上有惠风亭，与引胜山房诸处都层台曲榭，参差掩映于其间，盖所可供人游眺以怡情者，洵目不周赏，而惜乎仅以温泉名也。先是，徐观察敬斋曾镌'堂川仙境'四字于石壁，而余于憩览之余，更为记其概。呜呼！彼世有穷乡僻壤，未经贤达之品题，往往抱其奇以终古，而名湮没不传者，乌可胜道哉！"明修撰新都杨慎《堂川独泛》："柳市村村接，松灯点点明。家家倾蚁酒，夜夜脍鱼羹。"鸣矣河，源出安宁州南一百二十里龙洞，北流九十余里至双村，右会望洋河水。望洋河，源出安宁州南四十里白鹤山，东北流至双村，折西流入鸣矣河。又北流至施家庄，左纳利资河水。利资河，源出旧三泊县南，南流，折东北至施家庄，入鸣矣河。折东北流十五里至通仙桥，北入螳螂川。《安宁州志》。附近鸣矣河，有大龙潭，有小龙潭，有莲花龙潭。大龙潭，在安宁州南八十里。小龙潭，在安宁州南六十里。莲花龙潭，在安宁州南七十里董家营、贺家营。并《安宁州志》。

螳螂川折东北流至天津桥南，右纳沙河水。沙河，源出富民县南清水关，西南流绕昆明县西三十里棋盘山西南麓，西流经进耳山西，又南流经龙马山东，又南流经团山东，又南流过天津桥南，西入螳螂川。参《安宁州志》《徐霞客游记》。螳螂川又北，右纳迎恩桥水。迎恩桥水，源出棋盘山西南，南流经龙马山西麓，又南流经岱晟山东麓，又南流至迎恩桥南，西入螳螂川。参《安宁州志》《徐霞客游记》。又北，川中有石淙，杨一清故里在其上。明大学士长沙李东阳《石淙赋》："邃庵杨先生应宁，先世在云南，其地曰石淙。及游寓巴陵，卜筑京口，皆以名其所居。其人而仕于朝，出而官于外，撰述题识，亦以空名系之文字之间，示不忘也。余尝泛太湖，渡长江，山川情状，概于心目，虽未获观所谓石淙者，爰其名，悉其所怀，为述短赋，至于体物叙事，兼比兴之义，固不敢拟古作者，然同心之言，同应之声，君子或有取焉，其亦先生之意也哉！其辞曰：'耸山谷兮峥嵘，中潺湲兮水声。初溅涓以汩潏，忽澎湃兮砰訇。或在远以疑近，恒自昏而彻明。感天机于一触，众籁为之不鸣。信江南之绝境，乃物类之至精。彼瀑布兮可拟，曷蹄涔之足称？爰有三南居士，披象引义，取石淙以为名。'客从湖南而过者曰：'此非洞庭之波乎？碧波千顷，青山一螺，揖灵秀于衡岳，激清风于汨罗。昔子之既丱既弁，来游来歌，兴怀于淇水之邱，寄迹于北山之阿。揆风景于毫芒，繄孰少而孰多？'居士不答，如兹石淙何。又有自滇南而来者曰：'此非昆明之漪乎？平地仰喷，从天下垂，建长江而直泻，指瀚海以同归。昔子之乃祖乃父，生斯聚斯，倏星移而物改，方挹彼而注兹。讶山川之不可复识，抑畴是而畴非？'居士乃怃然而叹曰：'嘻，有是哉！吾固知石之为石，淙之为淙也。吾方手拊镗鞳，耳闻春撞，应噫气于大块，引希音于清商。挟凉飙以助爽，与皓魄而争光，达大观于物外，谅至美于南双。盖将濯缨乎万里之流，振袂乎千仞之冈。若乃东山在吴，以象旧邦；东坡在黄，遂名四方。彼二东者之伟绩，岂三南之敢望？且夫石者，吾知其为坚；淙者，吾知其为激。匪徒观物以适怀，抑亦将身而比德。盖将砺我粗钝，蠲我宿癖，涤尘垢于七情，漱芳华于六籍。嗟人生之有涯，见道体之无息。彼群分兮类聚，何物非兮太极。殆不知石之为淙，淙之为石也。'于是二客乃携酒与琴，游于淙上。班荆杂坐，林歌迭唱，北南俱失，主宾皆忘。慨聚散之殊途，顾行藏之异尚。三人者各适其适，渺不知其所乡。"明大学士费宏《石淙辞》："滇之崖，白石齿齿；滇之水，其流弥弥。汹素波兮东趋，屹苍崖兮中峙。势喷薄兮春撞，轰雷霆兮震耳。忽山尽兮川平，见薪阜兮演迤。江有蓠兮汀有芷，缨吾濯兮无尘，心吾澄兮如洗。写溪声以朱弦，继高深之取志。彼美人兮出于其间，实钟奇而秀异。渊有龙兮则灵，鹏处海兮则扬。赋拟兮远游，桂棹兮兰枻。眺君山而泛洞庭，登焦山而乱扬子。听广乐之希声，尝中泠之至味。伟达人之大观，陋世俗之拘系。观水兮于澜，在川兮叹逝。盖圣哲之所存，故斯道之全体。惟动静之相须，必兼资乎仁智，因所遇而便生。悟为文之妙理，发绪余于笔端，亦雄深而巨丽。煅五色以补天，叆肤云而济世，乃举世之所期，翳美人之能事。著精光于浸润，去角圭于磨砺，愿揽结兮相从，望经庐兮伊迩。"又北经龙山圣泉东、岱晟山温泉西，又北七十里，经富民县西南，折东流经富民县东南，右纳彝札郎水。彝札郎水，一名大营河，源出昆明县西北八十里梁王山，西行牧养村隔山，西南流数十里至沙朗东，左会清水塘水。清水塘水，源出昆明县北四十里清水塘，北流至沙朗东，会牧养隔山水。折西南流经天生桥伏流西出，左会陡坡水。陡坡水，源出昆明县西北三十五里三华山北牛圈哨，西流折北流数十里至天生桥，西北入沙朗水。又西流经头村、二村、三村，又西经阿夷冲南，折西北流，左纳洞溪水。洞溪水，源出富民县东南黄土坡南山中，北流过洞口山至易竜村北，入阿夷冲河。折西流至彝郎闸北，西入螳螂川。参《徐霞客游记》《富民县志》。又折北流经富民县东，又东北至富民县东北，左纳清水河水。清水河，源出罗次县东南十里分水岭，东流经富民县西北，又东至富民县北八里，入螳螂川。参《罗次县志》《富民县志》。螳螂川又北至武定州界上，左纳农纳水。农纳水，源出富民县西北二十里白云荡山西南，北流经山西，又北流折东北至者坊关北，左纳西来一溪水，又左纳西北一溪水，东北流入螳螂川。参《徐霞客游记》《云南府志》《富民县志》。又北流入武定境，为普渡河，北入金沙江。

嘉利泽，在嵩明州南十五里，一名杨林海子，周百余里，众水交会。源出寻甸州西南六十里果马山，泉流为果马溪，南流为龙巨河，一曰龙济溪，东南流，左纳花箐哨水。花箐哨水，源出寻甸州南二十里花箐哨山中，西南流入果马溪。《徐霞客游记》。又南，左纳间易屯水。间易屯水，源出寻甸州南间易屯山中，西流经间易屯南，又西入果马溪。《徐霞客游记》。又东南至嵩明州城北，右纳福祐河水。福祐河，源出嵩明州北十五里梁王山白草龙潭，东南流至常汪冲，两水交合，东至嵩明州北丹凤桥，东流入龙济河。《嵩明州续志》。又东南至城东罗锦村，左纳罗锦溪水。罗锦溪，源出嵩明州东北十五里罗锦山凤岭下，西南流入龙济河。旧《云南通志》。又南经王四坝南，汇为嘉利泽。侍郎瀓江赵士麟《杨林湖》："白雁青凫掠小桥，杨林湖畔见轻舠。虽非丙穴鱼偏美，急取青蚨佐火烧。"嘉利泽自龙巨河口东南纳杨梅河水。杨梅河，源出嵩明州东十里马厂，流灌日足、效古二里田至汪官村，入嘉利泽。《嵩明州续志》。又东，左纳宽郎河水。宽郎河，源出寻甸州之三岔，西流至吉矣龙，分为二，东流效古里，西流日足里，灌各处田，各入嘉利泽。《嵩明州续志》。又东南为河口。嘉利泽自龙巨河口西至白马庙南，右纳弥良河水。弥良河，源出嵩明州北二十里梁王山东，弥雄山南麓，南流经金鸡山、白马庙，又南经万里桥南，入嘉利泽，参《徐霞客游记》《嵩明州续志》。又西南，右纳天生桥河水。天生桥河，源出嵩明州西北三十里梁王山东南，东南流至黑倚牌伏流入山，至覆苓洞复出，东流过天生桥东，入嘉利泽。《嵩明州续志》。又西南，右纳对龙河水。对龙河，源出嵩明州西三十里梁王山分水岭，两泉对出百余步，合流东南入嘉利泽。《嵩明州续志》。又南，右纳遥岔河水。遥岔河，源出岘峋山东，东流至河尾，入嘉利泽，一名老贯河，一名西冲河。《嵩明州续志》。又南，右纳玉龙河水。玉龙河，一名杨林河，源出嵩明州西南三十五里岘峋山一朵云下，东南流经棂口村，又东南经渣子沟，又东南过天生桥，南流经南冲村为南冲河，分流为三，流二十五里至河尾，入嘉利泽。《嵩明州续志》。折东南经宜良县北，右纳邑市屯河水。邑市屯河，源出宜良县北山中，北流入嘉利泽。《嵩明州续志》。折东北至杨高桥为河口，东流经秀嵩山南，又东折北流为阿交合溪，北流入寻甸境为车洪江。又东北至东川西，入金沙江。

大池江，即八达河，亦名铁池河，为南盘江上流。源自霑益州花山，流至陆凉州西流入境，经宜良县东北，右纳大城江水。大城江，源出旧阳宗县北一里明湖，北流为汤池渠。明藤县知县杭州平显《汤池渠记》："汤池渠肇始于洪武之丙子，时西平惠襄侯沐公在镇，以云南师旅之众，仰给饷馈，因备攻守用，广开屯田为悠久计。宜良在滇东南，当陆凉、路南喉襟，既置兵守，必谋其食。公相度原野，旧有沟塍，广不盈尺，注流弗远，汤水在旁，人不知用，底平膴膴，弃为荒隙，不尽地产。是年冬，发卒万五千，荷畚锸，董以云南都指挥同知王俊，因山障堤，凿石刊木，别疏大渠，道泄于铁池之窾而洑，其袤三十六里，阔丈有二尺，深称之。逾月功竣，引流分灌，得腴田若干顷，春种秋获，实颖实栗，岁获其饶，军民赖之。越二年，公薨。壬午夏，既芒种，雨不时降，人方为忧，独宜良水利不竭，首毕农事。将校黎老益追慕公德，咸愿镌石以纪颂于不朽，丐铭于平显。铭曰：'汤池之渠，宜良之利。人食以生，维公所施。我公伊谁？黔宁冢嗣。善继厥志，奚啻一事。渠流沄沄，浸彼田穲。勿罹勿勚，冬有敛穧。公虽云逝，我思无替。穹石斯砺，宪于万世。'" 又东北经汤池东，又东北经靖安哨北，为大城江。折东南流分为二流：其北支东北流，左会大赤江水，大赤江，源出杨林花鱼潭，东南流入大城江。东南流入大池江；其南支东南流，右纳溭桥河水，溭桥河，源出宜良县西土潦冲，会九龙池水。九龙池，源出宜良县西岩泉寺后，东流合溭桥河。既会东流，东折入大池江。折东流，右纳白沙河水。白沙河，源出宜良县西七里黄保村白龙潭，东北流入大池江。东流，又分为二：其北流东至龙王庙北，东入大池江；其南流东经城北，折南流经城东至城东南，又分为二，东一支东至陈所渡西，东入大池江；南一支南至狗街子北，南入大池江。《宜良县志》。大池江自龙王庙东纳大城江流折东南，左纳三台山水。三台山水，源出宜良县东十里三台山西麓，西流入大池江。《宜良县志图》。又折西南流经陈所渡，又西南经狗街子北，两纳大城江南分水，又西南左纳黑泥河水。黑泥河，源出宜良县南四十里竹子山，西北流入大池江。《宜良县志》。又西南经红石崖，西南入路南州界。

右云南府诸水。

卷十四　地理志三之四　山川四

大理府

大理府之水，潞江、澜沧、金沙三大江皆流其境，境内之水各归于是，而漾备江与澜沧分合处皆非境内，在大理境固自独去独来，且容纳洱海，巨浸亦经流也，统为四支，而礼社江东源由府境出焉。

其最西者曰潞江，自表村西南流入境，经三崇山西，又南至永昌府大塘隘，东南入保山境，为上江。

次东者曰澜沧江，自表村北入境，右纳表村河水。表村河，源自云龙旧州西北山中，东南流至表村北，东入澜沧江。参《古今图书集成》、齐召南《水道提纲》。又南经表村东，右纳西溪水。又南，右纳松牧溪水。松牧溪，源出云龙旧州西北山中，东流入澜沧江。又南，左纳云龙州西北水。云龙州西北水，源出云龙旧州西北山中，西南流入澜沧江。又南，右纳崇山溪水。崇山溪水，源出云龙旧州南三崇山，东流入澜沧江。参《古今图书集成》《图经》《大理府志》。又南至云龙州南境，右纳一小溪水，左纳沘江水，南入保山、永平两县界。明大理知府黄岩蔡牾科《兰沧江》："天堑激波涛，山脚石尽啮。汹汹两峡中，佛头印清澈。云霞粲碧落，蛟鼍盘窟穴。欹崖盛花草，倒浸悉罗列。野鸟集渔梁，急湍溅寒雪。地逼昼常阴，峰危罅欲裂。溯洄念伊人，搴裳那可涉。然犀待夜静，荒怪倏明灭。"沘江，源出丽江县西南山中，曰弩弓河，合两涧东南流，至白地坪西百余里，又东，左纳小盐井水。小盐井水，源出云龙州北界小盐井山中，南流合东一溪，西流入沘江。折西南流，右纳二溪，又左纳一溪水，又南流，右纳西溪水，又南经顺荡井西，折东南流，左纳东北溪，又东南，右纳西溪水，又东南，左纳大朗河水，大朗河，源出剑川州西一百二十里盐路山，西南流百余里，西南入沘江。右纳一溪水。又南流，左纳东北溪水，又南经大波浪村西，又南，左纳东北二溪合流水。折西流，右纳西北二溪合流水，又西南，折东南流经诺邓井西，又南，左受东北二水，又南流，经云龙州旧城，左纳小雒马河水。小雒马河，源出云龙州东十八寨，西南流入沘江。又南流，受东北二水至乾海子西，折西南流，入澜沧江。此水源流五百里，参齐召南《水道提纲》《大理府志》。

次东曰漾备江，亦曰白石江。白石江自弥沙井南入境，右纳水二，左纳水一。又南经炼铁街西，右纳一水，折东南流经浪穹县西北境，右纳西南一水为上江嘴，曰黑惠江。又南经邓川州西境，曰下江嘴。又南经太和县西北境，又南稍西至漾备街西，始曰漾备江，右纳横岭铺水。参齐召南《水道提纲》《大理府志》。横岭铺水，源出永平县东一百二十里横岭铺，东流至漾备街，入漾备江。《徐霞客游记》。又南经金牛屯南，过亨水桥，左纳点苍西山水。点苍西山水，源出太和县西五十里点苍山背笔架峰下，西流出石门，会诸山水，西南流入漾备江。《徐霞客游记》。又南至合江铺南，左会西洱河水。西洱河，源出鹤庆州西南五十里黑泥哨山中，西南流会诸山水，西南经观音山西，曰观音河，亦曰梅茨河。又南经三营西，又南，左纳九龙池水。九龙池，源出佛光寨山西麓，西流入大营河。又南为大营河，出洞鼻至浪穹县东北，右纳洱源海子水。洱源海子，在浪穹县东北十五里罢谷山下，三面环山，水从海底涌出，南为茈碧湖。明杨慎《观宁湖跃珠》："手挈青丝白玉壶，青山游遍属狂夫。灵峰树绕云千壁，此谷花深雪满湖。龙女镜中梳石发，鲛人波面掷明珠。挥毫却忆十年事，醉扫烟绡看水图。"湖中有九炁台。明浪穹李言恭《九炁台》："茈湖碧且寒，湖心变为燠。九炁郁氤氲，蒸云捧朝旭。窃比华清池，疑有火龙伏。身垢人求湔，行污谁思沐。濯濯德芳馨，皭然以内瞩。"又南流，会罗凤溪水为宁河。罗凤溪，源出城北八里凝雪山下，东南流入宁湖。而大营河已于红山口会，又南合凤羽河水为三江口。凤羽河，亦曰闷江，源出浪穹县西南四十里清源洞，北流，纳凤羽乡舍上盘各处水，左纳铁甲场水，曰闷江，东北流至天马山，北折东流入宁河。铁甲场水，源出铁甲场山中，东流至闷江哨，会凤羽河。三源既会南出，经巡检司东至炼城南，入蒲陀崆，行六里南出，为弥苴佉江。明提学莆田方沆《过蒲陀崆观洱河源》："寻源问黑水，百折此山限。鸟道孤峰转，阴崖一线开。奔涛疑聚雪，触石忽喧雷。为别东流性，南溟去不回。"经中流所，又南经德源城北，折东流至德源山，东折南流经邓川州东，又南至上关，左纳罗时江水。罗时江，源出邓川州北八里钟山石穴中，东出为绿玉池，南流为罗时江，右纳溪始水。溪始水，源出溪始山顶，东坠为溪来会。又南流潴为西湖，南出经德源山西、卧牛山东，又南流经邓川州城东南至上关，入西洱河。知县浪穹尹任《罗时江记》："罗时者，人名，亦江名，以人名名江也。曷为以人名名江？江兴于人，有功而无名，名之以开江之人，见江如见人也。邓川城北有钟山，钟山之下有水焉，汇而为池，周二三里，山高而迎阳，地气暖而草木不枯，池吞其影于腹，而著其光于面，如凝碧然，故名之曰绿玉池。绿玉池，佳景也，溢而为湖，周十余里。柳环其表，荷植其里，渔人之家，错杂于依依灼灼之间，名为西湖。或曰其东有堤，为往来大道，湖在道西，故曰西湖；或曰湖虽小，与在钱塘者仿佛，故取其名，以名之西湖，亦佳境也。邓川虽僻壤，然文人韵士之官于斯者、生于斯者、流寓经过于斯者，苟发游观之兴，必池与湖焉，是诚集①一州行乐之地哉！独是池也，湖也，以钟山为滥觞，而无尾闾之泄，田于其滨者，既苦沮洳而不可耕，每秋雨时，行则自出钟山者，仅涓涓而积之，池与湖者，已浩浩波及，四境顿成泽国。于是文人韵士之所乐，农夫野老则以为忧矣。罗时者，农夫野老中之一人也，当佳景游观之时，彼未尝与而乃慨然于泽国之中，以泄水为任，掘己田以行水，捐己金以募役，田之亩以百计，金之两以千计，鸠数万人之手，开十余里之渠。池与湖所不能容之水，咸由以泄于兆邑，与弥苴佉江同注于洱河，而池与湖之水仍如故，水滨之田不涸不潦，乃可耕焉。州之人德其化泽国为沃壤也，遂以其名名所开之渠，此罗时所以由人名而为江名也。夫罗时特一亩之夫耳，无治民之权，无赈灾之责，其财又有限也，惟量其力之所能以为之。而此江一日长流，即其功一日不泯，以视夫禹门禹穴之称，虽有大小之殊，其为不朽之名一也。世之握大柄，拥厚赀，坐视沈溺而不恤者，卒与草木同腐。闻罗时之风，可以兴矣。或曰江之成，非独时也，其弟凤与有力焉。

① 诚集　原本作"集诚"，依文意改。

然则凤之名，为兄所掩，不可以不表也，故并著之。”宁国知县邓川高上桂《西湖篇》：“西湖六月如秋凉，澄泓十里迷烟光。漠漠水田笼芳草，隐隐渔村护垂杨。垂杨芳草绿波涨，瓜园苋圃逐空浪。茅舍参差列镜中，舟子浮沈坐天上。天水相涵澹相宜，满目清涟沁心脾。千叠铺来素绉谷，一篙撑入碧琉璃。琉璃撑开日散彩，画舫中流故自在。箫鼓喧吹鸳鸯鸣，棹歌互发声欸乃。歌扇轻摇浪花飞，渔人网集初合围。座有赤壁匏罇酒，鲈得松江细鳞肥。主人美酒百壶酌，紫蓼红菱当筵落。移船别浦更临深，水底沉云难测度。云沈水涌生莓苔，突如鳌背戴地来。不见葑田成泛梗，那知昆池有劫灰。劫灰横积沟中断，争取粪田并代爨。野人薪米尽在湖，何止游客供赏玩。游客兴豪东复西，轻舠绕屋还穿畦。曲港有门舟作路，断桥无岸柳为堤。一湖未断一湖续，三潭翠色浓可掬。西浸罗峰洗黄旗，北合钟水吞绿玉。绿水黄旗净无尘，荷衣荇带凝妆新。涓涓一幅佳丽画，眉目分明西子神。此日风光荡晴昊，此时佳趣满怀抱。渔人已带夕阳归，纵苇还贪暮山好。暮山疏雨过翠屏，夕阳残照落凫汀。舟边石壁泛滚滚，岩上烟花杳冥冥。须臾湖心吐明月，龙宫鲛室俱照彻。解佩汉女疑有无，鼓瑟湘灵似起灭。月转斗横夜将分，林火明灭犬闻声。迴棹直投人处宿，喜有书斋伴鹅群。我遂因之梦西浙，武林高峰泻寒冽。孤山梅鹤自潇洒，六桥花柳真快绝。恍惝更似到颍州，玻璃面面风嗖嗖。了却东坡一郡事，换取庐陵十顷秋。醒来乍觉桃源误，片时枕席迷去住。起看风景又宛然，惆怅湖山抚湖树。君不见，少年车马走间关，华发萧萧老尘颜。孤负水光与山色，未得消受半日闲。我来湖上清如此，控鹤盟鸥从今始。风月四时为知己，横笛一声满绿水。”**右会闷地江水**。闷地江，源出邓川州东北焦石洞下，沿东山南流经龙王庙前，汇为东湖，又南流至上关，入洱海。**汇为洱海，北自邓川州东南，南至赵州西北，长百三十里，阔三四十里，形如月生五日，首尾抱点苍，云弄、斜阳二峰中虚其腹，纳十八溪之水**。十八溪，并西出点苍山，详见前。**海东纳东山一水**，出海东诸山中。**东南纳波罗江水**。波罗江，一名大江，源出赵州南四十里定西岭，北流至州南，折东流绕赤佛山东北，经州治东，会玉阆泉、乌龙双塘、东普湖诸水，北流入洱海。**西南流出，经下关，东南流过天生桥，折西而西北绕苍山后五十里，至合江铺西北，入漾备江**。参《徐霞客游记》《水道提纲》、大理府各州县志。明李元阳《西洱海志》：“叶榆水，一名西洱河，出浪穹县罢谷山下，数处涌起如珠树，世传黑水伏流别派也。自太和县西北来汇于县东为巨浸，形如月生五日，绕县西南，由石穴中出，盘回点苍山后，是为濞水与漾水合，又会澜沧江，而入南海。澜沧，即黑水也，《水经》曰罢谷山，洱水出焉。又曰益州，叶榆河出其县北界。注曰县故滇叶榆之国也。县西北有鸟吊山，每岁八九月，众鸟千百为群，集于山下，鸣呼啁唽，俗言凤皇死于此山，故众鸟来吊。今在点苍山之西北，吊鸟群集如期，益信《水经》之不诬也。左思《蜀都赋》曰诸葛亮之平南中也，战于是水之南，即此水也。水有三岛，一在青巅山之南，二在罗筌山之南，南岛上有石刻朱字，文如古篆，父老曰世传是大士观音买地券，今莫辨也。《通纪》曰邪龙既为大士所除，其种类尚潜于东山海窟，恶风白浪，时覆舟航，有神僧就东崖创罗筌寺厌之，诵经其中。一夜忽闻大震动声，僧喝之，见百十童子造曰：师在此坏我屋宅，吾属不安，请师别迁。僧厉声曰：是法住法位，有何不可？遂失童子所在。明日，寺下漂死蟒百余，自是安流以济，僧随迁化。榆水西北岸，各有水神祠神，状牛首人身，或虎头鸡喙，皆大石自地涌出，实非人工也。《山海经》曰西荒之山有神，兽面人身，其说盖与此合。东岸有分水崖，俨如斧划，渔人谓自崖下分水为两界，南为河，北为海，咸淡不类，河鱼不入海，海鱼不入河，鱼游至此则返，鱼族颇多，视他水所出较美，冬鲫甲于诸郡。魏武帝《四时食制》曰滇池鲫鱼，至冬极美。盖谓池之在滇者，美鲫也。海首有石穴，八九月产油鱼，人谓水咸故肥。河尾产细鳞鱼，皆鱼族之至美。而河海咸淡亦颇征焉，八月望夜，河海正中有珊瑚树出水面，渔人往往见之，世传海龙献宝。《内典》云珊瑚撑月，此世外事，不可以臆见度其有无也。冬月海风，水面起火高数丈，莫知其故。《易象》曰泽中有火，《海赋》云阴火潜然，岂其事欤？水中有三岛，曰金梭，曰赤文，曰玉几；水涯有四洲，曰青沙鼻，曰大贯淜，曰鸳鸯，曰马帘；九曲，曰莲花，曰大鹳，曰蟠虮，曰凤翼，曰萝莳，曰牛角，曰波坪，曰高崑，曰大场①，皆可田可庐，而大鹳洲则随水升沈，如世称鹦鹉洲然。水东石壁上刻曰‘此水可当兵十万，昔人空有客三千’，不知昉于何时，出何人手？其诸禽鲤鳞介莼茭蠡蛤之产，民生之资，榆水之于西服为利溥哉！”茶陵知州邓川高上桂《黑水考论》：“邓川瀰苴佉江，南汇为叶榆泽，昔人谓其水之黑似榆叶渍成，指为入南海之黑水，其说固非。而李元阳、张机、阚祯兆俱有《黑水考》，《滇志》信张、阚而疑李氏之说，窃以为不然，如张机《南金沙考》云云南金沙江，发源崑崙山北西吐蕃地，即《夏书》所导黑水也。又引周文安《辨疑录》云肃州西北有黑水，东流遐远，莫穷所之，是其源自雍州之西，流入梁州之西南。又引《云南志》云南金沙江出西蕃，流至缅甸，迳趋南海。得非黑水出张掖，流入南海者乎？又云：相传南金沙江源近大

① 曰大场　原本无，九缺一，据康熙《大理府志》补。

宛国，自里麻、茶山极北，不闻有所往，惟自其经流入海。可见者言之云：按《禹贡锥指》肃州西北十五里，有黑水自沙漠中南流，经黑山下，合白水、红水至西宁卫，入临羌仙海，未尝入南海也。大宛国在葱岭之西八千里许，两相悬绝，阻隔不通，其东南有葱岭河一枝入西海，不闻有自雍州之西流入南海者，则所谓南金沙江发源崑崙西北吐蕃地，特臆度之词。上源既昧，但自其下流可见者言之可乎？乃阚氏主张氏之说，亦以南金沙江为自雍州入南海之黑水，且称出雍州汾关山。汾关山，在崑崙北，上流已阔云。考《汉书·地理志》犍为郡南广县汾关山符黑水所出南广，即四川之南溪县。《水经》所谓符黑水出宁州南广郡，导源汾关山。蔡《传》之所首引者，此阚氏何以指为南金沙江之上源耶？又以《水经注》榆水东经漏江县，伏流山下之漏江为潞江，以缅甸江头城江中之岚凹塔山为三危，皆属附会。而蔡《传》谓积石西倾，岷山冈脊以东之水入河汉岷江，阚氏引之，削去岷江，止云冈脊以东之水入河汉，亦语焉不详。李氏以兰沧江为界，梁州之黑水，指江内汉人、江外彝人，为说固不尽允要，其论滇蜀陇三省之形及入南海之黑水，则未可厚非。昔人谓蕃名山川，皆以形色，西南彝地，水色多黑，故悉蒙黑名。滇境入南海之黑水，莫多于澜、潞二江。澜沧江有二源，一源于喀木之噶尔机杂噶尔山，名杂楮河；一源于喀木之济鲁肯他扯，名敖母楮河。二水会于叉木庙之南，名拉克楮河，流入云南境，为澜沧江。潞江之水，自达赖喇嘛东北哈拉脑儿流出，名哈拉乌苏，东南入喀木界，又东南流入怒夷界，为怒江，入云南大塘隘，名潞江。二流之源，去河源不甚远，其流亦经滇境之中，此即《禹贡》梁州导入南海之黑水也。此外如槟榔江，即张氏所称南金沙江，其源发自阿里斯之冈底斯东打母朱喀巴珀山，译言马口也，有泉流出，为牙母藏布江，从南折东流经为藏地，过日噶公遥儿城旁，合噶儿诺母伦江之南流工布部落地，绕云南边境外为槟榔江，又名金沙江，出铁壁关，入缅国者是。而冈底斯之南，山名即干喀巴珀，译言象口，有泉流出；冈底斯之北，山名生格喀巴珀，译言狮子口，有泉流出；冈底斯之西，山名玛珀家喀巴珀，译言孔雀口，有泉流出。三水东南会流厄纳忒克国，为冈噶母伦江，即《佛书》所谓恒河也。冈底斯有二湖接连，相传为西王母瑶池，即阿耨达池也。《佛书》四大水出于阿耨达山，下有阿耨达池，即冈底斯，是唐古特称冈底斯者，犹言众山水之根也。然则张氏所称南金沙江者，乃《佛书》四大水之一，其源荒远，其流亦在滇境之外，禹迹所不至，实不可指为梁州之黑水，其可牵合雍州之黑水乎？张氏不识南金沙江之源，无怪指为自雍入梁之黑水也。盖雍州之黑水与梁州之黑水，两不相涉，久奉钦定，彼疑为越河伏流，又疑为堙涸者，皆执自雍之西界入梁州之西南之文，以求之宜乎？其扞格也。《滇志》信张而疑李，用敢附辨？”又《瀰苴佉江汇西洱河附水经注叶榆水辨》：“邓川水之大者，曰瀰苴佉江，源发浪穹罢谷山，为宁湖，中产茈碧花，又曰茈碧湖，南流至蒲陀崆，大营、凤羽二河注之，为三江口，经邓川六十里，为瀰苴佉江，南汇太和叶榆泽，又名西洱河水，《经》云叶榆泽出其县北界是也。又西南迳龙尾关，屈从西北流，与漾濞水合，《水经》云屈从县东北流，东北应是西北传写之误。又东南迳蒙化为碧溪江，又迳顺宁为黑惠江，又西南入澜沧江，又东南出云南界，过交趾，入南海。《水经》云过不韦县东南出益州界，又过交趾麋泠县北，又东入海是也。此其源流昭晰，证之《水经》，固不诬也，乃郦氏注《叶榆水篇》，因经文屈从东北流，东字之误，不加详察，遂谓不韦县北去叶榆六百里，榆水不经其县，自不韦北注者卢仓耳。榆水自县南迳遂久县东，与淬水合，又东注填泽于连然，又自泽东北流滇池县南，又东经漏江县，伏流山下出蝮口谓之漏江，东合盘水云。按：不韦县，汉永昌郡地。卢沧，即澜沧。迳不韦县东界，榆水注澜沧，故《经》云过不韦县也。遂久县，在宾川州东北，淬水下流，为若水，即金沙江，如《郦注》所云是榆水，迳宾川州东北，与金沙江合也。连然，即今安宁州。填池，即滇池。如郦《注》所云是榆水，又迳安宁入滇池也。不均误耶！且滇池屈从县西北流，由安宁、富民、武定入金沙江，水似倒流，故谓之滇，实未尝与榆水流其县南，东迳漏江县，伏流山下为漏江，复合盘水也。郦《注》已误，而德清胡氏著《禹贡锥指》乃更沿之，所绘黑水图，竟以漾濞水一枝注为叶榆泽，复分枝流，北注淬水，东合若水，其经流则又东南迳滇池，与郦《注》相符合，《锥指》于蔡《传》痛加掊击，几令身无完肤，何为论榆水又若是耶？《西山经》曰罢父之山，洱水出焉，西流注于洛，其中多茈碧。罢父即罢谷，洱水即榆水，洛即澜沧，谓其脉络分明也。水道与《水经》合，洱水出浪穹，迳邓川，源近而流狭。大昌程氏指为《禹贡》之黑水，蔡《传》引之者非，而郦氏之注、胡氏之图亦未为是也。或谓罢谷水即澜沧之伏流，黄涵斋云山阴为剑川江，即云伏流，亦是剑水，但剑川水色凡品耳，独此水光怪无底，非有神物托之，乌能致此，是又足以破寻常之臆说，而识瀰江、榆水之真源矣。”元都元帅述律杰《西洱河》：“洱水何雄壮，源流自邓川。两关龙首尾，九曲势蜿蜒。大理城池固，金汤铁石坚。四洲从古号，三岛至今传。罗阁凭巇崄，蒙人恃极边。要当兵十万，不数客三千。世祖亲征日，初还一统天。雨师清瘴疠，风伯扫氛烟。民物因蕃富，封疆近百年。点苍山色好，铭刻尚依然。”明提学莆田方沆《龙尾关天生桥》：“苍岭青未了，寒烟野戍平。危梁通地脉，削壁类天成。霜色孤鸿暝，涛声万马行。昔年曾割据，形胜控榆城。”漾濞江已会西洱河水，西南流入永平县、蒙化厅界。

其最东者曰金沙江，自枯木河口折东行入境，至荅旦北，右纳荅旦河水。左纳三道河，详见永北厅。苔旦河，一曰六溪河，其源有六：曰钟良溪，源出宾川州东南四十里云南县北三十里、梁王山东北麓荞甸，会回龙山双箐龙泉、观音箐龙泉、李节村龙泉、雄鲁摩龙泉、罗五阻龙泉，北流至钟英谷，会谷中青龙湫水，西流合帽山北麓水，西北为六溪河东源；曰银溪，源出宾川州西三十里官坡白山涧中，奔放而行，其地多石，水势冲激甚驶；曰石宝溪，源出宾川州西一百里炎凉岭；曰寒玉溪，源出宾川州西北百里鲁摆山，为上沧湖，东为下沧湖，又东为观音箐，东流经崆峒山下；曰通洱溪，洱水伏流出宾川州西五里宾居大王庙下；曰赤龙溪，源出宾居三家村黑树龙潭。五溪并东流，会为六溪河西源。至宾川州西南，两源会为纳六河，北流经大罗城西，又经干果村，寒玉溪至此会。又北至金牛街东、蔡官营西北，左纳丰乐溪水。丰乐溪，源出宾川州西四十里鸡足山西南盒子孔，东北流，合鸡足山瀑布、龙潭二水，东流经炼洞村，又东经金牛溢井，又东至金牛街，东流入纳六河。又北流至片角西，右纳竹泉水，又北，左纳横溪水，经苔旦东北，入金沙江。参《徐霞客游记》《大理府志》《云南县志》。金沙江又东，右纳一泡江水。一泡江，源出云南县北二十五里梁王山下，石穴中涌出，合蚂蝗箐、三眼井、五福山诸水，南流至九鼎山下茨平村团山坝，分为三：一南流溪沟，亦曰万花溪，下迷渡，为礼社江源；见蒙化厅。一东流经云南县城南，东南流，旁有青湖。青湖，一名龙池，在云南县西南一里，其深不测。永乐七年，黄河清，此水亦清，今已淤塞。又东南汇为青龙海，旁有叶镜湖。叶镜湖，在云南县南三十里高官铺，湖不大，相传其中有石如镜。明知县福建谢圣纶《叶镜湖》："一叶舟谁驾？含虚似镜残。那堪精卫塞，漫拟洞庭宽。驿路嚣尘静，疏林照月寒。蛮王曾过此，也解学曹瞒。"东南会品甸水。一东流经云南县城北，东至品甸，汇为品甸王海。品甸王海，一名小蒙舍海，在品甸村东南，会青海。又东北有周官些海。周官些海，在云南县东北十五里，水无源，各涧之水积于其中。又东北会青龙海。两源既会，南流出板桥，又东南至小云南白塔村段家坝，潴为陂塘，出炼厂，东流经小云南驿南，又东折北流为一泡江，东北至胭脂坝，左会你甸河水。你甸河，源出云南县东四十里和甸耳朵底大姑者一带为莱萝河，北流，东纳矣摩山、大松坪、江品甸、明角灯、温水龙泉，又西纳莲花科、大海头诸海，又北流，纳七荞诸山水，至楚场为楚场河，又北而东北流为赤城江，东北至人投关，东南入一泡江。又东北流，右会白盐井水。详见楚雄府。折西北流至铁索营西，折东北流入金沙江。参《徐霞客游记》、大理府各志。金沙江又东流，入姚州境。

礼社东源曰白崖睑江，源出云南县北二十五里梁王山后宝泉山，石穴中涌出，西南流，而帽山龙泉自帽山北西流，会五福山、蒿山坝、铁窑箐、毛栗各龙泉，南流会松子哨、蚂蝗箐诸涧水，南经九鼎山东南来会。又南流至茨平村团山坝，分为三流，其二东流经云南县南北为青龙海、品甸海，下流合为一泡江；见前。其一由团山坝南流谨案：梁王山泉南流者其正支，东流者青龙、品甸二水，系明兵备沈桥、朱荃、李先著等凿成，筑坝障使东注以资灌溉，今旱则尽东而南流，无水潦，则以其余者下溪沟，故反不如东流者为大。为溪沟，亦曰万花溪。谨案：旧沿溪十里皆花，故名，与点苍十八溪中之万花溪义同而地异。卧龙冈夹其左，金龙山夹其右，南流经清华洞西，又南流经赵州石虾山西，左纳虾蟆口甘泉水。虾蟆口甘泉水，源出赵州南六十五里石虾山下，平地涌出，西流入大河。《赵州志》。又西南，左纳菖蒲沟水。菖蒲沟，源出云南县南三十里水目山，南流经天桥山出天桥流西，经弥渡城北西，入大河。《赵州志》。又西南，右会赤水江、昆雌江合流水。赤水江，源出赵州东南七十里水磨坪，当白崖北二十里，其山北即波罗江源。合两源南流，经白崖站东，右会昆雄江水。昆雄江，源出赵州南四十里定西岭，东南流至白崖站东，会赤水江。又东南四十里，而昆雌江自南来会。昆雌江，源出蒙化厅东北十五里武卫山山顶平冈峡中，水自巍宝山南来北流峡中，经龙庆关北流东下，经石佛哨，又东经桃园哨，折东北出峡北流至弥渡北，东北会赤水江。两江既会，东入白崖睑江。参《大理府志》《赵州志》《徐霞客游记》。又南流至弥渡，左纳鼻窗厂水。鼻窗厂水，源出云南县东南四十里水盆铺，东南流姚州界内山中，西北流经水盆铺，折西南流经鼻窗厂，又西南流至弥渡南，入白崖睑江。《徐霞客游记》。又东南流入蒙化境。

右大理府诸水。

卷十六　地理志三之六　山川六

临安府下

临安府之水，以曲江、泸江为大，东西横亘一府，而龟枢河虽属过境，石屏之水咸归焉，皆经流也。虽龟枢归并元江，曲江、泸江归并盘江，而盘江仅属过境。元江走土司境内，今各自为纲，详内而略外也。藤条、黑江又远在河底之外，以类及之。

亚泥河，当鲁魁山东自新平入石屏境，左纳迤络河水。迤络河，源出石屏州东北石坎右少冲，合左右诸涧之水，北流二里，右会夏家庄之右涧，又北流二里经路免格，又北流折而西十里，左会叠作水，又西流经石洞三里，左会牛期旦水。牛期旦水，源出州北，西北流入少冲河。又西三里，左纳石坎水。石坎水，源出州西北石坎，西北流入少冲河。又西三里经湾子寨北，又西三里经腊左寨南，为白花竜河。张汉《白花竜河中》："复嶂连峰何太雄？行过鸟道更蚕丛。田无井字书平地，树有人烟接混濛。百转泉声松径里，四围山色笋舆中。到来省识星河近，似与乘槎博望同。"右会新河水。又西经阿泥寨北，又西五里经阿乌寨北，左纳长岭水，折而东纳杉木箐水，又西流三里经长德寨，又西过大田、母经、仰箐山麓，又西五里经乙白勒，又西四里经马鞍山北，左纳六谷冲水。六谷冲水，源出州西三十里宝山北麓，其南麓为宝秀湖水，北流经神童山麓，又北流行谷中，北经马鞍山北，入白花竜河。又西经磨鸿冲，右纳三岔河水。三岔河，源出龙朋里北巴阿叠作，东流经河头关岭，绕龙朋土城，东南经木瓜单下甸尾六十里，行山谷中，又二十里，右会阿戛龙水，东南至三岔河东，入白花竜河。又西经卫家冲之彝朵抹，又西五里经偎河、磨古寨两山间，纳白得团山水。州人罗觐恩《磨古河》："两壁束天根，乱泉裂地轴。路穷通一线，流转迷千曲。梯叠岭边田，巢悬树头屋。崖倾逼人顶，石碎妨马足。揽辔如乘船，停鞭俨集木。履平心自警，气倦神弥肃。持此厉平生，世途免颠覆。断桥凌虚度，荒店枕流宿。夜静梦频惊，晴雷转空谷。"又西经大桥，至此为迤络河。又西，右纳吕明里水。吕明里水，源出里中两山间，南流出石间，怒流南入迤络河，土人谓之雄河。又西经撒坡慢赛，又西经白得南北两山间，左右纳两山涧水。又西二十里经小鲁奎山，右纳坡头甸季母白水，又西五里至大鲁奎山东西，入亚泥河。参《石屏州志》、何其偀《两河志》。折西而南，过龟枢奔洪，为龟枢河。贡生何其偀《龟枢河》："舍我云中居，渐下入深谷。瓮底少清风，炎沙苦蒸燠。寥寥三两家，当夏乐秋熟。日夕牛羊来，昏鸦集枯木。直走洪流间，因之窥地轴。兹山诚独异，牝牲相倚伏。乃悟元牝根，即此巨鳌足。信宿野人家，不为通姓族。有酒但须倾，我亦冥心鹿。中夜不成眠，山月听渔读。"十里至撮科，右会倘坝水，又南二十里左纳泡竹，会黑石水。又南十里至小河底，左纳小河水。小河，源出石屏州西三十里关口横冈西，会南北两山箐水，西流经黄香老地西十五里至八抱树，右纳大龙潭水，又西经回龙山北麓，又西流至小河底西，入龟枢河。《石屏州志》。又南十里左纳芦柴沟水，又南十里右纳大小哨水，又南二十里右纳哈糯河水。哈糯河，有两源，北源出石屏、元江界上阿溪，东南流；南源出北岩，东北流。相望而下，东流至哈糯河东，入于龟枢河。参《临安府志》《石屏州志》。又南十里，左纳五塘沟水。五塘沟，亦曰五郎沟，源出石屏州东南四十里暖耳山，西流经他克母北，又西流至者那，左纳假巴水，又西流五里经棬槽冲，又西流五里至牛矢寨，右纳三家水，又西五里经舍母糯，又西五里经车家城南，又西二里经磨扇结，又西二里至鸡街，右纳温汤河水。温汤河，源出州东南二十五里白浪岛南，隔山乾冲南流十里经黄沙厂，又南十里经热水塘，又南三里右纳响水洞水。响水洞水，源出州南二十里玉屏山右，东流至大寨，合北来冠子坡水，过双箐响泉，又二里入温汤河。温汤河又南二里至鸡街，入五郎沟。又西流二十里经糯五，经胖别砦，过正阴砦，下红牙齿，又西十里至普通，又西十里至舍竹林，又西十里入龟枢河。参《石屏州志》、何其俣《两河志》。又南为三百零八渡河，又南走亏容司境内，南入元江。

曲江，源出新兴州界中，详澂江府。至嶍峨县西北十余里入境，曰猊江。南流折东流，经嶍峨县城北，又折南流经嶍峨县城东，又南至城东南，右会练江水。练江，源出嶍峨县西六十里胜郎山东麓，东北流经新平县练庄为练庄河，又东北经石屏州境为龙车河，又东北至嶍峨县西十五里大麦地，左会老鲁关水。老鲁关水，源出嶍峨县西六十里老鲁关山东北麓，东流数十里至大麦地东南，入练庄河。又东北流为练江，东北至嶍峨县东南，入猊江。参旧《云南通志》《石屏州志》《嶍峨县志》。猊江既会练江，为合流江，东南流经河西县西五十里碌碑乡，左纳东山河，为碌碌河。河滨有温泉可已疾，河上有仙洞。东山河，源出河西县西三十里曲陀关，南流折东流，过梁梅村合湖水，东南流过古城山下，入碌碌河。参《临安府志》《河西县志》。又东南，右纳舍郎河水。舍郎河，源出河西石屏境上山，东流经舍郎村，又东流经木加沙东，入碌碌河。《临安府志》。又东南，右纳六村河水，至此为曲江。明尤有为《曲江赋》：“繄牂牁之上阃，钟明秀于山川。眡焕文而高掌，指乐荣以娟妍。作梯航于圣世，景仁智于前贤。乃学山而未至，徒观水而泠然。遡宗生之破浪，愧祖子之先鞭。嗟河汉之无极，幸洙泗之有传。于是别派昆明，长流畇町。曲江以名，异龙莫并。捣练西含，巴盘北洞。缅僰遐乖，交番绝冥。岚瘴独多，风烟特迥。礐石影沙，濆陶沸鼎。则见潩烟汹汹，潮汐隐焉，磕磕春秋。瀺灂箭驰兮淠淠，汪涉电激兮悠悠。宛长虹之一带，濯新月以如钩。百雉巍巍而萦绕，千村落落以环周。俨黄河之屈蠖，纡武夷之歊浮。居然滟滪九回而八折，的尔蓬瀛三岛而十洲。控清兮载神女，诡波兮揖阳侯。既集往乎鲸介，亦渊薮乎蟠虬。上泛潋乎鷭鳿，中混沦乎信鸥。或磬明而胏跃，或吐玑而孕璆。矧狎涛而戏濑，有鹄侣与鸿俦。尔乃簟篣翠茄，茭苍溢玉，膏湛芝房。碧桐荫杜蘅，芳镜画眉，涤诗肠，澌温酎，引曲觞，吟宛在，啸未央。溯洄云溪，下上天光。归凫沉沚，奋隼潇湘。青荧碪碣，采致琳瑯。颖垂菡萏，棻铺篠篁。其时芊萰疏风，葱茏竞漱，夏穲冬蒨，无夜无昼。万笕为沾足，千畦尽黄茂。象耕兮匪耒，鸟耘兮匪耨。霜来则穋不先，露往则穜不后。是以眺青畴之错绮，齐星毕之滂沱耳。欢声于鱼鳌，纫绨锦于菱荷。鼓江如之宝瑟，叶海童之浩歌。蛟成擒于千遂，龙泄尾于仰诃。泣珠来于鲛客，饮来拜乎浪婆。潏乾坤兮东井，撼乌兔兮洪波。至于檥榜搦棹，渔佃商农，晨征忘夕，竭南穷东，岑凌片帆，壑越孤蓬。或则衣屭，或则饭筒，鸡骨占年于冯夷，鹅毛御腊于螭宫。虽俄顷而千里，飒舳舻以蕴隆。乃沐浴于日月，增扇爽于徐风。若夫幽人逸士，美景良辰，携琴载酒，问诸水滨，萍实悲难再见，灵夔访亦无真。哂子羽兮投璧，叱季鹰兮思莼。丙穴嘉其烝汕，文笔借以垂纶。擒藻丽兮元虚，扬葩极兮景纯。赤鷁萎随而戢翼，丹鱼采爆而竦鳞。山得之而映发，人得之而廉贞。且也酣兴湍飞，遥情飙举，漱石枕流，陋今荣古。结想濠濮之间，游神胶莒之寓。泳涵乎艺园，渐渍乎书圃。何修阻于郭舟，竟望洋而自抚。蔚长乡之典型，愿闾仙而为伍。脱不择于细流，起中池于化雨。乱曰：‘德之灵长襟六诏兮，驾霓迴云观极妙兮。汲引东偏达焕溢兮，傲足可寻涘八隅兮。混万于一畴管窥兮，包奥括区中外绥兮。纪纲炎景玉斧界兮，激浊扬清无险隘兮。陆龙水慓金汤永兮，皇欢浃洽珍效总兮。泝渊河洛符和祥兮，向风随流倬天章兮。’”六村河，源出嶍峨县大鱼口，东流经通海河阿孃村，又东北入曲江。参《临安府志》《嶍峨县志》《通海县志》。折东流至馆驿西北，右纳馆驿西北流水，又东流至馆驿北，江畔有温泉，发源山麓，无硫气可浴。明巡按常熟翟俊《曲江温泉》：“我初按节来南滇，与观地志闻温泉。寤怀净浴洗身垢，此心渴想常悬悬。迤东一路走千里，九月荒炎如暑天。金风不解送凉信，郁蒸反剧相熬煎。行逢曲江古名胜，解衣浴罢仍留连。静思物理怪幽妙，有口欲语心难宣。初疑尧时有十日，射落一日滇池边。火轮入地凝不散，珠光耀出重渊泉。又疑太古女娲氏，补天炼石忧天穿。荧荧宿火未消灭，大冶煮水埋炎烟。或云浴此可祛疾，奔走羸老争趋先。我身无疾底须浴，好事岂必分愚贤。此泉有买本无价，一日可值千金钱。行人过此须憩息，肝胆莹彻心醒然。余波出涧溉田亩，普济旱暵成丰年。吾民世世被余泽，稽首莫报神功元。诗成长叹下山去，乘风快著青骢鞭。”建水县共温泉五：一在城东北三十里香林寺山下；一在龙刹去城七十里；一在河六寨；一在石子坡，其一即此。又城内有建水池，城西二十里有莲花池。左纳石壁泉水。石壁泉，源出建水县北百二十里，自颜家坡南流至侯家箐十余里，南入曲江。《临安府志》。又东流，右纳东山龙泉水。东山龙泉水，源出建水县北九十里，北流入曲江。《临安府志》。折东北流，左纳爪水。爪水，一曰浣江，源出宁州北三十里青龙潭，南流经州西南，右会恩永河水。恩永河，源出宁州西山中，东流分为三，一灌西郭田，一灌南郭田，其中流东会爪水。两源既合东南流，右会丁矣冲水。丁矣冲水，源出宁州南丁矣冲，西流折北会于爪水。又东南流至宁州南，左纳恩永山水。恩永山水，源出宁州南六里恩永山，北流入爪水。折东北流，左会二龙河水，二龙河，一名龙珠河，源出宁州北四十里分水岭，西南流经城东，又南流会爪水。折东北流入曲江。宁州南五十里有碧澹龙潭，西四十五里有双龙潭，西七十里有黑龙潭，有白龙潭，西八十里有迤渡浦龙潭。又南城内有通井，下村有醴井，孙家坝有彩井，统名三异井。旧《云南通志》《临安府志》。又南北流至婆兮乡，入婆兮江。

泸江，源出石屏州西三十里宝山南麓，其北麓即六谷冲源。会关口、横冈以东诸山水，东流为宝秀湖，一曰西湖，亦曰赤瑞湖，延袤二十余里。御史郡人张汉《赤瑞湖记》："石屏治西、宝秀驿东有巨潴焉，俗为宝秀海，又以东异龙湖称西湖，无定名也。湖濒南有砦，我张氏聚族居之。湖西南之山，由笔架山、燕子洞跳踯而来，至湖南大展如屏嶂，嶂中起一阜，张氏世世会葬之山。由西下者，秀山达西塞有关，折而北，乾柴岭、凤凰山、虎头山、宝山以至水清坳、坦甸，会湖口之迤络桥，湖腹充而口隘，如倒壶而流，一衣带水，直走十余里，入九天观鉴湖，又分两带，抱城南北，入东湖，东达临安之泸江，会曲江、澜沧江而去，流之长不可以里道计矣。湖中有石版，俗号云梯，有龙孔泉沸发伏湖中莫见，水冽可鉴毛发，虽雨涨淖流赴入不能浊。康熙癸巳春，水忽赤月余，每初曙及薄暮，如丹砂倾泻被湖面，舟人惊怪，不省何祥。是秋，予万寿科得第。嗣丁酉春，水复浅赤，予冢子乡举，或曰予先世兆域临湖上，应此祥也。丙午，水复浅赤。丁未，同得第四人。又西郭喷珠泉及泮池，壬子岁水亦赤，癸丑同第者二人。年来得第，以水赤为瑞，而总无如癸巳湖赤之烈也。抑闻城北乾阳山石岩土有赤色，昔人相传有'北山青，出翰林'之谶。国朝以来，山日苍翠，馆选屡有人意，山水人文显晦有时，其光气薰郁亦灵奇而诡变，有开必先耶！予因更湖名曰赤瑞湖，是为登第谶。至乾阳山，定名久矣，署山阁曰青瑞阁。牵连纪之。"又《西湖晚眺》："北山赤如赭，南山青如黛。云何造物初，划然成两界。一水从中流，回环小于带。我家水南陬，屋宇初成盖。松竹相与青，流云时障碍。投老此山深，吾庐吾亦爱。"东流左纳大松树泉水，又东流为九天观大塘，右纳旧坝水。又东分为二流，南北绕城而东纳四面诸山溪涧之水，至城东合流，经番卜竜北，出化龙桥东，汇异龙湖。城西三里有喷珠泉，亦曰滚泉，一曰喜客泉。何其伟《喜客泉赋》："惟坪石之永奠，实钟秀于山灵。既嵸巃而巀嶪，复掩翠而含青。总诸山之勃窣，忽播气于郊垧。藏蠙胎之在沼，发趵突于天横。客来游其志喜，爰锡予以嘉名。原其始也，玄①功鼓荡，变化消长。万窍玲珑，鲸波带响。晶荧的烁，错落惝恍。羌发晖其外融，乃含光而内朗。本不涸以不溢，亦知来而藏往。及其继也，春花满地，冬雪迎眸。林塘改夏，云物迎秋。皆翻涛而带雪，悉煮茗以浮沤。缀悬珠之极浦，映落星之高楼。乍兴乍灭，倏聚倏散。出无定所，刁无常玩。曳景高流，飘光凌乱。碎璧浮渊，夜光出汉。值惊飚而不息，逢淫霖而愈焕。照耀圆灵，同玻瓈以纷飞；璀璨周除，挟水晶而绚烂。若夫光能照物，明可辨锱。深能蓄云，润亦含滋。一为终始，数应盈亏。类君子之有道，抱冲情而不私；象至人之无我，怀明德以应时。历昼夜而不舍，亘古今而如斯。尔其橐籥无穷，埙篪异态。细若吹竽，虚惊众籁。喷朝霞以缤纷，喧暮霭而霮䨴。至若嘘精为液，吐气成文。偕箫管而竞奏，杂翰墨以流芬。滴妆台之艳粉，溅舞阁之轻裙。有色可见，有声可闻。助莺杯之桂馥，添凤俎之兰薰。既而巧借人机，妙由天凿。曲渚烟回，环溪雾错。规叠巘于盘龙，架飞虹于挂鹤。覆篑为岩，攒抔为壑。萍扫楚江之蒂，花放昆嘘之萼。美仁智之同归，信杯勺之可托。亦有佳人瑶席，才子绮罗。黛眉如扫，曼睇成波。情长响怨，意满声多。搴池荷而肆赏，掬夜月而长歌。纵倾泉以滴沥，譬轻薄之经过。于是濠上蒙庄，商山老叟。共截一樽，狂歌五柳。等世事于浮沤，叹此生之何有。念濯缨之有地，遂连翩而携手。"赛玛《喜客泉吊古》："云根错落城西路，千灵万爪龙盘固。山川钟灵石窍开，中藏烟霞纷无数。无数烟霞游人来，凭栏倚槛醉石台。白首欲近空碌碌，人生不饮何为哉！我亦挈伴泉旁酌，坐看跳珠日喷薄。寂寂不闻梵音

① 玄　原本脱，据民国《石屏县志》补。

响，滚滚惟见浪花落。花落花吐如含情，莫道有声胜无声。静观吾身皆泡影，勘破人世等浮生。回首往事一弹指，治耶乱耶总幻耳。登眺四顾感慨生，悲歌全归夕阳里。君不见，绿荷翠盖满池头，西风冷落不胜秋。又不见，百年衣冠空杯酒，文武第宅今在否？惟有高风追昔贤，六公口碑万人传。我来怅望只空还，明月正照喜客泉。”城东三里，有过山泉，又东北二十里，曰九水泉。异龙湖，广袤一百五十余里，中有三岛：小岛曰孟继龙，亦曰马坂陇，旧建浮石庵，今废；中岛曰小末束，亦曰小水城；大岛曰和龙，亦曰大瑞城。有九曲，即五爪山插入湖中者。东流为湖口。检讨何朗《石屏州异龙湖赋》：“夫异龙之为湖，作南荒之巨浸，带石城之高躅。据昫町之上游，输泸江之委属。千山环其垠，百流喷其足。繁川供其吐吞，叠壑资其收束。沆瀣收而天镜悬青，烟岚倒而澄波浸玉。其西则连以阛阓，缭以村落。红楼粉壁，依稀傍水人家；琼户绮窗，宛尔滨湖城郭。望朝烟于井里，千条之玉缕飘飏；看夜市于江城，万点之金缸的灼。其北则峭壁嶙峋，层岩岝崿。横列兮如屏，斜张兮似幕。乾阳之福地洞天，镜湖之幽岩邃壑。逊人巧于天工，骇神输与鬼凿。乍攀跻兮惕林，旋造极兮怡愕。其东则窍以尾闾，泄以海门。虬确蟉蚴而扑地，鼍梁蟠拏以据津。故桥专锁龙之号，石有界鱼之论。初平泻兮溲浏，渐奔放兮砰磷。能使闻者心悸，见者目眴。羌黄牛与白帝，差比拟而方伦。其南则山浮五爪，派别九湾。翔舞夭矫，萦回幽闲。入回港兮甚隘，达壶天兮已宽。彼水月之兰若，与广应之禅关。依约兮水际，隐映兮江干。譬烟鬟与雾髻，方秀色之可餐。其中则三岛鼎峙，两屿相望。一城弱水，四匝沧浪。螺黛舒青，点芳洲之梵宇；丛篁染翠，缘滨湖之渔庄。指列屿之人居，鲛宫蜃户；维垂扬之画舫，茶灶笔床。红菡朱蓉，讶锦塘之煸紫；芳蘅烈杜，识瑶岛之生香。醉渡口之桃花，临风生绛；输麹尘于柳浪，裛露偏黄。故孤岛有龙坂之号，而瑞城有大小之行。观夫冲瀜展钓之夜，蔚蓝发鱼之天，金鳞跃而笭箵满，巨鳡罹而网丝牵。筍里花鱼，石洞趋波而瀺灂；沙间明蚌，珠胎映月以亏全。谷花香而时鱼美，塘水满而冬鲫鲜。钓青鲨于湾侧，攫紫蟹于潭前。罻䴌鸡于荇浦，罗鹴鹈于稻田。织江莎以为席，编篔竹而作筌。此物产之珍异，而斯湖所独专。至若端阳竞渡，上巳采兰。倾城士女，极浦绮纨。箫鼓竞作，锦浪齐翻。照胭脂于秋水，写翠蛾于清澜。荫桂旂兮湘浦，倚采旄兮洛湍。已映水之如活，恰凌波之若仙。尔乃舍桂楫，临汀洲，凭来鹤之曲槛，上海潮之危楼。指石豨于海畔，望仙迹于嵩头。及乎辞琼岛，复仙舟，遗簪绿水，坠珥丹邱。彼畸香与剩馥，直散漫而不收。别有高人韵士，寓客骚流，铁笛黄楼之赏，斗酒赤壁之游。孤鹜落霞，墨妙滕王之序；晴川芳草，笔翻鹦鹉之洲。修禊祓于兰亭，或一觞而一咏；隔江湖于廊庙，拟后乐而先忧。谓非游观之胜，而江山之尤者欤！”邑人何其伟《夜泛异龙湖》：“捕鱼欲谋生，举网叹枯槁。乘夜舣兰桡，披云出瑶岛。烟暝菰蒲深，月出芙蓉好。如何沧浪间，投竿乃不早。江湖正遐忧，风波任颠倒。菲菲垂岸花，青青带汀草。一曲且高歌，聊复扁舟老。”许贺来《异龙洞秋泛》：“一碧围三岛，千峰四面浮。人烟环泽国，鸡犬卧仙洲。山晚云吞日，波澄月贮舟。风光真世外，不用访丹邱。”右纳王家冲水，王家冲水，源出石屏州东南王家冲南山中，北回流至白家寨入湖。《石屏州志》。左纳沙河水，沙河，源出石屏州东五十里回龙山，西南流回曲至王家地入湖。《石屏州志》。东流为泸江河，左会旷野河水。旷野河，源出石屏州东北四十里芦子沟，为泸江北源，南流会异龙湖水，为泸江河。参《石屏州志》《建水县志》。又东，左纳黄龙潭水，黄龙潭，源出建水县西十五里绍和山，南流入泸江。《临安府志》。谨案：建水有白龙潭，在县城北十五里。折南流，又折东流，经临安府城南，又东北流，左纳白沙河水。白沙河，一曰北沙河，亦曰北沟河，源出建水县北十五里晴山，俗呼窑沟。南流经碗窑，纳圣母泉。圣母泉，在建水县西北二里圣母祠右，一名半天井。谨案：建水县东南一里有有本泉，西半里有溥博泉，一名大板井。又有河泉，一名小板井。北四十里有杨公泉，知州杨绪爵所开。北三十里有李浩寨过泉，东十五里有白鹤泉，东门外有混沌泉。绕城东流，折东南流入泸江。参《古今图书集成》《临安府志》。谨案：建水城内有诸葛井，城南有月芽井，城东一里有玉洁井，城南五里回回村有龙井，城东十里有白沙井，城西北八里有凉水井。又东，右会象冲河水。象冲河，一名小河，源出建水县西南九十里纳楼土司西南八里曲通山，北流至纳楼司北，入仙人洞，洞右有黑龙潭，北流为象冲河。知州汉阳夏治源《象冲河》：“源发黑龙宅，拖泥处处白。三河终会流，夷与汉何隔？”又东北至拖泥坝，左会草湖水。草湖，源出白水河，北流汇为草湖，在建水县南十五里，广八九里，西连西湖，广二十余里，东北入象冲河。右纳小河水。小河，源出建水县南四十里黑龙潭北，入象冲河。又东北流，左会塌冲河水。塌冲河，一名中河，源出石屏州南百余里松子园，东北流，会象冲河。夏治源《塌冲河》：“瀚海无洪水，塌冲有锦鳞。晴空翻白浪，沙色尽如银。”两河既会，东北流至三江口，入泸江。《临安府志》。又东北，左纳赛公河水。赛公河，源出建水县东北四十里云龙山左冷水沟，南流经南庄村，为南庄河，又南流，右会青云桥河水。青云桥河，源出建水县北十余里马家冲，东南流过青云桥，会南庄河。又东南，过赛公桥，为赛公河，经中所马军营，南入泸江。参旧《云南通志》《临安府志》。又东北入岩洞，知州建水王立宪《郡城修岩洞记》：“少保大司马西林鄂公之来总制斯土也，视三省如其家，心民心，务民务，虽边徼异域，苟有济于民闻于公者，罔不切肌肤、耸骨髓，不为不已，为之不底于成，以不朽于后世不已，矧其托宇下者乎？临安去会城不五百里，古畇町国也。崇山大泽宅其中，长江巨河环其外，每夏秋溪水涨溢，望之如海，故以建水名。水大而能利民，亦能害民者，莫甚于泸江。其发源也，则始于石屏之异龙湖，合塌冲、象冲暨六河九泷诸水皆会于泸，以奔赴岩洞。岩洞者，所称石岩山之水云门也。洞前虚敞，可坐数百人，登岩以望，洋洋乎，浩浩乎，利田畴，资灌溉，地肥饶，民殷富者，不恃有此川哉！然当其水势泛涣，决圩防，没田庐，又往往为民患。揆厥所由，则岩洞实障之，泸水从众流来合，东至于岩洞，伏流十余里，出阿迷，入盘江，以为归宿，此其性也。而岩洞之前，石磴嶙峋，纵横洞口，细流则峡道曲入，洪涛则湍波四溃。复多石埂，横截中流者十有三重，惟伐石凿埂，使无壅遏，顺流而下，则水利兴、水患息矣。自少保公至，召我郡县告之曰：‘泸水之患溢临境，岩洞之障，厥宜屏，刊乃石，断乃埂，民害除，农力省，功惟速，志惟猛，我忧以纾，而汝是儆。’属吏闻命者，咸唯而退。故老相传，洞口有神物凭其上，动一拳石者辄大风骤起，烟雾迷离，咫尺不相见，所击砂砾飞数十步外，能中伤人，以故鲜有过问者。雍正八年正月十七日，郡守东莱张公无咎与总镇张公应宗、州牧祝公宏既奉少保公命往疏河。甫至，令伐巨石，椎凿不能入，强入之，获未寸许，忽风起砂飞，石击工人手，落其一指，众皆惊散。诸君子相顾错愕，闻于少保公，公曰：‘神庇吾民者也。吾惠吾民，而神不许，谓神何？唯子之诚不足以感神，故神弗灵。吾其祭以文，通以诚，神必许我，汝敬往哉！’太守乃赍文以祭，祭毕，云开烟敛，天大晴霁，光色照耀。于是督工凿石，向之刚者柔，坚者脆，应手而伐，辄得大块，或数尺，或数十尺，不一月而十三重埂尽拔而去。自此水涌沙流，河身丈余，无复避碍，岩洞遂不为患。下流既疏，然后上流得肆其力。于是溯众水所经，按一江所入，凡河之浅者深之，滞者通之，岸之低者崇之，薄者厚之，垒浮沙者易以茅块，堆淤淖者运于远邱。又复伐木为桩，编竹为篾，以为两岸之障。耸如壁，平如削，坚如石，滑如漆，风雨不能摧，波涛不能入，鱼鳖不能损。功成之日，计程不二百里，计地不三万丈，篾数千，桩数万，工数亿。官勤劳，役奔走，上无懈心，下无堕志，而后得以有水利，无水患。虽积雨经旬，连阴累月，而沿流循渚，堤以永固，禾以永丰，岁书大有矣。于是郡人士咸相向庆曰：‘此少保公生我也，愿记一言以贻我子孙，使后之饮若水者知源，服若畴者识德。’爰歌以纪之，词曰：‘云门凿，泸川浚。龙湖来，阿迷进。达盘江，往而迅。水安流，谷丰润。恬河伯，熙田畯。囷仓盈，鳞介牣。亿姓欢，百神顺。官弁康，吏治振。古禹稷，翼尧舜。理水土，钦且慎。今其谁？维公仅。’”邑人何其伟《岩洞》：“石乳溜悬崖，玲珑辟溪洞。委宛驾铁桥，劈削结梁栋。嵌合两山间，泸江时一纵。幽邃互纲维，连峰交引控。俄逢奥室开，尚觉前途壅。壁垒列金镛，岩扉剖银瓮。哆殿渐空虚，森列万象众。变幻冯夷宫，跏趺大士供。炬火爇松明，凸凹升缒送。十地天人通，危梁东西共。流响播笙竽，翱翔翥鸾凤。湿翠沾须眉，倾滑戒仆从。归来忆胜景，恍作游仙梦。”伏流十余里，至阿迷州界万象洞流出，为乐荣河。东流绕样田山麓，东流至燕子洞，又伏东出，右纳鸡街河水。鸡街河，源出蒙自县西八十里建水县界内白云山，东北流经蒙自县西五十里建水界上之乍甸，又东北经蒙自县西之鸡街，为鸡街河，又西北至万里桥，左会倘甸河水。倘甸河，源出蒙自县西七十里之木马冲，北流至城西六十里飞霞洞，左纳洞泉，又东北流至石岩寨南万里桥，会鸡街河。两河既会，北流至阿迷州南十五里南洞水，从洞中伏流北出，为清水河，北流至冰泉山西北，入乐荣河。参《临安府志》《蒙自县志》。又东流经阿迷州城南，折东北流，右纳东山水。东山水，源出阿迷州东十五里龙洞，西流入乐荣河。参旧《云南通志》《临安府志》。又东北流入盘江。谨案：阿迷州西三里有西山龙潭，西北三十里有布沼龙潭，北十里有石榴龙潭，东北二十里有了勒龙潭。又阿迷州城有灵泉，南二里有鳖泉，西三十里有温泉，北三十里有火井。

盘江，自澂江府为铁池河，纳抚仙湖水，入宁州境为婆兮江，右纳分水岭水。分水岭水，在宁州东北四十里，岭西水为龙珠河，南流会爪水岭东水，东北入婆兮江。《临安府志》。又南至宁州东南婆兮乡，右纳七犀潭水。七犀潭，即大龙潭，冬春澄如镜，夏秋有浑水出焉，流入江。又东南，右会曲江水，见前。折东流为盘江，经阿迷境右，会泸江水，见前。折东北流，入弥勒县境。

河底江，自元江入境，走思陀境，右纳屏山溪水。屏山溪水，源出思陀乡北屏山，在临安府西南二百八十里，东北流入元江。《临安府志》。又东南，右纳清水河水。清水河，源出临安府西南二百五十里左能司北山，东北流经落恐司东、左能山西，又东北入元江。《临安府志》。又东南，右纳末竜塘水。末竜塘水，源出左能司东北山中，东北流经末竜塘南，东北入元江。参《古今图书集成》《临安府志》。又东南，左纳三百零八渡河水。即龟枢河，见上。江至此为河底江。又东南流，右纳兔街河水。兔街河，源出临安府西南二百四十里瓦渣司北苴撒山，一名南昆河，东北流经亏容司北，又东北流入河底江。《临安府志》。又东南经亏容司三尖山北，又东南，右纳龙孟河水。龙孟河，源出瓦渣司喇博山，东北流经亏容司南，又东北入河底江。《临安府志》。又东南经六蓬寨北，为六蓬渡。又东南经纳楼司南，为乍腊渡。又东南流经慢车乡北，又东南为施格渡。又东南经五亩北，为五亩渡。又东南经阿邦乡南，为阿邦渡。又东南，左纳曲通山水。曲通山水，源出临安府西南九十里纳楼司西南八里曲通山，其北麓水为象冲河。东南流六十里，入河底江。参《古今图书集成》《临安府志》。又东南经纳更司南、稿吾卡北，又东南至蒙自县南，右纳清水河水。清水河，源出越南国交冈北，东流经纳更司南，又东流入河底江。《蒙自县志》。左纳个旧厂水。个旧厂水，源出蒙自县个旧龙树各厂中，南流，西南入河底江。《蒙自县志》。又东南经蒙自县东南，为梨花江，经花丈城南，东南入开化府界，为清水河。

藤条江，其上流即李仙江，自元江入境为阿流江，左纳腊密河水。腊密河，源出临安府西南三百十五里溪处山中，曰白那河，西流，右纳者贡河水。者贡河，源出瓦渣司龙孟山中，南流数十里入腊密河。又西，右纳他嘴河水。他嘴河，源出左能山，西流折南入腊密河。又西，右纳浪水河水。浪水河，源出左能西山中，南流入腊密河。又西，右纳他泥弄河水。他泥弄河，源出左能西北山中，西南流入腊密河。折南流，左纳虎街河水。虎街河，源出溪处山，西南流入腊密河。又南流，入阿流江。参《古今图书集成》《临安府志》。东流为藤条江，东南流经瓦遮、宗哈各掌寨南，又东南流经那黄渡，又东南至猛喇北，纳跳鱼河水。跳鱼河，其上流为金厂河，伏流南出，东南流入藤条江。《临安府志》。又东南，左纳赛江河水。赛江河，源出纳更司南腊纵，南流经慢们，东会诸水，又南流经猛梭，东南入藤条江。《临安府志》。又东南，右纳金子河水。金子河，源出猛喇东，东流至猛赖北，北入藤条江。《临安府志》。又东南至猛赖东，入黑江。

黑江，其上流即九龙江，澜沧江之委也。自普洱府入境，东流，南与阿瓦、老挝分界。东流经茨通坝南，又东流为烈吗渡。东流经把哈南，又东流经猛丁南，又东为猛蚌渡。经猛蚌南，又东经猛赖东南，左会藤条江水，见前。又东南为栏马渡。又东南入越南国界为洮江，亦曰洪水江，江以南为老挝界，江以北为交趾界。又东南全入交趾境南，别为沱江。又东流经宣光道南、归化府北，又东流，沱江复会。又东流经临洮府南，又东至嘉兴州蒙县，左会清水江水。清水江，亦曰龙门江，其上流即河底江，自开化府流入越南国，至此入洮江，详开化府。洮江既会清水江，东流为富良江，至白鹤县南分流南出，又东流至加林县南，又分流南出，又东流经越南国奉天府北，又东流至安林县南，分支东出，会诸流入海。其正支折南流经奉天府东，东南流，复会诸沱江，折东流，分合甚多。其正支折东南流经太平府北，又东南，又合诸分流入于南海。参《临安府志》《开化府志》《蒙自县志》。

杞麓湖，源出河西县西北三十里曲陀关，为长河。东流，纳甸心村后小河水。甸心村后小河，源出河西县北二十里黄草坝山，东流入长河。参《临安府志》《河西县志》。又东流经碌溪山麓，为碌溪河。南经东渠诸村，过碌溪三渡，张象贲《碌溪三渡》："湖光隐跃化工成，水縠冰纹阵阵轻。照耀千村开晓镜，徘徊孤舰起秋声。鸟飞梅坞朝霞集，花落芝庭晚翠生。遥望日斜云黯处，一溪渔火共为盟。"东南汇为杞麓湖，湖周一百五十里，如环而缺。阚祯兆《杞麓湖》："石窍通天去，湖源不可寻。一山千载秀，百里两城阴。风动蛟龙起，霜清波浪深。长竿欲下钓，徒望古人心。"自碌溪口西南，右纳普应溪水。普应溪，源出河西县西南十里螺髻山，东北流经普应山东、河西城西，又北，旧自琉璃山南折东行经城北，今改从琉璃山西引北流至琉璃山北折东流，而东南至河西城东南，入杞麓湖。参《临安府志》《河西县志》。侍读石屏许贺来《修普应溪记》："有溪流于河西普应山下，附城而东，水不甚巨，而上流地高多石，每涨发水石争击，其声砰砰然，澎湃汹涌，土岸当之辄溃。自崇祯辛巳，邑大水，螺髻山崩，冲没民田庐，溪遂没为壑，深谷大陵，岭岈破坏，浸以日久，不及城者丈余耳。邑人日夜旁皇忧之，而束手无可如何。夫城坏矣，渐及庐舍，吏民何所栖？仓库何所备？邑将滨于废弃，至于水行地上，下流全无堤埂，左右泛滥，近城田土，一望砂砾，芜秽不治，又其余也。岁辛卯，邑令周君甫下车，环视城郭，喟然而叹曰：'奉天子命吏于此土，奈何令至是？'于是相度经营，凿琉璃山麓，引水北行，南为高堤障之，不使近城，复疏其下流，筑堤卫水，南入于湖。县父老子弟欢呼感激，走二百里，丐予为记。予曰：'治一水之微耳，何大功德而称颂若是？'人曰：'昔我邑无城，为山寇凭陵，虐不可言，明抚君蔡直指姜檄我司李周公筑石城，乃得安处，我邑至今尸祝之。今公之治水捍城，使城不堕坏，得圜土而居，其功德何以异是？且我邑之有此城也，不易矣，历县三百余年，经大吏之题请，竭府库之资用，绅士奔走陈词，凡数往复，而乃得固其垣墉，使因循不治，不幸城为水毁，复欲再为，岂一手一足之力？且不幸再遇山寇如前明蹂躏，父老子弟虽欲图一日之安，亦胡可得？然则公之功德，可一日忘乎？'予曰：'美哉！前有所为以遗其后，后人因而守之勿使坠失，由此道也，唐虞之制，虽至今存可也，且夫事创始甚难，因其成而保护之，庶用力不多而为功甚巨，此古良有司之作也，可以书矣。'河西与石屏为邻邑，俱界万山中，明末屡当寇盗，而河邑无城，受祸独惨，今河民之感公也。其创于昔者深矣，天下事有以殃之者，而乃益见福之者，之泽之深甚哉！君子之不可以不为善也。公讳天任，字克亮，蜀之富顺人，由癸卯科举人，任河西令。甫下车，釐河西陋例，革除殆尽，日蔬食，怡然甘之，此君子而介者也。而又能尽心民事，勇以为之，如此他日之励精以图，终循良以报主，已于此可见矣。因书此为公左券。"又西南，右纳大河水。大河，源出河西县西南、通海县西北九冲子山，东流入杞麓湖。参旧《云南通志》《临安府志》。折东南而东，右纳通海县西北诸山水。又东，右纳黄龙山水。黄龙山水，源出通海县西三里黄龙山左腋，北流入杞麓湖。参旧《云南通志》《临安府志》。又东，右纳秀山左沟水。秀山左沟水，源出通海县南三里秀山，左会温水塘、冷水塘二潭，并秀溪水北流入杞麓湖。参旧《云南通志》《通海县志》。又东，右纳秀山右沟水。秀山右沟水，源出秀山右，北流入杞麓湖。参旧《云南通志》《通海县志》。谨案：洗钵池，在秀山北，入杞麓湖。香墨池，在学宫后。半月池，在城南。东湖池在城东，西湖池在城西，二池今皆废。又东，右纳白马泉水。又东为落水洞。白马泉，源出通海县东二里白马山，北流入杞麓湖。参旧《云南通志》《临安府志》。杞麓湖又自碌溪河口东行，为四军营诸处，纳通海县北境诸山水。又东，左纳甸苴关诸山水，折东南，左纳易广铺诸山水，又折东南，左纳东华溪水。东华溪，源出通海县东十五里东华山乌龙潭，北流受冷水洞诸水，经沈家桥会小新庄大龙潭水、金家渡中龙潭水、姚家湾小龙潭水，北流入杞麓湖。旧《云南通志》。又东为落水洞湖水，由此泄不知所往，想伏流东入婆兮江。

星云湖、抚仙湖，俱在宁州北境。元翰林学士晋宁张翥《通海湖》："万顷平湖碧，浮光映泬寥。秀山纯浸影，沧海暗通潮。瘴黑云相荡，春澄雪未消。润沾蒙部阔，川合洱河遥。秔稻收田利，蒲鱼入市饶。雨归龙气湿，晴浴鹤媒骄。夹树迷深箐，流花落野椒。毡来蛮妇漂，船放僰僮桡。阃帅开荒甸，英才屈下僚。此心同逝水，日夜向东朝。"明都御史山阴韩宜可《通海湖》："江寒凫雁集汀沙，半掩柴门夕照斜。洞口烟岚连野烧，城头鼓角杂寒笳。猿声常啸林间月，鸦背轻翻树杪霞。几度扶筇翘首望，青山隐隐隔天涯。"星云湖自江川南入境，右纳李杞河水。李杞河，源出江川新兴界上之普妙，东流至宁州之浪广，东北入星云湖。参旧《云南通志》《临安府志》。又东，纳宁州西北诸山水，东北为海门桥。抚仙湖自江川县南入境，南行，右纳龙川河水。龙川河，源出宁州东北五十里甸头山龙潭村路居龙潭，东北流经路居乡，又北流入抚仙湖。旧《云南通志》。折东北，右纳宁州东北诸山水，又东北入河阳县境。

长桥海，源出蒙自县西三十里大屯坝，曰鲤海，亦曰矣波海。北流会长桥海，分一支北流，折东北至诋西里，又分为二：一支折西流走蒙自、阿迷界上，又西经雷公哨南折，东北走阿迷境，汇为三脚海而止；一支自诋西里折东行，汇为蒙自、阿迷界上之波黑海，又东流至仙人沟而止。其正流自长桥海汇流东行，过长虹远霁桥，又东折南流经城东，又南经新安所，右会法果泉水。法果泉，源出蒙自县南十五里法果，会洒鸡泉、生三岊泉，东北汇为南湖，亦曰学海，东流为新安所河，北会长桥海水。《蒙自县志》。折东流至山中，而伏数十里，东至芷村，由天生桥出，东会芷村河水。芷村河，其上流为白期河，亦曰白溪河，源出阿迷州东南界上山。南流经美衮山村东，又南流经白溪塘，又东南至芷村，会新安河。参《古今图书集成》《临安府志》《蒙自县志》。既会新安河，为三岔河，左纳那木果河，见开化府。南流入越南国。

右临安府诸水。

卷十七　地理志三之七　山川七

楚雄府

楚雄府之水，金沙江绕其北，境内之水大半入焉，而礼社、绿汁两江东西夹流至郡南而合，亦水所归宿处也。今以入金江之川较大另为提纲，而礼社、绿汁则即以两江为提纲云。

金沙江，自宾川州西北入境，当大姚县铁索箐西北，北与永北分界，东行纳一泡江水。见后另提纲。又东南纳铁索箐北麓水，又东北右纳羊蹄江水，又东北至苴却巡检司东北，绕方山麓折南行，经苴却东又南，右纳大姚河水。见后另提纲。折东流复折而南，至元谋西扁担浪，又折东行，右纳龙川江水，见后另提纲。又东流入元谋县界。参旧《云南通志》、齐召南《水道提纲》。羊蹄江，源出大姚县北百六十里磨些村，东北流入金沙江。旧《云南通志》。

一泡江，源出云南县北梁王山，南流分为二，一南下白崖为礼社江，一东来分绕云南县城南北为青龙海、品甸海，合流东南经小云南驿南，折东北流为一泡江，右纳你甸河水，已详大理府。又北左纳一字水。一字水，源出姚州北一百里黎武山北麓，其南麓即香水河源也。北流经白盐井，又西北入一泡江。旧《云南通志》。又北入金沙江。参旧《云南通志》、齐召南《水道提纲》。

大姚河，源出姚州南四十里三窠山，北流至州南潴为大石淜，广四百二十余亩。北出分为东泅溪、西泅溪，分绕城东西北流至城北而合为蜻蛉河，北经两山间，北绕龙凤山东麓，又北，左会阳派河水。阳派河，源出姚州西十五里金秀山北麓，北汇为阳片湖，广二百三十亩，北出流至光禄乡南，左会连场河，折东流入蜻蛉河。连场河，一名连水，源出镇南州北十五里十八盘山，北流经姚州西二十里之连场，又北，左会观音箐水。观音箐水，源出姚州西三十里观音山，东南流会连场河。又北折东流会阳派河，入蜻蛉河。参旧《云南通志》《姚州志》。又折东北流，右纳香水河水。香水河，源出姚州北一百里黎武山南麓，其北即一字水源所出也，东南流至大姚县西南，入大姚河。参旧《云南通志》《姚州志》。东流为大姚河，经大姚县南，又东，右纳小关口水。小关口水，源出小关口，北流经仡佬村北，东流又折北流，绕妙峰山西麓，东北流会赤草峰水。赤草峰水，源出赤草峰西西南山中，东北流经赤草峰街，又东北流经赤草峰村，又东北会小关口水。北流入大姚河。参《徐霞客游记》《古今图书集成》。又东北流经大舌甸村，过独木桥，又东北，左会蛟龙江水。蛟龙江，源出大姚县西北一百二十里铁索箐，一名苴泡江，东流百余里，东南入大姚河。《徐霞客游记》。又东北流至苴却巡检司南，东入金沙江。参旧《云南通志》《姚州志》《徐霞客游记》。

龙川江，源出镇南州西七十里英武关之苴力铺山中，曰白龙河，亦曰苴水，一名虹江。东南流，左会响水河水。响水河，源出镇南州西北十五里见性山龙潭，东南流入白龙河。旧《云南通志》。又东南流经镇南州西南，又东南流经镇南州东南，右纳平夷川水。平夷川，源出镇南州西三十里众山中，合流至州东南入白龙河，镇南州东有玉泉，有丹桂泉。旧《云南通志》。又东南，左纳清水河水。清水河，源出镇南州东北蕨芗厂龙潭，南流会龙王庙岔河等水，出干家坝，经州城东南入白龙河。参旧《云南通志》《镇南州志》。又东南流，左会紫甸河水，为三道河。紫甸河，源出定远县西三十里紫甸乡化佛山，西南流至吕合入白龙河。参旧《云南通志》《古今图书集成》。又东流，右纳大石河水。大石河，源出楚雄县西三十里紫溪山北麓，东北流入白龙河。参旧《云南通志》《古今图书集成》。楚雄县西有捣练溪，有波罗涧。旧《云南通志》。折东南流经楚雄府城北，折东流，右纳青龙河水为大河，亦曰龙川江。青龙河，源出南安州城北，北流汇楚雄县南界诸水，北流经楚雄府东，为平山河，又北流经楚雄府东北，入龙川江。参旧《云南通志》《楚雄县志》《古今图书集成》。楚雄县东十里青龙河东有席草湖，周五里。旧《云南通志》。又折东北至腰站北，右纳方家河水。方家河，源出楚雄县东三十五里腰站南山中，经腰站东，过凌虚桥，北入龙川江。参《楚雄县志》《古今图书集成》。方家河西、楚雄县东北三十里有曲甸湖。旧《云南通志》。折北行至广通县西北、定远县东南，左纳零川水。零川，一名直苴河，源出定远县西三十里赤石山，东南流会龙文川。龙文川，源出定远县西二十里云龙山，有两源，左源出斗箐，右源出老虎箐，二源合南流会零川。两源既会，东南流经定远县西南，左会茶小溪水。茶小溪，源出定远县西十里，南流会龙文川，入龙川江。又东南流绕石门山麓，东南入龙川江。旧《云南通志》。定远县东南有黄莲池，西南有龙马池，西有石羊井。黄莲池，在定远县东南五里，池产黄花，其形如莲。龙马池，在定远县西南二里，传昔有龙现池中。石羊井，在定远县西二里，有石如羊，泉出其下，动之则溢。并旧《云南通志》。龙川江又东北流，左纳琅溪水。琅溪，源出定远县东二十里山涧中，东南流至琅井为琅溪，左纳濯乐河水。濯乐河，源出琅井东北山中菖蒲潭，南流入琅溪。东南流经鳖峰山麓，东南入龙川江。旧《云南通志》。又东北，右纳立龙河水。立龙河，源出广通县南一里马鞍山，北流经县西安定门外，又北会关山河水。关山河，源出广通县四五里回蹬山赤摩村，东北流会立龙入大河。又东北入大河。参旧《云南通志》《广通县志》《古今图书集成》。又东北，右纳清风河水。清风河，源出广东县东十五里赵普关，西北流经县东北，入大河。旧《云南通志》。又东北，右纳罗苴甸河水。罗苴甸河，源出楚雄县东六十里，为罗磨河，南流会云甸河水。云甸河，源出楚雄县东六十里，南流入罗磨河。又南流汇为罗川，折东流，又折北流入龙川江。参旧《云南通志》《楚雄府志》《楚雄县志》《广通县志》。又东北流经黑盐井，右纳罗申河水。又东北，左纳龙沟河水。又东北，左纳猛冈河水。罗申河，源出广通县东北十五里阿陋雄山，西流经黑盐井，入龙川江。旧《云南通志》。谨案：旧《志》、《黑井志》有三道河，按其方位，盖即罗申河，以无确据，姑存俟考。龙沟河，源出黑井西菖蒲潭，亦曰龙门溪。东北流，凤山夹其左，七局山夹其右，又东南流，深阔浩荡，为一方巨浸，唐代建塔镇患。入龙川江。猛冈河，一名猛零河，源出姚州东六十里文龙、者石诸山，东北流经炉头村，为炉头河，又东北入龙川江。《徐霞客游记》。又东北经元谋县西为西溪，左纳应元溪水。见武定州。又东北至法纳禾，入金沙江。参旧《云南通志》《徐霞客游记》、各府州县志、《古今图书集成》、齐召南《水道提纲》。

礼社江，源出云南县之梁王山，南流至九鼎山下，一支东北出，为一泡江，其西南流者为万花溪。下白崖，经蒙化，会阳江，东南流至南涧东南入境，为府大河，南流经[illegible]嘉州判北，为大厂河，亦曰大场江，一曰卜门河。折东流，北纳大厂东北水。碍嘉州判西有梁罗泉。梁罗泉，在碍嘉西四里。旧《云南通志》。卜门河又东南，右纳界牌汛北水，又东，左纳马龙河水。马龙河，源出镇南州阿雄乡之一街，东南流，右会伯鱼河水。伯鱼河，源出镇南州之洒坡武，东南流经鹅毛岭，东南会马龙河。《楚雄县志》。又东南流经旧哨汛西，又东南流至三江口北，入礼社江。参《楚雄县志》《镇南州志》《古今图书集成》。折南流经新平县斗门乡南，左与丁癸江会。丁癸江，源出禄丰羊溪，北流折西南流，经禄丰县北，西流入境，右纳九盘山水。九盘山水，源出广通县东北五十里九盘山南麓，东南流入羊溪。参《徐霞客游记》《古今图书集成》。折西南流为绿汁江，右纳舍资河水。舍资河，源出广通县东北十五里阿陋雄山南麓，西南流，一名阿陋河，南流右会雕龙河水。雕龙河，源出广通县东北十里之阿纳香山，疑是阿陋香山。东南流与阿陋河会，合东南流入绿汁江。参旧《云南通志》《古今图书集成》。又东南，右纳妥稍河水。妥稍河，源出南安州东南四十里山中，东北流至的禄村北，折东南，右会沙甸河水。沙甸河，源出南安州东南百余里雨竜汛，南北流经雨竜汛西，又西北流至妥甸汛，西折东流，又折北流经乾海子西，西北与妥甸河会。两河既会，折东北流入绿汁江。参旧《云南通志》《南安州志》《古今图书集成》。南安州东三里有白沙泉，东七里有黑龙潭，东北二里有石井，随取随满。旧《云南通志》。又东南流，左纳禄丰县炼象关水。见云南府。又曲曲南流至易门县西南，左纳易江水。见云南府。折西南流经嶍峨县丁癸乡，为丁癸江，至新平县北，左纳七曲河水。见元江州。又折东西北流，右纳邦溪河水。邦溪河，源出南安州南二百里大橄榄北山中，西南流会西溪水。西溪，源出接官厅汛西南山中，东流合东源。两源既会，东南流，左会李海汛水。李海汛水，源出南安州东南二百余里李海汛山中，西南流入邦溪河。折西南流入丁癸江。参《古今图书集成》、齐召南《水道提纲》。又折西南流经新平斗门乡南、太和乡北，为麻哈江，西南入礼社江。参旧《云南通志》《楚雄府志》，广通、楚雄、南安州县志，《古今图书集成》、齐召南《水道提纲》。

右楚雄府诸水。

卷十八　地理志三之八　山川八

澂江府

澂江府之水，皆归南盘江，惟新兴之大溪，系曲江源，历临安各州县，然后入盘江，故另叙焉。

大溪，源出江川县西南兽头山，南流折西流，经河西县夹雄山北，折东北流经江川县普妙乡，行三十余里至小矣资，右会香柏河水。香柏河，源出新兴州东北七十里蒙习山东麓与晋宁州分界处，西南流经安花村，又西南经芋苗村，又西南经大矣资，又西流至小矣资西，入大溪。参旧《云南通志》《澂江府志》、王迪吉《山川总记》。折西流经王鸣喜，左纳撒喇哨河水。撒喇河，源出新兴州东南二十里乾海资[①]，北流经灵照山西，又北折东北经灶君坡北，左会哨河水。哨河，源出新兴州东南十里石灰窑，北流经平顶山东，又北折东流至灶君坡，入撒喇河。又东流入大溪。参旧《云南通志》《澂江府志》、王迪吉《山川总记》。又西流至戴家屯，右纳罗麽溪水。罗麽溪，源出新兴州东北二十五里罗麽山下白龙潭，由白塔山后会小龙潭水北流，经普具笼城折西，又折而南为罗麽溪，南流至戴家屯南入大溪。参《澂江府志》。折南流至新兴州城西北康阜桥，右纳罗木箐水。罗木箐，源出新兴州东北三十里响水，西南流蒙习山阴，南流经北山白云寺前，折西流经龙门村，又折南流过康阜桥，南流入大溪。《新兴州志》。又西南流至通年桥，为玉溪。新兴知州任中宜《玉溪河记》："玉溪之水源有二，一出江川兽头山，一出州境香柏河，至小矣资合流，则撒喇哨河水注之，至戴家屯白龙潭水注之，至康阜桥罗木溪水注之，至通年桥奇梨、西河二水注之，至甸尾村行山际中，出嶍峨城下及阿迷、弥勒州界入盘江，达广西泗城，归南海。冬春少雨，溪流常弱，夏秋洪涛汹涌，漫及于中卫屯、中古城等处，不知何时筑堤障之，然山峦沙石，随波而下，日久淤塞，河身渐高。崇祯二年，摄州事武定司理宜宾何公宪集州民数万人疏之，自玉溪桥而上，与大营屯而下，高阜如束，可无水患，中间两畔，堤岸十里，往往冲决堙田庐，以致忿角伤人，守土者当留意焉。疏浚用夫甚多，难以轻议，惟每岁春增修堤岸之为愈也。"右纳西河水。西河，源出新兴州西北五十余里昆阳酸水塘，西流会铁炉关水，折南流会母猪箐龙潭水，又南流经刺桐关西，又南流至陈家屯，右会奇梨溪水。奇梨溪，源出铁炉关西十五里椒山南麓，南流为乾河，大雨满盈，晴则乾涸。南行三十五里至蚂蝗箐南，折东北流矿塘箐七里至黄草坝落水洞，而伏东行八里至奇梨山下涌出，为奇梨溪，九泉分灌，聚为一泓，亦曰九龙池，南流至陈家屯会西河。两水既会，东流至通年桥，入大溪。《澂江府志》。九龙池北为莲花池。莲花池，在九龙池北十里，亦入大溪。李元阳《云南通志》。又西南，左纳窑沟水。窑沟，源出新兴州东南八里平顶山后窑山东麓，北流经徐家大山东，又北折西流经徐家大山北，西南流经州城南，又西至金官屯西北，入大溪。参《新兴州志》、王迪吉《山川总记》。又西南，左纳牟溪水。牟溪，源出新兴州东南和尚湾西南牟溪冲，东北流折西流，经梁王山南麓，又西流至凤皇山西北，左纳奴喇河水。奴喇河，源出新兴州西南三十里奴喇山后，北流经密罗村，过禄匡城东，又北至大营村，会牟溪。两水既会，西流入大溪。参《澂江府志》《新兴州志》。又西南流经甸尾村，流两山中，右纳黑龙潭水。黑龙潭，源出新兴州西十五里龙吟寺，南流入大溪。《澂江府志》。又西南，左纳甸苴河水。甸苴河，源出新兴州西南三十里尖山，受甸苴山谷水，北流入大溪。《新兴州志》。又西南，右纳良江河水。良江河，源出新兴州西北三十五里良江村，东南流受两山潦水，又南流入大溪。《新兴州志》。又西南，右纳清水河水，又南流入嶍峨县境。参《澂江府志》、王迪吉《山川总记》。清水河，源出新兴州西七十里光山东北，东北流经桤木岭，折东南流，南入大溪。参《新兴州志》。

东山河，源出新兴州南三十四里曲陀关，南流折西行，经梁海村，右会东山湖水。参《澂江府志》《新兴州志》。东山湖，一名玉湖，源出故研和县东南东山之西，周三里，南流入东山河。参《澂江府志》《新兴州志》。折东南流至河西碌碑乡，又南折西南入碌碌河。参《澂江府志》《新兴州志》。土州判王迪吉《修东山河记》："玉湖在东山南，周三里许，受研和诸山泽，出梁海村，行山际中，至河西县碌碑乡，入大溪。夏秋雨潦，田禾常溺，以湖小不能容受，泄口平狭故也。山流涌激，沙石并下，泄口日就淤塞，近湖民少，力难自任。明季申请三院，照昆阳海口例，每三岁发研和一乡夫，并河西碌碑乡壖及其田之夫，共相修治，著为令。康熙壬申、丙子、己卯，州三给示，于春孟兴工，迪吉父子监之，约长二里许，积久不治，壅遏倍常。乙未，迪吉请于州

① 乾海资　当为"乾海子"。

牧任公中宜，批照往例，行水流畅达，无淹没之患，然玉湖潴水，旱可以蓄，潦可以泄，大为稼穑之资，唯沙泥渐渍湖身，或致平满为患，恐不止湖畔数屯也。在今日以疏口为沛流之计，若异日则又以浚身为探本之论也。”

铁池河，亦曰大池江，一曰大赤江，即南盘江。上自陆凉西流为大赤江，至大小河口民和乡獐子村南，入路南州境，民和乡，旧邑市县地。为大池江。又西经大村北，又西经茅草房，又西经蔡家营北，又西经护国庵南，又西经土主山北，又西经半月山南，又西经密河城北，又西经大河洲，又西经安家桥，又西经陈家渡，又西右纳龙洞水。龙洞水，源出宜良县北贾龙东南山中，又南流宜良、陆凉、路南三界中，南至宜良小薛营、九仓东南，入大池江。参《路南州志》《宜良县志》。民和乡贾龙有温泉。温泉，在路南州西北五十里，其水温和，有硫磺气。旧《云南通志》。铁池河又西南入宜良境，右纳十八盘水。十八盘水。谨案：亦曰大池江，详宜良县。又西南流数十里出红石崖，经席家渡，右纳七江溪水。又南至竹子山北，右纳黑泥河水。见宜良县。七江溪，源出河阳县东北三十里九岐山南麓，东流经九村，为九村河，又东流经七江村，为七江溪，东流入铁池河。参旧《云南通志》《澂江府志》。路南州西南有叠水。叠水，在州西南三十里，崖高千仞，瀑布飞流，声如霹雳。旧《云南通志》。铁池河又西南经竹子山西，折东南入境，绕竹子山三面，左纳巴盘江水。巴盘江，源出路南州东北十五里白龙潭，西南流十里，左会黑龙潭水。黑龙潭，源出路南州东南十余里，西北流数里，与白龙潭会。两源既会，西南流至城东兴凝桥，为兴凝溪，又西南经城南板桥，又西南至竹子山南，入铁池河。参旧《云南通志》《澂江府志》《路南州志》《宜良县志》。至此为铁池河。又东南，左纳休柔溪水。休柔溪，源出路南州东南十五里九盘山，西南流入铁池河。旧《云南通志》。又南，右纳抚仙湖水。抚仙湖，源出江川县西北二十里屈颡巅山南绿龙山，为阿件溪，亦曰阿化冲，南流为中河，分一支西流，会冷水泉水。冷水泉，源出江川县西二十里西山黑龙潭，东南流为冷泉，会中河水为西河。南流，中河亦南流，并会为星云湖，周八十余里，双井温泉亦会。提学葛峻起《星云湖》：“风吹湖水碧悠悠，湖上渔人泛小舟。两岸云山横翠黛，一川烟草卧沙鸥。登车空抱澄清志，破浪从知汗漫游。最是湖边风景好，榴花如火照双眸。”自中河口东，左纳东河水。东河，源出江川县北十五里关索岭，分流左广二卫，南入星云湖。三源既会，又东至海门桥流为港河，东流至河阳境，又汇为抚仙湖，一名罗伽湖。周三百余里，界河阳、江川、宁州之间。贡生罗藻《游抚仙湖记》：“仙其有乎？胡不经见也。仙其无乎？胡使恒见也，且有形像，有定在，有可以常常见，亦可以人人见仙乎？仙乎其是之谓乎？说在湖上抚仙，是湖之东岸有峭壁，高数十丈，横则倍之，皆五色斑斓，峙于湖滨，与擎天玉笋，遥遥相对，崖之中稍下有峭缝，约宽三二尺，去湖面在五六丈，相传为仙人洞，洞中每遇丰年，常有卿云气出，以征瑞应。方日之西斜，光射洞口，又借烟波滉漾，恍如临镜徘徊，宛然二仙依于洞外，此则抚仙之大概也。看抚仙者，宜于天朗气清，风恬浪静，携胜友，驾扁舟，纡徐打桨，向东而进，对峭缝所在，凝眸久之，初见稍有仙人形状，渐近渐真，其仙约高二尺余，一丰腴，一清癯，著五色之仙衣，对万顷之银涛，抚肩笑立，依于崖际，时而凉飙度岭，舟荡身摇，觉仙人情意，与舟中玩者欲通款洽，且不止此，洞外有长茅一丛，其叶蓬松披靡，蔽于洞口，如帘幕然，忽被微风引动，恍如仙人衣裾欲飘，又如南风间作，将洞口长茅嘘之北向，洞中二石于焉露出抚仙情致，其肖逼真，顾非悉心领略，则亦觌面失之也。若夫湖光潋滟，一碧万顷，载酒泛舟，殊令人有凌波仙子之想，乃为之诗曰：‘湖上仙名抚，摩肩笑相睹。洪崖把臂游，若士迎风舞。海岛望蓬莱，壶天开洞府。山高水自流，志趣同千古。’”中丞李发甲《抚仙湖即事》：“四面晴岚接远天，湖光潋滟抱城边。风含细浪文成藻，云郁千峰锦作烟。村舍桑麻耘绿野，井闾刀尺促新蝉。清樽尽日成嘉会，少长追陪玳瑁筵。”自星云至抚仙，中有界鱼石，星云之大头鱼、抚仙之鱇䱟鱼，各至石而回，两不相越。明推官云间张鹄《界鱼石歌》：“界鱼石，似鸿沟，楚汉划然息戈矛。青鲦白鲤各分投，奇峰插天至今留。我从云间历滇黔，山水奇观半九州。何为有此石？突兀屹中流。海门桥外烟波满，暂憩石前解敝裘。山为樽，沼为酒，蛟龙夜舞海浪翻，鱼虾恬然循故道。碌云循吏天下才，持杯进酒相慰劳。中间一亭属余题，绝似郎官湖脱藁，酣歌掷笔思李白，星云抚仙风浩浩。”抚仙湖自玉笋峰东南，左纳西浦泉水。西浦泉，即礐泉，源出河阳县西五里蟠龙冈，石崖如巨螺壳覆山麓，左右双湫夹出，左湫自明湖由罗藏山伏流而来，名燕窝塘，四时常清，挠之不浊；右湫自滇池由海宝山下伏流而出，四时常浊，澄之不清。两泉合流，汇为巨塘，南流左纳立马溪水。立马溪，源出河阳县西北二十里玉印山，南流至兀峪岭，左会剑岭水。剑岭水，源出河阳县西北剑岭，西流入立马溪。立马溪又东南流绕竹园坡，折西南入西碧溪，溪又南流，右纳石涧溪水。石涧溪，源出河阳县西南十里虎山，北流入西碧溪，溪又南，右纳清水涧水。清水涧，源出河阳县西南十五里云溪山左、官涧山右，两溪会东流，绕蟠龙冈西南，又东入西碧溪，溪又南流入抚仙湖。知府杨应策《西碧龙泉记》："顺治己丑春，余守澂江，见环澄皆山，渟泓注海，峙流明秀，固人文之所蒸变也，迄乎暮春，大雨时行，涧水泛溢，东西浦民，高告旱而低告冲，请致祭于西浦龙泉庙。及至，而庙貌倾圮，神像淋漓，董先正纪录罕有存者，惟龟形载纹石若堆螺髻于其上。浊泉通昆明池，清泉本罗藏山左右映带，流一里许，合而汪洋散布，灌溉澄郡田畴千万亩，计是泉之有大造于西也。国计民生，实嘉赖之，岂但为游地而听其走沙塞路、溃浪冲堤，人迹罕至可乎？沟洫未尽其力，泉涌而溃，东道之不通，稼禾受之而反罹其害，则疏瀹堤防，敬鬼神而务民义，志乌容已。或曰戎马倥偬，时诎举盈非策也。夫国之大事在农，古昔神农氏为民立命姚姒曰'一民饥我饥之也'，崇伯子洒沈澹灾，稷播树蓺，立万世生民之极。《诗》曰：'粒我蒸民，莫匪尔极。豳风七月，惓惓农事。孟叟告滕，经画于沟涂封殖之界，非以为国根本，惟在是哉！越明年庚寅，政通民和，调繁曲靖，澂人借寇将有事于西畴，而浚川鼎庙力不从心，寤寐辗转，适元戎周公抚景兴怀，捐金首事譬平地一篑乎？虽冰署萧然，苟有利于民社，吾何爱元发肤？相与缙绅长者豆区釜钟，委照厅赵时学董其事，因颓基而壁瓦栋宇，一从新葺，庄严肃雍，堂堂如在。又于祠前建三楹，塑白衣大士于中，设大门三楹，题额曰'广派庵'，右开甬道，以曲径通幽处，竖庭三楹为谒庙，而更衣履祭毕而饮神，余左三楹，僧房行厨在焉。余守澂二年余，秋敛则罄折事神，使澂民贴席，春耕则日乘马视筑东西两坝，行水利道，劳不肩舆，暑不张盖，而尽力乎沟洫。后之君子因流溯源，毋壅毋溃，其与我同志，与若曰取清浊而歌沧浪，但以临流兴羡，适观而已，非志也，亦非记意也。"知府黄元治《西碧龙潭》："冰署饶清暇，相携过浦西。龙泉浇万亩，蚁穴闭长堤。怪石根藏洞，垂杨叶饮溪。村村争祭赛，杂遝醉如泥。"又东，左纳西大河水。西大河，即罗藏溪，源出河阳县西北十五里罗藏山，绕罗藏左臂屈曲而东，绕竹园坡东至塔浮舞凤山前，左纳两山涧水，东南纡折至棕树村，一由旧街子水碾团营入湖，一由十里亭后至立马溪左所入湖，一由青龙庙下东北至瓦窑村、太平桥、四均桥、马房村入湖。又东，左纳东大河水。东大河，即玗劄溪，源出河阳县北二十里宝鼎山东，东流经玗劄山南，折南流至青云桥，会东谷溪、庄境泉、北坡泉诸水。东谷溪，源出县东六里东谷之麓。庄镜泉，源出县东北二十里碌崎山，西南流。北坡泉，即东浦泉，源出县东五里华藏寺，并西南流入劄札溪为东大河，又西南流入抚仙湖。又东至海口流出，东入铁池河。参旧《云南通志》《澂江府志》。抚仙湖东岸有温汤池。温汤池，在河阳县东四十里，相传浴之可去寒湿疾。《澂江府志》。河阳县东南有矣旧泉。矣旧泉，在河阳县东南十里，有泉穴三处。旧《云南通志》。江川县北有白龙潭。白龙潭，在江川县北十里，中有巨石，一人摇之则动，众人摇之则不动。旧《云南通志》。铁池河又南入宁州境，为婆兮江。

明湖，在旧阳宗县北五里，周围七十余里，东西两岸山势陡绝，源出罗藏山东支峰西麓，曰弥勒石溪，合众涧流为此溪，出弥勒石口，左会锦溪水，参旧《云南通志》。锦溪，源出旧阳宗县西罗藏山北麓。旧《云南通志》。谨案：东流入弥勒石溪。潴为湖。又北，右纳七古泉水，又北，右纳日角溪水。七古泉，在阳宗旧县西北七里，源出麦田冲，流经北斗村，入明湖. 旧《云南通志》。日角溪，一名芭蕉河，源出阳宗旧县西十五里觉卜山下，伏流入天生桥山腹，出为此溪，东北入明湖。参旧《云南通志》《澂江府志》。又北，左纳陇邱冲河水，又北为海口。陇邱冲河，在阳宗旧县西北十二里，源出陇邱冲山间，流入明湖。参《一统志》。自弥勒石溪口渐南，右纳大冲河水。大冲河，源出阳宗旧县南五里罗藏山之麓，聚众涧为河，北流入明湖。参旧《云南通志》《澂江府志》。又东北，右纳龙池溪水。又北为海口，北流入宜良，为大成江。龙池溪，源出阳宗旧县东五十里炒甸，会大、黑两龙潭，双树泉诸水入洑水洞，西北流过狮子、象鼻两山西、北至宜良，入明湖。《澂江府志》。旧阳宗县西夹浦山麓有濯缨泉。濯缨泉，在旧阳宗县西一里，自石罅流出，清澈可爱，上有龙祠，季春官民祀之，以祈水利。

右澂江府诸水。

卷十九　地理志三之九　山川九

广南府

广南府之水，以西洋江为大，而西与开化界入南交者曰普梅河，由府南出入南交者曰者赖河，由开化入境东北归盘江者曰马别河，今详列之。

普梅河，源出开化府东，一曰那楼江，一曰漫江河。谨案：《水道提纲》云出广南府南百八十里大山，然实出开化境，特其流过广南耳。南流为藤条江，又南流为木奔江，南入越南国境。其下流至越南会广西末水，入富良江。参《开化府志》《广南府志》。

者赖河，源出府南二百余里普厅塘西南山中，南流稍西，曲曲行两山间二百里，南入越南国界。其下流会普梅河、末水入富良江。《广南府志》。

马别河，源出开化府北山中，东流为一字桥水。又东经法土竜故城、麒麟山北，折东北经诸葛山西，又东北经狮子山西，又北，左纳江那水。江那水，源出江那西南山中，东流经江那汛南，又东入马别河。又北流经江那汛东，又北流经新塘东，又北流经乾河塘东，又北流经阿鸡塘东入府境，又北，左纳维摩塘水。维摩塘水，源出广西州五嶆州判西南山中，东流维摩塘南，又东流入马别河。又北流经维摩塘东，又北，左纳维摩北水。维摩北水，源出五嶆西北山中，东流入马别河。折东北流，经衣落寨东，又东北经弥勒湾汛东，又东北经杨伍东，又东北经长冲西，左纳法白水。法白水，源出法白北山中，南流经法白东南，入马别河。折东流至安排营西，右纳者种河水。者种河，源出者种北山中，南流经者种西南，左会者种南山西来水，折北流经六郎下安排南，又西北入马别河。又东北流，右纳下安排水，又东北入广西州师宗县境，东北入南盘江。参《古今图书集成》、旧《云南通志》《开化府志》。下安排水，源出六郎东北山中，西流至下安排西，入马别河。

西洋江，亦曰南盘江，《水道提纲》以为即古夜郎遯水，其实非也。遯水盖即温水耳，江源出府治宝宁县西北六十里板郎、速部、木王三山，合流东北折而东，经者兔塘西北，又折而东南，曲曲四十里至府西北，左纳松木岭水，松木岭水，源出府西北松木岭，南流入西洋江。右纳东北水。东北水，源出府北山中，西南流入西洋江。折南流经望龙桥，又南，右纳红石崖水。红石崖水，源出宝宁县西七十里红石崖。两溪合流，东南入西洋江。折东南流为西洋江，至府城东南，右纳响水河水。响水河，源出府西南八苗寨东，流入西洋江。又东南，折东北经西洋江塘，又东北经乃安西，又东北经板蚌凤西，又东北经坝下塘西，又东北经威泌塘西，又东北经洞柴塘西，又东经西宁村北，左纳同舍河水。同舍河，一名土黄河，有两源：一出府东北分水岭，两涧合流而北，又东北入广西西宁县界，经剥贯村东；一出府北者洪汛，两涧合流而东，经科岩北，又东入广西界，经剥贯村北，又东。两源会合，又东北受西南一水，折东流，又折东南流，受西北一水，又东南流，受东北西隆水，又南流经西林县东南，右纳驮门河水。驮门河，源出宝宁县东南山中，合二溪西北流入广西界，折东南，合绿驮河，入同舍河。折东北，又东南至府界上，入西洋江。折东南流经达板塘东，又东南经者丙塘东，右纳剥江水。剥江，源出府东南达板塘西南山中，两涧合流而东，右纳者桑水。者桑水，源出洞耶、戈革诸山中，两涧合流，北经那尾、西者桑东，又北会剥江。又北，入西洋江。又东经剥莪北，右会者郎河水。者郎河，一名楠木溪，源出宝宁县东南八十里花架山，东流至普厅塘北，右会南江溪水。南江溪，一名南汪溪，源出麻卯、僻令二山，东北流至普厅塘，合楠木溪。两源既合，东流至石洞而伏流十五里复出，东流经归朝北，又东北至平洋村北，右会广西归顺州水。广西归顺州水，曰小镇安溪，曰下劳村溪，合而东北流；曰那旺村水，曰东水，合而西北流。两源既会，东北流入者郎河。又东北至那洞北，又右纳广西西北来水，又东北经那万西，又东北至剥隘西，入西洋江。又东经剥隘北，又东经剥濑北，东入广西界，会左江为郁江。参《古今图书集成》、旧《云南通志》《广南府志》。

右广南府诸水。

顺宁府

顺宁府之水，澜沧江环其三面，境内之水皆入焉，而南丁河一支由缅宁走耿马，从东向西曲折数百里，纳小水数十，亦巨川也。今诠次先澜沧。

澜沧江，自保山南南窝都鲁坳东北入境，行保山天井铺分支东南行山之东，东南流经鳞水寨西南，又东南至顺宁县北、高枧槽北，右纳高枧槽河水。高枧槽河，源出顺宁县西北二十里白沙铺西南，东北流至高枧槽西南，左纳西南来溪水，北流至高枧槽西北，入澜沧江。参《徐霞客游记》。又东，左纳三台箐水。三台箐，源出顺宁府北百二十里三台山左右腋中，一西南流，一东南流，会于三台山东南，南入澜沧江。参《徐霞客游记》。东木龙有温泉。《顺宁府志》。澜沧江又东，左会黑惠江水。黑惠江，即漾濞江之下流，蒙氏僭封四渎之一，源自丽江小甸塘，分澜沧江流，东南受剑海、洱海诸水，经大理、蒙化南流入境，东流至新牛街西北，折南流，右纳牛街水。牛街水，源出顺宁县北百六十里乐可巧村，东流至阿鲁司西南，纳南溪水折北流，经阿鲁司西北，又纳左右各一溪水，又北，右纳一溪水，北流至新牛街北，入黑惠江。谨案：旧《志》有虎墟河，想即出乐可巧村者。又有阿鲁司泥河，与虎墟河合，即此水也。折东北流，绕赤龟山麓，东北抵猛蝶者石山麓，折而南流，有杪木哨水来会。见蒙化。又南经公郎东，又南绕泮山东麓，南入澜沧江。参旧《云南通志》《顺宁府志》。澜沧江既会黑惠江，又东流，左纳公郎河水，见景东。折南流至云州东南，左纳顺甸河水。顺甸河，源出顺宁县西北二百数十里之董瓮山，南流为右甸河，会甸中诸水出东南峡，东流至大桥东南，转折西流过大桥西，折南流，右纳水塘哨水。水塘哨水，源出顺宁县西北百二十里之水塘哨，西南流折东南，入右甸河。又南，左纳小桥水。小桥水，源出小桥东北山中，东南流经小桥村南，入右甸河。又东南经锡铅驿南，左纳锡铅溪水。锡铅溪水，源出锡铅东北山中，西南流至锡铅驿南，入右甸河。又东南至孟祜村南，左纳孟祜西溪水，为孟祐河。孟祐西溪，源出孟祐西北山中，南流至孟祐村南，左会一溪入孟祐河。又南流，纳猛峒水。猛峒水，源出猛峒北，北流会杜伟山东麓诸水，东流入孟祐河。又东南，右纳南桥河水，为顺甸河。南桥河，源出永镇关西，西北流入顺甸河。又东，右纳永镇关小河水。永镇关小河，发源永镇箐，北流至小官庄，会北桥河，北流入顺甸河。左会顺宁河水。顺宁河，源出顺宁县西北五里甸头村，东南流至城北为衢亨河，左会桃源、董永二河，折南流经城东，又南，右纳瓮磉河水。瓮磉河，源出县南山中，流经龙泉寺前，东入东河。龙泉寺外有龙湫一泓，方半亩，林木高荫，水如寒潭，四时澄澈。衢亨河既会瓮磉河，为东总河，又东，左会温沙河水。温沙河，源出顺宁县东十五里之九龙山，东南流至归化桥北，入顺宁总河。总河既会温沙河水，又南，右会浴甸河水。浴甸河，源出县西南十五里之中阿山，东流入顺宁河。顺宁河既会浴甸河水，又东南流至云州旧城东南，入顺甸河。谨案：旧《志》尚有腊门河，无考。顺甸河既会顺宁河水，又东经云州城南，又东，左纳猛郎河水。猛郎河，源出云州北一百里挨罗箐，南流四十里至猛郎，会猛崩河、马四河二水。猛崩河，源出云州蛮冒箐。马四河，源出云州会掌村，并会猛郎河。又南折西南至云州东南，入顺甸河。又东流入澜沧江。参旧《云南通志》《徐霞客游记》。顺宁府治东有龙潭，右甸有龙潭。府治东龙潭，在府治东三十里山上。五峰交峙，潭水作二流，一入蘸沙小河，一入阿度吾之黄草坝。《顺宁府志》。右甸龙潭，在府治西北一百五十里达丙里，一名澜江眼。宋时段百户筑堤积水灌田，农多赖之。蒋曾兵乱，堤决田荒。《顺宁府志》。右甸鸡飞有温泉，徐石麟《鸡飞温泉》：“山最幽，地最僻，尽道有泉夸赤壁。问之在鸡飞，览之劳马力。青峰高耸若擎拳，古木纷披如线织。燠气薰蒸接太虚，净质澄莹透石隙。何年火龙眠此山？奔流喷沫飞琼屑。山凝半缕烟，石湛一泓碧。又凝丹灶地中藏，暗煮寒浆与沙碛。冬既能温，当夏犹炙。滔滔一派无冷时，亘古灵源不能息。水气升为云汉章，清光直此玻璨色。令人澡浴去尘疴，何异祇园八功德。落涧可以饮麋熊，分流日夜灌阡陌。欣招韵友挈壶觞，一来趺坐同浮白。同浮白，兴何极，前村夕照霭疏篱，我蘸灵泉戏游客。”郡人王怀伯《鸡飞温泉》：“坎德离为用，温泉喷石矶。邻村呼兔尾，此地号鸡飞。玉笋千年瘦，山花四面园。汤铭犹可颂，许我洁身归。”锡铅有温泉，锡腊南糯河有温泉，府治西有蕴古泉，一名瓮古泉。《顺宁府志》。云州温泉四：一在猛郎，一在猛氏，一在困蚌，一在困业。云州东北有龙池。龙池，在州东北八十里。袤延数亩，潦不盈，旱不涸，色与江水同清浊，宋时有龙马出没。

澜沧江既会顺甸河，又南左受景东水，见景东。又南右受猛麻河水。猛麻河，源出大猛麻西北，东南流入澜沧江。《古今图书集成》。折西南，右纳分水岭水。分水岭水，在猛準南，南流入澜沧江。《古今图书集成》。又西南走猛猛南，右纳棘蒜江水。棘蒜江，源出耿马土司北山中，南流为耿马河，右会西北二溪水，又南，左会南别河水。南别河，源出耿马东，合双溪西南流入耿马河。又南流而东南，右会南董河水。南董河，源出猛董西南，东北流合西北一溪，又东北经猛角南，又东，右会南溪水。南溪，源出猛董东南山中，合两溪东北流至猛角东南，入猛董河。又东北至猛渗北，会耿马河。两源既会，为猛渗河，东南流曲曲百余里，右纳西南溪水。西南溪水，源出猛渗南大山中，两溪合流，东北流入猛渗河。又东流，左纳南猛河水。南猛河，源出猛库东北、分水岭西南，西南流至猛库南，会西北来一水，又西南至猛猛西北，左纳一水合两溪来会，又西南经猛猛西南，右纳西北一水合两溪来会，又西南经腊门村西，又西南经仙人山西北，左纳两溪合一水，右纳西北一溪，又南流百里，入猛渗河。又东，右纳猛尹河水，为棘蒜江。猛尹河，源出康郎北之邦董山，东北流合东南一水，北流经上下猛尹，左纳一西来水，一东来水，又北流入棘蒜江。又东流，左纳仙人山水。仙人山水，源出仙人山南麓，东南流入棘蒜江。又东入澜沧江。《古今图书集成》。谨案：俗称辣蒜江，《古今图书集成》、齐召南《水道提纲》作棘蒜江，今从之。折东南入普洱府境。参《古今图书集成》、齐召南《水道提纲》、旧《云南通志》《顺宁府志》。稽山沈应俞《兰沧江》：“澜沧古渡旧梁州，黑水何年导此流。晓浪鱼龙香满甲，晚村儿女笑扁舟。山悬翠壁能迴雁，岸拍银涛自点鸥。敢借长风闲击楫，且从烟雨拂吴钩。”

南丁河，源出猛準东南之分水岭，岭南水入澜沧江。北流，右会西南溪水。西南溪，源出猛準西南，东北流经猛準北，又东北会分水岭水。《古今图书集成》。东北流折而北，至旧猛缅长官司东，右纳内邦、蛮布二河水。内邦河，源出缅宁厅东山，蛮布河，源出缅宁厅东七十里大雪山中，并西流入猛缅水。参《古今图书集成》《缅宁厅采访》。又北经猛缅东北，左纳蛮巩河水，为猛缅河。蛮巩河，源出缅宁厅西高岚山中，东流合二溪，折东南入猛缅河。参《古今图书集成》《缅宁厅采访》。又北纳西南溪水，又北右纳嵋堡河水，又北右纳李歪河水。嵋堡河、李歪河，源俱出缅宁厅东、猛麻土巡检西，西流入猛缅河。《古今图书集成》。又北经腊丁西，又北左纳永镇关小河水。永镇关小河，源出云州西南六十里永镇关南分水岭，岭北水入顺甸河。西南流，会西北水，西北水，源出永镇关西南，东南流与分水岭水会。西南入猛缅河。参《古今图书集成》《顺宁府志》。折西流，右纳四十八道水。四十八道水，在云州南一百里，自永镇起至猛赖大河止，五十里，浅水曲绕入大河。《顺宁府志》。又西至猛赖南，为猛赖河。又西，右纳猛赖西溪水。猛赖西溪，源出云州西南百里猛赖西北山中，东西两源合而南流，南入猛赖河。《古今图书集成》。顺宁温泉，一在大江外路旁，一在漫多村河边，一在锣锅寨大江边，一在小桥塘，一在大兴寺前。猛赖河又南，右纳阿铎河水。阿铎河，源出顺宁县西南百八十里阿铎山，一曰藤川，南流入猛缅河。《古今图书集成》。谨案：阿铎河，旧《志》以为入黑惠江，非。折西南流，左纳邦怕河水。邦怕河，一曰猛回河，源出缅宁厅西北猛回东北象鼻岭，《云州采访》作崑冈。西南流至猛回西，会东南溪水，又西南，又会东南溪水，西流入猛缅河。《缅宁厅采访》。又西南，左纳猛勇水。猛勇水，源出缅宁厅西猛勇，东北流，折西经猛勇北，西流入猛缅河。《古今图书集成》。又西南，左纳虎口河水。虎口河，源出猛撒东南山，两溪合流，西北至猛撒北，合西南来一溪，折东北流，右纳东南溪水，折西北流，经虎口村西，右会东溪水。东溪，源出虎口村，东西流经虎口村北西入虎口河。又西流入猛缅河。《古今图书集成》。又西，右纳无梁山水，左纳一溪，为南丁河。无梁山水，源出孟定土府东北境无梁山南麓，其北麓为怕红河源。南流入南丁河。《古今图书集成》。又西南流百余里，右纳南卡河水，南卡河，源出镇康土州南、孟定土府北山中，西南流入南丁河。《古今图书集成》。左纳南路河水。南路河，源出耿马土司北山中，西北流入南丁河。《古今图书集成》。又西南，左纳南们河水。南们河，源出耿马土司西孟定土府山中，西北流入南丁河。《古今图书集成》。又西南，至孟定土司东北，左纳南底河、南滚河二水。南底河、南滚河，源并出孟定东南山中，并西北流，会入南丁河。《古今图书集成》。又西经孟定土司北，又西，右纳小南崩河水。小南崩河，源出孟定土府北山中，西南流入南丁河。《古今图书集成》。又西流，右纳大南崩河水。大南崩河，源出孟定土府西北山中，两溪合流，隔溪即渣哩江。即潞江。西流南岸，南流百里，入南丁河。《古今图书集成》。折南流，当孟定土府西南二十里，走阿瓦境内。此水源流七百里。参《古今图书集成》《顺宁府志》，云州、缅宁厅《采访》。

右顺宁府诸水。

卷二十一　地理志三之十一　山川十一

曲靖府下

曲靖府之水，其最西北流者曰车湖，一名清水海，源出寻甸州西三十里花箐哨，北纳四面山溪之水潴为湖，周广数十里，《明一统志》谓周广四里，则不止也。余其祥《车湖》："策马穿苍莽，凭湖望眼高。云流清夏暑，冰镜彻秋毫。鹿迹蹂深苇，鸦声咽幕涛。何年来把钓？卜筑碧山峣。"北流经束色堡东，又北流，右纳五里箐水。五里箐，源出寻甸州北凤梧后山，西流入清水海河。又北流，左纳仓溪水。仓溪，源出寻甸州西北百里奴勒峰下温泉，东流为仓溪，又东流入清水海河。又北流，入东川府境阿汪地，会三岔河为小江，西北入金沙江。并《东川府志》《徐霞客游记》。

其最巨者曰车洪江，亦曰牛栏江，源出嵩明杨林海，亦曰嘉利泽，北纳果马溪水。果马溪，源出寻甸州西六十里果马山，南流，左纳花箐哨水。花箐哨水，源出寻甸州西三十里花箐哨横冈南，岗北即清水海，北流入金沙江水，自花箐哨南流会诸山水，南至羊街子，西南流入果马溪。又南，左纳閒易屯水，閒易屯水，源出嵩明州东秀嵩山西北麓，西流经閒易屯，又西入果马河。又南流入嵩明界，入嘉利泽。参《徐霞客游记》《寻甸州志》。东北流出为海口，经秀嵩山南为寻川河，又北流，左纳南谷温泉水。南谷温泉，源出寻甸州南三十五里塘子屯，一池清浅，东流入寻川河。《寻甸州志》。钱塘田世容《过温泉》："东来片羽集方塘，沸井初浮碧玉床。仙客梦回夸蟹眼，壮儿心冷淬鱼肠。金丹浴罢春常在，白足尘消水自香。信是劫灰原不死，昆明池近古寻阳。"又东北，左纳归龙河水。归龙河，源出寻甸州西十余里卧云山挖脚坡左三龙泉，亦名洑溆水，南流折东流，经城南为归龙河，又东入寻川河。《寻甸州志》。又东北，左纳螳螂河水。螳螂河，一名北溪，俗名兔儿河，源出寻甸州北五里白龙洞，会摩浪水东流纳虾蟆塘水，又东南流三十里，经城东南入寻川河。参旧《云南通志》《寻甸州志》。又东北，左纳洗马河水。洗马河，一名矣部乌泉，源出寻甸州北凤梧山麓，为冷水塘，东南流为洗马河，入寻川河。参旧《云南通志》《寻甸州志》。又北至七星桥，右会白蟒河水，为阿交合溪。白蟒河，源出马龙州东，为东河。其源有二：一出州东松溪坡山涧中，西流经西河流等村；一出州东小龙井，西流经陆家庄等村，并曲折数十里至州城南而合。又西流为缪家河，又西流，右会西河水。谨案：马龙州东南有小龙井。西河源出马龙州北高坡，西南流经伯刻山下，又西南流会东河。谨案：马龙州北有莎草塘，西南有大龙井。两河既会，为龙潭河，西南流经龙阳洞，又西南流经土官寨，右纳址堵龙潭水。址堵龙潭，在马龙州西北三十里，周百余步，左右多林木，泉自树根涌出，会滥泥坪龙潭水，西南流至土官寨，与龙潭河会。又西南流为白蟒河，西南流至中和山东，左会九股龙潭水，九股龙潭，源出马龙州西南五十里香炉山后，有九源流出中和山，入白蟒河。折西北流至寻甸州七星桥，与寻川河会，为阿交合溪。参《古今图书集成》《徐霞客游记》、旧《云南通志》《马龙州志》。白蟒河之东有犀牛潭，有庄郎塘，有畏雷泉。犀牛潭，在马龙州西十里昌隆铺。庄郎塘，在马龙州西三十里。畏雷泉，在马龙州西四十里麻衣村犀牛洞，从地穴中涌出，遇雷即涸，经霜乃出，岁旱于后洞群相呼吼亦出。《陆凉州志》。阿交合溪又北流经土地坡西，又北流经白土坡西，又北流经打鸟哨西，又北流为车洪江。江之西为东川府界，江之东为霑益州界木冲。又北流经平溪西，又北流经歹扯西，俱流万山中。又北，其东为宣威州境，又北经得扯西，又北，右纳赤水河水。赤水河，源出宣威州西南火石坡西，亦名鸦扒箐，西流经跌水崖，会三塘及二道河，又西流经奴皛坪北，又西流经得扯北，西入车洪江。参旧《云南通志》《宣威州志》。谨案：王守成《山川记》谓鸦扒箐入乾河，不入车洪江，因无确据，仍从旧《志》。又北流至江边，右纳西泽河水。西泽河，源出宣威州西北三十里分水岭南，南流会后海子水，又南流经马街子，又南流至近外入山中，四十里至仙人洞流出。右会西泽北山水。西泽北山水，源出者革等村山中，南流合诸山水，南入西泽河。西流经瓮得南，又西流经江边南，西入车洪江。《宣威州志》。又北流经仙鹅抱蛋西，折西北流为牛栏江，又西北全入东川境。

其曲折绕全境尽纳境内诸水者曰南盘江，明陕西提学信阳何景明《盘江行》："四山壁立色如赭，盘江横流绝壁下。惊涛赴壑奔万牛，峻坂悬空容一马。危丛古树何阴森，寻常行客谁敢临？瑶妇清晨出深洞，虎辟白昼行空林。沈潭之西多巨石，短棹轻舟安可适？日光射壁蛮烟黄，雨气蒸江瘴波赤。土人行泣向我云，此地前年曾败军。守城只知需货利，将士欲苟图功勋。英雄谟策自有术，窜妇奸男何足论。营中鼓角连云起，阵前临山后临水。烹龙酾酒日酣乐，传箭遗弓尚惊喜。战马俱为山下尘，征夫尽向江中死。遂令狐豕成其雄，屠边下砦转相攻。千家万家鸡犬尽，十城五城烟火空。夕阳愁向盘江道，黄蒿离离白骨槁。魂入秋空结怨云，血染春原长冤草。只今夷虏来归王，高堞短堑俱已荒。牧童驱羊上茔冢，田父牵牛耕战场。惟有行人行叹息，闻说盘江泪沾臆。"源出霑益州西九十里花山洞，曰交河。王灿《交河夜月》："仙源双汇绕城过，龙窟传更倩鼓鼍。水涌冰轮归碧落，天移宝镜入青波。银蟾静照明珠满，玉兔常圆鲛织多。我欲乘槎霄汉上，琼楼听奏紫云歌。"其隔山即车洪江也。河东流经白浪三川，又东流至松林，东南流经石佛停舟。有一巨石如舟，屹立中流，人谓之石佛停舟。霑益刘世裔《石佛停舟》："谁驾慈航古渡头，屹然特立几千秋。因怜石性长为佛，为济尘途故系舟。砥柱难移看止水，风帆不动得安流。道旁如许迷津客，阅尽繁华未肯休。"拔贡平彝董聪《石佛停舟》："天地一虚舟，万物载其上。孰为执篙人，昼夜相鼓荡。冥然一卷石，造化呈全象。会心不在多，离动静亦妄。"又东南流经九龙山下，有石窍九水由石窍入，出大谷中十余里，经天生坝，层岩历级。其第三级高数十仞，中有洞，曰仙人洞。王宇谟《仙人洞记》："州旧有仙人洞在天生坝，上覆瀑泉，下临绿阴，塘中一蓬崖，约宽三丈，有石床、石棹、石墩等物，好奇者架空过之，取瀑布作珠帘，坐其中，水声潺湲盈耳，若置身蓬岛间。乾隆六年，刺史高公伯兄鉽与学博李松岩师访于土人，又得上村左之仙人洞。洞高峻如门宇，东北向，烈炬入之，约半里，有天窗焉，日光透石，似东方欲曙，石床、茶灶略具，二公饮酒赋诗其下，自以为仙境，然亦至是止耳，未尝深入。阅三日，陈生国政、杨生先发邀余往，自天窗入洞门，低小曲折，仅容一身，洞左路尺许，下临大渊，深不可测，侧身傍崖，骇然者久之。由是登石楼，行阁道，见有巍然如大雄宝殿者，高七八丈，宽十余丈，悬崖坠石，俱成仙佛像，水声玑玑作金石声，窦乳流成石笋，大如铜柱，小若玉管，析而视之，中空外朗，晶莹可爱。殿前沙二堆，以火照之，做金银色。殿中狮象，错列无定踪，活泼如生，尝有取其象耳，出者视之，朱色白点，宛然佛殿中物。殿后有田三区，旁立石象，旧传为仙人耕处，过数武，复一洞门，有小石牌螃，门半阖半开，其风若刺，灯火逢之即灭，游人至此，毛骨俱悚，不可复入矣。仙人不可得晤，而于洞天福地，已历历在心目间。二生前告予曰：'闻之故老，坝下蓬崖，盖其游览处，殿后当属密室，不容他人近之，故其风烈。'事虽未然，言亦近似。归告二公，二公欣然复往，卒以曲径逼仄，至天窗而止。因命以所见记之，取以娱目适情，且以待后之有事乎游者。"昔人引水分为二，东流者稍狭，流抱数山至抱觉庵而涸，西流者曲曲三十里折而东北至黑桥，折而南至太平桥，左纳玉光溪水。玉光溪，源出霑益州东玉光村，西流入交河。又南，左纳沙河水。沙河，源出霑益州东五里高桥，亦名高桥河，西南流至太平桥，入交河。《霑益州志》。

霑益州东有大龙潭，有高寨龙潭，有扯补龙潭，有角家乡龙潭，有海家龙潭。大龙潭，在州东北五里。高寨龙潭，在州东十里。扯补龙潭，在小东山后，水从山腹涌出。角家乡龙潭，在州东南二十五里。海家龙潭，在海地，二源并出，大雨时，一清一浊。并《霑益州志》。霑益州城北有黑水塘，城南有青亭潴。黑水塘，在州北黑桥坡上，其水尝浊，相传内有神物，犯之则雷雹立至。《霑益州志》。青亭潴，在州南里许，广十余亩，中通大道，昔年曾建西平书院，青青亭于其左右，今皆圮。《霑益州志》。交河折西南流至州城西南梅家闸，右会腊溪水。已上参齐召南《水道提纲》、汪无限《霑益州水道源流考》、旧《云南通志》《霑益州志》。腊溪，一名阿幢河，实交河之西北源也。源出南宁县西北三十余里翠峰山西、盘龙山堰口北，北流折东南流为双河，合半个、烟子冲两源东流经凤凰山麓，又东南流为腊溪二十余里，经阿幢铺为阿幢河，南流至州西南梅家闸，会交河。谨案：交水由此得名。参齐召南《水道提纲》、汪无限《霑益州水道源流考》、旧《云南通志》《霑益州志》。又南流入南宁县境，右会白石江水，为北河。白石江，有两源：一出马龙州东二十五里石崖间，为响水河，东北流至冯家桥，左会札海子水。札海子水，源出马龙州界乾海子，东北流经茶亭哨至王家屯，会西山河西屯河水，又东北至三岔堡会，三岔河水，东南至冯家冲河水，东流至白石江桥，折南流至柳家坝，入北河。旧东流入河，嘉庆十五年，新改南流柳家坝，入北河。《南宁县采访》。严遂成《渡白石江怀古》："白石江边黄雾塞，扶桑暾江天漆黑。胆落近前金鼓声，芒芒列阵未朝食。临济兵从山后绕，泅儿蒙盾中坚捣。断辔生擒达里麻，降旗遥竖观音保。南诏祸唐宋鉴之，至元乃设宣慰司。八百媳妇交趾缅，务勤远略岁出师。讵知箢内尚分裂，脏腑患病医四肢。颍川别取乌蒙道，行省擒王成算早。余威南詟定远营，要势东规宁越堡。通侯永镇十三传，转战而西此地先。潇湘烟雨今萧瑟，芦苇之间一鹭眠。"程封《白石江》："白石江，战场路，颍川侯，此路去。副将军，名蓝玉，达里麻，败何处？断沙遗镞何其多，伏兵游骑愁相遇。回头莫恋潇湘江，惊湍拍岸迷烟树。行人惯说此江恶，白昼能令风雨作，诸葛营边战鼓鸣，梁王家下妖星落。君不见，张骞持节西使胡，拜爵无过中大夫。又不见，马援领军征交趾，征侧征武两女子。丈夫立功异域，有命更有时，时乎不利空尔为，山魈水怪莫相嗤，眼中之人半霜髭。"孙承恩《白石江怀古》："白石磷磷齿江浦，中庆咽喉首兴古。水色烟光壮金汤，天堑惊人失用武。忆昔濠泗统中华，海内鲸鲵委泥沙。滇池远隔万里外，石城犹横达里麻。奇男只有王保保，王祎遇害梁藩老。风雷惹动颍川侯，百蛮六诏凭一扫。旗影遥遮大渡河，黑桥潟溪顷刻过。江横里许白浪滚，飞度无从唤奈何。夜来溟濛七里雾，两军觌面无朝暮。大军潜入胜峰门，小丑犹然梦未寤。不比李唐远略频，天威蜀汉服蛮人。玉步虽改岁月久，文献传来宛似新。我来正值三秋杪，四围山高江月小。有时故垒起青燐，涯涘人耕霜日晓。"又南流经曲靖府城东，又南流至城东南，右纳潇湘江水。潇湘江，源出马龙州东南木容箐，东北流绕胜峰山西麓，折东流经胜峰山北麓、曲靖府城南，过潇湘江桥，折南流至陶家坝，入北河。旧东流入河，乾隆十年改南流，由陶家坝入河。参旧《云南通志》《南宁县采访》。又东南流经上桥入山峡中，折西南流，右纳龙潭河水。龙潭河，源出霑益州东二十五里分水岭东、平彝县西四十里白水铺西山峡中，南流经曲靖东山，会东山龙潭水，又南流至天生坝，入北河。参《徐霞客游记》《南宁县采访》。西南下天生大坝，亦曰响水坝。又西南趋亮子口西南，走越州下桥，又西南流入陆凉州界，右纳板桥河水。板桥河，源出陆凉州北境竹子山，东南流经芳华废县石坝，又东至郭官堡，又东流至白塔东，入大河，旧《志》一名北涧。《陆凉州志》。又南折西南，又折东绕古城堡，折南流汇为中埏泽。中埏泽，一名云岩泽，俗名东海子，在龙海山麓，周广百余里，交河水至此汇为巨泽，极目汪洋。《陆凉州志》。陆凉州东南有温泉。温泉，在州治之东南，地名阿葵。《陆凉州志》。大河折西流，右纳关上河水。关上河，一名陆凉关河，源出陆凉州东北山龙潭，东南流为瀑布，又东南至白鹤铺，东南入东海。《陆凉州志》。又西，右纳乾冲河水。乾冲河，源出陆凉州西北普山，合大小乾冲并新发村各溪涧之水，东南至三棵树会流，东经陆凉城北，东南流至城东土桥，东流入东海。《陆凉州志》。又西流至永凝桥，左纳大龙潭水，为赤江河。大龙潭，源出陆凉州东三十里山下，一名黑龙潭，西流至城南桥，即永凝桥，西北流入赤江河。《陆凉州志》。又西流，右纳洗马河水。洗马河，一名西门河，源出陆凉州西北十余里周官庄山，东南流经串桥，又南流经城西宏济桥，又南流至西华寺前，为洗马河，东南流达晃桥，又东南至会津桥，即永凝桥，南入赤江河。《陆凉州志》。陆凉州城西有冰壶泉，有龙潭井。冰壶泉，即西华寺之龙潭水。龙潭井，在州西门外西华寺前。《陆凉州志》。赤江河又西至云南桥北，左纳云南桥河水。云南桥河，源出陆凉州南爱卫山龙泉，西北流经左所坝，又西北经云南桥北，入赤江河。《陆凉州志》。又西，右纳西山大河水。西山大河，源出马龙州东南四十里大栗树、汤郎两涧，南流而合南入龙洞伏流，砯转如雷，中成巨泽，由南洞涌出南流，为龙洞河，经纳章村泻为瀑布，南流为迤泽河，又南四十五里，经红石崖至浙宗村为浙宗河，又南流入浙宗洞，一名三脚洞，伏流如龙洞南出入陆凉州，南流经古城东，又南流至小百户村南，左纳水箐河水。水箐河，源出陆凉州西北桃花山，南流经小百户村东，又南流西南入西山大河。又南流至黑飞，左纳关门箐水，关门箐水，源出铁山，东流至黑飞，入西山大河。东南入赤江河。参旧《云南通志》《马龙州志》《陆凉州志》。马龙州南有温泉。温泉，在州南四十里乱头村岩石间，下注为溪，溪水皆温。《马龙州志》。赤江河又西南流，左纳铺上河水。铺上河，源出陆凉州西南七十里石子厂，北流经雾露顶，又北流经大地，西北流经阿油铺，右纳横水沟水，横水沟，近新哨之溪流。又西至阿泥夷村入河。《陆凉州志》。又西南，为叠水滩。叠水滩，在陆凉州西五十里，河流一路平衍，至此两山壁立悬崖二百余丈，翻瀑如雷。《陆凉州志》。又西南，左纳清水沟水。清水沟，近天生关之溪流。《陆凉州志》。又西南，入宜良境，为大池江。

块泽河，亦汇众流入南盘者，而南盘自入宜良境，走路南、宁州、阿迷、弥勒、师宗、罗平南界，皆非曲靖境内，其会块泽河处，又在贵州界上，故取块泽河另列之。

块泽河源出霑益州东二十五里分水岭东，东流至白水关出响水洞，为响水河。又东流至多罗铺南河，北有多罗海。长五里，遇霖雨则泛滥若海。又东至平彝县城西，为十里河，左会清溪河水。清溪河，源出平彝县西北二十五里落水洞，有窍九十九，汇西北山中水从窍入，东南至蒙洞山下洪源洞流出，会众流入紫泉洞南，自清溪洞流出，为清溪河。上有鲤鱼潭，又南流经霑益州羊场，为羊场河，又南入响水河。参旧《云南通志》《霑益州志》《平彝县志》、汪无限《霑益州水道源流考》。平彝县东有双碧潭，西有响水潭，有古城潭。双碧潭，在县东一里。响水潭，在县西八里。古城潭，在县西一里古城寨下。并《平彝县志》。响水河又南流，经旧亦佐县城西北，右纳明月所水。明月所水，源出贵州普安厅小洞岭，西南流经明月所，又西南流至亦佐废县北，西入块泽河。《徐霞客游记》《贵州通志》。又西南经块泽坡，为块泽河，又南至罗平州东北，右纳恩勒河水。恩勒河，一名乾河，源出罗平州北恩勒村北山之北水槽汛西，西南流经黄泥沟汛北，又西南流至峭壁仙锄东，折南流又折东流，经乾桥又东流，经上河汛南，又东流经羊场汛南，又东流经恩勒汛南，又东流经马把山北，又东南流，左纳清水沟水。清水沟，源出罗平州北回窖坡，东流经桃园寨，折南流南入乾河。又东南入块泽河。参《徐霞客游记》《罗平州志》。又东南，右会蛇场河水。蛇场河，源出平彝县南蛇场山，西南流经陆凉州东北，右纳东南来一水，折南流又折东南，右纳师宗水。师宗水，源出师宗县西南四十里额勒哨分水冈北，北流至师宗县东南，会落竜洞水。落竜洞水，源出师宗县东南落竜洞，北流会额勒哨水。两水既会，又西北流至大河口，左会通源洞水。通源洞水，源出师宗县西三里通源洞，南流折东，经城南又折北流，折西北流至大河口，会落竜洞水。三水既会，西北流入罗平州境北，入蛇场河。又东北流经竜甸南，历三峡，为三峡江，东北流经罗平州城西北，右纳鲁沂河水。鲁沂河，源出城南龙王庙，北流经城西，又北流入三峡江。又东北流经城北，为喜旧溪，又折东南流经九龙桥，又东经喜旧汛南，又东南走淑龙山北，东流至块泽村，会块泽河。参《徐霞客游记》《广西府志》《师宗州志》《罗平州志》。折东南流为栖革江，亦曰以则江，东南流至旧亦佐东南界，左纳黄泥河水。黄泥河，一名小黄河，源出贵州普安厅乐民所，南流至平彝县旧亦佐城、罗平州各东南界，入栖革江。参《平彝县志》《罗平州志》。又东南流入贵州普安厅境南，入八达河，即南盘江。

北盘江，源出宣威州北六十九里倘塘驿，谨案：此从齐召南《水道提纲》说，若论源远，当以瓦岔河为正，但前人已有定论，不敢妄易。为三岔河，东北流为皂卫河，至皂卫村北，左会可渡河水。

可渡河，源出贵州威宁州地，有二源，一出大梨树，一出赐得田，合流为瓦岔河，东流至围幛河，右会得吉河水。得吉河，源出宣威州西北三十里分水岭，北流经备开村西，又北流，左会断山口水。断山口水，源出宣威州西五十里大幕山北，北流经断山口，又北流会得吉河。两源既会，东北流入瓦岔河。又东流经打厂夸都，又东北流至可渡西为可渡河。又东流经可渡河桥，又东流至皂卫会皂卫河。两源既会，东流为杨柳河，又东流经鹧鸪山北，又东为女儿河。又东入贵州界，东流至郎岱厅毛口拖长江入盘江处，为木冬河。参齐召南《水道提纲》《宣威州志》、王守成《宣威州山川记》。

宛温水，源出宣威州南四十里束屯，谨案：此水实北盘之源，《水道提纲》北流至石龙山东北数十里，而伏逾大山数重至贵州界出，为盘江。今考《宣威州志》，此水实东北合拖长江入北盘，并不伏流。考拖长江容纳大川曰猪场河，今《州志》无猪场河，即以此水当之，似此水即猪场河上源，而猪场河实北盘上源。然尝道经毛口，见两江合流，自可渡来者流大，自猪场合拖长江来者流小，而猪场河又不若拖长江流大，则即以宛温水为猪场河，恐未必然，而以猪场河为北盘上源，更觉情形不合也。今姑阙之，以俟身历者定论云。北流经长冲，又北过龙山铺，又北为龙津，又北流至双坝，左纳乾河水。乾河，源出宣威州西南水洞头，东流为归沙河，又东经箐门前为乾河，又东流经洪桥铺南，东流至双坝入龙津。王守成《宣威州山川记》。又东北流为宛水，右纳温泉水。温泉，一名温水塘，在宣威州东南六里，西流入宛水。《宣威州志》。谨案：《汉地理志》宛温名县以此。又北流，左纳老浦冲水。老浦冲水，源出宣威州西老浦冲，东南流，左纳费冲水，又东南流至州南，右纳遥坡水，遥坡水，源出州西遥坡，东流经庙山北，东入老浦冲水。又东北入宛水。《宣威州志》。又北，右纳龙潭水，为龙潭河。又折北，左纳朱屯水。又北，左纳何屯水。又北经大屯东，左纳龙洞水。龙洞水，源出宣威州西北龙洞，东流入龙潭河。又北经以把罗南，左纳平川水。平川水，两源，一南流，一东南流，至凹凹路南而合，东南至以把罗南，入龙潭河。《宣威州志》、王守成《宣威州山川记》。折东北流，为革香河，右纳勺纳河水。勺纳河，源出宣威州东八十里，西北流入革香河。《宣威州志》。又东北而伏东北出，会可渡河，为盘江。参齐召南《水道提纲》《宣威州志》、王守成《宣威州山川记》。

右曲靖府诸水。

卷二十二　地理志三之十二　山川十二

丽江府

丽江府之水，怒江界其西，金沙江界其东，澜沧江贯乎其中，三大江皆经其地，境内之水皆入焉。今为诠次，先怒江。

怒江，源出卫地喀萨北二百八十里布喀池，谨案：齐召南《水道提纲》为布喀鄂模，旧图名不卡海。西北汇为额尔吉根池，谨案：《水道提纲》曰厄尔及根鄂模，旧图曰二集根海。折东北流为集达池。谨案：《水道提纲》曰衣达鄂模，旧图曰集打海。又折东南流为喀喇池，谨案：旧图曰哈喇海。即古雍望之嘉湖也。从南流出曰哈喇乌苏，东南行曲曲二千余里至怒夷界，为怒江。南流至四川雅州府巴塘土司南入边，东南流经怒山西，又东南流经树苗汛西，又南曲曲流百里，受上怒东来一水，又南二百余里，受东北来一水，又南百八十里至下怒，折东南流，全入云南境，为潞江。走云龙州界内，其江自入边至此五百里，其西岸即怒夷界，其东岸与澜沧相去仅百三四十里，中多连山相接。参《会典》、齐召南《水道提纲》、旧《云南通志》《丽江府志》。

澜沧江，源出西藏喀木匝坐里冈城西北千余里三格尔吉土司南格尔吉匝噶那山，名匝楚河，即古鹿石山也。又一源出匝坐里冈城西北八百余里巴喇克拉丹苏克山，名鄂穆楚河。俱东南流，折而南至匝坐里冈城东北三百余里察木多庙前而合，又东南流，合楚楚河、子楚河千余里至巴塘土司南入边，东南曲曲流经怒山东，右受怒山水。怒山水，源出维西厅西北五百里怒山西南麓，东流经怒山东南入澜沧江。齐召南《水道提纲》。折东南流，左纳你那山水。你那山水，源出维西厅西北五百余里你那山东北，西南流入澜沧江。齐召南《水道提纲》。又南经维西厅西，又南经戟干退村西、剌干也村东，又南经树苗汛西，左纳一溪，右纳二溪，合一溪，形如十字。又西经小甸塘西，分为二派，一支东流为工江，亦曰白石江，亦曰漾备江。另叙。其正支南流经风罗山西，折西南流二百余里，右纳白水河水，又南入云龙州界。白水河，源出西北大山，两源合流东南，右会一溪，又东南入澜沧江。《古今图书集成》、齐召南《水道提纲》。

漾备江，自小甸塘由澜沧江分派东流，右纳风罗山水。风罗山水，源出丽江县西五百里风罗山东北，东北流入漾备江。《古今图书集成》、齐召南《水道提纲》。又东至工江汛西北，左纳上江河水，为工江。上江河，源出丽江县西北三百里东大幹大山中，西流经工江汛北，西入工江。《古今图书集成》、齐召南《水道提纲》。折南流，左纳拉巴山水。拉巴山水，源出丽江县西北二百里拉巴山西麓，西流入工江，其东麓石鼓冲江河源所出。参《会典》《古今图书集成》、齐召南《水道提纲》。又西南，右纳西二溪水。西二溪，源出丽江县西三百五十里风罗山东南，并东北流入工江。《古今图书集成》、齐召南《水道提纲》。折东经河西汛北，又东南流折南，右纳一溪水，又东南，左纳麦鸡河水。麦鸡河，源出丽江县西二百里拉巴南山，东南流入工江。参《古今图书集成》、齐召南《水道提纲》。又东南经通甸西北，右纳盐井河水，左纳通甸河水。盐井河，源出丽江县西三百里加贝山，东北流经小盐井，又东北流入工江。参《古今图书集成》、齐召南《水道提纲》《丽江府志》。通甸河，源出丽江县西一百九十里怒关山后，西流经通甸北，西入工江。参《古今图书集成》、齐召南《水道提纲》《丽江府志》。又东南流至分江塘西，左纳分江水。分江水，源出丽江县西南二百六十里老君山西，西南流入工江。参《古今图书集成》、齐召南《水道提纲》。又东南，左受一溪水，又东南，左纳剑川北水。剑川北水，源出剑川州北山中，西流入工江。参《古今图书集成》、齐召南《水道提纲》。又南，右纳白石溪水。白石溪，源出丽江县西南四百里旧兰州西十里山中，东南流经旧兰州南，东入工江。参《古今图书集成》、齐召南《水道提纲》《丽江府志》。又东南，左纳磨刀河水。磨刀河，源出剑川州西四十里莽蝎岭[①]西麓，西南流入工江。参齐召南《水道提纲》《徐霞客游记》。又东南，左纳东溪水。东溪，源出剑川州西南五十五里石宝山西麓，西南流入工江。《古今图书集成》。又东南曰白石江。又南经弥沙井西，又东南受西来一溪，又东南受东北来一溪，又东南左受剑川水。剑川，源出剑川州西北七十里老君山顶老君潭，广可半亩，东南流为石莱江，亦曰老君河，东南合千木河水。千木河，源出丽江县南五十里七和山西麓，西南流会石莱江。两源合南流，左会清水江水。清水江，一名螳螂川，源出剑川州东南三十五里白山北麓，北流西会石莱江水。三源既会，曰合惠江，亦曰桥头大河，南流汇为剑湖，周四十余里，谨案：禾头村有温水潭。右纳崖场河水。崖场河，源出老君南山中，南流至崖场村东出，东流入剑湖。又南，右纳白难陀潭水，白难陀潭，源出剑川州西二十里，东流入剑湖。又南，右纳西湖水。西湖，在剑川州南二里金华山麓，秋水泛涨，与东湖相连，冬春水涸，民作秧田播种。南经城南，右纳桃羌河水，桃羌河，一名驼强江，源出剑川州南五十里石宝山东南麓驼强村，北流至城南，折东流入剑湖。又左纳建和潭水，建和潭，源出建和山南麓，西流入湖。又南，左纳隔渼潭水，隔渼潭，源出东山，西流入湖。又南，左纳仙女炼潭水，仙女炼潭，源出剑川州东营村，西流入湖。又南，左纳易堤坪江水。易堤坪江，源出剑川州南三十里易堤坪龙潭，北流入剑湖。常德同知郡人杨廷幹《游剑湖》："蓼岸春将杪，平湖浸远天。鹭翻千点雪，柳涨一汀烟。境入倪迂画，人居米氏船。红尘知不到，俯视瞰晴川。"南为湖尾，谨案：湖尾村有温水潭。自西南流出为沙溪，亦为剑川，纳花丛、白龙、青龙诸潭水，南至沙溪村东。谨案：东有春水，立夏日以盐梅和饮，能消眼疾。又沙溪甸头禾村，有温水潭。右纳弥沙浪河水，弥沙浪河，源出剑川州南百里弥沙井北山中，东北流入剑川。又西南，受东北来一水，又西南入白石江。此水源流三百里。参《古今图书集成》、齐召南《水道提纲》《徐霞客游记》、旧《云南通志》《鹤庆府志》《剑川州志》。谨案：剑川城南罗尤邑有温泉，城西百五十里求仁甸有温泉，两处此盈彼涸。又南流入浪穹县界。明毛铉《兰沧江》："两山高插云，岿然若天岸。草树绿相缪，仰视天一线。中有一长江，江流急于箭。乱石龃其中，喷激成飞霰。客子何问津，鸡鸣夜将旦。仆夫相顾愁，舟楫恐失援。天明涉此险，永作边城翰。"明木公《晓行北浪沧》："岸响江流急，凌寒淅淅风。断猿哀晓月，穷雁戾秋空。渔隐芦花白，樵归柿叶红。马蹄霜径冷，去去远林通。"

金沙江，源出西藏卫地巴萨通拉木山，即古犁石山，在黄河源西径一千五百里，曰木鲁乌苏，东北流三百里。西北源自巴萨通拉木之西五百里勒斜尔乌蓝达布逊山，曰喀齐乌兰木伦，东南流曲曲九百里来会。又东北会南来之拜都河，折东北流，会南来之阿克达木河，又折北流，会西北来之托克托乃乌兰木伦河，又北折东流，会南来之匝伯辉

① 莽蝎岭 《徐霞客游记·滇游日记七》作"莽歇岭"。

河，又折北流，又折东流，会南来玉树土司二水。又东而西北，那木齐图乌兰木伦自戈壁发源东南千里来会，折东南流四千六百里至四川巴塘土司南、丽江府西北入边。南流折东南，经佳拉克山东折西南，而总文河西北自巴塘土司南流来会。又折东南经舒玛年冈春冈里山西南，左右纳东北来两水。又东南经巴特玛郭赤山西南，又东南流，右纳一小水，又南经巨甸汛东，右纳巨甸河水。巨甸河，源出丽江县西北四百里汉蓺山，会鲁甸、雪山诸水，东南流经巨甸汛南，又东入金沙江。参齐召南《水道提纲》《丽江府志》。又东南至桥头汛东，右纳桥头河水。桥头河，源出丽江县西北二百余里汉蓺山东南山中，集诸山箐中水，东流经桥头汛东南，又东入金沙江。参齐召南《水道提纲》《丽江府志》。又东南，右会石鼓冲江河水。石鼓冲江河，源出丽江县西北三百五十里拉巴山，东南流会西南一水，又东流数十里，右纳南来一水，东北流经石鼓汛西北，正当金沙江东曲处入江。参齐召南《水道提纲》《丽江府志》。折东北流经阿喜汛北，右纳硕多冈河水。硕多冈河，源出中甸厅西北，南流入江。又东北经雪山北，曰金沙江，折东南又南流，右纳玉龙黑白水。玉龙黑水，源自雪山，流下东行二十里，与白水会。玉龙白水，在黑水之南，亦自雪山流下，会黑水。又东流入金沙江。又南流至鹤庆州东南，右纳鹤川水。其左纳诸水，在永北界内，不列。鹤川，一名漾共江，源出丽江县北三十里雪山西麓。南流经白沙坞西，为白沙溪，又南流经黄山西，折东流会白马潭水。白马潭，在黄山南麓，水从石缝流出，中有金鱼，长三尺，见之则吉，南流会玉溪。又东流至东圆里西北，会玉河水。玉河水，源出丽江县北五里象眠山西北象鼻水，南流分为三支：一支循黄山东麓南流与白沙溪会，一由八和，一由城内折东流与东河会。白沙溪既会玉河水，东流经东员冈北，东与东河会。东河，源出丽江县东十五里吴烈山，东南流至城东南会玉河水，又南会白沙溪水。三源既会，为清溪，南流经东员冈东，又南流经邱塘关东，为漾共江。又南经七和东，又南经三岔黄泥冈东，又南，右纳黑龙潭水。黑龙潭，在鹤庆州北二十八里逢密后山，东南流入漾共江。又南，右纳香米龙潭水，香米龙潭，在鹤庆州北二十五里逢密山，东流入漾共江。又南，右纳四庄龙潭水，四庄龙潭，在鹤庆州北二十里四庄山中，东流至小板桥入漾共江。又南，右纳石洱河水，石洱河，源出鹤庆州北十五里石寨山，汇白龙潭东流至大板桥，入漾共江。又南，左纳大水美潭水，大水美潭，在鹤庆州东九里，周二百余丈，西流入漾共江。又南，右纳落钟河水，落钟河，源出鹤庆州西南十里朝霞山吸钟潭龙湫，东北流入漾共江。又南，右纳长康河水，长康河，源出鹤庆州西南二十里宣化山北麓黑龙潭，东北流经长康村，东北入漾共江。又南，右纳南供河水。南供河，一名银河，源出鹤庆州西南五十里山神哨，北流经黑泥哨南，折东北入南甸川，东北流入漾共江。南流入龙珠山下水洞，洞成一百零八，又南出龙山南为腰江，右纳三庄河水，三庄河，源出鹤庆州西南二十五里宣化山南麓，曰温水河，东南流，一源出丽江县南二十里天马山麓，东流；一出三庄河底村，北流至三庄村西北，并会东流入腰江。折东流至江边村北，东入金沙江。参《徐霞客游记》《鹤庆府志》。佟镇《漾江春色行》："漾工江上春云轻，绿柳红桃压波平。父老游春载酒行，细草桥边听歌笙。君不见，平芜原广鹤阳城，树以桑麻教力耕，不闻岁岁有征丁。天子御极忧边氓，百僚奉职贤且贞。天地旷哉景物明，故向春江听鸟鸣。"谨案：旧《志》鹤庆州东南石碑坪有春水，又东南七十里有鹦哥水，石岩悬注，有鹦哥仰饮。东北有白石漾泉，有小柳场泉，有西墎泉，龙潭凡十三。

金沙江既会鹤川水，又南流折西南，又东南流，右会枯木河水。枯木河，源出邓川州东南洱海东北青巅山北麓，北流为清水河，又北流，右会桃花箐水，桃花箐水，源出宾川州西北鸡足山西麓，西北流折而西，入清水河。又北流至坪得村北，左会北衔厂河水，北衔厂河，源出鹤庆州南七十里七坪南麓，南流二十里至北衙厂河底，右纳西溪水。又南会南衙南坳水东流穿峡出，又南流经中所屯东，又南经千户营西，会南来西山湾水。折东流经千户营前，又东经百户营南，又东经罗武村北，折北流至坪得村北，东入清水河。折东流，右纳高閒河水，高閒河，源出鸡足山北麓，北流入清水河。为枯木河，东流入金沙江。参《古今图书集成》、齐召南《水道提纲》《徐霞客游记》《大理府志》。谨案：旧《志》鹤庆州南罗陋村有诸葛泉，距城一百四十里，分二流，利民甚溥。又东南有龙马井。又东南入宾川州境。张启贤《金沙江赋》："天竺之池大如许，殑伽东归流不已。独兹信度入南溟，经绕吐番称丽水。吐番丽水从西来，金沙滚滚触层崖。周迴盘结几万里，环如长带束玉台。漏泄阿耨，嘘吸百川。控清引浊，波涛澜汗。切拔群岳，浻涸澶渊。春空漱石，横荡曲沿。方其驰骋西域，决阜冒阡，玉篆洪阪，金画陵弦。郁拂绵茫而抱日，倾涌腾骛而滔天。天网浡潏而崩森，龙印激圈而翻涟。及其脱浪漭以破雪山也，从天直下，砰磕瀑布，白波斸底，长风震怒。翼惊涛以漂翻，嚼冰霜以吐雾。恣烟波之崩奔，竞喧豗以飞拂。银河直倒，拟折天柱。骇浪转石，万壑声雷。八空澎湃而壁裂，天倾雪堕而冰飞。劳西极之金龙，吐珠玉于山限。厥怒渐喘，落峡萦回。冲波逆折，洑澓筛苔。鱼折溜而蛟带水，龙腾梭而鼎跃冔。肆蜿蜒于鹤拓，如金玦而玉环。潨浸溹漭，若静而止。滮滈浀潓，若砥其澜。总阳侯之拱应，抑灵胥之盘桓。它如巎崋崚嶒，屹崆岩砻。嶾峴嵺巢，峢巇嶙嵲。任天堑之或怀或襄，若疋练之圆折方折。至于沋瀧潚潆，泛浔溢澴，其深也；汤湉湝減，滮滮漱泫，其势也；浤浤淈淈，瀰澤潩濮，漭决潆澐，淄澥汯瀿，其声也。弄栋过而罗婺奔，岷嶓会而海重润。昔若水闻生乎颛顼，今朝宗似忠乎尧舜。吁嗟乎！九州贡道皆沿浮，此水舳舻锦江头。舍舟而陆云何策？梗塞徒滋夜郎忧。古梁厥贡惟璆铁，谁道双南丽水生？披沙尽拣祇纤忽，赋重诛求民命轻。惟愿圣明常慎德，投珠抵璧并捐金。"元李京《过金沙江》："雨中夜过金沙江，五月渡泸即此地。两岸峻极若登天，下视此江如井里。三月头，九月尾，烟瘴拍天如雾起。我行时当六月末，王事役人安敢避？来此滇池至越嶲，畏途一千三百里。干戈浩荡虎豹穴，昼不遑宁夜无寐。忆昔先帝南征月，箪食壶浆尽臣妾。抚之以宽来以德，五十余年为乐国。一朝贼臣肆胸臆，生事邀功作边隙。可怜三十七部民，鱼肉岂能分玉石。君不见，南诏安危在一人，莫道今无赛典赤。"明杨慎《宿金沙江》："往年曾向嘉陵宿，驿楼东畔阑干曲。江声彻夜搅离愁，月色中天照幽独。岂意飘零瘴海头，嘉陵回首转悠悠。江声月色那堪说，肠断金沙万里楼。"明郭登《早发金沙江》："征帆如箭鼓声催，舟渡金沙更向西。石栈夜添蛮雨滑，晓江晴压瘴云低。水边乌鬼迎人起，竹里青猿望客啼。又隔滇阳几千里，桐花榕叶晚凄凄。"

刺是里海眼，在丽江西南二十里刺是里，汇雪山下众流为巨浸，右会木别河水。木别河，源出丽江县西十五里，西南流入海眼。又南，右会戟子河水，泄入落下洞伏流，或云入金沙江。《丽江府志》。戟子河，源出丽江县西十八里文笔山北，流入海眼。

右丽江府诸水。

卷二十三　地理志三之十三　山川十三

普洱府

普洱府之水，西九龙，东把边，境内之水皆入焉。

九龙江，即澜沧江，自顺宁府棘蒜江口，谨案：俗称辣蒜江，《古今图书集成》、齐召南《水道提纲》作棘蒜江。折东南行入境，东南至猛班南，左纳杉木江水。杉木江，源出景东无量山南，为猛统河，又一源出镇沅州东五十里树根坡，为树根河，亦曰蛮况河，西流合蛮贵、由里二河，西北流合南祝、茂庆二河，合流西南流至抱母井，西南而猛统河来会，为巴景河，又西南，右纳正统河，左纳恩更河二水，又西南，右纳景谷河水，景谷河，源出景东界内，东南流入境，又东南流入杉木江。又南，左纳难可河水，难可河，源出威远东南山中，西流入杉木江。又西南流百余里，右纳宝谷江水，宝谷江，源出猛戛北山中，两源合流曲曲百余里，东南入杉木江。又西南入澜沧江。此水源流五百余里。参《古今图书集成》、齐召南《水道提纲》。又东南流，右纳康郎河水。康郎河，源出康郎村西北百余里边界山中，二源出山而合东南流，右会西溪水，西溪，源出康郎河，源南边界山中，二溪合东流，与康郎河会。又东南流经康郎寨南，又东南，右纳蛮河寨北水，蛮河寨北水，源出蛮河寨西山中，东流至蛮河寨北，东入康郎河。又东南，右纳蛮河水。蛮河，源出蛮河寨西南边界山中，两源合流东至蛮河寨南，东入康郎河。又东南流，左纳北溪水。北溪，源出邦董山南麓，南流入康郎河。又东南流百余里，东南入澜沧江。此水源流三百里。《古今图书集成》、齐召南《水道提纲》。澜沧江又南经巨洲，分复合折东流，左会猛撒江水。猛撒江，一名猛赖河，源出威远东南镇沅州新抚西南山中，两源，一南流，一西南流，而合曲曲南行百里，左会拦马河水。拦马河，源出镇沅州新抚西南山中，两源合西南流折西流，纳南来一溪，西入猛赖河。折西南流，右纳暖里村河水，暖里村河，源出暖里村西北山中，东南行折南流入猛赖河。为暖里河，亦曰威远江。又西南流，左纳铁厂河水。铁厂河，源出威远南铁厂一口小江，两源合流而西南，右合西萨河水。西萨河，源出西萨东南山中，北流折西流经西萨村北，又西与铁厂河会。铁厂河既会西萨河，又西南流与猛赖河会。又西南流百余里，左与普洱河会。普洱河，一曰三岔河，源出宁洱县西二里天笔山龙潭，会金龙河水。金龙河，又名水碓河，源出天笔山之龙洞，南入三岔河。谨案：《宁洱县采访》有虾洞河，自蟠龙洞播糠糠出，此河想即金龙河，俟考。南流至城南，右会西河水。西河，源出宁洱县西慢令村龙潭，至城南入三岔河。又东南，右会东河水。东河，源出宁洱县东北五里坡，流经城北海南庄，绕东而南入三岔河。宁洱县城东北五里有崑池龙潭，又蕨蔼坝左有丰乐龙潭，西南十二里有温泉从山腹出，温暖得宜，西北二十里有滚泉，深冬之日，近者流汗，人不敢浴。又南，右会南蕴河。南蕴河，源出宁洱县东北十里南蕴箐，由土锡寨龙潭入三岔河。府城南二里有平塘，南五里有平湖，汇纳众流涟漪澄澈。折西南流经双星、仁寿、太乙诸山北，府南十里土锡寨石山下，有坤戛龙潭。又西南，右会追栗河水。追栗河，源出宁洱县东南那库里西，西南流百里入三岔河。又西南，右会南涧河水，南涧河，源出思茅南山中，西北流入普洱河。又西南与猛撒江会。猛撒江既会普洱河，西南流入九龙江。此水源流四百余里。《古今图书集成》、齐召南《水道提纲》。澜沧江既会猛撒江水，折南流数十里，又折东流，右会南溪水。南溪，源出车里西南山中，东北流入澜沧江。《古今图书集成》。又东，左会北溪水。北溪，源出小猛养西山中，西南流入澜沧江。攸乐东北三里有龙潭，南有平湖。《古今图书集成》、旧《云南通志》。又东南折而南绕九龙山麓，经旧车里宣慰司北、新车里宣慰司南，又东北南流为九龙江。又南折西南经橄榄坝西，又折东南经猛沧南，左纳猡梭江水。猡梭江，源出思茅西北那库里西南山中，为清水河，南流经思茅西，思茅西北有莲花塘，南有南涧，有平塘。又南百余里，经小猛罕西，又东南经普藤东，又东南，为大开河，亦曰补远江。又东南经猛旺东，曲曲二百里，左会龙谷河水。龙谷河，一曰慢达河，源出思茅东南山中，南流曲曲百九十里，入大开河。府城南二百五十里整董有整董井，蒙诏时夷目叭细里佩剑游览，忽遇是井，水甚洁，细里剑测水，数日视其剑，化为银，后土官袭职，务求是水浴沐，得者皆敬服焉。又易武有磨者盐井。折南流，左会东北溪水。东北溪，源出猛腊数十里山中，两源合西南流入大开河。折西流经猛腊、易武，北绕革登、莽支五茶山，为猡梭江，右会官铺河水。官铺河，源出普藤西南官铺西南山中，东南流至莽支北，入倮梭江。又西折南流经莽支西，又西南曲曲百里，折南流经猛沧东南，入九龙江。此水源流七百里。《古今图书集成》。九龙江又东南走，右为缅甸猛竜，左为暹罗猛辛。又东南走南掌界为南龙江，右为南掌，左为临安、三猛。又东南，左会藤条江，右为老挝。又东南，右为越南国界。又东，全入越南国境，为洮江，左会龙门江，即河底江。为富良江，入于海。

把边江，即景东河也，源出蒙化凤山，会诸水至景东为景东河。又会诸水至恩乐为景来河，至新抚为新抚河。详蒙化、景东、镇沅三厅州。又南入境为把边江。威远东南六十里有温泉。又折东南复西南数十里，南流，右会磨黑河水。磨黑河，源出宁洱县东南那库里东北山中，北流经磨黑塘东，又北流折东流，东入把边江。《古今图书集成》。折东南流经把边江塘南，又东南，左纳慢冈河水。慢冈河，源出通关哨北山中，西南流入把边江。《古今图书集成》、齐召南《水道提纲》。又东南折正南流而西南，又东南而东流而南而东南，共二百五十里，右会阿墨江水。阿墨江，源出楚雄县西南南安州碍嘉西、景东厅东之火石哨，为者干河，亦曰者东河，南流至恩乐东为鲁马河，又南流至新平西为谷麻江，又南流至他郎西为阿墨江，又南至阿墨江塘南，右纳慢会河水。慢会河，亦曰鱼凫小河，源出他郎西八十里南北村，西流入谷麻江。折东南流曲曲八十里，右纳他郎河水。他郎河，源出他郎北山中，南流经他郎西南，左会水癸河水。水癸河，源出元江境坤勇村，西流会他郎河。他郎河折西流，右会小河水。小河水，源出他郎西北中寨箐，绕东南来会。三源既会，折南流曲曲数十里，东会甸索河水。甸索河，源出元江甸索塘东南山中，北流折西流经甸索塘，又西右会一溪，折西南流数十里，入他郎河。他郎河，又西南入布固江。阿墨江既会他郎河，为布固江，又南流而西南至三江口，会把边江。《古今图书集成》、旧《云南通志》、齐召南《水道提纲》。把边江既会布固江，又东南，右会萨普河水，为李仙江。萨普河，源出元江南鄗山中，三源会西南流百余里，西南入李仙江。《古今图书集成》、齐召南《水道提纲》。又东南流百数十里，右纳无名河水。无名河，源出元江东南诸山中，两源，一南流，一西南流数十里而合南流，折西南又数十里共百余里，入李仙江。李仙江西南乌得有盐井。《古今图书集成》。又东南流经临安府土司界中，为藤条江，又东南入黑江。

右普洱府诸水。

卷二十四　地理志三之十四　山川十四

永昌府下

永昌府之水，以潞江为大，龙川江次之，而腾越有大盈、槟榔二江，永平澜沧江经其境内。今叙次自西而东，始大盈江。

大盈江，一名大车江，源出腾越厅东四十里之赤土山赤土铺，南北流经罗武村，折西流经马邑村，为马邑河。西流至厅东北飞凤山麓，右会马场河水。马场河，一名高河，源出腾越厅北三十里龍㞦山，南流，右纳上干峩山上海子。一名澄镜池，在厅北二十五里上干峩山，又名清河，周五百丈，环以花草，人至则雷雨交作，俗传龙滚其中，流入马场河。又南流，左纳下海子水，一名半月池在城北七里，周五十丈，下流入马场河。又南流，左会马邑河，为大盈江。参旧《云南通志》《永昌府志》《徐霞客游记》。又西南流，左纳黄坡溢泉水。黄坡溢泉，源出腾越厅东南十里罗生山东北之黄坡，旧称罗生山水，举其大者而言，其实罗生山罗汉冲本西南出水尾，非北流之源，此源从黄土坡平地中溢出，北流经雷打田北至厅东北，入大盈江。参《徐霞客游记》。三源既会，折西流，右纳饮马河水。饮马河，明时土人于厅南二十里之罗汉冲开支河，分引北流，挖断黄土坡西度来凤之脉，北经城东，又北入大盈江。参《徐霞客游记》。又西流经城北，折西南流至城西南，为跌水河。出龙光台、来凤两山峡中，过河上屯，右纳缅箐水。缅箐水，源出腾越厅西北二十里宝峰山西麓，南流会缅箐山中，诸水南入大盈江。参《徐霞客游记》。又西南，左纳桥头河水。又西南，左纳曩拱河水。桥头河，源出腾越厅东南二十里罗生山东北罗汉冲，西流出大洞、长洞两山间，折北流，有分流北去，乃饮马河。又折西流经绮罗村，为绮罗水，出水尾，罗生、来凤两山相夹。西南流经半个山，为罗苴冲，经硫磺塘纳诸水，西入大盈江。参《徐霞客游记》。曩拱河，源出腾越厅南四十里清水朗西南山中，西流入大盈江。参《古今图书集成》。又西流至南甸北，为小梁河。又西经南牙山北，伏流经猛送南，右纳猛送水。猛送水，源出腾越厅西北五十里冠子坪龙潭，西南流经鬼甸，南流经鹅笼至猛送，西南入大盈江。参《徐霞客游记》。又西经云笼山麓，为云笼江。又西经干崖土司东，为安乐河，右会槟榔江水。大盈江源流至此二百里。槟榔江，有两源，其西北源在腾越厅西北境傈僳界旧古勇废县南四十里神护关北六十里，东南流会东北源。东北源出古勇隘口东南六十里山中，西南会西北源。两源既会，南流百数十里，南至干崖北，会大盈江。参旧《云南通志》《徐霞客游记》、齐召南《水道提纲》。大盈江既会槟榔江，西流经干崖土司北，又西北纳北溪水。又西南至盏达土司东南，北会盏达河水。盏达河，两源：一北出腾越厅西境万仞关之猛弄山，西南流；一出其西南与缅国景麻界山，东流，俱数十里而合，又东南流，折而西南经盏达土司南合西来溪水，又南流数十里，入大盈江。参《徐霞客游记》、齐召南《水道提纲》。又西南经冷翁南，又西南，右纳曩送河水。曩送河，源出腾越厅西南境巨石关。在万仞关西南一百九十里。两源合流，东南入大盈江。参《古今图书集成》、齐召南《水道提纲》。又南经腊撒西，又西南，左纳腊撒河水。腊撒河，源出户撒东北山中，西南流经腊撒，折西北流入大盈江。参《古今图书集成》、齐召南《水道提纲》。又西南流至铜壁关东南百里、虎踞关北百里、铁壁关北出边，经缅甸蛮莫境入大金沙江。参《古今图书集成》《徐霞客游记》、齐召南《水道提纲》。

龙川江，源出拉里城西桑建桑楚山南麓，曰桑楚河。谨案：齐召南《水道提纲》谓出喀木薄宗城东北三百里之春多岭，名鸭龙河。东南流会雅隆布河，《水道提纲》作会厄楚河。至腾越厅北境大塘隘西北入边，南流经马面关西，又西南经雪山麓界头西，又南，左纳磨石河水。磨石河，源出腾越厅北二百里界头甸马鹿塘，西南流至罗古城南，入龙川江。参《徐霞客游记》《腾越州志》。又南经瓦甸西为混沌河，折东南经高黎贡山西麓至曲石街东，右会曲石江水，为龙川江。曲石江，源出腾越厅西北徼外姊妹山南麓，南流经阿幸厂东，又南流经滇滩关东，东南曲曲百余里至乌索，为西江，东南至固栋南，会东江。东江，源出腾越厅北二百里滇滩关东北兰香甸北之明光山，南流为明光河。又南流经石房洞山东麓，又西南流经雅乌山东麓，又西南至固栋南，会西江。两江既会，折东南流，右纳顺江水。顺江，源出尖山西南小甸山东，东流经顺江村，又东流，右纳响水沟水。响水沟，源出龍嵷山北麓，北流入顺江。顺江既纳响水沟水，又东流入曲石江。又东南流经灰窑山麓，为灰窑江，过天生桥，又东南流至曲石街南，为曲石江，又东会龙川江。参《徐霞客游记》。又南经橄榄坡东，又南折西而东南，又西南经清凉山西，复东南，左纳香柏河水。香柏河，一名铁厂河，源出龙陵厅东北四十里镇安所西南山中，西流由黄草坝转户蚌山，出香柏桥，流入龙川江。参《永昌府志》。又南，左纳猛淋河水。猛淋河，源出龙陵厅东三十里小尖山，东流为核桃冲水，会三小河，为猛淋河，西流由象山脚绕坝内，由鳌山口西流六十里，入龙川江。参《永昌府志》。又西南流二百里至沙木龙山东，右纳沙木龙东水。沙木龙东水，源出南甸南南牙大山中，两源南流而合，西南流百余里，经沙木龙山之东北，折东南流入龙川江。参齐召南《水道提纲》。又南流经陇川土司东，又西南经遮放土司西南，左纳芒市河水。芒市河，一名户焕河，二源皆出猛弄，今龙陵厅地。南流合而西南，右纳西北溪水，又西南经芒市土司北，又西南，左纳南性河水，南性河，出芒市土司东南，西流经司南西，入龙川江。又西南，左纳南歌朗河水。南歌朗河，源出芒市东南，西北流至怕底寨西，东入龙川江。又西南经怕底寨北，又西南，左纳一溪，又西南经遮放土司南，入龙川江。参《永昌府志》、齐召南《水道提纲》。又西南经猛卯东，左纳椀顶河水。椀顶河，源出椀顶，西流至屯汉南，入龙川江。《古今图书集成》。又西南百八十里，折而西至南喜寨之东南境、汉龙关之东北境，右纳冈椀河水。冈椀河，源出陇川宣抚司东北沙木龙山西南麓。两源合西南流经司西，又西南，左纳东北来一水，又南，右纳西北来一水，又南，左纳蛮胆河水。蛮胆河，源出陇川司南，西流入冈椀河。又西南，左纳景坎河水。景坎河，源出屯兴东北，西流经屯兴屯，入冈椀河。又西，经屯兴寨北，又西右纳西北来一溪，又西南，左纳南澜河水。南澜河，源出猛卯东北，西流经猛卯北，西北入冈椀河。又西南折而正南，曲曲经虎踞关东五十里，又南经南喜寨东，又东南入龙川江。此水源流三百里。参《古今图书集成》、齐召南《水道提纲》《腾越州志》。龙川[①]江又西至汉龙关，右纳天马关外一水，又西南流至汉龙关西十里、天马关东南二十里出边，走缅国猛密部内为莫勒江，又西南经缅国太公城至江头城，入大金沙江。参《古今图书集成》《徐霞客游记》、齐召南《水道提纲》《永昌府志》《腾越州志》。

潞江，自云龙州曹涧西，保山县西北十五喧北、崩戛东，腾越厅东北大塘隘东四十里南流入保山境，又南经马面关东六十里，又南经蛮边东、猛赖西，左纳西溪水。西溪，源出保山县北百里北冲东蒲蛮寨南山，两源合而西流，会北冲西北山中南流一溪，西南流经王尚书寨，东南流经猛赖东，折西流入潞江。参《徐霞客游记》。又南，右纳雪山水。雪山水，源出雪山东麓各处山中，会流入潞江。《古今图书集成》。又南至罗明西，左纳蒲缥河水。蒲缥河，源出保山县西南六十里蒲缥村南山中，北流会乾海子水乾海子，在保山县西北六十里，大可千亩，泉从北山中出，海中菁芜不能载水，亦不能通行人，人以足撼之，即四面振动。南崖有池，在菁芜中，清澈异他处，水从东南破峡出，为三瀑，经玛瑙山西四窠崖，过水帘洞西出，会蒲缥河至罗明，入潞江。及松坡水。松坡水，源出松坡各山中，西南流会蒲缥河，入潞江。至罗明，入潞江。参《徐霞客游记》。又南，右纳八湾塘水，八湾塘水，源出保山县西百四十里高黎贡山南分水岭，东流经八湾塘南、潞江安抚司北，东入潞江。参《古今图书集成》、齐召南《水道提纲》。左纳坪市河水。坪市河，源有二，一出保山县南甸头，一出石甸寨，合流而西纳蒲缥南涧，经新栅山口陡崖下，入潞江。旧《云南通志》。又东南经潞江安抚司东北，入龙陵厅界。自此江左为保山，江右为龙陵，西去高黎贡山八十里。又东南流，右纳野猪河水。野猪河，源出龙陵厅北潞江安抚司南山中，二源合流，东入潞江。《永昌府志》。又东南，左纳施甸河水。施甸河，源出保山县南百里施甸南、姚关北，北流经大石桥至老邓桥西，入潞江。参齐召南《水道提纲》、旧《云南通志》。又南，右纳回环河水。回环河，源出龙陵厅东北镇安所东南山，西流经所南，自西而北，又东北经所三面，又东北合西来一溪，又北，有邦卖河自西来会，邦卖河，源出龙陵厅北七十里邦卖，西流会回环河，东入潞江。折东北流入潞江。参齐召南《水道提纲》《永昌府志》。又东流四十里，折正南流曲曲百九十里，左会南甸河水。南甸河，源出保山县北九十里北冲南山东麓，东南流经清水关东，为清水河，又东南至板桥北三里与东源会。东源出保山县东北阿隆村，西南流至板桥北与西源会，两源相等。南流会郎义河水。郎义河，源出保山县北二十五里龙王塘，东南流经郎义村，为郎义河，又东南流入清水河。三源既会为东河，过板桥，会清华海水。清华海，在保山县东十里，广十余里，雨则盈溢，旱则乾涸，水归东河。南流经县东南，右会沙河水。沙河，源出保山县北一百八十里北冲南山南转之交椅山西南，经虎坡东，又南经九隆冈西，又南东折出九隆、法宝两山间，东流纳九隆池水。九隆池，源出太保山西南易罗池。学使杨廷栋《龙泉池歌》："苍苍无云睡龙蛰，惊抱明珠自吞吸。散作晴空百丈丝，涌地圆匀碎黍粒。鲛人泪落星斗翻，万里湖光天一碧。孤亭直立青冥冥，高枕云根漱灵液。我闻龙物本神异，嘘吸风云等游戏。何不直上九天飞，却向蛮荒遗丑类。人言其母天帝孙，鸣珰冉冉来空际。混沌一凿九域分，界破乾坤自天意。星源不断千年流，口嗫余涎识龙气。"王昶《易罗池亭》："噫气决土囊，喁吁扼万窍。水轮应亦然，迸激安可料？大块稍过隙，逆上倒飞瀑。临水更见水，动影在窅窱。亭亭青蘋底，累累仙玑绕。明湖柳絮泉，举似俨相肖。地方百亩宽，未容一尘到。涵虚霭玉沙，聊许孤云照。春深更清寒，宛如积秋潦。偶有金尾鱼，时向空明掉。日斜乌雀散，我来展遐眺。其平比湘簟，其淡等雪缟。略彴界危亭，无复鱼师钓。想当夜凉时，缺月挂林筱。波光动帘旌，悽寂类仙峤。何人赏澄澜？来此一倚棹。"又《雨后再过易罗池亭》："遥峰影落清池底，一段湿云收不起。闲鸥偏掠云上飞，零乱穿云鱼数尾。半痕浅碧秋罗纹，未容荷芰翻红巾。山神连夕送急雨，似欲湔洗残冬尘。我来倚槛数层嶂，脚底忽闻人荡桨。前池隐与后池连，水阁如桥通小舫。"巡抚伊里布《易罗池亭》："凉雨洒天末，龙潭水波生。波生龙躍起，云散秋山晴。安得澄景遇，且有赏

① 龙川 原本空缺，据光绪《续云南通志稿》补。

心并。将军多旷怀，招游出郊城。地偏林木远，天高秋气清。清音在山水，环听无人声。顾此鱼鸟乐，遂我邱壑情。登高赋新诗，临流洗尘缨。盛会隔今昔，开樽同解酲。哲人既云亡，勋业垂轩楹。我亦怀古意，浩歌猿鹤惊。禾陇涧苍翠，水云澹空明。人散夕阳低，天秋鸿雁鸣。尚希后来者，共寻白鸥盟。”池水满溢，南流下汇大池为九隆，四面筑堰资灌溉，下流入沙河。沙河既会九隆池，东流过众安桥，又东经诸葛营北，过神济桥，东流入东河。东河既会沙河水，折东流经哀牢山西南，又东经笔架峰南，又东经落水洞东，出阿思郎折南行，经枯柯桥，为枯柯河。经小猎彝东，又南经大猎彝东，又南会都鲁、哈思两凹中水，南入哈思凹，为哈思河。又南经亦登、鸡飞，西上湾甸东，右会姚关水。姚关水，源出姚关北、施甸南，东南流经湾甸土州界，东入枯柯河。又南经下湾甸至土州城西北，左会镇康河水。镇康河，源出孟定土府北界无量山北麓，东北流，其东源出镇康土州东南乌龙山北麓，西北流。两源合为乌木龙河，折北流又会镇康东南溪，折西北流至镇康土州城南，左会怕红河水。怕红河，源出镇康土州西南无量山西北，东北流至镇康城西南入镇康河。折北流为镇康河，又北经镇康土州西，又北至湾甸土州东南，左纳响水河水，响水河，源出镇康西北境山中，东北流入镇康河。右纳杜伟山水。杜伟山水，源出哈思凹隔山南麓凹中，南流经杜伟山西会山中诸水，又南至猛峒北，左会南糯河水。南糯河，源出顺宁县西百二十里稧山，合阿度吾西溪水，西至猛峒，合杜伟山水。折西流，穿峡会诸峡水，西流入镇康河。又北流至湾甸城西，右会枯柯河。枯柯河既会镇康河，折西流为南甸河，又西流至姚关西南、龙陵厅东北，入潞江。此水源流五百余里。参《一统志》《古今图书集成》《徐霞客游记》、齐召南《水道提纲》、旧《云南通志》《永昌府志》《顺宁府志》。潞江既会南甸河水，又西南八十里受西北一小水，又南折而东南受东北一小水，又西南流受东南来一小水，又西流受北来一小水，至孟定土府境为喳哩江。又西南当孟定土府西北百五十里、腾越厅南稍东三百余里出边，流阿瓦地，经木邦、孟乃等处至摆古东，入南海。参《古今图书集成》、齐召南《水道提纲》《徐霞客游记》《永昌府志》《顺宁府志》。明刘节《渡潞江叹》：“山高高，石齿齿，细雨寒风江瀰瀰。黄芽短树啼鹧鸪，岁晚行人行不止。吁嗟乎！平生志愿百不酬，归去来兮吾老矣。”中书上海赵文哲《潞江渡》：“声如吼火牛，势如奔怒马。气如釜沸汤，色如土崩赭。我行逐鸡鸣，破驿灯已灺。瘴云幂四垂，夹岸暗枫櫃。招招一叶舟，风中似飘瓦。徒侣互牵挽，临流泪频洒。迅湍激箭驰，有舵不能把。舵命百尺牵，邪许音欲哑。溯流几十里，脱手乃一泻。既济庆更生，稍息道傍舍。朝曦上铜钲，毒雾溃四野。徐徐理薄装，独向征鞍跨。尚有负担民，信宿枯树下。未持渡江符，欲渡津吏骂。吁嗟八关路，议核及盐鲊。用以惩不庭，宁许暴矜寡。此江走腾冲，置吏何为者。我非夜猎人，醉呵幸宽假。莫问司牧谁？事纪庚寅夏。”

澜沧江，自云龙州南乾海子西沘江口南流入境，经保山县东、永平县西南行，明应大□《澜沧江》：“蒙家四渎称澜沧，行人至此皆断肠。飞鸢跕跕不敢过，搴衣欲济无舟杭。江边山高插天起，瘴云如墨山腰里。为问永平汉天子，拓地胡为必至此？江流万古愁杀人，劝君勿渡斯江津。”右纳罗岷北山水。罗岷北山水，源出保山县北百里北冲东蒲蛮寨东，自北山南度脊东，东流经天井、罗岷诸山北，东流入澜沧江。参《徐霞客游记》。又南流，左纳沙木河水。沙木河，源出保山县东北百八十里宝台山西南山中，西流折北流，经竹沥岩，会三汊溪水。三汊溪，源出阿牯寨西出北流。三源合，名三汊溪，西流会沙木河上源。又北经狗街子西，又北经沙木和驿，过凤鸣桥，又北经湾子村东，又北流折西流，入澜沧江。参《徐霞客游记》。明黄中《沙木河》：“屈曲天南路，今来过几盘。猿声烟外急，风色马头寒。悬石临回磴，飞流下激湍。亦知愁九折，王事敢辞难！”又南，折东南流经宝台西南麓，又东南至永平、顺宁界上，右纳银龙江水。银龙江，源出云龙州乾海子南、永平县北阿荒山，一名太平河，每岁孟冬近晓有白气横江，恍若银龙，故名。南流至永平县东南，右会罗木场河水。罗木场河，源出永平县西三十里和邱山东麓大卓盘山，东流经罗木山南麓，折南流至永平县东南，会东源。两源既会南流，右纳曲洞河水。曲洞河，源出和邱山西麓，南流折东流至永平县南二里，入银龙江，其南有温泉。又南，右纳花桥河水。花桥河，源出永平县西四十五里博南山北麓，泉流东经花桥山，为花桥河，又南流至永平县南五里，入银龙江。又南流经门槛村，过门槛桥，又南，左纳狗街子南北两水，狗街子水，在顺宁境，折西南流入澜沧江。参《徐霞客游记》、旧《云南通志》。澜沧江又东南，走顺宁境内。参《古今图书集成》、齐召南《水道提纲》。明参政宝应朱应登《澜沧江》："千寻铁锁贯长桥，积翠浮天万壑遥。人向中流看砥柱，路从平地入岧峣。未论文教开荒服，已见蕃王款圣朝。鸟语花明迎使节，澜沧江上瘴全消。"

胜备江，本入碧鸡江之水，而碧鸡江下流又于顺宁境入澜沧江，则胜备江渺乎小矣。然其南北流经永平一县，其入碧鸡处不在府境，例得另叙。其源出云龙州南境、永平县东北境之罗武山，东南流折南，又东南经黄连铺东，左会九渡河水。九渡河，源出永平县东百二十里横岭铺西南山中，沿山流经九渡桥，西流经太平铺，又西流至胜备村，入胜备江。参《徐霞客游记》、旧《云南通志》。又南，右会双桥河水。双桥河，源出永平县东七十里观音山东北麓，合山中诸水，东南流经永平铺，又东经黄连堡南，东入胜备江。参《徐霞客游记》、旧《云南通志》。又东南流至蒙化境，入碧鸡江。此水源流百数十里。

右永昌府诸水。

卷二十五　地理志三之十五　山川十五

开化府

开化府之水，三岔河界其西，盘龙河由西而东环绕境内，而东与广南接壤则普梅河也。

三岔河，源出蒙自、阿迷界上山，为白期河，亦曰白溪河，一曰白谦河。南流经蒙自白溪河塘，又南流为芷村河，右纳新安河水。新安河，一名钻天箐水，源出蒙自县法果山，会长桥海诸水，东由天生桥伏流入芷村河。谨案：详临安府，参《临安府志》《开化府志》、齐召南《水道提纲》。又南，左会那木果河水。那木果河，源出府西四十五里者安山，西南流至葛布山下，会三岔河。参《古今图书集成》、齐召南《水道提纲》。三河既会，南流至坝洒汛南交趾界，入鲁部河。谨案：即河底江，亦即蒙自梨花江。参《开化府志》《临安府志》、齐召南《水道提纲》。

盘龙河，一名开化府大河，源出府西南百里蓑衣山下邪革白龙潭，伏流二十里北至乌溪石洞流出，为乌期河。北流经小石牙西，又东北流经大石牙南，又东北流数十里，折东南流经乐竜北，又东，右纳弥勒河水。弥勒河，源出乐竜南山中，东北流入乌溪河。参《开化府志》、齐召南《水道提纲》。又东南，右纳顺甸河水。顺甸河，源出府西百里化乙山北麓，东流入乌期河。《开化府志》。又东南，右纳路梯河水。路梯河，源出府西七十里山中，东北流经路梯塘，又东北入乌期河。参《古今图书集成》、齐召南《水道提纲》。又东南流为盘龙河，至府西北二十里，右纳磨底河水。磨底河，源出府西五十里山中，东流入盘龙河。齐召南《水道提纲》。又东至天生桥，伏流数里出，东南流经府城东北，又东南十里，折西流经城东南，又南折而东南至府东南十七里天生洞，伏流数里从东南流，又东而南曲曲百三十里，左纳同车河水。同车河，源出府东七十里锡版龙潭，合南邱、革基两龙潭水，流经彩云洞南出，为牛羊河。又西南流百里，右会马札冲河水。马札冲河，源出沙尾冲，南流经新后、克夕诸处，左会牛羊河水。两河既会，为同车河，西南流入盘龙河。参旧《云南通志》《开化府志》。又南流数十里至天生桥，右纳赌咒河水。赌咒河，源出府西南百数十里山中，东南流数十里而伏数十里复出，东流入盘龙河。齐召南《水道提纲》。伏流数里南出，又东南为藤桥河。曲曲百八十里，南入越南国，又南入清水江。参齐召南《水道提纲》、旧《云南通志》

《开化府志》。

普梅河，其上流曰那楼江，曰漫江河，南流为猛奔河，并东与越南界，又南入越南境。《开化府志》。

鲁部河，其上流即礼社江，亦即河底江，自蒙自梨花江流入境南至坝洒，左纳新现河水。新现河，源出蒙自白母孔寨，东南流入境，经大窝子南流入江。又东南流入越南国境，左纳三岔河水。见上。又东南经通化府西，又东南，左纳盘龙河水。见前。又东南至嘉兴州蒙县会洮江，即澜沧江，亦即黑江。为富良江，南入于海。参《临安府志》《开化府志》。府北百六十里近广南有阿猛海，在阿猛村北。又北有绿水塘，在府东北百五十里，水如碧玉，可鉴毛发。城南大兴寺旁有桂井，深数丈，味甘，四时不涸，左有双桂掩映，因名毘卢寺。佛座下有甘露泉，源细不能仰出，僧穿地道引之，味甘冽。城北七十里有竜山塘，平寨、者保有双温泉，在城东百一十里，味甘，夏凉冬温。城南七里有老虎沟，两山排夹，细水中流，烟雨迷蒙，四时不变。城南二十里有浴龙池，内有物似羊，出则泉涌水激，隐约与坡上下，父老云见者大吉。城西尚有龙潭寨龙潭，距城二十里，平坝龙潭，距城七十里，杜孟龙潭，水穴土入落水洞。府东尚有灵秀龙潭，距城百三十里，上多奇木怪石，祈祷多验，有蓑衣羊出则大雨。其余，东安里尚有牛羊龙潭、韭菜坪龙潭、者庄龙潭、南抽龙潭、召布比龙潭；逢春里尚有斗嘴龙潭、阿觉龙潭、泥处龙潭、龙岭龙潭、别革龙潭、腰姑龙潭、老梅龙潭六穴、马洒龙潭二穴、以那底龙潭、戞迭龙潭、革乃龙潭、白果龙潭三穴、革普龙潭、腊哈龙潭、洒得龙潭、舍速乌龙潭、马歇龙潭、阿黑龙潭、矣波龙潭、革洒龙潭、革母龙潭、下寨龙潭、戞达龙潭、坝地龙潭、阿義龙潭、矣额龙潭、布足龙潭、以则期龙潭。又有雾露者龙潭、俘莫龙潭。又王弄里有著租革龙潭、革革冲水源、他迭水源，又有渡口龙潭二穴，大窝子龙潭。又新现里有西吐者龙潭、者蓝龙潭，又有猛平龙潭、猛秏龙潭三穴。已上并《开化府志》。

右开化府诸水。

东川府

东川府之水，尽归金沙江。金沙江自武定州北普渡河口入境，境内之水归普渡河者有罗衣山水，西入普渡河；有花椒园南水，西入普渡河；有龙箐水西流石城村北，南合花椒园北水，西入普渡河。普渡河并会各水，北入金沙江。金沙江自普渡河口东流至普毛厂东，左纳老口河水。老口河，一名会通河，源出四川会理州，南流至梁山南，折东南流经普毛厂东、阿木可租塘西，东南入金沙江。参齐召南《水道提纲》《东川府志》。又东流，经双龙厂南，右纳小江水。小江，一名碧谷江，源出寻甸州西三十里清水海，一曰车湖，北流至功山，右纳龙头山水。龙头山水，源出寻甸州北龙头山，西流至功山入车湖。东北流入境，折北经阿汪东，为阿汪河。又西北，左会沧溪水。沧溪，源出寻甸州北阜庄界岭大山，北流为沧溪，会奴勒峰温泉，又北流至阿汪西花沟村东，入阿汪河。又西北，左会花沟水。花沟，源出会泽县西一百五十里绛云露山五竜村，东北流经五龙村东，东北入阿汪河。又西北，左纳中厂河水。中厂河，源出会泽县西百五十里雪山，东流右会普车河水。普车河，一名普翅河，源出向化里乐隐山，东北流会中厂河。既会东流，入阿汪河。又北，右纳尖山河水。尖山河，源出会泽县西四十里尖山，西流经小江塘北，又西入碧谷江。至此曰小江。北经碧谷坝，碧谷坝，有黑龙潭水从山半涌出。《东川府志》。曰碧谷江。又西北，左纳侻俸溪水。侻俸溪，源出会泽县西二百里勇克山，东北流经象鼻岭南，东北入小江。又西北至金沙江曲处入江。参齐召南《水道提纲》、旧《云南通志》《东川府志》。折北流经金沙渡口，又北，右纳以礼河水。以礼河，源出会泽县西南一百三十里饮马川。嵩明州知州乌程严遂成《饮马川》："白云忙于人，知出不知处。山势率然蛇，百里一首尾。日光悬半照，向背分寒暑。树木颇有权，反风忽为雨。敻乎不见人，蛮鬼衣褴褛。斩刈之所遗，好与谋生聚。蜾蠃祝类我，饥则将噬汝。今年荞有秋，爨烟暮濡缕。"西北流折东北，右会歹补小河水，歹补小河，源出会泽县南鲁租村。北流合三十里箐水。三十里箐水，在会泽县南一百一十里。严遂成《三十里箐水》："不知山起止，弥望青无际。树亦若逃名，少同而多异。微风一簸荡，海浪天吴戏。有时云欲归，万灶饋馏沸。绝壑泉收声，丛阴豺虎庇。忆昔苗构乱，中可藏兵器。

行行日未晡，鼻尖生鬼气。”三十里箐水，北流合梅香箐、雉鸡箐水。梅香箐，在县南九十里，雉鸡箐，在县南八十里。严遂成《雉鸡箐水》：“不闻一乌啼，雉鸡取何义？不见一花飞，香名梅窃据。老僚昔所都，崛岬磊大砺。中通道容趾，团团磨旋蚁。地底俯深丛，阴炽吹鬼魅。天豁半峰晴，半峰雨未既。担樵者谁子？时时逢虎醉。孤城介黔蜀，大小关门蔽。叛服随乌蒙，为其左右臂。抵巇或鼠窜，伺殆忽鹰鸷。鲸鲵几上肉，斩杀动万计。追原咎祸始，元戎坐招致。是卫善抚绥，毋虎冠而吏。二十五年来，它姓如入继。恃兹后母勤，不以前子弃。投醪群饮之，何由酿兵气。居安戒垂堂，揽景洵足记。石牛耕牧资，金马战场利。入夜泉涓涓，无弦惬情趣。”梅香、雉鸡二箐水，并北流合小河入以濯河。歹补小河，又合麦则夷溪水。麦则夷溪，源出县南一百里麦则夷村，北流，合惠沙溪水。惠沙溪，源出县东北一百里，入甸中，潴为泽，合麦则夷溪。两溪合，西北流入歹补小河。歹补小河既会诸水，北流会饮马川。为以濯河。又北流，右会洛泥河水。洛泥河，源出府城北山中，西流入以濯河。又北经马鞍山东北，分一支东流为新河，亦曰义通河，东流汇饮虹龙潭水。饮虹龙潭，源出县西饮虹山，南流入义通河。教授赵淳《饮虹潭》：“深林护石岩，湫流出山腹。怪石自稜稜，溪流常汩汩。洞口多潜鳞，或云是龙族。几欲探骊珠，窅然不可入。吐气云满山，渍沫雨盈谷。洪流润大川，报功宜构屋。春秋用祈赛，丰穰觇富足。佳境恋游人，携樽时往复。喈喈好鸟鸣，团团嘉树簇。烟月小桥边，遥看画一幅。”又东流经城东，折西北流经城北为街子河，又西流会梅子箐水。梅子箐水，源出府城南翠屏山五溪。五溪者，翠屏山九箐所汇，东北流至府城东北，会义通河。北流至以山村，会东山东北来水，折西北流蔓海中，至马场分为二流，里许复合为一，西北流右会中河水。中河，源出会泽县东北华宜寨山中，西流入梅子河。又西北流，右会右河水。右河，源出县北十里青龙山中，西流合中河。又西流，左会义通河分流水。义通河分流水，自府东钱局东北分流西北，又左会以濯河分流水。以濯河分流水，自分义通处，又分东北流，合东分流。两分流既合，又西北流蔓海中，与诸江会。又西北，左会以濯河分流水。以濯河分流，自五竜募均分为义通河处，又分东□流，又分一支东流，合义通分流水。其正流北流蔓海中，与以礼河并流至此，合义通诸河。又西北复会以礼河。以濯河，自分义通河处，又北流经石鼓山东，又北流经以礼村东，为以礼河。又东北流，右会义通诸河水。见前。又东经鱼洞西，为鱼洞河，右纳蔓海水。蔓海，在府城北，一名濯缨湖，自西至东长二十余里，自南至北阔十里，一望芦华，今垦成田。其尾闾由鱼洞泄入以礼河。又西北折西流，经则补北，左纳则补河水。则补河，源出则补北山，北流入以礼河。又西流入金沙江。参旧《云南通志》《东川府志》。又东北流，右纳以博溪水。以博溪，源出巧家厅东三家村，西流经玉屏山南，又西流经小米粮坝北，又西流经大米粮坝北，西流入金沙江。又东北流，左纳披沙南水。披沙南水，源出四川会理州山中，东流经披沙坝南，又东入金沙江。又东北，左纳木期古水。木期古水，源出木期古土司山中，东流入金沙江。又东北，左纳木期古北水。木期古北水，源出四川会理州山中，东南流经木期古土司北，又东流入金沙江。又东北，右会牛栏江。牛栏江，源出嵩明嘉利泽，自河口东北流出至寻甸七星桥马龙白锑河水，为阿交合溪。并详见云南、曲靖二府。又东北为车洪江，亦曰车滃江，右为霑益州东，入东川境，东与南盘江源仅隔花山。又东北，右为宣威州，左为东川府，左会沙河水。沙河，源出会泽县西南百六十里，一名苏东河，东流经白革村，合海山河水，又东流过卡竹三家村，合几落河水，又东流纳白土泥水，又东流会三岔河，又东经杨桥冲东至木多、尹五、苗子村，入落水洞东出，入车洪江。又东北，右为贵州威宁，左为东川，折西北又北经者海东，左纳车乌小河水。车乌小河，源出待补多著村，东流四十里，东入车洪江。又西北流，又北又西北，右为昭通府鲁甸通判境，左为东川境，左纳头道河水。头道河，亦名硝厂河，源出会泽县东八十里犀牛塘，汇各山箐水，周里许，西流为头道河，西入箐口，又西行箐中数十里，左会卡狼沟。卡狼沟，在会泽县东二十里，北流入头道河，又西流会大麦冲，出石门坎，折北流至硝厂，名硝厂河。又北流折西北，左会索桥水，又北至那戛，入牛栏江。又西流经江底村北，又西流入金沙江。参齐召南《水道提纲》、旧《云南通志》。又北入昭通府鲁甸厅界。参旧《云南通志》《东川府志》。

东川府龙潭，有牯牛寨龙潭，有大寨龙潭，有拉立村龙潭。则补善长里有蒙姑潭，大米粮坝有鲁虐潭、鲁木得潭。巧家城南有以博溪潭，有补之落潭，集义乡有玉碑地潭，米粮坝有六里村龙潭。

右东川府诸水。

卷二十六 地理志三之十六 山川十六

昭通府

昭通府之水，北走四川，东走贵州，为叙州、大定两府水源，而金沙、牛栏两江会于西南隅，皆属过境，境内之水不归，于是今先叙州府横江之上源。

四川叙州府大纹溪，其下流为横江，北会大江，而其上源则自昭通。其最远者曰擦拉河，源出鲁甸厅西南三十里大黑山箐，东北流，左会鲁甸各山水，又东北流，右会普五寨水。普五寨水，源出恩安县南四十里普五寨东南山中，西北流，会擦拉河。《古今图书集成》。又东北流，右会淄泥河水。淄泥河，源出恩安县东五里龙洞山南麓，东流折南，会八仙海水。八仙海，源出恩安县东二十里龙洞山后，春夏雨集，弥漫数十里，东南流，会淄泥河。两源合流西南五十里，绕凤凰山北，折北流至擦拉桥，会擦拉河。旧《云南通志》。又北潴为湖，右会利济河水。利济河，源出恩安县北龙洞山，南流绕城西南，入擦拉河。旧《云南通志》。折西北流，左会洒鱼河[①]水。洒鱼河，源出鲁甸厅北一百里、恩安县西四十里大凉山东麓雄溪，东流至柳树湾，右会居乐河水。居乐河，源出鲁甸厅北九十里、恩安县西五十里古寨，合市初、小黑箐、拖着诸水，南流北折，入洒鱼河。洒鱼河既会居乐河，又东经马鞍山北，又东流入利济河。参旧《云南通志》《昭通府志》。又折东北流百余里为旧圃河，又北流经雪山东百余里，左会永善水，永善水，源出永善县诸山中，会东北流经雪山北，东北入府河。《古今图书集成》。右会角魁河水。角魁河，亦曰戈魁河，源出贵州威宁州山中，合诸水北流，为洛泽河，西北流经彝良州同洛泽汛西，又西北流，左纳龙塘水。龙塘，一名绿荫塘，在镇雄州西三百七十里，状如荷叶，广百丈，深不可测，久雨不涨，久旱不消，清泉溢出，东流入河。塘中有龙，产细鳞鱼，塘口有圆山，建龙王庙。塘中有岛，建八角亭，足供游玩。又西北，右纳威洛河水，威洛河，源出镇雄州西二百五十里彝良东北山中，西流经花砾、戈魁，又西流入洛泽河。为戈魁河。又西北经法窝关南，又西北经大关厅北，西北入府河。旧《云南通志》《镇雄州志》。又北流为大纹溪，北流入四川筠连县界，其下流为横江，至四川宜宾县境北入大江，即金沙江。参《会典》《古今图书集成》、旧《云南通志》《镇雄州志》。

白水江，源出镇雄州西杉树块汛西南山中，为九股水，东流，右会乾河水。乾河，源出镇雄州南威宁界上山，北流入九股水。《镇雄州志》。折北流至五眼洞伏流，亦曰天生桥，由洞北出，西北流至罗坎关南，右纳黄水河水。黄水河，源出镇雄州北二百里罗汉林，西南流经华斗、倮㑩坝、柴家井，西南入河。《镇雄州志》。折西流，左纳杉树块水。杉树块水，源出镇雄州西杉树块汛北，北流入河。《镇雄州志》。又西北流，左纳一北来水，又西北，右纳小溪河水，为白水江。小溪河，源出镇雄州北罗汉林，南流经倮㑩寨至三寨，名三寨河，又南至者豪，左会四寨河水。四寨河，源亦出罗汉林，西流经四寨，又西流会三寨河。西南流至小溪，西南流入白水江。《镇雄州志》。又西北，经牛街知事南，又西北入四川筠连县界，为宋江，下流北至岷江口对处入江。参《会典》《古今图书集成》、旧《云南通志》《镇雄州志》。

---

① 洒鱼河 《昭通县志》《鲁甸县志》俱作“洒渔河”。鱼，“渔”的古字。

黑墩河，源出镇雄州北二百二十里白水、黑阳河、陶坝黑林子三处，合西北流经黑墩，右会玉贵河水，为两河口。玉贵河，源出威信州判东北长官司汛，西流经威信州判南，又西流会黑墩河。《镇雄州志》。北流入四川界，西北流至罗星渡北，西会宋江。参《会典》《镇雄州志》。

苴蚓河，源出镇雄州南境浪朵块墨车，东流经河免寨、女撒岩，为墨翟底河。又东流，左会汑洛河[1]。汑洛河，源出镇雄州东北乌通山后，东南流，左会沱沿河水。沱沿河，源出镇雄州西南山涧中，北流经城西，又北流折东，经乌通山北，东北入汑洛河。东南流经土坝、平坝、阿黑关诸处，东南入苴蚓河。《镇雄州志》。又东南，左会白乌河水。白乌河，源出镇雄州东三十里黑折寨，南流经阿黑寨、阿黑密，又南会苴蚓河。《镇雄州志》。又东南入贵州威宁界，下流走七星关，为六归河。参《镇雄州志》《舆地图经》。

洛甸河，源出镇雄州东北三十里洗白，曰板桥河。东南流，左会雨洒河水。雨洒河，源出镇雄州东北一百一十里簸卧，东南流经乐利溪、上五当、下五当、大茶园、小茶园，右会妥泥河水。妥泥河，源出镇雄州北一百一十里，东流经妥泥东，会雨洒河。又东南入洛甸河。《镇雄州志》。又东流，左会厂丈河水。厂丈河，源出镇雄州东北一百二十里窝洛泥，东流，左会洛将水河水。洛将水河，源出洛将水北山，南流经洛将水，又南会厂丈河。又东南流，左会洛普河水。洛普河，源出洛普北山，东南流至洛普，入厂丈河。又东南，会洛甸河。《镇雄州志》。又东，右会母享河水。母享河，源出镇雄州东北母享山中，东北流经天生桥，又东北入洛甸河。《镇雄州志》。又东流入四川永宁界，为赤水河。《镇雄州志》。

金沙江，自东川府巧家厅入境，右会牛栏江水。牛栏江，自贵州威宁入境，西流经鲁甸厅南会泽县北江底铺，又西经江半坡南，又西入金沙江。《鲁甸厅采访》。北流，经永善县西北，又北至四川屏山县境，右纳大鹿溪水。大鹿溪水，源出永善县北大鹿山，东经平夷司北，入金沙江。《会典》。东北入四川境。参《会典》《永善县采访》《图经》。

右昭通府诸水。

景东直隶厅

景东厅之水，以中川河为大，众水皆归之。其下流为把边江，而东有者干河。其下流为阿墨江，西有猛统河。下流为杉木江，又西有景谷河。其下流亦入杉木江，皆普、镇、元三府州诸江之上源也。

中川河，一名银江，源出蒙化凤凰山，详见蒙化厅中。自安定关南入境，东南流，右会老仓河水。老仓河，源出无量山东麓，东南流入银江。又东南，左会沙罗河水。沙罗河，源出安定关东山中，西南流入银江。又东南，东流经新站街南，又东折南流，右会板桥河水。板桥河，源出无量山东麓，东流至板桥东，入银江。又南，右纳灰窑河水。灰窑河，源出无量山东麓，东经灰窑，东入银江。又南，右纳大坝河水。大坝河，即通化河，一名菊河，源出无量山东龙潭，潭有第一龙门、第二龙门、第三龙门潭在内，深不可测，人言不敢近。刘大绅《龙潭》："客言菊河源头水，深潭万丈不见底。沈沈黑气龙公家，卵育千年到孙子。大者气象稍峥嵘，小者头角均未成。细鳞巨口味甘美，土人径以鱼称名。晴天白昼乍施网，作脍调羹可遗饷。谁知怒触龙心肝，杀气阴森万兵仗。雷公击鼓排云将，驰驱电母天流光。羊车雨雹大如碗，人马颠蹶无处藏。于今嘉谷正苦旱，官司日夜束手叹。此中异物如有神，何不云雷下土散？高岩拥峙穿云根，临前巇巘三重门。惯抱明珠嗜渴睡，甘霖不到荒乡村。

---

[1] 汑洛河　雍正《云南通志》作"托洛河"。

我欲长绳系虎骨，投入瀹沧动巢窟。坐持酒蟹相欢呼，饱看鱼龙互出没。”合二溪东流经御笔山北，又东入银江。又东南经厅城东北，又东折西南，又折东南流，右纳孔雀河水。孔雀河，源出无量山东麓，东流经孔雀山麓，又东入银江。又东南，左纳蛮谢河水。蛮谢河，源出蛮谢东山中，西南流入银江。又东南，经中所塘西稍南，左纳中所河水。中所河，源出中所东山中，西南流入银江。又东南，左纳品秀河水。品秀河，源出品秀东山中，西南流入银江。又南流经蛮骂西，左纳蛮骂河水，又南流入镇沅州境。蛮骂河，源出蛮骂东山中，西南流经蛮骂南，西流入银江。

中川河之西曰猛统河，源出无量山南麓。合两涧，西南流经猛统巡检司西，又南入镇沅境合树银河，为杉木江。

又西为景谷河，源出厅西南二百里蛮道村，东南流至威远地，入杉木江。

中川河之东为鲁马河，一曰者干河。源出厅东八十里火石哨，南流经者干村东，又南流经哈噜噜南入恩乐县境，下流为阿墨江，亦曰谷麻江。

右景东直隶厅诸水。

蒙化直隶厅

蒙化厅之水，只礼社一江两源，分流至东南境，上合境内之水皆入焉，若诸始、公郎二河，一入碧鸡，一入澜沧，则又其分支别派也。

诸始河，本小水也，而在蒙化境则另为一支，归并碧鸡江。碧鸡江者，漾备江也，已叙于顺宁府中。诸始河之源，出于蒙化厅西北三十里诸始河哨山中，西流会西北来一溪，合南流六里，复会南来一溪，合西流十余里，经鼠街子，又西二里，折南流三里，又折西流二里，合西北一溪。溪大，与东源相等。折南流五里，纳西来一溪，又南流十里，纳南来一小水，折西流十里至瓦葫芦，折西南流，纳西来、南来各一水，又西南经旧牛街、桫松哨流数十里至猛者蝶西南马王箐，西入碧鸡江。《徐霞客游记》。

公郎河，亦小水也，源出蒙化厅西南百二十里凤凰山西麓，南流百里至公郎巡检司南，入澜沧江。参《古今图书集成》《徐霞客游记》。

礼社江，蒙化经流也，有两源，其东源自云南县赵州东至迷渡南入境，流百余里会西源，西源曰阳江，源出蒙化厅西北八十里花判山，山当蒙化甸头。南流合两溪，东南流，东去白崖八十里。又东南至盟石西，左纳盟石河水。盟石河，源出厅北二十里蒙舍山中，西流入阳江。参旧《云南通志》。又南至蒙化城西北，左纳教场河水。教场河，源出厅东十里武衙山西麓坳中，折西流，西入阳江。参《蒙化府志》。又东南，经蒙化城西南，又东南至蒙化城南，左纳锦溪水。锦溪，一名菜园河，源出厅东十里捣衣山之坳，一泓喷涌，神物凭焉，流出成溪，会大小黄草坝之水，西流至龙王庙，又南经石龙山采花村，西南入阳江。参旧《云南通志》《蒙化府志》。彭翥《锦溪》：“捣衣东下水平堤，桃柳春风第一溪。日日靓妆明镜里，年年青眼画桥西。鹤楼旧社寒诗草，梅坞荒园落燕泥。独有接城山色好，夕阳人到暮莺啼。”又东南，左纳五道河水。五道河，源出厅东南十五里巍宝山，西北流合玉屏山水，又西北合玉屏、鸡鸣山水，经含春洞，为鸣珂水，又西经梅雪岭下，为白塔河，又西入阳江。参《蒙化府志》。又东南经废定边县北，又东南至废定边县东南，右纳定边河水。定边河，源出厅西南罗求场，东南流，左纳牟苴河水，牟苴河，源出今南涧巡检司西十里，曰零川，西南流入定边河。又东南流经废定边县南，又东南至废定边县东南，入阳江。参旧《云南通志》《蒙化府志》。又东南，右纳窝接河水。窝接河，源出旧定边县南十里麻栗树，东流入阳江。蒙化府志》。又东南至蒙化东南境，与白崖睑江会。

两源既会，曰礼社江，东南流入南安州境。参齐召南《水道提纲》、旧《云南通志》《蒙化府志》《续蒙化厅志》。

阿集左河，系把边江源，源出厅西南一百二十里凤凰山西南麓，东南流至虎街西南，左会虎街河水。虎街河，源出虎街北山中，南流会凤凰河。《古今图书集成》。又东南，左会牛街河水。牛街河，源出牛街东北山中，西南流入阿集左河。《古今图书集成》。又东南至安定关西，左会安定河水。安定河，源出安定关东北山中，西南流至安定关左，西南入阿集左河。《古今图书集成》。四源既会，东南流入景东境。参《古今图书集成》、齐召南《水道提纲》。

右蒙化直隶厅诸水。

卷二十七　地理志三之十七　山川十七

永北直隶厅

永北直隶厅之水，其北流者入鸦砻江，会金沙江；西流者入五郎河，会金沙江；南流者则径入金沙江。鸦砻与金沙会在四川境，今先叙入鸦砻者。

打冲河，源出厅北二百余里永宁土府南，为开基河，北流左会西河水，为三岔山河。西河，源出永宁土府南山中，东北流至甲母山西，东北会开基河。参《古今图书集成》。又北走甲母山西永宁土府东南，左会土府西南水，为勒汲河。土府西南水，源出永宁土府西南山中，东北流入三岔河。参《古今图书集成》。又北流至永宁土府东北，左纳永宁北水，永宁北水，源出永宁土府西北无量河东岸山东麓，东流金顶山南，又东流入勒汲河。参《古今图书集成》、齐召南《水道提纲》。折东流经乌角寺东南左所山北，为打冲河。又东北，右纳泸沽湖水。泸沽湖，源出永宁土府东左所山南麓，形如曲项葫芦尾，广二十五里，南流折而东北，中有三岛，东北流曲曲百余里，入打冲河。参《古今图书集成》、齐召南《水道提纲》。又东数十里至四川界上，入鸦砻江。参《古今图书集成》、齐召南《水道提纲》。

蒗蕖水，源出蒗蕖土州东南绵绵乡绵绵山。两源合流，西北经白角乡白角山麓，曰白角河，亦名麦架河。左右纳三小水，曰它开河，又纳西南一小水。又东北流数十里，左纳别列河水。别列河，源出蒗蕖西北山中，东流入它开河。又东北，左纳一小水，又东北会盐井河，东北入鸦砻江。参齐召南《水道提纲》。

金沙江自丽江府雪山南入境，东南流八十里，左受一小水，折南流至厅西境，左会无量河水。又南流百里，右为漾共江口，见丽江府。左纳顺州水。顺州水，源出旧顺土州，同东南底当龙洞西流为底当河，西流至旧顺州南，右会乌浦河水。乌浦河，源出旧顺州西南乌浦山，东南流会底当河。两源既会，西流至中江渡口，入金沙江。《永北府志》。又南流折西南，又东南流，右会枯木河水。枯木河，源出邓川州，至厅境入江。详大理府。又东流，经宾川州北境金江渡口东，左会三道河水。三道河，一名三渡河，源出厅南四十五里程海，一曰黑雾海，海源实出坝箐河，自鸡鸣山落水洞伏流东南，至此出汇为海。《志》载有姓苏者居此，一夕忽陷成海，荒唐之说也。周八十里，进士赵州赵淳《程海行》："曾闻昆池有劫灰，更说桑田变为海。岂知近在赕北中，瞬息陆沈时势改。程家屋宇化鲛宫，水晶帘箔常潇洒。溪童臧获尽为鱼，不更山头事樵采。苍茫夜浸一天星，日幻云霞增异彩。清宵更睹瑞灯明。渔翁扣舷歌欸乃，我渡金江迤逦来，过此顿将烦热改。余波更有及物功，灌溉千畦田每每。"自东南海闸流出为海河，东流经海河桥，又东流至清水驿西，折西南流，为满官河，又西南，左纳刘官河水，刘官河，源出东冲山，西流合文官河水。文官河，源亦出东冲山，西流入刘官河，又西南，右纳期纳河水。期纳河，源出稗子田，西南流至刘官村入刘官河。刘官河既纳期纳河水，又西南流入海河。为三渡河，又西南流入金沙江。《永北府志》。又东，右纳苔旦河水。苔旦河，一名桑园河，源出宾川州南，为纳六溪，北流至片角入境。已上详大理府。右纳片角东山下龙潭水，又北，左纳片角新街北龙井溢水，又北至苔旦东北，入金沙江。参齐召南《水道提纲》《永北府志》。又东流折东南，右为一泡江水口。详大理府。又东，又东北，左纳他留河水。他留河，一作大罗河，源出厅东北六十里光茅山，与观音河一源。其西南流者为观音河，其东南流者为他留河。南流经他留村西，又南，右纳矣察河水。矣察河，即观音箐分流之南门沟，自城西南折东南流，入他留河。东流，右会沘那河水，沘那河，源出厅东境阿剌山。两源合南流，右纳西来二源合流水，东南会他留河。折东南入金沙江。《永北府志》。折东南入楚雄府界。参齐召南《水道提纲》《永北府志》。

无量河，亦曰五郎河，其上源有二：一曰多克楚河，源出四川巴塘土司之泥替山，曰沙鲁楚泊，旧名沙里楚诺尔池，流六百余里至云南边外；一曰里楚河，源出临卡石土司境里穆山东麓，东南流至里塘土司境，会源出沙鲁齐山之札穆楚河，共流一千四百里至云南边外。两源合东南流七十里入边，曰无量河，南流经永宁土府西境二百里，其西为丽江、中甸界，又东南折而南，右纳一小水，折东流而东南，曰五郎河，左会六河水。六河，其源最远者曰走马河，出蒗蕖土舍东南倮㑩关东北。两源合西南河，右会西番河水。西番河，源出厅东北境山中，西流会走马河水。两水既会，西南流数十里，左会站河，合大松河水。站河，源出厅东境阿剌山西南麓，西北流数百里，左会大松河水。大松河，源出厅东北山中，西北流会站河。两河既会，西北流，会走马河水。四河既会，西流左会清水河水。清水河，源出厅东北光茅山北山中，西北流，会四河。五河既会，西南流，右会西卜河水。西卜河，源出厅北二百里山中，东南流，会五河。六河既会，西南流入五郎河。齐召南《水道提纲》。折西南流，左会观音河水。观音河，源出厅东北六十里光茅山。一源二流，其南流者为他留河，东南合沘那河，入金沙江；其西南流者为观音箐，分一支西出，西北流为麽些沟，流灌北山田亩而止。其正流又南折西南，又南，一支南出西南流，又折西流，又分一沟西流，又分为三：一沟西流，经城北为北门沟，西至西山而止；一支西南流，西经城北为中沟，至城西而止；一支南流为西门沟，折西流经城中出西门，分流南北而止。分支正流折南流，为南门沟，折西流经城南至城西，又折东南流为矣察河，东南流入他留河。观音箐正流西经北山桥，折西南流经红石崖，出崖峡中，又西南经明川桥为桥头河，又西南至上坝，分一沟南出，西南流为殷家沟，折西流至梁家营，入坝箐河。桥头河正流又西南至中坝，分一沟北出，北流为东山沟，折西流至中洲沟南而止，又自中坝分一沟南出，西南流为陈家村沟，西南流而止。桥头河正流又西南至下坝，分一沟北出，西北流为高官沟，西北至中洲街西，合中洲沟西流入观音河。桥头河又西南流，又分一沟北出，西北流为袁官沟，西北至永清桥，入观音河，又自分流处分一沟南出，西南流为乾地沟，西南而止。桥头河正流又折西流为沙河，又西过梁官桥，折西北过马伍桥为观音河，折北流，右纳袁官沟水，又北过永清桥，又北右纳中洲沟水，又北过永顺桥，折西流至观会桥，左纳西山草海，合坝箐河水。坝箐河，源出旧顺州西北白草坪，东流经顺州北，又东流经的里山，受秋霖瀑布。主事郡人黄恩锡《秋霖瀑布》："倒泄银河碧一痕，如龙惊吼下雷门。寒生万斛冰花落，气吐千寻雪练奔。荡破秋光分雨势，划开野色撼云根。几回凭眺清人骨，空翠危桥对晚樽。"折北而西北流，分一支东流至鸡鸣山，入落水洞伏流出程海。其正流西北分一沟西流而止，其正流又西北至梁官南桥，右纳殷家沟水过桥，又西北经张家桥，折北流入西山草海。西山草海，在近屯西山下，本系平田，明正德六年地震成湖，周广二十里，南纳坝箐河水，北流出东北至观会桥，入观音河。观音河正流折东北流，左会陆家湾河水。陆家湾河，源出近屯西山外，东北流入观音河。正流又东北至杨百户桥，右纳南泥河水。南泥河，源出近屯东山下九龙潭，泉有九穴，因以为名。通判黄元治《游龙潭还至西山关》："长堤坚蓄水成渊，古柳根边一钓船。东岸有山空没地，中流无底倒涵天。鹅浮碧浪村村稻，鹭啄红香处处莲。见说高田犹望雨，神龙不合此时眠。"山西布政郡人刘慥《初春游龙潭》："山流九曲漾晴波，澈底澄鲜玉镜磨。鹭啄新蒲穿草席，鱼吹弱荇织风梭。晶莹倒映峰头月，潋滟平侵柳岸禾。胜概多年频想像，龙潭此日幸初过。"有南北二闸，其由北闸出者为北泥河，由南闸出者为南泥河，西南流分一沟南出，西流为中洲沟，至中洲街西南，通高官沟北，通李时伍沟西，入观音河。南泥河又折西北流，分一沟西出为李时伍沟，西流至中洲街北，北通张象乾伍沟，南通中洲沟而止。南泥河又西北分一沟西出，为张象乾伍沟，西流至中洲街北，北通过仁伍沟，南通张象乾伍沟而止。南泥河又西北分一沟西出，为过仁伍沟，西流又分一沟，北通南泥正流，又西流南通张象乾伍沟，北入南泥河。南泥河又西北，分芮官沟与北泥河通，折西流，东北分顶官沟与北泥河通，又西流，东北分十字水沟与北泥河通，又西流，东北分杨官沟与北泥河通，南纳过仁伍分沟水，又西流，东北分黄官沟通北泥河，又西流，南纳过仁伍沟水，又西过九眼石桥东北，分金官沟与北泥河通，又西流，折西北至杨百户桥，折西北过前所桥，又西北，右纳板山河，合北泥河水。板山河，源出厅北核桃园板山，西流经石龙坝，分一沟西南流，通北泥河。正流又西南，又分一沟西南流，通北泥河。正流又西南至金官街北，又分一沟，西南经金官街南，通北泥河。正流又西南至杨百户村西，左会北泥河。北泥河，源出九龙潭，自北闸北流，折西南流，西南分芮官沟，通南泥河，又西流，西南分顶官沟，通南泥河，正流又西北，纳板山河、石龙坝分流水，西南分十字水沟，通南泥河，正流又西，西南分杨官沟，通南泥河，又西流，西南分黄官沟，通南泥河，又西流，北纳板山河分流水，西南分顶官沟，通南泥河。又西流，北纳板山河、金官街西分流水，南分金官沟，通南泥河。又西流至杨百户村西南，折西北流，会板山河。两河既会，西流至马军桥，南入观音河。观音河又西北流，左纳陈广河水。陈广河，源出黑龙潭，东北流，会西北流两源合流水，折东北流至马军桥，南入观音河。观音河又西北过马军桥，又西北入五郎河。《永北府志》。又西南流入金沙江。此水源流千数百里。参《会典》、齐召南《水道提纲》《永北府志》。

厅西南有羊堡草海，东南有崀峩草海，皆中止不流。北有石牛箐一水，分为二，亦中止不流。《永北府志》。南有石湾河、季官河，源出打莺山，亦一水分为二，中止不流。《永北府志》。

右永北直隶厅诸水。

广西直隶州

广西直隶州之水，以盘江为大，自临安府宁州南来，与弥勒县分界折东流，右纳巴甸河水。巴甸河，一名八甸河，亦曰巴盘江，又曰息宰河，源出广西州北四十里额勒哨东西度脉处，南流，额勒哨北水北流。经阿卢山西、龟山东，又南至弥勒县界，为瀑布河，南流至赤甸，右会赤甸泉水。又南流，右会白马河水。白马河，源出弥勒县北三十里北倾山，东南流，会步阙温泉。步阙温泉，源出弥勒县北三十里步阙寨，流北倾山下，会白马河。明杨慎《步阙温泉》："神邱隐云岊，灵深渺天河。阴火煮玉泉，阳晕潋朱波。吹律岂邹子，炼石凝娇娥。乳窦况水碧，碕梁岂盘涡。渐渐不濡轨，汩汩常盈科。偕赏玩仙液，蕴真洗人疴。浴兰兴远思，沐芳咏遗歌。铜池汉雷贼，扣墄骊山阿。朝宗阻江莫，蹇裳限牂柯。天隅感流落，日暮吟蹉跎。”白马河又东南流三十里至弥勒县东北五里，入瀑布河。又西南流至弥勒县城东，右会山金河水。山金河，源出弥勒县西二十五里蛇花口，合柏枝、古黑箐二水，东南流经城北，环城分注八甸，东经郭家山北，东南至流涌甸、南抚甸，北入八甸河。又西南流至弥勒县南，右纳阿欲泉水。阿欲泉，源出弥勒县西十里阿欲山，东流右会梅花温泉水。梅花温泉，源出弥勒县西五里梅花岩，东北流会阿欲泉。阿欲泉又东流，左会阿当泉水。阿当泉，源出弥勒县西七里山中，东南流入阿欲泉。阿欲泉又东流至城南东，入八甸河。又南流经鳌头山西，又南流，左纳竹园村龙潭水。竹园村龙潭，源出弥勒县南五十里嶍冈哨山中，南流潴为龙潭，又西南流入八甸河。又西南经构甸坝西，为息宰河。又南经十八寨东，又南经溯普西，左纳翠微温泉水。翠微温泉，源出溯普西北翠微山，西南流入八甸河。又西南入盘江。参《徐霞客游记》《弥勒州志》。又东南流入阿迷境，折东北经溯普南入境，又东北至弥勒县东南盘江山南，左纳石穴中混水为混水江。石穴中混水，泸川源，出广西州北三十里矣戈河桥东北两山间，西南流为矣戈河，又南经平沙哨西，又南流二十里至阿卢后洞，伏流穿洞，由前洞南出为泸源，东南流绕翠屏山西麓为鳌岛，又东流绕翠屏山东麓为邱岛，又东南至蝠岛下，会东河水。东河，源出广西州东北江头村，龙湫数处汇为河，南流折西南至蝠岛下，会西河。两河汇为矣邦池，一名奄甸海，周三十余里，东南流汇为支酺塘，一名知府塘，由尾闾泄入伏流，南入盘江。《广西府志》。谨案：石穴中混水甚大，不知从何而来。考广西州东西两河汇矣邦池，入支酺塘，尾闾不知从何往，必伏流南入盘江，或谓出为竹园村龙潭，入八甸河。然东西不相值，未必不循脉络穴山斜度，惟此盘江山石穴与支酺塘南北适相值，且其流大，惟泸川足以当之，今姑从泸川说，以俟论定。又东北流经邱北北上下彝嶆中，左纳五罗河水。五罗河，源出师宗县东南难当坡南，南流经五罗河寨西南，入盘江。《师宗州志》。又东北至师宗县东南境，东与广西西林县分界，右纳清水河水，为八达江。知州武进管棆《过八达江》：“早晚烟霏重不醒，乱山鬱鬱雾冥冥。深湫日暗龙潭黝，蔓草风旋虎气腥。石捍崩泉疑作雨，山糅古木尚留青。时平不用封侯策，片石虚传剑阁铭。”清水河，源出邱北旧城盘龙山盘龙寺。知州管棆《龙潭歌并序》：“维摩州城西南旧有龙潭，建寺名龙泉，一名盘龙潭，广四五丈，深数百丈，水东流山顶，时有云雾，潭上沙平数十亩。 维摩山色摩苍霄，蜿蜒起伏穷岩凹。雾藏空洞疑鸟雀，壁峭万仞愁猿猱。清潭一勺在壑底，深静积水无波涛。及其流势下激石，浩呼汹若闻惊飚。潭空上映天宇碧，云影日脚相盘敖。藤萝垂青映水底，飞鸟眩顾疑飘摇。时有云气出水面，滃渤气更穷昏朝。水禽戏浴落翠羽，小鱼跃水跳银刀。骊龙潭底方昼睡，明珠颔下谁当撩？两三佛阁嵌岩际，天风震荡益坚牢。有时钟声殷地起，惊骇百兽俱纷逃。安得高僧闲说法，老龙窃听当寒宵。何须华阳割左耳，在渊九四占乾爻。”龙潭东北流经罗马坡北，又东北流经罗鹅南，又东北流入八达江。《师宗州志》。折北流入罗平州境。参《古今图书集成》《广西府志》《师宗州志》《弥勒州志》。

右广西直隶州诸水。

卷二十八　地理志三之十八　山川十八

武定直隶州

武定直隶州之水，其最西者曰西溪河，其上源即龙川江，出镇南州之苴力铺，名苴水，亦名虹江，一名白龙河。西南以抱州治迤而西，响水河、平夷川诸水入焉。经楚雄府城之北，又迤而东，平山河、青龙河、大石村河诸水注焉。入定远、广通界，北则清水河、零川、龙川自定远来注之，东则清风河、立龙河、关山河、罗中河、雕龙河、阿陋河诸水自广通来注之，入元谋境曰西溪河，右纳南号河水。南号河，源出元谋县东南三十五里六初郎，西流合章波罗水，西入龙川江。参旧《云南通志》《元谋县志》。又北流，左纳猛令河水。猛令河，一名巳保河，一名龙溪，源出黑盐井山涧中，东北流二百里，左纳班古河水。班古河，源出大姚炉头，东南流入猛令河。又东北流数十里，入龙川江。《元谋县志》。又北流，右纳元马河水。元马河，源出武定州西虚仁驿，北流经马头山，名应元溪，又北流绕午茶山之左为元马河，折西流经元谋县城北，又西折北流，又折西流，入龙川江。《元谋县志》。又北，左纳多克河水。多克河，源出白盐井，北流经大姚县山中，又东北经炉头，又东北至苴凝为苴凝河，东北入龙川江。参旧《云南通志》《元谋县志》。又北入金沙江。参旧《云南通志》《楚雄府志》《武定府志》《元谋县志》。

其稍大者曰大环川，源出武定州之勒品甸，东北流经只苴、阿河诸处，一百五十里至汤郎，右会大麦地各箐水。大麦地各箐水，源出武定州南大麦地诸山中，北流西北会大环川。旧《云南通志》。又北流至高桥成河，又名高桥河。又北流至拖木格，右纳插甸河水。又东北流至马白口，入金沙江。旧《云南通志》。插甸河，源出武定州北老母坝，东北会各箐水成小河，西流经插甸诸处，又西北至拖木格，西入大环川。旧《云南通志》。

州东之水，以普渡河为大，自富民北流入境至大弥陀，左纳掌鸠河水。掌鸠河，源出禄劝县北二百二十里旧撒甸同知西北二十五里核桃箐，南流三十里至上易竜，为三道河，又南流五十里至中易竜，为二道河，又南流五十里至下易竜，为鹧鸪河。钱熙贞《春日扁舟游鹧鸪河》："扁舟载得几山青，隔岸荒村见草亭。烟树参差迷石壁，萍花摇落荡沙汀。笔将撼岳诗谁放？兴欲吞波酒漫醒。疑是张骞槎泛入，莺声河畔正堪听。"纳左右溪涧之水，又南流一百里至县城东，为掌鸠河，右会盘龙河水。盘龙河，源出罗次县白花山，为鸠水河，东北流经王名等九厂，东北六十里至武定州城东，右会鸥鹰河水。鸥鹰河，源出武定州西乾河，会鸥鹰、古柏各箐水东流至红土田，东绕州城入鸠水河。鸠水河既会鸥鹰河，为盘龙河东流，下虎跳滩，分一支为广济沟，东北流二十里，经禄劝县北，又东过莺子竜，东入掌鸠河。又分一支，东南流为盘龙沟，经马家庄、永平、吉纳诸村至小绢麻东，入掌鸠河。其正流自虎跳滩，东流至禄劝县城南，又东与掌鸠河会。掌鸠河既会盘龙河水，南流二十里至大绢麻，右纳冷村河水。冷村河，源出武定州东南石版桥，会罗家庄小龙潭各箐水，东流合冷村水，又东经铺西陈至大绢麻，入掌鸠河。又南至岜拨村，出狮子口，又南四十里至大弥陀，入普渡河。参旧《云南通志》《武定府志》《禄劝州志》《续禄劝县志》。又北流经普渡，又北流经绞摆马西，又北经补知西，又北经他颇西，又北经五龙马西，又北经雪山西北，入金沙江。《禄劝州志》。

金沙江自黎溪口折南流入境，经姜驿西南折东流，右纳龙川江水。见前。又东经武定州白马口北，南纳大环川水，见前。北纳会川卫水。会川卫水，源出四川会理州，南流，左纳东安河水，又南至武定州境白马口北，南入金沙江。《古今图书集成》《会典》。又东流，右纳两溪洟水。两溪洟，源出禄劝县北二百里幸邱山，一曰勒溪洟，一曰东溪洟，并北流入金沙江。参《武定府志》《续禄劝县志》。又东北经武定州狮子厂南、禄劝县洒马基北，又东北，右会普渡河水。见前。又东北，右纳乌龙河水。乌龙河，源出禄劝县东北二百里乌蒙山下乌龙泉，北流入金沙江。取水者必屏息，稍有声，水即不能入器。参旧《云南通志》《武定府志》《续禄劝县志》。又东北入东川府界。《古今图书集成》。

右武定直隶州诸水。

元江直隶州

元江直隶州之水，以元江为大，由西北至东南斜贯其中，行四五百里，而阿墨、李仙，则皆西陲之过境也。若龟枢河虽入元江，而源流几三百里，纳大小河十余，亦境内巨川，且其会元江处在临安境，故另列之。

阿墨江，其上流曰鲁马河，发源于景东厅火石哨，南流经恩乐境，又南至谷麻入境为谷麻江，经上下谷麻地南入他郎境。其下流为布固江，入李仙江。参《景东厅志》《元江州志》《新平县志》《他郎厅志》。

李仙江，其上流为景东河，发源于蒙化之凤凰山，会安定河南流入景东，为中川河。又南入镇沅，为把边江。又南经他郎境至三江会布固江入境，当元江州西南六百里，东南行，左纳萨普河水。萨普河，源出元江州南数百里，南入李仙江。《古今图书集成》。又东南流，左纳腊密河水。腊密河，源出亏容甸土司西境山中，南流入元江。《临安府志》。又东南入临安府土司境，为藤条江。参景东、镇沅、元江、临安各《志》。

元江之源为礼社江，源出云南县梁王山，南流至九鼎山下，分而为二，一东流北折者为一泡江，北入金沙江；其南流为万花溪，南下白崖为白崖江，又南至旧定边县，今蒙化厅南涧巡检东南，会西源。西源出蒙化甸头花判山之阳江，东南流会白崖江，又东南流经南安州碍嘉境，又东至新平县西北四百里与南安州分界之界牌西入境，东南流经斗门乡南，东南至三江口，亦曰三岔河，左会东源麻哈江水。麻哈江，其上流曰星宿江，源出罗次县南之九涌山，北流会分水岭水，又北流会穹荡山水，又北折西流为金水河，又折西南会北河至禄丰境为星宿江，南流至易门境为九渡河，又南为绿汁江，折西南经嶍峨境为丁癸江，亦曰小江。西南经新平县北，左纳七曲河水。七曲河，源出新平县西四十里竜鸡山北麓，即鹦哥山之东北麓，北流经七曲村，又北流经新化山东、逦陑山西，又北经彻崇山东北，入嶍峨小江。《新平县志》。又西南经太和山北斗门乡南，为麻哈江，又西南至太和山西南，西与礼社江会，为三江口，亦曰三岔河。两源既会，东南流为戛赛江，经哀牢山东麓，左纳化龙河水。化龙河，源出新平县西北百三十里老铁厂山中，西南流，左纳六乃河水。六乃河，源出象山西麓，西流至他甸邑西，左会漫乾箐水。漫乾箐，源出逦阻山中，西流经漫乾坝，又西与六乃河会。六乃河既会漫乾箐水，西南流入化龙河。又西南流，右纳宾橘河水。宾橘河，源出太和山中，南流东南入化龙河。又西南流经黄土坡，又西南流经东磨南，西入戛赛江。《新平县志》。又东南，右纳南仓河水。南仓河，源出新平县西百六十里南仓山顶，在哀牢山东半会各山水，东流至戛赛入江。《新平县志》。又东南，右纳南茂竜河水。南茂竜河，在哀牢山东，源出南茂竜山顶，会诸山水至戛赛入江。《新平县志》。又东南，左纳鹅得河水。鹅得河，源出新平县西二十里分水岭，西流经鹦哥山黑味南、西牙甸北，会诸山水，西流入戛赛江。《新平县志》。又东南，右纳丫味河水。丫味河，源出哀牢山东，东北流至丫味入江。《新平县志》。又东南至磨沙为磨沙江，右纳马龙河水。马龙河，源出哀牢山东，东北流至马龙山麓入江。《新平县志》。又东南，左纳杨家冲水。杨家冲水，源出敌军山西南，西流经倚楼山北麓，西南至磨沙北入江。《新平县志》。又东南，左纳树布拉河水。树布拉河，源出镇元山西南麓，西南至脚底母，西南至树布拉，西入磨沙江。《新平县志》。又东南，右纳挖窖河水。挖窖河，源出新平县西南三百里哀牢山东南挖窖山中，东流经挖窖塘，又东流经舍叠龙东北至，磨沙南入江。《新平县志》。又东南，左纳南麻河水。南麻河，源出他克西山西麓，西南流经大南麻，又西南入元江。《元江州志》。又东南为元江，右纳漫线河水。漫线河，源出元江州西北百三十里之弥陀山，东北流入元江。《元江州志》。又东南，左纳甘庄河水。甘庄河，源出元江州东北四十五里之黄茅岭，西流经甘庄坝，又西南入元江。《元江州志》。又东南，右纳南淇河水。南淇河，源出元江州西无量山，东流会南北中寨诸山水，东流入元江。《元江州志》。又东南经元江州城东，又东南，右纳清水河水。清水河，源出元江州南八十里列播山，一源二流，其东北流者为南侻河，其西北流者为清水河，又北流数十里，折东北经戕㞫山麓为戕㞫河，又东北流至州城西南，折东流经城南东入元江。《元江州志》。又东南，左纳双渠沟水。双渠沟，源出马龙山，一清一浊，西流入元江。《元江州志》。又东南，右纳南侻河水。南侻河，源出列播山，与清水河一源二流，东北流经大羊街北、小羊街南，又东北流至坝罕东北入元江。《元江州志》。又东南，左纳矣落河水。矣落河，源出元江、临安界上山，西南流入元江。《临安府志》。又东南入临安纳楼土司境，为河底江。参《元江州志》《新平县志》。

龟枢河，其上流为腊猛河，源出嶍峨县北、易门县南甸末南山南麓，南流经嶍峨县甸中，又南经甸头，又南经兴衣乡，纳兴衣龙潭水，又南至青龙寨北，左纳小河水。小河，源出嶍峨县西北五十里老鲁关山西北麓，东流经王家哨西麓，又南折西流，西入腊猛河。《图经》。又南流经青龙寨，又南经怕念乡东北，为怕念河，右纳怕念乡水。怕念乡水，源出怕念乡西南山涧中，东北流至怕念乡西，会西北来庆远塘北麓水，东流至怕念乡，又东北入怕念河。《图经》。又南流，左纳罗吕乡西山水。罗吕乡西山水，源出怕念乡西北，会诸涧水，西流入怕念河。《图经》。又南流入境，折东南至甘棠，为甘棠河，左纳罗吕乡水。罗吕乡水，源出新平县东北百二十里化皮冲，当老鲁关东度脉再分支处。西南流会牛尾冲水，牛尾冲水，源出老鲁关东度脉分支处，南流会化皮冲。又西南流会羊毛冲水。羊毛冲水，源出老鲁关东度脉处，西南流合西涧水。西涧水，源出老鲁关西南鹅膊子与王家哨分支处，南流会东涧，又东南会两冲水。南流经罗吕乡西，左纳罗吕乡水。罗吕乡水，源出罗吕乡东北窝泥寨山中，西流经罗吕乡北，又西入大水。又南流至甘棠，入甘棠河。《图经》。又东南至鲁魁山北麓，右会亚泥河水。参《嶍峨县志》《新平县志》。

亚泥河，源出嶍峨丁癸乡山中，其山北即丁癸江。东南流入境，又东南经亚泥坝，又东南至康者康南，右会清水河水。清水河，源出新平县西北迤陋山东南麓，东南流会各山箐水，折东流经桃孔南、石子哨北，又东流至康者康南，入亚泥河。《新平县志》。折东流经双龙桥，又东南流至洒树衣，右会平甸河水。平甸河，源出新平县南五十里镇元山北麓，北流会上、中、下他拉诸水，北经团山西麓，又北至者甸冈南，左会青龙水。青龙水，源出新平县西二十里分水岭，东流经大小方达，又东会纳溪、青龙坎诸水，东入平甸河。折东流为襟带河，经县城西关外，左纳洪本泉水。洪本泉，源出新平县北土官箐山顶，南流四引，灌溉近郊田亩，南入襟带河。折东南流经城南，又东南，左纳太和宫水。太和宫水，源出新平县北太和宫旧址，南流经城东过迴龙桥，又南流过鸣凤桥南入襟带河。又东，左纳马家箐水。马家箐水，源出新平县东北二里马家箐山，南流经魏家桥，折西南流入襟带河。又东南流过太平桥，又东南经马密南，左纳窑房箐水。窑房箐水，源出新平县东北五里窑房箐山中，南流经马密，又南入襟带河。河自此为平甸河。又东南经土地塘北，右纳头道箐水。头道箐水，源出叠戛山中，东北流会二道箐水。二道箐水，源出叠戛东南，隔山东北流与叠戛水会，入平甸河。又东经大观塘南，又东南经麻栗树北，右纳大箐哨水。大箐哨水，源出新平县东南二十里山中，北流至麻栗树，入平甸河。折东南，右纳得勒箐水。得勒箐水，源出县南二十五里得勒箐西南山中，东北流入平甸河。又东南至洒树衣，会亚泥河。参《新平县志》《图经》。又东南流，右纳高梁冲水。高梁冲水，源出新平县南磨盘山东麓，两源至县南六十里高梁冲合流东北，左会母苴鲁河水。母苴鲁河，源出县南五十里丁苴西南山中，东流经母苴鲁寨，又东会高梁冲水。又东北入亚泥河。《新平县志》。又东南流经大开门为大开门河，右纳锅厂河水。锅厂河，源出新平县东南八十里赵密克南山中，北流经赵密克东，又东北流，右会杨武河。杨武河，源出杨武西大黑山，东流经杨武城北，又东北流与赵密克水会。两源既会，为锅厂河，东北流至大开门，入大开门河。《新平县志》。又东流至鲁魁山北麓，左会怕念河水。二水源则怕念河较远，流则亚泥河较大，其实亦相等也。怕念河与亚泥河既会，为龟枢河，折东流经鲁魁山北麓，又折南流经鲁魁山东麓，左纳白花龙河水。即石屏之北河，详临安府。又折西流经鲁魁山南麓，右纳藤子箐水。藤子箐水，源出新平县南百里老白甸东山东麓，东流经藤子箐塘南，又东流至鲁魁山南，入龟枢河。《新平县志》。折东南流，右纳厂沟水。厂沟，源出元江州北七十里青龙山南麓，北流经青龙山东，又北流至马鹿塘南，左纳马鹿塘南箐水。南箐水，源出马鹿塘西南山中，东北流至马鹿塘南，入厂沟。又北流经马鹿塘东，又北流至马鹿塘东北，左纳相见沟水。相见沟，源出马鹿塘西南他克东山东麓，东北流经马鹿塘西，又北流经相见坡下，又东北会厂沟。又东北流入龟枢河。《图经》。又东南流，右纳大小哨水。大小哨水，源出元江州东北四十五里黄茅岭东南麓，东北流经大小哨，又东入龟枢河。《图经》。又东南，左纳五郎沟水。为石屏南河，详临安府。东南入临安境，东南入河底江。《元江州志》。

右元江直隶州诸水。

镇沅直隶州

镇沅直隶州之水，澜沧江环其西，已详顺宁境内。其入澜沧者为杉木江、猛赖河，而杉木下流威远、猛赖尚属滥觞，城[①]中自以把边江为大，阿墨虽发源景东，在境内犹为源头也。

杉木江，其源曰树根河，亦曰蛮况河，出州东五十里树根坡。西流，右会蛮贵、由里二河水。蛮贵河、由里河，二河并源出树根坡北山中，西南流会树根河。参《古今图书集成》、旧《云南通志》。又西流至州东北，会南祝河水。南祝河，源出镇沅州北五十里分水岭谨案即乐板山南，南流，右会茂度河水，茂度河，源出分水岭西山中，南流，东南会南祝河。南流，会树根河。旧《云南通志》。又南经州治东，过殷春桥，由州治南山之麓围绕而西，又西南五十里经抱母井南流折而西南，右会猛统河水。猛统河，发源景东，入境南流百数十里，会杉木江。旧《云南通志》。又西南流，右会正统河水，正统河，源出景东、威远界上山中，东南流入杉木江。《古今图书集成》。左会恩更河水。又西南流入威远境。恩更河，源出镇沅州南山中，西流入杉木江，与正统河口相对如十字。《古今图书集成》。

猛赖河，源出恩更河东南山中，东西两源会南流，左会拦马河水，拦马河，源出把边江西山中，两源会西南流，折西入猛赖河。《古今图书集成》。折西南流，入普洱境。

景来河[②]，即把边江，自蛮骂南入境为景来河，左纳蛮冈河水。蛮冈河，源出恩乐县北山中，西南流入景来河。《古今图书集成》。又南，右纳阿萨河水。阿萨河，源出镇沅州北山中，合两源东流入景来河。《古今图书集成》。折东南，左纳怕莫河水。怕莫河，源出恩乐县北山中，西南流入景来河。《古今图书集成》。又东南流经恩乐县西，右纳大弄河水。大弄河，一名浦麻河，源出镇沅州东界山，东流经恩乐县乐仁乡，东入景来河。《恩乐县志》。又东南折西南，流经跨泥村西，折东南，左纳凹必河水。凹必河，源出恩乐县南跨泥村东南山中，西流经跨泥村南，西南入景来河。《古今图书集成》。又南流至新抚东北，为新抚河，左纳蛮奠河水，蛮奠河，源出镇沅州东南百余里新抚东山中，西流入新抚河。《古今图书集

① 城　光绪《续云南通志稿》作“域”。

② 景来河　光绪《续云南通志稿》作“景东河”。

成》。折东南流经新抚巡检司，东南流为把边江，又南入他郎境。参《古今图书集成》、齐召南《水道提纲》。

鲁马河，即景东者干河，阿墨江之上流也。自者干南入境，经三家坡汛西，又南流入新平界，为谷麻江。参旧《云南通志》《恩乐县志》。

右镇沅直隶州诸水。

〔据阮元等修，王崧等纂道光《云南通志稿》（清道光十五年刻本）卷十三至卷二十八《地理志·山川》之“川”辑录。〕

（光绪）云南通志·地理志·山川

〔光绪《云南通志》二百四十二卷首四卷附录四十一卷，清岑毓英等修，光绪二十年（1894年）刻本。其中《地理志三》卷十一至二十八为《山川》。皆引道光《云南通志稿》，因内容较多，为免重复，不再辑录，详参道光《云南通志稿》（见前）。卷十三《云南府之水》增补3篇，即清安宁举人朱金点《吴井水赋并序》（第11页）、江南道御史昆明戴絅孙《九龙池铭并序》（第20页）、昆明布衣孙髯《近华浦楹联》（第21页），详见后。而卷十四《大理府之水》、卷十六《临安府之水》、卷十七《楚雄府之水》、卷十八《澂江府之水》、卷十九《广南府之水》《顺宁府之水》、卷二十一《曲靖府之水》、卷二十二《丽江府之水》、卷二十三《普洱府之水》、卷二十四《永昌府之水》、卷二十五《开化府之水》《东川府之水》、卷二十六《昭通府之水》《景东直隶厅之水》《蒙化直隶厅之水》、卷二十七《永北直隶厅之水》《广西直隶州之水》、卷二十八《武定直隶州之水》《元江直隶州之水》《镇沅直隶州之水》皆无增补。〕

（光绪）续云南通志稿·地理志·山川

卷十五　地理志　山川（山略，下同）

云南府

云南府之水，以滇池为大，源流经七州县，水并汇焉。然皆在大幹盘绕之内，若大幹之外，西有星宿江，则罗次、禄丰、易门之水所汇也。东有大池江，则宜良之水所归也。而分幹以外，嵩明之嘉利泽，则又东北归车洪江，今随大幹先自西星宿江始。

星宿江之源，出自罗次县南二十五里九涌山，一名九成山。东北流至羊溪冲北，右会分水岭水，折北流，右会碧城河，为东河，亦曰金水河。又北经罗次县西，其北[①]有温泉。又北折西流，经羊圈北，又折西南流，右会梅子箐水，其北有黑箐龙潭。罗次县西北隅，其潭深邃，常有雾封，天旱祈雨多应。其西南有黑龙潭，有右所龙泉。禄丰县东，出石崖中，灌县东南田。其东南有东渠。又西南流，右会北河水，源出武定州境河底厂山中。为星宿江。北河之东有温泉。星宿江既会北河水，又西南，左纳南河水。又西南，右纳九盘山水。源出广通县。又折

① 北　道光《云南通志稿》卷十三《地理志三之三·山川三》作“西北”。

南稍西流，右纳舍资河水，为九渡河，折东南流，右纳妥稍河水。又东南，左纳太和川水。源出罗次县炼象关水东北山中。又南，左纳迷末水，源出易门县永靖哨。为绿汁江。折南流，左纳大小绿汁水。源出易门县西山中。又南流经木奔西，为木奔江。又南，左纳蚂蝗箐水。源出易门蚂蝗箐山中。又南，左纳易江水。源出安宁州西禄脿西山中。木奔江既会易江，折西南流入嶍峨界，为丁癸江。又西南入新平界，会礼社江。

滇池之源，出嵩明州西北六十里东葛勒山，一名梁王山。西南朵格卧宗龙黄龙潭南流，经牧养村，为牧养河。又南流共六十里至高仓，过洞流出，左会邵甸河水。源出嵩明州西北三十里梁王山西南旧邵甸县之甸头冷水洞，龙泉百泓，所谓九十九泉也。牧养河既与邵甸河会为盘龙江，折西流，又折南流为汇流塘，西南曲折流经三家村南，又折南流至松华坝，分一支东出为金稜河。其正支又西流至省会城东北商山东南，又纳银稜河水。源出昆明县北龙泉山黑龙潭，西流东分一沟曰东龙须，西分一沟曰西龙须。又西流至蒜村，由大闸分流，入盘龙江。其正支又西流半里，北纳五龙山水，由流沙闸南分水入盘龙江。又西流，分一沟南流为一瓦水。又西流，分一沟南流为牛吃水。又西流，西北纳白龙潭水，由白龙潭闸分水南入盘龙江。又折东南流有王俊闸，又折西流有小营闸，又西南流经文殊寺闸，又折南流二里过分水闸，又西折西流汇莲花池，南入盘龙江。又南至会城东南分水岭西，分为玉带河。又南流至螺蛳湾西，分为采莲河。又南流至南坝，折西流一里，又分三支为太家河，为杨家河，为金家河。又自杨、金、太三河南，西流至雄川阁，出罗公闸，源流共一百三十里，汇为滇池。滇池亦曰昆池，唐昆州[①]因水为名。斜长百二十余里，东南[②]广三四十里不等。历昆明、呈贡、晋宁、昆阳境，西北为草海，东南为水海，其形上广下狭，有似倒流，故曰滇池，或曰从螳螂川西出，北流入金沙江，实倒流也。滇池自盘龙江口折东南，左纳明通河水。自昆明县东十里三元石闸，分金稜河西流，左纳小白龙潭水，又西流，左纳白沙河水。又西流，经先农坛前太平桥、塘子巷、穿牛房至金稜桥，分一支由吴井桥归金稜河。其正支又西流，经十字闸，左纳金稜水，右泄盘龙江，又西，源流共三十里，入滇池。又东南，左纳金稜河水。自昆明县东北三十里松华坝，分盘龙江水东出西流，左纳莲花箐水，又西至大将村下，折南流至桃园村，左纳村水，右由戴金箔闸分水入盘龙江。又南流至漫水闸，左纳清水河水，折西流五里，右由大、小韩冕二闸分水入盘龙江。又折南流，左纳青龙潭水，又南，左纳黄龙潭水，又南，左纳杨妈妈河水，右由小坝分流入江。又南，左纳杨清河水，右由小坝南闸分流，合小坝河入盘龙江。又南流一里，左纳白龙潭水，右由三元石闸分一支为明通河，又南流五里至金马山西麓，折西南流经漫水闸，分水南流入王宝海。又西流一里，又分一支南流为广南卫沟，又由迎恩桥折北流二里，折西南流至地藏寺，折南流一里至吴井桥，桥畔有吴井。又西南一里，右由金稜闸西，分由明通河十字闸西北入盘龙江。其正支又南流十里，至燕尾闸分为二支：一支东南流入三塘下游，入于滇池；一支西南流，源流共六十里，入滇池。又东南，左纳金稜分支水，又东南，左纳王宝海水。源自漫水闸，分金稜河水南流，又自广南卫沟分金稜河水南流，并汇为海，西流入滇池。又东南经苜蔬厂[③]南，左纳马溺河水。又东南，左纳白沙河水。源出昆明县东二十里金马山左右沟涧之水，出三家村、黑村至黄土坡，两涧水会南流经十里铺、牛街庄至响水闸，左会西鸳鸯沟水。西流三里至五马桥，右纳桃源坝水。又西流经头闸，分一支为马溺河。又西流至二闸，分一支为岔沟，南流四里入旧门溪。又西流至三闸，分一支为小白沙河，南流又分一支合岔沟，南入旧门溪。一支西流，折西北至七星桥，复入白沙河。其正支自三闸又西南流三里至七星桥，左纳三闸分流水，又[④]西流十六七里，入草海。又东南左纳泥鳅沟水，又东南左纳旧门溪水，东南左纳清水河水，又东南左纳倮㑩河水，又东南左纳沧沟、芦包沟水，又东南左纳官渡四河水，又东南左纳毛家塘水，诸河

---

① 昆州　原本作“池州”，《蛮书》卷二：“至碧鸡山下为昆州，因水为名也。”道光《云南通志稿·地理志三·云南府下》亦作昆州。今据改。

② 东南　道光《云南通志稿》作“东西”。

③ 苜蔬厂　当为“苜蓿厂”，见前道光《云南通志稿》。

④ 又　原本作“入”，据道光《云南通志稿》改。

皆宝象河分流也。源出嵩明州西南乌纳山西小龙潭，西南流六十里，经板桥驿东南，折西流至明阴寺前，右会分水岭水。南流曲曲十五里，西纳小龙潭及高坡山水，折西流十余里至祭虫山。又西流一里至大石坝，分一支西流为西鸳鸯沟，北流会白沙河。其正支南流至小石坝，又分一支东南流为东鸳鸯沟。又南流山蹊中四里，折西流一里过老崔桥，又西流一里，分麻线沟，西北流十里入旧门河。其正支又西流，左纳东鸳鸯沟水。又西流分一支为羊堡头沟，又西流分一支为广济沟，又西流分一支为杨柳沟，俱西南流入毛家塘，合西流入滇池。其正支又西流，至小板桥街之广济桥，分一支为官渡河。其正支折西北流为旧门河，至宝阳桥，折西流分一支为芦包沟，又西流分一支为沧沟，并西南入滇池。其正支又西流，分一支为倮儸河。又西北流，又分一支为清水沟，西流二十里入于海。其正支又西北流，北分一支为泥鳅沟。又西流三十里，源流共一百三十里，入滇池。

滇池又东南，左纳亮塘水，又东南左纳枧槽沟水，又东南左纳[1]渔村沟木龙沟水，又东南左纳马料河水，又东南左纳罗家沟水，又东南左纳左卫、上坝两沟水，并马料河支流也。源出昆明县东白土村黄龙潭，南流四里至北水塘水海子，折西南流十里，左纳豹子山水，又西南七里，左纳鼠尾山水，又西南三里，分一支南流曰漾水沟。折西流六七里，汇万朔堰塘。又西流一里至猪圈闸南，分一支出南闸为左卫沟，又分一支出南闸为上坝沟，北分一支为清明沟。其正支由中闸西流一里，又北分一支曰河沙沟。又西流二里，南分一支曰罗家沟，北分一支曰枧槽沟。又西流五六里至新村闸，北分一支曰老杨沟。又西流四里至矣苴堡，折西南流四里至光村闸，又西南流一里至回龙村，折南流，源流共五十里，入滇池。

滇池折西南，经呈贡县西炼朋村西北，左纳落龙西河分流水。又西南经斗南村西北，左纳落龙西河水。又西南经江尾村西北，右纳落龙中河水。又西南经可乐村西北，左纳落龙东河水。源出呈贡县东白龙潭，西流有黑龙潭水自东北来会。又西有黄龙潭水自北来会。又西南，出大小坝，分一支北出为西河，西北折西南流至呈贡县城外，又分一支入城，经县治前，又西北流出城西北，经王家营西、炼朋村东、狗街子西南，北入滇池。西河正支绕城南，又分为二支，为西河，为中河。西河北折绕城西，经梅子村东、斗南村东，西北入滇池；中河自分支处西北流，经石坝村东北、江尾村北，西北入滇池。东河自大小坝分支处西南流，绕城南，折西北，经可乐村、乌龙浦北，西北入滇池。又西南折南，经大河口西，左纳南冲河水。源出呈贡县东南姚平坝，西流经白云村，清水河自县西南来会，又西北至大河口，入滇池。落龙河之东罗藏山之麓，有白龙泉，有黑龙泉。呈贡县西南有灵源泉，县南界次山有月角泉，有寒泉。南冲河东有交七浦，西北有小晏泉。

滇池又南，折西南，经安江村西，左纳盘龙河水。又西南经海宝山北麓，又西南左纳大坝、源出江川县北关索岭，其东南流者入星云、抚仙二湖，其西北流者经晋宁州石碑村牧羊山麓，左会大堡河，源出新兴州东北屈颡巅山山半，泉涌三派，其东南二派分流注星云、抚仙二湖，其西北流者经晋宁州之永宁乡至石碑村，会大坝河。大堡二河，新江坝东分流子河水，又西南左纳杀虫坝东分子河水，又西南左纳吕家坝东分子河水，又西南左纳大坝、大堡二河正流水，又西南左纳白龙坝西分子河水，又西南左纳唐家坝西分子河水，又西南左纳孙家坝西分子河水，又西南左纳映洪坝西分子河水，又西南左纳石臼坝西分子河水，又西南左纳石美坝西分子河水。

滇池又南经牛恋石，折而西经赤峒里，又西南纳渠滥川水。源出新兴州南界山中，北流纳清水河、小河口、罗武河、老王坝河诸水，东北流入滇池。又西折北，经昆阳州东，又北至昆阳州东北二十里，为海口。又自盘龙江口折西北，右纳杨、金、太三河水。又西北，右纳采莲河水。又西北，右纳永畅河水。又西北右纳板坝河水。又西北，右纳茨塘河水。又北，右纳西坝河水。又北，右纳涌莲河水。又北，右纳玉带河水。

草海，为滇池上流，一名西湖，又名积波池，俗名清（青）草湖，中有近华浦诸胜。自板坝河口又西北，中有一堤，西通石鼻，为明巡按傅允献筑。又北，纳海源河水。源出

① 纳　原本缺，据道光《云南通志稿》补。

昆明县西北花红洞，会龙打坝水伏流山中十余里，至城西二十里聚仙山下涌出，东流经海源寺前，北分一支出左闸为东龙须。又南分一支出右闸为西龙须。其正流由中闸东流五里至板桥关，又东流三里，西分一支为梁家河。其正支又东南流至鸡舌尖，左会沙河水。沙河源北自昆明县西北清水塘南分水山中，南流，右会三华山水。又南合诸山水，经海源洞东，又南于金川桥分南甸茨通水沟，于玉峰桥分新闸玉峰水沟。又南至鸡舌尖，右会海源河水。两源既会，东南流入滇池。折而南至石鼻山东北，右纳棋盘山水。又南经碧鸡山东，又南历太华山东，折东南经罗汉峰东，折西南经大小鼓浪山、观音山东，又南经昆阳州北诸山，东至龙王庙滩为海口。

海口，在昆明县西南八十里、昆阳州东北二十里，外为老埂横塞，西有牛舌洲、牛舌滩，又西有龙王庙，洲在河心，龙王庙在其上。滇池当豹子山右，越埂淩洲，西出为海口大河。经海门村南，又西经茶埠北、海口村南北，纳小渡沟、珥琮箐诸水，南纳尖山箐、瓦泥箐、罗武箐、天自箐、云龙箐诸水。又西，川渐狭，又西经柴厂南，折西北十数里，经平定哨东，又北折东流，又北折经九子母山东，又折西流，经九子母山北过石龙坝，又折北流过青鱼塘，又折北西流为武趣河，又折而南经武趣村西，又折西流，折西北至通仙桥北，左会呜矣河水，源出安宁州南龙洞。为螳螂川。附近呜矣河有大龙潭，有小龙潭，有莲花龙潭。

螳螂川折东北流至天津桥南，右纳沙河水。源出富民县南清水关。螳螂川又北，右纳迎恩桥水。又北，川中有石淙，杨一清故里在其上。又北经龙山圣泉东、岱晟山温泉西，又北七十里，经富民县西南，折东流经富民县东南，右纳彝札郎水。源出昆明县西北梁王山。又折北流经富民县东，又东北至富民县东北，左纳清水河水。源出罗次县东南分水岭。螳螂川又北至武定州界上，左纳农纳水。源出富民县西北白云荡山。又北流入武定境，为普渡河，北入金沙江。

嘉利泽，在嵩明州南十五里，一名杨林海子，周百余里，众水交会。源出寻甸州西南六十里果马山，泉流为果马溪，南流为龙巨河，一名龙济溪，东南流，左纳花箐哨水。源出寻甸州南花箐哨山中。又南，左纳间易屯水。又东南至嵩明州城北，右纳福祐河水。源出嵩明州北梁王山白草龙潭。又东南至城东罗锦村，左纳罗锦溪水。源出嵩明州东北罗锦山凤岭下。又南经王四坝南，汇为嘉利泽。嘉利泽自龙巨河口东南纳杨梅河水。源出自嵩明州东马厂，流灌日足、效古二里田。又东，左纳宽郎河水，源出寻甸州之三岔，西流至吉矣龙，分为二，东流效古里，西流日足里，灌二里田。又东南为河口。嘉利泽自龙巨河口西至白马庙南，右纳弥良河水。源出嵩明州北、梁王山东、弥雄山南麓。又西南，右纳天生桥河水。源出嵩明州西北、梁王山东南。又西南，右纳对龙河水。源出嵩明州西梁王山分水岭，两泉对出百余步合流。又南，右纳遥岔河水。源出屼峋山东，东流至河尾，入嘉利泽。又南，右纳玉龙河水。源出嵩明州西南屼峋山一朵云下，东南流至河尾，入嘉利泽。折东南经宜良县北，右纳邑市屯河水。源出宜良县北山中。折东北至杨高桥为河口，东流经秀嵩山南，又东折北流为阿交合溪，北流入寻甸境为车洪江。又东北至东川西，入金沙江。

大池江，即八达河，亦名铁池河，为南盘江上流。源自霑益州花山，流至陆凉州西流入境，经宜良县东北，右纳大城江水。源出旧阳宗县北明湖。又东北经汤池东，又东北经靖安哨北，为大城江。折东南流分为二流：其北支东北流，左会大赤江水，东南流入大池江；其南支东南流，右纳滉桥河水。大池江自龙王庙东纳大城江折东南，左纳三台山水。源出宜良县东三台山西麓。又折西南流经陈所渡，又西南经狗街子北，两纳大城江南分水，又西南左纳黑泥河水。源出宜良县南竹子山。又西南经红石崖，西南入路南州界。

右云南府诸水。

卷十六　地理志　山川

大理府

大理府之水，潞江、澜沧、金沙三大江皆流其境，境内之水各归于是，而漾备江与澜沧分合处皆非境内，在大理境固自独去独来，且容纳洱海，巨浸亦经流也，统为四支，而礼社江东源由府境出焉。

其最西者曰潞江，自表村西南流入境，经三崇山西，又南至永昌府大塘隘，东南入保山境，为上江。

次东者曰澜沧江，自表村北入境，右纳表村河水。又南经表村东，右纳西溪水。又南，右纳松牧溪水。又南，左纳云龙州西北水。又南，右纳崇山溪水。又南至云龙州南境，右纳一小溪水，左纳泚江水，南入保山、永平两县界。

次东曰漾备江，亦曰白石江。白石江自弥沙井南入境，右纳水二，左纳水一。又南经炼铁街西，又纳一水，折东南流经浪穹县西北境，右纳西南一水为上江嘴，曰黑惠江。又南经邓川州西境，曰下江嘴。又南经太和县西北境，又南稍西至漾备街西，始曰漾备江，右纳横岭铺水。又南经金牛屯南，过亨水桥，左纳点苍西山水。又南至合江铺南，左会西洱河水。漾备江已会西洱河水，西南流入永平县、蒙化厅界。

其最东者曰金沙江，自枯木河口折东行入境，至苔旦北，右纳苔旦河水。金沙江又东，右纳一泡江水。金沙江又东流入，姚州境。

礼社东源曰白崖睑江，源出云南县北二十五里梁王山后宝泉山，石穴中涌出，西南流，而帽山龙泉自帽山北西流，会五福山、蔷山坝、铁窑箐、毛栗各龙泉，南会松子哨、蚂蝗箐诸涧水，南经九鼎山东南来会。又南流至茨平村团山坝，分为三流，其二东流经云南县南北为青龙海、品甸海，下流合为一泡江；其一由团山坝流为溪沟，亦曰万花溪。卧龙冈夹其左，金龙山夹其右，南流经清华洞，又南流经赵州石虾山西，左纳虾蟆口甘泉水。又西南，左纳菖蒲沟水。又西南，右会赤水江、毘雌江合流水。又南流至弥渡，左纳鼻窗厂水。又东南流入蒙化境。

右大理府诸水。

临安府

临安府之水，以曲江、泸江为大，东西横亘一府，而龟枢河虽属过境，石屏之水咸归焉，皆经流也。虽龟枢归并元江，曲江、泸江归并盘江，而盘江仅属过境。元江走土司境内，今各自为纲，详内而略外也。藤条、黑江又远在河底之外，以类及之。

亚泥河，当鲁魁山东自新平入石屏境，左纳迤络河水。折西而南，过龟枢奔洪，为龟枢河。十里至撮科，右会倘坝水，又南二十里左纳泡竹，会黑石水。又南十里至小河底，左纳小河水，又南十里左纳芦柴沟水，又南十里右纳大小哨水，又南二十里右纳哈糯河水，又南十里左纳五塘沟水。又南为三百零八渡河，又南走亏容司境内，南入元江。

曲江，源出新兴州界中，至嶍峨县西北十余里入境，曰猊江。南流折东流，经嶍峨县城北，又折南流经嶍峨县城东，又南至城东南，右会练江水。猊江既会练江，为合流江，东南流经河西县西五十里碌碑乡，左纳东山河，为碌碌河。河滨有温泉可已疾，河上有仙洞。又东南，右纳舍郎河水。又东南，右纳六村河水，至此为曲江。折东流至馆驿西北，右纳馆驿西北流水，又东流至馆驿北，右纳石壁泉水。又东流，右[①]纳东山龙泉水。折东北流，左纳爪水。又南北流至婆兮乡，入婆兮江。

泸江，源出石屏州西三十里宝山南麓，会关口、横冈以东诸山水，东流为宝秀湖，一曰西湖，亦曰赤瑞湖。延袤二十余里，东流左纳大松树泉水，又东流为九天观大塘，右纳旧坝水。又东分为二流，南北绕城而东纳四面诸山溪涧之水，至城东合流，经番卜竜北，出化龙桥东，汇异龙湖。异龙湖广袤一百五十余里，中有三岛：小岛曰孟继龙，亦曰马坂陇；中岛曰小末束，亦曰小水城；大岛曰和龙，亦曰大瑞城。有九曲，即五爪山插入湖中者。东流为湖口，右纳王家冲水，左纳沙河水，东流为泸江河，左会旷野河水。又东，左纳黄龙潭水，折南流，又折东流，经临安府城南，又东北流，左纳白沙河水。又东，右会象冲河水。又东北，左纳赛公河水。又东北入岩洞，伏流十余里，至阿迷州界万象洞流出，为乐荣河。东流绕样田山麓，东流至燕子洞，又伏东出，右纳鸡街河水。又东流经阿迷州城南，折东北流，右纳东山水，又东北流入盘江。

盘江自澂江府为铁池河，纳抚仙湖水，入宁州境为婆兮江，右纳分水岭水。又南至宁州东南婆兮乡，右纳七犀潭水。又东南，右会曲江水，折东流为盘江，经阿迷境，右会泸江水，折东北流，入弥勒县境。

河底江，自元江入境，走思陀境，右纳屏山溪水。又东南，右纳清水河水。又东南，右纳末竜塘水。又东南，左纳三百零八渡河水。江至此为河底江。又东南流，右纳兔街河水。又东南经亏容司三尖山北，又东南，右纳龙孟河水。又东南经六蓬寨北，为流蓬渡。又东南经纳楼司南，为乍腊渡。又东南流经慢车乡北，又东南为施格渡。又东南经五亩北，为五亩渡。又东南经阿邦乡南，为阿邦渡。又东南，左纳曲通山水。又东南经纳更司南、稿吾卡北，又东南至蒙自县南，右纳清水河水，左纳个旧厂水。又东南经蒙自县东南，为梨花江，经花丈城南，东南入开化府界，为清水河。

藤条江，其上流即李仙江，自元江入境为阿流江，左纳腊密河水。东流为藤条江，东南流经瓦遮、宗哈各掌寨南，又东南流纳[②]那黄渡，又东南至猛喇北，纳跳鱼河水。又东南，左纳赛江河水。又东南，右纳金子河水。又东南至猛赖东，入黑江。

黑江，其上流即九龙江，澜沧江之委也。自普洱府入境，东流，南与阿瓦、老挝分界。东流经茨通坝南，又东流为烈吗渡。东流经把哈南，又东流经猛丁南，又东为猛蚌渡。经猛蚌南，又东经猛赖东南，左会藤条江水，又东南为栏马渡。又东南入越南国界为洮江，亦曰洪水江。江以南为老挝界，江以北为交趾界。又东南全入交趾境南，别为沱江。又东流经宣光道南、归化府北，又东流，沱江复会。又东流经临洮府南，又东至嘉兴州蒙县，左会清水江水。洮江既会清水江，东流为富良江，至白鹤县南分流南出，又东流至加林县南，又分流南出，又东流经越南国奉天府北，又东流至安林县南，分支东出，会诸流入海。其正支折南流经奉天府东，东南流，复会诸沱江，折东流，分合甚多。其正支折东南流经太平府北，又东南，又合诸分流入于南海。

杞麓湖，源出河西县西北三十里曲陀关，为长河。东流，纳甸心村后小河水。又东流经碌溪山麓，为碌溪河。南经东渠诸村，过碌溪三渡，东南汇为杞麓湖，湖周一百五

① 右　道光《云南通志稿》作“左”。
② 纳　道光《云南通志稿》作“经”。

十里，如环而缺。自碌溪口西南，右纳普应溪水。又西南，右纳大河水。折东南而东，右纳通海县西北诸山水。又东，右纳黄龙山水。又东，右纳秀山左沟水。又东，右纳秀山右沟水。又东，右纳白马泉水。又东为落水洞。杞麓湖又自碌溪河口东行，为四军营诸处，纳通海县北境诸山水。又东，左纳甸苴关诸山水，折东南，左纳易广铺诸山水，又折东南，左纳东华溪水。又东为落水洞湖水，由此伏流东入婆兮江。

星云湖、抚仙湖，俱在宁州北境。星云湖自江川南入境，右纳李杞河水。又东，纳宁州西北诸山水，东北为海门桥。抚仙湖自江川县南入境，南行，右纳龙川河水。折东北，右纳宁州东北诸山水，又东北入河阳县境。

长桥海，源出蒙自县西三十里大屯坝，曰鲤海，亦曰矣波海。北流会长桥海，分一支北流，折东北至诋西里，又分为二：一支折西流走蒙自、阿迷界上，又西经雷公哨南折，东北走阿迷境，汇为三脚海而止；一支自诋西里折东行，汇为蒙自、阿迷界上之波黑海，又东流至仙人沟而止。其正流自长桥海汇流东行，过长虹远霁桥，又东折南流经城东，又南经新安所，右会法果泉水。折东流至山中，而伏数十里，东至芷村，由天生桥出，东会芷村河水。既会新安河，为三岔河，左纳那木果河，南流入越南国。

右临安府诸水。

卷十七　地理志　山川

楚雄府

楚雄府之水，金沙江绕其北，境内之水大半入焉，而礼社、绿汁两江东西夹流至郡南而合，亦水所归宿处也。今以入金沙[①]之川较大另为提纲，而礼社、绿汁则即以两江为提纲云。

金沙江，自宾川州西北入境，当大姚县铁索箐西北，北与永北分界，东行纳一泡江水。又东南纳铁索箐北麓水，又东北右纳羊蹄江水，又东北至苴却巡检司东北，绕方山麓折南行，经苴却东又南，右纳大姚河水。折东流复折而南，至元谋西扁担浪，又折东行，右纳龙川江水，又东流入元谋县界。

一泡江，源出云南县北梁王山，南流分为二，一南下白崖为礼社江，一东来分绕云南县城南北为青龙海、品甸海，合流东南经小云南驿南，折东北流为一泡江，右纳你甸河水，又北左纳一字水，又北入金沙江。

大姚河，源出姚州南四十里三窠山，北流至州南潴为大石淜，广四百二十余亩。北出，分为东泅溪、西泅溪，分绕城东西北流至城北而合为蜻蛉河，北经两山间，北绕龙凤山东麓，又北，左会阳派河水。又折东北流，右纳香水河水。东流为大姚河，经大姚县南，又东，右纳小关口水。又东北流经大舌甸村，过独木桥，又东北，左会蛟龙江水。又东北流至苴却巡检司南，东入金沙江。

龙川江，源出镇南州西七十里英武关之苴力铺山中，曰白龙河，亦曰苴水，一名虹江。东南流，左会响水河水。又东南流经镇南州西南，又东南流经镇南州东南，右纳平夷川水。又东南，左纳清水河水。又东南流，左会紫甸河水，为三道河。又东流，右纳大石河水。折东南流经楚雄府城北，折东流，右纳青龙河水为大河，亦曰龙川江。又折

① 金沙　道光《云南通志稿》作“金江”。

东北至腰站北，右纳方家河水。折北行至广通县西北、定远县东南，左纳零川水。定远县东南有黄莲池，西南有龙马池，西有石羊井。龙川江又东北流，左纳琅溪水。又东北，右纳立龙河水。又东北，右纳清风河水。又东北，右纳罗苴甸河水。又东北流经黑盐井，右纳罗申河水。又东北，左纳龙沟河水。又东北，左纳猛冈河水。又东北经元谋县西为西溪，左纳应元溪水。又东北至法纳禾，入金沙江。

礼社江，源出云南县之梁王山，南流至九鼎山下，一支东北出，为一泡江，其西南流者为万花溪。下白崖，经蒙化，会阳江，东南流至南涧东南入境，为府大河，南流经碍嘉州判北，为大厂河，亦曰大场江，一曰卜门河。折东流，北纳大厂东北水。碍嘉州判西有梁罗泉。卜门河又东南，右纳界牌汛北水，又东，左纳马龙河水。折南流经新平县斗门乡南，左与丁癸江会。丁癸江，源出禄丰羊溪，北流折西南流经禄丰县北，西流入境，右纳九盘山水。折西南流为绿汁江，右纳舍资河水。又东南，左纳妥稍河水。又东南流，左纳禄丰县炼象关水。又曲曲南流至易门县西南，左纳易江水。折西南流经嶍峨县丁癸乡，为丁癸江，至新平县北，左纳七曲河水。又折东西北流，右纳邦溪河水。又折西南流经新平斗门乡南、太和乡北，为麻哈江，西南入礼社江。

右楚雄府诸水。

澂江府

澂江府之水，皆归南盘江，惟新兴之大溪，系曲江源，历临安各州县，然后入盘江，故另叙焉。

大溪，源出江川县西南兽头山，南流折西流，经河西县夹雄山北，折东北流经江川县普妙乡，行三十余里至小矣资，右会香柏河水。折西流经王鸣喜，左纳撒喇哨河水。又西流至戴家屯，右纳罗麽溪水。折南流至新兴州城西北康阜桥，右纳罗木箐水。又西南流至通年桥，为玉溪。右纳西河水。九龙池北为莲花池。又西南，左纳窑沟水。又西南，左纳牟溪水。又西南流经甸尾村，流两山中，右纳黑龙潭水。又西南，左纳甸苴河水。又西南，右纳良江河水。又西南，右纳清水河水，又南流入嶍峨县境。

东山河，源出新兴州南三十四里曲陀关，南流折西行，经梁海村，右会东山湖水。折东南流至河西碌碑乡，又南折西南入碌碌河。

铁池河，亦曰大池江，一曰大赤江，即南盘江。上自陆凉西流为大赤江，至大小河口民和乡獐子村南，入路南州境，民和乡，旧邑市县地。为大池江。又西经大村北，又西经茅草房，又西经蔡家营北，又西经护国庵南，又西经土主山北，又西经半月山南，又西经密河城北，又西经大河洲，又西经安家桥，又西经陈家渡，又西右纳龙洞水。民和乡贾龙有温泉。铁池河又西南入宜良境，右纳十八盘水。又西南流数十里出红石崖，经席家渡，右纳七江溪水。又南至竹子山北，右纳黑泥河水。路南州西南有叠水。铁池河又西南经竹子山西，折东南入境，绕竹子山三面，左纳巴盘江水。至此为铁池河。又东南，左纳休柔溪水。又南，右纳抚仙湖水。源出江川县西北二十里屈颡巅山南绿龙山，南流为中河，西流会冷水泉水，并会为星云湖，周八十余里。东至海门桥流为港河，东流至河阳境，又汇为抚仙湖，一名罗伽湖。周三百余里，界河阳、江川、宁州之间。自星云至抚仙，中有界鱼石，星云之大头鱼、抚仙之鱇㓾鱼，各至石而回，两不相越。抚仙湖东岸有温汤池。河阳县东南有矣旧泉。江川县北有白龙潭。铁池河又南入宁州境，为婆兮江。

明湖，在旧阳宗县北五里，周围七十余里，东西两岸山势陡绝，源出罗藏山东支峰西麓，曰弥勒石溪，合众涧流为此溪，出弥勒石口，左会锦溪水，潴为湖。又北，右纳七古泉水，又北，右纳日角溪水。又北，左纳陇邱冲河水，又北为海口。自弥勒石溪口渐南，右纳大冲河水。又东北，右纳龙池溪水。又北为海口，北流入宜良，为大成江。旧阳宗县西夹浦山麓有濯缨泉。

右澂江府诸水。

广南府

广南府之水，以西洋江为大，而西与开化界入南交者曰普梅河，由府南出入南交者曰者赖河，由开化入境东北归盘江者曰马别河，今详列之。

普梅河，源出开化府东，一曰那楼江，一曰温江河。南流为藤条江，又南流为木奔江，南入越南国境。其下流至越南会广西末水，入富良江。

者赖河，源出府南二百余里普厅塘西南山中，南流稍西，曲曲行两山间二百里，南入越南国界。其下流会普梅河、末水入富良江。

马别河，源出开化府北山中，东流为一字桥水。又东经法土竜故城、麒麟山北，折东北经诸葛山西，又东北经狮子山西，又北，左纳江那水。又北流经江那汛东，又北流经新塘东，又北流经乾河塘东，又北流经阿鸡塘东入府境，又北，左纳维摩塘水。又北流经维摩塘东，又北，左纳维摩北水。折东北流，经衣落寨东，又东北经弥勒湾汛东，又东北经杨伍东，又东北经长冲西，左纳法白水。折东流至安排营西，右纳者种河水。又东北流，右纳下安排水，又东北入广西州师宗县境，东北入南盘江。

西洋江，亦曰南盘江，《水道提纲》以为即古夜郎遯水，其实非也。遯水盖即温水耳，江源出府治宝宁县西北六十里板郎、速部、木王三山，合流东北折而东，经者兔塘西北，又折而东南，曲曲四十里至府西北，左纳松木岭水，右纳东北水。折南流经望龙桥，又南，右纳红石崖水。折东南流为西洋江，至府城东南，右纳响水河水。又东南，折东北经西洋江塘，又东北经乃安西，又东北经板蚌凤西，又东北经坝下塘西，又东北经威泌塘西，又东北经洞柴塘西，又东经西宁村北，左纳同舍河水。折东南流经达板塘东，又东南经者丙塘东，右纳剥江水。又东经剥莪北，右会者郎河水。又东经剥隘北，又东经剥濑北，东入广西界，会左江为郁江。

右广南府诸水。

卷十八　地理志　山川

顺宁府

顺宁府之水，澜沧江环其三面，境内之水皆入焉，而南丁河一支由缅宁走耿马，从东向西曲折数百里，纳小水数十，亦巨川也。今诠次先澜沧。

澜沧江，自保山南南窝都鲁坳东北入境，行保山天井铺分支东南行山之东，东南流经鎨水寨西南，又东南至顺宁县北、高枧槽北，右纳高枧槽河水。又东，左纳三台箐水。东木龙有温泉。澜沧江又东，左会黑惠江水。澜沧江既会黑惠江，又东流，左纳公郎河水，折南流至云州东南，左纳顺甸河水。顺宁府治东有龙潭，右甸有龙潭。右甸鸡飞有温泉，锡铅有温泉，锡腊南糯河有温泉，府治西有蕴古泉，一名瓮古泉。云州温泉四：一在猛郎，一在猛氏，一在困蚌，一在困业。云州东北有龙池。澜沧江既会顺甸河，又南左受景东水，又南右受猛麻河水。折西南，右纳分水岭水。又西南走猛猛南，右纳辣蒜江水，折东南入普洱府境。

南丁河，源出猛準东南之分水岭，北流，右会西南溪水。东北流折而北，至旧猛缅长官司东，右纳内邦、蛮布二河水。又北经猛缅东北，左纳蛮巩河水，为猛缅河。又北纳西南溪水，又北右纳嶍堡河水，又北右纳李歪河水。又北经腊丁西，又北左纳永镇关小河水。折西流，右纳四十八道水。又西至猛赖南，为猛赖河。又西，右纳猛赖西溪水。顺宁温泉，一在大江外路旁，一在漫多村河边，一在锣锅寨大江边，一在小桥塘，一在大兴寺前。猛赖河又南，右纳阿铎河水。折西南流，左纳邦怕河水。又西南，左纳猛勇水。又西南，左纳虎口河水。又西，右纳无梁山水，左纳一溪，为南丁河。又西南流百余里，右纳南卡河水，左纳南路河水。又西南，左纳南们河水。又西南至孟定土司东北，左纳南底河、南滚河二水。又西经孟定土司北，又西，右纳小南崩河水。又西流，右纳大南崩河水。折南流，当孟定土府西南二十里，走阿瓦境内。

右顺宁府诸水。

曲靖府

曲靖府之水，其最西北流者曰车湖，一名清水海，源出寻甸州西三十里花箐哨，北纳四面山溪之水潴为湖，周广数十里。《明一统志》谓周广四里，则不止也。北流经束色堡东，又北流，右纳五里箐水。又北流左纳仓溪水。又北流，入东川府境阿汪地，会三岔河为小江，西北入金沙江。

其最巨者曰车洪江，亦曰牛栏江，源出嵩明杨林海，亦曰嘉利泽，北纳果马溪水。东北流出为海口，经秀嵩山南为寻川河，又北流，左纳南谷温泉水。又东北，左纳归龙河水。又东北，左纳螳螂河水。又东北，左纳洗马河水。又北至七星桥，右会白蟒河水，为阿交合溪。白蟒河之东有犀牛潭，有庄郎塘，有畏雷泉。阿交合溪又北流经土地坡西，又北流经白土坡西，又北流经打鸟哨西，又北流为车洪江。江之西为东川府界，江之东为霑益州界木冲。又北流经平溪西，又北流经歹扯西，俱流万山中。又北，其东为宣威州境，又北经得扯西，又北，右纳赤水河水。又北流至江边，右纳西泽河水。又北流经仙鹅抱蛋西，折西北流为牛栏江，又西北全入东川境。

其曲折绕全境尽纳境内诸水者曰南盘江，源出霑益州西九十里花山洞，曰交河。其隔山即车洪江也。河东流经白浪三川，又东流至松林，东南流经石佛停舟。又东南流经九龙山下，有石窍九水由石窍入，出大谷中十余里，经天生坝，层岩历级。其第三级高数十仞，中有洞，曰仙人洞。昔人引水分为二，东流者稍狭，流抱数山至抱觉庵而涸，西流者曲曲三十里折而东北至黑桥，折而南至太平桥，左纳玉光溪水。又南，左纳沙河水。

霑益州东有大龙潭，有高寨龙潭，有扯补龙潭，有角家乡龙潭，有海家龙潭。霑益州城北有黑水塘，城南[①]有青亭潴。交河折西南流至州城西南梅家闸，右会腊溪水。又南流入南宁县境，右会白石江水，为北河。又南流经曲靖府城东，又南流至城东南，右纳潇湘江水。又东南流经上桥入山峡中，折西南流，右纳龙潭河水。西南下天生大坝，亦曰响水坝。又西南趋亮子口西南，走越州下桥，又西南流入陆凉州界，右纳板桥河水。

---

① 南　原本作“有”，据道光《云南通志稿》改。

又南折西南，又折东绕古城堡，折南流汇为中埏泽。陆凉州东南有温泉。大河折西流，右纳关上河水。又西，右纳乾冲河水。又西流至永凝桥，左纳大龙潭水，为赤江河。又西流，右纳洗马河水。陆凉州城西有冰壶泉，有龙潭井。赤江河又西至云南桥北，左纳云南桥河水。又西，右纳西山大河水。马龙州南有温泉。赤江河又西南流，左纳铺上河水。又西南，为叠水滩。又西南左纳清水沟水。又西南，入宜良境，为大池江。

块泽河，亦汇众流入南盘者，而南盘自入宜良境，走路南、宁州、阿迷、弥勒、师宗、罗平南界，皆非曲靖境内，其会块泽河处，又在贵州界上，故取块泽河别列之。

块泽河，源出霑益州东二十五里分水岭东，东流至白水关出响水洞，为响水河。又东流至多罗铺南河，北有多罗海。又东至平彝县城西，为十里河，左会清溪河。平彝县东有双碧潭，西有响水潭，有古城潭。响水河又南流，经旧亦佐县城西北，右纳明月所水。又西南经块泽坡，为块泽河，又南至罗平州东北，右纳恩勒河水。又东南，右会蛇场河水。折东南流，为栖革江，亦曰以则江，东南流至旧亦佐东南界，左纳黄泥河水。又东南流入贵州普安厅境南，入八达河，即南盘江。

北盘江，源出宣威州北六十九里倘塘驿，为三岔河，东北流为皂卫河，至皂卫村北，左会可渡河水。

可渡河，源出贵州威宁州地，有二源，一出大梨树，一出赐得田，合流为瓦岔河。东流至围幛，为围幛河，右会得吉河水。又东流经打厂夸都，又东北流至可渡西，为可渡河。又东流经可渡河桥，又东流至皂卫会皂卫河。两源既会，东流为杨柳河，又东流经鹧鸪山北，又东为女儿河。又东入贵州界，东流至郎岱厅毛口拖长江入盘江处，为木冬河。

宛温水，源出宣威州南四十里束屯，北流经长冲，又北过龙山铺，又北为龙津，又北流至双坝，左纳乾河水。又东北流为宛水，右纳温泉水。又北流，左纳老浦冲水。又北，右纳龙潭水，为龙潭河。又折北，左纳朱屯水。又北，左纳何屯水。又北经大屯东，左纳龙洞水。又北经以把罗南，左纳平川水。折东北流，为革香河，右纳勺纳河水。又东北而伏东北出，会可渡河，为盘江。

右曲靖府诸水。

丽江府

丽江府之水，怒江界其西，金沙江界其东，澜沧江贯乎其中，三大江皆经其地，境内之水皆入焉。今为诠次，先怒江。

怒江，源出卫地喀萨北二百八十里布喀池，西北汇为额尔吉根池，折东北流为集达池。又折东南流为喀喇池，即古雍望之嘉湖也。从南流出曰喀喇乌苏，东南行曲曲二千余里至怒夷界，为怒江。南流至四川雅州府巴塘土司南入边，东南流经怒山西，又东南流经树苗汛西，又南曲曲流百里，受上怒东来一水，又南二百余里，受东北来一水，又南百八十里至下怒，折东南流，全入云南境，为潞江。走云龙州界内，其江自入边至此五百里，其西岸即怒夷界，其东岸与澜沧相去仅百三四十里，中多连山相接。

澜沧江，源出西藏喀木匝坐里冈城西北千余里三格尔吉土司南格尔吉匝噶那山，名匝楚河，即古鹿石山也。又一源出匝坐里冈城西北八百余里巴喇克拉丹苏克山，名鄂穆楚河。俱东南流，折而南至匝坐里冈城东北三百余里察木多庙前而合，又东南流，合楚楚河、子楚河千余里至巴塘土司南入边，东南曲曲流经怒山东，右受怒山水。折东南流，左纳你那山水。又南经维西厅西，又南经戟干退村西、剌干也村东，又南经树苗汛西，左纳一溪，右纳二溪，合一溪，形如十字。又西经小甸塘西，分为二派，一支东流为工江，亦曰白石江，亦曰漾备江。其正支南流经风罗山西，折西南流二百余里，右纳白水河水，又南入云龙州界。

漾备江，自小甸塘由澜沧江分派东流，右纳风罗山水。又东至工江汛西北，左纳上江河水，为工江。折南流，左纳拉巴山水。又西南，右纳西二溪水。折东经河西汛北，又东南流折南，右纳一溪水，又东南，左纳麦鸡河水。又东南经通甸西北，右纳盐井河水，左纳通甸河水。又东南流至分江塘西，左纳分江水。又东南，左受一溪水，又东南，左纳剑川北水。又南，右纳白石溪水。又东南，左纳磨刀河水。又东南，左纳东溪水。又东南曰白石江。又南经弥沙井西，又东南受西来一溪，又东南受东北来一溪，又东南左受剑川水。又南流入浪穹县界。

金沙江，源出西藏卫地巴萨通拉木山，即古犁石山，在黄河源西径一千五百里，曰木鲁乌苏，东北流三百里。西北源自巴萨通拉木之西五百里勒斜尔乌蓝达布逊山，曰喀齐乌兰木伦，东南流曲曲九百里来会。又东北会南来之拜都河，折东北流，会南来之阿克达木河，又折北流，会西北来之托克托乃乌兰木伦河，又北折东流，会南来之匝伯辉河，又折北流，又折东流，会南来玉树土司二水。又东而西北，那木齐图乌兰木伦自戈壁发源东南千里来会，折东南流四千六百里至四川巴塘土司南、丽江府西北入边。南流折东南，经佳拉克山东折西南，而总文河西北自巴塘土司南流来会。又折东南经舒玛年冈、春冈里山西南，左右纳东北来两水。又东南经巴特玛郭赤山西南，又东南流，右纳一小水，又南经巨甸汛东，右纳巨甸河水。又东南至桥头汛东，右纳桥头河水。又东南，右会石鼓冲江河水。折东北流经阿喜汛北，右纳硕多冈河水。又东北经雪山北，曰金沙江，折东南又南流，右纳玉龙黑白水。又南流至鹤庆州东南，右纳鹤川水。金沙江即会鹤川水，又南流折西南，又东南流，右会枯木河水。又东南入宾川州境。

剌是里海眼，在丽江县西南二十里剌是里，汇雪山下众流为巨浸，右会木别河水。又南，右会戟子河水，泄入落下洞伏流，或云入金沙江。

右丽江府诸水。

卷十九　地理志　山川

普洱府

普洱府之水，西九龙，东把边，境内之水皆入焉。

九龙江，即澜沧江，自顺宁府辣蒜江口，折东南行入境，东南至猛班南，左纳杉木江水。又东南流，右纳康郎河水。澜沧江又南经巨洲，分复合折东流，左会猛撒江水。澜沧江既会猛撒江水，折南流数十里，又折东流，右会南溪水。又东，左会北溪水。又东南折而南绕九龙山麓，经旧车里宣慰司北、新车里宣慰司南，又东北南流为九龙江。又南折西南经橄榄坝西，又折东南经猛沧南，左纳猡梭江水。九龙江又东南走，右为缅甸猛竜，左为暹罗猛辛。又东南走南掌界为南龙江，右为南掌，左为临安、三猛。又[1]东

① 又　原本作“右”，据道光《云南通志稿》改。

南，左会藤条江，右[①]为老挝。又东南，右为越南国界。又东，全入越南国境，为洮江，左会龙门江，为富良江，入于海。

把边江，即景东河也，源出蒙化凤山，会诸水至景东为景东河。又会诸水至恩乐为景来河，至新抚为新抚河。又南入境为把边江。又折东南复西南数十里，南流，右会磨黑河水。折东南流经把边江塘南，又东南，左纳慢冈河水。又东南折正南流而西南，又东南而东流而南而东南，共二百五十里，右会阿墨江水。把边江既会布固江。又东南，右会萨普河水，为李仙江。又东南流百数十里，右纳无名河水。又东南流经临安府土司界中，为藤条江，又东南入黑江。

右普洱府诸水。

永昌府

永昌府之水，以潞江为大，龙川江次之，而腾越有大盈、槟榔二江，永平澜沧江经其境内。今叙次自西而东，始大盈江。

大盈江，一名大车江，源出腾越厅东四十里之赤土山赤土铺，南北流经罗武村，折西流经马邑村，为马邑河。西流至厅东北飞凤山麓，右会马场河水。又西南流，左纳黄坡溢泉水。三源既会，折西流，右纳饮马河水。又西流经城北，折西南流至城西南，为跌水河。出龙光台、来凤两山峡中，过河上屯，右纳缅箐水。又西南，左纳桥头河水。又西南，左纳曩拱河水。又西流至南甸北，为小梁河。又西经南牙山北，伏流经猛送南，右纳猛送水。又西经云笼山麓，为云笼江。又西经干崖土司东，为安乐河，右会槟榔江水。大盈江既会槟榔江，西流经干崖土司北，又西北纳北溪水。又西南至盏达土司东南，北会盏达河水。又西南经冷翁南，又西南，右纳曩送河水。又南经腊撒西，又西南，左纳腊撒河水。又西南流至铜壁关东南百里、虎踞关北百里、铁壁关北出边，经缅甸蛮莫境入大金沙江。

龙川江，源出拉里城西桑建桑楚山南麓，曰桑楚河。东南流会雅隆布河，至腾越厅北境大塘隘西北入边，南流经马面关西，又西南经雪山麓界头西，又南，左纳磨石河水。又南经瓦甸西为混沌河，折东南经高黎贡山西麓至曲石街东，右会曲石江水，为龙川江。又南经橄榄坡东，又南折西而东南，又西南经清凉山西，复东南，左纳香柏河水。又南，左纳猛淋河水。又西南流二百里至沙木龙山东，右纳沙木龙东水。又南流经陇川土司东，又西南经遮放土司西南，左纳芒市河水。又西南经猛卯东，左纳碗顶河水。又西南百八十里，折而西至南喜寨之东南境、汉龙关之东北境，右纳冈碗河水。龙川江又西至汉龙关，右纳天马关外一水，又西南流至汉龙关西十里、天马关东南二十里出边，走缅甸猛密部内为莫勒江，又西南经缅甸太公城至江头城，入大金沙江。

潞江，自云龙州曹涧西，保山县西北十五喧北、崩戛东，腾越厅东北大塘隘东四十里南流入保山境，又南经马面关东六十里，又南经蛮边东、猛赖西，左纳西溪水。又南，右纳雪山水，又南至罗明西，左纳蒲缥河水。又南，右纳八湾塘水，左纳坪市河水。又东南经潞江安抚司东北，入龙陵厅界。又东南流，右纳野潴河[②]水。又东南，左纳施甸河水。又南，右纳回环河水。又东流四十里，折正南流曲曲百九十里，左会南甸河水。潞

① 右　原本作“又”，据道光《云南通志稿》改。

② 野潴河　道光《云南通志稿》同，《新纂云南通志》作“野猪河”。

江既会南甸河水，又西南八十里受西北一小水，又南折而东南受东北一小水，又西南流受东南来一小水，又西流受北来一小水，至孟定土府境为喳哩江。又西南当孟定土府西北百五十里、腾越厅南稍东三百余里出边，流阿瓦地，经木邦、孟乃等处至摆古东，入南海。

澜沧江，自云龙州南乾海子西沘江口南流入境，经保山县东、永平县西南行，右纳罗岷北山水。又南流，左纳沙木河水。又南，折东南流经宝台西南麓，又东南至永平、顺宁界上，右纳银龙江水。澜沧江又东南，走顺宁境内。

胜备江，本入碧鸡江之水，而碧鸡江下流又于顺宁境入澜沧江，则胜备江渺乎小矣。然其南北流经永平一县，其入碧鸡处不在府境，例得另叙。其源出云龙州南境、永平县东北境之罗武山，东南流折南，又东南经黄连铺东，左会九渡河水。又南，右会双桥河水。又东南流至蒙化境，入碧鸡江。

右永昌府诸水。

开化府

开化府之水，三岔河界其西，盘龙河由西而东环绕境内，而东与广南接壤则普梅河也。

三岔河，源出蒙自、阿迷界上山，为白期河，亦曰白溪河，一曰白谦河。南流经蒙自白溪河塘，又南流为芷村河，右纳新安河水。又南，左会那木果河水。三河既会，南流至坝洒汛南越南界，入鲁部河。

盘龙河，一名开化府大河，源出府西南百里蓑衣山下邪革白龙潭，伏流二十里北至乌溪石洞流出，为乌期河。北流经小石牙西，又东北流经大石牙南，又东北流数十里，折东南流经乐竜北，又东，右纳弥勒河水。又东南，右纳顺甸河水。又东南，右纳路梯河水。又东南流为盘龙河，至府西北二十里，右纳磨底河水。又东至天生桥，伏流数里出，东南流经府城东北，又东南十里，折西流经城东南，又南折而东南至府东南七十[①]里天生洞，伏流数里从东南流，又东而南曲曲百三十里，左纳同车河水。又南流数十里至天生桥，右纳赌咒河水。伏流数里南出，又东南为藤桥河。曲曲百八十里，南入越南，又南入清水江。

普梅河，其上流曰那楼江，曰漫江河，南流为猛奔河，并东与越南界，又南入越南境。

鲁部河，其上流即礼社江，亦即河底江，自蒙自梨花江流入境南至坝洒，左纳新现河水。又东南流入越南境，左纳三岔河水。又东南经通化府西，又东南，左纳盘龙河水，又东南至嘉兴州蒙县会洮江，为富良江，南入于海。

右开化府诸水。

东川府

东川府之水，尽归金沙江。金沙江自武定州北普渡河口入境，境内之水归普渡河者有罗衣山水，西入普渡河；有花椒园南水，西入普渡河；有龙箐水西流石城村北，南合花椒园北水，西入普渡河。普渡河并会各水，北入金沙江。金沙江自普渡河口东流至普

---

① 七十　道光《云南通志稿》作“十七”。

毛厂东，左纳老口河水。又东流，经双龙厂南，右纳小江水。折北流经金沙渡口，又北，右纳以礼河水。又东北流，右纳以博溪水。又东北流，左纳披沙南水。又东北，左纳木期古水。又东北，左纳木期古北水。又东北，右会牛栏江水。又北入昭通府鲁甸厅界。

东川府龙潭，有牯牛寨龙潭，有大寨龙潭，有拉立村龙潭。则补善长里有蒙姑潭，大米粮坝有鲁虐潭、鲁木得潭。巧家城南有以博溪潭，有补之落潭，集义乡有玉碑地潭，米粮坝有六里村龙潭。

右东川府诸水。

昭通府

昭通府之水，北走四川，东走贵州，为叙州、大定两府水源，而金沙、牛栏两江会于西南隅，皆属过境，境内之水不归，于是今先叙州府横江之上源。

四川叙州府大纹溪，其下流为横江，北会大江，而其上源则自昭通。其最远者曰擦拉河，源出鲁甸厅西南三十里大黑山箐，东北流，左会鲁甸各山水，又东北流，右会普五寨水。又东北流，右会淄泥河水。又北潴为湖，右会利济河水。折西北流，左会洒鱼河水。又折东北流百余里为旧圃河，又北流经雪山东百余里，左[①]会永善水，右会角魁河水。又北流为大纹溪，北流入四川筠连县界，其下流为横江，至四川宜宾县境北入大江，即金沙江。

白水江，源出镇雄州西杉树块汛西南山中，为九股水，东流，右会乾河水。折北流至五眼洞伏流，亦曰天生桥，由洞北出，西南[②]流至罗坎关南，又[③]纳黄水河水。折西流，左纳杉树块水。又西北流，左纳一北来水，又西北，右纳小溪河水，为白水江。又西北，经牛街知事南，又西北入四川筠连县界，为宋江，下流北至岷江口对处入江。

黑墩河，源出镇雄州北二百二十里白水、黑阳河、陶坝黑林子三处，合西北流经黑墩，右会玉贵河水，为两河口。北流入四川界，西北流至罗星渡北，西会宋江。

苴蚪河[④]，源出镇雄州南境浪朵块墨车，东流经河兔寨[⑤]、女撒岩，为墨翟底河。又东流，左会汜洛河[⑥]水。又东南，左会白乌河水。又东南入贵州威宁界，下流走七星关，为六归河。

洛甸河，源出镇雄州东北三十里洗白，曰板桥河。东南流，左会雨洒河水。又东流，左会厂丈河水。又东，右会母享河水。又东流入四川永宁界，为赤水河。

金沙江，自东川府巧家厅入境，右会牛栏江水。北流，经永善县西北，又北至四川屏山县境，右纳大鹿溪水。东北入四川境。

右昭通府诸水。

---

① 左　原本作“右”，据道光《云南通志稿》改。
② 西南　道光《云南通志稿》作“西北”。
③ 又　道光《云南通志稿》作“右”。
④ 苴蚪河　道光《云南通志稿》作“苴蚪河”。
⑤ 河兔寨　道光《云南通志稿》作“河免寨”。
⑥ 汜洛河　道光《云南通志稿》同，雍正《云南通志》作“托洛河”。

卷二十 地理志 山川

景东直隶厅

景东厅之水，以中川河为大，众水皆归之。其下流为把边江，而东有者干河。其下流为阿墨江，西有猛统河。下流为杉木江，又西有景谷河。其下流亦入杉木江，皆普、镇、元三府州诸江之上源也。

中川河，一名银江，源出蒙化凤凰山，详见蒙化厅中。自安定关南入境，东南流，右会老仓河水。又东南，左会沙罗河水。又东南，东流经新站街南，又东折南流，右会板桥河水。又南，右纳灰窑河水。又南，右纳大坝河水。又东南经厅城东北，又东折西南，又折东南流，右纳孔雀河水。又东南，左纳蛮谢河水。又东南，经中所塘西稍南，左纳中所河水。又东南，左纳品秀河水。又南流经蛮骂西，左纳蛮骂河水，又南流入镇沅州境。

中川河之西曰猛统河，源出无量山南麓。合两涧，西南流经猛统巡检司西南[①]，入镇沅境合树银河，为杉木江。

西[②]为景谷河，源出厅西南二百里蛮道村，东南流至威远地，入杉木江。

中川河之东为鲁马河，一曰者干河。源出厅东八十里火石哨，南流经者干村东，又南流经哈嘈噜南入恩乐县境，下流为阿墨江，亦曰谷麻江。

右景东直隶厅诸水。

蒙化直隶厅

蒙化厅之水，只礼社一江两源，分流至东南境，上合境内之水皆入焉，若诸始、公郎二河，一入碧鸡，一入澜沧，则又其分支别派也。

诸始河，本小水也，而在蒙化境则另为一支，归并碧鸡江。碧鸡江者，漾备江也，已叙于顺宁府中。诸始河之源，出于蒙化厅西北三十里诸始河哨山中，西流会西北来一溪，合南流六里，复会南来一溪，合西流十余里，经鼠街子，又西二里，折南流三里，又折西流二里，合西北一溪。折西流五里，纳西来一溪，又南流十里，纳南来一小水，折西流十里至瓦葫芦，折西南流，纳西来、南来各一水，又西南经旧牛街、桫松哨流数十里至猛者蟒西南马王箐西，入碧鸡江。

公郎河，亦小水也，源出蒙化厅西南百二十里凤凰山西麓，南流百里至公郎巡检司南，入澜沧江。

礼社江，蒙化经流也，有两源，其东源自云南县赵州东至迷渡南入境，流百余里会西源，西源曰阳江，源出蒙化厅西北八十里花判山，南流合两溪，东南流，又东南至盟石西，左纳盟石河水。又南至蒙化城西北，左纳较[③]场河水。又东南，经蒙化城西南，又东南至蒙化城南，左纳锦溪水。又东南，左纳五道河水。又东南经废定边县北，又东南至废定边县东南，右纳定边河水。又东南，右纳窝接河水。又东南至蒙化厅东南境，与白崖睑江会。两源既会，曰礼社江，东南流入南安州境。

---

① 西南 道光《云南通志稿》作“西，又南”。

② “西”字前，道光《云南通志稿》有“又”字。

③ 较 道光《云南通志稿》作“教”。

阿集左河，系把边江源，源出厅西南一百二十里凤凰山西南麓，东南流至虎街西南，左会虎街河水。又东南，左会牛街河水。又东南至安定关西，左会安定河水。四源既会，东南流入景东境。

右蒙化直隶厅诸水。

永北直隶厅

永北直隶厅之水，其北流者入鸦砻江，会金沙江；西流者入五郎河，会金沙江；南流者则径入金沙江。鸦砻与金沙会在四川境，今先叙入鸦砻者。

打冲河，源出厅北二百余里永宁土府南，为开基河，北流左会西河水，为三岔山河。又北走甲母山西永宁土府东南，左会土府西南水，为勒汲河。又北流至永宁土府东北，左纳永宁北水，折东流经乌角寺东南左水[①]山北，为打冲河，又东北，右纳泸沽湖水。又东数十里至四川界上，入鸦砻江。

蒗蕖水，源出蒗蕖土州东南绵绵乡绵绵山。两源合流，西北经白角乡白角山麓，曰白角河，亦名麦架河。左右纳三小水，曰岔开河，又纳西南一小水。又东北流数十里，左纳列别河[②]水。又东北，左纳一小水，又东北会盐井河，东北入鸦砻江。

金沙江自丽江府雪山南入境，东南流八十里，左受一小水，折南流至厅西境，左会无量河水。又南流百里，右为漾共江口，左纳顺州水。又南流折西南，又东南流，右会枯木河水。又东流，经宾川州北境金江渡北东，左会三道河水。又东，右纳苔旦河水。又东流折东南，右为一泡江水口。又东，又东北，左纳他留河水。折东南入楚雄府界。

无量河，亦曰五郎河，其上源有二：一曰多克楚河，源出四川巴塘土司之泥替山，曰沙鲁楚泊，旧名沙里楚诺尔池，流六百余里至云南边外；一曰里楚河，源出临卡石土司境里穆山东麓，东南流至里塘土司境，会源出沙鲁齐山之札穆楚河，共流一千四百里至云南边外。两源合东南流七十里入边，曰无量河，南流经永宁土府西境二百里，其西为丽江、中甸界，又东南折而南，右纳一小水，折东流而东南，曰五郎河，左会六河水，折西南流，左会观音河水。又西南流入金沙江。此水源流千数百里。

厅西南有羊堡草海，东南有莨峩草海，皆中止不流。北有石牛箐一水，分为二，亦中止不流。南有石湾河、季官河，源出打莺山，亦一水分为二，中止不流。

右永北直隶厅诸水。

镇沅厅

镇沅直隶厅之水，澜沧江环其西，已详顺宁境内。其入澜沧者为杉木江、猛赖河，而杉木下流威远、猛赖尚属滥觞，域中自以把边江为大，阿墨虽发源景东在境内，犹为源头也。

杉木江，其源曰树根河，亦曰蛮况河，出州东五十里树根坡。西流，右会蛮贵、由里二河水。又西流至州东北，会南祝河水。又南经州治东，过殷春桥，由州治南山之麓围绕而西，又西南五十里，经抱母井南流折而西南，右会猛统河水。又西南流，右会正统河水，右[③]会恩更河水。又西南流入威远境。

---

① 左水　道光《云南通志稿》作“左所”。

② 列别河　道光《云南通志稿》作“别列河”。

③ 右　道光《云南通南稿》作“左”。

猛赖河，源出恩更河东南山中，东西两源会南流，左会拦马河水，折西南流，入普洱境。

景东河[①]，即把边江，自蛮骂南入境为景来河，左纳蛮冈河水。又南，右纳阿萨河水，折东南，左纳怕莫河水。又东南流经恩乐县西，右纳大弄河水。又东南折西南，流经跨泥村西，折东南，左纳凹必河水。又南流至新抚东北，为新抚河，左纳蛮莫河水，折东南流经新抚巡检司，东南流为把边江，又南入他郎境。

鲁马河，即景东者干河，阿墨江之上流也。自者干南入境，经三家坡汛西，又南流入新平界，为谷麻江。

右镇沅直隶厅诸水。

广西直隶州

广西直隶州之水，以盘江为大，自临安府宁州南来，与弥勒县分界折东流，右纳巴甸河水。又东南流入阿迷境，折东北境溯普南入境，又东北至弥勒县东南盘江山南，左纳石穴中混水为混水江。又东北流经邱北北上下夷嶆中，左纳五罗河水。又东北至师宗县东南境东与广西西林县分界，右纳清水河水，为八达江。折北流入罗平州境。

武定直隶州

武定直隶州之水，其最西者曰西溪河，其上源即龙川江，出镇南州之苴力铺，名苴水，亦名虹江，一名白龙河。西南环抱州治迤而西，响水河、平夷川诸水入焉。经楚雄府城之北，又迤而东，平山河、青龙河、大石村河诸水注焉。入定远、广通界，北则清水河、零川、龙川，自定远来注之，东则清风河、立龙河、关山河、罗申河、雕龙河、阿陋河诸水自广通来注之，入元谋境曰西溪河，右纳南号河水。又北流，左纳猛令河水。又北流，右纳元马河水。又北流，左纳多克河水。又北入金沙江。

其稍大者曰大环川，源出武定州之勒品甸，东北流经只苴、阿河诸处，一百五十里至汤郎，右会大麦地各箐水。又北流至高桥成河，又名高桥河。又北流至拖木格，右纳插甸河水。又东北流至马白口，入金沙江。

州东之水，以普渡河为大，自富民北流入境至大弥陀，左纳掌鸠河水。又北流经普渡，又北流经绞摆马西，又北经补知西，又北经他颇西，又北经五龙马西，又北经雪山西北，入金沙江。

金沙江自黎溪口折南流入境，经姜驿西南折东流，右纳龙川江水。又东经武定州白马口北，南纳大环川水，北纳会川卫水。又东流，右纳两溪洟水。又东北经武定州狮子厂南、禄劝县洒马基北，又东北，右会普渡河水。又东北，右纳乌龙河水。又东北入东川府界。

右武定直隶州诸水。

元江直隶州

元江直隶州之水，以元江为大，由西北至东南斜贯其中，行四五百里，而阿墨、李仙则皆西陲之过境也。若龟枢河虽入元江，而源流几三百里，纳大小河十余，亦境内巨

---

① 景东河 道光《云南通志稿》作“景来河”。

川，且其会元江处在临安境，故另列之。

阿墨江，其上流曰鲁马河，发源于景东厅火石哨，南流经恩乐境，又南至谷麻入境为谷麻江，经上下谷麻地南入他郎境。其下流为布固江，入李仙江。

李仙江，其上流为景东河，发源于蒙化之凤凰山，会安定河南流入景东，为中川河。又南入镇沅，为把边江。又南经他郎境至三江会布固江入境，当元江州西南六百里，东南行，左纳萨普河水。又东南流，左纳腊密河水。又东南入临安府土司境，为藤条江。

元江之源为礼社江，源出云南县梁王山，南流至九鼎山下，分而为二，一东流北折者为一泡江，北入金沙江；其南流为万花溪，南下白岩为白岩江，又南至旧定边县，今蒙化厅南涧巡检东南，会西源。西源出蒙化甸头花判山之阳江，东南流会白岩江，又东南流经南安州碍嘉境，又东至新平县西北四百里与安南州分界之界牌西入境，东南流经斗门乡南，东南至三江口，亦曰三岔河，左会东源麻哈江水。麻哈江，其上流曰星宿江，源出罗次县南之九涌山，北流会分水岭水，又北流会穹荡山水，又北折西流为金水河。又折西南会北河至禄丰境为星宿江，南流至易门境为九渡河，又南为绿汁江，折西南经嶍峨境为丁癸江，亦曰小江。西南经新平县北，左纳七曲河水。又西南经太和山北斗门乡南，为麻哈江，又西南至太和山西南，西与礼社江会，为三江口，亦曰三岔河。两源既会，东南流为戛赛江，经哀牢山东麓，左纳化龙河水。又东南，右纳南仓河水。又东南，右纳南茂竜河水。又东南，左纳鹅得河水。又东南，右纳丫味河水。又东南至磨沙为磨沙江，右纳马龙河水。又东南，左纳杨家冲水。又东南，左纳树布拉河水。又东南，右纳乭窖河水。又东南，左纳南麻河水。又东南为元江，右纳漫线河水。又东南，左纳甘庄河水。又东南，右纳南棋河水。又东南经元江州城东，又东南，右纳清水河水。又东南，左纳双渠沟水。又东南，右纳南侻河水。又东南，左纳矣落河水。又东南入临安纳楼土司境，为河底江。

龟枢河，其上流为腊猛江，源出嶍峨县北、易门县南甸末南山南麓，南流经嶍峨县甸中，又南经甸头，又南经兴衣乡，纳兴衣龙潭水，又南至青龙寨北，左纳小河水。又南流经青龙寨，又南经怕念乡东北，为怕念河，右纳怕念乡水。又南流，左纳罗吕乡西山水。又南流入境，折东南至甘裳，为甘裳河，左纳罗吕乡水。又东南至鲁魁山北麓，又会亚泥河水。

亚泥河，源出嶍峨丁癸乡山中，东南流入境，又东南经亚泥坝，又东南至康者康南，右会清水河水。折东流经双龙桥，又东南流至洒树衣，右会平甸河水。又东南流，右纳高梁冲水。又东南流经大开门为大开门河，右纳锅厂河水。又东流至鲁魁山北麓，左会怕念河水。怕念河与亚泥河既会，为龟枢河，折东流经鲁魁山北麓，又折南流经鲁魁山东麓，左纳白花龙河水。又折西流经鲁魁山南麓，右纳藤子箐水。折东南流，右纳厂沟水。又东南流，右纳大小哨水。又东南，左纳五郎沟水。东南入临安境，东南入河底江。

右元江直隶州诸水。

诸江发源图附

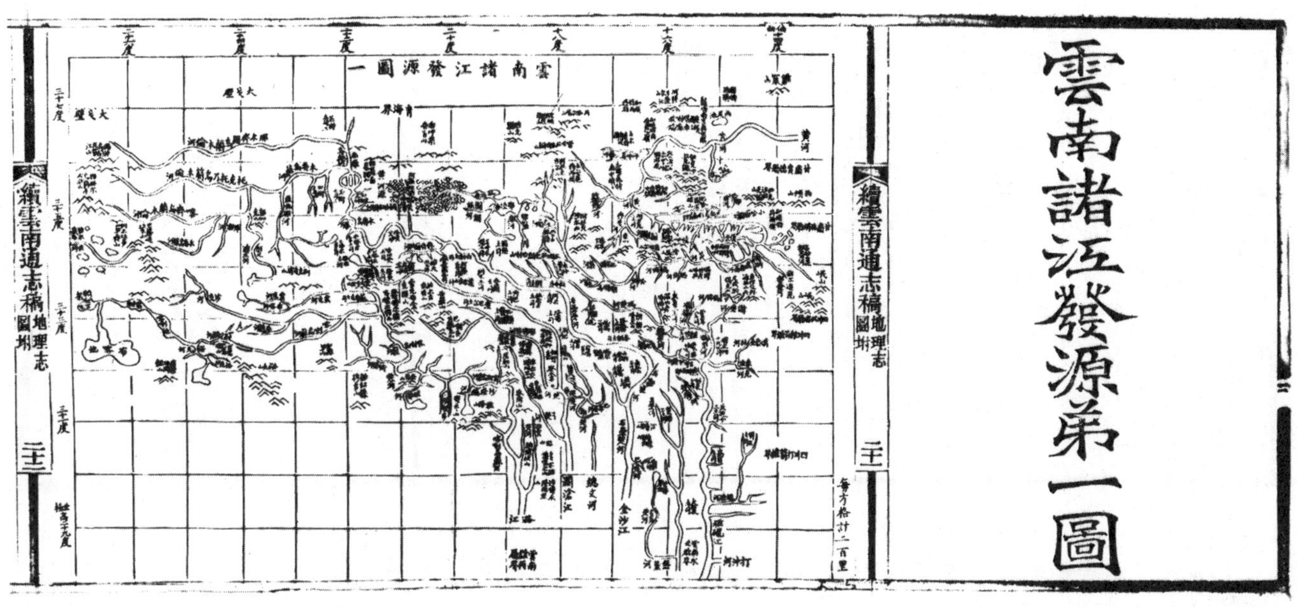

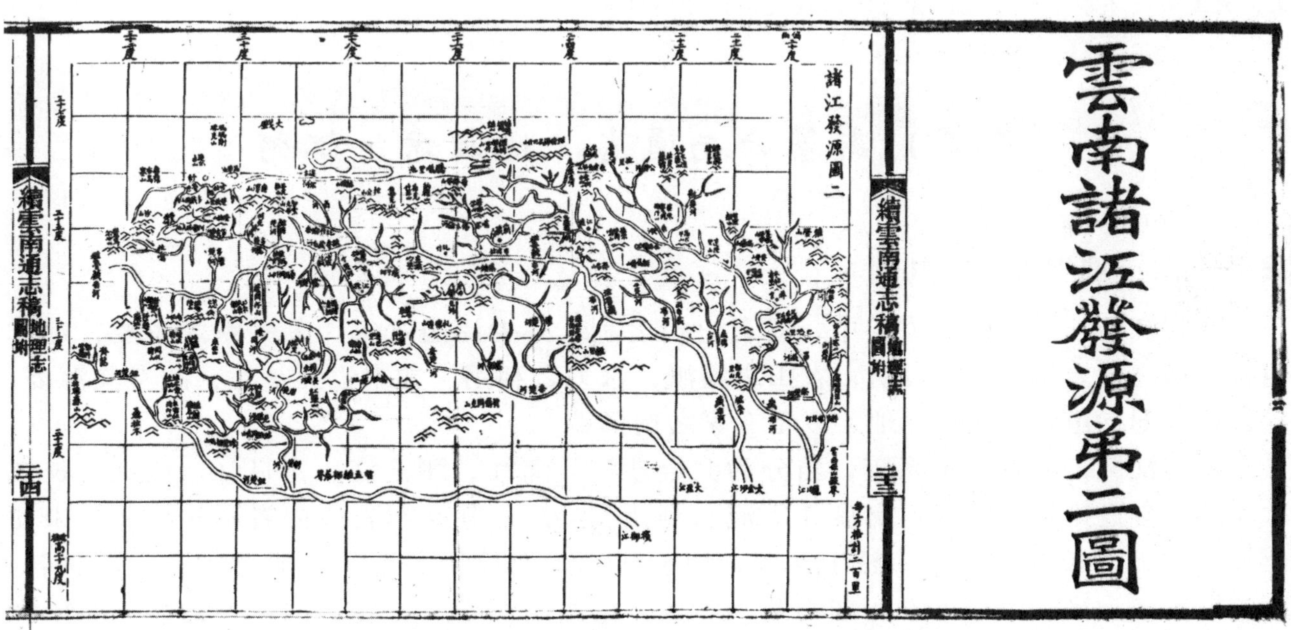

雲南諸江發源弟一圖
雲南諸江發源圖一
續雲南通志稿 地理志 圖附
每方格計二百里

雲南諸江發源弟二圖
諸江發源圖二
續雲南通志稿 地理志 圖附
每方格計二百里

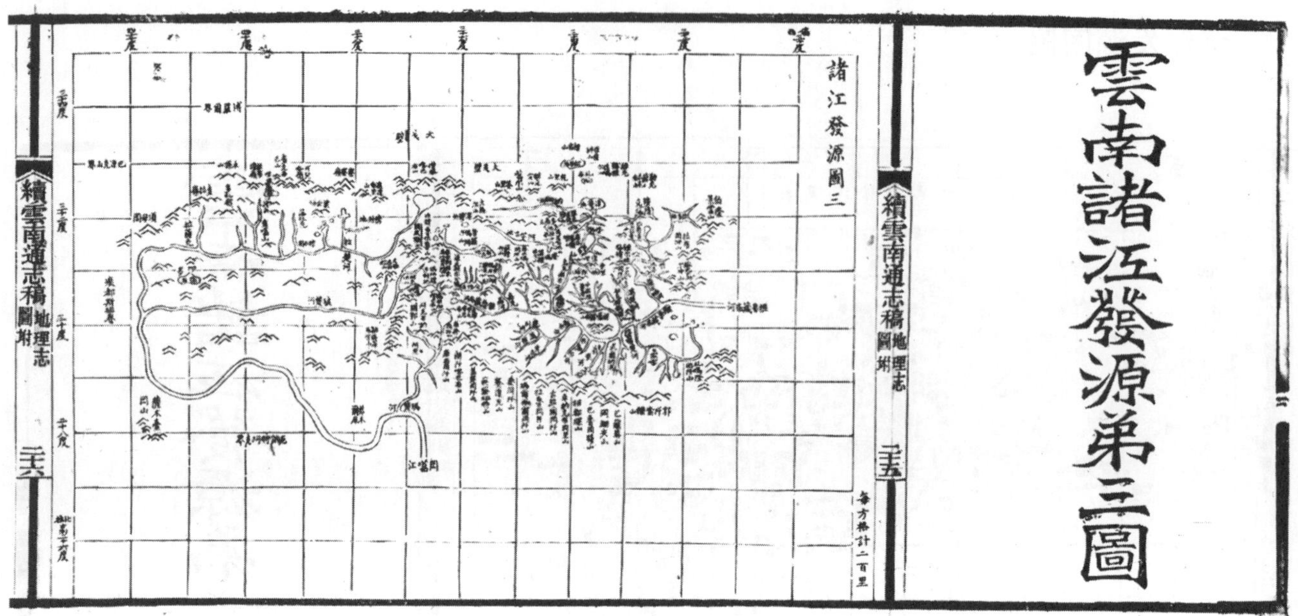

〔据王文韶等修光绪《续云南通志稿》（清光绪二十七年刻本）卷十五至卷二十《地理志・山川》之“川”辑录。内容多沿道光《云南通志稿》（见前），但记述稍简略，注释有异，尤其支流注释及艺文，大都删略不取。为方便读者对比记载变化，分别辑录。〕

（民国）新纂云南通志・地理考・江河

卷二十七　地理考七　江河

本省江河，多行深山穷谷中，既乏舟楫之利，亦少泛滥之灾，其关系之重要，远非他省江河之比。然军事之设防，农田之灌溉，水力之利用，亦未尝无裨益，故考其源委、分合、方向、道里及所经之地，以备专家之选择焉。

本省江河，就入海统系言，当分为大金沙江、潞江、澜沧江、富良江、珠江、长江六大系。惟近则大金沙江、富良江下流已割让英、法，其在本省境内者不相统属，未便合叙。至于“长江”二字，易于含混，而金沙江实为长江之正源，即用作全国之总名，亦较扬子江为当，矧在本省。兹仍照山脉例，自西南而东北，分幹河逐条记载，而以大支河附焉，其小支河则各注于所入之河内。至流入小支河之小沟，有须说明者，则于注内再加夹注号焉。

迈立开江

迈立开江，一作木里卡江，在江心坡之西。有南朗河、浪木冷江、木里江、狄满江四源，而木里为最远。南朗、浪木冷、木里皆发源滇、康交界之雪山，三江沿岸成一大高原，名坎底坝，土肥产米，惟地广人稀，开垦者尚少。狄满江发源孔伦山，两岸多平地，亦宜耕牧。四源合流为迈立开江，南流至密支那北，与恩梅开江会。下流译名伊拉瓦底江，即中国旧籍所谓大金沙江，一称南金沙江者也。其西岸之支河有南牙河[①]恩西河、彭张河、恩南河、杜鲁河、木梭河、朋因河等，皆发源枯门岭而东流来会，各支河当密支那北通坎底大路之冲，英人皆造铁桥以往来。东岸即江心坡，有康河、直梯河、新马河、宁章河等西流来会，其本支各流皆湍急不通舟楫云。

恩梅开江

恩梅开江，在江心坡之东。上流分俅江、一名毒龙河[②]。狄子江、狄不勒江、驼洛江四源，东源俅江最远，出康之南部察隅地，其余三源俱出担力卡山，四水合流为恩梅开江。南流至阔劳铺，东岸有岔角江来会，至恩空，东岸有墨河来会，至驼龙，东岸有腊埂河来会，至顶高，东岸有小江来会，至石灰卡，东岸有之非河来会，再南流，东岸有独木河、石峨河、登邦河、木里河来会。诸水皆发源高黎贡山西麓，概属短流。恩梅开江复南流，为尖高山所阻，折而西流，至密支那北二十八英里之荡薤，与迈立开江合为大金沙江。凡恩梅开江各支流，除小江暨之非河源头及俅江、狄子江、狄不勒江、驼洛江四源可资开垦种植外，其余皆行深山穷谷中，无灌溉之利，且皆急流奔湍，舟楫不通。来往过渡，惟阔劳铺上面之里党英人造有铁索桥一架而已。

大盈江

大盈江，源出腾越东四十里之赤土山，名马邑河。西北流，右会马场河，源出腾越北三十里龍嵸山，南流。折西南流，左纳黄坡溢泉，出腾越东南十里黄土坡。折西流，左纳饮马河。又西流，经腾越城北，折西南流，为跌水河，右纳缅箐水，源出腾越西北二十里宝峰山，南流。左纳桥头河、出腾越东南二十里罗生山，西北流。曩拱河。源出腾越南四十里清水朗山中，西北流。又西流至南甸北，为小梁河。又西经南牙山北，伏流旋出，右纳猛送河，源出腾越西北五十里冠子坪龙潭，南流。又西经云笼山麓，为云笼江。又西经干崖，为大盈江。右岸有槟榔江，南流来会。槟榔江，源出腾越西北古勇废县之南，有南北两源，会合南流百数十里至干崖北，入于大盈江。大盈江既会槟榔江，折西南流，右岸有盏达河来会。盏达河有两源：一出腾越西境万仞关之猛弄山，西南流；一出其西南与缅国景麻界山，东流俱数十里而合。南流百余里至盏达南，入大盈江。又西南经瀚冷南，又西南，右岸有曩送河自巨石关合二水南流来会。巨石关，在万仞关西南一百九十里，又西南二百里为铜壁关，并称要隘。又东南，左纳腊撒河。出户撒东北山中，西南流经腊撒，南折，西北入大盈江。又西南出铜壁关之南，铁壁、虎踞二关之北，经蛮莫土司旧地入大金沙江，在本省境内长六百余里。

龙川江附南碗河

龙川江，其上流有二：在西者来自腾越北曲石街，名曲石河；曲石河有二源，西源名滇滩河，出姊妹山南麓，南流经滇滩关至固栋，与东源会；东源名明光河，出明光山，南流经雅乌山至固栋，与西源会。两源既会，称曲石河。在东者来自腾越北大塘隘，经届头甸、瓦甸，名混沌河。两河会于曲石街之东，始称龙川江。南流经腾越东龙川桥下，又南流经腾越东南、龙陵西北，左岸有香柏、猛淋两河先后来会。香柏河，一名铁厂河，出龙陵东北四十里镇安所西南山中，西流入龙川。猛淋河一作猛弄河，出龙陵东北三十里小尖山，西流，共纳三小水，行六十里入龙川。又西南流二百里，至沙木龙山，右纳沙木龙

---

① 南牙河　原本作“南河牙”，民国《腾冲县志稿》卷七《舆地·水系》作“南牙河”。乾隆《腾越州志》卷三《山水志·诸水》：“南牙河，在南甸西南二十里，因山而水也，大盈入南甸，经南牙山入干崖，故名。”作“南牙河”是，今据二书乙正。

② 毒龙河　今名独龙江。

东水。出南甸南南牙大山，有两源，南流而合，西南流百余里，经沙木龙山之东北，入龙川。又西南流经龙陵西南境之遮放，左纳芒市河。一名户焕河，有二源，皆出龙陵境内，南流合而西南经芒市，名芒市河，又西南，左纳南性河及南歌郎河，又西入龙川。又西南，经猛卯，左纳碗顶河。西流小水。又西南一百八十里，折而西至南喜寨之东南、汉龙关之东北，右岸有南碗河，合诸水南流来会。南碗河见后。又西至汉龙关，右纳天马关外一水，又西南至汉龙关西十里、天马关东南二十里出边，为莫勒江，入于大金沙江。在本省境内长九百余里，长大支河附后。

南碗河，出陇川沙木龙山西南麓，有两源，合而西南流经陇川司西，又西南，左纳东北一水。又南，右纳西北一水，又南，左纳蛮胆河。源出陇川司南，西流入南碗。又西南，左纳景坎河，源出屯兴东北，西流经屯兴屯入南碗。又西南，经屯兴寨北，又西纳西北一水。又西南，左纳南澜河。源出猛卯东北，西流，经猛卯北入南碗。又西南折而正南，曲折经虎踞关东五十里，又南经南喜寨东，又东南入龙川，长三百余里。

潞江附南甸河、南丁河

潞江，一作怒江，发源西藏，名喀喇乌苏。经西康境而入云南境，乃名潞江。与澜沧江隔怒山平行南下，相隔仅三四百里，经维西、云龙边界及腾越大塘隘、马面关之东，入保山境，左纳西溪。源出保山县北百里北冲东蒲满寨南山，两源合而西流，会北冲西北山中，南流，一溪西南流经王尚书寨东南，经猛赖东，折西流入潞江。又南，右纳高黎贡山水。源出高黎贡山东麓各处山中，会流入潞江。又南至罗明西，左岸有蒲缥河挟乾海子水西流来会。蒲缥河，出保山县西南六十里蒲缥村南山中，北流，乾海子在保山西北六十里，西南流。又南，右纳八湾塘水，源出保山西百四十里高黎贡山南分水岭，东流经八湾塘南、潞江安抚司北入潞。左纳坪市河。源有二：一出保山县南甸头，一出石甸寨。合流而西，纳蒲缥南涧水，经新栅山口陡崖下入潞。又南经潞江安抚司东北，入龙陵界。自此以下，江左为保山，江右为龙陵，去高黎贡山八十里。又东南，右纳野猪河。源出龙陵北、潞江安抚司南山中. 二源合流，东入潞。又东南，左纳施甸河，源出保山县南百里施甸南、姚关北，北流经大石桥至老邓桥，西入潞。又南，右岸有回环河挟邦卖河东流来会。回环河，出龙陵东北、镇安所东南山，初西流，继北流，继东流，回环绕所三面，又东北会邦卖河入潞。邦卖河，源出龙陵北七十里之邦卖，南流会回环河入潞。按：两河既会，一称苏怕河。又曲折东南流二百余里，左岸有南甸河来会。南甸河见后。折西南流八十里，右纳西北一小水，又南折而东南，左纳东北一小水，又折西南流，左纳东南一小水，折西流，右纳北一小水，至孟定境，为喳哩江。又西南，当孟定西北百五十里、腾越南稍东三百余里，折东南流经木邦土司旧壤，至镇边直隶厅，今澜沧县。西北境，左岸有南丁河，西南流来会。南丁河见后。潞江既会南丁河，复曲折南流于镇边直隶厅西北境，左纳大南滚河。又曲折南流于厅西南境，左纳南卡江，与南板江俱出镇边境内，会合西南流入潞。乃南流出中国境，名萨尔温河，入于印度洋之马尔达般湾。在本省境内长二千余里。重要支河附后。

南甸河，有二源：西源出保山县北九十里北冲南山，东南流；东源出保山县东北阿隆村，西南流。两源会于板桥北三里，名清水河，南流，右纳郎义河。出保山县北二十五里龙王塘，东南流入清水。三水既会，称为东河。过板桥，左纳清华湖水。清华湖，在保山县东十里，广十余里，雨则盈，旱则涸。南流经县东南，右纳沙河水。沙河，源出保山县北一百八十里交椅山，南流出九隆、法宝两山间，东流会出太保山之九隆池，又东流过众安桥，又东经诸葛营北，过神济桥，入东河。折东流经哀牢山西南，又东经落水洞，伏流再出，折南行，经枯柯桥，为枯柯河。又曲折南流而西，右纳姚关水，源出姚关北、施甸南，东南流经湾甸土州界，东入枯柯河。又南折至湾甸土州城西，左岸有镇康河北流来会。镇康河，有两源：西源出孟定土府北界大雪山北麓，东北流；东源出镇康土州乌龙山北麓，西北流。两源合为乌木龙河，折北流，又会镇康东南溪，折西北流至镇康城南，左会出大雪山之怕红河，折北流，为镇康河，又北经镇康土州西，又北至湾甸土州东南，左纳镇康之响水河，又北流，右岸有杜伟山之杜伟河与顺宁县之南糯河，自猛峒合而西流来会，又北至湾甸城西，入于枯柯河。枯柯河既会镇康河，折西流，为南甸河，又西流至姚关西南入潞江。自源至委五百余里。

南丁河，源出猛准东南之分水岭。岭南水入澜沧江。北流，左会西南溪水。源出猛准西南。东北流至猛缅东，右岸有蛮布、内邦二河，合而西流来会。蛮布河，出缅宁西南七十里大雪山。内邦河，出缅宁东山。又北经猛缅东北，左纳蛮巩河。源出缅宁西高岚山，东流，合二溪，折东南入南丁河。又北，右纳嶍堡河及李歪河。二河俱出缅宁东、猛麻西，西流入南丁。又北经缅宁东北，右纳永镇关小河，源出云州西南六十里永镇关南分水岭，西南流，会西北一水，南流入南丁河。折西流，右纳云州之四十八道水。南流浅水，长五十里。又西经猛赖南而西，右纳猛赖西溪水。源出云州西南百里猛赖西北山中，东、西两源合而南流，入南丁河。又西南流，右纳阿铎河。源出顺宁县西南百八十里阿铎山，一名藤川，南流入南丁河。又西南流，左纳邦怕河。一名猛回河，源出缅宁西北象鼻岭，西南流至猛回，西会东南一溪水，复西南流，又会东南一溪水，西流入南丁河。又西南，左纳猛勇水。源出缅宁西猛勇，东北流，折西经猛勇北，西流入南丁河。又西南，左纳虎口河。源出猛撒东南山，两源合流，西北至猛撒北，左纳西南一水，折东北流，右纳东南一水，折西北流至虎口村西，右纳东溪水，又西流，入南丁河。又西，右纳无梁山水。源出孟定东北境无梁山南麓，南流入南丁河。又西南流百余里，右纳南卡河，源出镇康南、孟定北之山中，西南流入南丁河。左纳南路河。源出耿马西北山中，西北流入南丁河。又西南，左纳南们河，源出孟定山中，西北流入南丁河。又西南至孟定东北，左纳南底、小南滚二河。二河俱出孟定东南山中，并西流入南丁河。又西经孟定北，右纳小南崩河。源出孟定北山中，西南流入南丁河。又西流，右纳大南崩河，源出孟定西北山中，两源合而南流百里，入南丁河。又西南流经孟定西南境，入于潞江。自源至委七百余里，其上流通称猛缅河，下流则称南丁河云。

澜沧江附漾濞江、沘江、银龙江、顺甸河、辣蒜江、杉木江、猛赖河、罗梭江

澜沧江，上游名拉楚河，发源青海。经西康境而入云南境，乃名澜沧江，与潞江隔怒山平行南下。经阿墩子之西，右纳怒山水，源出维西西北五百里怒山西南麓，东流经怒山东南，入澜沧江。折东南流，左纳你那山水，源出维西西北五百余里你那山东北，西南流入澜沧。又南经维西厅南，左纳一水，右纳二水。又南流经风罗山西，折西南流，行二百余里，有白水河自西北合三水东南流来注之，曲折南流二百里，左纳红土涧水。又南流七十里，至云龙之表村北，右纳表村河。又南流经表村东而南，右纳西溪及松牧溪。又南，左纳云龙北山水。又南经云龙西，纳三崇山水，折东南流百里，至云龙南境，左岸有沘江自云龙城来会。沘江见后。又南流经永平西、保山东，右纳罗岷北山水。源出保山北百里北冲东、蒲蛮寨东，自北山南度脊东流，经天井、罗岷诸山北，东流入澜沧。又南流，左纳沙木河。源出保山东北百八十里宝台山，西北流，会阿牯寨之三汊溪，又北经狗街子西，又北经沙木和驿，过凤鸣桥，又北经湾子村东，西北流入澜沧。又东南流经宝台山西南麓行一百里，入顺宁北境，左岸有银龙江自永平来会。银龙江见后。又东南至顺宁高枧槽北，右纳高枧槽河。源出顺宁西北二十里白沙铺西南，东北流至高枧槽西南，左纳西南一溪水，北流至高枧槽西北，入澜沧。又东，左纳三台箐水。有二源，出顺宁北二十里三台山左右腋中，一西南流，一东南流，会于三台山东麓，南入澜沧。又东，左岸有漾濞江来会。见后。两江既会，又东流八十里，左纳公郎河水，源出蒙化西南百二十里凤皇山，南流百里至公郎南，入澜沧江。折南流百余里，至景东之西、云州之东，右岸有顺甸河自云州东流来会。顺甸河见后。又南流百里，左纳景东西南境水，右纳猛麻河，小水。又西南流二百余里，右纳缅宁之分水岭水。岭水北流者为南丁河之源，南流者为南允河之源，

东流者为此水。又西南流二百里，右岸有辣蒜江，自镇边厅北境东流来会。辣蒜江见后。又东南流经威远厅西南、镇边厅东北，左纳威远境内小水三，右纳镇边境内小水三，约二百里，至威远西南境、思茅西北境，左岸有杉木江，自威远东会。杉木江见后。又东南流百里，右岸有康郎河合诸水来会。康郎河，出康郎村西北百余里大山中。有二源，出山合而东南流，又有二溪自西南合而东北来会。东流至村东南，折东南流，合西来一水。又南有蛮河，自西南合二溪来会，又东南折而东流，合北来一水，又东南百六十里，入澜沧。又南经巨洲，分而复合，折而东，左岸有猛赖河西南流来会。猛赖河见后。又东南折正南，流数十里折东流，右纳车里之南溪，左纳小孟养之北溪。又东南折而南绕九龙山麓，经车里南，为九龙江。又西南至橄榄坝西，折东南经猛伦南境，左岸有罗梭江来会。罗梭江见后。又南流，右纳南那河，左纳南达、南腊二河，南那河，源出大猛笼西一百余里，东流，纳数十小水入澜沧江。南腊河有二源：北源出黄竹林，南流；南源出拉罕隘，西北流。二水会于整歇之西，合而西流，至猛拿，左纳南莽河、南润河，右纳南怕河、南远河，西北入澜沧江。折西流，右岸有漫路、南垒二河自西北合而东南流来会。漫路江，源出募乃厂，经猛朗、猛宾南流，纳猛蟒邦改河，东南流至猛整与南垒河会。南垒河，发源猛角，西南流经孟卡之东、孟杨之西，为中英界河，折东南流至猛整与漫路江会。又西南流出中国境，为湄公河。行本省境内共二千五百余里。重要支河附后。

漾濞江，一名黑惠江，发源丽江小甸塘。东流，右纳风罗山水。源出丽江西五百里风罗山，东北流入漾濞。又东至工江汛西北，左纳工江河，为工江。河源出丽江西北三百里东大干大山中，西流经工江汛北（按：在今兰坪县北）入漾濞。折南流，左纳拉巴山水。源出丽江西北二百里拉巴山西麓，西流入漾濞。其东麓则石鼓河源所出。又西南，右岸再纳风罗山二溪水，折东南流，左纳麦鸡河。源出丽江县西二百里拉巴南山，南流入漾濞。又东南，经通甸西北，右纳盐井河，源出丽江县西三百里加贝山，东北流经小盐井，又东入漾濞。左纳通甸河。源出丽江西一百九十里怒关山，西南流经通甸北，又西南入漾濞。又东南流至分江塘西，左纳分江水。源出丽江西南二百六十里老君山，西南流入漾濞。又东南，左纳剑川北山水，右纳白石溪，源出丽江西北四百里旧兰州西十里山中，东南流经旧兰州南，东入漾濞。为白石江。又东南，左纳磨刀河，源出剑川西四十里满贤岭西麓，西南流入漾濞。及东溪。源出剑川西南五十五里石宝山西麓，西流入漾濞。又南经弥沙井西，左岸有剑湖水自剑川州西南流来会。剑湖见后《湖泊》。又东南流，入大理府浪穹县境，名黑惠江，右纳山水二，左纳山水一。又东南经清源洞山，右岸又纳山水一，折西南入太和县西境，经点苍山后复折东南流至漾濞，曰漾濞江，右纳横岭铺水。源出永平东百二十里横岭铺，东流至漾濞街，入漾濞江。又南经金牛屯及亨水桥，左纳点苍西山水。源出太和西点苍山背笔架峰下，西流出石门，会诸山水西南流，入漾濞江。又南至合江铺南，左岸有西洱河自太和赵州西流来会。西洱河见后《湖泊》。漾濞江既会西洱河，一名碧鸡江，西南流入永平、蒙化界，右纳胜备江。源出云龙南、永平北之罗武山，东南流经黄连铺东，左纳永平之九渡河，又南，右纳永平之双桥河，又东南入漾濞江。又南流入顺宁境，右纳牛街河，源出顺宁北境乐可巧村，东南流，合南来二溪，又东流入漾濞。折东北流，抵猛螟者石山麓，折而南流，左纳诸始河。由蒙化西流小水。又南流至云州北境，入澜沧江。自源至委长千余里。昔人谓此江系澜沧江出而复合者，现经方氏国瑜调查，证明其非。

沘江，源出丽江西南山中，曰弩弓河。合两涧东南流至北地坪西百余里，左纳小盐井水。源出云龙北小盐井山中，南流，合东一溪，西南流入沘江。又东南入云龙北境，左纳大朗河。源出剑川西盐路山，西南流百余里入沘。又南，左纳无名小水四，右纳无名小水二，经云龙城而南，左纳小骆马河。又南流至乾海子西，折西流入澜沧江。自源至委长五百里。

银龙江，源出云龙乾海子南、永平县北阿荒山，一名太平河。南流至永平县城北，右纳罗木场河，源出永平西和邱山东麓，东流经罗木山南麓，折南流至永平城东南，入银龙江。又南至永平城南二里，右纳曲洞河。源出和邱山西麓，南流折东流至县城南，入银龙江。又南，右纳花桥河，源出永平西博南山北麓，东流经花桥山，折南流至永平县南五里，入银龙江。又南流经门槛桥。又南，左纳狗街子南北两水，折西南入澜沧江。自源至委长三百里。

顺甸河，源出顺宁西北二百数十里之董瓮山。南流为右甸河，会水塘哨水，又东南流经锡铅驿南，左纳锡铅溪。又东南至孟祐村南，左纳孟祐西溪，以上均小水。一称孟祐河。又东南，右纳猛峒河。源出猛峒北，北流，会杜伟山东麓诸水，东流入顺甸河。又东南，右纳南桥水，称顺甸河。南桥水，源出永镇关西，西北流入顺甸河。又东，右纳永镇关小河。源出永镇箐，北流至小官庄，会北桥河入顺甸河。又东至云州城南，左岸有顺宁河来会。顺宁河，源出顺宁县西北五里甸头村，东南流至城北，一名衢亨河，左会董永、桃源二小河。折南流经城东，右纳南山之瓮磉河。折东流，左会温沙河。又南流，右纳浴甸河。又东南至云州城南，入顺甸河。顺甸河既会顺宁河，又东流，左纳猛朗河，源出云州北百里挨罗箐，南流至猛郎，右纳马四河，折东南流，左纳猛崩河，折西南流至州东南，入顺甸河。又东流入澜沧江。自源至委长四百里。

辣蒜江，上源有二：北源为孟定东境之耿马河，合北来、西来二溪，又南流，左纳南别河，源出耿马合双溪，西南流入耿马河。又东南流，与南源会；南源为孟定东南境之南董河，自猛董东北流，合西北一水，又东北经猛角南，又东合南来一溪，又东北至猛渗北，与北源会。两源既会一，称猛渗河。东南流百余里，右岸有一水，自西南合二水来注之。又东流，左岸有南猛河来会。南猛河，源出猛库东北分水岭，西南流经猛库南，左右各纳二水，同入于辣蒜江。又东流，右岸有猛允河来会。出镇边厅北境，东西四源合而为二，又合而为一，经上、下猛允，曲折北流，入辣蒜江。又东流，左纳仙人山水，又东流入澜沧江。自源至委长三百余里。

杉木江，一名巴景河，有二源：东源曰树根河，一名蛮况河，出镇沅东五十里树根坡，西流，右纳厅东北之由里、蛮贵、南祝、茂度四河，又西南经厅城及抱母井南流，折而西南，与西源会；西源曰猛统河，出景东西九十里无量山，西南流经猛统西，又南流百数十里，入镇沅境，经按板井西，与东源会。两源既会，合而西南流，右纳正统河，源出景东、威远界上山中，东南流入杉木江。左纳恩更河。源出镇沅南山中，西流入杉木江，与正统河口相对如十字。又西南流入威远境，右岸有景谷河，自景东西南山中合三溪水，东南流来会。又南流，左纳难可河，威远境内小水。又西南流百余里，右纳宝谷江，源出猛戛北山中，两源合而东南流百余里，入杉木江。又西南流百余里入澜沧江。自源至委长五百余里。

猛赖河，源出镇沅南境山中。有两源：一南流，一西南流。合而南百里，左纳栏马河。源出镇沅南山中，两源合而西南流，合南来一水，入猛赖河。折西南流入威远境，右纳暖里河。威远东境小水。又西南，左纳铁厂河，源出威远东南铁厂，两源合而南流，左纳南来之西萨河，折西南流入猛赖河。至此一称猛撒江。又西南流一百七十里，左岸有普洱河西流来会。普洱河，源出宁洱西天笔山，与金龙河、西河三水相会，名三岔河，南流至城西南，左岸有县东之东河及南蕴河合而西流，经城南而来会。又西南，左岸有锥栗河来会。又西南，左岸有思茅之南涧河来会，折西北流，入于猛赖河。又西南流百六十里入澜沧江。自源至委长四百余里。按：近年云南陆军测量局所绘之图，巴景、猛赖两河下流会合乃入澜沧，并存其说，俟考。

罗梭江，有二源：西曰大开河，出思茅西北那库里西南山中，南流百里，经小猛罕西，又南六十里，经普藤东，又东南流二百里，与东源会；东曰龙谷河，出小猛罕东北百余里大山，南流一百九十里，与西源会。两源既会，称罗梭江。南流数十里，左岸有一水，合三溪来会。又南流经五茶山，约三百里入于澜沧江。自源至委长七百里。

李仙江附阿墨江、小藤条江

李仙江，源出蒙化南一百二十里凤凰山，东南流至虎街西南，左纳虎街河，称阿集左河。又东南，左纳牛街河。又东南至安定关，左纳安定河。以上所纳均小水。东南入景东境，称中川河，一名银江。东南流，右纳老仓河，左纳沙罗河。亦均小水。又东折南流，右纳板桥河、灰窑河、大坝河。均无量山中东流小水。又东南经景东城东而南，右纳孔雀河，无量山中东流小水。左纳蛮谢河、中所河、品秀河、蛮骂河。均景东东境西流小水。又南入镇沅境，为景来河[①]，左纳旧恩乐县之蛮冈河，右纳阿萨河。源出镇沅北山，合两源，东流入景来河。折东南，左纳怕莫河。旧恩乐境内小水。又东南流经旧恩乐县西，右纳大弄河。镇沅东境小水。又东南折而西南，经跨泥村西，左纳四必河。西流小水。又南流至新抚东北，左纳蛮莫河。亦西流小水。又东南流经新抚司，东折，正南流一百九十里，入宁洱境，为把边江。右岸有磨黑河，自磨黑井北流来会，折东流经把边塘南；左岸有慢冈河，自通关哨南流来会。又曲折东南流，入他郎境，行二百五十里，左岸有阿墨江平行流而来会。阿墨江见后。把边、阿墨既会，乃称李仙江。又东南，左纳普萨河。源出元江南境，三源合而西南流二百余里，入李仙江。又东南流，有一水自北合二大溪南流二百里来会。又东南流经越南之东北、临安三猛之西南，临安三猛，曰猛赖、猛梭、猛蚌，本中国地，于光绪二十一年误割与法，宜急设法收回。为中越之分界，今则法界已逾江而北数百里。一名黑江，又称大藤条江。左岸有小藤条江自石屏、建水南境东南流来会。小藤条江见后。两江既会，仍名黑江，乃全流入安南境与红河合流，为富良江。在中国境内自源至委约二千里。就未割临安三猛前而言。重要支河附后。

阿墨江，一名布固江，又名谷麻江，源出景东东八十里火石哨，名者干河，一称鲁马河。南流经镇沅东北境，又东南经新平西南境，复南流经镇沅东南境，与把边江隔山平行，东南流入他郎境，左纳漫会河，经他郎城西，复东南流，左岸有他郎、甸索二河合流来会。他郎河，源出他郎北山中，南流经厅城西而南，左会水癸河（元江西来小水），右会小河，又东南流数十里，与甸索河会。甸索河，源出元江甸索塘东南山中，西北流经甸索塘而入他郎境，折西南流，会他郎河。合而西南流，入阿墨江。又东南流，折西南流，共行二百里，至三江口与把边江会，为李仙江。自源至委长六百里。

小藤条江，出元江东南境，东南流经五土司境，昔属建水，今属石屏。右纳者米河。源出者米西北七十里，东流经茨通坝北而来会。又东南至那黄渡，左纳金厂河。又东南，左纳漫们河。又东南，右纳金水河。又东南，入旧临安三猛境，折西南入李仙江。按：此江与李仙江昔俱以藤条为桥，故并有藤条江之称，或称李仙江为大藤条，此江为小藤条，近人所著之图略去“小”字者，误。

河底江附绿汁江、亚泥河

河底江，一名礼社江，又名梨花江，又名元江，为本省惟一通航之河。有二源：东源出云南县今祥云。西北境之梁王山，南流至县城西北，分为三派，二派东流经城南、北，合东北流，为一泡江，北入金沙江。一派南流经县西境，为万花溪，折东南流至弥渡城西北，左纳甘泉水及菖蒲沟。甘泉水，出石虾山，平地涌出，西流入万花溪。菖蒲沟，出云南县水目山，西南流入万花溪。又南流，右岸有毘雌江来会，毘雌江，源出蒙化东北十二里武卫山中，东北流入赵州（今凤仪）境，有赤水江自州东南南流来会，同入于万花溪。万花溪既与毘雌江会，称白崖江。又东南流至弥渡南，

① 景来河 光绪《续云南通志稿》作“景东河”。

左纳鼻窗厂水。源出云南县水盆铺，西南流入白崖江。又东南流入蒙化境，与西源会。西源出蒙化西北八十里花判山，曰阳江，两溪合而东南流至厅城西北之盟石，左纳盟石河。小水。又东南流至城南，左纳教场河。小水。又东南，左纳锦溪及五道河。均小水。又东南至旧定边县，右纳定边河。源出蒙化西南罗求场，东南流入阳江。又东南流，右纳窝集河。源出旧定边南麻栗树，东流入阳江。又东南，与东源会。两源既会，称礼社江，东南流入南安今双柏。属之碍嘉北，一称大厂江。又东南，左纳马龙河。源出镇南之一街，东南流，会白鱼河（小水），又东南流至三江口，北入礼社江。又南流至三江口，左岸有绿汁江西流来会。绿汁江见后。又东南流，左纳化龙河，源出新平西北老铁厂山中，西南流，左纳漫干箐水与六乃河（均小水），右纳实橘河（小水），西南流入礼社江。右纳南仓河、小水。南茂龙河。小水。又东南，左纳鹅得河。源出新平西分水岭，西流入礼社江。又东南，右纳了味河、马龙河。均哀牢山中小水。又东南，左纳杨家冲水、树布拉河。均小水。又东南，右纳挖窖河。哀牢山东南麓小水。又东南，左纳南麻河。又东南，入元江境，为元江，右纳漫线河，左纳甘庄河。均小水。又东南，右纳南淇河。小水。又东南，经元江城东而南，右纳清水河。源出元江南列播山，一源二流，其北支为清水河，南支为南侻河。又东南，左纳双渠沟。两小水，一清一浊，合而西流，入元江。右纳南侻河。清水河之南支。又东南，右纳小水三，入石屏西南土司境，左岸有亚泥河南流来会。元江既会亚泥河，乃称河底江，因其纳亚泥河水在亚泥河之底，故名。水势大盛，畅通舟楫，亚泥河见后。惟地炎热有瘴，又多险滩，故航行不盛。又东南，经亏容司北，右纳南昆河。源出瓦渣司，东北流经亏容司，北入河底江。又东南，右纳龙孟河。源出溪处司，东北流经亏容司之南，入河底江。又东南流二百余里，左岸有羚羊河自纳楼司合二水南流来会。又东南入蒙自境，名梨花江，左纳个旧厂卡房之水。又东南入文山县境，左纳新现河。源出蒙自南境，南流经文山境入河底江。又东南，右纳龙膊河。出大箐山，一名清水河，合三小水东北入河底江。又东南入安平厅，今马关。境之河口，左岸有南溪河南流来会，为中越之分界。南溪河上流曰白期河，发源阿迷州（今开远），南流经蒙自东境、文山西境，名芷村河。又南流入安平厅境，左岸有八寨河自古林箐西南流来会。又南流至河口之东南，入河底江。又东南入安南境，为红河，与李仙江、盘龙江会合，为富良江。在本省境内自源至委约二千里，通航之线亦近千里云。元江城以下即通航。重要支河附后。

绿汁江，一名丁癸江，源出罗次县南九涌山，东北流，右纳青龙山南、北二溪水，名金水河。折西北流至县城南，右纳碧城河。源出罗次县东分水岭，西南流入金水河。又北流，右纳东渠，折西南流入禄丰县境，名东河。又西南经县城北，右纳响水河、北河。源出武定西南境，东南流入禄丰境会东河。又西南经县城西，左纳南河、源出禄丰县东北玄武山，南流，会东来之路溪，折西流，会东河。东河既会南、北二河，称星宿江。又西南，右纳九盘山水。源出广通九盘山，东南流入星宿江。又西南，右纳舍资河。一名九渡河，源出广通东。有二源：西曰雕龙河，东曰舍资河。二水合而东南流入禄丰境，会星宿江。又西南，右岸有沙甸河来会。沙甸河，有二源：东源出南安州（今双柏）东南百余里，北流经沙甸街，为沙甸河，又北流，与西源会；西源出南安东南四十里山中，名妥稍河，东北流至妥甸街南，与东源会。两源既会，东北流经广通境而入禄丰境，会星宿江。又南流入易门县西北境，左纳太和川、大绿汁河、小绿汁河，始名绿汁江。太和川，源出禄丰南大狮塘山，西南流入易门境，入星宿江。大、小绿汁河均易门西北境西流小水。又南流至易门县西南境，左岸有易江来会。易江，出安宁西境禄脿街山中，二源合而西南流入禄丰境，右纳老鸦关水。又南流入易门境，右纳上渠江、下渠江（均易门北境东流小水）。又南流，左纳庙儿山水，折西南流至县之南境，右岸有大、小龙泉，合流绕县城西北而东南，合城南之象、狮二山水，南流来会。又西流。右纳沙丈河（易门西南小水），又西流会绿汁江。绿汁江既会易江，一称丁癸江，又西南流经嶍峨县今峨山。西境而入新平境，左纳七曲河，新平西境北流小水。右纳邦溪河，由南安南流入境小水。又西南流入河底江。自源至委长六百余里。

亚泥河，一名小河底河，因其受石屏小河之水在小河之底，故名。近人所绘之图有注为河底江者，大误。河底江乃梨花江，即元江，以在亚泥河底得名，齐氏《水道提纲》可证。又名三百零八渡河。旧《志》称为龟枢河，惟今已无此名。有两源：西源出新平西北山中，名清水河，东流；东源出嶍峨西境，亦有二源：一出下丁癸乡，一出甸中村南。名亚泥河，南流。两源会于新平东境，合而东南流。右岸有平甸河，自新平县城南合箐水十余东流来会，称大开门河。又东南，右岸有母苴鲁河，合高梁冲水东流来会。又东南，右岸有锅厂河、扬武河，合而东北流来会，折而东流，左岸有甘棠河南流来会。甘棠河，源出嶍峨西北山中，名腊猛河。南流入新平东境，右纳怕念乡水，左纳罗吕乡西山水，称怕念河。又东南流，左纳牛尾冲、罗吕乡东山、西涧、羊毛冲四溪合流之水，为甘棠河。又南流，入亚泥河。又东南流，折正南流，复折西南流，绕鲁魁山之北、东、南三面而入石屏西北境，左岸有磨古河，自石屏北境西流来会。磨古河，旧名迤络河，源出石屏北山之阴，西流，纳蹄涔小水十余，称白花郎河。又西，出大桥下，称磨古河。又西，右纳昌明河（昌明河，出昌明里山中，当石屏入省之西道，河宽水少，乱石满中，既不能造桥，又不胜渡船，行旅视为畏途。旧《志》谓里人称为雄河，实则并无此名）。又西，复纳数蹄涔水，入于亚泥河（按：何其侯《两河志》语涉浮夸，旧《志》多采之，今不取）。又南流，入元江境，右岸有相见沟、马鹿塘、厂沟三水，合而东流来会。又南流至小河底，左纳石屏小河，西流小水。称小河底河。又南，右纳大、小哨水。元江东境东流小水。又东南，左纳五塘沟河，源出石屏南山之阳，五小水合流而西，入于亚泥河。称三百零八渡河，折西南，入河底江。自源至委长五百里。

老卡河

老卡河，源出安平厅今马关。西南老卡之西。东流，折南流，左纳一小水。又东南流，左岸有铜街河来会。铜街河，源出安平南境都龙之南，西南流入老卡河。两河既会，一名戈索河。南流入越南境，为独流出国境河之最短者。

开化河

开化河，一名盘龙江，源出文山西白龙潭。北流折东，右纳弥勒、顺甸、路梯、磨底四河。均文山西境北流小水。又东至文山城西北十五里之天生桥，伏而复出。又东流折南流，复折西流经城东南，复折东南流至城东南十八里之天生洞，再伏再出。又东南流，入安平境，左纳牛羊河，源出文山东新塘，东南流入安平境，合锡版诸龙潭水。又东南流，左纳小河。又南流，入开化河。右纳赌咒河。又东南流二百数十里，入越南境。在本国境内行五百数十里。按：近年西人所绘之图，赌咒河乃西南会老卡河，非东入开化河。两存其说，俟考。

普梅河

普梅河，出宝宁县西南百八十里山中。有二源：一西南流，一东南流，各数十里，合而南流数十里，折东南流，为开、广两府之分界。又东南入越南境，亦独流出国境河之短者。

者赖河

者赖河，源出宝宁县南境普厅塘山中。南流行两山间二百余里，入越南境，亦独流出国境河之短者。

西洋江

西洋江，源出宝宁县西北八十里松木岭。东南流，右纳板郎、速部、木王三山水及红石崖水。折东流，左纳一小水，折南流至城西南，右纳响水河。宝宁西境东流小水。折东流经宝月关南，又东流经乃安及板蚌之北，入广西省境，左会西林之驮娘江。亦自宝宁东境流入广西省者。复南流，为滇、桂两省之分界，右纳剥江及者郎河。剥江，源出富州厅北山，两源合而东南流，右纳者桑河（东北流小水），折东北流，入西洋江。者郎河二源：一出富州厅西北山，东南流；一出西南山，东北流。两源合而东，经厅城之北，又东至平洋村北，右会广西归顺州西北诸水，折东北流经那洞及那万西北，至剥隘之东，入西洋江。又东流，再入广西省境。其行本省境内约四百余里。

南盘江附曲江、泸江、块泽河

南盘江，一名红水江，又称八达河，源出霑益西北九十里之花山，曰交河。东南流至松林驿，折正南流，左纳玉光溪。小水。又南流经州城东，左纳沙河。一名高桥河。又南，右纳阿幢河。一名蜡溪，源出南宁县西北翠峰山阴。北流，折东南流至州西南梅花闸，入于交河。又南入南宁县境，右纳白石江。源有二：一曰响水河，一曰乾海子，均出马龙东北境。合而东流数十里，入南宁境，名白石江。明初，西平侯沐英大败蒙古将达里麻于此，为历史上著名之河，实则一蹶涔小水耳。又南流至县城东南，右纳城北、城南两小河。又南，左纳龙潭河，自平彝西境西南流入。又南，左纳小哨河，西流小水。右纳潇湘江。自马龙南境东流入小水，河道屡改。又南，流入陆凉州今陆良。境，右纳板桥、关上、乾冲三河。均陆凉北境东流小水。又南流，缓汇为中延泽。在州东南，夏期江水涨，周百余里，冬期江水落则缩小。复自泽西出，为赤江，左纳黑龙潭水，陆凉南境北流小水。右纳洗马河。陆凉西境南流小水。又西，右纳西山河，左纳云南桥河。西山河，源出马龙东南，两涧合流入龙洞，伏而复出，为龙洞河。经纳章村泻为瀑布，南流为迤泽河。又南流经浙宗村，为浙宗河。又南流入三脚洞，伏而复出，入陆凉西境，为西山河。又东南流，左纳水箐河及关门箐水，又东南入赤江。云南桥河源出陆凉南境爱卫山，西北流经左所坝，又西北经云南桥下，入于赤江。又西南流，左纳铺上河。源出陆凉西南七十里石子厂，北流，右纳横水沟水，折西北，流入赤江。又西，为叠水滩，在陆凉西南五十里，河流一路平衍，至此两山壁立，悬流百丈，翻瀑如雷，境界奇胜。又西入路南境，曰大池江，折西北流经木龙山、土主山，北折西南流，入宜良境，右纳一小河。又西南流至宜良城东南，右岸有大城江自明湖明湖，详后《湖泽》。东流来会。又南，右纳晃桥河，左纳黑泥河，折西流，右纳文公河。又西入路南境，折南流，为路南、河阳分界，右纳七江溪。河阳北境东流小水。又南经席家渡折东南，左纳巴盘江及休柔溪。巴盘江二源：一出路南城东北十五里白龙潭，西南流；一出路南城东南十里黑龙潭，西北流。两源会于城东，合而西南流，称巴盘江，又西南入于大池江。休柔溪，源出路南城东南十五里九盘山，西南流入大池江。大池江既会巴盘江，乃名南盘江。又南，右纳抚仙湖水。抚仙湖，详后《湖泽》。又南经弥勒之西宁州今华宁。之东，右岸有曲江东流来会。曲江，见后。又东南流，左纳巴甸河。源出广西州（今泸西）北额勒哨西，南流入弥勒境，为瀑布河，右纳赤甸泉、白马河、山金河。又经弥勒城东至城南，右纳阿育泉。又南流，左纳竹园龙潭水，又西南入南盘江。又东南流，至阿迷州今开远。东北，右岸有泸江北流来会。泸江，见后。折东北流，入广西直隶州境，左纳五罗河。源出师宗难当坡，南流经广西州东南境，入南盘江。又东北至师宗东南境，折北流，与广西西林县分界，一称八达河，右岸有清水、马别二河来会。清水河，源出邱北县旧城盘龙山，东北流二百余里，至广西西林县西境，入南盘江。马别河二源：南源出文山县北山中，东北流；北源出文山县属江那之西山中，东流。两源合而北流，纳诸小水，称马别河。又北流，入宝宁西境，右纳者种河。又北，右纳下安排河。又北至师宗东南境与广西省交界处，入南盘江。南盘江至此又曲折北流，至罗平东南境，左岸有块泽河来会，块泽河，见后。折东流，入贵州、广西两省境。重要支河附后。

曲江，源出江川西南兽头山，曰大溪。西北流，入新兴今玉溪。境，右纳香柏河，左纳撒喇河。又西流，右纳罗磨溪及罗木箐水，折西南流，称玉溪。又西南，右纳西河。刺桐关水与九龙池水会合之水。又西南至新兴城西，左纳牟溪。牟溪，源出新兴南境，西北流，左纳奴剌河，又西北入玉溪。又西南，左纳甸苴河，源出新兴西南尖山，北流入玉溪。右纳良江河及清水河。均新兴西北境南流小水。又西南，入嶍峨今峨山。北境，曰溪貌江。折东南流经嶍峨城东，右岸有练江来会。练江，源出嶍峨县西六十里，东流经县城南入溪貌江。溪貌江既会练江，始称曲江。东南流入河西县西境，左纳山东河，源出新兴南三十里研和东山，右合玉湖水（周三里小湖），南流入河西县境，入于曲江。折南流，右纳舍郎河。源出河西县西南境，西北流折东流，入于曲江。又东南流入通海西南境，折东流入建水界，经馆驿今曲溪县。北，折东北流，复入通海东南境，右纳东山龙泉。又东北入宁州今华宁。南境，左岸有瓜水[①]南流来会。瓜水有二源：北源曰浣江，出宁州北三十里青龙潭，南流；西源曰恩永河，出宁州西山中，东流。分为三派，北派灌西郭田，南派灌南郭田，中派与浣江会，又东南，纳丁癸冲之水，形如瓜字，故名。曲江既会瓜水，又东流入南盘江，自源至委长四百余里。

泸江非古之泸水，古之泸水为今金沙江。一名乐蒙河，有二源：北源出石屏东北境之旷野乡，名旷野河；南源出石屏城东之异龙湖，异龙湖，详后《湖泽》。名海口河。两河会于建水西境，乃称泸江。东流经建水城南，右纳象冲、塌冲两小水，左纳赛公河。又东入云津洞，颜洞前门，属建水。伏流三十里，出万象洞，颜洞后门，属阿迷。入阿迷境。又东至燕子洞，又伏又出，右纳清水河。清水河，源出蒙自西北境，一名鸡街河，西北流，左会倘甸河，折东北流入阿迷境，折北入泸江。折北流经阿迷城东，右纳东山水，折西北流入南盘江。自源至委长三百里，凡两伏两出，遂开颜洞、一作岩洞。燕子洞两奇境云。

块泽河，源出霑益东北分水岭，西去南盘江源仅数十里。东南流入平彝境，左纳明月所水。源出贵州普安（今盘县）西，南流经明月所及亦佐废县，入块泽。又南入罗平境，右纳恩勒河。源出罗平西北恩勒村，东流经州北境，入于块泽河。又南流至州东南境，右会喜旧溪。源出平彝蛇场山，南流经陆凉境而至师宗境。右岸有师宗河自县西南之额勒哨东北流，挟落龙、通元两洞水，经县城东而来会，折东至罗平境，入块泽。折东流，左纳贵州黄泥河，折西南流，分贵州、云南之界，旋入于南盘江。自源至委长五百里。

北盘江

北盘江，源出宣威州西南四十里，曰宛温水。西距南盘江源仅数十里。东北流经州东南境，左纳乾河水及老浦冲水。又北，左纳朱屯、何屯及龙洞水，折东北至州东北境，称革香河，右纳勺纳水。又东北，伏而复出，称拖长江，左岸有可渡河，自贵州威宁境东南流而来会。可渡河，源出威宁西百五十里乱山中，东南流经州（宣威，下同）北境，为云南、贵州之分界，有得吉河自州北三十里之分水岭北流会其右。拖长江既会可渡河，乃称北盘江。亦曰杨柳河。又东流，入贵州省境。虽与南盘并称，而在本省境内仅经过宣威一邑云。

金沙江附漾共江、一泡江、鸦龙江[②]、北龙川江、普渡河、牛栏江

金沙江，为长江之正流，长江古时仅称江，盖江即其水之名也。后世南方之水多冒称江，于是于固有之江水，不得不加“长”字或“大”字以别之，亦有称为扬子江者。愚谓“江”字今既变为流水之通称，古名已不可复，即长江、大江二名，他水亦有时冒之，惟扬子江之名不可冒，而普通又仅适用于入海之一段，不如迳以金沙江为全水之名较为妥当。盖金沙为江水之正源，现已为一般地理家所公认，非岷水所再得而冒。且“金沙”二字，不分省界，亦较“扬子”之以一地得名为善也。发源青海、西藏分界之巴萨通拉木山，名木鲁乌苏。曲折东流，经青海

① 瓜水　道光《云南通志稿》作“爪水”。

② 鸦龙江　通作雅砻江，见光绪《续云南通志稿》。

西南境折南流，经四川之边境，今属西康。而入本省维西境，以上所纳支河与本省无关，故不录。他水亦同此例。乃名金沙江，一称丽水。汉晋时，称泸水。自维西西北境南流，右纳总文河，自巴塘西境南流，折东来会。折东流，左纳所楚河，自巴塘东境南流，折西来会。折南，分中甸、维西界，又东南，分中甸、丽江之界，右纳巨甸、桥头、石鼓诸河。均丽江境内东流小水。此一带滨江居民，多穴地取沙以淘金，江之得名，盖由于此。折东北，仍行中甸、丽江之间，左岸有硕多冈河自中甸北境南流来会。折南流，经永北西境、丽江东境，左岸有无量河自川边境来会。无量河从略。又南流，左岸有永北之走马河、西番河、站河、大松河、清水河、西卜河六水，合而西南流来会；右岸有漾共江自鹤庆来会。漾共江见后。又东南流经永北西南、邓川东北，右纳枯木河，源出邓川东境，名清水河，东北流，有北衙河自鹤庆东南流而来会其左，称枯木河，右纳鸡足山水，东北入金沙江。左纳三道河，源有三：一曰满官河，为程湖之委；二曰期纳河，出稗子田山；三曰文官河，出东冲山。文官河西流，期纳河南流，合为刘官河，又西流，与南流之满官河会，名三道河。自永北南境西南流，入金江（程湖，见后《湖泊》）。折东流经永北之南、宾川之北，右纳答旦河。一名桑园河，源出宾川州、云南县交界之梁王山，曰钟良溪。曲折北流，左纳东流之银溪、石宝溪、寒玉溪、通洱溪、赤龙溪、丰乐溪等六小水，称纳六河，一称六溪河。又东北为答旦河，入金江。又东流，右纳一泡江。见后。又东流经姚州，今姚安、大姚之北、永北之南，右纳卧马刺河、白马河、羊蹄江。均大姚北境北流小水。折东北流经苴却之北山下，左纳大罗河。有两源：一出永北城西南，曰矣察河；一出永北城东北，曰他留河。均东南流，既而会合东流，左纳泚那河，折东南流，入金沙江。又东流，为云南、四川之分界，南云南大姚，北四川盐源。右纳矣资河，大姚东北境北流小水。又东流至大姚极东北境，左岸有鸦龙江见后。自四川西南境南流来会。金沙江既会鸦龙江，水势大盛，惟因河道陡峻，航线难通，折而南流经大姚之东北境、与会鸦龙江处，今皆属永仁。四川会理之西南境，自此以下，左岸支河仅举其名，不加详注，因皆在四川境内，与本省无关也。右纳大姚河。上流名蜻蛉河，源出姚州南三窠山，潴为大石淜，复流出，分为东汹溪、西汹溪，绕州城而北，复合流，左纳连场河。又东北流，右纳小关河。又北入大姚境，称大姚河。又北至县城南，左纳自姚州黎武山东南流之香水河。折东北流，有自县北境东流之蛟龙江与自县北境南流之苴却河合而东南流来会。又东北流，入于金沙江。又南流入武定境，至姜驿之西南，右岸有北龙川江来会。北龙川江，见后。又东经武定北境之白马口，右纳大环川，有二源：一出武定西大麦地，东流；一出武定西铺哇山，北流。二源合而北，右纳插甸河。又北流，纳诸箐沟水，入于金江。左纳会川卫水。在四川境，从略。又东北经禄劝县之北境，折东南流至禄劝、巧家交界，右岸有普渡河北流来会。见后。又东北至巧家南境，左纳会通河。由四川会理东南流入者。又东北，右纳小江。源出寻甸车湖（见后《湖泊》），北流入会泽境，一称碧谷江。又北流，纵贯会泽西境，入于金江。又曲折北流，右纳以礼河。源出会泽南一百三十里，北流为野马川，右会县东南诸小水，称以濯河。又北流，右会洛泥河。折西北流，分为数派绕城东、西而北，至县西北境复合，曰以礼河。又西北，左纳则补河。又西北至巧家境，入金沙江。又北流经巧家城西而北，右纳以博河。巧家城北西北流小水。又曲折北流，纵贯巧家西北境，折东北流入鲁甸境，右岸有牛栏江，来会。牛栏江见后。金沙江既会牛栏江，复北流经鲁甸、恩安、永善三厅县之西边，仍为云南、四川两省之界河。上流永北一带，江西属云南，江东属四川。武定一带，江南属云南，江北属四川。自此以下，则江东反属云南，江西反属四川。盖江初南流，继东流，继又北流，成一大曲，而四川、云南两省多以此水为界，故成此现象焉。折东北，全入四川境。其行于本省界内亦不下二千余里云。重要支河附后。

漾共江，一名鹤川，源出丽江西北玉龙山。即雪山。南流经丽江城西南，左纳玉河。源出丽江城北象眠山，南流，分为三派，一派南流入漾共江，两派东流会东河。折东流，左纳东河。源出丽江城东北吴烈山，南流至城东南，入漾共江。折南流入鹤庆境，右纳黑龙潭、香米龙潭、四庄龙潭、石洱河、落钟河、长康河、南供河。均鹤庆城附近小水。又南流至龙珠山伏而复出，右纳三庄河。

有三源：一出鹤庆西南宣化山，曰温水河，东南流；一出丽江县天马山，东流；一出三庄河底村，北流至鹤庆之三庄村西北，并会为三庄河，东流入漾共江。折东流，入金沙江。

一泡江，源出云南县梁王山。南流，分为三派，一派南流为河底江之源，二派东流，一行县城之南，渟为青龙海，一行县城之北，蓄为品甸海及周官海。复自周官海南泄，与青龙海泄出之水合而东北流，曰一泡江，为县与姚州之分界水。又北流，左岸有你甸河来会。你甸河，源出云南县东境，称菉萝河。北流，纳县东北境诸山水至楚场，称楚场河。又东北流，为赤城江，至人投关之东南，为你甸河，入一泡江。又北流，为姚州、宾川之分界水，东姚州，西宾川。右岸有一字水来会。一字水，源出姚州北黎武山。西北流经白盐井，又西北流，入一泡江。又曲折北流，入于金沙江。

鸦龙江，即古若水，亦即唐以后泸水。源出青海巴颜喀喇山，东南流经川边境，今西康。纳小水无数，折南流入四川之西南部，右纳打冲河。源出本省永宁土府之南，称开基河。北流经甲母山西及土府城东南，左会二小水，称三岔河，又北流经城东而北，左岸有一水自无量河东岸山东流来会，称勒汲河。折东流，右纳泸沽湖（见后《湖泊》）水，称打冲河，折东北流，入鸦龙江。鸦龙江既会打冲河，亦有打冲河之称。折东流，右纳盐井河。有二源，东源源流均在四川境，不详述；西源曰蒗蕖水，源出永北蒗蕖土州东南绵绵山。两源合而西北流，曰麦家河，至白角山，左纳白角河。折东北流，左右各纳一小水。折西北流，称挖开河。又北流，左纳别列河，东北与东源会。又折南流，纳大小水无数。均在四川省境不述。又曲折南流至四川、云南两省接界之方山大姚属。东北，入于金沙江。此水始终未行本省境，惟其右纳之水多有发源本省者，且为金沙江最大之支河，故并录之。

北龙川江，出镇南西七十里英武关，曰白龙河。曲折东流，左纳平夷川及响水河。平夷川，出镇南西三十里，东南流入白龙河。响水河，出镇南西北十五里见性山，东南流入白龙河。又东经镇南城南，折东南流，左纳清水河。源出镇南东、北二水，合而南流，入白龙河。又东流入楚雄县西北境，为北龙川江，左纳紫甸河。源出定远（今牟定）西三十里，西南流至吕合堡，入北龙川江。又东流，右纳大石河。源出楚雄西三十里紫溪山，东北流至大石堡，入北龙川江。又东经楚雄城北，又东流，右纳青龙河。源出南安州（今双柏）城边，北流至楚雄城东，入北龙川江。折东北流，右纳方家河。楚雄县东境北流小水。又东北，经广通西北、定远东南，左纳零川。源出定远西境，合诸小水东南流，入北龙川。又东北，左纳琅溪，定远东境小水，东南流经琅井，入北龙川江。右纳立龙、清风、罗申三河。均广通县城附近西北流小水。又北流，右纳三道河，广通北境西流小水。左纳龙沟河。黑盐井（今盐兴）附近东流小水。又北流，纵贯元谋县境，左纳苴宁河。出大姚县东境，有二源：北曰苴宁，东南流；南曰多克，东北流。会合而东，入元谋西北境，一称炉头河，又东流，入北龙川江。又北流，入金沙江。

普渡河，有二源：东源曰海口河，即滇池之吐口；详见《湖泊》。西源曰三泊溪，又分三源，一曰资利河，出安宁西境，东流，二曰鸣矣河，三曰望洋河，均出昆阳西境，北流入安宁南境。三水萦绕故三泊县，合为三泊溪，故县以此得名，东流经安宁城南，海口河会其右，折北流，称螳螂川，右纳利泽河。自富民、昆明境内南流小水。又北流经碧玉泉本省第一著名温泉。之西，掠昆明西境而入富民境，至县城东，右纳大营河。自昆明二村西流小水。又北，左纳清水河。自罗次分水岭东流小水。又北流，入禄劝县境，左纳掌鸠涧，源出禄劝县北二百二十里白马口东山，南流经撒甸、上易竜、中易竜、下易竜、杉松营等处，纳左右溪涧之水，至县城东，右会盘龙河（盘龙河，出罗次县北百花山，东北流至武定城南，有小水曰鹞鹰河，自武定城西东南流来会其左，又东北流，入掌鸠河）。折东南流，入螳螂川。乃称普渡河。又曲折北流至巧家西南境，入金沙江。

牛栏江，源出寻甸西南六十里果马山，曰果马溪。东南流，左纳花箐哨水。寻甸西境南流小水。南流入嵩明境，为龙巨河，与南流之罗锦河、马厂河、郎宽河，均嵩明东境南流小水。东流之对龙河、玉龙河，均嵩明西境东流小水。北流之遥岔河、邑市河，均嵩明南境北流小水。共八小水，汇为嘉丽泽。古时周百余里，今为邑人放乾。又自泽泻出，东北流，复入寻甸境，为寻川河，纵贯寻甸东部，左纳归龙河、玉带河、洗马河、螳螂河，均寻甸城附近东流小水。右纳白蟒河，有三源：一出马龙东南松华坡，西北流；一出马龙城东小龙井，西南流，两源会于马龙城南，称东河；一出马龙城北之高坡，西南流，称西河。东西二河会于马龙西南境，称龙潭河。折北流经关岭之东，入寻甸境，为白蟒河。西北流，入于寻川河。称车洪江。一作车瀚。东北流经霑益西北境而至会泽之东、宣威之西，为两邑之分界水，右纳赤水河及西泽河，均宣威西境西流小水。左纳苏东河及小河。均会泽东境东流小水。又北流，为会泽及贵州威宁之分界水，江西云南会泽，江东贵州威宁。称牛栏江。折西北流，为巧家及鲁甸之分界水，江西南巧家，江东北鲁甸。左纳硝厂河。一名头道河，源出会泽东北八十里犀牛塘，西北流，左纳卡浪沟水。北流入巧家境，纵贯巧家之东北部，入于牛栏江。又西北流至鲁甸极西境、巧家极北境，入于金沙江。

横 江

横江，发源鲁甸南大黑山，名擦拉河。北流至城南，左纳马鹿沟水。鲁甸城西东流小水。折东流入恩安今昭通。西南境，右纳普五河。恩安西南境北流小水。折东北流，右纳淄泥河。源出恩安东龙洞山，南流经八仙海（昔时小湖，今已涸），折西流，入擦拉河。折北流经恩安城西，又北，左岸有洒鱼河来会。洒鱼河，源出鲁甸北境，东流入恩安境，左纳居乐河（由鲁甸东流入境小水）。东北流入大关境，至大关城西，右纳大关河。由恩安北境西北流入大关小水。折西北流至厅西北境，右岸有戈魁河来会，戈魁河，一名洛驿河，源出威宁山中。北流入本省境，分镇雄、恩安之界（即今彝良县境，河即在彝良城西），右纳威洛河（镇雄西境小水，在今彝良城北）。折西北流入大关境，与擦拉河会。乃名横江。折东北流经盐井渡，今盐津县。又北流出本省境，入四川筠连县境，下流归于金沙江。以其在本省境内自为一系，故列于幹河，其他性质相类者仿此。

白水江

白水江，源出贵州威宁，北流入镇雄西境，左纳九股水，镇雄西境东流小水。右纳黄水河、镇雄西境西流小水。小溪河，镇雄西境西流小水。又西北经牛街西，右纳白水河，镇雄西北境西流小水。称白水江。又西北出本省境，入四川筠连县境，下流亦归于金沙江。

黑墩河

黑墩河，源出镇雄北二百余里。合三小水西北流至威信西南，右纳玉贵河。源出威信东北，西流经威信之南，又西流入于黑墩河。又北流，出本省境，入四川境，合于白水江。

赤水河

赤水河，源出镇雄东北三十里，曰洛甸河。东南流，左会雨洒河。镇雄东境东南流小水。又东流，左会厂丈河。镇雄东境东南流小水。又东南流，右纳母享河。镇雄东境东北流小水。诸河既会，称赤水河，东流出本省境，入四川永宁境，下流归于长江。

此外，由镇雄南流出省境之水，尚有苴虬河①、白鸟河等，皆蹄涔小水，不细述。

附各江系统表

迈立开、恩梅开、大盈、龙川，属大金沙江系。

---

① 苴虬河 光绪《续云南通志稿》作“苴蚪河”，道光《云南通志稿》作“苴虬河”。

潞江，属潞江系。

澜沧，属澜沧江系。

李仙、河底、老卡、开化、普梅、者赖，属富良江系。

西洋、南盘、北盘，属珠江系。

金沙、横江、白水、黑墩、赤水，属金沙江系。

卷二十八　地理考八　湖泽

全省五大湖　〔……〕

各府湖泽　〔……〕

附　云南各府厅州县之水所属水系表

云南府

昆明县　本县之水属于金沙江系。

富民县　本县之水属于金沙江系。

宜良县　本县之水属于珠江系。

罗次县　本县之水分属金沙江系及富良江系。

晋宁州　本州之水属于金沙江系。

呈贡县　本县之水属于金沙江系。

安宁州　本州之水分属金沙江系及富良江系。

禄丰县　本县之水属于富良江系。

昆阳州　本州之水属于金沙江系。

易门县　本县之水属于富良江系。

嵩明州　本州之水属于金沙江系。

大理府

太和县今大理　本县之水属于澜沧江系。

赵　州今凤仪、弥渡　本州之水分属富良江系及澜沧江系。

云南县今祥云　本县之水分属金沙江系及富良江系。

邓川州　本州之水分属澜沧江系及金沙江系。

浪穹县今洱源　本县之水属于澜沧江系。

宾川州　本州之水属于金沙江系。

云龙州　本州之水分属澜沧江系及潞江系。

临安府

建水县　本县之水分属珠江系及富良江系。

石屏州　本州之水分属珠江系及富良江系。

阿迷州今开远　本州之水属于珠江系。

宁　州今华宁　本州之水属于珠江系。

通海县　本县之水分属珠江系及杞麓湖系。

河西县　本县之水分属珠江系及杞麓湖系。

嶍峨县今峨山　本县之水分属珠江系及富良江系。
蒙自县　本县之水属于富良江系。

楚雄府

楚雄县　本县之水分属金沙江系及富良江系。
镇南州　本州之水分属金沙江系及富良江系。
南安州今双柏　本州之水分属金沙江系及富良江系。
定远县今牟定　本县之水属于金沙江系。
广通县　本县之水分属金沙江系及富良江系。
姚　州今姚安　本州之水属于金沙江系。
大姚县　本县之水属于金沙江系。

澂江府

河阳县今澂江　本县之水属于珠江系。
江川县　本县之水属于珠江系。
新兴州今玉溪　本州之水属于珠江系。
路南州　本州之水属于珠江系。

广南府

宝宁县今广南　本县之水属于珠江系。
富州厅　本厅之水属于珠江系。

顺宁府

顺宁县　本县之水分属澜沧江系及潞江系。
云　州　本州之水分属澜沧江系及潞江系。
缅宁厅　本厅之水分属澜沧江系及潞江系。

曲靖府

南宁县今曲靖　本县之水属于珠江系。
霑益州　本州之水分属珠江系及金沙江系。
陆凉州今陆良　本州之水属于珠江系。
马龙州　本州之水分属珠江系及金沙江系。
罗平州　本州之水属于珠江系。
寻甸州　本州之水属于金沙江系。
平彝县　本县之水属于珠江系。
宣威州　本州之水分属珠江系及金沙江系。

丽江府

丽江县　本县之水分属金沙江系及澜沧江系。
中甸厅　本厅之水属于金沙江系。
维西厅　本厅之水分属金沙江、澜沧江、怒江三系。

鹤庆州　本州之水分属金沙江系及澜沧江系。
剑川州　本州之水属于澜沧江系。

普洱府

宁洱县　本县之水分属富良江系及澜沧江系。
思茅厅　本厅之水属于澜沧江系。
威远厅今景谷　本厅之水属于澜沧江系。
他郎厅今墨江　本厅之水属于富良江系。

永昌府

保山县　本县之水分属潞江系及澜沧江系。
永平县　本县之水属于澜沧江系。
腾越厅今腾冲　本厅之水属于南金沙江系。
龙陵厅　本厅之水分属南金沙江系及潞江系。

开化府

文山县　本县之水分属富良江系及珠江系。
安平厅今马关　本厅之水属于富良江系。

东川府

会泽县　本县之水属于金沙江系。
巧家厅　本厅之水属于金沙江系。

昭通府

恩安县今昭通　本县之水属于金沙江系。
镇雄州　本州之水属于金沙江系。
永善县　本县之水属于金沙江系。
大关厅　本厅之水属于金沙江系。
鲁甸厅　本厅之水属于金沙江系。

各直隶厅

景东直隶厅　本厅之水分属富良江、澜沧江二系。
蒙化直隶厅　本厅之水分属富良江、澜沧江二系。
永北直隶厅今永胜　本厅之水属于金沙江系。
镇沅直隶厅　本厅之水分属富良江、澜沧江二系。
镇边直隶厅今澜沧　本厅之水分属澜沧江、潞江二系。

各直隶州及其属县

广西直隶州　本州之水分属珠江系及矣邦池系。
师宗县　本县之水属于珠江系。
弥勒县　本县之水属于珠江系。
邱北县　本县之水属于珠江系。

武定直隶州　本州之水属于金沙江系。

元谋县　本县之水属于金沙江系。

禄劝县　本县之水属于金沙江系。

元江直隶州　本州之水属于富良江系。

新平县　本县之水属于富良江系。

盐　井

黑盐井今盐兴　本井之水属于金沙江系。

白盐井今盐丰　本井之水属于金沙江系。

琅盐井今废　本井之水属于金沙江系。

附　汉晋云南水道考释

《汉书·地理志》、《晋太康地记》多言水道，略其源流，然多凌乱无理。《水经注》条贯诸水，然或失次，或以同名相杂，故虽言之有章，证之地理，有不可通者。道光《云南通志》区析解说，然未能总览以尽其源流，善为附会，更觉支离，有待于详考也。陈澧《汉书地理志水道图说》、汪士铎《水经注图附说》，以今释古，每有确解。而陈澧《水经注西南诸水考》、丁谦《水经注正误举例》，辩郦书之违失，虽仅据舆图，亦胜过古人也。兹合诸家之说，证之地理，凡为《汉志》、郦《注》所言者，一一为考释焉。

温　水

《汉志》牂牁郡镡封县曰："温水东至广郁入郁，过郡二，行五百六十里。"《水经》："温水出牂牁郡夜郎县，又东至郁林广郁县为郁水，又东至领方县东与斤南水合，东北入于郁。"考温水即今之南盘江，其支流见《汉志》者，益州郡铜濑县曰："谈虏山，迷水所出，《续汉书·郡国志》刘昭注引《太康地记》作米水。东至谈稾，入温。"俞元县曰："俞元池在南，桥水所出，东至毋单入温，行千九百里。"则迷、桥二水入温，而温水入郁。郦道元注温水所流经甚详，兹摘录如下：

> 温水自夜郎县西北流，经谈稾与迷水合。按：此用《汉志》说。又经昆泽县南，又经味县，又西南经滇池城，又西会大泽，与叶榆僕水合。又东南经牂牁之毋单县，桥水注之。按：此用《汉志》说。又东南经兴古之毋棳县东，与南桥水合。按：见《汉志》毋棳县。又东南经律高县南，又东南经梁水郡南，东南经镡封县北，又经来惟县东，而僕水右出焉。又东经增食县，有文象水注之。文象水、蒙水与卢惟水、来细水、伐水并自句町县东历广郁至增食县，注于郁水。按：见《汉志》句町县。

此记温水流经有为《汉志》所未言者，亦有言之未确者，以今地理考证之。

（温水源）　温水，今之南盘江，其源出于霑益县。《元史·地理志》"霑益州据南盘江、北盘江之间。"徐宏祖《盘江考》："霑益州炎方驿黑山南小洞岭，为南北盘江分水脊。"李元阳《云南通志》："霑益州汉为牂牁郡宛温县地。"而《水经》谓温水出夜郎县，二说不同。惟《汉志》夜郎县曰："遯水东至广郁都尉治。"《水经》盖以遯水误为温水，故谓温水出夜郎。又《续汉书·郡国志》宛温县刘注引《南中志》曰："县北三百里有盘江，广数百步，深十丈余。此江水有毒气。"此盘江为北盘江，非温水，然二水发源于一地，李《志》以霑益为宛温故地之说，盖本此。又《汉志》镡封有温水，则谓温水经镡封，非发源于镡封也。胡蔚《牂牁丛考》所说误，说详《地理考证》。

（迷水）　《汉志》迷水出铜濑县，东经谈稾县入温。是知迷水自温水西来会。郦《注》："迷水右注温水。"丁谦曰："郦氏通例，凡在本水东者皆曰左，在本水西者皆曰右，与寻常所言左右不同。"则左注者，自西来会也。陈澧曰："郦所谓迷水，盖曲靖府治南宁县北之磨刀溪也，出马龙州北境。所谓铜濑县，盖马龙州。所谓谈稾县，盖南宁县也。"道光《通志》亦释："迷水为白石江，按：即磨刀溪。谈稾为南宁县以东境。铜濑在南宁西北。"惟南宁北部汉为味县地，其南部为同乐县地，说详《地理考》，则南宁不得再为谈稾县地。郦《注》"温水又经味县"一句，当在"经谈稾与迷水合"之前，温水经味县，始至谈稾。谈稾即今之路南，路南县北有水自西北来，入南盘江，其水即马龙之西山大河，亦名板桥河，源出马龙东南四十里大栗树、汤郎两洞，南流而合，南入龙洞，伏流，由南洞涌出，南流为龙洞河，经红石崖，又南入陆良，又东南入南盘江。此即古之迷水，源出铜濑，在今之马龙也。

（桥水）　《水经注》："桥水上承俞元之南池，县治龙池洲，周四十七里，一名河水。桥水东流至毋单县，注于温。"陈澧曰："郦所谓桥水，则今小曲江也，南盘江既会抚仙湖，南流经宁州东南，小曲江注之，郦所曰毋单则宁州也，所云俞元则河西也，所云南池则通海湖也。"按：曲江会河西、通海之水，抚仙湖、星云湖、杞湖在其北，不与曲江水合流，郦《注》虽不明白，似误诸湖之水流入曲江而后与盘江合。所谓上承俞元之南池者，即《汉志》"俞元池在南，桥水所出"之语而稍易其辞。俞元之南池，或即星云湖、杞湖。又注曰："县治龙池洲，周四十七里"，龙池即抚仙湖，俞元县治抚仙湖北，而曲江流至华宁婆兮与南盘合，则俞元为今澂江、通海、玉溪、江川之地，毋单即华宁也。

（南桥水）　南桥亦当名桥水，以与曲江之桥水别，故称南桥耳。《汉志》毋棳县曰："桥水首受桥山，《续汉书·郡国志》注引《太康地记》：毋棳有水，出桥山。东至中留入潭，过郡四，行二千一百二十里。"又胜休县曰："河东至毋棳入桥。"此桥水源出毋棳，亦在毋棳与温水合流而后东至中留，按：中留即郁水。《志》不言与温水合者，盖毋棳以下视桥水为主流也。《水经注》曰："《地理志》曰桥水东至中留入潭，又曰领方县又有桥水。余诊其川流，更无殊津，正是温、桥乱流，故兼通称。"其说是也。陈澧曰："郦《注》言温水东南经毋棳县东，今南盘江即会小曲江，东南经阿迷州东北，则毋棳为阿迷州，其南桥水则州西南泸江河也。"徐宏祖《盘江考》曰："余已躬睹南盘源，闻有西源更远，直西南至石屏州，随流考之。其水源发自石屏西四十里之关口，流为宝秀山巨塘，又东南下石屏，汇为异龙湖水，又东经临安郡南，为泸江，穿颜洞出，又东至阿迷州，东北入盘江。二江合为南盘江，遂东北流入广西府。"此异龙湖水即南桥水，而南桥流经之石屏、建水、开远，即毋棳县故地也。《志》谓胜休河水东至毋棳入桥。《续汉书·郡国志》刘昭注引《太康地记》："大河水东至毋棳，入桥。"此即由今龙武流至建水，入于南桥之水，胜休当即建水北龙武之地。道光《云南通志》因不知桥水有二，故以南桥为星云、抚仙二湖之水，误胜休即河阳、江川、通海、宁州之地。陈澧以为胜休在泸江南，为纳楼茶甸土司地，然泸江以南无水来会也。《水经注》曰："南桥水出县按：毋棳县。之桥山，东流，梁水注之。梁水上承河水于俞元，而东南经兴古之胜休县，又东经毋棳县，左注桥水，桥水又东注于温。"此用《汉志》说而加详之，梁水即河水，不得谓上承河水。又河水出于胜休，不得谓东经胜休。惟于此知河水在南桥之北来会，不在南桥之南，陈说误也。

（文象水）　《汉志》牂牁郡句町县曰："文象水东至增食之郁，又有卢唯水、来细水、伐水。"《水经注》言诸水与《汉志》同。又有蒙水，亦东历广郁至增食县，注于郁、句町诸水，《志》及《注》不详其源流，盖句町疆域甚广，诸水下流入郁，故概括言之。陈澧曰："文象水，今广西泓渀江也，源出天保县，汉为句町县地，东至隆安县，西北入西洋江，为汉增食县地。"又曰："卢唯水、来细水、伐水，今不知为何水，然既承文象水入郁之下，则亦西洋江所纳之水。"王先谦《汉书补注》曰："文象水即西洋江，出广南宝宁县西北六十里者兔塘之西南山，迳府城西，支分为同舍河，折而东南，合响水河，又东南经百纳村，又东南迳剥隘北与者郎河水合，又东合那洞水，又东迳百色厅南、泗城府西，泗水河南流注之，东经奉议州北东兰州砦，瓯溪水南流注之，疑古卢唯水也。又东南迳上林县北镇安天保县，宏渀江水东北源注之，疑古来细水也，又东迳归德州南隆安县，沛水东北注之，疑古伐水也。"按：以地理考之，镡封县温水下游，即有文象水，而文象水东经增食县，注于郁，并非在镡封附近注温，则文象水当是西洋江水源，出句町，今广南即句町故地。又蒙水、卢唯水、来细水、伐水，并注于郁，诸水当西洋江所纳之水，王先谦以瓯溪水、宏渀水、沛水当之，其说可通。至陈澧以宏渀江为文象水者误。盖文象水应在距镡封不远之处也。又胡翯《牂牁丛考》谓都威河，在云南罗平与贵州兴义之交，入南盘江。为卢唯水，亦误。盖卢唯水流入郁林也。文象、卢唯诸水并在句町县，则今云南之广南、富州，广西之西隆、西林、凌云、百色诸县，并为句町之地，其下流则至郁林郡也，文象水流至郁，与温水合为郁水，故附释于温水之后。

绳　水

《汉志》越巂郡遂久县曰："绳水出徼外，东至僰道入江，过郡二，行千四百里。"按：绳水出徼外，东入于岷江，当即金沙江也。其支流见于《汉志》者，益州郡弄栋县曰："东农山，无血水所出，《续汉书·郡国志》注引《太康地记》：连山，无血水所出。北至三绛，南入绳，行五百一十里。"又牧靡县曰："南山，腊涂水所出，西北至越巂入绳，过郡二，行千二百里。"《水经》之淹水即绳水也，《经》曰："淹水出越巂遂久县徼外，东南至青蛉县，又东过姑复县南，东入若水。"又曰："若水南至会无县，淹水东南流注之。"此淹水其源出遂久徼外，过青蛉县与若水合，则非绳水无以当之。金沙江尚未与岷江会合以前，名称不一，盖此段会群水而下，未定以何水为主流，故各以支流之名称之。《水经·若水注》曰："若水至僰道，又谓之马湖江。绳水、泸水、孙水、淹水、大渡水，随决入而纳通称，是以诸书录记群水，或言入若，或言注绳，亦咸言至僰道入江，正是异注沿用，通为一津，更无别川可以当之。"足见名称之杂也。而《水经·若水注》有涉及绳水者，兹摘录之：

> 若水按：当作绳水。又南经云南郡之遂久县，青蛉水入焉。绳水又经三绛县西，又经姑复县北对三绛县，淹水此淹水非绳水，别为一水也。注之。绳水又东，涂水注

之。绳水又经越巂之之[①]马湖县，谓之马湖江，又左合卑水。

绳水即金沙江，为扬子江上游。《汉志》及《水经注》以岷江为扬子江之主流，盖因不知金沙江源更远也，故曰绳水入江。而金沙江会鸦砻江之水，即古若水，《水经》不知绳水源更远于若水，故曰绳水入若。而若水一名泸水，绳、若二水合流后，亦称泸水，又若水会孙水，即今安宁河。泸水会淹水，即今龙川江。本小水也，然亦有以其名称金沙江，盖汉晋间人不明诸水源流，故名称混乱，今以绳水为主，凡与绳水合流者，分释如次：

（绳水源）《汉志》及《水经》谓水出遂久徼外，盖遂久在越巂郡极西南，且与益州郡极西北之地为界，以地理考之，遂久即在今丽江、永北，水由此而东流入越巂、益州之地。

（青蛉水）《水经·若水注》："青蛉水出青蛉县西，东经其县下，县以氏焉。又东注于绳。"其注于绳之对岸，当为遂久县。按：见《水经注》。遂久在今永北，说详《郡县考》。是以知青蛉即今之盐丰。《南中志》"青蛉县有盐官"，亦相符。而青蛉水即今之一泡江也。赵元祚《滇南山水纲目》："泡江按：一泡江。发源于云南县北山，经县城东北而东南流四十五里，又折而北流七十余里，至人投关西南，纳你甸河水，又北流三十余里，东南纳白盐井之水，流七十余里，入金沙江。"按：此水发源于盐丰县西南，流经县之西部，其入金沙江口之对岸为永北地，当即古之青蛉水。至郦《注》之东经其县下，盖指其支流也。

（无血水）《汉志》无血水源出弄栋，入于绳。弄栋即今之姚安，则无血水当即今之大姚河也。大姚河源出姚州南四十里三窠山，北流绕城，又北会阳派河、香水河水，东流为大姚河，经大姚县南，又东纳小关口蛟龙江水，东北流至永仁县南，东入金沙江。按：东农山盖即今之三窠山，水自源北流后折而东，故《汉志》曰北至三绛南入绳。其流长五百余里，亦与今大姚河相符。至谓三绛南入绳，则三绛应在江北。《华阳国志·蜀志》曰："三绛按：原作三缝。县，一曰小会无，通道宁州，渡泸得青蛉县。"是知三绛在今会理之南、金沙江北岸。曹学佺《蜀中广记》卷三十四："三绛今属云南。"今大姚河入金沙江之北岸，为云南武定县属，当即古三绛故地也。

（淹水）《水经注》淹水对三绛县入绳。则与无血水相近，以地理审之，盖即今之龙川江也。龙川江与大姚河并入金沙江，其入口处相距不过六十里，故《汉志》无血水、郦《注》淹水并在三绛，入于绳，则大姚河与龙川江，当一为无血水，一为淹水。陈澧释淹水为大姚河，无血水为龙川江，盖因郦《注》先言淹水，次及无血水，故所释如此。然无血水源出于弄栋，则当为大姚河，陈释误也。又《水经注》淹水过姑复，此因绳水一名淹水。《水经》曰："淹水过姑复。"郦以淹水同名而误，此水亦过姑复，非姑复在绳水南也。

（涂水）《汉志》涂水入于绳。又涂水过郡二，流千二百里。则其水当为今之车洪江，一名牛栏江。此水发源于嵩明西北，过益州、犍为二郡，其入绳水对岸为马湖，即越巂地，故《汉志》曰至越巂入绳。金沙江纳牛栏江口之上游，有普渡河入焉，此河《汉志》《水经注》并未言之，然不得释为涂水。以普渡河发源于滇池，而涂水发源于牧

① 之之 疑衍一字。

靡，且晋惠帝永安二年分建宁郡立益州郡，益州后改称晋宁，滇池附近诸县属晋宁郡，味县附近诸县属建宁郡，牧靡为建宁郡地，则牧靡与味县近，陈澧释牧靡为今嵩明，其说是也。

（卑水） 陈澧曰："卑水盖今玉虹河、会通河二水，皆在金沙江左，源出会理州东境，金沙江经会泽县西南境，左合二水。卑水县，会理东境也，卑水当曰东南流也。"按：《汉志》越嶲郡有卑水县，《华阳国志·蜀志》曰："卑水县去郡三百里，水流通马湖。"《水经注》亦曰："卑水出卑水县，而东注马湖江。"则卑水即会通河，卑水县当在今昭觉[①]县地，即在会理西北。

（符黑水）

（大涉水） 《汉志》犍为郡："南广汾关山，符黑水所出，北至僰道入江。又有大涉水至符入江，过郡三，行八百四十里。"按：《水经·江水注》以为大涉水入于符黑水，符黑水入于江，与《汉志》异，兹录其文："江水又与符黑水合，水出宁州南广郡南广县，导源汾关山，北流，有大涉水注之。水出南广县，北流注符黑水，又北经僰道入江，谓之南广口。"因《汉志》与郦《注》不同，故汪士铎《水经注图》以南广水之左源为符黑水，右源为大涉水。陈澧《汉书地理志水道图说》以纳溪为符黑水，赤水河为大涉水。按《汉志》符黑水至僰道入江，大涉水至符入江，言之最为明白，郦《注》二水合流入江之说盖误。然二水并发源于南广，而符黑在西，大涉在东。又大涉流经三郡者，盖发源于犍为，流经牂牁地，复至犍为入江也。则符黑为纳溪、大涉为赤水之说较是。考赤水源在今镇雄，纳溪源在今威信，今镇雄、威信及四川之叙永、珙县，为南广县故地也。

仆 水

《水经》："益州叶榆河出其县北界，屈从东北流，过不韦县，东南出益州界，入牂牁郡西随县，为西随水。又东入进桑关，过交趾麊泠[②]县北，东入海。"按：此水源出叶榆，经西随、进桑，流至交趾入海，以地理考之，当是礼社江。然礼社江发源于叶榆附近之邪龙县，且水向东南流，而非向东北流，又不韦县在今澜沧江西，此水在澜沧江东，无流至不韦之理。凡此《经》文错误，不能强为解说者也。《水经·江水注》："布仆水分为二流，其一水南经越嶲邛都县西，东南至云南郡之青蛉县，入于仆。仆水又南经永昌郡邪龙县，而与贪水合。又经宁州、建宁郡、双柏县，即水入焉。又东至来唯，入劳、仆水，东至交趾郡麊泠县，南流入于海。"按：此水自邪龙经双柏至交趾入海，以地理考之，亦当是礼社江。然礼社江无支流自越嶲邛都来会，且邛都在绳水北，青蛉在绳水南，无邛都水流至青蛉之理。又劳水即今之澜沧江，礼社江下游未与澜沧江合，且澜沧江在礼社江西，非在其东。凡此亦《注》文错误，未能强为解说者也。其所以有此错误者，疑因仆水有二，郦误为一，《汉志》秦臧县注之仆水为礼社江，青蛉县注之北仆水为漾濞江，郦误为一，故谓双柏县下流之仆水入劳也。又以《汉志》误注北仆水于青蛉县，故谓青蛉有水入仆也，而《经》误以叶榆水入北仆为入仆，故谓自邪龙至交趾之仆水源出于叶榆，盖北仆流至邪龙，仆水发源于邪龙，故致纠缠不清也。以上考订《水经》所载

---

① 昭觉 原本作"觉昭"，昭觉县，属四川凉山彝族自治州。今乙正。

② 麊泠 原本作"麛冷"，依《水经注》卷三十七"叶榆河"条改。

叶榆河之后段为僕水，郦《注》所载僕水东至来唯入劳一语，为北僕水，作此区别，则源流较为明白也。兹从《经》之叶榆河注之僕水，录出源流如次：

> 僕水南经永昌郡邪龙县，而与贪水合，又经建宁郡双柏县，即水入焉，东南出益州界牂牁郡西随县，为西随水，又东入进桑关东至交趾郡麊泠县，东南流入于海。

又叶榆河入北僕水，北僕入劳水，考释见《劳水篇》，兹释与僕水有关者如次：

（僕水源）　僕水即今礼社江，江之西源曰阳江，出今蒙化城西北八十里花判山，经蒙化平原而东南流，蒙化即邪龙县故地。《水经·江水注》“僕水流至邪龙”，实则发源于邪龙也。郦《注》有水自邛都来，至青蛉入僕，今无此水，《汉志》以北僕水注于青蛉县下，实则僕水支流出青蛉，非北僕水也。僕与北僕，不能混为一水，《汉志》北僕出缴外，流入于劳水。而僕水出邪龙，流至麊泠也。

（贪水）　《汉志》叶榆县曰：“贪水首受青蛉，南至邪龙入僕，行五百里。”《水经·江水注》曰：“贪水出青蛉县，上承青蛉水，经叶榆县，又东南至邪龙入僕。”是知僕水发源于青蛉县境。又《水经·若水注》曰：“青蛉县西有石猪圻，长谷中有石猪，子母数千头。长老传言，夷昔牧此，一朝化为石，迄今夷人不敢往牧。贪水出焉。”按：郦《注》此文附于青蛉水，盖贪水与青蛉水源近也。考之地理，贪水即白崖江，亦即礼社江之东源也。江源出于祥云县北梁王山后宝泉山石穴中，南流至九鼎山下，分为三，其二东南流复北，合为一泡江，即古之青蛉水也；其一南流为万花溪，又经青华洞西，又经凤仪之石虾山，复西南至弥渡，又东南入蒙化，与阳江会，为礼社江。则此水与一泡江同源，与道元之《若水注》相合。又此水流至凤仪境，凤仪古为叶榆地，说详《郡县考》。与道元之《江水注》相合。又此水流至蒙化，长约四百里，入礼社江，与《汉志》相合。而今祥云县西北与盐丰近，青蛉与贪水发源之宝泉山，其地当为青蛉县所属也。道光《云南通志》曰贪水当属今漾濞江，陈澧亦以漾濞江释贪水，然漾濞水流入澜沧江，即古之劳水。又漾濞江不经叶榆县地，江源出剑川北，非青蛉县地，且流长不止五百里，故以漾濞江释贪水，几无一事与《汉志》及《水经注》所言相合。

（即水）　《汉志》益州郡：“秦臧牛栏山，即水所出，南至双柏入僕，行八百二十里。”按：秦臧即今之富民、罗次、禄丰，双柏即今之易门。双柏说详《郡县考》。则即水当今之禄丰河也。赵元祚《滇南山水纲目》曰：“禄丰河，发源羊溪冲山北，北流三十余里，东纳富民西大山以西之水，并罗次县南之水，又北流三十余里，经罗次县城西至羊圈，折而西南流五十余里，至禄丰城北，西南流，会易门县水，又西南入阳瓜江。”按：阳瓜江即礼社江。《汉志》即水发源于秦臧，流至双柏入僕。则即水上游为秦臧县地，下游为双柏县也。礼社江未汇禄丰河之上游，有马龙河源出镇南，南流经楚雄、双柏至[illegible]嘉之三江口，入礼社江。然此水流长不过三百里。又秦臧当与连然接近，故知马龙河非即水也。陈澧释贪水为景谷之巴景河，又以禄丰河为哀牢之类水，颠倒错乱，不可究诘，不暇与辩也。

（麊水）　《汉志》牂牁郡西随：“麊水西受徼外，东至麊伶，按：即麊泠，对音字。入尚龙溪，过郡二，行千一百六十里。”《续汉志》刘注引《地道记》同。按：《水经》“叶榆河按：应作僕水①。出益州界，入牂牁西随县，为西随水，过交趾郡麊泠县北”云云。此西随水当即麋水，而西随水即僕水，发源于邪龙，非出徼外，盖记西随麊水者，不知其源何自来，故以出徼外称之。又《水经》：“叶榆河按：即僕水。东南出益州界，入牂牁郡西随县北。”不言经益州何地，盖当时益州郡双柏县以下沿僕水流域并未设治，故谓西随麋水从徼外来。麋水即僕水，非别有一水也。

（壶水） 《汉志》牂牁郡：“都梦壶水东南至麊泠入尚龙溪，过郡二，行千一百六十里。”按：此水亦至麊泠入尚龙溪，则当与僕水下流即西随麋水。相近，并南流汇于尚龙溪。陈澧曰：“壶水，盖今云南宝宁县南境普梅河，南入越南国，曰宣化水，入洮江。”其说近是。又今马关之沱江，西畴之苔江，亦南流入安南，与礼社江下流合为洮江，《汉志》之壶水为沱江，为苔江，为普梅河，虽难定论，然此三河必居其一也。壶水下流入僕水，故释于此。

劳 水

《汉志》益州郡：“来唯劳水出徼外，东至麊泠入南海，过郡三，行三千五百六十里。”按：麊泠，《汉志》属交趾郡。劳水自徼外入南海。以地理审之，当即今之澜沧江，过郡三者，即益州、牂牁、交趾也。劳水支流见于《汉志》者，越嶲郡青蛉县曰：“北僕水出徼外，东南至来唯入劳，过郡二，行千八百八十里。”又有叶榆水入北僕，为劳水支流，兹分释如次：

（劳水） 劳水，释者多以为今之澜沧江。《水经·若水注》有兰仓水亦见《南中志》。发源于博南，则非劳水也。然自博南渡兰仓津，则当为渡劳水，盖自博南至哀牢当经劳水，且以劳水为最著，行者所歌，当是渡劳水。《永昌郡传》“郡东北八十里泸仓津”，即兰仓津也。盖兰仓水入劳水，故劳水亦名兰仓，后世即以澜沧名劳水也。陈澧谓“今澜沧江上游为僕水，下游为劳水”，道光《云南通志》谓“劳水亦得称为僕水”，其说无本，不可从。

（北僕水） 北僕水与僕水有别，已详《僕水篇》。此北僕水出徼外，入于劳。以地理考之，当即今之漾濞江。江源出老君山，其地东晋属东河阳郡，两汉未设治，故曰出徼外。水流至今蒙化西南，与顺宁、云县交界之处入澜沧江，其地即古之来唯也。而漾濞、阳瓜二江自北而南，相距不过百里，并名僕水，或为纪录者所混，惟《汉志》称北僕水，与僕水显然分别，《水经》及《注》则不能辨，后之释者，亦不知区别，故未得确解，且多附会也。道光《云南通志》以北僕水误为僕水，于是谓礼社江至安南与澜沧汇，又谓二水下流会合为一，故劳水亦可称僕水，然二水并未汇流，以后人之地理智识，不纠正前人之从非而附和之，非所宜也。

（叶榆河） 《汉志》叶榆县“有叶榆泽在东。”《续汉志》引《地道记》《水经·叶榆河注》并言叶榆县有泽，惟无叶榆水流入北僕水之说。盖不知其水之源流也，惟其如此，故称叶榆水源流者错误百出也。《水经》：“益州叶榆河出其县北界，屈从东北流过不韦县。”按：叶榆无向东北流之水，又不韦在澜沧江西，叶榆之水何得流过不韦县？郦《注》曰：“不韦县北去叶榆六百余里，叶榆水不经其县。”则郦已知叶榆水不能流至不韦也。然郦《注》曰：“叶榆水自县南经遂久县东，又经姑复县西，与淹水合，又东南经

① 应作僕水 此按文不实，原文“叶榆河”无误，见《水经注》卷三十七“叶榆水”。下同。

永昌邪龙县。”按：叶榆水流至邪龙县之说甚是，然遂久、姑复并在金沙江北，叶榆水何得流至遂久、姑复，然后又至邪龙？此与叶榆水不能流至不韦者同也。郦《注》又曰：“叶榆水自邪龙东南经秦臧县，南与濮水同注滇池泽于连然、双柏也。叶榆水自泽又东北经滇池县南，又东经同并县南，又东经漏江县。叶榆水又经贲古县北，东与盘江合。”又，《温水注》曰：“温水又西会大泽，与叶榆、僕水合。”此水自叶榆东南至滇池，复东过南盘江，流至南盘以东之地，不惟叶榆水所流经不如此，且无一水与之相近，亦无从考查道元何以错误至此。盖本无依据，以意为之，其谬不足与辨也。

周　水

《汉志》益州郡：“巂唐周水首受徼外。又有类水，西南至不韦，行六百五十里。”按：巂唐当在今保山县，不韦在其南境，说详见《郡县考》。徵之地理，周水应即今潞江，类水即今枯柯河，盖保山境内首受徼外之水为澜沧与潞江，而澜沧古为劳水，则周水非潞江无以当之。又保山境内西南流最长之水为枯柯河，当即类水，枯柯河发源于保山北境，流至老姚关，西南入潞江，今以郡县地理考之，巂唐、不韦应在澜沧江以西、潞江以东之地，故释周水、类水为潞江与枯柯河。而《水经·若水注》永昌郡之水，颠倒错乱，不可究诘。兹录其文如次：

> 永昌郡有兰仓水。出西南博南县。其水东北流，经博南山。又东北经不韦县，与类水合。水出巂唐县，西南流，曲折又北流，东至不韦，注兰仓水。又东与禁水合，水出永昌县，而北经其郡西。禁水又北，注泸津水，又东经不韦县北而东北流。

按：郦《注》若水上下文并言泸水，泸水即金沙江，与永昌郡水不相涉。盖以禁水注泸津水之语，故误此泸津水即金沙江之泸水，又以泸水在永昌东北，故释永昌郡水尽向东北流，实则永昌之水尽向西南流，方向颠倒，故谬误百出。如博南山在今永北。说详《郡县考》。即永昌郡东北，郦《注》以为在西南。又不韦在保山南境，当永北西南，郦《注》以为在东北，郦所称之方向适得其反。今若以郦《注》所称诸水相反之方向释之，则自博南西南流之兰仓水，应即今之云龙江，此江流入劳水，即今之澜沧江。博南与不韦之间隔一劳水，则发源于博南之水无流至不韦之理，郦以为兰仓水与类水合者，误也。又禁水或即为周水，郦《注》称类水与禁水合后，即以禁水称之，禁水既为正流，则当为周水，周水经不韦县西南。又郦《注》谓禁水注泸津，则疑禁水亦有泸津渡之名，故误为与泸水合流也。

〔据龙云等修，周锺嶽等纂《新纂云南通志》（民国三十八年排印本）卷二十七《地理考七·江河》辑录。该卷叙述云南之大江大河共20条，包括：迈立开江、恩梅开江、大盈江、龙川江、潞江、澜沧江、李仙江、河底江、老卡河、开化河、普梅河、者赖河、西洋江、南盘江、北盘江、金沙江、横江、白水江、黑墩江、赤水河等。另，卷二十八《地理考八·湖泽》第1-17页“全省五大湖”、“各府湖泽”详见“井泉”卷，见后。第17-37页所附《云南各府厅州县之水所属水系表》《汉晋云南水道考释》，辑录于此。〕

府州县志

昆明市

（康熙）云南府志·地理志·山川

卷一　地理三　舆图

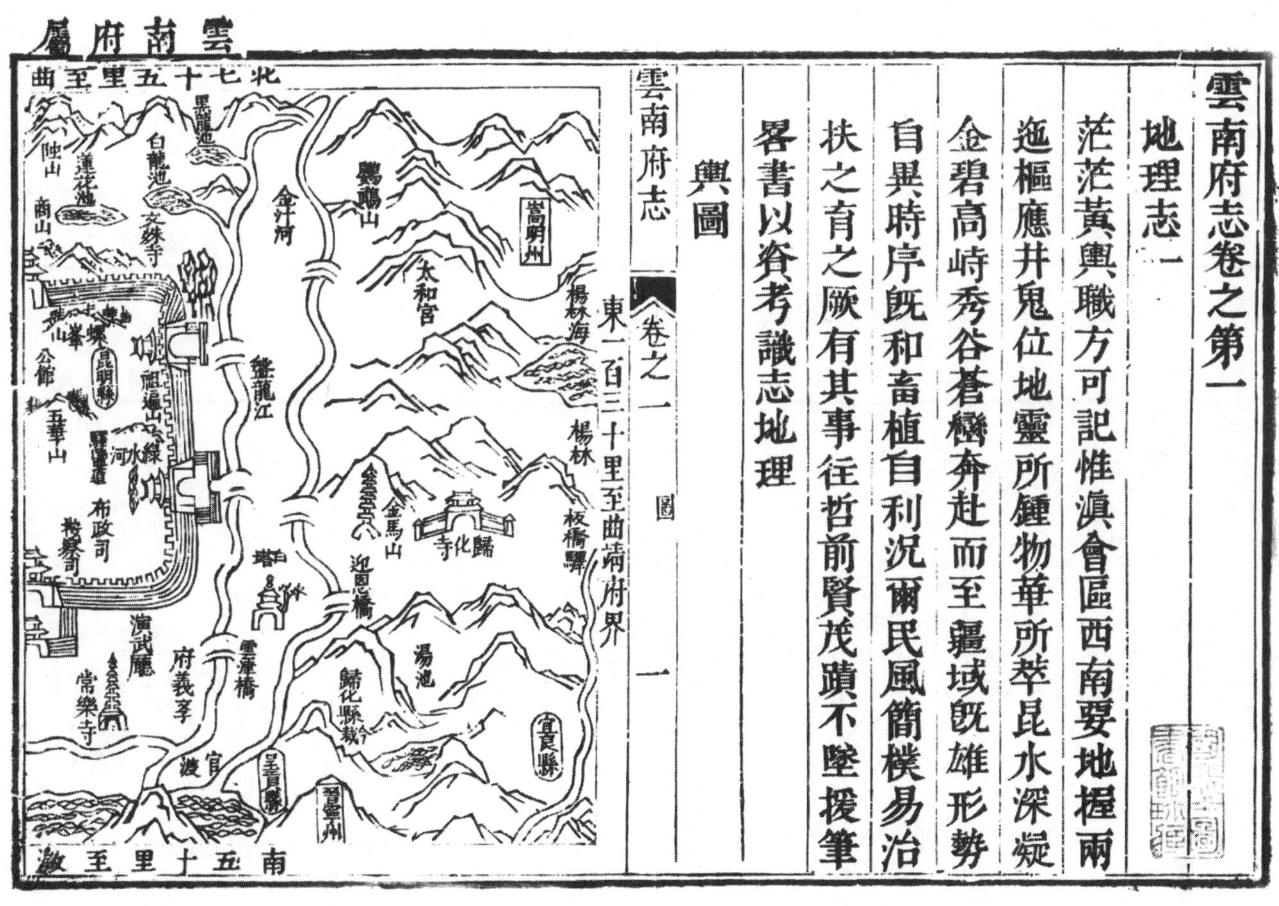

雲南府志卷之第一

地理志一

茫茫黄輿職方可記惟滇會區西南要地握兩迤樞應井鬼位地靈所鍾物華所萃昆水深凝金碧高峙秀谷蒼巒奔赴而至疆域既雄形勢自異時序既和畜植自利況爾民風簡樸易治扶之育之厥有其事往哲前賢茂蹟不墜援筆畧書以資考識志地理

輿圖

雲南府志　卷之一　圖　一

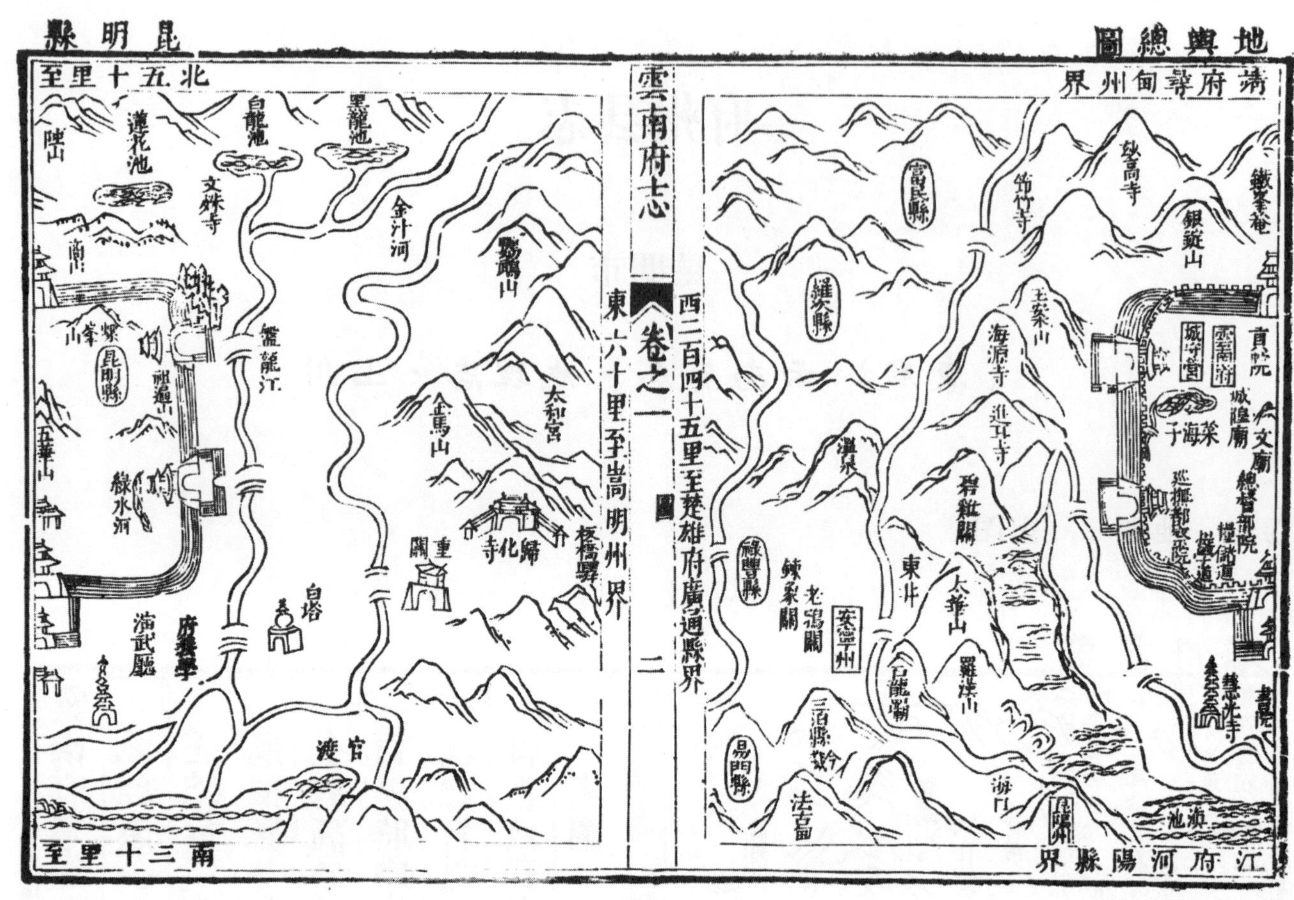
昆明縣
地輿總圖
雲南府志
卷之一
圖
二
西二百四十五里至楚雄府廣通縣界
東六十里至嵩明州界
北五十里至
南三十里至
靖府尋甸州界
江府河陽縣界
蓮花池
白龍池
黑龍池
文殊寺
金汁河
盤龍江
昆明縣
府學
白塔
官渡
重關
歸化寺
金馬山
太和宮
鸚鵡山
海源寺
安寧州
易門縣
羅次縣
碧雞關
太華山
石龍壩
羅漢山
海口
法古甸
雲南府
貢院
文廟
滇池

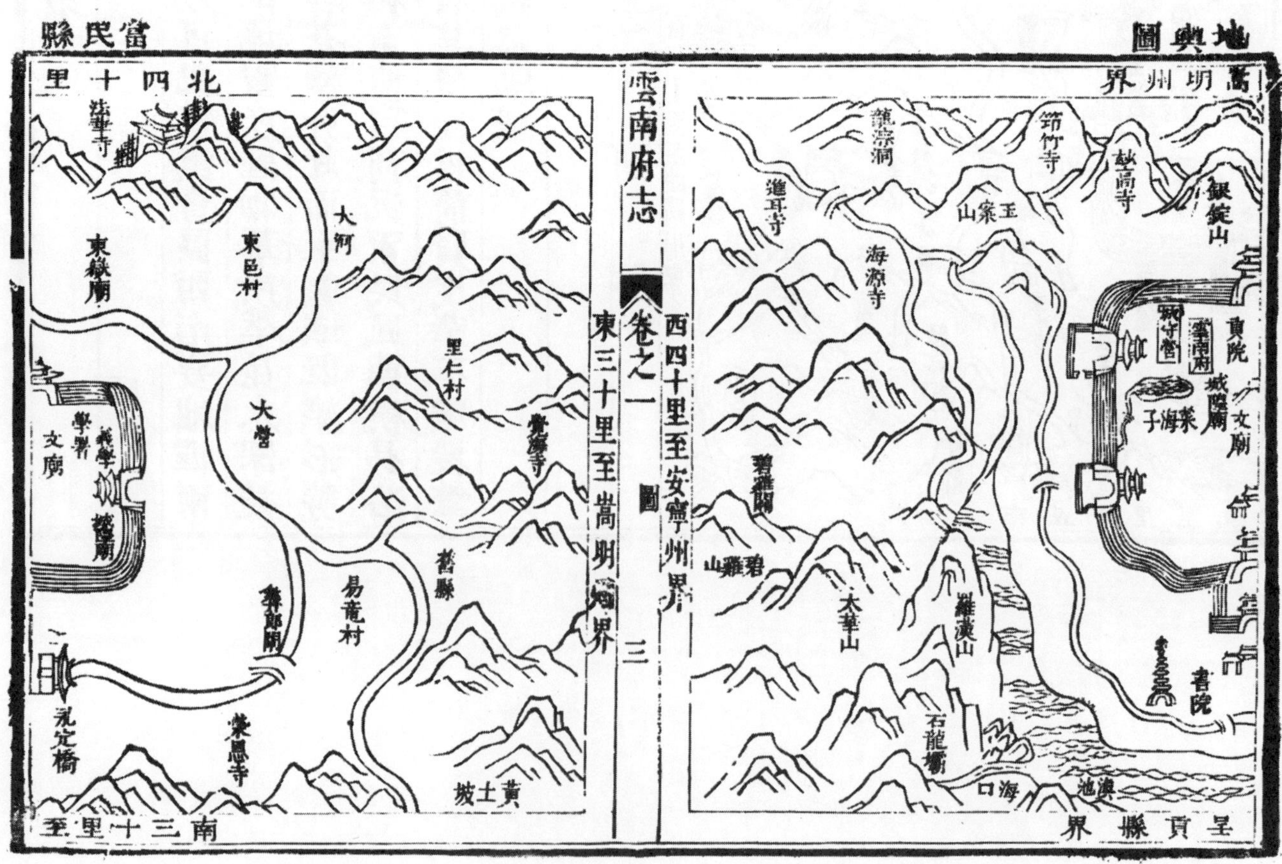
富民縣
地輿圖
雲南府志
卷之一
圖
三
西四十里至安寧州界
東三十里至嵩明州界
北四十里
南三十里至
嵩明州界
呈貢縣界
法華寺
東嶽廟
東邑村
大河
大營
易龍村
永定橋
黃土坡
筇竹寺
海源寺
王象山
碧雞關
太華山
羅漢山
石龍壩
海口
滇池
貢院
文廟
書院

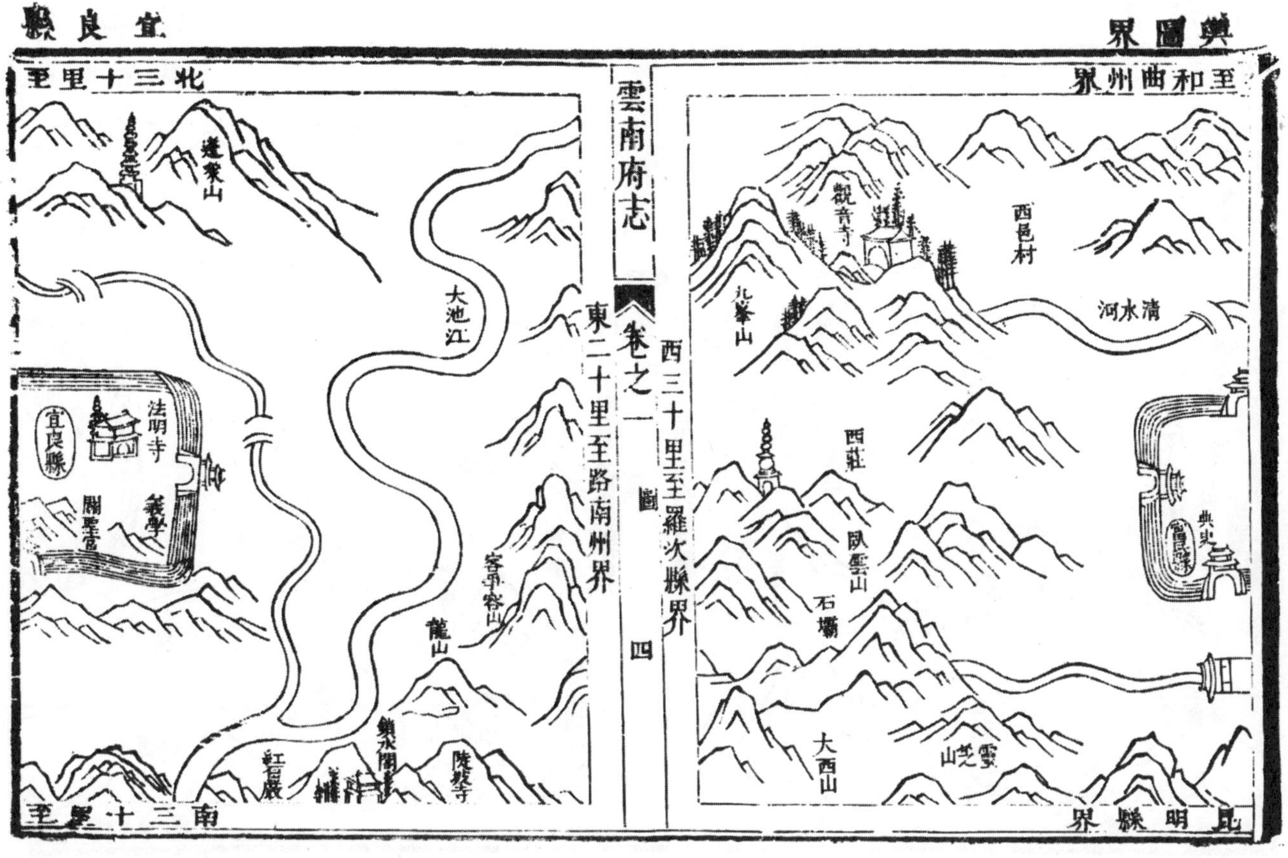
宜良縣
輿圖界
雲南府志
卷之一
圖
四
北三十里至
南三十里至
至和曲州界
昆明縣界
西三十里至羅次縣界
東二十里至路南州界
蓬萊山
大池江
宜良縣
法明寺
義學
關聖宮
龍山
紅巖
鎮水閣
觀音寺
西邑村
九峰山
清水河
西莊
鳳雲山
石壩
大西山
典史

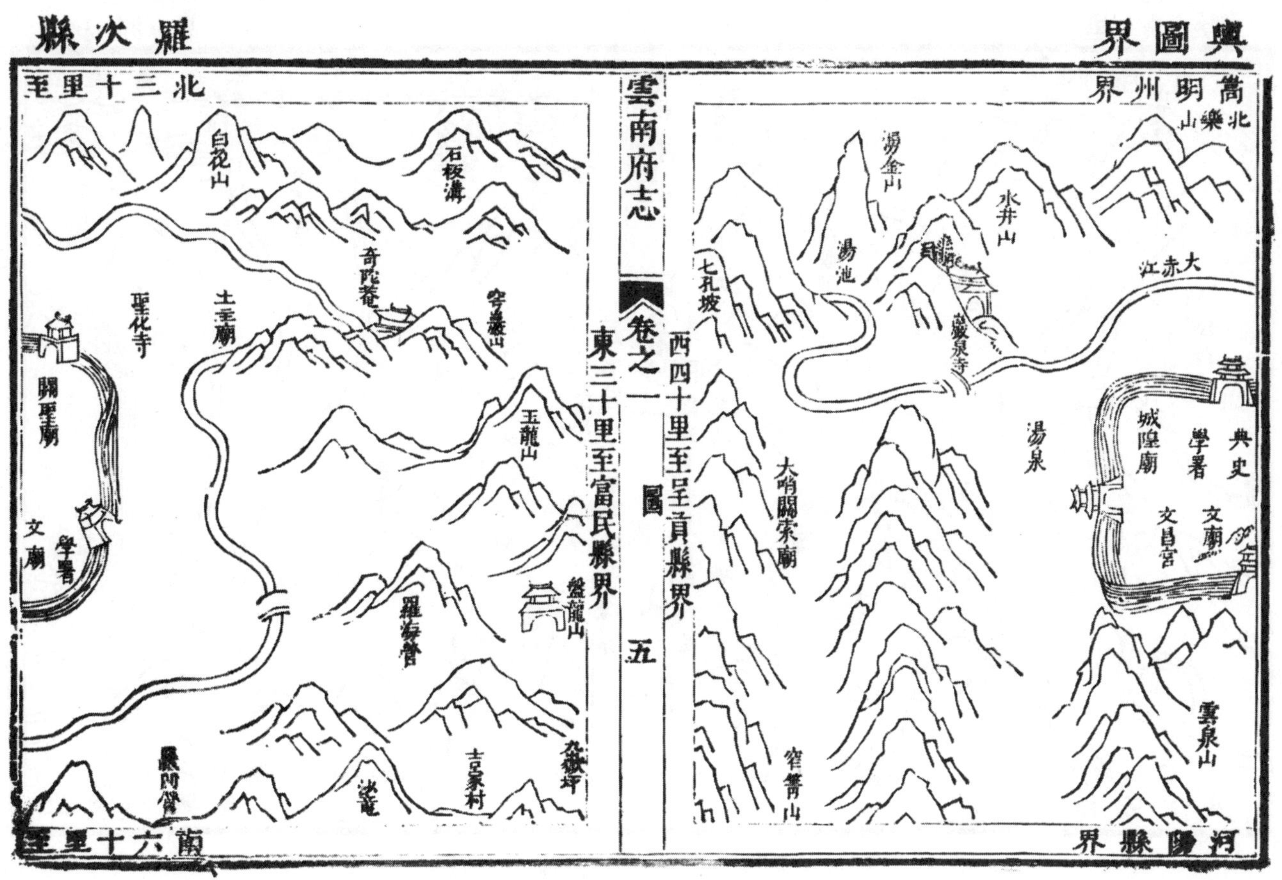
羅次縣
輿圖界
雲南府志
卷之一
圖
五
北三十里至
南六十里至
嵩明州界
河陽縣界
東三十里至富民縣界
西四十里至呈貢縣界
白花山
石板溝
土主廟
聖化寺
關聖廟
文廟
學署
玉龍山
羅漢營
盤龍山
北樂山
水井山
大赤江
七孔坡
湯池
湯泉
城隍廟
學署
典史
文廟
文昌宮
雲泉山

晉寧州　　輿圖界

呈貢縣　　輿圖界

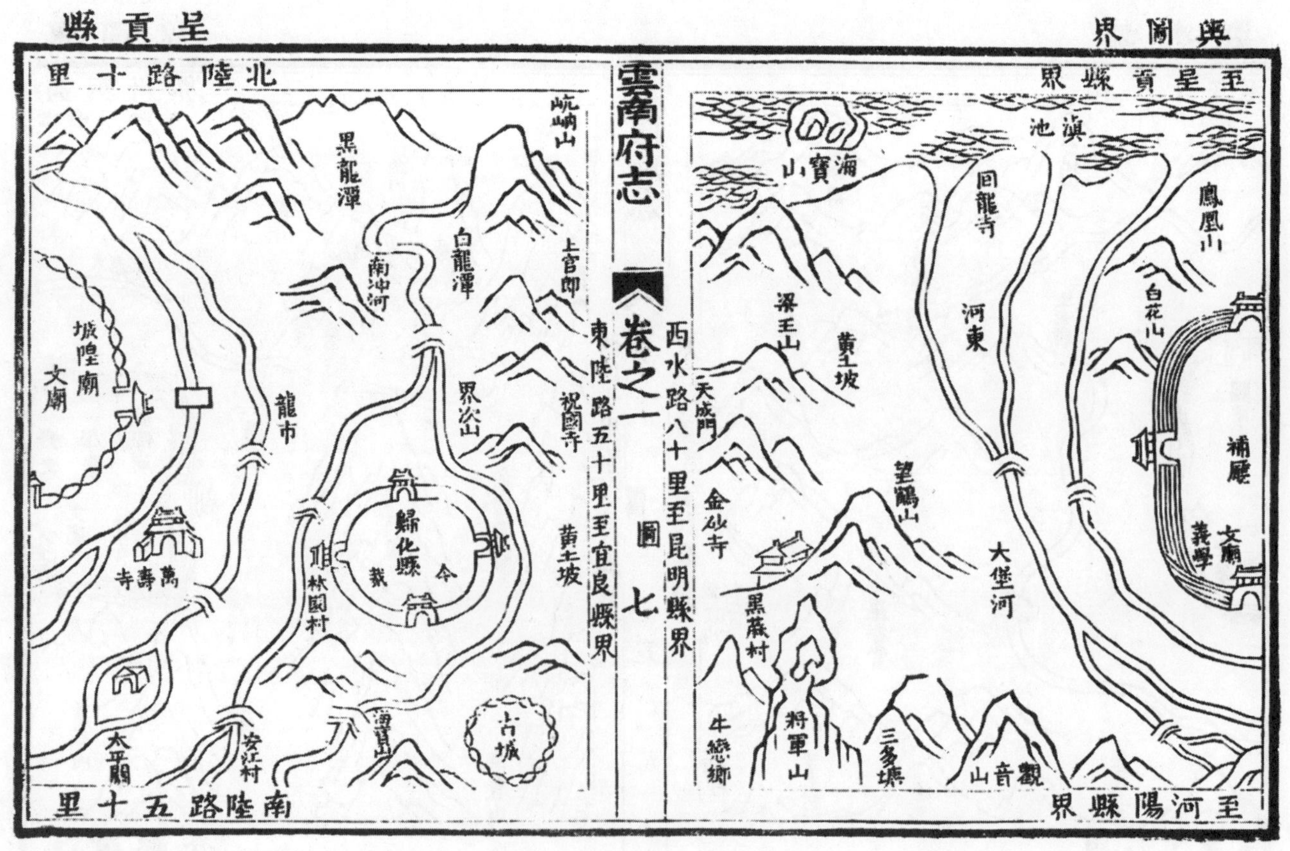

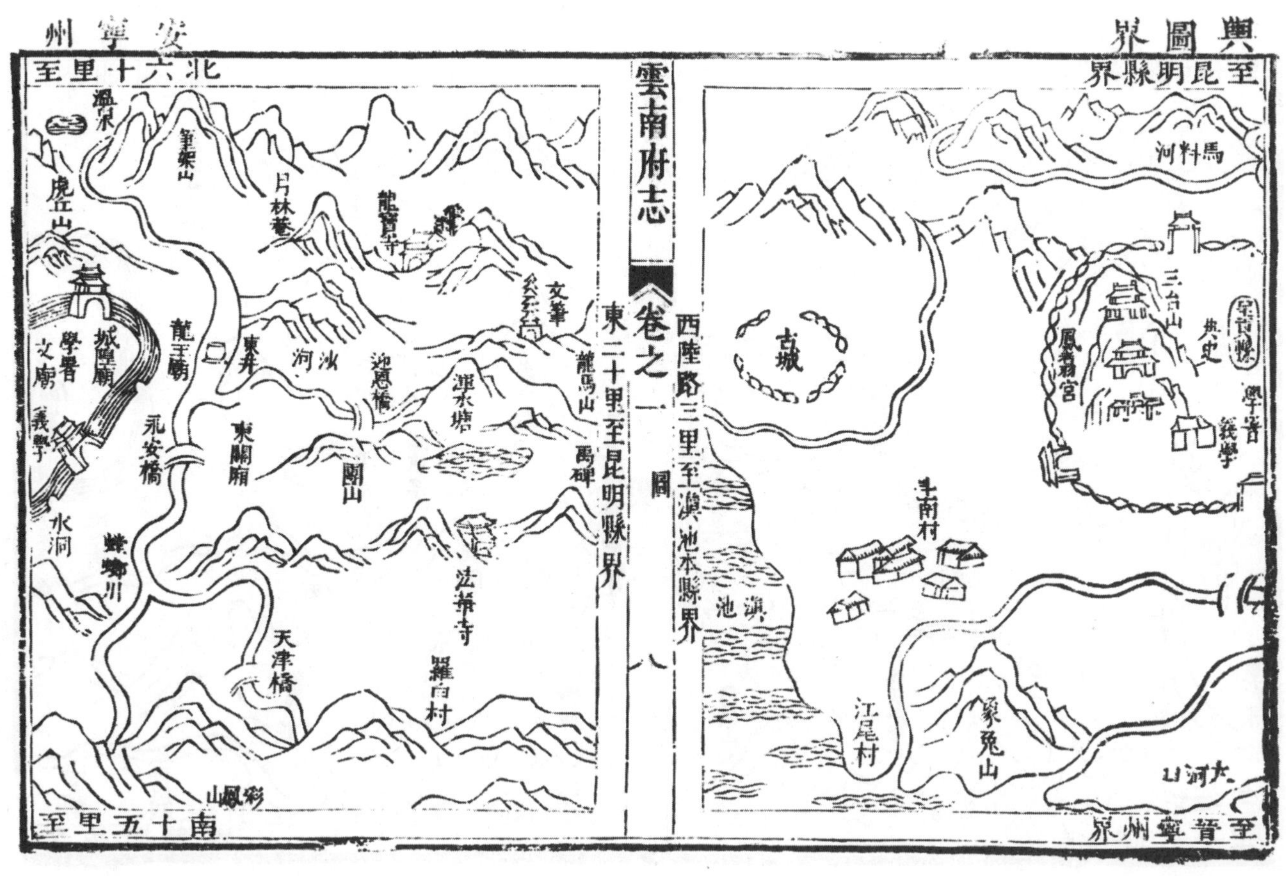
輿圖界
安寧州
雲南府志
卷之一
圖
八
西陸路三里至滇池本縣界
東二十里至昆明縣界
至昆明縣界
至晉寧州界
北六十里至
南十五里至
馬料河
古城
滇池
江尾村
大河山
温泉
虎丘山
筆架山
片林菴
龍寶寺
文筆
龍馬山
城隍廟
學署
文廟
義學
水洞
東井
迎恩橋
渾水塘
禹碑
東關廟
關山
永安橋
法華寺
羅白村
天津橋
彩鳳山
晉寧縣
三台山
學署
義學
典史
鳳麓宫
象兔山

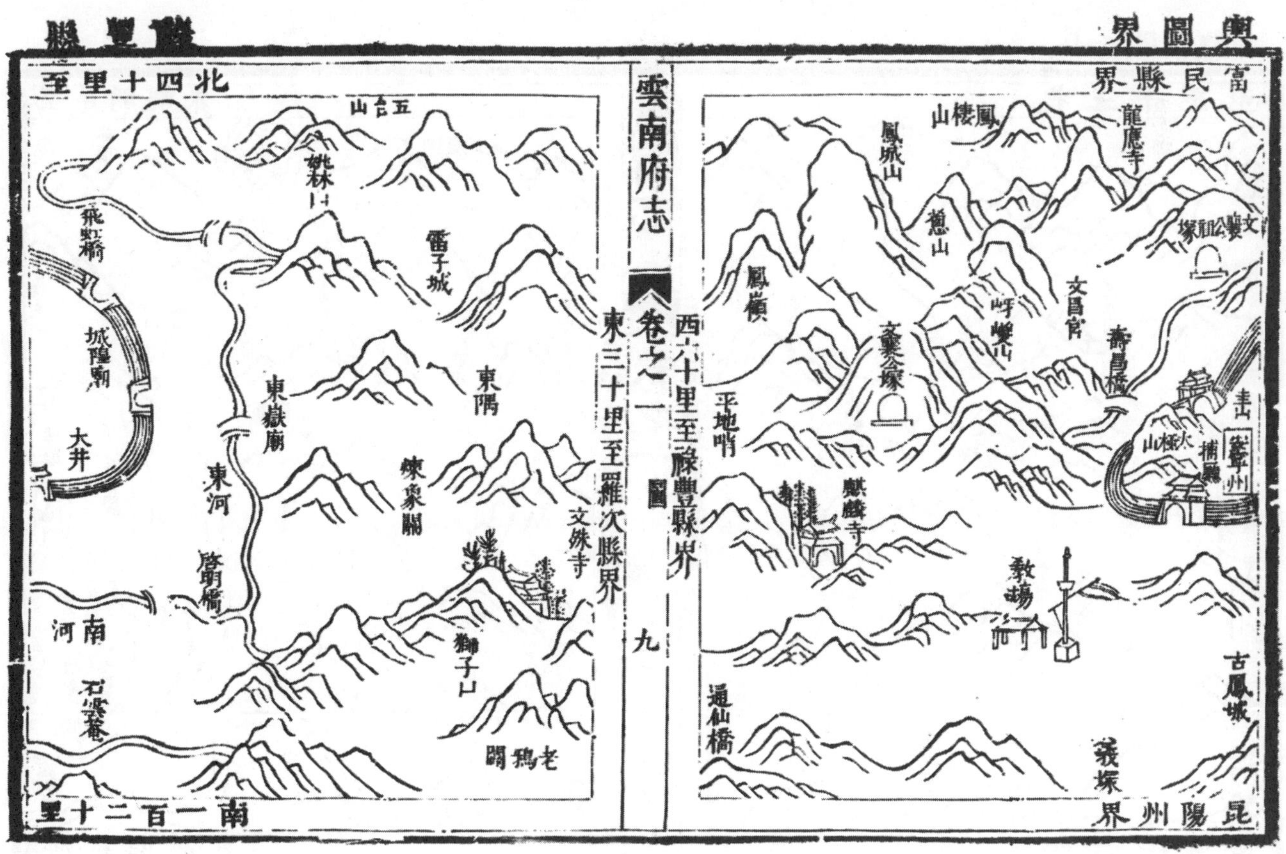
輿圖界
雲南府志
卷之一
圖
九
西六十里至祿豐縣界
東三十里至羅次縣界
富民縣界
昆陽州界
北四十里至
南一百二十里
五台山
姚林山
飛虹橋
雷子城
城隍廟
大井
東嶽廟
東隅
東河
練象關
啓明橋
文殊寺
南河
獅子山
石雲菴
老鴉關
鳳樓山
鳳城山
龍應寺
鳳嶺
文昌宫
平地哨
麒麟寺
教場
通仙橋
古鳳城
義塚
大極山
捕署
壽昌橋

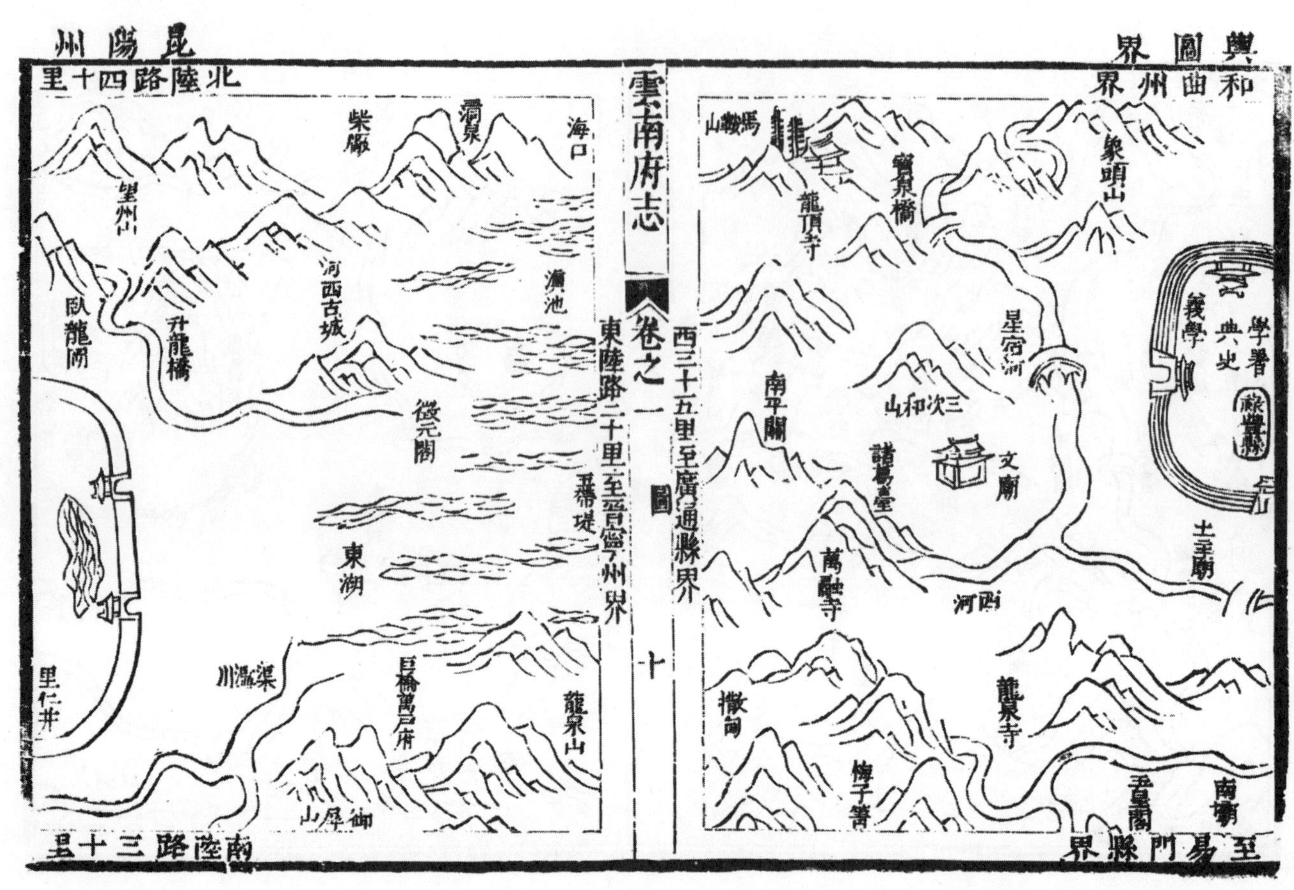
昆陽州
與圖界
雲南府志
卷之一
圖
十
北陸路四十里
和曲州界
南陸路三十里
至易門縣界
東陸路二十里至晉寧州界
西三十五里至廣通縣界
滇池
海口
東湖
星宿河
文廟
龍泉寺
龍泉山
萬融寺
南平關
象頭山
升龍橋
臥龍閣
河西古城
西河

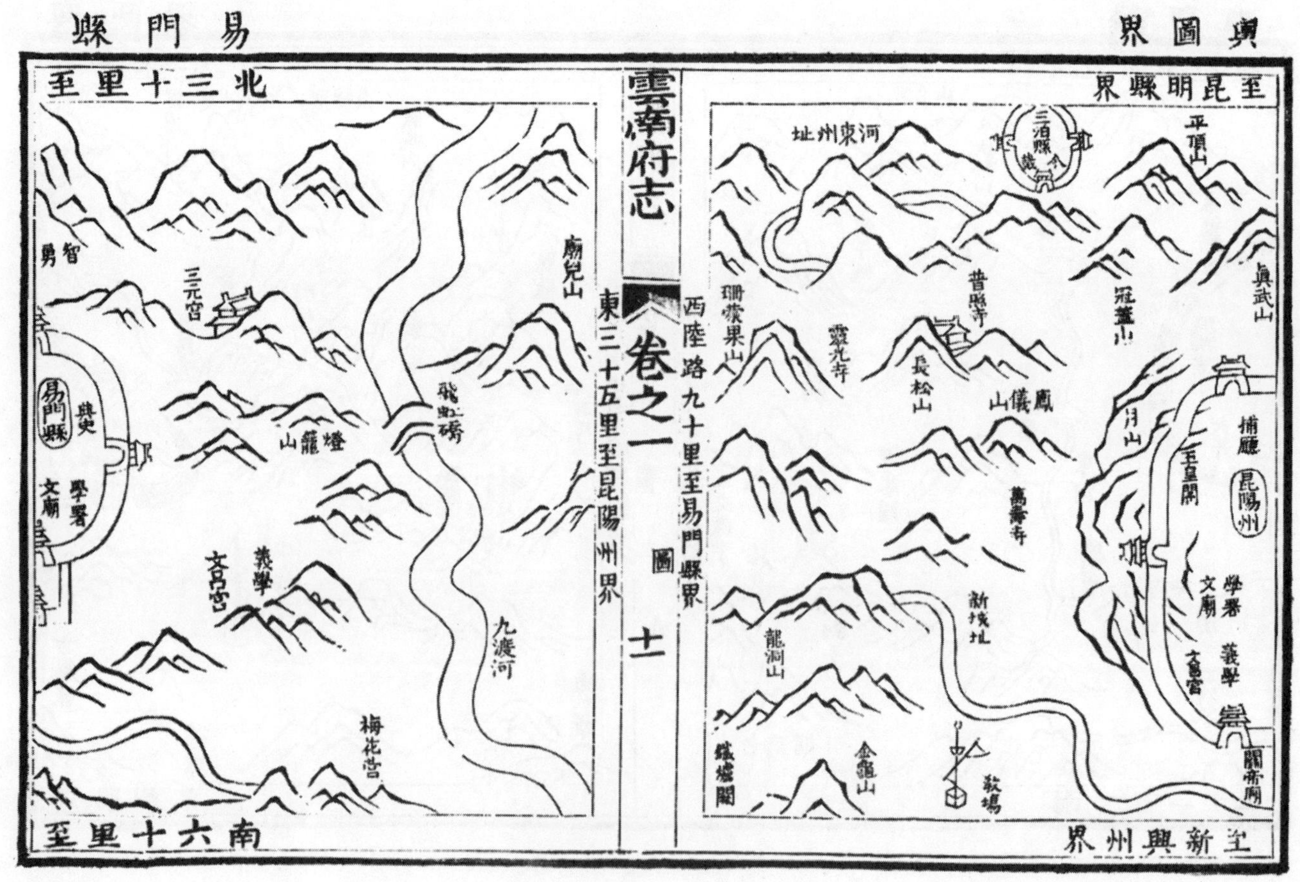
易門縣
與圖界
雲南府志
卷之一
圖
十一
北三十里至
至昆明縣界
南六十里至
至新興州界
東三十五里至昆陽州界
西陸路九十里至易門縣界
九渡河
飛虹橋
三元宮
廟兒山
梅花營
河東州址
平頂山
真武山
長松山
龍洞山
萬壽寺
昆陽州
月山

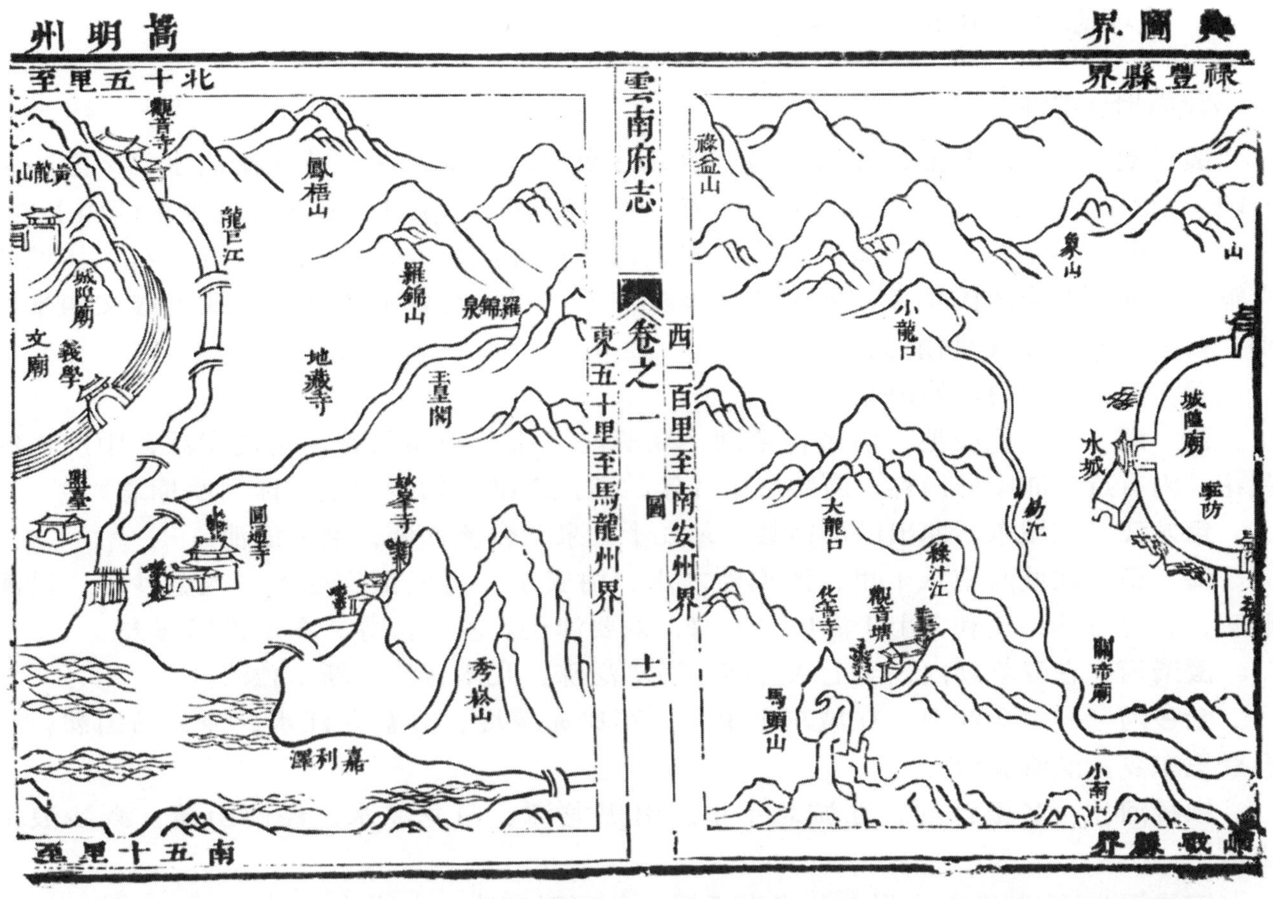
嵩明州
輿圖界
北十五里至
禄豐縣界
雲南府志
卷之一
圖
十二
西一百里至南安州界
東五十里至馬龍州界
南五十里至
觀音寺
黄龍山
城隍廟
文廟
義學
龍巨江
鳳梧山
羅錦山
羅錦泉
地藏寺
玉皇閣
圓通寺
秀嵩山
嘉利澤
禄益山
象山
小龍口
大龍口
城隍廟
水城
禄汁江
觀音塘
關帝廟
小南山
馬頭山

輿圖界
尋甸州界
法界寺
嵩明州
安良縣界
楊林

卷一　地理志三　山川（山略）

云南府昆明县附郭

滇　池　一名昆明池，在城西南。周五百余里，汇盘龙江、黄龙溪诸水，望之一碧万顷。《史记》：滇水源广末狭，有似倒流，故曰滇池。一说凡水皆东，此独徂西而下也。

九龙池　即菜海子，在城内。清迥秀澈，莲花荇藻，苍翠盈池，沿五华右，贯城西南辄达滇池。昔为沐氏别业，名柳营。康熙三十一年，总督范承勋、巡抚王继文构亭建楼，备极清雅，详《亭榭志》。

绿水河　在城内祖遍山左。

西　湖　一名积波池，俗名青草湖，在滇池上流。荇藻长青，兰桡竞泛，中产衣钵莲花，内有近华浦废址尚存。康熙二十九年，巡抚王继文构亭其上，详《亭榭志》。

盘龙江　在城东。源出旧邵甸县，凡九十九泉，合流而南，会入滇池。

海　口　在城西南八十里，泄滇池之水，由安宁、富民汇广翅塘，入金沙江，沿海财赋，岁以万计，其利害由于海口之通塞，诚要津也。岁一浚导，在赋役曰海夫。

澄清河　在青草湖内，至七八月间，潢潦泛涨，凡水皆浊，斯水独清。

金稜河　一名金汁河，在城东十里。元赛典赤筑堤，分盘龙江水，经金马山麓，绕春登里东乡，灌溉实溥。

银稜河　一名银汁河，在城北十里。引黑龙潭、白龙潭水，经商山麓，溉沙浪里田亩。

宝渌河[①]　在城南二十里。源出上板桥，分泻至官渡，入滇池。

黑龙潭　在城北三十里。其水深黝，有鱼二种，各不相杂。旧有黑龙神祠，康熙三十年，总督范承勋祷雨有应，重鼎新之，详载《寺观志》。

三龙泉　一出商山；一出城西勒甸村；一出罗汉山洞，产金线鱼，又名金鱼泉。

龙　淙　在城西二十里。旧名白龙泉，康熙二十八年，总督范承勋易今名，为构亭台、桥石诸胜，四方名士之履滇者，必迹其境而倡和焉，详载《亭榭志》。

海　源　一名鸳鸯池，在城西二十里聚仙山下，流入青草湖。

文殊泉　在文殊山下，历松华坝，自西湖入滇池。

瀑布泉　在城西玉案山，流入宝珠寺后。崖高数丈，泉自崖顶注于溪涧，喷沫溅珠，声彻里许。

涌　泉　出涌泉寺山腹，一泓清洁，泻入曲池。

寒　泉　有二：一在北城土[②]庄村；一在城西高峣里碧峣书院，泉水寒冽，浴之可愈风疾。

龙　湫　在城东板桥驿，山皆奇石，石窦中两湫夹出，又名观音塘。

吴　井　在城东三里菊花村。其水独重于他处，极甘冽，汲而贮之，味久不变。

石　井　在旗纛庙中，味与吴井同。按五华书院前亦有石井，名与诸泉并著，缘在山麓，艰于汲取。

---

① 宝渌河　今通作“宝象河”，昆明古六河之一。下同。

② 土　此字，天启《滇志》、康熙《云南通志》、雍正《云南通志》皆作“上”。

胭脂巷井 在城南外，作酒甚美。

茜红井 在城东北。汲以染红，其色常胜。

海眼井 在觉照寺大殿内佛座下。相传为滇池水眼，每岁四月朔八日，僧人汲以浴佛。

放生池 在西湖近华浦。康熙三十五年，总督王继文、巡抚石文晟捐资倡各司道及府县公建。池周二里许，浚凿深广，堤岸坚厚，为一桥以通活水，其路水陆皆可达，听官民置放生物于其中，禁人捕捉。上有观音庵、涌月亭各坊宇诸胜，置田住僧，以护永久，别有碑记，补载《艺文志》。

富民县

大 河 在县东十里。源出滇池，过安宁，入县境，达武定府普渡河，至广翅塘，入金沙江。

彝扎郎水 在县东北十里，西入大河。

清水河 在县北八里许。其源从罗次县横山麓来，经太平桥，东入大河。

农纳水 在县北五十里。源出武定府界，北入大河。

龙泉水 在县南五里。俗传有龙怪，立祠祀之。

红莲沼 在县东南五里。泉水涌出，旧有莲花，故名。上建龙神祠，今改觉海寺，号龙池，亢旱祷雨辄应。

宜良县

大池江 在县东五里。发源霑益州花果山，过陆凉，流入本境，旋绕七十里至红石岩，会八达河，合流入粤。

汤 池 在县西南二十里，水如沸汤。

大赤江 在县北五里。发源杨林之花鱼潭，流入本境，仍东注大池江。

大城江 在县北十里。发源旧阳宗县之明湖，经汤池平原入水井坡，出江头村，东注大池江。

大河口 在县东北十五里。

小河口 在县东北七里。

三道水 在城东十里，往来要津。

三叠水 俗名三滩，在城东三十里。

黑龙潭 在城东南二十五里。

大龙洞 在城东南十五里。水出山腰石孔中，其下半里为小龙洞，较大龙洞稍狭，玉龙一带田亩咸赖之。

白龙潭 在城南黄保村山下。潭仅尺余，水涌如沸，灌溉一方田亩。

九龙池 在城西五里岩泉寺山后。溉城西田亩甚广，然水势漂急，夏秋之间，每有冲决，修筑堤防，最为要务。

温 泉 在城西五里。旧无房垣，千总谢大章汛县，始营构之，其后知县高士朗重修。

黑泥河 在竹山下，去县五十里。旧道淤塞，康熙二十三年，知县李煜开浚复通，田畴利赖。

罗次县

北城河　其源出自穹岩山，由县东流达西南，宛若玉带。

黑箐龙潭　在县西北隅。其潭深邃，常有雾封潭口，相传有龙伏于此，天旱祈雨，每多应验。

铜车坝　距县三十里，水自安宁来。

金水河　自九涌山发源，流入禄丰县星宿河。

分水岭　在县东十里。其下一水，分流南北，从南流者入富民大河，归金沙江；从北流者入禄丰大河，归元江。

晋宁州

盘龙河　源出州东南山涧中，经海溪山，归大坝河。

大堡河　出新兴州界，由永宁乡绕入州境四通桥，归滇池。

呈贡县

马料河　在县北五里。发源从昆明流板桥，入县境，北廓田亩赖其灌溉。

洛龙河　在县北十里。源出黑白二龙潭，灌溉田亩，流入滇池，其上有石室。

白龙潭　在县东十余里石室下。潭有金色游鱼，其目如蟹，与凡鱼别，土人不敢食。

黑龙潭　在县东北八里新册村石崖下。与白龙潭水合流，环绕曲折如龙，至江尾注于滇池。

莲花池　在县东三十五里。乱石坟起，俨如村落，一阜之内，孔窍相通，若邃闼幽房，可以列坐。池中旧有莲花，故名。

南冲河　在县北三十里。自姚平坝经白云村，与清水河合，夏秋水涨横溃，为害田亩，知县游一清为治去路，田始可耕。

白龙泉　在罗汉山西。水自石孔中出，清流激响，邑人异之。

黑龙泉　在罗藏山北。

灵源泉　在县东北四十五里，平地涌出成潭。

交七浦　在县东六十里。广二百余亩，积水灌田。

月角泉　在县东四十二里，从莲花洞泉分来。

寒　泉　在归化界次山后。寒气浸骨，浴之疗病。

小晏泉　在县东四十里。

安宁州

石　淙　在螳螂川中。石如砥柱，触水成声，明大学士杨文襄公一清因以为号。

沙　河　发源清水阁，经龙马山，亘百余里，合流螳川，州东田亩，资其灌溉。

碧玉泉　在州北十里。出崖穴间，水温而洁，中有二石，深碧如玉，明修撰杨慎题为“天下第一泉”[①]。康熙二十八年，总督范承勋、巡抚石琳、按察使许弘勋别凿二池，曰“小玉”“漱玉”，旁建房宇诸处，各极幽雅，分载《寺观志》《亭榭志》。

圣水泉　在曹溪寺左。其水一日三潮，又名海眼泉。

龙　泉　在曹溪寺右。水势喷溅如珠，总督范承勋题曰“沸珠泉”。

---

① 天下第一泉　当为“天下第一汤”，见安宁温泉石刻及其掌故，又见康熙《云南通志》等。

禄丰县

东　河　源自罗次县分水来，经县东归注元江。

南　河　会诸山涧泉水，入大河。

星宿河　一名大河，在县西。其源有二，一出罗次九涌山，一出和曲百花山，由县境而西经易门，入元江。

西　河　源出武定，经县西。

昆阳州

海　口　在州北三十五里海门村。滇池从此西流二十里，折入螳川，口易淤塞，每岁修浚，盖因滇池之水由此瀹泄也。

东　湖　俗名草海，在州东门外征元阁前。莲藻平铺，掩映桃柳，渔舟贾舶，络绎其中。北有梁王王带堤，载《堤塘志》。

渠滥川　在州东南五里，由北入滇池。

三洞泉　在州平定乡石洞，凡三。水皆清洁，可鉴毫发。

资利河　旧名大河，在旧三泊县北，入螳川。康熙二十九年，知州蒋廷铨重浚，灌溉田亩甚广，民受其利，因以为名。

古龙泉　在州西二里新城内。

翻水洞　在州西三十里石头山下。泉水沸涌而出，深不可测。

万户井　在循礼坊。

黑龙潭　在州北三家村。

热水塘　在州北四十五里滇池旁。水气微温，渔人取浴。

大龙潭　在旧三泊县南三十五里，旁建有寺。

小龙潭　在旧三泊县南二十五里，旁建有寺。

易门县

大龙泉　在县西五里。

小龙泉　在县西北三里。

九渡河　在县东十里。源出和曲州罗次县，二处会流入禄丰，由安宁至县境而达元江。

乌龙潭　在县东。

易　江　在县西北。自罗衣岛发源，入绿汁江。

绿汁江　在县西。

嵩明州

嘉利泽　一名杨林海，在州东南十五里。众水交会，周百余里，灌溉民田，入寻甸车翁江，归蜀省东川大江。

盘龙江　在旧邵甸县界。汇东西九十九泉之水，南流入滇池。

龙巨江　即龙济溪，在州东十里。源出寻甸果马山，流入嘉利泽。

福祐河　在州北三里。流入嘉利泽，发源白草龙潭。

玉龙河　在杨林界。源出天生桥，危崖陡壁，中横一桥，邃谷深渊，险不可测，水势飞涌，流入嘉利泽，旱祷辄应，似有龙穴。

牧羊河 源出州境牧羊涧，南流入滇池。
白草龙潭 在州西三里。每遇天旱，祈祷必应。
莲花池 在州南十五里，泉水四时不涸。
火龙潭 在州南杨林界。周可十丈，而渊深莫测。
对龙泉 在州西。两泉对流，分而复合，入嘉利泽。
弥良河 在州西五里，流入嘉利泽。
宽郎河 在州南三十里。日足、效古等村田亩，藉以灌溉，流入嘉利泽。
罗锦泉 在州东月丰里。
石洞泉 在州西资善里。
弥雄泉 在州西北，源出弥雄山。

〔据张毓碧修，谢俨纂康熙《云南府志》（清康熙三十五年刻本）卷一《地理志三·山川》第3－18页辑录。〕

（道光）昆明县志·山川志

卷一 山川志第二六河图附

水则滇池之源，出嵩明州西北六十里东葛勒山西南朵格卧宗龙黄龙潭，南流经牧养村为牧养河，又南流至高仓，左会邵甸河水，为盘龙江。邵甸河，《重修通志》源出嵩明州西北三十里梁王山即东葛勒山西南旧邵甸县之甸头冷水洞，龙泉百泓，旧《志》所谓九十九泉也。西南流十余里，由甸尾至高仓，与牧养河会。折西流，又折南流，为汇流塘，西南曲折流经三家村南，又折南流至松华坝，分一支为金稜河。金稜河，《重修通志》自昆明县东北三十里松华坝，分盘龙江水东出，西流，左纳莲花箐水。又西至大将村，下折南流至桃园村，左纳村水，右由戴金箔闸分水入盘龙江。又南流至漫水闸，左纳清水河水，折西流五里，右由大、小韩冕二闸，分水入盘龙江。又折南流，左纳青龙潭水，又南，左纳黄龙潭水，又南，左纳杨妈妈河水，右由小坝分流入江。又南，左纳杨清河水，右由小坝南闸分流，合小坝河，入盘龙江。又南流一里，左纳白龙潭水，白龙潭，在城东八里白龙寺西，流入河。右由三元石闸分一支为通明河，又南流五里至金马山西麓，折西南流经漫水闸，分水南流入王宝海。又西流一里，又分一支南流为广南卫沟，又由迎恩桥折北流二里，折西南流至地藏寺，折南流二里至吴井桥，桥畔有吴井。又西南一里，右由金稜闸西分，由明通河十字闸西北入盘龙江。其正支又南流十里至燕尾闸，分为二支：一支东南流入三塘下游，入于滇池；一支西南流，源流共六十里，入滇池。其正支又西流至县城东北，当商山东南，右纳银稜河水。银稜河，《重修通志》源出昆明县北二十五里龙泉山黑龙潭，西流，东分一沟曰东龙须，南流里许，入盘龙江。西分一沟曰西龙须。西流里许，入盘龙江。又西流至蒜村，由大闸分流入盘龙江。其正支又西流半里，北纳五龙山水，由流沙闸南分水，入盘龙江。又西流，分一沟南流为一瓦水，又西流，分一沟南流为牛吃水。两沟并南流，入盘龙江。又西流，西北纳白龙潭水，由白龙闸分水，南入盘龙江。又折东南流，有王俊闸，又折西流，有小营闸。并右纳箐水，左分水，入盘龙江。又西南流经文殊寺闸，又折南流二里，过分水闸。并西北纳箐水，南分水，入盘龙江。又南折西流，汇莲花池，南入盘龙江。又南至县城东南分水岭西，分为玉带河。玉带河，《重修通志》自城东南分水岭，分盘龙江水西流，又分一支西流为永畅河，折北流至中和宫后，分一支西流为中沟，又分一支为龙须河。龙须河由垛垛闸、通济桥入护城河。又西北流至蜈蚣岭前，又分一支为丰家沟，又西北流至柿花桥，分一支西流为板坝河，又北流，分一支西流为摆渡沟，又北流至鸡鸣桥，分一支北流为西坝河，又自盐店后，北流至烧猪桥，与护城河会，案：盐店在鸡鸣桥之北。合流北过瓦仓庄，至小西门西楼外，右纳九龙池水。又西北分一支为涌莲河，又西北流至红庙为鱼翅河，西流至土堆西南流入滇池。又南流至螺蛳湾西，分为采莲河。采莲河，《重修通志》自昆明县南分盘龙江水西流，入草海。又南流至南坝，折西流一里，又分支三，为太家河，为杨家河，为金家河。太家河、杨家河、金家河，《重修通志》自昆明县南五里南坝盘龙江折西流，分三支，并西入草海。又自太、杨、金三河南，西流至雄川阁，出罗公闸，源流共一百三十里，是为滇池。滇池一曰昆池，唐昆州因水为名，斜长百二十余里，东西广三四十里不一，历昆明及呈贡、晋宁、昆阳、安宁境，西北曰草海，东南曰水海，其形广上狭小，有如倒流，故曰滇。或曰从螳螂川西出北流，入金沙江，实倒流也。

滇池自盘龙江口折，而左纳东南之水，凡十九，曰明通河水。明通河，《重修通志》自昆明县东十里三元石闸，分金稜河西流，左纳小白龙潭水，又西流，左纳白沙河水。白沙河，由北响水闸分金稜河水南流至白沙桥，会明通河。又西流经先农坛前、太平桥、塘子巷、穿牛房，至金稜桥，分一支由吴井桥归金稜河。其正支又西流经十字闸，左纳金稜水，又泄盘龙江。又西，源流共三十里，入滇池。

曰金稜河水，说见前。曰金稜分支水，见前。曰王宝海水。王宝海，《重修通志》源自漫水闸，分金稜河水南流，又自广南卫沟，分金稜河水南流，并汇为海，西流入滇池。

曰马溺河水，曰白沙河水。马溺河，《重修通志》源自五马桥西头闸，分白沙河水北出，西流经勤浚、香条村、杨家、保丰四桥，至苜蔬厂，入草海。白沙河，《重修通志》源自昆明县东二十里金马山左右沟涧之水，出三家村、黑村至黄土坡，两涧水会，南流经十里铺、牛街庄，至响水闸，左会西鸳鸯沟水。西鸳鸯沟，自大石坝分宝象河水北流十数里，至响水闸，会白沙河水。西流三里至五马桥，右纳桃源坝水。桃源坝水，源出北山中，南流过坝，入白沙河。又西流经头闸，分一支为马溺河。见前。又西流至二闸，分一支为岔沟，南流四里，入旧门溪，又西流至三闸，分一支为小白沙河。南流，又分一支合岔沟，南入旧门溪，一支西流，折西北至七星桥，复入白沙河。其正支自三闸又西南流三里，至七星桥，左纳三闸，分流水，已见上。又西流十六七里，入草海。

曰泥鳅沟水，曰旧门溪水，曰清水河水，曰倮㑩河水，曰沧沟芦包沟水，曰官渡四河水，曰毛家塘水。自泥鳅沟以下七水，皆宝象河水分流也。宝象河，《重修通志》源出嵩明州西南四十里乌纳山西小龙潭，西南流六十里，经板桥驿东南，折西流至明阴寺前，右会分水岭水。分水岭水，源出板桥驿北三十里分水岭，南流至驿北，左会黄龙潭水。黄龙潭水，源出板板驿东北黄龙潭，西流五里，合三十亩箐水，南流五里至板桥驿西，又南至明阴寺前，入宝象河。南流曲曲十五里，西纳小龙潭及高坡山水，折西流十余里至祭虫山。又西流一里至大石坝，分一支西流为西鸳鸯沟，北流会白沙河。其正支南流至小石坝，又分一支东南流为东鸳鸯沟。折南南流只七里，仍归正河。又南流山蹊中四里，折西流一里，过老崔桥，又西流一里，分麻线沟西北流十里，入旧门河。其正支又西流，左纳东鸳鸯沟水，又西流，分一支为羊堡头沟，又西流，分一支为广济沟，又西流，分一支为杨柳沟，俱西南流入毛家塘，合西流入滇池。其正支又西流至小板桥街之广济桥，分一支为官渡河。官渡河，自广济桥分西南流七里至迎官坝，又分三支，一曰余家河，一曰姜家河，一曰小村河，各西流入滇池。其正河折西南五里至石龙桥，又西南八里至龙化桥，入滇池。其正支折西北流为旧门溪，至宝阳桥折西流，分一支为芦包沟，又西流，分一支为沧沟，并西南入滇池。其正支又西流，分一支为倮㑩河，倮㑩河南流，由李金甘桥、永顺桥十里，入滇池。又西北流，又分一支为清水河，西流二十里入滇池。其正支又西北流，北分一支为泥鳅沟。泥鳅沟西北流六七里，折西流十里，入滇池。又西流三十里，源流共一百三十里，入滇池。

曰亮塘水，曰枧槽沟水，曰渔村沟、木龙沟水，曰马料河水，曰罗家沟水，曰左卫上坝两沟水。以上并马料河支流。马料河，《重修通志》源出昆明县东六十里白土村黄龙潭，南流四里至白水塘水海子，折西南流十里，左纳豹子山水。又西南七里，左纳鼠尾山水，又西南三里，分一支南流，曰漾水沟。漾水沟南流二里，入羊落堡堰塘，左纳山涧水二，折西北流三里，仍入河。折西流六七里，汇万朔堰塘，又西流一里至猪圈闸，南分一支出南闸，为左卫沟，又分一支出南闸，为上坝沟。两沟并南流十余里，入滇池。北分一支为清明沟。清明沟北流十余里，入亮塘，合河沙沟。入滇池。其正支由中闸西流一里，又北分一支曰河沙沟，河沙沟北流六七里，入亮塘。又西流二里，南分一支曰罗家沟，北分一支曰枧槽沟。两沟并西流，入滇池。又西流五六里至新村闸，北分一支曰老杨沟。老杨沟西流，又分为二支，曰木龙村沟，曰渔村沟，并西流三里，入滇池。又西流四里至矣苴堡，折西南流四里至光村闸，又西南流一里至回龙村，折南流。源流共五十里，入滇池。

折而右纳西北之水凡十，曰太、金、杨三河水，说见前。曰采莲河水，见前。曰永畅河水。永畅河，《重修通志》自昆明县南分玉带河水西流出马蹄闸，西流入草海。曰板坝河水，曰茨塘河水。板坝河，《重修通志》一支自城南中和宫后，分玉带河水为中沟，一支自蜈蚣岭前分玉带河水为丰家沟，一支自柿花桥分玉带河水为板坝河，并西流至三圣庵会，西入草海。茨塘河，《重修通志》一名摆渡沟，自柿花桥北分玉带河水，西流至西坝南，西入草海。曰西坝河水，曰涌莲河水，曰玉带河水，西入草海。说见前。西坝河，《重修通志》自城西鸡鸣桥下，分玉带河水。涌莲河，《重修通志》自城西北分玉带河水，西入草海。

曰海源河水，曰棋盘山水。海源河，《重修通志》源出昆明县西北六十里花红洞，会龙打坝水，伏流山中十余里，至城西二十里聚仙山下涌出，东流经海源寺前，北分一支出左闸，为东龙须。东龙须，自左闸分北流经莲花塘，折东流出十字闸，又东流三里为江沧河，东流北会马军、南甸、茨通、新闸、玉峰各沟水，折东南流二里，过许家闸，又二里入草海。又南，分一支出右闸，为西龙须。西龙须，东南流四里，右会筇竹寺水。筇竹寺水，源出棋盘山北白龙泉，一名龙淙，亦曰宛转溪，两涧至寺前，合流东出，入西龙须，西龙须又折南流五里至十字闸，折西南流三里入草海。其正流由中闸东流五里至板桥关，又东流三里，西分一支为梁家河。梁家河，出梁家营闸，南流四五里至海源桥，又南流六七里，入草海。其正支又东南流至鸡舌尖，左会沙河水。沙河源北自昆明县西北六十里清水塘南分水山中，南流，右会三华山水。三华山水，源出三华山西南麓，东流合北来一涧，东入沙河。又南，合诸山水，经海源洞东，又南，于金川桥分南甸、茨通水沟于玉峰桥，分新闸、玉峰水沟。南流，合江沧河，入草海。又南至鸡舌尖，右会海源河水。两源既会，东南流入滇池。棋盘山水，《徐霞客游记》源出昆明县西三十里棋盘山东南麓，东北流经三家村东，又北流至赤甲壁山北，即石鼻。折东流入草海。

合县之六河与其支流皆入焉，昔之人亦谓池曰滇海。海，百谷王也，意在斯乎？草海为池之上流，一名西湖，又曰积波池，俗呼青草湖，中有近华浦诸胜。自板坝河口又西北，中有堤，西通石鼻，为明巡按傅允献筑。池之纳海源河水，于是折而南至石鼻山，东北则棋盘山水入焉。又南经碧鸡山东，又南历太华山东，折东南经罗汉峰，东折，西南经大小鼓浪山、观音山东，又南经昆阳州北诸山，东至龙王庙滩为海口。盖县之山皆左旋，自西而南而东；其水皆右旋，自东而南而西，此阴阳互根也。然皆在大幹盘绕之内；若大幹以外，则西有星宿江，罗次、禄丰、易门之水所汇；东有大池江，宜良之水所汇。分幹以外，若嵩明之嘉利泽，则又东北入于车洪江，以非昆明境，不录。

六河考

六河者何？曰盘龙江，曰银稜河，稜，一曰汁。曰白沙河，曰宝象河，曰马料河，曰海源河。金稜无源，金稜，一曰金汁。为盘龙江分流，故不数，或曰金稜无源而流长，且自入滇海，银稜虽有源，其下流入盘龙，以至滇海，是宜数金稜，不数银稜。或又曰金稜、银稜自古并称，惟白沙源流俱短，似宜金、银稜并数，而不数白沙，然均之滇海之源也。

今考六河，皆有容纳诸水。盘龙江自牧养、邵甸两源合流后，西南至会城东北，纳银稜河。银稜河又纳五龙山白龙潭及会城东北诸山箐水。盘龙江所分之金稜河，又纳莲花箐、桃园村、清水河及青龙潭、黄龙潭、杨妈妈河、杨清河、白龙潭诸水。而金稜河所分之明通河，又纳白龙潭水。白沙河纳金马山南流水。宝象河自板桥合流后，南流纳西山诸水。马料河纳豹子山、鼠尾山诸水。海源河纳沙河水。此其源之由分而合也。

六河又有支流诸水。盘龙江自松华坝分一支为金稜河，至城东南分水岭，又分一支为玉带河，又南分一支为采莲河，又南分为太、杨、金三河。而金稜河自三元石闸，又分一支为明通河，又西南，又分二支为漫水闸，为广卫沟，合之则王宝海。至燕尾闸，又分二支，一东南，一西南，入滇海。玉带河之又分为永畅河，为板坝河，为茨塘河，为西坝河，为涌莲河，而鱼翅河则其经流也。白沙河分一支为马溺河，宝象河分二支，为广济沟，为杨柳沟，合之则毛家塘。又分一支为官渡河，又分三支，为芦包沟，为沧沟，为倮罗河，又分一支为清水河，又分一支为泥鳅沟。而官渡河复分支三，曰余家，曰姜家，曰小村。马料河自万朔堰塘西分二支，为左卫沟，为上坝沟，南流入滇海，又北分一支为枧槽沟，南分一支为罗家沟，并西流入滇海。海源河分二支，为东龙须，为西龙须，又分一支为梁家河。其分而复入者，玉带河之中沟、丰家沟入板坝河，白沙河之小白沙，宝象河之东鸳鸯沟、麻线沟，马料河之漾水沟，皆仍入本河。其分而不流者，马料河之万朔堰塘、亮塘。此其流之自合而分也。

六河又有旁通诸水。银稜河之通盘龙江者，凡十一支：曰东龙须、西龙须、大闸、流沙闸、一瓦水、牛吃水、白龙闸、王俊闸、小营闸、文殊闸、分水闸。金稜河之通盘龙江者，凡四支：曰戴金箔闸，曰大、小韩冕二闸，曰杨妈妈河口、杨清河口，两支合为一。明通河之通盘龙江者凡一支，曰十字闸，左受金稜，而右入盘龙焉。金稜河之通明通河者凡三支：曰北响水闸，则分白沙河以会明通也；曰吴井桥，则明通河之归金稜也；其一即分金稜以入盘龙江之十字闸。宝象河之通白沙河者凡二支：一由宝象以入白沙，曰西鸳鸯沟；一由白沙以入宝象，曰三岔沟。沙河之通海源河东龙须者凡五支：曰马军沟、南甸沟、茨通沟、新闸沟、玉峰沟。此分而合、合而仍分者也。

他若盘龙江之分流有松华坝，其入滇海有罗公闸，凡二闸坝。银稜河之大闸、流沙、白龙、王俊、小营、文殊、分水，凡七闸。金稜河之戴金箔闸、两漫水闸、大小韩冕二闸、杨妈妈河口、小坝、杨清河口、南闸、三元石闸、北响水闸、燕尾闸，凡十闸坝。玉带河之垛垛闸，永畅河之马蹄闸，各一闸。西坝河之西坝，凡一坝。白沙河之头、二、三闸，响水闸，桃源坝，凡五闸坝。宝象河之大、小石坝，凡二坝。官渡河之迎官坝，凡一坝。马料河之两南闸、中闸、猪圈、新村、光村，凡六闸。海源河之左、右、中三闸，梁家营闸、东、西龙须各十字闸，凡六闸。此又各河之闸坝也。

盖六河之在昆明，水尝患潦，势宜疏，远于滇池者分流而通，近于滇池者导河以入，因地而制宜也。旱尝患乾，势宜蓄设诸闸坝而以时启闭之，是已。然附城居民，潦之患多于旱，则疏泄其可不讲哉？

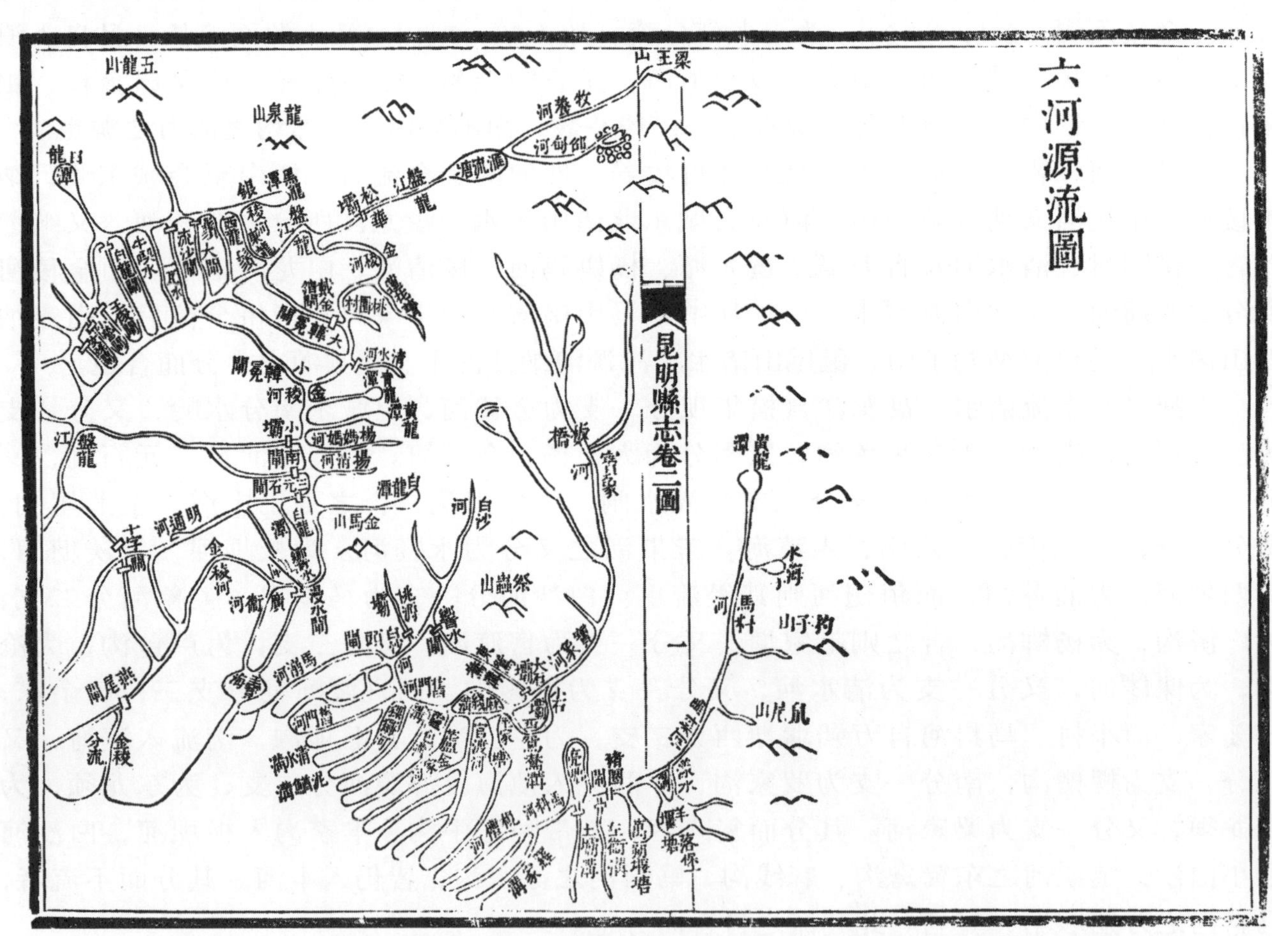

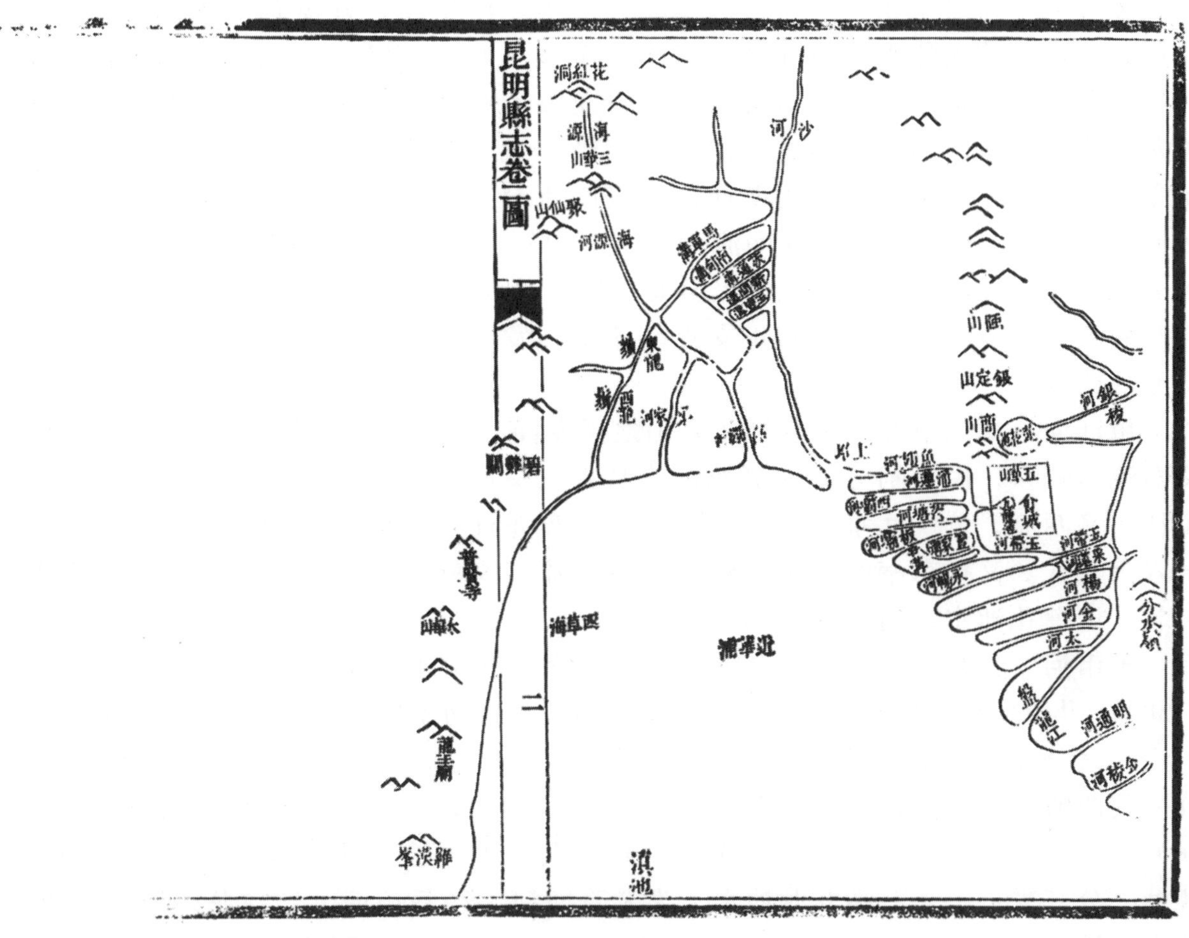

六河源流图

〔据戴絅孙纂修道光《昆明县志》（清道光二十七年刻本）卷一《山川志第二》第 8－20 页辑录。〕

（民国）昆明市志·河湖泉

河湖泉

盘龙江 为昆明县属之巨流，昆池之正源也。江出嵩明县西北六十里之东葛勒山西南朵格、卧宗龙、黄龙潭，南流经牧养村，为牧养河，又南流六十里至高仓，左会源出嵩明县西北三十里东葛勒山西南旧邵甸县之甸头冷水洞龙泉之邵甸河，遂名盘龙江。曲折流至市东北约三十里之松华坝，分一支东出为金汁河，又西流至市东北，纳源出黑龙潭之银汁河水，南流经小厂村，至市东南分水岭，分一支西出为玉带河，又南流经猪集街①、金牛街、德胜桥②，至螺蛳湾，又分一支西出为采莲河，又南流至五岳庙，分三支入于昆池。

① 猪集街 今名“珠玑街”，取其谐音雅称。

② 德胜桥 原名云津桥，清康熙年间云贵总督加兵部尚书赵良栋大破吴世璠叛军于此，后遂命名为得胜桥。

金汁河 为盘龙江支流。自市东北三十里之松华坝，分盘龙江水东出，西南流至桃源村，由戴金箔闸分水入盘龙江。又南流至漫水闸，左纳清水河水，折西流，由大、小韩冕二闸分水入盘龙江。又折南流，纳青龙潭、黄龙潭、杨妈妈河诸水，由小坝分流入盘龙江。又南流，纳杨清河水，由小坝南闸分流，合小坝河，入盘龙江。又南流，纳白龙潭水，由三元石闸分一支为明通河，又南流至金马山西麓，折西南流经漫水闸，分水南流入王宝海。又西流，分支南流为广南卫沟[①]，又由迎恩桥折北流，又折西南流至市东南旧地藏寺前桂灵桥，折南流二里至吴井桥，又西南流，由金汁闸分支西出为小金汁河，与明通河会，流入盘龙江。其正支更南流，与发源于马军堡洗布龙潭之枧槽河会，分二支流入昆池。

银汁河 源出市北二十五里龙泉山之黑龙潭，西流，分东、西龙须二沟，入盘龙江。又西流至蒜村，由大闸分流入盘龙江。其正支又西流，纳五龙山水，由流沙闸分水入盘龙江。又西流，分一瓦水、牛吃水二沟，入盘龙江。又西流，纳白龙潭水，由白龙闸分水入盘龙江。又折东南流，更西流，更西南流经文殊寺闸、分水闸，又南折，西流至市东北，汇莲花池水，南入盘龙江。

玉带河 亦盘龙江支流。自市东南分水岭分盘龙江水西流，又分一支西流为永畅河，折北流，与源出小东门外珍珠泉之护城河分支之凑水河会。至中和宫后，分一支西流为中沟，又分一支为龙须河，又西北流至蜈蚣岭前，分一支为丰家沟，又西北流至柿花桥，分一支西流为板坝河，又北流分一支西流为摆渡沟，又北流至鸡鸣桥，分一支北流为西坝河，又自盐店后北流经顺城街至烧珠桥，与护城河会。更北流过瓦仓庄，至小西门西楼外，分三支：一支右纳九龙池水，为老篆塘河，经菱角塘，与左龙须河会，流入昆池；一支为涌莲河，西北流经白马庙、大观楼，入昆池；正支西北流至红庙为鱼翅河，西流至土堆，西南入昆池。

护城河 发源于小东门外珍珠泉，绕市城东南两面至西南隅之烧珠桥，与玉带河会，分流入昆池。

凑水河 为护城河支流。由大南城外珠市桥，分护城河水，南流至五岳庙西，入玉带河，汇入昆池。

昆　池 为云南省会城外大泽，在城西南十余里。斜长一百余里，东西广三四十里不等，历昆明、呈贡、昆阳、晋宁四县城，周围约三百余里，为昆明县诸水之尾闾。其形上广下狭，有如倒流，故亦称滇池。池之上流为草海，一名西湖，又曰积波池，俗呼青草湖，近华浦即在其中。由篆塘河泛舟，可直达昆阳、晋宁等处，现昆玉船车公司购有小汽轮两艘，由大观楼驶抵昆阳，客货皆赖以转运，为省会与西南各县交通之孔道。水产有蒲苇、鱼螺等类，滨居之民，获利至溥。

九龙池 即翠湖，一名菜海，在市中五华山右。水清冽，堪作饮料，现自来水公司之压水机即设于其旁，取供全市之饮用焉。有河曰通城，穿城垣，西流至小西门外西楼下，与老篆塘河会，流入昆池。翠湖之滨，有温泉一缕，迸自地隙，惟混于他水，颇难确定。昔有李姓者曾在翠湖东北岸禹门寺巷住宅内，凿池将此温泉引入沐浴，特温度颇低，入冬难供沐浴。现翠湖公园经理处复将此温泉寻出，拟砌池与冷水隔离，俾仍供沐

① 广南卫沟　当为“广卫南沟”。

浴之用。

莲花池 在市北商山下。广可十亩，水清如镜，相传浴之可愈风疾。东侧开闸口一道，池东田亩，赖以灌溉，下流则与银汁河会，流入盘龙江，归于昆池。

菱角塘 在市西约二里。周围一里有奇，与老篆塘河通，会左龙须河，流入昆池。塘中村人遍种菱角，入秋，则采而售诸市中，获利恒厚。

篆 塘 在小西门外，形如篆字，故名，又呼转塘。有河直通昆池，为赛典赤治滇时所开，明时为运粮河，运输昆池四周之粮食，供会城之需。今晋宁、昆阳、高峣、西山往来船只，均泊于此，游大观楼者，亦于此泛舟焉。

〔据张维翰修，童振藻纂民国《昆明市志·河湖泉》（中国方志丛书第一四一号，台湾成文出版社1967年据民国十三年排印本影印）第23－27页辑录。〕

（雍正）呈贡县志·山川志

卷一 山川志（山略）

莲花池 在县治南十五里。乱石磷磷，俨如村落，一阜之内，空窍相通，若邃闼幽房，可以列坐，旧有莲池颇佳。

马料河 在县北五里。源从板桥入于昆明池，县北一境，赖其灌溉。先是，昆明矣苴堡民告争水利，奉院批明判归本县，至今遵守。

落龙河 在县北十里。源出黑白二龙潭，灌溉田亩，流入昆池。

浑水河 在县治东南。

清水河 在县治西南。

县前河 在县治西南。

南冲河 在县治南。自姚平坝经白云村，与清水河合，夏秋水涨，横溃害田数百亩，知县游一清为治故道，田始可耕。

白龙潭 在县治东十二里石崖下。古藤缭绕，金色游鱼，其目如蟹，多龙状，与凡鱼别，投以香饭，争食之，土人不敢取。上有观鱼亭，其流与黑龙潭合。

黑龙潭 在县治东北八里新册村石崖下。源深流广，溯洄与白龙潭水合流，环绕曲折如龙，至江尾村入海，呈贡之民赖此以无乾旱之患。三月二辰日，特牲以祭，官吏绅衿，咸往有席。

白龙泉 在罗藏西麓。水自石孔中出，清徹而寒，地①人资其灌溉。

黑龙泉 在罗藏之南，祀于白龙泉。

灵源泉 在县治西南。平地涌泉成潭，石银有记，亦三月初辰日，特牲以祭，官吏绅衿，咸往有席焉。

月角泉 在县治南，即莲花洞。泉为雨花、月角、大鱼②、太平四村灌溉所资。

寒 泉 在界次山后。寒气侵骨，浴之愈病，即八景中“渔浦寒泉”也。

---

① 地 光绪《呈贡县志》作“土”。

② 大鱼 光绪《呈贡县志》作“大土”。

小晏泉　在小晏村，每三月致祭如他泉。

大小坝　在县东一里。其水自黑白二潭流注灌田千顷，呈之水利，大半资此，署县何清重修。各村水分，俱有定数，载在碑文。康熙五十五年，嵩明州知州吴宝林署县篆，见其倾圮，允众所请，照亩捐银，采石重修，绅士之赞勸者虽众，而杨希孟为最。

界次塘　在县治南界次山下。

小喇塘　在县治南二十七里。

广济塘　在县治西南三十七里。

沙尾塘　在县治西南白沙村。

旧有朴筑塘，久淤，盖水利之通塞，民生之休戚系焉，故附载。

呈贡十六景（节录）

彩洞奇鱼

碧潭异石

河洲月渚

渔浦星灯

梁峰兆雨

海潮夕照

安江春水

渔浦寒泉

芳塘翠柳

白云兆雨

〔据朱若功纂修雍正《呈贡县志》（清雍正三年刻本）卷一《山川志》第12－14页辑录。朱若功，浙江武义人，康熙己丑（1709年）进士，雍正二年（1724年）昆明县调呈贡，性宽正，以惠化民，消釐田赋，培植士风，甫半载，政平民和，修文庙，设义学，建节孝祠。公暇编修县志，至今惠政犹存，民皆德之。〕

（光绪）呈贡县志·山川志

卷三　山川志（山略）

莲花池　在县治南十五里。乱石磷磷，俨如村落，一阜之内，空窍相通，若邃闼幽房，可以列坐，旧有莲池颇佳。

马料河　在县北五里。源从板桥入于昆明池，县北一境，赖其灌溉。先是，昆明矣苴堡民告争水利，奉院批明判归本县，至今遵守。

落龙河　在县北十里。源出黑白二龙潭，灌溉田亩，流入昆池。

浑水河　在县治东南。

清水河　在县治西南。

县前河　在县治西南。

南冲河　在县治南。自姚平坝经白云村，与清水河合，夏秋水涨，横溃害田数百亩，知县游一清为治故道，田始可耕。

白龙潭 在县治东十二里石崖下。古藤缭绕，金色游鱼，其目如蟹，多龙状，与凡鱼别，投以香饭，争食之，土人不敢取。上有观鱼亭，其流与黑龙潭合。

黑龙潭 在县治东北八里新册村石崖下。源深流广，溯洄与白龙潭水合流，环绕曲折如龙，至江尾村入海。呈贡之民赖此以无乾旱之患。三月二辰日，特牲以祭，官吏绅衿，咸往有席。

白龙泉 在罗藏西麓。水自石孔中出，清徹而寒，土人资其灌溉。

黑龙泉 在罗藏之南，祀于白龙泉。

灵源泉 在县治西南。平地涌泉成潭，石银有记，亦三月初辰日，特牲以祭，官吏绅衿，咸往有席焉。

月角泉 在县治南，即莲花洞。泉为雨花、月角、大土、太平四村灌溉所资。

寒　泉 在界次山后。寒气侵骨，浴之愈病，即八景中“渔浦寒泉”也。

小晏泉 在小晏村，每三月致祭如他泉。

大小坝 在县东一里。其水自黑白二潭流注灌田千顷，呈之水利，大半资此，署县何清重修。各村水分，俱有定数，载在碑文。康熙五十五年，嵩明州知州吴宝林署县篆，见其倾圮，允众所请，照亩捐银，采石重修，绅士之赞勷者虽众，而杨希孟为最。

界次塘 在县治南界次山下。

小喇塘 在县治南二十七里。

广济塘 在县治西南三十七里。

沙尾塘 在县治西南白沙村。

旧有朴筑塘，久淤，盖水利之通塞，民生之休戚系焉，故附载。

呈贡十六景（节录）

彩洞奇鱼

碧潭异石

河洲月渚

渔浦星灯

梁峰兆雨

海潮夕照

安江春水

渔浦寒泉

芳塘翠柳

白云兆雨

谨案：呈贡十六景内贡境八景：彩洞奇鱼，在白龙潭；碧潭异石，在黑龙潭；河洲月渚，在县南半里；渔浦星灯，在乌龙浦；海潮夕照，在江尾村；梁峰兆雨，在罗藏山。化境八景：安江春水，在安江村；渔浦寒泉，在小海晏；芳塘翠柳，在富有村；白云兆雨，在梁王山腰。

续修山川

马料河 谨案《通志》：源出昆明县东六十里白土村黄龙潭，南流四里至白水塘，入县治水海子，折西南流十里，左纳豹子山水，又西南七里，左纳鼠尾山水，又西南三里，分一支南流，曰漾水沟。漾水沟南流二里，入羊落堡堰塘，左纳山涧水二，折西北流三里，仍入河。折西流六七里汇堰塘，又西流一里至猪圈闸，南分一支出南闸，为左卫沟。又分一支出南闸，为上坝沟，两沟并南流十余里，入滇池。北分一支为清明沟。清明沟北流十余里，入亮塘，合河沙沟，入滇池。其正支由中闸西流一里，又北分一支曰河沙沟。河沙沟北流六七里，入亮塘。又西流二里，南分一支曰罗家沟，北分一支曰枧槽沟。两沟并西流入滇池。又西流五六里至新村闸，北分一支曰老杨沟。老杨沟西流四里，又分二支曰木龙村沟，曰渔村沟，并西流三里，入滇池。又西流四里至矣直堡，折西南流四里至光村闸，又西南流一里至回龙村，折南流，共五十里，入滇池。右并参樊绰《蛮书》、旧《云南通志》《徐霞客游记》《六河图说》。按县旧《志》：马料河在县北五里，源从板桥，入于昆明池，县北一带村寨田亩赖其灌溉。先是，昆明矣直堡民告争水利，奉院批明判归本县，至今遵守。

南冲河　源出县治东南四十里姚平坝。西流经白云村，有清水河自县西南来会，又西北至大河尾，入滇池。旧《志》：在县治南，自姚平坝经白云村，与清水河合，夏秋水涨，横流淹田数百亩，知县游一清为治故道，田可耕种。

梁王河　在县南三十里。正河由化城北西流至小河口，入滇池。分支由归化东南一带流至安江村，入滇池。夏秋多溢，冬春则涸，河堤多有倾倒之害。

清水河　在县南三十里安江村。每受广济、富有，尖红二山之水，每年修挖广、富、安三村。

捞鱼河　由兴隆、雨花、太平、大河口、新村、王家次第灌溉入海。

淤泥河　即《晋宁志》之盘龙河，在县治南三十里。东南堤属晋宁界，西北堤为县治界，源长三十里，专纳晋宁水，修挖惟广、富、安出夫，而安江一村专挖白水，每年经理河堤水长专归晋宁人替认，不与三村干涉，详载金石册内。

黄龙潭　在县治东北十里。出滥泥田中，水势浩大，有龙则灵，南流汇黑白二潭，呈贡之民，赖此以无乾旱之患。每年三月二辰日，特牲于白龙潭会祭，官吏绅衿，咸往祭毕，铺以酒席。

〔据朱若功原本，李明鋆续修，李蔚文等续纂光绪《呈贡县志》（清光绪十一年刻本）卷三《山川志》第1-8页辑录。雍正《呈贡县志》所载止于雍正三年，本志续修道光年事，新增“谨案”。〕

（康熙）晋宁州志·山川志

卷一　山川志（山略）

金线硐　在州西十五里牛恋乡山麓。清流一线，与海水不相混，产鱼，长三五寸许，鱼出游不与海鱼同群，鳞若散金，尤肥，则脊起双线，其味甲滇。

大堡河　其源出新兴州界，经州之永宁乡下四通桥，入于滇池。

大坝河　源出江川县界，经州之石壁村，合大堡河，入滇池。

龙　江　去州治八里东南盘龙山涧中，经海溪山，入大坝河。

〔据杜绍先纂修康熙《晋宁州志》（云南民族社会历史调查组1960年钞本）卷一《山川志》第14页辑录。〕

（乾隆）晋宁州志·山川志

卷四　山川志（山略）

盘龙河　在城东南。发源于五龙山，分二派，一经海溪山入大坝河，流注昆池；一入归化界，又分二派，岭东者流注抚仙湖，岭西者流入达摩坝，亦注昆池。

大坝河　发源于关索岭界，东南流注星云、抚仙二湖，西北流入州境，经石碑村，会大堡河，注于昆池。

大堡河　发源于新兴、江川界北叠翠山山半。泉涌三派，其东南二派分流注星云、抚仙二湖，其西北一派经州之永宁乡顺流而下，会大坝河，流注昆池。

帝释龙潭　在城东南郭外。其水虽微，四时不涸，如遇祈雨，相传将庙内铁钟泡①于潭内即应。

五龙潭　在城东南五里五龙山。五溪分流，天旱易涸。

观音山龙潭　在山旁，水入大堡河内。

三眼龙潭　在鲁纳山麓，水入大堡河内。

仙　泉　在大堡河大营后。昔传有异人凿饮于此，水自山峡中流出，远望水光莹亮，四时清凉，虽旱不涸。

黑白龙潭　在大堡大庄之东。两潭相望，水入大堡河内。

野鸡龙潭　在诰轴山西，流入昆池。

金线硐　在城西十五里牛恋乡山麓。硐中清泉一线，不与海水相混，洞鱼出游，不与海鱼同群，细鳞金色，其味颇佳。

金砂草湖　在城西五里金砂村锦川里之西。周回可十里许即昆池，滨西有海埂，自牛练乡②至河泊所，水中有石一路，俗名将军路，为昆池分界。中有奇石，参差隐见，俨若牛形，即《志》所载石牛也。其东南诸山皆桃梨，春花烂熳十余里，湖山相映，漾影摇光，西北连海，烟波浩淼，渔舟往来，人咸称为“晋宁西湖”。

白龙潭　在城东北五里苏家大山下，遇旱祷雨于此。

〔据毛嶅纂修乾隆《晋宁州志》（故宫博物院编《故宫珍本丛刊》第226册《云南府州县志》第1册，海南出版社2001年据乾隆二十七年刻本影印）卷四《山川志》第32页辑录。〕

（道光）晋宁州志·地理志·山川

卷三　地理志　山川（山略）

盘龙河　在城东南。发源于五龙山，分二派，一经海溪山入大坝河，流注昆池；一

① 泡　道光《晋宁州志》作“浸”。
② 牛练乡　当为“牛恋乡”，见前后文。

入归化界，又分二派，岭东者流注抚仙湖，岭西者流入达摩坝，亦注昆池。

大坝河 发源于河涧铺关索岭界，东南流注星云、抚仙二湖，西北流入州境，经石碑村，会大堡河，注于昆池。

大堡河 发源于新兴州东北屈颡巅山山半。泉涌三派，其东南二派分流注星云、抚仙二湖，其西北一派经者腻村、永宁乡顺流而下，会大坝河，流注昆池。

帝释龙潭 在城东南郭外。其水虽微，四时不涸。如遇祈雨，相传将庙内铁钟浸于潭内即应。

五龙潭 在城东南五里五龙山。五溪分流，天旱易涸。

观音山 在山傍，水入大堡河内。

三眼龙潭 在鲁纳山麓，水入大堡河内。

仙　泉 在大堡河大营后。昔传有异人凿饮于此，水自山峡中流出，远望水光莹亮，四时清凉，虽旱不涸。

黑白龙潭 在大堡大庄之东。两潭相望，水入大堡河内。

野鸡龙潭 在诰轴山西，流入昆池。

金线洞 在城西十五里牛恋乡山麓。洞中清泉一线，不与海水相混，洞鱼出游，不与海鱼同群，细鳞金色，其味颇佳。

金砂草湖 在城西五里金砂村锦川里之西。周回可十里许即昆池，滨西有海埂，自牛恋乡至河泊所，水中有石一路，俗名将军路，为昆池分界。中有奇石，参差隐见，俨若牛形，即《志》所载石牛也。其东南诸山皆桃梨，春花烂熳十余里，湖山相映，漾影摇光，西北连海，烟波浩淼，渔舟往来，人咸称为“晋宁西湖”。

白龙潭 在城东北五里苏家大山下，遇旱祷雨于此。

清静潭 在大堡三印村。水清见底，波静不扬。

浸石潭 在龙王塘村南。岸上有石，玲珑相映。

上龙潭 在观音山南里许仙人洞之傍，上下二个，灌溉数村田亩。

〔据朱庆椿纂修道光《晋宁州志》（民国十五年排印本）卷三《地理志·山川》第10页辑录。朱庆椿，广西博白人，举人，道光十八年（1838年）三月由晋宁兼署昆阳知州，禀修城垣、志书。十九年（1839年）六月，工竣卸任。按卷一《凡例》所言，乾隆《晋宁州志》多沿袭康熙三十年所修旧通志，山川中“大坝河、大堡河源流俱皆谬误，夫以州人修州志于一州之大山大水俱不知所从来，其他可知矣。兹特为正之。”该志皆沿引乾隆《晋宁州志》，增补3条。〕

（道光）昆阳州志·地理志·山川

卷五　地理志下　山川（山略）

东　湖 俗名草海，连接滇池，在州东门外征元阁前。莲藻平铺，掩映桃柳，鱼舟贾船，络绎其中。

渠滥川 在州东南五里，由北入滇池。

海　口 在州北三十五里海门村。滇池从此西流二十里，折入螳川，口易淤塞，每岁修浚，盖因滇池之水由此瀹泄也。

牛舌洲　在海口上，建龙王庙。

神龙河　在州南五里。

清水河　在州南三十里。

古城龙潭　在州北十二里河西乡古城。

荒茫嘴　在州北四十里，上建黄龙庙。

旧寨龙潭　在州北十六里旧寨村，上建云蒸寺。

白龙潭　在州西三里。

黑龙潭　在州北十三里三家村。

螃蟹龙潭　在州西三十里螃蟹河。

白塔龙潭　在州北四十里。清泉沸出，分流三沟，九村田亩，资灌溉焉。上建龙王祠。

〔据朱庆椿修道光《昆阳州志》（《中国地方志集成·云南府县志辑3》，凤凰出版社2009年据清道光十九年刻本影印）卷五《地理志下·山川》第4页辑录。〕

（雍正）安宁州志·山川志

卷三　山川志（山略）

堂琅川[①]　《汉书·沟洫志》连然县有堂琅川，即此。又曰滇水源广末狭，有似倒流，故名曰滇。查滇之流，惟有此川，滇之得名，以此而定也。从昆阳州之海口泻下，至甸基村入州治，奔腾澎湃，曲折潆洄，自南而东而北，入富民县界，经武定府，入金沙江，达川湖，下夔门，会大江而入海也。

沙　河　源出富民县清水关，亘百余里，经龙马山至天津桥下，会入堂琅川。

望洋河　发源白鹤山，自西而东至双村，入呜矣河。

利资河　发源旧县左，自北而南至施家庄，入呜矣河。

呜矣河　发源龙洞，自南而北，经百里，望洋、利资两水合入，又十五里至通仙桥会流堂琅川。

〔据杨若椿修，段昕纂雍正《安宁州志》（清乾隆四年刻本）卷三《山川志》第9页辑录。〕

---

① 堂琅川　通作“螳螂川”，以川中有沙洲形似螳螂而得名。

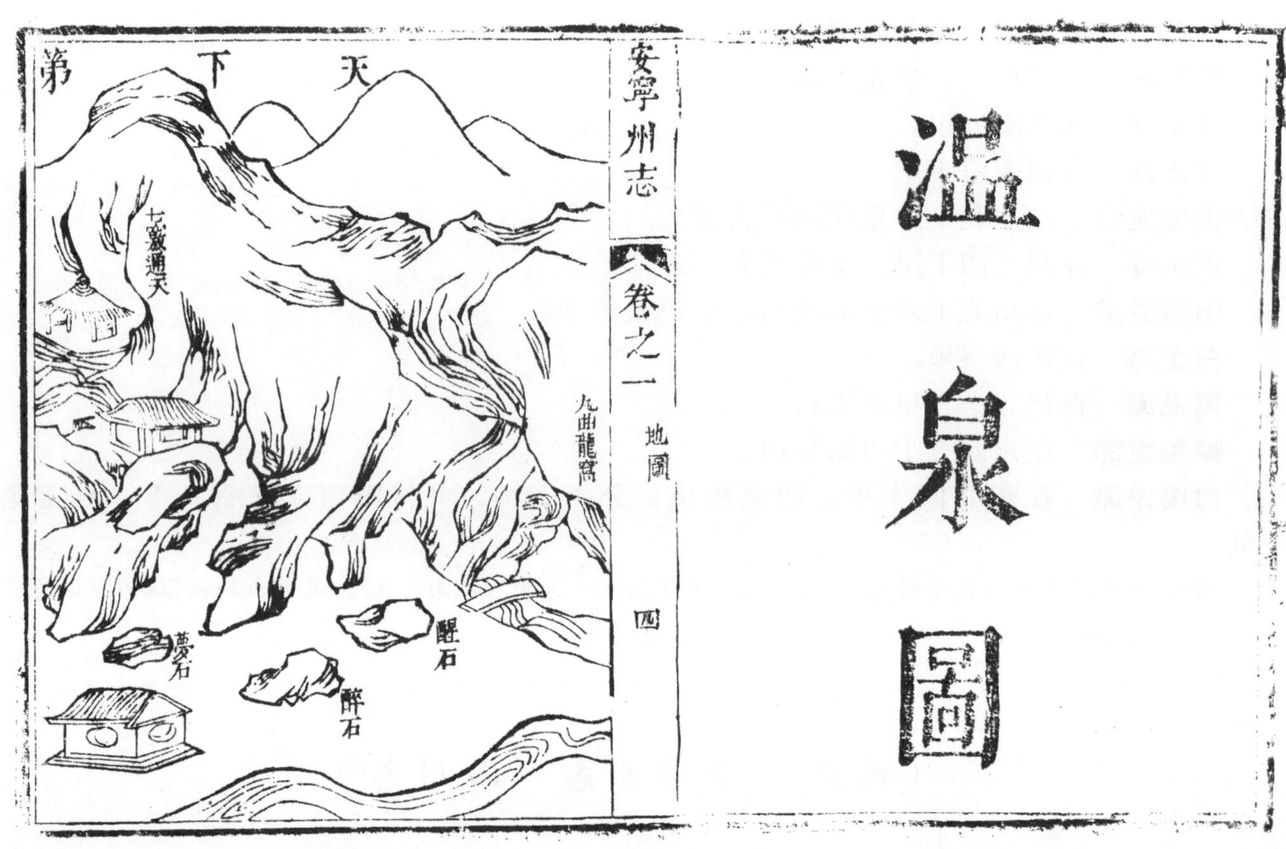

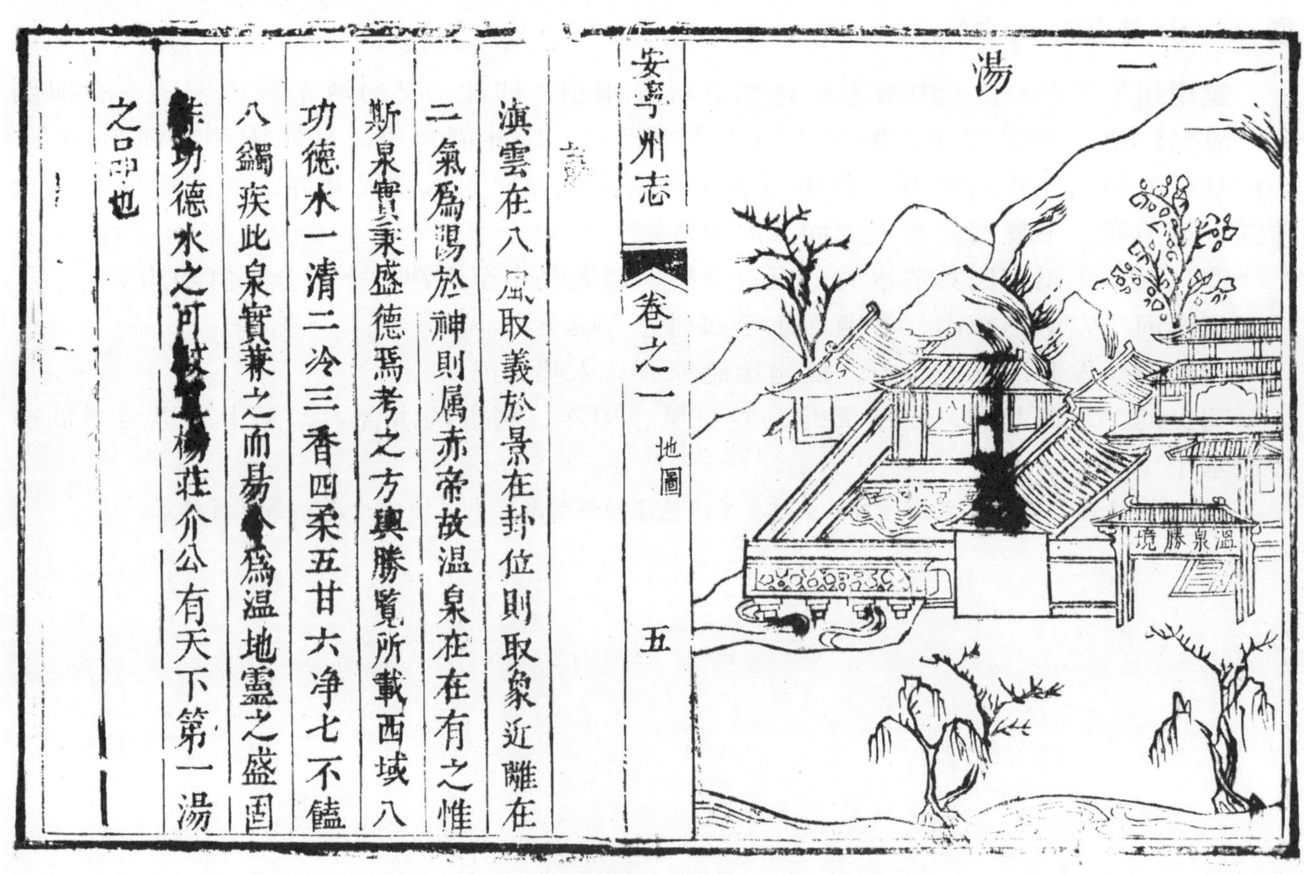

滇雲在八區取義於景在卦位則取象近離在二氣爲湯於神則屬赤帝故温泉在在有之惟斯泉實兼盛德焉考之方輿勝覧所載西域八功德水一清二冷三香四柔五甘六净七不饐八蠲疾此泉實兼之而易[illegible]爲温地靈之盛固非功德水之可[illegible][illegible]楊莊介公有天下第一湯之品也

（康熙）宜良县志·舆图志·山川

卷一　舆图志　山川（山略）

大池江　古名盘江。六凉[①]、路南，问津于此。

大赤江　治北五里。发源杨林之花鱼滩，流入县境，东注大地江。

江城江　治北十里。发源明湖，经汤池平原，入水井坡峡，出江头村，东注大赤江。

明　湖　即阳宗海也。

黑泥河　在竹山下，去县治五十里。旧道淤塞多年，康熙二十三年，知县李煜躬率开挖，自孙、王、吴三营，合者沟、高古马、张堡村、西村、狗街子、竹瓦仓一带田亩，资其灌溉。

九龙江　在纪良山。涌泉喷射，对之悚然。

铁　池　治南四十里。池中一石莹白如月，为八景之一，不复见。

黑龙潭　治西六里。

白龙潭　治西八里。

大龙洞　治东南十六里。

小龙洞　治东南十五里。

龙鱼洞　治北三十里。

浑水塘　在龙山之后。

清水塘　治北十里。

三道水　即盘江之上流也。昔分三支，今合为一。

三　滩　又名三叠水，在三道水上流。

鱼　沟　铁池之北。治南三十里。

汤池渠　明初西平侯凿，一境皆食其利。

冉公渠　治西北十五里。由野鸡哨导泉至靖安哨。万历十三年，知县冉维藩浚。

文公堤　明湖水至县境，从山谷中出，东注盘江，佥事文衡临流叹曰：洋洋一水，可置之无用乎？委知县伍多庆、指挥汪玺，筑堤障水南流，迤逦至城下七十余里，溉军民田二百余顷，岁久壅塞。康熙二十六年大水，邑侯高公捐俸，亲督人夫开挖，挖广七尺，深一丈，水患永息，军民赖之。

温　泉　一在治西五里，俗名澡塘。旧仅有二池，千戎谢大章防守宜邑，始列垣以别男女，筑廊以蔽风雨，而浴者称便焉。年久颓废，知县高士朗捐俸修葺，复虑男妇裸体于天日之下，因植石柱于池中，上覆以亭，下周布石板，汗滞尽除，虽晴雨寒暑，沐者感宜，且亦免秽亵之愆矣，为八景之一。一在汤池，一在治北贾龙，一在治南小里营。

黄龙潭　治西八里。

〔据黄澍纂康熙《宜良县志》（郑祖荣点校，云南民族出版社2011年版）卷一《舆图志·山川》第12页辑录。〕

---

① 六凉　通作“陆凉”，今名陆良。

（乾隆）宜良县志·舆地志·山川

卷一 舆地志 山川（山略）

大池江 在城东四里，古名盘江，俗号大河。发源霑益州花果山，经陆凉流入本境，旋绕七十余里，至红石崖，名铁池河。

大赤江 在城北五里。发源杨林花鱼潭，东入大池江。

大城江 在城北十里。源出旧阳宗县明湖，至县境，从山谷中流出。明初开渠引导，日久湮塞。嘉靖间临沅道文公讳衡，檄知县伍多庆、指挥江玺，筑堤障水南流，凿涵洞七十二，由江头村至栗者村东，抵乐道村，入大池江，绕溉五十余里，人民德之，名曰文公堤。国朝康熙二十六年，大水冲坍，知县高士朗捐俸开挖，广七尺，深一丈，水患永息，至今利赖。

黑泥河 在城南五十里竹山下。旧道淤塞，国朝康熙二十三年，知县李煜复加开浚，田畴利泽。

涀桥河 在城西五里。源出土潦冲，会九龙池水，分南北直泻土桥河，灌溉田亩，东注大池江。

白龙潭 在城西七里黄保村山下。潭仅尺余，水涌如沸，灌溉一方田亩，遇旱祈祷立应。

大龙洞 在城南十五里。水出山腰石孔中，其下半里为小龙洞，较大龙洞稍狭，玉龙村一带田亩咸赖之。

大　闸 在城东二里。障九龙池水以资灌溉，知县高士朗开浚。

小　闸 在大闸南，障白龙潭水南流灌溉。

唐家闸 在城东二里龙王庙右。总束大、小二闸之水，南流灌田万顷。

汤池渠 在城西南三十五里。明洪武中，黔国公沐英于云南广开屯田，汤池旧为沟塍，广不盈尺，英令指挥同知王俊，因山障堤，凿石刊木，别疏大渠，导明湖水泄于大池江。其袤三十六里，阔丈有二，深称之，灌溉农田，大旱不竭。

冉公渠 在城北十五里，从野鸡箐引龙泉入靖安哨，明万历十三年，知县冉维藩浚。

新　渠 国朝雍正七年，鄂文端公以县辖高田缺水，洼田受淹，檄知县邢恭先审度形势，新开子渠，高下皆利。一在城东北五里五百户营之南，长五里；一在城东三里龙王庙北，长四里，以泻积水；一在庙南，长十里，宣泄诸水，使无漫溢，均下入大池江；一在城南二十里乾墩子，决大池江之水以灌高田；一在城北二十里，自江头村至前所，开浚深通。

九龙池 在城西五里岩泉寺山后。溉城西田亩甚广，然水势剽急，夏秋每有冲决堤防为要。

黑龙潭 在城东南二十五里。鱼类甚多，不敢擅取，树木甚密，不敢遽入。

白沙河 在城西南三里。发源白龙潭，溉西门外一带田亩。

清水塘 在城东十五里。其水常清，尖山一带田亩资之。

潢水塘　在城东十五里龙山后。田高塘低，用水车挽水灌注。

铁　池　在城南十里。池中一石，莹白如月。

龙鱼洞　在城北三十里小李营。水极清浅，内有鱼数尾，约长尺余，见人不避，人亦莫敢取，称白龙鱼。

老鸦洞　在城东北三十里。深邃莫测，岸窠群鸦，故名。

黄龙潭　在城西八里。

鱼　沟　在城南三十里。

温　泉　一在城西五里，俗名洗澡塘。旧仅有二池，千戎谢大章始列垣筑廊，知县高士朗植石柱池中，上覆以亭，今圮。一在汤池，一在治北贾龙，一在治南小里营。

按：宜良水利，惟文公堤为大。源本阳宗海，自西而东，流出汤池。一里许，有河曰摆夷，自北而南，汇入海水，合为一流，夏秋水涨，砂土随流，壅滞海水，汤池田亩，每有淹没之虞，阳宗亦多所滞，而江头村下流需水之区，反不敷灌溉。每年初春，拨夫开浚，但止救目前，随开随壅，工力费而非久远之图。余相度形势，广询人言，须将彝河开挖改流，从上里许至魁阁北畔而下，将随流砂土冲去海水四五里外，则不但阳宗畅达，而河身涸出之地，尽成膏腴之产。计买田为河开浚工价，约需三千余金，所当从容筹画，此举一劳永逸，其利甚溥，诚宜良水利之要务也。

〔据王诵芬修乾隆《宜良县志》（《中国地方志集成·云南府县志辑22》，凤凰出版社2009年据清乾隆三十二年刻本影印）卷一《舆地志·山川》第433－435页辑录。宜邑之水，大池（南盘江）为主水。〕

（乾隆）宜良县志·山川志

卷一　山川志水利附

大池江　在城东五里。古名盘江，俗名大河。发源霑益州花果山，经陆凉流入本境，旋绕七十余里，至红石崖，名铁池河。

大赤江　在城北五里。发源杨林花鱼潭，东入大池江。

大城江　在城北十里。源出旧阳宗县明湖，至县境，从山谷中流出。明初开渠引导，日久湮塞。嘉靖间临沅道文公讳衡，檄知县伍多庆、指挥江玺，筑堤障水南流，凿涵洞七十二，由江头村至栗者村东，抵乐道村，入大池江，绕溉五十余里，人民德之，名曰文公堤，遂建祠曰文公书院，九月初三诞日祭之。国朝康熙二十六年，大水冲坍，知县高士朗捐俸开挖，广七尺，深一丈，水患永息，至今利赖。水利。

黑泥河　在城南五十里竹山下。旧道淤塞，国朝康熙二十三年，知县李煜复加开浚，田畴利泽。水利。

涀桥河　在城西五里。源出土潦冲，会九龙池水，分南北直泻土桥河，灌溉田亩，东注大池江。水利。

白龙潭　在城西七里黄保村山下。潭仅尺余，水涌如沸，灌溉一方田亩。水利。

大龙洞　在城南十五里。水出山腰石孔中，其下半里为小龙洞，较大龙洞稍狭，玉龙村一带田亩咸赖之。

大　闸　在城东二里。障九龙池水以资灌溉，知县高士朗开浚。水利。

小　闸　在大闸南。障白龙潭水，南流灌溉。水利。

唐家闸　在城东二里龙王庙右。总束大、小二闸之水，南流灌田万顷。水利。

汤池渠　在城西南三十五里。明洪武中，黔国公沐英于云南广开屯田。汤池旧为沟塍，广不盈尺，英令指挥同知王俊，因山障堤，凿石刊木，别疏大渠，导明湖水泄于大池江。其袤三十六里，阔丈有二，深称之，灌溉民田，大旱不竭。水利。

冉公渠　在城北十五里。从野鸡箐引龙泉入靖安哨，明万历十三年知县冉维藩开浚。水利。

新　渠　国朝雍正七年，鄂文端公以县辖高田缺水，洼田受淹，檄知县邢恭先审度形势，新开子渠，高下皆利。一在城东北五里五百户营之南，长五里；一在城东三里龙王庙北，长四里，以泻积水；一在庙南，长十里，宣泄诸水，使无漫溢，均下入大池江；一在城南二十里乾墩子，决大池江之水以灌高田；一在城北二十里，自江头村至前所，开浚深通。水利。

九龙池　在城西五里岩泉寺山后。溉城西田亩甚广，然水势剽急，夏秋每有冲决堤防为要。水利。

双灵泉塘　在东骆家营。塘有二孔，一呼一吸，泉如涌珠。

黑龙潭　在城东南二十五里。鱼类甚多，不敢擅取。

白沙河　在城西南三里。发源白龙潭，溉西门外一带田[①]亩。水利。

清水塘　在城东十五里。其水常清，尖山一带田亩资之。水利。

潢水塘　在城东十五里龙山后。田高塘低，用水车挽水灌注云。

铁　池　在城西四十里。池中一石，莹白如月。

龙鱼洞　在城北三十里小李营。水极清浅，内有鱼数尾，约长尺余，见人不避，人亦莫敢取，称白龙鱼。

老鸦洞　在城东北三十里。深邃莫测，岸窠群鸦，故名。

黄龙潭　在城西八里。

鱼　沟　在城南三十里。

温　泉　一[②]在城西五里，水温可浴；一在治西汤池，水沸气腥；一在治北贾龙，微温；一在治南小里营，微寒。

按：宜良水利，惟文公堤为大。源本阳宗海，自西而东，流出汤池。一里许，有河曰摆夷，自北而南，汇入海水。由山箐下达江头村，灌溉数万顷田亩。每年冬杪，拨夫开浚，历有成规。治斯邑者，慎毋忽之。

石马碛　在城北贾龙，距城三十里，为西碛十九村水利之源。水利。

獐子坝沟　灌溉北屯东碛十五村。水利。

北古城龙沟　溉古城十二村。水利。

〔据李淳重修乾隆《宜良县志》（云南官印局民国年间排印本）卷一《山川志》第6－10页辑录。该志多沿引前志，后3条为增补。附“水利”，并录之。〕

---

① 田　原本作“水”，据乾隆《宜良县志》改。

② 一　原本无，据乾隆《宜良县志》补。

（民国）宜良县志·地理志·山川

卷二　地理志　山川（山略）水利附

水则以大池江为主水。

大池江　在城东五里，俗号大河，为南盘江上流。发源霑益花果山，经曲靖、陆良、路南等县，盘折数百里，始西流入境。由大河口在县东北十五里。东折而南，又西经大村北，又西经茅草房，又西经蔡家营，又西经护国庵南，又西经土主山南，又西经半月山南，又西经密河城北，又西经安家桥入县境，又西纳龙洞水。在城西北三十里，源出贾龙东南山中，南流经宜良、陆良、路南交界中，南至小薛营，西经瓦仓，东南入大池江。其江之西由獐子坝沟，在城东北四十五里，灌溉北屯东礌十五村田亩。截水至瓦仓入江，江之东由安家桥龙沟，在城东北十五里，灌溉北古城十二村田亩。截水至水门沟入江，又西经陈家渡，又西北分纳大赤江、大城江水，详见后。折东南，左纳三台山水，源出三台山西麓，灌溉小渡口、木叉村田亩。龙冲、龙山水，灌溉梅子村、任家营、陈所渡田亩。老鸦箐水，在城东北三十里，深邃莫测，岸巢群鸦，故名。灌溉化鱼村、骆家营田亩。大龙洞、小龙洞水。《古今图书集成》：在城东南十五里，水出山腰石孔中，其下半里为小龙洞，较大龙洞稍狭，玉龙村一带田亩咸赖之。又东南流经陈所渡，又南经化鱼村，又东南经时家渡，又西南经马房渡、乐道村，又西南至狗街，北纳大城江南分水，又南经高古马渡，又南至竹山北，左纳黑泥河水。在城南五十里竹山下，发源草判村黑龙潭五眼洞，西北流入大池江。旧道淤塞，清康熙二十三年，知县李煜复加开浚，田畴利泽。南流至红石崖，名铁池河。在城南四十里，为大池江下流，池中一石，莹白如月，名曰“铁池夜月”，为邑中八景之一。自东北至西南蜿蜒于县境约七十余里，西南流绕竹山入澂江界，会八达河水，合流入粤。参《滇系》《通志》、旧《县志》。

其次则有大赤江。

大赤江　发源嵩明县属杨林花鱼潭，俗名十八盘。由正北入境。南流经石马礌，在城北四十二里。天然石岸，高约三丈许，泉飞瀑布，鱼类甚多，人莫能捕。又南经王家村西，又南经贾龙西，又南经北湾子，北折西流至北羊街东，右纳石门河水，在城北四十里。发源石梯山，又名石梯河，流至北羊街，入大赤江，灌溉田千余亩。半山河水。在城北三十五里。发源小宰格，河中产五色玛瑙、红色洒金砚石。流至北羊街入大赤江，灌溉田三百余亩。又南经吕广营东，又南经乐善村属路南。东，右纳大龙潭水。在龙泉寺北首，灌溉田数十亩。又南经金家营东，右纳小龙潭水。在龙泉寺南首，灌溉田百余亩。又南经梅家营西、旧县属路南。东，右纳黄龙潭、白龙潭、黑龙潭均属路南。诸水，又南经万户庄属路南。东，又南经河溪营东，又南经夏官营西，又南经北左卫营西，又南经江头村北，折东流至马家营南，右会大城江水。又南经蓝家营西，又南经高桥村东，折东流至长安村、段官村抵城北村东，入大池江。自正北而南而东，蜿蜒四十余里，沿江两岸田亩，咸利赖之，为西礌十九村水利之源。

又其次则有大城江。

大城江　在城西北。源出旧阳宗县明湖，北流为汤池渠，又东北经水井坡，从山谷中流出，北至江头村为大城江。折东南分为二流：其北支东北流，左会大赤江水，东南流入大池江；其南支东南流，右纳滉桥河水，在城西三里。源出土潦冲，会九龙池水，分南北直泻土桥河，灌溉田亩，东注入大池江。折东流，右纳白沙河水。在城西南三里，发源黄保村白龙潭。至鱼龙桥，又分为二：其东流东至龙王庙北，东入大池江。其南流经城东，至城东南，又分为二：东一支东至陈所渡西岸，入大池江；南一支南至乐道村，入大池江。明初开渠引导，日久湮塞。嘉靖间临沅佥事道文衡檄知县伍多庆、指挥江玺，筑堤障水南流，凿涵洞七十二，上自江头村，下至乐道村，绕溉四十余里，灌田数万亩，人民德之，名曰"文公堤"，又名曰"文公河"。清康熙二十六年，大水冲坍，知县高士朗捐俸开挖，广一丈，深七尺，水患永息，至今利赖。然仅至中截胡家营堰塘而止，其东向有老毛沟在城南十里，灌溉黑羊村以下田亩，流入大池江。以泄水，又东南隅有牛鼻古沟，在城南八里。长约二十里，自黑羊村至中所，俱赖此沟以泻水，东流入大池江。引水济田，年久均废。道光九年，汤池河源冲塌，居民另开子河，私为已有，署知县张安涛勘断公费，以子河为公河。十二年，知县吴均访河下游故道，由胡家营堰塘内筑堤，开挖二十余里，旧河全复。并开老毛沟以泄水，开牛鼻古沟以灌西南各村堰塘。由是大池江以西之南屯田，均得救济，每年村民出夫疏浚。民国九年，县知事王槐荣督绅马云翔，由谭官营村外另开新沟，以泄附近低洼积水，东入大池江，辟荒田数十亩，是年工竣。民国十年，县知事王嘉福督绅马云翔，又由南前所胡家营村外另开新沟，以泄老毛沟积水，东入大池江。县知事赵光焘赓续督修，是年工竣。

三江之外，则有明湖。明湖，在旧阳宗县北五里，俗名阳宗海。其界半属澂江管辖，半属宜良管辖，周围七十余里，云水苍茫，深不可测。相传有猪婆龙居其间，渔舟不敢中泛。东西两岸，山势陡绝。源出罗藏山东支西麓，曰弥勒石溪。合涧流为此溪，出弥勒石口，左会锦溪水，源出旧阳宗县西罗藏山北麓。潴为湖。又北，右纳七古泉水，在旧阳宗县西北七里，源出麦田冲，流经北斗村入明湖。又北，右纳日角溪水，一名芭蕉河，源出旧阳宗县西十五里觉卜山下。伏流入天生桥山腹，出为此溪，东北入明湖。又北，左纳陇邱冲河水。在旧阳宗县西北十二里。源出陇邱冲山间，流入明湖。自弥勒石西口，渐南纳大冲河水，源出旧阳宗县五里罗藏山麓。聚众涧为河，北流入明湖。又东北，右纳龙池溪水，源出旧阳宗县东五十里草甸。会大、黑两龙潭，双树泉诸水，入湫水洞，西北流过狮山、象鼻两山，西北至宜良，入明湖。又北为海口，东北流为汤池渠。汤池渠，在城西南三十里，明洪武中，西平侯沐春在镇七年，于云南大修屯政，辟田三十余万亩。汤池旧为沟塍，广不盈尺。二十七年丙子冬春，发卒一万五千人，令指挥同知王俊因山障堤，凿石刊木，别疏大渠导明湖水，泄于大池江。其袤三十六里，阔丈有二，深称之。灌宜良涸田数万亩，民复业者千余户。参《通鉴》《通志》。

按：《明外史·沐英传》：沐春镇云南七年，大修屯政，辟田三十余万亩，凿铁池河，灌宜良涸田数万亩，民复业者千余家云云。考铁池河系大池江下流，沐春所凿者系明湖，非铁池河也。特为校正。

汤池渠之北，则有摆夷河。摆夷河，在城西三十余里。源出嵩明县属杨林，北流数十里至皂角村下，合流入汤池渠。

又西则有续脉溪龙潭。

续脉溪龙潭 在城西北三十五里。源出石灰窑，广约丈余，水自山谷石隙中涌出，澈底澄清。村人建龙王庙于上，四时祭之，灌溉上下达村、禾登村一带田亩，南流入汤池渠。

又西北则有象牙水。

象牙水 在城西四十五里老毛村后。当夏秋之交，双溪喷出，遥望之如象牙然，灌溉七孔坡、大营、施家嘴一带田亩，南流入于明湖。

又西北则有双龙潭。

双龙潭 在城西北五十里木希村外。发源上李子箐，水流左右划分为二：一曰黑龙潭，石质黑，故水色亦黑；一曰白龙潭，石质白，故水色亦白。双流合而为一，灌溉田数百亩。

又东北则有三龙潭。

三龙潭 在城西北四十里下达村外。相距一二里之地，有龙潭三：上曰大龙潭，阔约二亩，树林阴翳，水色苍茫；中曰二龙潭，阔约一亩，周围砌石，澈底澄清，游鱼可数；下曰三龙潭，水自平地涌出，散漫横流，灌溉下达村、保郎村、禾登村、可保村、永丰营一带田亩。

右列诸水，参《滇系》《通志》、旧《县志》，循源溯流，了如指掌。其余不归统系诸水，另为缕晰如左：

白龙潭 在城西南七里上黄保村山下。潭仅尺余，水涌如沸，灌溉一方田亩。

黄龙潭 在城西八里。

上、下二龙潭 在城西北三十六里。发源栗园脚，灌溉北羊街、周家营田亩。

大龙潭 凡五：一在城东十里唐家湾，一在城东二十里瑞鸡村外，一在城西北三十里岔甸；一在城西四十五里前所村外，一在明湖海口右。

小龙潭 凡四：一在城西五里彩鸡箐，一在城南五十里王家营村外，一在城东二十里七星村外，一在城西三十里汤池街文昌宫右。

温　泉 凡六：一在城西北五里，名曰西浦温泉，为邑中八景之一，水清而热，无腥气。旧无房垣，清初，千总谢大章汛县，始营构之。康熙二十六年，知县高士朗重修，置男女浴塘二，周围建回廊，筑以垣塘，底砌以石，旁有冷水流入，温而可浴。民国七年，县知事王嘉福新建官塘四舍。一在城西三十里汤池涌金山下，名曰火龙泉，水沸如汤，可煮蛋熟，惟热气熏蒸有硫磺味，然浴之能疗疾，明杨升庵曾浴于此。沿山麓及汤池渠河底出者，约十余处。由火龙井东，置男女浴塘二，惟塘最低，宿水不能流出，泥泞垢秽，腥臭难闻。清光绪三十一年，岁贡生李正芳等倡修，砌石增高塘底，使水可更换，修整回廊，俾无渗漏，而气象规模迥异矣。一在城北四十里贾龙。一在城东南三十里南湾子。一在城南三十三里小里营。一在城南三十五里山脚营。以上四村，各出一泉，水均微温，灌田宜植蒲草，用以织席，滑软温润，人争购之。

九龙池 《古今图书集成》：在城西八里岩泉山后。东流合滉桥河水，东折入大池江。见《云南通志》。

观音洞水 在城西南十里挂榜山后，深约里许，洞中清泉长流，终年不竭。

石牛箐水 在城西八里，源出岩泉山后，东流至小坡脚，折西北流至滉桥河，会文公河水，东入大池江。

破箐井 在城内雉山半坡上，分上、下两破箐，味甘如醴，邑中之泉，罕有其匹。

清泉井 在城南三十里土官村外，泉自田畔涌出，村人甃为井，长六尺，阔三尺，深丈余，澈底澄清，水味甘冽，复凿沟渠，引以灌田，村人咸利赖之。

大黑箐水 在城东南三十八里土官村后，发源三岔沟，灌溉土官村、沈伍营、化所、南古城四村田亩，其水规另有碑记。

洋宝冲箐水 在城南四十里，源发大山坡，南流白莲寺，北至金锁桥，顺流入黑泥河，西南注大池江。

山冲箐水 在城南四十里，源出青草窚，流经山北里余，抵黑泥河，西南注大池江。

小桥水 在沈伍营南首，俗名新沟水，自田畔涌出，声如金石，长流不竭。

邑市屯河 在城北四十里，发源北山坡，西北流入嵩明县境嘉利泽。见《云南通志》。

捞鱼河 在城西北二十里，发源宝洪山西首，南流入呈贡县境。见《云南通志》。

米户河 在城西北四十里，发源分水岭，南流至岔河，入石门河，至北羊街，入大赤江，灌溉田百余亩。

永济河 在城北二十里，其地水利不兴，荒芜已久。清乾隆五年，梁祖武集各村会议，慨捐巨款，兴工开凿。自耿家营起，筑坝于东礅小河中，高丈余，长二十余丈，顶宽四丈余，引水上岸，开沟南流獐子坝、茅草房、先觉村、上下燕子窝，复西行至上、下河头营，折北向，经大、小薛营至陆良营，又折南，经王官营、小张营至瓦仓，入大池江，蜿蜒二十余里。至乾隆二十五年而工竣，计灌溉东礅十三村田约三千余亩。咸同间沟坝坍塌，水利几绝，后裔梁文钊兴修如旧。子汝荣又于光绪年间两次重修。参看“大池江”。

冉公渠 在城北十五里，从野鸡箐引龙泉入靖安哨。明万历十三年，知县冉维藩开浚。

新　渠 清雍正七年，鄂文端公以县辖高田缺水，洼田受潦，檄知县邢恭先审度形势，新开子渠，高下皆利。一在城东北五里五百户营之南，长五里。一在城东三里龙王庙北，长四里，以泻积水。一在庙南，长十里，宣泄诸水，使无漫溢，均下入大池江。一在城南二十里乾墩子，引大池江水以灌高田。一在城北二十里，自江头村至前所，开浚深通。

鱼　沟 在城南三十里。

北羊街上沟 清嘉庆年间开浚，引石门河水，沿六股箐，绕对过山至北羊街金鱼山，灌溉田百余亩。

贾龙官沟 清乾隆年间开浚，自石马礅下引大赤江水，流至林家湾，灌溉田二百余亩。

梅家营沟 在城西北二十里，清乾隆癸丑年开浚，自北羊街金家山后，引大赤江水环山绕箐，相沿二十余里，灌溉田四百余亩。

义安桥沟 在城东南十五里，清嘉庆五年开浚，引南龙口水至桥下筑坝，水分二支，一入化鱼村鸿雁塘，一入骆家营田亩。

玉液沟 在城南五十里竺山脚，清乾隆五十八年新修，至嘉庆二年告竣，引白龙潭水，凿山开浚，道经双龙沟山后、吴家营村后，凿一孔沿山而下，灌溉白莲村、化所、南古城、沈伍营、竹瓦仓、西村、狗街、章堡村、黄家庄、河者沟、义馆庄、高古马十二村田亩。

五百户营沟 在城东北五里，清光绪三十年，知县罗守诚垦辟荒田千余亩，特开此沟疏水东入大池江，官田私田，因以得济。

七星村新沟 清道光十二年开浚，引菱角塘水流入落水洞，系天然暗沟，经过大山后五六里，由本村旧龙潭涌出，灌田四百余亩。光绪十七年，由新庄子改修新沟，尤称便利。

大沙沟　在城北八里，引大赤江水灌溉段官村、城东村、城北村田千余亩，余水泻入大池江。

大　闸　在城东二里，障九龙池水以资灌溉，清康熙间知县高士朗开浚。

小　闸　在大闸南，障白龙潭水南流灌溉。

唐家闸　在城东二里龙王庙右，总束大、小二闸之水，南流灌田万顷，东注大池江。

石　闸　凡七：一在城西南八里黑羊村外，上下各一道，障大城江水，灌田七百余亩；一在城西南十六里桥头营东北，民国元年新筑，障老毛沟水，灌田约五千亩；一在城西南十三里哈喇村外，民国四年新筑，障老毛沟水暨哈喇村围水，灌田约八百亩；一在城北七里蓝家营南首，俗名三岔沟，引大赤江水灌溉蓝家营一带田亩，东南流入大赤江；一在城北五里长安村东首，引大赤江水灌溉长安村一带田亩，南流大赤江尾，东折入大池江；一在城东南三里龙王庙外，民国四年城东村段朝卿等倡首新筑，灌溉庙东田百余亩，照六水分旧规，轮流放水；一在城东二里，为尚王吴营五村公闸，筑于围堤之东南，偶遇江水暴涨，用以防潦，俱泻入大池江。

夜涵洞　在城北五里朱官营西北，为文公堤之支流，洞口高二尺八寸五分，宽一尺五寸；洞尾高三尺一寸，宽二尺二寸五分，较他处涵洞为大，日入则开，日出则闭，故名夜涵洞。灌溉城东村、城北村、段官村田约三千余亩，并蓄水以放堰塘。

鱼鳞坝　在城西北八里上栗者村北。

瓦仓石坝　在城北二十五里瓦仓东首。

响水石坝　在城东北三十五里。由大池江开浚，灌溉车田、大村、蔡营、中村、摆衣村、前所一带田亩。

〔据许实编纂民国《宜良县志》（民国十年排印本）卷二《地理志·山川》第15－26页辑录。〕

（康熙）路南州志·山川志

卷一　山川志（山略）

黑龙潭　在州南十余里。水流数里，与白龙潭水合，绕州南下。明嘉靖间，州守邹国玺筑堰开渠，东南田亩获济，碾磨皆赖其力。每春王[①]八日，牲醴奠于潭墟，游人毕集。夜则潭清月皎，水天相印，八景谓“龙潭夜月”即此。

白龙潭　在州东北十五里。其水清冽，行十里，与黑龙潭水合为巴盘江。今昌乐堰即此水也。

照镜泉　在州南。

休柔溪　在州南。

叠　水　在州西南三十里。岩高千仞，瀑布飞流，声如霹雳，每日午有五色光烛空。

巴盘江　在州东南郭外。发源黑、白龙潭，襟带城池，众水会聚，屈曲盘旋，形类巴字，故名。又云濛川。

---

① 春王　指代农历正月，语出《春秋》。

铁池河　在州西三十里。源自陆凉，经宜良至竹子山，会巴盘江尾。

温　泉　在民和乡境。村名贾龙，其水温和，有硫磺气，浴之除疾。上有温泉寺。

〔据金廷献修，李汝相等纂康熙《路南州志・山川志》（民国十七年李秉钧据清康熙五十一年刻本补钞重校石印本）第23页辑录。金廷献，奉天广宁人，监生，康熙四十四年（1705年）任路南知州，在职七年，清慎廉明，修文庙，设义学，编保甲，催科不扰，听讼无冤，开渠筑堰，士民咸颂。此志即金廷献深感“独路南原无成帙志书可考”，召集文人绅士，亲自主持编纂，从省志、府志中摘录有关路南州地方史料，广泛搜集旧志残篇和档案卷册，并访问地方长老以获取事实，仿康熙《云南通志》分类编排，康熙五十一年（1712年）刊行，为路南（今石林县）至今保存完整的第一部县志。乾隆《路南州志》卷一《山川志》皆沿引该志，不赘录。〕

（光绪）路南州乡土志・水系

第五编　水系

铁池河　自霑益州打鸟哨发源，经曲靖府、陆凉州、宜良县至红石岩。在州西仁德乡，距城五十里。西过竹山至席家渡，距城一百里。南流四十里至禄丰村，距城八十里。纳巴盘江，又南十里，纳马料河，入宁州之婆兮江。

巴盘江　发源双尖山。西折二十里至双龙坝，距城东门里许。南折十里为永定坝，又十里为板桥，又南十里为叠水，又二十里至竹山，又三十里至禄丰村，入铁池河。

小龙潭　发源张、董二庄，州北三十五里富安乡。南流十五里为天生桥，又十里至鱼龙坝，又南十里会双龙坝，入巴盘江。

永济河　无源，夏秋雨甚，则自十里箐阿怒山南流十五里至北山，又十里至北门外，西流四五里绕蝙蝠山，折而东南流五里至三板桥，入巴盘江。

几湾河　发源秧草凹，至铺兵村，州西十五里仁德乡。南流五里为几湾河，复二里会三台山、来保二哨箐河，西循象牙山五里至官庄，又十里至板桥，入巴盘江。

小者乌龙潭　距城十五里，州东南宝山乡。发源清泉山，西流二里至大者乌龙，经观音坡脚绕山嘴，南流入巴盘江。

马料河　发源冒水洞，亦名休柔，州东南三十里宝山乡。西南五里过小戈丈，会大湾箐水，为马料河，又西四五里过桃溪村，为焕桥，入巴江。

月牙山河　发源怒栖、属弥勒界。泰来诸山，北流二十里至大村，又二十里至小沙河，经大可村前为月牙山河，西北流十里为矣马伴，西行十里过磨盘山，入巴盘江。

大村龙潭　在州东北三十里。南流五里至乐尔村，或为大阿艺林村。西南五里经天生桥，会张、董二庄水，入巴盘江。

普拉河　自陆凉天生桥，州东北富安乡，距城四十里。东过圭山、经路南境六十里。南入弥勒之圭盘江。

〔据光绪《路南州乡土志》（石林彝族自治县史志办公室编《云南石林旧志集成》，云南民族出版社2009年版）第五编《水系》第11页辑录。〕

（民国）路南县志·地理志·山川

卷一 地理志 山川（山略）

路邑无长江大河，中有数流，环绕境中，可资灌溉，旱不为虐，潦不为灾，堪称乐土。水之大者曰铁池河。铁池河，即大赤江，又名大池江。自霑益州打鸟哨发源，经陆良、宜良至红石岩，在治仁德乡，距城四十里。过竹山外，至徐家渡，距城百里。南流四十里至禄丰村，纳巴盘江，距城八十里。入黎县之婆兮江。春夏水涨，宽十余丈，秋冬枯落，涸至丈余。向有船渡，石滩险恶，不能通运。

其次曰普拉河。普拉河，自陆良至天生桥，治东北富安乡，距城四十里。东过圭山，经路南境六十里。入弥勒县圭盘江。

又次为巴盘江。巴盘江源《续云南通志》。谓发源于城东北三十余里大豆傍村，即大村。实则发源于城北四十里之站屯，流经和磨站，南汇大村龙潭水，仍南行至大小阿艺林，即乐尔村。西出天生桥复折而南，经鱼龙坝至堡子，而白龙潭水归焉。至小乐台旧，而黑龙潭水又归焉，是为巴江。

马料河 发源冒水洞治东南三十里宝山乡。南十里。过小戈丈村，会大湾箐水，为马料河。又南四十里，过桃溪村为焕桥，归巴盘江。

几湾河 发源土官哨。治西十五里仁德乡。南流十里，汇桃家箐、秧草凹、铺兵村、三台山诸水，为几湾河，东过象牙厂十里至官庄，又十里至板桥，入巴盘江。

小 河 发源树密沼。城南八十里宝山乡。北流二十里至泰来厂，又十里至大村，又二十里至大可村，西五里为月牙山河，又十里至小夹马伴，经桃溪村，入巴盘江。

会通河 发源西北隅之土官哨。由十里箐经阿怒山至大麦地庄，绕城西北行至三板桥，入巴盘江。

民乡小河 自新庄南流，经河湾过耿家庄，至三脚村附近，入大赤江。

大龙潭 发源于大龙潭村。至大矣马伴，下会小河之水，在桃溪村附近入巴江。

甸尾河 自拖沟南流经甸尾村，至柴石滩附近，入大赤江。

〔据马标修，杨中润纂辑民国《路南县志》（民国六年排印本）卷一《地理志·山川》第11页辑录。该志从省府志各门中涉及路南的部分辑录相关资料，分类排纂，补入民国近期查找到的文书档案及征集到的口头资料，依类别和时间顺序编排。〕

（民国）路南县乡土志草本·水

铁池河 自霑益州打鸟哨发源，经陆良、宜良至红石岩，在城西仁德乡，距城四十里。过竹山外至徐家渡，距城百里。南流四十里至禄丰村，纳巴盘江，距城八十里。又南十里，纳马料河，入宁州之婆兮江。春夏水涨，宽十余丈；秋冬枯落，涸至丈余。向有船渡，不能上下通行。

普拉河　自陆凉至天生桥，城东北东区，距城四十里。东过圭山，经路南境六十里。南入弥勒县圭盘江。

巴盘江　发源双尖山，城东北十五里，东区。西折二十里至双龙坝，距城东门里许。南折十里为永定坝，又十里为板桥，又南十里为叠水，又二十里至团山，又三十里至禄丰村，入铁池河。

小龙潭　发源张、董二庄，东区，南流十五里为天生桥，又十里至鱼龙坝，又南十里会双龙坝，入巴盘江。

马料河　发源冒水洞，城东南三十里，南区。南十里过小戈丈村，会大湾箐水，为马料河。又南四十里过桃溪村，为焕桥，至禄丰村入铁池河。

矶湾河[①]　发源于三台山，城西十五里，西区。南流十里，为矶湾河，东过象牙厂十里至官庄，又十里至板桥，入巴盘江。

〔据民国《路南县乡土志草本》（石林彝族自治县史志办公室编《云南石林旧志集成》，云南民族出版社2009年版）第718页辑录。〕

（民国）路南县地志·河湖泉

第九编　河湖泉

巴盘江　全长一百六十里，经过本治一百六十里。发源于城北四十里之站屯，经和摩站，南汇大村龙潭水，仍南行至大、小阿易林，西出天生桥复折而南，经鱼龙坝至堡子，而白龙潭水归焉，至小东台旧，而黑龙潭水又归焉。由是蜿蜒南行，经禄丰村而入于铁池河。极宽处二丈三尺。

铁池河　全长五百余里，经过本治一百九十余里。发源于霑益县之打鸟哨，流经陆良至本治东、北两区，南流经宜良折入本治红石岩，过竹山外至徐家渡，南流四十里至禄丰村，纳巴盘江入黎县之婆兮江。极宽处三丈左右。

普拉河　全长六十里，经过本治六十里。发源于陆良县之天生桥，东过圭山，入弥勒县圭盘江。极宽处一丈五尺。

月牙山河　全长六十余里，经过本治六十余里。发源南区树密沼，北流二十里至大村，又二十里至小沙河，又十里至月牙山，又十里经矣马伴里许入巴江。极宽处二丈。

几湾河　全长二十二里，经过本治二十二里。发源西区秧草凹，南流五里为几湾河，复二里会三台山、来龙哨、保家哨诸箐水，西循象牙山麓五里至官庄，又十里至板桥，入巴江。极宽处一丈五尺。

马料河　全长十余里，经过本治十余里。发源南区冒水洞村后五里，会大湾箐水为马料河，又西四五里过桃溪村，为焕桥，里许入巴江。极宽处一丈五尺。

会通河又名永济河。全长二十余里，经过本治二十余里。发源治西北十余里，夏秋雨盛，则自十里箐、阿怒山南流至北山，又十里至北门外，南西流四五里绕蝙蝠山，折而

① 矶湾河　光绪《路南州乡土志》、民国《路南县志》皆作“几湾河”。

东至三板桥，入巴江。极宽处五尺。

民乡小河 全长五十余里，经过本治五十余里。发源北区梅子箐杨桥，流经耿家营，至三脚村入铁池河。极宽处一丈五尺。

兑冲小河 全长五十余里，经过本治五十余里。发源马龙县境，流至小兑冲北五六里，入山腹里许，由南面天生桥涌出，经小兑冲门前入铁池河，为小河口。极宽处一丈五尺。

〔据路南县劝学所编辑民国《路南县地志》（石林彝族自治县史志办公室编《云南石林旧志集成》，云南民族出版社2009年版）第九编《河湖泉·云南路南县山川河形势表一》第737页辑录。该志原以图表形式分列县境川河形势，今以文本叙述。〕

（康熙）嵩明州志·地理志·山川

卷二 地理志 山川（山略）

嘉丽泽 在州东南十五里。众水交汇，周百余里，流入寻甸。

龙巨河 在州东十里，即龙济河，源出寻甸果马山。

福祐河 在州北三里。发源白草龙潭，明刺史刁尚义建石闸于上，今迹犹存。

弥良河 在州西五里。

宽即河 在州东三十里。

对龙河 在州西南四十里。两泉对流，百步始合归河。

西冲河 在州南三十里，俗名老贾河。

玉龙河 在杨林界。源出屼岣山，收黄龙潭、天生桥水，至老余屯，分东、西、中三河。

以上诸河，皆流入嘉丽泽。

牧漾河 在州西北五十里邵甸内六甲。源出朵革，南流入滇池。

盘龙江 在州西北五十里邵甸外四甲。源有九十九泉，合流蜿蜒入滇池，可通舟楫。

白草龙泉 在州北十五里。

莲花池 在州南十五里。

大龙潭 在州南三十五里杨林界。

罗锦泉 在州东十里罗锦村。

石洞泉 在州南十里上矣铎村。有背阴河、猫眼潭诸胜，州人于上巳修禊。康熙五十年，刺史吴宝林建分水闸于河。

弥雄泉 在州北三十里弥雄山下。

月自本泉 在州东三十里。

清水塘 在州东十五里。

练灯村龙潭 在州南八里凤溪山下。

菱角潭 在州东二十里。

盟 泉 在州南城外古盟台下。

龙纳潭　在州东二十里。

金钩倒挂溪　在州南一里。

丹凤眼泉　在杨林东山下，一名白马泉。水高于地，不涸不流，行人便之。

黄龙潭　在州南金马山，一名天生桥。州守吴宝林建庙于上，三月辰日，里民致祭。

双龙溪　在杨林。两溪合流入砚池、蘸墨池中，为文笔胜概。

天池泉　在杨林城内。广可数亩，蓄水不涸，居民便之。

老贾坡泉　在杨林北，其水入酒助味。

泮池泉　在杨林鹿元书院前，其水甘洌。

马上饮水泉　在州南石羊山路傍。水自山流下，注入石盆，行人马上可以饮之。

毒水泉　在州南三十里大鼎山，相传饮之伤人。

鱼洞泉　其泉有三：一在州北十五里常湾冲，一在州西邵甸白邑村，一在州北朵革村内。产细鳞鱼，每于山水涨时出。

三道景河　在州东十里罗锦村傍，即龙巨河上流。其水潆洄三道，为嵩明诸水之胜。

响　水　在州西三十里。自邵甸至杨林路间，其水瀑布千丈，声闻数里。

黑依排沟　在州南十五里大有村，源出弥雄山。明成化间，州民王庆导众开之，流经黑依排，蜿蜒七十余里，四时不竭，载在古碑。

铜壶滴漏溪　在州城北门外。

双龙潭　在州东城外。双潭对流，树木森阴。

〔据汪熙修，任洵等纂康熙《嵩明州志》（民国二十二年钞本）卷二《地理志·山川》第5－7页辑录。〕

（乾隆）东川府志·疆域志附山川

卷四　疆域志附山川

金沙江　距府城西一百五十里，《通志》作二百五十里，距巧家城西北三十里。秋夏水长时，江面阔三百余丈，为滇蜀分界。按张机《北金沙江考》源出土番共龙川犁牛石下，谓之犁牛河，即古丽水。其流出铁索桥，东经丽江府巨津、宝山二州，又东经鹤庆府、北胜州、姚安府，又自武定府北界，经黎溪州，蒙氏僭封为四渎之一。又自武定下流入济惠部，夷人錾木槽船，以通往来行旅，遂名金沙渡，又名纳夷江，又名母鲁乌苏，又名黑水。本朝乾隆二年奉上谕查开通川河道，经总督庆复、巡抚张允随檄查于乾隆六年于天地自然之利开千古闭塞之江等事案内，将巧家木租山厂木筒发运重庆泸州售卖并议上运铜斤，下运油米，即于是年拨大碌厂铜试运。七年题请开修，委楚雄府陈克复、丽江府樊好仁，随同迤东道宋寿图为总理，东、昭二府为协理，带同候补人员徐雯、刘国祥等分段管修。十四年经钦差九门提督舒赫德、湖广总督新柱查勘水运，由汤、大两厂陆运一站，到象鼻岭小江口上船到绿草滩上岸起拨，过蜈蚣滩上船到横木滩上岸，陆运二站，到对坪子滩上船到滥田坝起拨三百步远上船，直到永善之河口，转运黄草坪，内有蜈蚣、横木等滩，险峻不能飞越，又滥田坝无可开浚，三次起拨费力且沿江一带俱属披沙野夷出没之处，不免惊心，是以奏请停止水运，仍归陆运。

牛栏江　即古堂琅江，距巧家北二百余里阿朵村。晋明帝太宁元年五月，宁州刺史王逊遣将军姚岳击败李骧追至此，骧兵赴水死者有千余。江面阔二十余丈，长一千余里，发源于嵩明杨林驿，出寻甸七星桥，入东川车洪江，下至郑家村渡口，下用天车绞水灌田，经威宁色黑界，出火作、火红，由昭通雒马厂出老鸦潭，入金沙江，中多崖石，鲜舟楫。

车洪江　即车湖江，一作车红，或作车翁江。受寻甸车湖之水，又受马龙州城外嵩明州秀嵩湖水，两水并汇于车洪，过七星桥，达摆额，在东川府城东一百二十里。江为东川之江，水仍车湖之水，故又以车湖名之，流经马摆，则名马摆江，流至牛栏，又名牛栏江，流经巧家，与金沙江合。

小　江　阔四五丈不等，长一百余里，受阿汪诸水，会于三江口，经象鼻岭，入金沙江。在则补、崇礼乡灌溉沿江田亩，距城三十里。

璧谷江　或名碧古者，非是江。两壁夹深谷，江从中出，故名璧谷。受寻甸果马、车湖、倘甸、仓溪诸水，汇于三江口，奔流深险，入金沙江。土人结藤而渡，即所谓绳桥也，距西南一百三十里。

腊溪江　离府城一百二十里，又一站，上建壬申桥，被火焚，今募复建，为前知府夏昌所开新路必由之地，江亦牛栏江分流。

以上江六处。

义通河　源出以濯河头，起于马鞍山下，汇小龙潭水，经府治西门，又经北门，转旧土城东，过石嘴、矣式、梅子箐，抵华宜寨，入中、右两河，长三十里，阔丈余，深七八尺不等。乾隆二十一年，知府义宁详请借项建分水大堰一道，高宽各五尺，引以里河水，归义通河。于三家村安过水涵洞一口，泄旧府旁各山箐水，灌溉五龙募、水城、龙潭左边田亩，归鱼洞河口。于龙潭村当中安过水涵洞一口，泄后山箐水，灌济校场面前一带田亩，归鱼洞河口。于金钟山前安过水涵洞一口，泄后山箐水，灌济校场坝一带田亩，归街子河，汇鱼洞河口。于校场坝安泄水闸口一道，归街子河，入鱼洞河口。于西城角安过水涵洞一口，泄西来寺后山箐水，灌济鲁机村门首田亩，归沙滩河，汇鱼洞河口。于北门炮台脚下安过水大涵洞一口，泄城内过街楼西门外一带水，灌济北门外一带田亩，归街子河，汇鱼洞河口。于北门外安过水大涵洞一口，泄城内东南西门一切水，灌溉亮水塘一带田亩，归海子河，汇鱼洞河口。

按：义通河二闸及五涵洞，有泄无蓄，启闭以时，并设水约经管，沿河设立水碾七盘。

第一盘　在旧校场旁。

第二盘　在鲁机村东。

第三盘　在鲁机村东旁。

第四盘　在鲁机村东旁。

第五盘、第六盘、第七盘　俱在鲁机村东角。所有水碾七盘捐建，分给学宫修葺一盘，关帝庙香火一盘，城隍庙香火一盘，书院修葺一盘，书院作膏火二盘。以上六盘，详明归公，余一盘给前任朱参将孤寡养膳，以前此开河，多出于朱赞画之力也。

块　河　在则补。源出至租厂，由寻甸顺流入小江，会泽县设税口于此。

普渡河 在则补法戛。阔五六丈，长百余里，源出武定，经东川入金沙江。

古生河 在则补。源出金龙厂，阔二丈余，长九十里，入小江。

麦则河 一名白泽河，受惠沙溪、麦则夷溪水，经野木山，入以濯河。

新 河 有三条，在府治北，离城三里。雍正六年，知府黄士杰请领库帑开挖，列数有三，名中、左、右。一从马五寨，由以车出鱼洞，计长二十里，为左河；一从华宜寨至水城，计长二十余里，为中河；一从拖乐村，由马厂出鱼洞，计长二十余里，为右河。分泄蔓海水，入以里河。

沙 河 在北门外，又名沙滩河。

街子河 亦在北门外，沿流入义通河。

以濯河 原名矣濯河，夷名水曰“矣”，谓交曰“濯”，即水交之，谓待补河与矣濯相会，今更孺歌“以濯”亦雅。受待补各箐溪水，阔五六丈不等，经马鞍山，过府城西十里许疙蚤山，入纳雄山峡，出金沙江。

小 河 在待补。源出鲁租村，并三十里箐，合雉鸡箐水，入以濯河。

革黑河 在待补。源接各箐支流，阔丈余，长二十里，入车洪小江。

车乌小河 在待补。源出多着村，阔一二丈不等，长四十里，入车洪江。

黑水河 源出孤海村龙潭，归阿汪河，入小江。

阿汪河 在清宁里。阔二丈，源出寻甸，经功山。

横山小河 源出待补以式箐，归阿汪河，入小江。

阿衣鲁小河 在待补。

老口河 在则补。源出会理州，入金沙江。

普车河 一作普翅河，在则补向化里。源出乐隐山，入小江。

中厂河 在则补。源出雪山，入普车河。

五竜小河 在则补。经花沟，入三江口。

硝厂河 源起卡狼箐，并大麦冲，出石门坎，汇窝堵及头道河至硝厂，名硝厂河，该地民人建木坝引灌新垦田亩，归牛栏江。

岔 河 在可柯，灌田。

小 河 在可柯，灌田。

苏东河 〔在〕宁靖里。发源于大水塘坡下，经白革村对面，并海山河，过卡竹三家村，合几落河，又纳白土泥水，入三岔河，经杨桥冲至木多、尹伍、苗子村，入落水洞。

以上河二十四处。

麦则夷溪 源出麦则夷村。合惠沙溪水，经野木山，入以濯河，距城南一百里。

渭齿化溪 源出寻甸清水海。《通志》载出云弄山下，经云弄山，汇麦则河，归金沙江，距府城西南一百里。

訰渠溪 俟考。

惠沙溪 距城东北一百里，入东川甸中潴为泽流，入訰渠溪。

以上溪四处。

温 泉 在城西南二十里云弄山下。水自石嘑（罅）中仄出，清如鉴，热如汤，天然石棚石池方丈许，因甃上、中、下三池，水热有差，知府萧星拱建亭，继任增修不一。

轩阁因势曲折多幽，致浴四时皆宜，毫无气息，食之味甘而厚，地名一线天，又名热水塘，土人以“温泉柳浪”为一景。水经九十九渡，归碧谷江。

温　泉　在葛藤山下车洪江尾。水从山下出，极热，作硫黄气，土人春时祭之祈子，流入江。

香　泉　出城北可柯村。

以上泉三处。

笔峰山箐水　知府义宁挑筑沟坝，引灌箐口塘、犀牛塘、法起戛、上下鲁机等村田亩，在者海东三十里。

梅子箐水　有灌溉，汇翠屏山五小溪，流入蔓海，在城北十五里。

梅香箐水　有灌溉，距城南九十里，流入以濯河。

雉鸡箐水　有灌溉，距城南八十里，流入以濯河。

卡狼箐水　有灌溉，流入三道沟。康熙二十七年，者海禄秉忠伏兵破走小安氏于此。在城东三十里。

三十里箐水　距城南一百一十里。水绕出牯牛寨，有灌溉，流入以濯河。

小江箐水　有灌溉，长六十里。两山壁立，一径中穿，不堪并马，水声喧杂，罕闻人语，密树交阴，少见天日。箐在城西三十里。

马蝗箐水　行者经树下，必以袖蒙面乃免毒螫。距城西一百四十里，有灌溉，流入以濯河。

花沟箐水　距城西二百四十里。有灌溉，即小安氏败死处，水流入小江。

小戛箐水　灌溉楚鲁戛田亩，注阿汪河，入小江，归金沙江，在则补集义乡。

那戛箐水　灌溉本村鲁补业田亩，在则补。

牯牛寨箐水　灌溉密那姑、起戛、烟山、绿树朵、新村等处田亩，在待补集义乡。

滥泥箐水　距巧家城东一百里。流入米粮坝小河下游，资灌溉。

九十九道湾箐水　在巧家，仅艺杂粮。

倭铅厂箐水　在者海，灌本村田亩。

革舍冲箐水二道　在者海，今开田。

大桥箐水三道　即前府义宁建闸塘处，灌田甚多。

以上箐十七处。

施家打板村水　有灌溉，阔丈余，长五十里，流入尹五，出寻甸。

葫芦口水　灌溉本村大寨田亩，在则补。

大米粮坝沟水　源出鲁虐村北及本村两处龙潭，灌溉甚广。

白雾山脚水　灌溉本村田亩。

鲁雾山脚水　灌溉本村田亩。

崖洞山脚水　灌溉本村田亩。

那咩村水　灌溉本村田亩。

红路村水　有灌溉，源出府城，在巧家木城南三十里。

鲁土白山水　灌溉普毛田亩，在则补。

黑路村水　灌溉本村田亩，距那姑四十里，泉流最远，知府义宁相度筑堤堰引注。

以上水十处。

纨素沟 在绥宁门外。受翠屏山水，流入义通河。

桃雨沟 在丰昌门外。受金钟山水，流入义通河。

浣沙沟 在城内正街东。

金梭沟 在城南门至北门。

捣练沟 在城内正街西。

三道沟 在城东四十里。

大小沟 在西落雪厂。汹涌迅疾，势可漂牛，澄澈清冷，味带冰雪，沉物水中，不浣自洁。

得济沟 在米粮坝，源出鲁虐村。

花　沟

豹子沟

铁籐沟 在城西南集义乡。

却币沟 在城北归治里。

深　沟 在城西南集义乡。

法土沟 在城西崇礼乡。

后　沟 在城东北输诚里。

铁　沟 在城西向化里。

那姑沟 旧闻那姑地方田亩缺水灌溉，往往歉收，是以彼耕此辍，民人转徙，从无定业。后查密树卡出有龙泉、大水沟二股，发源高阜，由此开沟引水，转流至那姑，填濠筑坝蓄水，以资灌溉，源远流长。内有全系泥土者，或有碎石夹杂，及陡险石岩处所均须开凿，并于那姑地方修筑坝塘涵洞，以资蓄泄。前府义宁兴修，经部驳后摄府廖复详准销银七百三十三两七钱八分六厘，约开成田一千余亩。

自密树卡起，由大丫口至那姑坝塘上，沿山开凿洞四千一百丈，开阻滞石岩三百四十九丈，凿偏陡生根清滑石一千一百五十六丈四尺，宽三尺一二寸不等，深三尺四五寸不等。又开凿石沟二百一十三丈，均宽二尺四寸，深二尺四五寸及一尺七八寸不等。碎石相兼沟一千一百五十六丈四尺。开挖土沟三千九十四丈六尺，宽三尺，深三尺一二寸不等。

修筑栏水月亚土坝一道，坝身长，外面湾长八十丈，里面湾长七十五丈，内涵洞三个，分位长三丈，宽一尺，挖土夯筑。做法：用木刨挖中心为槽，上下合镶成枧，安放坝内泄水，谨司启闭，有均水石表。

狮子沟 在那姑汛房前，灌田。

水泉小沟三道 在巧家营，灌山田。

顺江大沟三道 在巧家营，灌沿江田。

大水沟村水沟一道 在巧家，灌本处田。

那姑七朵大水沟 灌四处田。

山半坡水沟一道 在蒙姑大朵村，灌田。

以上沟二十三处。

青龙洞 自青龙山半绕石室行上数武，巨石攒簇，中开大孔，梯而下，敞如夏屋。天光微露，水声自出，石乳云飞，燃炬入至深处，几席榻盎诸器，皆巨石生就，愈进愈狭，幽奥莫测。在城北十里青龙山，沿山晓知开垦。

鱼　洞　在城北十里。水自石肚中流出，入以里河，中产鱼，渔者每燃火入取之。灌溉甚多。

小石洞　高一丈，广倍之，下出泉，可灌溉。在城西南集义乡。

龙潭洞　凡四乡本城龙潭，多由山洞奔流而出，导引灌溉，共有十四处，见后“潭类”。

岩　洞　城西那姑云弄山腰数百丈，有石洞，阔容四五百人，中愈下愈狭，相传为那姑修炼处。

落水洞　岩洞西十里有垤，高广不过数十丈，上流那姑数十里之水尽归宿于此，流入石罅，噌吰有声。或言与小江通，夏秋水暴至，罅细不能受辄泛滥，积潦经旬，田亩淹没。山本中空石窍，亦可疏凿，今饬头人大加开挖。洞在城西四十里崇礼乡。

野猪洞　高如城阙，中空，上多怪石。旧为盗穴，在格色道中，今谕头人不时查缉。

金钟山洞　一名石鼓山洞。

绛云露山洞

鬼　洞　在者海发落村山后，夷民不时祭赛。

以上洞十处。

饮虹潭　汇义通河，灌溉蔓海田亩。出城西饮虹山麓，知府义宁导流入于河，并新龙王祠，有记。

灵壁潭　一名九龙灵湫，仍旧《志》之讹，以为灵壁，其实在翠屏山，山引流入城，灌溉园圃。乾隆十九年旱，知府义宁求得之蔓草中，拓治浚导始大。

大箐潭　一名东山泉，引入宝云两局。旧《志》载释真一开，引东山涧泉入城，至今利之。

牯牛寨龙潭

大寨龙潭

拉立村龙潭

黑龙潭　在府城西南二百余里壁谷坝达德村。水从山半涌出，灌溉颇多。

蒙姑潭　在则补善长里，灌溉本村田亩。

鲁虚潭　在大米粮坝。有二，四时不竭，灌溉甚多。

鲁木得潭　在大米粮坝。泉清涌出，四时不竭，灌溉甚多。

以博溪潭　在巧家城南四十里，资灌溉。

玉碑地潭　在集义乡，灌本村田。

补之落潭　在巧家城南二十里。

六里村龙潭　在米粮坝，资灌溉。

以上潭十四处。

大米粮坝堰　在巧家城南二十里。

义通河分水堰　在马鞍山下。

那姑土堰

者海六处成功堰

小七坝堰　在苏东河边三岔河，即苗小七建。

杨桥坝堰　在苏东河尾杨桥冲口木多，由民建木坝。

以上堰六处。

犀牛塘 在城东侧八十里者海。周里许，受各溪箐水，深不可□[①]，引二十余丈未到底，中有巨石，状类犀牛。有大鱼，长丈许，巨口粗鳞，见者多不利。民间沿水筑塘。

鲁木得塘 在大木粮坝。周六七十丈，深四五尺，灌溉鲁木得村田亩，筑塘便行路。

乐理塘 在崇礼乡那姑。乾隆二十一年，知府义宁凿引密树下水注其中，灌乐理村田亩，筑塘以护土埂。

以上塘三处。

义通河堤 随河曲折，阔六七尺，沿堤栽柳树。

以里石堤 雍正癸丑，知府崔乃镛筑。长二百三十丈，宽八尺，高四五尺不等，开水洞七眼，木桥二座，拨厂项成之。缘以里一路，为汤丹孔道，贩负驼运，络绎不绝，夏秋雨水泛溢，行人苦泥泞，崔公注意，殆非一日，继因地震山崩，各处壅泛，乃拨帑兴事，不日告竣，记在《艺文》。

以上堤二处。

蔓海东石闸一座 知府义宁建。

鱼洞闸 在北门外十里。汇三河，义通河水放入，以里河最关蓄泄之大，岁加修浚，乾隆二十一年，知府义宁建。

以上闸二处。

蔓　海 一名濯缨湖，在府城北门外。由西至东，长二十余里，自北而南，阔十里许。崔《志》载周三十里，一望芦苇浸波，潴中产鱼虾芹荇菱角，土人亦资以为利。积年朽苇沉没水中，盘结如地，人行其上，动摇不定，以竹竿探之，深入一丈五尺余仍未至底，引出竿头，不带土泥。五六月积雨，则涨而为湖，泛滥洋溢，四畔田土，俱苦水害。雍正六年，知府黄士杰挖河三道，泄水归以里大河，报垦成田，熯以火，鼓以风，培以土，肥以粪，数年之间，屡获丰收。又于乾隆二十一年，经知府义宁详借公项开成马鞍山前小河，蓄泄三十里，灌溉益有所资，盖因此一区之地，上承义通河之源以为华池，中接中、左、右之新河以为决渎，下又出鱼洞河以为尾闾，然上承者恐浅，浅则山水暴发，浮沙虚土，乱草枯木，乘流挡塞，不免冲决。中接者防淤，淤则容水无多，一遇溪流迅至，浑水停蓄，不免填积，又况河流水势不敌以濯河之流急，新河之流缓，一遇水发，缓流之泥沙尚不能出，急流之土石转冲而入，河尾安得不高？利源安得不塞？为今日计，惟有先将泄水之鱼洞河修浚深通，乃无后患；次修义通河，就原宽河面挖深，便取泥土于岸，岸高而河益深，土厚而岸愈固，此一举而两得也；又次修三河，亦以原深为限，将上年之淤积挑出培岸，同一修义通河法，再恐田底有积年蔓根，未免虚浮，即用此淤积之客土，填浮面之虚泥，久之，而在在着实，履之无动摇，粪之无渗漏，虚实相得，新旧交成，河益深，岸愈固，土愈坚，此一举而三得也。从此水乡可永远为膏腴之产矣，土人以“蔓海秋风”为十景之一，今更曰“蔓海秋成”，盖纪实耳。

野马川 即饮马川，旧制东川岁贡马四千匹，此其饮马处也。距城西南一百三十里，周围五十余里，草青水涸，一片淤泥，人传地冷风寒，不宜垦种，今亦渐艺杂粮，为上省必由之路，铺松板，藉行人。明嘉靖间，巡抚游居敬大破土目阿堂兵于此。

---

① □ 原本漫漶不清，疑为“测”字。

东川十景（录五）

龙潭夜月

饮虹云阵

温泉柳浪

青龙残雪

蔓海秋成

〔据方桂修，胡蔚辑乾隆《东川府志》（清光绪三十四年重印本）卷四《疆域志》第9-23页辑录。凡江六处，河二十四处，溪四处，泉三处，箐十七处，水十处，洞十处，潭十四处，沟二十三处，堰六处，塘三处，堤二处，闸二处。方桂，字友兰，湖南岳州府巴陵县人，壬子举人，乾隆二十五年（1760年）由临安知府调任东川知府。〕

（嘉靖）寻甸府志·提封·图分·川

卷上　提封　图分　川

磨浪水　在旧为美县西三十里。

螳螂河　出府北五里，有灌溉之利。

阿交合溪　在府东十五里。其源有二，一出嵩明州，一出马龙州，至府东南五十里，合流入霑益州界。

清水海　在府城西三十里，亦名车湖。广长四里，周围皆山，诸水交汇处，且有灌溉之利，即“西海澄清”，寻甸之一景也。额课银四两，以资驿所官吏俸钞。诸山中皆乾㑩罗流住，劫掠为生，深为府患。嘉靖二十七年，内总府养马户张金、杨六十者，图海尾、海头等荒田告为庄户，併海课而归之。噫！课不足惜，而利之入总府亦几希，切恐贻祸不浅也。

温　泉　在府城南五十里，俗呼热水塘。

可郎江　在府可郎马大河。二道，一道自东从普按来，一道自北从可度来，二水共流于可革，从西流出款庄至武定府金沙江。

宁革江　在府款庄马西，出云南海尾。

矣部乌泉　在府北四里，俗呼冷水塘，下流至沙淋甸村。

按：图分所以约民数，村分所以定民居，而屯田也者，又所以足军食而卫民生者也，固皆不可无。至于山之峙，川之流，若无意于民者，然而或拥蔽于后先，或环抱于左右，风气于焉而钟灵异，于焉而毓物产，于是乎生人才，于是乎出其有关于人、家、国也大矣，故《记》曰：仲春之月，不竭川泽，不漉陂池，不焚山林。可以赞化，此王道也。观乎此，则先王之顺于山川者，亦何莫而非为民也哉！

〔据王尚用纂修嘉靖《寻甸府志》（上海古籍书店1963年据宁波天一阁藏明嘉靖刻本影印）卷上《提封三·图分·川》第11-13页辑录。〕

（康熙）寻甸州志·山川志

卷三　山川志（山略）

车　湖　一名清水海，在城西三十里。四面皆山，其水澄碧，深处不可测，纳四溪之水，出空山，而入金沙江。虽时雨泛涨，不能淆其清，中产鲦鲔，南亩之浸灌赖焉。

归龙河　在城南三里。由西而南而东，润导田数百顷，自明崇祯间，忽直下而东，一无曲折。

牛栏江　□东江曲折处也。在城东十里，自嵩明来，由北而东，与马龙河□□□□□□。

马龙河　自马龙城南口，会于七星桥。东为车江，入四川水道。

三龙泉　在城西十里，详《名胜》。

矣部乌泉　在城东五里，即洗马河源也，一名冷水塘。自凤梧山发脉入七星桥，至沙林，分二派下车江。

温　泉　在城西北百里沧溪。一在城南三十里，即南谷温泉处，详《名胜》。

龙　泉　在木密城。

白龙洞水　在城北五里，即龙潭闸。

磨浪水　在旧为美县西三十里。

虾蟆塘水　在城东二里，为州之玉带水也，归于兔儿河。

黑龙潭　在果马一甲。

阿交合溪　在城东十余里，即牛栏江也。

〔据李月枝纂修康熙《寻甸州志》（故宫博物院编《故宫珍本丛刊》第227册《云南府州县志》第2册，海南出版社2001年据清康熙五十九年刻本影印）卷三《山川志》第7页辑录。〕

（道光）寻甸州志·山川志

卷三　山川志（山略）

牛栏江　在城之前，又名阿交合溪。发源于果马里，受果川诸水，逶迤而南入嵩明界，过秀嵩湖，复自南而北五十里，始入寻甸界。又数十里，与马龙水合，过七星桥，至著乌村，流入霑益州界。至得扯，流入东川府界，名车洪江，下至郑家村，经威宁色黑界，出火作、火红，由昭通乐马厂出老鸦潭，乃入金沙江。

可郎江　在那厘里，又名蟒蛇河。发源于普安，民皆夹岸而居，至三甲，会沙朗、柯渡、乐郎诸水，绕环翠湖洗衲黑山而下，会款庄河，流入武定之普渡河。

宁革江　在城西南一百六十里，流入昆明界。

玉带河　在城北门外。环绕如玉带，开于明嘉靖年建石城之后。本朝雍正六年，知州崔乃镛重修。乾隆三十年、三十一年，知州舒瑞龙、德坤先后再修。嘉庆二十四年，知州陈心一又修。屡被水泛，砂砾壅塞。道光七年，署知州孙世榕率署吏目吴全督工挖修，筑堤完固。

归龙河　在城南三里。由西而南而东，自明崇祯间忽直下而东，一无曲折。

洗马河　在城东四里。夏月营马于此洗浴，故名。

螳螂河　在城东五里。发源于白龙洞，又名兔儿河。

马龙河　在七星桥。发源于马龙州城，自车江入四川水道。

八庆河　在城南二十里。发源于老八箐，自西而东，流入牛栏江。

三涧河　在城南三十里。源本三支，至石头嘴合为一。

至租河　在至租村。发源于亦郎里之长坡，受数十溪水，至至租始大，逶迤东北流数十里，经东川块河，入会泽县之小江。

倘甸河　在城西北一百三十里。发源于黄草岭，由西而东而南，复西流入武定之三江口。

款庄河　在款庄。

板桥河　在隆丰里五甲响山。至南屯，与香炉山之泥河水合，东北流过板桥，行二十余里，乃入马龙河。

车　湖　在城西三十里，又名清水海。四面皆山，其水澄碧，深处不可测，纳四溪之水，出空山，而入金沙江。

潘所海　在城西十五里。天旱水涸，一望青莎，夏秋水涨，汪洋可观。每水落时，天必阴寒，渔人历验不爽。

阿交合溪　即牛栏江。

老鹳窝水　在玉屏山之右。出石峡中，循山腰东流入牛栏江。

虾蟆塘水　即玉带河。

白龙洞水　在城北五里，又名龙潭闸。

天心洞水　在城东二十五里白排村银锭之顶。有方池，宽数亩，深十余丈，四时不涸。

磨浪水　在果马里西三十里。

珍珠水　在青龙山。其水出如珍珠。

矣部乌泉　在城东五里，又名冷水塘。

三龙泉　在城西十里。

绿波泉　在甸头里坝者村。筑堤为池，广数亩，四围杂植松竹，池种菡萏，为山村小景。

龙　泉　各里皆有，惟大小不一。

温　泉　州境有五：一在南谷，一在沧溪，一在倘甸，其二在那厘里。

乳泉泽　在倘甸里香水庵上。

双龙潭　在城东十里。

龙马潭　在城西南六十里太平庵山下。

青龙潭　在城西八十里。

黑龙潭　在果马里一甲。

玉龙潭 在中和山上。

漾月池 在倘甸里香水庵下。

冷水潭 在城东五里，又名矣部乌泉。发源七星桥，下流为洗马河，分二脉入车翁江。

土官塘 在城南十余里。广袤数里，四时不涸。

〔据孙世榕纂修道光《寻甸州志》（国家图书馆藏民国年间钞本）卷三《山川志》第15－17页辑录。〕

（民国）禄劝县志·地舆志·山川

卷二 地舆志 山川

禄劝之水，金沙江环绕西北凡三百里，掌鸠河自北趋南凡二百六十里，普渡河自南趋北凡三百二十里，两河直贯地面，中心为幹河，然幹河之流行远支河之流入自多，既考订幹河之源流，必连支河之源流而考订之，庶一览而全县之水瞭如指掌矣。

掌鸠河，消纳一县之水，故叙河道，以掌鸠河为始。

掌鸠河 在县北二百二十里旧撒甸同知地，西北五十里长麦地之南。夷名胡桃哈。由长麦地南流五里，左纳侈老河水。侈老河，在县北二百二十里，源出侈老坝子头。又南流四十里，左纳撒甸河水。撒甸河，在县北一百七十里，源出撒甸坝子头。又西南流十里至上易竜，为三道河。又南流十五里，左纳书溪河水，至中易竜，为二道河。书溪河，在县北一百二十里，源出书溪山脚。又西南流二十里，右纳易竜河水，为岔河。易竜河，在县北一百二十里，源二：一名东溪洟，源出幸邱山之右，俗名安栽河；一名勒溪洟，源出九道河头，流至古城。即废易竜县。两溪交会，名易竜河，又东流十五里，为岔河。又南流五十里，左纳团街河水，右纳骂拉河水，为鹧鸪河。鹧鸪河以下始名掌鸠河。鹧鸪河渡，为三、四、五区往来及会川入省要路。团街河，在县北一百里，源二，一出养老误山，一出茶花箐。骂拉河，在县北七十里，源出邢庸。又南流二十里，至石牛卧水。石牛卧水，在县北五十里，河中突起二石，形肖牛，故名。为县八景之一。又南流五里，右纳甲甸河水。甲甸河，在县西北四十里，源出甲甸坝子头。又南流三里，至双龙桥，左纳跨兴河水。跨兴河，在县北三十里，源出跨兴坝子头樟木箐。又南流三里，至镌字岩。岩上刻凤氏家谱，详《古迹》。又南流十五里，至鲁溪，右纳康宜河水。康宜河，在县北十里，源出凤氏寨子桂花箐。又南流十里，至县城东三里，右纳盘龙河水。二水交流，绕城三面，水交会处，有鸠水迴澜。盘龙河，在县南二里，源出罗次县白花山，流经九厂，又东北流三十里，至武定城东，为鸠水河，左会鹞鹰河水，为盘龙河，东流下虎跳滩，又东北流十五里，至县城南，又东流五里，与掌鸠河会合。鸠水迴澜，在县城东三里白塔山下掌鸠河内，其水自为旋转，故名。为县八景之一。又南流二十里，至缉麻境，右纳冷村河水。冷村河，在县南二十里，源出武定县东南罗家庄小龙潭，东流为冷村河，又东流入禄劝界，纳铺西河水，至缉麻境，入掌鸠河。又南流五里，至狮子口。狮子口，在县南二十五里，两山环绕，水至此忽跌落数丈，因右山肖狮，左山肖象，故河名狮子口，山名象山。又南流十五里，与富民河交会，名三岔河。富民河，在县南六十里，源出滇池西北，流经安宁为螳螂川，越罗次界，至富民南门外，为富民河，北流入禄劝，与掌鸠河交会，名三岔河，由三岔河以下名普渡河。又北流四十里，至打基村，左岸有温泉一塘，名温泉浮玉。温泉浮玉，在县东六十里，水温热可沐浴，因水花由水底冲出，水面如玉漂浮，故名。为县八景之一。又北流三十里，至普渡河渡口。普渡河渡口，在县东六十里，为六区往来要道，通东、昭，达寻、巧，渡人最多，故名。东岸上昔普渡汛遗趾存焉。又北流八十里，右纳崇仁、昔名补知。转龙昔名他颇。二河之水。三水交会，名三江口。崇仁河，在县东一百二十里，源二，一出本属三家村，一出寻属海㕍村，折西入禄劝，至崇仁、狗街交会，故名崇仁河。转龙河，在县东一百八十里，源出巧属，南流至寻属小虎街，折西入禄劝，至转龙，故名转龙河。又北流八十里至大渣，左纳竹茂河水。竹茂河，在县北一百六十里，源二，一出卓干山羊曹箐小鱼沟，一出撒拥山六沟箐，二水交会，为竹茂河。又北流十五里，右纳乌龙河水。乌龙河，在县东北二百六十里，源出乌蒙山顶，西流入普渡河。取水者必屏息，稍有声，水即不能入器。又北流六十里，交会金沙江。

金沙江 在县西北三百里滇蜀交界，一曰若水，一曰绳水，一曰泸水，源出丽江府西北旄牛徼外，以产金沙，故名。由丽江入巨津州北境，又经顺州之南，而入永北界，从南而东，入姚安之北境。又东，历武定之北境、禄劝之西北境，又东达四川之会理，西南而合泸水，于是金沙江亦兼泸水之名，由会理而南，即武侯五月渡泸处也。两岸峻极，俯视江流，如在井底，烟瘴拍天，冬月行人过此，亦皆流汗，惟雨中及夜渡乃无误。由禄劝而东北流，经东川、昭通府境，又东北经马湖府南，为马湖江，又东流至叙州府东南，为长江。蒙氏异牟寻封此江为四渎之一，祀在武定，有神祠，今废。元太弟征大理，过大渡河，至金沙江，乘革囊及筏以济处，盖在丽江府之北。一说在永北境。又元至顺初，捌思班讨云南叛者诸王秃坚等，夺金沙江，遂直趋中庆，云南平。所夺盖在武定、姚安间也。详《艺文志·金沙江考》。统计禄劝内地之水，由掌鸠消纳入普渡，由普渡消纳入金沙江，其有不由此两河消纳而直接入金沙江者有小河二，一曰夹岩小河，一曰白占斗小河。夹岩小河，在县北二百二十五里，源出长麦地之北，北流入夹岩，直下入金沙江。白占斗小河，在县北二百里，源出荃麻箐，北流至鲁纳㕍，入金沙江。

〔据许实纂修民国《禄劝县志》（民国十七年排印本）卷二《地舆志·山川》第17－22页辑录。〕

玉溪市

（乾隆）新兴州志·地理志·山川

卷三　地理志　山川

窑沟河 在州东南三里。源出平顶山后，迳州城南至金官屯，西北入大溪。

哨　河 在州东南六里。源发石灰窑，北经平顶山，东过灶君坡，合撒喇河，入大溪。

撒喇河 在州东南八里。源发乾海子，北流经灵照山下，至灶君坡，会哨河，入大溪。

西　河　在州北五十里。源发昆阳州酸水塘，西入铁炉关河，会母猪箐龙潭水，南流出刺桐关，经陈家屯，合奇梨溪，入大溪。

密罗河　一名奴喇河。源出密罗村，经甸尾，入嶍峨，见《通志》。在州西南三十里，北行经密罗村，过禄匡城及大营屯，会牟溪水，西入大溪。

香柏河　在州东北七十里。发源蒙习山晋宁州分界处，经安花芋苗村，至小矣资，入大溪。

东山河　在州南三十四里。源发曲陀关，南行东折，过梁海村，合东山湖水，东南下河西县碌碑乡。

甸苴河　在州西二十里。发源尖山，受甸苴山谷水，北流入大溪。

清水河　在桤木岭下。源发光山，水清而驶，东流折而南入大溪。

蚂蟥箐河　在州西北三十五里。注矿塘箐诸山泽，南流黄草坝，折而东，有落水洞，入山腹中，不知所往，或曰出奇梨溪，未知是否。

良江河　在州西北三十五里良江村。东受两山潦水，南行入大溪。

大溪河　一名玉溪河，在州北五里。源出夹雄山，绕西南，过罗麽、奇梨二溪，出嶍峨县，入曲江，见《通志》。溪源有二：一出江川兽头山，西流经河西夹雄山，北流入江川普妙乡，出小矣资；一由香柏河行山谷中，经大矣资，西流至小矣资。两水合流西行，过王鸣喜，撒喇哨河水注之。至下戴家屯，白龙潭水注之。又南行至康阜桥下，罗木箐水注之。至通年桥，奇梨、西河二水注之。至金官屯，窑河水注之。至大营屯，牟溪、密罗二水注之，折而西下甸尾村，入山际中，黑龙潭水注之。又南行，甸苴河水注之。又南，良江、清水二河注之。经嶍峨城下，东南过河西碌碑乡，关河东山湖水注之。由龙马槽大山，复嶂巨石为限，溯湃而下，经通海矣过村，入建水州曲江，至宁州，达阿迷州巡检司，合盘江水，出罗平，达广西泗城府，经广东，入南海。

罗木箐河　在州东北二十里。自晋宁州大堡入嶍峨，见新《通志》。按溪源出响水，行蒙习山阴，南流过北山白云寺，西折经龙门村，折而南至康阜桥，流入大溪。

牟　溪　在州南十五里。源出和尚湾山左，西流经牟溪冲，西北过梁王坝，经高仓，西流至大营屯，合密罗水，入大溪。

罗麽溪　源出罗麽山白龙潭。由白塔山后，会小龙潭水，北流经普具笼城，南折过下戴家屯，入大溪。

黑龙潭　在州西十五里龙吟寺。窈深莫测，多佳鱼，遇天旱，吐潢水即雨。

白龙潭　在州东北二十五里。

小龙潭　在州东北二十二里。

黑龙潭　在州南二十五里。土州判王迪吉筑堤障水灌田。

黄龙潭　在州北二十二里石霞庵右。

九龙池　在奇梨山麓。池聚九泉，分灌赤壤，见中溪《通志》。一名奇梨溪，岩石间潺潺流出，聚为一泓，清可鉴发，南流至陈家屯，会西河水，折而东入安流桥，出通年桥，合大溪。

莲花池　在州西北二十里。流入大溪，见中溪《通志》。旧多莲藕，故名。

石观音池　在州东北二十里。水冬温夏凉，上有梵刹，古木蓊翳，幽静可人。

龙井泉　在州西关外。水清不涸，昔人以杉木甃之为井。

双林泉　在州东北二十里双林寺。有五色鱼，穿蒲织藻，游人觞咏其上。

酸水泉　一在州东十五里小矣资河，一在罗木箐河，随地涌出，味涩，与河水异，投以酸角椒糖，可解暑。清明后，州人酌水修禊。立夏后，经雨则止。

畔龙泉　在州西十里甸心村。旧立畔龙县于此，有卤水可煮为盐，今废。微出清泉味甘，为河沙积淤，失其故地。

玉　湖　在故研和县东南。池周三里，东山之西，塗潦既尽，镜水浮空，渔舟一叶，细鳞入网，佳景也。

〔据任中宜纂修乾隆《新兴州志》（清乾隆十五年刻本）卷三《地理志·山川》第5－8页辑录。按《凡例》："山川名胜古迹，悉照《一统志》详加考证，阙者补之。"〕

（康熙）宁州郡志·山川志·潭硐

山川志　潭硐

恩永河　治西南五里。

浣　江　治西二里。

茶部冲河

青龙潭

白龙潭　治北五里。

龙潭河　治北七十里。

七犀潭　治南九十里。

黑白龙潭　治北七十里。

小鱼沟　治北六十里。

双龙潭　治西十五里。

龙井河　治东九十里。

必旦龙潭　治南九十里。

矣度亩龙　治南八十里。

雷音硐　治南五十里。

灵岩硐　治北八十里。

〔据严敬原纂，马世俊增订康熙《宁州郡志》（梁耀武主编《玉溪地区旧志丛刊·康熙玉溪地方志五种》，云南人民出版社1993年版）第9页辑录。〕

（光绪）宁州志·水

水附桥梁

恩永河　旧《志》云在城南五里。源出恩永山西北石岩下，盖伏流也，水涌如沸，昼夜不息。南有巨石，峙如层台。下有大穴，嘉鱼潜其间，一名大龙潭，一名海眼泉。《通志》谓恩永河在城西，水出山麓。海眼泉在城南恩永山麓，水自石洞中出，分而为二，误矣。壅为沟二，北曰铜沟，南曰金沟，州人利之。潭上有龙神祠，二月上辰，聚旅祈报，哀丝毫竹，临水兴怀，玉爵金尊，倚岩长啸，几于游鱼出听，醉客忘归矣。潭西北岩下有风潭，入春必涸，不可溉也。耕耘毕则溢浊水，为农人害，故谓之风龙潭云。恩永河迳恩永山东，西纳平地马家冲、团山之水，东过小山桥，大沙河之西北哨入焉。大沙河导源黑箐哨，迳四家村西文几山，东过沙桥，而入于恩永河，文笔山、卓旗山之水东南入焉。恩永河迳郭家营北，东过石桥，又东过前所桥，纱帽山之水南入焉，小沙河之水东入焉。小沙河，源发西华山，迳石笏山东，过新桥而入于恩永河。又东过山口桥东，为浣江水。山口，纱帽山之支麓也，入登楼、萃云、紫芝山者，每取道于此，比于谷口，非不雅驯也。近人乃以山斗北易之。

浣江河 旧《志》云在城西三里。《通志》云在城南，误。源导甸苴关，西南过飞虹桥。飞虹桥，一名半月桥，桥畔有大树，轮囷轇轕，自桥西蔽于桥东，如飞虹之饮涧也，又如月之上弦时也，土人名其树为弯腰树。王城《奇树记》。东北纳梅子铺、山塘、石头寨、冲妹、双月潭、小路囊、养牛寨之水。双月潭，在冲妹南，双源发于潭底，初出时如径寸珠，渐大如车轮，潭色深黑，源色影碧，如贮冰壶，其中文鱼、锦绣鳞皆从壶中游泳，四畔惟见荇藻围绕也。没亦以渐而小，一源没则一源随出，光景色潭，无累黍差，观者莫不诧异。又东过黄澄桥，旧为州人黄澄所建，禄氏大书“陈氏世桥”，立石路旁，至今犹呼为黄澄桥也。王元瀚《修黄家桥记》。又西迳圣水庵北，圣水南入焉。圣水庵，一名茶庵，水出茶庵南，煮茗极佳，僧人海源建造于此，供人行饮焉。又东迳狮子山北，过青龙桥，头髪箐北之水东住焉。又东纳沿圹之水，迳松树园西，青龙潭水、白龙潭水入焉。白龙潭旧《志》在城北五里。水东出江心，青龙潭水西出江畔，二龙潭水皆涓涓不绝，上浮如珠，冬夏常青，不混泥滓。近青龙潭居者，村以潭名矣。潭北二岸，多杜鹃花，花开如锦，州人谓花溪口。南过浣江桥，桥南畔有土主庙，平畴中高阜隆然，左右古树阴浓，杜宇来时鸣其上，好事者倾耳不去。盖不异携斗酒双柑听黄鹂语时也。头髪箐、缘岭庄、西溪冲、杨家寨、三家寨之水东入焉。高茶寨之水过卢公桥南，野梅一树，屈曲相限，十月间香雪披拂，恐灞桥驴背无此点缀也。王元瀚《浣江》诗、张纲《古府啼鹃》诗、刘礼国《古庙啼鹃》诗。浣江水又东过通济桥，旧名霁虹桥。南有斗母阁，阁东有观音阁，迳城西华盖山之水，过双凤桥、护龙桥西入焉。浣江水又迳城南，过玉带桥，会恩永河水，过山口桥，迳金银山下，会龙珠河水。

龙珠河 源导分水岭，东纳稗子沟茂地村之水，东纳矣戈恒河之水。矣戈恒河，导源相见坡，过矣戈恒河桥，入于龙珠河，迳钵盂冲、葫芦冲，过天生桥。天生桥在奇峰秀石间，过者如游，苍岩翠壑，不知其为桥也。东纳阿泥寨之水，又东北纳西山竜陇亩、新城、大平地之水。又东纳矣纳冲、萧家寨之水，至龙珠岩迅流直下，飞泉洒雪，如匹练然。龙珠河岩，一名蕊珠岩，《通志》以为巅岩，误也。两岩平分，中矗一峰，南北二水出焉，土人谓之二龙戏珠。迳沙锅村东，西纳铁革、法昧、莲花塘、赵家河之水。赵家河水，源发五老峰，迳赵家坟，过五桂桥西，入于龙珠河。张西铭《蕊珠宫岩瀑布》诗，本朝刘联魁《蕊珠岩观瀑布》诗、《新建钵盂冲天生桥碑记》，张纲《蕊珠岩瀑布》诗。

龙珠河、浣江、恩永河，自是合流为爪水。爪水者，谓水流作爪字形也。两岸垂杨如织，湛露初晞，旭日始旦，时有岚气浮于水面，好事于北有压间大书“爪水拖蓝”，字波磔犹可辨也。东南过万松山北，东纳覆盂山、大历树、观音山之水，又东南过金虾湾，至天马山、大黑山、阳暮山、三台山，至龙洞西，东纳新田、三家寨、红石岩、观音山、上下龙洞之水。下龙洞，发源金马山，东南不数武，即入山腹中，渗而出洞，又不数武，即入爪水，高不可提，旁不可穿，水之无用于世者也。爪水又东纳紫芝山、登楼山、马鞍山、阿野寨、老孔寨之水，西流至象鼻岭南，北入温泉水。温泉在象鼻岭下，冲和澹荡，去垢除疴，留恋人逾温柔乡也。每岁正月、九月，山农扶老携幼至者，远近无虚日，村舍不能容，至信宿山谷中，炊烟出于岩下，灯光照于石间，妇语儿啼之声，昼夜不绝。说者谓地中产丹砂硫黄，水过其上则温，然下有硫黄，水沸如汤，投以鸡子立热，引他泉注之始可浴，又气味臭不可向迩。是水明秀光泽，针芥可拾，不假兰芝，芷自饶芳馨。又崖上石色皆殷殷然赤，意其中有丹砂也。温泉东有仙人石，石肖刘仙相，其中有风亭，今倾温泉。西倚山为桥，曰金锁桥，高半于山，履者忘险，良夜浴罢，披襟桥头，其上风来，心迹双清矣。桥上有观音阁，阁与相皆凿石为之。阁北为龙神庙，桥南有关圣桥，爪水由是西南过翠屏山、红石岩至天生桥、老丁庄、东北三岔口，会建水县曲江水。又东流为小曲江，即华兮江也。又东至九甸，一曰旧甸，会婆兮大江、小江水，同为赤江河，南入于海。赤江河即八达河，古番禺牂牱江之上游也。张纲《爪水拖蓝》诗、张祉《爪水拖蓝诗》、张名臣《爪拖蓝》诗、刘礼国《爪水拖蓝》诗。

婆兮江　一名□□[①]，或作婆合，盖字形之讹也，为赤江河之上游。赤江河西南流，迳拖黑村南，东南纳星云湖、抚仙湖之水。又西南流迳鹦哥嘴南，西北纳分水岭、松子厂、天池山、玉泉、玉山、泥母得、珍珠泉、落梅村、龙井河之水。又南流迳十八寨西，至婆兮宁津桥北，东纳七犀潭之水，过宁津桥南，东南迳凤山、卧麟山南，而至九甸。

宁津桥　一名铁锁桥，仿佛澜沧、盘江制度，行者如游空中楼阁间。其制，先于东西两岸筑石垒，谓之马顿，镕铁为扣，联扣为索，左右各六，贯石垒下石窟中，于索上度巨木，谓之过江木，盖以大石，又于索上度横板，然后作瓦屋二十三间覆其上。桥东西为坊二，镇水之物，皆费金钱巨万，长二十丈有奇，广一丈有五尺。总兵纪□题曰“长虹飞挂”，知州李鼎望〔题〕曰“济世津梁”，署知州戴允成题曰“天际云衢”，皆实录也。桥比二百余步，江底有数十石，状如人，什伍成列，水落石出，水长石高，两岸赖以无虞，土人谓之石将军。桥东有武庙，宏敞庄丽，扶江流若襟带，为长桥之锁钥。大江东岸里许，有木棉花一树，高数百尺，大树十围，树类梧桐，叶类桃而大，花色深红，类山茶而腴，春初花开满树，遥而望之，虽明霞丽锦弗如也。结子大如酒杯，絮吐于口，茸茸如细毳，一名斑枝花，讹为攀枝花。王元翰《再泛婆兮江》诗、本朝张允随《宁津铁锁大桥碑记》、刘文炳《鼎建铁锁大桥募引》、沈彬《江上作》。沿江北上二十余里，有小溪，溪旁有温泉，炎热若沸于鼎，和以溪水，亦可沐浴除痼疾也。泉上有大龙庙。

鱼渡河　导源马耳山下。西北纳桑岩、龙树之水。南流迳磨沙塘、各纳甸西，联珠潭水东入焉。北流迳龟山下，过昇平桥东，入于大江。

联珠潭三潭　联络若贯珠，涣涣溶溶，清沦涟漪，东流至各纳甸，复一折而西入鱼渡河。潭上有龙神阁，至兆基题曰“劈面起高峰，翠逼九天星斗；当心开玉镜，光涵十

---

① □□　原本空2字。

里人家”，可以想其概云。

白水潭 冬夏无水，春秋有之，色白而势急，溢于三潭，合流而东。

水龙箐河 源发莲华山下界，流迳马马街北，折至镇江寺下，入于大江。

步者河 源发云屏山西，东流入于大江。

沙马洞河 源导文笔山下，东流入于大江。

雨泽河 源发象山下，东流迳玉案山，又东流迳诰轴山，入于大江。

小江水 发源七犀潭，东南流迳大寨，东北过梯云桥，又东南流迳大寨南，北流过得渡桥，而入于大江。得渡桥，知府李鼎望取佛书名之。近桥处江底皆石，水从石间遏抑奔腾而下，恶浪怒涛之声，如两军对垒，鼓音不少衰也。乡人为之鼓水。

七犀潭 旧《志》云在城东七十里。出挂榜山深洞中。洞口石壁高十余丈，水从其下逆涌而上，周匝多竹木，叶落潭中，风即引去，父老言初障时堤辄坏，有人夜中视之，见水犀七相触也。通海董检讨玘为文祷之，堤乃成。又言夷人畚土其易成倍于汉人也。乡人旱则祷雨其间，初见潭侧有如铁蛇者，蜿蜒缘树而上，即肃视不敢开声息，至树杪则云气滃濛，四合空中，风雷随之，不逾时而霖雨遍四野矣。南北为沟三，纡曲灌溉，几及婆兮一乡之半，而余水犹奔赴巨壑为小江，而入于大江。沟所经处有深谷梗之，名曰乾河，夏秋瀑涨，势亦汹涌，昔人横木引水，时遭漂没，近有匠者教以凿石为洞，状如井阑，逐节相续，埋于谷底，上压巨石，水东入西出，如槛泉然，观者叹其巧思。

星云湖 土人谓之浪广海。方五十里耳，而水平于镜，舟稳于事，生长其间者，一簑一竿，有余味矣。湖中产大头鱼，头与身等，而味重于脑，脑随月望朔为亏盈，惟湖中有之，他水所无也。明侯必登《星云湖》诗。湖东北岸为大鱼沟，一名小鱼沟，又名跳鱼沟。水从岩穴中出，入于星云湖，湖水咸温，山水清泠，岩穴中出者为尤胜。湖中鱼将生子，则避湖水而就山水，渔人拥山水为沟，沟泻处为岸，岸尽处水悬流如瀑布，鱼至岸下辄跃而上，为水所激则旁落不能去，其取之也犹拾之矣。

李汜河 旧《志》云在城西九十里。源出晋庙，为宁州、江川分界处，水入于星云湖。

黑龙潭 旧《志》云在城西六十里。在福德山东。白龙潭在福德山西，二潭相去二里许，渊泉时出，为利甚溥，水入星云湖。

新龙潭 在福德山之北，介黑、白二龙潭之水中，素无水。乾隆五十四年五月十四日地震，水忽瀵出，近潭居民初见水气弥沦，以为云龙交作也。徐窥之则澎湃汹涌，不可测其涯涘，乃潴之以资灌溉。潭中落鱼数种，垂钓者恒欣羡焉。水入于星云湖。

天井泉 在响石洞东。水从半山涌出，砯激之音彻数里外。乾隆二十九年三月，水忽涸，乡人闻于知州陈朝晋，朝晋以羊一豕一，步行之潭祷之，未返旆，水出如旧，乃建祠其上，手植芭蕉数本。

龙　泉 在仙人洞山下。有上下二泉，亦名上龙潭、下龙潭，汪濊如黑白二龙潭，水入于星云湖。

石岩凹龙潭 清洁无纤尘，与岩峦相映带于诸潭中，别开生面，水入于星云湖。

抚仙湖 深绿莫测其底，孤山处其中，色青于蓝，四岸望之，只云物耳。近山处水弱至不欲载舟，蛟龙窟宅也。有大鱼不之其修广，秋清时一出游则象鱼，大小以次相从者数万，渔者过之，弃竿而走，不敢钓，则有波祷之患，有龙马驰骤，风雨沸波欲飞，瞬息百里去，人远始见之，傍舟而过，人不之觉也。二物皆深伏不恒见，青鱼、花鱼、簾窞鱼之属皆极多，青鱼、花鱼不可以网取，簾窞鱼五六月间，如云蔽湖而四出，恒在暴雨后，土人谓之鱼发。簾窞鱼与星云湖大头鱼，以海门巨石为界，不相往来也。湖之广六倍于星云，月白风清，可游可泳，与星云等耳。有时狂风四起，则怒浪山立，行人遇之，鲜有不溺者矣。胡主事敏尝言水至于抚仙湖，而荆江为沟洫矣；山至于三台山，而默道为垣（坦）途矣，不意宁州有此奇险，人以为确论。湖东南岩穴中，有石肖二人，巾华阳衣，鹤氅无肩望湖状，日斜睨视之，须眉毕见，飘飘欲仙也，湖之取名以此。白龙洞，在湖南岩下，有白龙出没不恒，人见之则惊怖欲绝，疑其下有洞也，故名其地曰白龙洞，相传龙首大如车轮云。王元翰《湖上立秋》诗。

龙川河　一名大龙潭，旧《志》云在城北七十里。源发龙潭村北，注于抚仙湖。潭地有然灯寺，寺中古梅一树，盘屈如虬，植梅开时，游人接踵。旧有楼，北向，凭栏四顾，极目湖山，觉身入蓬岛，忘其为人间世。

锁溪勒龙潭　锁溪勒南大石间。石如十丈莲花瓣形，天成池沼，不假人力，惜水味劣耳。

泥母得珍珠泉　如老蚌倾明珠，鹬鸟时飞啄也。

龙井河　旧《志》云在城东七十里。《通志》云在城南，误也。源发落梅村东，丛木乱石间，亦可乐饥。

连珠泉　一名必旦龙潭，旧《志》云在城南五十里。水源如明珠万斛，自下上倾，又如梅花千树，四时不断也。潭旁嘉木林立，六月坐此，可以消暑。潭北楼山东南，一水飞流出树杪间，夭娇如云中，白龙二水，皆入于小曲江。魏永祥《连珠泉》诗。

矣渡母龙潭　旧《志》云在城西八十里。产嘉鱼。

通　井　在城内，一名大井。相传始凿时，得铜匣（匣）一，内盛秘书三卷，皆云篆鸟书，人莫能识，有疾者摹一字，以井水吞之即愈，后为风雷摄去。州人以彩井、醴井并此名，曰三异井。

醴　井　在下村，味甘洌，异他井。

彩　井　在孙家坝，煮糜粥皆作绿色。

宁州山上下皆泉，土人惟知为农，不习茗饮，色与味皆不之贵，取其为利于稻粱者，岁一户祝之而已。其命名龙潭之外，无他名也。泉是以多不著，其可述者如此而已。虽然，亦足以见州人之务实不务华，类如此矣。

〔据光绪《宁州志》（云南省图书馆传钞本）第114－127页辑录。〕

（康熙）易门县志·山川志

山川志（山略）

大龙泉　在县西五里。水自石洞中涌出，其蓄渊弘，其流澎湃，滔滔混混，万井攸赖。仲春于此祀龙祈年。

小龙泉　在县西北三里。

九渡河　在县东十里。源出河曲、罗次二处，会流入禄丰，由安宁至县境而达沅江，经莲花滩达南海。

乌龙潭 在县东。

易　江 在县西北。自罗衣岛发源，入禄汁江。

禄汁江 在县西，古名星宿河。经罗次、禄丰界至县境，达交趾。

黑龙潭 在县北四十里。其水深黝，潭中产鱼，人欲渔之，风雷顿作。祷雨立应，明时以雪雹助战有功，敕赐祀典。

温　泉 在浦具南五里许。易江石岸间，鸟道可通，林木阴翳，水自壁隙中喷泻而出，温洁异常。

〔据康熙《易门县志》（国家图书馆藏清钞本）第62页辑录。〕

（道光）续修易门县志·地理志·山川

卷二　地理志　山川

易门水道，以西界九渡河为总纲，而环绕北、东、南三面，汇境内诸水以入木奔江者，易江也。

九渡河 上流即星宿江也，其源出于罗次县南二十五里九成山。东北流至羊溪冲，右会分水岭水，折北流，右会东河。又北经罗次县西，又北折西流，经羊圈北又折西南流，右会梅子箐水。又西南流，又会武定州来之北河，为星宿江。又西南左纳禄丰县之南河水，又西南右纳广通县九盘山来之水。又折南稍西流，又纳广通之舍资河水，为九渡河。折东南流，右纳南安州之妥梢河。本此未入境之水道也。九渡河入易门境，又东南左纳太和川水，又南左纳迷末水，为绿汁江。折南流，左纳大小绿汁水，又南流，经木奔西为木奔江。又南左纳蚂蝗箐水，又南左纳易江水。木奔江既会易江，折西南流入嶍峨界为丁癸江，又西南入新平界为嘛哈江，又西南至太和川西南，西与礼社江会，为三江口。两源既会，东南流为戛赛江，又东南为磨沙江，又东南为元江，又东南入临安纳楼土司境，为河底江，又东南至蒙自县，为梨花江，又东南至开化，为鲁部河，又东南入越南国，为清水河，为清水江，又东南为宣化江，又东南折南流为龙门江，南入洮江，即澜沧江下流。又东南为白鹤江，又东南为富良江，东归于南海。

易　江 有东西两源，东源出安宁州西四十里禄脿西山中，西南流，左会东南山西北流水，折西流，右会老鸦关西北水，老鸦关西北水源出禄丰县东七十里老鸦关西北山中，南流数十里，南会禄脿水。折南流，经禄丰县迤栖村西，又西南，右会易门川。易门川水为易江西源，源出旧县西六十里老黑山东麓黑龙潭。东流，合扒齿岭西水，又东北流，合罗衣岛、积食村诸水，折东南，经窝德，右会热水塘水，又东，左会禄丰田坝诸水，折东南，至旧县南左会东源。两源既会为易江，折南流经小山凹东，又南经杨堡庄东，又南至上江口，右会上江渠水，又南流，至下江口，右会下江渠水。易江既会下江渠水，又南流，左纳苗茂水，折西南流，至甸末东，右纳沙丈水，又西南经甸末南山北，又西右纳老吾南山水，左纳甸末南山水，又西南经脚家店西北，西入木奔江。

九渡河、绿汁江、木奔江 案：同一江，而前、中、后随地异名。九渡河在县西北一百二十里，由禄丰星宿河经广通界至县境，奔腾浩荡，南至县西六十里，为绿汁江。西界南安，沿江两山壁立，悬岩峻谷，奇险如画。夏秋水泛，舟楫难通，冬春潦净流清，林木阴翳，江流掩映，有如柳汁初染，故名。易邑临近鲁魁，恃此为险。在县西南为木奔江，左纳境内大小川者，五源委已见《提纲》。

太和川 源出罗次县西南一百一十里炼象关东北山中。西南流，左会东南山水，合西南流，经积食村又西南，经石门哨西南，经太和街前，西入九渡河。《通志》。

迷末水 源出县西十五里永靖哨西，北流经迷末，又西北入绿汁江。《县图经》。

大小绿汁水 源出易门县西六十里诸山中，两山相夹一线，西南流入江。每五六月时，江水泛涨，小水遇猛雨亦骤发，奔雷掣电，直冲大江，横截中流，大江反逆拥而上，点滴不漏，良久，方徐徐开放。土人豫操具捕鱼，岁每三四次不等，亦奇观也。旧《县志》。

蚂蝗箐水 源出县西南三十里蚂蝗箐山中，西南流入木奔江。《县图经》。

易　江 按：易门川为易江西源，源出黑龙潭，东流合水者四，左会东源以后为易江，南行会江水二，南而西南纳水者四，为县东襟带，环绕而西入木奔江。已见《提纲》。

上江渠 源出县北二十五里黑松林山中。南流经云龙寺东，又南流，经仙人洞东，会东来一溪，又东南经刘家营东，又东南经韩家营东，又东南经海子营东，又东南过黑龙潭，右会潭水，东南流，东入易江。《通志》。

下江渠 源出县西五里大龙泉。水自洞中涌出，东流至县西，绕城北流，经城东北，左会小龙泉水，折东南流，经城东，右纳二会水，又东南经三会北，又东南，右纳罗所水，又折东，经戴所、曾所，又东至下江口，东入易江。《通志》。

苗茂水 源出赵普村东南嶍峨县山中，西流经苗茂南，西入易江。《通志》。

沙丈水 源出沙丈北大小沙衣山中，南流经沙丈东，又南流经普贝东，普济龙潭在其西，又南流，经马头山东，又南流入易江。《通志》。

老吾南山水 从老吾山中南流入易江。《通志》。

甸末南山水 出嶍峨县甸末南山中，北流入易江。《通志》。

黑龙潭 一在县西六十里，为易江西源。其水深黝，中产嘉鱼，人欲捕之，风雷顿作。其龙名阿堵，明时助战有功，祷祀辄应，载在祀典。旧《县志》。

热水塘 源出县西十五里葛根箐西北，东北经白衣关，又东北至窝德，入易门川。《通志》。

禄丰田坝诸水 源出禄丰炼象关内田坝中，汇西南流，南入易门川。《通志》。

黑龙潭 在县东。东会上江渠，田亩资以灌溉。旧《县志》。

大龙泉 在县西五里下江渠，发源详《名胜》。旧《县志》。

小龙泉 在县西北四里。水出截壁中，西南流至城东北，入大龙泉。详《名胜》。《通志》。

二会水 自二会西南山中东北流入下江渠。《通志》。

罗所水 自罗所南山中北流，经罗所西北流入下江渠。《通志》。

温　泉 在县南二十里苗茂水入易江处石岸间。水自石壁喷泻而出，温洁异常，浴可愈疾。时盈时涸，人以为龙之去来云。参《通志》、旧《县志》。

普济龙潭 在县南十五里普贝西。水自洞出，其幽深与大龙泉无异。水由洞中劈分三股，为南、北、中三沟，天造地设，灌溉甚广。旧《县志》。

吴家井 在县东吴家屯。水甘冽，饮可消瘿。旧《县志》。

南涧甘泉 在县南一里龚家箐。其水造酒醋较他处为胜。经历潘国弼建小庙于旁，为往来憩息之所。乾隆十九年地震损坏，庠生潘清重修。旧《县志》。

〔据严廷珏修，严仲泽纂道光《续修易门县志》（梁耀武主编《玉溪地区旧志丛刊》，云南人民出版社1997年版）卷二《地理志·山川》第36页辑录。〕

（咸丰）嶍峨县志·山川志

卷之五　山川志（山略）

练　江　源出石屏界，经流新平界，至县南汇猊江东流。

猊　江　源发江川，经流新兴至县北，水名猊江，有练江汇于东南隅，又曰合流江，入建水之曲江。

丁癸江　在县西二百五十里。源自禄丰，经三泊，其水深阔汹涌，刳木为舟，以济行旅。

腊猛河　在怕念乡。流入新平之大开门河，潆洄曲折，灌溉田亩。

亚泥河　源出丁癸，至新平县归江，离县一百二十里。

戛洒河　源出南安州，入丁癸江，由新平县合流入江，离县三百二十里。

青龙寨河　离县六十里。

龙　潭　在兴衣乡南十里。其水趵突，归入沅江。

温　泉　在兴衣乡，去城二里。泉温暖去垢，人竞浴之。巡检王可用建亭其上。

仙人洞　在县西三十里。中有石桌、石床，水从中出，前人题咏甚多，称为名胜。

月音硐　在县西南百里，下有龙泉。

临安府志　山川（节录）

分界江　西二百里。江外为新平县南安州界，即丁癸江之下流也。

大罗河　县西四里。

〔据陆绍闳修，彭学曾纂，薛祖顺增纂，恩槐堂主人续纂咸丰《嶍峨县志》《清咸丰十年钞本》第2-4页辑录。《嶍峨县志》，明时纂著甚备，后毁无存。清康熙二十五年（1686年）知县吴懋英草创成稿。三十七年（1698年）知县陆绍闳纂裁。五十六年（1717年）知县薛祖顺补辑续刻，间有增加。清嘉庆四年（1799年）后，府志、县志均未修，清咸丰十年（1860年）恩槐堂主人照原刻本钞录，节《临安府志》以补之。〕

（民国）嶍峨县地志资料·河湖泉

云南嶍峨县川河形势表（一）

名　称	全长里数	经过本治里数	源　委	极宽处丈尺	水　利	水　害
猊江	自江川至曲江约二百余里，以下未详。	二十余里	源出江川，流经玉溪约五十余里，自西北流入嶍峨境，向东南会练江入河西境	一百八十尺	灌溉田亩	涨时堤崩，淹埋田亩，城垣亦间冲坏
练江	九十五里	四十五里	源出县西六十里山中，东北流入猊江	一百尺	灌溉田亩	涨时堤崩，淹埋田亩，城垣亦间冲坏
丁癸江	一百二十余里，自禄丰、罗次，至礼社江	七十余里	源出禄丰、罗次二县之间，西南流入县西境，又西南流出新平县界，入礼社江，即元江上流	三百五十尺	灌溉田亩	涨时堤崩，淹埋田亩。
腊猛河	一百三十余里	九十余里	源出县西北九街，南流出新平县境	一百七十尺	灌溉田亩	涨时堤崩，淹埋田亩
亚泥河	四十余里	九十余里	源出李子树村，南流入新平县界	八十尺	灌溉田亩	涨时堤崩，淹埋田亩
三乡河	四十五里	九十余里	源出麻子冲，南流经甸中、甸尾折向西北，入丁癸江	八十尺	灌溉田亩	涨时堤崩，淹埋田亩

云南嶍峨县川河形势表（二）

名　称	支　流	水流方向	航路状况	船舶种类	津　梁	水　产	沿河城镇
猊江	六村河、练江	东南	水浅，不便行船	无	济川桥、通济桥、董家庄桥	油鱼、大眼鱼、细鳞鱼、白鲦鱼、马鱼、黄壳鲤鱼、粗细鳞鱼	治城
练江	坡脚河	东南	水势湍急，不便行船	无	练江桥、王家桥、鱼乍迭桥	油鱼、大眼鱼、细鳞鱼、红尾鱼、白鲦鱼、马鱼	治城
丁癸江	司城河、戛洒河	西南	可通小船	小舟筏子			
腊猛河	青龙寨河、山后厂河	南	六七月后往往乾涸	无	青龙桥	鳖、鲫鱼、红尾鱼、白鲦鱼、红尾鲤鱼	小古城（今已圮毁）
亚泥河	海外河	南	水小，不便行船	无	无	鲫鱼、红尾鱼、白鲦鱼	无
三乡河	甸尾河	南	水小，不便行船	无	甸中桥、甸尾桥、白土村桥	鲫鱼、红尾鱼、大眼鱼	甸中、甸尾

〔据李赞勋呈报《嶍峨县地志资料》（梁耀武主编《民国地志十种》，云南人民出版社1997年版）十《河湖泉》第353页辑录。〕

（康熙）新平县志·山川志

卷之二　山川志（山略）

襟带河　在县南三里。自二龙山口出，流绕县前，环若襟带。

亚泥河　在县东三十里，往来必由。

温　泉　在扬武坝，去城一百里。泉温暖去垢，人竞浴之。

新化山川（山略）

响水河　在城南半里。

化龙河　在城西七十里，入戛赛江。

七曲河　在城东南五里。

三岔河　在城西北一百里。

磨沙河　在城西一百里。源禄丰，经戛寨，通元江，东入交趾。所辖各乡俱在江外，每遇泛涨，舟楫难渡。

温　泉　在城北九十里彻崇山下。路险，人迹罕到。

水帘洞　在城北五里。

〔据张云翮修，舒鹏翮纂康熙《新平县志》（云南省图书馆藏钞本）卷二《山川志》辑录。〕

（道光）新平县志·山川志·诸水

卷一　山川志　诸水

县水其最西者曰谷麻江。谷麻江，源出恩乐蒙乐山，会者东诸水，至谷麻为谷麻江。其下流至元江为阿墨江，南入把边江。

其最大者曰礼社江，即戛赛江，亦曰磨沙江。礼社江有两源：其西源出赵州梁王山，一源二流，其北流者曰一泡江，入金沙江，其南流者曰礼社江，东南流至县西北四百里与镠嘉分界之界牌西入境，又东南流至斗门乡，西南与东源会，即麻哈江；东源起自禄丰之星宿江，南流至易门为绿汁江，西南流至嶍峨为丁癸江，一曰小江，经丁癸乡，当县北南纳七曲河水。七曲河，出县西三十五里竜鸡山下，北流经七曲村东、新化乡东北，流入嶍峨之小江。流经斗门乡南为麻哈江，西南流与西源会为三江口，东南流为戛赛江，经哀牢山东北麓，左纳困立河水。困立河，源出县西北百二十里老铁厂诸山中，东南流，纳宾橘河、六乃河诸水，南流经黄土坡南至东磨，入戛赛江。又东南，右纳南仓河水。南仓河，在哀牢山东，源出南仓山顶，会前后诸山水至戛赛入江。又东南，右纳南茂竜河水。南茂竜河，在哀牢山东，源出南茂竜山顶，会诸山水至戛赛入江。又东南，左纳鹅得河水。鹅得河，源出县西二十里分水岭西，西流北经鹦哥山黑味，南经西牙甸西流入江。又东南，右纳丫味河水。丫味河，源出哀牢山东，东流至丫味入江。又东南至磨沙为磨沙江，右纳马龙河水。马龙河，源出哀牢山东南，东流至马龙山麓入江。又东南，左纳杨家冲河水。杨家冲，源出敌军山，西经倚楼山北麓，西北至磨沙北入江。又东南，左纳树布拉河水。树布拉河，源出镇元山西南麓，西南经脚底母西南至树布拉，入磨沙江。又东南，右纳挖窖河水。挖窖河，源出县西南三百里哀牢山东南挖窖山，东流经挖窖塘，又东流经舍叠龙南，又东流至磨沙南入江。又东南流入元江境内，其下流为元江。

县东之水，以亚泥河为大。亚泥河之水，其源出嶍峨丁癸乡，丁癸乡，其山北瞰丁癸江，山南之水皆入亚泥河。东南流至康者、康南、双龙桥西，右会清水河水。清水河，源出县西北迤陑山东南麓，东南流，合桃孔、一碗水诸山水，东流至康者、康南，东入亚泥河。折东流过双龙桥，东南流至洒树衣，右会平甸河水。平甸河，源出磨盘山，当县南五十里，会上、中、下他拉诸水，北流迳团山左，又北流左会青龙水。青龙水，源出分水岭，东合大、小方达诸水，东流至纳溪，经青龙克，一名青龙坎，入平甸河。又北流至者甸冈，折东流曰襟带河，至县西关外，北纳洪本泉。洪本泉，源出县西北三台山顶，南流入襟带河。绕县南，东南流经太平桥、大观塘、瑞莺塘，纳头道箐、大箐哨、得勒箐诸水，东南至洒树衣会亚泥河。又南流，右纳膏梁冲[①]河水。膏梁冲河，出膏梁冲山中，有二源，至膏梁冲而合，东流合母苴鲁河水，东入亚泥河。又南流至大开门，折东流，西南纳锅厂河水。锅厂河，在县东南九十里，源出扬武黑山，东北流，合赵密克诸处水，东北入大开门河。又东流经鲁魁山北麓，北纳甘棠河水。甘棠河，源出易门南安界上山中，北与丁癸江隔山流，经嶍峨青龙寨，又南流经怕念乡，俗名化念乡。为怕念河。又南流至甘棠，纳罗吕乡水，为甘棠河。罗吕乡水，源出羊毛冲、牛尾冲、化皮冲，合流南经罗吕，又南至甘棠，入怕念河。南流入大开门河。东南绕鲁魁山麓入石屏州界，纳石屏白花竜水，又绕鲁魁山南，西流入元江界，为龟枢河，俗名归处河。右纳藤子青[②]水。藤子箐，在扬武南，东流入归处河，为元、新分界处。东南穿峡出，至临安地入元江。

龙　潭　在二龙山顶下，时有小虾游其中。

温　泉　一在扬武关庙旁，一在新化六祖山，其水温热，人竞浴之。

冒天井　在县西南山顶，其水上冒数尺。

响水河　在县西洗马塘之侧。

瑞木井　在土城内。旧《志》：味甘冽，泉出木下，其木一本三幹，花叶皆异。今木已无存。

水帘洞　在城南五里。水自洞门流下，垂若珠帘。

白沙井　在城北一里太和宫下。

〔据李诚纂修道光《新平县志》（民国三年排印本）卷一《山川志·诸水》第21－24页辑录。〕

---

① 膏梁冲　民国《新平县志》同，民国《新平县乡土志》作“高粱冲”。高，通“膏”；粱，通“梁”。

② 青　民国《新平县志》作“箐”。

（民国）新平县志·舆地志·水系

卷一　水系图

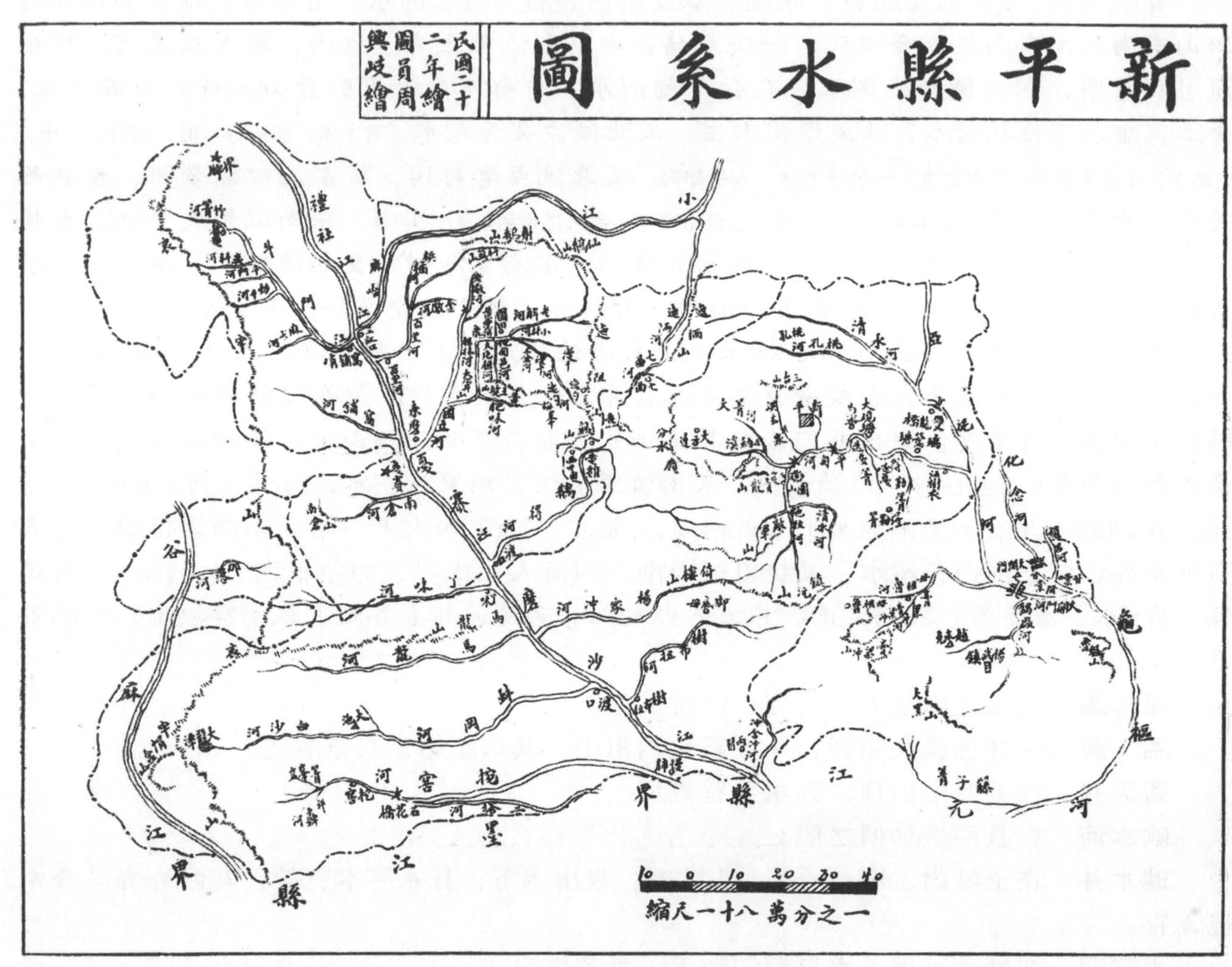

卷二　舆地志　水系附龙潭、名泉、温泉、瀑布、消毒泉

县水最西江水曰谷麻江。谷麻江，源出景东石火哨，上流名者干河，又名马鲁河，循哀牢山西入境，会者东诸水，至谷麻为谷麻江。其下流经墨江、旧名他郎。元江，为阿墨江，南入把边江。

县西最大江水曰礼社江，即戛洒江，亦曰磨沙江。礼社江有两源：西源出赵州梁王山，一源二流，其北流者曰一泡江，入金沙江，其南流者曰礼社江，东南流至县西北三百五十里与双柏分界之界牌西入境，又东南流经斗门乡东南至三江口，左会东源麻哈江水；东源起自禄丰之星宿江，南流至易门为绿汁江，西南流至峨山为丁癸江，亦曰小江，至县北，南纳七曲河水。七曲河，源出县西三十五里竜鸡山下，北流经七曲村、新化乡，东北流入峨山之小江。又西南流经太和山北斗门乡东南，为麻哈江，与西源礼社江会。两源既会，右纳斗门江水，为三江口。三江：小江、斗门江同礼社江。斗门江，源出界牌哀牢山心，上流为竹箐河，顺流至者竜前向南而流，会奕科、动干、麻卡等河水，向东流至窝铺哨，入礼社江。又东南流，左纳百里河水。百里河，源出射鹅山南麓，右纳槟橘河水，左纳金厂河水，至百里河寨，入礼社江。又东南流至戛洒为戛洒江，左纳困立河水。一作困龙河。困立河，源出县西四十五里迤阻山西麓，西北流为迤勺河，经慢干街为慢干河，再下为三岔河，又西北流，右纳小村河，折西流至团田，右纳老解河，老解河，源出仙鹅山南麓，纳鹿初、乌迷、渣期等河，至团田与慢干河会。为他甸邑河。又西流，右纳黄栗河，左纳大厄租河，为鹿租抹河，折南流至黄土坡山脚，左纳肥味河，肥味河，源出梅峰山西麓，纳栌子村、一厄迭等河，至黄土坡山脚与鹿租抹河会。又西流至大水井山脚，为困立河，右纳老厂河，老厂河，源出老厂北科苴诸山，纳可打、左河、易懦等河，南流与困立河会。西南流至东磨，入戛洒江。又东南流，右纳南仓河水。南仓河，源出哀牢山东南仓山顶，会前后诸山水至戛洒入江。案：续修《志》载南纳鹅得河水，东入俄伯租河水等语，误，今删去。又东南流，左纳鹅得河水。鹅得河，源出县西二十里分水岭，西经竜鸡西牙甸，西流至鹅得河渡口入江。又东南流，右纳丫味河水。丫味河，源出哀牢山东，东流至丫味入江。又东南流至磨沙为磨沙江，左纳杨家冲水。杨家冲水一名西牛河。源出敌军山，经倚楼山北麓，西北流至磨沙入江。又东南流，左纳马龙河水。马龙河，源出哀牢山，东南流至马龙山麓入江。按：马龙河，旧《志》列西牛河上，误，今更正。又东南流，右纳蚌冈河水。蚌冈河，源出哀牢山东大龙潭，上流名白沙河，经大池村前，会邦沛箐下大船渡口而入于江。又东南流，左纳树布拉河水。一名南独河。树布拉河，源出镇元山西南麓，经脚底母西南至树布拉入江。又东南流，左纳冲舍冲河水。冲舍冲河，源出县属极南山中，至丙习南入于江，为县属与元江分界水。

县西南最大河水曰挖窖河。挖窖河，源出县西南二百八十里哀牢山东南大平坝、帽盒、挖窖山等处，左纳岩峰箐水，右纳邦轰河水，流至挖窖、石花桥，纳元、新交界之二塔河水，东南流至慢胏出界，入于元江。

县东最大河水曰亚泥河。亚泥河，源出峨山丁癸乡，东南流至康者、康南、双龙桥西，右会清水河水。清水河，源出县西北迤陋山东南麓，东南流会桃孔、一碗水诸山水，东流至康者、康南，东入亚泥河。又折东流过双龙桥，东南流至洒树衣，右会平甸河水。平甸河，源出磨盘山，当县南五十里，为县南最大河水。会上、中、下他拉诸水，北流迳团山左，又北流，左会青龙水。青龙水，源出分水岭，东合大、小方达，东流至纳溪，经青龙克，一名青龙坎，入平甸河。又北流至者甸冈，东流曰襟带河，北纳洪本泉，洪本泉，源出县西三台山顶，南流入襟带河。绕县南东流至马密，南纳迭戛箐水，经大观塘、瑞莺塘，纳头道箐、大箐哨、得勒箐诸水，东南至洒树衣，与亚泥河会。又东南流，右纳膏粱冲河水。膏粱冲河，源出膏粱冲山中，有二源，至膏粱冲而合，东流合母租鲁河水，入亚泥河。又东南流至大开门，为大开门河，右纳锅厂河水。锅厂河，源出扬武大黑山，东北流，合赵密克诸处水，东北入大开门河。又东流经鲁魁山北麓，北纳甘棠河水。甘棠河，源出易门南安界上山中，南流经化念乡，为化念河。又南流至甘棠，纳罗吕乡水为甘棠河，南流入大开门河。又东南流，绕鲁魁山麓入石屏县界，纳白花竜水，又绕鲁魁山南，西流入元江界为龟枢河，右纳藤子箐水。藤子箐，在扬武南，东流入龟枢河，为元、新分界处。

附

龙　潭　在城南大旗山半。水由石罅中流出，绕石穿林为潭，中产虾鱼。

冒天井水　在城西二十五里。其水自山顶石罅中流出，冒高尺余，为喷泉一种。

温　泉　在扬武关庙旁。其水温热，人争浴之。

瀑布泉　在县北发鱼箐村后。有岩名卧虎，峭壁嶙峋，高数百仞，半壁间有泉从空飞流，成一大瀑布。

香　泉　在新化六祖山顶，味甘香异常。

消毒泉　在错纳贾下寨。味淡，人民有患膊子肿大喘吸难舒者，饮此泉可消除之。

〔据王志高修，马太元纂民国《新平县志》（民国二十二年石印本）卷二《舆地志·水系》第11－15页辑录。《凡例》曰："地理山水，从另切实调查，旧《志》有错误者改之，遗漏者补之，使渐臻完备且编有系统，不仅曰某山在何方，某水在何地而已。"可知其叙述境内山水与前志不同。卷一《图·水系图》绘制了民国二十二年新平县境水系分布之全貌，卷二《舆地·水系》附龙潭、名泉、瀑布、消毒泉等。江河记述大体沿引道光《新平县志》，增补后事，可概知民国前全县江河水系分布。〕

（民国）新平县全境地志·河湖泉

十　河湖泉

云南省新平县川河形势表（一）

名　称	全长里数	经过本治里数	源　委	极宽处丈尺	水　利	水　害
澧社江①	二千里	一百五十里	西源出赵州梁王山，流入麻哈江。东源出禄丰里星宿江，流入丁癸江	一百五十尺	灌溉沿岸田亩，居民以舟渔为利	堤溃泛滥田亩
谷麻江	一千八百里	一百七十里	出景东火石哨，至墨江、元江为阿墨江，入把边江，终于安南富民江	一千九百尺	附近居民泛舟取鱼虾为利	多病涉
平甸河	一百五十里		源出县属磨盘山，经鲁魁山脚入龟枢河	八十尺	灌溉县中区东南田亩及支水碾	水涨间泛滥田亩
七曲河	一百里	九十里	出县西五十里竜鸡山下，经七曲村、新化乡入嶍峨之小江	八十尺	灌溉附近田亩及支水碾	无
洪本泉	一十五里	一十五里	源出县西三里三台山，南流入襟带河而止	五十尺	灌溉附近城郊田亩并东西菜园	无

① 澧社江：即礼社江，为今元江之上游，入越南后称红河。

云南省新平县川河形势表（二）

名称	支流	水流方向	航路状况	船舶种类	津梁	水产	沿河城镇	附记
澧社江	界牌、玉科、硐缸、南秀、麻卡、窝卜、棉花、南恩、南木竜、发起、丫味、马龙蚌岗、挖窑别来、困龙、俄得、犀牛、南渡诸河	自西北而东南	戛沙渡、沙义渡，船余小，私船尚多	燕尾猪槽船	无	鱼虾	斗门、太和、慢干、戛赛磨沙	此江上名戛赛磨沙江
谷麻江	错纳贾、邦董、麻打、那落、那练、蛮峦、三岔、者东诸河	自西北而东南	者东渡船	燕尾船	无	鱼虾		
平甸河	他拉、大箐二河、旧城格棚莫大沟、洪本、甸尾诸箐	自西而东	无	无	大开门铁锁，治城东南太平、维新二大桥	鱼	县城、大小阿谢、上下古城、克租克、小山头等村	至者甸冈下即名襟带河
七曲河	牛村河	自西南而东北	无	无	新化大桥	石蚌鱼	正源里	
洪本泉	沙河、小河	自北而南	无	无	庆丰、永济二石桥	鱼	土官村、者甸冈	

〔据孙汝相呈报《新平县全境地志》（梁耀武主编《民国地志十种》，云南人民出版社1997年版）十《河湖泉》第392页辑录。〕

（民国）新平县乡土志·水道

第二十八课　水道

平甸河　源出磨盘山，会上、中他拉诸水，北流至者甸冈，纳洪本泉水，称襟带河。绕县东南，流经大观塘、瑞莺塘，纳大箐哨、得勒箐诸水，东南流至洒树衣与亚泥河会。

第二十九课　亚泥河

亚泥河　源出嶍峨丁癸乡，东南流至双龙桥，纳清水河水。尔（至）洒树衣会平甸河水。二水合流，纳高梁冲水至大开门河，纳锅厂、甘棠诸河水，绕鲁奎山麓入屏境。

第三十课　礼社江

礼社江　源出赵州梁王山东南，流至斗门乡与小江会为麻哈江，至戛赛为戛赛江，纳困龙、南仓诸河水，至磨沙为磨沙江，纳杨家冲、挖窖诸河水入元江境，为县境第一大川。渡用船。

第三十一课　谷麻江

谷麻江　源出镇沅蒙乐山，会者东诸水，流至谷麻为谷麻江。凡遮亥葛折前后诸山水皆注之，其下流入元江为阿墨江。此为县境最西之水。渡由筏，无舟楫。

〔据马太元编辑《新平县乡土志》（梁耀武主编《民国地志十种》，云南人民出版社 1997 年版）第二十八至三十一课第 491 页辑录。〕

（康熙）通海县志 · 地理志 · 山川形势

卷三　地理志　山川形势

秀山左腋一溪，秀山右腋窑山一溪、白马山一溪。湖外卦榜山、笔架山。湖外群山绵绵至艮方，高耸东华山、东大石山、诸葛山、富春山、伏虎山、凤山、龟山、鼍山。

〔据魏荩臣修，阚祯兆纂康熙《通海县志》（《中国地方志集成 · 云南府县志辑 27》，凤凰出版社 2009 年影印本）卷三《地理志 · 山川形势》第 30 页辑录。〕

（民国）通海县地志资料 · 河湖泉

十　河湖泉

通海之河，可以盘绕南区六村者为重要，名曰大河。自嶍峨县经河西境入通海界，东南行经甸头村，东穿普甸、陶茂两村间，折东北穿高大村，稍南行，左有困南村河由纳粮村来会，右有路南小河由路南村来会，折东北入曲江。计历通海境有四十余里，最宽处约三丈余，狭处约二丈余。河之重要处在乌刀村，有石桥；在张老村，有木头桥。无船舶。河滨田畴，悉资灌溉，若遇山雨涨溢，便为沙埋，民间不时筑堤，以防其患。河中产粗鳞跳鱼，味极鲜美。

县北之湖，名杞麓湖，周约一百五十里，属于通者三之一。源出河西碌溪山麓，经数折而汇为湖。自碌溪东行入落水洞，近南则受县境西北诸山水、黄龙山水、秀山左右沟水、白马泉水、新村诸水，近北则受四军营诸山水。湖东水势洋湃趋下，落水洞一港而流，落水处怪石嶙峋，古称神僧李畔富用锡杖通之，所谓“元窍”也。附近田畴，悉资灌溉，遇岁多雨，湖盈没石，其洞易于淤此。一径周遭，濒湖四千余顷大半间诸水滨也。斯湖也，河西辖其首，黎县辖其尾，通海辖其腹，尾部最宽可二十余里，首部极狭可三里余。南北往来者多赖船舶。湖中多产鱼，如黑鱼、鲤、鲫等，其最著者也。

通海境内，东西田畴横计之约二十余里，直计之不过二里，如西畴附郭，素称膏腴。以灌溉之水有秀溪温水泉、冷水塘二潭，总入秀山沟，达于湖，其水性甘美宜稼，虽天时旱涝，不足为灾。至东畴附郭亦有窑溪与白马溪灌溉，而白马溪出自大石山，遇山雨涨，漫流入田中，遂为酸泥，不惟损稼，亦且瘦田，农家时患之。白马山有潭，其源小，东山下有潭，其水缁，两水俱由大桥沟入于湖东附郭之畴，所以不及西也。

水之平壤，近新村关洞一带，又取水利于东华山之龙潭、小新村外之大龙潭、金姚两湾之中龙潭。潭出东华山者，源大而清；潭出小新村外者，水源次之；潭出金姚两湾者，水性寒冽，近潭之田，必火种而后有效。数潭之水，汇入桥沟于湖，至姜家冲龙潭，经灵宝山润杨广而下。

若西区校场、十街一带，地非不阔，田非不多，既苦于无潭泉，又苦于山水横溢，一望芜莱，较东为下下。

至上四营，则有九龙池下流为溪，经龙火营、小街等处入湖。

若秀山之泉，峰顶后名曰玉龙潭，山半曰洗钵池，黉宫之上者曰蒙泉、香墨泉，在东南者曰炙眼池，明伦堂东曰文明井，皆秀山灵气所发舒者，夏秋不泛，冬春不涸，南部之禾田蔬圃，咸赖厥泽焉。

湖外四军营，田多高亢，有邓五龙泉寺之泉水灌之，此之谓军泉也。

云南省通海县川河形势表（一）

名称	全长里数	经本治里数	源　委	极宽处丈尺	水　利	水　害
大河		四十余里	发源玉溪	约三丈余	灌溉田畴	山雨涨溢，便沙埋田畴

云南省通海县川河形势表（二）

名称	支　流	水流方向	航路状况	船舶种类	津　梁	水　产	沿河城镇
大河	路南小河、困南河	由县西界流经六村，向东南流入曲江			乌刀村有石桥一，张老村有木桥一	粗鳞跳鱼	

〔据刘明义呈送《通海县地志资料》（梁耀武主编《民国地志十种》，云南人民出版社 1997 年版）十《河湖泉》第 175－177 页辑录。〕

（康熙）河西县志·山川志

卷二　山川志（山略）

杞麓湖　在治东三里。西流贯注通海，中有数岛，民居其上，望若浮槎。每旭日东升，烟光水气与朝霞相映。

碌溪湖　在治东北三里。上承长河诸水，夏秋涨溢，为其尾闾，产鱼甚美。

溶　湖　在治东北六里碌溪山隈。居人治圃其中，植柳为界，水色澄清，参差映带，不减西湖。

普应溪　在治北关外。发源螺髻山下，北行东折及于县治，崖高十余丈，每涨发水无定位，山岸当之辄溃，不及城者数尺耳。康熙五十年，县令周天任凿琉璃山麓引水北行，复自普应山下筑长堤捍之入湖，邑人翰才（林）许公纪其事。

长　河　在治北三十里。发源曲陀关下，经东渠诸村出碌溪。三渡入杞麓湖。泥沙积久，水出地上，每泛溢辄为民害。康熙五十一年，邑令周天任疏其下流，水归故道。

窑冲河　在治东北十里。发源谭家营山后，东流折而南，经碧山左至白石甸入于湖，浑浊多泥，公杨两嘴、白石甸岛皆其所淤。

叶家河　在治南三里。发源螺髻山下，东流出陶家嘴与碌溪山、公杨两嘴、白石甸、大河嘴诸岛回环交织，罗于县东湖中。

大　河　在治南十里。发源九街子山下，东北流经王里村，淤出湖中，为大河嘴。

炼庄河　在治西七十里，为新平县界闻罗里乡。旧属河西，以地远割隶新平，故旧《志》载之。

碌碌河　在治西五十里。源出大溪，自新兴流经嵋峨城下，东南入碌碑乡，下通海东北入曲江。

东山河　在治西五十里碌碑乡。发源曲陀关下，至东山合湖水，东南流过古城山下，入碌碌河。

舍郎河　在治西六十里。由舍郎村东流，经木加沙入碌碌河。

九龙池　在治南十里螺髻山下。中有九阜浮于水面，状若龙首，蹈之辄坠。

白龙潭　在治西五里螺髻山下。灌近城田地，每夏初，县令往祀，名康济龙。

水磨村龙潭　在治北二十里水磨村左。水源洪大，复有长河流出，故北路常受水害。

白石玉龙潭　在治东北十五里碧山下。水颇温，溉田甚美。

龙泉寺潭　在治东北二十里龙泉寺下。水出民地，下多军产，民争水常至成讼。

古城龙潭　在治东北二十五里古城村后。水寒田薄，居民甚贫。

〔据周天任纂修康熙《河西县志》（云南省社会科学院馆藏钞本）卷二《山川志》第54页辑录。〕

（乾隆）续修河西县志·地理志·山川

卷一　地理志　山川（山略）

普应溪　在治北关外。发源螺髻山下，北行东折及于县治，崖高十余丈，每涨发水无定位，山岸当之辄溃，不及城者数尺耳。康熙五十年，县令周天任凿琉璃山麓引水北行，复自普应山下筑长堤捍之入湖，邑人翰林许公纪其事。

杞麓湖　在治东三里。西流贯注通海，中有数岛，民居其上，望若浮槎。每旭日东升，烟光水气与朝霞相映。

碌溪湖　在治东北三里，上承长河诸水，夏秋涨溢，为其尾闾，产鱼甚美。

溶　湖　在治东北六里碌溪山限。居人治圃其中，植柳为界，水色澄清，参差映带，不减西湖。

长　河　在治北三十里。发源曲陀关下，经东渠诸村出碌溪三渡入杞麓湖。泥沙积久，水出地上，每泛溢辄为民害。康熙五十一年，邑令周天任疏其下流，水归故道。

窑冲河　在治东北十里。发源谭家营山后，东流折而南，经碧山左至白石甸入于湖，浑浊多泥，公杨两嘴、白石甸岛皆其所淤。

叶家河　在治南三里。发源螺髻山下，东流出陶家嘴与碌溪三渡、公杨两嘴、白石甸、大河嘴诸岛回环交织，罗列于县东湖中。

大　河　在治南十里。发源九街子山下，东北流经王里村，淤出湖中，为大河嘴。

炼庄河　在治西七十里，为兴（新）平县界罗里乡。旧属河西，以地远割入新平，故旧《志》载之。

碌碌河　在治西五十里。源出大溪，自新兴流经嶍峨城下，东南入碌碑乡①，下通海东北入曲江。

东山河　在治西五十里碌碑乡。发源曲陀关下，至东山合湖水，东南流过古城山下，入碌碌河。

舍郎河　在治西六十里。由舍郎村东流，经木加沙入碌碌河。

白石玉龙潭　在治东北十五里碧山下。水颇温，溉田甚美。

龙泉寺潭　在治东北二十里龙泉寺下。水出民地，下多军产，民争水常至成讼。

古城龙潭　在治东北二十五里古城村后。水寒田薄，居民甚贫。

水磨村龙潭　在治北二十里水磨村左。水源洪大，复有长河流出，故北路常受水害。

白龙潭　在治西五里螺髻山下。灌近城田地，每夏初，县令往祀，名康济龙。

九龙池　在治南十里螺髻山下。中有九阜浮于水面，状若龙首，蹈之辄坠。

温　泉　在治西三十里碌碌河边。有温泉，可以除疾，往来甚众，但山川险阻，乡饮王亮品、亮天每岁造桥修路。其间丛木叠翠，云水流，清山连，鸟迹岸，听猿声，真幽境也。

〔据董枢修，罗云禧等纂乾隆《续修河西县志》（清乾隆五十三年刻本）卷一《地理志·山川》第17页辑录。〕

（民国）河西县地志资料·川河湖泉

云南省河西县川河形势表

名称	全长里数	经过本治里数	源　委	极宽处丈尺	水　利	水　害
长河	长可二十五里	其流不出县境	原出曲陀关下，经东渠诸村，过碌汉三渡入杞麓湖	极宽处可一丈二尺有奇	康熙间邑令周天任疏其下流，水归故道，至今利之	前泥沙积久，水出地上，则泛滥为民害

① 碌碑乡　原本作“碌碌乡”，据康熙《河西县志》改。

续 表

名称	全长里数	经过本治里数	源 委	极宽处丈尺	水 利	水 害
普应溪	长可五里半	流经治城，可四里许，入杞麓湖	旧源出螺髻山下，东北经城西普应山麓，又北自琉璃山折而东行入杞麓湖	旧日溪流泛滥无定，今极宽处可二丈有奇	康熙五十年，邑令周天任凿琉璃山麓，引北流东入杞麓湖，害遂永绝	自崇祯辛巳溪涨发，螺髻山崩，冲没人民田庐，溪遂没为深壑，浸以日久，不及城者仅丈余耳
碌碌河	即曲江上流，长可一百二十里	过县治碌碑乡下七寨可三十里	源出玉溪，经嶍峨城下，东南入碌碑乡，下通海，东北入曲江，远达盘江	宽可十丈有奇	沿碌碌河居民利赖至今	水泛辄害

云南省河西县湖泉形势表

名称	位 置	面积、周围里数	水 产	航路船舶	水 利	水害
杞麓湖	在治东五里	面积从略，周围一百五十里	产海菜、鸊鸡	有渔舟往还河西、通海间，捕鱼为业，兼以渡人	滨湖居者，如三渔村、石山咀、大河咀等村，皆恃之以灌溉田亩，其利甚溥	无
碌溪湖	县志在治东北三里，今以地考之，殆今上村是代文营，小湖即其上游也	面积、周围里数已不可考，按《志》云：旧时长河、甸心村河诸水，均会碌溪以入杞麓湖，直上接东渠诸村，碌溪间不可桥，以舟为渡，久之淤垫，别谭家营、解家营为一湖，代文营为一湖，碌溪间仍可桥。明弘治间，县令萧济因范溪为堤，疏三渡各为梁以济。又久之，沿堤左右浸以成田，民遂因田庐于此，遂成村落，上渔村古迹犹存	今上游犹存代文营小湖，可三里许，产鱼特美	旧时渔船可上至东渠，故元设河泊所于东渠，今无是矣	沿湖居民今亦利之	无
溶湖	在治东北六里解家营，今以地按之，解家营仅距城三里半，想湖故上接谭家营湖为一湖，今淤于二，然水仍汇通	周围可一十里	产鱼绝腴美	湖特小，不可舟	沿湖田亩，均利之以耕	无

东浦渔灯

王世章

天上垂星海底形，渔舟又载一天星。
照回三际天光满，诗叟惟夸似聚营。

碌碟古渡

张一鹏　邑人撰修县志者

水清明霞一缕长，招招征客待渔郎。
惟怜车马愁三渡，别遣鼋鼍架二梁。

其　二

向于宸

银河双泻碧霞滩，几奈客栈烟雨寒。
谁令羽翔云汉夜，黄姑矶上绝飞航。

溶湖烟柳

孙贻谷　邑人

水湄芳草点光天，恰是苏堤杨柳烟。
跃鲤咀花眠雪底，盟鸥逐絮走风前。
湿寒化雨流膏远，彩映明霞著缕牵。
梅曲乍留林外暖，融融香气到经筵。

〔据佚名辑《河西县地志资料》（梁耀武主编《民国地志十种》，云南人民出版社 1997 年版）十《川河湖泉》第 223－225 页辑录。〕

（嘉庆）江川县志·山川志

山川志（山略）

星云湖　在县南十里。周八十里，北受东西中河及小河水，汇西南诸溪，潴而为池，东得抚仙湖，三面属江川，一面属宁州，八景“星湖夜月”即此。

抚仙湖　在县东十里。周三余里，北纳诸溪，南受星云湖水，东出海口，会盘江入于南海，一面属江川，三面属宁州，河阳湖岸处鱼洞累石为界。当暴雨入湖，鳙窨鱼蔽湖鳞次而来，四面皆有，立昌、明兴、禄充较夥，而纳课鱼处，湖之东地名矣。渎岩錾磷硐（嶙峋），悬窦玲珑，中有石肖二仙，比肩搭手而立，扁舟遥望，若隐若现，旧传仙人慕湖山清胜，因留真迹，故以名湖。

港　河　在县十里。星云湖水入于抚仙湖处，即海门也，八景“海门垂钓”即此。

〔据张维翰修，葛炜纂嘉庆《江川县志·山川志》（清光绪三十三年崔荣达校订本）第 13 页辑录。〕

（民国）江川县地志征集录・河湖泉

十　河湖泉

江川之河、湖、泉，在城东者曰东河，在城西者曰西河，在城西南者曰渔村大河，在城南者曰星云湖。

西　河　其身全长二十五里，泉流不绝，发源于莺歌岩，经城之西南流入星云湖，河面之宽窄通身如一，其间水量足资灌溉两旁田亩，即陡起河水，亦无溃决之患。

东　河　其身长三十里，发源于关岭山麓，经城之东南流入星云湖，然发源甚微，非天雨补助，不足以资灌溉，河面上宽下窄，倘天降滂沱，水挟泥沙而下，难免崩溃之虞。近河田亩多受冲埋。

渔村大河　其身全长四十六里，发源于县属之底亩，经石河流入内而入星云湖，水势甚微。倘天不雨，河两旁之农田多荒，河之下流稍窄浅，若久雨又遭埋没，近来河旁加堤，其害亦罕见矣。

星云湖　在城南十里许。面积三百方里，周围八十里。水向东流经海门桥流入抚仙湖，由江川至澂江之航路皆取道于此。惟船舶之种类名称各异，大曰航船，小曰渔船。湖水产有碌鱼、青鱼、鲤鱼，鲫鱼、竂窅鱼、白鱼数种，湖傍居者得渔利且得水利，沿湖田亩均赖水车戽水，以资灌溉。倘遇天雨连绵，湖水泛滥，沿湖田亩，竟成泽国，一切禾苗淹没殆尽，得水之利微，受水之害大，宜疏浚河流，其害可免。

温　泉　在城西八里绿龙山之阳、凤山之西。其性温和，其色清洁，但不侵齿耳，非若他处之汽如蒸腾也，清濯缨而浊濯足，洵天然之佳境也。

云南省江川县川河形势表（一）

名　称	全长里数	经本治里数	源　委	极宽处丈尺	水　利	水　害
西河	二十五里	二十五里	莺歌岩	一丈六尺	灌溉田亩	
东河	三十里	三十里	关岭	二丈五尺	灌溉田亩	堤崩淹埋
渔村大河	四十六里	三十五里	底亩	五丈	灌溉田亩	堤崩淹埋

云南省江川县川河形势表（二）

名　称	支　流	水流方向	航路状况	船舶种类	津　梁	沿河城镇	附　记
西河	官沟	自西而向北流			黄莺桥	黄营	
东河	湾河	自西向东南流			城东大桥	海东	
渔村大河	小沙河	自西北向东流			渔村大桥	渔村	

〔据江川县劝学所辑《江川县地志征集录》（梁耀武主编《民国地志十种》，云南人民出版社 1997 年版）十《河湖泉》第 78 页辑录。〕

（道光）澂江府志·山川志

卷五　山川志（山略）

澂江府　河阳县附郭

芭蕉箐泉　在城东七里。有泉涌出，可灌田。

立马溪　发源玉印山之南，经东关至兀峪岭，与剑岭溪水合流，绕竹园坡西南，入西磐溪。

清水涧　在云溪山之左、官涧山之右。合流达蟠龙冈西南，入西磐溪。

玉冽泉　在城东五里锦鸡岩下。味甘色莹，流灌阜田。

矣旧泉　在城东南十里回龙山后。有泉穴三处，夏不俟雨，获栽种之利。

抚仙湖　在城南十里。周围三百余里，北纳诸溪，南受星湖，泓涵清澈，一碧万顷。西岸玉笋、五峰、笔架诸山，拥翠流丹，壁削千仞，水光沉绿，深莫可测。湖侧多鱼洞，累石为界，当暴雨入湖，康郎（㝩㝗）鱼蔽湖鳞砌而来。湖西有界鱼石，通星湖大首，鱼至石而返，康郎（㝩㝗）鱼抵石而回，彼此知禁，不相往来。湖中孤山浮于水面，东南诸山，岩壑嶙峋，悬窦玲珑，中有石肖二仙，比肩搭手而立，扁舟遥望，若隐若见，旧传仙人慕湖山清胜，因留其迹，故以名湖。湖水会盘江，入于南海。

东谷溪　在城东六里。水出东谷之麓，萦绕旧城，旁灌畦陌，入于湖，景谓"东谷分清"即此。土人于此水消卜年丰，长卜岁歉，验之不爽。

玗扎溪　在城北二十里。自宝鼎山群谷发源，流经玗扎山下，东折而南至青云桥，受东谷、庄镜、北坡诸水，直入湖，景谓"玗溪春绿"即此。

罗藏溪　发源于罗藏山峡，绕罗藏左臂，屈曲而东，复绕竹园坡，至塔浮舞凤山前，纳诸涧水入湖，灌溉甚溥。

西磐泉　在城西北五里蟠龙冈石岩下。山如一巨螺壳覆山麓，左右双湫，混混夹出。左湫自明湖由罗藏山洑流而来，名燕窝塘，四时常清，挠之不浊；右湫自滇池海宝山下洑流而出，四时常浊，澄之不清。两湫合流，并纳诸小溪成沼，不涸不溢，灌溉田亩。暮春初辰日，太守率属致祭。立夏日游人如蚁，为西浦节。

铁池河　在城东三十里。其源自陆凉，经宜良至铁池铺，入山峡数十里，会抚仙湖尾，南入宁州界，即巴盘江。河外竹山五丛，以此为限，席家渡为路南、广西要路，江水湍激，舟楫屡覆，郡人李发甲欲捐金募建石桥，有《引》，载《艺文》。

七江溪　在城东四十里七江村旁两山间。流入铁池河，构木为桥，名曰借虹，日久倾圮。弘治间知府安康为石桥，嘉靖间郡人罗应元重葺，叠遭水害。至本朝通判王猷远率郡士庶创建铁索桥，未几，大水冲没，耆民李缵甲募化重构铁索，铺木版其上，往来利焉。

黑龙潭　在城东五里东溪哨后。其水停滀深黑，天旱，于此祷雨立应。

漱玉泉　发源重珠山下石窦间，一名倚铎塘，其水夏凉秋温，可澡浴。嘉靖丙辰，郡人通判李坤捐赀倡筑石堤，以时蓄泄，傍建龙祠，今废。

庄镜泉 出碌碕山左，清澈可鉴，灌溉甚溥。上巳后，郡人于此陈牲醑，祈水利，同修禊事。

泠然泉 在阙摩山阿华藏寺之后岩谷下。有泉泠然迸出，寺僧刳木引入斋厨，味甚甘冽。弘治间，知府安康作池其下，名曰“春浴”，复于垣外构亭，扁曰“清琬”，甃砌曲水流觞，以绍兰亭遗事，载旧《志》，今废。

东浦泉 在华藏寺下石窍。谽谺潺湲而泻，有老树二株，横欹泉上，幹若虬龙，盘旋偃盖，四时青葱。泉口一石横卧，若犀牛状，泉内有龙变化出入，或蛇或蟆，不可方物，士人见之则有科甲显秩之兆，庶人则获厚利。先年石径逼仄，康熙三十二年，知府张圣猷拓以石岸，游赏者磅礴，坐啸老树阴中，恍如置身冰壶。泉左建亭，古曰一镜，曰天泉，今曰涵碧，曰清赏，虚窗四达，碧水潆洄，丹垩翠嶂，古木琳宫，参差倒影，历多题咏。成化间知府张顺捐俸筑堤闸水，以时蓄泄，东畔田亩，利灌尤多。暮春辰日，士庶备羊豕致祭。夏至农事毕，又往祭。嘉靖间郡人席大宾增筑一堤，汇以为沼。堤半有星崖书院，崇祯间知府张同居题曰“泉名东浦”，色清且馨，当山之麓，荫树雨停，兴云致雾，浴日涵星，张子曰：“嘻，有龙则灵。”康熙四十三年，知县翟枚吉重修其亭，亭后建屋三间，扁额诗联，俱极工緻，且渡以木桥，围以朱阑，通判张友宓题曰“鉴湖一曲”，知府柳正芳题曰“环玉流金”。

温汤池 在抚仙湖东岸，去城四十里。相传浴之可祛寒湿疾，旧《志》木赤、旧九村皆有温池，今无存。

荷花池 在城南八里。夏秋之交，菡萏盛开，小舟鼓荡其中，香风袭人。

镜光池 注北坡泉水，筑石围堤，堤上垂柳阴森，间以桃李三春，红绿掩映，荡漾池沼中。明知府张同居建石闸于池口，并竖石坊，题曰“润泽生民”，又曰“云间水淡”，联曰“荷锸引灵湫，布成绿野桑麻色；濯缨歌古调，浣尽浮生名利心”。

龙女池 在城东七里，一名三春池。钟秀山下，泉瀜瀜自石窦中出，莹澈停泓，响若冰玉，有灌溉之泽。其上嘉木蒙茂，奇石谽谺。嘉靖甲子，郡守涪陵夏枺建祠，额曰“龙女祠”，耆民翟大用甃池以石，郡中修禊事者竞往焉，相传祈嗣屡应。

东大河 原为玗扎溪，自宝鼎山群谷发源，经玗扎山下，至青云桥，入抚仙湖。每值时雨暴涨，潦岸冲决，多为民患。隆庆三年，知府蒋宏德锐意开筑灌溉之利，历年已远，水不由道，大雨泛涨，涌沙排石，滚滚奔下，两岸田亩，多遭冲压，且桥梁倾圮，行者有褰衣涉水之险。今中丞李公建有延龄石桥，往来甚利，但开浚之功，为今日急务，而物力艰难，不克举行，识者忧之。

西大河 旧为罗藏溪，自罗藏山发源，经梁王冲塔浮山麓，从东南纡折至棕树村后，暴雨横流泛涨，为害颇烈。一由旧街子水碾团营入于湖，一由十里亭后至立马溪左所入于湖，一由龙青庙下东折至瓦窑村太平桥出四均桥，马房村人于湖当大雨时行，会群山涧谷，汹涌而泻，虽分为三道，而中流奔激，近岸田亩，沙埋石压，屡为民害，东西两河，以时开浚，不可缓也。

阳宗今裁附河阳县

明　湖 在阳宗北五里，周围七十余里。东西两岸，山势陡绝，水色深黑莫测，凡治内溪河泉涧诸水，悉归此湖。每遇晴空云敛，静影沉碧，渔歌互答，帆樯往来，宛若图画，流向汤池，经宜良，会铁池河，入盘江。但尾闾稍狭，夏秋霖潦暴涨，湮没湖田。

明知县文嘉谟兴役疏浚，建石桥以通往来，不但滨湖之田免于水患，虽邻封数百里，咸仰余波矣。景谓“明湖澄碧”即此。

锦　溪　在阳宗西。其源发自罗藏山北麓，会众流而成溪。

弥勒石溪　在阳宗西。发源罗藏山西麓，众涧流为此溪，出弥勒石口，会于锦溪，甚得灌溉之利，经东北入明湖。

日角溪　一名芭蕉河，在阳宗西北八里。其源发于觉卜山下，洑入天生桥山腹，复出为此溪，居民甚获灌溉之利，入于明湖。

大冲河　在阳宗南五里罗藏山之麓。众涧之流聚而为河，隆庆二年六月间，霖潦泛涨，崩塌河埂，知县文嘉谟兴役开浚，约十余里，深八尺，阔一丈余，自是获灌溉之利。

陇邱冲河　在阳宗西北十二里。其源出陇邱山间，跨通衢桥，流入明湖，屯田尽得灌溉。

双树泉　出炒甸黄泥村，归洑水洞，入明湖。

洑水洞　在炒甸黄泥村之傍立马山之下。有石洞，纳潭泉诸水洑流山腹，入明湖。

濯缨泉　在阳宗西一里夹浦山麓。有泉自石罅喷出，清澈可爱，上有龙祠，季春官民祀之，以祈水利。

七古泉　在阳宗旧县西北七里。源出麦田冲，流经北斗村，入明湖。

龙池溪　在阳宗旧县东五十里炒甸。会大、黑两龙潭，龙树泉诸水，入洑水洞，西北过狮子、象鼻两山，西北至宜良，入明湖。

永济河　在阳宗旧县东三十里炒甸乡黄泥村旁，日久淤塞。康熙五十七年，知府柳正芳修浚，远近获灌溉之利。

江川县

下　河　在县西十里。分中河之流，经旧城，南入星云湖。

中　河　在县西十里。源出阿花冲，南入星云湖。

上　河　在县北十五里。源出关索岭，南入星云湖。

星云湖　在县南十里，周八十余里。东由海门小河入抚仙湖，两湖相通，中有界鱼石，星云之大头鱼、抚仙湖之𩸭䲠鱼，两不相越。

阿件溪　在县西北，即阿花冲。源出屈巅山之南，流入星云湖。

黑龙潭　在县西二十里，即冷水泉源也。西山一带田亩，皆其灌溉，居民赖之。

温　泉　在县西南十里。水微温，上巳日，邑人修禊于此。

冷水泉　在县西七里。源出西山，南入星云湖，即西河也。

港　河　即海门，距县十里，星云湖水入抚仙湖处也。

六部溪　在绿龙山下。

新兴州

西　河　在州北五十里。源发昆阳州酸水塘西，入铁炉关河，会母猪箐、龙潭水，南流出刺桐，经陈家屯，合奇梨溪，入于大溪。

密罗河　一名奴喇河，源出密罗村，经甸尾，入嶍峨，见《通志》。

香柏河　在州东北七十里。发源蒙习山晋宁州分界处，经安花、芋苗村至小矣资，入大溪。

东山河 在州南三十四里。发源曲陀关，南行东折过梁海村，合东山湖，东南下河西县碌碑乡。

蚂蝗箐河 在州西北三十五里。注矿塘箐诸山泽，南流黄草坝，折而东有落水洞入山腹中，不知所往，或曰出奇梨溪。

大溪河 一名玉溪河，在州北五里。源出夹雄山，绕西南罗麽溪、奇梨溪，出嶍峨县，入曲江，见《通志》。溪源有二：一出江川兽头山，西流经河西夹雄山，北流入江川普渺乡，出小矣资；一由香柏河行山谷中，经大矣资西，流至小矣资。两水合流，西行过王鸣喜，撒喇哨河水注之，至通年桥，奇梨、西河二水注之，至金官屯，窑河水注之，至大营屯，牟溪、密罗二水注之，折而西下甸尾村，入山际中，黑龙潭水注之。又南行，甸苴河水注之，又南，良江、清水二河注之，经嶍峨城下，东南过河西碌碑乡，关河、东山河水注之。由龙马槽大山，复嶂巨石为限，溯沸而下，经通海矣过村，入建水州，曲江至宁州，达阿迷州巡检司，合盘江水，出罗平，达广西泗城府，经广东，入南海。

罗木箐河 在州东北二十里。自晋宁州大堡，入嶍峨，见新《通志》。按：溪源出响水，行蒙习山阴，南流过北山白云寺，西折经龙门村，折而南至康阜桥，流入大溪。

牟　溪 在州南十五里。源出和尚湾山左，西流经牟溪冲西北，过梁王坝，经高仓西流至大营屯，合密罗水，入大溪。

罗麽溪 源出罗麽山白龙潭，由白塔山后，会小龙潭水，北流经普具笼城，南折过下戴家屯，入大溪。

黑龙潭 在州西十五里龙吟寺。窈深莫测，多佳鱼，遇天旱，吐黄水即雨。

黑龙潭 在州南二十五里，土州判王迪吉筑堰障水灌田。

九龙池 在奇梨山麓。池聚九泉，分灌赤壤，见中溪《通志》。一名奇梨溪，岩石间潺潺流出，聚为一泓，清可鉴发。南流至陈家屯，会西河水，折而东入安流桥，出通年桥，合大溪。

莲花池 在州西北二十里。流入大溪，见中溪《通志》。旧多莲藕，故名。

石观音池 在州东北二十里。水冬温夏凉，上有梵刹，古木蓊翳，幽静可人。

双林泉 在州东北二十里双林寺。有五色鱼穿蒲织藻，游人觞咏其上。

酸水泉 一在州东十五里小矣资河，一在罗木箐河。随地涌出，味涩，与河水异，投以酸角椒糖，可解暑。清明后，州人酌水修禊。立夏后，经雨则止。

畔龙泉 在州西十里甸心村。旧立畔龙县于此，有卤水可煮为盐，今废，微出清泉，味甘，为河沙积淤，失其故地。

玉　湖 在故研和县东南。池周三里，东山之西，塗潦既尽，镜水浮空，渔舟一叶，细鳞入网，佳景也。

路南州

叠　水 在州西南三十里。岩高千仞，瀑布飞流，声如霹雳，每日午，有五色光烛空。

会通河 自州北绕西南，入巴盘江，沙壅河窄，田亩受其湮没。乾隆二十二年，知州史进爵浚。

大赤江 一名大池江，发源于寻甸空山，经霑益、曲靖、宜良至州富安乡林口铺目古箐之龙马蹄塘，入州界，山箐逼窄，历十余村，曲折数十里，接民和乡。土地平旷，筑坝开沟，为利甚溥。出河头营，至三道水，入宜良界，行九曲，通铁池河，又入州仁德乡界，经红石岩、席家渡等处，西与澂阳抚仙湖汇，环抱竹山，至禄丰村交入盘江。

兴宁溪　在州东二里。绕城西南，会铁池河，流入盘江。

永济河　在州西北七十里民和乡，居大赤江之北。发源于马龙地界水洊河，源远流长，合于赤江，归于无济，自乾隆四年知府来鸣谦会同宜良县张日旼开浚，劈山凿石，纡绕四十余里，至十七年工竣，至今民受其利。

黑龙潭　在州南十余里。水流数里，与白龙潭水合，绕州南下。明嘉靖间，州守邹国玺筑堰开渠，东南田亩获济，碾磨皆赖其力。每春王[①]八日，牲醴奠于潭墟，游人毕集，八景谓“龙潭夜月”即此。

白龙潭　在州东北十五里。其水清冽，行十里，与黑龙潭水合为巴盘江，今昌乐堰即此水也。

巴盘江　在州东南郭外。发源黑白龙潭，襟带城池，众水会聚，屈曲盘旋，形类巴字，故名。又云濛川。

铁池河　在州西三十里。自陆凉经宜良至竹子山，会巴盘江尾。

温　泉　在民和乡境，村名贾龙。其水温和，有硫磺气，浴之除疾，上有温泉寺。

〔据李熙龄纂修道光《澂江府志》（清道光二十七年刻本）卷五《山川志》第2－12页辑录。〕

（民国）澂江县地志资料清册·河湖泉

十　河湖泉

河

境内著名河流有六，列表如下：

云南省澂江县川河形势表（一）

名　称	全长里数	经过本治里数	源　委	极宽处丈尺	水　利	水　害
铁池河	一千八百里	八十里	源出西北霑益之花山，经陆良、宜良至澂江界，会抚仙湖水，南入黎县	二十丈	经行山谷间，故无水利	经行山谷间，尚无水害
玗扎溪	三十里	三十里	源出宝鼎山下，东折而南至青云桥，直入抚仙湖	五丈	村人引以灌溉田亩甚溥	夏秋山水暴涨，冲没田亩，常为水害
罗藏溪	二十五里	二十五里	源出罗藏山峡，绕罗藏山右臂，屈曲而入抚仙湖	六丈	灌溉田亩甚多	夏季水涨，潦岸冲决，常为民害

① 春王　指农历正月，语出《春秋》。

续 表

名 称	全长里数	经过本治里数	源 委	极宽处丈尺	水 利	水 害
七江溪	一十五里	一十五里	源出七江村两山间，流入铁池河	四丈	灌溉田亩甚多	无
弥勒石溪	一十五里	一十五里	发源罗藏山西，弥勒石口，会于锦溪，经东北入明湖	三丈	甚得灌溉之利	无
日角溪	一十一里	一十一里	发源觉卜山下，洑入天生桥山腹，复出于明湖	三丈	居民甚得灌溉之利	无

云南省澂江县川河形势表（二）

名 称	支 流	水流方向	航路状况	船舶种类	津 梁	水产	沿河城镇
铁池河	入境无支流	源出霑益，经陆良、宜良入境，东南入黎县	由新村山麓达对岸徐家渡，约长十丈，中少阻碍	木船	每岁十月后，架木为桥以通往来		无 附记：沿河均大山盘亘，故无城镇
玗扎溪	飞虹渡小河	自城北二十里宝鼎山发源，折东南入抚仙湖	水浅，不能航行	无	青云桥，以通往来，现将修建		三家村、大人庄、右所
罗藏溪	东一支引入城西为龙沟	自城西北十五里罗藏山发源，绕罗藏山左臂入抚仙湖	无	无	架木桥以通往来		西街子、香村、九条沟、大河口
七江溪	黑牛河	自城东四十里七江村两山间流入铁池河	无	无	架木桥以通往来		百家村、七江村
弥勒石溪	小沟	自城西北三十里弥勒石口，由东北直入明湖	无	无	小石桥		北斗村
日角溪	小沟	源出觉卜山下，洑入天生桥山腹，复出入于明湖	无	无	无		海晏村

湖

境内有二湖，分言于次：

一曰抚仙湖。

抚仙湖 在城南八里。周围三百余里，产鱇鱇鱼、青鱼、鲤鱼。最富航路分为二线：一由新河口达江川海门桥、一由新河口达县属海口地方，往来船舶均系木船，长约四丈。另湖在境之南端，地势低下，故无大利大害，惟风景颇佳。前清邑人赵少宰玉峰有诗云：“俞元仙迹问仙湖，一片烟波点荻芦。天上自来通碧海，人间不道有蓬壶。凫鸥泛之眠沙渚，桃柳阴阴入画图。最爱夜深蟾殿启，琉璃万顷一痕孤。”

一曰明湖。

明　湖　在城北五十里。周围七十里，东南两岸，山势陡绝，水色深黑莫测，水流向宜良境，灌溉田亩颇多，惟境内少沾余惠，航路由海晏村达汤池，往来均系木船，长约三丈。湖中产青鱼、硐鱼最富。

泉

泉之种有二：一为温泉，一为冷泉。

兹将名称位置及其作用列举于后。

温　泉

温汤池　一名热水塘，在抚仙湖东岸，距城三十里，源出天马山麓。池中有热气，水温如汤。相传浴之可祛寒湿疾，村人引以灌溉田亩。

热水河　在城东北四十里，因水温故名。村人引以灌溉田亩。

冷　泉

西礐泉　在城西北五里蟠龙冈石岩下。山如一巨螺壳覆山麓，左右双湫，混混夹出。左湫自明湖洑流而来，右湫自滇池海宝山下洑流而来，汇为大沼，灌溉田亩甚多，水量为境内诸泉之冠。

东浦泉　在城东三里华藏寺下。东畔田亩赖以灌溉。邑人赵玉峰有诗云：“泉流虢虢度平沙，灌溉东方利赖赊。遥望彩虹趋涧底，却随舞鹤到山家。层层碧树笼高寺，濯濯游鳞戏浅涯。水客风亭客坐啸，诗成随意酌流霞。”

龙泉池　在城北五十里联庆乡龙泉山下，乡中田亩利以灌溉。

〔据吴崇基查送《澂江县地志资料清册》（梁耀武主编《民国地志十种》，云南人民出版社 1997 年版）十《河湖泉》第 121 – 125 页辑录。〕

（民国）元江志稿·地舆志·山川·水道

卷二　地舆志三　山川　水道

县境之水，以礼社江为大，由西北至东南，斜贯其中，行四五百里，其源有二：一出今祥云县梁王山，一出蒙化县甸头花判山，同会定远河，入楚雄，过新平，入县境，向东南流，右纳挖窑河水。挖窑河，《新平县志》源出县西南三百里哀牢山东南挖窑山中，东流经挖窑沟，又东流经舍叠龙东北至磨沙南入江。

又东南，左纳南麻河水。南麻河，旧《州志》源出弥陀山下，西南流经大南麻，又西南入礼社江。

又东南，右纳漫线河水。漫线河，旧《州志》源出州西北百三十里之弥陀山，东北流入江。

又东南，左纳甘庄河水。甘庄河，《云南通志稿》源出元江州东北四十五里之黄茅岭，西流经甘庄坝，又西南入礼社江。

又东南，右纳南淇河水。南淇河，《云南通志稿》源出元江州西十里之无量山，东流会南北中寨诸山水，东流入礼社江。《采访》城北田亩，资以灌溉，其津渡处石桥屡圮，今改建铁桥。

又东经县城，右纳清水河水。清水河，《云南通志稿》源出元江州南八十里之列播山，一源二流，其东北流者为南侊河，其西北流者为清水河。又北流数十里，折东北，经峩崀山麓为峩崀河，又东北流至州城西南，折东流经城南东，入礼社江。《旧州志》清水河，一名香水河。《采访》城南田亩，咸资灌溉，城南渡处建有万寿石桥。又三板桥河，源出张巴大鱼塘，向东行五十里，入清水河。又磨刀河，源出卡腊山，亦入之。

又东南，左纳双渠沟水。双渠沟，《云南通志稿》源出马龙山，一清一浊，流入礼社江。

又东南，右纳南侊河、倮倮河、漫兴河、迤萨河、马地河诸水。南侊河，《云南通志稿》源出列播山，与清水河一源二流，东北流经大羊街北小羊街，又东北流至坝罕东北，入礼社江。《采访》在城东南八十里。倮倮河，《采访》在城南百一十里，源出堵坡妥勺，经浪堵车浦东流八十里，入礼社江。水产白鱼、花鳅之属。迤萨河，《采访》在城西百二十里，源出墨江县之新寨，东南流经桥村脚，又东入礼社江，产鳊鱼，味美。漫兴河，《采访》在城西百四十里，发源墨江县之清步河村，东北流经蒙番河村，东入礼社江，产虾。马地河，《采访》在城西九十里，发源老武山之方家坟寨脚，东入礼社江。

又东南，左纳渓落河水。渓落河，《临安府志》源出元江临安界上山，西南流入元江。《采访》渓落河为元、屏天然界限，有二源，一出嶍峨县北，一出新平县南，会为大开门河，东经鲁魁山北麓，为龟枢河，南流入境，右纳厂沟河水，又南，左纳撮科河水，又南，右纳大小哨水，又南，左纳大塘冲水，又南，纳五塘沟水，又南，纳南岳冲水，又南二十里，入礼社江，其上下各渡，素无舟楫，时有覆溺之虞，今三台坡渡处建有铁桥。

又东南至大坝罕，又东南至河口，经安南境为富良江，入于南海。

至于阿墨、李仙二江，则皆西陲之过境也。

〔据黄元直修，刘达武等纂民国《元江志稿》（民国十一年排印本）卷二《地舆志三·山川·水道》第14－16页辑录。所附“温泉”、“水利”，详见后。〕

（民国）元江全属地志说明书·河湖泉

十 川河

云南元江县川河形势表（一）

名 称	全长里数	经过本治里数	源 委	极宽处丈尺	水 利	水 害
澧社江	二千六百里	二百五十里	发源于蒙化，下流入蛮耗，经越南入南海	不过一百丈	小船运盐、运货，往来船载重不过二千斤	极涨时淹没沿江田亩

云南元江县川河形势表（二）

名 称	支 流	水流方向	航路状况	船舶种类	津 梁	水 产	沿河城镇
澧社江	南淇河自西流入，清水河自西南流入，南掌河、南任河亦自西南流入，甘庄河、归枢河自东流入	自北方流入境，向南方流出	小船运盐至老街，水程十三站	小船	普济铁桥、澧江浮桥	鱼	元江县城

〔据彭松森呈送《元江全属地志说明书》（梁耀武主编《民国地志十种》，云南人民出版社 1997 年版）十《川河》第 448 页辑录。〕

（民国）玉溪县征集地志资料事类表册·河湖泉

十 河湖泉

重要川河为玉溪河，发源于东，流向西南。附川河形势表于后。

云南省玉溪县川河形势表（一）

名 称	全长里数	经过本治里数	源 委	极宽处丈尺	水 利	水 害
玉溪河	二百八十里	一百一十里	源自江川县普妙，流入嶍峨县	二百尺	可灌田三万二千余亩	雨水过多时间有水患
东河	五十里	三十里	源自晋宁，流入玉溪河	三十尺	可灌田一万三千余亩	间有水患
西河	七十里	五十五里	源自昆阳，流入玉溪河	二十五尺	可灌田一万余亩	无
罗麽溪河	一十三里	一十六里	源自白龙潭，流入玉溪河	二十尺	可灌田四千余亩	无
密罗河	二十五里	二十五里	源自密罗山，流入玉溪河	三十尺	可灌田五千余亩	无

续表

名　称	全长里数	经过本治里数	源　委	极宽处丈尺	水　利	水　害
良江河	一十七里	一十七里	源自弥勒山，流入玉溪河	二十五尺	田七百亩	无
甸苴河	一十八里	一十八里	源自尖山，流入玉溪河	三十二尺	可灌田二千六百亩	无
麻冲河	一十里	一十里	源自双凤山，流入玉溪河	一十五尺	可灌田五百亩	无
牟溪冲河	一十里	一十里	牟溪冲溪，流入玉溪河	一十五尺	可灌田七百六十亩	无
窑沟河	一十四里	一十四里	源自平顶山，流入玉溪河	一十尺	可灌田三百亩	无
撒喇河	一十八里	一十八里	源自灵照山，流入玉溪河	二十二尺	可灌田五百亩	无
大沙河	二十五里	二十五里	源自乾海子，流入曲江坝	三十一尺	可灌田四百亩	雨量多时常有水患

云南省玉溪县川河形势表（二）

名　称	支　流	水流方向	航路状况	船舶种类	津　梁	水　产	沿河城镇
玉溪河	县属所有小河皆为其支流	自东而西南	无	无	玉溪桥、永惠桥、永济桥、洛河大桥	无	无
东河	罗木箐河	自东北而西南	无	无	龙门桥	无	无
西河	关河	自北而南	无	无	心德桥、高桥、康阜桥	无	无
罗麽溪河	牟溪冲河	自东而西	无	无	无	无	无
良江河	龙潭河	自北而南	无	无	无	无	无
密罗河	无	自南而北	无	无	凤凰桥		无
甸苴河	无	自南而北	无	无			
麻冲河	无	自南而北	无	无			
牟溪冲河	无	自东南而西北	无	无			
窑沟河	无	自东南而西北	无	无			
撒喇河	无	自南而北	无	无			
大沙河	无	自北而东南	无	无			

湖之名有：

玉　湖　在县城南三十里，面积一方里。水产多鲫鱼，湖中遍种菡萏，有名人题诗如下：

玉湖菡萏　五言律诗

山阴　任仲宜题

华蒻冒碧沼，菡萏出水涯。
清池涵文波，微雨吐芬姿。
潜鳞泳深渊，吞香良足怡。
愿言希往哲，披襟曰在兹。

泉之名有：

酸水泉　在县城北二十五里，其味适同荷兰水，乡人取之卖于市，为最佳之饮料。又有九龙泉，在县城西北二十二里，自岩下涌清泉，可灌田数千亩。名人题诗于左：

九龙泉　七言绝句

郡人　王佑命

此地泉名说九龙，龙灵水浅却淙淙。
求人莫道昆池阔，只利渔翁不利农。

九龙池倚树问溪　七言律诗

明礼部尚书　雷跃龙　郡人

试问溪流几变迁，溪流曾否是桑田？
浮云何事常舒卷，皓月奚为也缺圆？
载酒可能方赤壁，题诗若个似清莲。
相逢今古人多少，哪客于卿有宿缘？

〔据王国靖呈送《玉溪县征集地志资料事类表册》（梁耀武主编《民国地志十种》，云南人民出版社1997年版）十《河湖泉》第11页辑录。〕

（民国）黎县地志资料·河湖泉

十　河湖泉

黎县川河形势表（一）

川河之名称	全长里数	经本治里数	源　委	极宽处丈尺	水　利	水　害
恩永河	长约一十余里	经过之地均在本治城内	源出恩永山东，西纳平地马家冲、团山之水，东过小山纳大沙河之水，过前所桥纳纱帽山之水，小沙河之水由东而入，下会浣江，过山口至金银山下，会龙珠河之水，名爪江	三丈余尺	此水灌溉田亩，其利甚溥	有时雨量太多，河堤崩坏，亦有害于田禾，然仅数年一次耳

续 表

川河之名称	全长里数	经本治里数	源 委	极宽处丈尺	水 利	水 害
浣江	全长三十里	三十里	源导甸苴关西南飞虹桥（一名半名桥），东北流纳梅子哨山塘、石头寨、冲妹、双月潭、小路南、养牛之水，东过黄澄桥，又西经茶庵（一名圣水庵）北茶庵之水南入焉，此水煮茶极佳。东经狮子山北，青龙桥、头髮箐之水东注焉。又东纳沿塘之水经松树园，西青白龙潭之水入焉。南过浣江桥、头髮箐、绿林庄、西冲、杨家寨、三家寨之水入焉。高茶寨之水过卢公桥东入焉。又东过通济桥（一名霁虹桥），华盖山之水西入焉，又经城过玉带桥，会恩永河水，过山口桥，经金银山下，会龙珠河水，名曰爪江	三丈五尺	水利与恩永河同	而溃决之患亦时所有
龙珠河	全长二十余里	三十里	源导分水岭，南经茂地村、葫芦冲、白玉冲，东过沙锅村，又南过迎春桥，会恩永河及浣江之水为爪水，折而东流			
爪江（化兮江，一名小曲江，上流即爪江）	全长五十余里	三十里	爪江者，诸恩永河、浣江、龙珠三水合流如爪字形也。东南流过万松山北，东纳覆盆山、大栗树、观音山之水，又东南过金虾湾至天马山、龙洞西，东纳新田、三家寨、红石岩、观音山、上下龙洞之水，又东纳紫芝山、登楼山、马鞍山、阿野寨、老孔寨之水，西流至象鼻岭南，北入温泉水，过金锁桥，入西南，过翠屏山、红石岩至天生桥、老丁庄，东北至三岔河，会曲江水，又东流为小曲江即华兮江也。又东至九甸，一曰旧甸，会婆兮大江小江水，同为赤河南入于海。赤江河即八达河，古番禺牂牁江之上游也			
婆兮江	长八百余里	经本治八十余里	即赤江河上游，源导于霑益县之白水洞，经曲靖、陆凉流入宜良杨宗海汇归之。由宜良达路南、澂江入黎县境西南，流经拖黑村，南纳抚仙湖之水，又西南流经鹦哥咀南，西北纳分水岭、玉泉山、泥母得、珍珠泉及绿梅村、龙井之水，又南流经十八寨，西至婆兮宁津桥北，东纳七犀潭之水（小江水），过宁津桥南，东经凤山、卧麟山南，至九甸，华兮江之水汇归之，名曰三江口。自婆兮南流弥勒、阿迷，汇建水之泸江，折而东经贵州、广东、广西之间，达西江而入南海			
小江	全长约一十八里	均在本治域内	源出婆兮之七犀潭，西流过小江桥而入大江，水势亦大	三丈余尺	水利甚广，其所灌之地，几为婆兮之一半	

续 表

川河之名称	全长里数	经本治里数	源 委	极宽处丈尺	水 利	水 害
青龙街斗居河	三十余里	约经本治城内	源出分水岭东，北流过矣马白，至落梅村与龙井河会，东北流入婆兮江	约二丈	利于灌溉	夏秋雨水暴涨，两岸田园常受淹没之患
青龙街龙井河	长并入斗居河		源出落梅村，与斗居河会，东北流入婆兮江	三丈余	利于灌溉	
路居龙川河（一名大龙潭）	约一十五里	均经本治域	源出龙潭村北，注于抚仙湖	约二丈余尺	利大	害小
浪广李汜河	均经本治域	约二十里	源出普庙之天生桥，北流入星云湖	约六丈余尺	利小	害大。以其河高于田三四丈，每至秋夏令之交，水势汹涌则崩坏河堤，淹没房屋田园。故谓之利小而害大之水
小庄河	全长八里许	在本治经过	源出福德山东，西北经朱家庄，又西过沈家桥，北流于海（即星云湖）			
大寨河	长约五十里	在本治经过	源出丹凤山（俗名矣习本）东经白沙沟而过大寨，会伏家营河之水又西行，会旧州河之水，北流入于星云湖	约五丈余	利小	害大
新河	长三里	在本治经过	导源于螺蛳铺山，西流入于星云湖			

黎县川河形势表（二）

江河之名称	支 流	水流方向	航路状况	船舶种类	津 梁	水 产	沿河城镇
恩永河	源头分出一支，经过王马村、四脚村、右所，由通济桥下入浣江，名曰西沟。一支由虎山脚分流经山麓而西，过张家墓、高寨、马家冲折向东流，过沟埂小山、郭家营、前所，至山口复入恩永河，名曰东沟（此沟为廖都司所开）	直向东流，转而南，由南出东	无	无	小山桥、沟埂桥、郭家营桥，前所桥（俗名大河桥）、山口桥	鲤鱼、马鱼、鲫鱼、白鱼、细鳞鱼、鳅鱼、鳝鱼，其中以鲤为最，马鱼、鲫鱼次之	

续 表

江河之名称	支　流	水流方向	航路状况	船舶种类	津　梁	水　产	沿河城镇
浣江		初西北流至铅塘，折而南流，又至右所，折而东流入爪江		飞虹桥、黄澄桥、浣江桥、卢公桥、玉带桥、山口桥	水产与恩永河同，滋味亦如之。惟所产者鲫鱼、白鱼极多，余者少耳		
龙珠河		自分水岭东北流至沙锅村折而南流入爪江	无	无	天生桥、迎春桥（一名新桥）	鲫鱼、白鱼、马鱼、细鳞鱼、石扁嘴	
爪江	由拖卓北分支东过溪西邑新街之北，又由乍蚌而入婆兮江	初东流，继东南流过万松山，折而南流至龙硐下，折而西流会曲江水，而东流入婆兮江			龙硐桥、金锁桥、天生桥	鲤鱼、马鱼、鲫鱼、白鱼、细鳞鱼	
婆兮江		直向南流		木船	宁津桥（一名铁锁桥）	粗鳞鱼、鲤鱼、马鱼、花鱼、细鳞鱼	
小江（一名鼓水，以其水声如击鼓也）	有沟者三，由江之南北分支，灌溉甚广				小江桥	水产与大江同	
青龙街斗居河		东北流入婆兮江			细鳞鱼，其味极佳		
龙井河	无	东北流入婆兮江	无	无	金锁桥	鲫鱼、鲤鱼、细鳞鱼、黑鱼	
路居龙川河（一名大龙潭）		北流入于抚仙湖				鲫鱼、小细鱼	
李汜河（属浪广）		北流入于星云湖			天生桥	鲫鱼、小细鱼	
小庄河		北流入星云湖			沈家桥		
大寨河		西北流入星云湖			新桥		
新河		西流入于湖			螺蛳铺桥	由海发上之小白鱼颇多	

抚仙湖　在城北七十里，面积六倍于星云湖，周围约三百里，为黎县与澂江、江川共有之湖。

水产有海马，俗谓之龙马。有青鱼、花鱼、㾓㾓鱼。青鱼味极美，㾓㾓鱼次之，然㾓㾓鱼产之极多，每至五六月间，如云蔽湖。鱼四出恒在暴雨之后，土人又谓之鱼发。且最奇者，此湖之簾窗鱼与星云湖之青脊梁，俗谓小白鱼。以海门巨石为界，不相往来，所谓“两水相交，鱼不来往”也。

航路状况，由海门桥而上星云湖，可以通浪广、江川，下可以达澂江。即河阳。惟风顺则速，风逆则慢，有时浪起风乱，则沿岸而走，不然则有翻覆之患。

船舶种类，有大小船之别，然均以木为之，有桨无舵。

水利水害，利以鱼利最大，而灌溉之利亦不少，且海藻可以养豕。有时海水增涨，四围之田亦有害。此湖之中，间有一大鱼，不知其修广，秋清时一出游，则众鱼大小以次相从者数万，渔者过之莫敢钓也，钓则有波涛之患。

星云湖 土人谓之浪广海，在城西北六十里。周约五十里，为江川、黎县所共有。

水产有大头鱼，此湖之特产也。此外有青鱼、黑鱼、花鱼、鲤鱼、鲫鱼、小白鱼。大头鱼头与身等，而味重于脑，随月之望朔为亏盈，惟湖中有之，他水所无。

航路状况，由海门而下，可以达路居、澂江等处，随风而行，速如火轮车，逆风则异是，有时波起则难行。

船舶种类，有大小船，以木为之，有桨无舵。

水利水害，此湖利最大，害极小，水平如镜，舟稳于车，惟有时海水暴涨，则稍害及农事，然数年一次耳。

附跳鱼沟 在湖东北，渔人设之以取鱼。湖中鱼将生子，则避潮水而就山水，渔人拥山水为沟，沟泻处为岸，岸尽处水悬流如瀑布，鱼至岸下，辄跃而上，为水所激，则旁落于岸，取之甚易，犹拾物然，亦特别者耳。

附潭泉

大龙潭 一名海眼泉。在城南十余里，面积约六方丈。系淡水泉。其作用灌溉田亩其多。

双月潭 属淡水泉。在城西三十里冲妹南，面积约二方丈，其利亦可灌田。

青龙潭 约在城北五里，面积约一方丈。水源甚小，然涓涓不绝，可以溉田。系淡水泉。此水春夏常清，不混泥渣，两岸多杜鹃花，花开如锦，州人谓为花溪口。

七犀潭 属淡水。在城东七十里。即婆兮之大龙潭。所灌溉之田园，广约有婆兮之一半。

黑龙潭 亦属于淡水。在城西六十里福德山东。即浪广乡黑龙潭。

〔据黎县劝学所呈送《黎县地志资料》（梁耀武主编《民国地志十种》，云南人民出版社 1997 年版）十《河湖泉》第 269－276 页辑录。〕

曲靖市

（康熙）南宁县志·地舆志·山川

卷二　地舆志　山川（山略）

东海子 在城东十余里，轮广五十余里。每夏秋淋雨，水忽泛滹，多巨泽。汪洋浩淼，村树掩映，渔舟往来，颇可称大观。

石喇泉 在城东二十里朗目山下。

黑龙潭 在城东二十余里。旁有石洞，怪石峻岩，林木密茂，而水源甚深，虽旱亦不涸，饶灌溉之利焉。

潇湘河 在城南门外。其源出马龙山箐中，绕真峰山后至府境，与霑益北来诸水会于城东，达陆凉，过石门，由广西师宗入南海。

龙　泉 在城西南十里。泉分两派，一清一浊，民资灌溉，每春秋季月辰日祀之。

白石江 在城北五里。源自西山，众流交合，亦资灌溉。明沐西平征南，败达里麻于此。旧有碑，今亡。

南　河 在府城东南二十余里。府城众水所会，下达陆凉。

温　泉 在城南。康熙三十四年，曲寻镇总兵刘廷杰建室砌池，颇堪浴咏。武陵戴嗣方诗："解衣磅礴惊肌肋，濯足流污灌稻田。"

清水泉 在城南真峰山后十余里，广数十里。澄澈清碧，深不可测，水面鱼虾出没，人不敢食。相传龙潜其中，遇旱祷雨辄应。

玉　泉 在城北二十余里。泉口仅尺许，深不可测，中有白沙噀出，人竞取之，以涤金银器皿云。

钵盂泉 在真峰山上。形如钵盂，水无盈缩。

珍珠泉 在城北门外纸房[illegible]井。水澄澈，时有泡如珠，累累浮于水面。

白龙泉 在城内西北角天王寺殿下。相传旧有白龙作患，故建寺以镇之，龙去泉涸，而洞尚存，深不可测，以石投之，嗒然有声不止。

〔据王櫄纂修康熙《南宁县志》（吴乔贵、林文勋、周琼校注，冯绍贤主编《清代南宁县方志校注》，云南人民出版社2014年版）卷二《地舆志·山川》第32页辑录。〕

（咸丰）南宁县志·地理志·山川

卷一　地理志第一　山川（山略）

潇湘江 在城南关外半里许。源出马龙州木容箐溪，绕胜峰山下，流入县境，至陆凉州，过石门山，会广西州师宗县水，达南海。《通志》：夏秋水泛，有洞庭潇湘之势，故名。《一统志》云：按交河、八达河、潇湘江、南盘江，实一水也。在霑益发源之处曰交河，会腊溪诸水注府城东北曰潇湘江，至陆凉州曰八达河，经罗平州西北曰南盘江，盖随地而异名也。

白石江 在城北八里。源自马龙州界，经此东南合潇湘江。《滇考》：明初颍川侯傅友德、西平侯沐英等征云南，败元平章达里麻于此，旧有纪功碑，今亡。

南　河 在城东南二十余里。众水所汇，下达陆凉。

阿幢河 在城北二十里，一名腊溪。源出龙华山，与交水河汇流。

双　河 在城北三十里。源发岩口，流入阿幢河。

中州河 在越州西五里，即南河也。流经卫境，回旋潆绕，南达陆凉。

泥溪河 在越州城北门外。其源出于枕寨龙潭，流至小河，则海寨龙潭水亦汇焉。

沿河田亩，颇资灌溉。

东海子　在城东十里。广袤五十余里，每夏秋霖雨，汪洋浩淼，曲阳巨观。

黑龙潭　在城东二十一里。旁有山洞，其上怪石巉岩，林木茂密，潭水宏深，资以灌溉。

枕寨龙潭　在越州东北三十里。遇旱祷雨辄应，灵异非常。旧制：官民每于春仲致祭。

黑龙潭　在越州西十里。为利甚溥，潭内鲫鱼有大至五六斤者，村民相戒不敢食。

倘俸溪　在城西。其源出涌克山，流经此，有九湾绕城而流。

龙　泉　在城西南十里。泉分两派，一清一浊，民资灌溉。每春秋季月辰日祀之。

温　泉　在城南分秦山下。阔二丈许，水沸如汤。康熙三十四年，曲寻镇总兵刘廷杰建室砌池，今圮。

石喇泉　在城东二十里朗目山下。

螺峰洞泉　在越州华严寺后。水源自洞中出，距洞门数尺，突起一石，将水中分为二，一由马军田、陈官营①，一由李家营、张官营，灌溉田亩，利甚溥焉。

龙　泉　在越州半云庵后。水自洞中出，分南北流，溉宗官山一带田亩，民咸赖之。

清水泉　在真峰山后十余里。广十数里，澄澈如鉴，深不可测。水面鱼虾出没，人不敢食。相传龙潜其中，遇旱祷雨辄应。

玉　泉　在城北二十余里。泉口仅尺许，深不可测，中有白沙噀出，人竞取之，以涤金银器皿。

珍珠泉　在城北门外。水色澄澈，有泡如珠，累累浮于水面。

钵盂泉　在真峰山上。形如钵盂，水无盈缩。

白龙泉　在城内天王寺佛座下。相传旧有白龙作患，故建寺以镇之，龙去泉涸，而洞尚存，深不可测，以石投之，轰然有声。

养病泉　在城南门内。有上、下二泉，味极甘冽。昔人凿以养病，故名。

〔据毛玉成修，张翊辰、喻怀信纂咸丰《南宁县志》（《中国地方志集成·云南府县志辑11》，凤凰出版社2009年据清咸丰二年刻本影印）卷一《地理志第一·山川》第72－77页辑录。〕

（雍正）马龙州志·地理志·山川

卷三　地理志　山川（山略）

东　河　城南里许。《通志》载其名，旧名潇湘，今从《通志》。其源有二：一自州松溪坡山涧中流出，经西河流等村至州南；一自州东小龙井流出，经陆家庄等村至州南。二水俱来自东，极曲折之致。明时州牧夏玮于缪家河上流使筑一堤，西南郊外，停波渺渺，遂成巨浸，因表之曰“一片西湖”，后废。今堤址犹存。

西　河　城西北最近，《通志》亦载之。源出高坡，经伯刻山下，纡曲西流，与东

① 陈官营　前原有“一由”二字，依文意及同治《古越州志》删。

河汇。

龙潭河 城西八里。上二里许为缪家河，西折至此即东、西河水也，中有龙潭，故名。下经龙阳洞前，土官寨等村资其灌溉，为州膏腴之地。

白蟒河 州西四十里。源出东河，又数十里，北流至寻甸七星桥，达东川。

龙洞河 州东南四十里。其洞背东向西，亦极轩敞。山后有二涧伏流入洞，[illegible]转如雷，中成巨潭，产龙须、细鳞等鱼。水势出洞甚猛，颇资浸灌。相传洞中有龙，更多异蛇。

迤泽河 州东南四十五里。即龙洞之水经纳章村至此，水从岩下约十余丈喷珠叠雪，殊擅奇观。明杜惟馨隐居其下，号“岑瀑山人”。

浙宗河 州南八十五里。即迤泽之水南流至此，其水入三脚洞，亦如龙洞之状。又数十里，会陆凉水，出宜良大赤江。

响水河 州东二十五里。其源出自石间，潺湲有声，东流与曲靖潇湘水汇。

灵　泉 州南十里连云山最高处，旧有僧建寺于其上，僧因山高无水，晨夕拜祷，乃得兹泉，事与玉龙庵相类。其寺今废，《通志》、旧《志》俱不载其实。

温　泉 州南四十里。出乱头村岩石间，水清味甘，可以沃茶，其下有溪，此泉注其中，溪水皆温，至秋冬时，气蒸如雾，其热犹甚，土人恐其得名，秘不告人，而实胜于他处。

畏雷泉 俗名犀牛洞，州西四十里麻衣村后，依山岩侧从地穴中涌出，灌田千余亩。其水出时徐徐焉，有逡巡之致，遇雷即涸，不假须臾，经雷数番而出，其流乃久方欲出之。先居人闻其穴中有声如雷，即知其出，若岁旱不出，则于后洞中群相呼吼，以石击之，其泉亦出，或终日，或半晌，时清时浊，亦不久也。其出每以初夏为期，民居亦以是时祀之。

大龙井 州西南二里。旧有二泉，今合为一，但其地卑下，灌溉少资，每值岁旱祷祀辄应。上有龙王祠。

小龙井 州东十里。潭亦深浚，田亩资其润泽。

犀牛潭 州西十里昌隆铺山峡之间。潭深无底，上有小涧流其中，出峡又西流，赴土官寨，两旁夹立，悬岩上有松柏焉，树不甚大，同本异枝，俗传为松柏常情。

莎草塘 州北五里，纵横三里许，其旁岩洞参差，泉聚山坳之中，众峰环列，丛薄葱蒨，有巨鱼焉，出则群鱼云集，人多见之。境内滩洳，以此为最。

九股龙潭 州西南五十里香炉山后。源出有九，零乱如星，流成大涧，出中和。

庄郎塘 州西三十里，亦巨津也。

扯堵龙潭 州西北三十里。周百余步，左右多林木，泉自树根涌出，流至土官寨，与东河水合。又有滥泥坪龙潭，流成涧水，亦与此水合。

〔据许日藻纂修雍正《马龙州志》（清雍正元年刻本）卷三《地理志·山川》第5页辑录。〕

（民国）续修马龙县志·地理志·山川

卷三　地理志　河流

内地河流稍大者有二，即东河与龙洞河是也。东河有源：一自县东水箐山谷间流出，经西海子、越州屯、西河流等村，曲折数十里流至城南；一出县西小龙井，经陆家庄、马军田等村至城南。二水会合西流为沈家河，为缪家河，右会西河水。西河，源出高坡，西南流经伯山，左纳北方诸水，曲曲至城西会东河。西流为龙潭河，又折向西南，流经土官寨，右纳扯堵龙潭水，左纳九股龙潭诸水，西南流为白蟒河，入寻甸境至七星桥，与寻川河会。龙洞河，源出县东四十五里汤郎大栗树，两涧合入龙洞伏流，由南洞涌出，西南流经方郎、纳章等村，下叠水为迤泽河，又西南经大小营、乱头、大庄等村，左纳曲宗、窝郎诸水，西南至哲宗为哲宗河，西南流，右纳石河、大把持诸村水，西南入路南境。此二水以大小计，龙洞河稍逊。然东河虽大，夏秋水涨，沿河多遭淹没之患；春日流绝，民人又无灌溉之功，惟自龙潭河以下稍资灌溉，然亦不过数村而已。龙洞河自龙洞流出，春日不涸，秋亦不淹，所经村落，颇获灌溉，惜仅东南拾余村受其利也。其他之观音洞河为东北之界河，我属仅大小碌碑二三村得资灌溉，似与我属无甚关系，除此以外，皆山溪小涧，无足轻重者矣。

卷三　地理志　山川（山略）

东　河　城南里许，《通志》载其名，旧名潇湘，今从《通志》。其源有二：一自县东水箐山涧中流出，经小海子、西河流等村至县南；一自县东小龙井流出，经答家庄等村至县南。二水俱来自东，极曲折之致。明时州牧夏韦于缪家河上流使筑一堤，西南郊外，停波渺渺，遂成巨浸，因表之曰“一片西湖”，后废。今堤址犹存。

西　河　城西北最近，《通志》亦载之。源出高坡，经伯刻山下，纡曲西流，与东河汇。

龙潭洞　城西八里。上二里许为缪家河，西折至此即东、西河水也，中有龙潭，故名。下经龙阳洞前，土官寨等村资其灌溉，为县膏腴之地。

龙洞河　县东南四十里。其洞背东向西，亦极轩敞。山后有二涧伏流入洞，砯转如雷，中成巨潭，产龙须、细鳞等鱼。水势出洞甚猛，颇资浸灌。相传洞中有龙，更多异蛇。

白蟒河　县西四十里。源出东河，又数十里，北流至寻甸七星桥，入东川。

迤泽河　县东南四十五里。即龙洞之水经纳章村至此，水从岩下约十余丈喷珠叠雪，殊擅奇观。明杜惟馨隐居其下，号“岑瀑山人”。

浙宗河　县南八十五里。即迤泽之水南流至此，其水入三脚洞，亦如龙洞之状。又十里，会陆凉水，出宜良大赤江。

响水河　县东二十五里。其源出自石间，潺溪有声，东流与曲靖潇湘水汇。

灵　泉　县南十里连云山最高处，旧有僧建寺于其上，僧因山高无水，晨夕拜祷，乃得兹泉，事与玉龙庵相类。其寺今废。

温　泉　县南四十里。出乱头村岩石间，水清味甘，可以沃茶，其下有溪，此泉注其中，溪水皆温，至秋冬时，气蒸如雾，其热弥甚，土人恐其得名，秘不告人，而实胜于他处。

畏雷泉　旧《志》在县西四十里载麻衣村后，有石穴，俗名犀牛洞，依山岩侧从地穴中涌出，灌田余亩。其水出时徐徐焉，有逡巡之致，遇雷即涸，不假须臾，经雷数番而出，其流乃久方欲出之。先居人闻其穴中有声如雷，即知其出，若岁旱不出，则于后洞中群相吼，以石击之，其泉亦出，或终日，或半晌，时清时浊，亦不久也。其出每以初夏为期，民居亦与是时祀之。今一切俱废。

大龙井　县西南二里许。旧有二泉，因今合为一，先因其地卑下，灌溉少资，每值岁旱祷祀辄应。于民国五年县长县绅倡首筑堤，引水南北，灌田数百顷。上有龙王祠，今废。现建观稼楼于其上。

小龙井　县东十里。潭亦深浚，田亩资其润泽。

犀牛潭　县西十里隆昌铺山峡之间。潭深无底，上有小涧流其中，出峡又西流，赴土官寨，两旁夹立，悬岩上有松柏焉，树不甚大，同本异枝，俗传为松柏常情。

莎草塘　县西北九里。有大小二塘，小者纵横可半里，水常浊，深不可测；大者纵横三里许，旁之岩洞参差，泉聚山坳之中，众峰环列，丛薄葱蒨，有巨鱼焉，出则群鱼云集，人多见之。境内滩洳，以此为最。

九股龙潭　县西南五十里香炉山后。源出有九，零乱如星，流成大涧，入中和。

庄郎塘　县西三十里，亦巨津也。

扯堵龙潭　县西北三十里。周百余步，左右多林木，泉自树根涌出，流至土官寨，与东河水合。又有滥泥坪龙潭，流成涧水，亦与此水合。

〔据王懋昭纂修民国《续修马龙县志》（《中国地方志集成·云南府县志辑25》，凤凰出版社2009年据钞本影印）卷三《地理志》第3页“河流”、第6页“山川”辑录。〕

（乾隆）陆凉州志·舆图志·山川

卷一　舆图志　山川（山略）

东　海　俗名海子，在治东东山麓下。周广百余里，夏秋水盛，极目汪洋，群（郡）人泛舟游赏。水势稍平，庶草蕃茂，平畴沃壤，牧马于其中焉。

东山大龙潭　治东三十里，即黑龙潭。岁旱祷雨辄应。水色碧澄，灌溉田亩。其流至城南桥与中涎泽下注之水会，清浊不淆。

中涎泽　一名云岩泽，治东南三十里。源自霑益州南盘江，经交水、曲靖东南合潇湘江，历越州至郡，其流益大，南趋与西北溪涧之水汇而为一，萦回绕郡，南抱如带。西出宜良，达弥勒，遥绕诸境，流千余里，合北盘江，历广西静江入于海，称“滇左巨渎”。

叠水滩　治西五十里，系中涎泽并阖境众水注会之流也。上流犹多平衍，至此万石珑玲，两山狭窄壁立数百仞，其水俱由石罅中泻出，如喷霜嚏雪，悬崖二百余丈循崖注下，奔叠如雷霆响彻，溅珠结雾，水色若玉絮翻花，石笋丛悬于坠壁，秀珠斜茂于断崖，嶛嶒断齶，可为奇观。

响水坝 治北八十里，即中涎泽之上流。砌石约高十余丈，聚水为坝，势激湍流，波涛万顷，无异海门之逆潮、黄河之悬仞。放舟南下，河无碛砾，直达郡城，舟楫栉比，颇堪乘载。

云南桥河 在城南。源自爱卫山间，涌出龙泉，经左所坝流至桥。

西门河 又名洗马河。自周官庄山壑溪经串桥南趋，抱流城关右郊，出弘济桥至西华寺前，为洗马河，达晃桥，至会津桥，流入大河。

西山大河 治西北五十里。自红石岩发源，南向流甚远，经古城达大河檜汇入于河，州西田亩赖之。

板桥河 治北三十里。发源自竹子山，流经芳华、石坝至郭官堡，下白塔入大河。古《志》名北涧，阔约二丈。

水箐河 乃桃花山之溪，流经小百户等庄，会红石岩之下流入河。

关上河 即六凉关河。发源自高山各龙泉所出，至此为瀑布，下流由白鹤铺入河。

乾冲河 为大、小乾冲并新发村各溪涧所集之水，至三棵树会流达于东郊土桥，东流入于海。

铺上河 自石子厂发源，经雾露顶、大地，由阿油铺达古泥夷村入河。

清水沟 近天生关之溪流。

横水沟 近新哨之溪流。

天 池 即紫溪山顶之方池。其水澄碧，四时不竭。

桃源溪 在治北。近板桥，一鉴澄清，甚是可爱。

冰壶泉 即西华寺之龙潭。水由石罅中出，澄莹清洁，非他水可比，阖郡漂家专濯于此。

温 泉 在治之东南，地名阿葵。

白龙潭 在城东南龙海山麓。

龙潭井 在西门外西华寺前。其水清洁味佳，郡城为之第一。

天 泉 即邱雄山顶之方池。

龙 泉 即大龙潭之水，四时清澈不淆。

新 井 在学署。

〔据沈生遴纂修乾隆《陆凉州志》（传钞清乾隆十七年刊本）卷一《舆图志·山川》第 14－16 页辑录。〕

（民国）陆良县志稿·地舆志·水

卷一 地舆志四 水

陆邑诸水，以盘江为大，其余派别支分，悉会于江。自北东而西南，流入宜良，为盘江。一名大河，又名交河，又名白石江。源出霑益县西九十里花山洞，经南宁、越州，西南流入陆良界，为响水坝。又名天生坝，在治北八十里，即中延泽之上流。石块结成，约宽十余丈，横沏江水，中凿一道，势激湍流，波涛万顷，无异海门之逆潮，黄河之悬仞。放舟南下，河无碛砾，直达郡城，舟楫栉比，颇堪乘载。

又西南流，为陆凉湖。在治北五十里，水势平坦。

又西流，右纳关上河，即陆凉关。源出高仓龙泉瀑布，下流由白鹤堡入江。

又南流，右纳板桥河，一名北涧。源出治北五十里竹子山，东南流经芳华石坝，至郭官堡，下白塔村东入江。

又南折，而西而东，绕古城堡，为月牙江。旧《志》云形如月牙，其深莫测，周围十余里，古迹“河湾古钟”即此。

又折南流，为中延泽，一名云岩泽，俗名东海子。在治东南三十里邱雄麓，汇十八泉，周广百余里，与江水合，萦迴绕郡，南抱如带，为滇左巨津。

又西流，右纳乾冲河。源出治西北普山大小乾冲，新发村各溪涧之水东南流至三棵树，经城东土桥入江。

又西流，至永宁桥，右会洗马河，一名西门河，又名西涧。源出周官庄山溪，东经串桥，抱流城关，出宏济桥，纳冰壶泉龙潭井水，又东南流，经晃桥入江。左纳大龙潭水，在治东三十里，即黑龙潭。岁旱祷雨辄应，水色碧澄，灌溉田亩。其流至城南桥，与中延泽下注之水会为赤江河。

又西至云南桥北，左纳云南桥河。在城南，源自爱卫山间涌出龙泉，经左所坝流至桥入江。

又西南流，右纳西山大河。源出红石崖山溪，南流经古城，达大河檐至孙官庄，会水箐河。源出治西北桃花山，南经小百户等村，东南流入西大河，汇于江。

又西南流，为叠水滩。八景“叠水喷云”即此。

又西南流，左纳铺上河。源出治南七十里石子厂，经雾露顶，又北流经阿油堡，右纳横水沟近新哨溪流。水，又西至阿泥夷村入江（即赤江河）。

又西流，会清水沟。近天生关溪流。

又西南，入宜良境，为大赤江。

〔据刘润畴修，俞赓唐纂民国《陆良县志稿》（民国四年石印本）卷一《地舆志四·水》第1-3页辑录。〕

（同治）古越州志·地理志·山川

卷一　地理志第一　山川（山略）

泥溪河　在越城北门外。其源出于枕寨龙潭，流至小河，下则海寨龙潭水亦汇焉，势颇深广，东山一带村庄暨越城外田亩，均赖此为源头活水。

中洲河　在越州西北五里。其水自霑益南盘江、曲城南河汇而至此，潆绕洄旋，南出陆凉、宜良、弥勒诸州县，经竹园村下大江边，流千里，合北江，历广西静江，入于子海。

枕寨龙潭 在城东北三十里。其地一名胡家坟，遇旱祷雨，有求必应，灵异非常。旧制，官民于仲春致祭，自雍正年间官府委派越州城何姓主祭，今已为例。

黑龙潭 在城西十里野茅村后。为利甚溥，内有鲫鱼，大至五六斤者，旧村中人民戒，不敢食焉。

乌龙潭 在城西北十二里颜家寺路侧。三四月滔滔汩汩，其源甚旺，村名乌龙者以此。

螺峰洞泉 在华严寺后，距越城十五里。水源自洞中流出，距洞门数尺，突起一石，将水中分为二，一由马军田、陈官营，一由李家营、张官营，灌溉田亩，利甚溥焉。

龙泉洞 在半云庵后。水自洞中出，分南北流溉，宗官山一带田亩咸被其泽。

犀牛塘 在杨同寨南头，距越州城二十余里。水由塘中涌出。杨同寨、后所营、别家堡、陈家营、贾官营，均资灌溉。箐中即龙泉洞之水，伏流至此塘中涌出。

小石山龙潭 在陈家营后，距越城十余里。陈家营村中附近田亩，颇赖资焉。

三眼井龙潭 在半云庵山下路侧，崔家营、谢家营、沙沟崖、横大路田亩资。

岩 泉 在陡石崖北头，上下宗官山、王家园，悉赖以浸稻田焉。

白龙潭 在陡石崖下。崖泉之南寨上周官营、黄泥堡、孟旗坡，均资其泽润焉。

茅头山泉 在颜家寺西北里许，附近蔬圃田禾资之。

丰登山泉 在黄旗田正西里许，颇利农田。

张官冲箐水 距村西南三里余。自春至冬，虽旱不涸，夏秋之间，渊泉尤甚，民时赖之。

唐旗冲箐之水 在越城正南十五里。利于农亩，与螺峰龙泉相似，而田土膏腴，较宗官山诸处尤胜，故所出稻谷，为我越州城之上品。

清水泉 在真峰山后十余里，广十数里。澄澈如鉴，深不可测，水面之鱼虾出没，村落人民不敢捕食。相传有龙潜伏于中，若遇旱灾，虔诚祷雨，辄相灵应。

钵盂泉 在真峰山上。形如钵盂，水无盈缩。古迹尚在，中有水。

小尖山龙潭 距越州城正南三十五里，三旗屯西四里许。高仓、荒田、马街子、苏家湾、大小高寨等处稻田，悉资其利。

海寨龙潭 发源海寨，环绕水城四面，流至小河，遂流入泥溪河焉。

〔据何暄原纂，何杓朗增订，李家珍重订同治《古越州志》（清钞本）卷一《地理志第一·山川》第29－32页辑录。〕

（乾隆）霑益州志·山川志

卷一 山川志 川

交 河 源出花山洞，至梅家闸下，会腊溪水，每月夜金波荡漾，天在水中，州人以为八景之一。

腊溪河 水自西来，与交河合流。

沙 河 即高桥河下游。灌溉亦广，但河高田低，堤决则淹没禾稼甚多，每岁宜豫为修筑河堤。

双　河　即腊溪上游。一从半个箐来，一从烟子冲来，会于新桥之上，入交河。

羊场河　详《水道源流考》。

车洪江　详《水道源流考》。

大龙潭　在城东北五里许。旁有小龙潭，水出较盛，灌溉亦多。

高寨龙潭　在城东十里许。其水极清，纤微毕现，遇亢旱往祷立应。

扯补龙潭　在小东山后。水从山腹中涌出，引灌十余里。

角家乡龙潭　在城东南二十五里，其水灌溉三乡。

海家龙潭　在海地。二源并出，大雨时，一清一浊。

花山洞　在城北百里，即交河之源。

浑水塘　在城北黑桥坡上。其水常浊，宽广数十亩，不涸不溢，相传内有神物，犯其中央则雷雹立至，若清一线，州境必发大水。

青亭潴　在城南里许。潴广十余亩，中通官道，昔年曾建西平书院，青青亭于其左右，今皆圮废，仅存望海寺。然环潴皆柳，波光明漾，三春游赏，人在画图，州人以为八景之一。

〔据王秉韬纂修乾隆《霑益州志》（故宫博物院编《故宫珍本丛刊》第227册《云南府州县志》第2册，海南出版社2001年据清乾隆三十五年刻本影印）卷一《山川志》第15页辑录。〕

（民国）霑益县志稿·天文志·气象

卷三　天文志　气象

南盘江三十六年度水文记载表

月份	项目						附记
	水位		流速	流量			
	单位	公尺	秒公尺	月	日	秒立方公尺	
一月份	最高	1863.222	0.438	1	10	2.980	本表单位数字用公尺（米）制
	最低	1863.102	0.463	1	15	3.545	
	平均	1863.152	0.493	1	21	3.235	
二月份	最高	1863.102	0.424	2	6	2.670	
	最低	1863.002	—	—	—	—	
	平均	1863.062	0.383	2	24	2.503	
三月份	最高	1863.102	0.411	3	11	2.350	
	最低	1863.022	0.440	3	23	2.811	
	平均	1863.042	—	—	—	—	
四月份	最高	1863.702	0.384	4	6	1.995	
	最低	1863.992	0.368	4	12	1.872	
	平均	1863.052	—	—	—	—	

续　表

月　份	项　目						附　记
	水　位		流　速	流　量			
	单位	公尺	秒公尺	月	日	秒立方公尺	
五月份	最高	1864. 832	0. 470	5	12	10. 607	本表单位数字用公尺（米）制
	最低	1863. 322	0. 434	5	21	14. 780	
	平均	1863. 662	0. 689	6	13	56. 683	
六月份	最高	1866. 232	0. 532	6	14	36. 965	
	最低	1863. 322	0. 476	6	18	23. 971	
	平均	1864. 542	0. 629	6	19	58. 617	
七月份	最高	1865. 432	0. 435	7	—	10. 572	
	最低	1865. 532	0. 418	7	—	10. 831	
	平均	1865. 042	0. 370	7	—	6. 965	
八月份	最高	1865. 602	0. 454	8	7	16. 425	
	最低	1863. 432	0. 573	8	9	38. 307	
	平均	1863. 982	0. 374	8	18	8. 477	
九月份	最高	1865. 382	0. 345	9	9	5. 671	
	最低	1863. 372	0. 433	9	13	16. 358	
	平均	1863. 632	0. 412	9	26	24. 340	
十月份	最高	1863. 942	0. 505	10	10	7. 807	
	最低	1863. 372	0. 373	10	22	6. 482	
	平均	1863. 552	0. 414	10	29	11. 006	
十一月份	最高	1863. 632	0. 440	11	10	5. 888	
	最低	1863. 152	0. 382	11	20	4. 133	
	平均	1863. 192	0. 423	11	25	4. 190	
十二月份	最高	1863. 152	0. 378	12	4	3. 272	
	最低	1863. 082	0. 348	12	10	2. 785	
	平均	1863. 112	0. 343	12	24	2. 963	

南盘江源流概况表

名　称		乌龙江南河	附　记
起讫地点		自老乌龙潭起至金龙沟止	
河长		一百一十八公里	
河幅	最宽	三十公尺	
	最窄	二十四公尺	
	平均	二十七公尺	
水宽	最宽	二十五公尺	
	最窄	一十五公尺	
	平均	二十公尺	

续 表

名称		乌龙江南河	附记
水深	最深	一十九公尺	
	最浅	〇点五公尺	
	平均	一点二公尺	
河床生及冲击程度		江沙底雨季冲积甚大	
两岸状况		上流夹岩石、下游土埂	
渡河点			
季节变化		夏涨冬涸	
架桥地点			
通行船舶		木质帆船	

〔据霑益县文献委员会编纂《霑益县志稿》（霑益县档案馆整理，昆明市五华区教委印刷厂2012年内部印刷）卷二《天文志·气象》第132页辑录。〕

（民国）霑益县志稿·乡镇志·山川

霑益县凤翔镇志料

五 山川（山略）

九曲文河 一来自小下坡，一来自老马场，于下豪沟汇合。东北流经凤翔村、石坝、石缸至塘里湾，汇由白水来之金泉河。长四十里许，曲折盘旋，灌溉颇广。

金泉河 源自白水村南小洞山，传说此水由三源乡、角家乡落入地内，经地河至此涌出。澄清碧绿，纤微皆见。自东南流入白水村内，居民灌溉，汲饮是赖。至村北干河桥汇由海家哨关羊洞来之干河。复北流经大、小塘、塘里湾、腰站入平彝多乐铺海，长五十里许。

凤翔井 有二：一曰月芽井，在村北；一曰大水井，在村东。其水极清，纤微毕现，水出较盛，灌溉亦多。

小下坡龙潭 不涸不溢，相传内有神物。

乌龙潭 在海家哨，传闻昔时此潭内有神物，遇人诽谤，暴涨丈许，泛滥成灾，乡人以黑狗锅掩之即止。本年由旁涌出一潭，水量大，乡人资饮灌溉。

关羊洞 在海家哨东半里许，洞下山腹中涌出巨水，夏秋涨落二尺许，现红黄色，冬春现碧绿色，极深，每天涨落三次。

霑益县志炎方镇志料

三 山川（山略）

西 河 一来自新屯，一来自小桥海子小龙潭，一来自官家洞，三水汇于杨起桥，北流经西河村、姜王村，至孙家石桥汇炎方河。长十余里，饶水利，沿岸居民汲饮灌溉，获利颇丰厚。

炎方河 来自阳明山大龙潭，北流经顾家凹、炎方、小黑坡至孙家石桥，纳西河水，复北流经余家河口，入迤谷海。长二十里，水量较大，灌溉亦多。

汲浪河 来自尹家坟山，东北流，纳雄、龙二洞水，经汲浪河村、石头地村入迤谷海。长十五里，水量较小，其利亦微。

四 荒海

迤谷海 在炎方与宣威接壤处，长三十里，阔平均三里，面积约九十方里。四周山脉绵恒（亘），中为平原，海底有落水洞二，土沃宜农，多雨之年，四时不涸，沿海村落，统称迤谷。居民交通以船。亢旱之年，入冬水涸，垦殖上流，获利匪浅。上峰曾数度勘测，因霑、宣居民意志不一，无法开凿。淹海之年，春秋游赏，驶船海中，波光明洁，天山掩映，荡漾起伏，若在画图中矣。中有岛，数峰环峙，宛然文笔，可避匪患。产鱼极肥，远近驰名。霜降后，居民间以为付（副）业焉。

麻塘海 在炎方村东四里，形圆，面积约十余方里，土沃宜农，易淹易涸，无法种植。

鱼洞海 在麻塘海东，面积较大，淫雨之年，二海相连，惟地势较高易涸。民国二十六年清丈后，以被水患，未领执照。民国三十年，炎方中心学校呈奉，霑益县政府将此产提作该校校产，栽种之年，由校分收粮食，作经常费。

上述二海，霑益县长杨正礼于民国三十年冬，聘同霑益水文站长亲往勘测，拟兴工开凿。旋以滇川公路、铁路桥基甚高，无法兴工而返。

小桥海 在炎方西南五里许，长约四里，阔约一里，面积约五千余亩，可耕者二千余亩，水冷土瘠。民国三十年冬，霑益县长杨正礼、水文站长朱□会同炎方镇长、校长勘测。借县中基金三千元，前任县督学姜开盛、镇长唐荣光、校长姜开嵩等组成炎方镇水利工程处。镇长兼处长，下设工程、文书、会计三组，外设兼修员一人。是年冬，发动民工开凿，翌年春末停工。海中主河疏导完竣，石闸成功；沿海山麓凿子沟两条，耗民工千余个。旋以县长更调，遂停。迄未见利，殊堪浩叹。

霑益县松韶乡志资料

山川（山略）

花山河（盘江源） 《地理》载，源自花山洞。经中央派员考察，实源于老乌龙潭。经独木桥至松韶关。南流由土漏子没入山腹，约五里许，复由花山洞涌出。经小东湾、大树屯，由迤堵入方城乡境，长五十余里。滢回曲折。沿岸土质膏腴，宜农灌溉汲饮，获利甚溥。

石嘴河 源自大新村东南。流经缪家屯、大地头、草田头至龙凤村会白浪河。水量虽少，润泽甚广。

白浪河 源自本乡雾露河村、马鞍山两处。南流十里许，二水会于上白浪。复经中白浪、下德湾、小川、梁王寨、龙凤村、大兴所，至大树屯村南半里，汇花山河。全长二十五华里。沿岸均沾润泽。惟与花山河交会处，以河床淤高，每年夏秋山洪暴发，水量陡增，河身难容，辄泛滥成灾。大树屯、迤堵、山后坡、大小兴所、黑老湾等村田地冲毁，耕种维艰。其住房之较低者，亦被此害。

霑益县方城乡志料

山川（山略）

南盘江　自本乡山河坡入境，西流曲折，盘旋环绕城方桥村东、北、西三面，南流经桥头村、上坝、小后所、胡家屯至李家屯，入松林镇境。长约二十余里，水量浩大，润泽甚广。

西　河　源自阿马山前龙潭。东流经孙家营至桥头村会入盘江，长五里许，水量亦丰，四时不涸，灌溉谭家营、孙家营、崔家庄棵等村水田约捌佰余亩。

白珠龙潭　在城方桥村西北五里。水量浩大，周约十三丈。潭西侧有石山一个，高七八尺，上建龙王庙。清泉丝竹，游鱼可数，幽雅奇妙，闻名远近。每年二月二日，附近三村（谭家营、白珠龙潭村、孙家营）居民，以猪羊祭之，相沿成俗。其水流入西河。

霑益县德威乡志料

三　山川（山略）

妥乐（拖罗）江　即车洪江上源，自本乡新村西北天生坝入境，北流经楂子树、老君田、妥乐、双河至小市□、安家村入寻甸境，蜿蜒曲折四十余里。水量大，产鱼，惟捕者稀少，产量无几，河身甚低，无法引灌。

章溪小河　发源马龙楂子树，自本乡螳螂流入，北流经古里、蒋家村、杨家村、小嘛喇、章溪、鲁碑、摆里、格勺、小东河至长坡，与德威河汇合，长四十余里。水量小，引灌田亩。

德威河　发源黑泥涧，自本乡马街子流入耕德，经乡云坝、块乌、新庄、黑夷村、秧田冲、德威、黄龙洞、绿柴平至三岔河与章溪小河汇合，再流入乱石坡海，由落水洞至小市口涌出，汇入牛栏江，水量适宜，沿岸居民引灌田亩。

霑益县乐泽乡志料

七　江河

牛栏江（车洪江）　自本乡老鸦洞入境，北流经德泽、小江入宣、会境，曲折盘旋四十余里。量大湍急，可容小舟，阔二十余丈，产鱼，居民附业焉。两岸丛山峻岭，茂林修竹。

小　河　源自会泽打柴沟，东北流至德泽岔河入车洪江，长二十余里。河身高，暴涨时农田冲毁，居民被害焉。

小　江　源自宣威西泽西南，流于黄龙伞，汇入车洪江，长百余里，下流可行小舟。

霑益县亮泉乡志料

四　山川（山略）

清水河　发源青山东南。流经红瓦房、高家寺，清水河至石羊长十余里。

小　河　来自磨刀箐。东流经小屯、沿口、兔街子、柳树坝、腰坝、小河、张安屯、河湾、田盆、晏官屯、姚家屯至平阳地。汇合威格河，复经石闸口扯寨，长三十余里，利多害少。至石羊与清水河汇合，一清（小河）一浊（清水河），二水汇合后，称双河。复东流经椒树村、阿幢桥，会于新桥之上，入交河。

霑益县仁和乡志料

六　江河

南盘江　上流经本乡河西境十余里，间或泛滥，居民略有水灾。

色格河　发源双石山，横贯本乡中部，北流经块启、色格，曲折盘旋二十余里，至宣威境，经块所等村汇入牛栏江（车洪江）。沿河居民获资灌溉，惟河身淤塞，间或成灾，若加以疏道，其利甚广。

赤章河　源自武狼坡，北流经大赤章、小赤章、蛤蚂洞至岔河汇入色格河。每年均有泛滥，居民被害焉。

霑益县安平乡、宁和乡志料

山川（山略）

水城河　发源于海寨村后三里许，水城围绕村秀，故名。至小河汇流入泥溪河。

胡家坟龙潭　形势幽秀，环绕皆山，水自中流出，水势浩荡。每至夏季，雨水连绵，而此水独涸，春冬雨水顿无，而其潭之水忽奔腾澎湃。尤有甚者，天若大旱，但虔诚祈祷即降滂沱。顺流而下，瀑布千浔。左有一潭，原名老龙潭，灌溉田亩，人多赖之。右有温泉，可供人浴。渐下则有清泉潆洄，蒲桃如珠，名蒲桃泉，又名清水龙潭云。但得人工培植，建筑石坝，则灌溉两岸之田亩甚溥。

〔据霑益县文献委员会编纂《霑益县志稿》（霑益县档案馆整理，昆明市五华区教委印刷厂2012年印刷）第277－397页辑录。〕

（道光）宣威州志·山川志

卷一　山川志

盘龙河　在城东二里，灌河东诸田。

白龙潭　在城东三里许。

九龙潭　在城东普陀崖顶上。中有金蝉赤蛇，每出入金光闪烁。

勺纳河 在城东八十里。有水自崖硐出，约高十余丈，会诸水成一巨流而东。

木东河 在城东北一百八十里，东即普安州界。

官坝河 在城西三里许，昔引其水入城。

西泽河 在城西七十里。两山之水会合而下，汇仙人硐水流入车瀚江。

仙硐水 在城西七十里。发源分水岭，流至近外入山四十里余，出仙人硐下。硐在绝壁。

车瀚江 在城西一百六十里。发源杨林海子，过州境流入金沙江，河西即东川界。

温水塘 在城南六里许。

龙　津 在城南三十里。广数丈，深邃莫测，湾转灌田数百顷，流入盘龙河。

犀牛塘 在城南四十里。相传昔有犀牛见于此，故名。

倘塘河 在城北八十里。东流过皂卫河，入可渡。

白空河 在城北一百一十里，即可渡河之上游，距可渡二十里，为入宣小径。

杨柳河 在城北一百三十里，即可渡下流，距可渡二十里，亦由威宁入宣小径也。

可渡河 在城北一百三十里。水势汹涌，非舟楫可渡，滇黔之限也。河北有堡军二十名，地名旧城。后坡顶即威宁州界。

桃花溪 在可渡之西二里许。涧水喷崖而落，飞瀑如珠，下潆一池，泓然而清。昔人结亭其上，引水作流觞，植桃于两岸，石壁间多题咏，今磨灭者多矣。

雪　溪 在城北一百三十里可渡河西崖里许。水石相搏，浪拂如雪，珠光喷吐，侵入衣袂。昔人镌有“飞泉喷雪”四大字于石壁。

山桥河 在城西南二里许。

黑龙潭 在城西南十里山顶上。莹然一泓，深不可测。遇旱，郡人祷雨其上辄应。

鸦扒箐 在城西南三十五里，流会车瀚江。

龙洞河 在城东北七十里，硐高敞数丈。乡人有张松者然炬探其源，行十余里，不能得。河水自硐中流出，灌田最多。东流折入盘龙河。硐口亦多题咏。

三岔河 在城西北七十里，即倘塘河源。

清水塘 在城东南八十里。

青　溪 在城东北五十里。水清徹，底可鉴须发。

瓦岔河 在城西北七十里，即可渡河源。

牛栏江 在城西北一百五十五里，即车瀚下游。江之西东川界，西北威宁界。

拖长江 在城东北一百五十里，与可渡河水交会流入盘江。东南平远州界，东北大定府界。

桂花洞 在城西南三十五里。满洞皆桂树，每数年一开，香闻十余里。

〔据刘沛霖修，朱光鼎纂道光《宣威州志》（清道光二十四年刻本）卷一《山川志》第 28 – 30 页辑录。〕

（民国）宣威县志稿·舆地志·水系

卷三 舆地志 水系

宣边之水，包西北东，东曰拖长，西则车瀚，北有可渡，下游木冬、盘龙在腹，血脉流通。

宣境腹地之水，以盘龙河为最大，其源有二，在板桥西者曰西河，其起点处在梨山东麓，东北流为二道河，至小石缸西为归沙河，又东北为绿水河，又东北至箐门前为西河。西河之水，仍东北流至小板桥，右纳大塘子水。有南北二源，南源出黄路冲，北源出上海子，会于大水塘，东流至小板桥。又东北流至双坝，会东河。在板桥东者曰东河。发源于母官屯，西北流经歌乐营东屯龙津沟，至板桥东为东河，至双坝与西河会。二河既会，东北流至小耿屯，右纳温泉水。在城南六里许，清水一泓，隆冬气暖，州《志》所谓“温泉浴畅”者也。又东北流至望城坡，山河桥水在城西南二里许，庙坡、窑坡东面之水汇而南折而东者也。自西入焉，自此以下，俗皆称为东河，一曰大河。又北流至城东南里许，宛水俗称西河，其源有三，一出青茨沟，经费冲至老堡冲，号魁阁河；一出磨盘山麓，东流经太阳冲至花椒园，号石板河，至戴德村南，右纳阎屯，水流渐大，号官坝河；一出夏官冲，南流经陶官坡，号乾河。三河汇于上堡西门外，为西河，又南流经下堡南门外，穿五福桥，明末清初，斯河号称堡子，一曰普滋，以其流经上下两堡，故桥名因之。再南穿保安桥，渐折向东，与东河汇，邑人以斯水形势曲折宛转，名曰宛水。自北来折向东北注之。又北流为盘龙河，经村屯数十，乌撒后所三百六十分屯田在其左右。又东北流过母家屯，左纳左所河。在城北十五里，源出范屯，南流经虎头山北，沿左所西北入河。又东北流至大屯，左纳观音塘水。在城北二十五里，源出来宾铺南，西南流入河。龙硐河，在城东北四十五里，其源不知所自，由硐中流出，南经新天一作心田、徐屯、牙戛入河。折而东流至石门坎，左纳龙场河。源出光山之麓，经阿直漕子至龙场、平川两村间入河，折向东南，沿东山之背，左纳拖倮河。其源出于栗柴坡东南山麓，西南流至黄莺硐入河。又东南流，曲折十余里，至喷水硐，会勺诺一作纳河。王守成《山川考》：勺诺河水发源于喷水洞，瀑布千寻，下复有清、浑二水硐，合流而下。又东南，右纳马场河。其上源曰渤溪，曰八大，曰石板，曰邪法着，曰大龙潭，相去均十余里，数小水会于马场，流渐大，北流会小法着河，又数里，入勺诺河。盘龙河会勺诺河后，改从其称。又数里，至红石崖，篪那河篪一作池，其源有三，一曰笼姑河，来自霑益属之竜姑，至大田坝入宣境，经数村至木猪格，纳大松树小河，再东北为九曲河，至文阁与房角河会；一源即房角河上游，源出平彝及盘县，入本境，初名后河，继名茨营河，皆东北流，再东北为上河，为下河，为房角河；一源为三汊河，合陈家湾之龙潭河、防衣冲之梅子河、新民村之挑水河而成，西北流入房角河，再西北会九曲河。三源既会，东北流为篪那河。南来注之。折向北行，至稗子田称革香河，河之右当花子木、双水井二山之间有柏香河村，柏即“革”之转音。河由此折而东，其北岸亦有革香河，村居山半，距宝山十七里。东流至被古，改称黄河。以水色黄，与拖长江之清者不同，故于其将会之际，此曰黄河，彼曰清水，以示区别。据王守城《山川考》志香即革香河下游，一称被古河。被作贝。又东北，右纳萨姑河。汇海岱冲、下漕子小水十余，至萨姑称斯名，上源所在及所经过地，曰倮所戛，曰蝶乌，曰土木柯，曰打厂河，曰法子田，曰傅山，曰回龙寺，曰色官塘，曰庶科。庶科以下，即称萨姑，水流至晏家村，会更戛河。更戛之源，在囊多戛，流经更迭营、背阴田、品迭，长凡十余里，萨姑河既汇斯水，东北流至黄家嘴子入黄河。又东北，至万家口子，清水河上游即拖长江，源出贵州安南县属之沙陀石崖中，北流数里，折而西经盘县，至格卓入本境，北流至白果树，左纳次古河，又北流至粗纳格，左纳七甲小河，又北流至万家口子，会黄河。自南来会。又东北流数十里，随地易名，曰顾家河，曰者麻河，曰毛家河。至腊戛，与木冬河会，出境经水城，归集地，为北盘江。

案：盘龙河为县属腹地最大之水，全长约二百余里，极宽处在二十丈左右。自板桥起至石门坎一段，长约八九十里，两岸平原，村屯棋布，人口需要，地势设施，可引水作田者约十万亩。宣人力薄，专种旱粮，夏秋泛涨，全数湮没，以有用之河，反作害稼之水，诚为可惜。至石门坎以下，则行于山谷中，险峭窄逼，村户亦寥若晨星矣。

可渡河 可渡河源，《清一统志》盘江注谓：在威宁州西一百五十里，出乱山中，流经州南，谓之可渡河。郑旻《牂牁江考》：乌撒南八十里，为普德归驿，驿门对可渡河坝，河之南为霑益境，河之北为乌撒境，河源在卫西百里，注壑而出，盘江实导源于此云云。今查县境本霑益故地，而邻县威宁亦即古之乌撒所称。河源出卫西经州南者，近是而实未加深考，盖威宁南可当斯源之水，厥惟马白河、而马白河之源实在宣境。循末溯本，则斯水亦分东西二源，东源为得基河，得读上声，或作歹基，或作歹计。斯水亦分二源，箴巴圈、知那冲、业肥三水合为东源，中岭子、大冲龙潭田水合为西源，会于断山口，并纳歪木水为得基河。西源为汉河。斯水上游，系合跌那、治度、大梨树、小黑箐、杉木箐、尖山、铜厂沟、车路冲、永乐村、芦柴冲诸小水，为得禄河，东北流，纳凹以路、红崖、火木硐诸水，又东北，入钻硐，至大院子，会威宁北来之铁厂河，为汉河。两源会于火米姑，东北流数里，右纳母鸡沟水，又数里，右纳必克村水，又数里，右纳歪罗水，至小花鱼硐，为马白河。白读上声，或作摆，沿河一带皆夷族，地属威宁。孙绍康《河东营赋》："安氏北行，丑类群分。"如马白氏、贡戛氏、奈施氏各户，其户各门，其门盖三氏皆土州营火世其职，而以地名者。今其子孙，仍户其户，而门其门，俗皆称为马白家。东北行至突头梁子，西折向东，梁子自南来，绵亘百里，屹然而止，如一刀截断，峭壁下即河所经，界威、宣于此。南东北流，至梁子东，折而东南，女儿着上游塘子边以下之水皆归之。又东南至张家院子，宰歪以下胡村等处之水皆归之。自此来者，亦兼有威境之数小水先后注入，至围幛为围幛河。河襟其北，高枧槽及天生硐水萦带于东南西三面，包围如幛，故曰围幛。自梁子西至此，长凡五十余里。右纳高枧槽水。上游为克居河，由高山下泻，势若匹练，其东有天生硐，水势亦盛。河北围幛街西，亦有小水注入。东行十余里，至可渡为可渡河。在城北一百三十里，水势汹涌，非舟楫可渡，滇黔之限也。广东虎门要塞司令官曲靖赵越为乃父勋丞公鼎建石桥于此，号义夫渡，行旅称便。河北山半有堡，号旧城，旧有堡军二十名，驻防其上，后坡顶即贵州威宁县界。河之西桃花溪、在可渡西二里许，涧水喷崖而落，飞瀑如珠，下潆一池，泓然而清。昔人结亭其上，引水作流觞，植桃于两岸，号桃花溪，壁间多题咏，渐剥蚀矣，州《志》所称"桃溪泛锦"即此。雪溪在可渡河西崖里许，水石相搏，浪拂如雪，珠光喷吐，侵人衣袂，昔人镌有“飞泉喷雪”四大字于石壁。两水均流入焉。右纳头道河水，自水塘铺北流入河。东流二十里，至杨柳为杨柳河。州《志》：在城北一百三十里，即可渡河下游，亦由威宁入宣小径也。东北流数里，右纳渌芝河。发源于格来柱，经徐家箐至渌芝称斯名，北下杨柳入大河。又东北十里，至皂卫，抱舒河即倘塘河下游，河之上源出于磨宗及新村，会于三汊，曰三汊河，东北流五里，至发赛为发赛河，又东北至钱家海子，西冲河自西来会，又东北至张家坡，堡子河自北来会，又东至倘塘，城南官坝河自东来会，自此以下，皆称倘塘河，东北流经毛、杜二营，折向东南，色革、迷得等处之水自南入焉，又东自全记为抱舒河，北流至皂卫为皂卫河。自西南来，右纳大汊河水上源为女儿河，由光山西贡戛等处流出，北经上下土目为土目河，至白开住为撒拉河，入葛古，与短把河会，为大汊河。合而入焉。大汊河至葛古，又称葛古河，抱舒河至皂卫亦称皂卫河，皆可渡支流也。王守成《宣威州山川考》认为大河别称，误。又东北至倮碑山，折而东经八宝硐，过夸都为夸都河。距城一百八十里，自皂卫至此凡二十里，有舟楫可通往来。经火木戛西南，折向东南行，过加咢、大水塘、月亮田，凡三十余里，至天生桥，伏入山硐，又五里出硐，又二十里，右纳阿渣密河。源出格得戛，东北流四十里，归大河。东流至底那，备木河源出滥坝，东北流经木戛戛，以波罗花、鱼硐等村全漕之水皆归焉。自西南来注，河至此亦改称底那。底那河边多渡口，其民户类以小舟济人为业。东流里许，至江棚子，又称江棚子大河。距城一百四十里。自阿渣密至此，凡二十里。东流至略戛，右纳着期水。源出待姑箐，东北流，全漕之水皆归焉。又东南至箐底，左纳威水两属东北来之水，遂折向南为木冬河，在城东北一百八十里，滇黔两省天然之界也。自江棚子至此，凡三十里。右纳格却水，在城东北一百五十五里，盈涸无常，盈时虽极旱，清流奔腾，涸时虽久雨，涓滴俱无，故村人以其流之远近久暂卜岁之丰凶、时之治乱。左纳羢脚漕子水。系水城地界。又南流二十里，至攀枝戛，号泥猪河，即木冬河一段之名称。木官寨等处之水，西来注之。又东南，经石勺、戈苔等处，凡三十里，皆纳其水。又十余里，至腊戛，会毛家河，即盘龙河、拖长江合流之下游。出宣境，入水城，归极界，为北盘江。

案：可渡河为县属北界、威宁东界，水城之水全长里数，约二百三十余，宽处约二十六丈，所纳西北、中北、正北、东北各区之水，既各有灌溉之利施于其区，而尾闾之泄则全赖大河挟以东注，河之两岸沾其余润者虽稀，而天险之设亦自然界之所以限云贵，且北盘导源于斯，牂牁实所滥觞，研究地史地文，斯又有特种之价值者也。徐宏祖《盘江考》误指车洪江为其上游，盖未身历宣境耳。

车溮江 溮一作洪，江在本境不以车溮名，通常皆称为大江，或曰德泽江。旧《志》谓之车溮者，从其始称耳，今仍之。车溮江源出嵩明之嘉利泽，东北流经寻甸、马龙，至霑益之打乌哨西，又北流，始有车溮之名。至县属西南区之挺子塘，始沿宣边而下。至块所，右纳鲁东河，自霑益县之卡郎流入，至鲁东河村，赤章河自东南来会，村前有桥，通曲、霑、东、昭往来之路，西北流至块所之海坝，原有落水硐，民初硐塞，禾麦受其淹没，村人袁士陛相度地势，凿白石岩硐，以泄之水归大江。北流，至德泽为德泽江，德泽旧作歹扯，其地分隶宣、霑，以江为界，江上建有石桥，桥东西各有厘税分卡征榷商贯。再北流，界宣威、会泽于左右。淼淼巨浸，东沿宣边西，亘会鄙，两岸村落，各总其称，曰大江边焉。再北至栗树洼子，右纳小江水。小江上源，一为扯卓河，系由渣格、马街子、赤水河、深沟、管家村、把石卡等处之水，先后会合至扯卓，而得斯名。一为西泽河，系合陆家冲、火木乍、四家村、妥夺、拖那洪等处之水，先后会合至西泽，而得斯名。二水会于狮子山口，一为歌平河，源出庶乐，向东北折而东南，至歌平得斯名。西南流至老房子，扯卓、西泽二水合流来会。三河既会，西南流，又益以数龙潭之水，是谓小江。其南北两岸，产天然铜矿，苗亦富。再北至三道拐，女儿河上游为瓦碴河，源出威宁，西南流经务姑梁子西为奈施河，亦曰腻舒河，孙绍康《河东营赋》奈施氏指此。盖土目各以地得名。今其子孙世守祖业，人犹指而目之曰马白家、奈施家云云。折向西行，至大麦地，为女儿河，归大江。自东北来注。再北入会泽境，为黑濯江，折西北为牛栏江，遂入金沙江，趋鲁甸。

案：是江行万山中，江面怪石叠出，难通舟楫，旦乏灌溉之利，故汪无限谓仅壮提封，无济于民，然昔之铜运，曾经取道于斯。光绪末年，怡昌隆商号又曾由杨林放船顺流直下至德泽登陆，而德泽下游又独三道拐一处阻碍舟楫，凿而通之，可以逾黑濯，浮金沙，而踞扬子上游，航业之利兴矣。原委之长，较两盘江迥乎有间，徐宏祖误指其委为可渡，不更屈辱斯水耶！

宣中之水，出于西南者尽归小江入车洪，出东南及附近中区者尽归盘龙河，而可渡则尽纳西北、东北各水，与盘龙河会。合而计之，四分宣之水，三入南海，一归东海矣。

〔据缪果章编辑民国《宣威县志稿》（民国二十三年排印本）卷三《舆地志·水系》第8－15页辑录。原书目录作“水系”，正文题作“河流”。〕

昭通市

（宣统）恩安县志·山川志

卷三　山川志

两间之峙者为山，流者为川，此皆一元之气凝而成象。第未别其真，或山可以混同川，可以概例也。〔……〕川原祖于大、小龙洞，大水塘，雄溪，老树箐等处，总归乌拉铺，经大关入横江，至叙府与金江合流。事属有本，略陈其概，志《山川》。

居仁东乡山川

龙洞山　〔……〕上有九箐十三峰及龙洞大小灵泉，山峙水迢，堪供采录。

大龙洞　在城东二十里。流入螃蟹河、五马海、利济河，腊鸡寨、鸣鹿村、天梯、高鲁，汇擦拉闸下之水，出旧溪交洒渔河。

漾子沟　距城东北二十五里。

小龙洞水　距城东二十五里。

元宝山闸水　距城东西三里半。

以上东乡山水十一处。

长冲水　在城西三十五里。东西分流各下，一流洒渔河。

利济河　在城西二里。源本大龙洞，下至鸣鹿村后分水坝，一入恩波楼。

达智北乡山川

漾子沟水　在城北二十五里。

金钟山水　在城北三十里。

头道沟水 在城北二十里。

二道岩水 在城北五十里。

新阳门水 在城北二十里。

白脸岩水 在城北六十五里。

母鸡布洞 在城南二十里荒冲。原日乌夷叛乱，大兵讨溃，有土目母鸡布者，避兵于此，后捕获伏诛，遂以为名。其洞约长三十余丈，内有浸，可饮。

菖蒲塘 在城西十五里。

三善塘 在城西十八里。

荷花塘 在城西三里。

鸭子塘 在城西十里。

绿映塘 在城西南二十五里。

〔据汪炳谦纂修宣统《恩安县志》（中国地方志集成·云南府县志辑5》，凤凰出版社2009年据清宣统三年钞本影印）卷三《山川志》第130－137页辑录。〕

（民国）昭通志稿·方舆志·山川

卷一 方舆志 山川

昭通之水，总为四支：一源出大龙洞，为利济河；一源出小龙洞，经八仙营，中为乾河，下为红桥河，至海口桥止；一源出鲁甸大黑山，入昭境为擦拉河、高鲁河止；一源出昭、鲁、永三属交界之铁厂，沿路汇众流为洒渔河。查大、小龙洞之水并入擦拉河，复西出老鸦岩，而归于洒渔河，以下合弓背河、冷水河，经黑石凹出高桥，入大关境，绕墨石驿，复转大关两河口向盐津县下为横江，汇金沙江至叙府而为川江。此昭通各河之源流也。

利济河 源出城北大龙洞，流为大、小二闸，汇闖沟诸水，西南行至徐家营，汇豆腐沟水，至喜歌寨，汇五里寨溪水，南行至螃蟹河，经五洞桥，汇头道沟、百坡溪水，至官坝。旁引一水，名官沟，入三多塘，潴为城中上下堰塘饮料，沿西南流者入月牙塘。由官坝南行过济川桥，即大石桥。经乐善桥至荷花塘，汇得马寨水南流，下有魏也野钓矶。下腊鸡寨，由母鹿寨折西行，绕天梯梁子，西出高鲁桥，汇擦拉河，又名高鲁大河。按：旧《志》利济河，一名荔支河，在城西二里，发源龙洞，顺流而下，绕城如带，其水澄澈融洁，利济甚溥。“利济浮光”列昭阳八景内。高鲁河北行至高家营，合红泥闸水、先生湾阴河至旧圃大沙坝，纳后海子沙沟水。

后海子 源出拉煤冲，经萧家梁子至后海子，合落沙块沟水，出狮子山，至旧圃大沙坝，入高鲁河。

小龙洞河 旧《志》：源出城东三十里小龙洞山麓，东南流由花鹿圈，经卢柴冲至葫芦坪，会八仙海水，折西为上、下乾河，复西南行为青草坪，会八家寨水，出红山口，左会白沙坡水，右会龙泉冲水，至浦郛口，《古今图书集成》作为“普五”。下红桥，抵海口桥，合流入擦拉河。

擦拉河 旧《志》：源出鲁甸大黑山箐，流为桃源河及鲁甸河，并汇于擦拉大闸，东行会迎水向中河，至海口桥合小龙洞河，总名擦拉河。又名查拿河。又西北行至自发村，合新河、秃尾河，北行合利济河而为高鲁大河。查秃尾河之上流为凤凰河，其源出于龙洞山之中箐，潴为博陆闸，南流至省耕塘，绕东城，南至迎凤桥，合石渣河水，源出龙洞白炭窑，由雷祖庙、二平寨绕城南，注月牙塘。下中沟合淄泥沟，源亦出龙洞边箐，由七家寨、象鼻岭至元宝山，会锈水河。转双发村，汇雨公山水，为留余闸，上建恩波楼，下即凤凰河也。恩波楼，旧《志》在城南八里，乾隆二十四年，知县沈生遴建。于闸岸植柳，映日疏风，游赏甚众。其楼原名望海，总督爱星阿巡边登览，额曰恩波楼。其下水光潋滟，叠浪摇天，凤山楼阁，参差倒影，有蜃楼海市之风。咸丰中，楼毁于火，闸亦旋废。光绪末年，郡人杨履恒募资重建，工费甚巨。"恩波蜃影"为昭阳八景之一。谢文翘诗云："空濛涵蜃气，烟雨此登临。倒影飞甍漾，微波落涨深。梅黄宜倚笛，稻绿喜穿针。嗣葺欣同志，清樽我尚任。"

恩波楼

洒渔河 源出西三区昭、鲁、永三县交界之铁厂，东行自岔河入境。邑绅蒋应澍《洒渔河源流考》："水之为物，有于人有关系者，有于人无关系者，洒渔河水关系于人大矣哉！河在城西四十里，发源于昭通、鲁甸、永善三县交界之铁厂。其水不大，迳行五十里入鲁甸石龙河，又东行三十里入昭、鲁交界之岔河，水势渐大。自此西汇桂花箐河、头道沟河、旧屋基河、瓜寨河、布粗河、渠米河、居乐河，南汇拖棹河、北岩河、鱼洞河、青水沟、老寨冲诸水，不择细流，其澜可观。行七里而入于洒渔河，复行三里许，西有公鸡冲河水入焉。十二里许，东有高鲁河水入焉，水势较大，顺行十里有白鹤树河，再十里有冷水河，二水并合，流经小堡子，纳青冈岭、金钟山、大坪子诸水，至高桥出大关。此该河流之大要也。两岸田亩赖以灌溉者，盖不知其几千万顷，关系之大如此。窃愿有心水利者，随时查考情形，培修保护，勿为其害所乘，而长享其利也可。"洒渔烟柳，旧《志》在城西三十余里上洒渔河。田数千亩，箐水不足灌溉，农民挖塘蓄水，四围栽柳数百株，春日登山眺望，绿柳蔽野，掩映山林，宛如天然图画，为昭阳八景之一。谢文翘诗云："河干烟树幂，历落钓人居。泛鸭晴波暖，栖鸦晚照余。缘堤黄袅娜，夹岸绿扶疏。更卜丰年兆，长条喜贯鱼。"

洒渔烟柳

昭之北境有五寨河，源出城北四十里之闖沟诸山，流经五马海，北出大、小岩洞，经三寨至五寨，汇左右两山之水，河自五马海起，两面皆系高山，为通川大路，涉水而过，行人苦之，俗有“七十二道脚不乾”之语。北入落水洞，由山腹潜行，至出水洞交大关界。其水至两河口，与昭水之出墨石驿者合流而去，下名大关河也。

昭之东境有广东河，源出小龙洞山，南流至芦柴冲，折东流为广东河，下流归威宁界，名母洛河。

〔据符廷铨、蒋应澍总纂，杨履乾编辑民国《昭通志稿》（民国十三年排印本）卷一《方舆志·山川》第51–55页辑录。〕

（民国）昭通县志稿·舆地志·水系

卷首　图

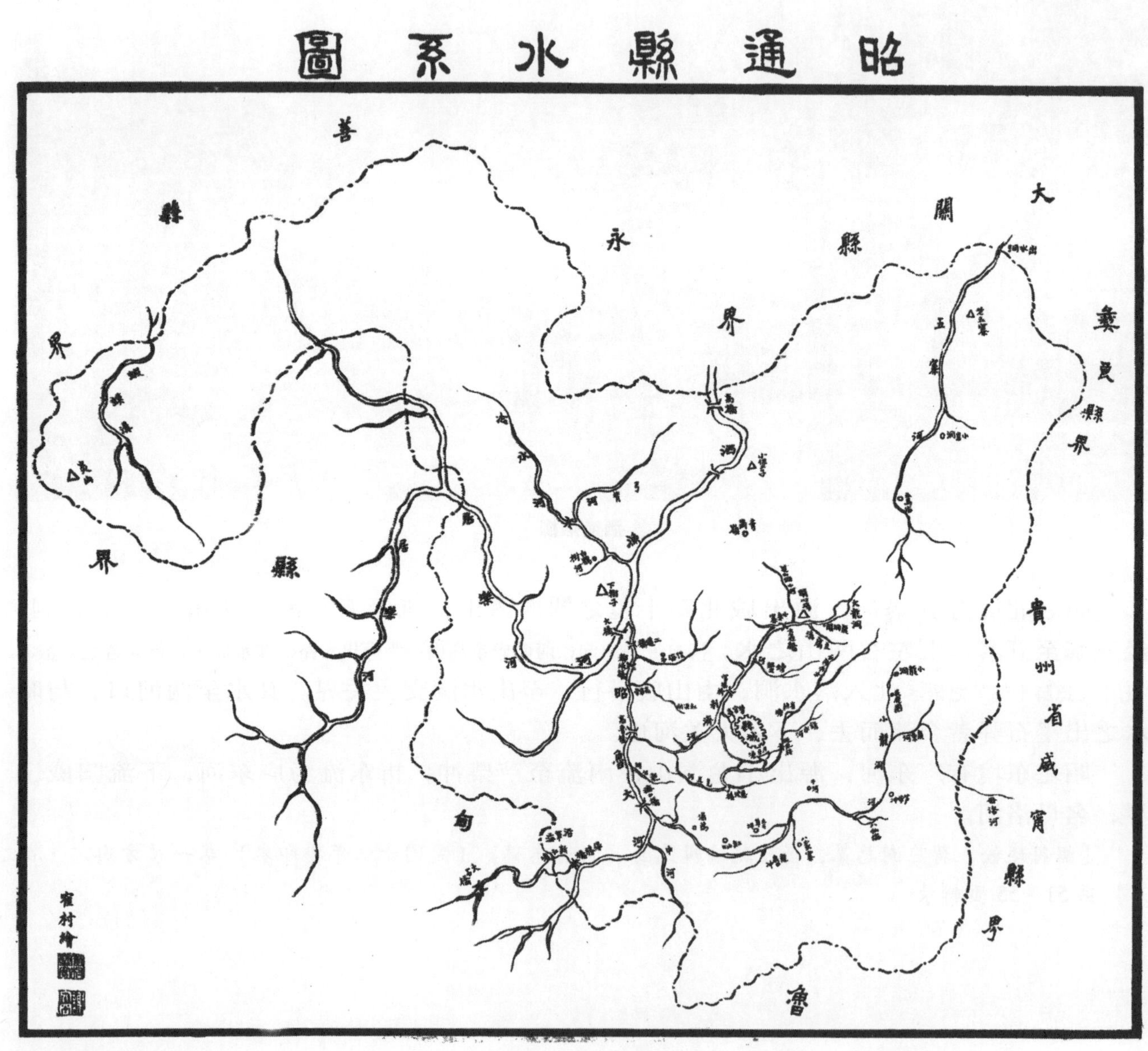

卷二　舆地志　水系查境内无大湖泽，亦无温泉、毒泉，惟有闸坝沟洫详列于后农政志水利门。

昭通之水，总为四支：一源出大龙洞利济河；一源出小龙洞，经八仙营，中为乾河，下为红桥河，至海口桥止；一源出鲁甸大黑山，入昭境为擦拉河、高鲁河止；一源出昭、鲁、永三属交界之铁厂，沿路汇众流为洒渔河。查大、小龙洞之水并入擦拉河，复西出老鸦岩，而归于洒渔河，以下合弓背河、冷水河，经黑石凹出高桥，入大关境，绕墨石驿，复转大关两河口向盐津县下为横江，汇金沙江至叙府而为川江。此昭通各河之源流也。

利济河　源出城北大龙洞，流为大、小二闸，汇闖沟诸水，西南行至徐家营，汇豆腐沟水，至喜歌寨，汇五里寨溪水，南行至螃蟹河，经五洞桥，汇头道沟、白坡溪水，至官坝。旁引一水，名官沟，入卫泉公园，潴城中上下堰塘饮料，沿西南流者入月牙塘。由官坝南行过济川桥，即大石桥，经乐善桥至荷花塘，汇得马寨水南流，下有魏也野钓矶。下腊鸡寨，由母鹿寨折西行，绕天梯梁子，西出高鲁桥，汇擦拉河，又名高鲁大河。按：旧《志》利济河，一名荔支河，在城西二里，发源龙洞，顺流而下，绕城如带，其水澄澈融洁，利济甚溥。“利济浮光”列昭阳八景内。二十年春，经安旅长兴工修浚，事实详后。高鲁河北行至高家营，合红泥闸水、先生湾阴河至旧圃大砂坝，纳后海子砂沟水。

后海子　源出拉煤冲，经萧家梁子至后海子，合落砂块沟水，出狮子山，至旧圃大砂坝，入高鲁河。

小龙洞河　旧《志》：源出城东三十里小龙洞山麓，东南流由花鹿圈，经卢柴冲至葫芦坪，会八仙海水，折西为上、下乾河，复西南行为青草坪，会八家寨水，出红山口，左会白砂坡水，右会龙泉冲水，至浦邬口，《古今图书集成》作为“普五”。下红桥，抵海口桥，合流入擦拉河。

擦拉河　旧《志》：源出鲁甸大黑山箐，流为桃源河及鲁甸河，并汇于擦拉大闸，东行会迎水向中河，至海口桥合小龙洞河，总名擦拉河。又名查拿河。又西北行至自发村，合新河、秃尾河，北行合利济河而为高鲁大河。查秃尾河之上流为凤凰河，其源出于龙洞山之中箐，潴为博陆闸，南流至省耕塘，绕东城，南至迎凤桥，合石渣河水，源出大龙洞白碳窑，由雷祖庙、二平寨绕城南，注月牙塘。下中沟合淄泥沟，源亦出大龙洞边箐，由七家寨、象鼻岭至元宝山，会锈水河。转双发村，汇雨公山水①，为留余闸，上建恩波楼，下即凤凰河也。恩波楼，其详列后《名胜》。

洒渔河　源出西三区昭、鲁、永三县交界之铁厂，东行自岔河入境。邑绅蒋应澍《洒渔河源流考》：“水之为物，有于人有关系者，有于人无关系者，洒渔河水关系于人大矣哉！河在城西四十里，发源于昭通、鲁甸、永善三县交界之铁厂。其水不大，迳行五十里入鲁甸石龙河，又东行三十里入昭、鲁交界之岔河，水势渐大，自此西汇桂花箐河、头道河、旧屋基河、瓜寨河、布粗河、渠米河、居乐河，南汇拖棹河、北岩河、鱼洞河、青水沟、老寨冲诸水，不择细流，其澜可观。行七里而入于洒渔河，复行三里许，西有公鸡冲河水入焉。十二里许，东有高鲁河水入焉，水势较大。顺行十里有白鹤树河，再十里有冷水河，二水并合，流经小堡子，纳青冈岭、金钟山、大坪子诸水，至高桥出大关。此该河流之大要也。两岸田亩赖以灌溉者，盖不知其几千万顷，关系之大如此。窃愿有心水利者随时查考情形，培修保护，勿为其害所乘，而长享其利也可。”洒渔烟柳，旧《志》在城西三十余里上洒渔河。田数千亩，箐水不足灌溉，农民挖塘蓄水，四围栽柳数百株，春日登山眺望，绿柳蔽野，掩映山林，宛如天然图画，为昭阳八景之一。谢文翘诗云：“河干烟树幂，历落钓人居。泛鸭晴波暖，栖鸦晚照余。缘堤黄袅娜，夹岸绿扶疏。更卜丰年兆，长条喜贯鱼。”

昭之北境有五寨河，源出城北四十里之闖沟诸山，流经五马海，北出大、小岩洞，经三寨至五寨，汇左右两山之水，河自五马海起，两面皆系高山，为通川大路，涉水而过，行人苦之，俗有“七十二道脚不乾”之语。北入落水洞，由山腹潜行，至出水洞交大关界。其水至两河口，与昭水之出墨石驿者合流而去，下名大关河也。

---

① 山水　原本缺“水”字，据民国《昭通志稿》卷一《方舆志·山川》第53页补。

按：大关河，原名朱提江，见樊绰《蛮书》。唐德宗贞元十年，使中丞袁滋册封南诏异牟寻，开道石门，东崖壁立千仞，下临朱提江，水甚深。今豆沙关古碣尚在途中洞门上，字左行。考关河之水，上源出闒沟，经大关汇洒渔河水下流，复合彝良戈魁、牛街诸水，由盐井渡下，至安边入金沙江，流至叙府为川江。是自横江以上总名关河，在唐以前未有大关之名，故称朱提江。然稽江水之源流，则昭通之为朱提郡愈确矣。《樊书》又言：史万岁征南，由石门凿山开道，立有碑记，今已无存。《唐书·地理志》有石门县，即今豆沙关。

昭之东境有广东河，源出小龙洞山，南流至芦柴冲，折东流为广东河，下流归威宁界，为母洛河。

按：昭诸水来源甚小，故河流浅窄，惟擦拿（拉）河受鲁甸桃源各水，向亦畅行。近因河道淤塞，两岸田亩悉被淹没。经二十年春安旅长倡率修浚，现遇大水，受灾者鲜矣。

〔据卢金锡总纂，杨履乾、包鸣泉编辑民国《昭通县志稿》（民国二十七年排印本）卷二《舆地志·水系》第9－12页辑录。〕

（乾隆）镇雄州志·山川志

卷一　山川志

东　里

洛甸河　距城一百里。源出北里板桥河，流入四川永宁县界。

雨洒河　距城一百一十里，流入洛甸河。

妥泥河　距城一百一十里，流入洛甸河。

母享河　距城一百二十里，流入洛甸河。

厂丈河　距城一百二十里，流入洛甸河。

洛浦河　距城一百四十里，流入洛甸河。

两河口　距城二百三十里。会桃坝、威信二水东流入川。

黑墩河　距城二百二十里。源出白水、黑阳河、陶坝黑林子三处，合流，经黑墩会长官司水赴海塘，趋罗星渡出南广口，合金沙江水入江。《水经注》载南广县汾关山符黑水所出入江，即此水也。

玉贵河　在威信衙前，流入黑墩。

纳冲河　《省志》：在城东二十里。源出乌通山麓，经府东南入苴蚓河。

板桥河　《省志》：在城东三十里。

赤水河　《省志》：在城东九十里。

黑水河　《省志》：在城东二百三十里。

南　里

汜洛河　距城十五里。源出马跃河，流入黔。《省志》载汜洛河在城东五里，源出乌通山麓，经府治东南流入苴蚓河。

白鸟河　距城三十里，流入黔。

冠带河　《省志》：在城南四十里。

苴蚪河　距城三十里，即翟底河。两山夹桥，一水中分，波涛激泄。《省志》载源出阿黑关，合纳冲河入七星关河。

花鱼洞　距城三十五里。巉岩峭壁，山麓一洞，水从中出，澄清异常。洞中石乳参差，下映水底，有万山倒影之致。传有好事者秉火深入，见双巨花鱼，掉尾不避，故名。

西　里

威洛河　距城三百里，流入洛泽河。

绿荫塘　距城三百七十里。状如荷叶，广阔百丈，深不可测，久雨不涨，久旱不消。内有清泉溢出，外纳迢递江流，四时澄澈，天光一色，纵潢汙泛滥而清浊各殊。塘口一圆山，约大十余亩，塘中一石岛，阔廿余步，草树丛茂，鱼鸟亲人，有濠濮间意。时或龙出，土人往往见之，故又名龙塘。产细鳞鱼，居人数家日逐网取，终岁不乏。乾隆丁酉秋，禄荣宗倡议于圆山创建梵宇三间，并左右厢前建龙王庙，后接戏楼，以为祈年报赛之所。石岛建八角亭，内塑魁神，取独占鳌峰，义为读书者兆。且劝复施粮地十五亩，鱼租钱三十千，供香灯常住，遂成游览胜地。

托诺河　《省志》：在城西南二百五十里，下流入府境。夷谓松曰托，沙石曰诺，以河畔有松树、沙石，故名。

沱治河　《省志》：在城西一里。源出山涧，流入纳冲河。

八匡河　《省志》：在城西八十里。

九股河　《省志》：在城西一百二十里，出鱼颇多。

角魁河　《省志》：在城西三百二十里。

北　里

白水江　距城一百七十五里。源出西里九股水，伏流于五眼洞之阳，复出山后，流经布洛杭山崖夹东，迤逦北下，至牛街为曲流①，复由庙坝入川。《省志》：在城北二百三十里，受八匡河、却佐溪、黄水河、勿食料溪诸水，流入叙州府。

黄水河　距城一百里，流入白水江。

小溪河　距城一百六十里。源出罗汉林，流经倮倮坝、三寨、者豪，合四寨河，出②小溪入白水江。

长田河　距城一百七十里，流入白水江。

苏家溪　距城二百八十里，流入白水江。

水田溪　距城二百五十里，流入白水江。

乌撒溪　距城二百八十里，流入白水江。

中　泉　皱云岩前。起小嶂如拱护，自外望之，殊不见泉纡曲，陟山半，则泉出巨石上，清冽甘滑，虽盛暑冰人肌，不容频掬，流旋注堆砾而隐，故崖壑亦并无水下出。濒江麓底，居人砌石函潴之取饮，过江水远甚。

---

① 曲流　光绪《镇雄州志》卷一《山川》作“西流”。

② 出　光绪《镇雄州志》卷一《山川》作“至”。

补　彝良开送

热　泉　在以勒。老夷云：昔时其地煎盐，有夷状人抱一雄鸡索易盐百斤，盐者云不须汝鸡，其人齿指血滴水中，乃闪身入锅，锅与俱入，水成热泉。

〔据屠述濂等修，何发祥等纂乾隆《镇雄州志》（国家图书馆藏清钞本）卷一《山川志》第40－46页辑录。吴光汉修，宋成基等纂光绪《镇雄州志》（清光绪十三年刻本）卷一《山川志》沿引该志，不赘录。〕

（嘉庆）永善县志略·山川

上卷　山川

金沙江　源出西番，合若、绳、孙、泸、打冲河五水同流，经鹤庆、丽江、永北、大理、姚安、武定诸府，以及本属昭通府属通判驻扎之鲁甸，自县西南稻田坝入界，流一千五里有奇，至东北新滩出界，流入四川宜宾县境内。隔江则经四川宁远府属之冕宁、盐源、西昌、会理四州县，复经叙州府属之雷波卫所黄螂所蛮彝、平彝二司，屏山、宜宾二县，至叙州府城西南合会岷江，同入东海。或谓此水即符黑水者，非也。考符黑水为镇雄黑墩河之下流，经四川叙州府属筠连、庆符、高县入宜宾，至南广洞入岷江，则与金沙江之源流迥异矣。或又谓雍梁之黑水，□亦未当。考《禹贡》导黑水至于三危，入于南海。今金沙江则会岷江，而入东海，似未可统而一之也。且滇蜀《志》注俱以金沙江为若水之下流。而《史记》云南海之南，黑水之间，若水出焉。《山海经》亦云南海之内，黑水之间，木曰若木，若水出焉。其曰“黑水之间”，非即黑水，明矣。且若、绳、孙、泸、打冲河诸水注，间有未合之处，纷纷众论，不无牴牾。附录滇蜀《志》各水全注于后，以俟当世或有参考论定云。

附《通志》武定府和曲州金沙江注：在城北三百八十里，源出于吐蕃达赖喇嘛东北牛乳山下，东南流入喀木地，又东南流入鹤庆府之中甸，东经丽江府，亦名丽江，南经永北府及鹤庆之剑川州，又东过大理之宾川州，又东过姚安之姚州，又东北经大姚县之直却营，又东南入元谋县，过武定府北境，又东北经东川府，又北经昭通府之永善县，下流入四川之马湖府，下至叙州府，合于岷江。蒙氏僭号封为四渎之一。沿江多瘴，虽属深冬，行人挥汗，渡者多以夜或雨中。按：马湖府，今屏山县，瘴气亦较昔为倍减矣。

附丽江府金沙江注：在城东北一百五十里，源出吐蕃，经中甸东南流入府境，又东南流入永北。

附鹤庆府金沙江注：在城东一百二十里，自丽江府东南流入府境，经旧顺州西，又南流入永北界。

附永北金沙江注：在城西，自丽江府流入府境，会四川打冲河入武定。

附大理府宾川州金沙江注：在城东北九十里，自丽江府流经州界，下入姚安府，或曰即古若水。《山海经》云南海之南，黑水之间，木曰若木，若水出焉。《水经注》曰若水南经云南之遂久县，即金沙江巡检司地也。

附姚安府姚州金沙江注：在城北四百里，自宾川流入府境，东经大姚，入武定府界。

附东川府金沙江注：在城西二百五十里，自武定流入府境。

附本府昭通属之鲁甸金沙江注：在治北一百五十里，来自东川，流入永善。又永善金沙江注：在城西四十里，水势奔腾，环绕如带。

附蜀《志》宁远府会理州金沙江注：在州西南，自云南武定府流入。《明一统志》在西南一百五十里，源出吐蕃，东流合泸水至黎溪，接马湖，夹岸皆石，江中沙土黄色，因名。旧《志》流经云南丽江府、鹤庆府、姚安府、武定府入州界，本云南之白水江也。按：《水经注》蜻蛉水出蜻蛉县西东，其下贪泉水出焉，又东注于[①]绳，盖即此水也。

附叙州府屏山县马湖江：在县南，自乌蒙土司流入，又东入宜宾县界，即古泸水也。《水经注》若水自会无合淹水，又东北至朱提[②]县西为泸江水，又东北至僰道。郦道〔元〕注若水自大莋合绳水，通谓之绳水。又至越嶲郡之马湖县，谓之马湖江，左合卑水。又东北经朱提县，有泸津，东去县八十里，水广六七百步，深十数丈，多瘴气，鲜有行者。旧《志》源出沈黎，实大渡之支流。源出金沙江，自生蛮山箐中流出，至蛮夷司合作什葛溪方通舟楫。又经平夷司一百二十里，至县城东一百二十里流入宜宾县界。

附宜宾县马湖江注：在县城南，源出沈黎大渡之支流，即若水下流也。一名泸水，一名金沙江。诸葛武侯五月渡泸，即此江之上流。自马湖府东北流入，至府城西南一里，有蛮津口，又东合于大江。《汉志》越嶲遂久县绳水东至僰道入江。《华阳国志》云僰道县马湖江会水通越嶲。《水经注》若水自会无合淹水，又东北至朱提县西为泸江水，又东北至僰道。郦《注》若水自大莋合绳水，又通谓之绳水，又经越嶲马湖江，又东北至朱提，自朱提至僰道，有水、步道，有黑水、羊官水，至险难渡，三津之阻，行者苦之。故俗语有曰"楢溪赤水，盘蛇七曲。盘羊乌栊，气与天通"。又有牛叩头、马博颊坂[③]，其艰险如此。《寰宇记》马湖江从州西南流出。东郭《方舆览胜》马湖江至平夷合石门江，又至三江口合蜀江。

附符黑水。宜宾县黑水注云：在县东南十五里，一名南广溪，自庆符县流入，经南广镇北入江。《地舆志》谓此水即《禹贡》之黑水。按：《禹贡》导黑水至于三危，入于南海。今此水则自西南夷界流至南广洞入江。又《汉志》南广符黑水北至僰道入江水。《水经注》入江处谓之南广口。《元和志》南广口水在开边县西北一里，唐天宝六年改为卑水。新《志》水至南广镇入江，南去庆符县一百三十里，江口有天柱峰，巨石屹立如柱。又庆符县南广水注：在县北一百三十里，源出乌蒙山箐，经〔筠〕连、高县流入，又北流十五里经县西门外，又东北流一百三十里，至宜宾县界南广洞入江，江口有天柱峰，巨石屹立如柱。

附若水。蜀《志》冕宁县若水注云：在西徼外，东南流入西昌界。《史记》黄帝子昌意降居若水，蜀山氏女生颛顼于若水之野。《山海经》云南海之内，黑水之间，有木曰若木，若水出焉。《汉书》元光五年，司马相如使西南夷，除边关，西至沫、若水。《汉志》若水出旄牛[④]县徼外，南至大莋入绳水。其绳水出遂久县徼外，东至僰道入江，东行千四百里。《水经注》若水出旄牛[⑤]县徼外，沿流间关蜀土，东南流，鲜水注之，又经大莋县合绳水。绳水出徼外，东南分流为二水，一水东出经广柔县东流入江，一水南经旄牛道至大莋与若水合，亦通谓之绳水，又南至邛都。《元和志》台登县有奴诺水，本名绳水，在县西北七百里许，自羌戎界流入。《九州要记》台登县有鹦鹉山，若水出其下，即今盐源县打冲河之上流也。又西昌县注云：在县西，自冕宁县流入，与盐源县接界，又东南入会理州，亦名泸水。《水经注》若水自大莋合绳水，自下通谓之绳水。又南过邛都县西，亦曰越嶲水，似随地而更名矣，又直南入会无。《元和志》嶲州西至泸水二百里。按：《水经注》泸水即今之金沙江也，此水在其东北，故又名东泸水。

附孙水。蜀《志》西昌县〔孙〕水注：在县西，自冕宁县流入，又东南入会理州界。《汉书》司马

---

① 注于　原本作"经于"，据《水经注》（戴震校武英殿聚珍版原本，下同）卷三十六改。

② 至　原本作"经"，据《水经注》改，下文"至越嶲"同。朱提，原本误作"朱堤"，据《汉书·地理志》、《水经注》改，下文同。

③ 马博颊坂　原本作"马颊坡"，据《水经注·若水》改。

④ 旄牛　原本作"旄中"，据《汉书·地理志》改。

⑤ 旄牛　原本作"旄中"，据《水经注》改。

相如疏孙水以通邛都。《水经注》自台登县南流经邛都，又南至会无，亦谓之长河。《一统志》长河自宁番卫流经建昌城西，又曰西泸水，在司城十里，即此。又谓之安宁河，在卫西十五里磘山外，源出宁番卫，流合打冲河，入金沙江。又会理州孙水注云：在州西，自西昌县流入，又南合若水，旧《志》谓之安宁河，至三江口合流。又《通志》宾川州孙水注云：在城东北一百三十里，金沙江之别流。《水经注》云孙水一名白沙江，汉司马相如“梁孙”[①] 原此也。

附打冲河水。蜀《志》盐源县打冲河注：在县东北一百六十里，自冕宁西番界流入，又东南入会理州界，即古若水也，亦名泸水。《华阳国志》在郡西定筰县，在郡西渡泸水即此。

附泸水。蜀《志》会理州泸水注：在州西南，自盐源县流入，又东入云南东川土府界，即若水也。后汉建武十九年，益州夷叛，遣将军刘尚发广汉、犍为、蜀郡人及朱提夷讨之。尚渡泸水入益州，大破栋蚕等羌。蜀汉建兴三年，诸葛武侯讨南中蛮，五月渡泸，深入不毛。晋太宁初年，李骧等寇宁州，刺史王逊遣将姚岳败骧于堂琅，追至泸水，败兵争济，溺水者千余人。《水经注》云若水自邛都南至会无县，孙水南入之。又南有蜻蛉水入焉，又迳三绛县西、姑复县北，淹水注之，又毋血水合，又东，涂水注之[②]，又经马湖县，谓之马湖江，又左合卑水[③]，又东北朱提。杜佑《通典》：会川县有泸水，即孔明渡泸处。《新唐志》嶲州自阳蓬岭百余里至俄準添馆，又经箐口，会川四百三十里至河子镇城，又三十里渡泸水，又五百四十里至姚州旧治。泸水在卫西一百五十里，南流入金沙江，至废黎溪州为马湖江。其江岚瘴特甚，隆冬人过，袒裼皆流汗，唯雨中及夜渡无害。又打冲河自盐井卫流入，至三江口金沙江，与云南武定府南北为界，又东过白马口，分派入山，伏流东川土府界，又自山中流出。又蜀《志》外记云孔明五月渡泸。今以为泸州，非也。泸州，古之江阳，而泸水乃今之金沙江，即黑水是也。因此水色黑，故以泸水名之。《沈黎古志》孔明南征，由今黎州路黎州四百余里至两林蛮，自两林蛮南瑟琶部三程至嶲州，嶲州十程至泸水，泸水四程至弄栋，即姚州也。今之金沙江，在滇蜀之交，一在武定府元江驿，一在姚安之左脚。据《沈黎志》，孔明渡泸在今之左脚也。瑟琶，一作虱琶。两林，今之邛部长官司也。

附《东川府志》金沙江注：距府城西一百五十里。《通志》作二百五十里，距巧家城西北二十里。秋夏水涨时，江面阔三百余丈，为滇蜀分界。按：张机《北金沙江考》源出吐蕃共龙川犂牛石下，谓之犂牛河，即古丽水。其流出铁索桥，东经丽江府巨津、宝山二州，又东经鹤庆府、北胜州、姚安府。又自武定府北界，经黎溪州。蒙氏僭号为四渎之一。又自武定下流入济惠部，夷人鑿木槽船以通往来行旅，遂名金沙渡，又名纳夷渡。纳夷江，又名母鲁乌苏，又名黑水。按：堂琅废县在东川府，遂久废县在宾川州，四川盐源县亦有遂久废县。弄栋废县在姚州，废顺州在永北府，金沙江巡检司在大理府，会无废县、黎溪废州、三绛废县俱在会理州。台登废县、大莋废县俱在冕宁县。越嶲郡，今改作卫，属宁远府。邛都废县在西昌县，定筰废县在盐源县。僰道故城、开边废县俱在宜宾县，庆符县亦有僰道废县。旄牛故城、沈黎故城俱在雅州府清溪县，三江口即今叙州府城外，唯朱提县无考。查《通志》开边废县注云：《新唐志》贞观四年，以开边、石门、朱提三县置南通州。八年改贤州，寻废，以县隶戎州，宋乾德中废。县在马湖、朱提两江口。玩蜀《志》，朱提县当在今屏山、宜宾之间，且宜宾县西五十里有朱提山，或者其即朱提故地欤？

附金沙江十八险滩。滩高水激，怪石嶙峋，每年请帑凿修，以利铜运。谨将各滩名目，具列于左：沙河滩，南岸。黑铁滩，南岸。狮子滩，北岸。乌鸦滩，南岸。雾基滩，北岸。大虎跳滩，南岸，江中有大石一块，十余丈，形如虎样，端立高踞，水因石激，波浪沸腾，土人以“金江石虎”为一景。小虎跳滩，南岸。溜筒子滩，北岸。特衣滩，北岸。小锅圈滩，北岸。大锅圈滩，北岸，即太乙滩是也。大猫滩，南岸。冬瓜滩，南岸。大汉

---

① 梁孙 《水经注》、《汉书·司马相如传》皆作“桥孙”。“桥”“梁”互训。
② 涂水注之 原本作“涂之”，据《水经注》改。
③ 左合卑水 原本作“右合泉水”，据《水经注》改。

漕滩，南岸。木孔滩，南岸。苦竹滩，北岸。凹崖三腔滩，北岸。新开滩，南岸。以上十八处系原题。险滩铜船如有沉失，例准豁免。嘉庆七年，新添不波、焦岩二滩。十年，又添门坎滩。此三个滩均未详报题咨，沉失铜船，不准豁免。

石门江 源出鲁甸之大黑山，即擦拉河之下流也，为县治右界水。由东而北入金沙江，隔江则经本府属之大关以及四川叙州府属之庆符县、宜宾县二属。蜀《志》庆符县注云：在县西南，出乌蛮界，又北经宜宾县，合马湖江。又宜宾县注云：南县西南，俗呼横江，又名小江。源出乌蒙蛮部，经本府境东北流九十里，与马湖江合，中有滩，其水常若钟鸣，故又名钟滩。按：今土人呼其上流曰擦拉河，又曰洒鱼河。呼其中流曰钟滩溪。呼其下流曰横江，而石门江与小江之名无闻矣。

双　溪 在县东十余里，县治主水也。源出石莲峰后山箐，流里许，分为二，一由南而西，一由北而西，流十余里，合马旺沟，合金沙江。

铜厂河 在县南一百六十里。源出金沙厂山箐，经犀牛坡口寨，会恩安县属之冷水河，合洒鱼河。

沙　河 在县西北八十里。源出新开庄，六十里入金沙江。

雾露沟 在县西北一百五里。源出杨万箐，流五十里入金沙江。两岸俱有堰沟，左灌黑铁关田坝，右灌朝阳田坝。

米贴溪 在米贴汛。源出米贴后山，入金沙江，灌溉本处田亩，俗名店子沟。

大坡沟 在县西北三百六十里，灌溉井底一带田亩。

那乡溪 在县西北三百七十里。源出那乡山箐，会合后溪入金沙江，有灌溉。

前　溪 在吞都汛西北十余里。源出前山山箐，入金沙江，灌溉马踪岩上田亩。

后　溪 在吞都汛东北十余里。源出后山山箐，入金沙江。俗因溪边有观音寺，遂呼名观音溪。楚民王本仁同修堰沟，灌溉鸡爪山田数百亩。

洗马溪 在桧溪汛东九十里。源出刺竹坪山箐，经宗宝山至大猪滩，入金沙江，有灌溉。

桧　溪 源出滚子坡山箐，经马鞍山、马路坡、伏虎山，入金沙江，灌溉甚广。

龙拖溪 在桧溪汛西北数里。自摩诃崖上石洞流出，入金沙江。楚民鲜于太开修堰沟，灌溉撒水坝一带田亩。

柏杨溪 在桧溪汛西北二十里。在飞凤山上石洞流出，入金沙江，有灌溉。

水星溪 在桧溪汛西北八十里。源出罗汉岭山箐，入金沙江，有灌溉。

大文溪 在副官村城西脚下，流入金沙江，原名马湖江。

小文溪 在副官村城东十里，流入金沙江。蜀《志》平夷司注：大文溪在司南一里，小文溪在司东十里。大文、小文二溪俱出乌蒙钟滩，入马湖江，水流回旋成文，故名。盖以江南岸言之，故方位不同耳。

黄龙溪 在副官村西南十里。流合大文溪，入金沙江，有灌溉。

新滩溪 在副官村东七十里。流入金沙江，有灌溉。

绍感溪 在副官村南八十里。流入金沙江，有铜厂。

悔泥溪 在副官村东北一百里，有灌溉。蜀《志》屏山县注：在县东十五里，源出宝屏山麓，入马湖江。按：今土人皆呼为悔泥，以“海”作“悔”，盖传写误也。

黎湾滩 在副官村北八里，亦名金带滩。

石溪滩　在副官村东十五里。

〔据查枢等纂，邹勗旃校订嘉庆《永善县志略》（《中国地方志集成·云南府县志辑25》，凤凰出版社2009年据清钞本影印）上卷《山川》第542－557页辑录。〕

昭通等八县图说·水流

四　水流

金沙江　自巧家东流入境，右受牛栏江之水，东北流经鲁甸、永善、井桧、绥江，又东至四川宜宾，北会岷江而为扬子江之上游，环绕昭通等八县全境，西北与巴夷及川省分界。水势浩大，洵天设之险，上段滩高石峻，不便行舟，下段滩水稍平，可通航达叙、泸。

牛栏江　源出嵩明，经嘉利泽出寻甸，为车洪江。北循宣威、东川、威宁边界，西折为昭通、鲁甸西南界，东川、巧家东北界，又北流入金沙江。此江水急石多，行舟不利。前清咸同间，议由此达金沙江转运京铜，未几而废，亦见通航之难矣。

擦拉河　源出鲁甸大黑山，初为黑山河，经昭通查拿汛界，称擦拉河。北会利济河，西出高鲁桥，北折而入洒鱼河。夏秋水盛，可行小舟。

利济河　发源昭通龙洞山，又名荔枝河，西南流入擦拉河。

洒鱼河　发源鲁甸属之古寨，为古寨河。东流经昭通，右受擦拉、利济两河水，左受昭通西境诸水，北流入大关境，东折至小河场，会大关河。

角奎河　源出威宁西北，入彝良境，经洛泽汛为洛泽河，右受龙藏河水，至彝良县治为角奎河，复右受威洛河诸水，西北流至大湾子，左会大关河。

大关河　昭通北境之水，至五寨而伏流山中，由山北出水洞漏出，北流经大关县治山麓，褰裳可涉，西北会洒鱼河，又东北会角奎河，始成巨流焉。

白水江　发源彝良木甲山，北流受麻柳、回龙、红石诸溪水，西折至柿子坝与大关河合而为盐津河。

盐津河　即大关河下游，与白水江合后，水深满峡，航路通行。北流经盐津县治至普洱渡，左受小河、箭坝诸水，又东北流至滩头，右受落雁河水，再东北至四川安边场对岸，入金沙江。

定川溪　又名牛街河。源出木甲、乌通两山间，源为九股水，东北流，右受三寨河诸溪水，北历牛街，入四川境，始右会札西河而注于大江。

札西[①]**河**　发源于镇雄札西汛，北行，经威信右会玉贵河，折西流，又西北入四川境，而左会定川溪。

罗甸河　源出镇雄古芒部，东北流，左受雨洒河诸水，东折入贵州界，而为赤水河上源，作川、黔两省之分界。

托洛河　发源乌通山麓，经镇雄县治东南，左会纳冲河，又南流入苴蚪河。

---

① 札西　今作“扎西”，属威信县。

苴蚓河 源出阿黑关，东流受托洛、纳冲两河水，再东流，绕贵州毕节县治，折西南入七星关河。

大文溪 在绥江县境，发源关口，北流入金沙江。

〔据陈秉仁编纂《昭通等八县图说》（民国八年排印本）第3－5页《水流》辑录。〕

（民国）大关县志稿·山川志

卷三 山川志（山略）

大关河 发源于昭属之钻沟，至被五寨流落山谷中。及本城图乐乡之玉碗水入境，向北流约五十里，绕治城经雄魁乡折向东北流，至吉利、白水乡境，又折向东南流，出盐津投金沙江。此河为本域正幹。

上高桥河 一名永善河。源出昭通洒鱼河，至图乐乡之上高桥均入境，沿途永善各小河来汇，因有永善河之名。西北流，至礼义乡之簸夥，折向东流一十五里至越路，均跨关、永界，至越路以下全属关境，至雄魁乡界注入大关河。《续通志》称此河名撒鱼河。

戈魁河 发源于贵州威宁海子，经彝良县界境，至本域河西乡之狗钻洞入境。北流五十里至飞马山，为关、彝连界，以下全属关境。又向北流三十余里，至河东乡之岔河注入大关河。

牛街河 一名白水河。发源于镇雄之五眼洞，经彝良牛街至白水乡之王家山入境，向西流约二十里之两河口注入正幹。

碗水小河 发源于昭通之苏家坡坡脚，至图乐乡之二道桥入境。向北流十五里，折东流约十里之鱼尾坝，注入大关河正幹。

癞子沟 发源于永善之冷水孔，至大关乡西北方入境，向东南流经下马桥场，至大关垴山脚入正幹。

双河场河 源出图乐、本城两乡连界之黑心坝契尾沟，绕过双河场前面，诸溪水来汇，至河东乡之天星场合黄水河。

黄水河 源出镇雄罗汉林西南向，流经华斗、倮㑩坝、柴家井，西南流又折北，经杉树块入河东乡之天星场境，与石板河合向南流。

石板河 源出彝良之田黄寨，北流与黄水河合，向西行，继又转向西北，绕过天星场与则筏河合流，向西行，绕过坉上至两汉河与大关河诸水汇流。

利济河 源出昭通龙洞。西南流即上高桥之上流，至上高桥之青龙洞，右纳一沟，源出图乐乡当阳坪山中，经花椒沟、油房沟，绕中营向西流入利济河。下流经打保寨、茅坝坡、新场、簸河、支来沟、越路、龙洞湾，至洗马溪合鲵鱼涧。

鲵鱼涧 源出图乐乡端（当）阳坪，经过竹来溪、迷雾沟、鱼孔坝合诸小水向北流，合油房沟又北流，即名鲵鱼涧，与利济河交汇。

广福桥河 发源翠屏山乱石峰中，向西流至治城前之钓（吊）桥，会大关河正幹。

雾露沟 一名罩子沟，发源于灯盏窝。东流至钓（吊）桥上段，合大关河正幹。

乌鸦桥河 源出董董山南，汇大小坳口[①]、坡脚诸水，过两河口直西流，左右纳诸水，过乌鸦桥一名凤凰桥得名，下流入大关河正幹。

倒流水 源出董董山梁子，自大火地经平阳谷过大膀田，西向流入大关河正幹。此水系因山势高下，与关境诸水东向流者相反得名。人以为奇，实则欧洲大河多向西流，美洲则南向。总之，水性就下，毫不足怪。华附识于此[②]。

乾溪沟 源出于董峰山梁子，中经文昌宫、石板河，入大关河正幹。

腰店子沟 源出于尖山子，经岩方沟纳诸小水，西南流入河，北过高桥纳鱼来河入正幹。

鱼奈河 源出地支海子，系白岩脚九股水、叶张二家山、土地坪、上下海子诸水汇聚者。沿河一带多饮此水，以资灌溉。

深溪沟 源出董峰山谷老林中，经桃子坝过水营、横担山脚入河，东过手把岩至麻柳湾，左纳曹家沟，右纳铁线溪、乾海子、青岗林诸水，至大关垴与大关河正幹交会。

回龙溪 源出太阳坝，向南流经白岩脚，诸水来汇，至回龙溪街左入河。东流，过马蹄石至老木城，均有小水汇入，始会正幹。

会同溪 发源于大骊山，环绕豆沙乡，内甲如马掌形。会同溪街前入大河。

以上由大关河至癞子沟，系照陆守之厅丞《大关厅舆图说略》录出；癞子沟以下，系照孙达章先生底本，参合采访地质资料录出。其有两书重繁者，就一面登记。

〔据王心田等编辑民国《大关县志稿》（唐洁誉等点校，《昭通旧志汇编》第五册，云南人民出版社2006年版）卷三《山川》第1313页辑录。〕

（民国）大关县志·舆地志·水系

卷二 舆地志 水系

大关境内诸水，以大关河为正幹，发源于昭通钻沟，至县属出水洞山麓入境。北向下流，中经转折至玉碗乡之鱼尾坝，有小河来会白水镇龙拱坡，出盐津至四川宜宾县属安边，汇入金沙江。此河《云南通志》《云南通志续志》均称“朱提江”，《皇朝经世文新编》则称为“汶溪”，设厅治后改称“大关河”。最近有人议改名“石华河”，其刍议如后。

① 大小坳口 民国《大关县志》卷二《舆地志·水系》作“大小垭口”。

② 华附识于此 民国《大关县志》卷二《舆地志·水系》作“编者附识”。

大关河更名石华河刍议

周梦云

大关，滇东边县也。在未分盐津以前，状似半岛伸入四川。其地势，自平面图观之，颇似蕉叶，一河中贯，宛然脉络，是河也，原名朱提江，导源于昭通之钻沟，至罗汉林注入山隙，复由昭、关分界之鹦哥嘴山麓泻出，即入关境。由南而北蜿蜒下流，出盐津至四川，于安边入金沙江，长约五百华里。县名大关，河亦沿称大关，其命名之无含义也，不问可知。余久思别为更名，苦无适当机会。近复因人作嫁，更鲜握管时间，搁置若忘，诚非得已。

今者，县中有修志动议，山脉、河流必载志中。虽修志能否成事固属难必，而河名必须改称不容再缓。爰分余闲为此刍议，穷其理由，有下数点：（一）以县名为河名，不特披览舆图，容易牵混，且离云台山十里有一村落亦名大关河，令远道行人对于县名、河名、村名无从识别；而学者制图、标记亦易将县名、河名、村名混为一谈。其欠审也，固不待辩。（二）此河自入境以迄出境，昔皆大关地面，自可以河代表。今河之下流早属盐津，而河之名称犹仍其旧，已嫌不符，实去名存，自属欠当。（三）吾国河名多数具有含义，如黄河、红河则以水色；怒江、盘江则因水势；金江、珠江则由水产。煌煌先例，至足取法，岂可以长约五百华里之一河，不为考察各项根据，而竟可以县名名之乎？

吾因是拟为更名焉。厥名为何曰石华河？良以近代政府名山、名河、名省、名县以及乡镇、保甲之命名，咸须象征明指，含义显呈，乃得命名定义。若其肤泛名词，普通称谓则屏弃不录，盖无象征即少含义，无指证即近空虚。贻误行旅其咎犹小，影响军情为害殊大。细查此河，自出水洞入境，以至黄果溪，长约一百华里。每年夏水涨后，河中石上泥浆附著，即生一种水产藻类植物，其色深碧，仿佛昆布，其味清香，为良好食品。其形有似碎叶，不啻图上墨点，人立河干，无不毕见，向称为石华菜，曾赴赛会博过奖许，是为此河之特产，足为此河之代表。吾因是取以名河，犹之长江上流之名金沙江，同以物产为含义，极显明也。

大关河　《通志》称朱提江。发源于昭属之钻沟，至被五寨流落山谷中，至本县玉碗乡之出水洞入境。向北流约五十里，绕治城经雄魁乡折向东北流，至吉利、白水乡境又折向东南流，出盐津至四川安边投入金沙江。

上高桥河　一名永善河。源出昭通洒渔河，至玉碗乡之上高桥入境，沿永善河有小河来汇，因有永善河之名。西北流约五十里至礼义乡簸夥，折向东流一十五里至越路，均跨关、永界。至越路以下全属关境，至黄葛镇界注入大关河。《续通志》称此河名撒鱼河。

戈魁河　发源贵州威宁海子，经彝良县境，至本县河西乡之狗钻洞入境。北流五十里至飞马岩，为关、彝连界，以下全属关境。又向北流三十余里，至河东乡之岔河注入大关河。

牛街河　一名白水河。发源镇雄之五眼洞，经彝良牛街至白水乡王家山入境，向西流约二十里之两河口注入正幹。

碗水小河 发源于昭通之苏家坡坡脚，至玉碗乡之二道桥入境。向北流十五里，折东流约十里之鱼尾坝，注入大关河正幹。

癞子沟 发源于永善之冷水孔，至寿山镇西北方入境，向东南流经下高桥场，至大关垴山脚入正幹。

双河场河 源出黑心坝契尾沟，绕过双河场前面，诸溪水来汇，至河东乡之天星场合黄水河。

黄水河 源出镇雄罗汉林西南向，流经华斗、倮罗坝、柴家井，又折北经杉树块入河东乡境，与石板河合向南流。

石板河 源出彝良之田黄寨，北流与黄水河合，向西行，继又转向西北境，过天星场与则筏河合流，向西行，绕过屯上至两汉河，与大关河诸小水汇流。

利济河 源出昭通龙洞。西南流即上高桥之上流，至上高桥之青龙洞，右纳一沟，源出玉碗乡当阳坪山中，经花椒沟、油房沟，绕中营向西流入利济河。下流经打保寨、茅坡、新场、簸河、支来沟、越路、龙洞湾，至洗马溪会鲵鱼涧。

鲵鱼涧 源出玉碗乡当阳坪，经过竹来溪、迷雾沟、鱼孔坝合诸小水向北流，到油房沟又北流，即名鲵鱼涧，与利济河交汇。

广福桥河 发源于翠屏山乱石峰中，向西流至治城前之钓（吊）桥，汇大关河正幹。

雾露沟 一名罩子沟。发源于灯盏窝，东流至钓（吊）桥上段，合大关河正幹。

乌鸦桥河 源出董董山，汇大小呀（垭）口、坡脚诸水，过两河口直西流，左右纳诸小水，过乌鸦桥得名，下流入大关河正幹。

倒流水 源出董董山梁子，自大火地经坪阳谷过大膀田，南向流入大关河正幹。此河系因山势高下，与关境诸水东向流者相反得名。人以为奇，实则欧洲大河多向西流，美洲则向南。总之，水性就下，毫不足怪。编者附识。

乾溪沟 源出董峰山梁子中，经文昌宫、石板河入大关河正幹。

腰（幺）店子大沟 源出尖山子，经岩方沟纳诸小水，西南流入河，北过高桥，西纳鱼来河入正幹。

鱼奈（来）河 源出地支海子，系白岩脚九股水、叶张二家山、土地坪、上下海子诸水汇聚者。沿河一带多饮此水，且资灌溉。

深溪沟 源出董峰山山谷老林中，经桃子坝过水营、横担山脚入河，东过手把岩至麻柳湾，左纳曹家沟，右纳铁线溪、乾海子、青岗林诸水，至大关垴与大关河正幹交会。

回龙溪 源出太阳坝，向南流经白岩脚，诸水来汇，至回龙溪街左入河。东流，过马蹄石至老木城，均有小水汇入，始会正幹。

会同溪 发源大骊山麓，绕豆沙乡，内甲如马掌形。至会同溪街前入大河。

以上由大关河至癞子沟，系照陆长洁厅丞《大关厅舆图说略》录出；癞子沟以下，系照孙达章先生底本，参合采访地志资料录出。

〔据张维翰编纂民国《大关县志》（刘宗伯等点校，《昭通旧志汇编》第五册，云南人民出版社 2006 年版）卷二《舆地志·水系》第 1398 页辑录。〕

（民国）巧家县志稿·舆地志·水流

卷二　舆地志　水流

巧家水流以金沙江为主流。金沙江为长江上游，源出青海极西巴颜哈喇山之阳，曰木鲁乌苏河，会众流经西康入滇西北，贯中、维、鹤、丽、永、华等县，再沿西康之会理边界而东入巧家，由南境直贯北隅，至永善界出境。凡江东之普渡河、小江、小河、牛栏江，江西之老口河、北水河皆其支流也，兹分述之。

金江以东支流

曰普渡河，凡绛云露山山系以南之水入焉。曰小江，凡绛云露山山系以北、尖山山系以西之水入焉。曰小河，凡尖山山系东北、玉屏山山系西南之水入焉。曰牛栏江，凡玉屏山山系东北之水入焉。

普渡河　源自富民县来，经禄劝县流入县境第三区，内有罗衣山水、花椒园南北各水及龙箐水，俱东来会合入金沙江。

小　江　源出寻甸县，流至会泽之阿汪河，会本县第三区内之花沟及中厂河、普车河水，复流经会泽境，会尖山诸水，至第一区蒙姑北入金沙江。

小　河　源出会泽花鱼洞，名以濯河，汇合鹧鸡、饮马川诸水，流至以礼村名以礼河，又西北折西流经则补北，左纳则补河水，又西流至第一区小河口入金沙江。

牛栏江　源出嵩明县，流入寻甸县名车洪江，经霑益、会泽、宣威各县与贵州之威宁及本省鲁甸各县境，至第五区红石岩入境，西流经第七区，至第十区小牛栏入金沙江。

金江以西支流

曰老口河，凡大丰岭山系以东之水入焉。曰北水河，凡归化山山系以西之水入焉。

老口河　一名会通河，源出四川会理，南流至梁山南，折东南流经第二区之普咩厂东、阿木可租塘西南入金沙江。

北水河　源出四川宁南县山中，东南流经第九区，即昔日木期古土司地之上新场，与宁南县分界，东流入金沙江。

全县著名水流表照前叙主支各流，连同附属境内之大小河流总括列叙

水　名	属　区	概　要
金沙江		见前
普渡河		见前
小江		见前
小河		见前
牛栏江		见前
老口河		见前
北水河		见前

续 表

水 名	属 区	概 要
大龙潭	属一区城外	计水三十八公寸半，源清流洁。入城作居民饮料，出城资农家灌溉
以博溪潭	属一区城外	水由玉屏山发源，计水十八分寸半，灌溉本村田亩
莲花塘	属一区城外	水由本村发源，计大小十一潭，四时不竭，灌溉本村田亩。其余水一供库着村田，一引过发箕，以资开垦陆地
高山寺沟	属一区城外	水出本沟，灌溉沟口田亩。其余流入水孔庙沟，大可补助发箕、库着引用
红路村水	属一区城外	其水由红路街东头大沙沟里发源，名筛子水，分三沟引入本村灌溉田亩
小河村水	属一区城外	就四甲石花河水，大兴工作，由偏岩脚对岸壁立石岩凿开钻洞十余里，渠引其水以灌本村田亩
新桥沟	属一区城外	其水仅由本沟出，细流一股
煤炭沟	属一区城外	原系乾沟，雨集则沟浍皆盈，雨霁其涸可立而待
小堰塘	属一区城外	其水由本沟以内发源，多蛇蝎、蜈蚣顺流而踞，或有误食中毒，生死莫卜，往来行人，咸戒不饮
库着村水	属一区城外	其水有三：一由水孔庙，一由县城大龙潭，一由可富村小龙潭，分流而入，以灌田亩
岔河	属四区头甲	水由摆以头发源，流经大村子、披戛、以里、老厂、野牛卷、箕鲁、荒田，过大白水，归小河入金江
迤里河	属四区头甲	其水由马替流入
炉房沟	属四区头甲	水由后山发源
卯家沟	属四区头甲	水由本沟发源
可乐河	属四区	发源于大海子，流入迤里河
大桥河	属四区	发源于草皮地，流入牛栏江
尹武落水洞海子	属四区	有渔业之利；夏秋水涨，有淹禾之害
马洪河	属四区头甲	水由马洪厂来，两岸石岩壁立，奇零田亩甚多，灌溉此水。至猴扒岩即有东川披入之水经过此岩，流石花河以合小河入金江
岔河	属五区	发源于治乐平地营，流入牛栏江
燕麦沟	属五区	发源于东川，流入牛栏江
老店子河	属五区三甲	水由头甲者乐来，流胡家坪，岔河合流入本甲之牛栏江，入金江
石花河	属六区四甲	其水一出本甲大岩洞，一由荞麦地落水洞泄，合流倮车，抵毛家桥，又合小河入金江
可倮河	属六区四甲	水顺头甲迤遇河水流入，随地异名，有本甲癞石山之水参入
红石岩水	属六区四甲	山峦高耸，出细流一股，水秀山青
小河	属七区五甲	杨柳树水由六甲药山发源，至此汇本甲之牛栏江入金江
小河沟	属七区	发源于小海子，流入牛栏江
沙鸡沟	属七区	发源于新店子与大山梁子之阳
清水河	属七区五甲	界树基，其水发源哨口子
丝栗坪水	属七区五甲	其水一由本甲白沙井、一由二道岩发源
飞云洞水	属一区善内里	水由那姑、黑路二山发源
中厂河	属三区向汉甲	水由乐隐山发源
乐隐山河	属三区向回甲	水由落白河发源
拖木力河	属三区向夷甲	水由轿顶山、九龙箐、书姑碏子流入

续　表

水　名	属　区	概　要
鸡多河	属三区向夷甲	水由罗乌什城流入
募碌河	属三区向夷甲	水由菜园子发源流入
牛厂坪河	属三区向夷甲	水由落雪、大水、小田坝流入
燃薪厂河	属三区向夷甲	水由瓦岗寨坝口流入
小龙潭	属一区城外	水由可富村发源，灌溉田亩
旗锣沟	属一区江外	水由老金山发源，沿途沟间有流入，灌溉附近田亩
机子阁水	属一区江外	源出本山蛮巢，灌溉黄草坪、六城坝田亩
石灰窑沟	属一区城外	平时无水，惟有俗名乾龙潭一个，其水当夏则竭，近秋则发。三柯树附近每届发时，渠引以种小春
瓦房村水	属一区城外	一由老村龙潭分流本村灌溉各田，一由普之落大沙沟及萧家沟发源入腰沟，单沟独堰，引灌学田，点滴与人无干
老村水	属一区城外	其水发源本村界七甲罗盘地，又一股发源学宫田界，均灌溉本村田亩
福禄村水	属一区城外	旧名水碾村，其水发源本村。流分头沟、二沟、三沟，灌溉本村及海溪坝田亩
岔河	属八区六甲	其水一股由药山苏云沟发源，流经比武坡、大坪子、葫芦营，入合本河发源之水，过钻天坡小村子、罗乌半箐，到荞麦地街直下归落水洞
大沟	属九区七甲	
头道沟	属九区七甲	水由白抛林发源，流入金江
二龙沟	属九区七甲	水由九道湾山脚发源，流入金江
三道沟	属九区七甲	水由六甲药山发源，流入金江
小河沟	属九区七甲	水由六甲大竹箐发源，溉阿线租田亩，入金江
海子	属十区八甲	水由本甲哨口子发源，灌溉艾家村及大田坝田亩，入金江
药山海子	属十区	水无出入之口，面积有二十丈至三四十丈及几尺者不等
铜厂沟	属十区八甲	水由本甲核桃湾发源
杉木箐水	属十区八甲	
河清沟	属十区	发源于药山，流入金江，中间及下流有灌溉之利
季奉沟	属十区	发源于消口子，流入河清沟
炉房沟	属十区八甲	水由白抛林与纸厂沟两处发源流入
狮子山水	属十区八甲	水由本山发源，灌溉拖姑公田
花椒湾水	属十区八甲	水由本甲羊棚子发源
阿白沟	属十区八甲	水由本甲回龙沟发源，灌溉本村附近田亩
岔河	属十区八甲	水由二甲包谷脑顺流至此，入金江
小河	属二区	由四川会理发源，经过大桥、小街约二百里之远，于巧家二区乾盐井入江

附金沙江水文记载

本县水流，略如上述。金江源远流长，惜江身低于陆地，无自然灌溉之利。复因水势湍急，上流挟带石沙沿江堆积，明滩暗礁随处俱是，致滚滚大江，仅往来扁舟于附近，而覆舟溺水者且时有所闻。最近中央经济部为发展交通计，曾于县城成立中央水工试验所巧家水文站，从事水工试验，意将由金江上游直接通航，下达长江，已开始试航矣。兹将水文站二十八年四月至十二月金江水文记载表列于后，以见水势之消长云。再，本记载系以龙王庙大渡口为准。

巧家县廿八年四月至十二月份金江水文记载表录自经济部中央水工试验所巧家水文站

月份	项目	水位（公尺）	流速（秒公尺）	流量（秒立方公尺）	含沙量（百分）
四月份	最高	二·一			
	最低	〇·一三			
	平均	〇·六二	二·〇四	一一五·九	
五月份	最高	二·八六			〇·一六六
	最低	〇·八九			〇·〇一二
	平均	一·五七	二·四九	二〇二五	〇·〇六七
六月份	最高	六·六三			〇·二三
	最低	二·七六			〇·〇五三
	平均	四·七八	二·八二	四九五八	〇·一二七
七月份	最高	一四·二五			〇·二二
	最低	七·〇六			〇·〇七五
	平均	一〇·四三	三·五	一二〇〇七	〇·一五五
八月份	最高	一四·四八			〇·二八二
	最低	六·八四			〇·〇七八
	平均	九·三五	二·八九	九六七一	〇·一三
九月份	最高	一六·八六			〇·三五
	最低	六·七			〇·〇五六
	平均	一〇·六九	三·四三	一〇九三八	〇·一五二
十月份	最高	一二·九六			〇·一五六
	最低	四·九			〇·〇五三
	平均	七·九一	三·一七	九六七六	〇·〇七三
十一月份	最高	四·七六			〇·〇四六
	最低	二·三五			〇·〇〇六
	平均	三·四二	二·六三	三六二二	〇·〇二七
十二月份	最高	二·二九			〇·〇二八
	最低	〇·八八			〇·〇六
	平均	一·三九	二·一二	二〇九四	〇·〇一八

备注：本表数字单位用米突制。

〔据陆崇仁修，汤祚等纂民国《巧家县志稿》（民国三十一年排印本）卷二《舆地志·水流》第3－28页辑录。〕

（民国）绥江县县志·舆地志·水系

卷二 舆地志 水系

本县以金沙江为幹流，其南岸诸水除中滩溪外，皆注入之，兹分述如左：

金沙江 发源青海上流二千余里，自永善界姚家坝入本县境东北。流经大兴里，芭蕉溪来会，折而东南流十余里，大鹿溪来会，经梁村里东流十余里，三溪口来会，又东南流经治城，大汶溪来会，经回望里东流十里，小汶溪来会，经新滩里又东南流三十里，石溪来会，又东流二十里，新滩溪来会，经大沙里东北流二十里，鲢鱼溪来会，又东流经马村里二十里，黄坪溪来会，又东南流十里，桧仪溪来会，又东流经德化、寿丰、新安诸里，炭溪来会，十余里至向家坝，东北流入四川宜宾县界。计长二百三十里。每年五至八月（旧历）为洪水期，极浑浊，较平时水位可高至四十丈。自石溪至牛屎岩有险滩六，即石溪滩（小水险），十里鸡肝石，五里湾湾滩（均大水险），五里新滩溪（小水险），三里九股岩，五里牛屎岩（均大水险），除洪水期外，可通木船。

芭蕉溪 发源于火星岩西北山麓，曲向西流注入金沙江。

大鹿溪 发源于大风岩北麓，北流约十余里注入金沙江。

三溪口 发源于马刁林西北山麓，约十余里至犇溪口入金沙江。

大汶溪 上源有三：南源，自罗汉坪老林北麓，发源名乌抛溪，至关口老林溪来会，至清水镇有毛风洞溪、茨竹溪、庙子溪、小沟诸水来会，至板栗镇有洪仲溪、小河沟来会，至半边镇与西南源会；西南源，发源于二十四冈北麓，名石板溪，六十里至半边镇场右与南源合流，又十里至黄龙溪与西源会合；西源，发源于莲花山东麓，约二十余里至凉浆镇，有烟溪、田家沟、蚂蝗沟诸水来会，合流至黄龙溪与南源、西南源合流，称大汶溪，约十里至城西注入金沙江。

小汶溪 发源于香炉山东北山麓，约二十里注入金沙江。

石　溪 发源于王家山麓，北流数里注入金沙江。

新滩溪 一源于黑竹林，一源于观坳山麓，至银厂坝合流，约十余里注入金沙江。

鲢鱼溪 发源于芝麻坳，约十里注入金沙江。

黄坪溪 发源于拖木冈，至三星店咸巴湾小溪来合，至镇水甸与割麻湾溪流合入马村境，称黄坪溪，北流注入金沙江。

桧仪溪 发源于大包顶，约十里至写字桥，又二十里至桧仪镇，注入金沙江。

炭　溪 上源有六，至紫霞山麓始大曲折湾环横过寿丰里，全境约二十里，注入长江之筲箕沱。其六源如下：萧家沟，由猪圈门发源，约十里至双河口注入炭溪；于公庙沟，发源于钱窝子，约十里至大屋基沟合流入炭溪；响水洞沟，发源于乡南宜宾界分水岭，约十余里合炭溪；白蜡沟，发源于双櫟子，约十余里至跳蹬子合炭溪；观音岩沟，发源于观音岩，约十余里至薪毛坪合炭溪；桥沟头，发源于螃蟹沟，约十余里至薪毛坪合炭溪。

中滩溪 上源有二：一曰熊家溪，发源于土地坳；一曰二溪口，发源于大风坪。至糟房沟合流经盐井场，有盐井溪来会，统称中滩溪，至大河口有小溪头溪流来会，经太平甸折向东去，至庙口注入关河。

〔据刘承功修，钟灵纂民国《绥江县县志》（民国三十六年石印本）卷二《舆地·水系》第8–10页辑录。〕

（民国）盐津县志·舆地志·水流

卷三　舆地志　水流

盐津县水流以朱提江为主，其正源出昭通高原鲁甸县属大黑山箐。向北流，会昭通利济、洒鱼、永善、大关、戈魁、牛街各河水，经大关白水乡绕黎山而入盐津县南境。其支源利济河，发源于昭通龙洞山之西，经县城西南高鲁桥，会鲁甸擦拉河，又西北流至大桥，洒鱼河西南来入焉，又北流至墨石驿，永善河西北来入焉。大关河上源出昭通县北�沟诸山，流经五马海大小崖洞、三寨、五寨，纳东西两山之水，北入落水洞，潜行山腹，泄于出水洞，即大关县境，流至县城西北二十里两河口，入于洒鱼河，又北流至寿山镇，戈奎河东来入焉。戈奎河上流为洛泽河，源出威宁，北流经彝良县治，折入大关境，合流后又北流，西北纳高桥水，折东北流经吉利乡、豆沙镇，东北纳会同溪水，折东南流至白水乡合牛街河，即白水江。其上流源出镇雄关，东北流经牛场、五眼洞、罗坎关，折西北至彝良牛街，经庙坝、大坝至大关柿子坝，合大关河而入盐津县境，是为朱提江。朱提江流贯盐津全县，北至四川宜宾县界江东岸境，止于滩头镇三仙桥。而江西岸则沿江延长九十里，仍属盐津，北至庙口钟滩溪入江处，始交宜宾界，折东北流，经横江至安边入于金沙江。盐津县境支流可分为朱提江东西两流域，江东之水如野容川、甘溪、崖芳沟、黑水河等；江西之上清河、沅江溪、黄坪溪、传师坝河、箭坝河、石锣滩沟、铜鼓溪各水，皆朱提江之支流也。唯江东之兴隆河、龙潭沟流出四川高县境，上冷水沟、马家洞沟、黄浦沟、杉木沟等水流出四川筠连县境。江西之正沟潦流出大关县境，小溪沟水流绕绥江县境，则在朱提江本县流域以外。兹分志如后。

朱提江以东水流

野容川　又名仓房河，下流名梭子溪，为朱提江以东之大水源，出茶坪乡牛鞞寨、落雁大山。初，西流极浅狭，经凉风坳、蓝田湾、狮子山折西北至中慕容，其流渐阔。越安家村，左纳画眉沟水，至万和场又纳孙家河水，水势愈大，可安置水车冲戽田亩。折东北，右纳铁线沟水，至保隆场折向北流经蓝厂，有犁地沟自东流入，再北，又有浪子沟流入，西有鳌鱼溪入焉。泮河沟及水沟由东来会，西又有苦竹溪及水猫溪、猪槽沟等水注入，至官仓坝右纳中木溪，下为乌木潭，左纳乌木沟。西北出脚板滩、龙潭，左纳红崖溪、铜厂沟、小溪沟诸水，右纳蚂蝗沟、小龙潭沟、两插沟诸水，至人老山麓名梭子溪，经将军坝，水势平缓，折向西流，左纳五道河沟，右接干沟。再西流至石龙关云路桥入朱提江，全长一百七十余里。源流虽远，而所纳两侧溪沟俱属细流，故水量不大，唯当夏秋山洪暴发，间有冲没两岸田土之虞。

兴隆河　又名花斑沟，为江东有灌溉水利者。发源于南屏乡分水岭，北流经蒿芝

（枝）坝、临关岩、萧家桥。两岸峭壁陡坡，地多荒芜。由此至桂成沱、杨泗庙、花斑沟，地势稍展，田畴交错，屋宇相望，俨然富庶之象。左纳燕子沟、火麻沟水，右纳黄土坎沟、老蚌沟、花斑沟水，曲折环绕兴隆场。再北流，左纳灵官崖水，右纳老麦沟水。过段家坝、袁家村至龙安河，谷深河狭，又至土风坳，会川主崖沟水，自田坝西来入焉。于是北流出县境，经高县可久乡达庆符贡溪入贾村溪，合南广水注入长江。

甘　溪　上流为下冷水沟，发源于茶坪乡之白杨坳。向西南流经两河口两河崖，左纳余家沟水，又至蚂蝗沟，有铜厂沟合黎家沟、李家桥水自东南来汇。又西流至硫磺沟，有大水沟合白崖沟、油房沟经仙鱼洞自南来汇。右纳硫磺沟水，再西流过高桥至益善桥，注入朱提江。

崖芳沟　有两源：一自鱼池头、龙洞湾经手抓崖；一自滥窑子至田坝子汇合向西流，右纳三台沟水，左纳白蜡沟水。下游为蓝厂沟，至年余洞附近入江。

龙潭沟　上流为红椿沟，北流分上中下三龙潭，至大界狮子桥东北流，出四川高县罗场境，汇于南广水入长江。

黑水河　源出保隆场汉坡岭下长溪沟，西北流至开水沱，右会汇韭菜沟，经新桥、元兴桥至万年灯。左汇月亮溪，折北流为大龙潭，再西北有由落雁后沟、杉树沟合小龙潭诸水东南来汇，为三洞溪，西北流出三龙滩入朱提江。

上冷水沟　发源于犀牛山白杨坳，东流十五里白崖沟，又十里，左纳黄浦沟，五里至三圣崖，流入落水洞，伏流出筠连河，汇南广水入长江，故乡人有谓“白杨分水流，南广又相会”之语。

豆芽沟　上流为小溪沟，源出凤凰山西北，流经桃子坝田包上，至旧县治老街鳌金房南入朱提江。

小河沟　上流为赶场坝沟，源出祝家山坛子口，折西流至老街上下滩间师贞桥入朱提江。

落曜溪　上流为铜厂沟，源出萧家坪草海子，西流经大小木厂、陈家湾、金竹湾，至临江溪入朱提江。中有火山熔崖遗迹，藏煤极富。

深沟溪　源出永丰岭西，流经观音崖、土地坎、灵官崖，至深溪坪入朱提江。

石大沟　源出田坝头水字坳，西流至丁山碛对岸入朱提江。又名对口溪。

铜硐沟　上源为铜厂沟，源出上槽头石坳子西南，流经麻石山至焦岩入朱提江。对岸出温泉。

马家洞沟　源出望哨嘴柴桑坳，北流经红沙崖甜竹林，折东北流，右汇刘家箐沟，至盐丰场出四川筠连县唐坝场，流入筠连河，汇南广水入长江。

莲花荡沟　源出大宝林山，东北流经王家桥至碑基湾，出四川高县罗场狮子桥境，终汇南广水入长江。

东边诸水　犀牛山、落雁大山、分水岭、鸡冠岭东出各溪沟，如梅子沟、杉木沟、余家沟、爱子沟、茶坊沟、牛脚迹沟等，皆东流出四川筠连县水潦塘、海瀛等地，终汇于南广水入长江。

朱提江以西水流

江西水流源出黎山，环如扇形，有名者四十余溪，尚未计。文星乡流域水之大者为上清河，凡老黎山、大佛山、农部山发源诸水属之。次为沅江溪，凡望象台、大凉山、分水岭、旺金山各山水属焉。又为黄坪溪，凡水洞子梁子、罗汉坪发源诸水属焉。再次为传师坝河，凡平等山、铜锣坝、天平坝、小峰坝诸山水属焉。再其次为箭坝河、铜鼓溪、石锣滩沟、对口溪、花咡沱等，流域不广，各分属志之。

上清河 发源于黎山晏山坳分水岭间，初为小冷水溪，东流纳蚂蝗沟，又东石灶孔溪南来相合。折东北，左纳乾河沟水，再东北至花鱼坪场，首合花鱼洞水，为花鱼坪沟。仍东北流，左纳楠木沟水，又右纳竹麻林沟水，至中嘴河坝照溪自西北来汇。照溪之源出于大佛山大二宝顶南极崖，东南流至三湾崖下与响水洞山阳溪相汇。东流至照溪北纳老龙岩水，折东南流，左纳安乐村水，至上村，右纳王冠溪水，再东南流入于上清河，合流后向东流至中和场，又有八咡崖溪自东南来汇。八咡崖溪源出雪槽山，北流经乌泡坝，东纳木香岗溪，西北流至花鱼孔合马铃薯河仍北流，右纳农部山来之倒流水；旁有温泉。北至岔河，又合横山子盐井溪水，再北流至双凤场即中和场，入于上清河。上清河自中和场东折北流，经宽滩洞又名宽滩河。再东北流经观音嘴至大鱼洞，左纳螃蟹溪水，绕铜车坝东北流至小河口即小河场，入于朱提江。

沅江溪 发源于大佛山东麓，凡望象台以东诸水皆入焉。北源由大凉山石笋坝向东南流，经崖脑（垴）上、洞脑（垴）上，左纳火麻沟，至油房双河口，沅江溪南源由西来汇。南源出望象台化佛崖凉水井，东流至半坡头，有画匠岩、机构山、望佛山、黄老峰水西北来汇。右纳王家山犀牛沱水，东南流经大浩荡山后箭把（靶）崖、灵官崖，至双河口南北两源合流后，折东北流十里至东皇殿，又名冷水溪。西北有控溪发源于分水岭赵家山，经沙坝后来汇。折东南流至崖底，南汇自旺金山、箭竹塘、栀子花东北流，过保隆桥之五（王）家沟水，向东流出露井田，西北有自轿顶山发源之桶匠沟绕前村来汇。又东北流，经狮子口南缘九里岗麓流至二流（溪）口汇黄坪溪，折东南流至刷把滩汇传师坝河，同流至跳桥石入朱提江。

黄坪溪 源出大风坪，凡罗汉坪、水洞子梁子以东诸水皆入焉。由大风坪东南流，绕大小尖山，为通绥沟。至赖子孔石纳热水溪，向南流为正沟，至崖山湾有乖（柴）坝溪自西北罗汉坪流来汇。经石厂湾西纳大黑溪水，东南流至新屋基，初溪自东北来汇。又至火烧店，风岩溪自西来汇。再东南流至黄坪溪场，又有铜槽溪合煤炭沟自西来汇。折东流，左纳罗家沟水，经困牛石、灵官庙、三蹬崖、灯草坝、牛栏岗至糖房三溪口与沅江溪汇，仍向东流，汇传师坝河合于朱提江。

传师坝河 流域辽阔，可分东、西、中三源。中源发于平等山大坳，东南流经铁厂沟，至核桃树有大同沟自太平坝来汇。流经砖房子，左纳小峰坝南清凉寺大水洞沟，合小水河为岔河。南流至岔河，右纳龙溪沟，仍向东南流，经天堂甲与西源水汇。西源出于平等山铜锣坝，东南流为苗垦河，至双河口与茶叶坳之开明河自西来汇。仍向东南流，经桃子坪、高屋基绕龙台场至蓝坝为蓝坝沟，流至小坝为小坝沟。东流至水口与中源水相会，再东南流经老营盘至传师坝场，又与东源水汇。东源出二等坪，南流为黄泥沟，至双插沟与孙家沟自坛罐窑西北来汇合为虾子溪，经杉木湾缘红崖子转西南流经八方碑，入于传师坝河。南出鹰嘴崖下，右纳大沟头劳力湾，合纳溪水；折东南流经阎王块至马草湾，又南流过灵官崖至刷把滩，与沅江、黄坪两溪合流水相汇，再东南流至跳桥石入于朱提江。

箭坝河 源出平等山水字冲，南流汇黎山沟，经永安寨东南纳竹林湾水。折西南流绕黄鹤坪西北新民沟，由天黄寨出，经三凳（蹬）崖、石矿坪、鸾堂、漆树坝来会。折西南流绕箭坝场，折东南流，经大洞口、小洞口，水成瀑布。再东南下夷渡山，至下渡口入朱提江。

铜鼓溪 上流为磨刀溪，源出聚龙场，东流至仓包山，有春阳坪、猴子崖沟西北来汇。又东流至康家村分南北两堰沟，南堰沟绕小中村经官田坝、水田坳北至铜鼓溪；北堰沟绕青杠（㭎）湾、大坝寺、东岳庙南至铜鼓溪。分溉大坝、中村坝南北田地，余至下流成一溪，东流入朱提江。

石锣滩沟 源出铜锣坝聚龙场，东南流绕呈凤山至柑子坪，左纳木杆沟水，东流经二等坪、露井坪、慈竹坝，折东北流经仁坝市，至石锣滩入朱提江。

对口溪 因两溪同在东西两岸入江得名。在江东者为石大沟，源流甚短；在江西者发源于农部山炭厂湾沟，合大水沟东北流至艾田坝场首急湾，绕场背出水孔寺。两山夹峙，水由下行，经大水潭、水帘洞、观音岩约十五里，越半沟头，过岔河再东北至歇气台又十五里，下流即对口溪入朱提江。艾田坝居民每沿此水滨出溪口，又沿江以达各地。

花咡沱 源分三沟：一源出于艾田坝场东南之蓝板凳，南流经清水塘、四方碑，左纳解匠沟水，是为庙子沟；又一源出大崖坪，为油房沟，东北流至东皇殿汇长溪沟水，东流至陶家山麓与庙子沟、牛栏沟相合。牛栏沟源出七星山，南流，左纳油绿沟，至陶家山麓汇合。三沟未黑（合）以前，水小而流极缓，既合后向下急流，水势增大。东南流经仁和场之外岔河，又与料瓦沟水由西南合木厂沟来会，折东北流经大竹林蓝厂，至花咡沱入朱提江。

张家沟 源出黎山苗寨沟，南流会柴山坡水，折东北流至平街，东入朱提江。

大鱼沟 源出老黎山乱山子，东流与小鱼沟汇合，经水田坝东北流水（入）落水洞，泄归朱提江。

平等山东水 来卫溪经玉屏山、蓝厂沟经界牌花蛇溪，经螃蟹滩俱东流入朱提江。

偏江溪 源出三角山，东流经马湖村至两院溪、回龙滩，入于朱提江。

腰带水 源出凉山，东流经腰带寺至腊（蜡）崖沟，分南北两堰沟，至花潭站各入于朱提江。

庙子溪 初为小沟头，东流为大沟头，至庙子溪入江。

母怀溪 源出凉山陈家湾，东流会李家沟、蓝厂沟，经中棚、马颈子、上棚至石堰溪与清平站间，分两股水入朱提江。

万龙溪 源出花楸坪、二洞子、五洞子，东流经跳蹬子下分支入石堰溪，至大鱼孔入朱提江。

龙潭沟 源出尖山子小洞坪，经李子坝纳母怀湾沟，东流至小鱼孔入朱提江。

崩槽沟 源出大坳口，东流经大村头，至新滩场下入江。

小溪沟 发源于聚龙场山后，北流越红水田至二溪口，汇水落沉沟，沿盐、绥两县边界至大河口入钟滩溪，折东流至庙口入江。

正沟潦 源出老黎山，南流出大关县境，为会同溪。

盐津县著名水流表

水名	地位	概要
朱提江	全县中	详上述水流，近称盐津河或关河
豆芽沟	盐泉镇第八保	水清壑狭，唯上流桃子坝得其灌溉
小河沟	盐泉镇第六保	山高水陡，夏秋暴发山洪为害最烈
黑石沟	盐泉镇第一保	县治唯一饮料，枧储蓄水池，四时不涸
张家沟	盐泉镇第十一保	源近水细，谷多砾石，地少田畴
白崖沟	盐泉镇第六保	源出么姑坝，向西北流，两岸间有田亩
铜厂溪	盐泉镇第七保	水源甚短，南面山势逼促，纯系山地
黎家沟	盐泉镇第七保	溪口即李家桥，地势稍长，为田亩
甘溪	盐泉镇第五保	下游汇聚诸水，两山狭立，水极低下
下冷水沟	茶坪乡第十保	会聚东南境水，西流属盐泉镇为甘溪
上冷水沟	茶坪乡第十一保	源出分水岭，东流出境，泄于筠连河
仓房河	茶坪乡第六保	野容川上流，初极浅狭，颇资灌溉
崖芳沟	茶坪乡第七保	蓝厂沟上流，经过田坝略有水利
兴隆河	南屏乡第一保	中部田畴交错，为本县产米丰富之区
川主崖沟	南屏乡第五保	沿溪灌溉之田产，稻谷达二千余挑
泮河沟	南屏乡第十五保	两岸间有田亩，可资灌溉
龙潭沟	南屏乡第八保	两面陡崖，水田狭行，可溉少数田亩
莲花场沟	南屏乡第十保	在本县东北边境，水小易涸
水沟	南屏乡第十西保	源出棬子沟，经暮鼓坝，为乡道所由
铁线沟	南屏乡第十二保	发源于灯草田，至保隆场颇资利用
临江溪	保隆乡第十一保	即落曜溪，壑中藏煤极富，运销境外
野容川	东界	仓房河下游，两岸由亩颇资灌溉
杉木滩沟	保隆乡第九保	源出九金山，崖壑幽深，分通乡道
黑水河	保隆乡第三保	支流多派，潭水渊澄，洵落雁高源巨浸
深溪沟	保隆乡第二保	高崖夹峙，绀碧嶙峋幽邃，惜境偏僻
石大沟	保隆乡第六保	尖峰、麻石两高山间，岩谷险峻异常
飘水岩	保隆乡第十保	水由哨岩汹涌下坠飞溅，时阻行旅
梭子溪	玉屏镇第七保	野客川下游，两岸险隘，难资灌溉
铜硐沟	玉屏镇第十保	镇南高原尾间，雨集则盈，雨霁则涸
上清河	永安镇第七保	下游宽滩，河谷深下，旁少田亩
沅江溪	永安镇第十二保	下游冷水溪，水势下陷，利赖支流灌溉
箭坝河	龙潭乡第十保	曲水回环，台地高下迭降成二级瀑布
传师坝河	龙潭乡第三保	岩壑幽险，物产丰富，县道径通绥江
黄坪溪	龙潭乡第七保	沿溪山地旷野，山货颇多，路通永善
蓝坝沟	龙潭乡第五保	传师坝西源上流，两岸森林茂盛
虾子溪	龙潭乡第八保	传师坝河东源，四时不涸，雨成山洪
铁厂沟	龙潭乡第一保	传师坝河中源，合岔河水势湍疾

续 表

水 名	地 位	概 要
合纳溪	龙潭乡第四保	溪谷阶梯倾斜，崖悬壑深，甚形险阻
石锣滩沟	文星乡第十一保	流域地极深僻，野箐丛林，人迹颇稀
铜鼓溪	文星乡第十保	中分南北两堰沟，灌溉农田，利赖甚大
石堰溪	文星乡第四保	上流为母怀溪，下流堰水灌田不多
腊（蜡）崖沟	文星乡第六保	上流为腰带水，瀑布悬空，舟行可观
万龙溪	文星乡第四保	下游大鱼孔，夏秋山洪突涨，常碍行人
水田坝沟	花田乡第十二保	上源大小鱼沟，灌溉全坝田亩利甚
庙子沟	花田乡第九保	花吘沱上流，土地平旷，为乡场通路
盐井溪	花田乡第八保	水味咸，可煮盐，惜无人试办
花鱼坪沟	花田乡第一保	上清河上流，岩壑清幽，特产花灿鱼
八吘崖沟	花田乡第四保	崇山围绕，环境特殊，早设外国教堂
照溪	花田乡第三保	与王冠溪合流，灌溉苦竹坝一带田亩
料瓦沟	花田乡第十保	田良地美，鸡犬相闻，久为富庶之区

〔据陈一得编辑民国《盐津县志》（韩世昌、谢远辉点校《昭通旧志汇编》第六册，云南人民出版社2006年版）卷三《舆地南·水流》第1676－1681页辑录。〕

鲁甸县民国地志资料·鲁甸县查报地志资料·河湖泉

十 河湖泉

川 河

洒渔河 源出县北一百里大凉山东麓，东流会居乐河。

居乐河 源出县北九十里，流入洒渔河。

牛栏江 自贵州威宁入境，西流经县南，会泽县北江底铺，又西入金沙江。

擦拉河 自境内大黑山发源，纳马鹿沟之水出昭通县界。

金沙江 自巧家县境流入县西，会牛栏江折西北流出昭通县界。

鲁甸重要川河之名称及水流方向，长宽度数及航路、船舶、水利、水害、桥梁、关津、水产等之现状悉列下表：

云南鲁甸县川河形势表一

名 称	全 长	经过本治里数	源 委	极宽处丈尺	水 利	水 害
金沙江	无考	三十里	源起西藏，至四川宜宾县合并府河	六十丈	无	无
牛栏江	一千里	二百里	源起杨林海，至鲁甸水屯合入金沙江	十五丈	灌溉田亩	冲淤田亩
龙树河	四百里	八十里	源起鲁甸大凉山，至昭通合入居乐河	两丈	无	冲废田亩

续 表

名 称	全 长	经过本治里数	源 委	极宽处丈尺	水 利	水 害
嘟噜河	四十五里	三十五里	源起鲁甸嘟噜山，至昭通合入擦拉河	两丈	无	冲废田亩
马鹿沟河	六十五里	三十五里	源起鲁甸马鹿沟，至昭通境内合入擦拉河	两丈	无	冲废田亩
宝山大河	四十里	二十里	源起鲁甸新冲，至昭通合入擦拉河	两丈	无	冲废田亩
拖姑大河	四十里	二十里	源起鲁甸岔冲，至昭通合入擦拉河	两丈	无	冲废田亩
后山河	九十里	七十五里	源起昭通关家沟，至鲁甸天生桥合入牛栏江	十五丈	无	冲废田亩
福禄桥河	九十里	九十里	源起鲁甸丝毛坪，至天生桥合入牛栏江	十五丈	无	冲废田亩

云南省鲁甸县川河形势表二（以下各河沿岸皆无名人题记之诗文）

名 称	支 流	水流方向	航路状况	船舶种类	津 梁	水 产	沿河城镇	附 记
金沙江	水屯合入牛栏江	由西方入县境，折而北流出昭通县界	间有小船流行	仅有小木船	岔河清水湾等处有小船济渡	无	无	
牛栏江	天生桥合入后山河及福禄桥河	由东南方入境，折而向西北方流入金沙江	无	仅有小船、溜索济渡往来	野牛塘、韦家渡等处溜船济渡，江底铁索桥，天生桥铁索桥	无	无	此江沿岸皆无行走之船，仅济渡之小船、溜索
龙树河	小沟细流	发源于西流于东，折而北流又折而东流，合入昭通居乐河	无	无	仅有木桥数处	无	无	
嘟噜河	小沟细流	发源西南流于东北，合入昭通擦拉河	无	无	仅有石桥四座	无	县城南关外即此河流	
马鹿沟河	小沟细流	发源西南流于东北，合入通擦拉河	无	无	仅有石桥三座	无	无	
宝山大河	小沟细流	发源西南流于东北，合入昭通擦拉河	无	无	仅有石桥三座	无	无	
后山河	小河细流	由昭通界发源于西流于东，折而南流入鲁甸界，由小寨折而西流入牛栏江	无	无	仅有小木桥三处	无	无	此河初系西流东，继而由北流南，终而由东流西，其沿流之奇无过于斯。此包围山脉银、铅、铜、铁四矿存

续 表

名 称	支 流	水流方向	航路状况	船舶种类	津 梁	水 产	沿河城镇	附 记
拖姑中河	小沟细流	发源西南流于东北，会于昭通擦拉河	无	无	仅有石桥三座	无	无	
福禄桥河	小沟细流	由县境发源，于北流于南又折而西流，合入牛栏江	无	无	仅有石桥二处	无	无	

〔据张瑞珂编纂《鲁甸县民国地志资料·鲁甸县查报地志资料·河湖泉》（邬永飞点校《昭通旧志汇编》第六册，云南人民出版社2006年版）第1855－1857页辑录。《桥梁水利建设》之“津梁”附录于表，一并辑录。〕

鲁甸县民国地志资料·鲁甸县通志资料续编

水 系

鲁甸河流以牛栏江为最，发源于嵩明嘉丽湖（泽），经东川至威、鲁之界之塞底海山麓入境，直向西流至炭棚子。又折而北流，蜿蜒四百余里，至水屯山麓流入金沙江，为县属与东川、巧家二县之界水。惜滩险水急，流于深山峻谷之间，既无舟楫可通，又无灌溉之利，仅资调剂江边人民之暑热空气而已。内地之水，南部有桃源河，汇大黑、白坟诸山之水，向东流入昭通境，为擦拉大河上游。中部有马鹿沟、箐口二河，流经县城平原至牛斗寨交流，汇文屏、五老诸山之水，向东流入昭通斯人塘，水势缓和，颇资灌溉，亦擦拉河上游。中北部为后山、龙井二河，皆由东北向西南流，一发源于河底卡，汇古寨、文屏诸山之水，经大寨、小寨、沙坝至天生桥；一发源于闪闪桥，汇香木、照壁诸山之水，经龙头山、乐马厂至天生桥与后山河汇流入牛栏江，夏秋暴涨，水势湍急，冬春断流，毫无利用。北部为龙树河，发源于铁厂，汇文峰、燕麦诸山之水，由西向东北流至龙树以下称石龙河，复兴场以下称居乐河，流入昭通境。是流计长百里，为内部大水，上游万山环绕，毫无水利，下游良田万顷，农事赖之。

泽 湖

境内山岭盘旋，地势随山势倾斜，水行无阻，少湖。湖泽唯距县城东南五里许，有一马厂海，系先年良田。至道光年间，因昭通防水患，将老鸦屯闸埂及斯人塘堤埂筑高，于是水道阻塞，潴汇成湖。蒲草芦花与渔舟掩映成趣，农人虽感沧桑，仅资士子之泛舟垂钓，所谓害中有利云。其面积与时推移，冬春雨缺，约十五六里，夏秋水涨，则倍之。

〔据张瑞珂编纂《鲁甸县民国地志资料鲁甸县通志资料续编》（邬永飞点校《昭通旧志汇编》第六册，云南人民出版社2006年版）第1870页辑录。〕

文山州

（道光）开化府志·山川志·山川

卷三　山川志　山川（山略）

盘龙河　源自蓑衣山下耶革白寨，伏流二十余里，出期乌石洞，曲折盘旋，矫若游龙，经城北而东而南流出，下天生桥，入交趾，沿河一带水车引灌田亩，其利甚多。

鲁部河　城西南百八十里。源自礼社江下流，合蒙自梨花江。

洪水河　即澜沧江下流。自元江经建水、蒙自，过安南，流入永平河外属交趾洮江上流，距城二百五十余里。

清水河　同洪水合流入交趾，距城二百五十里。

济热河　城东百一十里东安里。炎蒸酷热，居民沐浴解毒。

大沟绞河　距城十五里，灌溉千亩。

顺甸河　城西四十里。

弥勒河　城北八十里。

杨柳河　城西二百里。清波荡漾，灌溉无涯。

马扎冲河　城南百里许。水来自沙尾冲河，经新后克夕地界，流入下寨同车河。

马固河　距城南九十里。

赌咒河　城南百三十里交趾分界处，上有碑亭。

蚌卡河　距城南百九十里。

革母小河　距城南四十里许。

石灰窑河　城西八十里。

三岔河　中流自安南东流至葛布山下，左自永平积流成河，向西南流至葛布山下，与中流会，右流自王弄里大山下流至葛布山，与中、左二流会，故名三岔。仍同清水、洪水两大河流入交趾，距城西南二百余里。

得恒河　距城南百十里，即清水河之源。

同车河　距城南百余里。

阿暮租河　距城西百里许。

耶妥库河　距城西百九十里。

双　河　距城西九十里。

猛奔河　距城东三百五十里。来自漫江那楼下，流入交趾普牢河。

老者桥河　距城南百二十五里。

牛羊小河　城东百五十里。

干桂小河　城东百八十里。

东游小河　城东二百里。

藤桥河　城东二百余里。居民用水车灌溉田亩，河外即属交趾。

那楼江　城东二百二十里。

漫江河　城东百六十里。

新现河　发源自蒙自白母孔寨，经大窝子流入坝洒大河。

老坞海　在乐竜老坞寨海。周围十余里，中有九峰，渔人环居其旁，茅屋数栋，吹（炊）烟细缕，挂罾晒网，隐隐如游仙岛，距城百二十里。

阿猛海　距城北百六十里。

绿水塘　城东北百五十里。水如碧玉，可鉴毛发。

桂　井　城南大兴寺旁。井深数丈，四时不涸，其味清甘，合郡取以煮茗。左有双桂掩映，幽香袭人，故名。

甘露泉　在昆卢寺佛座下。其源细，不能仰出，僧人穿地道而股引之出丹墀下，味甘冽。

莲花滩　在新现南百余里大江之内。巨石林立，形如菡萏，又一石长丈余，横斜水上，每风雨烟雾中，苔藓碧绿，与水滉漾，摇曳如龙。相传关索从武侯南征，与夷分境，自关岭箭射至此所化，故崖旁建有关索一祠，往来行人，祈祷甚验。

跃鲤池　城西八十里。形如半月，左右两山排闼，山上古木数株，轮囷夭矫，风来如波涛汹涌，悠然意移。

竜白塘　距城北七十里。

山车塘　距城南百余里。

龙潭寨龙潭　城西北二十里。

双温泉　出自平寨者保。味甘，夏凉冬温，灌溉田亩较他处肥润，距城东百一十里。

老虎沟　城南七里许。两山排夹，细水中流，遥有烟雨迷濛，四时不变，风景宛然春初。

浴龙池　在城南二十里。池内有物似羊，春夏间不时出游水面，泉涌水激，隐跃与波上下，一日三潮，父老传云得见者大吉。

茶庵龙潭　城西十五里。相传寺僧以秽桶往汲，其龙飏去，寺即崩颓。今水较细。

一碗水　在梅子箐内。箐长四十里，沿路无水，惟此小潭，四时不竭不溢，行者赖以济渴。

水磨龙潭　城西五里。泉自石洞涌出，转旋如磨。

热水寨龙潭　城西三里华山麓。其水可引入城，康熙十年，知府刘訢曾开岐渠。

红石崖龙潭　城西南五里。水清冽而甘，四时不涸。

和尚庄龙潭　城东四里。郡治水利尽出西偏，东隅资灌溉者惟有此泉。

者安龙潭　城西五十里。自者安山腹吐出，不时水潮，中有蓑衣羊出没，大雨即沛。

平坝龙潭　城西七十里。可资灌溉。

杜孟龙潭　城西南七十余里。连穿土穴而入落水洞。

锡板龙潭　城东七十里。直流彩云洞，合南垢、革基三水，共成牛羊河。

灵秀龙潭　城东百三十里。上多奇木怪石，祈祷甚验，常有蓑衣羊，出现则大雨。

牛羊龙潭

南垢龙潭

韭菜坪龙潭

革基龙潭

者庄龙潭
接莺坡龙潭三穴
南抽龙潭
召布比龙潭二穴
斗嘴龙潭
山车龙潭
阿觉龙潭
洒戛龙潭
泥处龙潭
龙岭龙潭
别革龙潭
腰姑龙潭
老梅龙潭六穴
马洒龙潭二穴
以那底龙潭
戛迭龙潭
革乃龙潭
白果龙潭三穴
革普龙潭
腊哈龙潭
洒得龙潭
舍迷乌龙潭
马歇龙潭
阿黑龙潭
矣波龙潭
革洒龙潭
革母龙潭
下寨龙潭
戛达龙潭
马白龙潭
坝地龙潭
法支革龙潭
多罗龙潭
阿峨龙潭
矣额龙潭
布足龙潭
以则期龙潭
八寨石洞龙潭
雾露者龙潭

猡莫龙潭

乌木龙潭

耶革白龙潭　在王弄里。距城一百四十里，即盘龙河水源，由母鸡冲、五色冲出期乌石洞。

红舍卡石洞龙潭

著租革龙潭

革革冲水源

他迭水源

渡口龙潭　二穴：一穴热，一穴冷，灌田五百亩，每岁耕获二次。

大窝子龙潭

西吐衣龙潭

木楚龙潭

猛平龙潭

猛耗龙潭三穴

者蓝龙潭

以上龙潭，皆资灌溉。

〔据汤大宾修，万重贇纂道光《开化府志》（清道光九年刻本）卷三《山川志·山川》第6－12页辑录。〕

（道光）广南府志·山川志

卷一　山川志（山略）

温　泉　在阿科路旁。其水甚温，可以盥灌。

普梅河　源出开化府东，一曰那楼江，一曰漫江河。案：《水道提纲》云出广南百八十里大山。然实出开化境，特其流通广南耳。南流为藤条江，又南流为木奔江，南入越南国境，其下流至越南，会广西末水，入富良江。

者赖河　源出府南二百余里普厅塘西南山中。南流稍西，曲行两山间二百里，南入越南国界，其下流会普梅河、末水，入富良江。

马别河　源出开化府北山中。东流为一字桥水，又东经法土童故城麒麟山北，折东北经诸葛山西，又东北经狮子山西，又北，左纳江那水，又北流经江那汛东，又北流经新塘东，又北流经乾河塘东，又北经阿鸡塘东，入府境。又北，左纳维摩塘水，又北流经维摩塘东，又北，左纳维摩北，东折东北流经衣落寨东，又东北经弥勒湾汛东，又东北经杨五东，又东北经长冲西，左纳法白水，折东流至安排营西，右纳者种河水，又东北流，右纳下安排水，又东北入广西州、师宗县境，东北入南盘江。

江那水　源出江那西南山中。东流经江那汛南，又东入马别河。

维摩塘水　源出广西州五嘈州判西南山中。东流维摩塘南，又东流入马别河。

维摩北水　源出五嘈西北山中。东流入马别河。

法白水　源出法白北山中。南流经法白，东南入马别河。

者种河　源出者种北。出中南流经者种西南，左会者种南山西来水，折北流经六郎下安排南，又西北入马别河。种，一作钟。

下安排水　源出六郎东北山中。西流至下排西，入马别河。

西洋江　一曰南盘江，在城南九十里。《水道提纲》以为即古夜郎遯水，其实非也。遯水盖即温水耳，江源出府治西北六十里板郎、速部、木王三山，合流东北，折而东，经者兔塘西北，又折而东南，曲行四十里至府西北，左纳松木岭水，右纳东北水，折南流，纳望龙桥水，南又纳红石崖水，折东南流为西洋江。至府城东南，又纳响水河水，又东南，折东北经西洋江塘，又东北经乃安西，又东北经板蚌凤西，又东北经坝下塘西，又东北经威泌塘西，又东北经洞柴塘西，又东经西林村北，左纳同舍河水。即土黄河。折东南流经达板塘东，又东南经者丙塘东，又纳剥江水。又东经剥莪北，又会者郎河水。即楠木溪。又东经剥隘北，又东经剥濑北，东入广西界会左江，为郁江。

松水岭水　源出府西北松木岭，南流入西洋江。

东北水　源出府北山中，西南流入西洋江。

红石崖水　源出府西七十里红石崖。两溪合流，东南入西洋江。

响水河　源出府西南八苗寨，东流入西洋江。

同舍河　一名土黄河，在城东二百六十里土富州界内。河有两源：一出府东北分水岭，两涧合流而北，又东北入广西西宁县界，经剥贯村东；一出府北者洪汛，两涧合流而东经科岩北，又东入广西界，经剥贯村北，又东，两源会合，又东北，受西南一水，折东流，又折东南流，受东北西隆水，又南流经西林县，东南又纳驮门河水，折东北，又东南至府界上，入西洋江。案：自土黄起经西隆、西林、土富州、土田州诸境，过剥隘至百色，计七百余里，可以直达两粤，旁通黔楚，滩多水险，舟楫难行。雍正九年，总督鄂尔泰陈全滇水利请勘修。十一年，总督尹继善分檄滇粤两省领帑兴修，疏浚宽平，舟行无阻。

剥　江　源出府东南达板塘西南山中。两涧合流而东，右纳者桑水，又北入西洋江。

者桑水　源出洞耶、弋草诸山中。两涧合流，北经那尾西、者桑东，又北会剥江。

者郎河　一名楠木溪，在富州东三十里。源出花架山，迤逦东流至普厅塘北，又会南江溪水。案：楠木溪水，冬夏常温，近地田畴，可资灌溉。

南江溪　一名南汪溪，在城西。源出麻卯、僻令二山，东北流至普厅塘，合楠木溪东行至石洞伏流十五里复出，东流经皈朝北，又东北至平洋村北，又会广西归顺州水，又东北至那洞北，又右纳广西西北来水，又东北经那万西，又东北至剥隘西，入西洋江。

板蚌河　源发丰年洞。伏流出阿用，下汇西洋江，河势宽阔，水入碧玉，乌樯[①]风帆，出没掩映，宝宁行销粤盐及各省采买铜斤，俱道出于此。

盘　江　在城北。经广西州、罗平州，流入境内，而归于粤西。

八播河　源自木梅山腹拥出。田亩资其灌溉，行二十里余，入山洞伏流，屡伏屡出，会响水，通板蚌下流。

者马河　源出会仙洞，下会西洋江。

冷水沟　在城西。亦名龙湫，非那郎地，遇旱祈雨甚灵。

---

① 乌樯　原本作“岛樯”，据民国《广南县志》改。

楠　溪　在剥隘东，流田百色。

龙　湫　在那郎寨城西二十五里。

博　濑　在剥隘下五里。

龙　潭　在龙潭寨前。方广数亩，流为大河，溉田万亩，下会西洋江。

南洞河　发源山洞，盘绕数十里，仍伏流。

广利河　源有二，一自仙都，一自宜乐，至木帖合流，萦回百余里，入西洋江。

郎海河　源出木冷山，注入粤西。

母汲河　源出芙蓉山下，曲折盘绕，过开化境，入交趾河口。

底黑河　源出九门山，下会土黄河。

案：广南之水，以西洋江为大，而西与开化界入南交者曰普梅河，由府南出入南交者曰者赖河，由开化入境东北归盘江者曰马别河。见《通志稿》。

宝宁溪　在小维摩山东北，西水下流，合西洋江，见《明史》。案：宝宁溪水，今失考，《通志》、旧《府志》只载维摩塘水、维摩北水，而宝宁溪不载。噫！自明至今，仅二百余年耳，而水源犹且失考，况郦氏《水经注》乎！

〔据李熙龄纂修道光《广南府志》（清光绪三十一年补刻本）卷一《山川》第5－9页辑录。〕

（民国）广南县志·舆地志·水系

卷四　舆地志　水系

广南诸水，以西洋江为最大，马别河、土黄河次之，普梅河又次之，余皆其支流也。地势中部高而四方低，故水向四面分流。九龙山以南之水归西洋江，自南折而东流。九龙山以北之水归土黄河，自北折而东流。大小南乡接近越南诸水归普梅河，而南流。西乡接近文山、邱北诸水归马别河，自西折而北流。除普梅河入越南外，余皆汇于广西为西江。

西洋江　《水道提纲》以为即古夜郎遯水，其实非也。源出小南乡水头，东北流至者赖，又东北流至旧莫，折东流至板郎山中，奔腾而出，左纳红石岩水，折东南流经板茂、拿厅、发茂、板购等寨，而至昔板，又东南流至董湖，革列河来会，水势始大。折东流经汤达、拖则、母路，又东流经穿龙山为猫跳河，又东流经木厂、小河、新寨至西洋，始名西洋江。又东流经普楼、木利，左纳阿用河，折东流，南至板蚌，右纳响水河，折东流经那柳、八达岔，入广西西林境，折东南流入富州境，经剥隘入广西百色，至南宁，会左江为郁江。《府志》云西洋江，一曰南盘江，源出府西北六十里板郎、速部、木王三山，合流东北，折而东经者兔塘西北，又折而东南，曲行四十里至府西北，左纳松木岭水，右纳东北水，折南流，纳望龙桥水，又纳红石岩水，折东南流为西洋江，至府城东南，又纳响水河水，又东南，折东北，经西洋江塘，又东北，经乃安西，又东北，经板蚌西以下为富州境，不录。入广西界，会左江为郁江。

按：《府志》所载，源委皆误。考南盘江乃红水河，非西洋江也。板郎、速部、木王三山，在府西北，更误。板郎山在县城西南，木王山在正西，速部山不可考。板郎、木王相距数十里，板郎山，西洋江伏行山中木王山，革列河经其下，二山非江源，则速部山亦必非江源，源既误而委更误，细玩《府志》所载，系以革来河为正源，即广利河。然既以革列河为江源，即不应再有广利河。《府志》载广利河有二源，一自仙都，一自宜乐。又谓左纳松木岭水，右纳东北水，《府志》载松木岭水源出府西北，东北水源出府北山中，二水在西洋江东之皆应左纳，何以东北水云右纳？又谓至府城东南，纳响水河，又东南，折东北，经西洋江塘，观此是响水河之入江，乃在西洋之上，非在西洋之下也。其实响水河于板蚌入江，距《府志》所云百里许，错误如是，而《续府志》字字仍之，不敢增易一字。若不知其误，犹可说也，知其误而仍之，则未免笃信前人，视前者如圣经贤传矣。

马别河 源出文山县北山中，东北流经乾河，北流入县境，又北流至鸡那革，左纳维摩水河，又北流，左纳维摩北水，折东北流经南秋、法白，左纳法白水，又东北流经安排，左纳栏马河水，右纳者中河水，又东北流，右纳下安排水，折北流经者雷、马别，始名马别河。又北流经上者偏下者边，又北流经米洛、米哈东，又北流经龙窝，邱北地。左纳坝稿河水。此河经邱北、锅底、普乐甾，未经广南地。又北流经凹维、小革夺，折东北流入师宗县境，会南盘江。

普梅河 源出文山县东，一曰那楼江，一曰漫江河。案：《水道提纲》云出广南百八十里大山，然实出文山境，特其流通广南耳。南流为藤条江，又南流为木奔江，南入越南境，其下流至越南，会广西末水入富良江。

土黄河 一名同舍河。源出县城北分水岭，东北流经打挂塘、打戛寨，右纳粃鞭塘水，折北流经阿科，折西北流经西松，伏行山洞中，又西北流经汤那、坝美，又伏行数里，折北流经洒雨，折西北流经者歪、坡庸，折北流至坡们，左纳底墟河水，又纳董任河水，水势始大，折东北流经底先，又东北流经土黄，名土黄河，折东流入广西西隆县境，折东南流经广西西林县境，下会西洋江。土黄河与底墟河之鱼，各有界限，不相混杂。

按：自土黄河起，经西隆、西林、富州诸境，过剥隘至百色，计程七百余里，可以直通两粤，旁通黔楚，滩多水险，舟楫难行。清雍正九年，云贵总督鄂尔泰陈全滇水利请勘修。十一年，总督尹继善分檄滇桂两省领帑兴修，当时谓已疏浚宽平，舟行无阻，其实不能行舟也。

粃鞭塘河 源出县城东北龙头井，北流，折西北流经粃鞭塘，又西北流经旧基，折北流经革嘴至打戛寨，会土黄河。

底墟河 源出九门山，东北流经普岔，又东北流经小八达，又东北流至坡们，会土黄河。

董任河 源出县城西二百余里山中，东北流经石峰、石尧东，又北流经别烈，又东北流经董任，名董任河，折东流经者龙、者连，又东流经美追、罗里，又东流至坡们，先会底墟河，又会土黄河。

者赖河 源出富州县西南山中，南流稍西，曲入县境，行两山间二百里，折东流入广西境，又自广西流入越南，其下流会普梅河、末水，入富良江。

维摩河 源出邱北山中，东流经小维摩，又东流至鸡那革，入马别河。

维摩北水 源出邱北山中，东流入马别河。

法白水 源出法白北山中，南流经法白东南，入马别河。

者中河中亦作钟 源出者中北山中，南流经者中西南，左会者中南山西来水，折北流经六郎下安排南，又西北入马别河。

下安排水 源出六郎东北山中，西流至下排西，入马别河。

红石岩水 源出县城西七十里红石岩，东流至板郎，入西洋江。

响水河 源出八甲木美寨，水自平地涌出，汇为湖，东北流经河野江中，又东北流经八甲，又东北流经八播，又东北流经长海、平丰，伏行山洞中，折东流经罗贡响水，名响水河，折东北流经里坡、里构，又东北流至板蚌，入西洋江。

按：响水河即八播河，《府志》《续府志》俱误为二，今正之。

阿用河《府志》为板蚌河。 源出县城东七十里阿用山中，东流至木利，入西洋江。《府志》云河势宽阔，水如碧玉，乌樯风帆，出没掩映，宝宁行销粤盐及各省采买铜斤，俱道出于此。

按：阿用河之水，不如西洋江远甚，乃西洋江可以行舟，非阿用河可以行舟也。往时舟行可抵木利，粤盐于此地起运，今此路已废，舟行至剥隘而止矣。

望龙桥水 源出县城西北山中，东南流经者马，即小广南。折南流经那糯，又南流过望龙桥，名望龙桥水，折西南流经冷水沟，右纳革假河，折西流至土锅寨，入革列河。

革假河 源出那郎，东南流经者况，西折南流经革假，折东南流至冷水沟，入望龙桥水。

郎海河 源出木冷山，流入粤西。

母泥河 源出芙蓉山下，曲折盘绕，经西畴县境，入普梅河。

革列河 一名广利河，源出九龙山，东南流经者兔，折东流经西维、者街，又东流经木忙，折东南流经三牛，折南流经土锅寨，左纳望龙桥水，又南流经革列，名革列河，折东南流至董湖，会西洋江。《府志》云源有二，一自仙都，一自宜乐，至木帖合流萦回百余里，入西洋江。

按：《府志》载源出仙都、宜乐，非也。又《府志》以为西洋江正源，今云入西洋江，不知何所指，今正之。

宝宁溪 在小维摩山东北，下流合西洋江，见《明史》。

按：宝宁县之名，因此溪而得，今失考。考维摩只有维摩河、维摩北水，无宝宁溪，河名更改，今无从考证。噫！自明至今，仅三百余年，而水源犹且失考，况郦氏《水经注》乎！

龙　湫 在县城西那郎寨。其地阴则雨，故有龙湫阴雨之名。

龙　潭 在龙潭寨前。方广数亩，流为河，下会西洋江。

温　泉 在阿科路旁。其水甚温，可以盥濯。

按：广南无温泉，《府志》所载之阿科温泉，其实不温，旧说特姑存之耳。

响泉瀑布 在县城东一百七十里。响水河自罗贡东流至响水寨，地势相差十余丈，河水自高处泻下，声若巨雷，远望之如白雪纷飞，连绵不断，策马经此，不亚于庐山观瀑也。

东乡、六郎、城南乡、马街等处水 自山岩中流出，饮之数年，则颈部渐次肿大，俗谓大脖子。无法医治。生于此地者，貌甚丑陋，扁鼻厚唇，人人皆然，不知水中有何毒质以至于此。或谓冬瓜树最多之地，即大脖子发达之区，冬瓜树究竟有关系否，其关系之毒质如何，今无法考究，录以待考。

〔据佚名纂民国《广南县志》（《中国地方志集成·云南府县志辑44》，凤凰出版社2009年据民国二十三年稿本影印）卷四《舆地志·水系》第18－22页辑录。〕

（民国）马关县志·地理志·河泉

卷一　地理志　河泉

盘龙江　其流自文山来，在县东北，经新寨马尾冲下，为南滚河，再下为南温河，出国界，入清水河。

小白河　发源于金竹坪附近，经牛马郎，入大赌咒河。

阿腊河　发源于坡脚附近，经下寨至响水河，至阿腊，下与米湖河合流出国界。

木腊河　源出于大栗树下，经落却，入响水河。

小赌咒河　源出于海龙山下，经花枝格，入响水河。

米湖河　发源于八寨附近，经马主至桥头，至米湖下流，会合阿腊河，出国界。

南溪河　其流自靖边[①]来，经泥巴黑、南溪、马使克至河口，入于红河。

新桥河　由泥巴黑入南溪河。

阿黑海　距县二十余里。夏季山潦，汇积水，无去路，虽有水穴一道，吞咽不尽则潴而成池，广数十亩，雨多之年则淹浸较广，乾旱之年，水亦有泻涸之日。池中有小山一座，高十余丈，附近田亩甚肥，但不受水患之年亦甚少。

浴龙池　在北区下林村路旁，泉水粗于桶，朝天涌出，四季不涸，清冽味甘，池中有物似羊，春夏间跃波出游，俗传见者大吉。

一碗水　在梅子箐内，水不大而清凉，四时不涸，亦不溢。四十里长途无水，行者惟赖此以止渴。

马洒龙潭　泉水自山麓出，粗于数石瓮，水清味美，不涸不浊，粮田万亩，资以灌溉。

雨波龙潭　距县十五里。

韭菜坪龙潭　距县三十五里。

斗嘴龙潭　距县四十余里。

山车龙潭　距县六十里。

别格龙潭　距县三十里。

马白大龙潭　距县八里。

下寨龙潭　距县二十里。

花枝格龙潭　距县十里。

八寨石龙潭　距县百一十里。

乌木龙潭　距县九十余里。

雾露者龙潭　距县百里。

倮摩龙潭　距县八十里。

阿莪龙潭　距县三十余里。

---

① 靖边　即今屏边县。民国初设靖边县，后因与陕西靖边重名而改今名。

白果龙潭　距县五十里。

革乃龙潭　距县六十里。

革洒龙潭　距县四十里。

雨则栖龙潭　距县四十里。

召布比龙潭

阿觉龙潭

老梅龙潭

戛迭龙潭

以那底龙潭

腰姑龙潭

洒浔龙潭

舍迷乌龙潭

革母龙潭

多罗龙潭

以上凡称龙潭，皆属泉水，罔不澄清甘冽，可供饮用。考泉之来源，要为雨水浸透山腹，积聚成流，寻穴而出，其过滤也最厚，其伏地中也亦久，故其清且冽也，此类泉水所在多有，不细列举。

〔据张自明修，王富臣等纂民国《马关县志》（民国二十一年石印本）卷一《地理志·河泉》第1－3页辑录。〕

（民国）邱北县志·地理部·山川

第一册　地理部　山川（山略）

盘　江　源自霑益州炎方驿。南下经交水、曲靖，过桥头，由越州、陆良南抵阿迷州境，北合曲江、泸西始东转折，北合弥勒巴甸江，是为额罗江。又东北经大柏坞、小柏坞，又北经大江边至对河，入邱北小江口、花园坡、西沟、戛勒、迷莫、小田坝，接入广西五嘈小田渡，又东四十里至飞涂渡，又东北过师宗水尾、拐村两渡，又东北，过罗平东南巴旦寨今江底水，经巴泽、巴吉，合黄草坝水，抵霸楼，合者平水，始下安隆，出剥隘，为右江。参《滇系》。

清水江　源出旧城龙潭。历新城桥头，而摆落河自西交入，绕县治北，而高枧嘈小河东流交入，归锁水岛，向东北必宗旧各寨至栏马，入广南界内，而发白大河自南交入，至马别河上、下者偏，又折入邱界龙窝桥，而戈底之水源出小龙尾，经水头、石葵、蚌草、补罗嘈、霸稿流入石别，至此二水会合，水势渐大，至纳诗、凹汪、小木桥汇各村溪涧水，过革得、坡脚、小坝，达顾工大桥，滔滔之势，已成巨江矣。东沿南尾、弄渭、越粤界猫街，顺流百余里，归八达江又名合江。三江口汇盘江混水直达泗城边界，下邕州而入南海。参《滇系》。

摆落河　流经发比、西耳、三家水塘、麂羊、打磨山一带，折而北，泻归落水洞，水溢汇象流，自西顺白脸山脚，交入桥头大河。

浣溪河 流经下雨泽、阿宜乡、密纳，过高枧嘈，汇大树龙潭、养马冲，瀿洄上下寨，绕锁水岛，交大河，总归清水江。

双龙营河 发源于大箐鸭子塘之交，西流至马樱山，伏流五百里至老干洞涌出，行八里许至菜园山麓，复伏流二百里至霖雨洞涌出，流一里至哨营山，又伏流，自山之南麓涌出，西行里余，汇两潭水，经松树地、水围营，入于落水洞。

凤尾河 发源于凤尾山麓，其水清碧，北区河水以此为巨。据该处土人传说，谓是普革河与者旦河潜流至此涌出，然此河纵遇亢旱，水势如故，而普革河每至春夏之交，河水不绝如缕，者旦河其流亦细，是此河别有来源。河水东北流至平寨山后，有支流来汇，折向北流至师宗地，经红湾、林黑、蚌别，入混水江。

〔据缪云章纂民国《邱北县志》（民国十五年石印本）第一册《地理部·山川》第24页辑录。〕

红河州

（嘉庆）临安府志·山川志

卷五　山川志（山略）

又两山之间必有川焉，天下之地势然也。环临皆山，百谷之流萦纡而演漾，曰江，曰河，曰湖，曰潭，曰泉，曰洞，曰溪，曰海，曰水，曰池，曰井，曰滩，原委殊形细大异溉，皆可以川括之，而登录其最著者焉。

以江名者，建水南二里曰泸江。里人谓之大河，源自石屏异龙湖，纳诸山之水东流，城西塌冲注其左，象冲注其右，会于三河口，经城之南入于岩洞。又东出阿迷为乐荣河，入于盘江。北九十里曰曲江。源自澂江新兴，至嶍峨县北，石屏小河之水南来会之，又东南流入河西之碌碌河，经建水至阿迷，入于盘江。又南百五十里曰礼社江。自大理赵州之定西岭，流经楚雄旧定边县，合阳江之水为定边河，东南流经镇南州为马龙河，又东南经旧碍嘉县入新平县界，谓之摩沙勒江。又历元江东南入建水西南境，经纳楼茶甸为禄丰江，历亏容甸为亏容江，至瓦渣乡为藤条江，过蒙自县为梨花江。又东南流入交趾界，合于清水江。阿迷北三十里曰盘江。源自曲靖霑益花山洞南，经南宁为潇湘江，又南至陆凉汇为中埏泽，折而西至宜良为大赤江，又折而南经路南、河阳为铁池江，又南至宁州，会婆兮江入州界，东河诸水西来注之，折而东北入广西州。又东过师宗为混水江，又东过罗平为八达河，经粤西西林县，入于右江。东南百九十里曰摩沙勒江。源自大理白岩，流经州境，会文山白鱼洞，绕罗溪白，资溉坂田。宁州西三里曰浣江。源出州北青龙潭，夹岸林树阴森，为行客饯别之地，经州南，又折而东南，会于婆兮江。东七十里曰婆兮江。源自抚仙湖，流入州东南，汇于婆兮甸，至广西州入于盘江。嶍峨东北一里曰合流江。源有二，一曰猊江，自新兴流至县北；一曰练江，自石屏经新平流至县南。二水合流，下入曲江。西北百里曰丁癸江。源自三泊废县，流经丁癸村，其水深阔，下流亦入于曲江。南二百里曰分界江。江外为新平、南安界。蒙自南百四十里曰梨花江。即礼社江，下流至县界入交趾清水江者也。有梨花旧市棚，明宣德五年置临安卫右千户所于此。

以河名者，建水南二里曰榻冲河。里人谓之中河，源出松子园鹧鸪村，入于泸江。三里曰白水河。入草湖。北二里曰白沙河。源出晴山，历碗窑沿城东入于泸江。十里曰青云桥河。源出马家冲，会南庄河，入于岩洞。二十里曰赛功河。由冷水沟经南庄出赛公桥，历中所马军营，入于岩洞。四十里曰冷水河。清流不竭，灌溉其溥。石屏南六十里曰南河。发源暖耳山，经他莫克，会棬槽冲、车家城、白龙潭诸水，达于荆竹林，会北河，入于元江。北三十里曰北河。发源少冲，逆流会龙朋河，经鲁奎山出小河底，复环于州西六十里，与南河合流出元江，旧名百花坟河，又名迤洛河。四十里曰旷野河。出芦子沟，会异龙湖水，为泸江源。八十里曰龙车河。即入嶍峨合流江者也。阿迷南十里曰清水河。发源南洞，环抱州城，东入于盘江。西九十里曰乐蒙河。一名浑水河，自建水岩洞流出漾田山前二十里，经百景洞，又里许，入燕子洞山腹，十余里复出，会清水河，入于盘江。宁州西南五里曰恩永河。水出山麓，流为三，一灌西郭田，一灌南郭田，中流曲折环城，会于瓜水。西六十里曰李汜河。源出普庙，入星云湖。北四十里曰龙珠河。一名二龙河，源出分水岭。七十里曰龙川河。源出龙潭村北，注于抚仙湖。东四里曰高河。在备乐乡山巅，旱涝不涸溢。七十里曰龙井河。源出落梅村东丛木乱石间，引灌甚长。通海南五十里曰迤伽河。东流于曲江。曰六村大河。其源从嶍峨大鱼口入通海界，至阿娘村流于曲江，计历通海境四十余里，此通邑大川也。河西南十里曰大河。源出九街子山下，东北流灌王里村，淤出湖中为大河嘴。西五十里曰碌碌河。一名雳彝江，源出大溪，自新兴州合诸流成河，经嶍峨县东南，历碌碑乡入通海，为杞水湖源，又东北入于曲江。六十里曰胜郎河。由胜郎村东流，经木加沙，入碌碌河。西北百里曰炼庄河。在新平县界罗吕乡，旧属河西，以地远割入新平，今载入，沿旧《志》也。北三十里曰长河。源出曲陀关下，经东渠诸村，出碌溪三渡，入杞麓湖，淤积日久，雨涨为患。康熙五十一年，知县周天任疏其下流，水归故道。东北三十里曰东渠河。自水磨村北流经县南，入通海。嶍峨西四里曰大罗河，百里曰亚泥河。为丁癸江下流，入新平界。曰戛洒河。源出南安州，入丁癸江。西南八十里曰腊猛河。在化念乡，流入新平之大开门河，潆洄曲折，灌溉多资。蒙自西北五十里曰鸡街河。源出建水，灌荫鸡街一带田亩，下入阿迷州。六十里曰倘甸河。发源飞霞洞，会木马冲河，灌荫田亩甚溥，经县南七里流入梨花江。

以湖名者，建水西南十五里曰西湖。与草海相连，今已培出田亩。石屏东二里曰异龙湖。广袤百五十余里，中浮三岛，双阁凌空，四面亭馆衔接，倚楼凭栏，如在冰壶寒鉴中，白蘋绿浪，左右潆洄，上下天光，一碧万顷。西三十里曰西湖。在宝秀之前，亦名宝秀湖，周二十余里，山光水色，宜雨宜晴，名以西湖，不虚也。三十五里曰草湖。在宝秀山后阿花寨前，广十里，流归百花坟河。宁州北五十里曰抚仙湖。宁州及澂江之河阳，深绿莫测其底，孤山处中，四岸望如云物，东南岩穴内有石肖二人抚肩望湖状，日斜睨视之须眉毕见，湖之取名以此。西北七十里曰星云湖。土人谓之浪广南海，周五十余里，屿烟凝紫，山壁摩青，水色天光，辉映云表，生长其间者，一簑一笠，乐趣盎然。中有大头鱼，脑与身等，而味钟于脑。其脑与朔望为盈亏，临阳唯此湖有之。通海北二里曰杞麓湖。源自河西县东杞麓山，流注为湖，《唐志》谓之海可利水，周八十里，形如拱而缺其东南。相传昔水涝不通，有僧于县治东北石笋丛立处以杖穿穴泄水，因名通海，亦谓通海湖。河西东六里曰溶湖。在碌溪山麓，居民治圃其间，绿树森丛，水纹澄澈。蒙自南一里曰南湖。即泮池，广数十丈，水涸则为平坝。

以潭名者，建水南三十里曰黑龙潭。分灌拖泥坝陈官屯以下一带田亩。西十五里曰黄龙潭。在绍和山下，即古甸龙潭也。潭水洋溢灌田数千亩。石屏南三十里曰白龙潭。在砚山之阴，分灌田亩。阿迷西三里曰西山龙潭。澄清不滓，灌乐云庄田，余派入城利及花木。西北三十里曰布沼龙潭。土人传有九十九泉，坂田宽广，水悉充满，无旱忧。北十里曰石榴龙潭。深碧不淆，其流可溉。东北二十里曰了勒龙潭。灌高寨六甸田。宁州南五十里曰碧澮龙潭。灌六寨田。西四十五里曰双龙潭。灌马塔田。七十里曰黑龙潭，曰白龙潭。二潭相距二里许，俱灌虚于乡田。八十里曰迤渡浦龙潭。产佳鱼。北三十里曰青龙潭。流泉喷涌，为浣江之源。五十里曰路居龙潭。源出龙潭村，直泻抚仙湖，路居田亩咸资灌溉。东七十里曰七犀潭。在婆兮乡，即大龙潭。周围约八十余丈，冬春水澄如镜，夏秋有浑水出焉，俗传中潜七犀。明正德初筑堤引水，辄为犀败，遇术士取其雄者，患乃息。通海西二里曰黄龙潭。在黄龙山麓。东十五里曰乌龙潭。在东华山隩。曰大龙潭，在小新庄。曰中龙潭，在金家渡。曰小龙潭，在姚家湾。上三潭俱在城东，汇沈家桥沟达于湖，引灌甚溥，惟金、姚两潭水性寒冽，近潭之田必火种，而后有收。河西西五里曰螺髻龙潭。在螺髻山下，灌近城田地。北二十里曰水磨村龙潭。在村之左，水源洪大。东北十五里曰白石玉龙潭。在碧山下，水颇温，溉田甚广。二十里曰龙泉寺潭。二十五里曰古城龙潭。在古城村后。三十里曰东渠乡龙潭。在九街子山麓，灌甸心、沙罗、东城等村田。嶍峨西百二十里曰兴衣龙潭。在兴衣乡南十里，其水趵突，归入元江，灌溉资之。蒙自西六十里曰大龙潭。在倘甸撒土寨，一名龙泉，居人引溉旱秧。

以泉名者，建水东南一里曰有本泉。水清澈，四时不涸。西半里许曰溥博泉。一名大板井，其泉清冽，较各处之水为美，城中人汲取甚众。又相近曰渊泉，一名小板井，水亦清冽。西北二里曰圣母泉。在圣母祠之右。四十里曰杨公泉。建水知州杨绪爵所开也。北三十里曰过泉。在李浩寨。九十里曰东山龙泉。潭水汪洋，流溉千顷。百二十里曰石壁泉。自顾家坡至侯家箐十余里，穿岩鸣漱，耸目惊心。东十五里曰白鹤泉。在白鹤铺，或称为郡中第一泉。曰温泉。有五，一在东八十里阿六寨；一在南百里龙刹；一在西北四十里香林寺，即杨公泉也；一在北七十里石子坡；一在北九十里曲江。水皆无硫黄气，浴之已疾。石屏东三里曰过山泉。在准提阁之左，石径一栈，清流激湍，映带左右。西三里曰喷珠泉。一名已出滚泉。东北二十里曰大水泉。自山腹流出，溉田万余亩。曰龙泉。有七，一在乾阳山趾，一在砚山下，一在大水，一在姚家寨，一在老卫寨，一在龙朋里，一在宝秀。阿迷西城内曰灵泉。在旧学后，味清冽，不溢不涸。元时建灵泉寺，明初为守备司，嘉靖间改为学，本朝乾隆三十五年，建立灵泉书院。南二里曰鳌泉。一名白沙泉，自文昌宫内流疑曲沼，晻霭天光，夏秋间藕花红白，风扇清芬，时有游鳞出入，变化自如，新建鳌亭于其上。西三十里曰温泉。源自乐蒙河旁，石洞流出，温暖可浴，清洁鉴人，迷阳胜景也，贡生包日升为铭志之。宁州南六里曰海眼泉。自恩永山石洞流出，广溉田亩，或谓自通海海门关泻注于此。五十里曰连珠泉。即碧澮龙潭也。水如明珠万斛自上下倾，又如梅花千株四时不断。曰天井泉。在响石洞东。通海东二里曰白马泉。在白马山下。十里曰新生泉。可灌田百亩。河西西五十里曰温泉。其泉在碌碌河滨，可以除疾，往浴者众。惟山径多石，乡人王亮品、王亮天每岁督工修治，平坦可行。其间丛木叠翠，云水流清，山连鸟迹，岸听猿声，真幽境也。嶍峨南二里亦曰温泉。温暖去垢，里人竟浴之。蒙自西南一里曰龙华泉。旱祈雨辄应，即其地建龙泉寺。南十五里曰法果泉。明嘉靖三十一年，郡人周崧等浚之，随山穷源，始得洒鸡泉，又得生三岳泉，俱导入法果，汇乐龙，注泮池，沿流引灌。东五里曰乐龙泉。不知其源所自出，遇雨水涨流，注泮池。二十里曰白谦泉。一名白溪河，明万历三十五年，知县王邈如浚为渠。

以洞名者〔……〕

以溪名者，宁州东北十里曰巅岩溪。在庆丰屯，源出九龙池，流入杞湖。河西西五里曰普应溪。源自螺髻山下，每涨发，水无定位，山岸当之，溃不及城者数尺耳。本朝康熙五十年，县令周天任凿琉璃山麓引水北行，复自普应山下筑长堤捍之入湖。东北三里曰碌溪。上承长河诸水入杞湖，其中产鱼甚美。蒙自西南六十里曰西溪。一溪分为二，俱在涣村。夕阳反照，为县胜景。

以海名者，建水南十里曰草海。一名草湖，周广八九里。石屏南二十五里曰新海子。在白家寨后，广四里许。三十里曰老海子。在新海子后，广五里许。蒙自东北十里曰波黑海，西北二十曰长桥海。构木为梁，长十余丈，汇迤坡海水北流入阿迷。西三十里曰鲤海。在大屯，一名迤坡海。汪洋千顷，海岸陂陀。其田曰海底田。又海心筑建楼阁，甚壮。有菜如莼，鱼亦肥美。

以水名者，建水西城内曰建水。广五亩，今堙塞过半。《元史·地理志》称夏秋溪水涨溢如海，蛮谓海为惠，大为劒，汉语曰建水，城所由名也。碧如拖蓝，居民环处。阿迷东城外曰龙洞水。《一统志》云由山根出，流入乐蒙河。宁州南八里曰瓜水。浣江之水流自北，恩永河之水流自西，转而东南，又丁矣冲之水流自东，湾环而南，俱会于茶部冲。形如瓜字，故曰瓜水，经广西州境入粤西八达河。沿岸垂杨如织，旭日始旦，湛露初晞，时有岚气浮于水面，北岩间大书“瓜水拖蓝”，波礫犹可辨也。通海北二里曰海河利水。即杞麓湖也。详见前。蒙自东八十里曰三潮水。松山石穴中，有水声如鼎沸，其涌出也三潮，而后流下。相传天晴而潮即阴，阴而潮即晴。

以池名者，建水西二十里曰莲花池。广二里，清澈可鉴，每夏莲开如锦。石屏北五里曰月池。在乾阳趾龙泉之左，清碧如镜，无论朔望弦晦，池中涵一月影。宁州南十五里曰温池。一名温泉，水甚清冽。北十里曰莲池。水无涸溢，中多芰荷。通海南一里曰洗钵池。在秀山之坳，其味甘美。僧畔富洗钵于此，一名畔富池。曰香墨池。在学宫后。曰半月池。月圆月缺，俱映半轮。东二里曰东湖池，一里曰西湖池。二湖今皆废。河西南十里曰九龙池。螺髻山下，有九阜浮于水面，状若龙首。

以井名者，建水南五里曰龙井。在回回村，俗传元旦上潮有金鱼二，见之吉。东一里曰玉洁井。味甘冽，色洁如玉，居民资以造纸。十里曰白沙井。其味第一。西北八里曰凉水井，又北城内有诸葛井。以建庙于此，故名。石屏东北二十里曰大小龙井。在莱玉山趾一带，石田均资灌溉。阿迷北三十里曰火井。《明统志》其水溢出，常有烟气，或投以竹木则燃，夜有光。宁州南城内曰通井。相传始凿时，得铜匣一，内盛秘书三卷，皆云篆鸟书，人莫能识。有疾者摹一字，以井水吞之即愈。后为风雷摄去。下村曰醴井。味甘冽，异于他井。孙家坝曰彩井。煮糜粥皆作绿色，州人以通井、醴井并彩井，名曰三异井。通海南一里曰大龙井。在秀山麓。东一里曰东井，十里曰新生井。即新生泉也。东南二十里曰仙人井。在仙人坡下。

以滩名者，蒙自南百二十里曰莲花滩。乱石横撑，江流急泻，冬暮石露，俨若菡萏。其地为入安南道，即梨花江所经也。明永乐初，沐晟出蒙自莲花滩进讨安南。嘉靖中，莫登庸乱，抚臣汪文盛以莲花滩当交广水陆之冲，遣兵据其地，即此。

〔据江濬源修，罗惠恩等纂嘉庆《临安府志》（《中国地方志集成·云南府县志辑47》，凤凰出版社2009年据清嘉庆四年刻本影印）卷五《山川志》第8－16辑录。〕

（乾隆）弥勒州志·山川志

卷三 山川志（山略）

巴盘江 城东南一百二十里，流入盘江。

瀑布河 城东七里。源出师宗界一百里，历山峡石吼，会赤甸泉，泻禹门瀑布，流城东。

白马河 城东北五里。源出白倾山三十里，会瀑布河，流城东。

息宰河 城南九十里构甸坝中五村。源州治，会水流盘江，明知府张继孟招服普名声于此降。

阿欲泉 城西十里。会梅花温泉，流城南。

阿当泉 城西七里。遍西北田亩，流城南。

山金河 城北二十里。会柏枝、古黑箐二泉，流城北，环城诸水分注八甸，流息宰河入盘江。

梅花温泉 城西五里梅花岩。会阿欲泉，流城南。

步阙温泉 城北三十里步阙寨。清如镜，香适口，浴能去病，流北倾山下，会流白马河，流城东。

翠微温泉 城南九十里。温暖可浴，上有翠微阁，会流息宰河。

山　湖 城西南四十里，中产巨鱼。

龙跃池 城南学宫前。

文星池 城南一百二十里溯普文昌宫前。

莲花塘 城南六十里竹园村文昌宫前。芰荷最盛，产藕粉。

黄家塘　十八寨东二十里，阔长数里许。荇菜参差，修筑缺流，可资灌溉。

〔据秦仁等纂修，傅腾蛟等增订乾隆《弥勒州志》（清乾隆四年刻本）卷三《山川志》第17页辑录。〕

（康熙）石屏州志·地理志·山川

卷二　地理志　山川（山略）

东城外

大龙井、小龙井　俱在海东路旁。

沙　沟　在海东。

芦子沟　州东五十里。

大小龙港

新海子港

南城外

麸东河

五塘沟　州南三十五里。有热水可浴，今讹为五郎。

白龙潭　州南二十里。

麸东塘　州南三里。

生水塘

西城外

宝秀草湖　州西二十五里。

野猪塘

滚　泉　西城外。

白夷龙井　城西三里。

白沙井　在宝秀。

蚂蝗塘　城西一里。

九天观塘　州西三里，有闸聚水。

哈糯河

旧寨陂

弥勒沟　州西十里。

西僰河

磨沙龙沟

芦柴沟

他古益沟

三百八渡河　入元江。

磨古河　州西北六十里。
迤络河
归祖河　州西北极边。

北城外

百花垅河　州北，离城三十里。
乾山龙泉　乾阳山下。
黑龙泉
马场沟
老熊沟
萧家塘　在尚家寨。
旷野河　州北四十里。

〔据程封纂修康熙《石屏州志》（国家图书馆藏清康熙十二年刻本）卷二《地理志·山川》第2页辑录。程封，字号石门，湖广江夏（今湖北武昌）人，拔贡。清康熙年间随按察使入云南，先后署任南宁、罗平、昆明三州县，注重地方文献纂修，治政宽洽，深得民意。清康熙十二年（1673年）任石屏知州。〕

（乾隆）石屏州志·地理志·山川

卷一　地理志　山川（山略）

东城外

异龙大湖　俗呼海子。
溥博泉
左所泉
作家泉　从北山洞口流出，不知其原。
大水泉
板　井　回头山后。
大龙井、小龙井　俱在海东路旁。
沙　沟　在海东。
芦子沟　州东五十里。
大小龙港
新海子港

南城外

楚东河
五塘沟　州南三十五里。热水可浴，今讹为五郎。
白龙潭　州南二十里。
楚东塘　州南三里。

生水塘

南　河　出州东暖耳山，经他克母、棬槽冲、车家城、鸡街、糯五、胖别岩、红牙齿，达于金竹林，会北河，并入元江，计湾环七十余里。详何其偀《南北河志》。

西城外

宝秀草湖　州西二十五里。

野猪塘

滚　泉　西城外，俗名喜客泉。

白彝龙井　城西三里。

白沙井　在秀山。

蚂蝗塘　城西一里。

九天观塘　州西三里。

哈糯河

旧寨陂

五亩龙潭　州西十五里。

袁家塘　州西四里。

弥勒沟　州西十里。

西逻河

磨沙垅沟

芦柴沟。

他古益沟

三百八渡河　入元江。

磨古河　州西北六十里。

迤络河

圭署河　州西北极边。

北城外

百花垅河　州北，离城三十里。

乾山龙泉　乾阳山下。

黑龙泉

马场沟

老熊沟

萧家塘　在尚家寨。

旷野河　州北四十里。至建水谢家湾上面，会异龙湖之水，入于临安泸江。

北　河　起州东少冲，历石洞、湾子寨、大田母、三岔桥头、小鲁奎、撮科、小河底，会哈糯，注于南河，入元江，计湾环共一百七十余里。详何其偀《南北河志》。

〔据管学宣纂修乾隆《石屏州志》（清乾隆二十四年刻本）卷一《地理志・山川》第 15－18 页辑录。〕

（民国）石屏县志·山川志·川

卷四　山川志　川

东城外

异龙湖　俗呼海子，《徐霞客游记·盘江源》以异龙湖最远。

白马庙龙泉

溥博泉

左所泉

作家泉　从北山洞口流出，不知其源。

大水泉

板　井　回头山后。

大龙井、小龙井　俱在海东路旁。

沙　沟　在海东。

芦子沟　城东五十里。

大小龙港

新海子港

螃蟹龙潭　尚有花鱼洞数十，皆流入异〔龙〕湖。

南城外

五塘沟　城南三十五里。热水可浴，今讹为五郎。

鲜虾洞

白龙潭　城南二十里。

僰东塘　城南三里。

生水塘

南　河　出州东暖耳山，经他克母、棬槽冲、车家城、鸡街、糯五、胖别岩、红牙齿，达于金竹林，会北河，并入元江，计湾环七十余里。

腊密河　《采访》：在思陀司。

清水河　《采访》：在左能司。

库哀河　《采访》：在落恐司。

他龙河　《采访》：在瓦渣司。

礼社江下流　《采访》：在亏容司。

西城外

宝秀海　城西二十五里。《采访》：即赤瑞湖，一名西湖。

野猪塘

滚　泉　一名喜客泉。

白彝龙井　城西三里。

白沙井　在宝秀柏仁村头。
蚂蝗塘　城西一里。
九天观塘　城西三里。《采访》：即鉴湖，今渐淤。
哈糯河
旧寨陂
五亩龙潭　城西十五里。
袁家塘　城西四里。
弥勒沟　城西十里。
西逻河
磨沙垅沟
芦柴沟
他古益沟
三百八渡河　入元江。
磨古河　城西北六十里。
迤络河
圭署河　城西北极边。
草　海　《采访》：在杨新寨之旁，北流入小河底。
大松树草海
月　池　在州西数百步许。泉如偃月，四时不竭。见李《志》。
大小龙井　在州西二里。其二井相邻，会流入异龙湖。见李《志》。
矣落河　在州西八十里。阔三丈，源出元江，西流入亏容甸。见李《志》。

北城外

百花垅河　城北三十里。
乾山龙泉　乾阳山下。
黑龙泉
马场沟
老熊沟
萧家塘　在尚家寨。
新龙潭　杨家庙。
符家营龙潭　下有酸水塘，又号锦莲池。
活水园
旷野龙潭
旷野河　城北四十里。至建水谢家湾上面，会异龙湖之水，入于临安泸江。
北　河　起州东少冲，历石洞、湾子寨、大田母、三岔桥头、小鲁奎、撮科、小河底，会哈糯，注于南河，入元江，计湾环共一百七十余里。
半月池
龙井泉　《采访》：在广厚坝，西流入泥冲河。
环翠潭　《采访》：在广厚坝，北流归泥冲河。
玉镜泉　《采访》：在江城河右，流归江城河。

以上旧《志》，参《采访》。

按：石屏川流近城者，汇异龙湖，东入盘江，下粤东入海；远城者，汇南河、北河，西入礼社江，下安南入海。一州之水，东西分流，亦一奇也。湖水源流，人人易见，今不赘。南、北河则不然，惟何洞虚其偀撰《两河志》，躬游而手记最为详确，旧载《艺文》，今附于此。（辑者注：《两河志》全文，见本书《艺文志》条目下，此处略。）

〔据袁嘉穀纂修民国《石屏县志》（民国二十七年排印本）卷四《山川志·川》第10－12辑录。按语称："按滇督阮元修《云南通志》，仿《水经注》山川皆有脉络，故《岑志》仍之。今采其关于石屏山水者列于后，分幹自巴阿叠作折东南行走旷野河，以西南行至少冲，分一支南行走旷野河，以西南走修冲关，其东走者至旷野河，会海东河处而止。"可知该志《山川》体例内容，皆沿引道光《云南通志稿》、光绪《云南通志》。〕

（乾隆）蒙自县志·山川志

卷一　山川志（山略）

学　海　即泮池，一名南湖，在南门外。纵广数里，有"南湖夜月"之景。遇水涸，即一平坝。明隆庆丁卯，知府钱邦偁、通判胡文显按都至此，知其水盈涸不时，遂决草湖为堰池，即其土垒为三山，取"海上三神山"意，后士子多捷两闱，故景云"三山毓秀"。万历十年，县丞车辂重浚。至本朝乾隆十八年，知县汪仪复加浚治，建瀛洲亭于三山前，有碑记。五十四年，焜摄县事，捐廉俸七百金，率绅士里民重修，海身淤塞尽去，波涛潆洄，较前深数尺，筑堤种树，拥培三山，复捐九十金重修瀛洲亭，洵蒙邑一大观也。因勒石纪其事，置巡水役防盗泄，设役食，寻得官田数亩，拨作陆续修补之资，以期永久。

龙华泉　在县西北里许。有龙泉寺，久废，相传灵物藏之，旱祷即雨，有"龙刹灵湫"景。今建龙王庙。

落龙泉　在县东五里许。不知其源，遇雨水涨流注泮池，秋冬间亦有细流不绝。

温　泉　一在县东南五里，可以浴，景曰"温泉春浴"，今无；一在倘甸。

法果泉　在县南十五里，地名法果，有泉出焉。明嘉靖三十一年，郡幕周崧等浚为渠，随山穷源，得洒鸡泉、生三岀泉，俱导入法果，农人资以溉田，流为新安所河。又汇落龙泉，入泮池，故景曰"四水潆祥"，后法果泉屡浚屡滞。

白谦泉　一名白溪河，在县东二十里。明万历三十五年，知府王邈始浚为渠溉田，流入泮池。今其水不至。

长桥海　在县西北二十里。汇矣波海水，北流至阿迷城宏寨，建长桥其上，景曰"虹桥远济"。

鲤　海　旧名矣波草海，在县西三十里，为太屯海。千顷汪洋，海岸陂陀，开田曰海底田。屯人即海心筑台建楼阁，知县张凖额曰"浮翠阁"，其中产海菜如莼，鱼肥美。

波黑海　在县北三十里。

鸡街河　在县西北五十里。发源白云山，至乍甸，经锁龙桥流出，鸡街田亩，皆资灌溉，经万里桥，会倘甸河。

西　溪　有二，俱在判村，距县西南六十里，景曰“西溪夕阳”。

三潮水　在县东八十里松山。有石穴，遇贵人吉。人经其地，穴里有声如鼎沸，旋如雷，水涌出三潮，而后流下，随出即止。旧传李世屏扎营其左，伺之数日，其水不潮，世屏归，甫里许，其水又潮。天晴而潮即阴，阴而潮即晴。又竹山一石穴，牧竖遇渴祷之水即出，饮毕即止。

梨花江　在县东南百四十里。自元江流经纳楼司至蒙邑西南，为河底江，又东南流入交趾。清水江有梨花旧市栅，明宣德五年五月，置临安卫右千户于此。

鹦鹉塘　有二，俱在县西南鹦鹉山左右。左塘有泉不涸，传有灵物。右塘水停聚。

倘甸河　发源飞霞洞，会木马冲河流至石岩寨界，又会鸡街河，故倘甸有地名双河。一带田亩，资以润济。经会仙桥北流，会建水之泸江，至阿迷冰泉，入盘江。

龙　泉　在倘甸撒土寨，一名大龙潭。潭中有鱼，目如蟹，俗名龙眼鱼。居人引溉早秧，十二月播种，六月获稻。其水夏寒冬暖，烟雾涌出，故老言有神物潜其中。路旁有石碑，以石击之，水渐长，不击渐止。

〔据李焜纂修乾隆《蒙自县志》（故宫博物院编《故宫珍本丛刊》第229册《云南府州县志》第4册，海南出版社2001年据清乾隆五十六年钞本影印）卷一《山川志》第4－6页辑录。〕

（宣统）续修蒙自县志·方舆志·山川

卷一　方舆志　山川　川

芷村河　其上流为白期河，亦曰白溪河，又曰白谦河。源出阿迷州东南界上，南流经羡衰山村东，又南流经白溪塘、头塘，至白石岩，右会长冲水，经迷拉甸，又东南，左会红底冲、庄寨、新寨诸水，至芷村，东流，由天生桥落水洞下会三岔河。又南流为开化白河，会南溪河，与红河会于河口，为中法交通之要口。滇越铁路架桥其上，滇越交界亦自此分。

新现河　源出县东南白母亦作博莫孔寨，西流，折而南至新现，东南流百余里，左会大窝子河，南流入红河。

红　河　曰梨花江，俗名蛮耗河，在县西南百四十里。自元江流经纳楼司，至蒙自西南，为河底江，右纳江外，左纳个旧岭南各厂诸水，东南流至河口，左会清水江即南溪河。梨花江有梨花旧市，为花丈城六景之一。明宣德五年，置临安卫右千户于此，有梨花旧市栅。《方舆纪要》梨花江在蒙自县东南，源自纳楼茶甸，流入县界，其上流即礼社江也。

鸡街河　在县西北五十里。源出建水县界白云山，东北流经乍甸，又东北，经县西之鸡街为鸡街河又西北流至万里桥，左会倘甸河。

倘甸河　源出县西七十里。自陶瓦来，曰绿冲河，左与飞霞洞会，北流，右会木马冲河，流至石岩寨界，右会鸡街河，曰双河。经会仙桥西北流，至温水塘，左会建水之泸江，折而东北至阿迷冰泉，入盘江。

新安河　在县东南。发源竜古，至阿三寨，李海寨水自西南来会。北流至何家寨前同乐桥，右与水头沟水会。仍北流，右纳浆水地、响水河、杨家湾、花树沟、大坝诸水，至丫口寨前，西流经徐家小桥，折而北至新安所后，又西，仍北，右会小沙沟，左会教场诸水。过锁龙桥，北流大桥下，左分流入学海，右分流由东村，过县城东北，入长桥海。县坝以此水为正流，收纳颇多，灌溉亦溥，惟来源短少，当雨水暴涨时则狂澜莫挽。其涸也，点滴俱无，堰塘贮蓄之法，宜亟讲矣。

五里冲　源出蒫釹冲。自南流北，汇合诸水，势奔县坝，其水量可圆径尺，竟为竜古山即屏风山横梗，遂折而西流，入落水洞。由屏风山腹，伏流三十余里，至小窝则突出，西流会绿水河，南流归梨花江。如于五里冲沿山开渠，至竜古塘，凿洞引归新安河，则源源不竭，其利甚大。

法果泉　在县南三十里，地名法果，有泉出焉。其泉南流归五里冲。明嘉靖三十一年，郡幕周崧等浚为渠，随山穷源，得洒鸡泉、生三㽃泉，俱导入法果，农人资以溉田，流入新安所河。又汇落龙泉，入泮池，故景曰“四水潆祥”。按：法果泉乃五里冲之支流，百分之一耳。

落龙泉　在县东五里许。不知其源，遇雨水涨流注泮池，秋冬亦有细流不绝。

白谦泉　即白期河。明万历三十五年，知府王邈始浚为渠引水流入泮池。去白期河而东十里许，曰红底冲，其水流经庄寨，右归芷村。再东五里，复有一水南流入石洞东去，可开渠引归红底冲，并红底冲又可引归白谦泉。包见捷《白谦泉记》：

> 去临郡之百八十里为邑曰蒙自，枕軥莲滩与日南界，盖重地云。然环郭以外，极目灌莽，无川泽陂塘之饶，田作者仰天雨而举趾，稍旱则桔槔靡施，绠汲亦涸，识微之士控擊而谈水利，计画无复之耳。万历丁未，王侯为政，明年政和民乂，以其间召三老杨德宏等谓之曰：吾闻邑东有白谦泉者，以林谷蒙翳，细民未知其利，弃为漏流已耳，奈何浚凿之是惮，而不以溉泻卤为？若导予，予往视之。乃郊行二十里，援萝披棘，上下原坡，得水所从来，盖两山夹峙，泉流溢溢，中有三岭峻起，皆大石，广轮数丈，如布坛席者，可三里许。侯笑曰：是天作之渠也。毅然捐俸，首倡其事。始于戊申春三月，集工画程，筑为堤，高十余丈，广二倍，深四十余丈，长三倍之，镌凿三岭，几什之七。功渐就绪，费颇浩繁，侯始以闻于部，使监司请借积谷若干石，咸报可，更檄助赎锾二十金。于是众心竞劝，里人杨德宏来，以土夷舍补者，习知白谦水源通塞处，侯闻色喜，命赏劝使导，果得洞口，不二里而近，乃乘毁攻坚，薙芜决淤，陆省凿之半，泽省堤之半，平水穿山腹，始涓涓流，已而奔腾澎湃，如轮瓮盎以入，转车毂以出，顺流而下，直达县郊，注之泮海，环如鞶带，垦辟灌溉田亩无算。嗟乎！以予观于天下事所由废兴，未始不成于能为，而以逸豫隳也。以不腆之邑，所绾绶而奏者几何，持筹而议者几何，乃肘腋之间，而任其地斥卤也。今侯决策一语，不摇道谋，不动帑饷，断而行之，议不旋踵，而一苐之渠成焉。自兹云雨生于畚锸，金汤隐于隰畛，蒙邑岿然增重矣。昔郑渠名以史公，杨堰名以召伯，惠泽所存，声称至今。彼循旧迹，引鸿泽，不爱财力，以究厥施，虽心计精，亦机势然了。谁与侯之卓识雄断，能以落落难合之议，子来众庶，财不逾千，役不逾期，夫仅满万，而建百世永赖之利哉！侯名邈，楚

京山人。

鲤　海　旧名矣波草海，在县西三十里，为大屯海。千顷汪洋，海岸陂陀，开田曰海底田。屯人即海心筑台建楼阁，知县张凖额曰“浮翠阁”，其中产海菜如莼，鱼肥美。

长桥海　在县西北二十里。其源自西溪，汇大屯鲤海，又北汇溪波海，东北流，会长桥海，长桥架其上，景曰“虹桥远济”。分一支北流，折东北詛西里，又分为二，一支折西流，经雷公哨，汇为三脚海，一支汇为波黑海，冬春水浅，则各为一海，夏秋水深，则牵连贯串，环绕县之西北而东，由坡心船渡至大屯，六十里水程可达。《通志》谓正流自长桥海，汇流东行，经县城东，又南会新安所，纳法果水，折东伏流，至天生桥，出与芷村河合流为三岔河，山河移易，陵谷变迁，今不然矣。

学　海　即泮池，一名南湖，在南门外。纵横数里，有“南湖夜月”之景。遇水涸，即一平坝。明隆庆丁卯，知府钱邦偁、通判胡文显按部至此，知其水盈涸不时，遂决草湖为堰池，即其土垒为三山，取“海上三神山”意，后士子多捷两闱，故景云“三山毓秀”。后复引洒鸡、三岦、法果、落龙四泉，汇合成湖，故有“四水潆祥”之景。李焜复加浚治。宣统元年，关道龚心湛、知县胡思义同邑绅又浚，由中筑一横堤，通以石桥。前尹晋有《重修学海记》：

天气著于上，而有星辰；地气形于下，而有山川。人为运于中，而抚辰凝绩，修堰浚渠，以从箕毕之好，以壮风水之宜。此三才所为并重也。蒙邑诸峰秀拔，诰轴天马玉伞耳锣之奇异，峥嵘东南，麒麟鹦鹉宝华白云之巨观，崒嵂西北。独郊原广衍，横纵数千里，乏河流源泉，潆洄其中，以润泽民物，城居烟火数千户，唯南湖砚池，为井养之源。然夏秋则盈，冬春则涸，时而井泉皆竭，无以为炊，此天地之缺憾也。明太守钱公邦偁、别驾胡公文显，决草湖为堰池，即其土垒为三山，青鸟家言，巽丙丁峰，为三阳峰，巽丙丁水，为三阳水。今峰见于三阳，兹水复配合三阳之位，朝向黉宫，是以人文蔚起，乡试获隽者，每科四五人、七八人，甲榜相续，登须位入鸾坡者，于今为盛。第积日累月，沙积水坍，蓄水无多，我蒙人所□□而屡念者也。辛未，汪老父台甫莅兹土，苏民困，兴学校，如免粮费，广置载道会田，善政累累，尤以筑堤浚池为急务，捐金首倡，集绅士协力助捐，委典史王君廷玉监督。兴工于癸酉夏，越数月而工竣。堤高丈余，湖深培之，乃作亭砚池上，名曰“瀛洲”，山光涌翠，夜月浸水，俯仰之间，焕然改观，自是而登瀛者济济矣。是知山川色相，一经补剂，而益发其秀，将来英才益出，科第益盛，井养不穷，又其余也。我父台培植作养之泽，不有以补天地之不足哉！予归老林下，八十有五，犹及睹兹盛举，乃欣然而为之记。

知县李焜《重修学海碑》：

学海者，古南湖也，在城之南。纵横数里，汇潦潢而成泽，灌莽芜秽，濈漏沮洳，故曰草坡，曰草湖。明初，汉人渐积，开屯立学，陂盈为湖，湖盈称海，海堰为泮，郡守钱邦偁、别驾胡文显行县，赏其风水，令其开泮池之积土，垒为三山，取“海上三神山”意，故蒙自有“三山毓秀”之景，文风大起，士子举乡会者渐多。嘉靖壬子冬，兵宪蒋虹泉请于抚军鲍思庵、直指黄西野檄郡守章士元，举其佐周崧与百夫长王昌，引洒鸡泉、生三岊泉，入法果泉，东汇落龙洞水，以入泮池，谓之“四水潆祥”，于是学海浸愈巨。万历十年，学海告涸，民艰水食，盖其脉与城郭内外井泉相通，海竭则井枯，县丞车辂与教谕张四端、训导谭应兆，请于上官，复修浚之。三十五年，邑令吾楚王邈引白谦泉破岭三重，凿水渠由东山至尹家庄，而绕三山之南，以学海为壑。乾隆中，前令王君、汪君继修浚之。迄今三十余年，海身渐茶，海边无防，不能大畜，洪波乘□决入大屯，屯水歉之年，海乾井竭，城野交病，且水出东西二方，两口交争，大于文风有碍。五十四年，余来摄令于斯，兼领文山县事，军兴旁午，日不暇给，荒度土功，能无惊动，然伏念师兴而雨，感召有由，代赈以工，行权自昔，因捐廉俸七百金，深浚薮泽，绅士庶民，无不乐助。查此海，坐亥向巳，祇宜出水丁方，必须放水有法，乃于文风有裨。爰高筑堤堰，以卫氿泉，以资水食。更于丁方独开一口，以通坎艮之气。上台闻而嘉焉，且为碑记其事，以垂永久。余窃以蒙自虽边庭僻邑，元明来学海一开，人才竞起，以至于今，前明登进士者九人，举乡榜者三十余人，内官则至都谏、佥都，外官则至运使、参政、布政。本朝滇南乡试，解额五六十名。雍正壬子一科，蒙自获隽八人。现今名标艺苑，仕历台阁，虽内地大县，无以过之，可不谓科第之盛乎！前之贤士大夫，既与为开，后应与为继，此余所以不敢自诿，幸已告成功，因序此海，为文风之所由兴，以期诸人士共勉于无既云。

〔据宣统《续修蒙自县志》（上海古籍书店1961年影印本）卷一《方舆志·山川·川》第22－28页辑录。《续蒙自县志》十二卷，撰者未详。县志始修于明弘治年间，重修于万历，至清康熙、乾隆间又曾三次续修。此为第七次续修本，蒐辑资料至宣统三年止，分十一门。据《续志例言》称，本书除全录旧志和博采有关诸书外，并据采访所得编写而成，因此较旧志增益较多。此系清稿本，未经刊行，鉴其内容丰富，包含不少我国边疆史地资料，爰付影印，以供学术研究者参考。〕

（乾隆）广西府志·山川志

卷三　山川志（山略）

广西府

矣邦池　在府治东南，一名龙甸池。

西　河　在城西。出阿卢洞，与东河会流入知府塘。

东　河　在城东江头村。龙湫数年，汇为河，与西河会于神树口。

知府塘　在城东南四十五里。郡治诸水汇为一泽，为泸川尾闾。

响水沟　在城东八里紫微山腰。六七月雨集，飞泉喷出，莹洁如练，直贯泸川，声闻数里。

盘　江　自旧霑益花山洞发源，经霑益、曲靖、陆凉、澂江、阿迷，流入府境，出罗平州界。郡中诸水，惟此为最。

师宗州

通元洞　在州西北一里。洞下有水泻出，灌田数千亩，入大河口。

落竜洞　水从洞出，东流归大河口。

弥勒州

白马河　在城东五里。

巴甸江　出州西北，南流，东入盘江。

八甸溪　在州西北。其流有三，至州东合流，南入盘江。

宰息河　在构甸坝。有皈依寺，土酋普名声投降处。

温　泉　一在梅花砦，一在布阙砦，一在翠微山下。

邱北州

清水江　源出旧城龙潭，东流绕州治，会境内诸水，入于八达河。

〔据周埰纂修乾隆《广西府志》（清乾隆四年刻本）卷四《山川志》第1－12页辑录。〕

普洱市

（乾隆）景东直隶厅志·疆域志·山川

卷一之二　疆域志　山川（山略）

浪沧江　即澜沧江，本名兰仓。出吐蕃嵯和哥甸鹿石山，入丽江府，历大理、永昌东北罗岷山下，两崖壁立，截若垣墉，铁缆飞桥，悬跨千尺，亦曰博南津。又东南，历蒙化上羊街保甸，入景界，出猛缅。

中川河　在城东。发源南涧之阿克铺，南行四日，受诸溪水，汇为大河，经厅治前，由中川至者后，入恩乐县，为把边江上流。

鲁马河　城东一百二十里。发源大石哨，经者于哈噜噜，入恩乐县。

猛统河　城南二百六十里。发源无量山，经里崴、猛统、折只，入威远。

景谷河　城西二百里。发源蛮道村，南流入威远。

以上四河，为郡经络。

新桥河

通化河

大坝河

蛮垂河

七村河

董报河

蛮别河

蛮谢河

蛮鹿河

三岔河

孔雀山河

清凉河

蛮仓河

开南河

者吉河

蛮井河

品秀河

南雅河

以上诸河，皆汇入中川河，灌溉田亩。

龙　潭　城北九十里，岁旱祷雨辄应。

笕　泉　在卫城。源出蒙乐山，明指挥袁贤以竹笕引水，凿池潴之，构亭其上，名漱玉。

温　泉　在老仓村，极清洁，俗传浴之愈疾。

〔据吴兰孙纂修乾隆《景东直隶厅志》（民国二十二年钞本）卷一之二《疆域志·山川》第 25 页辑录。〕

（嘉庆）景东直隶厅志·山川志

卷六　山川志　河渠

银　江　即大河，城东一里。源自蒙化虎街，至安定关，经厅治前，流入镇沅州，为把边江上流。

鲁马河　城东一百二十里。发源火石哨，经者干、哈噌噜，入恩乐县。

景谷河　城西二百里。发源蛮道村，南流入威远。

猛统河　城南二百六十里。发源无量山，经里崴、猛统，折流入威远。

以上四河为郡经络。

菊　河　郡城西北。发源蒙乐山，悬岩万仞，瀑布千寻，有第一龙门、第二龙门、第三龙门之号。下有黑龙潭，涵泓荡漾，深不可测，中流数十里，灌田万顷，水碓水磨，皆资其利，并归银江，为本城襟带。

浪沧江　即澜沧江，本名兰仓。出吐蕃嵯和哥甸鹿石山，入丽江府，历大理、永昌东北罗岷山下，两岩壁立，截若垣墉，铁缆飞桥，悬跨千丈，亦曰博南津。又东南，历蒙化上羊街保甸，入景界，出猛缅。

新桥河

南雅河

大坝河
蛮谢河
七村河
董报河
蛮别河
蛮垂河
蛮鹿河
三岔河
孔雀河
清凉河
蛮仓河
开南河
者吉河
蛮井河
品秀河
者孟渠
水塞渠
者干渠

以上诸河渠，皆入银江，灌溉田亩。

〔据罗含章纂嘉庆《景东直隶厅志》（云南民族社会历史调查组1960年据清嘉庆二十五年刻本钞录）卷六《山川志》第2－3页辑录。〕

（道光）普洱府志·山川志

卷六　山川志　普洱府属诸水

宁洱县附郭

自东洱河至把边江，为府治东北诸水。

东洱河　在县东一里。源出过联山下，在县东四十里。流经拦虎坝至石桥寨，会五里坡河，河源出五里坡山下，在县北二十里。经城东南流下至三岔河，此水在县南五里。会西河虾洞河。又南流，会小河，此水在县西南五里。南流至马家湾，会何家寨河，至双星山，下会南蕴河，转西流经漫海塘，纳思茅河，西南流入九龙江。

何家寨河　在县东五里。源出怕董箐，在县东十五里。南流至马家湾，会东洱河。

南蕴河　在县东二十五里。源出水箐山下，在县东三十五里。南流至双星山下，会东洱河。

猛先河　在县东六十里。源出过联山下，东流至整鲁江。

回竜河　在县东一百二十里。南流会猛先河，折而东流会整鲁江，而折西南流入九龙江。

整鲁河　在县东二百五十里，其水有子午潮。经整董土司地，入九龙江。

因度河　在县东南二十五里。源出谜莫山下，南流会追栗河。

追栗河 在县南三十五里。源出石膏井山下，南流会那库里河。

那库里河 在县南六十里。会追栗河，入那苏河。

那苏河 在县西南六十五里。下至漫海塘，会三岔河。

磨黑河 在县东北六十五里。源出过联山下，东流入把边江。

慢冈河 在县东北一百五十里。源出慢戛山下，南入布固江。

把边江 源出蒙化凤山，会诸水，历景东、恩乐、新抚入境，右会磨黑河，左纳慢冈河，下至等角、猛野、三江口，会布固江及元江，由交趾入南海。

西洱河 在县西一里。源出漫令山下，在县西北十五里。经城西下至三岔河，会东洱河。

自西洱河至小黑江，为府治西北诸水。

仰广河 在县西十五里。下为南岔河，又下为南列河，南流至漫海塘，会三岔河，又会思茅之清水河，入九龙江。

小黑江 在县西北一百二十里。源出威远之暖里山下，会猛乃河、蛮谷河、铁厂河，俱在威远境内。至干仰汛下，为小黑江，江外为威远界，江内为宁洱界，下至那莫汛，为思茅界。下为习环渡，至束乃渡西流会斗母渡，系威远河之下流。南流为八叠渡、打歇渡，俱在威远界内。折而西南流，会猛撒渡，系威远打环渡之下流。为丙堆滩，再下为喇卡渡、整控渡，俱在思茅界内。折而东南流入九龙江。

思茅厅

自清水河至九龙江，为府治东南诸水。

清水河 又名南涧，在思茅城东北二里，在府城南一百二十里。其源出班鸠山下，流经城东下至漫海塘，折西北流，经宁洱县西南境内。会普洱河，入九龙江。

洗马河 在城西五里。源出红坡山下，流经猛旺地，入补远江。

那者河 在城东六十五里。源出猛旺地，入补远江。

猛乃河 在城西十五里。其源有二，一出猛烈河，一出龙潭，至猛乃交会南流至老军田，入普藤界。水极恶毒，夏秋山溪泛溢，瘴毒尤甚，即沿河居民，无有敢涉其水者，盖恶溪也。

南涧河 即思茅河。源出大竹林，自南而下，至蛮过石，与普洱河西流，与南邦河、南戛河会为南送江，又与小黑江会，为打歇江，入澜沧江。

张玉河 其源出于宝盖山左斋公箐，过漫兰村，右下土库村，至太平桥下诸葛营，入南涧河。

呼康河 其源自班鸠山下出箐口，北流，自呼康河西南流至三岔河后，入南涧河。

乃党河 其源自土地塘右，西流至三岔河后，入南涧河。

土库河 其源自倚象了口，南流下漫兰村，左过土库村，转西入南涧河。

水碓河 在城西二十五里。源出普藤地，入南涧。

四十八道河 在关坪外，在城西三百一十里。源出一碗水山下，流经普藤地为四十八道河，入素养江，其下为九龙江。

关铺河 在城南二百四十里。源出关铺西南山中，流至莽芝北，入罗梭江①。

① 罗梭江 原本作“梭罗江”。罗梭江，又名补远江。由思茅市流入西双版纳，经景洪市勐腊县，汇入澜沧江。作“罗梭江”是，今据《新纂云南通志》及下文乙正。

龙谷河 在城东南二百五里，系倚邦地。流经莽芝山下，又东流入老挝界。

罗梭江 在城东三百五十里。源出倚象山中，经整董地为慢盘江，经猛旺地为补远江，经普藤地为罗梭江，经车里界为慢达河。又名龙谷河。会磨者河，源出乌得山下，距思茅三百五十里。流入芝乃江，下会猛仑江，至暹罗国界为打恩江、打丙江，经南掌国猛赛整拉地，为南孔江，出交趾，入南海。

九龙江 在府治南七百五十。上流乃澜沧江，源出西藏喀木匝坐里冈城西千百余里三格尔吉土司南格尔吉匝曷那山，名匝楚河，即古鹿石山也。又一源出匝坐里冈城西北八百余里巴喇克拉册苏克山，名鄂穆楚河，俱东南流，折而南至匝坐里冈城东北三百余里察木多庙前而合，又东南流，合楚楚河、子楚河千余里至巴塘土司南，入边。经丽江府老君山下，其山在丽江府西南二百五十里。按澜沧江之支流自东南下者，纳蒙化、景东、元江诸水，入他郎界为谷麻江，会猛野一带之水，入九龙江。其澜沧江之正流自西南下者，经顺宁府之猛猛、孟连土司界，入威远境为大蚌打环，纳猛住诸水至整控，入九龙江。东南流至素养，右纳流沙河。此河在九龙江外西南境，自猛遮土司地流至打乐隘，入九龙江。至车里为九龙江。又东南流至暹罗国界，经定邦昂一带。折而东流为打丙江，经南掌国界，猛赛整拉一带。为南孔江。又东流至交趾国界，为黑江，入南海。按：九龙江上流，一大蚌，一打环，一双江，一蛮铁，一蛮叠，一蛮白，一猛撒，七隘在威远猛戛、猛班土司界，一打歇，一喇卡，一糯扎，一整控，一困安，一素养，六隘在六困土司界，自打乐隘下，入车里土司界。

威远厅

自威远江至猛撒江，为府治西北诸水。

威远江 在厅城东五里。上流为景谷河，在城东北四十五里，自景东蛮道村山下发源。会母井河，上流为恩耕河。流经城东，下会香盐河。在城东三十里，源出飞龙箐象山。按《明史》注：威远州西北有威远江，一名谷宝江，下流合澜沧江。

南京河 在城东五里，源出香盐井炭山。入小黑江。

清水河 在城东北一百二十里，源出怕坝坡。流经铜厂山下，入威远江。

磨外河 在城东北一百二十，源出景东猛统山下。流至马鞍山麓，会抱母井河。

猛戛河 在城西一百四十里。源出圈糯山下，至蛮白渡，入猛撒江。又名猛缅。

猛班河 在城西南二百七十里。

猛住河 在城西南三百二十里。源出窝乐山下，流至东班滩，入猛撒江。

猛撒江 在威远南猛班土司地，距城三百五十里。上流为澜沧江，上流自丽江府老君山南下。流经缅宁地，入威远猛戛土司界，为大蚌江，又作大筝。为打环江，为双江，为蛮铁江，为蛮白江诸渡，左纳猛住河，南流为猛撒渡，折而东流入思茅界，会习本江。乃威远江之下流。南流为八叠渡，为喇卡渡，至整控，入九龙江。

他郎厅

自谷麻江至水癸河，为府治东北诸水。

谷麻江 在厅西南谷麻塘外。上流自镇沅州地方入境，此水即澜沧江之下流，与威远之猛撒江同源异流者也。下为布固江，为允安江，为阿墨江，在阿墨汛外，距他郎九十里。为挖野江，为普西江，左会普萨江，入里仙江。

猛野江 在厅西南二百九十里。乃谷麻江下流，左会宁洱之猛康河，入鲁马江。

鲁马江 在厅西南三百五十里。源出宁洱之华竹箐，右会猛野江，入里仙江。

里仙江 在厅西南三百七十里。左会普西江、普萨江，右会猛野江、鲁马江，东流为慢丢江。在慢丢村外，入临安土司界，经交趾入海。

东护城河　源出观音山，经农莪、碧朔、须立、章差、乌合各村，沿北而达于郎城东南，经涟漪桥下，至赖蚌村。合班毛、水癸、南谷三河之水，汇流于思南河，而入布固江。

西护城河　有二源，一发于球香箐头，由东北而达城西，入于大河；一发于中岳庙山，由东而达城南，入于大河。

赖蚌河　在城南二十五里。

宿南河　在宿南村，距城一百一十里。

白华河　在城北三里。

那肺河　在城北五里。

布竜河　在城西四十里。

白马河　在猛野村，距城三百里。

恩南河　在果马村，在城西一百二十里。

巴桑河　在巴桑村外，在城西一百八十里。

鱼凫河　在鱼凫村外，在城西四十五里。

水癸河　在城东北二十五里塘房外，为元江州界。

普洱府属山川源委记

普洱府属诸山，论形势者多以为自丽江府老君山发脉，老君山在丽江府西南二百五十里，其山又自乌斯藏葱岭发脉。经顺宁府界，过缅宁厅地方。走澜沧江之东、杉木江之西，分支为二。

一支经镇沅州界，入威远境，威远厅在府治西北。至抱母井，为象山，为麟山，为凤凰山。在威远城东一百二十里，上有元龙寺，内有古钟。

一支走景谷河之西，自景东入境，折东南行走宝谷江，又南行至猛戛，为仙人脚山。在威远城西一百一十里，相传有仙履石，上遗迹尚存。又南为笔架山，在威远西南一百二十里。为磊钟山，俗名吊钟坡，在威远西南一百五里。为龟山，在威远城西五里，山半建城。为牛肩山，在威远城西二十里。南下为白马山，在威远西南一百五十里，相传有白马现于山上，土人追之不见，故名。至宝谷江，会杉木江处而止。

分幹自景谷之西南行，为宝谷江源山，在威远西南猛戛东北。转由猛赖河源山，西折南行入境，走猛赖河之西，起为集翠峰；在威远东南二十里，崔嵬峭壁，古石森嶙，清流回绕，群山拱翠，笔架山峙于左，群峰列于右，为威远郡之名山。西走暖里汛之北，为高峰。在威远东南六十里，峰顶有池，左右产仙韭，高峻莫极。又西南行，为猛住山，在威远西南三百五十里，设汛驻防。至猛赖河会澜沧江处而止。按：猛撒江外为倮黑管，其山上自缅宁地方起，下至九龙江，接壤绵亘七百二十里。

又分幹自猛乃塘之拦马河源山，南行折西至铁厂河，下会暖里河而止。此河入宁洱县境，西为小黑江，设汛驻防。

其分幹经镇沅州界，自版乐山、乌连山，过磨波塘者，俱镇沅州境内。入宁洱县境左，为上把边山，为孔雀屏山，其走把边江沿东而下者为大了口山，在县东一百二十里。右支为过联山，在县东四十里。为猛先山在县东六十里。按《通志》旧为车里地方。为回竜河山，在县东南一百四十里。为等角、猛乌、整董诸山。按：整董有古井，为蒙诏时叭细里试剑处。

其走把边江以东，布固江以西，由镇沅界自新平之谷麻南走他郎境，过县属之漫冈河源，东南行者为通关哨山，在县东北一百八十里，有通关汛经历司署。为湾腰树山，在县北九十里。南走把边、布固两江间，东南至三江口两江会处而止。

其走把边、松了西下者为磨黑山，在县东北六十里，产盐卤。至板底箐分支而下，为黄栗山，为安乐山。在县东北六十里，产盐卤数区，小井有石盐未开采。

其正幹由土地塘过峡者，分支为三：西支北行为白龙厂山；在府治北三十里有铜厂，康熙四十四年总督贝和诺题开，乾隆十四年封闭，其脉由诰轴山西北行者至小江止，其由诰轴山西行者至王家田，过峡耸起为大黑坡，后转回班海，下至芦山止。又白龙厂山外，为铁厂河塘，为西萨汛，下为五里坡，俱威远厅境内。东支南下者为杨家寨山，为那整山，为回龙山；在县东二里，常有夕阳返照，后至新寨山止。中支耸起为茶庵山，在府治北三十里。山半又分支为三，右支西行为大黑坡山，在府治西北三十五里。为当归山，在县西北六十五里。为班茅山，在县西北八十五里。转东西行者为蛮令山，为攀枝花山。

中支南下者为玉屏山，在府治西北二十里，即大平掌。为观音山，在府治西北二十里，上有大土阁，明万历间土舍那天福建，下为马厂。为诰轴山，在府治北六里，上有缅寺旧基，双峰并峙。至望城坡过峡，左为演武厂，右为三营马厂。耸起为凤凰山。在府治北里许，形势开张，如凤舒翼，相传武侯南征，结营于上，山麓建宁洱县城，乃正幹之中支也。

左支东行，自杨家寨出拦虎坝，旧名拦河坝。下至那整，耸起为锦袍山，在府治东二里，一名光山，常产兰蕚，上有钟鼓楼，系嘉庆二十二年建，其脉由那整后，一支走猛先下至整鲁，入整董土司地，至马鞍山过峡耸起班鸠坡，入思茅厅界内。为文笔山。上有凌云塔，系嘉庆二十一年建。

右支南下者为太乙山，在府治西里许，一名贵人峰，一名老翁山。又下耸起为天笔山，在府治西二里，形势如笔，山半有普安、普祥二寺，有普陀岩，山顶有仙洞，有晓霞山，下有崑池龙潭，山后为热水塘山，为三家村山，又后为小黑山汛防江。转西行者为猛泗山，在县西南六十里。为红石岩，为芦山，在县南一百余里，乃右幹之分支也。转南行者为圆照寺山，在府治西南三里。为双狮山。

又一支自猛先西南行，转郡南为无影树山，在府治东南十五里，上有万年青树二株，土人祀之。为腊门口山，为猿猴山，在县南十五里。为猛海田山，在县南三十里。为那库里山。在县南六十里。

其分幹走谜莫者西南行耸起，为仁寿山，在县南十五里，山半有旧迴龙寺。为双星山，南县南十里。东南行，为石膏箐井山，在府治东南三十里，有盐井，乾隆五十八年开，嘉庆四年定额，五年加煎，隶普洱府管理。道光六年改归迤南道，其脉由磨黑南下至猛先，分支从水箐山顶行至三柯庄塘，过峡连起数峰迤逦行来。至追栗河左，旋为石膏箐山。其又由猛先分支者下，走整鲁、整董，至马鞍山大段过峡，下走班鸠坡，入思茅境，乃大幹之左支也。

一支自整董行，此乃由把边分支而下者。至马鞍山，过峡耸起为班鸠山。入思茅界，在厅城五十里，高出众峰，天气晴明，常有云封雾锁，路行绝顶，云在山腰，经过者如置身霄汉之上，山麓建思茅厅城。

分幹西行为清水河，源山东南行为追栗河山，又南下入思茅境，为观音山，在厅城南十三里。为大青树山，在厅城南二十里。为永靖关山。在厅城南二十五里，拨官兵四十名、差役十名、号书一名驻防。又西南走，为玉屏山，在厅城西南八里，山势峻峭，群峰攒列，俨若屏风。为香炉山，在厅城西七十里。为白马山，在厅城西三百余里六顺土司地。折东南而下为大川原，在普藤坝中，南距厅一百余十里，相传蛮人养象处。为孔明山在厅城南四百余里，在六茶山中，相传孔明寄箭处，上有祭风台旧址。至普藤官铺北，分支为二。

右支走大开河以南、官铺河以北，至两河相会处而止。左支南下，自孔明山南行为尖峰山，在厅城南三百余里。为橄榄坝山，在厅城南五百余十里。缘九龙江而下，东南折小猛养，在厅城南六百余十里，即车里宣慰司驻处。东沿官铺河南行者为双象山，东南走猛仑至偠梭江，会九龙江处而止。

其分幹自那库里东南行，分一支南行，走思茅东为倚象山，在厅城东二十五里。为宝盖山，在厅城东十二里。为迎恩山，在厅城东四里，有接官厅。为营盘山，在厅城东五里。为斗宿山。在厅城东里许，上建斗母阁。又分一支西行为精金山，在厅城西南三里，形如覆釜。为南送山，在厅城西十里。走龙谷河，会大开河处而止。

又分幹自龙谷河源东南行走十二版纳，其东南行者沿里仙江走入老挝界。

一支折西南走者，经猛乌、乌得、整董、猛腊、易武、猛㑚各界内，又西行为六茶山，一攸乐茶山，在府南七百零五里；一莽芝茶山，在府南四百八十里；一革登茶山，在府南四百八十五里；一蛮砖茶山，在府南三百六十里；一倚邦茶山，在府南三百四十里；一漫撒山及易武茶山，在府南三百八十五里。折行九龙江，东南走入暹罗、猛辛、南掌、猛乂、猛混各界。

其大幹自老君山分支入剑川境者为观音山，又一支入大理境者为点苍山，自剑川观音山沿洱海之东入赵州境之左为定西岭，南行入景东境为无量山，下入抱母井及威远、宁洱、思茅境内。诸山详上。自定海岭西行折南出河西、通海，经元江地，走阿墨江以东，由新平哀牢山南入他郎境者为遮蔽灵山。在他郎北四十五里，中有石洞，常见云色绕护。分支为三支，西行走中箐寨，过小河源折东行，过慢会河源南行，抵甸索河，会阿墨江处而止。一支南行走小河以东，为红岩山，在他郎西三十里。南抵两河会处而止。正支东南行走厅治东北，为观音山，在他郎东二十五里。为琥珀山，在他郎东北十五里。为葫芦山。在他郎东北二里。又西南行者为水癸山，在他郎东北十五里。为球香山，在他郎东八里。为九叠联珠山。在他郎东门外山麓建城。其西北行者为蛇山，在他郎北二里。为狮山，在他郎北五里。为白鹤山，在他郎北二十里。为得宝山。在他郎北四十里。其走甸索河之北、他郎河之南者为笔架铁山，在他郎南十五里。为马龙山，在他郎南十里。为舞凤山、在他郎南五里。为蝴蝶山，在他郎南三里。南抵两河会处而止。

其由谷麻江之西行者为邦轰山，在他郎北一百二十里，设汛驻防。为宿南山，在他郎西北八十里，设汛驻防。为海门山，在他郎北四十里。为鱼凫山。在他郎西四十五里。西南行者为黑龙潭山。在他郎南四十五里。

大支东行走甸索塘，入元江境。为磨浪诸山。其分支折入东南下者为太极山，在他郎东南六十里。为般中山，在他郎东南五里。为元龟山。在他郎东南三里。又转而东者为象鼻山，在他郎东六十五里。为播妈山，在他郎东一百八十里。为昌坪山，又作唱聘，在他郎东南二百里。为猛野山，在他郎东南五百余里，有盐井，道光六年封闭，未开采，产石盐。下入整鲁、整董土司地，出交趾。

分支转而东南者为双柱山，在他郎南三十里。为赖蚌山，在他郎南。为坤戛山，在他郎南四十里。为大小猛连山，在他郎南四十五里。为老苍山，在他郎南五十五里。为瞻鲁坪山。在他郎西南六十里。

其走红石岩分支而下者为玉瓶山，在他郎西二十里。为古硐山，在他郎西六里。为四角营山，在他郎西四里。为布固山，在他郎西十五里。为班了法山。在他郎西南九十里，至深沟，为宁洱县界。

其分支自观音山走西北而下者为补纲山，在他郎北二十五里。为绣毬山，在他郎北四里。为兕牛山，在他郎西北十里。为牡丹山，在他郎西北十三里。为挖岩山。在他郎西五十里。

其九龙江以西棘蒜江以南诸山，自孟定土府东南猛董南一支，折东南行走南董河以南，分一支东北行走猛滲，抵猛滲河而止。

其正支又东南行，分一支走康郎河北，又东走猛尹南为邦董山，在猛猛境内。猛尹河出其北麓，北流入棘蒜江，其南麓之水入康郎河。

又东抵澜沧江分支南北行，其南行者抵康郎河，入澜沧江处而止。

其正支又东南行过康郎河源，又东南过蛮河源，折而西行者为募乃山。在耿马宣抚司东南募乃寨。谨案：山出银矿。

又东走猛朗北，又东南走猛宾东，又东南走漫路河，东北整控江，西南经猛暗等野人寨，又东南走九龙江南车里八猛境内，其最东者走车里宣慰司旧城，为九龙山。在九龙江西南岸。谨案：旧车里司在其地，今移至江内小猛养。

其大支南走猛往顶真为三尖山。在攸乐西一百二十里。

其南走打乐、猛板出边者，入缅甸猛麻、漫牛、猛类界，其东南走猛笼南乃出边者，入暹罗定邦昂界。

其正支又自蛮河源南行，过丙河源，又西南走孟连境，折东南行走小猛朗南，又东南走漫路河西、孟连河东、车里、猛康、猛莽、猛遮境内，南行入缅甸大猛养界。

〔据郑绍谦纂，李熙龄续纂道光《普洱府志》（清咸丰元年刻本）卷六《山川志》第 14－27 页辑录。〕

（民国）江城县政府征集省志资料·境内之水系温泉河流

境内之水系温泉河流

境内水源，发自中部之杨柳沟，水流浅小，搴衣可涉。东南行七八十里，经东一区茗海乡，称为腊户河，又南行数十里，至南一区庆云乡，与县城之草皮坝河相汇，水势始大，趄而西行，经西区宝藏乡营盘山脚，复向北而行，至猛野井，称猛野江。前光绪间，于渡口设船二支，水夫二名，以渡往来行人。民国初年已无存，今则于夏秋水涨时，另设小船以渡之。由猛野复北行，经北二区宝藏乡，更北流至北三区普惠乡鲁马渡口，则与李仙江汇合，复东行为居浦渡、李仙渡及坝溜等大渡口，以江渡与墨江县分界。更东南行，流入法境，再行五百余里，而为猛莱大渡口矣。县治东南西北，俱为江流所环绕，此江城县名所由称也。至江流并无变迁，亦无温泉毒泉，故未载及。

〔据李文新纂《江城县政府征集省志资料》（国家图书馆藏民国二十二年钞本）第 17 页辑录。〕

（民国）江城县志初稿·山川志·水流

山川志　水流

境内水源，发中部之杨柳沟，水流浅小，搴裳可涉。东南行七八十里，复东行，经三区茗海乡，称为蜡户河，又南行数十里，至一区庆云乡，与县城之草皮坝河相汇，水势始大，趄而西行，经三区定越乡，出二区宝藏乡营盘山脚，复向北而行，至猛野井，称猛野江。由猛野井复北行，经二区宝藏乡西角，更北流至二区德厚乡鲁马渡口，则与李仙江汇合，水势益大，复东行经二区嘉禾乡，为居浦渡、李仙渡及坝溜渡等各大渡口，以江渡与墨江县分界。更东南行，流入法境，再行五百余里，而为法属猛莱大渡口矣。县境东南西北四面，俱为江流环绕如城，此江城县名所由称也。

〔据民国《江城县志初稿·山川志》（云南省社会科学院馆藏钞本）第 9 页辑录。〕

楚雄州

（隆庆）楚雄府志·地理志·山川

卷一　地理志　山川

楚雄府县附后，俱同

楚雄之山，东曰慈乌山，城跨其上。山麓有凤泉，泉自地涌沸，清冽甘滑，四时不竭，注而为池。其下为东清坝。以注凤泉之流。又三里，为平山，有河。源自南安，经郡北入龙川江。三十里有梁王坝，元梁王所筑，弘治间。有水自南来，迳腰站，入大河，跨以石桥曰凌虚。五十里为阿南涧。西临城者曰峨碌山，上有硪碌石，形如屏，高八尺余，郡之得名本此。教授俞经诗："岩岩峰顶石，万古峙嵯峨。勋业由人建，谁能共不磨？"稍左曰鸣凤山。蜿蜒起伏，环峙十数里，相传蒙氏景庄时有凤鸣于上，故名。又一里曰文殊山，侧三里曰捣练溪，水宜酿酒。八里曰波罗涧。山麓有夜合树，树下有卤水，元至正间开井煎盐，设官输课，今废。又十里曰卧龙岗，十二里曰观音山，十五里曰漂浴塘，二十五里曰薇溪山，山高千仞，峰峦叠耸，时有兴云作雨之灵。麓有龙泉，春初祀之。三十里曰紫溪山。在薇溪右，高与之并，树木荫森，峰峦秀丽，内有旧庵及新庵，郡人多藏修其间。俞汝钦歌："陟重冈，入盘谷，幽奇别是神仙窟。转危磴，登层台，爽气真随风雨来。十里苍松，万竿修竹，怪石嵯峨虎豹蹲，古湫滃漾蛇龙伏。野花烂漫，好鸟间关，远峰拱揖，碧水潺湲。境胜地偏人不到，乃有咨伯子，弄丸于其间。旭日当楼，方床睡起，无累故欣，有得辄纪。闲对辋川之图，静观涑水之史，或采药于岭外，时垂钓于溪边，间藉草而命酌，遂枕石而独眠。牧笛朝来，樵歌暮往，既泯世纷，亦绝尘想，忘形宇宙之中，寄傲羲皇之上。居奚宜？莫如春，千峰改色百卉新。挥麈老僧肃作礼，载醪村叟醉相亲。又奚宜？莫如夏，无蚋无蝇事亦诧。梅雨中宵洒树间，松风一枕来窗下。霜林五色忽逢秋，岑寂空斋万感休，试向青天搔首问？朦胧皓月每当楼。冬可赏？更有雪，一夕林峦皓且洁。不观造化工，岂识人为拙，闭门却忆袁安贫，卧泽仍怀苏武节。山中风景四时嘉，有诗堪咏酒堪赊。过隙几曾惊岁序，凭轩时复饱烟霞。吁嗟！紫峰之可居有若此，更莫浮沉于里閈，驱逐于天涯。君不见，陆浑元德秀，匡庐刘凝之，雅怀原与溪山宜，坦夷高洁真吾师。长啸起携如意舞，莫嗟生晚不同时。"水自紫溪流出二十里，绕卧龙岗，跨以石桥，曰卧龙岗桥。四十里曰济川桥。桥为郡第一。南曰雁塔山，即古金矿山，风气明秀，为郡学案山。南一里曰大坝。今废。十五里曰凌霄山。西南二十里曰天马山，北半里曰龙川江。源自沙桥平夷川，至吕合绕清风坡，下合诸水，为峨碌川，迳郡自北而东，经定远界，入金沙江。又北五里曰锦囊山，形如锦囊布地。八景：〔……〕曰"莲池夜月"，在今龙泉书院内。池周匝拾数丈，植莲于中，幽馨秀色，蔼然可掬。邵敏诗："嫦娥夜何其，眷兹莲池水。上下发清风，幽人独延伫。"陈时雨诗："香飘桂影轮中现，白浸荷花镜里看。"〔……〕曰"莎涧清泉"。在府南三里。山涧有泉涌出，声如漱玉，甚寒冽，取以烹茗，尤为香洁。邵敏诗："活水流昕夕，天光共云影。蒙庄如相遇，一掬须摒饮。"〔……〕

镇南之山，近治而雄峙者，惟鹦哥山。林木繁蔚，鹦鹉时集其上，故名。东有古井，其水甚佳。五里曰金鸡山，高耸超出群峰，每日将升岭，如火轮初发，昔有金鸡见于上，故名。下有丹桂井。路有黑泥桥。〔……〕八里曰观音洞，有酒泉。三十里曰龙泉，深泓莫测，岁旱，祷之应。西南一百八十里曰马龙江，源出蒙化，由定边会北崖赤水河至阿雄麓，山狭水怒，人以藤度之，其流南入元江。西五里曰丹桂桥，三十里曰白塔桥，六十里有热泉。〔……〕

南安之山，在治南者曰凤凰山，形如凤头，有土主庙居凤翅上，神甚灵应。半里许有大井。其形方正，其泉寒冽，州民咸利之。治东隅曰乌龙山，树木耸密，形势秀丽，中出泉，有龙，祷之即应。东北二里曰石井。其泉涌出，随取随满。〔……〕东二里曰古井，泉水清洁，四时不竭。三里曰白沙泉，古之温泉，沐浴土人杀犬献之，遂为寒泉。五里曰苍山。山畔有泉，泉池有黠龙，可祈年丰。西南九十里为表罗山，产银矿。北半里有迎恩桥，二里有新石桥，三里有济川桥，东半里有水井桥，二里有擢秀桥，四十里有妥稍桥。八景：一曰“苍山灵雾”，二曰“龙潭活水”，三曰“沙泉涌碧”〔……〕。

定远之山，东三里曰象鼻山。〔……〕独立山，一名诸葛山，一名破军山，状如圆树。相传孔明过此异之，掘断其左右，以泄其气。旧有盐井，今卤水已竭。下有白石泉，民资灌溉之利。近城有琅溪。出盐泉。城内有文井，在学内。桥十一：曰利市桥，曰迎恩桥，曰会基桥，曰拱极桥，曰观音桥，曰济通桥，曰天神桥，曰双桥，曰土河桥，曰石河桥，曰五马桥。在黑井。〔……〕

广通之山，近治者东山，势如鱼跃龙门，县治一景，名曰“鱼跃东冈”。东去三里曰高登山，元时有盐井，建盐司于此，又名盐苍山，今废。清风河绕其下，建清风桥。河发源于赵卜关，流行于枯木村，今建桥于上。五十里为舍资河，源出武定，东流南安州界，至元江入交趾。东北十里曰鹤翥山，形高大如鹤，环绕县治，交会于大河，接壤于武定。崇林深涧，樵牧树蓺，居民便之。按鹤翥者曰蟠龙山，蜿蜒盘曲，龙泉甘冽，四时不竭。雕龙河出其下。源出阿陋香山，先土官段时可开渠，引水于蟠龙山南，灌溉县前之田亩。西二里曰凤山，形如飞凤，阴雨初霁，时或有仙羊出没于上。下有立龙河，跨以明月桥。源出马鞍山，流至孤山角，绕县西定门外。〔……〕南三十里有罗绳河。流接黑井，至金沙江而出。〔……〕北三十里曰大河口，源出楚雄，春夏水势汹涌，险不可测。八十里为乾海子。与武定府接壤。嘉靖七年，凤朝文叛，率众来劫。居民尚武，遂与之斗，力不能支，从之。劫县治，杀伤者众。〔……〕

碍嘉之山，近治者曰黑初山。〔……〕八里有麻架桥。沿桥积石，流波滚出。景泰间，知县熊飞创建，缭以横槛，覆以板屋。嘉靖二十九年，杨江永重修。〔……〕河绕其下，曰北门河，东南二里有鱼装桥。〔……〕十五里曰麻纽河桥。石崖错出，滚蓝翻白。弘治间知县虎臣创建，以屋盖之。嘉靖二十八年，知县杨江永重修。〔……〕西四里为南果罗泉、马鹿塘河。〔……〕五十里为上江河，与南安州分界。北二里曰碓臼河桥。〔……〕

定边之山，治后曰真武坐台山。〔……〕前曰定边河，环县皆山，山下多田，中有河道出县前坡下，发源于蒙化府罗丘场湾，流于各山之箐，经于窝接河，即今和才村，会于蒙化河，旁行于元江府。五六月大雨时行，田禾淹没，其水汹涌无渡。东曰环川。西河合流，水澄澈湾环，故名。〔……〕桥二，曰德胜桥，曰平夷桥。今并废。〔……〕

〔据徐栻、张泽纂修隆庆《楚雄府志》（杜晋宏校注，杨成彪主编《楚雄彝族自治州旧方志全书·楚雄卷上》，云南人民出版社2005年版）卷之一《地理志·山川》第23页辑录。境内桥梁之名称、位置间载其中，可参。〕

（康熙）楚雄府志·地理志·山川

卷一　地理志　山川（山略）

楚雄府

楚雄县

龙　泉　在府治南雁塔山下。池水澄洁，应月而潮。

凤　泉　在慈乌山麓。自地涌出，四时不竭，注而为东清坝。

捣练溪　在治西三里。流泉三叠，清冷如镜。

波罗涧　在治西八里。

大　江　自蒙化，经过州、镇南界，历楚雄，达碍嘉、沅江，通交趾，入于海。

龙川江　在府城北。源自镇南，流经府城，合诸水经定远境，入金沙江。

马龙河　源出镇南，经那来、乃弥里入江。

伯鱼河　在治西五十里鹅毛岭下。

席草湖　在治南，周匝五里。

曲甸湖　在府东北三十里。

镇南州

白龙河　在城南，名虹江。源出苴力铺，又名苴水，经州治汇府治大河。

马龙河　在州治西南一百八十里。

清水河　在城东。

响水河　在城北十里。

古　井　在州治东门外。水清而甘，汲之者众。

丹桂井　在城东五里，路有黑泥桥。

氿　井　州治东五里。在观音洞傍，泉水颇佳。

温　泉　州治西南一百五十里。在黑泥山，喷涌清润，远近男妇多来就浴。

龙　潭　坐落有四：一在州治蓡蕨厂十五里，灌溉千亩；一在州治南三十五里力戈村，灌溉尤广；一在州治西北二十里双甸；一在阿雄乡之七村，深不可测，相传有叶坠潭，鸟即衔去。

南安州

妥稍河　去城四十里。流经楚雄东界，与沙甸河合流。

沙甸河　去城八十里，经易门界入沅江。

黑石河　去州城一百余里，经新平界入沅江。

卜门河　在旧碍嘉县东北三里，一名大场江，经新平界入沅江。

上江河　在旧碍嘉县东五里，即府大江流下。

白沙泉　在城东三里。泉水涌溢，灌溉田亩，每岁春初祀之。

黑龙潭　在州治东七里。

石　井　在州城东三里。

果罗泉　在旧碍嘉县四里。

广通县

清风河　在县治东三里。发源赵普关，流枯木臼，今建桥其上。

立竜河　源出马鞍山，流至孤山，绕县西门外。

阿陋河　源出阿陋井香山。

雕龙河　源出阿陋井香山。先年，土主簿段时可开挖引水至县前灌田。

关山河　在县西五里。源出赤摩村，东至武定、元谋，流于金沙江。

舍资河 源出武定府。东流南安州界，至沅江，入交趾达海。

大河口 在县北三十里，源出楚雄。

罗申河 在县北五十里。流接黑井，入金沙江。

温　泉 距县东南八十里。水极清澈，乡人往浴，可愈风疾。

井　泉 县南门外金官井，泉水甘美。

罗苴甸河 在县南[1]五十里。四山周环，一水东注。

乾海资 在县北八十里，与武定接壤。昔凤朝文叛，率众来劫，居民力战不支，虽为胁从，终以斗胜。亦邑中要害区也。

定远县

龙川江 一源出邑西二十里斗箐，一源出邑北五十里老虎箐，二派合流，会大河，入金沙江。

温　泉 在地杂村。每季春，远近赴浴者甚众。

瀑布泉 在化佛仙旃檀林之侧。有水悬崖而下，如珠箔掩映。

石羊井 邑西四里。有石如羊，人动之则水溢。

文　井 文庙庑下。

武　井 旧所治。

龙马池 在邑西南二里。

文龙川 在云龙山下。

清水河 在邑东二十里。

紫甸河 在邑西十五里。

木土竜河 在邑南二十里。

苴苗河 在邑东六十里。

青场河 在邑东七十里。

大基河 在邑东北三十里。

龙川江 在黑井中，即楚雄龙江下流也。

三道河 易者山、观音阁、加场村三水合一，西入龙川江。

龙门溪 在司治北。昔多水患，建塔镇焉。

七局龙池 在司治西北。相传有龙潜其下，天将雨，土人闻山鸣如雷。

菖蒲潭 在司治西隅三里许。古传福海龙居焉，井卤发源于此。

黑　井 一名大井，一名西井。在司治右，卤水出其中。

东　井 在司治大河之南。卤出河中，砌石为井。

复隆井 在司治北。初名崖泉井，改名复隆井，较诸井更咸。

白石泉井 在黑井之北，久废。

南山庙井 在司治东南，久废。

琅　溪 在琅井。自定远发源，东入楚雄大河，合流金沙江，井民夹溪而居。

濯乐河 在司治东北。发源菖蒲潭，会入井溪，为居民祓禳之所。

龙　潭 在笔架山麓，一名龙泉沟。四时不涸，祷雨即应。

---

① 南　原本脱，据康熙《广通县志》补。

琅　井　在宝应山麓。《南诏野史》云神狼舐地而卤出，故名。后改狼为琅，今因之。

定边县

定边河　在县治前。源发蒙化，流入沅江。

环　川　发源漾濞，经蒙化名曰西河，沿威宝太极山湾环流出。

牟苴河　在县西十里。

白崖河　在县东十五里。发源云南县梁王山，经迷渡，在彼为里社江，在此为白崖河，入定边东涌村，合定边河、环川之水，出永胜厂，总归沅江。

阿集苴河　在县南五十里。源发无量山，流入景东府。

澜沧江　在县西南一百五十里。发源外域，入永昌、顺宁、蒙化、金沙罗、无量山，下景东宝甸，入锦龙江。江内县辖，江外即云州境，其水深汹涌，两岸壁立，滇河奇胜也。

大水井　在县东山。

麯　泉　在县治后。水可造麯，故名。

温　池　在坐台山前，人往浴焉。

〔据张嘉颖纂修康熙《楚雄府志》(《中国地方志集成·云南府县志辑58》，凤凰出版社2009年据清康熙五十五年刻本影印）卷一《地理志·山川》第14－23页辑录。〕

（嘉庆）楚雄县志·天文地理志·山川

卷一　天文地理志　山川

大凡两山之间，必有川焉，山储材用，川通舟楫，地之理也。邑之山固有材用，川则不通舟楫。第山川清秀，古志所称。祥（详）察其概，城所依山，来自西洱，哨地皆山，联络景东。大江流于交趾，龙川入于金沙。其仰止向若者，讵不关于治道欤？志《山川》。

山川提纲

全滇诸山皆发脉于丽江之雪山，由石鼓连绵横亘至剑川，曰老君山，作全滇鼻祖。左则金沙，右则澜沧，二水夹之。其南出点苍、蒙化、景东，地尽滚龙；其北出永北、大姚、马街，地尽金沙；中支自剑川、宾川、西洱逶迤，经姚州、镇南至楚雄母掌，结紫溪山下白宰。自北而南至达左山，南入南安州，由乌龙逆转楚邑之十三湾，盘折东下，胚胎黔、粤七省。楚城自达左大幹旁出一支，由六宜下竹园塘，右则大琶，为南幹，关城左则小琶，为楚脉。关城北向五街子、日月过峡，至花阱白山哨，逆转而西，又转而北，转而东，至鸣凤山，反转而南，横落雁塔山，结楚城。〔……〕水发源于定远紫甸河，出镇南，至吕合，会邑西一带诸水，至城北为龙川江。西会三道河，东会青龙河，自北流东，会定远河，达黑井，入金沙江。山环水绕，重重关锁，而其中一山一名，一水一名，皆山川所融结。一一胪列，用以助览胜探幽者云。

（山略）

龙　泉　在城中雁塔山下。

凤　泉　在城外慈乌山麓。自地涌出不竭，注为东青坝。

大龙箐　在响地坡。泉水四溢，浸灌卜鲁、竹园、菉嶷、兆吉四村田亩。

捣练溪　在城西三里。流泉三叠，濯练最白。

波罗涧　在治西八里。

永盛大江　在治西南。自蒙化、赵州，镇南之阿雄、英武，历治之自雄、江外二哨，达碍嘉、沅江，过交趾入海。

龙川江　在城北。源出定远紫甸河，历镇南，流经郡城，合诸水，东至定远，达黑井，入金沙江。

马龙河　在治西南。源出镇南阿雄乡之一街，经那来、乃弥二里，入永盛大江，下元江。

伯鱼河　在治西五十里鹅马岭下。源出镇南洒坡武，入马龙河。

三道河　在治西十里。汇三河，入龙江。

青龙河　在治东五里。汇南界诸水，入龙江。

大石河　在治西三十里。源出紫溪山，绕大路，入龙江。

方家河　在治东三十里，北流入龙江。

梁王河　在治东三十五里。

云甸河　治东六十里。

罗么河　治东六十里。会云甸河，南流入广通之螺川。

席草湖　在治南近新街。周匝及七里，宜席草，今名海子。

曲甸湖　在治东北三十里。周匝三里有奇，近凌虚街。

〔据苏鸣鹤修，陈璜纂嘉庆《楚雄县志》（熊次宪校注，杨成彪主编《楚雄彝族自治州旧方志全书·楚雄卷上》，云南人民出版社2005年版）卷一《天文地理志·山川》第634－637页辑录。〕

（宣统）楚雄县志述辑·地理述辑·山川

卷二　地理述辑　山川（山略）

中国名山大川久矣，标题《一统志》及各省《志》，至郡县之一乡一邑，岂无明秀辉媚之称，则志地理者，山水所必著述矣。楚县大幹所经，长川所流，旧《志》第统论之曰“山川提纲”，究竟脉络未分。今仿《通志》例，备考支幹源流，分析注之，庶寓于目而瞭然会诸心，而心豁然，不啻列眉指掌云。

水

楚县之水，龙川江、永盛江为大。东北之水悉归龙川，西南之水悉归永盛，惟东南打苴河不入龙川、永盛，而向东南流归南安州境之三家厂江，即《通志》所谓录汁江。兹以龙川、永盛、打苴三水为经，而以诸小河为纬，庶有条不紊云。

龙川江　一名德江，一名峩㟥川。源出镇南州西苴力铺山，经镇南为白龙河，入楚县境为龙川江，东流至吕合驿，紫甸河水注之。紫甸河源出定远县西紫甸乡化佛山，南流至吕合驿马家庄，距城北五十里汇白龙河，谓之合襟水，入龙川江。又东流至济川桥，一名钱粮桥，下马军河水注之。马军河距城西六十里，源出母掌山麓，向东北流经阿章郎、安长河、杨巡铺，至火烧桥入龙川江。又东流至旧吕合丁旗屯，吴太河、大石河水注之。旧吕合小河水距城北四十里，源出叶子箐，与丁旗屯小河水源出朱泗冲，合流经小庄、龙脚湾，南流入龙川江。吴太河小河水距城北三十里，源出大冲，经姚家冲、马房，南流入龙川江。大石河距城西三十五里，源出大风丫口，经沈家梁子、力角冲，汇大石铺、大尖山、毛草坪诸水，北流入龙川江。又南流至三家塘，三道河水注之。三道河源，一出瓦坞海，距城南三十五里，流经大小波岩、二步梁；一出九族河，距城西三十里，流经日落村、大石碑；一出猢狲阱，距城西四十里，流经冷水河几子湾锅底厂。三水汇合，谓之三道河，北流至长庚桥，入龙川江。又南流至躲城湾，九莲山小河水注之。躲城湾江水，二、八月澄清，行人过江岸，时见南城雁塔倒影江心，为吉兆。九莲山小河距城西六里，源出峩㟥山，后经祭天山，一名文殊山，汇卧龙冈、米红村、石丫口溪水，北流入龙川江。又折而东流至城北，即县城八景中“北浦朝烟”也。流至一字文星山锁水塔，青龙江水注之。青龙江一名平山河，距城东三里，源出南安州西山，向西北流经大琶太平桥，又折而东流，出马房、石坝、周溪河，左纳马军河、天子塘小河水，又北流至马家桥，右纳野马冲、中上本、白龙阱、波罗涧小河水，又绕城东青龙桥，北流至锁水塔，入龙川江。又东流至曲甸，石头河、方家河、冷水凹诸水注之。石头河距城东二十里，源出水车哨山后，汇老寨山、览经坡、马石铺山后诸水，北流入龙川江。方家河距城东三十五里，源出象头山，红豆冲、神树坡、蒋家山诸水，汇合北流，至凌虚桥入龙川江。冷水凹距城北四十里，源出王三冲蜂窝河，经长岭岗下，诸水汇合，东流入龙川江。又折而北流，过石涧铺、广通地。羊角村，下黑井，定远地。经马街、龙街，元谋地。入金沙江。

右龙川江在楚县北境内，右纳支流四，左纳支流七。

永盛江　一名礼社江。源出云南县梁王山，经蒙化，汇阳江，过南涧旧属楚雄府定边县，今属蒙化厅。鼠街，向西北流入镇南州之阿雄乡，纳一街河水，至车尾，入楚雄县。桥为界，右有小马龙河、白鱼河、邑社河、马龙河，左有安乐甸山河、团山河、布广河诸水注之。小马龙河距城西三百里，源出镇南永宁乡，汇羊草河，东南流入楚县前河哨三街一带，与后河哨法署河西流至铁索桥，入永盛江。白鱼河距城西一百五十里，源出镇南阿雄乡洒坡五，南流经楚县高山阱，过碧鸡哨、瓦姑哨地，入马龙河。马龙河距城西南一百四十里，源出镇南永宁乡，为小阱河，又东南流入楚县，过碧鸡哨，下瓦姑哨，右纳白鱼河，左纳邑社河，南流绕南安州境，入永盛江。安乐甸山河距城西北三百六十里，源出大火塘，经清水河，左纳达那山、炒豆山诸小河水，东流入永盛江。团山河距城西三百六十里，源出保唐山，经着摩山西，社路、平掌各小河均东流入永盛江。布广河距城西南三百七十里，源出陇岗大西山，经三街小河边、二道河，与碍嘉交界，东流入永盛江。团山河距城西三百六十里，源出保店山，经着摩山、西舍路、平掌各小河，均东流入永盛江。又南流入南安州碍嘉境，下石羊江。

右永盛江在楚县西南境内，右纳支流三，左纳支流三。

打苴河 在楚县东南境内，距城百里。源出紫㹀山，下流岔河，罗摩河水注之。岔河源出力角山，距城南八十里，溪水下流为大阿郎河，又出黑苴利山，距城南八十里，溪水下流为新村河。二河合流为岔河，南流入打苴河。罗摩河距城东南七十里，源出歪头山东面毛溪冲，溪水下流为毛草坪河，右纳樟木阱、摆拉、大云甸河，向东南会罗苴甸山之水，折而东流，入打苴河。又南流入南安州境，左纳妥稍河、萨甸河，右纳广通县罗川河，入歹摩古，南流下南安、易门三家厂江，即《通志》所谓录汁江。

右打苴河在楚县东南境内，左纳支流二，然后流入南安州境。

论：楚县旧《志》，寻之数年，仅得首卷，前后残缺，中有《山水志》，记某山某水在治东若干里，某山某水在治西若干里，第记其大概，未详其支幹源流如何东去，且不列《地理志》，如城内三山不注虎山，龙川江源出镇南西苴力铺山，误为源出定远紫甸河。兹特添注改正，仿《通志》例，分清山脉水道，列于《地理志》中。大抵地理以山川为要，山川分晰，则疆域、道里可执简以稽，岂徒为卧游具哉！鄙人非好事为之也，惟后览之君子谅之。

〔据崇谦修，沈宗舜纂宣统《楚雄县志述辑》（《中国地方志集成·云南府县志辑60》，凤凰出版社2009年影印本）卷二《地理述辑·山川》第9页、第17－21页辑录。〕

（康熙）武定府志·山川志

卷一 山川志（山略）

和曲州

香水泉 在城东二里。春时水香，饮之消疾，夏日洗头去风。

盘龙河 曲绕迂回，襟带府城。

鸠水河

补天泉

饮马泉

清水泉

龙 口

银槽河 在城西南二十里。水味甘洌，盛夏沁齿。

阿 河

乾 河

白龙井

乌龙井

仙人洞

古白洞

勒洟水 流入金沙江。

金沙江

元谋县

西溪河 在县西南。自镇南、楚雄流至法纳禾，入苴宁，达金沙江。

金沙江

温　泉　在法纳禾。

禄劝州

盘龙河　由府城绕州西南，入掌鸠河。

掌鸠河　在州东门外缉麻。东南流，折而北入普渡河。

鹧鸪河　在州北一百里，即掌鸠河上流。

普渡河　在州东一百里，东北流入金沙江。

二道河　在州北一百五十里。

三道河　在州北二百里，掌鸠上流，随曲得名。

温　泉　有二：一在普渡河内，一在掌鸠河内。

惠嫋湖　详《景致》。

大龙潭　在州东南十五里纳吉村前。长十余丈，宽五丈，冬夏不涸，纳吉村田资其灌溉。

小龙潭　与大龙潭相连，灌七星庄田。

大弥陀潭　在州东南六十里。出本庄山上，本庄民引灌田。

乌龙河　泉出乌蒙山下，流为河，取水者必屏思，盖稍有声响，水即不入器中故也。

哑　泉　在州东北鹦鹉嘴下。误饮者不惟令人哑，且以伤生。

金沙江

〔据王清贤修，陈淳纂康熙《武定府志》（国家图书馆藏民国年间钞本）卷一《山川志》第 34 – 36 页辑录。〕

（光绪）武定直隶州志·山川志

卷二　山川志（山略）

武定州

香水泉　在城东二里。水香，饮之消疾，洗头去风。

盘龙河　曲绕纡回，襟带州城。

鸠水河

补天泉

饮马泉

清水泉

龙　口

银槽河　在城西二十里。水味甘冽，盛夏沁齿。

阿　河

乾　河

白龙井

乌龙洞

仙人洞

古白洞

勒洟水　流入金沙江。

金沙江　按：《滇云历年传》上江乃潞江，旧称大金沙江，而误指为《禹贡》之黑水者也。其实另有金沙江，不入云南境，环于番蛮绝域之外，至缅甸江头城，入南海，方是《禹贡》所载之黑水也。因见“场屋”条，对有以此为黑水者，故附辨于此。

元谋县

西溪河　在县西南。自镇南、楚雄流至法纳禾，入苴宁，达金沙江。

金沙江

温　泉　在法纳禾。

元马河　发源于州之虚仁驿，绕城达西溪河。

玲珑潭　在玲珑村。晦朔之际，潭影玲珑，如见月彩。

数星潭　在定见村。每遇清明，辄有玉螺浮出。

文关河　在县东北十里。发源州之古黑，入县灌田。

禄劝县

盘龙河　由州城绕县西南，入掌鸠河。

掌鸠河　在县东门外缉麻。东南流，折西北入普渡河。

鹧鸪河　在县北一百里，即掌鸠河上流。

普渡河　在县东一百里，即昆海之下流，东北入金沙江。

二道河　在县北一百五十里。

三道河　在县北二百里。总掌鸠上流，随曲得名。

温　泉　有二：一在普渡河内，一在掌鸠河内。

惠嫋湖　详《景致》。

大龙潭　在县东南十五里纳吉村前。长十余丈，宽五丈，冬夏不涸，纳吉村四（田）资其灌溉。

小龙潭　与大龙潭相近，灌七星庄田。

大弥陀潭　在县东南六十里。出本庄山上，本庄民引灌田曲。

乌龙河　泉出乌蒙山下，流为河，取水者必屏息，稍有声响，水即不入器云。

哑　泉　在县东北鹦哥嘴下。误饮者不惟令人哑，且以伤生。

金沙江　源流详《开金沙江议》，载《艺文》。

〔据郭怀礼修，孙泽春纂光绪《武定直隶州志》（《中国地方志集成·云南府县志辑62》，凤凰出版社2009年影印本）卷二《山川志》第6－9页辑录。〕

（民国）武定县地志·河湖泉

十　河湖泉

河流之大者，以金沙江为最，发源自青海，入滇经丽江、永北、华坪、大姚、苴却，至摸鱼鲊，入本属姜驿境。沿河十数小渡，惟金沙江南北岸为大渡口，系滇川往来要道。其航路船舶及过渡状况如下表。

云南武定县川河形势表（第一表）

名　称	金沙江
全长里数	九千九百余里
经过本治里数	一百二十里
源　委	发源青海，流入四川
极宽处丈尺	三十余丈
水利	河道最低，不便灌溉田地，故无水利
水害	江岸高而水势低，无溃决湮没之患，故无水害

云南武定县川河形势表（第二表）

名　称	金沙江		
支　流	腊甸河	鼋河	鸠河
水流方向	东南	北	东
航路状况	商船上下运载盐、米、货物	无	无
船舶种类	公船民船	无	无
津　梁	大渡口为要津，小渡十数处	大新桥、香水桥	大新桥、振兴桥、凌云桥、二水会，折而东北流，又有三硐桥、五硐桥
水　产	鱼类	鱼类	鱼类
沿河城镇	米堵岗、倮则等六村	香水庄、饷塘凹、治城东南	和尚庄、永济村、大西村、旧城、木果甸等村及治城北面
附　记	江中仅产鱼类，别无特产。昔有淘金者，今已无此出产矣	此二河中只产少数之鱼，别无特产。鼋河低而田高，不便灌溉，每年水涨，往往害于田禾。鸠河水低，易于扎坝，尤便灌溉。此鸠河不但有利于武定，而且有利于禄劝	

〔据葛延春、陈之俊纂修民国《武定县地志》（张海平校注，杨成彪主编《楚雄彝族自治州旧方志全书·武定卷》，云南人民出版社2005年版）第441页《十·河湖泉》辑录。〕

（康熙）元谋县志·山川志

卷二 山川志

元马河 在北门外。清流漪漾，冬夏不绝。

能 海 相传昔有僧朝南海，至此问路，土人即指曰能海，僧误听为南海，即投胎为阮氏女，详《仙释》。

苴宁河 通金沙江。

猛令河 自黑井山来，逾山涧，回绕二百里达金沙江。

西溪河 自楚雄发源，历南安州、定远县、黑井入县南界，为汪洋天堑，非特民资灌溉之利，而实邑治之险阻，在青石崖者为清渊涧，逶迤而下有小庐江、饮犀渚、睡龙渊、香花塘，颇多胜景，旋绕由苴宁达金沙江。

文冈河 在县西十里。

南号河 在县南三十里。

初郎河 在县东南二十里。

多克河 在县西六十里。发源白盐井，由姚安入境，合西溪河流入金沙江。

五茂河 在县北八十里。

班古河 在县西七十里。

龙 溪 在回龙寺前，龙山之阳。清流潆潆，村落绕其右，峰峦峙其左，登楼望之，有万顷澄波之妙，俗名己保河。

应元溪 源自和曲州虚仁驿，经马头山入县北界出元马河，灌溉田亩甚多。

双风洞 在怕染山，风自洞出，冬温夏凉。

仙人洞 在翠峰山之傍，内聚蝙蝠数千。

双龙潭 在玉龙庵下，庵久废。

九龙潭 在龙王庙前。树木阴翳，堪避暑，土人遇旱潦于此祈祷。

五龙潭 相传昔有龙马饮于此。

虎跳潭 在多克河。

玲珑潭 在康家村之前。树木葱蓬，可以避暑。

大坝塘 在多克河西岸。上有石崖，可容数十人。

数星塘 在定见村。遇晴日有玉螺出水面，远视则明，近视则沉。其水色日绿夜清，照星甚明，土人于此指水数星，故名。

浑水井 在苴宁之北。相传丰稔升平则浑，凶歉则清。

仙水井 在翠峰山南。其水色白味甘，饮之可消瘿疣。

回龙井 在奇柳。

燕子窝 在县东南八里，四季皆有飞燕。

石 房 在苴宁村山之西巅。高三丈余，登之可望远。

温 泉 三：一在五篁山，一在班者诺，一在班旧。为土人堵塞，傍出者味臭不堪浴。

〔据莫舜鼐纂修，王弘任续补康熙《元谋县志》（《中国地方志集成·云南府县志辑61》，凤凰出版社2009年影印本）卷二《山川志》第5-8页辑录。附“关梁胜景”见后。〕

（乾隆）华竹新编·名胜志·水

卷三　名胜志　水海一，江二，河七，潭五，塘二，井泉七

能　海　在东山下，故称南海。土人读“南”为“能”，因名能海。凡谓之海者，地有斥卤之气，统以海名之。故滇中小水，亦谓之海。其无水而有卤气者，即谓之乾海子。今能海无水，犹乾海也。常于春时，道经马头，下望元谋，四履中汪洋大水已。徐进前视，皆为陆地，始悟所见尽海气也。尝闻《法苑珠林》所述：“蜀都元基在青城山。今之成都，乃古大海之地。昔迦叶佛时，成都人杀海神，神怒，踏没迎像之舟，神死而海枯，遂成平陆。”此地亦几被陷于海神，因闻鸡鸣而止。海居者聚成屯落，曰“能海闸”。按：《尔雅》疏云“海者晦也”，言“晦暗于礼义也”，其以此示戒欤？

金沙江　在邑之北界，发源于吐蕃之崑崙山。崑崙四大水源，三入中华，一入南海。其东北隅河水出焉，而南流东注于无达，即黄河之源也。西北隅黑水出焉，而西流注于大杅，即南金沙江之源也。东南隅赤水出焉，而东南注于泛天之水，即鸦砻江之源也。西北隅洋水出焉，而西南流至于丑途之水，即此金沙江之源也。鸦砻江即打冲河，于会川卫之红卜苴地入金沙江。谈江河之源者，测极以准度。河源距北极三十六度，当西十九度。鸦砻江源距北极三十四度，当西十八度，与河源南北相距二度，偏东一度。金沙江源距北极三十二度，当西二十度，与河源南北相距仅三度半，东西祇偏一度。每一度当二百五十里，则金沙江源距河源不及千里，其中则崑崙山也。又江水有三源：曰岷山，岷江所自出；曰崃山，南江所自出；曰嵋山，北江所自出。南江云者，即赤水；北江云者，即洋水。洋水纳赤水，入川而会岷江，所谓大江也。先辈以金沙江为大江之源。金沙江既纳雅砻而后趋元谋之北境，今巡检司地为其渡口。予尝至江口，见汹涌澎湃之势，固已骇矣，然夜声尤蹙，殆难为怀。其地有万里楼，明杨慎谪滇，往来宿此，有诗云：“往年曾向嘉陵宿，驿楼东畔阑干曲。江声彻夜搅离愁，月色中天照幽独。岂意飘零瘴海头，嘉陵回首转悠悠。江声月色那堪说，肠断金沙万里楼。”康熙中，云间彭学曾客元谋，曾宿此，有诗云：“萍迹真无赖，轻为万里游。荒烟增客恨，边月冷江流。不解刘伶醉，偏多张翰愁。思归归未得，难去又难留。”

龙川江　发源于镇南州之苴力铺，即苴水也。一名虹江，一名白龙河。西南环抱州治，迤而西，响水河、平夷川诸水入之。经楚府城之北，又迤而东，平山河、青龙河、大石村河诸水注之。入定远、广通界，北则清水河、零川、龙文川自定远来注之；东则清风河、立龙河、关山河、罗申河、雕龙河、阿陋河诸水自广通来注之。入元谋南界，为汪洋天堑，非特资溉之利，实为邑治之险阻。在青石崖者为清渊涧，逶迤而下，有小庐江、饮犀潭、睡龙渊、香花塘，颇多胜迹，以其碧流清驶，有似于溪，故名西溪河。合邑境诸水，北注金沙江。其经过村落，则法纳禾、汉禄、车良居、能矣、能海、阿那

勒、奇柳、朱补、海螺、遍杏、鱼席、丙荡下、班卖，田亩均资灌溉焉。

元马河 发源于武定之虚仁驿，经马头山入县之北界，名应元溪。绕午茶山之左，为元马河，经县北门，西达龙川江。《汉志》载河中有铜船，今在祠，以羊可取也。"河中见子，土地特产好群羊。山水涨时，自虚仁驿而下悬崖，巨石如转，碌碡雷辊，中流千万，不可纪极，达于山口，则没不见。土人传：山口有龙神，诸石至此，尽化为水。微此，则山石阻塞，泛溢不可言矣。按：此河自入县境，流经盐水井、马头山、小浙江、里长村、湾保、扳枝罕、康家村、河坝、班河口、王丙庄、怕汪、空宰、鱼塘庄、班洪、贸易诸村庄，田亩资灌溉。

文冈河 在县东北十里。其源发于州属之古黑，流入县境溉田。

南号河 在县南三十里。合章波罗、六初郎诸水，入于龙川。

猛令河 一名己保河，一名龙溪。自黑井发源，山涧回绕二百余里，入于龙川。

多克河 在县西六十里。发源白盐井，由姚安入境，注于龙川江。

五茂河 在县北八十里。今称午茂河。

班古河 在县西七十里。自大姚炉头发源，入于猛令。

双龙潭 在县西五里。旧有玉龙庵，久废。

九龙潭 在县龙潭村。旁有龙王庙，树木阴翳，雅堪避暑。土人遇旱潦，于此祈祷，灵应最著。

五福潭 在五福村。昔有龙马饮于此，近八功德水，故以五福称之。

虎跳潭 在多克河，深数十丈，清澄见底。

玲珑潭 在月玲珑村前。晦朔深夜，潭影玲珑，如见月彩，故村以此名。村前树木葱茏，可以避暑。

大坝潭 在多克西。河岸上有石崖，铲刻平坦，如长廊步檐，可设数十人坐，前俯清池，汪洋万顷，明镜之光，上澈几席。

数星潭 在定见村。每遇晴明，辄有玉螺浮于水面，吞吸日光，远视则明，近视则沉。盖鬼宿之精也。河水早暮异色，日绿夜清，倒御天光，历历白榆，细微无不朗灿。土人于此指水数星，量其稀概，以卜丰凶，故名数星。

浑水井 在苴宁之北。井泉贵清，此泉独以浑浊为宜，浊则兆丰，清则兆歉，亦一异也。

仙水井 在翠峰山南。其水色清味甘，饮之可消瘿。邑媛患瘿者多，春时盛会，竞酌此泉。

一步两眼井 泉脉各别而味俱甘，其色清洁可爱，在总括乡。

鱼水井 在马街。马街有五井，水俱甘美。土人传马街有九十九龙泉，脉最多，故气旺盛。

回龙井 在奇柳村。

神鸟泉 在大浙江村半山。清泉涌出，冬温夏凉，其味甘美，常有神鸟栖其侧，五色祥云绕之。

温　泉 有数年，在法纳禾村者，其沸如汤，可燖羊豕，此见之于《滇志》者。而热水塘之水极热，殊不可称温名。旧《志》载，温泉有三：一在五[illegible]山，一在班者诺，一在班臼。正泉为土人堵塞，旁出者，水臭不堪浴。今李生景沆谓："五[illegible]山下，隔涧有温凉二泉，可溉数百亩。其温泉冬温夏凉，近村资其盥濯，可去疾病。其前，曲堤环抱，远水朝拱，浚而堰之，周植竹木，中泛菱芡，即佳画图。”但温泉颇为地方之累，前《志》诋之，意有在也。

统计一邑之水，海一、江二、河七，其井潭泉泽略载数处，他小者不能志纪。然问之邑人，城内有古井数口，俱湮，并无智目，拟访而浚之，未果。

〔据檀萃纂修乾隆《华竹新编》（张海平、李在营校注，杨成彪主编《楚雄彝族自治州旧方志全书·元谋卷》，云南人民出版社2005年版）卷三《名胜志·水》第236页辑录。檀萃，字岂田，号默斋，安徽望江人，乾隆二十六年（1761年）进士，乾隆四十三年（1778年）以禄劝知县到云南，两任禄劝知县，四十六年（1781年）治元谋，四十九年（1784年）奉命解滇铜赴京，中途沉船失事，遂被巡抚谭尚忠请旨参罢，后主讲昆明育材书院、黑盐井万春书院。学识渊博，在滇20余年，著有《滇海虞衡志》《农部琐录》《华竹新编》等。《华竹新编》即《元谋县志》，稿成于乾隆四十六年（1781年），在沿引康熙《元谋县志》基础上，多有增补。〕

（光绪）元谋县乡土志（初稿）·水

能　海　在东山下，故称南海。土人读“南”为“能”，因名能海。凡谓之海者，地有斥卤之气，统以海名之。故滇中小水，亦谓之海。其无水而有卤气者，即谓之乾海子。今能海无水，犹乾海也。常于春时，道经马头山，下望元谋，四履中汪洋大水已。徐进前视，皆为陆地，始悟所见尽海气也。

金沙江　在邑之北界一百里，发源于吐蕃之崑崙山。崑崙四大水源，三入中华，一入南海。其东北隅河水出焉，而南流东注于无达，即黄河之源也。西北隅黑水出焉，而西流注于大杆，即南金沙江之源也。东南隅赤水出焉，而东南注于泛天之水，即鸦（雅）砻江之源也。西北隅洋水出焉，而西南流至于丑途之水，即此金沙江之源也。

龙川江　在治所之西三十里，发源于镇南州之苴力铺，即苴水也。一名虹江，一名白龙河。西南环抱州治，迤而西，响水河、平夷川诸水入之。经楚府城之北，又迤而东，平山河、青龙河、大石村河诸水注之。入定远、广通界，北则清水河、零川、龙文川自定远来注之；东则清风河、立龙河、关山河、罗申河、雕龙河、阿陋河诸水自广通来注之。入元谋南界，为汪洋天堑，非特资灌溉之利，实为邑治之险阻。在青石崖者为清渊涧，逶迤而下，有小庐江、饮犀渚、睡龙渊、香花塘，颇多胜迹，以其碧流清驶，有似于溪，故名西溪河。合邑境内诸水，北注金沙江。其经过村落，则法纳禾、汉禄、车良居、能矣、能海、阿那勒、奇柳、朱补、海螺、鱼席、丙大浪、班卖，田亩均资灌溉焉。

元马河　发源于武定之虚仁驿，经马头山入县之北界，名应元溪。绕午茶山之左为元马河，经县北门，西达龙川江。按：此河自入县境，流经盐水井、马头山、小浙江、里长村、湾空（保）、扳枝罕、康家村、河坝、班河口、王丙庄、怕汪、空宰、鱼塘庄、班洪、贸易诸村庄，田亩资灌溉。

文岗河　在县东北十里。其源发于州属之古黑，流入县境溉田。

南号河　在县南三十里。合张波罗、六初郎诸水，入于龙川江。

猛利（令）河　一名己保河，即罗叉（刹）河，一名龙溪。自黑井发源，山涧迴绕，二百余里，入于龙川江。

多克河 在县西六十里。发源白盐井，由姚安入境，注于龙川江。

五茂河 在县北八十里，今称午茂乾河。流会多克河，入龙川江。

班古河 在县西七十里。自大姚炉头发源，入于猛令。

双龙潭 在县西五里。旧有玉龙庵，久废。

九龙潭 在龙潭村。旁有龙王庙，树木阴翳，雅堪避暑。土人遇旱潦，于此祈祷，灵应最著。

五福潭 在五福村。昔有龙马饮于此，近八功德水，人取潭水以祈福，故以五福称之。

虎跳潭 在多克河，深数十丈，清澄见底。

玲珑潭 在月玲珑村前。晦朔深夜，潭影玲珑，如见月彩，故村以此名。村前树木葱茏，可以避暑。

大坝潭 在多克西。河岸上有石崖，劖刻平坦，如长廊步檐，可设数十人坐，前俯清池，汪洋万顷，明镜之光，上澈几席。

浑水井 在苴宁之北。井泉贵清，此泉独以浑浊为宜，浊则兆丰，清则兆歉，亦一异也。

数星潭 在定见村。每遇晴明辄有玉螺浮于水面，吞吸日光，远视则明，近视则沉。盖鬼宿之精也。潭水旦夕异色，日绿夜清，倒御天光，历历白榆，细微无不朗灿。土人于此指水数星，量其稀概，以卜丰凶，故名数星。

沟坝之水 二十有一：曰元马堤，在县城北，绕城而下，通马街；曰月臼陂，在西溪，石坡汇流，舣舟以济；曰流水洞，在左那后山，山形高峻，流水不能灌溉，康熙三十二年，村民余得才率众凿洞，直达山前，流波汪瀚，民咸利之；曰盐水井坝；曰汉禄坝，引西溪河水灌溉田禾；曰法那禾坝；曰阿那勒坝；曰朱布坝；曰海螺坝；曰邦迈坝，皆龙川江之水也。曰罗刹坝，即罗刹之河水也。曰多克天生坝，曰罗莫勒坝，曰万代老（牢）坝，曰那化坝，皆多克之河水也。曰德大坝，曰多乐坝，曰多竹坝，曰大雷宰坝，曰普文龙坝，曰午茂坝，皆午茂河之水也。

津 渡 有八：曰阿郎渡，在西溪河，通定远。曰苴林义渡，曰班宰渡，曰奇柳渡，曰多克渡，曰普文龙渡，曰黄瓜园渡，曰那化渡，俱通姚州，此元谋水道之大略也。

〔据杨德恩，吴集贤等撰光绪《元谋县乡土志（初稿）》（李在营校注，杨成彪主编《楚雄彝族自治州旧方志全书·元谋卷》，云南人民出版社2005年版）“水”第328页辑录。该志不分卷，是元谋县历史上编修的第四部志书，光绪三十年（1904年）稿本。经查核，内容多沿引乾隆《华竹新编》，新增“沟坝之水”“津渡”2条。〕

（民国）元谋县地志·地势·河流

三 地势 河流

云南省元谋县川河形势表（一）

名 称	全长里数	过本治里数	发 源	极宽处丈尺	水 利	水 深	附 记
龙川江	六百余里	一百二十里	发源于镇南苴力铺，经广通、牟定入元谋，流汇金沙江	约七十丈	沿河两岸田地均资灌溉	沿河两岸田地时有泛滥冲陷之处	
元马河	一百二十里	六十里	发源于武定之虚仁驿，经马头山入境，自西流汇龙川江	约二十丈	沿河两岸田地均资灌溉	沿河两岸田地时有泛滥冲陷之处	
文岗河	一百里	五十里	发源于武定之古黑，流入县境灌田	约十丈	沿河两岸田地均资灌溉	沿河两岸田地时有泛滥冲陷之处	
南号河	一百二十里	六十里	发源于武定，合张波罗、六初郎诸水入龙川江	约一十丈	沿河两岸田地均资灌溉	沿河两岸田地时有泛滥冲陷之处	
猛令河（亦名己保河）	三百里	八十里	发源于黑井，由县西入境，合龙川江	约二十丈	沿河两岸田地均资灌溉	沿河两岸田地时有泛滥冲陷之处	
多克河	三百余里	一百二十里	发源于白盐井，由县西入境，北汇龙川江而入金沙江	约四十丈	沿河两岸田地均资灌溉	沿河两岸田地时有泛滥冲陷之处	
午茂河	二百余里	六十里	发源苴却，由县北入境，合多克河，汇龙川江	约十余丈	沿河两岸田地均资灌溉	沿河两岸田地时有泛滥冲陷之处	
班古河	一百五十里	五十里	发源大姚炉头，由县西入境，合猛令河，汇龙川江	约十余丈	沿河两岸田地均资灌溉	沿河两岸田地时有泛滥冲陷之处	

云南省元谋县川河形势表（二）

名称	支流	水流方向	航路情况	船舶种类	津梁	水产	沿河城镇	附记
龙川江		由县北流入金沙江	沿江共有渡口五处，每年夏秋二季开渡，冬春二季均可徒涉	木船长约三丈，宽一丈	每年冬春二季以木板搭桥，以济行旅，至夏仍拆毁	江内仅有鱼类，然为数不多，业渔者甚少	丙令哨、马街、牛街、猴街	
多克河		由县西汇龙川江而入金沙江	沿河共有渡口三处，每年夏秋二季开渡，冬春徒涉	木船长约三丈，宽一丈	每年冬春二季以木板搭桥，以济行旅，至夏仍拆毁	河内仅有鱼类，然为数不多，业渔者甚少		

〔据赖春荣撰民国《元谋县地志》（李在营校注，杨成彪主编《楚雄彝族自治州旧方志全书·元谋卷》，云南人民出版社2005年版）第三《地势·河流》第415页辑录。〕

（康熙）禄丰县志·山水

卷一　山水（山略）

星宿江　因“江中星宿滚滚”之句，遂名焉。在县河清门外。发源武定，至县则浩大汪洋，达沅江，注交趾，入南海。造有星宿桥。

东　河　在县北里许。发源罗次，至县，投星宿江，造有飞虹桥。

南　河　在县南十里。系山涧之水投入大河，造有启明桥。

〔据刘自唐纂修康熙《禄丰县志》（张海平校注，杨成彪主编《楚雄彝族自治州旧方志全书·禄丰卷上》，云南人民出版社2005年版）卷一《山水》第10页辑录。附“津梁”见后。〕

（民国）禄丰县志条目·水系

水　系

县属之分东、西、南坝河。东河发源于罗次县，西河发源于武定县，南坝发源于县属之甸索阱，流至西南里许之石甄（甑）子，合而为一，下流易门杨武山，归河口。

温　泉　惟三区石灰坝河边有三尺余之温泉一小塘。

毒　泉　无。

〔据禄丰县志局纂修民国《禄丰县志条目》（张海平校注，杨成彪主编《楚雄彝族自治州旧方志全书·禄丰卷下》，云南人民出版社2005年版）第1349页辑录。〕

（康熙）罗次县志·山川志

卷一 山川志（山略）

碧城河 在县郭外，绕城入金水河。

金水河 在县西。自南流北转，而南出禄丰，入元江。

分水岭 在县南三十五里，名虽岭而实平田也。一流出五道河，入安宁；一流入金水河。史秉信《黑水辩》罗次分水岭由禄丰而之元江，即星宿河之源也。

温　泉 康熙四十年，知县梁衍祚重建之，仍于亭址建阁一座，以憩浴者。

罗阳八景（节选）

玉龙噀珠 在玉龙寺后山半。龙湫二罋，石窦出泉，累落如珠，有若喷玉，故名玉龙。山有数层，拾级而登，景渐轩豁，苍松翠竹，石壁流泉，洵罗阳巨观也。邑人李有谦、杨天培，衲僧惟宽佛应时往游焉，且颜四景曰“嶙岩泻玉”“萃壁呈秋”“十里村烟”“双松古佛”，各系以诗，而题咏累累焉。

温泉漱玉 在县北十里许嵩华山后、金水河傍。其水温洁如莹玉，四方之人多往浴之。至九月，土王用事，浴者更众，俗传去疾。旧有堂三楹，张德溥题曰“诞登堂”，潘德征题曰“不因人热”，后尽为水所没。康熙壬午，知县梁衍祚重修之，建阁于外，题曰“黍谷春浮”，联曰：“问我可能如水洁，愿民常似此泉温。”江宁孙印题于阁曰：“到来问水情何热，浴罢看山眼倍青。”和曲刺史袁良怡题曰：“温其如玉”。庠生金维新题曰：“王化如斯，入物随在温也；宦情若此，出山依旧冷然。”

飞泉瀑布 在青山。

〔据王秉煌修，梅盐臣纂康熙《罗次县志》（清康熙五十六年刻本）卷一《山川志》第 24 页辑录。王秉煌，海阳人，清康熙五十六年（1717 年）任澂江通判兼摄罗次县事。在罗次贡生杨伦父子纂《三城纪略》基础上，延耆儒，征文学，遍咨于闾里，删繁就简，别类分门，续修康熙后五十五年事，编成《罗次县志》四卷。〕

（光绪）罗次县志·山川志

卷一 山川志

碧城河 在县郭外，绕城入金水河。

金水河 在县西。自南流北转，而南出禄丰，入元江。

分水岭 在县南三十五里，名虽岭而实平地也。一流出五道河，入安宁；一流入金水河。史秉信《黑水辩》罗次分水岭由禄丰而之元江，即星宿河之源也。

温　泉 康熙四十年，知县梁衍祚重建之，仍于亭址建阁一座，以憩浴者。

罗阳八景（节选）

玉龙噀珠 在玉龙寺后山半。龙湫二甃，石窦出泉，累落如珠，有若喷玉，故名玉龙。山有数层，拾级而登，景渐轩豁，苍松翠竹，石壁流泉，洵罗阳巨观也。邑人李有谦、杨天培，衲僧惟宽佛应时往游焉，且颜四景曰“嶙岩泻玉”“萃壁呈秋”“十里村烟”“双松古佛”，各系以诗，而题咏累累焉。

温泉漱玉 在县北十里许嵩华山后、金水河傍。其水温洁如莹玉，四方之人多往浴之。至九月，土王用事，浴者更众，俗传去疾。旧有堂三楹，张德溥题曰“诞登堂”，潘德征题曰“不因人热”，后尽为水所没。康熙壬午，知县梁衍祚重修之，建阁于外，题曰“黍谷春浮”，联曰：“问我可能如水洁，愿民常似此泉温。”江宁孙印题于阁曰：“到来问水情何热，浴罢看山眼倍青。”和曲刺史袁良怡题曰“温其如玉。”庠生金维新题曰：“王化如斯，入物随在温也；宦情若此，出山依旧冷然。”

飞泉瀑布 在青山。

〔据胡毓麒修，杨钟壁等纂光绪《罗次县志》（清光绪十三年刻本）卷一《山川志》第19页辑录。该志沿引康熙《罗次县志》，增补康熙五十五年至光绪十三年180余年间事。〕

（民国）罗次县地志·河湖泉

河湖泉

县属无巨川大河湖泽。其所有者，皆每岁秋则盈溢，冬则涸竭。泉之可取者有温泉一处，可供沐浴，惟地太低下，为利最微。

云南罗次县川河形势表一

名称	全长里数	经本治里数	源委	极宽处	水利	水害
金水河	未详	九十里	发源境内分水岭，北流折南，出禄丰入元江	四十丈	沿岸以资灌溉田地	至秋水泛滥之时，有冲埋田亩之患
碧城河	二十里	二十里	发源县治分山岭，西流入金水河	三十丈	沿岸以资灌溉田地	至秋水泛滥之时，有冲埋田亩之患
清水河	五十里	三十里	发源境内分水岭，南流折东入富民螳螂川	十丈	沿岸以资灌溉田地	至秋水泛滥之时，有冲埋田亩之患

云南罗次县川河形势表二

名称	支流	本流方向	航路状况	船舶种类	津梁	水产	治河城	附记
金水河	有五，皆小水	始向北流，继折而西南流出境	无	无	无	间有鱼类，然甚少，无以为业者	无	

续 表

名 称	支 流	本流方向	航路状况	船舶种类	津 梁	水 产	治河城	附 记
碧城河	无	流向西方，入金水河	无	无	无	无	无	
清水河	有一，自西流入	向南流，折而东	无	无	无	有虾鲤鲫等类	无	

〔据张学海编辑民国《罗次县地志》(卜其明校注，杨成彪主编《楚雄彝族自治州旧方志全书·禄丰卷下》，云南人民出版社2005年版）第1394页辑录。〕

（康熙）广通县志·地理志·山川

卷一　地理志　山川

其一曰川

清风河　在县东三里。发源赵普关，流枯木田，今建桥其上。桥有隙，中生树一株，其花艳，似杏似梅，名“梅杏”，邑人异之。曹晟诗：“我家曾住在池边，池上花开日日鲜。晟爱此溪才一树，逢春含笑看云烟。”

立龙河　源出天马山，流绕城西。

阿陋河　源出阿陋井香山。

雕龙河　源出阿陋香山。先年，土主簿段时可开挖，引水至县前灌田。

关山河　县西五里。源出赤摩，东至武定、元谋，流于金沙江。

舍资河　源出武定府，东流南安州界，至沅江，入交趾，达海。

大河口　县北三十里，源出楚雄。

罗申河　县北五十里。流接黑井，入金沙江。

罗苴甸河　县南五十里。四山周环，一水东注，后名罗川。苴本音“疽”，子余切。麻无子也。又音“鲊”，侧下切。土苴，渣滓也。今广俗土音读“左”，非。

川之属曰洞，曰泉

龙街洞　县北七十里。

仙人洞　县南八十里。岩石参差，内深深十数丈，下有温泉洞，间有火龙出现。

温　泉　县东南八十里。水极清暖，乡人往浴，可愈疯疾。

井　泉　县南门外金官井，泉水甘美。

乾海子　县北八十里，与武定接壤。昔凤朝文叛，率众来劫，居民力战不支，虽为协从，终以斗胜。亦邑中一要害区也。

〔据李铨纂修康熙《广通县志》(清康熙二十九年刻本）卷一《地理志·山川》第12页辑录。〕

（民国）广通县地志·河湖泉

河湖泉

清风河　即广通县河。源出县东十五里赵家箐、千工坝西北，流经县西门外六十余里，入楚雄大河。

立龙河　源出县西南三里西堡桥，北流入县西门外，汇清风河，入楚雄大河。

落深河　源出县东北十五里芹菜潭，西流入龙川江，即楚雄大河。

九盘山水　源出县东北五十里，东南流入羊溪。

舍资河　源出县东四十里之南涧坝，沙矣臼、元永井，南流，右汇雕龙河。

罗川河　源出县西南四十里小溪小涧，东流入禄丰江。

云南省广通县川河形势表一

名　称	全长里数	经过本治里数	源委	极宽处丈尺	水　利	水　害
龙川江	未详	约七十余里	源出楚雄之子午村西北，经县属又北流，入金沙江	约一丈余尺	上游可放以灌田，下游无利于田亩	
禄丰江	未详	约六十余里	源出罗次，南流经县属之罗川，再南流入摩刍之绿汁江	约一丈二尺	同前	在阿家河村一带，遇秋雨连绵时，间有淹没农田之害

云南省广通县川河形势表二

名　称	支　流	水流方向	航路状况	船舶种类	桥　梁	水　产	沿河城镇	附　记
清风河	大板河	西北流，又折向东北流入大河	无	无	上游有石桥一座，县之名胜为双树桥	无	沿河有东南甸心等村	
立龙河	瓦窖河 南屯河 西堡河	北流入县西，又东南入大河	无	无	近城有石桥一座，名曰濯缨	无	县城即在河傍	
落深河	无	西北流入龙川江	无	无	中流有石桥一座	无	沿河有阿里、垦上、落深等村	
舍资河	黑苴河	南流经舍资，又折东流，入禄丰河	无	无	近舍资有安乐桥一座	无	舍资街处沿河	
罗川河	石头河	东南流入禄丰河	无	无	中流有石桥一座	无	有观音街、罗家屯等村	

〔据伍作楫纂修民国《广通县地志》（卜其明校注，杨成彪主编《楚雄彝族自治州旧方志全书·禄丰卷下》，云南人民出版社2005年版）第1417页辑录。〕

（康熙）黑盐井志·山川志

卷一 山川志（山略）

龙川江 源出洱海叶镜湖。自镇南流经楚雄府北，合诸水，经定远、广通境至井，又经定远、广通县，又经武定和曲州界，至元谋，流入金沙江。

龙 沟 在凤山左，在七局山右。源出菖蒲潭，水澄清香滑，煎茗酿酒，日用辄给。夏秋雨集，倏忽放涨，掀崖转石，雷轰电掣，浑流激湍。相传有龙气。

盐水箐 伏龙井出其中，流入大河。

七局龙池 在七局山下。相传有龙居其中，每天将雨，有丝竹灯火之意。

菖蒲潭 在司治西，即龙沟发源处。方广二十丈许，周围生菖蒲，山水相含，光明如镜，气象清冷，行人不敢久视。相传井卤发源其中，故春秋祭祀。

白石泉 在司治北三里许。旧出盐，今废。

南山庙井 在河东。旧出盐，久废。

大 井 在司治右百步许。卤水出其中，其形四方，各三丈，深十丈，周围砌石成沟，以贮淡水，外围四面，俱砌石岸。

东 井 在司治大河之南。卤出其中，形如枣核，深三丈六尺。

伏龙井 在司治北五里许。出七局山崖下，与绝峰山崖下相对，旧名岩泉井。

阿陋井 在司治东南九十里。

猴 井 在阿陋井左下十五里。

瀑 布 二：一在金榜山侧，水落高原，隐见树间，望如匹练；一在石门，喷涌云雾，声如过雨，下与桃园相接。

弥勒箐 在司治大河之南五里。水出高源，大路过其处。

三道河 去司治七里。自大河起至彼处，有水三道，故名。今立哨。

打鼓潭 在龙川江上游马矢落石崖下。渟泓澄蓄，荡漾静深，每五更鸡唱风起，水涌石崖。相传声出潭中，有如伐鼓，日夕如之，亦江水之潮汐云，多有游人题韵。

东山箐 在玉碧山侧。上有清泉渗出崖上，移时滴沥声如碎玉，泉味甘冽，取以煮茗，胜吴井一倍。

密塔龙潭 在寺左。去寺三十步，高与寺并，林木翳蓊，水味清冷。

龙马潭 在小石门。有石，宽广三四丈，形如巨釜，水流其中，上有马迹。

〔据沈懋价、杨璿纂修康熙《黑盐井志》（《中国地方志集成·云南府县辑67》，凤凰出版社2009年影印本）卷一《山川志》第9页辑录。〕

（嘉庆）黑盐井志·疆域志·山川·川

卷三　疆域志　山川　川

龙川江　源出洱海叶镜湖，自镇南纡流，经楚雄府北合诸水，历定远、广通界，南入井境。凡广通、定远、琅井诸涧水皆汇注焉。由井治北去，经武定、元谋界入金沙江。每遇夏秋水发，汹涌至二三丈，巨石千万钧随流而下，岁时修浚不可缺也。

按：《省志》楚雄龙川江发源镇南州苴力铺，至州南为白龙河，一名苴水，一名虹江。由府城北，东北过定远至广通，为大河，北流入金沙江。而定远县下不列龙川江，但有龙文川，“在城北一十里，其源有二，皆出县西之云龙山，左斗箐，右老虎箐，二派合流，迤逦而南，又折而东，绕石门山入龙川江”。又有龙门溪，“在城东四十里，深阔浩荡，为一方巨浸，居民建塔水滨，以镇水患”，而不著源出何山。《楚雄府志》于楚雄龙川江注曰：“源自镇南，流经府城，合诸水，经定远县界入金沙江。”于定远县下有两龙川江，一注云：“一源出邑西二十里斗箐，一源出邑北五十里老虎箐，二派合流，会大河入金沙江。”一注云：“在黑井，即楚雄龙江下流也，又曰：龙门溪，在司治北，昔多水患，建塔镇焉。”是龙门溪即龙沟河，不宜称涧。又《定远志》无龙文川，有文龙川，在云龙山下。又别有龙川江，注称：“仲春上辰，令祀斗箐水于大树下，次辰，祀老虎箐水亦如之。”二派合流入郡城大河，意大河即龙江也。《志》皆不言龙川出洱海，独《井志》有之，岂源固伏流耶？

龙门溪　旧《志》龙门涧。俗名龙沟河，在凤山左，七局山右。源出菖蒲潭，其水澄清可饮，横流归龙川江。夏秋雨集，顷刻泛涨，砯崖转石，奔腾冲溢，尤为大井之患。自明时建塔为镇，稍获清谧。本朝乾隆四十四年三月，猛雨水泛，由锦绣坊至司署大井一带，尽被漫冲，护井司徐统藩率阖井捐修河口炮岸，以障狂澜而卫民居。

三道河　在司治东南七里。其河汇易者山、观音阁、加场村三水，合流西入龙川江，故名。

菖蒲潭　在司治西，即龙沟发源处。方广二十丈许，周生菖蒲，山水相涵，光明如镜，相传井卤发源其中。有龙神祠，春秋祀之。

七局龙池　在七局村。《定远志》云：相传有龙潜于池，每天将雨，土人即闻山鸣如雷，中隐隐有鼓吹笙箫之音，云雾中时有灯炬若导引然。春夏水涨，巨石流滚，山谷动摇，居民多以酒禳之，伏腊，人投帛香纸致祭。今不恒闻笙箫灯炬之异，但灵应如响，井民飨□甚恪也。

〔据王定柱纂修嘉庆《黑盐井志》（清嘉庆间刻本）卷三《疆域志·山川·川》第23页辑录。〕

（康熙）琅盐井志·地理志·山川

卷一　地理志　山川（山略）

梅子箐　司治西北。有泉注溪，昼夜不竭，沿箐多兰，春夏遍开，香随风出。

芭蕉箐　司治正北。箐口多植芭蕉，内有石岩三层，高百余仞，每层可容数十人，俗名三层楼。

琅　溪　自定远清水河发源，从西北流注溪内，东入楚雄大河，合流金沙江，以达于蜀。夏秋暴涨，势高数丈，盈涸不时，难通舟楫。

濯乐河　司治东北。发源黑井菖蒲塘，入井溪，居民祓濯之所。

鱼　池　在鱼池山麓，为景氏别业。古树森列，水澄鱼潜，昔有亭榭，居人多游览其中，今废。

龙　潭　潭有二，俱在笔架山麓。其流巨者谓之大龙潭，澄泓皎洁，甘美清凉，灌溉田畴，四时不涸，凡祷雨辄应，因名灵泉潭。与鳌峰山相对，架木作枧，凌空数丈，接渡其泉，为鳌峰山僧香积之用。小龙潭，在大龙潭东，相距里许，名分大小，灌济相同，亦四时不涸之泉也。

七宝泉　在七宝寺下、土主庙上山涧之中。泉清味美，烹茶香艳，井地做豆腐者，非此水不成，洵甘泉也。

柳　堤　沿琅溪里许，种柳近百株，春时绿影长空，游人携樽藉草，留连不绝。左有乐饥亭，提举来度构造，今废。

〔据沈鼐纂康熙《琅盐井志》（《中国地方志集成·云南府县志辑67》，凤凰出版社2009年影印本）卷一《地理志·山川》第20页辑录。〕

（乾隆）琅盐井志·山川志

卷一　山川志（山略）

梅子箐水　司治西北。有泉注溪，昼夜不竭，引至桂香阁前，灌溉田园。沿箐多兰，春夏遍开，香风随出。

芭蕉箐　司治正北。箐口多生芭蕉，内有石岩三层，高百余仞，每层可容数十人，俗名三层楼。

琅　溪　自定远清水河发源，从西北流注溪内，东入楚雄大河，合流金沙江，以达于蜀。夏秋暴涨，势高数丈，盈涸不时，难通舟楫。

濯乐河　司治东北，发源芭蕉箐，入井溪，居民祓濯之所，能祛宿疾。

龙　潭　潭有二，俱在笔架山麓。其流巨者谓之大龙潭，澄泓皎洁，甘美清凉，灌溉田畴，四时不涸，凡祷雨辄应，因名灵泉潭。与鳌峰山相对，架木作枧，凌空数丈，接渡其泉，为鳌峰山僧香积之用。小龙潭，在大龙潭东，相距里许，名分大小，灌溉相同，亦四时不涸之泉也。

七宝泉　在七宝寺下、土主庙上山涧之中。泉清味美，烹茶最佳。

〔据孙元相纂修乾隆《琅盐井志》（芮增瑞校注，杨成彪主编《楚雄彝族自治州旧方志全书·禄丰卷下》，云南人民出版社2005年版）卷一《山川志》第1158页辑录。该志四卷，成于乾隆二十一年（1756年），在康熙《琅盐井志》基础上有所扩充，尤长于艺文。〕

（民国）盐兴县地志・河湖泉

云南省盐兴县川河形势表

名　称	全长里数	经过本治里数	源　委	极宽处丈尺	水　利	水　害
龙川江	约七百余里	约九十里	源出于洱海叶镜湖，历镇南、楚雄、牟定，流入黑井境内，复北去，经元谋界入金沙江	约计十余丈	除沿河一带引溉田园外，每年黑井灶户在此河上游地方采办柴薪，俟冬春两季水势稍减即由此河赶放到井，以供灶煎，其利颇巨	一遇淫雨为灾，水势暴涨，即有冲坏田园柴薪之害
龙沟河	十五里	十五里	派出黑井区菖蒲潭，流入龙川江	约三五丈	沿河一带引溉田园	每遇大雨时行之际，水势汹涌异常，时有冲坏井口堤岸民房之害
三道河	二十里	二十里	源出黑井区松子箐，流入龙川江	丈余	引溉田园	无
猴溪河	十里	十里	源出于永井区之小横山，由南而北流入沙矣旧河	丈余	无	遇阴雨连绵之际，时有冲坏民房之害
琅溪河	八十里	八里	源出牟定县之大蒙恩，横贯于琅井区内，流入黑井之龙川江	三丈余	引溉田园	每至夏秋之交，水多暴涨，常有冲坏禾田之害
小河	三十余里	六里	源出于永井区之小横山，由东而西横贯阿井区内，流入广通属之河西坝河	丈余	同上	同上
沙矣旧河	约百余里	五里	源出武定属之草溪井，经元区之沙矣旧，流入广通属之舍资	同上	同上	同上

〔据李钤纂修民国《盐兴县地志》（张海平校注，杨成彪主编《楚雄彝族自治州旧方志全书・禄丰卷下》，云南人民出版社2005年版）第1456页辑录。〕

（康熙）定远县志·地理志·山川

卷一 地理志 山川（山略）

文龙川 邑北二十里云龙山下。

零 川 邑东七十里，又名直苴河。

龙川江 一源出于邑西二十里斗箐河，每年仲春上辰，邑令祀于大树下；一源出邑北十五里老虎箐，次辰奉祀如前。二派合流，自西北迤逦而南而东三十里至石门山，会流入郡城大河。

清水河 邑东二十里。

大基河 邑东北三十里。

苴苗河 邑东六十里。

青场河 邑东七十里。

木土竜河 邑南二十里。

茶小溪 邑西十里。

琅 溪

龙沟琅井

〔据张彦绅修，李仲伟等纂康熙《定远县志》（卜其明校注，杨成彪主编《楚雄彝族自治州旧方志全书·牟定卷》，云南人民出版社2005年版）卷一《地理志·山川》第10页辑录。〕

（道光）定远县志·山川志

卷一 山川志（山略）

清水河 邑东二十里。

苴苗河 邑东六十里。

青场河 邑东七十里。

零 川 邑东七十里，又名直苴河。

大基河 邑东北三十里。

木土竜河 邑南二十里。

茶小溪 邑西十里。

龙川江 一源出于邑西二十里斗箐河，一源出邑北十五里老虎箐。二派合流，自西北迤逦而南而东三十里至石门山，会流入郡城大河。

紫甸河 邑西四十里。其水流入镇南五奔河，经郡城合诸水东流达黑井，汇入金沙江。

文龙川 邑北二十里云龙山下。

猛冈河　邑北一百二十里。

琅　溪

龙沟琅井

〔据李德生修，李庆元纂道光《定远县志》（清道光十五年刻本）卷一《山川志》第3页辑录。〕

（民国）牟定乡土地理志初稿·河道

第七课　河道（一）

定远河流，龙川江绕其东南，猛冈河绕其东北，而髳阳第一峰及白马山中峰诸山脉，即龙川江、猛冈河之分水岭。其境内幹河曰零川，一名龙川。斜贯境内，有五源：一曰老虎箐，髳阳第一峰；一曰山庙河，一曰三江口，均出化佛山；一曰塘坝河，出五道箐；一曰曹家河，出磨刀冈。五脉合流，自西北迤逦而南至新店房，收石头河东折出石门入龙川江。

第八课　河道（二）

龙川江，在治南六十里或五十里。其远源出镇南关英武关之苴力铺，其近源即治西五六十里之紫甸河。二源合流，注楚城北，东北流入本境，纳广通河又东流，纳零川江又东北流，纳琅井河至黑井，纳龙沟河再东北流，纳直苴河经武定入元谋，与猛冈河汇。

第九课　河道（三）

猛冈河，在治东一百二十里。其一源为石者河，出姚州之前场关，东流为治北边境；一源为文龙河，出姚州之王朝里，南流入治北之火烧屯，与改水河会，转而东流，收扒毛、双尾诸水至阿橄榄，忽转北流至河底，两源始汇。又东流纳龙膊子河，经大姚边界入元谋，与龙川江汇，再东北流入金沙江。

〔据吴联珠编辑民国《牟定乡土地理志初稿》（卜其明校注，杨成彪主编《楚雄彝族自治州旧方志全书·牟定卷》，云南人民出版社2005年版）第351页辑录。〕

（民国）牟定县地志·河湖泉

十　河湖泉

牟邑河流，龙川江绕其东南，猛冈河绕其东北，而髳阳第一峰及白马山中峰诸山脉，即龙川江、猛冈河之分水岭。其境内幹河曰零川，一名龙川。斜贯境内，有五源：一曰老虎箐；一曰山庙河，一曰三江口，均出自化佛山；一曰塘坝河，出五道箐；一曰曹家河，出磨刀冈。五派合流，自西北迤逦而来至新甸房，收石头河东折出石门入龙川江。

云南牟定川河形势表

名　称	全长里数	经过本治里数	源　委	极宽处	水　利	水　害
龙川江	二百余里	一百余里	出老虎箐发源，至大石门出广通县	七丈	夏秋之际，河水涨发，沿河田亩，可资灌溉，其利甚溥	倘遇河水其涨之，沿河田亩，有受冲淤之害

〔据赵培元纂修民国《牟定县地志》（卜其明校注，杨成彪主编《楚雄彝族自治州旧方志全书·牟定卷》，云南人民出版社2005年版）第372页辑录。〕

（康熙）南安州志·地理志·山川

卷一　地理志　山川（山略）

妥稍河　在城西四十里。流经楚雄东界，合沙甸河下流。

沙甸河　在城西南八十里。流经易门界，入沅江。

黑石河　在城南二百余里。产红翅鱼，流经新平界，入沅江。

卜门河　在旧碍嘉县东北三里。一名大场江，流经新平界，入沅江。

上江河　在旧碍嘉县东五里，即府大江流下。

白沙泉　在城东三里。泉水涌溢，灌溉田亩，每岁春初祀。

黑龙潭　在城东七里。

石　井　在城东北二里。

果罗泉　在旧碍嘉县西四里。

〔据张伦至纂修康熙《南安州志》（杨壬林、张海平校注，杨成彪主编《楚雄彝族自治州旧方志全书·双柏卷》，云南人民出版社2005年版）卷一《地理志·山川》第10页辑录。〕

（乾隆）碍嘉志书草本·境内诸水

境内诸水

大场江　在县东。

旧纳布广河　在县北五十里，水自哀牢山东流入大江。

麻赖河　在县北二十里，水自哀牢山东流入大江。

旧站河　在县北二十里，水自哀牢山东流入大江。

虹竜河　在县北八里，水自哀牢山东流入鱼庄河。

鱼庄河　在县东北二十里，汇虹竜、麻戛、昔塔三河之水东流入大江。

南咕噜河　在县南二里，水自哀牢山东流入麻戛河。

麻戛河　在县北八里，水自哀牢山东流入鱼庄河。

白水河　在县南十五里，水自哀牢山东北流入麻戛河。

南岭河　在县南四十五里，水自哀牢山东南流入小江河。

界牌河　在县南六十里，水自哀牢山北流入小江河。

小江河　在县东南七十里，汇南岭、班角、界牌三河之水东流入大江。

果罗泉　在县西四里。

班角河　在县南三十五里，水自哀牢山东流入小江河。

大龙潭

黑龙潭

〔据罗仰锜纂修乾隆《碍嘉志书草本·境内诸水》（芮增瑞校注，杨成彪主编《楚雄彝族自治州旧方志全书·双柏卷》，云南人民出版社2005年版）第105页辑录。罗仰锜，清雍正十年（1732年）任碍嘉州判。〕

（乾隆）碍嘉志·舆地志·山川

卷一　舆地志　山川　川亦分四方序次

城东诸水与东北东南诸水同列。

大江河　《通志》名礼社江，在城东四十里。与南安州分界，上有铁索桥。其水自大理府赵州定西岭、白崖山发源，经蒙化府旧定边县会阳江之水，为定边江。又东南经楚雄、碍嘉，迤逦而下，有马龙河、大阳江、小江河一带诸水俱归之。入元江府为大江，经纳楼茶甸司为河底江，历亏容司为亏容江，经瓦渣司为藤条江，过蒙自县西南为梨花江，入交趾，盖千有余里云。

卜门河　在城东北五十里卜门山下。其水下流即大江河，收受群水，随地易名。《竹书·王会》图言“卜人贡丹砂”，后讹为濮人。

麻架河　在城东南。收众溪之水，下入大江河。

昔塔河　入麻架河。

响水河　在城东北十里。坡陡水迅，石浪相激，声闻数里。

鱼装河　在城东北。

龙潭湾河　在城东北三十里。山凹出泉，下流成溪，入小江河。

城西诸水与西北、西南诸水同列。

麻纽河　在城西十五里，东流入麻架河。

果罗河　《通志》：在城西四里，俗名毂辘河。绕城西南至东南，会北门迤东诸水，入麻架河。

铁厂河　居民置风箱于水边，垂水推轮，扯煽铁炉，以资鼓铸，其下即崆巄河。

城南诸水：

小江河　在城南。由界牌自南而北，纳溪水数十道，至石羊山下，入大江河。

斑阁河　在城南五十里斑阁村东，入大江河。

大溪河 在瓦房塘西，自南而北入小江。

石革喇河 在者法里下入小江。

篾架河 在大篾架南、小篾架北，下入小江。

白水河 在乐甸村。迤北绕昔塔下，入麻架河。

南岑河 在城南红土坡下，入小江河。

石头村河 在城南六十五里，下入小江河。

栗树村河 在界牌城西，即小江之上流，山谷众水皆归焉。

城北诸水：

布广河 在城北六十五里，与楚雄县分界。其源自哀牢山，经碍嘉境入大江。

麻赖河 下入大江河。

崆巄河 石多，崆巄窾窍，因名。

旧纳河 在城北六十里。山阪出水，资以灌田，下入大江。

黑龙潭 在城东龙潭湾内。

果罗泉 载在《通志》，下流为果罗河，灌田颇多。

〔据王聿修纂修乾隆《碍嘉志》（芮增瑞校注，杨成彪主编《楚雄彝族自治州旧方志全书·双柏卷》，云南人民出版社2005年版）卷一《舆地志·山川》第206－209页辑录。〕

（民国）摩刍县地志·河湖泉

摩刍、碍嘉川河形势表

名　称	全长里数	经过本治里数	源　委	宽处丈尺	水　利	水　害
礼社江	一千九百里	三百二十里	蒙化西山，入长江①	十五丈		
马龙河	五百里	一百二十里	普淜十里汛，入礼社江	十二丈	灌溉田亩	
革喇河	一百二十里	一百二十里	白术山，入三家厂江	五丈	灌溉田亩	
野牛厂河	一百里	一百里	源出小密孔双水沟，归马龙河	三丈		
大橄榔河	一百二十五里	一百二十五里	源出土封山，入礼社江	四丈	灌田	
磋都河	一百二十里	一百二十里		三丈	灌田	
三家厂江	一千二百里	四百一十里	源出罗次白花山，归礼社河（江）	十二丈		冲没田地
妥稍河	一百二十里	一百二十里	源出妥稍，入马龙河	七丈	灌田	
大田河	一百一十里	一百一十里	源出三尖山，入三家江	三丈	灌田	
阿家甸河	一百里	一百里	源出法朕，流入三家厂江	三丈		
瘪（瘿）袋阱河	五十里	五十里	源出法朕，入三家厂江	五丈	灌田	
红豆树河	八十里	八十里	敌鲁岔河村，入沙甸河	六丈	灌田	
麻旺河	一百一十里	一百一十里	源出麻旺山，入礼社江	四丈	灌溉田亩	
虹龙河	一百六十里	一百六十里	源出虹龙山，归礼社江	二丈	灌田	

① 入长江　此说有误。礼社江为元江上源，入越南称红河，注入北部湾。

续　表

名　称	全长里数	经过本治里数	源　委	宽处丈尺	水　利	水　害
麻戛河	一百六十里	一百六十里	源出麻戛村，入虹龙河	二丈	灌田	
界牌河	九十里	九十里	源出猛光山，入礼社江	三丈	灌田	

摩刍县川河形势表二

名　称	支　流	水流方向	船舶种类	津　梁	水　产	沿河城镇
石羊江	南岑河、麻戛河、麻低河	自西北流向正南出境	燕尾竹筏		鱼	大龙树村、禾头山村
三家厂江	妥稍河、惠房河、大田河、羊治河	自东北流入西南，汇石羊江出境	竹筏		鱼	陈万庄、阿呜哨、三家厂、腊古村
马龙河	章格剌河、铜炉阱水、独田河	自北流向西，归石羊江出境	竹筏		鱼	维磉村、鸡剌庄、马龙厂
麻戛河	虹龙河	自西流东入石羊江		天生桥、麻戛桥	鱼	麻戛村
野牛厂河	大橄榔河、太平地河	自北流向南，入三家厂江			白鱼	招宝店村、板凳山庄
妥稍河	红豆树河、瘾（瘿）袋阱河	自西流向东，入三家厂江				妥稍村、草堵村、摆依村

〔据王国栋编辑民国《摩刍县地志》（杨壬林校注，杨成彪主编《楚雄彝族自治州旧方志全书·双柏卷》，云南人民出版社2005年版）之《河湖泉》第292页辑录。“湖泉”见后。〕

（康熙）姚州志·山川志

卷一　山川志

姚居迤西僻壤，无名山巨浸，惟蜻蛉河则见于题咏。夫蜻蛉河，一沟渠耳，自杨用修有“蜻蛉川，硪碌野”之谣，及“蜻蛉绝塞怨离居”之句，至今人多称之，岂非地以诗传哉？然金沙源出吐蕃，而烟萝、白马之险峻，扶筇第一峰，万里烟云，北望中原，青山一发，风飚飒然，览古者可以慨然赋矣。志《山川》。

川

金沙江　源出吐蕃，为府大川。

蜻蛉河　在城南四十里。江源出三窠山，流至府南，潴为大石淛，分为东汹溪、西汹溪，绕府而北，合趋大姚河，转入金沙江。

阳派河　一名阳片湖，在城西十五里。出金秀山下，流至府，潴为淛溉田。

香水河 在城北。源出黎武村观音塘，与白井提举司观音山箐水合流，入金沙江。

连 水 在城西二十里。出镇南木盘山，经府之连场，入大姚河，趋金沙江。

西岭井 在仙景山麓。昔有老人磨杵于此，其石犹存。

白马泉 在白马山谷。有两泉涌沸，在东山者为黄龙泉，在白塔者为大康郎泉，俱溉田。

大姚河 在城西。源出书案山，流与铁索箐水合，经姚州，复绕县东北，入蜻蛉河。

羊蹄江 在城西。发源自摩些村，东入金沙江。

温 泉 有二：一在府西黑泥只村，一在府北交摩村。

龙蛟江 在城北一百二十里，今名苴泡江。源出铁索箐，合姚州之连场、香水二河，流入金沙江。

金龟井 金龟山足，水甘洌。

〔据管棆纂修康熙《姚州志》（清康熙五十二年刻本）卷一《山川志》第9页辑录。〕

（道光）姚州志·山川志

卷一 山川志（山略）

金沙江 源出吐蕃，经铁索营东北，为州境大川。

蜻蛉河 源出城南六十里三窠山下。近城潴为大石淜，分为东泅溪、西泅溪，绕州而北，合趋大姚河，入金沙江。

阳派河 一名阳片湖，在城西十五里。出金秀山下，潴为淜以溉田。

瀰溪河 治西三十五里。出镇南土盘山，经连场转流西北，入金沙江。

香水河 治北一百里。源出黎武村观音塘，与白盐井司观音箐水合流，入金沙江。

一泡江 治北一百四十里。源出云南驿，由洱海经铁索营会香水河，入金沙江。

芦川河 治北一百里，源出大桥。

西岭井 在仙景山麓。昔有老人磨杵于此，其石犹存。

春郎井 城东南青莲寺后。

乌牛井 城东十五里。

白马泉 在白马山谷。利灌溉，又名黄龙泉，旁有黄龙寺。

大康郎泉 出白塔右，灌田甚多。

温 泉 有二：一在治西黑泥只村，一在治东交摩村。

金龟井 金龟山下，水最甘。

仙鱼井 一名金鲤井，在城东门外。

古 泉 城西五里。甘泉清冽，烹茗极佳，有古泉寺。

烟萝泉 城东十里，其水清甘。

冽 井 在治西一百三十里普淜驿，见《古迹》。

一字水 在黎武山下，流入一泡江。

〔据额鲁礼、王垲纂修道光《姚州志》（芮增瑞校注，杨成彪主编《楚雄彝族自治州旧方志全书·姚安卷上》，云南人民出版社2005年版）卷一《山川志》第236页辑录。〕

（光绪）姚州志·地理志·山川

卷一　地理志　山川（山略）

姚州之水，金沙江绕其北，境内之水皆归焉，而蜻蛉、连场二河又统纳群流而归之。今以金沙江提为总纲，又以蜻蛉、连场二河另为提纲云。

金沙江自宾川州西北入境，当铁索箐西北，北与永北分界。东行纳连场河水。即一泡江水，见后另提纲。又东南纳铁索箐北麓水，又东北右纳羊蹄江水。羊蹄江出大姚县北摩些村。又东北至苴却巡检司，东北绕方山麓，折南行经苴却东，又南右纳蜻蛉河水。即大姚河，见后另提纲。折东流，复折而南，至元谋县扁担浪，又折东行右纳龙川江水。龙川江源出镇南州苴力铺山，东流至广通县，折而北，纳镇南、楚雄、广通、定远诸水及姚州之猛冈河水，东北至法纳禾，入金沙江。又东流，入元谋县界。本《云南通志》及齐召南《水道提纲》。

连场河，按：连水随地异名，因连场河之名载于《通志》，故以是名提纲。一名连水，源出镇南州十八盘山。本《云南通志》。北流入境，经大代苴，绕圆鹤山麓，折东北至弥兴，左纳小代苴河水，右纳海子冲水。小代苴河，《采访》源出老虎关坡箐，东北流经猪街子，至石官村口入河。海子冲水，《采访》源出潢水坝，西流至团山入河。又北流至连场，右纳观音箐水。观音箐水，《云南通志》源出姚州西三十里观音山，东南流，会连场河。《采访》出州西二十五里官冲，西流入河。由连场折而西北，经紫贝武，又折而西，左纳大龙潭水。雨案：《通志》谓连水东会阳派河，入蜻蛉川，误矣。今正之。大龙潭水，《采访》源出州西八十里大龙潭，东北流入河。又西流至大河口，折而北，左纳革子河水。革子河，《采访》源出龙马山，山已见前。东北流，会普昌河水，入连场河。又曲曲北流至毛岔郎，左纳三角河水。三角河，《采访》源出州西七十里稗子沟，西流入连场河。又北流经人投关，至孔仙桥下，左合一泡江水。一泡江，《云南通志》源出云南县北梁王山，南流分为二：一南下白崖，为礼社江；一东来，分绕云南县城，南北为青龙海、品甸海，合流东南经小云南驿南，折东北流，为一泡江，与连场河合。又北流至三岔河，右纳一字水、桥左河水、马槽沟水。一字水，《云南通志》源出姚州北一百里藜武山北麓，北流经白盐井。又西北入连场河所合之一泡江。桥左河、马槽沟，《采访》源皆出昙华山。山已见前。又至镇川桥，右纳九寨河水。九寨河，《采访》源出昙华山，西北流入一泡江。即连场河之下流。又北流入金沙江。

蜻蛉河，源出姚州南六十里三窠山，北流至太平铺，右纳回龙厂河水。回龙厂河，《采访》源出笔架山山已见前。麓，西北流入蜻蛉河。又北流至州南，潴为大石淜，广四百二十余亩。北出，分为东洄溪、西洄溪，左纳右锁冲水，分绕城东西，北流至城北而合。右锁冲水，《采访》源出州南二十里踊马厂，东北流入蜻蛉河。又北流，左纳阳派河水。阳派河，《云南通志》源出州西十五里金秀山北麓，雨案：其源有二，一出稽肃山之左，一出当波院山之右。《通志》谓出金秀山，误矣。北汇为阳片湖，广二百三十三亩，北出，流至光禄乡，折东流入蜻蛉河。又左纳大康郎泉水。雨案：《集韵》云凡物空曰廉筤，谷空亦曰廉筤，则“康郎泉”宜作“廉筤泉”。大康郎泉，《采访》源出仙景山，东流，循矣保山之右，折而东北，流入蜻蛉河。又东流，经满海场，过望川桥，入大姚县境。东流，纳小关口水。小关口水，《云南通志》源出州东四十里小关口，北流经仡佬村，东北流，又折北流，绕妙峰山西麓，东北流，会赤草峰水，源出赤草峰西南山中。北流入蜻蛉河。又折东北流，左纳香水河水。香水河，《云南通志》源出姚州北一百里藜武山南麓，东南流至大姚县西南，入蜻蛉河。又东北流，经大舌甸村，过独木桥，又东北，左会蛟龙江水。蛟龙江，《云南通志》源出州北三百二十里铁索箐，一名苴泡江，东流百余里，东南入蜻蛉河。又东北流至苴却巡检司南，东入金沙江。

论曰：姚之山如三窠、笔架雄峙东南，铁岭、昙华高标西北，而蜻蛉、连场二水复萦绕其间，汇群流而归诸金沙，其大势可得而言矣。兹分脉别络，穷原竟委而详载之，庶设险守国者一展卷而瞭如指掌，岂徒为宗炳作卧游之图，抚琴动操，令众山皆响也哉?

〔据陆宗郑等修，甘雨纂光绪《姚州志》（清光绪十一年刻本）卷一《地理志·山川》第20－25页辑录。〕

（民国）姚安县地志·河湖泉

河湖泉

姚境蜻蛉一河，著名班史。其源出于城南六十里三窠山，北流距城五里，潴为大石淜，北出分绕城东西，至东北角而合流，遂北流，经满海场、望川桥入大姚县境，至苴却巡检司，东入金沙江。

州西长流不断者为涟水，源出镇南县十八盘山，北流绕园鹤山麓，折而东北至弥兴，为弥兴河，入连厂，为连厂河。由连厂折而西北，子贝武至大河口，折而北流，划分姚西与云南县相交之界。迳至孔仙桥下，会一泡江，抵盐丰铁索乡西北山麓，入金沙江。

云南姚安县川河形势表一

名　称	全长里数	经过本治里数	源　委	极宽处	水　利	水　害
蜻蛉河	河水北流至大姚、苴却巡检司，入金沙江，全长约八百余里	经过县治七十里	发源于三窠山，北流会蛟龙江水，入金沙江	极宽处一丈一尺	近城田畴皆赖灌溉	霖雨连绵，河埂冲坏，时有淤没田亩之害
连厂河	北流至金沙江，全长一千余里	经过本县治百二十里	源出镇南县十八盘山，北流入一泡江，又流入金沙江	极宽处约一丈七八尺	近城田畴，资以灌溉	剥蚀田畔

云南姚安县湖泉形势表二

名称	位置	周围里数	水流方向	水产	水利	水害
大石淜	城南五里潴蜻蛉水	四二〇亩	北流	鱼	灌溉	无
阳派淜	城西十里潴阳派河水	二百三十九亩七分	北流折而东	面条鱼	灌溉	无
塔镜淜	城北二十里潴康郎泉	一百一十二亩一分八厘	东流	鱼	灌溉	无

续 表

名称	位置	周围里数	水流方向	水产	水利	水害
长寿淜	城西北五里潴西沟溪水	六十三亩四分	东流	鱼	灌溉	无
小邑淜	城北二十五里潴白马泉边	二百一十四亩三分九厘	东流	鱼	灌溉	无
黑坝淜	城北十五里潴黑坝泉山	十亩	东流	鱼	灌溉	无

蜻蛉谣

明修撰 杨 慎 新都人

蜻蛉川，碄碌野。铁箐勇崖，飞鸟不下。魋结成群行，白日腥风洒。击战牦牛驱笮马，金鸡庙前无行者。使君坐紫城，桴鼓卧不鸣。苍山平，洱水清。守犬无夜惊，行商达天明。白羽蠹，青苗生，南山踏歌北山耕。愿留使君往，只愁使君去，畏途前番君不闻。高东驷马亦便君，劫商车下般车轮。

〔据段世璋纂修民国《姚安县地志》（卜其明校注，杨成彪主编《楚雄彝族自治州旧方志全书·姚安卷上》，云南人民出版社 2005 年版）之《河湖泉》第 898 页辑录。〕

（民国）姚安县史地概要·河流水利

河流水利

姚安河流，在西部为连场河①，又名弥兴河，又名紫贝武河。源出镇南之关苴，各《志》谓出十八盘。北流至石盆入境，经大代苴、弥兴，西折至紫贝武之大河口，先后左纳水桥河、普昌河二水，再西流至云南厂，汇祥云梁王山水，名一泡江。又北流为祥、姚两县之天然疆界，经孔仙桥直至铁索岭，西北入金沙江。在中部为蜻蛉河，源出三峰山南之滚水箐，各《志》谓出三窠山。北流潴为大石淜，分东泅、西泅二溪，分流东西郊。西支至北郊，先后左纳阳派河、大康郎河二水，至满海场，东西汇合，出望川桥，入大姚境，东北流至苴却，入金沙江。在东部为三区之文龙、石者、力石关三河，源均出东山东面山坳，各东流入牟定、大姚、元谋各县境，下流均入金沙江。蜻蛉河水利最大，疏浚失时，为害亦大。现尚为潴大石、长寿、地摩三淜水源。昔时并可潴丰乐、五舍邑、地角、香索岭、赤额坪五淜。东山水则潴乌鲁淜，阳派水潴当波院、阳派二淜，大康郎水则潴塔镜、小邑二淜。惟现时仅存七淜，余均废。

〔据刘念学纂修民国《姚安县史地概要》（张海平校注，《楚雄彝族自治州旧方志全书·姚安卷上》，云南人民出版社 2005 年版）第 947 页辑录。〕

---

① 连场河 即“连厂河”，姚安各志书中“厂”“场”互见。

（民国）姚安县志·舆地志·山川

卷三　舆地志　山川（山略）

吾姚水系，在山脉大幹入境处，如老官山、老君山西麓水皆入礼社江而归南海，至全境水系皆东北流入金沙江。汉晋各书所谓绳水、若水、泸水，今日地理专书所谓境土属长江流域水系，则长江上流支源是也。甘《志》以金沙江提为总纲，而以蜻蛉、连场二河另为提纲。近日盐丰设县，疆域虽与金沙江隔绝，而全县之水，西部如连厂河，中部如蜻蛉河，东部如文龙、石者、立石关三河，下游均入金沙江。则金沙江实为统纳群流之所，仍应以金沙江提为总纲，而以连厂、蜻蛉诸河，分别另纲叙述，以见水性，实万流朝宗，本异末同云。

金沙江，源出吐蕃共龙川犁牛石下，名黎水，流经云南丽江府巨津、宝山二州。又迳鹤庆府，由西而东，环北胜州治，至姚安府，大姚江来注之。大姚江，即大姚河。黄宗羲《今水经》大姚江源出大姚县东北一百五十里书案山，西流至大姚县西北，合铁索箐之水，折而南流至县西南，合姚州小桥村之水，折而东，流绕县南，蜻蛉河入之，复东北流入于金沙河。即金沙江。又东，打冲河从北来注，至泸水入焉。金沙江，甘《志》金沙江自宾川州西北入境，当铁索箐西北，北与永北分界。东行纳连厂河水。即一泡江水，见后另提纲。又东南纳铁索箐北麓水。又东北至苴却巡检司，东北绕方山麓，折南行经苴却东，又南右纳蜻蛉河水。即大姚河，见后另提纲。折东流，复折而南，至元谋县扁担浪，又折东行右纳龙川江水。龙川江源出镇南州苴力铺山，东南流至广通县，折而北，纳镇南、楚雄、广通、定远诸水及姚州猛冈河水，东北至法纳禾，入金沙江。又东流，入元谋县界。本《云南通志》及齐召南《水道提纲》。

谨按：甘《志》“又东南纳铁索箐北麓水”下有云“又东北右岸纳羊蹄江水”。《大姚县志》“羊蹄江发源猛古喇山箐，下流合他克山龙潭水、棱罗武水、江底河水，入金沙江”。此水入江在方山之东，甘《志》引各载籍叙列方山麓前，不无错误，特为删去，俾归简要。金沙江提纲，现引南雷《今水经》而参注甘《志》。至其源流，详见《文征》金沙江各考。

连场河，又名连水。甘《志》连水因连场河之名载于《通志》，故以是名提纲，随地异名。其在弥兴上源处曰弥兴河，经连场曰连场河，经紫贝武曰紫贝武河，至云南厂汇祥云梁王山水曰一泡江，其实均一水也，源出镇南县之关苴。谨按：李《通志》出镇南木盘山，旧《云南通志》出镇南州十八盘山，是李《通志》以“十八”二字误为“木”字，而十八盘山即苴力铺，均未溯厥远源，今特考正。北流经英武关苴力铺南麓，入县境之石盆，绕圆鹤山右麓，纳左麓之水，东流出大代苴，至永保冲之岔河，南纳腊梅庄河。注：腊梅庄河源出镇南县属之。黄泥沟山麓，西流经雾露鲊、斗坡河，合细流为腊梅庄河，至此入连场河。折而北为大村河，至上屯，左纳小代苴河，右纳海子冲水，为弥兴河。注：小代苴河源出哔井睹光寺北，北流经打金庄，折而东出老虎关山麓，左纳胜峰山迤海子水，东行经小代苴龙马箐，至朱街子北，纳尾苴河水，东出石官村、上屯，注入弥兴河。海子冲水，源出镇南乐武冲山西麓，西北流经海子冲潢水坝、团山，至中村入弥兴河。东纳张家村河及关家箐水，西纳下屯水箐水，出怀安桥，经螺旋坡，注：张家村河源出金秀山西麓之烟坡，南流经杨官庄小龙箐、徐家嘴子，西南流经姚家冲，折而西出老鸦山南之张家村，入弥兴河。北流至连场，右纳观音箐水。观音箐水，《云南通志》源出姚州西三十里观音山，东南流，会连场河。甘《志》出州西二十五里官冲，西流入河。注：今洋派镇地。《通志》误。由连场折而西北，东纳寿山之水，过大桥，纳崑崙关水，出漩涡塘，折而西南，纳锣锅箐水。注：锣锅箐水源出蒿子箐，北流经大火房、白石头箐、锣锅箐，至董家嘴子、三圣宫入河。西流经观音寺，纳山药箐水，折而南流经周家嘴子，左纳席草箐水，折而西流抵大河口，南纳秧田冲水，流经大松树，南纳水桥河水。注：水桥河源出镇南之关苴，北流经石桥河、天神堂，折而西流入普淜境，为水桥河，经子鲊苴，折而北为银厂河，经大白者乐、金家凹而入于河。西流经麂子村，南纳普昌河水，北纳雷响田水。注：普昌河源出镇南县康马之蒲澡塘，西北流入普淜境，经力必甸，左纳老君山发源之冷水箐水，折而北流至普昌河，右纳羊寄冲水，转而西流，右纳长冲水、小龙马山水，至狮子口，左纳普淜街小水桥水，又纳发源于祥云县老官山之花溪水，折而西北流，至石门为石门河，转而东流入格子为格子河，折而北抵麂子村入连场河。雷响田水源出连水乡大麦地的白麽，南流经雷响田，至小村入连厂河。折而西北流至岔河，左纳祥云县梁王山水，一名金旦河水。名一泡江。谨按：《云南通志》略云，一泡江，源出云南县北梁王山下，南流至团山坝。一流溪沟下弥渡，为礼社江源；一东南流经县城南汇为青龙海，经小云南驿东北流，为一泡江，而将连场河汇入略去。实则岔河两水相会，水量要以连场河为最大，水源亦以连场河较长，是一泡江源，应两水并提，不能仅以梁王山水为一泡江源也。《盐丰县志》：一泡江其源有二，一为祥云之楚场河，源出县北之梁王山；一为姚安连厂河，源出镇南之十八盘山，至密林庄合而为一云。虽于经楚场河及会合处有误，而于一泡江源颇能认清。自此以下至孔仙桥，即为祥、姚两县疆界。折而北流，右纳葡萄箐水。至毛岔郎，右纳三角河水。三角河，甘《志》源出州西七十里稗子沟，西流入连场河。又北，流经人投关，至孔仙桥西，纳祥云楚场河水，出境北流至三岔河，右纳一字水。折而东北流至天生桥，右纳天生桥河水。折而西北流至铁索箐西，折而东北流至马鞍山下，注入金沙江。

蜻蛉河，李《通志》旧名三窠戍江，《滇系》一名三穿戍江，源出三峰山南滚檐坡下之滚水箐。谨按：任揆道《蜻蛉河源考》云各旧志载蜻蛉河源出县南三窠山，误矣。夫三窠山之水特细流耳，其源不及滚水箐之大，其河不及滚水河之宽。按水源应以源远流长为主，则蜻蛉河自应以滚檐坡下之滚水箐为河源云。西北流经角苴坪外，纳小村水、南麓龙泉水。右纳小水箐水、锈水河水、清水河水、龚家坟水，至乌龙坝，注：小村在滚檐坡南，龙泉在角苴坪南山麓，小水箐水、锈水河、清水河、龚家坟水源，均出三峰山南麓之九顶山，即甘《志》回龙厂河水。乌龙坝，蜻蛉河中坝名。左纳盐井沟水。注：盐井沟水源出三窠山，经盐井沟入河，即旧《志》所谓河源者。东北流经太平铺，左纳古牛箐水。注：古牛箐水源出阿箔喇山，纳诸小箐水，至太平铺入河。折而北流至峡口坝，左纳布鲊冲水。注：布鲊冲水源出老李冲，向南流，折而东经布鲊冲，至峡口坝，入于蜻蛉河。折而东流注三角甸，右纳利武鲊水、拉地冲水。注：利武鲊水源出笔架山，经者乐村入河。拉地冲水，源出笔架山西之棕苞龙潭，经拉地冲入河。折而北，右纳老蜂窝箐水、高枧槽河。注：老蜂窝箐水源出黄草岭，西流经汇龙桥入河。高枧槽河源出白沙冲，经高枧槽，西流经大黑桥入河。又北流，左纳龙泉坝水。注：龙泉坝水源出大芦柯，西北流至龙泉坝，左纳老郭冲水，折而东，流经丰禾镇入河。至丰乐淜，右纳芭蕉冲水、马家沟水。注：芭蕉冲水源出梨园坡，经杨家村、芭蕉冲入箐。蜻蛉河、马家沟水自芭蕉冲分来，经马家冲、亦乐村东，汇千支冲水入河。又北流，潴为大石淜，东纳东丰村水，北出分为东泅溪、西泅溪。东泅溪即东河，出东牐，北流至蛮子坝。一支东北流，名小东河，过曾家桥。又分一支，入地摩淜，纳核桃箐水、大龙潭水。注：核桃箐水源出万松山南之核桃箐，东北流经三坝沟，北流入地摩溯。大龙潭水源出饱烟萝山麓，西南流，北折经梓橦寺入地摩溯。小东河，北流至袁家桥西，入新河。注：新河，清同治间小屯人周飞熊所开。新河经小屯，右纳黄龙寺水。注：黄龙寺水源出东山麓，西北流入新河。经白家屯南，右纳自久溯水。注：自久溯水源出东山麓之大山湾，西流入自久溯，又西流入新河。过牛沟桥，至周家桥，纳白龙寺水。注：白龙寺水源出武都卫后山龙箐，西流入新河。至望川桥南，汇入蜻蛉河。注：汇入处在望川桥南里许。东河西北流，折而北经县城东，过迎晖桥，过聚奎桥，东北流至匡家坝，左分一支为中路河，北行至赤额坪下，与西河会。东河折而东行，过朱大桥、大板桥，折而北，经三江口、马草地，抵望川桥南，与新河会。西汹溪即西河，出西牖北流，经苏家湾下，左纳右所冲水。右所冲水，甘《志》源出西南二十里牖马厂，东北流入蜻蛉河。至城西南之黄家闸，右分一河为南河，经城南，抵东南隅与东河会。左分一河，西北行，纳金秀山东麓水，潴为长寿溯。注：金秀山，详前。长寿溯，详《水利》。西河北行，经西城，至西北隅，右分一支东行为北河，绕城北至东北隅，与东河会于聚奎桥下。西河北行，经杨家巷下，左分一支入长寿溯。西河北行，至青石桥，折而东，抵赤额坪下，与中路河会。中路河北行，抵三江口，左纳长寿溯水，又左纳洋派河水。洋派河，《云南通志》源出州西十五里金秀山北麓，北汇为洋片湖，广三百三十三亩，至光禄乡折东，流入蜻蛉河。甘《志》其源有二，一出稽肃山之左，一出当波院山之右，《通志》谓出金秀山，误矣。谨按：洋派河实由龙岗镇三江口下，东入蜻蛉河。《通志》谓至光禄乡入河，实误。河源出稽肃山之左。又北流，与东河会，左纳黑坝水，又左纳大康郎泉水。注：黑坝水源出黑坝后山之龙泉观，东流经杨家村、老西坪，入蜻蛉河。大康郎泉，甘《志》源出仙景山，东流，循矣保山之右，折而东北流，入蜻蛉河。注：源出芹菜沟，下为清水沟，为大康郎泉，详《水利》。又东流，经满海场，过望川桥，入大姚县境。东北流，左纳北河水。注：北河，一名玉溪泉，源出二十四丫口南麓，南流经大姚县属之麻栗树，与王木拉箐水合，又南流至戴家坡，与土窝铺箐水合，至吴家嘴子，又与结璘山、老木多诸水合为三岔箐河。南流，又纳周家冲水，至大姚福照镇之大砖桥，折而东流至枧槽河，入蜻蛉河。东流至永茂大桥，右纳赤草峰水。赤草峰水《云南通志》源出赤草峰西南山中，北入蜻蛉河。注：源出三道箐之分水岭。至钟秀街南，左纳子庄泉。注：子庄泉，源出子庄小龙祠下。西南流至大村，折而东至钟秀街南，入蜻蛉河。又东北流至大湾子，左纳将军冲泉，注：将军冲泉，源出垒口箐，东流经郭家坝、李氏宗祠前，右纳大姚白家冲水，东流经李渤海，至大姚之大湾子小岔河东，入蜻蛉河。折而南，流经大姚县城南，左纳大桥泉。注：大桥泉，源出大桥后山龙箐，东流经小斑竹箐、大斑竹箐，至岔河，折而北流，经芦川，达永丰庄，入大姚西河，东流至大姚城南之新坝，入蜻蛉河。又东北，会龙蛟江水。折而东流至波西，左纳羊蹄江水。至迤什寺，右纳立石关河水。注：立石关河，详后《提纲》。入元谋县界，为湾保河，至扁担浪，入龙川江，一名苴林河。东入金沙江。谨按：《通志》注龙川江，即《汉志》注之毋血水，至三绛南，北入绳，大姚河系东入绳。今详考各图志，在二水入江十数里前，确系分流，与《汉志》注无异，乃入江二三里处，二水合流后，始行入江。

文龙河，源出三峰山东麓之大黑麽，东流而出，左纳王朝里河。注：王朝里河源出小关口山南麓，南流经王朝里村南入河。折而东南流，至火烧屯，右纳滥泥箐水。注：火烧屯河源出牟定县连三坡北麓之滥泥箐，北流至火烧屯东入河。折而东北流至岔河，右纳何家村河，经香哨、大石桥、雾露村。注：何家村河源出高峰寺山南麓之龙转湾箐，东南流经打厂箐、依地拉、何家村、黑母鸡村，至磨盘山东入河。再左纳早苴梁子河、四古木河。注：早苴梁子河源出万年峰南麓，四古木河源出过脉山南麓。沿姚安、牟定交界，又东北经朵苴之小团山，经利市厂，流入牟定连湾山之王官田、小荒田，再东北流，与石者河会为猛冈河。注：猛冈河，即淹水，上源即文龙、石者两河，合流为猛冈河。出浪巴铺，为纪簸河，下流入苴林河，归金沙江。

石者河，源出万松山东面之盐井沟，东北流，左纳空心树水，右纳小关口水。注：小关口水源出小关口山北麓，北流入河。谨按：《云南通志》小关口水，源出州东四十里小关口，北流经仡佬村东北，又折北流，绕妙峰山西，东北流会赤草峰水，北流入蜻蛉河。实误，亟应订正。东流过凉桥，折而东北，行经瓦渣坡东，左纳岔路河水。注：岔路河源出扯炉坡，南流而出，右纳杨柳箐水（又名李子箐），折而东，过大砖桥，折而北，经岔路口，折而南，右纳灯草箐水，入于河。东流经武庙下，左纳罗家箐水。注：罗家箐水源出罗家箐，南流至大婆树村前入河。又东流，左纳菜拉鲊河。注：菜拉鲊河源出菜拉鲊箐，南流而出，左纳马鞍山南麓水，南流入河。东流经木暑郎、稗子田、香树、适中街、三木村至背笼村，左纳吊桶箐水出境，经过大姚之卡西坡至河底。东北流，右纳文龙河水，至锈水河，右纳大姚菖蒲塘水，沿牟定、大姚交界，折而东南，入猛冈河，东流入龙川江。

立石关河，源出妙峰山东涧水塘，东北流，右纳雾露箐、大水箐水，左纳长冲箐水。折而东，经立石关，东北流经大姚县之杨四庙，至席草湾，左纳哨冲水。东经张保村、独木桥、庙门、龙街，东北流至古甸，左纳何家湾水。折而东，至河底，东北流经凹低里、糯纳，至滥泥田，折而北至迤什寺，汇入蜻蛉河下流。即大姚河。再入元谋境，汇湾保河，东入金沙江。注：长冲箐水源出大姚橡子坡，哨冲水源出大姚楼子箐，何家湾水源出大姚大龙潭、杨四庙、席草湾等地，均属大姚县东界地。

附水系概况表

水系概况表

连场河	发源于镇南之关苴，流经县境，至盐丰马鞍山下入金沙江	在县境西部，流经县境二百六十公里	为灌溉弥兴、连水、普溯沿河田亩	纳支流十八。自县西南入境，北流西折，复北流入盐丰境	上流名弥兴河，中流又名紫贝武河，下流名一泡江
蜻蛉河	发源于三峰山南滚檐箐坡下之滚水箐，流经大姚，至扁担浪入龙川江，东入金沙江	在县境中部，流经县境一百一十里	为潴蓄大石、乌鲁、长寿三溯水源，并灌溉蛉源、文峰、栋川、烟萝、启明、龙岗六乡镇田亩	纳支流二十六。自县南流北入大姚境	一名三窠戍江，又名三穿戍江
文龙河	发源于三峰山东麓之大黑麽，流经牟定之荒田，与石者河会为猛冈河	在县境东南部，流经县境七十里	为灌溉文龙乡沿河田亩	纳支流五。自县东南境向东流入牟定境	
石者河	发源于万松山东面之盐井沟，东流入牟定境，会文龙河为猛冈河	在县东境中部，流经县境八十里	为灌溉文龙、前场两乡镇沿河田亩	纳支流七。自县东境向东流入牟定境	

续　表

立石关河	发源于妙峰东涧水塘，东流入大姚境，会蜻蛉河下流，东入金沙江	在县东北境，流经县境七十里	为灌溉前场镇北部沿河田亩	纳支流三。自县东北境东流入大姚境	

〔据霍士廉等修，由云龙纂民国《姚安县志》（民国三十七年排印本）卷三《舆地志·山川》第8－14页辑录。〕

（康熙）镇南州志·地理志·山川

卷一　地理志　山川（山略）

白龙河　州城南，一名虹江。源出苴力铺，又名苴水，经州治汇府大河。自辛戌方来，从巽巳方出，环抱州治，如玉带焉。

马龙河　州治西南八十里。山水忽涨难渡，旁无居人，行者苦之。

清水河　州治东十五里。源出蒌蕨厂龙潭，南流入白龙河。

响水河　州治北十五里。源出见性山龙潭，南流入白龙河。

七村河　州治南二百里。源出赵州密底，南入景东府界。

古　井　州治东门外。水清而甘，汲之者众。

氿　井　州治东南五里观音洞旁，其泉清冽。

温　泉　州治西南一百五十里。在黑泥山，喷涌清润，远近男妇多来就浴。知州陈元有记，载《艺文志》中。

寒　泉　州治西南五里。在西山寺外，泉深三尺，四时澄澈不涸。

龙　潭　一在州治东十五里蒌蕨厂山箐，灌溉甚广。一在州治南三十五里力戈村山箐，灌溉尤广。一在州治西北十五里见性山山箐，灌溉亦广。一在州治南二百里七村河上，广袤可百亩，潭深不可测，并无藻荇，其旁古木参天，樛枝蔽日，土人亦不敢往。观叶坠潭中，鸟即衔去。南流不一里即入七村河，灌溉不过山田数亩而已。

〔据陈元、李犹龙纂修康熙《镇南州志》（曹晓宏、周琼校注，杨成彪主编《楚雄彝族自治州旧方志全书·南华卷》，云南人民出版社2005年版）卷一《地理志·山川》第10页辑录。〕

（咸丰）镇南州志·地理志·山川

卷二　地理志　山川（山略）

阿雄江　州治南二百里。夏秋涨险，筏渡不可舟楫，元江其流也。

白龙河　州治南。一名虹江，源出苴力铺，又名苴水。环城如带，东汇楚雄大河。

马龙河　州治西南八十里。山水暴涨不时，舟楫难渡，岸无居人，行者苦之。

清水河　州治东十五里。源出多蕨厂龙潭，南流入白龙河。

响水河　州治北十五里。源出见性山龙潭，南流入白龙河。

七村河　州治南三百里。源出赵州密底，南入景东府界。

古　井　州治东门外。水清而甘，汲者众。

氿　井　州治东南五里观音洞侧，泉清洌。

温　泉　州治西南一百五十里。出黑泥山，喷涌清润，远乡皆就浴焉。

寒　泉　州治西南五里。在西山寺外，泉深三尺，四时澄澈不涸。

龙　潭　在州治北[①]十五里多蕨厂山箐。灌溉甚广，祷雨辄应。一在州治南三十五里力戈村山箐，灌溉尤广。一在州治西北十五里见性山山箐，灌溉亦广。一在州治南二百里七村河上。广袤可百亩，潭深不可测，并无藻荇，其旁古木参天，樛枝蔽日，土人亦不敢往。叶坠潭中，鸟即衔去。南流不一里即入七村河，灌溉不过山田数亩。一在州治南三[②]百五十里，名皎坂泉。自谷涌出，形若碎珠。夏秋寒欲震齿，春冬暖可浴面。祷雨多验，灌溉亦普焉。一在州治东八里，地名龙磨角，灌溉数百亩。咸丰初，署州彭建亭其上。

观音洞　州治东五里。石洞如龛，洞中一石如佛，故名。氿井在其侧。

仙人洞　州治南二百五十里大古木后山，悬崖直上，数峰插天。洞在中一峰，广可容数百人，壁上成狮象，物形莹奇异状。左壁石柱下小潭水极清寒，不溢不竭，奇观也。

〔据华国清总修咸丰《镇南州志》（曹晓宏、周琼校注，杨成彪主编《楚雄彝族自治州旧方志全书·南华卷》，云南人民出版社2005年版）卷二《地理志·山川》第124页辑录。〕

（光绪）镇南州志略·地理略·山川

卷二　地理略　山川（山略）

镇南之水，白龙河、礼社江为大。东北之水悉归白龙，西南之水悉归礼社，惟七村河之水，不入白龙、礼社，而别为一派。今以白龙河、礼社江、七村河三水为经，而以诸小水为纬，庶有条而不紊云。

白龙河　一名虹江，源出州西七十里苴力铺山中，故名苴水。以其为龙川江之上流，故亦名龙川江。又为平彝川水所会，故亦名平彝江。东北流经沙桥驿，滥泥箐水注之。注：滥泥箐水源出滥泥箐山，山见前，凡山由已见前者不注后放此。北流至沙桥驿，入白龙河。折而东北流，经红土门，平彝川水注之，有平彝桥。注：平彝川源出州西三十三里角冲众山中，南流经大谷堆村东，入白龙河，《滇志》以王小河为平彝川，误矣。别有考，载《杂载略》。折而正东流，双甸河水注之。自发源出至此，两岸皆山，此下渐有平原，流渐缓。注：双甸河源出姚州三窠山之南，三窠山，在姚州南六十里。南流经白土坡，会大小岔河水，绕云台山麓，折而正东流，经马鞍山、蟠龙山，会响水河水，折而南流，经黑马邑，为黑马邑河，环绕天马山麓，入白龙河。大小岔河，俱在州北三十里。响水河源出

① 北　康熙《镇南州志》作“东”，存疑。

② 三　康熙《镇南州志》作“二”，存疑。

州北见性山，南流至先生邑，入双甸河。东流至城西，左所龙潭水注之。注：左所龙潭水源出州北荸蕨厂山中，南流潴为千工坝。又南流经黄家山麓，至城西门外，南入白龙河。《滇志》以此水为清水河，误矣。清水河，详见后。旧《志》云左所龙潭，祷雨辄应。环州城之南，东流至城东南隅，王小河水注之。有镇川桥，桥北为和子故城，旧有锁水塔。注：王小河源出南界众山中，东北流，折而正北流，右会观音洞水，北入白龙河。观音洞水源出观音洞山，北流百余步，入白龙河。又东流，双龙河水注之，注：双龙河，其源有二，一清一浊，源出前所龙潭者，水甚清，名清水河；源出珠盘山者，水甚浊，名浑水河。会金珠河水南流至城东，清浊会为一，经和子故城，南入白龙河。金珠河源出宝珠寺山，北流入双龙河。羊起河水注之，注：羊起河，一名子甸溪，源出州东龙磨角山中，东南流经上下小屯，折而南流，入白龙河。石门河水注之。注：石门河源出州南力戈村，附近田亩资灌溉焉，东北流至牛凤龙村，入白龙河。循五摩山北麓、石鼓山南麓，东流至吕合驿，会紫甸河水，流入楚雄县境，为龙川江。注：紫甸河源出定远县西三十里紫甸乡化佛山，南流入州境，为关滩江，至吕合驿，入白龙河，为合襟水，又为三道河。

右白龙河，左纳支流三，右纳支流五。

礼社江　源出云南县之梁王山，西南流为万花溪，下白崖，经蒙化，会阳江，东南流至南涧即旧定边县地，今属蒙化。鼠街入州境，一街河水注之。注：一街河源出州西南永宁乡滥泥箐山之石狗箐，东南流经王赞庄，折而正西流，经阿脑山西麓，折而南流。右纳黑泥河水、花鱼洞水，北入礼社江。黑泥河源出英武乡之老海庄，南流经黑泥山，会黑泥温泉，北入一街河。花鱼洞水源出赵州东南，流至州境，入一街河。又东南流，皎坂泉注之，注：皎坂泉出打雀山北麓，水自谷中涌出，形如跳珠，声如碎玉，夏秋极寒，冬春微温，可頮面，溉田甚广，祷雨多应，东北流入礼社江。关拦河水注之。注：关拦河，源出阿雄乡众山中，东北流入礼社江。东入楚雄县境，小马龙河注之。注：小马龙河源出州西南永宁乡，南流入楚雄县境，左会羊草河水，东南流入礼社江。羊草河源出永宁乡滥泥山东麓，东南流，北入小马龙河。又东流，经楚雄县之三街，马龙河水注之。注：马龙河源出永宁乡石冠山，东南流入南界，为小箐河，又东南流入楚雄县境，左纳伯鱼河水，北入礼社江。伯鱼河源出州南五十里洒坡坞，东南流，北入马龙河。

右礼社江，左纳支流二，右纳支流三。

七村河　源出阿雄乡大涧洞山，东南流，小亩掌河水注之。注：小亩掌河源出歪车塘诸山中，东南流入七村河。折而南流，七村龙潭水注之，注：七村龙潭，在七村河上，广袤可百亩，深不可测。水中无荇藻，潭旁古木参天，樛枝蔽日，木叶下坠，鸟辄衔去，故潭水极清。时能兴云作雾，不知者误投以石，则雹雨立至，故土人亦不敢轻往焉。南流里许，入七村河。打雀山洑水注之。注：打雀山洑水，出打雀山巅，南流八里，落入石洞中，洑流不见，至山麓喷涌而出，注七村河。折而正东流，会歪车河，流入景东地。注：歪车河源出歪车山巅，山高而顶平，水自中央西流，两岸多竹，蔚然深秀，一幽胜地也。折而南流至虎街，会七村河水，流入景东。

右七村河，左纳支流三，右纳支流一。

〔据李毓兰修，甘孟贤纂光绪《镇南州志略》（清光绪十七年刻本）卷二《地理略·山川》第20－24页辑录。〕

（康熙）大姚县志·水

青蛉河 源出龙川，自北而南，流绕县前，合大姚河去入苴䝉江，同下金沙江。

蛟　江 在县治北。源出三窠关，自北而南，至里长堡入青蛉河。源出溪涧水，本细溜（流），不知何以名江。岂陵谷更迁，所谓〔沧〕海变桑田之意乎？

一字水 出黎武山，北会小井泉，流入至一抛江。

大姚河 流出书案山下，至县前转北，合苴䝉江，流入金沙江。

苴䝉江 在县治北一百二十里，亦名苴泡江。源出铁锁箐，合姚州连场、香水二河，流入金沙江。

土桥河 在县治南十五里。源出三窠关，向北而流，在此为土桥河，入泗溪，为泗溪河，即流出书案山下者。

羊蹄江 在县治北一百六十里。源出山谷，消涨不时。

金沙江 在县治北二百四十里。源出丽江腆甸，由金腾绕澜沧，过县辖矣资马，水势湍急，舟楫易覆。至虎跳石，入洞三十里始出。

猛冈河 在县治东一百里。源出文龙石者，晴时徒步可涉，一时雨集，泛涨难行。

〔据陆应玑修，吴殿弼纂康熙《大姚县志》（张海平校注，杨成彪主编《楚雄彝族自治州旧方志全书·大姚卷上》，云南人民出版社 2005 年版）第 6 页辑录。〕

（道光）大姚县志·地理志·山川

卷一　地理志　山川（山略）

〔……〕

水则白水、金沙绕其外，苴䝉、羊蹄、五屯河、苴却河、大田河、卧马喇河诸水流其内。近城则大姚河自西来，绕城而东，蜻蛉河自西南入境，曲折而东，会于紫邱山下之新坝，由双沟入苴䝉江。山之脉络可寻，水亦原委可辨，山环水抱，亦边疆之奥区也。志《山川》。

蜻蛉河 源出姚州三窠山，流经州城南，潴为大石淜，分为东泗溪、西泗溪，绕城而北，经师和寺，至五空桥下入县境，与满海场之筧槽河水合，由西南蜿蜒流至蒋家桥，与黑箐之小河水合，汇南境溪涧之水，经土桥转而东，绕至新坝，合西河之水，趋双沟，下入苴䝉江。

按：县境南界，受累于此水，晴则涸，雨则涝。因其源自州境来，千溪万壑，灌注其中，两岸近年皆开火山，播种黄豆、包谷，土性虚松，山水陡涨，泥沙木石，冲刷入河，旋浚旋淤，堤埂皆决。州境既为巨浸，县境亦不免于泛滥，屡次疏导，徒费人力。此非严禁开挖火山，广种树木，以护其土，使沙石不致下填，然后治河，使众水安流，则田亩终不能望有收也。然此举岂易易哉？

西　河 发源于龙山，东南大小罗古、大冲、苴赖各山箐水，会于苴力屯，下流至永丰屯，会锅厂、班竹箐诸小水，至火烧桥，会龙门哨流出小水，至波溯，会凉桥流出小水，至广济坝，有一水自三柯木流出，与之合至城西，绕南而东至新坝，合南河水，下双沟，入苴跛江。《滇系》云：《通志》以此水为大姚河。

上下五屯水 自哨顶山箐发源，下流至张保村，会西冲水，至黄土坡，会里保哨、冷水箐诸小水，流经水井屯、龙泉寺，绕龙街、小海子。一水自大龙箐发源，经磨刀、石羊、纳美与之会。又一水自缴苴来与之会。又一水自山箐发源，经永乐村外可奈，至吴果村与之会，下流经迤什寺，入苴跛江。

缴末河 发源天井山箐，会永丰屯水，流经缴末、小铁厂、白家湾、大炉头、牛街、下班果，入元谋界之苴林河。

塔底水 自罗武冲来，经白慈寺下，流入猛冈河。

猛冈河 即淹水。源出姚州境，由前场关绕出定远，与文凤山诸水合，东北流而经邑之东南，纳塔底诸水，出浪巴铺，为纪簸河，下流入苴林河，归金沙江。

龙蛟江 即苴跛江。发源于昙华山东南、龙山西北，诸山箐水由碧麽流经六苴，会李子箐水，至岔河，会只纳麽水，下黑泥麽。一水自火把来与之合流出江底河，会蜻蛉河水，至迤什寺，会五屯河水，入元谋县界，为湾保河，下流至炳大浪，会苴林河，入金沙江。

按：旧《志》《通志》《姚州志》、齐召南《水道提纲》、张机《金沙江考》，俱以连场、香水二河流至大姚境，合黎武一字水，北流会白井、观音箐水，流经铁锁箐，会诸水下苴跛江，入金沙江。今履勘其地，察其山势情形，连场、香水二河，由白井流出铁锁大山西北，应入白水江。其间龙山接连昙花山，冈岭阻隔，自不能与黎武诸水同入苴跛江。大抵《金沙江考》《水道提纲》《通志》俱本之旧《志》，而纂志之时，又仅凭传闻，歧之中又有歧，今为考正。

羊蹄江 发源于猛古喇山箐，下流合他克山龙潭水，下羊臼鲊，为羊蹄江，至小猛连，会梭罗武水，至波西，合江底河水，下流入金沙江。

梭罗武水 发源于泥臼拉古诸山箐，下流入羊蹄江。

红山、黑禸水 均出山箐，下流入苴跛江。

苴却河 发源于大把关之双龙潭，合桃苴水为莺窝河，下流，右会力竜水，左会方山下者布麻水，流经苴却街，会插左小水，经锁水阁下天生坝，会大雪厂新村水，又下合莲池、麦喇水，流经凹鲊、竹棚，会夜节水，至元谋界之多牛，会腊鸡水，流至浦文龙，入湾保河，下金沙江。

大田水 发源于辣子箐，会马头村、平地水，流经大田街，至路普臼，会小阿喇水，流经板桥，会汪老甸、官房二水，下流经总括村，至者车、仁和街，会慕古桥水，又受普达小水，流经沙坝，入金沙江。

汪老甸水 发源起查喇山箐，合阿喇务水，经汪老甸，至汶河，会官房水，至板桥，入大田河。

官房水 发源新箐，流经官房炼地村，至汶河，会汪老甸水，至板桥，入大田河。

慕古桥水 发源乾树子山箐，流经慕古桥，至仁和街，合大田河。

王朝水 源出山箐，流经灰怕浪，下流会大路鲁、澜旦二水，至矣资，入金沙江。

纳那水 源出大平地山箐，下流入金沙江。

太平场水 发源竜丙山箐，流经者喇，会龙潭、新村水，下太平场，至红门口，入金沙江。

灰坝水 发源麂子厂、大麦地诸山箐，流经记堵、鱼麽，至灰坝汛，下流至白马河、猛连渡，入金沙江。

丙令水 源出石米地山箐，流经他庐、那软，下丙令，至拉古，入金沙江。

卧马喇河 发源姚州界邑华山西北诸山箐，下流为大膊子河，经红古的，至直麽，会直苴水，下红古麽。会以之纳水，至散撒，会旧地基长箐水，为卧马喇河，经迤资，会鱼鲊水，下流入金沙江。

直苴水 发源山箐，下流至大直麽，入大膊子河。

以之纳水 发源山箐，流经岔河，会橄榄村水，至早谷田，曲折流经他布里，至红古麽，合卧马喇河。

鱼鲊水 发源躲兵鲊、立起冬诸山箐，下流经鱼鲊、灰连，至路撒，合卧马喇河。

晖东厂水 下流入金沙江。

上下纳那水 发源西鲁，下流入金沙江。

散管水、上下务堵水 均发源山箐，下流入金沙江。

茨喇水 发源姚州白草岭，下流合白井诸水，会维泥拉水，出黎溪甸下湾别，入金沙江。又一水发源山箐，共三支，流出为多底河，下迤迫，至上巴拉，入金沙江。又一水出拉务堵箐，流至大新厂，入金沙江。又一水出以卡喇山箐，下流入金沙江。

金沙江俗称为白水江 即若水，自丽江府来，流经永北厅宾川州境，至丙海入县境，东流至沙坝下之小鲊石，与泸水合，绕方山下，入武定州界。

泸　水 自四川宁远府境南，流经盐源县境，至会理州西之迷易。一水自盐源县外境流出，名打冲河，经阿所拉，至迷易，合泸水，又南流六十里，至小鲊石，入金沙江。

按：金沙江即泸水。东汉武威将军刘尚渡泸入蜻蛉川，蜀汉诸葛武侯渡泸至弄栋，俱在此。昔人皆据以载于志。惟《水经注》之若水，南迳云南境之遂久县，蜻蛉水入焉。水出蜻蛉县西，东迳其县下，县以氏焉。蜻蛉水又东注于绳水，又迳越嶲郡之马湖县，为马湖江。又《水经》云淹水出越嶲遂久县，东南至蜻蛉县。”注云蜻蛉县有禺同山，其山神有金马碧鸡，光景倏忽，民多见之。是言蜻蛉水、若水、淹水，未尝指为泸水也。而明杨慎《渡泸辨》云孔明《出师表》五月渡泸，今以为泸州，非也。泸州，古之江阳，而泸水乃今之金沙江，即黑水也。其水色黑，故以泸呼之尔。《沈黎古志》：孔明南征，由今黎州路黎州四百余里至两林蛮，自两林南瑟琶部三程至嶲州，十程至泸水，四程至弄栋，即姚州也。今之金沙江在滇蜀之交，一在武定元江驿，一在姚安之苴却。据《沈黎志》，孔明所渡，当在今之苴却也。吴省钦《渡泸辨》云会理州西百五十里有泸水，自建昌南流而入金沙江。四五月间，瘴气尤盛，又水激多巉石。杜佑谓武侯所渡在此。然则武侯之至越嶲，循唐蒙故道，其入益州，则循刘尚故道也。今县境小鲊石两水合处，金沙江水色白，泸水色黑，合流而下，水色皆黑。观此，则金沙江合泸水后，通称为泸水，亦属可据，故《滇系》亦云金沙江由会理州之西南合泸水，即武侯渡泸处。两崖峻极，俯视江流，如在井底，烟瘴拍天，隆冬渡此，亦皆流汗，惟雨中夜渡乃可，则其地可知矣。

附　泸水考

金沙江为泸水，前已辨之详矣。金沙总名也，自越嶲以下，宜名金沙。其上所注之水，人自为说。要末即古水之名，揆于今水之道，以折衷于一，是故阅者不能无疑焉。

按：《水经注》曰若水出蜀郡旄牛徼外，东南至故关为若水。若水东流，鲜水注之，迳越嶲大莋县入绳。绳水出徼外，《山海经》曰巴遂之山，绳水出焉。东南流至大莋，与若水合，自下通谓之绳水矣。南通越嶲、邛都县西，直南至会无县淹水，东南流注之越嶲水，即绳、若也。似水随地而更名也。又有孙水焉，出台高县，即台登县。孙水，一名白沙江，南至会无，入若水。若水又南迳云南之遂久县，蜻蛉水入焉。蜻蛉水又东注于绳水，绳水又迳三绛县西，淹水注之。三绛，一曰小会无，故《经》曰淹至会无注若水，水又与母血水合。水出益州境弄栋县东农山母血谷，北流迳三绛县南，北入绳水，此古水之名也。遵查康熙间《御制山水考》，谓今之金沙江，源自达赖喇嘛东北乌捏乌苏流出。乌捏乌苏，译言乳牛山也。其水名母鲁乌苏，东南流入喀木地，又东南流经中甸，入云南塔城关，名金沙江。至丽江府，一名丽江。至永北府，会打冲河，东流经武定府入四川界。而明张机《金沙江考》云源出吐蕃共龙川，东至巨津、宝山，三面环丽江，至鹤庆，受漾共江诸水。又东经姚安，受蜻蛉、大姚、龙蛟诸水。又东经楚雄、定远，受龙川诸江水。又东至元谋，受苴林河诸水。齐召南《水道提纲》云自其支流者言之，大理宾川大江北入金沙江，鹤庆漾共江东南至龙珠山伏流，复出入金沙江，北胜州桑园河西流入金沙江。龙潭泉有九眼，下流入金沙江。程湖南入金沙江。姚安蜻蛉河经大姚县东，入金沙江。龙蛟江即苴跛江，入金沙江。楚雄龙川江，西合峨碌川，又东合定远诸水，经定远县黑盐井，下流入金沙江。武定西溪河，经楚雄至元谋，西入金沙江。以上皆云南之水朝宗于东海者。

窃谓《水经注》曰若水出旄牛徼外，又迳大莋县，入绳水。《山海经》曰至大莋，与若水合，自下通谓之绳水。

按：绳水，《通志》谓发源于镇南州之沙桥山中，流至楚雄为龙川江，至广通为罗绳河，西南流三十里，经定远县至黑井，出元谋为西溪河，入金沙江。是若水至大莋县，与绳水合，乃谓之绳，未与绳合，不得概谓之绳也。《水经注》又曰有孙水焉，出台登县，一名白沙江，南至会无，入若水。若水又南迳遂久，蜻蛉水入焉。蜻蛉水又东注于绳，绳又迳姑复县北对三绛县，淹水注之。三绛，一曰小会无。淹水又与母血水合。母血水，出益州弄栋县东农山母血谷，北流经三绛县南，北流入绳。是若水、绳水、孙水、淹水、泸水、大渡水会为一津，自绳水而上，入若水者，皆附于若水，未改若水之名。入绳后，绳水较大，故概谓之绳水，而改若水之名。胡朏明《梁州图》以绳水为金沙江，不知若水即金沙江也。若水自丙海入大姚境，流至沙坝，合泸水，东南流二百余里，至巡检司，即遂久县地。至是而蜻蛉河、大姚河、龙蛟江与羊蹄江合流，至元谋县湾保河，流出苴林河，而猛冈河即淹水，亦出苴林河，并入泸水。又绳水自楚雄、广通、定远、黑井至元谋，亦北流入泸水，统谓之绳水。按：定远之猛冈河，即淹水也。镇南之龙川江，即绳水也。会无县即元谋县，遂久县即金沙江巡检司地。泸水即若水，自绳水而上谓之若水，自僰道以下概谓之绳水，故《注》曰若水至僰道县[①]，又谓之马湖江。绳水、泸水、孙水、淹水、大渡水同决入而纳，通称金沙江。

〔据黎恂修，刘荣黼纂道光《大姚县志》（清光绪三十年刻本）卷一《地理志上·山川》第16页、第20－30页辑录。按《凡例》言："至山水，则名随时改，知禺同山，今谓之紫丘山；若水、孙水、绳水、泸水、淹水，今统谓之金沙江，自宜考核详（翔）实，志之以备稽考。"刘荣黼（1774—1854），字春舫，一字矩堂，晚号怡云老人。云南大姚人，刘登蟾之子。嘉庆九年（1804年）甲子举人，十三年

① 僰道县　《水经注》原文为"僰道"，无"县"字。

(1808年)戊辰进士,改庶吉士,任贵阳知府,授职翰林院编修。工书,写古文最有神,晚作尤佳。中年引退归里,以著书立说和教书育人为乐。应知县黎恂之邀,纂修县志。所附《泸水考》,未署作者,民国《姚安县志》第七册《文征·考订之文》称黎恂所作。〕

(乾隆)白盐井志·山川志

卷一 山川志(山略)

香水河 流绕诸山下,穿过五井。其源出黎武村观音塘,与白石谷箐、观音山箐水合流,汇三岔河,入金沙江。

龙泉溪 水出峡中,味甚清洌。

小关口鱼池 在南关外。提举郭新凿,引溪水入池,蓄鱼其中,栽芰荷,植花木,以备烹鲜,资游览。

大王庙甘泉 有上下二泉,味皆甘。上泉今架枧,流关内,注之石缸,吸饮称便。其下一泉,涌出石罅,味更洌,煮茶为胜,向来司署取汲之。提举郭存庄凿甃深广,建亭其上,以障尘浊。匾曰"羊郡甘泉"。

宜月亭清泉 在齐云阁旁,水甚清冷。

安丰井河坝 追以备夏秋积水放柴,提举郭存庄新设栏栅堵御,河源自赤石岩潘家村流至小井,会白井诸水,由三岔河归金沙江。

〔据郭存庄修,赵淳纂乾隆《白盐井志》(清乾隆二十三年刻本)卷一《山川志》第11页辑录。〕

(光绪)续修白盐井志·地理志·山川

卷一 地理志之三 山川(山略)

羊泉之水,南出于小水箐之龙王碑,北流入永北之金沙江。在白井境内,水流九曲,统名香河。兹遵《通志》,参以《采访》,按支派之分别而详考其源流焉。

龙王碑水 《采访》:在姚州又北界西北六十里,白井西南隅六十里,小水箐底红山梁子东麓。高峰十余仞,中有龙潭,阔八九围,深不见底。四面树木荫浓,遮蔽天日,人迹罕至。相传叶落水面,鸟即衔去。原泉混混,流声潺潺,洊涌而泻出于两峰之间。附近乡村,资以灌溉。村民刻石为龙王像,纪之以碑。谨案:白井香河,实发源于此井。旧《志》失于访查,误以黎武之东麓、西麓两水为香水河源、一字水源,而《通志》因之。兹寻源溯委,另为更正,则庶乎其不差矣。由龙王碑水北下五里,西纳大小箐水。大水箐水,《采访》源出半山,从村间左右奔流而下,入于河。又西北流三里,纳香园箐水,又三里纳羊树角箐水,又曲折北流五里至岔河坪,纳观音塘岔河水。观音塘岔河水,《采访》源出天心塘山迤麓渭水处。石峡涌出,由北流南过蛇头山下,至花白箐、叶乾坝,左边经瓦房山及三家村,约八里,自岔河坪入于河。又西北流三里过核桃树,又三里过陶家庄,东纳小黑箐河水。小黑箐河水，《采访》源出大姚县界秧天[①]冲箐头，过小黑箐至莲花池及马屎桥[②]下约七里，由陶家庄入于河。又北流三里至里长园，东纳黎武河水。黎武河水，《云南通志》参《姚州志》出姚州北一百里黎武南麓，为香河水源，东南流至大姚县，西南流入蜻蛉河。郭存庄《井志》香水河流绕诸山下，穿过五井，其源出黎武村观音塘，与白石谷箐、观音山箐四水合流，汇三岔河，入金沙江。《采访》源出黎武后山马鞍山下，西出箐口二里至石桥下，南纳大山坡箐高硐槽下之水，又自南流北二里，至上黎武村，又自东而西二里，至下黎武村石桥下，三里至里长园入于河。又直北流三里至新庄山，东纳卖酒河水。卖酒河水，《采访》：源出长坡岭山箐，东下土摆窝，由北流西五里至新庄山入于河。谨案：黎武东西麓大小五河之水，俱会于此。又直北而下，婉转潆洄，东北过大村，又西北过中村，西纳天分水。天分水，《采访》源出大尖山底小村箐头。乾隆八年，中、小二村乡民争水灌田，斗殴伤人。地属州县交界，两官会同相验。前一夜，忽雷雨交作，崩一山，砥柱中流，水分为二，上流中村，属姚州界；下流小村，属大姚县界。黎明，二官踏看奇之，因名“天分水”，令勒石碑。争端永息。又东北过柳树塘及通济桥、李家庄，各纳溪涧之水。又东过双坝塘，东纳磨石江水。磨石江水，《采访》源出甘蔗园箐，自北而南，折而西九里，入于河。又东北而下过猪头山，又东北下过王三庄，东纳硝厂冲水。硝厂冲水，《采访》源出箐头，至冲口五里，由硝桥下入于河。又东北过拱北山，西纳白石谷河水。白石谷河水，《采访》源出天心塘山下石灰冲箐底，六里至拱北山左入于河。谨案：水至此已入境内。又直北而下，西过凤头山，自西折东，又西过龙家井，北流南关彩虹桥下，入观井。又北而东，东纳汤家冲水。汤家冲水，《采访》源出山神庙箐头，至冲口五里入于河。又东北下过环龙桥，西纳观音箐水。观音箐水，《采访》：源出龙王箐内，泉涌峡中，味甚甘洌，资三井人汲饮。三里入于河。又东北下折而西过风水桥，又直北而下入旧井，东纳灶户冲水。灶户冲水，《采访》源出蜈蚣山左右箐内，自东而西三里许至冲口，转南复折而西北下至太平桥入于河。又北流而西过宝泉桥，西纳祠堂箐水。祠堂箐水，《采访》源出蒿子地左首，奔流而下，自锁水阁而下入于河。又东北下过五马桥西，折而东过龙吟桥，入乔井。又东北过行春桥东，折而西过霁虹桥，直北而下入界井。西纳樊良箐水，东纳大界冲水。樊良箐水，《采访》源出奶奶顶箐头，入于河。大界冲水，《采访》源出东塔山下，过延龄桥入东关，绕黉宫前，由文庙街暗渡，入于河。又东北而下过万安桥，入尾井。又直北而下，西纳圣泉桥下之水。圣泉桥水，《采访》源出宝关山箐，自西而北，至尾井行宫三里，入于河。又直北而下过蚂蝗箐，西纳马鞍山箐水。马鞍山箐水，《采访》源出圆觉庵右，由蚂蝗箐曲折入于河。又过锁镇桥出北关外，北流霁云阁下，西纳洗澡箐水。洗澡箐水，《采访》源出马鞍山左麓，奔流而下向北塔山，入于河。又东北而下，旋绕象鼻山，曲折而过，西纳王家庄水。王家庄水，《采访》源出苦片房箐头，由大坪下老梅树，至南而西，至小河口五里，北入于河。又由北过傈家坟山脚，婉转田间，东折而北，渡采香桥，纡回曲绕流福德山下，西纳福德山水。五里至小井河门口，西折而北，汇东幹外诸水，出三岔河，至一字水，归一泡江，以入金沙江焉。

〔据李训鋐等修，罗其泽等纂光绪《续修白盐井志》（清光绪三十三年刻本）卷一《地理志之三·山川》第14–19页辑录。〕

---

① 秧天 民国《盐丰县志》作“秧田”。

② 马屎桥 民国《盐丰县志》作“驷马桥”。

（民国）盐丰县志・地理志・河

卷一　地理志之十　河

一、香水河

盐丰之河，以南河为最著，水流九曲，一名香水河。源出于小水箐之龙王碑，纳井外西南山诸水，又北汇东河诸水，入三岔河，即一泡江。以入于金沙江。兹即支派之分流详细载明，而溯源自龙王碑水始。

龙王碑水　节录旧《志》：在井西南隅六十里小水箐底红山梁子东麓。危峰屹立，中有龙潭，阔八九围，深不见底，树林荫翳，遮蔽天日，源泉混混洊涌，而泻出于两峰之间。附近山村，资以灌溉，刻石为龙王像，纪之以碑。由龙王碑水北下五里，西纳大水箐水。大水箐水，《续井志》源出半山，从山村左右奔流而下，入于河。又西北流三里，纳香园箐水。又三里，纳羊树角水。又曲折北流五里至岔坪，纳观音塘岔河水。观音塘岔河，《续井志》源出天心塘山麓。自石峡涌出，向北流过蛇头山下，至花白箐、叶乾坝左边，经瓦房山、三家村，约八里至岔河坪，入于河。又西北流三里过核桃树，又三里过陶家庄东，纳小黑箐河水。小黑箐河水，《续井志》源出大姚县界秧田冲箐，过小黑箐，至莲花池驷马桥下，约七里至陶家庄，入于河。又北流三里至里长园，东纳黎武河水。黎武河水，《续井志》：源出黎武后山马鞍山下，西出箐口二里至石桥下，南纳大山坡高涧槽之水。又自南而北二里，至上黎武村，又自东而西二里，至下黎武村石桥下，三里至里长园入于河。又直北流三里至新庄山，东纳卖酒河水。卖酒河水，《续井志》源出长坡岭山箐，东下土摆窝，由北而西五里至新庄山入于河。凡黎武东西麓大小五河之水，俱会于此。又直北而下，宛转萦回，东北过大村，又西北过中村，西纳天分水。天分水，《续井志》源出大尖山底小村箐头。乾隆八年，中、小二村乡民争水灌田，斗殴伤人。地属州县交界，两官会同相验，前一夜，忽雷雨交作，山崩地裂，水分为二：上流中村，属姚州界；下流小村，属大姚县界。黎明，二官踏勘奇之，因名“天分水”，令勒石碑，争端永息。又东北过柳树塘及通济桥、李家庄，各纳溪涧之水。又东过双坝塘，东纳磨石江水。磨石江水，《续井志》源出甘蔗园龙潭，自北而南，折而西九里，入于河。又东北而下，过猪头山、王三庄，东纳硝厂冲水。硝厂冲水，《续井志》源出箐头，至冲口五里，由硝桥下入于河。又东北过拱北山，西纳白石谷河水。白石谷河水，《续井志》：源出天心塘山下石灰冲箐底，六里至拱北山左入于河。又直北而下，西过风头山①，自西折东，又西过龙家井，北流南关彩红桥②下，入观井。又北而东，东纳汤家冲水。汤家冲水，《续井志》源出山于神庙箐头，至冲口五里入于河。又东北下过环龙桥，西纳观音箐水。观音箐水，《续井志》源出龙王箐内，泉涌峡中，味甚甘冽，资三井人汲饮。三里入于河。又东北下折而西过风水桥，又直北而下入旧井，东纳灶户冲水。灶户冲水，

---

① 风头山　光绪《续修白盐井志》作“凤头山”。

② 彩红桥　光绪《续修百盐井志》作“彩虹桥”，是。

《续井志》源出蜈蚣山左右箐内，自东而西三里许至冲口，转南复折而西北，下至太平桥入于河。又北流而西过宝泉桥，西纳祠堂箐水。又东下过五马桥，再过龙吟桥，入乔井。又东北下过佛惠桥、行春桥，折而西过霁虹桥，入界井。西纳樊良箐水，东纳大界冲水。又直北下过新修之福临桥，再过万安桥，入尾井。又北下，西纳圣泉桥下之水。又直北下过文焕桥，西纳蚂蝗箐水。案：《续井志》于过宝泉桥下、锁镇桥之上，载纳祠堂箐、樊良箐、大界冲、圣泉桥、蚂蝗箐诸水。兹调查此各支水，皆乾箐也。夏秋雨后始有水，冬春则涸，不足以当支水之名称。故不详叙其水源，以稍示区别。又过锁镇桥出北关，北流齐云阁下，西纳洗澡箐水。洗澡箐水，《续井志》源出马鞍山左麓，奔流而下向北塔山，入于河。又东北下，旋绕象鼻山而过，西纳王家庄水。王家庄水，《续井志》源出苫片房箐头，由大坪下老梅树，自南而西而北，至小井河口五里入于河。又由北过倮家坟，宛转田间，东折而北，过采香桥，绕流福德山下，西纳福德山水。又北下一里，至小井河门口，东纳小井河水。小井河水，《采访》源出昙华山小青龙龙潭，潭水极清，向西而下，纳马桑阱、席草塘诸水，又西下五里，纳潘家村水，曲折至安丰井，以达小井河门口，入于河。又北流五里，至镇川桥，东纳九寨河水。九寨河水，《采访》源出小兴厂，经三家溪坝、郭李二村、拉乜村，计源委四十里。至格古桥入于河。又直北行二十里，至公鹅头，东纳马槽沟水。马槽沟水，《采访》源出菜溪拉后山，二十五里至马槽沟，汇阿腻拉河水，由东折转而下三十里，至公鹅头入于河。又直下一里，至镇岭桥，一名四道河桥。又五里入三岔河。通计香水河源委一百里。案：盐丰之香水河，在南河流域灌溉田亩甚多，及贯流五井，又藉以荡涤污秽，此水利也。惟上流河身窄狭，每遇雨水过多之岁，东、南二河均不免泛溢为灾，然毕竟利多而害少。入三岔河，产细鳞鱼、水蜈蚣，另表详之。

二、三岔河

三岔河，即一泡江也，是河之上流。其源有二：一为祥云县之楚场河，源出县北梁王山；一为姚安连厂河，源出镇南县之十盘山。两水流至密林庄，合而为一，由此西下十五里，过孔仙桥，又十里至老荒田、飘苴，入盐丰西丰乡界，又直下三十里，左纳三岔河之小河，右纳香水河，三水交岔汇合，因名三岔河。由三岔河东北下二十里，至天生桥，右纳天生桥河水。天生桥河水，《采访》源出百草岭，流至三台厂，由北而南三里，至过拉纳大箐水，又南流五里，纳夜白拉水，又五里，纳乾河箐水，又二十里，纳李鲊箐水，又流经挪奈村，直下二十里至天生桥，入于河。案：自三台厂至天生桥，计源委九十里。其在上游，无田亩可灌溉，惟水势陡激，便制水磨、水碾，以榨香油。至挪奈以下，间有河田。沿河一带，亦产细鳞鱼。又北下五里，右纳朵拉河水。又东北下三十里，左纳宾川县地水，右纳腻姑河水。又东北下二十里，右纳铁索箐水。又东北行四十里，流过马鞍山下，入金沙江。

三、多底河

多底河，在县之北丰乡，距城一百二十里。源出白油地了口，经过拉唔七户长地段三十里至仁里街，纳波鲊河水。又由北向东曲折而下八十里，入大姚县西界之上巴拉，以达于金沙江。

四、大膊子河

大膊子河，在县之东丰乡，距城一百二十里。源出昙华山之北阳糯雄村后山谷中，北下纳石低鲊水，再北下纳子米地水，又由北转东至和尚庄，纳戛戛皮水，入于河。又北行，纳地生街水。又北行二十里，西纳巴拉水，又五里，纳树皮厂水，至红古地河，又由北而下十五里，西纳乌龙口河，十五里，入大姚县界，东纳大直麽河，至中和街，再北行一百二十里，入金沙江。

论曰：按盐丰形势，金沙江自永北县西南入境，当铁索箐东北，纳一泡江水，而姚安、祥云之水皆归焉。而盐丰之水亦皆归焉。盖盐丰之水，如香水河，既纳群流而归之三岔河。如天生桥河，又合三台厂以下诸山箐之水，流至天生桥，以入一泡江。复有多底河、大腨子河，均发源于县之东北境，流入大姚县界，亦北入金沙江。故迹其原委，三岔河为香水之总汇，金沙江更为万流之总汇。前著《地理志・绪言》所谓欲豁眼光，知掌故者，应于此等处求之。

川河表盐丰共四大河流，今仅列香水河，其他均无利害也

名　称	香水河
全长里数	一百里
过本治里数	七十里
源委	发源于龙王碑，入三岔河
极宽处丈尺	五丈五尺
水利	灌溉南河流域田亩，穿过白井，荡涤秽污
水害	有时漫溢，往往淹没田畴，并坍塌房屋
支流	纳支流二十一
水流方向	自南而北
航路状况	无
舰舶种类	入三岔河，有小船过渡
津梁	沿河筑桥甚多，在穿过五井地方共有十三桥
水产	有细鳞鱼及水蜈蚣
沿河城镇	有白盐井，即今盐丰县
附记	按：香水河，一名一字水，旧《志》误歧而为二，实一河也。其名为香水，解说不一，要以上流多香草之说为胜，如纳香园箐水，即其明证

〔据郭燮熙纂修民国《盐丰县志》（民国十三年排印本）卷一《地理志十・河》第29－36页辑录。〕

（民国）大姚县地志・河湖泉

河湖泉

本县居于冈峦丛岭间，湖塘泉治，半属潴水，河渠溪涧，逐处皆是。白水金沙绕其外，苴蹉、羊蹄、五屯、苴却、大田、卧马喇诸河流于内。近城则大姚河自西来，绕城

而东；蜻蛉河自南入境，曲折而东会于紫邱山下。由双沟入苴跛江，则源而可穷而委可尽也。

水之大者为金沙江，自丽江来，绕永北、宾川至丙海入境，东流至沙坝下之小鲊石，与泸水汇绕方山下而入武定。

羊蹄江　发源于猛石喇山，合他克山之龙潭水，流经小猛连、梭罗武至波西，合江底河流入金沙江，然水势湍急，不便船运。

蜻蛉河　源出姚安之三窠山，经姚安南境，潴为大石淜，又分为东、西汹溪，绕城北而经师和寺至五空桥入境，与满海场之笕槽河合，由西南蜿蜒流至蒋家桥，与黑箐之小河合，向东北流汇南境溪涧水，经土桥转而东绕至新坝桥，合西河水，趋只沟，入苴跛江。然水汹涌，河身狭曲，最宽处不过百余尺，且冬季沿河扎坝，灌溉豆麦，船舟绝无。

本县之蜻蛉河水，身为大姚县南区之巨患，晴则涸，雨则涝。因源出姚安，千溪万壑灌注其中，至五空桥以下，汇而为一，源广流狭，年遭泛滥，虽勤于疏浚，然皆徒劳力耳。两岸田亩之收成，十年而不获一也。

西　河　即《滇系》《通志》所谓大姚河也。源出龙山及其大、小罗古，苴赖各山箐之水，会于苴力屯，经永中屯下，又有锅厂、斑竹箐、龙门哨、波淜桥、凉桥诸小水流入至广济坝，与三棵木之水合流经域，绕南而东至新坝桥，流入蜻蛉河。其河身较（蜻）蛉河尤狭，最宽仅五六十尺许，水势较（蜻）蛉河尤急，船舶绝不能行。

五屯河　发源于哨顶山箐间，向东北流至迤什寺。

羊蹄江、苴却河　发源于大把关之双龙潭，向东北至元谋界之多牛，会腊鸡水，流至浦文龙，入弯保河，下金沙江。

大田河　发源于辣子箐，向北流经大田，会小阿拉下流至仁和街，会慕古桥水，流沙坝，入金沙江。

卧马河　发源于姚安界昙华山，受西北诸山箐之小水，流至卧马拉、迤资，会鲊水，下流入金沙江。

云南大姚县川河形势表一

名　称	全长里数	经过本县里数	源　委	极宽处丈尺	水　利
金沙江	六百余里，自丽江起至长江止	三百余里	源出丽江、大姚，委入长江	三百余尺	鱼类、航业
羊蹄江	百余里	三百余里	源出他克山，委入金沙江	三十余丈	鱼类、灌溉
蜻蛉河	三百余里	二百余里	源出姚安，委入苴跛江	百余尺	鱼类、灌溉春季豆麦
大姚河	二百余里	二百余里	源出县西龙山，委入蜻蛉河	五六十尺	灌溉田亩
五屯河	百余里		源出哨顶山，委入羊蹄江	三十余尺	灌溉田亩
苴却河	百余里	百余里	源出大把关，委入金沙江	五十余尺	灌溉、鱼类
大田河	百五十余里	百余里	源出辣子嘴，委入金沙江	六十余尺	灌溉、鱼类
卧马河	一百五十余里	百余里	源出姚安，委入金沙江	五十余丈	灌溉、鱼类

云南大姚县川河形势表二

名　称	支　流	水流方向	航路状况	船舶种类	津　梁	水　产	沿河城镇
金沙江	蜻蛉河 羊蹄江 苴却河	西北入境，东北出境	渡多运少	普通民船	丙海、弯别、顺山、红门	金沙、鱼类	丙海、弯别、顺山、迤资、拉鲊
羊蹄江	江底河	向东流入金沙江	渐有渡口	普通小船	无	鱼	小猛连、梭罗武
蜻蛉河	笕槽河 小河 大姚河	自西南折东北					席坝、蒋家桥
大姚河	三棵木水	自西向东流，折而北入苴跛河					苴力屯、广济桥
五屯河	各山流箐	向北流入苴跛江					滥泥田、迤什寺
苴却河	腊鸡水	向东北流入金沙江					多牛、浦文龙
大田河	小河喇水 莫吾桥水						大成里、大田街
卧马河	西北山箐小水	向北流入金沙江					直么、红古么

〔据大姚县署纂修民国《大姚县地志》（张海平、卜其明校注，杨成彪主编《楚雄彝族自治州旧方志全书·大姚卷下》，云南人民出版社2005年版）之《河湖泉》第1688－1691页辑录〕

大理州

（嘉靖）大理府志·地理志·山川

卷二　地理志　山川

太　和

叶榆水　□□[①]西洱河，出浪穹县罢谷山下，数处涌起如珠树，世传黑水伏流别派也。自太和县西北来汇，于县东为巨浸，形如月生五[②]日，绕县西南，由石穴中出。石穴名天桥，或曰观音大士凿。盘回点苍山后，是为濞水，与漾水合。今地名漾濞。又会兰仓江而入南海。兰仓即黑水也。黑水诸辩详《兰仓水》。《水经》曰：罢谷山，洱水出焉。又曰：益州叶榆

① □□　原本缺2字，依康熙《大理府志》推断，当为"即今"。
② 五　原本缺，据康熙《大理府志》补。

河出其县北界。注曰：县故滇叶榆之国也。县西北有鸟吊山，每岁八九月，众鸟千百为群集于山下，鸣呼啁嘶，俗言凤凰死于此山，故众鸟来吊。今在点苍山之西北，吊鸟群集如期，益信《水经》之不诬也。左思《蜀都赋》曰诸葛亮之平南中也，战于是水之南，即此水也。水有三岛，一在青巅山之南，二在罗筌山之南，南岛上有石刻朱字，文如古篆，父老云世传是大士观音买地券，今莫辨也。《通纪》曰邪龙一名罗刹。既为大士所除，其种类尚潜于东山海窟，恶风白浪，时覆舟航，有神僧就东崖创罗筌寺厌之，诵经其中，一夜忽闻大震动声。僧喝之，见百十童子造曰：师在此坏我屋宅，吾属不安，请师别迁。僧厉声曰：是法住法位，有何不可？遂失童子所在。明日，寺下漂死蟒百余。自是安流以济，僧随迁化。榆水西北崖各有水神祠，神状牛首人身，或虎头鸡喙，皆大石自地涌出，实非人工也。《山海经》曰西荒之山有神，兽面人身，其说盖与此合。东岸有分水崖，俨如斧划，渔人谓自崖下分水为两戒[①]：南为河，北为海，咸淡不类，河鱼不入海，海鱼不入河，鱼游至此则返。鱼族颇多，视他水所出较美，冬鲫甲于诸郡。魏武帝《四时食制》曰滇池鲫鱼，至冬极美，盖谓池之在滇者美鲫也。魏武未尝至滇而云尔者，今之风鲫可以寄远，岂其遗制？海首有石穴，八九月产油鱼，人谓水咸，故肥。河尾产细鳞鱼，皆鱼族之至美。而河海咸淡亦颇征焉。八月望夜，河海正中有珊瑚树出水面，渔人往往见之，世传海龙献宝。《内典》云“珊瑚撑月”，此世外事，不可以意[②]见度其有无也。冬月海风，水面起火高数丈，莫知其故。《易象》曰“泽中有火，革”，《海赋》云“阴火潜然”，岂其事与？东坡《游金山寺》诗：“是时江月初生魂，二更月落天深黑。江心似有炬火明，飞焰照山栖鸟惊。怅然归卧心莫识，非鬼非仙竟何物。”水中有三岛：曰金梭，曰赤文，曰玉几。水涯有四洲：曰青莎鼻，曰大贯溯，曰鸳鸯，曰马帘。九曲：曰莲花，曰大鹳，曰蟠矶，曰凤翼，曰萝莳，曰牛角，曰波垰，曰高崀，曰大场[③]，皆可田可庐，而大鹳洲随水升沉，如世称鹦鹉洲然。水东石壁上刻云“此水可当兵十万，昔人空有客三千”，不知昉于何时？出何人手？其诸禽鲤鳞介莼茭蠡蛤之产，民生资之，榆水之于西服为利溥哉！按：《通考》天竺之国，其山头似鹫鸟，其都临恒河，又名伽毘黎河。又云：佛道所兴国也。其人敦庞，土饶沃，其所都城郭，水泉分流，绕于渠堑，下注大江。俗传禁咒，能致龙起雨。以齿贝为货，有文字，善天文、算历之术。有枌、姜、黑盐。井盐，色正白如水精。等语，大都似指大理而言。况大理永昌之西皆各种夷之重译者，绝无文字，且天竺幅员万里，阿育王所统，王迹亦多在大理、永昌二郡，则大理山河旧属天竺，而恒河即叶榆之别名，亦未可知，故录于此，以俟来者。

赵 州

〔……〕

水曰大江，又名波罗江。出九龙顶下，北流入西洱河，即州之带水也。其东又有玉崀水，亦北流入西洱河。湖曰东晋，其泉九孔，又名九龙池。定西岭之南，其川原平衍，有三江焉，曰赤水江，源出定西岭。曰礼社江，源出白崖。曰毘雌江。源出蒙化之巍山。三江会合，经元江府，入交趾。温泉二所，一在州治东二十五里，一在州治西四十五里。

① 戒　道光《云南通志稿》作“界”，当是。

② 意　道光《云南通志稿》作“臆”，当是。

③ 曰大场　原本无，九缺一，据康熙《大理府志》补。

云　南

〔……〕

青龙海，在县东南十里。水涯出入，自金龙山望之，头角皆具，宛如游龙，故名。周官些海，在县东北一十五里。又曰小蒙舍海。莲花渠，在县治东和甸，广二十里，中有二岛。岛上有庵。龙洞，在县东五十五里。叠嶂层峦，中涵巨浸，匪直灌溉，亦称奇观。溪沟，在县西三里，源出宝泉山下。入定边县，夹溪十里，花卉繁茂，又名万花溪，邑人四时游焉。龙池，一名清湖，在县西南一里，其深不测。永乐七年黄河清，此水亦清，迄今遂不浊，有周臣诗："龙池池上金龟曝，灵畜何多□象真。坎背玄文孚洛水，斗垣玉剑射平津。讴歌□想三登治，邪薮却清万里尘。水色山光廓南路，□人日日竟花春。"珍珠泉，在县南四十五里。涌泉如喷珠，虽熯旱不竭。叶镜湖，在县南三十里。温泉三所，一在和甸，一在黄矿场，一在云南驿。

邓　川

〔……〕

水曰弥苴佉江，出浪穹罢谷山，南流注于西洱河，即州之带水也。罗时江，亦南流入洱河。绿玉池，在州北七里。上洱池，在州东南十五里。油鱼洞，在州南二十里。中秋则鱼肥，长仅二三寸，十月望则绝。洞东五里渔人每得异鱼，其色黄绿，红白鬚鬣，或类兽，以为龙化，不敢烹，貌绘之，揭于木，悬之龙王庙而数之，此鱼长三尺。南诏潭，在州西二十里，潭阔十余亩。其潭心□□□三山环拱，万木险森，一面为石墙。世传昔人避兵处。今遇大旱，则祷焉。温泉十所，曰通和，曰洗心，曰脱尘，曰起疴，曰大涧场，曰上登，曰龙马，曰香，曰丰，曰歉。

浪　穹

〔……〕

方丈山，在县东北四十里，有洞，洞中有池，其深不测，岩中水滴如方响，上有石观音像，又名观音山。罢谷山，在县北二十里，洱水出焉，其山崆峒，世传云龙州阑仓江伏流也。宁河，在县北，即《一统志》所谓明河、宁湖也。蒲陀江，宁河南流，即《一统志》葡萄江，至邓川始名弥苴佉江是也。九龙泉，在佛光山下，泉有九孔，俱自石窍中涌出，灌溉赖之。龙池，在县西，俗名鱼子溯，水色青碧，其鱼人莫敢取，为有龙居之。温泉二所，一在儒学前，一在九气台。

宾　川

〔……〕

若水，一名金沙江，在州东北。《水经》出蜀郡旄牛徼外，东南至故关。今考旄牛徼在丽江西北吐蕃雍州界。《山海经》曰南海之内，黑水之间，有木名曰若木，若水出焉。《水经注》曰若水南经云南郡之遂久县，即今府属金沙江巡检司地也。绳水、孙水、淹水、泸水、大渡水，诸水沿注，通为一津，即若水也。东流注马湖江，诸葛征南渡此。晋明帝太宁二年，李骧侵越嶲，攻台登县，宁州刺史王逊遣将军姚岳击之，战于堂琅，骧军大败，岳追之至泸水，赴水死者千余人。逊以岳等不穷追，怒甚，发上冲冠，帢裂而卒。又若水沿流间关蜀土，黄帝长子昌意，德劣不足绍承大位，降居斯水，为诸侯焉，娶蜀山氏女，生颛顼于若水之野，有圣德，二十登帝位，承少皞金宫之政，以水德宝历矣。

孙水，在古云南郡东北界，即今州东北金沙江之别流异名者也。《水经注》一名白沙江，司马相如定西夷，桥孙原即此水也。又南至会无入水。又有七溪，曰钟良，曰银，曰石宝，曰寒玉，曰通洱，曰赤龙，曰丰乐，皆有灌溉之利，而丰乐为最。又有河曰纳六，自分山峡入州境，北行九十里入金沙江，平原万顷皆资灌溉。湖曰上仓，在九曲山之南，周回十里，产鱼，味美，有莲花菜。湫曰金龙。在州西百里洱河之东，林木茂密，泉声混混，行人过之，毛发悚然，祷而辄应，土人岁时伏腊咸祀之。又有三潭，曰乾龙，在乾海子哨。曰红雀，在龟山之东。曰火龙。在九曲山石钟寺之侧。温泉五所，一在石马坪，一在分山峡，一在松明，一在小寨，一在罗陋。

云 龙

〔……〕

澜沧水，在州东二里，即黑水也。《书》华阳黑水惟梁州，源出雍州南吐蕃鹿石山，本名鹿沧江，后讹为澜沧，今又讹为浪沧。自丽江经州东南流入蒙化、顺宁、景东、元江、交趾，乃入南海。《水经注》汉武帝时通博南山道，渡澜津，行者苦之，歌曰“汉德广，开不宾。渡博南，越兰津。渡阑仓，为他人”即此水也。其旁多松，故有琥珀。《宋书》武帝时，宁州献琥珀枕，时方用兵以疗金创，上大悦，命碎之，即此水产也。谨按：黑水诸家说，杜氏《通典》以郦道元注《水经》，锐意寻讨，亦不能知黑水所经之处。《舆地志》以为至僰道入江。其言与《禹贡》不同。孔、郑通儒，莫知其所，或是年代久远，遂至堙涸，无以详焉。蔡氏作传，引《地志》出犍为郡南广县汾关山；《水经》出张掖笄山，南至燉煌，过三危山，南流入于南海。樊绰以西夷水南流入于南海者有四，曰丽水，即古之黑水也。程氏以樊绰以丽水为黑水者恐其狭小，不足为界。所称西洱河者，却与《汉志》叶榆泽相贯，广庭可二十里，既足以界别二州。其流又正趋南海，绰及道元皆谓此泽以榆叶所积得名，则其水之黑，似榆叶积渍所成，尤为证验。王景常《云南志》以蔡传以西洱河叶榆为黑水，以今考之，雍、梁之界皆曰黑水，则黑水当自雍之西北以经于梁之南，惟阑仓江为然，源出吐蕃嵯和哥，自西而南至丽江、兰州入云龙，怒水南过永昌八十里，又南过楚雄、临安、车里大甸七十城门入南海，岂即古之黑水欤？周文安公《疑辨录》曰：《甘肃志》载甘州之西十里有黑河，流入居延海，肃州之西北有黑水，东流荒远，莫穷所之。是其源出雍州之西北，而流入梁之西南，其正西则流绕西极之外而无所据见，地之势西北最高，故能径西而西南也。《云南志》载金沙江出西蕃，流至缅甸，其广五里，而径趋南海。此得非黑水之源出张掖而流入南海者乎？樊绰以丽水为黑水，丽水出吐蕃黎牛石下，历鹤庆自马湖出叙州入江。樊氏徒知金沙江为丽水，而不知云南金沙江有二，在缅甸者流而南，在丽江者流而北。丽水归东海则非入南海矣。以丽水为黑水，非也。程氏以西洱河与叶榆相贯可二十里，既足以界别二州，其流又正趋南海。然西洱、叶榆皆出大理境内，而遂入南海。虽在梁州之西南徼外，而于所谓至三危界别雍之西境者，果何所预哉？是以西洱河为黑水者，亦非也。《地志》以黑水出南广汾关山，今南广水出叙州之西南夷地，其源流不过三百余里，至南广洞则入岷江，于所谓至三危入南海者亦无所预，是以南广为黑水者尤非也。要之，出张掖者为是。愚赏辨之曰：《书·禹贡》“黑水西河唯雍州”“华阳黑水唯梁州”，又曰禹“导黑水，至于三危，入于南海”。传论纷纷，或谓其源出某山，流迳某地，或谓其跨河而南流，或疑其世远而湮涸，或谓三危在今丽江，或谓窜三苗，不应复在南夷之地。此皆出于臆度，不足为据。愚之所据，知有经文而已。夫黑水之源固不可穷，而入南海之水则可数也。夫陇蜀无入南海之水，唯今滇之阑仓江、潞江二水皆由吐蕃西北来，盖与雍州相连，但不知果出张掖地否？水势并汹涌，皆入南海，是岂所谓黑水者乎？然潞江西南趋，蜿蜒缅中，内外皆夷，其于梁州之境若不相属。唯兰仓由西北迤逦向东南，徘徊云南郡县之界，至交趾入海。今水内皆为汉人，水外即为夷缅，则禹之所导，于分别梁州界者惟阑仓江足以当之。孟津之会曰髦人、在北胜。濮人，在顺宁。

以今考之皆在阑仓江内，则阑仓江之为黑水无疑矣。《地理志》谓南中山曰昆弥，水曰洛。《山海经》曰洱水西流入于洛，故阑仓江又名洛水，言脉络分明也。《元史》至元八年，大理劝农官张立道使交趾，并黑水跨云南以至其国。观此，则阑仓江之为黑水益章章明矣。若三危山即不在丽江，当亦不远。古今山川之名，因革不可纪极。夫不可移者，山川之迹也，随时异称者，山川之名也。不据不可移之迹，而据易变之名，亦末矣。大都为论传者未尝知三省地形，但谓陇在蜀之北，蜀在滇之东北，而《禹贡》言黑水为梁、雍二州之界，又入南海，故不得不疑其跨河，知跨河非理，又不得不疑其湮涸，曾不知陇、蜀、滇三省鼎足，而东地置州宾川，民力遂困。然水泉自高注下，无事桔槔，故农人力半而功倍。又釃水为碓，激水为磨，凡数百所，民作视他县亦省，其富人嫁娶送死，以奢靡相高，岁时馈节无虚月，称贷权子母而不好贾，贾人皆自他方来，贸易缯綵致厚蓄，故水土之利皆无客商，民用日窘矣。

〔……〕

〔据明李元阳纂嘉靖《大理府志》(《云南大理文史资料选辑·地方志》之一，1983年大理白族自治州文化局翻印云南省图书馆传钞本）卷二《地理志·山川》第59－69页辑录，并用国家图书馆藏明嘉靖年间刻本校改。经查核，“太和叶榆水”条，与李元阳撰《西洱海志》(见明何镗《古今游名山记》卷十六第29页）同，亦见于道光《云南通志稿》卷十三《地理志·山川·大理府》第58页。〕

（康熙）大理府志·山川志

卷五　山川志（山略）

太和县

西洱河　即古叶榆水也，源出浪穹县罢谷山下，出蒲陀崆至于邓川，入太和之北界，奔驶而南，划开天堑，形如月生五日，河首尾抱云弄、斜阳二峰之足，中虚其腹，纳十八溪之水，以为巨浸。风簸惊涛，指天皆雪，静则涵虚蓄碧，渊湛不流，帆挂斜阳，鸳鸯出浴。入夜千村渔火，如星辰之倒辉。广二十里，长可六倍。又西南行，龙尾关扼之，水乃洞天桥而下趋，回绕苍山之背，合漾濞之水，注澜沧江而入海。中有三岛：曰金梭，曰赤文，曰玉几。涯有四洲：曰青莎鼻，曰大贯溯，曰鸳鸯，曰马帘。又有九曲：曰莲花，曰大鹳，曰蟠矶，曰凤翼，曰萝莳，曰牛角，曰波垳，曰高崀，曰大场，皆可田可庐，东又有分水涯，俨如斧划，水分两界，南为河，北为海，咸淡异味，鱼不混游，相传八月十五夜，有珊瑚树出水面，渔人往往见之云。

十八溪　溪在苍山中峰，下者即为中溪。中溪迤北溪十有一：曰桃，曰梅，曰隐仙，曰双鸳，曰白石，曰灵泉，曰锦，曰芒涌，曰阳，曰万花，曰霞移。迤南溪有六：曰绿玉，曰龙，曰青碧，曰莫残，曰葶蓂，曰阳南。诸溪泉源泻自山椒，加以雨作雪融，汇为怒瀑，如素练曳空，如玉龙赴海，转千钧之石有如弄丸。山顶又有冯河，亦名高河，相传大士放黑龙于此，人不敢犯。

赵　州

大　江　一名波罗江。源出定西岭，北经州治入西洱河，州之带水也。

赤水江　源出水磨坪。南经白崖川，过彩云桥，下迷渡，会昆雌、礼社二江，南流入于澜沧。

昆雌江　俗名比齐河。源出蒙化隆庆山，合礼社、赤水二江，会沅江，入交趾。

礼社江　源出巍山，由蒙舍川合昆雌、赤水二江，经定边县，合浪沧江，出沅江，入交趾。

东晋湖　在环龙山下。有九泉，冬春停蓄成湖，清波可泛。

下邑龙泉　在平磨甸。石穴喷涌，彻底澄碧，香生芹藻，清气袭人。

冯氏义泉　城中无井，里人少其冯濂于城西掘地得泉，引之入城，人甚便之。

温　泉　一在龙尾关，一在白崖覆釜山下，一在白崖之东村，一在迷渡东南五里。

云南县

青龙海　县东南十里。源出梁王山下，分一支绕县城而南，入于青海，自金龙山望之，宛如游龙。

品甸王海　一名小蒙舍海，亦出梁王山下，水至团山分一支绕县之北入品甸，仍归青海。

周官些海　县东北十五里。水无源，惟天雨则各涧之水积于其中。

叶镜湖　县南三十里。在高官铺，一陂塘耳，世传中有石如镜。

一泡江　源出梁王山下，流绕县城入青龙海，经铁索营而归金沙江。

青　湖　一名龙池，县西南一里。其深不测，永乐七年黄河清，此水亦清，今已淤塞。

龙　洞　县东五十五里。在水目山前，叠嶂层峦，中涵巨浸。

万花溪　县西三里。源出梁王山下，至团山坝，分一股下溪沟，出迷渡，在昔繁花茂卉，夹溪十里，游者不绝。

莲花渠　县治东和甸。广二十里，中有二岛，岛上有庵。

珍珠泉　县西南十五里。涌泉如喷珠，虽旱不竭。即九子龙水，在青华洞后，合溪沟水，下迷渡。

温　泉　泉有二，一在祁甸，一在云南驿。

邓川州

弥苴佉江　出浪穹县罢谷山下，环州如带，南流入西洱河。

罗时江　南入洱河，即绿玉池之秀，昔有罗姓者开此，故名。

绿玉池　州北七里钟山之下，水映山色，有如绿玉。

上洱池　州南五里。

油鱼洞　州南二十里。鱼长二三寸，中秋取之则肥，十月望后则绝。

南诏潭　州西二十里。潭阔十余亩，中深莫测，三山环绕，万木阴森，一面有石墙，昔人避兵处。

星鲤泉　州东十里石崖下，涌出注为深池，中产鲤鱼，额有星点，人不敢取。

温　泉　泉有三，惟太市坪最佳。

浪穹县

茈碧湖　县北十五里。水出罢谷山下，即洱河源也。又名宁湖，南行会大营、凤羽二河，出蒲陀崆，入于邓川。湖深无底，水如碧玉色，白沙浅处，其碧依然，掬之则又如雪也。澄波映日，色如虹霓，日凡数变。傍东涯泉涌如珠，投以杂叶，翻起如树，昔人谓之水珠树，水上有花，曰茈碧，如莲差小，有白者，有浅红锦边者，叶如荷钱，花叶本皆长五六丈，昼则上浮，夜则拳曲入底，微风荡之，香气殊常，采以为羹，味胜于莼。旧谓此水为澜沧江伏流，谬甚。山阴为剑川江，即谓伏流，亦剑水也，与澜沧何涉？然剑川水色凡品耳，独此光怪无底，非神物之托，乌能致是？

大营河　县东十里。流自鹤庆至红山口，会宁湖，入于洱。

凤羽河　县南五里。源出凤羽乡清源洞，至水皮村，会宁湖、大营河二水，出于蒲陀崆。以上三水，惟宁湖为安流，至三江口，则大营河左截凤羽河，右冲两水，抗于肘腋，沙泥淀于咽喉，故宁湖之水，非独不能下泄，更且逆流，致滨湖腴田，尽为鱼口之窟。今虽排浚，田颇褪出，然旋浚旋淤。议者谓宜大营、凤仪二水，尽入宁湖，合流出于一口，又取合出之口，增阔三四丈，自三江口至薄陀崆两岸又各增阔一丈，则左右无横夺之流合一，有沛然之势矣。或谓如此，则湖又将为沙泥淤矣。不知三河止此水耳，惟敞其去路，使无阻滞，即内有沙泥正可排挤积水而出之，不又可以为田乎？水去既可以为田，而沙泥又可筑之以为堤，事可为而利可收，是在牧民者加意而行之耳。

蒲陀崆　县南十五里，即三江会流尾也，东西二汉厂之水入焉。两山夹立，一水倒奔，南出邓川，入于洱。《一统志》载为蒲萄江。

罗凤溪　治北八里，源出疑云山下，入宁湖。

上下两江嘴　县西百余里。源自剑川，经上江嘴，又南经下江嘴至漾水、濞水，会洱水，流入澜沧江。

龙　池　县西十里，俗名鱼子溯。源自溪登渠，泄下潴于此池，北出劘头入宁湖，水色清碧，中多鱼，人莫敢取。

温　泉　泉有三：一在九气台，一在儒学前，一在三营。

宾川州

若　水　州东北，即金沙江也。《山海经》曰南海之内，黑水之间，有木名曰若木，若水出焉。《水经注》曰若水南迳云南之遂久县，即今金沙江巡检司地也。

孙　水　州东北金沙江之别流。《水经注》曰白沙江，汉司马相如“梁孙”原即此。南至会无，入若水，与绳水、泸水、淹水、大渡水会为一津，东流注于蜀之马湖。

纳六溪　一名大河，以其能纳诸溪之水，故名纳六。源出云南县乔甸之分山峡，入州北，行九十里，又合竹泉、潢溪，入于金沙江。

七　溪　曰钟良溪，即钟英谷青龙湫水；曰银溪，出官坡；曰石宝溪，出炎凉岭；曰通洱溪，洱水伏流出宾居大王庙下；曰赤龙溪，出宾居川中黑树龙潭；曰寒玉溪，出崆峒山下观音谷；曰丰乐溪，出鸡足山麓。清流奔驶，木石幽森，南流经炼洞川，又东流经金牛井，总入纳六溪，东北注于金沙江。

三　潭　曰乾龙，在乾海子；曰红雀，在龟山之东；曰火龙，在鸡足山石钟寺侧。

上苍湖　九曲山南，周迴十里，产莲花菜，鱼亦极美。

金龙湫　州西百里，洱河之东，古木幽阴，泉响其麓，祷雨辄应，土人祀之。

温　泉　在石马坪，水不甚温，春间秧田多赖之。

云龙州

兰沧江 旧州东二里，世传即《禹贡》所谓黑水也。源出吐蕃鹿石山下，本名鹿沧，经丽江之兰州，故名兰沧，后讹为澜沧，又讹为浪沧。水自丽江经州东南，过永昌、蒙化、顺宁、景东、元江、交趾，入南海。汉武帝通博南山道，渡兰津，行者苦之。歌曰“汉德广，开不宾。渡博南，越兰津。渡兰沧，为他人”，即此水也。

沘 江 即雒马江，又名顺江。自老君山后发源，入州界，经顺荡井，会诸溪涧，环绕雒马，南注兰沧江。

雒马小河 州治东。水从十八寨下注沘江，而入兰沧。

天 池 在雒马井西北山顶。池广十里，俗名海子水，极澄渟，菱蒲茂密，居人利之。

温 泉 在雒马山半，甚佳，不减邓川大市坪泉。

按：大理诸山支分脉擘总根于丽、剑之老君山，老君山小支则沿澜沧江入云龙州矣。其正支至鹤庆观音山，分东西两支，西一支过浪穹，为标山、鸟吊山，即罗坪山。南逾凤羽乡，东逆一支为邓川象山。又北上，为浪穹天马山，以扼蒲陀崆之门户。其顺南一支，是为点苍山十九峰，南至龙尾关而止。观音山东一支，走浪穹之三营，南行为佛光寨灵应山，下邓川，经洱河东、宾川州西迤南至赵州之定西岭，则诸山之枢纽也。定西岭分一支逆转而北为凤仪山，赵州托焉，西联蒙化，与点苍山之委相对，以钤洱水之尾间。定西岭分一支逆转而东北，是为帽山，帽山南临云南县，负之又东北行，过大波那，逶迤而趋金沙江。帽山西南行，为梁王山、即宝泉山。九鼎山、青华洞、水目山，西至于迷渡。帽山北行，迳宾川州，抽钟英山以托州治。又北行，直抵于金沙江。此山之大概也。

至于水，在西则浪穹上下两江嘴，源由剑川，过鸟吊山后，南绕苍山之背，会漾濞之水，以入澜沧江。在中则太和洱水，源自浪穹罢谷山下，是为宁湖。宁湖南行，鹤庆、凤羽二水注之，下蒲陀崆，迳邓川为弥苴佉江。又南行，罗时江注之，入太和，苍山十八溪注之。又南行，赵州定西岭北诸水注之，合出龙尾关，亦会漾濞而注于澜沧。若定西岭西南诸水，如赤水、昆雌、礼社三江，出白崖，浮迷渡，迳大庄，汇苴力，合定边县水，又迤南而入于澜沧江，此郡西南诸水之大概也。东则云南县梁王山下龙潭水，合各箐水南至团山坝，分而为三：西入迷渡曰溪沟，绕县以南曰青龙海，县北曰品甸海。品甸水南行仍归青龙海，合出板桥，东经叶镜湖，挟之而南，以逾炼厂，又东径云南驿前，又北迳胭脂坝，合诸水至孔仙桥，而入一泡江，又县北和甸、你甸诸水，亦入一泡江，而总注于金沙江。若宾川州诸水，以纳六溪为经，源出荞甸，至周官营，官坡之银溪，宾居之通洱溪，及黑树龙潭三水注之，北行，芭蕉谷、石宝溪二水自西来注之，钟良溪自钟英谷东来注之。又北行，则崆峒山、鸡足山各箐水自西注之，汇流而入于金沙江，此郡东北诸水之大概也。

西南诸水，尽归南海，以界于定西岭西南行之山，故纳于澜沧以之南也。东北诸水，尽归东海，以界于定西岭东北行之山，故纳于金沙以之东也。澜沧、金沙二江，源皆出于吐蕃，澜沧流于老君山之南，郡之云龙辖之；金沙流于老君山之北，郡之宾川辖之。故观大理山水者，总以老君山为鼻祖，以观音山为咽喉，以定西岭为腹心，以澜沧、金沙为四支之脉络，则同条共贯千百里外，可了然于掌上矣。

〔据傅天祥等修，黄元治等纂康熙《大理府志》（故宫博物院编《故宫珍本丛刊》第230册《云南府州县志》第5册，海南出版社2001年据清康熙三十三年刻本影印）卷五《山川志》第1－14页辑录。另，影印本第12页和13页错页，今据民国二十九年重印本乙正。〕

（民国）大理县志稿·地志部·山川

卷一　地志部　山川

洱河之发源及其汇归

西洱河，即古叶榆水，又为昆明池，即汉武象以习战者也。源出鹤庆西南黑泥哨山中，西南流经观音山，会观音河，又南经三营西，又南纳九龙池水，又南为大营河，出洞鼻至洱源东北，右纳洱源湖水。洱源湖，在洱源东北十五里罢谷山下，三面环山，水从湖底涌出，南为茈碧湖，又南流汇罗凤溪水为宁河，而大营河亦于红山口会，又南，合凤羽河为三江口。凤羽河，源出洱源县西南清源洞，北流纳凤羽各处水，东北流至天马山，北折东入宁河。三源既会，南出经巡检司入蒲陀崆，又南出为弥苴佉江，经邓川南至上关，左纳罗时江水，右会碧玉池水，汇入洱河。计洱河北自邓川东南，南至赵州西北，腹广约二十里，两端渐狭长可五倍，形如月生五日，首尾抱点苍云弄、斜阳二峰之麓，中虚其腹，西纳十八溪水，东纳东山老太箐水，东南纳赵县波罗江水，东南流经下关，折西出黑龙桥，七五村河之水南来入之。此水多挟泥沙，每将河尾阻塞，颇受其患。从此西行出天生桥，回绕苍山之背，五十里至合江铺，西北纳漾濞江，南会澜沧江，经暹罗入南海。洱河中有三岛：曰金梭，曰赤文，曰玉几。涯有四洲：曰青莎鼻，曰大贯淜，曰鸳鸯，曰马帘。又有九曲：曰莲花，曰大鹳，曰蟠矶，曰凤翼，曰萝时，曰牛角，曰波抟，曰高崌，曰大场，皆可田可庐云。

十八溪及诸小水灌输之区域

中溪，居点苍中和峰南，溪涧不深，水流亦细，始出溪口，即南纳绿玉溪支水，东行分二支，南支灌溉石门、大纸房等村田，又东行分二支，一支入城，名卫前江，灌溉城中中部园地，出城东流，灌溉大院子及小邑庄南北等村，一支北流至西门口，分一小支入西门，其余经狮子桥北流。北支东流，经观音市北，会马蝗箐、桃溪水，灌溉路南一带田亩，复东流至狮子桥，与南支合，顺西城濠北流。又会桃溪支水后分两支，东一支入城，名大马江，灌城中北半田园，出东城灌溉吉祥村、果子园及瓦村、小邑庄北甸。西一支仍北流，会银箔泉，经凤凰桥折东流，灌溉篾匠、洪家、古榆等村田，复东流至甘家村后，分五分之一灌溉甘家、车邑诸村，余四分流至东北城角。下有三板闸者，分水两半，一半北流灌溉柴村正甸，一半南流吉祥村及柴村、南瓦村北诸甸，并接济大马江不足之水。附银箔泉，其源出小纸房村西，除灌溉左右田亩外，东流会于西城濠水。又，石马井泉，源出大纸房村南，即灌溉此村南甸田亩，余入城灌溉城中南半园地，且此水以之漂布，其色甚白，故人争用之。按：一塔寺西，尚有绿玉溪，分支水渠一道入西城，出东城，灌溉大院子南甸及小邑庄西甸等田。杜文秀时代，因建内城，将西城水洞阻塞，汉人不敢争论，乃于绿玉溪下流南城河中引一水，由东城濠而北，以灌溉此一带田亩云。绿玉溪，位中溪之南，一支由溪口北流，横龙泉峰麓，灌溉柳叶坝田，与中溪水合；一支由溪口南流，横玉局峰麓，至中幹东下，中分二支，灌溉南关铺北甸，并玉溪、月溪二乡之田。其诸支水尾，则灌溉生龙铺及小邑庄南甸之田。又双鹤桥下，分一支经东南城隅，由城濠北流，复折东流，灌溉大院子南甸、小邑庄西甸之田。附玉局峰下烧香路之东，有泉三：一玉蕴泉，一金箔泉，一红龙泉，出水无多，每泉仅灌溉数十亩之量焉。龙溪，位绿玉溪南，水势汹涌，其分流北岸者二支，一支自溪口东北行，寻分数支，灌溉南关铺南甸之田，并玉溪、月溪两乡及生龙铺各田亩。一支北流，灌溉五里桥之田，寻分数支，灌溉胡嘴庄、河底村，上下兑三家村之田。其分流南岸者，向东南行，会小龙溪水，又会绿玉溪及马龙峰北支山麓小水，合而为二，名曰三沟水，而上下阳和、官庄及呈庄之村北甸，与唐家村、星庄、罗久邑南之田亩均资灌溉。又河之下流寻分南北二小支，南支灌溉上下丰呈庄田亩，北支灌溉龙龛田亩，俟栽插稍毕，转流而北，至南生久南甸，以济南关铺而下不足之水。清碧溪，位龙溪南，此溪之水不及龙溪之大，其分支由溪南口东流者，如上摩北甸辘角庄、阳和庄、神通庄、龙竹村、大庄等处之田均资灌溉，其循河北岸而下者，则灌溉呈庄之村南甸、罗久邑、南登之田亩。附木莲花井，又名涌珠泉，源出上摩南村下大路西，泉极清冽，四时不涸，泉东一带田亩得资灌溉。小龙井，源出大石庵东半里许，每岁小满节后，则灌溉上末南近井田亩，芒种后，如阳和、神通、大庄等村之南甸及大湾庄河北之邻近田亩，亦资灌溉云。莫残溪，位清碧溪南，水势甲于清碧而次于龙溪，向分南北二支，一支北流灌溉上末村南之田，一支南流则灌溉打铁村、刘官厂、大湾庄，南北经庄大村、三舍邑，下摩葭蓬村之田，即大井旁西北青龟山下之田，均资灌溉焉。附品水，发源于佛顶峰麓，其水资以灌溉田亩者，如大井旁、砖窑、重邑村暨太和村之太一一村。每逢小满节起，四村按日分水，周而复始，习为常例。井心坪，源出大井旁村东北甸阡陌间，其流虽细，而四时不竭，由经庄直抵葭蓬村，或由经庄转南，横达重邑村之南甸一带田亩得资灌溉。茨蓬水，发源于古城园下，距葶蒖北约二百步之遥，灌溉太和村、太一北甸田亩。葶蒖溪，位莫残溪南，其水不甚汹涌，田亩之资其灌溉者不少，距溪口三里许有分水口，由溪南分为左右二大支，左直流而下，又分左右二小支，左小支则灌溉太和村太二之田，右小支则灌溉太三之田，每届小满节，二村轮用，先太三，次太二，周而复始，此左大支之情形也。若右大支，则灌溉太和村太四及洱滨村之田，先太四，次洱滨，亦周而复始，此右大支之情形也。若溪之北岸，有太一村，虽得分有水利，然必俟南岸各村栽插毕事，方许水过北岸。附溪尾井，发源葶蒖溪南岸秧田甸北，灌溉太和村太二、太三并及太一田亩。深坡箐，发源马耳峰麓，其水则灌溉太和村太四附近田亩。阳南溪，位葶蒖溪南，有左右二源，各自为流，至山麓始合为一，直抵宝林村之中心，有分水处别为四支，一支自斜阳峰麓南行，复向东下，凡下关之五军三甲，以及赵李二姓、推登村、大关邑等处田亩，各依成规，分别灌溉。其余三支，一由荷花寺村中而下，一由荷花寺村南而下，一由羊皮村北佛头寺南而下，此三支水，凡大路西之荷花寺、寺脚村、羊皮村、宝林村，路东之大长屯、清平村、小关邑等处田亩，亦照成规，分水灌溉，此就溪南岸而言也。若由宝林村分水处顺河而下，然后北流过阳南村，南北两登灌溉附近田亩，又顺河而下，直抵苏武庄，亦照分水旧规，以资灌溉。附阳南小箐，源出马耳南支之麓阳南寺东，合数细流而成，东南流，会于阳南溪。清溪，源有二，一出于李将军庙左，一出经载庄北山响水箐。此水系满清乾隆间，县令王孝治由此筲沿途接以石礶，此水方通。二流相合直至磨房，分为左右二支，左支自立夏日始用全溪之水，凡下关之军上、军内、末甲、水碓、营中、刘家营、上村、小井等处田亩，均按旧规分溉，右支至夏至后用。全溪水分为南、北、中三支，南支溉打鱼村田，中支溉下村之田，北支溉军上、军内、末甲、水碓、营中、上村、小井之田。桃溪，位中溪北，平日水涸露底，大雨发时，势甚汹涌，支流大者有二：一由溪口北流直达寺南村，其水尾则至德和村，小岑村一带田亩皆灌溉焉；一由溪口东南流，灌溉上下水碓、小纸房、葱园等村之田。复东行至城西，与中溪水暨绿玉溪支水合，分为二支，一入城即大马江，一北流经凤凰桥，东行灌溉篾匠村至柴村诸村田外，并北流与大幹所分之支流，灌溉新桥同、上下鸡邑、龙王庙诸村田亩。梅溪，位桃溪北，水势甚弱，其支流由溪口东北行，寻分数小支，灌溉绿桃村之田，其诸支水尾直下，则分溉五里桥、凤仪邑南甸田亩，若大幹旁出支流，则德和、小岑之田亩，亦均灌溉焉。隐仙溪，位梅溪北，无水时多，其支流有二：一由溪口东北流，寻分数小支，灌溉双鸳村之田亩；一由溪口之下东北流，亦分数小支，灌溉五里桥北甸及际登江、凤仪邑三村之田亩。至于大幹分出数小支，则灌溉五里桥南甸及凤仪邑之田亩。附大井沟，发源双鸳村东，灌溉双鸳东甸田亩，东至大路，则分为二支，一支北流入双鸳溪，一支东流灌溉育才里南甸、凤仪邑北甸之田亩。鸳鸯溪，位隐仙溪北，旱则乾涸见底，雨则山洪骤至，利害互见。其支流一由溪口北行，寻分数小支，中有一小支，穿南阳乡以达白石溪，则阳乡南北二村之田亩均灌溉焉，其分支水尾，则灌溉南江心、沙栗木二庄田亩，一由溪口南流，则灌溉双鸯村田亩，其下流之水至大路，会南来之水，东流而归大幹，大幹之旁出者，则灌溉南江庄南甸、育才里北甸之田亩。白石溪，位鸳鸯溪北，溪源有二，水之利害与鸳鸯同，其支流略分为三：一支由溪口北流，寻分数小支，环绕三阳村、下银桥左右，有一小支直达上银桥，则三阳村、下银桥及上银桥南甸之田亩赖以灌溉焉；一支由溪口南流，亦分数小支，环绕北阳乡，则此乡之田亩赖以灌溉焉；一支由大路东北流，与北支所分之小支，灌溉上下阳波院之田亩，又与大幹下游分支之水，灌溉三家村、五官庄之田亩。附马头江，发源于培德里之北，分二支：一支南流，灌溉培德里东甸之田；一支东流，灌溉新城里南甸及古主、大邑二村庄之田。灵泉溪，位白石溪北，溪源有二，水势较大，然未尝为害，支流有四：一支由溪口下，北通河阳下村，即灌溉此村南甸及新城里田亩；一支由溪口南流，横三阳峰北支麓，直达上银桥；一支东南流，环绕培德里，寻分数小支，与上支所分之小支，灌溉培德里、上银桥二村之田；一支分大幹为二，北幹则灌溉新城里、西城村田亩，南幹则灌溉培德里东甸田亩，其水尾所灌溉即为古主、大邑、上下波淜四村田亩。锦溪，位灵泉溪北，水势平稳，自古无患，支流大者有二：一由溪口北流，灌溉小庆洞南甸田亩；一由溪口南流，穿鹤阳上中二村，即灌溉此二村田亩，其大幹至大路上下南北分支旁流，北流者接济上支所分之小支，灌溉北江、心庄之田亩，南流者亦接济上支所分之小支，灌溉下末用、城外庄二村之田亩，其诸支水尾直下，所灌溉者即南北磻溪田亩，而南磻溪需用尤多。芒涌溪，位锦溪北，溪源有二，水势次于阳溪，其支流略分为四：一由溪口下北流，寻分数小支，灌溉上、下湾桥二村南甸田亩，其水尾直流而下，则新溪、石岭之田亦得灌溉焉；一由溪口南流，横白云峰麓，直达小庆洞；一东南流，通佛堂下村；又一支亦东南流，绕钏邑村北，即灌溉此三村之田亩，诸支水尾东下，而北甸、东甸、上甸、小楼庄、林邑、北磻溪六村田亩亦得灌溉焉。附沙平江，源出莲花峰北支下下丛村南，水势甚涌，东流而下，灌溉下丛南甸、上下湾桥北甸以及新溪、石岭二村田亩。阳溪，位芒涌溪北，溪源大者有二，山深路远，水势汹涌，为十八溪之冠，每至秋令，四出旁流，颇害田亩，其支流大略有五：一由溪口北流，横五台峰麓，直达庆洞庄；一由朝阳村后北流，寻分数小支，接济上支所分之小支，灌溉朝阳、沙平、蒙恩、庆洞四村田亩，其诸支水尾直流而下，而柯黎庄、赤土江、河涘城、上作邑、下作邑、下阳溪六村田亩均得灌溉焉；一由溪口南流，横莲花峰麓，直达下丛村；一由上阳溪村后南流，寻分数小支，接济上支所分之小支，灌溉上阳溪、北阳溪、内官、下丛四村田亩；一由北阳溪村下，东南流，寻分三小支，与上二支所分之小支，灌溉北庄、中庄、南庄三村田亩，其诸支水尾东流而下，而古生、新溪、石岭三村及上、下湾桥二村北甸田亩亦得灌溉焉。附清洞江，源出五台峰南支下朝阳、沙平两村之间，东流直下，灌溉上下作邑、下阳溪三村北甸田亩。凤鸣涧，源出凤鸣邑，左涧为凤鸣、上下作邑、下阳溪诸村之水利。万花溪，位阳溪北，源发于花甸哨，大而且远，七八月间，洪涛汹涌，行人病涉，其支流所经，上则辰登、新登、上下院旁，左则阁洞旁下及南北星登、小沟尾，右则江渡城南下及喜洲、寺上、寺下、中和邑以至河涘城、河涘江、江上村诸田亩皆得灌溉焉。附沙平涧，源出沧浪峰下，平时其流甚细，夏秋之交，大雨时行，则横流四溢，小院旁、三舍邑二村之田资其灌溉。霞移溪，位万花溪北，是水有利无害，北则灌溉中下兴庄，南则灌溉美坝峩崀，下及永宁上下新邑、南北星登之田亩。附白石涧，每岁夏秋，山水暴发，常坏田亩，顺流而下，灌溉仁里邑、周城、上中下兴庄、角盈村等甸之田。大涧左龙潭，源出旗鼓山右麓，村人作塘，潴之可供坡头田百余亩之用。旗鼓山龙潭，源出旗鼓山左麓，村人亦作塘，潴之可供坡头田百余亩之用。神摩山涧，北则灌溉羊角村坡头石山坝田，南则灌溉周城坡头之柳树沟、水碓、门军沟、各坝石、蝴蝶泉、仁和村上。神摩山左麓水从石腹中涌出，塘方约五丈，可溉田四百余亩。玉龙池，源出波罗旁，西南广约亩许，亦可溉田四百余亩。

黑惠江暨点苍西山水

黑惠江，源自丽江小甸塘，由澜沧江分派至弥沙井南，入洱源县西境，经炼铁街西，东南流为下江嘴，又南流经本县西境，又南稍西至漾濞街，始曰漾濞江。又南经金牛屯南，过亨水桥，左纳点苍山西面之水，又南至合江铺，左会西洱河水，西南流经永平、蒙化界，入澜沧江。点苍西山水，出县西五十里点苍山背面笔架峰下，西流出石门，会诸山水，西南流入漾濞江。

〔据张培爵等修，周宗麟等纂民国《大理县志稿》（民国六年排印本）卷一《地志部·山川》第6－16页辑录。〕

（万历）赵州志·地理志·山川

卷一　地理志　山川（山略）

大　江　一名波罗江。出昆弥，与白崖赤水江同源，分自北，合州治西入洱河。

赤水江　与大江同源，分流自南，由涧谷中出，经行白崖川，会昆雌江，南流入浪沧江。

昆雌江　源出蒙化，流入赤水江，合入礼社江。

礼社江　出巍山，由蒙舍川经定边县浪沧江，出沅江，入交趾界。

圣　泉　在五佛山下。终岁不竭不溢，因名曰圣。

温　泉　有六[①]：一在州治炼场铺，一在破[②]石洞，一在白总旗营，一在虾蟆口，俱寒热甚调，能痊混疴，人皆趋之。

东晋湖塘　在环龙山下。九泉出水，冬春犹停蓄成湖，澄碧可流，其水利普流数百亩田地，有碑识，入《沟洫志》。

玉皃水　源出五佛山，西流合大江，入西洱河。

天　池　在龙伯山上。涯碧成潭，四时不涸，下有石穴，出水流田，民间赖之。

乌龙双塘　源出宾川乌龙山，西流至龙伯山东南百步，分为二派，一入南石穴，潜行白崖川覆釜山下，合赤水江，一西流合龙伯山下龙全，会大江，入西洱河。

〔据庄诚修，王利宾纂万历《赵州志》（国家图书馆藏钞本）卷一《地理志·山川》第25页辑录。〕

（乾隆）赵州志·山川志

卷一　山川志（山略）

波罗江　一名大江，出昆弥西山三子龙，自南而北，绕州治入西洱河，其一流白崖，一流蒙化。

赤水江　源出五佛山，流经白崖，会昆雌江，入礼社江。

昆雄江　源出定西岭，汇赤水江诸水为礼社江，又汇昆雌江诸水，入浪沧江。

昆雌江　源出蒙化隆庆山，东流与赤水江合，入礼社江，归浪沧江。

礼社江　出巍山，由蒙舍川经定边，历楚雄，合浪沧江，出沅江罗槃甸东南，入交趾，归南海。

东晋湖　城东八里环龙山下。石隙出九孔，冬春闸蓄成湖。详见《胜景》《水利》。

圣　泉　五佛山下，终岁不竭不溢。

玉阆泉　亦出五佛山，西流入大江。

---

① 六　按文意，仅有四。

② 破　乾隆《赵州志》、道光《赵州志》皆作“夹”。

龙伯山下泉　出龙王庙前石穴。杨升庵有句云“龙女镜中梳石发，鲛人波内泣明珠”，真境也。

乌龙双塘　出宾川乌龙山，流至龙伯山下，分为二派，一合龙泉，一从山南石穴伏流出覆釜山。

下邑龙泉　弥渡平摩甸石穴喷出，澈底澄碧，清气袭人。

温　泉　有九[①]：一在治西北四十里炼场铺山下，一在白崖虾蟆口，一在覆釜山下果园，一在弥渡东石嘴，一在夹石洞，一在白总旗营，一在弥渡西高家营后，一在弥底左清河心。

虾蟆口甘泉　一在石虾山，一在仙女庄。详后《水利》。

凤山井　遍知寺侧。水自石缝中出，甘美清冽，有龙司之。

龙　潭　有五：一在赤子庙前，一在黑庄龙王庙前，一在弥渡东龙王庙，一在五邑村，一在大庄。

天水井　治北二里。

〔据程近仁修，赵淳等纂乾隆《赵州志》（故宫博物院编《故宫珍本丛刊》第231册《云南府州县志》第6册，海南出版社2001年据清乾隆元年刻本影印）卷一《山川志》第20页辑录。〕

（道光）赵州志·山川志

卷一　山川志（川略）

波罗江　一名大江，出昆弥西山三子龙，自南而北，绕州治入西洱河，其一流白崖，一流蒙化。

赤水江　佛（源）出五佛山，流经白崖，会昆雌江，入礼社江。

昆雄江　源出定西岭，汇赤水江诸水为礼社，又汇昆雌江诸水，入浪沧江。

昆雌江　源出蒙化隆庆山，东流与赤水江合，入礼社江，归浪沧江。

礼社江　出巍山，由蒙舍川经定边，历楚雄，合浪沧江，出沅江罗槃甸东南，入交趾，归南海。

东晋湖　城东八里环龙山下。石隙出九孔，冬春闸蓄成湖。详见《胜景》《水利》。

圣　泉　五佛山下，终岁不竭不溢。

玉阆泉　亦出五佛山，西流入大江。

龙伯山下泉　出龙王庙前石穴。杨升庵有句云“龙女镜中梳石发，鲛人波内泣明珠”，真境也。

乌龙双塘　出宾川乌龙山，流至龙伯山下，分为二派：一合龙泉，一从山南石穴伏流出覆釜山。

下邑龙泉　弥渡平摩甸石穴喷出，澈底澄碧，清气袭人。

温　泉　有九：一在治西北四十里炼场铺山下，一在白崖虾蟆口，一在覆釜山下果

---

① 九　按文意，仅有八。

园，一在弥渡东石嘴，一在夹石洞，一在白总旗营，一在弥渡西高家营后，一在弥底左清河心。

虾蟆口甘泉 一在石虾山，一在仙女庄。详后《水利》。

凤山井 遍知寺侧。水自石缝中出，甘美清冽，有龙司之。

龙　潭 有五：一在赤子庙前，一在黑庄龙王庙前，一在弥渡东龙王庙，一在五邑村，一在大庄。

天水井 治北二里。

大水井 在弥底。源出泰山，双泉对涌，中有锦鱼村，汲饮食便，灌溉亦多，国学李连之祖建祠。

〔据陈钊镗修，李其馨纂道光《赵州志》（《中国地方志集成·云南府县志辑77》，凤凰出版社2009年据清道光十八年刻本影印）卷一《山川志》第55页辑录。〕

（康熙）鹤庆府志·山川志

卷六　山川志（山略）

漾工江 在城东五里，一名鹤川。自丽江雪山发源，盘折五十余里，溪流众水，趋赴于此，其自西北来会者曰石洱河，自东北来会者曰大水渼[1]泉，自西来会者曰长康[2]河、落钟河、温水河、银河、桃树河，南入象眠山石窟，伏流三里而出，名腰江，东流入金沙江。

金沙江 在城东一百二十里。

西登泉 在府治东北三十五里，泉自漾工江分流。

白石美泉 在府治东北二十里，泉自涧中流出。

小柳场龙泉 在府治东北十五里，泉自山麓流出。

大水美潭 在府东九里。出石朵河东山麓，周百余丈。

龙华泉 在府治东南三十里，泉自山畔流出。

以上皆西入于漾工江。

黑龙潭 在府治北四十里。出逢密山，潭周二百余丈。

香米潭 在府治西北三十里清元洞之下，周二百余丈。

青龙潭 在府治西八里。东一派入象跪河，北一派入求平乡。潭上有阁，曰清虚，多名人题咏。

龙宝潭 在府治西七里。出覆釜山自下，周五百余丈，知府马卿复筑下潭，名龙宝，周四百余丈。

吸钟潭 在府治西南六里，出朝霞山下。旧名青龙，世传钟为龙盗去，曾现于潭，故又名。

宣化黑龙潭 在府治西南二十里，出宣化北山麓。

---

① 渼　《清一统志》卷三百八十二《丽江府》“漾共江”条作“漾”。

② 康　《清一统志》卷三百八十二《丽江府》“漾共江”条作“庚”。

温水泉　在府治西南二十里，出青崖山下。旧有温泉，今湮。

供　河　一名银河，在府治西南十三里。发源山神哨，北流黑泥箐，南折东入南甸川，往观音山路，自高家寺塘逆流出而上。

桃树江　在府治南二十五里，发源天马山下。

以上皆东入于漾工江南为水洞，伏流出葛洞。

腰　江　在府治南二十六里象眠山之麓。俗传水洞一百单八，即喔哆尊者掷念珠所通，潜泄漾工江水，其始得原隰之利，每岁四月八日，本府具牲祀之。

三庄河　同入于腰江。河在府治南三十五里，源出垂珠洞，经逢木和村。垂珠旧名蝙蝠洞，知府王昂改今名。洞中乳石如垂珠，清寒奇秀可爱，二水相合东流，纡折而入金沙江。

梅茨河　即观音河，在城西南一百里。源出山神哨，经三场旧板桥哨，南流入观音山。驿前大理孔道，顺流而下，两壁山崖如削，古木蓊郁，最为奇险。水过三营屯至大营，入浪穹县芘碧湖，自普陀崆过邓川州，入叶榆海。

罗牧社海　在城西南一百三十里。

鹦哥[1]水　在城东南七十里，水自石崖注下，鹦哥仰饮，故名。

剑川州

崖场水　金华山左腋绕山流出，迎水有水礳数十，州人采樵，率多由此。

合惠江　系干木禾江、禾头河、石莱渠三水合流，即大桥头河也。遇久雨泛涨，城北一带河堤冲塌，淹没禾稼。知州王世贵修筑，河堤完固。

螳螂水　即清水江，流入剑海。

老君潭　在老君山，大小九十。

易堤坪潭　在州东南三十五里，倒流入州。

仙女炼潭　在州东东营村。

隔渼潭　治东北十五里。发源东山麓，遇旱祈祷即风雨。

建和潭　建和山南麓。

三石潭　金华山麓。

白难陀潭　治西十里。

水鼓楼河　在州治东。

温　泉　一在治南五里罗尤邑，协镇马声捐修砌石建亭于前，知州王世贵修治装饰于后；一在州西一百五十里求仁甸。两处，此盈彼涸。

花丛潭　州南二十里小渡村花丛庙边。

桃江河　治南三十里。

西　湖　治南金华山麓。秋水泛涨，与东湖通，沿湖堤岸，柳烟翡翠，华山倒影。

剑　海　治东南。周四十余里，合州水汇于此。河尾绕罗鲁城，经漾濞，与洱水合，历车里、八百媳妇等处。

沙溪河　即剑海流出。

青龙潭

---

①　鹦哥　原本作“鹦鹖”，今改。鹖，天鹅。

白龙潭 在沙溪江尾。二潭之下有一沙洲，水落洲出则岁丰，水高洲淹则岁歉，以此占丰歉最验。

弥沙浪河 州南一百六十里。

温水潭 一在禾头村，一在河尾村，一在沙溪甸头禾村，其水微温。

春　水 在沙溪。立夏日，乡人以椒梅盐和饮，能消胀疾。

〔据佟镇修，邹启孟纂康熙《鹤庆府志》（故宫博物院编《故宫珍本丛刊》第232册《云南府州县志》第7册，海南出版社2001年据清康熙五十三年刻本影印）卷六《山川志》第43－47页辑录。〕

（民国）鹤庆县志·地理志·山川

卷一　地理志子部四　山川

川则有金沙江，在治城东一百二十里。自东北环绕，迄于东南，为县天堑。明永北张机《金沙江源流考》：

按：金沙江源出吐番共龙川犁牛石下，谓之犁牛河，又名犁水，讹犁为丽，又名丽江，即古名丽水，盖以其江内产黄金，故名金沙江。元宪宗取大理，用革囊为筏以济金沙江者即此江也。其流经吐番铁城桥，东经丽江府巨津、宝山二州，又东经鹤庆府、北胜州、姚安府，又自武定府北界经黎溪州，蒙氏僭封为四渎之一，亦即此江也。又自武定下流入济虑部，夷人凿桐槽船以通往来行旅，遂又名金沙渡。又西过四川东川府，一名黑水，一名纳夷，然皆金沙江别名。又经四川行都司会川、建昌、德昌、打冲等卫所，又经乌蒙府，又经马湖府、蛮夷长官司，与马湖江相合，下流至叙州入岷江矣。

今自其支流者言之：大理、宾川大江，北入金沙江。鹤庆漾弓江，东南至龙珠山，入石穴伏流，复出金沙江。三庄河，与漾弓江会流入金沙江。北胜州桑园河，经州西南桑园村，下流入金沙江。龙潭泉，有九眼，下流入金沙江。程湖，南入金沙江。姚安府蜻蛉河，西经大姚县，东入金沙江。龙蛟江，一名苴泡江，合姚州连场、香水二河，入金沙江。安宁州螳螂川，即滇池所泄，下流潆洄州治，上过昆阳州，下经富民县，入金沙江。楚雄府龙川江，西合诸水为峨[illegible]川，又东合诸水，经定远县黑盐井，下流入金沙江。考安宁、楚雄二水虽小，皆可通舟楫。武定府西溪河，经楚雄府至元谋县，西入金沙江。又勒夷水、普渡河，俱入金沙江。以上皆云南之水朝宗于东海，顺流于中国者。

四川东川府牛栏江，源出寻甸府，入金沙江。辟谷川，源出寻甸府白津河，西入金沙江。越巂卫大渡河，源出吐番，下游合马湖江。四川行都司宁远河，西南合泸水，入金沙江。怀远河，南合泸水，入金沙江。盐井卫越溪河，东合打冲河，入金沙江。双桥河，流经打冲河，入金沙江。会川卫泸古河，源出小相公岭，入金沙江。打冲河千户所打冲河，蛮名黑惠江，又名纳夷江，源出吐番，下流入金沙江。晃桥[①]千户所东河，源出小相公岭，会泸古河，入金沙江。四川行都司南泸水，源出吐蕃，南入金沙江。

《元史》云水源广而多瘴，鲜有行者。春夏常热，可燖鸡豚。诸葛武侯五月渡泸，即此水也。元李景山云《益州记》《水经》俱以泸水在永昌不韦县；《寰宇纪》以为在嶲州会川县。景因出使越嶲，考泸水源。盖建昌泸州驿[②]有孟获城，又有泸古州，孔明渡泸，由嶲州入益，即滇池，此名渡泸，为有验。今水出吐番，过建昌、会川，合金沙江，夹岸多高岩丛苇，故下渡如经甑釜，炎蒸雍郁，多感瘴疠，至今犹然。或以金沙江即泸水，误矣。

云南之水，迤东可通中国者，如云南府大城江，自阳宗明湖，经宜良，入盘江。临安之泸江、曲江、婆兮江，入盘江。澂江府之巴盘江、铁赤河，入盘江。广西府之八甸溪，入盘江。盘江至府境，水为大。曲靖府之潇湘江、白石江，合盘江，经交水，至弥勒，入平伐横山寨，下经广西静江，入于海。广西府西洋江，入广西、田州府右江南汪溪，亦入右江。寻甸府阿交合溪，入霑益州界北，在经理广西、田州水陆者，安可忽之哉？如大理府西洱河，下与漾濞江合流，入澜沧江。漾濞，亦名神庄河。澜沧江，源出吐番，自西而南，至于丽江、兰州、云龙，过永昌、楚雄、临安、车里、大甸七十城门，至交趾入海。赵州白崖睑江，一名赤水江，下流至定边，名礼社江，合澜沧江。临安府西有礼社江，入纳楼茶甸界，为禄丰江，经合蒙自，为梨花江，注于交趾清水江。楚雄府马龙江，源自蒙化境，由定边、碍嘉，合白崖睑江，南入元江。景东澜沧江、大河，源出定边，入马龙江。景东府杉木江、马涌江，合南浪江，入威远州界。永宁府罗易江，北过府境勒汲河，入四川盐井卫界。顺宁府备溪江，西洱、漾濞二水合流，至本府铁场山下，入澜沧江，故名。元江府礼社江，一名元江，源出白崖睑江，合澜沧江诸水，入交趾。新化州摩沙勒江，即礼社江，下流至元江，入交趾。者乐甸长官景东河，源出景东，经本甸下入马龙江。北胜州罗易江，入永宁府白角河，入西蕃界。永昌府澜沧江，银龙江入澜沧江。胜备河，入备溪江。潞江，一名怒江，经芒市、木邦、八百，下流为喳哩江，经摆古，入南海。槟榔江，出吐番，绕金齿百夷，经干崖、阿昔，下合大车江，至江头城。腾越大盈江，一名大车，入南甸为小梁河，至干崖为安乐河，西流为槟榔江。龙川江，下流至缅甸大公城，合大盈江。云南府安宁河，出安宁，经富民、罗次为沙摩溪，至禄丰为大溪，至易门为九渡河，入元河。又星宿河，出武定，经禄丰，过易门，入元江。蒙化府阳江，出郡西北甸头花判涧，南至甸尾，过定边，与迷州[③]礼社江相合，过元江入海。澜沧江与漾濞江，蒙人谓之大、小二江，至顺、蒙交界处，土人谓之罗擦聚。二水相交，日出水光荡射可观。不二十余日，至锦龙江，一名九龙，船行会海客于此，渐至南海。

愚谓云南通缅甸诸夷水路，旧惟知有金沙江可通大舟，不知潞江、喳哩一

---

① 晃桥　天启《滇志》卷二十五《艺文志·考类》作“冕桥”。

② 泸州驿　天启《滇志》作“泸川驿”。泸川驿，建昌五卫之一，古设，今废。《清一统志》卷三百十一《泸州·关隘》：“泸川驿，在州治东。”作“泸川驿”是。

③ 迷州　天启《滇志》作“迷川”。

派可通摆古，澜沧、银龙一派可通八百、交趾，皆可舟可船之水。经理缅甸者，诚不可不讲求也，故附及之。

漾弓江 在治东五里，一名鹤川，又名蛟河。自丽江雪山西麓发源，盘折五十余里，溪潭众水趋赴于此，其由西北来汇者曰石洱河，由东北来汇者大水美泉，由西来汇者曰长康河、落钟河、温水河、南供河、桃树河，南入象眠山石窟，伏流三里而出，名腰江。光绪间，新河开成，乃改由象眠、龙华两峰间明出，腰江一带田多资灌溉焉，东流入金沙江。

腰　江 在治南二十里象眠山之背。俗传水洞一百零八，即赗哆尊者掷念珠所通，潜泄漾弓[①]江水，右纳三庄河水，东流入金沙江。

北新河 在城东北。道光间，大板桥、母屯各村以田亩多被水淹，禀准由波南河至太平村开一新河，以泄甸北一带潴水。光绪十一年，总兵朱洪章、知州黄维中谕令村民沿河疏瀹。十九年，知州王宝仪复督村民重行挑浚，至今河水畅流。

南新河 即漾弓江下流。发源丽江雪山，为鹤众水总汇，旧于象眠山麓潜泄，岁久水洞淤塞。明嘉靖间，有入藏使者道鹤，值大水，为请于朝，发帑金，于龙华、象眠中间开明河。让朝嘉庆丙子，岁大饥，丽江府冯公及邑人周天祥以工代赈开浚，皆弗成。同治九年，署总戎杨公复捐巨款开挖。光绪三年，总戎朱公乘岁涝水涨，躬自督视，为夫役先，用竟其功。邑人杨金和《南新河记》：

从来辟土开疆，兴利除患，其攸关于民生国计者，士君子靡不乐而为之。顾为之而不得遂所欲为，与为之而竟得遂所欲为，其间或废或举，虽视乎天心，亦凭乎人事。矧掘地导江，古帝其难，非有经天纬地之才，则不能创其始；非有倒海移山之力，则不能要其终。君子观于漾弓之开辟，益信人力之可以补天工焉。

鹤阳，古名总部，汉晋以还，半为泽国。至唐长庆初，有圣僧赞陀崛哆西来白国，行经九鼎诸山，横览漾弓南北一带汪洋，土民环居山麓，鸡鸣犬吠相闻，而疆亩寥寥，难于粒食。圣僧定中慧，照见海底宽平，尽可耕种。因而矢愿开疆，自维道力未坚，于东山嵩窟面壁十年，乃掷尼珠于象山之阴，顷间通一百八孔，出东南而注金江。从此水落地现，居民得以耕田而食，至今一千三百余年矣。奈事以久而蛊坏，前明以来，诸洞日见淤塞，每当岁涝，水患叠兴。我朝嘉庆丙子，漾河涨发，淹损田庐，加以年谷不登，饥溺交警。幸遇丽江府冯公，悯赤子之颠连，筹请一万白金，议开明河于尾闾夹谷，即以工资代赈，诚一举而两善，惜乎后款不继，至今有初无终。自时厥后，如清、姚二公，相继搜疏水洞，亦可补救一时，然终非久安之策。

越二十余年，杨武愍军务肃清，不忍八图子民屡遭漂溺，乃属其耆老，大声急呼，经费一人筹捐，夫役地方承办，尚其同舟共济，以续冯公未了之心。自同治癸酉兴工，至光绪丙子，已用三万余金，六十余万夫役。猥以奉诏入觐，

① 漾弓　康熙《鹤庆府志》作“漾工”，见前。

致功未半而事中止，有心人莫不为腕（惋）惜。

丁丑之秋，黔南朱总戎膺简命来镇斯土。适值蛟川泛滥，波撼城之东门。朱公登陴四望，村墟汩没，禾稼漂流，岌岌乎有桑田沧海之变，不禁目击心伤，慨然以开河为己任。会同邑侯周公申详上宪，随率水军数百，民夫千余，长驱漾水之滨，结庐华山之侧，锤岩凿壁，石破天惊，放灞推沙，山鸣谷应。大磐矗立而为柱，双峰挟护而为栏。掘开地泽千寻，奚啻五丁之辟；直达金沙万里，居然三峡之雄。先后五六年中，行见岸为谷，而谷为陵，后之览者，将谓人力不至于此矣。夫安知是役也，朱公以一人之担当，缵成冯、杨二公六十年未就之绪。既得都人士始终协力，左右赞襄，而冥冥中复应以连番大雨，俾得顺水推沙，用力省而成功速。论者以为祖师之法力所维，亦朱公之忠诚所格。迄今登西山而览胜，见夫里沟外洫，井井有条，南亩东郊，芃芃其麦。乃叹牟伽陀首辟浑沌，朱、杨两军门再辟浑沌，上下千百年间，食德服畴，几忘其为谁氏之力已。

南供河 一名银练河。源出治西南五十里山神哨，北经黑泥哨箐，东折入甸南，界内南甸田咸资灌溉焉。太和杨士云《南供河记》：

南供河，在府治西南二十里，发源山神哨，至白杨场，俗称龙泉者。三穴喷涧喷出，暵旱弗缩，下流恒用，泓演东入漾弓江，南甸田咸仰溉焉，故名。盖濒河左为大沟，引水而北者四，右为大沟，引水而南者三，因各为支沟，以注田者不计焉。田为亩，余五万。赋为石，余五百。户为数百，居为千余室。河之利溥矣，而恃以为利者，此泉耳。

泉迤南为高阜旷土，可若干亩，势家窥利，欲横截泉水而利用之。在正统中为土酋，成化中为守御，宏治中为豪民某某。长康民以遏我上流，辄讼之，乃弗得逞。正德庚戌[①]，又有豪民踵故智，谲辞于府，乞恳田输赋。里中老承勘得赂，报可，遂给印帖，登版册。民泣诉者相属，豪民者复诡辞于藩司，诬众之倾己，下府覆之。太守王君甫下车，得其情，叹曰："此地此水果可利，昔人当先为之矣，奚俟今日哉？夫以弃地而病良田，恣一夫以戚众庶，奚可！"乃追帖削册，咸服其辜。民欢呼相谓曰："微我公，南甸其莱矣。夫人效尤者，亦永有惩乎？"谋于乡贡士赵德宏、国子生杨怀玉、郡学生李绍纶辈，纪事于石，请予记。

於戏！民非谷弗生，谷非土弗植，土非水弗滋。故《禹谟》六府、《洪范》五行皆水居先，而后世《河渠》之书、《沟洫》之志加详矣。盖善为民者，所以兴水利也。涸也，为之畜引；溢也，为之分泄；废也，为之修复。又患民之争也，则为之禁令，所以禁其争也，抑强暴而已矣，杜侵夺而已矣。昔关中仰郑、白二渠溉田，而豪戚壅上游，取硙利，夺农用。李栖筠请皆彻毁，《唐史》书之，辉映简策。南供河之利，郑、白渠之类也；龙泉之遏，上游之壅也；高

① 正德庚戌 按《中国历史纪年表》，无此年号。万历《云南通志》作"正德庚辰"，意长。

皁之地，百硙之类也。乌可以小而妨大？君之意固李君也，是宜书。然李以高才擢给事，方挺不屈，出刺常州，治行最卓。君亦以给事言事补外，稍迁台省。兹守鹤，多惠政，其风节治绩，亦李君也，又宜。君名昂，字仲颙，广安人，起宏治乙丑进士。

金铠有《读州志南供河记怀故郡侯王仲颙先生》二首，其一云：“弃地良田判重轻，况殊专欲与群情。水三为淼人为众，天一以生地以成。岂可勘词凭贿属，由来惠政仰衡平。高山向往吾能至，两度名山访紫荆。”其二：“势家公自惩窥利，名郡我曾督澹灾。顾我珂乡惭乃粒，微公绣壤险其莱。半阶我倖膺内奖，分陕公超陟外台。更喜陶辞有同调，公吟归去我归来。”

注：先生广安人，紫荆系州城名山，予曾两至其州按事。又甲辰署顺庆，时郡属赈务正急，奉台司严檄饬府督查所属及早经改隶绥定之渠、竹两县，兢业从事。事竣，郡民献“蒸民乃粒”额悬之郡堂，大府以具有微劳保奖候补知府缺，后以道员补用。余在事出力各员，令由府汇请外奖。是役，初亦只冀得免咎戾，不谓反以此滥竽荐牍，颜汗实多。先生后以陕西副使告归，表正乡闾，为州人矜式。金铠亦早罢郡归里，窃幸于先生得勉，附同调云。

石洱河　一名石寨龙潭，在治西北十五里许。引灌石寨南北邑各村田亩，汇白龙潭水，东流至大板桥，入漾弓江。

桃树河　在治南二十里。源出豸角山，流入南山岩穴，引流灌溉滨河各田。

落钟河　在治西南十里。即吸钟潭之流，东北入漾弓江。

长康河　在治西南二十里。即黑龙潭之流，东北入漾弓江。

三庄河　源出治西南二十五里许宣化山南麓垂珠洞下。经逢木河村，合腰江水，东流入金沙江。

南乾河　在松桂、南庄中间。以一年中仅七八月间有水，故名。

清水河　源出撒须后山。叠因邓川所属之平坝村与北衙、陈家庄相争，具控到官，经迤西道檄饬地方官查看，议以二分给陈家庄，北衙与平坝村各得其四，立石为坪。

北衙厂河　源出治南七十里许七坪峰麓。南流二十里至北衙厂，东入枯木河，又东流入金沙江。

梅茨河　一名观音山河，在城西南百二十里。源出山神哨分水岭，经三场旧板桥哨，南流入观音山驿前，循大理孔道顺流而下。两壁山崖如削，古木蓊郁，最为奇险，水过三营屯，至大营河，入浪穹县茈碧湖，自蒲陀洞过邓川，入西洱河。

西龙潭　在城西北隅。周四百余丈，旧时渠少田多，利尚未溥。明知府马卿念军民乏水，乃躬诣潭堤而增修之，更凿一大潭于其下，名龙宝潭，周五百余丈，用石闸以蓄泄，计田亩以分流，于是旱涝有备，而水利兴焉。

龙宝潭　详上。

黑龙潭　在城南二十里宣化关山下。其水甚胜，一分长康、板桥等处，一分南厢、求平等乡，他如迎邑、和邑、湾保诸村屯，山箐深窈，皆架木槽以引，灌溉半川，利莫大焉。自正德十二年，通判张廷俊沿山开导，沟阔三尺，深亦如之，有记。但逢雨水，不无冲塌。知府马卿督各村屯民，高其堤防，筑其散漫，而水亦加倍，更阔深其制。自是而江屯、刘屯、新生邑俱受其利，故迄今犹颂张、马二公于不衰，并设祀龙潭立庙。马卿《黑龙潭》

诗："云树苍苍山箐深，清流百折漱琴音。潭龙迎我寻源路，灵雨祥风霁又阴。"

黄龙潭　在城西南隅，一名吸钟潭。先是有阮百户、上城村八处田亩三千余亩，其水甚艰，每遇莳秧，多至交讼。知府马卿亲诣潭所，乃曰："此间隙地颇多，曷为渠闸？"遂令耆民杨寿延筑堤为潭，广二里许，仍分四渠。南为南利渠，阔三尺五寸。东为萦碧渠，阔八尺。北为采芹渠，阔五尺。西为北新渠，阔三尺。磐石为闸，旱则蓄之，涝则泄之，计亩均分，自是而民讼息焉。光绪间，邑人舒金和捐资修建龙神祠以祀。

北黑龙潭　在治北四十里逢密后山麓。潭周二百余丈，与香米潭近，二水合灌军民田地十有一村屯。先是堤坝俱坏，深为民患，近者垦之，远则荒焉。至正德十一年，同知张廷俊甃石为坝，伐木为闸，俾水出入有时，远近俱利矣。军民立石，有郡人陆云逵记，今不传。

香米潭　在逢密山青元洞之下。周二百余丈，东流入漾弓江。

北青龙潭　潭处甚高，决之即竭。同知张廷俊修为上、中、下三闸，上闸灌寺庄村屯，中闸灌河畔村屯，下闸灌妙登等三处村屯，民咸照闸开放，不致侵陵，为定制。

羊龙潭　在治西南豸角山麓。引溉文明、新科、邑头、松树曲各村田亩。

温水潭　在治南十五里。源出宣化山麓，引溉化龙、鹤翼、孝廉、前蒿各村田亩。

大水美潭　旧《志》作石朵潭，在城东北十里许。潭周百余丈，同知张廷俊修，分灌石朵河、大水美军民屯田千余亩，其流西入漾弓江。

小柳场龙潭　在治东北十五里。潭分三闸，明知府马卿筑。旧时任其出入，每苦不均，知府周集增筑百尺，闸之深浅准乎田之多少，民甚便焉。

四庄龙潭　在治北二十里四庄山中。东流至小板桥，入漾弓江。

白龙潭　在治西八里。东一派入象跪河，北一派入求平乡，计分灌四村田亩。

按：吴堂《清虚阁记》谓"麓百泉贯注汇为潭，故谓之百龙潭"，而《掷珠记》"伽陀过九鼎金凤山下，曰得金气之正，此即白龙"，似又为白龙潭。百、白义意各殊，未审孰是。

望月潭　在观山南班城之北。源泉混混，甘冽而芳，南班田亩皆资其灌溉，虽旱不涸。中有龙神祠，潭水环其左右，后山似犀牛，前潭如半月，故名。

水仙潭　在南班城之南。水源颇盛，灌溉五村田畴。潭中多鲫鱼，每当七八月，顺流跃入水田吞啖谷花，故其鱼最肥，其味最美。潭右有土主庙，西岸多水仙花，饶有佳致。

龙华泉　在治东南三十里。泉自山畔流出，西入漾弓江。

西登泉　泉之出甚涌，苦其散漫，浅而难容。同知张廷俊筑高数尺，壅其两旁，使水聚而不散，深而能容，经流三十里，灌西登等四村田。于康熙五十年，河泛冲坏旧坝，伤民田居，土官通判高浤改沟筑堤，费工三千有余，利视前更博，灌溉三闸等十八村。

温　泉　一在牛街南一里许，名祛风潭；一在炼渡坡之阳；一在火焰山麓，热可熟鸡卵，清可煎茶，观音山一带田亩多资灌溉焉。

白石美泉　在治东二十里。泉自涧中流出，西入漾弓江。

溪鲁水　发源马耳山，溉松桂街、南北大营、衍庆、积福各村田亩。乾隆二年，知府姚应鹤重修沟渠，立有碑记，今不传。

打磨水　源出芹菜厂后山，灌芹菜厂田亩。

上波罗水　源出马耳山涧，灌上波罗庄一带田亩。

下波罗水　源出茶水堑，灌下波罗庄一带田亩。

鹦哥水 在治东南七十里。水自石岩注下，鹦哥仰饮，故名。

罗牧社海 一名小西湖，即龙门舍海。在罗木哨山麓，周十余里，四山回合，渊深莫测，东流象鼻山后，入梅茨河。

仙女井 源出距城一百三十里之半子山北大凹中。石床下伏流半里许，始侧出为二流，民利赖之。

灵济渠 自丽江引流而下，灌溉三闸和西登二村田亩。先是，漾弓江虽出自丽江，而势处最下，旱则不受其益，涝则深受其害。明知府马卿巡视水利，村民洪筹山等言："二村田地与丽江相连，惟自丽江筑坝引流而下，庶可灌溉，不致荒芜。"马卿乃移文丽江，着仓副叶大功会把事和初承，率张、董二老人鸠工，于漾弓江甃石筑坝，高丈许，沿山开渠道，深七尺，阔如之，坝名曰"新城"，渠名曰"灵济"，而水利永矣。

按：鹤庆甸南北诸水，俱流入漾弓江，由南山麓石峡中伏流而出，即相传祖师掷念珠所辟之水洞也。源广流狭，洞又多淤塞，每逢涝岁，辄溢为灾。昔人疏浚之法甚详，每岁于二月八日鸠工，四月八日工竟，有学正杨景程《疏浚水洞序》勒之碑。自明河既开，洞之通塞于邑之大势无关，人遂罕措意于此者。殊不思南供河源发自山神哨，本在群山中，每当七八月间，大雨时行，万壑争趋，河水辄挟沙石俱下，以故河身日益高，滨河诸田家又只但顾目前，与水争地，用是河堤则日益薄，将来万一溃决，其害有不可胜言者。今仍将杨记录后，冀后君子思患预防而知所从事焉。

学正杨景程《疏浚水洞碑序》：

经志水之变者如济，其流多伏出，盖山泽相通之气，与夫丘壑委输之形有自然者。漾弓江发源番界，汇宿沙诸溪之水，蜿蜒百里，东南注于象眠山麓，回波螺旋，倒灌石硐中，澎湃有声，不见其出，亦奇观也。世传鹤拓一区，旧为泽国，尝有嘔哆神僧者飞锡于此，以念珠百八，咒水击石，石泐穴出，水以归墟，由是沈者乃陆。夫亦犹巨灵劈华掌跖，犹存之说。其事近诞，不足辩已。继世以来，云塍垦辟，每当秋雨浸淫，群流暴涨，居民犹为波巨所苦，守土者亦无帛以治之。越己酉，我正暄秦父台来司牧守，念切民依，来春亟衷工为疏瀹计，搜岩探窟，得旧洞二十余口，畅流无滞。是秋潦不加盈，岁则大熟，闾阎咸相庆焉。公犹率吁众感告之曰："尔其知导河策乎？譬之导饮者，宜以时调其气而节宣之，使无湮郁。及其既哽，然后探其喉而强以进，则增剧焉。今民亦劳止，汔可小康矣，然功方鸠也，患竟免其鱼乎？盍永图之。"佥曰："唯唯。"爰妥酌章程，著为条令，议以沿江村寨，同力修浚，计亩摊夫。田分三则，较其受灾轻重，出役有差。余未被浸者，亦量予协济，以示吉凶同患之义。岁约于二月八日开工，四月初旬告竣。官司率之，衿耆董之，黎庶攻之。赏其勤，罚其惰，而责其逋慢。秋七八月，又日专夫二名，游舟溯河，挖除浮梗，务蕲乎壅决室去，永庆安澜焉。

斯举也，因所利而利，官不市其功；择可劳而劳，民不私其力。今春经始，公复捐钱五十缗，以资畚挶。而乡宦赵君某，亦即欲助百金。慕义之忱，如斯响应，固宜舆论同声颂公生佛，谓安得嘔哆尊者复现宰官身，大有造于我疆也。其功其德，胡可谖欤！爰缕而书之碣。

右境内有名之川四十五，除金沙江环绕治东、南、北，为邑天堑，勿关农田水利外，自余则皆灌溉所资，邑有“乾旱三年吃白米”之谣，盖以此也。

〔据杨金铠纂辑民国《鹤庆县志》（大理白族自治州图书馆1983年据民国十二年稿本扫描油印）卷一之上《地理志子部四·山川》第51–65页辑录。〕

（康熙）剑川州志·图考

卷二　图考山川附

崖场水　金华左腋绕山流出，迎水有水礲数十，州人采樵多由此。

合惠江　系干木禾江、禾头河、石莱渠三水合流，即大桥头河也。遇久雨泛涨，城北一带河堤冲塌淹没禾稼。知州王世贵修筑，河堤完固。

螳螂水　即清水江，流入剑海。

老君潭　在老君山，大小九十。

易堤坪潭　在州东南三十五里，倒流入海。

仙女炼潭　在州东东营村。

隔渼潭　治东北十五里，发源东山麓，遇旱祈祷即风雨。

建和潭　建和山南麓。

三石潭　金华山麓。

白难陀潭　治西二十里。

水鼓楼河　在治东。

温　泉　一在治南五里罗尤邑，协镇马声捐修，砌石建亭于前，知州王世贵修治装饰于后；一在州西一百五十里求仁甸。两处，此盈彼涸。

花丛潭　州南二十里小渡村花丛庙边。

桃江河　治南三十里。

西　湖　治南金华山麓。秋水泛涨，与东湖通，沿湖堤岸，柳烟翡翠，华山倒影。

剑　海　治东南。周四十余里，合州水汇于此。河尾绕罗鲁城，经漾濞与洱水合，历车里、八百媳妇等处。

沙溪河　即剑海流出。

青龙潭

白龙潭　在沙溪江尾。二潭之下有一沙洲，水落洲出则岁丰，水高洲淹则岁歉，以此占丰歉最验。

弥沙浪河　州南一百六十里。

温水潭　一在禾头村，一在河尾村，一在沙溪甸头禾村，其水微温。

春　水　在沙溪，立夏日，乡人以椒梅盐和饮，能消胀疾。

〔据王世贵修，张伦纂康熙《剑川州志》（《北京图书馆古籍珍本丛刊44》，书目文献出版社据清康熙五十二年刻本影印）卷二《图考山川附》第8页辑录。〕

（康熙）蒙化府志·地理志·山川

卷一　地理志　山川（山略）

漾濞江　在郡城西北一百八十余里。其源亦出浪穹之罢谷山，经邓川入洱水，西泻蒙境为濞水；一出剑川州，绕点苍山后南流蒙境；一出西蕃可跋海，历云龙南，汇蒙境为漾水。三水合流为漾濞江，自云龙桥下，两岸无舟楫可渡，彝人或以筏，或采大藤横系两岸，谓之藤桥。负戴者重，其簸扬摇动，见者骇然，彝人则视若履坦无惧也。下至郡西，名备溪江①。昔用小舟，每遭覆没。今建桥其上，民不病涉矣。流而东南至密马郎地，归浪沧江。

浪沧江　在郡西南百八十里，水色甚黑。其源出吐蕃嵯和歌甸鹿石山下，名鹿沧江。因经流兰州，故又名兰沧江。汉武由博南渡兰津，此水也。由永昌之东南流顺宁，入蒙之密马浪地，受漾濞江水。合流处有物，状若铁桩，水泛亦不能没，日出水光荡射可爱。南过崑崙为浪沧江，侧转而东为神舟渡，两岸皆崇山峻岭，水势湍急，声吼若雷，莫测其深浅。下至景东，经车里，为锦龙江，以入南海，蒙氏僭封为四渎之一。按：《禹贡》导黑水入于南海。今滇中水之大而入南海者惟浪沧，其为黑水无疑。

阳　江　在郡西二里。源出甸北花判诸涧，纳东西诸箐之水，南流甸尾，东泻定边，受迷渡礼社江，绕镇南界，汇舍资、禄丰诸水，下注沅江，入交趾以归南海，惜河低无灌溉之利。

五道河　郡南三里。受巍宝、鸡鸣、玉屏三箐之水，至含春洞下为鸣珂水，由梅雪岭下为白塔河。岸有白塔，传为武侯所建，故名，今圮。水源渊渥，郡南一带田亩赖焉。

菜园河　郡南一里，又名锦溪。溪出捣衣山上，有石窟流清喷涌，汇大小黄草坝之水至龙王庙，经石龙山，过采花村，由莲花村下注阳江，七八里间，两岸桃李栉比，花放如锦，游人宴赏歌舞相答，无虚日焉。郡人朱衡有赋，具《艺文》中。今为营兵斫伐殆尽。

教场河　郡北二里。

盟石河　郡北二十五里。

〔据蒋旭修，陈金鈺纂康熙《蒙化府志》（《中国地方志集成·云南府县志辑79》，凤凰出版社2009年据清康熙三十七年刻本影印）卷一《地理志·山川》第33页辑录。蒋旭，字孟昭，号闇庵，安徽亳州人，康熙三十四年（1695年）任蒙化府掌印同知，政事之暇，搜集故实，与陈金鈺、张锦蕴合修府志，康熙三十七年（1698年）刊印，光绪七年（1881年）复刻。〕

① 备溪江　民国《蒙化志稿》作“濞溪江”

（乾隆）续修蒙化直隶厅志·地理志·山川

卷一　地理志　山川（山略）

定边河　在南涧前。源发郡甸北，流入元江。

环　川　发源漾濞，经甸北，名曰西河，延巍宝、太极山湾环流出。

牟苴河　在南涧西十里。

白崖河　在南涧东十里。源发云南县，流入元江。

阿集苴河　在南涧南五十里。源发无量山，流入景东界。

澜沧江　在南涧西南一百五十里。源发外域，入永昌等处，通景东宝甸，入锦龙江。

大水井　在南涧东山。

麯　泉　在南涧后。水可造麯，故名。

温　池　在坐台山前，人往浴焉。

〔据刘垲监修，吴蒲编纂乾隆《续修蒙化直隶厅志》（清光绪七年重印本）卷一《地理志·山川》第3页辑录。〕

（民国）蒙化志稿·地利部·山川志

地利部第三卷　山川志

地之有山川，犹人有气血也。〔……〕蒙化于滇省为正西，山自东北而西南，水自西北而东南，溯其原远自老君山逶迤东向，则左剑川，右鹤庆。〔……〕山分二大支，一自东而南，一自北而西而南。自东而南者，由旭照左转逆折而西，为大小围埂；其折而南者为凿木郎，延绵数十里，山峰矗立，有若连珠，上有天池水从三峡流出，俗谓之三子龙。东北入赵州，西南泻而为清水沟、白地场、马米厂、各阱深沟等河，灌大仓诸村田亩者，曰镇东山。下为阳午山，折而南为百草地，则左虫蝗，昔境内虫蝗害稼，前人于山下造塔建寺以镇之。右太平，为大仓诸村镇山。其水由有食、罗担诸村经甸中街北，西入阳江，自虫蝗迤逦为吴冈山，入而为草厂，后之一把伞、两阱之水合流为白桥河，由一把伞复折而出为蒙舍山。因有蒙舍庙，故名。〔……〕盟石河，源出山。〔……〕小禾里之北为系马桩河，南为教场河，有徐烈女墓。由文华山左出为捣衣山，山有龙潭，每旱祈雨辄应。光绪乙酉，同知卞庶凝砌其池，扁曰“灵泉”，又为石亭以祀龙。其东北则白骡子阱，阱幽深，内亦有龙潭，人迹罕至，至则大雨雹，惟时见一白骡出入，故名焉。为锦溪河源，郡城田亩咸资二水之利焉。再南曰玉屏山，上有龙湫，四时不竭，张氏祖茔也。〔……〕翠虬山之后为蜈蚣山，翠虬之首有龙王庙，至此则诸山之水悉汇锦溪，经城南西入阳江，则为菜园河矣。〔……〕其巅曰望城坡，登高四顾，蒙城如斗，阳江如带，全川村落，烟火千家，亦一景也。合巍宝、鸡鸣、玉屏三箐之水，下流为五道河，至含春洞下为鸣珂水，由梅雪岭下为白塔河。河西半里许有白塔，相传武侯所建，后圮。乾隆五十二年，郡丞黄大鹤、刘垲重建。由太极顶迤逦而南，至赵州之大军庄，则定边河与阳江合流，再数里，与礼社江汇焉。即赵州之白崖河。其自北而西而南者，则由旭照山右转为乌摩岭望宝山，腾耀而为者摩山、赤虬山，巡检、碗窑诸河源出焉。由者摩度象鼻岭起为花判山，是为漾濞孔道阳江发源，阳江发源有三：其一出岭冈村上弯腰河，其一出江头村。西南行为石母山，巍峦高耸，迥出群峰之表，上产石黄，故又名石黄山。有泉流为赕中溪，南入罗盏，由石母转长坡岭，沿阳江而南，曰天耳山。〔……〕歪角旁有三鹤洞，旧《志》列十六景之一，曰"鹤洞藏春"，杨友楠有诗云："黍谷青阳何处逢，嶙峋古洞隐仙风。长年寿鹤惊难散，滴翠苍岩画未工。野社韶华犹代谢，丹崖景物自鸿濛。欲寻真诀将颜驻，敢笑亡羊路未通。"其水汇蛇村、歪角诸河，及双龙洞，经蛇街五台山下，入濞溪江。濞溪者，漾濞江之下流也，一名黑惠江，亦曰神庄江。其源一出浪穹之罢谷山，经邓川入洱水，西泻蒙境为濞水；一出剑川州，绕点苍山后南流蒙境；一出西蕃可拔海，历云龙，南汇蒙境为漾水。三水合流为漾濞江，自云龙桥下，两岸无舟楫可渡，彝人或以筏，或采大藤横系两岸，谓之藤桥，负戴者重，其簸扬摇动，见者骇然，彝人则视若履坦无惧也。下至郡西，名濞溪江，昔用小舟，每遭覆没。今建桥其上，民不病涉矣。南行百余里，过崑崙里，合浪沧而入南海。漾濞有江桥。旧《志》列十六景之一，曰"濞架飞虹"。〔……〕山顶塘之东南，阳江曲折其麓，有峰如荷瓣倒置者，曰莲花山。〔……〕下有温泉，旧《志》列十六景之一，曰"温泉漱玉"，杨友楠有诗云："寻过梅花饶逸兴，城南十里觅温泉。膏融石髓常欺雪，气拥龙池不断烟。镜里容颜嗟俗子，波中日月识神仙。尘襟涤净无他事，歌咏同归夕照前。"由司马岭而西南，历羊山坡转而吉利谷，度庙山，东出倒马坎，为灵宝山、近光山、在五方坡南。庙山，为北茶、克塘诸河之水，流为三岔河，经五方坡，一名近光村。入阳江。南为罗球，其水由司马岭西流，汇南涧为定边河，自罗球转而东南为螺盘山，山有沐寨。〔……〕其右为回龙山，下有渡口，是为顺宁交界，与五云互相犄角云。〔……〕白马箐西为崑崙里山，则濞溪江与浪沧江合流而下而为神舟渡，交云州界矣。由芹菜沟折而东南为凤凰山，其水亦东南流，汇阿集苴、虎街、牛街、安定等河，入景东，历恩乐、新抚，下为把边江，复会布固江，下为李仙江，经临安土司界，为藤条江。又东南入墨江。

〔……〕总之山分二支，水归二流。〔……〕水一以阳江为经，一以濞溪江为经，自甸头，历南涧，东西诸壑之水皆纬，阳江南流甸尾，东泻定边，受弥渡、礼社江，绕镇南、南安边界，汇诸河水，历新平，下注元江，出河口，入安南，以归南海。惜河低无灌溉之利。自漾濞绕西山之后，历崑崙里，汇浪沧，在郡西南百八十里，水色甚黑。其源出吐蕃嵯和歌甸鹿石山下，名鹿沧江，因经流兰州，故又名兰沧江。汉武由博南渡兰津，此水也。由永昌之东南流顺宁，入蒙之密马郎地，受濞溪江水，合流处有物，状若铁桩，水泛亦不能没，日出水光荡射可爱。南过崑崙为浪沧江，转侧而东为神舟渡，两岸皆巉崖峭壁，水势湍急，声吼若雷，莫测其深浅。下至景东，经车里，为九龙江，以入南海，蒙氏僭称为四渎之一。《禹贡》导黑水入于南海。今滇中水之大而入南海者惟浪沧，其为黑水无疑。则皆纬濞溪。夫山川不自名，以人而名，苟俊杰出其中，则山川生色矣，何吾未之见耶？毋亦钟毓未久，虽郁积而未发耶噫！

〔据李春曦等修，梁友檍纂民国《蒙化志稿·地利部》（云南崇文书馆民国九年排印本）第三卷《山川志》第1－9页辑录。按《凡例》："旧《志》山水仅列某山云云，某水云云，东抹西窜，与屠沽账簿殊无异殊，失青碧本来。兹特详考山脉水源，支分派晰，连贯成文，并将古迹、胜景、坵墓等附入其中，加以小注，俾阅者便于观览。"故本志《山川》体例不同于康熙《蒙化府志》、乾隆《蒙化直隶厅志》分而述之，而是依山脉水源，连贯叙述，沿袭明张锦蕴《滇中山水考》之说。〕

（康熙）定边县志·山川志

山川志（山略）

定边河 在县治前。环绕其境内。其水发源蒙化罗邱厂，奔流众山之中，出永胜厂，归沅江。其河原无堤岸，夏秋间淫雨遭天，不时泛涨，东西冲没田禾，间有沙石堆积坏田钱粮赔纳者。

环川河 在县左。发源于漾濞，即花盘洛威宝太极山湾回环而出，经蒙化川，流入定边，古称阳江。其河水亦无堤岸，而为害田禾如定边河，亦归沅江。

白崖河 在县东十五里。发源云南县梁王山，经迷度，在彼为里社江，在此白崖河，流入定边河，环川之水出永胜厂，总归沅江。

阿集苴河 在县南[①]五十里。发源于阿克小板桥，从无量山脚流石洞寺、雀儿田，出景东府大河，亦无堤岸。

澜沧江 在县西南一百五十里。发源于外域，入永昌、顺宁、蒙化，经沙罗无量山，下景东宝甸，入锦龙江。江内县辖，江外即云州境。其水深汹涌，两岸壁立，滇江奇胜也。

〔据杨书纂康熙《定边县志》（云南民族社会历史调查组1960年钞本）第9页辑录。附关梁、井泉，见后。〕

（雍正）宾川州志·山川志

卷四 山川志

纳六河 在州之北五里许。北行九十里，合竹泉、横溪诸水，入金沙江，以其纳六溪之水，故名。六溪：一曰钟良溪，源出钟英山钟英谷青龙湫；一曰银溪，在州西三十里，源出关坡，自山涧中奔放而行，其地多石，水势冲激甚驶；一曰石宝溪，在州西四十余里，源出炎凉岭；一曰通洱溪，在州西二十五里，即洱海湫流出宾居大王庙下；一曰赤龙溪，即宾居三家村黑树龙潭也，界为三区，上区水微，下区地卑，亦流不及远，惟中区水大，东南灌水沽堤等七村，东北灌周官营等十三村，水口设闸，有水利碑，按田粮之多寡，分定时刻，挨轮放水，村民遵守，每年冬春水涸，至三月播种之初，官为致祭，祭毕，水从底出，顷刻盈科，最为灵异；一曰寒玉溪，在州西北五十里，源出崆峒山下。

丰乐溪 其源出鸡足山麓。南流经炼洞、甸头、甸尾诸渠，东流经牛井川，亦入纳六河，东北注金沙江，故合六溪，又名七溪也。

---

① 南 此字原本缺，据康熙《云南通志》补。

三　潭　一曰乾龙，在乾海子；一曰红雀，在龟山；一曰火龙，在鸡足山石钟寺侧。

新开渠　在龟山之东。昔云决乾龙潭可入钟良溪，决红雀潭可入杨梅谷。今乾龙久涸，即红雀龙亦别徙，难以引之为利矣。

温　泉　五：一在石马坪，水不甚温，秧田赖之。一在分山峡，一在松明，一在小寨，一在罗陋。

石爸山龙　在州之北四十里周能村之义。交川水从深箐中出，源甚远，而流甚长，有庙在山麓，土人云：昔有灵石自水中流出，以为龙神之像，夜常吐光，即所云石爸也。羌人呼父曰爸。

乌龙坝　在州之西五十里。源出乌龙山顶，其流甚微，居民潴之，以灌近村之田。

上沧湖　在州之西六十里。周可十里，濒河之田，为清明洞白荡坪用水车逆灌而下，注为下沧、三家村、干古一带之田，计粮二百余石，皆资以为利。

萂村坝　在州之西七十里。源出冷水箐及近村前后山涧中，居民潴之，以资灌溉。

金龙湫　在州之西一百余里洱海东岸。古木阴森，潭水深靓，观者毛发悚然，中有鱼，可玩而不可取，祷雨辄应，里人立祠祀之。

济民堤　在州之西一百十里。即里名大场曲也。旧有陂池，潴之备旱，为豪右利陂底之土肥美，决堤泄水，欲以为田，而陂外之田遂涸。嘉靖间知州朱官复堤之，至今为利。

若　水　在州之东北九十里，即金沙江也。《山海经》曰南海之内，黑水之间，有木名若木，若水出焉。《水经注》曰若水南经云南郡之遂久县，即金沙江巡检司也。盖绳水、孙水、淹水、泸水、大渡河诸水沿注，通为一津，即若水也。

孙　水　在州之东北一百三十里古云南郡之界，即金沙江之别流异名者也。《水经注》又名白沙江，南至会无，入若水。《史记》司马相如定西南夷，“桥孙”原即此。

按：宾川水利，皆在纳六河之西，故上川下川田土，俱赖各溪各箐之水自西流灌，而人民庐舍亦于斯聚焉。州东之溪涧既浅，水源亦微，淫雨则涨，雨止则易竭。而自南迄于东北之地，多石田不可耕者，水少而人不聚也。海东鲁川、康朗远隔上流不能引以为利，虽滨于洱海，又难逆灌，此限于地势，非人力所不到也。

赤石崖水利，有一泡江自南来，经云南县地，注于东北金沙江。东面则有三台山之水，西面则有波泮山之水，北行四十里入江。又有螳螂川发源于芹菜潭，合四十里箐流至石崖村，会古底诸水，入盘口箐，东行百余里，亦入金沙江。盘口箐飞崖峭壁，人迹罕至。种人傈僳，蓬首黎面，春夏临江穴处，秋冬崖居，无尺地可耕，以野药充饥。近亦有愿入内为农者矣。

〔据周钺纂修雍正《宾川州志》（清雍正五年刻本）卷四《山川志》第4-7页辑录。〕

（雍正）云龙州志·疆域志

卷三　疆域志附山川（山略）

澜沧江　旧州东二里。源出吐番鹿石山下，本名鹿沧江，流于老君山之南，过兰州，称沧江，流入州境二百六十余里，两山夹流，迅急如箭，深不可测，过永昌界，迤逦而东，入于南海。相传为禹所导之黑水。汉武帝通博南山道，渡兰津，行者苦之，歌曰"汉德广，开不宾。渡博南，越兰津。渡兰沧，为他人"即此。陵谷推迁，今古异名，如历山石门尚真赝莫别，矧兹水僻在南服，所谓"华阳黑水"安所据耶？前人聚讼多言，唯李公兹土之良，故特存其论焉。翰林李元阳太和《黑水辩》：

《书·禹贡》"黑水西河惟雍州"、"华阳黑水惟梁州"，又曰禹"导黑水，至于三危，入于南海"。传论纷纷，或谓其源出某山，流经其地，或谓其跨河而南流，或疑其世远而湮涸，或谓三危在今丽江，或谓窜三苗，不应复在南彝之地。此皆出于臆度，不足为据。愚之所据，知有经文而已。

夫黑水之源固不可穷，而入南海之水则可数也。夫陇蜀无入南海之水，唯今滇之澜沧江、潞江二水皆由吐蕃西北来，盖与雍州相连，但不知果出张掖地否？水势并汹涌，皆入南海，是岂所谓黑水者乎？然潞江西南趋，蛇蜒缅中，内外皆彝，其与[①]梁州之境，若不相属。惟澜沧由西北迤逦向东南，徘徊云南郡县之界，至交趾入海。今水内皆为汉人，水外即为彝缅，则禹之所导于分别梁州界者，惟澜沧江足以当之。孟津之会曰髳人、濮人。以今考之，皆在澜沧江内，则澜沧江之为黑水，无疑矣。

《〔地〕理志》谓"南中，山曰昆弥，水曰洛"，《山海经》曰"洱水西流入于洛"，故澜沧江又名洛水，言脉络分明也。《元史》至元八[②]年，大理劝农官张立道使交趾，并黑水，跨云南，以至其国。观此，则澜沧江之为黑水，益彰彰明矣。

若三危山，即不在丽江，亦当不远。古今山川之名，因革不可纪极。夫不可移者，山川之迹也；随时异称者，山川之名也。不据不可移之迹，而据易变之名，亦末矣。大都为传论者未尝知三省地形，但谓陇在蜀之北，蜀在滇之东北。而《禹贡》言黑水为雍、梁二州之界，又入南海，故不得不疑其跨河。知跨河非理，又不得不疑其湮涸。曾不知陇、蜀、滇三省鼎足而立，陇则西南斜长入蜀，滇则西北斜长近陇，蜀则尖长入滇、陇之间，正如三足旛然，黑水之源，正在旛头。故雍以黑水为西界，对西河而言也，梁以黑水为南界，对华阳而言也。盖各举两端，若曰西河在雍东，黑水在雍西，华山在梁北，黑水在梁南云尔，故曰梁州可移，而华阳黑水之梁不可移也。雍、梁之间，其名黑水者非一，然皆支[③]水而流，又不入南海。诸葛亮《笺》所谓"朝发南郑，暮宿黑水"之类，皆非《禹贡》之黑水也。元遣都实因水之流以穷河源，遂得其实。事固有晦于前而明于后者，今能因澜沧江入南海之流而穷其源，则所谓黑水者可知也。

沘　江　在州署前。源出兰州老君山，经顺荡井，又名顺江，纳诸溪涧，环绕雒马，

---

① 与　康熙《云南通志》卷二十九《艺文志八》作"于"。
② 八　原本作"二"，据天启《滇志》改。
③ 支　康熙《云南通志》作"枝"。

历州境三百余里，合于澜沧江，两岸之田，资以灌溉，灶民伐柴于山，冬春之际，顺流放至井侧，大省搬运之工，煎办咸取给焉。

雒马小河 州署北。从十八寨下注沘江，灌箐门口田，近河之柴，置闸蓄水冲放。

天 池 一名高海子，在州署东北山顶。渟泓十里，灌白汉登、暑场田，茭蒲茂密，居人利之。

龙 潭 德龙山巅。林木阴翳，潭阔二十余丈，历冬夏不溢不涸，樵牧过之，若龙吟已已。岁苦旱，知州丁亮工率众步祷即获雨。

青龙潭 在箭杆场。

崇山溪 三崇山下。

崇麓溪 旧州北。

丹戛溪 旧州南。

北冈溪 松木村南。

松木溪 在松木村。

膏惠溪 在汤涧。

骨峦溪 旧州南。

蛾眉溪 在汤邓。

清郎河 出清郎山。

带 河 河自兰州来，经十二关里罗甲村，过箭杆场，入永平县界。

温 泉 一在旧州，一在漕涧，一在三七，一在十二关，一在箭杆场。惟州署北五里沘江西崖者为佳，水微咸，热不砭肤，清澈无秽气，自崖半溜下，石为之穿，前人因以凿塘，方广可丈许，浴者之垢，下涤自去，久坐可以除疾。知州丁亮工覆之以屋，并置田以赡守者，厥后知州顾芳宗、毕仕魁相继重修。甲子夏，崖石坠屋欲击碎，知州王𥳑捐资修整，又以江阔渡筏危险，开治后路，浴者便之。

知州丁亮工买松牧村田一段，租谷四石。上甸尾水田二段，租谷六石六斗。

知州顾芳宗买丹弓甸水田二段，租谷二石五斗。又下坞水田一段，租谷一石六斗。又旧州西箐水一段，租谷十石。

土官字世昊捐送石城沙洲一块。

以上五项田租，俱给邮亭、温泉两处为看守之资，田契二宗存户房。

〔据陈希芳修，胡禹谟纂雍正《云龙州志》（《中国地方志集成·云南府县志辑82》，凤凰出版社2009年据清雍正六年钞本影印）卷三《疆域志附山川》第6-12页辑录。〕

（隆武）重修邓川州志·山川志

卷二 山川志（山略）

弥苴佉江 蒲乾崆涌下，受鹤、剑、浪穹、凤羽诸水以入于洱。

罗时江 导绿玉池水入洱，昔为罗时、罗凤弟兄所开，故名。

绿玉池 钟山之下，水映山色，故名。昔供丁祭藁鱼，正德间，督学汪公禁革民间办祭，藁鱼得免。后水多鱼逃，只见菱角塘，不见玉池影，乡人杨伏林告分巡道，赔粮一斗，蒙批免藁鱼，纳正粮，给帖永照。

上洱池 州之南界，即大理洱涯泮池学宫之前。

摩些泽 州之东界。昔为良田，今作鱼渚。

芭蕉龙 大楼桥界，天旱祷之最灵，昔有因祷而此龙跃出。杨御史赠云“济旱芭蕉，至德龙神”。

西 湖 旧州之北。昔年阿侯种荷植柳，今废。

罗陋河 羊塘里界。发于温水，达乎金江。

油鱼洞 龙首关石洞，水冷，海鱼入之故肥，每八月间出。

星鲤潭 州东龙王庙。岩泉清冽，产鲤鱼，首有星文，故名。

南诏潭 旧州西山。水甚清澄，有叶落水鸟即衔去。一闻人声，雷雨暴至，祷旱最灵，昔为避兵之所。

〔据敖浤贞修，艾自修纂隆武《重修邓川州志》（《云南大理文史资料选辑·地方志之三》，大理白族自治州文化局1983年据云南省图书馆传钞本翻印）卷二《山川志》第10页辑录。〕

（咸丰）邓川州志·地舆志·山川

卷二 地舆志 山川

邓川四面环山，然有原委焉。〔……〕至于水亦分三川焉，据中为利害之大者，曰瀰苴佉江，源出浪穹茈碧湖，合瀰茨、凤羽二河，挟沙带石，澎湃礌砰而来，注蒲陀，穿邓境，河底高与屋齐，岁役民夫六万浚之，筑堤障之，始克顺流，南汇于洱。《地理今释》云导川之黑水，其源曰阿克必拉，东岐一支为漾备，分注大理之西洱水。又云漾备即樑榆河。以今考之，注洱河之水，惟瀰苴佉江，洱水至府城西南穿石夹至蒙化界，合漾濞，达澜沧，疑漾备即漾濞，误以洱水下游为上耳，此中贯之水也。

由瀰苴佉江西北埂脚浸漏为洫，曰西闸河。西南入绿玉池，水如绿玉，与钟山空翠相涵，故名玉池，入西湖。西湖景色，人以颍川、余杭比之，非夸也。西湖入摩迦泽，摩迦泽入罗时江。罗时江者，西川诸水旧由玉案山东北入瀰苴佉江，江涨难容，每为患，唐季罗时偕弟凤凿山分泄之，人食其泽，故以名名江，示不忘也。罗时江入上洱池，池当洱河北际，尽邓川南际，此西川诸水之源委也。

其由瀰苴东埂之北浸漏为洫，名东闸河。河受东山积潦，南入灵源泽，泽水混混，自山窟出，浏而清，窈而深，灌田千余亩，南汇为东湖，与西湖相掩映，所隔一瀰苴佉江耳。东湖入永安江，以泄东川诸水，达于洱河，水尾之泄，高月峰刺史与有力焉，与罗时泽流无穷矣，此东川诸水之源委也。

又有罗川罗陋河，由鹤庆界达金沙江，七八月大如瀰苴，然水行地中，不须堤防。余若东西麓诸山涧，秋间沙水横流，田庐每被冲压，利未蒙而害先及焉，曰青石涧、白龙涧、老马涧、观音涧、水磨箐、水窑涧、冯家涧、城西涧、卧牛涧，名目盖不能悉纪。

论曰：予闻之堪舆家云邓之东山实南幹，鼻祖所经，西则护龙之枝派也。盖尝考之东山冈脊之水，左由罗陋河入金沙，归东海。右由洱河入澜沧，归南海。两水以界一山，信乎确有证矣。顾山少纡徐，而水苦泛滥，民力之疲于防疏者，常十之七焉，岂地利之缺陷欤，抑人力之未尽欤？生斯土者所为蒿目长太息也。

〔据钮方图修，侯允钦纂咸丰《邓川州志》（清咸丰五年刻本）卷二《地舆志·山川》第7－10页辑录。按《凡例》："山川贵悉其源流，分其枝幹，逐条记之，割裂难辨矣，串纪而缕分之，庶几经纬脉络，了如指掌。"〕

（康熙）云南县志·地理志·山川

地理志　山川（山略）

青龙海　在县东南十里。水涯出入，自金龙山望之，头角皆具，宛如游龙。

周官些海　在县东十五里，又曰小蒙舍海。

龙　洞　在县东五十五里。叠嶂层峦，涵渠浸，匪直灌溉，亦称奇观。

莲花渠　在县治东禾甸。广二十里，中有二岛，岛上有庵。

溪　沟　在县西三里。源出宝泉山下，入定边县，夹溪十里，花卉繁茂，又名万花溪，邑人四时游焉。

龙　池　一名青湖，在县治西南一百里。其深不测，永乐七年，黄河清，此水亦清，至今不浊。

叶镜湖　在县南三十里。

珍珠泉　在县西南十五里。涌泉如喷珠，虽旱不竭。

温　泉　有三，一在禾甸，一在黄矿场，一在云南驿。

〔据伍青莲纂修康熙《云南县志·地理志·山川》（国家图书馆藏民国年间钞本）第9页辑录。〕

（乾隆）云南县志·山川志

元集卷一　山川志　川

云邑无巨川，惟宝泉山龙泉诸水，分五沟灌近城。川汇于青龙海，出云川，流至江尾村练渡河，抵你甸，楚场河出孔仙桥，金沙江入东海。余详《水利》《形势》。

八郡之通衢，楚姚为门户，鼎山屏列，品甸平掌，海有千波，田连万顷，昔资屯牧，近赖耕锄，安南关其咽喉，孔仙桥则要害，此形势之略也。

〔据李世保修，张圣功、王在瑋纂乾隆《云南县志》（清乾隆三十二年钞本）卷一《山川志·川》第12页辑录〕。

（光绪）云南县志·地理志·山川

卷二 地理志 山川（山略）

县中之水，惟礼社江水甚大，出梁王山下龙泉。分为三派：一往弥渡、蒙化、楚雄、元江、临安，行一千四百余里，纳二大川，小水无数，出越南，入富良江。八达河，即南盘江。一经霑益，过曲靖、澂江、临安、广西，行一千二百里，出广西境，至广东，入南海。李仙江，一往定远县安定关，过景东、镇沅、元江，行一千余里，入黑江。支分派别，难以悉纪。

六溪河 又曰答旦河。其源有六：一曰钟良溪，源出梁王山东北；二曰银溪，源出宾川之官坡；三曰石宝溪，源出宾川之炎凉岭；四曰寒玉溪，源出宾川之鲁摆山；五曰通洱溪，洱水伏流，出宾川之宾居大王庙下；六曰赤龙溪，源出宾居之黑树龙潭。五溪并东流，会为六溪河西源麓荞甸，会迴龙山双箐龙泉、观音箐龙泉、李节村龙泉、雄鲁麽龙泉、罗五阻龙泉，北流至钟英谷，会谷中青龙湫水，西流合帽山北麓水，西北为六溪河东源。六源北流至宾川片角西，右纳竹泉水，又北，左纳横溪水，经六溪河，东北入金沙江。

一泡江 源出梁王山下，石穴中涌出，合蚂蝗箐、三眼井、五福山诸水，南流至九鼎山下茨坪村团山坝，分为三流：一南流溪沟万花溪，下弥渡，为礼社江源；见蒙化地。一东流经县城南，东南流青湖，一名龙池。又东南汇为青龙海，旁有叶镜湖，知县谢圣纶诗，详《艺文》。东南会品甸王海，又东北有周官些海，又东北会青龙海。两源既汇，南流出板桥，又东南至云川白塔村，至段家坝，流入中河，经江尾村，出练渡，东北会荞禾、米甸诸山水至楚场河人投关东南，入一泡江，又东北会白盐井水，折西北流至铁索箐，西折东北流入金沙江。

礼社江 源出梁王山，经五福山、九鼎山，会青龙海，下云川练渡至楚场流合一泡江。案：礼社江在元江。又梁王龙泉南流为溪沟，亦曰万花溪，卧龙冈夹其左，金龙山夹其右，南流经青华洞西，又南流经赵州石虾山西，左纳虾蟆口甘泉水，又西南，左纳菖蒲沟水。

菖蒲沟 源出县南水目山，南流经天桥山，出天桥西流，经弥渡城北西，入大河，又南流至弥渡，左纳鼻窗厂水。

鼻窗厂水 源出县东南水盆铺，东南流姚州界，又西南流入赵州境。

谨按：南龙自西藏出，云岭大幹自老均过云县云岭，左金沙，右澜沧，云县则西冈上下百数十里间，亦左流归金江，右流礼社江。主山即帽山，近祖五福，五福山麓东北出，小道坡逶迤闪侧为哨丫口，上白坡为帽山，象形曰帽山。以其上有梁王寨、大小校场、行宫等古迹，则曰梁王山。绕脉行东北曰三尖山，折西南出脉曰探花岭，到坝坡结顶卸落平田，起县治之西冈，此正幹也。旁支从石门坎起品甸湾到烟坡，北出者为熊勒麽，宾川钟英诸山所从分也。东出者为飞凤山，到波禾两川间为黑龙山、东和山，为东山诸山，抵一泡江所止而尽。余支拖曳为荞甸西山、宾川东山，至吃凉水箐而尽，县城西冈正幹。南行则历青华洞大龙潭，再起水目山，水目西南出者为弥渡青螺诸山，南入镇南界正幹。东南折为天华山，转沐滂东岭南，到水滂铺，起老君殿，行入镇、楚界，东行老青山，入姚、楚界。水则出帽山东北者为宾川六溪之答旦河，会荞川河水，入金江。出帽山东南者，自哨丫口以下西北东诸水合流箐中至团山坝，势将下趋溪沟。前人设闸启闭，分而循东南下者，汇城川诸水出板桥，汇云波川诸水出练渡，为一泡江，入金沙，以归东海。而禾你诸水至人投关，亦合一泡江，团山坝分而从西南下者，则自溪沟汇西冈以西水，并汇白崖赤水江水，入弥渡河，又汇水目以西水，沐滂东岭以西，又汇鹿窝诸水，经蒙化、景东、楚镇界，总合而为礼社江源，入南海。此非澜沧，而亦澜沧内入南海之别派也。而东岭既尽，凡姚州普淜外南出北流之水，仍汇一泡江，合金沙江，入东海焉。观此亦可知大幹之行度矣，爰附录之。

〔据项联晋修，黄炳堃纂光绪《云南县志》（清光绪十六年刻本）卷一《地理志·山川》第17－19页辑录。〕

（康熙）续修浪穹县志·舆地志·山川

卷一　舆地志　山川（山略）

罢谷源　在治北十五里。自黄龙山下涌出，其流为宁河，即洱水之源也。

宁　河　即罢谷之流。

茈碧湖　出宁河口，有花如锦边莲而小，叶如荷钱，采而食之，香美可爱，故名茈碧。

大营河　在治东十里。其源出罗含河，中流至水皮村，与宁河合。

凤羽河　在治南五里。其源出清源洞，流至水皮村，与宁河、大营河三水合，是为三江口。

罗凤溪　在治北八里。其源出凝云山下，水甚盛，滋溉甚多，入于宁河。

蒲陀江　在治南十五里。三江合流至此，名蒲陀。《一统志》载蒲陀江为葡萄江。

上江嘴江　在治西百余里。其源自剑川州，经上、下二江嘴流至漾濞，合洱水，流入浪沧江。

龙　池　在治西山，俗名鱼子淜。水色青碧，其中多鱼，人莫敢取。

石盘井　在城内西街。邑人李森捐资砌石为井，远引西山山水入城中，甚沾利泽。

白沙井　在县北凤皇台下。其泉甘，为丰时所开。

蟠龙井　在城南郭内。泉甚甘美清洌，夏月饮之，尤能消暑，邑中第一泉也。

温　泉　一在儒学前，一在县东九气台。

〔据赵珙纂修康熙《续修浪穹县志》（国家图书馆藏民国年间钞本）卷一《舆地志·山川》第8页辑录。〕

（光绪）浪穹县志略·地理志·山川

卷二　地理志　山川（山略）

浪穹之水，罗坪山以南，以西洱河源为纲，境内诸水绮交脉注，萃于宁湖，而出三江口。黑惠江亘于西北，源远流长，容纳诸小水斜穿县境，下为漾濞江。

西洱河源　源出鹤庆州西南五十里黑泥哨山中，西南流，合诸山水，南经观音山，曰观音河，亦曰瀰茨河，又南经三营，西纳永济河水。源出凤岭老龙洞，会白草罗、大松坪两溪水，由三营入瀰茨河。又南，右纳九龙池水。出佛光寨山西麓，西流入大营河。又南为大营河，出赤硐壁，右合洱源海子水。

洱源海子　在罢谷山下。郦道元《水经注》罢谷之山，洱水出焉。为澜沧别派，世传黑水伏流处，脉自剑川来。水从海底涌出，南为茈碧湖，即宁湖，纳新登渠水。源出罗坪山左白马涧，至大石涧出新登村，入宁湖。又南会罗凤溪水，源出凝云山下，东南流入宁湖。而大营河已于红山口会，又西汇凤羽河。

凤羽河　亦曰闷江。源出治西南四十里清源洞，合猿梯瀑白石江、源出罗坪山玉屏峰。青石江。源出罗坪山三台峰。左纳铁甲场水，曰闷江。源出铁甲场山中闷江哨，合凤羽河。北流出通江门，猢狲涧水来会，源自罗坪山右杨柳涧，出石冈山下，入凤羽河。东北流经马家营，纳金龟涧水。源出天马山，即樵青神以斧柯触山引水处。又北环县城东北，此系乾隆二十五年新改之道。纳沂水河。源自城内学宫左侧石窍中出。至鹅墩村，入宁湖。

三源既会，南出三江口，经巡检司东，越炼城南，入蒲陀崆，行六里，南出邓川州境，为瀰苴江，达洱海。参《徐霞客游记》《水道提纲》《云南通志稿》《大理府志》、旧《志》、《采访》。

黑惠江　即漾濞江之上流。源自丽江小甸塘，分澜沧江流至弥沙井，南流会剑湖水，经乔后井，入县境为上江嘴，右纳水二，左纳水一。又南经炼铁街西，右纳一水，东南流为下江嘴，出县境。又南经太和县西北境，又南稍西至蒙化漾濞街，始曰漾濞江。参《云南通志》、《大理府志》、旧《志》、《采访》。

龙　池　旧《志》：在治西十里。师范《滇系》：鱼子溯水色清碧，中多鱼，人莫敢取，以其为神物所托也。

黉宫温泉　即泮池。池方广亩许，半为温泉，半为寒泉，亦一异也。旧《志》题为“西陵翠影”，列入十景中。邑举人杨峨诗：“天地何元此窍开，中潜龙火接鸾台。长吟一片祥云满，散作珠玑沸鼎来。”

西北街温泉　旧《志》：在县署侧。

九气台温泉　《古今图书集成》：在城东二里。有台九窍，下有温泉，气从出。旧《志》：在城东里许。《徐霞客游记》：湖中有阜，中悬百家居其上，南有一突石，高六尺，大三丈，其形如龟。北有一回冈，高四尺，长有十余丈，东突而昂其首，则蛇石也。龟与蛇交盘一阜之间，四旁沸泉腾溢者九穴，故名九气台。万历癸卯，知县李在公建真武阁于其上。谨案：九气台有石形如蟹壳，温泉出其下，热气薰蒸上结为磺，以水气所凝，性不燥烈，可以温胃祛寒，为世所重。近则四面淤垫，石不空虚，无从结磺矣。土人于其流出沟道覆之以石，不时刮取，气味较薄，功力亦逊。每年立春立夏，邑人无论远近，争来薰沐，云去风湿之疾，颇有奇验。

〔据罗瀛美修，周沆纂辑光绪《浪穹县志略》（清光绪二十九年刻本）卷二《地理志·山川》第10－12页辑录。〕

丽江市

（乾隆）丽江府志略·山川略·山川

上卷　山川略　山川（山略）

金沙江　在城西北三百二十里，源自达赖喇嘛东北乌捏乌苏流出。乌捏乌苏，译言乳牛山也，其水名母鲁乌苏，东南流入喀木地，又东南流经中甸，入府北塔城关，名金沙江，亦名丽江。至永北府，会打冲江河，东流经姚安、武定，入四川界，至叙州，合岷江。蒙氏僭封为四渎之一。按《图说》：金沙即古若水，一名丽江，郡取为名，亦名神川。《山海经》南海之内，黑水（青水）之间，有木名曰若木，若水出焉。《水经》若水出蜀郡旄牛徼外，东南至故关，为若水也。《水经注》若水之生，非一所也。黑水之间，厥木所植，水出其下，故木受其称焉。若水沿流，间关蜀土。

澜沧江　在城西四百五十里。有二源：一源于喀木之格尔玑栾噶尔山，名栾褚河；一源于喀木之济鲁肯他拉，名傲母褚河。二水会叉木多庙之南，名拉克褚河，南入府境，为澜沧江。经云龙、永昌界，南流至车里宣抚司，名九龙江，入缅国。蒙氏僭封四渎之一。

怒　江　下流名潞江，在城西七百四十五里，即《禹贡》之黑水。源自达赖喇嘛东北哈拉脑儿流出，东南入喀木界，又东南流入怒夷界，至府境澜沧江西，为怒江，经云龙大塘隘口。潞江南流，归永昌府潞江安抚司境，入缅国。蒙氏僭封四渎之一。

清　溪　在城东十里。其源有二：一出东山，一出雪山西麓。至府东东员里，会玉河水，合流绕府治，南入鹤庆界。

白玉溪　在城西五里。与玉河相近，溪水莹洁，石灿如玉，由黄山后流归东员。

玉　河　在城西北五里。源出象山麓，泉眼数处，汇流成河，至双石桥，分为三派：一由白马、剌丝，一由八河，一由府城中。共归东员，会清溪水，南流入鹤庆，为漾工江。

白马潭　在城西三里黄山南麓。广半亩许，水从石缝流出，古木层荫，苍翠葱郁。潭中有金鱼，长三尺许，见之则吉。水汇玉溪南行。

岩阿潭　在城西十里。潭水清澄，游鱼可数，广十亩，岩石奇秀，林木幽深。相传昔有人欲网其鱼，雷雹骤至，至今无敢取者。

东山河　在城东十五里。源出东山麓，南流至东员，会玉河、清溪。

玉龙黑水　在城西北四十里。自雪山流下，东行二十里，与白水会。

玉龙白水　在黑水之南。亦自雪山流下，合黑水入金沙江。

老君潭　在城西南二百五十里老君山下。其水流入鹤庆府剑川州境，注于剑湖。

海　眼　在城西南二十里剌是里。有落水洞，洞石累结，千态万状。夏秋之交，雪山下众流汇为巨浸，从此泄下伏流，或曰入金沙江，俗名海眼。

戟子河　在城西十八里文笔山后，纡回北折，流入剌是海眼。

木别河　在城西十五里剌是里，西南流入海眼。

石鼓冲江河　在城西八十里。源出雪盘山，会合诸溪，水势汹涌，直冲金沙江。

桥头河　在城西一百六十里。集诸山箐水，合流入江。

白石溪　在城西南二百里，旧兰州西十里。中多白石，下流入澜沧江。

巨甸河　在城西北三百五十里旧巨津州。源出汉薮山，汇鲁甸雪山诸水，归金沙江。

通甸河　在城西一百九十里。源出怒关山后，流经通甸，由河西小甸归澜沧江。

清水江　在城西南一百一十里。合诸溪水，东归剑川。

盐井河　在城西二百八十里。源出加贝山，由小盐井白地坪流经下井，归云龙州界。

〔据管学宣修，万咸燕纂乾隆《丽江府志略》（《中国地方志集成·云南府县志辑41》，凤凰出版社2009年据钞本影印）上卷《山川略》第3页辑录。该志详记丽江山川，略记津梁，附记水利则过略。万咸燕，字舒仲，云南石屏人，康熙六十年辛丑（1721年）进士，雍正二年（1724年）任丽江府儒学教授，乾隆四年（1739年），卓异升知四川井研县。在历任17年间，注重丽江地方掌故整理收集，以所见所闻，稿成《雪山外史》。管学宣，字未亭，江西安福人，康熙五十七年戊戌（1718年）进士，雍正十二年（1734年）任楚雄知府，乾隆元年（1736年）任丽江府知府，除积弊，兴农桑，办教育，多有建树。乾隆三年（1738年）春，命万咸燕主持修志，万氏遂以《雪山外史》为底本，充实修订，乾隆五年（1740年）秋，管学宣离任之际，稿成《丽江府志略》十略，上下两卷，记述丽江远古至清初史事。是丽江府官修第一部志书。〕

（光绪）丽江府志·地理志·山川

卷一　地理志　山川（山略）

金沙江　源出西藏卫地巴萨通拉木山，即古犁石山。在黄河源西径一千五百里，曰木鲁苏。东北流三百里，西北源自巴萨通拉木之西五百里勒斜尔乌蓝达布逊山，曰喀齐乌兰木伦，东南流曲曲九百里来会，又东北会南来之拜都河，折东北流会南来之阿克达木河，又折北流会西北来之托克托乃乌兰木伦河，又北折东流会南来之匝伯耀辉河，又折北流，又折东流会南来玉树土司二水，又东而西北，那木齐图乌兰木伦自戈壁发源，东南千里来会，折东南流四千六百里至四川巴塘土司南、丽江府西北入边，南流折东南经佳拉克山，东折西南，而总文河西北自巴塘土司南流来会，又折东南，经舒玛年冈春冈里山，西南左右纳东北来两水，又东南经巴特玛郭赤山西南，又东南流，右纳一小水。又南经巨甸汛东，右纳巨甸河水。源出丽江县西北四百里汉薮山，会鲁甸雪山诸水，东南流经巨甸汛南，又东入金沙江。参齐召南《水道提纲》《丽江府志》。又东南至桥头汛东，右纳桥头河水。源出丽江县西北二百余里汉薮山，东南山中集诸山箐中水，东流经桥头汛东南，又东入金沙江。参齐召南《水道提纲》《丽江府志》。又东南至格子，右纳格子河水。源出次科山，东流至格子入江。又东南，又会石鼓冲江河水。源出丽江县西北三百五十里拉巴山，东南流会西南一水，又东流数十里，右纳南来一水，东北流经石鼓汛，西北正当金沙江东曲处入江。参齐召南《水道提纲》《丽江府志》。折东流，右纳龙洞河水。源出刺是碧海山下，伏流北入于江，折北流，经阿喜汛，右纳雪山河水，源出雪山麓，西流入江。又北流，左纳硕多冈河水。源出中甸厅西北，南流入江。折东北流至大具汛，右纳将台河水。源出雪斗峰下，经片当村北流入江。又东北流，右纳头塘河水。源出三台山，西北至岩瓦村南与龙泉水合，北流入江。又东北流，右纳宝山州水。源自雪麓山，东流入江。又东北流，右纳长松坪水。源自雪麓山，东流入江。折南流，右纳玉龙黑白水。源自雪山，流下东行二十里，两水会合，又东流至东山纳入江。又南流至溜筒江，右纳冲江河水。源自吴烈山，东流入江。又南流，右纳牛渡河水。源出东元山东麓，会数小水，东北流入江。又南流至你罗约，右纳你罗诸水，又南流至鹤庆州地。

澜沧江 源出西藏喀木匝坐里冈城西北千余里三格尔吉土司南格尔吉匝噶那山，名匝楚河，即古鹿石山也。又一源出匝坐里冈城西北八百余里巴喇克拉丹苏克山，名鄂穆楚河，俱东南流，折而南至匝坐里冈城东北三百余里察木多庙前而合。又东南流，合楚楚河、子楚河千余里至巴塘土司南入边，东南曲曲流经怒山东，右受怒山水，折东南流，右纳你那山水，又南经维西厅西，又南经戟干退村西、剌干也村东。谨案：旧《云南通志》自维西以下诸水颇多错讹，今悉以《采访》为正。又南流至树苗，左纳树苗水，右纳富川水。树苗水，源出树苗，西南流三里，入澜沧江。富川水，源出富川，东流十里，入澜沧江。又南流至维登，左纳维登北阱水，右纳德庆水。维登北阱水，源出维登，西南一里，入澜沧江。德庆水，源出德庆，东流十里，入澜沧江。又南流至伤人场，左纳泉水，右纳西昌坪水。伤人场泉水，源出场上，南流五里，入澜沧江。西昌坪水，源出西昌坪，东流十五里，入澜沧江。又南流至多衣，左纳多衣水，右纳烟川水。多衣水，源出东山，至村北西南流十里，入澜沧江。烟川水，源出烟川，东流二十里，入澜沧江。又南流，入云龙州界。

怒　江 源出卫地喀萨北二百八十里布喀池。齐召南《水道提纲》为布喀鄂模，《旧图》名不卡海。西北汇为额尔吉根池。《水道提纲》曰厄尔及根鄂模，《旧图》曰二集根海。折东北流，为集达池。《水道提纲》曰衣道鄂模，《旧图》曰集打海。又折东南流，为喀喇池，《旧图》曰哈喇海，即古雍望之嘉湖也。从南流出曰哈喇乌苏，东南行曲曲二千余里，至怒夷界为怒江。南流至四川雅州府巴塘土司南入边，东南流经怒山西，又东南流经树苗汛西，又南曲曲流百里，受上怒东来一水。又南二百余里，受东北来一水，又南一百八十里，至下怒折东南流，全入云南境，为潞江。走云龙州界内，其江自入边至此五百里。其西岸即怒夷界，其东岸与澜沧相去仅百三四十里，中多连山相接。参《会典》、齐召南《水道提纲》、旧《云南通志》《丽江府志》。

〔据陈宗海修，李福宝等纂光绪《丽江府志》（国家图书馆藏民国年间钞本）卷一《地理志·山川》第52－58页辑录。〕

（乾隆）永北府志·山川志

卷五　山川志（山略）

程　海 在府城南四十四里。周围八十里，中产鱼多种。俗传本陆地，有姓程者居此，一夕忽成海，故以此得名。

西山草海 在近屯西山下。明初原系军民田地，正德六年，地震累月，随沉为湖，积水经年不涸，天雨甚则淹田禾。乾隆十二年，知府林绪光于湖尾开河消水。详见《水利》。

顺州草海 在顺州，即羊保海。夏秋水积成湖，至二三月乃涸，后居民数十家具呈捐资开挖海尾，其水消入觅水洞中，至冬即涸。现为陆地，但地甚寒，且无源泉，栽种者三五年始获一熟，耕者甚少。

觅水洞 草海之水悉消此洞，暗流入江。

龙 洞 在顺州底当，灌溉底当、比洗数村田地。

崀峩草海 在府南崀峩村，盈涸无常。

九龙潭 在府城西北十五里近屯东山下。泉有九孔，筑堤外壅，深数丈，灌田颇多，堤下遍种荷花。

泉 塘 在中洲街东一里许。旧有龙神古庙，前后塘约宽丈余，长三丈余。民人王达仁同众捐挖，长五十余丈，宽窄不等，灌溉周甫伍、古庙左右两旁田约百余亩。

龙 潭 在府城内西北。其水清洌，又名龙井。其在远近者数处。并详见《水利》。

黑龙潭 在府城东三里大河中，潭最深。

溷水潭 在府城西三刀山下，其水四时不清。

程 湖 在清水驿西山下，又名温潭。

泸沽湖 在永宁东，即鲁窟海，有三岛。见《名胜》。

春水泉 在府城西北五里红石崖上。其水至春味甘如醴，居民和盐梅饮之，能却病延年。布谷一鸣，其味即变。

如来水 在府城东三里观音箐石壁下。

温 泉 有五：一在城东十里，一在城南二百里松明村，一在城西南二百里谷须巷，一在顺州底当，一在永宁西北三十里瓦都寨。

大 河 在府城东。发源光茅山下，由观音箐分坝灌溉四城田地，下流经石门关，出红石崖，流入近屯。详见《水利》。

马面河 在城北五里。

坝箐河 在城西二十里盟庄坝。

清水河 在城西北五十里。田资灌溉者大半，至秋水寒，入田多伤禾稼。

板山河 在府城西北四十里，发源核桃园。虽资灌溉，然多泛溢，利害相半。雍正七年，知府石去浮委经历于上流分水处筑石坝。详见《水利》。

康家河 在习甸，滋溉田亩。

鱼塘河 在南山关下。

矣察河 即在鱼塘河下流。

五浪河 在府城西北七十里。流出四川，流入金沙江。

三渡河 在府南一百二十里。河流曲折，行者三渡。

嶍峭河 在老虎山后。灌溉嶍峭一川田地，流入金沙江。

桑园河 在府南二百里。源自云南县、宾川州，纳六溪水，灌溉田亩，流入金沙江。见《水利》。若秋雨甚，则洪波巨浪，沙石俱下，过渡维艰。旧有龙门一桥，屡圮屡建。详见“龙门桥”下。

六通河 在府南一百五十里。其水沿山漫出，渐渍成河，灌溉六通及托蓬田地，流入金沙江。

枯木河 在府南一百七十里。发源于邓川州，其水长赤，人以为上流淘金故尔，流入金沙江。

海腰铺河 在府南四十余里。

季官河 在府南七十里。雨集有水，久晴则涸。

他留河 在府东南五十里。发源光茅山，流入金沙江。夏秋水泛，行人莫渡，今建石桥。

勒汲河 源出西番界。流经永宁，入四川盐井卫。

白角河 在蒗蕖绵绵乡。流经白角乡，逆入西番界。

罗易河 发源蒗蕖，流入永宁界。

金沙江 自西域发源，经过永北，三面旋绕，流入四川马湖之内。

〔据陈奇典修，刘慥纂乾隆《永北府志》（故宫博物院编《故宫珍本丛刊》第229册《云南府州县志》第4册，海南出版社2001年据清乾隆三十年刻本影印）卷五《山川志》第4页辑录。文末“金沙江渡口”条，见后。〕

（光绪）续修永北直隶厅志·地舆志·山川

卷一　地舆志　山川　川水利附

永北之水，其北流者入雅砻江，会金沙江；西流者入五郎河，会金沙江；南流者则径入金沙江。雅砻与金江会，在四川境。今先叙入雅砻江者。

打冲河 源出厅北二百余里永宁土府南，为开基河。北流，左会西河水，为三岔山河。又北走甲母山西、永宁土府东南，左会土府西南水，为勒汲河。又北流，至永宁土府东北，左纳永宁北水，折东流经乌角寺东南左水山北，为打冲河。又东北，右纳泸沽湖水。又东数十里，至四川界上，入雅砻江。

蒗蕖水 源出蒗蕖土州东南绵绵乡绵绵山，两源合流，西北经白角乡白角山麓，曰白角河，亦名麦架河。左右纳三小水，曰挖开河。又纳西南一小水，又东北流数十里，左纳列别河水。又东北，左纳一小水。又东北，会盐井河，东北入雅砻江。

金沙江 自丽江府雪山南入境，东南流八十里，左受一小水，折南流至厅西境，左会无量河水。又南流百里，右为漾口江口，左纳顺州水。又南流，折西南，又东南流，右会枯木河水。又东流，经宾川州北境金江渡北东，左会三道河水。又东，右纳荅旦河水。又东流，折东南，右为一泡江水口。又东，又东北，左纳他留河水，折东南入楚雄府界。

无量河 亦曰五郎河。其上源有二：一曰多客楚河，源出四川巴塘土司之泥替山，曰沙鲁楚泊，旧名沙里楚诺尔池，流六百余里，至云南边外；一曰里楚河，源出临卡石土司境里穆山东麓，东南流至里塘土司境，会源出沙鲁齐山之札穆楚河，共流一千四百里，至云南边外。两源合，东南流七十里入边，曰无量河。南流，经永宁土府西境二百里，其西为丽江、中甸界。又东南，折而南，右纳一小水，折东流而东南，曰五郎河。

左会六河水，折西南流，左会观音河水，又西南流，入金沙江。此水源流千数百里。厅西南有羊堡草海，东南有莨莪草海，皆中止不流。北有石牛箐，一水分为二，亦中止不流。南有石湾河、季官河，源出打莺山，亦一水分为二，中止不流。《通志》。

金沙江 由崑崙发源，出西番乌思藏阿六江下流犁牛石，至丽江之雪山起，约三百余里，入永北之子里江渡口，名上江，南流至中江渡，与鹤庆交界。又东南流至金江渡，又东流至鸭子庄、喇乂、马上、三堆子，会白水江，入四川境。

金沙江渡口 江有三渡：上江渡，在子里，与丽江交界，立夏后雪化，江水泛涨，船不能渡，彝人用藤索系两岸空悬江面，以溜筒过之，至霜降后，始以船渡；中江渡，在顺州板桥，与鹤庆交界；下江渡，在郡南金江汛。船只旧系营镇管理，署府江峤孙详请设为官渡，以官庄租谷变价银四百八十两，买获高土司金江大小康地方田一百六十亩，田租壹百零贰石，设立水夫拾陆名，分为两班，后加添拾陆名，又分两班，除完粮外，每名分口粮租谷叁石贰斗，世其役，渡口勒碑，案卷存府。

打冲河 在永宁乌角寺东南。

开基河 在永宁土府，南流。

三岔河 在永宁土府，北流。

泸沽湖 在永宁东，即鲁窟海，有三岛。见《名胜》。

勒汲河 源出西番界，流经永宁，入四川盐源县界。

罗易河 发源蒗蕖，流入永宁界。

白角河 即麦浪箐河，在蒗蕖绵绵乡。流经白角坝，逆入西番界。

挖开河 在蒗蕖。

列别河 在蒗蕖，东北流。

灵源箐大河 在郡城东。发源光茅山，由白石崖南流至羊坪河，会赵家山水，西流至象鼻岭，入灵源箐，经石门关，西流至三川。详见《水利》。

马面河 由石牛箐发源，会马家坡花园箐水，经石门关下三川，至五郎河入江。

赶子河 分灵源箐河水南流至小桥河包家闸，经马家坝，会鱼塘河。详见《水利》。

羊坪河 即杨柳河。详见《水利》。

鱼塘河 在南山关下。

矣察河 即鱼塘河上流。

沘那河

站 河

狮子河 源出龙洞，东流入四川盐源县界。

他留河 在郡城东南五十里。发源光茅山，会鱼塘、矣察河，下流东为马过河，会拉乂河，入金沙江。

挪壁河 由狮子崖发源，南流旧衙坪，东过嬴将村，入梳坝伍，过河崖口得摩，东流入拉乂江。

雾露河 由水头山发源，会滥板桥，过阿比里，经南阳厂，东流入四川盐源县界。

新庄河 由胜直、叭凹河、养马丫三水合流，会杨桥河大庄，东流会挪壁河，入拉乂江。

龙洞河 在兴街，发源罗盘山。

巴喇河 流经塘坝以下地方。

马军河

桥头河

坝箐河

泥 河

板山河

沙 河

陈广河

四里桥河

以上详见《水利》。

五郎河 即无量河。由谷格得发源，西流经站河、清水河、西乂河、元梭罗河、大麦地河、刁甸河，又东纳灵源箐河、马面河、桥头河、龙潭河、沙河、泥河、板山河、陈广河，经二百余里，西入金沙江。

清水河 在城西北五十里。

康家河 在刁甸。

海腰铺河 在城南四十里。

石湾河 又名海河，海水涸后，荒良田数百亩。

季官河 在城南七十里。源出东山，雨集则发，久晴则涸。

期纳河 详见《水利》。

刘官、文官河 详见《水利》。

三渡河 又名三道河，在城南一百二十里。河流曲折，行人三渡，故名。南路水之总汇，南流入金江。

嶍峁河 在老虎山下。

永兴庄河 在片角。详见《水利》。

六通河 在城南一百五十里。其水沿山漫出，渐积成河。详见《水利》。

枯木河 在城南一百七十里。发源邓川，其水常赤，北流入金沙江。

桑园河 详见《水利》。

荅旦河

长羊坪河 发源劳些箐，蜿蜒至季官一带约数十里，沿岸悬崖峭壁，山腰挖筑小沟，缺断处搭枧引水，地方官每捐廉岁修，民资其利。兵燹以来，山土崩塌，沟道壅塞，迨同治十三年，淫雨河溢，冲决民田无数，更难开挖矣。

程 海 在郡城南四十四里。周围计八十里，产鱼多种。俗传本程姓陆地居于此，一夕成海，故名。

西山草海 在近屯西山下。详见《水利》。

崀峩草海 在城南崀峩村，盈涸无常。

顺州草海 即羊堡海，在顺州。夏秋水积成湖，至二三月乃涸，居民数十家呈请捐资开挖海尾，水落觅水洞，至冬尽涸。现为陆地，惟地气较寒，且无源泉，栽种者三五年始一获收，耕者甚少。

黑龙潭 在城东三里大河中，其潭最深。

龙　潭　在城内西北隅。其水清洌，又名龙井。

涸水潭　在城西山麓。其水四时不清，今土崩水涸。

黑泥潭　在城西北。其水黑色，故名。

九龙潭　在城西北十五里近屯西山下。泉有九孔，筑堤外壅深数丈，灌田颇多，堤下遍种莲花。

泉　塘　在中洲街东一里许，有龙王庙。详见《水利》。

觅水洞　顺州草海之水悉落此洞，伏流入江。

龙　洞　在顺州底当。灌溉底当、比洗数村田地。

狮子洞

程　湖　在清水驿西山下，又名温潭。

满官龙潭　详见《水利》。

陶营龙潭　详见《水利》。

片角东山下龙潭　详见《水利》。

三家村龙潭　详见《水利》。

甲庄龙潭　详见《水利》。

牟尼山龙潭

热水潭　有数处，其水如汤。

春水泉　在城西北五里红石崖上。其水至春，味甘如醴，居民和盐梅饮之，谓能却病延年，布谷鸣即变。

丰乐泉　在城东南一百五十里小丙习崖穴中。出清泉，宽约二丈许，由潭中伏流入下洞。遇丰年水出入无常，若遇荒歉，其水于二三月间，一昼夜忽涨，五六日后，即徐徐消落，是年必旱，米价必昂，此泉之足以验丰歉者。

温　泉　有五：一在城东十里白石崖河内，一在城南二百里松明村，一在城西南二百里谷须巷，一在顺州底当，一在永宁西北三十里瓦都寨。

快活林泉

石牛箐泉

双　泉

大小坪泉

朵果九龙山泉

龙泉寺泉

芭蕉湾泉

凤凰山龙王寺泉

快活泉

石膏泉

花园箐

马家坡箐

大甸尾箐

小甸尾箐

西冲箐　自石牛箐泉至此。详见《水利》。

蕉　溪

北　溪

西　溪

如来水　在城东三里许观音石壁下。

〔据叶如桐等修，刘必苏等纂光绪《续修永北直隶厅志》（清光绪三十年刻本）卷一《地舆志·山川》第28页辑录。〕

保山市

（康熙）永昌府志·山川志

卷四　山川志（山略）

永昌府

保山县

上水河、下水河　俱在城内西南。源出九龙池，并宝盖山泉合流入城，经委巷出昇阳门，下达东河。

沙　河　在九隆、法宝崖间。源发北冲交椅山及大雪山，二水合流，循山而下，流于诸葛堰，达下东河，水势盈涸无常。

仁寿泉　在保山、象山两崖间。泉出山麓，分三沟：一由仁寿门城门下流入城内，灌园蔬，防火，东入于荷花池；一由门外绕城东下；一由纸房北折，东流泛于青华海，灌田二千余亩。

青华海　在城东十里。诸水所汇，广十余里。涸则周遭皆田，涨则成海。夏秋之交，荷花盛开。

龙王泉　在城北三十里。上有龙王祠，俗呼为龙王塘。泉由石穴涌出，水流三沟：上沟水分七号，导由龙滩，流经郎义村，浮于中沟坝，嘉靖七年，龙滩堤决，知府董雍重修，嘉靖三十一年复决，兵备副使郭春震甃以砖石；中沟初分为七十二号，岁久壅于沙泥，今存五十三号，经流瓦罐村，康熙初知府王家相重修二沟，灌田一万二千六十亩；下沟则澎湃入于东河，不利灌溉。

清水河　在城北五十里。源出甘松坡，会龙王泉，绕凤溪山南流，入于峡口洞。

郎义河　源出龙王泉。流入郎义村，泛于北津，合清水河南下，流于峡口洞，为东河。

卧狮池　在卧狮山下。泉流四时不竭，灌田数百亩，俗呼为小龙井。

甸尾海　在城南三十五里。源出海子沟，黑龙井、青龙洞诸水汇焉。堤周八百丈，灌田数千亩。

小罗窑池　在秀岩山下。源出山麓，流经峡口洞，入于澜沧江。

白龙山泉　源出本山后崖穴中。山箐中多夷人居之，故又名阿夷箐，水可灌田数千亩。

上　江　在城西北八十里。沿江为十五喧，俱夷民所居。按《蜀都赋》注云“永昌有水出金，如糠在沙中”，即此处也。

澜沧江　在城北八十里罗岷山下。《汉书》所谓博南兰津也。源出吐蕃，其深莫测，其流如奔。东过顺宁，达车里，入南海。汉明帝兵开博南，行者愁怨，作歌曰“汉德广，开不宾。度博南，越兰津。渡澜沧，为他人”，即此地也。蒙氏僭封为四渎之一。

潞　江　在城西百里，旧名怒江。源出雍望，经安抚司，其深莫测，两岸平广。夏秋多瘴毒难行，昔渡以绳桥，今渡以舟。

沙木和河　在城东北一百二十里。流出顺宁，入澜沧江。

腾越州

大盈江　在城西南，又名大车江。其源有三：一出赤土山，流为马邑河；一出龍嵸山，流为高河；一出罗生山，流为罗生场河，经流城之东北而西。三水合于江流，故曰大盈。南入南甸小梁河，至干崖为安乐河，西流为槟榔江焉。

槟榔江　源出吐蕃，入州西界，会大盈江，经干崖达缅。

大车湖　见《名胜》。

龙川江　江源有三：一发源七藏甸，为明光河，流至莫落河，通固东河，又一流由阿幸至乌索、固东，二河会之为灰窑江，逾山峡中，深不可测，两崖逼近，俗呼为天生桥，流至曲石江；一发源界头甸马鹿塘；一发源雪山之麓双河，入瓦甸河、混泥河，经界尾亦至曲石。会众流而东，延高仑山足蜿蜒数百里，若龙骧然，故以名。由此过陇川，通猛密所部莫勒江，去腾逾远，至太公城乃会大盈江，转而南下江头城，入于金沙江。

马邑河　城东北十五里。

筒车河　城北五里。

饮马水河　城东半里。

马常河　城北七里。

叠水河　见《名胜》。

瓦甸河　源出界头马鹿塘，经混沌河与曲石江合流龙川江。

固东河　在瓦甸之下流。

合泽河　在镇彝关外四十里。

球玶山泉　有二穴，上穴周三尺，下穴周一尺，上穴流经下穴，注为伽河池。

永平县

银龙江　在县东，一名太平河。其源一出阿荒山，一出罗武山，合流而穿城以出，经顺宁入澜沧江。

双桥河　在县东八十里。源发上西里，泛于黄连堡东二里许，汇诸涧水入于胜备江。

胜备江　在县东百里。源出大罗山，流经县境东南，合九溪、双桥二河，达于蒙化，入于碧溪江。

九渡河　在县东北五十里。源发胜备江，沿山绕流，上跨九桥。

碧溪江　即漾濞江，经县界东南。

桃源河　在县西四里。源发和邱山，东流入银龙江。

木里场河　在县北三里。源发大卓盘山，流至通津桥，达于银龙江。

曲洞河　在县西南十里。源发和邱山阴，入银龙江。其南有温塘，水暖而清，四时可浴，有亭台。

萨右龙潭 有三，其一广二十亩有奇，其二各十亩余，水极澄清，人迹罕至，或偶至其处，骤雨即至。水流为河，过马街子，入于银龙江。

〔据罗纶修，李文渊纂康熙《永昌府志》（云南省图书馆传抄上海徐家汇藏书楼藏清康熙四十一年刻本）卷四《山川志》第5-11页辑录。〕

（乾隆）永昌府志·山川志

卷三 山川志（山略）

保山县

上水河、下水河 俱在城内西南。源出九龙池，并宝盖山泉合流入城，经委巷出昇阳门，下达东河。

沙 河 在九隆、法宝崖间。源发北冲交椅山及大雪山，二水合流，循山而下，流于诸葛堰，达于东河，水势盈涸无常。

仁寿泉 在保山、象山两崖间。泉出山麓，分三沟：一由仁寿门城门下流入城内，灌溉园蔬，东入荷花池；一由门外绕城东下；一由纸房北折，东流入青华海，灌田二千余亩。

青华海 在城东十里。诸水所汇，广十余里。涸则周遭皆田，涨则成海，夏秋之交，荷花甚盛。

龙王泉 在城北二十五里。上有龙王祠，俗呼为龙王塘，泉由石穴涌出，水流三沟：上沟水分为七号，由龙潭经郎义村，浮于中沟，明嘉靖七年，龙滩堤决，知府董雍重修，又于三十一年复决，兵备副使郭春震甃以砖石；中沟初分为七十二号，岁久壅于沙泥，今存五十三号，经流瓦罐村，康熙初知府王家相重修二沟，灌田一万二千六十亩；下沟则澎湃入于东河，不利灌溉。

清水河 在城北五十里。源出甘松坡，会龙王泉，绕凤溪山南流，入于峡口洞。

郎义河 源出龙王泉，入郎义村，泛于北津，合清水河南下，流于峡口洞，为东河。

卧狮池 在卧狮山下。泉流四时不竭，灌田数百亩，俗呼为小龙井。

甸尾海 在城南三十五里。源出海子沟，黑龙井、青龙洞诸水汇焉，堤周八百丈，灌田数千亩。

小罗窑池 在秀岩山下。源出山麓，流经峡口洞，入于澜沧江。

白龙山泉 源出本山后崖穴中，山箐中多夷人居之，故又名阿夷箐，水可灌田数千亩。

上 江 在城西北八十里。沿江为十五喧，俱夷民所居。按《蜀都赋》注云“永昌有水出金，如糠在沙中”，即此处也。

澜沧江 在城北八十里罗岷山下。《汉书》所谓博南兰津也。源出吐蕃，其深莫测，其流如奔，东过顺宁，达车里，入南海。汉明帝兵开博南，行者愁怨，作歌曰“汉德广，开不宾。度博南，越兰津。渡澜沧，为他人”，即此地也。蒙氏僭封为四渎之一。

潞　江　在城西百里，旧名怒江。源出雍望，经安抚司，其深莫测，两岸平广。夏秋多瘴毒难行，昔渡以绳桥，今易以舟。

沙木和河　在城东北一百二十里。流出顺宁，入澜沧江。

龙陵厅

潞　江　在厅左。

龙　江　在厅右。

猛淋河　在厅东北三里。其源三小河，汇归核桃冲，大河山、象山脚绕坝内，由鳌山口西流六十里，通龙江。

下坪河　在厅西南，至两交水汇归西流大河。

香柏河　在厅北四十里。由黄草坝转户蚌山，出香柏桥，通龙江。

一带河　在镇安坝内，由石岩穴流出。

户焕河　源在芒市北三十里。自放马厂、石桥出两乂树，绕坝内，通三台山，左出遮放怕免，又名遮放河，通龙江。

三十六道河　在三台山下遮放东北六十里。河在深箐内，官道所必由，弯曲涉济三十六次始通箐口，故名。今已改十数道，名犹存焉。

腾越州

大盈江　在城西南，又名大车江。其源有三：一出赤土山，流为马邑河；一出龍嵸山，流为高河；一出罗生山，流为罗生场河。经流城之东北而西，三水合于江流，故曰大盈，南入南甸小梁河，至干崖为安乐河，西流为槟榔江焉。

槟榔江　源出吐蕃，入州西界，会大盈江，经干崖达缅。

龙川江　江源有三：一发源七藏甸，为明光河，流至莫落河，通固东河，又一流由阿幸至乌索、固东。二河会之为灰窑江，逾山峡中，深不可测。两岸逼近，俗呼为天生桥，流至曲石江；一发源界头甸马鹿塘；一发源雪山之麓双河，入瓦甸河、混泥河，经界尾亦至曲石。会众流而东，延高仑山足蜿蜒数百里，若龙骧然，故名。由此过陇川，通猛密所部莫勒江，去腾益远，至太公城乃会大盈江，转而南下江头城，入于南海。

马邑河　在州东北十五里。

筒车河　在州北五里。

饮马水河　在州东半里。

马常河　在州北七里。

瓦甸河　源出界头马鹿塘，经混沌河与曲石江合，流入龙川江。

固东河　在瓦甸之下流。

合泽河　在镇彝关外四十里。

球玶山泉　有二穴，上穴周三尺，下穴周一尺，上穴流经下穴，注为伽河池。

永平县

银龙江　在县东，一名太平河。其源一出阿荒山，一出罗武山，合流经城东出顺宁，入澜沧江。

双桥河　在县东八十里。发源上西里，流经永定铺东二里许，汇诸涧水入于胜备江。

胜备江 在县东百里。源出罗武山，流经县东南，合九溪、双桥二河，达于蒙化，入于碧溪江。

九渡河 在县东北五十里。源发胜备江，沿山绕流，上跨九桥。

碧溪江 一名神庄江，一名黑惠江。源出剑川，经赵赕绕点苍之西，与漾水合流，会胜备与澜沧诸江，入于南海，俗谓之漾濞江。

桃源河 在县西四里。源发和邱山，东流入银龙江。

木里场河 在县北三里。源发大卓盘山，流至通津桥，达于银龙江。

曲洞河 在县西南十里。源发和邱山阴，入银龙江。其南有温塘，水暖而清，四时可浴。

萨右龙潭 有三，其一广二十亩有奇，其二各十亩余，水极澄清，人迹罕至，或偶至其处，骤雨即至，水流为河，过马街子，入于银龙江。

〔据宣世涛纂修乾隆《永昌府志》（中共保山市委史志委、保山学院编乾隆《永昌府志》点校，北京方志出版社2016年版）卷三《山川志》辑录。〕

（光绪）永昌府志·地理志·山川

卷六　地理志　山川

保山县

上水河、下水河 俱在城内西南。源出九龙池，并宝盖山泉合流入城，经委巷出昇阳门，下达东河。

沙　河 在九隆、法宝崖间。源发北冲交椅山及大雪山，与仁寿泉环城而下，夏秋水涨，冲淹田庐，为郡民患，道光四年，知府陈廷焴亲率民夫挑抗，复捐买松种数十石，遍种于山根箐脚，以固其源。

仁寿泉 在保山、象山两崖间。泉出山麓，分三沟：一由仁寿门城门下流入城内，灌溉园蔬，东入荷花池；一由门外绕城东下；一由纸房北折，东流入青华海，灌田二千余亩。

青华海 在城东十里。诸水所汇，广十余里。涸则周遭皆田，涨则成海，夏秋之交，荷花甚盛。

龙王泉 在城北二十五里。上有龙王祠，俗呼为龙王塘，泉由石穴涌出，水流三沟：上沟水分为七号，由龙潭经郎义村，浮于中沟，明嘉靖七年，龙滩堤决，知府董雍重修，又于三十一年复决，兵备副使郭春震甃以砖石；中沟初分为七十二号，岁久壅于沙泥，今存五十三号，经流瓦罐村，康熙初知府王家相重修二沟，灌田一万二千六十亩；下沟则澎湃入于东河，不利灌溉。

清水河 在城北五十里。源出甘松坡，会龙王泉，绕凤溪山南流，入于峡口洞。

郎义河 源出龙王泉。入郎义村，泛于北津，合清水河南下，流于峡口洞，为东河。

卧狮池 在卧狮山下。泉流四时不竭，灌田数百亩，俗呼为小龙井。

甸尾海 在城南三十五里。源出海子沟，黑龙井、青龙洞诸水汇焉，堤周八百丈，灌田数千亩。

小罗窑池　在秀岩山下。源出山麓，流经峡口洞，入于澜沧江。

白龙山泉　源出本山后崖穴中，山箐中多夷人居之，故又名阿夷箐。水可灌田数千亩。

上　江　在城西北一百四十里。沿江为十五喧，俱夷民所居。按：《蜀都赋》注云“永昌有水出金，如糠在沙中”，即此处也。

澜沧江　在城北八十里罗岷山下。《汉书》所谓博南兰津也。源出吐蕃，其深莫测，其流如奔，东过顺宁，达车里，入南海。汉明帝兵开博南，行者愁怨，作歌曰“汉德广，开不宾。度博南，越兰津。渡澜沧，为他人”，即此地也。蒙氏僭封为四渎之一。

潞　江　在城西百里，旧名怒江。源出雍望，经安抚司，其深莫测，两岸平广。夏秋多瘴毒难行，昔渡以绳桥，今易以舟。

沙木和河　在城东北一百二十里。流出顺宁，入澜沧江。

龙陵厅

潞　江　在厅左。

龙　江　在厅右。

猛淋河　在厅东北三里。其源三小河，汇归核桃冲，大河山、象山脚绕坝内，由鳌山口西流六十里，通龙江。

下坪河　在厅西南，至两交水汇归西流大河。

香柏河　在厅北四十里。由黄草坝转户蚌山，出香柏桥，通龙江。

一带河　在镇安坝内，由石岩穴流出。

户焕河　源在芒市北三十里。自放马厂、石桥出两乂树，绕坝内，通三台山，左出遮放怕免，又名遮放河，通龙江。

三十六道河　在三台山下遮放东北六十里。河在深箐内，官道所必由，湾曲涉济三十六次始通箐口，故名。今已改十数道，名犹存焉。

腾越厅

大盈江　在城西南，又名大车江。其源有三：一出赤土山，流为马邑河；一出罏䆲山，流为高河；一出罗生山，流为罗生场河。经流城之东北而西，三水合于江流，故曰大盈，南入南甸小梁河，至干崖为安乐河，西流为槟榔江焉。

槟榔江　源出吐蕃，入厅西界，会大盈江，经干崖达缅。

龙川江　江源有三：一发源七藏甸，为明光河，流至莫落河，通固东河，又一流由阿幸至乌索、固东，二河会之为灰窑江，逾山峡中，深不可测，两崖逼近，俗呼为天生桥，流至曲石江；一发源界头甸马鹿塘；一发源雪山之麓双河，入瓦甸河、混泥河，经界尾亦至曲石。会众流而东，延高仑山足蜿蜒数百里，若龙骧然，故名。由此过陇川，通猛密所部莫勒江，去腾益远，至太公城乃会大盈江，转而南下江头城，入于南海。

马邑河　在厅东北十五里。

筒车河　在厅北五里。

饮马水河　在厅东半里。

马常河　在厅北七里。

瓦甸河 源出界头马鹿塘，经混沌河与曲石江合，流入龙川江。

固东河 在瓦甸之下流。

合泽河 在镇彝关外四十里。

球琫山泉 有二穴，上穴周三尺，下穴周一尺，上穴流经下穴，注为伽河池。

永平县

银龙江 在县东，一名太平河。其源一出阿荒山，一出罗武山，合流经城东出顺宁入澜沧江。

双桥河 在县东八十里。发源上西里，流经永定铺东二里许，汇诸涧水入于胜备江。

胜备江 在县东百里。源出罗武山，流经县东南，合九溪、双桥二河，达于蒙化，入于碧溪江。

九渡河 在①县东北五十里。源发胜备江，沿山绕流，上跨九桥。

碧溪江 一名神庄江，一名黑惠江。源出剑川，经赵赕绕点苍之西，与漾水合流，会胜备与澜沧诸江，入于南海，俗谓之漾濞江。

桃源河 在县西四里。源发和邱山，东流入银龙江。

木里场河 在县北三里。源发大卓盘山，流至通津桥，达于银龙江。

曲洞河 在县西南十里。源发和邱山阴，入银龙江。其南有温塘，水暖而清，四时可浴。

萨右龙潭 有三，其一广二十亩有奇，其二各十亩余，水极澄清，人迹罕至，或偶至其处，骤雨即至，水流为河，过马街子，入于银龙江。

〔据刘毓珂等纂修光绪《永昌府志》（清光绪十一年刻本）卷六《地理志·山川》第4页辑录。〕

（乾隆）腾越州志·山水志·诸水

卷三 山水志 诸水

大盈江 旧《志》曰大盈江，总甸内众流名之也。在城西北，源流不一。东自赤土山，流经罗坞塘，为马邑河，而崃蝆之伽和池会焉。南自罗生山泉，流为筒车河，罗苴冲流为饮马水河。西则集鹰山之龙潭、清池、玉泉池，北则上干峨澄镜池、下干峨海，俱流为马场河，汇入大盈江。经龙洞桥断崖，飞瀑直下，宛如披练，谓之叠水河。会三合河，由镇夷关至合泽河，而缅箐、罗苴诸水又入之。又八十里，通南甸小梁河，过干崖，谓之安乐河。乃受盏西、茶山、古勇诸水，入云笼河，而派益阔矣。经南牙山，伏流出蛮莫，达于金沙江焉。

龙　江 旧《志》曰江源有三：一发源七藏甸，为明光河，至阿白、固东，二河会之，合顺江下，经灰窑，逾山峡中，深②不可测，流至曲石；一发源界头甸马鹿塘；一发源雪山之麓，双河入瓦甸河、混泥小河，经界尾，亦至曲石。会众流而东，延高崙山足

---

① 在　原本作“东”，据康熙《永昌府志》、乾隆《永昌府志》改。

② 深　原本作“流”，据康熙《永昌府志》、乾隆《永昌府志》改。

蜿蜒数百里，若龙骧然，故以名江。由此过陇川，通猛密所郡莫勒江，去腾逾远。至太公城乃会大盈江，转而南下江头城，入于金沙江。甸内甸外诸水，以大盈江、龙江两大水括之，可约略而尽。而其间诸水之分流，各派合流同源，其称名不一。细之则曰池、塘、泉、沟，巨之则号湖、河、江、海，皆水利所必资者，因类而叙之。

大车湖 在学前。环为泮池，冬月不涸，夏秋亦不泛溢。秀峰山峙其左。

伽河池 在崃蚌山。池有二穴，距十余丈。上穴周三丈，下穴周一尺，水从上穴流经下穴，注为伽河池。按：《一统志》作“伽和池”，为是；又“上穴周三尺”，为是。若“周三丈”，即成池矣，岂得以穴名哉？

马邑河 在城东北十五里。赤土山之水由甘露寺脊而下，水分二道，至乱箭哨，西向二里许，有坞自南而北，细流注其中。从北而西为马邑河，绕州城北而西入大盈。

罗生水泉 在城东南十里。源自罗生山，分流塍中，至雷起潜，有小溪自南而北，为罗生山正流，与塍中合流，注筒车河。

筒车河 在城北五里。合罗生水，一引入北门外，绕北入大盈；一径入大盈。土民以筒车戽水，故名。

饮马水河 在城东半里。上流为罗汉冲水，自大洞而下，至此汇于饮马河，入大盈。

龙王塘 在城西十五里。源自集鹰山，注此汇为潭，清彻见底。小西田亩，分流灌注，侯侍郎曾筑坝于此，以兴水利。按：龍嵸山亦有龙王塘，注马场，入大盈。

清　池 在城西十里。

玉泉池 在城西三里玉泉寺下。源从平地石罅中涌出，味极清洌，病痁者掬饮之，可退热。“玉泉夜月”为八景之六。

澄镜池 在城北三十里，即上干峨海。周五百余丈，花木环绕。相传叶落池内，鸟鹊衔去，人近，雷雨交至。今木尽伐，渔者往焉，则无复当日之景。“灵池澄镜”为八景之七。

下干峨海 在城北二十五里，名下海子。旧《志》云下海子鱼可捕，上海子鱼不可捕。今亦不验。其水深碧，积水中有树生其间云。

马场河 在州城北七里。是河纳上下干峨、龍嵸山诸水而入大盈。

甸左河 在通马场河甸左。取木材悉从是河，至大桥携取。

叠水河 在城南三里，一名大盈江。穿龙洞桥而下，水从左峡中透空平泻，崖深十余丈，三面环壁，水分三派飞腾。中阔五丈，左骈岩齐涌者阔四尺，右嵌崖分趋者阔尺五。中如帘，左如布，右如柱。从西崖绕南，平对而立，飞沫倒卷，屑玉腾珠，摇曳洒人，真有天晴风雨之景。“龙洞垂帘”为八景之八。

三合河 在城西南八里和顺乡。大盈之水合芭蕉溪、来凤滩合流于此，故名。

合泽河 在城西南二十五里镇夷关下。汪洋曲折，昔人于此设关，真天堑也。缅箐、罗苴冲诸水均于此会合。

缅箐河 在城南三十里。源自叠水河，伏流而来。是水从龙光台下透穴出，南分为二：一随缅箐大道南注；一复入巨石下，从其底透入前崖之腹而出，有鬼斧神工之奇。至缅箐，合古勇、黄草坝、丫口众山诸水为河，入合泽。

蛮旦江 在城西北五十里。古永诸水自隘口会流而入，穿田坝，由奔麻山后过蛮旦江，入止那，汇盏西而入干崖。

盏西河 在城西百五十里。河流壮盛，由古勇、止那而来，出干崖云笼山下入口。

曩宋河 在城南六十里。自合泽奔流西下，穿田心而至曩宋，又合两崖山水，沿左山脚而入南甸。其河徙无定，须候水稍退而渡，难架桥梁。

南香甸河 应作兰香甸，在明光之委，有江流注于中。发源明光，其北即姊妹山东行之脉，为固东江之源，河中载艇结网，颇有江南风景。

明光河 在城西百四十里。旧《志》发源七藏甸，又云出峨昌蛮，其地莫考。

阿幸江 自滇滩破峡而来。其流甚阔，为西江之正流。

固东江 在城西百里。自阿幸来者为西江，自兰香甸来者为东江。固东本名谷东，又名固栋，聚落当大坞中，东、西二江夹之。二口交合于三里外，自阿白屯合流东南去。

顺　江 在城西八十里，即古顺江州治。是水自西东注，复自南而北，仍自东转而去，亦随固东江之委而出曲石。

灰窑河 在城北七十里。固东东西两江迸注于此，山峡喷流，深不可测，入曲石。

千双河 在城北一百二十里。在雪山之麓，源亦发于雪山。

瓦甸峡江 在城北一百里。自千双演迤至此，两崖石峰交合，水流峡中，为崖所束，奔流若线，而中甚渊深。出峡时有石浮水面，状如鼋鼍。越十数里，仍复两崖成峡，水从峡出界尾，而入曲石。

曲石江 在城北六十里。是江合固东两江、尾甸峡江之水会于此，顺江并响水沟之流亦一并注此，为龙江上流。

响水沟 在城西三十里。自王家坝而西，龍嵸山潭流四涌，汇为响水沟。合鹰山诸流而入左所，下注公坡而流曲石。

混泥河 在城西九十里。承瓦甸峡江之下而入曲石。

马鹿塘河 在城北一百一十里。界头诸山之水发源于此，入龙江。

分水岭泉 在高崙山巅，今为入永大道。泉清而冽，东西分流龙、潞两江。

阳桥洞河 在城西北百三十里。源出石罅，其水从东屏之山西转，为阳桥南峡之上流。其东北溯石旧水过岭者为桥头路，北下之水逾岭者为界头道，汇入龙江。

南牙河 在南甸西南二十里，因山而水也。大盈入南甸，经南牙山入于崖，故名。

小梁江 在南甸，水名。

云笼江 在干崖，因山而名。

安乐江 自云笼山北去，即干崖土司治所，据崖结成，其河名安乐。

槟榔江 在干崖西去几百里，名槟榔江。《永志》称源出吐蕃，入州西界，会大盈江，经干崖达缅。即古勇、盏西诸水会入干崖者，即今海坝江漫流干崖、盏达之境，伏流至比苏蛮界，注金沙江入缅者。在城①内为细流，域外成巨浸。

麓川江 即今陇川也，州西南三百里。按：芒市土司西南有青石山，云金沙江源出之。又芒市西有麓川江，源云出峨昌蛮地，流入缅。又按：南甸东南一百七十里，有猛乃河，源出龙江。而龙江在腾越东，大支实出峨昌蛮地，南流入缅。是峨昌蛮之水，至腾越东即为龙江，至芒市西即为麓川源，以与麓川界也。其在芒市，实绕青石山下，以麓川下流入金沙江，遂并指为金沙之源，其实非源于山下也。然则腾越龙江出芒市青石山，而入南甸之小陇川，遂并入陇川无疑矣。是江直亘陇川大坝，几

① 城　据下文，疑为“域”字之误。

三百里，绕虎踞关，折而猛卯，会芒市、遮放歧出之水，为宿养渡。介木邦而入猛密，达金沙江云。盖槟榔、麓川趋南金沙，或以槟榔随地称名，或以麓川发源所自，故名独著。

杨柳河　在南甸西三十里。是水聚诸山之流，汇为河，穿龙抱、唰味田塍间而去，罗卜思庄一带藉其灌溉。其委亦与陇川通。

右四十一水，巨细长短不同，皆蜿蜒萦绕于境，以资灌溉者也。至论滇服西南极边之形势，度澜沧而西则为永昌，又西则为潞江，又西则为大金沙江。腾越介乎潞江、金沙江之间，金沙环绕蛮莫，故为腾越西境，自明时八关筑，遂弃之关外，而为缅酋所据，前贤论之详矣。今特纪此三大水，以明战守形胜之所在，庶得其要领焉。

大金沙江　环蛮莫之外，直达阿瓦，入南海。按：徐霞客《溯江纪源》略云江、河源均发于崑崙，河源自崑崙之北为星宿海，江源自崑崙之南为犁牛石。南流东转，即丽江之北金沙江，北曲而为叙州之大江。此内地之大江之溯源可纪者也。其隔山南流直下者，则为蛮莫之南大金沙江，由阿瓦入南海云。按：大金沙江即佛经所谓信渡河，合腾越大盈江并干崖槟榔诸水，穿蛮莫而入，其流始阔。明王靖远与孟养立石盟誓时，蛮莫、猛密尚在江内。后陈用宾筑八关，而蛮莫等地皆弃于缅，大金沙江遂为缅人守隘之地。张机《黑水考》以此江当之，知禹迹所通，至三危而入南海，确不可移。后之筹边者，不究心于此，此吴宗尧《形胜论》所为慨然也。

澜沧江　即汉时兰津也。源自吐蕃嵯和哥甸，南流，经丽江兰州之西、大理云龙州之东，至永昌罗岷山下。又东南经顺宁云州之东南，下威远、车里为挝龙江，入交趾至海。

潞　江　一名怒江。旧《志》云源出雍望，不知雍望是何夷境。其江自北峡来，注南峡去，直下交南。明陇川土司多士宁曾于此乘船下见莽瑞体，则此江亦通缅也。

右三大水，南金沙江为梁州黑水，禹迹所画。潞江距澜沧之西南，为腾越东境。然则由澜沧而潞江，以迤于黑水之金沙，此梁州第一之大门户，而守险皆在于腾越，故著之。而其他渠堰、温泉、古洞、区甸之类，亦附而记之。

〔据屠述濂纂修乾隆《腾越州志》（《中国地方志集成·云南府县志辑39》，凤凰出版社2009年影印本）卷三《山水志·诸水》第9－15页辑录。〕

（光绪）腾越乡土志·水类

卷六　水类

腾中诸水源出境内，以今日界限言之也，较昔日潞江东界境外上流无恙。大金沙江西环塞外，历元明所设里麻、茶山、猛养、猛密、木邦诸土司，则西南北三面之拓土无垠，众流奔汇，穷源竟委，匪伊朝夕可毕乃事。元命笃实穷黄河源，始与汉张骞相合，至国朝而釐定不爽，穷源之难如此。况腾僻在遐荒，言金沙黑水者屡矣，卒未得其实际。迄今声教中外互通，细流必资考较，朗若列眉，理疆域者尚有一源滥觞之相混乎？爰就境内诸水略纪之，余详新旧二《志》。

腾境大水有二：一曰龙川江，一曰槟榔江。此外支流不一，而两大水均能括之。

龙江，发源有三，皆在西北界雪山内，距城二百八九三百里不等。一源由马面关外高黎贡与姊妹诸山分脉处入东者，为大塘隘，合界头、瓦甸、马鹿塘经雪山西麓诸水，过界尾，入瓦甸，东至曲石，会众川江；一由姊妹山北七藏甸，亦云茨竹寨。流为明光隘河，至大西练固东街圆通寺外，汇滇滩隘流出之西江，合东流，经灰窑、向阳二桥入曲石，而龙江下流始阔。溯滇滩河源，在姊妹、尖高两山排脊下，破峡东来，经琅玡山北，出阿幸、乌索，合云峰、小甸诸小水，而与明光河会，亦龙江三源之一。自大塘发源至曲石尾，计三四程，约二百余里。又奔流半日程，至本江铁索桥，细流众凑，岸益少宽，底益深激，不利舟楫，仅横鱼艇，复历龙江练尾入蒲窝。练距城一百二十里，经龙陵界，始达腾属陇川、勐卯两土司地，而交英缅界去腾益远。至太公城，乃会大盈江尾。即槟榔江也。转下江头城，与瑞沽相近。过阿瓦，合大沙金江，经漾贡入南海。道里载《滇缅画界条约》。

槟榔江，距城二百里，较龙江为大。自干崖新城汇古永、盏西、蛮旦江，合叠水、大盈江而始名。下流亦有名大盈江者，盖槟榔可括大盈上流，而大盈不可穷槟榔远源也。旧《志》载大盈江，综近城甸内众流名之，源流不一，独东至赤土铺、甘露寺、擒蔡塘，各经罗坞塘，归马邑河，为大盈之滥觞。自是人皆以大盈之源始此，乃槟榔之源亦始此，其与古人所谓发源自西番马口入云南古勇州为槟榔江者，不啻迳庭。综之荒徼边夷，叛服无常，虽历经查勘，难以尺寸求实，大半按图摹索了事，安能如近来同外人较度数争线索之为确证耶？

槟榔源，实出距城二百余里古勇、琅玡南麓，胆扎、轮马诸细甸水，为三岔河，南流二十五里至猴桥关，会古永川河为江焉。江扼要建碉堡，分设七十二卡，经盏西、支那，抵干崖。又尖高山南、邦线坡外，水流西美、古卡、葫芦地，累界石处亦入上七卡之一，光绪二十四年始画归英缅。

古永练一川之河，源在城西集莺山后魁甸外白泥塘，综欢喜坡脚青龙箐，由南数涓泉，北流括括至箐口西，来崩、麻水入魁阁山，会沙河，俗亦名老虎洞。曲淌灌溉。三十五里至练坝尾，合朗坝诸河。又三十里至猴桥，大河西纳瓦仓、内牛、槛河众峡流为江。此前《志》所不载者，特为抉出。

由槟榔距城南二百里溯源西上，盏西合神护关止那、猛豹二隘众水，又自尖高山下至猴桥，沿江七十二卡中，皆名为蛮旦江。惟盏西中波流潆洄，可载木舟，上下要口，只可横渡竹筏。冬春水涸，间有深厉浅揭者，故野人多入抢掠；夏秋淫雨，复有望洋之叹，反利驶舟。为今日计，防边者宜何如之？慎关河，而固江城也。

自干崖新城及旧城外一百二十里，两岸平原，槟榔江委曲荡漾其中，西纳盏达河。此外，则右蛮线诸水会归坝尾一带，凿木为舟，两旁系以大竹，载货上下，略与陆运相埒。满江大水悬虎跳石而下，三十里直纳红蚌河，又三十里至蛮莫新街，汇大金沙江，经阿瓦，左纳龙江，下流过漾贡[①]，入南海。

〔据寸开泰纂修光绪《腾越乡土志》（国家图书馆藏清钞本）卷六《水类》第24－27页辑录。〕

① 漾贡　即今之仰光。

（民国）腾冲县志稿·舆地

卷七上第三 舆地一

水 系

腾冲境内水系，以大盈、龙川两江为主幹，其河流湖泽流归两江者，分别注其源委。其大金沙江上流之恩梅开江、迈立开江，亦略考其水系而列之。

大盈江盈今亦作潆

大盈江发源于县治近城四山，由中部向南流出，与发源于古勇、盏西向西南流出之槟榔江，于盈江设治区会流，至盏达以下，又名太平江。兹分述之如下。

大盈江 源出县治东三十里之芹菜塘沙河，即前《志》所称之赤土山下。北流经罗坞塘汇八道河，经星罗屯，至三家村纳打苴河。源出上北练诸河，流经打苴星罗屯，至三家村相汇，又经马邑村、大竹园等处。旧《志》又云："打苴河流经马邑村，又名马邑河。赤土山之水，由甘露寺脊而下水二道，至乱箭哨西向二里许，有坞自南而北，细流注其中，从北而西为马邑河。"西流经白寺、杜家湾、下河村至西门外，纳青苔河源出青海、北海，经干峨、下河村、油灯庄、洞觉村等处。及马场河，上流即青苔河，至马场村复纳龍嵸山之水，又名高河，经大宽邑、观音塘流入大盈江。是河产鱼丰饶，沿村多渔业人民。南流至观音塘，纳龙王寺河源出集鹰山麓之兴龙寺，经小西乡一带。及漂白河。源出玉泉池，水自生，清洌莹洁，沿村多造白纸者。其东有龙塘河、源出吴邑村及黄坡交界之青坡脚，经玉璧、董库至田心，交入大盈江。伽池河、源出球玶山之伽池，经伽河村一带，至丁家寨蓄为池，名北关塘。饮马河明时土人于罗汉冲开支分引北流，挖断黄土坡西度来凤之际，至北门外流入。诸水。流至新桥河，巉岩峭壁，高下相悬数十丈，江水由峡口收束，骈注下泻，飞成瀑布，名"龙洞垂帘"，为邑名胜，称为大盈江。经和顺乡，纳龙潭、酸水沟、来凤滩之水，名三合河，至张家坡流入。又流经镇夷关、藺家寨至小河底，纳绮罗河。源出罗汉冲官坡凹心，上流即长洞河，流经绮罗左所营，至罗苴冲，纳罗苴冲小河，下流又名老羊河。经界平、坝派至曩烟，又飞成瀑布，汇银厂河。是河上流即缅箐河，源出魁甸三岔河，至明朗水泗打，汇猛蚌河。两河交冲之水名水泗打，风景绝佳。流至热水塘下，东纳由冯家营流来之老巴河，是河冬春水极小，夏季暴雨，水大而流急，泥沙俱下，往往覆没人畜。西纳由猛蚌大坝汛流来之南庆河，又流十余里至曩宋关，纳曩宋河。源出猛连，名猛连河，中纳尹家河、芭蕉河，至曩宋关，河身宽百数丈，春冬可徒涉，夏季水极大。光绪间曾修石桥，为水冲圮，商旅苦之。下流纳河东、河西数小河，河西有万宁、老孟凹、龙行凹等沙河及南孔河、赖筏河、沙沟、万发河汇入；河东有新老沙坝、管家寨、左家地、丙冈、八哥洞等水，均入焉。经丙赛纳回蚌河。经九保城西南，纳小梁江，俗名曩硔河，经孟宋纳孟宋河，又经茂福、黄陵岗等处至干崖，纳南荆沟、浑水沟等水而汇槟榔江，计长二百余里。

槟榔江 发源于古永琅琊山东南，有洞宾河、三岔河、伦马河，合流为古永河，又名蛮旦江。经盏西练又名盏西江，西纳止那河、源出止那隘地。南蛙河，源出崩角山凹，下流名新河。东纳猛龙河、源出松坡山凹。邦别河、源出邦别山凹。黑脑河，下流至干崖坝头，汇归由中部流出之大盈江，亦长二百余里。

大盈江与槟榔江至干崖新城交汇后，又名太平江，亦名槟榔江，身宽四十余丈，可渡舟楫。流至莲山，纳盏达河、详莲山水。腊撒河，经蛮允后，伏流入山谷约十里，向东转南，经一石峡，两崖壁立作苍赭色，峡中磐磐大石，重复架叠，成巨梁达彼岸，势极险怪。西岸石尤大，磊落雄奇，陡立十余丈，梁底成暗峡，江水捣之而出，奔流急甚，梁面巨石参差交错，质灰黑，上有绀绿波文，色泽光润，盖夏日水涨冲激回荡而成。石上兽矢累累，常有虎往来息此，故名虎跳石。梁北江水分为数瀑下叠，日光反射成虹，极幽怪险奇之致。下至火焰山之分水处，纳红蚌河及咕哩卡河、洗帕河，又流出蛮募新店，下至新街上交入大金沙江，共长五百余里。

龙川江

龙川江来源有三：一出大塘，一出明光，一出滇滩。明光、滇滩二源合流为固东江，兹分述如下。

龙川江　源出大塘者，发源于高黎贡分水岭大丫口，有响水河、冷水河、茨竹坝河、硝塘河、小横河、单笼河等汇流，至大塘隘，名大塘河。下有马塘河、小田河、源出雪山，由山树出小田姚家岭下囊凹一带。仆伦河、源出雪山，经阴灯、磨盘石一带。高桥河、源出打碓山北，由山林经石佛坡一带。九渡河源出大苑子，经里五甲一带。流入，界头桥头街有龙落河流入。下有滥坝河源出三元宫后龙冲沟，经施邦坡、石胜桥一带。此河水时泛滥，有冲没田亩之患。等流入。界头街以下，东纳洗马塘河、源出东山麓，经万家山一带。马家河、源出东山麓，经凤瑞乡第五牌一带。黄家沙沟、源出东山麓，经黄家山一带。唐家河、源出高黎贡山，经黄土坡一带。双河、上流为苗仓河、新庄河，源俱出高黎贡山。经凤瑞乡苗仓、双龙村及上下新庄。姊妹河、源出天台山，经凤瑞乡第二牌一带，下流名孙家坝。观音寺河、源出高黎贡，经沙坝三家村一带，下流为后扪河。隔界河、又名乾河，源出俱乐山，经凤瑞、宝华两乡之间。磨石河，源出白马山，经白马、新大街一带。西纳长河、源出大洞矿山，经里七甲一带。水箐河、源出西山，经水箐一带。八甲河、源出九甲囤子山，经切麻厂、伍家铺下八甲。十甲河、源出华坡里外，经花栗沟、杨家寨一带。长庚河、吉家沟、源出水沟坡里外及西山，经凤堂村一带。蔺家沟、源出大鱼塘，经蔺家寨一带。常家沟源出小黑井，经常家冲一带。等，至瓦甸，旧《志》云："江流至瓦甸，两崖石峰交合，水流峡中为崖所束，奔流若线，而中甚渊深。出峡时有石浮水面，状如鼋鼍，越十数里仍复，两崖成峡，水从峡出，界尾入曲石。"东纳濮水河、源出东山麓，经马鹿坡一带。永安沟、源出东山麓，经瓦甸街外一带。大坝河、是河来源有三：楼家河、早三河、花箐河，经瓦甸喇塘甲、高家岭、曲石一带，水常泛滥。大渔河，源出东山林家铺，经七七甲、龙潭、铅艭一带，水常泛滥成灾。西纳岗砐河。源出西山，经瓦甸河西一带。铅艭以下，东纳冉家河，数水汇集而成。西纳清水河、源出西山，经瓦甸早家冲、清水甲一带。松坡大沟、源出西山，经松坡寨一带。蔺家大沟、源出西山，经蔺家寨一带。黄家大沟、源出西山林箐，至石顶坡一带。上寨沟，源出洗布沟。而至曲石，计长约二百里。

固东江　有二支：一出明光东大垭口及茨竹岭垭口，名空树河及黑泥河。《云南北界勘查记》云："大垭口为派赖河与明光河分水岭，山阴之水入派赖，北流会茨竹河水，为滚马河，以入小江；山阳之水入明光河，南流汇合滇滩、界头两水，为龙川江。大垭口东北为茨竹垭口，为茨竹河与明光河源分水岭，茨竹河西北流入滚马河，再东为分水岭垭口，为楚余河与明光河正源分水岭。楚余河北流汇片马河，入小江，与小江源南来之水相会，而西再转北，以入恩梅开江。此小江南支流与明光河分水之情形也。"西由锡匠河至明光交口，流为明光河。旧《志》云："南香甸应作兰香甸，在明光之委，有江流注于中，发源明光。其北即姊妹山，东行之脉为固东江之源，河中载艇结网，颇有江南风景。"下东纳孔必河，西纳海坑河、莱山河、小寨河，流至营盘街，下名磨龙河，又名母龙河。至固东石月亮脚，与发源于东由姊妹山、西由班瓦垭口至麻栗坝汇流之滇滩河会。《云南北界勘查记》云："班瓦垭口为由腾冲经滇滩出入茶山夷地之要口，兵事形势地也，又为滇滩河与之非河之分水岭。之非河汇长龙河，西北流入恩梅开江，滇滩河汇明光河、界头河而为龙川江。其东北为姊妹山，山阴之水归长龙河、昌银河，山阳之水归滇滩河。其西为琅琊山，山阴之水归之非河西源与独木河，山阳之水流入古永槟榔江源。”下流经阿幸、乌索，名西河。至固东，旧《志》云：“江自阿幸来者，为西江；自兰香甸来者，为东江。固东本名谷东，又名固栋，聚落当大坞中，东西二江夹之，二口交合于三里外，自阿白屯合流东南去。”会磨龙河，折东南流，右纳顺江。源出尖山西南小甸以东，东流往顺江村，又东流右纳响水沟水。响水沟源出龍嵸山麓。经灰窑山，名灰窑江。有铁索桥跨之，名向阳桥。东北里许，江两岸大石黝然，江身忽下跌丈余，成一大圆塘，名三岔塘，周数十丈，水色灰绿。江流下分为数瀑，骈叠而注塘面，涌出无数白色水泡，绝似珍珠，千圈万串，联续翻滚。塘北开一石峡，江水捣之而出，亦奇观也。下纳云华闸水，源自王家坝及附近细流汇集而成。经老回街，纳深沟，有二源：一为白家河，一为龙井。下与龙川江会流，计长亦二百里。

固东江与龙川江会合南流，又名龙江。东纳三道河、蛮米河、拉兔河、隔界河，源俱出高黎贡山，经界尾、曲石一带。西纳干乍河。源出龙窝田，经河头寨、大小干乍一带。流至龙江练，西纳杨家河、起茅草河，经上营甲。白泥河、源出劳家山，经赵家营甲，长十里。周家河、源起西山，经周家、橄榄栈，长约二十五里。蛮雷河、起陡山，经忙捧甲，长约二十里。江西河、起丁家山，经丁怕甲，长约二十五里。云龙河，起大黑脑，经两半甲，长约二十五里。东纳隔界河、岔河、源俱出高黎贡，经囊中，长俱十五里。闻龙河、起东山，长二十里。刀家河、从小平河经桥头甲，长二十五里。囊列河、起小地方，经邦半、朗上，长三十里。东中河。起小地方，经邦换，长十八里。至三甲街，下纳后头河、猛连河。源出官坡。至龙陵之桥头街，折而西流，纳小蒲窝河、源出小蒲窝茶叶林。蒲川河，源出大蒲窝山脚。又西南经南甸、遮放至猛卯，名瑞丽江。其所纳各流，详《职官·土职》各土司志中。由猛卯入猛密界，流至八募之瑞姑，交入伊拉瓦底江。

大金沙江

大金沙江上流有二派：一为恩梅开江，一为迈立开江。

恩梅开江　又名恩买卡河，有四源：东北源求江最远，发源于西康察隅，流至求夷地，有不考王河等水流入；西北源有狄子江、狄不勒江、驼洛江三源，以驼洛江水为大，均发源于西康南界担当力卡山及康藏山。四源汇流为恩梅开江，蜿蜒南流，经浪速地，其东纳岔角江，源出拉打角，有金矿。又纳墨河、腊埂河，均源出高黎贡山，沿岸村落多浪速种人，其大宗土产为黄连、贝母。其西岸在色南翁有一水流入，东岸腊埂河会流后，尚有数水流入。又流经我旧茶山长官司地，有小江源出高黎贡板厂山。流经片马、拖角一带，复转北流至项高，汇入此江。又南流经扒拉大山下，有之非河发源于班瓦垭口之阴。向西北汇长龙河，流入此江。又西南流，有独木河，源出耶琊山阴之西。又有石鹅河源出尖高山西南。二水流入。下有登邦河，源出甘稗地。再下有木里河，源出英界昔董。经大地方、泽勒苦等地流入。又西流至荡萨与迈立开江会合。此江之西为江心坡，即我旧里麻长官司地，有数水流入，其名尚未详细调查。

迈立开江　又名麻里卡河，有四源：为木里河、浪不冷江、南朗河、狄满江，均源出西康南界康藏山，曲折南流。其西纳南牙河、恩西河、彭张河、恩南河、杜鲁河、木校河、朋因河，皆发源于康藏山脉南下之野人山脉枯门岭等山。朋因河下即至荡萨，与恩梅开江会合。此江之东岸为我旧里麻长官司地，有康河、直梯河、新马河、宁章河等水流入，其西岸为北段未定界坎底地。

两江于荡萨东汇合后，称大金沙江。交会处江口宽一里有奇、左右大石林立，或卧或蹲，或俯或仰，有排立岸边如拱卫者，有砥柱中流如一夫当关者，是处风景亦佳，四围青山苍翠，水碧如玉。滚滚南流至密支那，下分为东西两流，中包一滩，周围约五里，东流较西流大，岸东有戛鸠寨，清乾隆间傅经略征缅，由此渡江。曲折南流有瓦宋河等水流入，其下东有南大巴江等流入，又蜿蜒向西南流，有猛拱河自西北流来汇入，至瑞波又有一大滩。流至我旧蛮暮土司地，有穆雷江自东北流入，至八募，有我大盈江又名太平江汇流，此下又称伊拉瓦底江。流至瑞姑，有我龙川江下流名瑞丽江者来汇。瑞姑上下有大葫芦口、小葫芦口，江面窄而底极深，风景绝佳，亦为江中险塞。此江由密支那至八募，仅可通小电船，由八募下至格萨，又至曼得勒，再下至仰光之马达班湾入海，均可通大江轮。其所纳各流，详《缅略·水系》中。

湖　泽

城北三十里干峨山有湖，周三千四百步，直约四里，横二里有奇，不等边形。四周花木环绕，水清莹澄洁，名曰青海，又名澄镜池，旧《志》纪腾冲十二景中之“灵池澄镜”是也。李希泌《澄镜湖记》云：“鉴湖之名著于贺监，匡庐之胜播自慧远，山水之趣，其有赖于名贤之品题乎！吾郡腾冲，僻处西陲，游宦畏险而就夷，文士乐近而惮远，崇岗峻岭，灵泽平皋，多未显于世也。郡西澄镜湖者，俗名青海，所谓‘灵池澄镜’者是也。纵横千余亩，水旱不消长，环湖皆山，蓉峰峙于后，正对巃嵸三峰，高皆极天，碧波摇漾，动影袅窕。湖上野凫数千，翱翔游泳，唼喋追逐，知湖之美而不能号于人也。惜其无有人焉珍惜之者，无有人焉插柳树松栽桃植梅以妆缀之者。设有人焉如余之愿，则湖光山色之间焕如灿如，视西子莫愁之媚妩靓倩何多让焉！丁丑冬，余侍家君归自西安，行装甫卸，即邀刘君铁舟、钏君祥阶往访，如感江南之春，如读子山之赋，徘徊踯躅，至日西坠犹不忍去也。念余学非慧远，年殊贺监，而此湖之胜，实兼匡庐鉴湖而并包之，是不可以无文也。乃为之记。”此湖为大盈江发源之一。此山之西麓，又有小湖名曰白海，四周淤积成田，湖身渐缩，占地无多。此外陂塘梁堰为灌溉之用者，详《农政》门中。

〔据李根源、刘楚湘总纂民国《腾冲县志稿》（许秋芳主编，云南美术出版社2004年版）卷七上第三《舆地一》第98页辑录。〕

（民国）腾冲县志稿·职官

卷十二第四　职官　土职一　旧属七土司

南甸宣抚司

南甸，今属梁河设治局，在县治西南一百里。〔……〕水曰小梁河，源出河东大厂，入大盈江。一曰大盈江，经司西南流下，纳猛宋河，源出司北冠子坪。至干崖坝头，汇槟榔江。一曰龙川江，由司东而下，纳小龙川江及由芒市流来之水，至猛卯入缅甸，下游又名瑞丽江。一曰小龙川江，上游名罗卜河，又名杨柳河，由杞木寨山发源经罗卜坝至小陇川坝，入龙川江。据《滇西兵要界务图》载：由遮岛至蛮东街六十里，所经均山箐，有杨柳河贯其中，行路回旋，须经过此河流三四十次，夏季屡有淹没人畜之患。地形险要，乾隆间征缅甸，修有行军大道，皆为杨柳河冲没。〔……〕

干崖宣抚司

干崖，今属盈江设治局，在县治西南一百九十里。〔……〕水曰云晃河，由云晃山悬瀑布而下，流为云晃河。曰盏西江，由西北流入，又名槟榔江。曰大盈江，由东北流入，

纳南金沟、浑水沟，泄盏西江；纳盏达河、红蚌河，入大金沙江。〔……〕

户撒长官司

户撒，今改隶盈江设治局。〔……〕水曰户撒河，源出东北弄澊山谷中，系二水及数小水汇流而成。向南流十余里，有小沟水源出洗马塘后山谷中，流至田坝中，西北来一水相会，流入户撒河。来汇，至河左方有腊混寨，南晶水来汇，流二里许，又有来摸水源出来摸寨后山谷中。来汇，遂向西南流入腊撒坝中。〔……〕

盏达副宣抚司

盏达，今属莲山设治局，在县治西南二百八十五里。〔……〕水曰盏达河，源出万仞关之东南。一源出奔麻山，各流数十里，合而东南流，折西南，汇境内诸溪水，又南数十里，入大盈江。曰太平江，即大盈江由干崖流来，西南入大金沙江。曰红蚌河、羯羊河，据《滇西兵要界务图》载：火焰山西行二十余里名马脖子，即中英交界处建第五号界桩，在火焰山分水处。左为红蚌河水发源，右为羯羊河水发源，交通要口也。俱流入太平江。曰美利江，又名巴克乃江，源出巴乃卡。有木笼河、猛戛河、源出神护关，有挖育河流入。猛弄河、源出万仞关之猛弄山，有猛定河流入。石竹河、源出万仞关。花椒河等流入。巴克乃江一带为中英分界，详《外交》门。会南大巴江，又名南太白江。出南底坝，而入大金沙江。

由大盈江起，溯红蚌河而上，至古永尖高山，为现今滇缅北段已定界。共立界桩：自一号至九号，在梁河铜壁关界内；自十号至二十二号，在盏达界内；自二十三号至三十九号，在腾冲神护关只那隘及古永界内。俱详《外交》门。其由尖高山向西北，则为北段未定界。〔……〕

陇川宣抚司

陇川，今属陇川设治局。〔……〕境内之水，大者曰陇川河，即南碗河。其源出自杉木笼山之东南面，由山之大坳中流出。诸水自张巴寨头汇流，即名张巴水。由此沿陇川坝直流至蛮捧寨，有南茂水流入；至翁冰寨，有幸南水流入；至南田寨，有南海水流入；至丙运寨，有南谷河流入；至晚冈寨，有南油水流入；至驮滚寨，有南呵水流入；至弄修寨，有蚌老水流入。由此东南流至南澜河，即与岗晚河汇。又由此流至翁弄寨，有南挖河流入，为中英分界。又流至英属之蛮拱寨尾，有南撒河流入；至英属之蛮捧寨，有猛八河流入；由此流至猛卯司之南老寨十八号界桩处，与瑞丽江会合。水之次者曰冈晚河，源自杉木笼山之西南坳中，系由俄穷寨山谷之左右两旁流出。二水至山脚汇流，向西南直流数里，至罗家寨流入一水，至蛮邦寨流入一水，至允海寨又有南阮河流入，由孔明城之东南角经过，往西南流至蛮胆寨，与蛮胆河相会。至撒罕寨有南西水及南占水流入，至蛮黄寨，由山坳中又来一小水，至景坎寨西南来一水，即名景坎河。弄仰寨又有崖碗河流入，再数里有南澜河流入，下即流归南碗河。〔……〕

猛卯安抚司

猛卯，今属瑞丽设治局，在县治西南三百八十五里。〔……〕水之大者为瑞丽江，上游即龙川江，流经南甸、遮放而入至四十七号界桩。由正北方来一水与之汇流以下缅，称瑞丽江。向西南流，至中属之新弄罕寨，分为两歧，行半里许复会合为一，而成一小平原岛屿。流至中属之汗幸寨，有南合水源出中属鸾向寨西北山谷中，至中属之孙哈寨有南慢水来会。交流。至棍写寨此寨已为英踞。有小瑞丽江交流，即小龙川江。此处因水势东冲西溢不定，又成为二小屿。至蛮笋寨此寨已为英踞。有南碗河交流，至此又成为二小岛屿。再向西流八里许，有懒汗水、源出三角地黑者寨之西北山谷中，流经三角地坝中。懒腾水源出三角地之广撒拉头哈寨之北山谷中，至三角地属之蛮允寨，与由西山来之一水会，流入瑞丽江。等交流。又至蛮否寨，有懒马水源出棍得依阿寨之东南方山谷中。交流。此外，尚有南卡水、源出猛卯属南闷寨之东北方山坳中，向西南流经司城之东南方，沿汽车路之右旁而流至广沙铁寨，又向南流入一乾沟中而止。南零水。源出中属景坝西山谷中，向南流至捧弄，分为二小岔：一岔流至撒铁寨而入瑞丽江；一岔流至弄幸寨，有西北来一水至弄罕寨而入瑞丽江。

瑞丽江南支流之外，有木遮土司，南支流之内，有遮兰土司，其南岸有南坎土司，三土司旧属我国屯甸。其土司即屯甸之头人，英踞其地后，以其辖地多且富庶，竟以土司目之。〔……〕境内界桩由第十七号至第五十号，共三十四颗，多侵立中界内，外有无字私桩三颗，不列号桩一颗。详《外交》门。此段分界多循瑞丽江而行，江岸水道时常改移，村寨坐落屡有变迁，故交涉轇轕不清也。〔……〕

腊撒长官司

腊撒，今属瑞丽设治局。〔……〕水即户撒河，流行十余里，至腊撒属之拉贡寨之正北方，山坳中来一水，与大河交流，至此又名腊撒河。又流至蛮东街，相距三里许有一池，因池水溢出，流成一小沟，向南流五里许，即交入大河，再向西流六十余里，即交入大盈江。又有一小水，源出腊撒坝尾之丁蚌山坳中，向西流入咕里卡河。

腊撒地势平坦，高山环之，气候清凉，少烟瘴。所属共五甿、二十八寨、编户八百九十，丁口三千八百八十九，多峨昌。野人境内界桩，自咕里卡河第一号至第八号。〔……〕

〔据李根源、刘楚湘总纂民国《腾冲县志稿》（许秋芳主编，云南美术出版社2004年版）卷十二第四《职官》第206－223页辑录。〕

（民国）腾冲县志稿·杂记

卷三十二　杂记　水系正误

近代学术，多以科学方法研究之，即历史、地理亦然。英国之斯坦因《西域考古记》，于我国历史多所考证。我国则王国维等，根据掘得地下所藏之金石、甲骨，以证古史之真伪，于历史学多所发明。地理则须亲履测勘，不得仅以前人空谈臆说者为据，此近代学术之进步也。旧《志》载清康熙帝《山川考谕》，以腾冲龙川江之源，从达赖喇嘛所属拉李城之东南喀木春多岭流入大塘隘，西流为龙川江，至汉龙关入缅。又槟榔江者，其源发自阿里之冈底斯东打母朱喀巴珀山，译言“马口”也，有泉流出为雅鲁藏布江，从南折东流经藏危地，过口噶公噶尔城，傍合噶儿诏母伦江之南流，经公布部落地，入云南古勇州为槟榔江，流出铁壁关入缅。今据尹明德《云南北界勘察记》云：“高黎贡山之班瓦垭口，为由腾冲经滇滩出入茶山夷地之要口，兵事形胜地也。又为之非河与滇滩河之分水岭。之非河汇长龙河，西北流入恩梅开江；滇滩河南流，汇明光河、界头河而为龙川江。其东北为姊妹山，山阴之水归长龙河、昌银河，山阳之水归滇滩河。其西为琅琊山，山阴之水归之非河西源与独木河，山阳之水流入古永槟榔江。”是龙川江之源，仅自高黎贡山班瓦垭口之分水岭，流下为滇滩河，即其河源。至达赖喇嘛所属拉李城之东南喀木地，则在打箭炉之西南，今西康地也。而槟榔江之源，亦仅自本境琅琊山山阳流下，非如康熙帝所言“由雅鲁藏布江分流而来”之远也。

又明张机《南金沙江源流考》云：

按：大金沙江发源崑崙山西北吐蕃地，即夏禹所导黑水也。虽以云南小金沙江及澜沧、路江皆发源吐蕃，然大金沙江之源，较三江最荒远，且其源与三江邈不相近，其下流亦十倍小金沙江及沧、路二江之水。按：《禹贡》“华阳黑水惟梁州”，“黑水西河惟雍州”。周文安《辨疑录》云：《甘肃志》甘州之西十里有黑水，流入居延海，肃州之西北有黑水，东流遐远，莫穷所之。是其源入雍州之西，流入梁州之西南，其正西别流，绕西极之外，而无所据见。地势西北最高，故能经西而西南也。《云南志》载：金沙江出西番，流至缅甸，其广五里，迳趋南海。得非黑水源出张掖，流入南海者乎？河源在中州西南，直四川马湖蛮邦之正西三千余里，云南丽江宣抚司之西北一千五百余里。愚观黄河源近云南地，则大金沙江源自番雍之地，南入缅海。论雍、梁间水，惟此大耳。此水为黑水，无足辩矣。朱子云：天下有三大水，曰黄河，曰长江，曰鸭绿江。此误无怪也。宋初斧画云南，南渡又偏安一隅，朱子又从何知有此江之长广于江、河哉？黄贞元又云：考大金沙江、澜、路三水，虽皆入南海，大小远近迥不同。澜仅路四分之一，大金沙江倍于澜、路。澜、路所出地名鹿石山，在雍望，俱可穷源，上流亦狭。大金沙江之源，则远出番域，上流已阔，澄若重溟，黝然深碧，夏秋涨溢，江色不变。若比于扬子，澜沧一小溪，大金沙江之长广，又可知矣。其注云傍多松，有琥珀，自孟养地来。孟养，正在金沙江之滨，今澜沧不闻有琥珀。《大理志》指澜沧为黑水，亦不深考耳。相传大金沙江上源近大宛国，自里麻、茶山至孟养极北，不闻有所往，号赤发野人境，峭壁不可梯绳，弱水不任舟筏。土人惟远见川外隐隐有人马形似，殆西羌之域也。今始略其源，惟自其经流、支流入海可见者言之。水流至孟养陆阻地，有二大水自西北来，一名大居江，或云大车江，一名槟榔江，二水至此合流，又名大盈江。今腾越州人总甸内诸水亦曰大盈江，殆窃侈其名也。江流至此，夷人方名其为金沙江。江中产绿玉、黄金、钿子、金精石、墨玉、水晶，间出白玉，滨江山下出琥珀。旧《志》以琥珀、绿玉出在澜沧江者，谬矣。昔年，王靖远、蒋定西追麓川叛贼思机法、思卜法弟兄，造船飞渡孟养，及后与思禄盟誓“江乾石烂，乃许其过江”者，皆此江也。滇人相传名大金沙江，若以别丽江、北胜、武定、马湖之小金沙江耳。自此南流，经官猛、莫唉、莫郎至猛掌，有一江西来，入大金沙江。又南下昔朴、怕鲊、猛莫、猛外，经蛮莫，有一江源自腾越大盈江，经镇夷、南甸、干崖，受盏西、茶山、古勇诸水，伏流南牙山麓，出经蛮莫，入大金沙江。江又经蛮法、鲁勒、猛拱、遮鳖、官屯、大莒蒲山峡、小莒蒲山峡、课马、孟养、怕崩山峡、户董、鬼哭山、戛撒。昔年，缅人攻孟养，以船运兵饷到戛撒，为孟养所败者，此江也。正统中，蒋雄率兵追思机法，为缅人所压杀于江中，亦此江也。大约江自蛮莫以上，山耸水陡，正统中，郭登自贡章顺流，不十日至缅甸者，亦此江也。下流经温板，有一江源自腾越龙川江，经界尾、高黎贡山、陇川、猛乃、猛密所部莫勒江，至太公城、江头城入于金沙江。下流，又经猛吉、准古、温板，又名温板江。温板，又名流沙河，皆金沙江也。猛戛、马哒喇至江头城，江中有大山秀耸，山有大寺。又有一江源自猛办、洗母戛南来，入大金沙江。又经止郎龙、大马革、底马撒、跻马，入南海。其江至蛮莫以下，地势平衍，阔可十五里余。旧《志》云五里者，非也。经南，江益宽，流益慢。缅人善舟，又善泅水，操橹楫者如涉平地。至是，江海之水潴为一色矣。……

按：旧《志》言南金沙江源流者，以张机之《南金沙江源流考》及黄贞元《黑水辩》为宗，黄贞元之言与张机者大体相同，不再录。二人均以南金沙江发源于崑崙山西北吐蕃地，即夏禹所导之黑水，此江较小金沙江及澜沧江、潞江之源为最荒远。以今据英人所实测之图证之，则二人之考皆误矣。

又民国十九年，云南北界勘察员第一组杨斌铨、王继先所报告，谓高黎贡山自西康之伯舒拉岭分脉而南，纵贯于潞江与恩梅开江间；北为担当力卡山，横贯于西康南面及俅江、狄子、狄不勒、驼洛诸江间；西为枯门岭，雄峙于坎底、孙不拉蚌与户拱之间；西北为龙岗多山，蜿蜒于坎底与阿萨密间，此则最大最高者，其他皆不过此三山之支脉耳。河流之最著者，为恩梅开江与迈立开江，二江于密支那北交会而为大金沙江。恩梅开江上游为俅江、狄子江、狄不勒江、驼洛江，四源下复有岔角江、小江汇入；迈立开江上游为狄满江、木里江、浪不冷江、南朗河各源汇入，下复有江心坡康河、直梯河、西岸各水流入。其大小各流，均激湍于深山穷谷中，故罕灌溉之利。以英人所测之图考之，恩梅开、迈立开二江之源，如俅江、木里江等，均发源于担当力卡山及枯木岭各山间，而以俅江之源来自伯舒拉岭为稍远，然尚在西康之察隅间，其源较阔，然澜沧、潞江为近，非若张、黄所言“发源崑崙山西北吐蕃地”，“上流已阔，澄若重溟，黝然深碧”也。又云“大金沙江上源近大宛国，自里麻、茶山至孟养极北，不闻有所往，号赤发野人境，峭壁不可梯绳，弱水不任舟筏，土人惟见川外隐隐有人马形似，殆西羌之域也”，尤可嗢噱。兹录之以见古人治地理学之疏。荀子有言“坐于室而见四海，处于今而论久远”，此中国自古学人之通病也。

〔据李根源、刘楚湘总纂民国《腾冲县志稿》（许秋芳主编，云南美术出版社2004年版）卷三十二第二十三《杂记》第589页辑录。〕

（民国）龙陵县志·地舆志·山川

卷二　地舆志上　山川　水

天一生水，地六成之。是天生地成者，亦即山行水从，纳之百川河海不泄也。然溯其流，不能不寻其源。龙陵水源，分支别派，固甚多矣。龙川、潞江姑勿计论，先即本城之水，以及外属之水、四司之水，历历详之。

本城源流画为中区。自东发源有三：一由砺山，距县城十五里，纳小坝地水，纳黑坡水；一由东草岭，距县城十四里，纳龙塘水，小石房右侧开一大窝，水自中出，俗云龙塘，发水早必定庄稼好，颇验。纳长岭冈水；一由天乙山，距城十五里，纳麦子地水，纳龙抱树水。以上三水，归核桃冲，距县城六里，灌田数百亩，顺流而下，左纳孙家寨水、广林皮水，过纱帽坡，灌田归河，蛇腰坡水过朱衣巷，灌田归河，右纳白泥洞水。此处之泥最白腻，今烧土碗，名上下碗厂。至五星桥，即今之五板桥。是为上流，过迎恩桥，左纳老东坡水，高升桥过云路村，纳后壁山水，聚奎桥过太乙村，三层会馆有二景："方池夜月""石牛卧波"。过财源桥、三元桥、即今之三板桥。露布桥，即今之洗布沟。右纳石花沟水、冲香沟水，土官药局遗址尚在。至盘龙桥，名猛淋河，下两交水，有一景，旧《志》载"龙川晓雾"。按：三层会馆修方池取，之为景曰"方池夜月"，内有一大石横卧，取之为景曰"石牛卧波"。

自东南发源有二：一由分水岭，距县城三里，下深沟永固桥，纳旁流，〔迳〕普陀桥、即今观音寺脚桥。慈云桥，即今之汤家桥。过大街永安桥，旋旧署昇平桥，至龙塘沟有一景，旧《志》载"龙塘涌珠"，交天心桥。赵氏宗祠面前，名为"水聚天心"。归三岔沟；一由华山，俗呼华坡。距县城八里，镇南桥大水沟过下坪至三岔沟，汇小河。

自西南发源有二：一由仙鹤关，俗呼二关。距县城七里，纳少西岭界牌河水，过云龙桥下小河，其水温凉，暮春之初，妇女多于此沐浴，故谓之为"云龙温泉"；一由大西坡，俗呼为篱笆坡。距县城十五里，共派同流，纳香菜凹小河水至下坪河，纳三岔沟水下两交水，故谓之为"壬癸朝宗"。

本城之水至此，左右逢源，俱出辛方，收尽源头，故曰两交水，是为中流。下荷花山磊塘邦外，纳小厂河以及四甲之水，是为下流。入小龙江，洋洋荡荡，交大金沙江而去，入于海。此本城之源流可溯者也。

外属源流一龙江乡左小黑河、黄草坝河、香柏河，右猛柳、曩等、邦明、新寨。之水，俱入龙江。

一镇安乡，旧《志》载一带河自掠簸、石庄、山心三水至硝塘坝，汇归镇南桥，湾环绕坝，左纳高桥、野牛坝、小田坝三水，至小米地，汇归永镇桥三岔河，直流河尾热水塘、猛梅河，入潞江。

一归顺乡、堵墩厂、得寨河、鲁补梁子、莽新河、石庄垭口、长箐河、山心垭口、小寨河，俱入潞江李弄河与潞江地交界。

一邦迈，自白石头、梁子、大关河、二草坝、瞒诰回环下那表河，入潞江。

一邦别，野猪河、曩杭河向东俱入潞江。

一席普，线多、两伙头之水，向东入潞江。

一思喇属之水，隔崖向南，入潞江。有一澡塘在灰水，名石瓢。又长滥坝，又龙洞，俱灌田。

一蚌渺之水，自发源寨过永济桥以及高桥，向东至响水，入苏怕河。

一象达，左龙盘桥，右虎距桥，至街会聚桥，有滚锅热水，有左右长流，是为流水沸泉汇合，出南海桥、景象桥下至文星桥，右纳曩洒河、纳怕掌河，左纳小黑山河、交苏怕河，向东汇三江口，入潞江。

一平安山水，自练山走平安坝、平戛，纳麦寨、沙寨二河，过普通桥，九转回澜，向东交河尾永安三平桥下，胡芦口大小叠水，高悬万丈，水如丝绵，浪花四散，三平之水至此收尽。平安山、平安坝、平戛，是为"三平"。

一猛糯，有大海、小海，十里荷花似锦铺。至夏秋水盛，出海口，入潞江。

一五卡练之水，半入潞江，惟大硝河归怕掌，此外属之源流如此。

四司源流一潞江之水，俱自西流东入江。所谓水势滔滔必向东。

一猛阪之水，俱自北向南入潞江。

一遮放之水，俱自东向西入龙江。

一芒市之水，俱自东八湾桥、练子桥、霸竹桥荡汤下流，纳象滚塘河，过新桥顺流。旧《志》载户换河纳猛戛、八麽等河，至怕底汇三十六道河流西归遮放界，入于江。四司之源流如此。

〔据张鉴安修，寸晓亭纂民国《龙陵县志》（台湾学生书局1968年据民国六年石印本影印）卷二《地舆志上·山川》第73－81页辑录。〕

迪庆州

（光绪）新修中甸厅志书·山川志

卷上　山川志

雪山记

雪山四面排列，朗朗如玉山形。发源亦来自西藏，但溯厥来脉，远而难稽，就其境内之所环列，东西南北，晶莹耸峙，或阴或晴，随时朗照。惟正南诸峰，蔚然特立，远映于甸之城郭。境土花飞六出，瑞兆年丰。山下有黑龙潭一溪，源泉混混，不舍昼夜，水由小河自南而北，归于甸坝之西山脚，南巴草湖伏流山谷之内，周围层峰迭出，一直达于丽江县境界，四方州郡县邑，无不遥瞻远瞩焉。

青龙潭记

青龙潭在城东山脚下。顺山发源，其水清澈，冬温夏凉，潭深堤长，涵濡于境内之田亩，能避青霜。曲水流觞，如玉带之环城，金钩之锁路，潆洄流入西山之草湖焉。咸丰二年，守备马霄汉建立龙王庙于潭上，四时晴雨，文武各官俱到此祈祷拈香，龙神无不灵应焉。

南巴草湖论

湖以南巴名，非汉语也，乃夷语也。何为而名之曰“南巴”，以其夹于两山谷之间，行六七里，水势汪洋，土夷名之曰“南巴湖”。湖中青萍丛集，绿草繁生，故又名之曰“草湖”。是湖也，西连石窝之硼，北界龙笼之路，东闻古寺之钟，南映远山之色。碧浪千层，金波万顷，众水群潭，无一不汇归湖焉。水色澄清，净如僧眼之碧；山光带绿，浓似佛头之青妆。山溪深箐之细流，纳红波巨浪之汹涌。水鸟沙鸥，共浴于波纹上下之际；游鱼鳞族，咸潜于浪影浅深之间。牧童于牛而来，笛声响应；野老携锄而至，笠影横斜。四时之灌溉攸赖，三农之慰望如斯。春涸秋泛，愿无涨漫之洪灾；暗落明消，常有安澜之瑞庆。爰述南巴之命名，可当西湖之游兴，故为载之。

碧塔海记

碧塔海在甸东北，距城一百余里，宽长有百里。海内多有珠宝，内生珊瑚树数株，百有余年，俗人时乘舟往取之，龙王多为护持，未得其宝。上有高山，树木巍峨，望气葱笼。前有土番木王到山觅宝，建庙于上，亦未得其宝。后庙宇毁坏，今惟存基址。

阿布吉海记

阿布吉海在甸东南山中，《离城一百五十里，宽长二十余里。海内龙王总司甸地雨泽，若遇雨泽衍期，到地祈祷，无不应验。

神洲山记

神洲山在江边吾竹村北四里，周围数百里，高百余丈。山上有二土营，一在红土山上，一在现云山上，山无水石，古名诸葛营。山下出一龙潭，名恒吉都，其水极清澈寒冷，古名滏澂河，周围灌溉田亩。于光绪五年新建滏水龙宫一院，境内祈晴祷雨，无不居祀于此焉。

江边观音岩记

观音岩在江边达林村南五里，悬于江岸之上。岩中有石波罗，吹之则响。咸丰年间，建立一寺，地窄房浅。又于同治初年，新建观音寺楼一院，高敞轩爽，保护沿江一带。寺北有悬岩峭壁，昔有一女骑一青骡由路驾来，岩中忽一股黑风乌云，将女骡吹到悬岩，杳然不见。至今岩上犹有人形骡影，俗语呼为“风神娘娘”，沿江祈祷，无不应验。

黑白水记

江边东郭，地名北地，有黑白二水焉，自西朝东，而入于江。泉流滚滚，似乳非乳，而长白焉；波浪潆潆，是水非水，而长黑焉。风来水面，墨花梅蕊之纹；日映溪头，鸦背鹤氅之色。是以往来骚客，无不心爱而神赏焉。仲春朔八，土人以俗祀为祭。贽币承牲，不禁百里而来；进酒献茶，不约千人而聚。此一奇也，亦盛景也。

〔据吴自修等修，张翼夔纂光绪《新修中甸厅志书》（《中国地方志集成·云南府县志辑82》，凤凰出版社2009年据钞本影印）卷上《山川志》第500－511页辑录。〕

（民国）中甸县志稿·水系

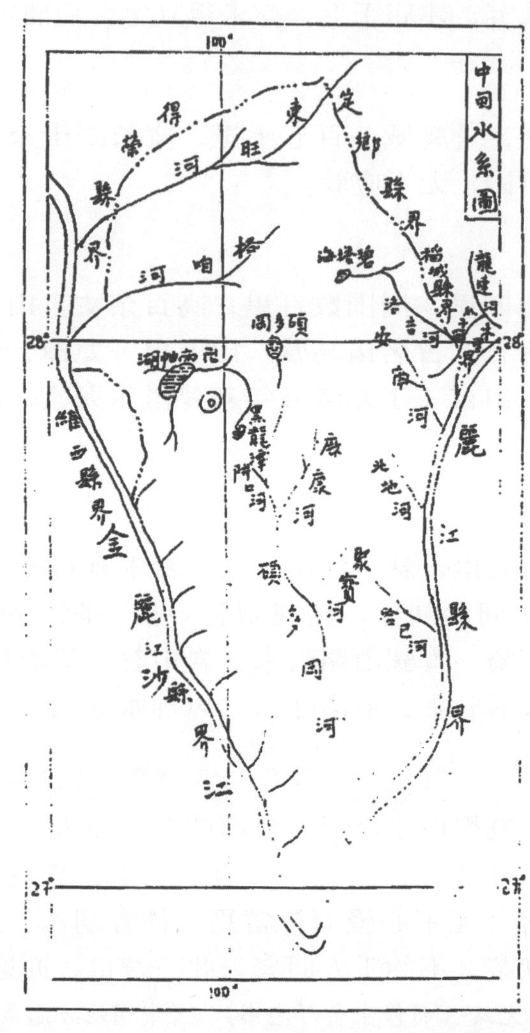

卷上　水系湖沼附

中甸之东南西三面，均为金沙江所包围。金沙江源头既远在巴颜喀喇山之阳，经过青、康两省，为众流之所归，及入滇境，已觉汪洋澎湃，复加入县属之东旺河、格咱河、硕多冈河及诸山涧间小溪与丽、维两县之河，故当出境之前，即已汇成巨流。东旺河，即定乡之硕楚河，自东北流入县境，经过东旺，绕八甲，又向西南流出得荣而归于金沙江。其河之上下流，俱在西康，惟中流穿过县境，说者谓东旺、八甲僧民之慓悍桀骜性质，实风水有以养成之，盖以居此河畔者，多喜为盗寇矣。格咱河，一名顺水河，其正支发源于舒玛年冈春冈里山，其岔支发源于格咱厂山，自东北向西南流入金江。硕多冈河，一名冲江河，又名金龙指南河，发源于硕多冈，向南流一百六十里，西纳阱口河，再南流四十里，又东纳麻康河，折东南流一百二十里，复东纳聚宝河，而东南注入金沙江。

南怕湖，在主山与佛屏山巴特玛郭赤山及西山之间，位于县城西北，因大中甸境即第一区地面为一盆地，而南怕湖即为盆底，凡黑龙潭与四山溪流皆归之，幸佛屏山西南山麓有天生落水洞，能将湖水吸入山腹，复向汤对、吉任两处吐出，而流入金沙江。否则县城四周，方数十里之盆地，早已成深渊也。硕多冈与碧塔可称为沼或泉，因两处均自地下涌水。硕多冈泉水南流为硕多冈河，碧塔海泉水分为二岔，一岔流入洛吉河，一岔流出未远，即落入地穴。

〔据段绶滋纂修民国《中甸县志稿》(《中国地方志集成·云南府县志辑 83》，凤凰出版社 2009 年据民国二十八年钞本影印) 卷上《水系湖沼附》第 9 页辑录。〕

（民国）维西县志·水系

卷一　水系图

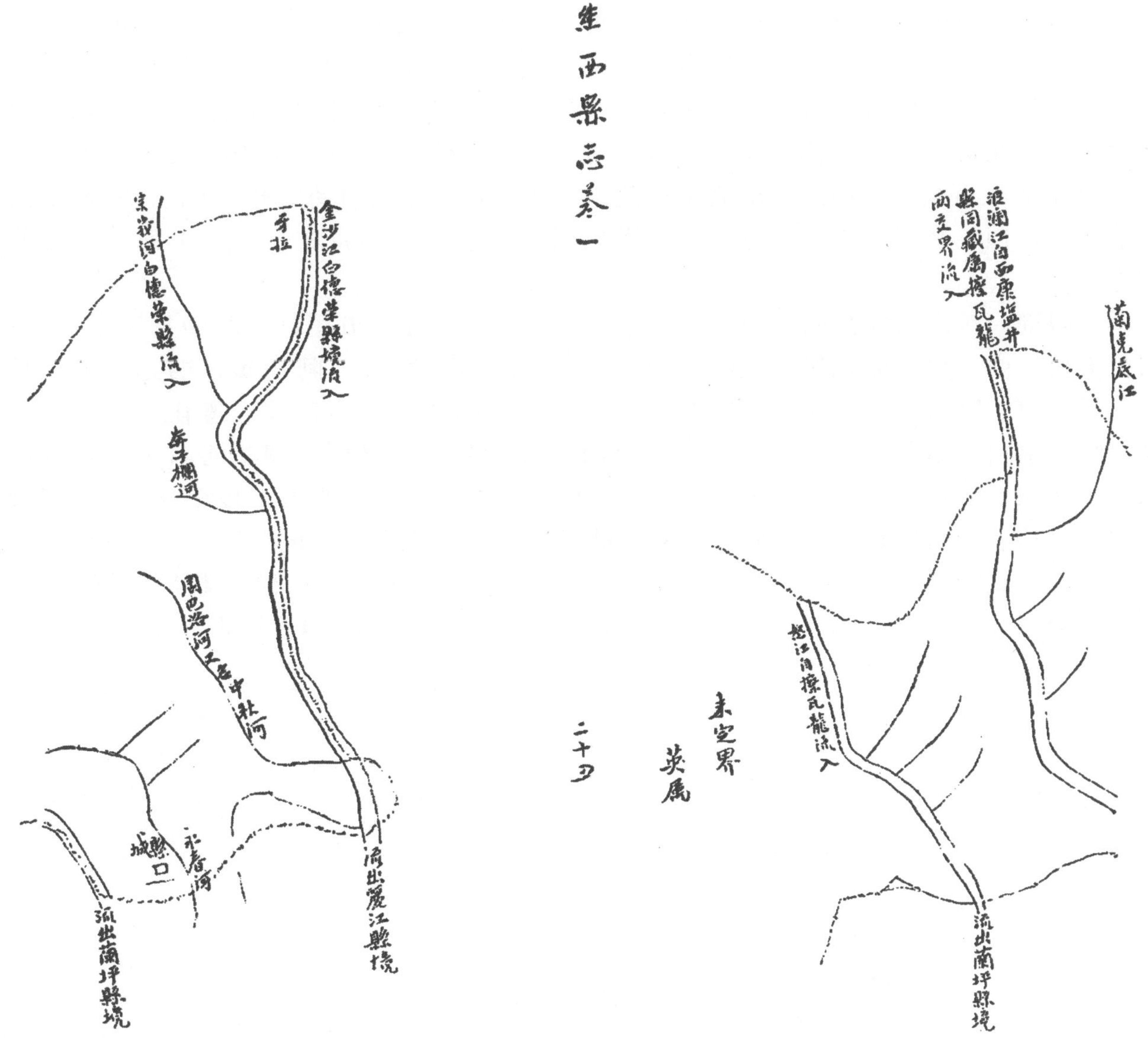

金沙江 自西康省德荣县境流入县属，经牙拉，纳宗峨、奔子栏、中秋河、其宗诸水流入，出丽江县界。浪沧江自西康省盐井县同藏属擦瓦龙两交界流入县属，纳菊克底江、阿墩河、巴东、洛美、洛者厂、吉义、黄龙关、庯资、兴塘、大桥、小维西、永春河诸水流入，出兰坪县属中路界。永春河自丽江县属之拖支流入县属，北流至河江桥，入浪沧江。

卷一 第四舆地 水系

澜沧江 源出西藏喀木布坐里冈城西北千余里三格尔吉土司南格尔吉布噶那山，名布楚河，即古鹿山石也。又一源出布坐里冈城西北八百余里喇喀拉丹苏山，名鄂穆楚河，三百余里察不多庙前而合，又东北流，合楚楚河、子楚河至巴安见《云南通志》县，经藏属之察挖龙，西经县属之茨科、茨中、茨姑、巴姑、巴东、洛美、洛则、来力、狄马罕、洛河倮、大坪子、老厂、弄阁、吉义、纳巴、东洛、美洛、老厂、吉义诸水，在经县属之黄龙关、女通朵、洛换、伕坪、三家村、南路、卡巴狄、庯资、叶枝、康普、岩瓦、小维西、白浪桶、洛吉古、白洛汛、黑日多、大营、盘中路诸村落，纳黄龙关、庯资、兴塘、大桥、小维西、永春河诸水，流入兰坪县属中路界。

金沙江 源出西藏地巴隆通拉木山，即古犂石山。在黄河源经一千五百里，曰木鲁乌苏，东北行三百里，西北又一源自巴隆通拉木之西五百里勒斜尔乌蓝达布逊山，曰喀齐乌兰木伦，在南流西，西九百里东会，又东北会南来之拜都河，折东北会南来之阿克达木河。又北折，东流会南来玉树土司二水，西北流四千余里至川边之巴安县见《云南通志》。又南流三百余里，西经县属之羊拉茂顶、奔子栏、东竹林寺、格利山、洛沙、兄工、施根底、拖顶、其宗、腊普、官坡外、塔城诸水，入丽江县属之巨甸及中甸县属之苏卜湾界。

永春河 源出丽江县属之四十多及拖支后山诸水。北行五里许，东经县属之三家村、居仁大村、由义村、循礼村、拉河柱村、腊普、湾塘、而戛、阿喃多，纳龙转湾、腊普河、工龙河、阿海、吉妈河诸水，西经居仁大村、札木滴、古宗湾、遵化、永安、麻栗坪、喇口诸村，纳龙宝厂、诚心厂、二道河、头道河、小马厂、喇是河诸水，入澜沧江内。喇普河，源出县属之东栗地坪羊厂，北行三十五里至杂那角，转东北行，经色妈、里底、鸦塘、义暑、角罗、塔城、其宗，纳义暑诸水，入金沙江内。

〔据李炳臣修，李翰湘纂民国《维西县志》（《中国地方志集成·云南府县志辑83》，凤凰出版社2009年据钞本影印）卷一《水系图》第23页及第四《舆地·水系》第47页辑录。〕

临沧市

（康熙）顺宁府志·地理志·山川

卷一　地理志　山川

兰沧江
黑惠江
顺宁府东河
瓮磉河
浴甸河
腊门河
锡项河
龙　湫
蕴古泉
猛右泉
右甸河
枯柯河
龙　潭
歪泥河
南洛河

〔据董永芠纂修康熙《顺宁府志》（云南民族社会历史调查组1960年钞本）卷一《地理志·山川》第25页辑录。〕

（光绪）续修顺宁府志稿·地理志·山川

卷四　地理志二　山川

顺宁府之水，澜沧江环其三面，境内之水皆入焉。而南丁河一支由缅宁走耿马，从东向西曲折数百里，纳小水数十，亦巨川[①]也。今诠次先澜沧。

澜沧江自保山南南窝都鲁岰东北入境，行保山天井铺，分支东南行山之东，东南流经鎊水寨西南，又东南至顺宁县北、高枧槽北，右纳高枧槽河水。高枧槽河源出顺宁县西北二十里白沙铺西南，东北流至高枧槽西南，左纳西南来溪水，北流至高枧槽东北[②]，入澜沧江。参《徐霞客游记》。又东，左纳三台箐水。三台箐源出郡城东北[③]百二十里三台山

---

① 亦巨川也　原本作“赤臣川也”，据道光《云南通志稿》卷十九《地理志·山川·顺宁府》改。
② 东北　道光《云南通志稿》卷十九《地理志·山川·顺宁府》作“西北”。
③ 郡城东北　道光《云南通志稿》卷十九《地理志·山川·顺宁府》作“顺宁府北”。

左右腋中，一西南流，一东南流，会于三台山东南，南入澜沧江。参《徐霞客游记》。

东木龙里有温泉。

澜沧江又东，左会黑惠江水。黑惠江，即漾濞江之下流，蒙氏僭封四渎之一。源自丽江小甸塘，分澜沧江流东南受剑海、洱海诸水，经大理、蒙化南流入境，东流至新牛街西北，折南流，右纳牛街水。牛街水源出顺宁县北百六十里乐可巧村，东流至阿鲁司西南，纳南溪水折北流，经阿鲁司西北，又纳左右各一溪水，又北又纳一溪水，北流至新牛街北，入黑惠江。谨案：旧《志》有虎墟河，想即出乐可功村者。又有阿鲁司泥河，与虎墟河合，即此水也。折东北流，绕赤龟山麓，东北抵猛蝶者石山麓，折而南流，有杪木哨水来会。见蒙化。又南经公郎东，又南绕泮山东麓，南入澜沧江。参旧《云南通志》、顺宁旧《志》。

澜沧江既会黑惠江，又东流，左纳公郎河水，见景东。折南流至云州东南，左纳顺甸河水。顺甸河源出顺宁县西北二百数十里之董瓮山，南流为右甸河，会甸中诸水出东南峡，东流至大桥东南，转折西流过大桥西，折南流，右纳水塘哨水。水塘哨水源出顺宁县西北百二十里之水塘哨，西南流折东南，入右甸河。又南，左纳小桥水。小桥水源出小桥东北山中，东南流经小桥村南，入右甸河。又东南经锡铅驿南，左纳锡铅溪水。锡铅溪水源出锡铅东北山中，西南流至锡铅驿南，入右甸河。又东南至猛祐村南，左纳猛祐西溪水，为猛祐河。猛祐西溪源出猛祐西北山中，南流至孟祐村南，左会一溪入孟祐河。又南流，纳猛峒水。猛峒水源出猛峒北，北流会杜伟山东麓诸水，东流入孟祐河。又东南，右纳南桥河水，为顺甸河。南桥河源出永镇关西，西北流入顺甸河。又东，右纳永镇关小河水。永镇关小河发源永镇箐，北流至小官庄，会北桥河，北流入顺甸河。左会顺宁河水。顺宁河源出顺宁县西北五里甸头村，东南流至城北为衢亨河，左会桃源、董永二河，折南流经城东，又南，右纳瓮碌河水。瓮碌河源出县南山中，流经龙泉寺前，东入东河。龙泉寺外有龙湫一泓，方半亩，林木高荫，水如寒潭，四时澄澈。衢亨河既会瓮碌河，为东总河，又东，左会温沙河水。温沙河源出顺宁县东十五里之九龙山，东南流至归化桥北，入顺宁总河。总河既会温沙河水，又南，右会浴甸河水。浴甸河源出县西南十五里之中阿山，东流入顺宁河。顺宁河既会浴甸河水，又东南流至云州旧城东南，入顺甸河。谨案：旧《志》尚有腊门河，无考。顺甸河既会顺宁河水，又东经云州城南，又东，左纳猛郎河水。猛郎河源出云州北一百里挨罗箐，南流四十里至猛郎，会猛崩河、马四河二水。猛崩河源出云州蛮冒箐。马四河，源出云州会掌村，并会猛郎河。又南折西南至云州东南，入顺甸河。又东流入澜沧江。参旧《云南通志》《徐霞客游记》。

东有龙潭，右甸有龙潭。府治东龙潭，在府治东三十里山上。五峰交峙，潭水作二流，一入壅沙小河，一入阿度吾之黄草坝。顺宁旧《志》。右甸龙潭，在府治西北一百五十里达丙里，一名澜江眼宋时段百户筑堤积水灌田，农多赖之，蒋曾兵乱，堤决田荒。《顺宁府志》。

右甸鸡飞有温泉。徐石麟《鸡飞温泉》："山最幽，地最僻，尽道有泉夸赤壁。问之在鸡飞，览之劳马力。青峰高耸若擎拳，古来纷披如线织。燠气薰蒸接太虚，净质微莹透石隙。何年火龙眠此山？奔流喷沫飞琼屑。山凝半缕烟，石湛一泓碧。又凝丹灶地中藏，暗煮寒浆与沙碛。冬既能温，当夏犹炙。滔滔一派无冷时，亘古灵源不能息。水气升为云汉章，清光直比玻璃色。令人澡浴去尘疴，何异祇园八功德。落涧可以饮麋熊，分流日夜灌阡陌。欣招韵友挈壶觞，一来趺坐同浮白。同浮白，兴何极，前村夕照霭疏篱，我蘸灵泉戏游客。"郡人王怀伯《鸡飞温泉》："坎德离为用，温泉喷石矶。邻村呼兔尾，此地号鸡飞。玉笋千年瘦，山花四面围。汤铭犹可颂，许我洁身归。"锡铅有温泉，锡腊南糯河有温泉。府治西有蕴古泉，一名瓮古泉。《顺宁府志》。云州温泉四：一在猛郎，一在猛氏，一在困蚌，一在困业。

云州东北有龙池。龙池，在州东北八十里。袤延数亩，潦不盈，旱不涸，色与江水同清浊，宋时有龙马出没。

澜沧江既会顺甸河，又南左受景东水。见景东。又南，右受猛麻河水。猛麻河源出大猛麻西北，东南流入澜沧江。《古今图书集成》。折西南，又纳分水岭水。分水岭水，在猛準南，南流入澜沧江。《古今图书集成》。又西南走猛猛南，右纳棘蒜江水。棘蒜江源出耿马土司北山中，南流为耿马河，右会西北二溪水，又南，左会南别河水。南别河源出耿马东，合双溪西南流入耿马河。又南流而东南，右会南董河水。南董河，源出猛董西南，东北流合西北一溪，又东北经猛角南，又东，右会南溪水。南溪水源出猛董东南山中，合两溪东北流至猛角东南，入猛董河。又东北至猛滲北，会耿马河下。两源既会为猛滲河，东南流曲曲百余里，右纳西南溪水。西南溪水源出猛滲南大山中，两溪合流，东北流入猛滲河。又东流，左纳南猛河水。南猛河源出猛库东北、分水岭西南，西南流至猛库南，会西北来一水。又西南至猛猛西北，左纳一水合两溪来会，又西南经猛猛西南，右纳西北一水合两溪来会。又西南经腊门村西，又西南经仙人山西北，左纳两溪合一水，右纳西北一溪。又南流百里，入猛滲河。又东，右纳猛尹河水，为棘蒜江。猛尹河源出康郎北之邦董山，东北流合东南一水，北流经上下猛尹，左纳一溪（西）来水，一东来水，又北流入棘蒜江。又东流，左纳仙人山水。仙人山水流（源）出仙人山南麓，东南流入棘蒜江。又东入澜沧江。《古今图书集成》。谨案：俗称辣蒜江，《古今图书集成》、齐召南《水道提纲》作棘蒜江，今从之。折东南，入普洱府境。参《古今图书集成》、齐召南《水道提纲》、旧《云南通志》暨旧郡志。稽山沈应俞《兰沧江》：“澜沧古渡旧梁州，黑水何年导此流。晓浪鱼龙香满甲，晚村儿女笑扁舟。山悬翠壁能回雁，岸拍银涛自点鸥。敢借长风闲击楫，且从烟雨拂吴钩。”

南丁河源出猛準东南之分水岭。岭南水，入澜沧江。北流，右会西南溪水。西南溪源出猛準西南，东北流经猛準北，又东北会分水岭水。《古今图书集成》。东北流折而北，至旧猛缅长官司东，右纳内邦、蛮布二河水。内邦河源出缅宁厅东山。蛮布河源出缅宁厅东七十里大雪山中，并西流入猛缅水。参《古今图书集成》《缅宁厅采访》。又北经猛缅东北，左纳蛮巩河水，为猛缅河。蛮巩河源出缅宁厅西高岚山中，东流合二溪，折东南入猛缅河。参《古今图书集成》《缅宁厅采访》。又北纳西南溪水，又北右纳嵋堡河水，又北右纳李歪河水。嵋堡河、李歪河源俱出缅宁厅东、猛麻土巡检西，西流入猛缅河。《古今图书集成》。又北经腊丁西，又北，左纳永镇关小河水。永镇关小河源出云州西南六十里永镇关南分水岭，岭北水入顺甸河。西南流，会西北水，西北水源出永镇关西南，东南流与分水岭水会。西南入猛缅河。参《古今图书集成》暨旧郡志。折西流，右纳四十八道水。四十八道水，在云州南一百里，自永镇起至猛赖大河止，五十里，浅水曲绕入大河。旧《志》。又西至猛赖南，为猛赖河。又西，右纳猛赖西溪水。猛赖西溪源出云州西南百里猛赖西北山中，东西两源合而南流，入猛赖河。《古今图书集成》。

顺宁温泉，一在大江外路旁，一在漫多村河边，一在锣锅寨大江边，一在小桥塘，一在大兴寺前。

猛赖河又南，右纳阿铎河水。阿铎河源出顺宁县西南百八十里阿铎山，一曰藤川，南流入猛缅河。《古今图书集成》。谨案：阿铎河，旧《志》以为入黑惠江，非。折西南流，左纳邦怕河水。邦怕河，一曰猛回河，源出缅宁厅西北猛回东北象鼻岭，《云州采访》作崑冈。西南流至猛回西，会东南溪水，又西南，又会东南溪水，西流入猛缅河。《顺宁厅采访》。又西南，左纳猛勇水。猛勇水源出缅宁厅西猛勇，东北流，折西经猛勇北，西流入猛缅河。《古今图书集成》。又西南，左纳虎口河水。虎口河源出猛撒东南山，两溪合流，西北至猛撒北，合西南来一溪，折东北流，右纳东南溪水，折西北流经虎口村西，右会东溪水。东溪源出虎口村，东西流经虎口村北西，入虎口河。又西流入猛缅河。《古今图书集成》。又西，右纳无梁山水，左纳一溪，为南丁河。无梁山水源出孟定土府东北境无梁山南麓，其北麓为怕红河源。南流入南丁河。《古今图书集成》。又西南流百余里，右纳南卡河水。南卡河源出镇康土州南、孟定土府北山中，西南流入南丁河。《古今图书集成》。左纳南路河水。南路河源出耿马土司北山中，西北流入南丁河。《古今图书集成》。又西南，左纳南们河水。南们河源出耿马土司西、孟定土府山中，西北流入南丁河。《古今图书集成》。又西南，至孟定土司东北，左纳南底河、南滚河二水。南底河、南滚河源并出孟定东南山中，并西北流，会入南丁河。《古今图书集成》。又西经孟定土司北，又西，右纳小南崩河水。小南崩河源出猛定土府北山中，西南流入南丁河。《古今图书集成》。又西流，右纳大南崩河水。大南崩河源出孟定土府西北山中，两溪合流，隔溪即渣哩江。即潞江。西流南岸，南流百里，入南丁河。《古今图书集成》。折南流，当孟定土府西南二十里，走缅甸①境内。此水源流七百里。参《古今图书集成》、顺宁旧《志》，云州、缅宁厅《采访》。

澜沧江样濞江附见

澜沧江出吐蕃嵯和哥甸鹿石山，一名鹿沧江，亦曰浪沧江，亦作兰仓水。流入丽江府兰州境南，历大理府云龙州西，又南经永昌府东北二十五里罗岷山下，两崖壁峙，截若垣墉，缆铁蜚桥，悬跨千尺，亦曰博南津。《后汉书》永平十二年，得哀牢地，始通博南山，度兰仓水，行者苦之。歌曰“汉德广，开不宾。度博南，越兰津。渡兰仓，为他人”，指此也。志云澜沧江迳云龙州入永昌，广仅三十余丈，其深莫测，其流如奔。有大瘴，零雨始旭，草立叶脱时，行旅忌之。自永昌东流入蒙化西南界，又流经顺宁府东北，至府东南二百二十里之半山下，合于黑惠江。黑惠江者，即样濞江也。源出西番境内可跋海，一云出剑川州南五里之剑川湖，亦曰漾濞江，亦曰濞溪江。流经大理府浪穹县西，又南过府西之点苍山后，会西洱河。程大昌曰：唐樊绰以丽水为黑水，恐其狭小，不足为雍、梁二州界，惟西洱河与《汉志》叶榆泽相准，广处可二十余里，既足以界别二州，其流又正趋南海。昔人谓此泽以榆叶所积得名，则其水之黑，以榆叶积染所成，尤为确验。大昌误以様备水为叶榆泽也。流入赵州西北，亦曰神庄，经永昌府永平县之东境，经蒙化之西境，又南至顺宁府东北境，南流至漳山下，合于澜沧。二水合流至云州南，又东南经景东及镇沅西南，过者乐甸长官司南界，达元江西南境、车里宣慰司东北境，又东南为富良江而入于南海。蒙氏以黑惠江、澜沧江皆列于四渎。洪武二十年，诏沐英于澜沧江津要，树垒置守，以备平缅是也。李元阳《黑水考（辩）》云：《禹贡》“黑水西河惟雍州”、“华阳黑水惟梁州”，又曰“导黑水，至于三危，入于南海”。释经者拟议其说，而卒无所据。夫黑水之源，固不可穷，而入南海之水则可数也，何则陇蜀北入南海之水，惟滇之澜沧江？潞江西南流，蜿蜒缅中，内外皆夷，其于梁州之境，若不相属。惟澜沧由西北迤逦而东南，徘徊云南郡县之界，至交趾入海。今水内皆为汉人，水外皆为夷缅。禹之所导于以分别梁州界者，惟澜沧足以当之。孟津之会曰髳人，在今北胜。濮人，在今顺宁，皆在澜沧江内也。《地理志》谓“南中，山曰昆，水曰洛”，《山海经》“洱水西流入于洛”，故澜沧江又名洛水，言脉络分明也。《元史》至元八年，大理劝农官张立道使交趾，至黑水，跨云南，以至其国，一证也。夫在今郡县之名不可纪极，而山川之迹则不可移，不据不可移之迹，而据易变之名末矣。所以然者，论者但如（知）陇在蜀之北，蜀在滇之东北，故以《禹贡》黑水为梁、雍二州界，又入

① 缅甸　道光《云南通志稿》卷十九《地理志·山川·顺宁府》作“阿瓦”。

南海为疑。不知陇、蜀、滇三方鼎立，陇则西南斜长入蜀，滇则西北斜长近陇，蜀则尖长入滇、陇之间，故雍以黑水为西界，对西河而言也，梁以黑水为南界，对华阳而言也。惟三危之山不可考，或谓近在丽江。夫《禹贡》明言三危为雍州山，且三苗所窜，岂在南夷之地乎？姑置之阙如可也。

澜沧江源流备考

《丽江府志》：澜沧江源出西藏喀木匝坐里冈城西北千余里三格尔吉土司南格尔吉匝噶那山，名匝楚河，即古鹿石山也。又一源出匝坐里冈城西北八百余里巴喇克拉丹苏克山，名鄂穆楚河，俱东南流，折而南至匝坐里冈城东北三百余里察木多庙前而合。又东南流，合楚楚河、子楚河，千余里至巴塘土司南入边，东南曲曲流经怒山东，右受怒山水，折东南，左纳你那山水。又南经维西厅西，又南经戟干退村西、剌干也村东。又南经小甸塘西，分为二派，一支东流为工江，亦曰白石江，亦曰漾备江。其正支南流经风罗山西，折西南流二百余里，右纳白水河水。又南，入云龙州界。《滇系》：澜沧江在丽江府兰州西北三十里，源出吐蕃，流入境，又南，入大理府云龙州界。《大理府志》：澜沧江自表村北入境，右纳表村河水。又南，经表村东，右纳西溪水。又南，右纳松牧溪水。又南，左纳云龙州西北水。又南，右纳崇山溪水。又南至云龙州南境，右纳一小溪水，左纳沘江水，南入保山、永平两县界。《滇系》：澜沧江在云龙州东二里，自丽江府南流入州境，复折而西南，入永昌府境。《永昌府志》：澜沧江自云龙州南乾海子西沘江口南流入境，经保山县东、永平县西，南行，右纳罗岷北山水。又南流，左纳沙木河水。又南，折东南流经宝台西南麓，又东南至永平、顺宁界上，右纳银龙江水。又东南，走顺宁境内。《滇系》：澜沧江在保山城东北八十五里罗岷山下，广二十六丈，其深莫测。自永昌东流入蒙化西南界，又流经顺宁府东北界。《顺宁府志》：澜沧江自保山南南窝都鲁岫东北入境，行保山天井铺分支东南行山之东，东南流经鎅水寨西南，又东南至顺宁县北高枧槽河水。又东，左纳三台箐水。又东，左会黑惠江水。澜沧江既会黑惠江，又东流，左纳蒙化公郎河水，折南流至云州东南，左纳顺甸河水。又南，左受景东水。《景东志》系猛统河，源出无量山，南流入镇沅境，合树根河，为杉木江，西南入澜沧。又江在厅西南二百里，自云州流入境，又东南入镇沅，达普洱。又南，右受猛麻河水，折西南，右纳分水岭水。又西南，走猛猛南，右纳棘蒜江水，折东南，入普洱府境。《滇系》：澜沧江在顺宁府东北七十里，自金齿东南流入府境，并黑惠江合南过景东、元江、交趾，乃入南海。《普洱府志》：澜沧江在普洱名九龙江，自顺宁府棘蒜江口折东南行入境，东南至猛班南，左纳杉木江水，又东南流，右纳康郎河水。又南经巨洲，分复合，折东流，左会猛撒江水。澜沧既会猛撒江，折南流数十里，又折东流，右会南溪水。又东，左会北溪水。又东南，折而南，绕九龙山麓，经旧车里宣慰司北、新车里宣慰南，又东北，南流为九龙江。又南，折西南，经橄榄坝西，又折东南，经猛沦南，左纳俀梭江水。又东南走，右为缅甸猛竜，左为暹罗猛辛。又东南走南掌界，为南龙江，右为南掌，左为临安三猛。又东南，左会藤条江，右为老挝。又东南，右为越南界。又东，全入越南国境，为洮江，左会龙门江，即河底江，为富良江，入于南海。

南汀河源流

南汀河源出缅宁城西南七十里之分水岭，北流经博尚地，右纳璇珱河水，左纳猛凖、猛托、响水三河水，出为昔本河。右纳南信、里歪、丙兔三河水，左纳猛外、南高两河水，会于离城八里之双交岔，向东北流，右纳内邦、蛮布、昔铺三河水。北经腊丁，右纳一碗水、芭蕉箐、四十八道水，左纳邦读、遮奈二河水。又西流，入云州界，至猛赖，为猛赖河。右纳阿铎河水，折西南流，为邦洪河。又西南流入耿马界，左纳猛回河、虎口河水。又西流，右纳无量山、猛底、猛止三河水，左纳一溪，始名为南汀河。又西南流百余里，右纳南卡河水，左纳南路河水。又西南流，左纳南们河水。又西南流，至孟定土司东北，左纳南底、南滚二河水。又西经孟定土司北，右纳小南崩河水。又西流，右纳大南崩河水。折南流，至孟定土府西南二十里，入缅甸境。谨按：《云南通志》“又北，左纳永镇关小河水”，误。盖永镇关小河，系向北流，汇云州南河，入澜沧江。

水利附

顺宁县

文笔小河、达村小河，在城东南三十四里象庄，灌溉田城千亩。

清水河、郁密山河，在城东南二十里许，灌平对里一带田亩。

漭家河，在城东五十里。

银厂河，在城南二十里。

阿空沟、大横沟，皆在象庄右，各灌田数百亩。

乌沙河，在城东南白平乡，灌把洒、小平村等处田亩。

冷水河、黑河、小村河、后河、翁马河、新沟、杨柳树河、马里铺河、田心大沟，皆在城东南邦买里，灌洛党、马里铺、马喇铺、立乐村、立勒等处田亩。

光山河、街右小河、乌马河、太平地河、热水塘河、中兴河、猛岗河、锡铅老坝、猛右大坝、立董伍家坝，皆在城西猛右里，灌锡铅、猛右等处田亩。

上龙沟、中龙沟、下龙沟，皆在城西北右甸里一、二、三甲，灌右甸近城一带田亩。

龙硐沟、新沟、大沟，皆在城西北枯柯里，灌六田等处田亩。

耇街河、清水河、岩峰河，皆在城东北东木笼里，灌五、九、十甲等处田亩。

禄戛妈村河，在城东北东木笼里，灌一、二、八甲等处田亩。

〔据党蒙修，周宗洛纂光绪《续修顺宁府志稿》（清光绪三十一年刻本）卷四《地理志·山川水利附》第17－30页辑录。〕

（民国）镇康县志·舆地·水系

第四　舆地　水系附湖泽名泉温泉瀑布毒泉等

镇康河流虽多，总归于二派：一向北转，一向南流。向北者为镇康大河，向南者为赛米大河。兹将其水系之发源汇归，逐一录列于后。

镇康大河　发源于阿岸山蛮保箐，流至猛永，由岩穴潺潺而出，绕户乃蛮冈之东至德党外穿山数里复出，下至镇康，会蛮海河及南桥河至南界田，会大猛统河及猛底河，成一巨川流出湾甸，交湾甸河，由遂通桥转猛波罗入潞江。此向北流之水系也，其余支流详述于下。

蛮海河　发源于大明山，由笼楂大地至蛮海，流入镇康河。

南桥河　发源于岩房，由登赛坝流入镇康河。

大猛统河　发源于乌木堵，由大猛统坝流至猛黑，入境至南界田，会猛底河，入镇康大河。

猛底河　发源于雪山，由猛古坝过猛底至猛黑，会大猛统河，入镇康大河。

赛米河　发源于小猛统，南流出蛮募坝，会硝塘河，至赛米坝会马鹿塘河及猛板河，更南流至邦海会邦面河，至凤尾坝会猛捧河，成一巨川，转薄刀山出境，归孟定小江，亦入潞江。又名滚弄江。此向南流之水系也，其余支流详述于下。

硝塘河　发源于文曲山下，过硝塘坝，流归赛米大河。

猛板河　发源于三宝山，流经天池镇外，归赛米大河。

邦面河　发源于马鞍山，由邦面出邦海，归赛米大河。

猛捧河　一发源于猛滥田，一发源于半个山，至猛捧街外会合流，至茶叶林会塘河，南流至猛厂坝下，首会猛堆河。

猛堆河　发源于中山，经南极里大邦，东过猛堆坝至犯猛厂下，首流入猛捧河，下流至薄刀山脚，归入赛米大河。

猛朗河　发源于响水新寨，过明朗坝下流，入于赛米大河。

龙泉池　俗名水塘。在第四区白岩石岭之上水塘寨边半里许，池水澄清，湛然可爱，广约十亩，四周皆山，池边林木繁阴，天光掩映，从无一叶飘浮其际，时人相传树叶偶落在池，即见二只小鸟飞舞翩翱衔之而去，游客至此，亦颇注意焉。

瀑布泉　在白岩石岭上，即龙泉池水，自岩上出山，倾泻而下，约有二十余丈，降至岩脚，流不半里，落入地中，旁有一村，因名落水。

潞　江　在本县西区，镇康、龙陵即以此江分界，由本县西北流向西南，经过临江户西边。约八十余里，中有渡口二处：一名中寨渡，即罕乖渡。利用竹筏；一名七道河渡，利用木船。因其水势湍急，波涛怒溅之故，又名怒江。考其发源，在西藏布喀池，经西康入滇西，过云龙、保山、龙陵等县，由镇康边境流出英缅，归孟加拉湾。

温　泉　一在猛永河边，一在镇康坝端楞寨边，一在猛捧古墩寨后首，一在小猛统坝头岩子脚，一在热水塘寨脚，一在路督大出水寨脚，一在明朗寨边，一在玉泉寺右后三里许，一在甘棠乡怕红户。澡塘沟。以上温泉，每至冬末春初，汉夷居民，男女老幼，群聚泉边，结茅为屋，沐浴除病，往往见效，不仅为去垢计也。一在西南两区交界澡塘河上游白泥塘，全属温泉，尤以此称最胜，每年洗澡者达千余户之多。

〔据纳汝珍修，蒋世芳纂民国《镇康县志》（《中国地方志集成·云南府县志辑58》，凤凰出版社2009年据民国二十五年校本影印）第四《舆地·水系》第43－46页辑录。〕